TURBULENCE
EN
MÉCANIQUE DES FLUIDES

Analyse du phénomène en vue de sa modélisation à l'usage de l'ingénieur

Patrick CHASSAING

ENSEEIHT
Ecole Nationale Supérieure d'Electrotechnique,
d'Electronique, d'Informatique
et d'Hydraulique de Toulouse

Collection POLYTECH
de l'**I.N.P. de Toulouse**
(co-direction de MM. Raymond Crampagne et Philippe Morard)

CÉPADUÈS-ÉDITIONS
111, rue Nicolas-Vauquelin
F31100 TOULOUSE – France
Tél. 05 61 40 57 36 – Fax : 05 61 41 79 89
(de l'étranger) + 33 5 61 40 57 36 – Fax : + 33 5 61 41 79 89
http://www.editions-cepadues.fr
e-mail : cepadues@editions-cepadues.fr

LA COLLECTION POLYTECH

Les livres de la collection POLYTECH, édités par CÉPADUÈS, sont le fruit de l'INSTITUT NATIONAL POLYTECHNIQUE de TOULOUSE.

Ces ouvrages scientifiques, à vocation pédagogique, sont conçus pour améliorer les formations initiales et continues, dispensées au sein de cet établissement et pour aider aux transferts de connaissances, nécessaires à l'apprentissage des Sciences et Techniques dans les domaines de ses compétences, tels que l'Agronomie, la Chimie, les Matériaux, le Génie Chimique, l'Electrotechnique, l'Automatique, l'Electronique, l'Informatique, les Mathématiques appliquées, l'Hydraulique et la Mécanique.

Document saisi et mis en page par l'auteur en T_EX sous THE PUBLISHER™, version 3.2.2. d'ARBORTEXT INC.™ sur station SUN, avec l'assistance technique de l'E.N.S.E.E.I.H.T. et de l'E.N.S.I.C.A.

Du même auteur :
Mécanique des fluides : éléments d'un premier parcours 2e édition, Editions Cépaduès, coll. Polytech, 2000.

Illustration de couverture
Jet libre turbulent de dioxyde de carbone dans de l'air visualisé par interférométrie différentielle (l'écoulement réel est dirigé verticalement vers le bas).
Document réalisé à l'Institut de Mécanique des Fluides de Toulouse par l'Equipe Transferts en Ecoulements Laminaires et Turbulents.

ISBN 2-85428-483-6

Dépôt légal : octobre 2000
N° éditeur : 483

À Hieu,

Au Professeur Ha Minh

TURBULENCE EN MÉCANIQUE DES FLUIDES

Analyse du phénomène en vue de sa modélisation à l'usage de l'ingénieur

Patrick CHASSAING

Préface de John L. LUMLEY

Préface

I am delighted to have an opportunity to write a preface for this book, for many reasons. I have a long-standing relationship with France which has endured for nearly forty years. At Toulouse, in particular, I have served on several Juries de These, and have incidentally discovered and appreciated some typical and delightful aspects of the occitan way of life, dining on the banks of the Garonne under the platanes. I have known Patrick Chassaing in 1979, and have had the highest regard for him, throughout his time at ENSEEIHT.

This is an unusual book in many respects. First, it deals with what is sometimes called "classical" or "traditional" turbulence thoroughly. Any equation that might confuse a student is carefully presented. The physics of the situation is described with excellent diagrams. Supporting experimental data is given. Other books are available that cover either equations, or physics or data (my own, with H. Tennekes, for example, concentrates on physics) but not all three aspects.

However, this book goes far beyond traditional turbulence. For example, it deals with coherent structures in a number of flows; these are the somewhat organized parts of these flows, that are responsible for some of their idiosyncratic behavior. It deals with the interesting experiments in which turbulence is distorted in various ways. It deals with the structure of turbulent/non-turbulent interfaces. It touches on regions of negative production in asymmetric flows. And much more. All of these are subjects that seldom find their way into turbulence texts.

We use a single word, "turbulence" to describe this phenomenon, although it is very sensitive to initial and boundary conditions, and can remember its history a surprisingly long time; as a result, the state of flow at any given instant may reflect all these influences, even at the smallest scales. Although the state is not as statistically universal as we once thought, we can still analyze turbulence using the principles of physics, identifying intrinsic mechanisms. Consideration of time scale ratios, for example, can be very helpful, and the reader will find in this book extensive application of this tool. In this respect, Chassaing's book is nearly unique (sharing this approach with our own).

Finally, one-third of the book is devoted to a thorough treatment of turbulence modeling. Such a treatment is unavailable elsewhere. This part should be of great interest to industrial users, because the various models are carefully organized into families, and their performance compared and contrasted. There is an enormous family of models in the marketplace, and it is understandable that users find it difficult to determine their relative merits, since descriptions and data are scattered throughout the literature.

I believe that turbulence modeling has great importance for design in industry and the siting and regulation of installations that produce pollution. Direct numerical simulation will not be a viable alternative for some decades. A familiarity with available models and their characteristics is something that will be expected of people trained in turbulence.

In addition, models do not appear to be universal, and the performance of the various available models in typical situations is something which should be documented to help the user select appropriate models, and interpret their results. The European community is doing this, through ERCOFTAC. Because of competitive pressures, the European community will not share the results of this evaluation with the United States. For its part, the United States is not convinced of the utility of turbulence modeling, and will not fund such an effort. As a result, I believe that in the next decade Europe will rapidly outstrip the US in areas than can benefit from such information.

I hope and believe that this book by Patrick Chassaing will reach a wide audience, helping them to obtain a clear and synthetic idea of turbulence for engineers, and to find a route to new developments.

Ithaca, NY
September 2, 1999

John L. LUMLEY

Préface

(Traduction française)

C'est pour moi un grand plaisir que d'avoir l'occasion d'écrire une préface à ce livre, pour plusieurs raisons. J'ai une relation de longue date avec la France qui dure depuis près de quarante ans. A Toulouse, en particulier, j'ai fait partie de nombreux jurys de thèses et, à cette occasion, j'ai découvert et apprécié quelques traits typiques et charmants du mode de vie occitan, en dînant sur les rives de la Garonne sous les platanes. J'ai connu Patrick Chassaing en 1979, et j'ai eu pour lui la plus grande estime tout au long de son parcours à l'ENSEEIHT.

Ce livre sort de l'ordinaire à bien des égards. En premier lieu, il traite à fond de ce que l'on appelle parfois la turbulence "classique" ou "traditionnelle". Toute équation qui pourrait dérouter l'étudiant est présentée avec minutie. La physique est décrite avec d'excellents diagrammes. Les validations exprimentales sont fournies. Il existe d'autres livres consacrés aux équations, à la physique ou aux données (mon propre ouvrage, avec Tennekes, par exemple, se concentre sur la physique) mais pas aux trois aspects ensemble.

Cependant, ce livre va bien au delà de la turbulence traditionnelle. Il s'intéresse par exemple aux structures cohérentes dans un certain nombre d'écoulements; elles en sont des composants en partie organisés, responsables de certaines spécificités de comportement. Il présente les expériences intéressantes de distorsions diverses de la turbulence. Il aborde la structure de l'interface turbulente/non turbulente. Il y est question des régions de production négative en écoulement asymétrique et de bien d'autres sujets qui trouvent rarement place dans les textes sur la turbulence.

Nous usons d'un seul mot, "turbulence" pour désigner ce phénomène, bien qu'il soit très sensible aux conditions initiales et aux limites, et puisse garder mémoire de son histoire sur des temps étonnamment longs; de ce fait l'état de l'écoulement à tout instant peut refléter toutes ces influences, même aux plus petites échelles. Bien que l'universalité statistique du régime ne soit pas ce que l'on pensait jadis, on peut encore analyser la turbulence en usant des principes de la physique, par identification de mécanismes intrinsèques. Le recours à des rapports d'échelles de temps, par exemple, peut être très utile, et le lecteur trouvera dans ce livre un usage extensif de cet outil. A cet égard, l'ouvrage de Chassaing est pratiquement unique (partageant cette approche avec le nôtre).

Enfin, un tiers du livre traite de façon approfondie de la modélisation de la turbulence. Un tel traitement ne se trouve nulle part ailleurs. Cette partie devrait être du plus grand intérêt pour les utilisateurs industriels, car les divers modèles sont soigneusement organisés par familles et leur performances comparées et mises en contraste. Il existe sur le marché toute une foule de modèles et l'on comprend qu'il soit difficile à l'utilisateur d'en cerner les mérites respectifs, car les descriptions et données sont dispersées dans la littérature.

Je pense que la modélisation de la turbulence est de première importance en matière de conception industrielle et d'implantation et réglage d'installations sources de pollution. La simulation numérique directe ne sera pas une alternative viable avant quelques décennies. La familiarisation aux modèles disponibles et leurs caractéristiques est à attendre des gens formés à la turbulence.

En complément, les modèles ne semblent pas universels, et la performance des différents modèles disponibles dans des situations typiques devrait être documentée pour guider le choix approprié de l'utilisateur et l'interprétation des résultats. C'est ce qui est en cours dans la communauté Européenne à travers l'ERCOFTAC. Sous la pression concurrentielle, la communauté Européenne ne partagera pas les résultats de cette évaluation avec les États Unis. Pour leur part, les États Unis ne sont pas convaincus de l'utilité de la modélisation de la turbulence et ne financeront pas un tel effort. En conséquence, je pense que dans la prochaine décennie l'Europe va vite dépasser les États Unis dans les secteurs sachant bénéficier d'une telle information.

J'espère et je crois que ce livre de Patrick Chassaing touchera un large public, l'aidant à se faire une idée claire et synthétique de la turbulence pour l'ingénieur, et à ouvrir la voie à de nouveaux développements.

Ithaca, NY
2 September 1999

John L. LUMLEY

Remerciements

La publication de cet ouvrage est d'abord pour moi l'occasion d'exprimer mes remerciements aux responsables successifs qui m'ont apporté leurs soutiens, tant à l'I.N.P.T., qu'à l'E.N.S.E.E.I.H.T., à l'I.M.F.T. et à l'E.N.S.I.C.A., avec une référence spéciale au Directeur du Département Hydraulique-Mécanique des Fluides pour son implication directe dans la matérialisation de ce projet.

— o —

L'écriture de ce cours s'est étalée sur plus de huit années durant lesquelles sont parues plusieurs versions provisoires partielles. Elles m'ont permis de recueillir les observations et commentaires de nombreux collègues. Je tiens ici à leur exprimer toute ma gratitude pour leurs contributions à l'enrichissement du document, et cela malgré le caractère parfois très incomplet et de toute façon inachevé des textes antérieurs. Qu'il me soit donné de réserver ici une mention toute particulière et très amicale à Jean-Bernard Cazalbou pour sa compétence et sa contribution décisive à la rédaction de certains chapitres.

— o —

Ce livre inclut également les remarques des élèves-ingénieurs de l'E.N.S.E.E.I.H.T., de l'E.N.S.A.E., de l'E.N.S.I.C.A., et des étudiants du D.E.A. de mécanique des fluides de Toulouse. Au cours de ces mêmes années, ils eurent à "chercher l'erreur" — singulier, dont le sens générique leur apparut très vite ! — dans les polycopiés dont ils disposèrent. Ils s'en acquitèrent avec beaucoup de discernement, et permirent de redresser bien des maladresses rédactionnelles sources d'inutiles difficultés de lecture. Je suis très heureux de dire combien j'ai apprécié l'indulgente perspicacité de tous ces "relecteurs forcés".

— o —

Messieurs les professeurs Brian Launder, John Lumley et Philippe Spalart, ont bien voulu relire le manuscrit et faire part, avec bienveillance, d'observations toujours pertinentes. Il m'est difficile de leur exprimer ici toute ma reconnaissance pour cette aide précieuse et déterminante. Simplement, puisse ce livre apporter une modeste contribution à la diffusion de leurs éminents travaux au sein de la communauté des praticiens.

— o —

Qu'il me soit permis enfin d'adresser une pensée très particulière au professeur Hieu Ha Minh avec qui j'ai eu la joie d'engager mes travaux de recherche sur la turbulence et de partager l'enthousiasme pour ce merveilleux sujet.

Patrick Chassaing

Introduction

Antérieurement aux années 1950, la turbulence restait, pour l'ingénieur confronté au phénomène, un sujet obscur sinon abscons. Le salut venait souvent du "recours à l'expérience", ce terme s'entendant au double sens de la connaissance issue de l'expérimentation sur modèle physique et du savoir-faire, à force d'habitude, de "l'homme de l'art". Concrètement, et dans la plupart des cas, la pratique était celle de coefficients plus ou moins empiriques car évalués de façon "ad hoc". En poussant à peine la caricature, traiter des pertes de charges de l'écoulement turbulent en conduite par exemple revenait à trouver la "bonne" rugosité équivalente !

Lors des années soixante il semblait que la situation allait devoir se transformer radicalement. En effet, grâce aux progrès accomplis tant en matière de modélisation que de capacité de traitement numérique, de nouvelles méthodes plus performantes devenaient accessibles à l'ingénieur. Mais les possibilités de prédétermination de propriétés statistiques locales qui, certes, incluent des connaissances plus approfondies sur des mécanismes intimes de la turbulence, ne sauraient pour autant faire oublier que plusieurs questions fondamentales, et non des moindres, n'étaient toujours pas résolues : imprédicibilité, universalité des modèles, convergence des fermetures...

Ainsi, à l'usage, il apparaissait que la maîtrise de telles méthodes allait requérir de la part des utilisateurs non seulement la connaissance première des "schémas de fermeture", mais aussi l'assimilation du cadre de leur élaboration. En fait, si les méthodes modernes de prédétermination des écoulements ont fait reculer les limites de l'empirisme, elles ne l'ont pas pour autant éradiqué. Il devient alors d'autant plus important de savoir circonscrire les possibilités et faiblesses des diverses procédures que le formalisme mathématique atteint un degré de complexité qui pourrait avoir tendance à "servir d'alibi" à une garantie d'usage.

De telles observations, jointes aux réflexions issues de plusieurs années d'enseignement de ces notions au cours de divers types de formations (Écoles d'ingénieurs, Troisième cycle universitaire, Années de spécialisations) ont forgé la conviction qu'un effort pédagogique devenait nécessaire pour :

- *expliciter les idées actuelles sur lesquelles reposent les procédures modernes de traitement d'écoulements turbulents par l'ingénieur ;*
- *dégager les éléments essentiels des méthodes ;*
- *présenter les différents aspects, en mettant en évidence la part du déductif et celle de la construction semi-empirique.*

C'est dans cet esprit qu'a été conçu et réalisé cet ouvrage. Il bénéficie d'une expérience pédagogique de plus de dix ans à l'École Nationale Supérieure d'Électrotechnique, d'Électronique, d'Informatique et d'Hydraulique de Toulouse (E.N.S.E.E.I.H.T), au sein du département Hydraulique et Mécanique des fluides, à l'École Nationale Supérieure de l'Aéronautique et de l'Espace (E.N.S.A.E), à l'École Nationale Supérieure d'Ingénieurs de Constructions Aéronautiques (E.N.S.I.C.A), ainsi qu'au Diplôme d'Études Approfondie (D.E.A.) de mécanique des fluides de Toulouse. Pour autant, Il ne vise pas plus à l'originalité qu'à la spécialisation. Il se veut, sinon un document de vulgarisation, du moins un outil de mise à portée des utilisateurs de notions généralement dissociées, et dont la synthèse reste encore difficile à effectuer. Son objectif principal est ainsi celui de la clarté, tant par l'organisation d'ensemble que par la présentation des divers éléments d'analyse.

Le document comprend trois parties procédant chacune d'un corps de pensée spécifique et respectivement intitulées :

- *le phénomène et sa mise en équation ;*
- *le dossier de données ;*
- *la modélisation dans l'espace physique.*

La première fournit les **outils théoriques**, *c'est à dire les éléments et concepts qui sont indispensables à l'analyse et compréhension du phénomène en vue de sa modélisation par fermeture en un point. Elle regroupe ce que l'on peut considérer comme des "notions premières" et leurs conséquences, pour autant qu'elles en résultent de façon rigoureusement déductive.*

Dans la deuxième sont présentés les **matériaux** *qui vont servir de support à la procédure de modélisation, et ce au double titre de :*
– l'élaboration des schémas, en dégageant des propriétés structurelles de la turbulence,
– la validation des modèles, en fournissant une base de données comparative.
S'appuyant sur une classification des situations typiques de turbulence, la présentation s'éloigne alors de la ligne déductive de la première partie pour suivre un exposé analytique de "faits" et "données" en provenance des diverses sources actuellement disponibles : études analytiques, expérimentation sur réalisation physique et simulation directe par voie numérique.

La **modélisation** *fait l'objet de la dernière partie qui s'ouvre par l'exposé des principes de fermeture en un point dans l'espace physique. La présentation des différents schémas est structurée selon la classification dégagée en deuxième partie. Ainsi sont discutées les situations de turbulence cinématiquement "homogène" et d'écoulements cisaillés simples puis complexes.*
L'accent est alors mis sur la logique d'élaboration de relations mathématiques en synthèse d'élements déductifs et inductifs afférents aux deux précédentes sections.

Par sa structure et la "coloration" propre de chaque partie, la lecture de cet ouvrage peut s'entreprendre à partir de diverses "entrées". Ainsi, et selon le champ de compétence de chaque lecteur, le parcours de telle ou telle partie pourra-t-il être avantageusement sauté, les notions présentées pouvant même paraître par trop sommaires à l'œil du spécialiste.
En sollicitant d'avance l'indulgence du lecteur averti, l'auteur pense également à tous ceux pour qui son effort de clarification sera peut-être jugé encore insuffisant. Sans viser à se disculper en tant qu'enseignant, qu'ils sachent cependant que son opinion de chercheur est qu'il faut avoir la modestie d'admettre que la juste connaissance d'un tel sujet en appelle parfois à nos propres limites.

Sommaire

TABLE DES MATIÈRES

PREMIÈRE PARTIE

LE PHÉNOMÈNE ET SA MISE EN ÉQUATIONS

CHAPITRE PREMIER

DONNÉES PREMIÈRES SUR LES ÉCOULEMENTS TURBULENTS

« *Peut-on définir la turbulence ?*
Travailler sur la turbulence, c'est tenter de prévoir l'imprévisible. »

Marcel LESIEUR [260] 1994, page 235.

1 La turbulence en mécanique des fluides

Deux traits s'imposent d'emblée à toute étude de la "turbulence" en mécanique des fluides :

- l'*évidence* du phénomène ;
- la *diversité* de ses manifestations.

Contrairement à d'autres phénomènes de la physique macroscopique, l'observation de la turbulence en mécanique des fluides relève, en effet, d'expériences de la "vie courante". De fait, c'est sous ce régime que se présente la plupart des écoulements "naturels" des fluides usuels que sont l'air et l'eau. Cette évidence du phénomène n'en paraîtra que plus paradoxale en regard des difficultés de compréhension et de modélisation qui se poseront ultérieurement.

Le second élément majeur à se signaler de prime abord est celui de l'extrême diversité des manifestations de la turbulence dans les mouvements de fluides. La *nature* est la première à fournir une très grande variété d'illustrations à travers, par exemple :

- les mouvements de fluides "biologiques" tels que le sang dans toute une hiérarchie de vaisseaux en "macro-circulation";
- les mouvements de "géofluides": vent atmosphérique, courants fluviaux, marins...
- les mouvements de fluides stellaires : circulations gazeuses autour des planètes, gaz de la photosphère du soleil, jets de plasmas d'étoiles...

Le *monde industriel* ou celui du *laboratoire* apportent eux aussi leurs contributions à cette diversité dans des secteurs tels que :

- l'hydraulique : hydrodynamique des carènes, coques, ouvrages, machines ...
- l'aéronautique : voilures d'avions, moteurs, turbomachines...
- l'énergétique et la thermique : combustion, fours, échangeurs ...
- le génie des procédés : génie chimique, pétrolier, nucléaire ...

Ainsi, tant par la nature des fluides mis en jeu que par les conditions de mouvement, il existe une très grande variété d'écoulements turbulents. En dépit de cette diversité, ils présentent tous un certain nombre de propriétés communes, ce qui justifie de considérer qu'ils constituent une même *classe* ou *régime* de mouvement spécifique. Nous allons progressivement dégager les traits distinctifs de cet ensemble.

2 La caractéristique majeure du régime turbulent

2.1 Observations

La figure ci-dessous fournit une illustration typique de l'état de turbulence du mouvement d'un fluide réel.

Fig. 1: Visualisation par interférométrie différentielle d'un jet de gaz carbonique à nombre de Reynolds de 50 000. (Régime turbulent) (Document I.M.F.T.- T.E.L.E.T.)

Il s'agit, en l'occurence d'un mélange de 20% d'air et de 80% de gaz carbonique s'écoulant, sous forme de jet libre, dans l'atmosphère au repos à température et pression quasi constantes. Le détail complet de l'expérience est décrit en référence [61], et il suffit de préciser ici que l'écoulement est dirigé verticalement vers le bas, de sorte que l'inertie du jet se conjugue aux forces de gravité dans le sens du mouvement.

Le nombre de Reynolds rapporté au diamètre du tube et à la vitesse sur l'axe est de l'ordre de 50 000.

Cette visualisation révèle la caractéristique essentielle du régime : l'*agitation turbulente*. Elle se manifeste par des mouvements désordonnés tridimensionnels présents, à l'échelle du milieu continu, dans tout le champ de l'écoulement. Ce trait caractéristique et distinctif du régime turbulent est encore plus patent lorsque l'on compare la situation à celle bien connue du régime laminaire.

Fig. 2: Visualisation par interférométrie différentielle d'un jet de gaz carbonique à nombre de Reynolds de 2000. (Régime laminaire) (Document I.M.F.T.- T.E.L.E.T.)

En raison de l'existence au sein même de l'écoulement de nombreux mouvements secondaires d'aspect chaotique, le jet turbulent ne donne pas l'apparence d'une organisation forte à l'échelle macroscopique (supra-moléculaire).
Par opposition, le *régime laminaire* — tel qu'on l'observe pour la même configuration d'écoulement avec un nombre de Reynolds de l'ordre de 2 000 — présente un degré de*"régularité" macroscopique* élevé. L'écoulement se fait en effet par "glissement" de lames fluides les unes sur les autres. Les seuls échanges entre lames, qui résultent de l'agitation moléculaire, conduisent à une diffusion du jet non perceptible à l'échelle du continu, contrairement à ce que l'on peut observer en régime turbulent.

2.2 Mesures

La visualisation est un moyen de diagnostic rapide du *désordre macroscopique* typique de l'*agitation turbulente*. Les techniques exprimentales modernes, (anémométrie fil chaud, vélocimétrie laser,...) permettent d'en apprécier et d'en quantifier les effets par la mesure "locale et instantanée" des fonctions du champ de l'écoulement.
À titre d'exemple, la figure suivante présente l'enregistrement temporel, obtenu par anémométrie fil chaud, de la vitesse axiale de l'air circulant dans un tuyau lors de changements de régime laminaire / turbulent.

La "régularité structurelle" de l'écoulement laminaire se traduit par un signal présentant des variations de faible amplitude et très basses fréquences, comme on peut le noter sur les séquences *(a)* et *(a')* de la figure suivante.
Par comparaison, la phase turbulente *(b)* affiche un aspect chaotique prononcé, avec des oscillations de forte amplitude et plus hautes fréquences.
Il apparaît en outre que le passage de l'état laminaire à celui de turbulent, et inversement, ne se fait pas "instantanément" mais nécessite une certaine période *de transition*. Dans le cas d'une transition amenant la turbulence, l'instauration de ce régime est précédée d'une séquence d'amplification d'oscillations périodiques *(c)*.
Enfin, on note que la "*valeur moyenne*" du signal lors des épisodes laminaires est supérieure à celle prise au cours de séquences turbulentes.
Rappelons que la mesure présentée est celle de la vitesse d'un fluide au centre d'un tuyau dont le débit reste fixe. Une telle variation ne peut donc s'expliquer que par la redistribution complète du profil de vitesse sur toute la section de la conduite lors du changement de régime. Nous verrons ultérieurement qu'il s'agit là de la conséquence d'une autre manifestation de l'agitation turbulente : la "diffusion".

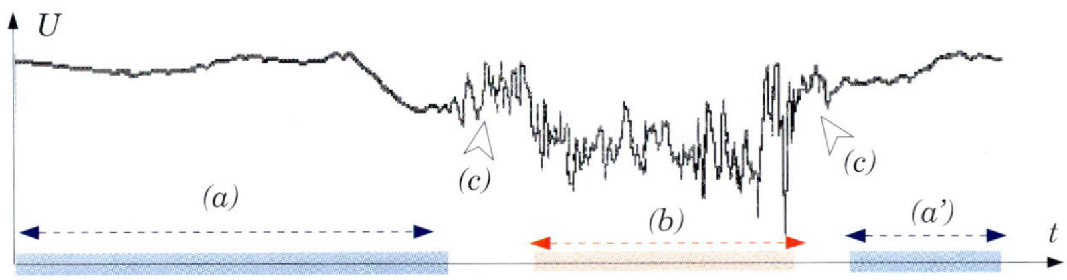

Fig. 3: Mesure par anémométrie à fil chaud de l'évolution temporelle de la vitesse sur l'axe d'une conduite lors de la transition de régime (c) entre laminaire (a), (a') et turbulent (b). (Document I.M.F.T.- T.E.L.E.T.)

Quelle que soit la configuration d'écoulement, les enregistrements des fonctions du mouvement témoignent de l'apparition systématique, en régime turbulent, de *fluctuations erratiques* tant en amplitude qu'en fréquence, en tous points analogues à celles de l'exemple qui vient d'être discuté. Elles sont donc intrinsèques à ce régime et constituent, en quelque sorte la "signature électronique" locale de l'agitation turbulente.

On étendra cette proposition, en considérant plus généralement que :

L'agitation turbulente imprime à toute fonction (macroscopique) du champ de l'écoulement (vitesse, pression, température, masse volumique...) des fluctuations erratiques intrinsèques à ce régime.

3 Traits distinctifs de l'agitation turbulente

Comme nous venons de le voir, le régime turbulent est caractérisé par la présence, au sein même de l'écoulement, de mouvements secondaires responsables d'une agitation macroscopique dite "agitation turbulente". Ainsi, la turbulence n'est pas liée *à la nature physique du fluide* mais à son *mode de mouvement.*

Dans la suite de ce cours nous nous intéresserons plus particulièrement à des états dits de *"turbulence forte"* ou encore *"pleinement développée"* en situation *isovolume.* Ils correspondent à des écoulements à faible nombre de Mach mais grand nombre de Reynolds pour lesquels les mouvements responsables de l'agitation turbulente présentent les traits distinctifs suivants :

- ¤ Taille supra-moléculaire
- ¤ Comportement aléatoire
- ¤ Dénombrement infini
- ¤ Structure tridimensionnelle
- ¤ Présence intermittente
- ¤ Cinématique rotationnelle
- ¤ Dynamique non linéaire
- ¤ Énergétique dissipative

3.1 Taille supra-moléculaire

S'agissant de l'*agitation turbulente* d'ordre macroscopique, nous verrons ultérieurement (Chapitre VIII-§2.6) que la taille des tourbillons qui la composent est bornée inférieurement par la viscosité ($\nu = \mu/\rho$) du fluide. Cette limite inférieure correspond à l'équilibre entre forces d'inertie et de viscosité des plus petits mouvements d'agitation présents à l'échelle du continu. En d'autres termes, désignant par η et v les caractéristiques de longueur et de vitesse de tels mouvements, la limite **macroscopique** s'obtient pour :

$$\eta \times v/\nu \approx 1 \tag{1-1}$$

Quant à l'*agitation moléculaire* de niveau microscopique, nous désignerons par l_m une échelle de longueur, et v_m une échelle de vitesse caractéristiques. La théorie cinétique des gaz fournit alors, en choisissant pour échelles précédentes le libre parcours moyen et la célérité du son, l'estimation suivante :

$$\nu \approx l_m \times v_m \tag{1-2}$$

Comparant les deux estimations, on tire que : $l_m/\eta \approx v/v_m$

Si la vitesse de référence v_m est de l'ordre de la célérité du son *a*, l'échelle de vitesse v reste elle, en situation isovolume, très inférieure à la vitesse d'ensemble *U* de l'écoulement. Pour les évolutions à faible nombre de Mach ($M = U/a << 1$) considérées ici, on a donc :

$$l_m/\eta << M << 1 \tag{1-3}$$

Ainsi, *l'agitation turbulente* s'exerce à un niveau supra-moléculaire qui rend son traitement justiciable de l'approche du *milieu continu.* Nous aurons l'occasion de préciser quantitativement cette conclusion lorsque les éléments nécessaires auront été introduits (Cf. Chapitre VIII-§2.6.3)

3.2 Comportement aléatoire

Pour une première introduction "simple" de ce comportement, nous adopterons le point de vue de l'expérimentateur.

En **régime laminaire**, les caractéristiques de l'écoulement (vitesse, pression, température...) sont des *fonctions déterministes* de l'espace et du temps, au sens où la répétition d'un mouvement *réel* à partir de conditions initiales et aux limites identiques redonne des valeurs identiques à ces fonctions, *aux seules incertitudes de mesure près.*

En **régime turbulent**, il n'en va plus ainsi. Diverses réalisations[1] d'un "même écoulement" fournissent, pour toute grandeur prise en des points et des instants homologues, non pas une valeur, mais un ensemble de valeurs : la mesure cesse donc d'être répétitive et son résultat devient aléatoire. On est conduit alors à adopter une approche statistique en s'intéressant aux lois de probabilité de cet ensemble de valeurs[2].

En illustration de cette approche, on présente, à la figure suivante, un exemple de telles lois, en termes de densité de probabilité $f(u)$ et fonction de répartition en probabilité $F(u)$ de fluctuations de vitesse u. Par fluctuation, on entend tout écart à une valeur moyenne, notion dont il existe plusieurs définitions (Cf. Chapitre II-§7.2) mais qu'il est inutile d'expliciter ici, où il suffit de noter que l'opérateur de moyenne est désigné par une notation surlignée.

Les résultats présentés se rapportent aux fluctuations longitudinales de vitesse (dans le sens de l'écoulement) en couche limite sur plaque plane, à une distance normale à la paroi de 0,05 mm. Ces fluctuations sont normées par leur écart type ($\sqrt{\overline{u^2}}$ avec les notations usuelles). En ce point, on observe que les propriétés statistiques de l'agitation turbulente peuvent assez sensiblement s'écarter de celles d'un état gaussien, ainsi que le met particulièrement bien en évidence la fonction densité de probabilité telle que, par définition :

$$Probabilit\acute{e}\ que\ : \quad [u < fluctuation\ de\ vitesse < u + \mathrm{d}u] \quad = f(u)\mathrm{d}u \equiv \mathrm{d}F(u)$$

---

1 Par réalisation d'un même écoulement, et selon le point de vue opératoire adopté ici, il faut entendre tout essai mettant en jeu le mouvement d'un même fluide sous des conditions initiales et aux limites répétitives, au degré de précision que peut garantir l'expérimentateur. Deux réalisations se distinguent donc de fait par des "détails" inconnus et inaccessibles, car en deçà du seuil de précision (Cf. Chapitre II-§2.1).

2 Les éléments mathématiques de description statistique des fonctions aléatoires sont exposés au Chapitre II.

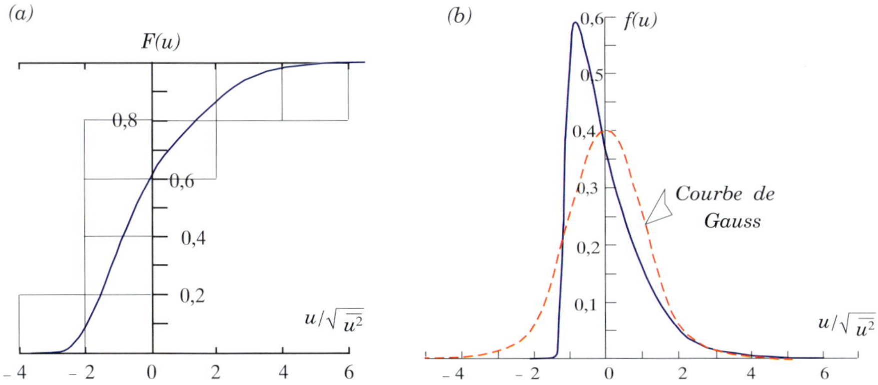

Fig. 4: Fonction de répartition (a) et densité de probabilité (b) des fluctuations de vitesse dans une couche limite turbulente, adapté de Marcillat [286].

3.3 Dénombrement infini

Propriété de l'écoulement, l'agitation turbulente n'offre pas en général la même signature en tout point du champ. C'est ce qu'illustrent les enregistrements de la fluctuation (ici, écart par rapport à la moyenne temporelle) de vitesse axiale u en divers points du sillage d'un barreau cylindrique de section circulaire.

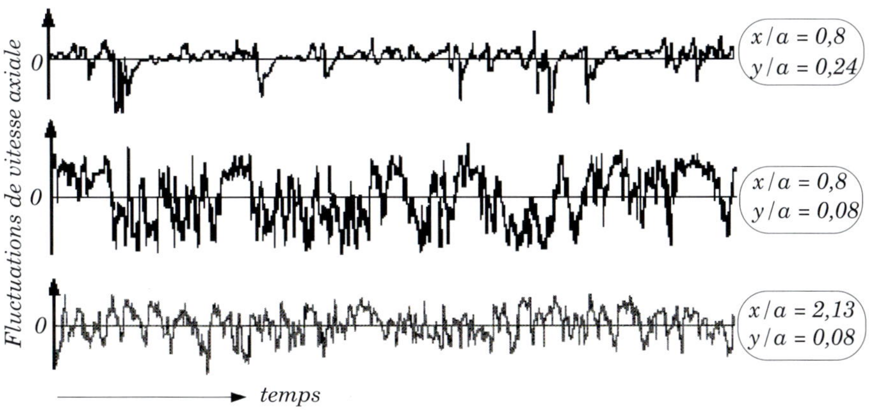

Fig. 5: Enregistrements temporels de vitesse en divers points du sillage d'un cylindre. (Document I.M.F.T. – T.E.L.E.T.) — Voir notations à la figure suivante.

En dépit de variations quantitatives patentes, tous les tracés apparaissent néanmoins constitués d'oscillations recouvrant un très grand nombre de fréquences. Pour préciser ce point, il est usuel de procéder à une transformée de Fourier qui, pour un signal temporel, fournit une représentation fréquentielle. On trouvera aux Chapitres

II-§6 et V-§2.2 des rappels et compléments mathématiques sur cet opérateur. Pour l'usage qui va en être fait ici, on peut s'en tenir à la traduction de la relation de Parseval (Chapitre V–§2.2e) selon laquelle l'énergie (ici le carré de la vitesse) s'obtient par sommation des contributions de toutes les harmoniques. La courbe de répartition de ces contributions avec la fréquence est appelée **répartition spectrale** ou spectre en **fréquence** $\left(f \propto t^{-1}\right)$. Pour le sillage du cylindre (figure ci-dessous), les fréquences d'oscillations turbulentes au point considéré recouvrent continûment la plage de 1Hz à 500Hz environ.

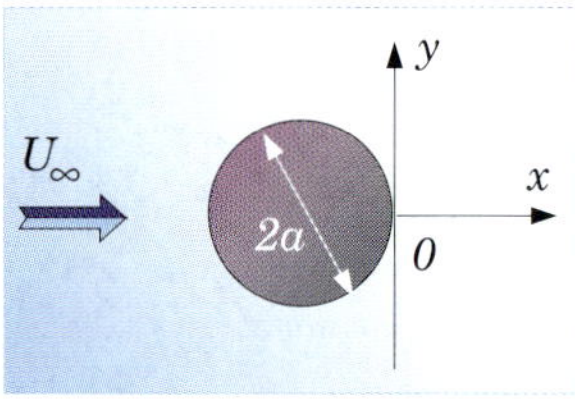

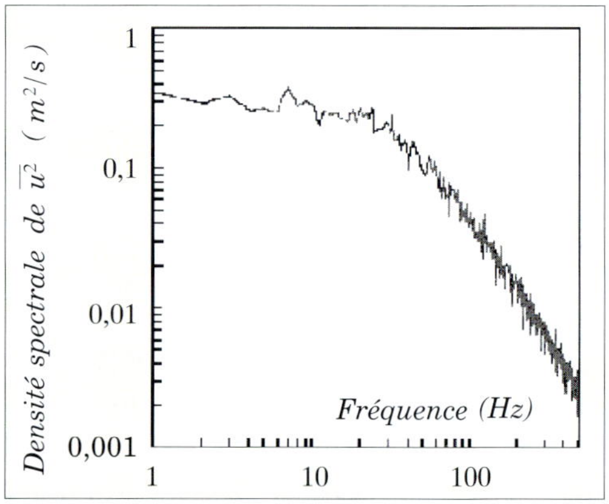

Fig. 6: Spectre en fréquence des fluctuations de vitesse du sillage d'un cylindre en x/a = 2,13 et y/a =– 0,8 (Document I.M.F.T.- T.E.L.E.T.)

La même procédure peut tout aussi bien être appliquée à une fonction d'une variable spatiale. Elle fournit alors une **répartition spectrale** ou spectre en **nombre d'onde** $\left(\kappa \propto l^{-1}\right)$. En turbulence derrière une grille, la contribution longitudinale $\overline{u^2}$ de l'énergie cinétique des mouvements d'agitation est elle aussi répartie continuement sur différentes dimensions d'espace, traduites ici par le nombre d'onde κ_1 compté dans la direction de l'écoulement.

Pour le cas présenté, — maille de grille égale à 10 cm —, l'énergie cinétique des fluctuations se distribue sur des mouvements dont la taille reste comprise entre 0,02 cm et 10 cm.

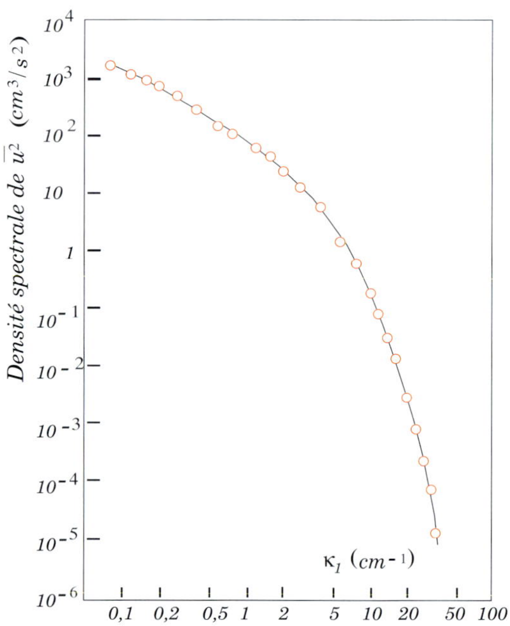

Fig. 7: Spectre en nombre d'onde de l'énergie des fluctuations axiales de vitesse derrière une grille. (d'après Kuo et al. [227])

L'idée générale qui émerge du tableau précédent est celle d'une agitation turbulente regroupant une infinité de contributions en termes d'échelles, tant temporelle que spatiale.

En résumé, on pourra retenir que :

Les spectres d'agitation turbulente, tant en fréquence qu'en nombre d'onde, ne sont pas constitués de "raies", même en infinité dénombrable, mais présentent une répartition continue sur une plage d'échelles bornée.

REMARQUE — *Selon un point de vue "concret", on envisage souvent que les mouvements chaotiques macroscopiques de l'agitation turbulente sont liés à la présence de "tourbillons" ou "structures tourbillonnaires" au sein même de l'écoulement. Lors du maniement de ce vocabulaire, il conviendra de garder présent à l'esprit les deux points suivants :*

– On ne peut pas, en toute rigueur, lier chaque fréquence ou chaque nombre d'onde à une entité physique parfaitement définie. La notion de "tourbillon" doit donc garder un caractère conceptuel, son association systématique à une fréquence — ou à un nombre d'onde — étant abusive.

– Dans certains *écoulements turbulents, l'ensemble des mouvements d'agitation peut néanmoins inclure ceux de* véritables structures tourbillonnaires parfaitement constituées, *i.e., physiquement identifiables, cohérentes et dont l'organisation spatio-temporelle dans l'ensemble du champ possède parfois un caractère périodique prononcé (Cf. Chapitre VII). La répartition spectrale continue, dont il vient d'être fait mention, présente alors un ou plusieurs "pics" qui sont révélateurs de l'existence de tels mouvements. En pareils cas, l'association fréquence — ou nombre d'onde — et structure reprend sa légitimité.*

3.4 Structure tridimensionnelle

Nous ne traiterons dans ce cours que d'écoulements turbulents dont l'agitation possède naturellement une structure tridimensionnelle. Cela signifie que, sauf hypothèses spécifiques, d'éventuelles propriétés d'invariance géométrique par bidimensionnalité ne s'appliquent pas au champ fluctuant instantané.
Considérant par exemple l'écoulement établi en conduite cylindrique de section circulaire, la vitesse du mouvement d'ensemble se réduit, en coordonnées cylindriques (x, r, θ) à la seule composante $\overline{U}_x(r)$ pour un champ moyen permanent. Mais le champ fluctuant instantané conserve trois composantes non nulles (u_x, u_r, u_θ) dont les écarts types $\sqrt{\overline{u_x^2}}, \sqrt{\overline{u_r^2}}, \sqrt{\overline{u_\theta^2}}$ se distribuent continûment à travers la section droite (voir figure suivante).

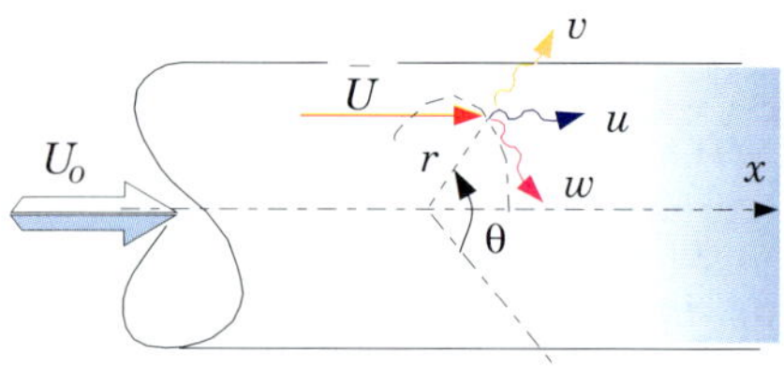

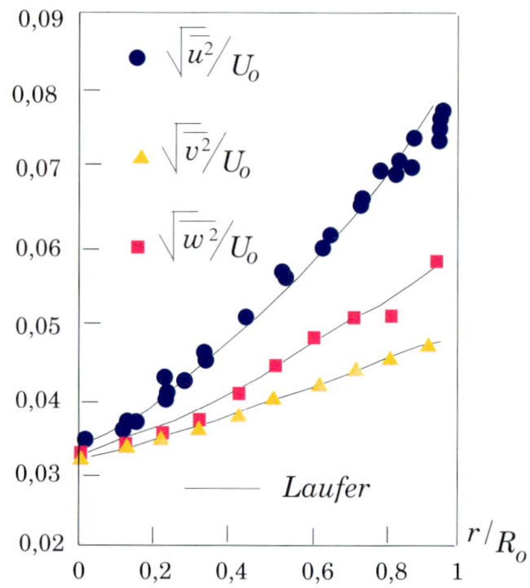

Fig. 8: Profils des écarts types de fluctuations de vitesse d'un écoulement turbulent en conduite à Re = 54 000.
(Document I.M.F.T. - T.E.L.E.T.)

3.5 Intermittence

L'enregistrement ci-dessous présente la composante longitudinale de la vitesse à la périphérie du sillage d'un cylindre en régime de transition. Il dégage un fort caractère périodique associé au passage des tourbillons de von Kármán qui s'échappent alternativement de part et d'autre du cylindre. On note néanmoins (flèches) l'apparition de séquences turbulentes caractérisées par la présence d'oscillations d'amplitudes et de fréquences variables. Cependant, la suite des instants où surviennent de tels épisodes reste aléatoire. On dit alors qu'il y a *intermittence* de la turbulence.

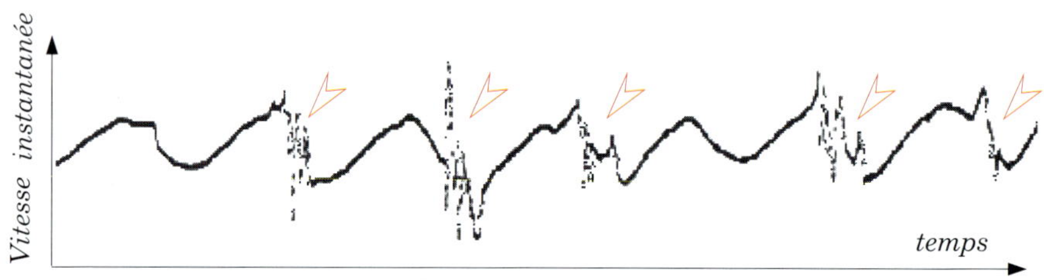

Fig. 9: Intermittence de frontière dans le sillage d'un cylindre.
(Document I.M.F.T.-T.E.L.E.T.)

Ainsi, le caractère turbulent peut ne pas être présent à tout instant ni en tout point du champ. Différents types d'intermittence peuvent être distingués :

- l'*intermittence de régime*, où l'état de turbulence en un point du champ peut ou non s'observer au cours du temps lors de la transition laminaire-turbulent (cas de l'exemple antérieur),
- l'*intermittence de petite échelle*, associée aux structures dissipatives,

– l'*intermittence de frontière*, à grande échelle, pour des écoulements turbulents non confinés, traduisant la nature aléatoire de forme et position de la frontière libre.

3.6 Cinématique rotationnelle

Comme toute fonction du champ de l'écoulement décrite en variables d'Euler (x_j, t), la vitesse d'un champ turbulent présente, à tout *instant donné*, des *fluctuations spatiales*. En usant de la décomposition classique du tenseur gradient de vitesse en partie symétrique (S_{ij}) et antisymétrique (R_{ij}) on peut écrire :

$$\frac{\partial U_i}{\partial x_j} = S_{ij} + R_{ij} \tag{1-4}$$

avec :

$$Sij = \frac{1}{2}\left(\frac{\partial U_i}{\partial x_j} + \frac{\partial U_j}{\partial x_i}\right) \quad \text{et} \quad R_{ij} = \frac{1}{2}\left(\frac{\partial U_i}{\partial x_j} - \frac{\partial U_j}{\partial x_i}\right) \tag{1-5a et b}$$

Comme nous le verrons par la suite, la linéarité des opérateurs précédents permet d'étendre ces relations aux champs de vitesse du mouvement d'ensemble et du mouvement d'agitation. L'absence de toute simplification cinématique applicable a priori à ce dernier (Cf.§ 3.4) fait que les *fluctuations de vitesse* sont porteuses de *fluctuations de rotationnel.*
Ainsi, et même si intrinsèquement, la turbulence ne "produit" pas de rotationnel, elle aura un triple effet sur cette quantité par :

– le renforcement de sa **production** dans les zones pariétales par suite de l'augmentation des gradients de vitesse locaux (voir ci-après §6.4) ;
– l'intensification des **transferts internes de vorticité fluctuante** en raison des mécanismes tridimensionnels spécifiques d'interaction tourbillonnaire présents dans l'équation du tourbillon ;
– la **diffusion** de vorticité hors des zones de production sous l'effet de l'agitation turbulente.

3.7 Dynamique non linéaire

Les mouvements d'agitation ne doivent pas être considérés comme se "superposant" (au sens usuel de la théorie des écoulements à potentiel) au mouvement d'ensemble. En fait, il y a **interaction** entre tous les mouvements présents dans l'écoulement selon une dynamique qui, comme nous le verrons ultérieurement, restera régie par les équations de Navier-Stokes. L'intégralité de ces interactions sera donc soumise aux non linéarités de ce modèle. Pour le champ de vitesse, on retrouvera en particulier des effets non-linéaires à travers les termes d'advection et de pression.

3.8 Énergétique dissipative

Rappelons tout d'abord qu'en évolution *isovolume,* et selon un résultat classique de mécanique des fluides (voir par exemple Chassaing [63], page 116), le montant local Φ du taux de dissipation s'exprime simplement par :

$$\Phi = 2\mu S_{ij} S_{ij} \tag{1-6}$$

Comme pour le rotationnel, le champ des vitesses de déformation S_{ij} intègre, en régime turbulent, les contributions de tous les mouvements présents au sein du fluide. Il en résulte un taux de dissipation propre à l'agitation turbulente qui vient s'ajouter à celui du mouvement d'ensemble.
S'agissant du *taux de dissipation par fluctuations turbulentes* on peut faire à son propos les mêmes observations que pour l'énergie cinétique des mouvements d'agitation : Cette quantité scalaire a pour montant total la somme les contributions de toutes les classes de structures tourbillonnaires présentes dans l'écoulement. On peut donc également parler de “spectre de dissipation”. Cependant, compte tenu de l'ordre de grandeur de la viscosité μ pour les fluides usuels, seuls les "tourbillons" présentant des vitesses de déformations importantes auront une contribution spectrale significative. Nous verrons qu'il s'agit des "petits tourbillons" dont le montant énergétique est par ailleurs peu élevé.
Ces considérations sur la dissipation d'ordre "mécanique" s'étendent naturellement aux taux de dissipations "thermique" ou "massique" en présence respectivement de gradients de température ou de concentration.

4 Proposition de définition

Donner une définition générale et précise de la *turbulence en mécanique des fluides* reste encore, en l'état actuel des connaissances une question ouverte. La proposition suivante ne cherche donc pas à clore définitivement le sujet, mais plus simplement à rassembler synthétiquement les éléments essentiels dégagés précédemment. Ainsi peut-on retenir que :

La turbulence est un mode naturel d'écoulement d'un fluide visqueux où des mécanismes internes d'échange d'énergie assurent la création et le maintien de toute une hiérarchie de mouvements chaotiques répartis continûment sur une large gamme d'échelles macroscopiques.

Par rapport à des propositions antérieures — cf. J.O. Hinze [180] par exemple — la référence au traitement statistique n'est pas incluse dans la définition. Cette mention est en effet considérée comme relevant plutôt de la façon de concevoir l'étude du phénomène, ainsi que nous allons le voir dans la section suivante.

5 Conséquences théoriques de l'état de turbulence du mouvement d'un fluide

5.1 Validité du modèle de Navier-Stokes

Selon les considérations du §3.1, l'étude de la turbulence reste du domaine de la *mécanique des milieux continus.* S'agissant du mouvement de fluides usuels tels que l'air ou l'eau, on dispose alors d'un modèle classique : celui de Navier-Stokes. En l'absence de théorème général d'existence et d'unicité de solution de ces équations en géométrie tridimensionnelle, on peut mentionner la conjecture de Leray [256] sur l'apparition d'éventuelles singularités spatio-temporelles. Des résultats de Caffarelli et al. [46] tendent à indiquer que de telles singularités, si elles existent, n'occupent qu'un domaine très restreint de l'espace-temps $\mathbb{R}^4$ et ne conduisent pas à la remise en cause du modèle.
Une conclusion allant dans le même sens résulte de l'expérimentation, dans la mesure où il n'a pas été possible de mettre en évidence des conséquences du modèle qui seraient en contradiction flagrante avec les observations.

C'est pourquoi, et sauf preuve du contraire, *nous admettrons que l'évolution de fluides réels usuels tels que l'air et l'eau en régime turbulent relève toujours du modèle de Navier-Stokes.*

5.2 Déterminisme et turbulence

Admettre un caractère *aléatoire* à l'agitation turbulente c'est en appeler directement au *déterminisme* des solutions des équations de Navier-Stokes. Comme le soulignent Favre et al. [133], la question ne se pose pas quant au *déterminisme physico-mathématique* de ce modèle, mais en terme de *déterminisme physique.*
Le problème que soulève en effet l'apparition de la turbulence dans les "solutions laminaires" des équations de Navier-Stokes, est celui d'une *perte de déterminisme physique à échelle macroscopique.* L'explication n'est donc pas à rechercher dans un classique changement d'échelles "microscopique / macroscopique" bien connu en mécanique du continu, mais plutôt dans la conjugaison de *deux* facteurs :

- impossibilité de prescription des conditions initiales et / ou aux limites, au degré de précision requis à l'échelle du continu,
- sensibilité de l'écoulement aux détails (incontrôlables) de ces mêmes conditions initiales et / ou aux limites.

Sur cette base, deux thèses peuvent être invoquées actuellement pour justifier cette perte de déterminisme physique en turbulence.

• En suivant les idées de Landau et Lifshitz [230] tout d'abord, on peut considérer que l'état de turbulence conduit à une augmentation sensible du nombre de degrés de liberté de l'écoulement par rapport au régime laminaire, où ils étaient en quelque

sorte "vérouillés" par la viscosité.
Selon cette conception, la perte de déterminisme résulte directement de l'impossibilité de spécifier les conditions initiales et aux limites en nombre compatible avec la totalité des degrés de liberté du système.
Cette théorie de non déterminisme d'un système à *très grand nombre de degrés de liberté* a cependant pour conséquence immédiate la perte d'influence des conditions initiales sur l'évolution ultérieure du système. En effet, l'idée d'un très grand nombre de degrés de liberté pour les "tourbillons" d'agitation turbulente conduit inévitablement à l'existence d'un très grand nombre d'interactions inter-tourbillonnaires. Ainsi, au bout d'un certain laps de temps et d'un point de vue strictement inertiel conservatif, les tourbillons par interaction mutuelle seront passés par tous les états possibles, **perdant donc la "mémoire" de leurs conditions initiales et aux limites.**

Un tel tableau ne correspond qu'imparfaitement à la réalité, dans la mesure où, des analyses nombreuses révèlent que la persistence de caractères anisotropes de l'agitation liés aux conditions initiales et aux limites ne se limite pas aux seules situations de turbulence proche de la transition ou "turbulence jeune".

Par la **sensibilité** de sa dépendance aux **conditions initiales et aux limites**, la turbulence présente ainsi une propriété typique du comportement des systèmes dynamiques non linéaires et dissipatifs. C'est pourquoi, dans le prolongement des idées plus récentes avancées par Ruelle et Takens [367], une seconde explication de la perte de déterminisme de la turbulence est celle de l'évolution vers le "chaos" d'un système dynamique non linéaire et dissipatif à *petit nombre de degrès de liberté.*
Selon ces auteurs, l'apparition de la turbulence peut être liée, au moins dans certains cas, à l'existence d'un attracteur étrange dans l'espace des phases. L'étude des propriétés de tels attracteurs constitue alors une des voies de l'investigation du comportement chaotique de la turbulence et des résultats récents ont été obtenus en écoulements bidimensionnels, homogènes et incompressibles par A. Lafon [229], par exemple.
Cette deuxième approche ouvre ainsi des perspectives conceptuelles nouvelles de la turbulence, même si, à l'heure actuelle, sa pertinence n'est pas encore intégralement assurée pour toutes les situations décrites par les équations de Navier-Stokes.

5.3 Prédétermination des écoulements turbulents

Jusqu'à une date relativement récente, il n'était pas possible d'accéder, par calcul, à tous les **détails des fluctuations** de l'agitation turbulente. Au début des années 1970, avec les premiers travaux d'Orszag [315], la situation a changé, le calcul numérique, par résolution directe des équations de Navier-Stokes, conduisant alors à de telles informations.
La *simulation directe* représente ainsi la *première* tentative véritable de *prédétermination* de la turbulence. Elle apporte une contribution décisive à la connaissance intime du phénomène, mais va néanmoins très au-delà des besoins

requis par la majorité des applications pratiques actuelles. En effet, dans la plupart des problèmes intéressant l'ingénieur, l'accès à des valeurs quantifiant statistiquement les propriétés de l'agitation suffit.

Une autre approche peut donc être envisagée, dont l'objet est la *prédétermination* des *paramètres statistiques* — qui restent à définir —, des fonctions aléatoires du champ de l'écoulement pour lesquels existe un *déterminisme statistique* (Favre et al. [133]). Elle peut être déclinée en plusieurs variantes selon les éléments retenus au titre de la paramétrisation statistique.

5.4 Statistique macroscopique et turbulence

Dans le droit fil des éléments théoriques précédents, la détermination de données statistiques en turbulence peut s'envisager actuellement selon deux types de démarches.

a) Statistique *après* résolution

Très simple à saisir dans son concept, cette approche consiste à déduire les caractéristiques statistiques d'un champ turbulent par "moyennage" sur plusieurs de ses réalisations (§3.2). Difficile d'accès expérimentalement, elle est devenue actuellement envisageable par voie numérique grâce notamment aux progrès conjugués des méthodes numériques et des moyens informatiques : c'est la simulation numérique directe[1] (S.N.D.) de la turbulence déjà citée.
L'essentiel de la difficulté d'une telle approche réside dans l'assurance de **calculer correctement l'ensemble** de toute la gamme de tourbillons effectivement présents dans l'écoulement. On peut montrer en effet (voir par exemple Schiestel [374], page 31) que le "nombre de noeuds" d'un maillage tridimensionnel nécessaire à un tel calcul est proportionnel à $(R_T)^{9/4}$, où R_T est un nombre de Reynolds de turbulence[2]. Avec une valeur de l'ordre de 1000, la capacité de stockage requise est sensiblement une fois et demie celle d'une machine de type CRAY 1.
Pour autant que ces problèmes puissent être résolus, ce qui est aujourd'hui le cas pour des géométries simples, la question majeure qui subsiste, et qui actuellement n'a reçu d'autre réponse que par référence aux données expérimentales, est celle de savoir comment constituer, a priori, un **échantillon** de plusieurs simulations statistiquement **représentatif** de la solution "turbulente".

b) Statistique *avant* résolution

Il s'agit là de l'approche probabiliste *conventionnelle* où l'on considère les fonctions du champ de l'écoulement (vitesse, pression, température ...) comme des **fonctions aléatoires**. Supposant connues leurs lois de probabilités à un instant t_0, il s'agit de déterminer ces mêmes lois à tout instant ultérieur $t > t_0$, sachant que ces fonctions

[1] D.N.S. pour "Direct Numerical Simulation" en anglais.

[2] $R_T = \sqrt{\overline{k}} \times l/\nu$, où $\overline{k}$ est la valeur moyenne de l'énergie cinétique du mouvement d'agitation et l une échelle de longueur des tourbillons porteurs d'énergie (voir éq.(1-9) et Chapitre II-§7.3.4).

aléatoires évoluent conformément aux équations de Navier-Stokes.
Sur le plan théorique, ce problème qui consiste schématiquement à déduire l'évolution d'une mesure de probabilité des équations du mouvement n'a pas été résolu dans le cas général[1]. Par contre, et à condition de restreindre la description statistique (en la limitant par exemple à des moments d'ordre fini ou à leurs équivalents spectraux), cette approche constitue "l'épine dorsale" de la *modélisation mathématique de la turbulence* à partir des équations de Navier-Stokes moyennées. Elle fait encore l'objet de nombreux développements qui se regroupent actuellement autour de deux orientations principales :

- la modélisation à statistique **globale**, où les mouvements d'agitation sont considérés, **dans leur intégralité**, comme ayant un comportement aléatoire ;
- la modélisation à statistique **partielle** où seules **certaines classes** de tourbillons sont traitées statistiquement, l'évolution des autres relevant d'un calcul direct. Cette dernière approche est connue sous l'une ou l'autre des dénominations : (i) Simulation de grandes échelles[2] (S.G.E.), en référence aux échelles qui sont "*résolues*", (ii) Modélisation de sous maille[3] (M.S.M.), en référence aux échelles qui sont "*schématisées*".

Si la nécessité d'une modélisation est évidente avec le premier type de traitement, on pourrait être tenté de s'en dispenser dans le second cas, et ce d'autant plus volontiers que les "grandes échelles" simulées recouvriraient une "très" large plage du spectre. Une telle attitude ne peut aboutir comme l'a montré Lesieur [257] dont la simulation numérique de deux champs turbulents initialement parfaitement corrélés sauf pour les toutes petites échelles, dégage au cours du temps une décorrélation d'ensemble (i.e., non limitée aux grands nombres d'onde). Tout se passe en quelque sorte comme s'il existait un "flux d'erreur" qui, partant d'une localisation restreinte aux petits tourbillons, contaminait progressivement l'intégralité des structures du champ de l'écoulement, condamnant par là toute prédétermination à long terme en l'absence de modèle ad hoc.

En conclusion de ces quelques considérations "théoriques", et avant d'aborder la présentation des principaux effets pratiques de la turbulence, il convient de rappeler les limitations inhérentes à tout traitement statistique :

- l'évolution "moyenne" peut ne correspondre à *aucune* réalisation physique réelle ;
- la connaissance de paramètres statistiques sur des "ensembles" trop grossiers peut ne présenter qu'un intérêt pratique limité (Cf. moyennes saisonnières en micrométéorologie pour la prévision effective du temps).

COMPLÉMENT — ***Note historique*** — L'irruption de "l'aléatoire" dans la physique a toujours été source de réflexions et controverses d'autant plus profondes que le sujet ouvre très vite sur des perspectives d'ordre métaphysique. Depuis le déterminisme

---

[1] Voir Chapitre XI-§2.5, Complément.

[2] L.E.S. pour "Large Eddies Simulation" en anglais.

[3] S.G.M. pour "Sub Grid Modelling".

triomphant d'un Laplace en fin de XVIIIème siècle, en passant par le credo d'Einstein "Dieu ne joue pas aux dés", de nombreux grands esprits ont été fascinés par cette question.
S'agissant de la manifestation de l'aléatoire à échelle macroscopique, dont la turbulence est l'illustration la plus patente, nous citerons plus particulièrement Horace Lamb, physicien britannique qui déclarait[1] : « *Je suis âgé et je mourrai bientôt. Quand je serai au ciel, j'espère que j'y recevrai des éclaircissements à propos de deux phénomènes : l'électrodynamique quantique et la turbulence des fluides. En ce qui concerne l'électrodynamique quantique, j'ai bon espoir.* »
Ces propos sont à rapprocher de ceux de Werner Heisenberg, physicien allemenand prix Nobel en 1932, déclarant[2] sur son lit de mort qu'il poserait à Dieu deux questions : « *Pourquoi y-a-t-il la relativité et pourquoi y-a-t-il la turbulence ?*» et d'ajouter « *Je suis persuadé qu'il pourra répondre à la permière question.*»

6 Effets pratiques de la turbulence

Pour l'ingénieur, la turbulence a des effets qui, selon les applications, peuvent se révéler soit favorables, soit défavorables :

- la turbulence réduit les inhomogénéités cinématiques, thermiques, massiques au sein de l'écoulement, tout en augmentant les transferts pariétaux ;
- la turbulence augmente la traînée de frottement visqueux, mais peut diminuer sensiblement la traînée de forme, en retardant d'éventuels décollements ;
- la turbulence peut favoriser le mélange d'une phase dispersée, mais peut également provoquer la coalescence de gouttelettes dans des écoulements diphasiques.

Cette ambivalence, qui constitue l'une des difficultés de maîtrise du phénomène, trouve son explication dans une analyse approfondie des propriétés de transferts par les mouvements d'agitation interne. Nous allons dans la suite en donner quelques illustrations.

6.1 Brassage par mouvement continu.

Le *brassage par mouvement continu* ou "brassage tumultueux" comme le qualifiait Boussinesq [31], est la clé de nombreuses propriétés de la turbulence. Avant d'en examiner plus en détails les manifestations en termes de *dispersion, diffusion,* ou *mélange,* il importe de rappeler que de tels effets proviennent schématiquement de

[1] Extrait de l'article de Russell Donnelly "*La turbulence superfluide*" dans Pour la Science, Janv. 1989.

[2] Anecdote rapportée par Gleick dans *La théorie du chaos* aux éditions Champs Flammarion.

l'existence, en régime turbulent, de **trois** classes d'échelles de mouvement et non pas deux, comme en régime laminaire.
En référence à la figure ci-dessous, on peut en effet distinguer :

- le mouvement **d'ensemble** (échelle L), correspondant à l'évolution "moyenne" ou "globale" de l'écoulement,
- les mouvements **d'agitation turbulente** (échelle l), en reflet des tourbillons réellement présents dans l'écoulement,
- les mouvements **d'agitation moléculaire** (échelle l_m), dont seuls les effets macroscopiques sont pris en compte dans une approche de type milieu continu.

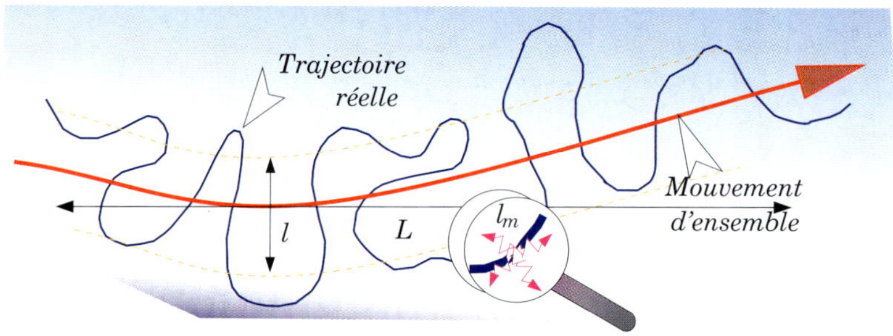

Fig. 10: Les trois classes de mouvement en régime turbulent.

Pour fixer les idées, dans le cas d'un écoulement turbulent isovolume d'air et pour un mouvement d'ensemble confiné à une échelle L de l'ordre du mètre, on pourra retenir que : $l \sim 1m$ à $10^{-3}m$, et $l_m \sim 10^{-8}m$.

6.2 Dispersion

La diversité de mouvements aux échelles l fait que toute ligne d'émission présente en écoulement turbulent des "écarts" par rapport à une "ligne moyenne" (Fig.11*a*). Une autre façon de percevoir ce caractère dispersif consiste à s'intéresser, d'un point de vue "lagrangien", aux positions occupées par N particules **marquées** émises, à différents instants, du même point d'un écoulement supposé permanent en moyenne. Au bout d'une durée Δt après le passage au point A, les particules se répartissent en un "nuage" comme le schématise la figure 11b.
Si l'on s'intéresse maintenant à des **paires** de particules, initialement distantes d'une longueur donnée Y, le caractère dispersif de la turbulence se manifeste dans ce cas, par l'accroissement en moyenne de cet écart avec le temps. À partir d'observations en turbulence atmosphérique, Richardson [345] a pu établir dès 1926 le résultat empirique suivant :

$$\frac{d\overline{Y^2}}{dt} \sim \left(\overline{Y^2}\right)^{\frac{2}{3}} \tag{1-7}$$

où $\overline{Y^2}$ désigne l'écart quadratique moyen séparant deux particules, la moyenne étant définie ici sur un ensemble de réalisations expérimentales.

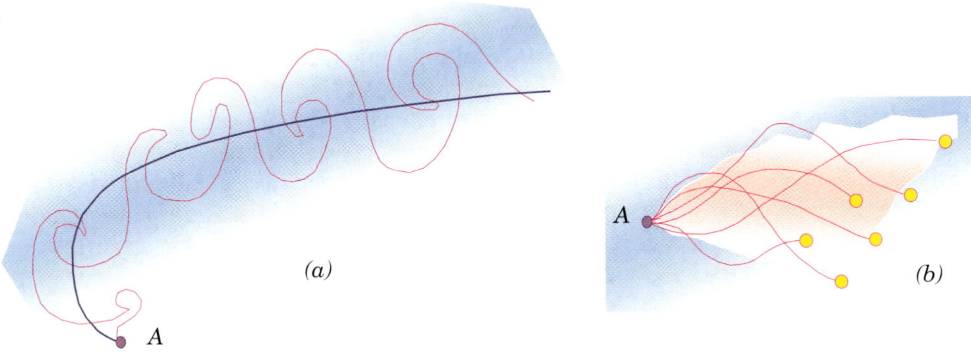

Fig. 11: Dispersion turbulente eulérienne (a), lagrangienne (b).

6.3 Diffusion

Contrairement à la notion de *dispersion,* qui résulte des caractéristiques turbulentes de l'écoulement **pris dans son ensemble**, celle de *diffusion turbulente* ou *diffusion par mouvement continu* est fondamentalement associée au **transport** d'une propriété quelconque par les **écarts** de vitesse entre la valeur locale instantanée et une certaine valeur moyenne ou d'ensemble.
Considérons par exemple — voir schéma suivant — un domaine de fluide "marqué", à un instant t_0 par un *contaminant passif*, i.e., n'altérant pas le champ vitesse-pression (colorant inerte par exemple) et désignons par l_0 une échelle de longueur caractéristique de ce volume.

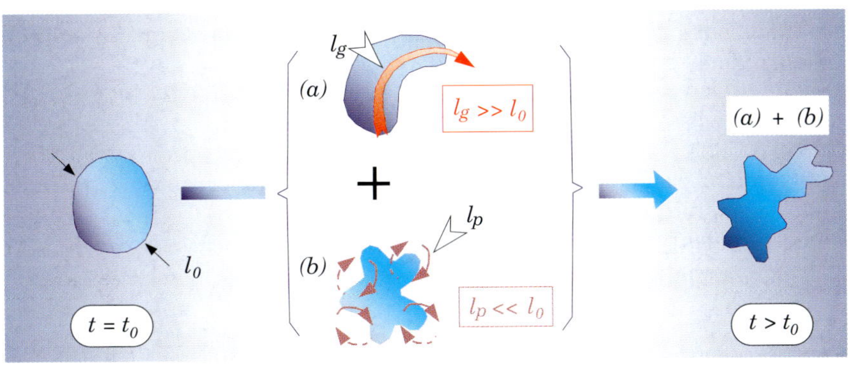

Fig. 12: Schéma de diffusion turbulente selon différentes classes de tourbillons : (a) Transport par gros tourbillons; (b) Transfert par petits tourbillons.

Parmi les mouvements d'agitation affectant l'évolution ultérieure de ce domaine, on peut distinguer, en première analyse, ceux des :

– "gros" tourbillons, de taille (l_g) très supérieure à l_0, responsables d'un"transport",

– "petits" tourbillons, ($l_p << l_0$) pour lesquels on parlera de "transfert".

La distinction de vocabulaire qui vient d'être introduite avec les termes de *transport* et de *transfert* vise à indiquer que les échanges par les gros tourbillons relèvent plus directement de la dynamique de ces structures, alors que ceux dus aux petits tourbillons seront organisés dans le sens des gradients de propriété transférée.
La dépendance du transfert par **petits** tourbillons avec les **gradients** de propriété n'est pas sans évoquer une certaine analogie avec la diffusion par agitation moléculaire. Dans le cadre des schémas de Newton, Fourier et Fick, la diffusion par agitation moléculaire est en effet caractérisée, au niveau macroscopique par des lois de ce type. Les coefficients qui apparaissent ou *diffusivités* $\left(L^2T^{-1}\right)$ peuvent être considérés comme des *propriétés physiques du fluide* i.e., des grandeurs indépendantes du mouvement, au moins en première approximation.
À l'opposé, la diffusion turbulente est une propriété non du fluide mais du régime d'écoulement. Ainsi, d'éventuelles *"diffusivités turbulentes"* seront a priori des fonctions du champ de l'écoulement.
Décidant par exemple d'une échelle de vitesse *u'* et de longueur *l*, de simples considérations aux dimensions indiquent alors que, pour le transfert de quantité de mouvement, l'ordre de grandeur d'une *diffusivité par agitation turbulente* ν_T est donné par :

$$\nu_T \sim u' \times l \qquad (1\text{-}8)$$

d'où le rapport à la viscosité ν du fluide : $\frac{\nu_T}{\nu} \sim \dfrac{u' \times l}{\nu} \equiv R_T$ (1-9)

où R_T est un nombre de Reynolds de turbulence, dont les valeurs peuvent typiquement s'échelonner entre 10^2 et 10^7 suivant la configuration d'écoulement turbulent.
Une manifestation concrète de l'importance relative de la diffusion turbulente sur son homologue moléculaire est donnée par la loi d'épaisseur conventionnelle[1] de couche limite $\delta(x)$ sur plaque plane. Sans gradient de pression, la solution de Blasius du régime laminaire conduit à :

$$\delta(x)/x = 4{,}92 R_x^{-1/2} \qquad (1\text{-}10)$$

soit une frontière en évolution parabolique avec la distance en aval, puisque par définition du nombre de Reynolds local, $R_x = U_\infty x/\nu$.
En régime turbulent pour la même configuration, on a $\delta(x)/x = 0{,}37 R_x^{-1/5}$ (1-11)
soit une loi d'épaississement en $x^{4/5}$.

EXERCICE — ***Diffusion en jet libre plan*** — Un jet libre plan est émis d'une fente de demi-largeur D_0 dans une atmosphère initialement au repos. On suppose que le profil de vitesses est uniforme à l'émission et de valeur U_0.
En régime laminaire la diffusion de la quantité de mouvement est entièrement contrôlée, dans ce type d'écoulement, par la viscosité moléculaire du fluide ν. En régime turbulent, l'expérience montre qu'à une certaine distance en aval de la source

[1] Les définitions des épaisseurs conventionnelles sont rappelées au Chapitre X-§4.6.2.

où les approximations de couche limite s'appliquent, l'expansion de jet est linéaire, avec un demi-angle de l'ordre d'une dizaine de degrés.
1) On désigne par $U_A(x)$ une échelle de vitesse caractéristique du *transport advectif* dans le jet et par ν_T une viscosité cinématique représentative de la *diffusion* par agitation *turbulente*.
Établir que le nombre de Reynolds $U_A(x) \times x/\nu_T$, où x désigne la coordonnée longitudinale de l'écoulement, est constant dans le jet.
2) L'expérience montre que l'expansion du jet s'accompagne, en régime turbulent, d'une décroissance hyperbolique de la vitesse sur l'axe. Qu'en concluez-vous pour la viscosité cinématique de turbulence ν_T ?
3) Déduire que, sous les conditions de la question précédente, le rapport entre les viscosités cinématiques par agitation turbulente ν_T et moléculaire ν est directement proportionnel au nombre de Reynolds à l'émission $R_{e0} = U_0 D_0/\nu$. Commentez ce résultat.

SOLUTION
1) Dans cet écoulement libre de type couche limite, les temps de diffusion et d'advection sont équivalents[1], de sorte que :

$$\frac{\delta^2(x)}{\nu_T} \sim \frac{x}{U_A(x)}$$

en prenant comme échelle de longueur représentative de la diffusion la largeur $\delta(x)$ du demi-jet à l'abcisse x. Puisque l'expansion est linéaire, on sait que $\delta(x) \propto x$, si bien que la relation conduit bien au résultat :

$$\frac{U_A(x) \times x}{\nu_T} = C^{te}$$

2) Si $U_A(x) \propto 1/x$, le résultat précédent montre directement que la viscosité de turbulence est constante. Il importe de souligner qu'il s'agit là d'un résultat *particulier* qui ne s'applique pas en général, i.e., quel que soit le type d'écoulement.
3) Reprenant l'équivalence des échelles temporelles en posant $U_A(x) = AU_0D_0/x$, où A est une constante pure, il vient :

$$\frac{\delta^2}{x^2} \sim \frac{\nu_T}{U_0 D_0} \equiv \frac{\nu_T}{\nu} \times \frac{\nu}{U_0 D_0}$$

Sachant que $\delta/x = \text{tg}(10) \simeq 0,18$, on aboutit finalement à $\dfrac{\nu_T}{\nu} \sim 0,03 \times R_{e0}$

Cette relation montre que pour des nombres de Reynolds relativement faibles (de l'ordre de quelques centaines) la diffusion par mouvement continu l'emporte sur celle par agitation moléculaire. Cette propriété est largement justifiée par l'absence de parois dans cette configuration d'écoulement permettant ainsi à la turbulence de se développer librement.

[1] Voir éventuellement rappel au Chapitre VI-§4.1.

6.4 Mélange

Cette notion associe les diffusions par agitation turbulente et moléculaire, comme nous allons le voir sous un double aspect, qualitatif et quantitatif.

a) Considérons tout d'abord, d'un point de vue **qualitatif**, l'évolution dans le temps d'une portion de " l'interface" séparant un domaine de fluide marqué du reste d'un écoulement turbulent (schéma ci-dessous). Sous l'effet de l'agitation turbulente, des "digitations" apparaissent sur cette interface, de plus en plus nombreuses et ramifiées avec le temps [82]. Il en résulte une distorsion de la surface que l'on sait aujourd'hui être de dimension fractale.

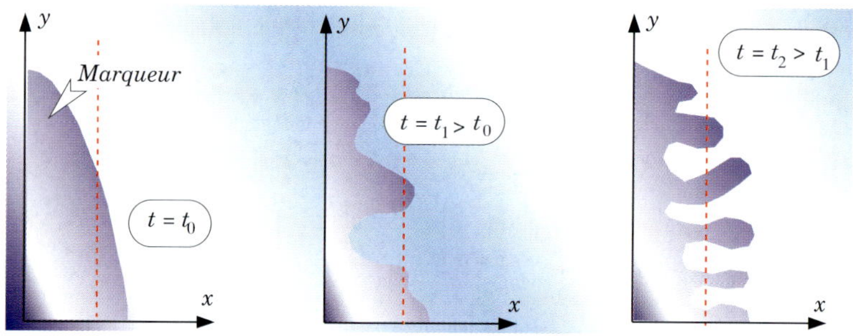

Fig. 13: Phénoménologie de l'évolution de l'interface d'un mélange turbulent.

La conséquence immédiate est l'extension de "l'aire" d'échange ce qui, à travers les **gradients locaux**, démultiplie d'autant l'action de la diffusion par agitation moléculaire (Fig.15).

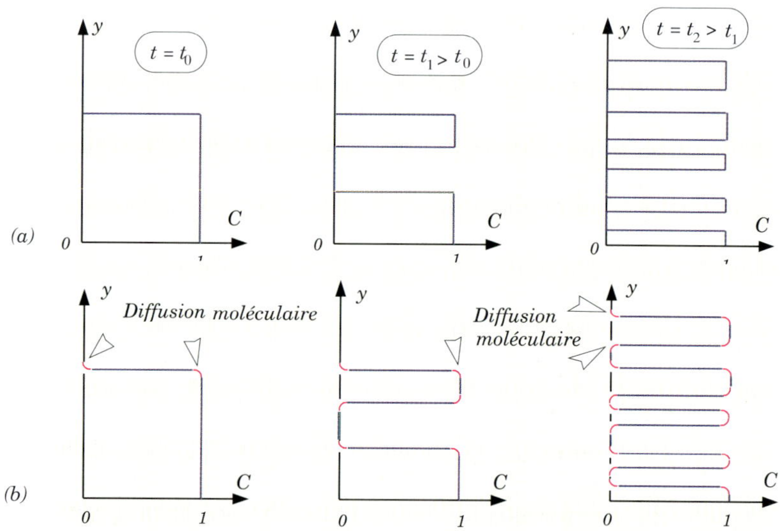

Fig. 15: Profils instantanés de concentration au cours de l'évolution de l'interface : (a) **sans** *et (b)* **avec** *diffusion moléculaire.*

Si l'on s'intéresse maintenant à des répartitions "moyennes" de concentration suivant x (en intégrant par exemple les valeurs locales précédentes selon une verticale), l'action de la diffusion turbulente au cours du temps se traduira par un **étalement** en x du saut de concentration, comme illustré ci-dessous.

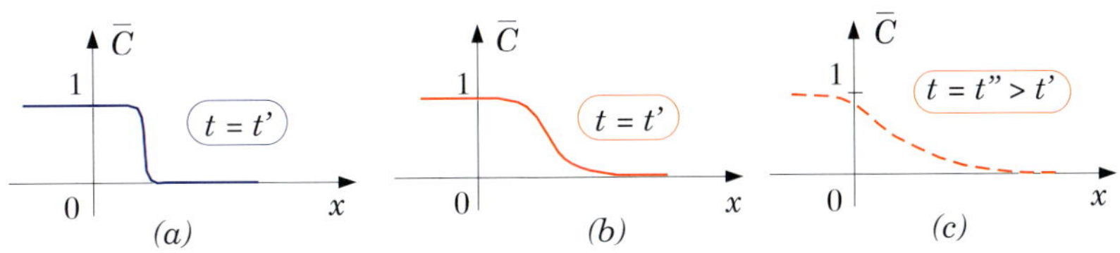

Fig. 16: Évolution du gradient moyen de concentration suivant x
(a) Diffusion moléculaire seule
(b) et (c) Effets combinés diffusion turbulente et moléculaire en des temps croissants.

Ainsi, *la diffusion turbulente peut être considérée comme un "activateur" de la diffusion moléculaire, à laquelle elle ne peut se substituer, mais dont elle intensifie considérablement les effets en accroissant la "surface effective" d'échange où siègent les gradients locaux.*

b) D'un point de vue **quantitatif**, l'intensification du mélange par la turbulence peut être directement mesurée par sa répercussion sur le profil des vitesses d'un écoulement en conduite, que l'on sait être parabolique avec la distance à l'axe dans le cas laminaire. En régime turbulent, et s'agissant de ce même profil pour la vitesse *moyenne* ($\overline{U}$, au sens temporel par exemple), la distribution est plus plate au centre de l'écoulement ($y = R$), puisque :

$$\overline{U}(y)/\overline{U}(R) = (y/R)^{1/n}$$

où n est compris entre 6 et 10 selon la valeur du nombre de Reynolds global de l'écoulement (voir Chapitre VI-§5.6.3).

6.5 Transferts pariétaux

Deux effets de la turbulence sur les transferts pariétaux peuvent être cités, selon que l'écoulement subit ou non un décollement.

a) En l'***absence de décollement***, les transferts pariétaux (voir schéma ci-dessous) résultent fondamentalement de la compétition entre :

– l'homogénéisation par diffusion faisant intervenir les conditions "externes",
– l'adhérence du fluide à la paroi qui est typiquement une condition "interne[1]".

Comme toute propriété cinématique, la turbulence est réduite à néant à la paroi, en raison de la condition d'adhérence. Elle ne modifie donc pas la condition interne

[1] La terminologie "externe", "interne" est celle de l'analyse classique multi-échelles des écoulements pariétaux à grand nombre de Reynolds global. Cette analyse est reprise en détail au Chapitre VI-§5.3.

de sorte que l'augmentation bien connue des transferts pariétaux par la turbulence ne peut s'expliquer que par un effet **induit** *à* la paroi de modifications intervenant **à distance** de celle-ci.

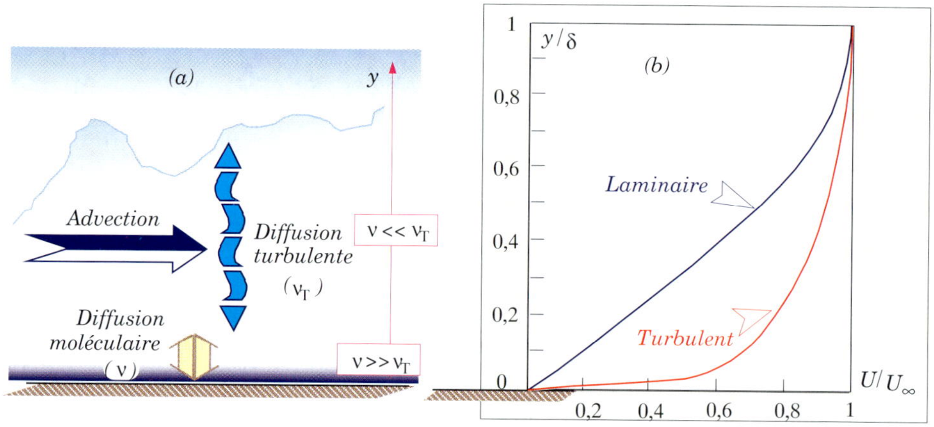

Fig. 17: Localisation préférentielle des diffusions par agitation moléculaire et turbulente (a) et profils de vitesses associés aux deux régimes (b).

En s'éloignant de l'obstacle, les mouvements d'agitation macroscopique peuvent en effet se développer de plus en plus librement, de sorte que la diffusion turbulente l'emporte largement sur la diffusion moléculaire, conformément aux éléments d'analyse dégagés au paragraphe précédent. Les *conditions externes* sont ainsi *différentes selon le régime*, la turbulence intensifiant "l'homogénéisation" spatiale des propriétés.

De façon plus quantitative, rappelons que le transfert pariétal, par diffusion moléculaire, de n'importe quelle propriété Q s'exprime toujours ici par une loi gradient de forme générale :

$$q_p = \mathcal{D}\left(\frac{\partial Q}{\partial y}\right)_{y=0} \qquad \text{(1-12)}$$

où q_p, est la valeur de la composante normale (suivant y) du vecteur densité de flux pariétal de propriété Q et $\mathcal{D}$ la diffusivité par agitation moléculaire. La relation précédente se décline en :

$$\tau_p = \mu\left(\frac{\partial U}{\partial y}\right)_{y=0} \qquad \phi_p = -\lambda\left(\frac{\partial T}{\partial y}\right)_{y=0} \equiv h(x)(T_p - T_\infty)$$

pour le frottement (τ_p) et le flux de chaleur (ϕ_p) à la paroi respectivement.

En tant que propriété physique du fluide, la diffusivité moléculaire $\mathcal{D}$ (idem viscosité dynamique μ et conductivité thermique λ) est en écoulement isovolume indépendante du régime d'écoulement. C'est donc bien la seule *augmentation du gradient à la paroi, induite, de l'extérieur, par la turbulence*, qui provoque en fin de compte l'accroissement des transferts pariétaux.

Classiquement, il est d'usage de rendre compte de ces transferts pariétaux à l'aide de quanittés adimensionnlelles, telles que par exemple, coefficient local de frottement (C_f) et nombre de Nusselt local (N_u), de définitions respectives :

$$C_f(x) = \frac{\tau_p(x)}{\frac{1}{2}\rho U_\infty^2} \qquad N_u(x) = \frac{h(x)\times x}{\lambda} \tag{1-13}$$

En couche limite sur plaque plane, sans gradient de pression, ces quanités sont fonction du nombre de Reynolds local $R_x = U_\infty x/\nu$, avec pour expressions :

Régime laminaire : $$C_f(x) = 0.664\, R_x^{-1/2} \tag{1-14}$$

Régime turbulent : $$C_f(x) = 0.059\, R_x^{-1/5} \tag{1-15}$$

et pour le transfert de chaleur en convection forcée :

Régime laminaire : $$N_u(x) = 0.648 P_r^{1/3} R_x^{1/2} \tag{1-16}$$

Régime turbulent : $$N_u(x) = 0.0366 P_r^{1/3} R_x^{4/5} \tag{1-17}$$

La figure suivante permet de schématiser l'intensification du transfert de quantité de mouvement par la turbulence à la surface d'une plaque plane.

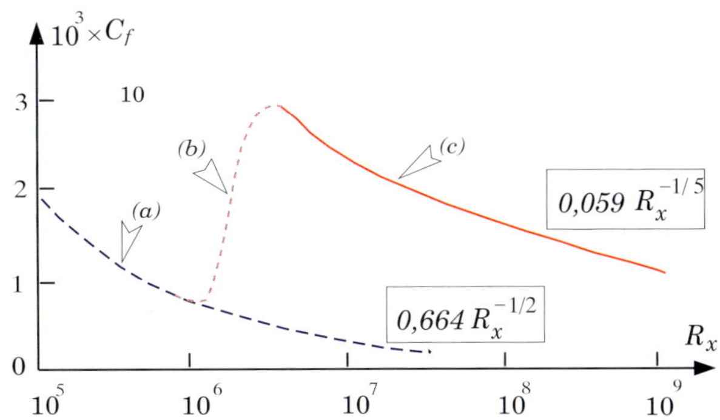

Fig. 18: Coefficient local de frottement le long d'une plaque plane en écoulement (a) laminaire, (b) transition, (c) turbulent.

b) Lorsque les transferts s'effectuent en ***présence d'un décollement***, l'action de la turbulence peut être encore plus significative et conduire à des résultats à première vue "paradoxaux", puisque, sous certaines conditions, la traînée globale peut être notablement réduite par rapport au cas laminaire.
Ce résultat bien connu s'observe aisément sur l'évolution du coefficient de traînée d'un cylindre de section circulaire :

$$C_D = \frac{T}{\frac{1}{2}\rho_\infty U_\infty^2 D}$$

où D est le diamètre du cylindre et T la traînée totale, i.e., la somme des traînées de frottement visqueux et de pression. Contrairement au cas de la figure 18, une diminution de ce coefficient apparaît à la figure 19, au-delà d'une certaine valeur dite "critique" du nombre de Reynolds.

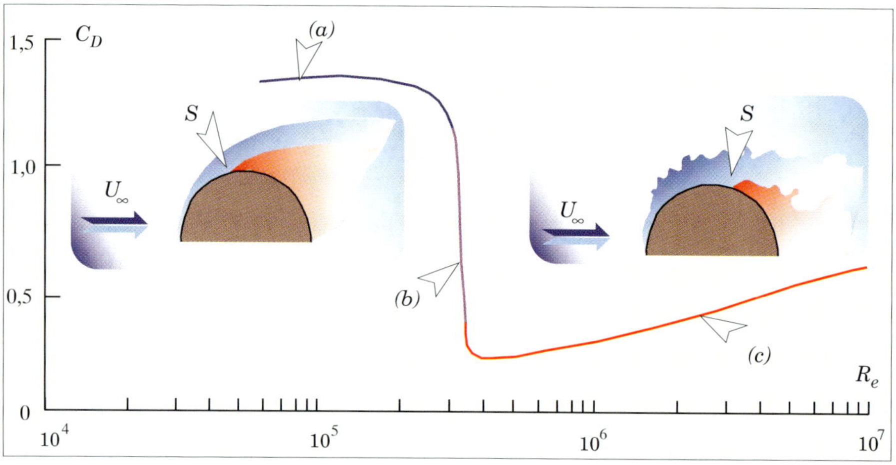

Fig. 19: Variation du coefficient global de traînée d'un cylindre :
(a) Régime subcritique, (b) Régime critique, (c) Régime supercritique.

Selon les valeurs du nombre de Reynolds global $Re = U_\infty D/\nu$, trois situations différentes sont observables :

- (a) le régime dit "subcritique", où la couche limite avant séparation est laminaire. Sa résistance au décollement est faible — relativement au cas suivant — de sorte que la séparation (*S*) intervient à l'amont du maître couple. Il en résulte une traînée visqueuse réduite, mais une traînée de pression importante.
- (c) le régime "supercritique", pour lequel la couche limite est turbulente, ce qui a pour effet de retarder le décollement, la séparation (*S*) intervenant en aval du maître couple. De ce fait, la traînée de frottement est accrue, mais la traînée de pression est réduite dans de plus grandes proportions, de sorte que le bilan global va dans le sens d'une réduction de traînée.
- (b) le régime "critique" entre les deux configurations précédentes et qui pour l'écoulement autour d'un cylindre circulaire se situe à un nombre de Reynolds global de l'ordre de 3×10^5.

Un constat analogue vaut pour l'écoulement autour d'une sphère. La valeur du nombre de Reynolds critique, qui dépend en particulier du degré d'agitation turbulente de l'écoulement extérieur, a jadis servi d'indicateur du niveau de turbulence en soufflerie [338].

6.6 Dissipation

Il est facile de mettre en évidence l'augmentation de dissipation due à la turbulence sur l'exemple de l'écoulement pleinement développé en conduite.
Selon un résultat bien connu en régime laminaire, la chute de pression le long de

la conduite est directement liée à l'intégrale du taux de dissipation sur la section droite :

$$\frac{dP}{dx} = -\frac{1}{Q_v}\int_{r=0}^{r=R} \Phi \times 2\pi r dr$$

où $Q_v = \int_{r=0}^{r=R} U \times 2\pi r dr$ est le débit en volume circulant dans la conduite, et Φ le taux de dissipation visqueuse, tel qu'il a été défini par l'éq. (1-6).
Il est d'usage d'introduire un coefficient de perte de charge sans dimension Λ défini par :

$$\Delta P = -\Lambda\frac{\Delta x}{D} \times \frac{1}{2}\rho U_m^2 \tag{1-18}$$

où $U_m = Q_v/\pi R^2$ est la vitesse moyenne débitante et $D(\equiv 2R)$ le diamètre de la conduite.
En régime laminaire, on déduit directement des équations de Navier-Stokes la dépendance suivante de Λ avec le nombre de Reynolds global :

$$\Lambda = 64/R_e \tag{1-19}$$

où $R_e = U_m \times D/\nu$. Les résultats de la figure 20 montrent ce qu'il advient de la valadité d'une telle loi lorsque le régime devient turbulent, soit en pratique dès que ce nombre de Reynolds dépasse une valeur de l'ordre de 2500 à 3000.
À partir des relevés expérimentaux de Nikuradse [311], on est conduit à distinguer quatre "régimes hydrauliques[1]" :

a) le régime laminaire proprement dit, conforme à la loi précédente, où la perte de charge est linéaire avec la vitesse ;
b) le régime "turbulent lisse", où la rugosité de paroi n'intervient pas ;
c) le "régime mixte" soumis à la double dépendance en nombre de Reynolds et rugosité ;
d) le régime "turbulent rugueux", où le coefficient Λ est sensiblement constant avec le nombre de Reynolds et seulement fonction de la rugosité (hauteur caractéristique h). Dans ce cas, la perte de charge est quadratique en vitesse.

Quantitativement, différentes "lois" ont éte proposées pour représenter ces divers types de variations. Parmi les plus communes, nous citerons :

- Régime turbulent "lisse" : Blasius $\Lambda = 0,3164 \times R_e^{-1/4}$

  Prandtl $\Lambda = \dfrac{1}{\left(2log\left(R_e \times \sqrt{\Lambda}\right) - 0,8\right)^2}$

- Régime turbulent rugueux quadratique : $\Lambda = \dfrac{1}{(2log(R/h) + 1,74)^2}$

[1] Cette terminologie, consacrée par l'usage, ne doit pas amener à confusion avec la notion de transition de régime laminaire-turbulent.

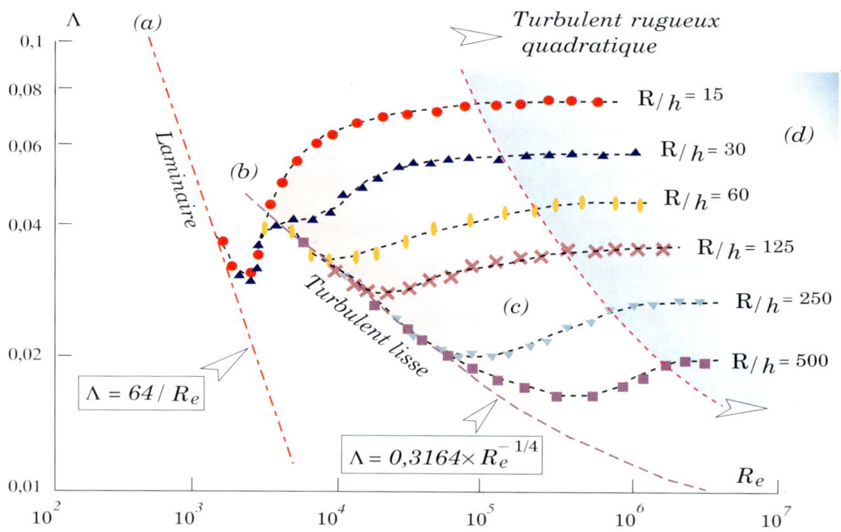

Fig. 20: Coefficient de perte de charge en fonction du nombre de Reynolds et de la rugosité relative R/h en conduite de section circulaire, adapté de Nikuradse [311].

Les formules d'origine semi empirique précédentes, permettent de se faire une idée "quantitative" de l'incidence de la turbulence sur la dissipation en conduite. Pour un nombre de Reynolds de 10^4 par exemple, le coefficient de pertes de charge vaudrait, *si l'écoulement était maintenu laminaire*, $\Lambda = 0{,}0064$. En régime turbulent de Blasius, il est de 0.0316 soit près de cinq fois plus grand. Ce résultat traduit en fait une réalité complexe de structure interne de l'écoulement turbulent pleinement développé en conduite comme nous le verrons ultérieurement au Chapitre X. Il montre en particulier que la "simplicité géométrique" d'une telle configuration n'a pas nécessairement son équivalent au niveau de la dynamique et de l'énergétique de la turbulence.

EXERCICE — ***Comparaison des pertes de charge en régimes turbulent et laminaire.***

Soit l'écoulement d'un fluide visqueux établi à $R_e = 10^4$ dans une conduite de rapport de rugosité de 500.

1) En vous aidant des résultats de la figure 20, calculer la valeur du coefficient de pertes de charge en régime turbulent.

2) Quel serait sa valeur si le régime pouvait être maintenu laminaire ?

SOLUTION

1) Avec les données du problème, on se situe dans la plage de régime turbulent lisse. Le coefficient de pertes de charge vaut $\Lambda_T \simeq 3{,}2 \times 10^{-2}$ (formule de Blasius).

2) Si le régime était laminaire, on aurait $\Lambda_L (\equiv 64/R_e) = 6{,}4 \times 10^{-3}$, soit les deux dixièmes de la valeur en turbulent, ce qui met bien en évidence le caractère nettement plus dissipatif de ce type de régime.

CHAPITRE II

TRAITEMENT STATISTIQUE MACROSCOPIQUE DE LA TURBULENCE

«Turbulence is almost by definition disordered, or has the appearance of disorder. It does not matter whether the system is deterministic but appears disordered due to non-linearity, or is "really" disordered, whatever that means. This is reminiscent of controversies in quantum mechanics... A statistical approach is a way of dealing with real or apparent disorder, of lumping together things that are not understood, or with which one does not want to deal.»

(La turbulence est presque par définition désordonnée, ou a les apparences du désordre. Peu importe que le système soit déterministe mais semble désordonné pour cause de non linéarité, ou qu'il soit "effectivement" désordonné, dans n'importe quel sens du terme. Ce n'est là que réminiscence de controverses de la mécanique quantique... Une approche statistique est une façon de traiter le désordre réel ou apparent, de réunir globalement des éléments incompris, ou avec lesquels on ne veut pas avoir affaire.)

John L. LUMLEY [279] 1989, page 54.

1 Introduction

Ce chapitre vise un double objectif :

- le premier, d'ordre mathématique, a trait aux concepts et outils théoriques nécessaires au traitement statistique de la turbulence ; on trouvera donc, sous forme d'un rappel condensé, des notions fondamentales sur les fonctions aléatoires. Le lecteur averti de ces questions peut évidemment se dispenser des sections 2 à 7. À l'opposé, pour un approfondissement du sujet, on pourra consulter les ouvrages cités en références [277], [405], [301], [28], [53][1].
- le second est l'application pratique des éléments précédents à la description physique de la turbulence.

[1] Cette dernière référence est tout particulièrement conseillée au lecteur en quête d'une assise mathématique rigoureuse bien que directement accessible au physicien.

2 Les concepts fondamentaux

2.1 Univers des réalisations d'un écoulement turbulent

Du point de vue de l'expérimentateur en mécanique des fluides, la répétitivité des conditions initiales et aux limites (C.I.L.) n'est physiquement possible qu'avec un certain degré de tolérance.
En régime laminaire, deux expériences menées en parallèle sur un même fluide à partir d'un même jeu de C.I.L., conduisent, aux imprécisions de mesure près, à des observations identiques. On dira, en usant du langage probabiliste classique, que deux réalisations[1] d'un même écoulement fournissent le même résultat, exprimant par là le caractère déterministe de ce régime.
En régime turbulent il n'en va plus ainsi. Des différences de détails imperceptibles de C.I.L. entre deux réalisations d'**un même écoulement** vont se traduire par deux **résultats différents** aux yeux de l'observateur, ce qu'il exprimera en qualifiant ce régime d'aléatoire. En d'autres termes, lorsqu'un écoulement est devenu turbulent, il ne lui est plus possible de "prévoir" le détail de l'ensemble des mouvements d'agitation en connaissance de C.I.L. **répétitives**.

Les questions fondamentales sous-jacentes de perte de déterminisme physique de la solution laminaire, sensibilité aux C.I.L. ont été évoquées au cours du premier chapitre. Faisant notre le jugement de Lumley cité en exergue, nous nous limitons ici à tirer les conséquences de ce constat en terme de *traitement statistique à l'échelle macroscopique.*

L'idée de base de l'approche probabiliste de la turbulence consiste à associer à un jeu (J) de C.I.L. **répétitives** d'**un écoulement**, l'**ensemble de toutes les réalisations** possibles de celui-ci. C'est « l'univers » des réalisations que nous noterons $\Omega(\mathrm{J})$.
Pour pouvoir développer le traitement statistique, il faut ensuite supposer que cet espace $\Omega(\mathrm{J})$ est "probabilisable", c'est à dire qu'il est muni (i) d'une σ–algèbre permettant de définir une tribu notée $[\Omega(\mathrm{J}), S]$ et (ii) d'une loi de probabilité *P*, application de la tribu précédente sur [0,1], telle que :

$$\begin{aligned} &\forall \mathrm{X} \in [\Omega(\mathrm{J}), S], \qquad \mathrm{X} \; -o- > P(\mathrm{X}) \in \mathrm{R}^+ \\ &avec: \; P(\Omega(\mathrm{J})) = 1 \\ &et \quad \forall \mathrm{X}, \mathrm{Y} \in [\Omega(\mathrm{J}), S] \;\; tels\ que\ \mathrm{X} \cap \mathrm{Y} = \emptyset, \;\; P(\mathrm{X} \cup \mathrm{Y}) = P(\mathrm{X}) + P(\mathrm{Y}) \end{aligned} \tag{2-1}$$

2.2 Élément aléatoire

En régime turbulent, tout résultat d'une observation ou d'une mesure d'**un** écoulement dépend de **la** réalisation observée. Considérant le résultat comme un élément d'un "espace de résultats", on peut encore exprimer la chose en disant que par l'observation ou la mesure, on fait correspondre à un "point" ω de $\Omega(\mathrm{J})$ — une réalisation de l'écoulement — un "élément", par exemple une fonction $f(t)$,

[1] Au sens défini dans la note du §3.2 au premier chapitre.

d'un espace de résultats. C'est là l'essence même de la notion d'élément aléatoire schématisé à la figure suivante.

Du point de vue mathématique général, rappelons que l'on appelle *élément aléatoire* toute application mesurable de $[\Omega(\mathrm{J}), \mathcal{S}]$ sur un espace de "résultats" $\mathcal{F}$ muni de la classe σ-additive $\mathcal{C}$. Selon le type d'espace de résultats en question, on pourra déboucher en particulier sur la notion de fonction aléatoire ou sur celle de variable aléatoire.

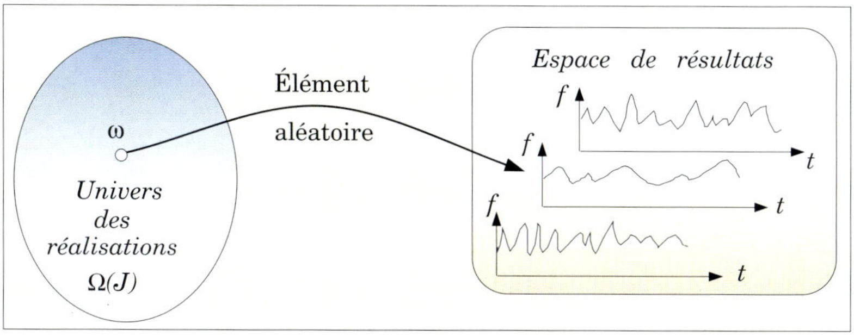

Fig. 1: Schéma de définition d'un élément aléatoire.

3 Fonction – Variable aléatoire

3.1 Définitions

f.a : Par définition, une fonction aléatoire (f.a.) $A(x_j, t)$ de l'espace $(x_j, j = 1, 2, 3)$ et du temps (t) est une application mesurable de $[\Omega(\mathrm{J}), \mathcal{S}]$ dans un espace de fonctions $[\mathcal{F}, \mathcal{C}]$ adéquat. Pour les applications à la turbulence en situation iso-volume, vitesse et pression sont bien sûr les fonctions aléatoires premières. Plus largement, on s'intéressera à des fonctions scalaire, vectorielle, ou tensorielle à valeur réelle ou complexe.
Dans la suite de ce chapitre et pour simplifier les écritures, on se limitera sauf mention contraire à des f.a. $A(t)$ à valeurs réelles et définies sur $]-\infty, +\infty[$.

v.a : De manière analogue, une variable aléatoire (v.a.) est une application mesurable de $[\Omega(\mathrm{J}), \mathcal{S}]$ dans l'espace des réels muni du corps de Borel. C'est évidemment l'élément aléatoire en lequel dégénère une f.a. réelle $A(x_j, t)$ lorsque l'on bloque les valeurs d'espace et de temps.

D'un point de vue "pratique", la notion de v.a. est liée à l'idée de "tirer au hasard" un nombre parmi un ensemble de réels, alors que celle de f.a. correspond au "tirage aléatoire" d'un graphe parmi un ensemble de graphes.

3.2 Différents types de fonctions aléatoires

En référence aux situations physiques, on peut distinguer différents types de f.a. du temps selon au moins trois critères :

- i) le nombre de valeurs prises par la fonction, pouvant traduire le ***nombre d'états possibles*** du système physique ;
- ii) le ***mode de succession*** de ces valeurs au cours du temps, en reflet des lois qui gouvernent l'évolution du système ;
- iii) l'***interdépendance*** éventuelle de ces valeurs, liée à un effet de "mémoire" du système.

i) –> ***Nombre de valeurs possibles*** : Il peut être :
- fini,
- infini, mais dénombrable,
- infini, avec la puissance du continu.

ii) –> ***Succession des états :*** La "trajectoire" d'une f.a., c'est à dire le graphe de cette fonction pour une réalisation quelconque peut révéler différents types de "séquences aléatoires" comme le schématise la figure 2 :
- séquences déclenchées à des instants connus (certains) : on parle alors de f.a. discrète,
- séquences déclenchées à des instants inconnus (aléatoires) mais répartis selon une suite discrète : on a alors affaire à une f.a. permanente[1] discontinue,
- variation aléatoire intervenant continûment à tout instant : il s'agit alors d'une f.a. permanente continue.

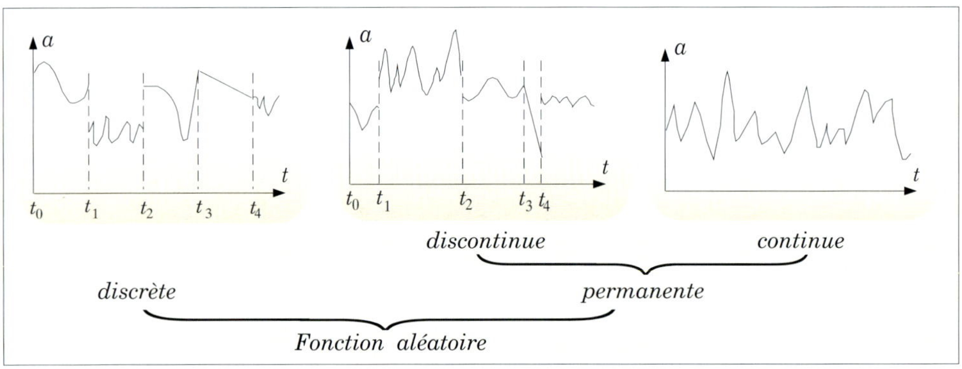

Fig. 2: Classes de fonctions aléatoires selon le type de succession des états.

iii) –> ***Interdépendance entre états :*** Si l'on suppose que la f.a. $A(t)$ est connue jusqu'à $t = t_1$, ses valeurs à des instants $t_2 > t_1$ peuvent être :

- indépendantes de toute l'évolution passée : c'est le cas notamment des processus de Poisson,

[1] Ce terme doit être compris ici au sens du statisticien et non selon l'acception conventionnelle en mécanique des fluides.

– dépendantes de la seule valeur à l'instant $t = t_1$, et l'on a affaire à un processus de Markov simple,
– dépendantes de tout ou partie de l'évolution passée et il s'agit alors d'un processus à mémoire.

En référence aux critères précédents, nous verrons que :

Les fonctions aléatoires de la Turbulence sont de type permanent, continu, avec mémoire spatio-temporelle finie non nulle.

4 Lois de probabilité

4.1 Fonction de répartition et densité de probabilité

La fonction de répartition de probabilité $F_o(\alpha)$ d'une v.a. A_o est définie par :

$$F_o(\alpha) = Prob\,(A_o < \alpha) \tag{2-2}$$

C'est donc une fonction certaine à valeurs réelles comprises entre 0 et 1.
Dans la suite, les v.a. que nous aurons à considérer seront toutes absolument continues. La fonction de répartition de probabilité sera donc différentiable et nous introduirons ainsi la fonction densité de probabilité $f_o(\alpha)$ telle que :

$$f_o(\alpha) = \frac{\mathrm{d}F_o(\alpha)}{\mathrm{d}\alpha} = \frac{Prob\,[\alpha \leq A_o < \alpha + \mathrm{d}\alpha]}{\mathrm{d}\alpha} \tag{2-3}$$

Par définition même, on note que : $$\int_{-\infty}^{+\infty} f_o(\alpha)\mathrm{d}\alpha = 1 \tag{2-4}$$

EXERCICE — ***Loi de probabilité normale*** — La loi de densité normale, dite encore loi de Laplace ou de Gauss d'une variable aléatoire x, centrée et absolument continue s'écrit :

$$f(x) = \frac{1}{\sigma\sqrt{2\pi}}\, e^{-\dfrac{x^2}{2\sigma^2}}$$

où σ désigne un paramètre réel positif, dont la signification sera donnée ultérieurement. Quelle est la probabilité que cette v.a. ait une valeur absolue inférieure à σ, 2σ, 3σ ?

SOLUTION

La fonction densité de probabilité étant paire, la solution peut être obtenue en calculant simplement les probabilités que x soit inférieure à $-\sigma$, -2σ et -3σ. Or, par définition de la fonction de répartition (2-2), on sait que :

$$Prob\,(x < -k\sigma) = \int_{-\infty}^{-k\sigma} f(x)\mathrm{d}x$$

En effectuant le changement de variable $x \to t = x/\sigma\sqrt{2}$ dans l'intégration, il vient :

$$Prob\,(x < -k\sigma) = \frac{1}{\sqrt{\pi}} \int_{-\infty}^{-k/\sqrt{2}} e^{-t^2}\,\mathrm{d}t$$

Pour k égal à 1, 2 et 3, l'intégrale vaut respectivement 0,2812, 0,0403 et 0,0024, ce qui conduit à des probabilités de 15,9%, 2,3% et 0,13%. En d'autres termes, près de sept valeurs sur dix d'une variable aléatoire gaussienne sont comprises entre $-\sigma$ et $+\sigma$ par exemple.

4.2 Loi et densité de probabilité à l'ordre un d'une f.a.

Si nous considérons A_o comme la v.a. obtenue en bloquant t à la valeur t_o dans f.a. $A(t)$, les caractéristiques précédentes deviennent, en libérant t, des **fonctions certaines** de α et de t. Ce sont les *lois au premier ordre* de la f.a. considérée. Ainsi, on notera :

$$F_1(\alpha, t) = Prob\,(A(t) < \alpha)$$

et de même $f_1(\alpha, t)\,\mathrm{d}\alpha = \mathrm{d}F_1(\alpha, t) = Prob\,[\alpha \leq A(t) < \alpha + \mathrm{d}\alpha]$

Les lois au premier ordre ne traduisent pas toutes les propriétés statistiques de la fonction aléatoire (Cf. effet de mémoire par exemple). On est donc conduit à introduire les *lois à l'ordre 2,3,...n*, par extension directe des lois au premier ordre. Ainsi par exemple, la loi de répartition au second ordre est définie par :

$$F_{1,2}(\alpha, t; \alpha', t') = Prob\,[A(t) < \alpha, A(t') < \alpha'] \tag{2-5}$$

à laquelle correspond, si la fonction est deux fois dérivable, la loi de densité au second ordre :

$$f_{1,2}(\alpha, t; \alpha', t') = \frac{\partial^2}{\partial\alpha\partial\alpha'} F_{1,2}(\alpha, t; \alpha', t') \tag{2-6}$$

Sous réserve de conditions de dérivabilité à l'ordre *n*, cette relation se généralise en :

$$f_{1,2,\ldots,n}(\alpha, t_1; \alpha_2, t_2; \ldots; \alpha_n, t_n) = \frac{\partial^n F_{1,2,\ldots,n}(\alpha, t_1; \alpha_2, t_2; \ldots; \alpha_n, t_n)}{\partial\alpha_1\partial\alpha_2\ldots\partial\alpha_n}$$

5 Moyennes, moments, corrélations

5.1 Moyenne

Par définition, la moyenne statistique ou espérance mathématique de la v.a. A_o est :

$$\boxed{\overline{A_o} = \int_{-\infty}^{+\infty} \alpha f_o(\alpha)\mathrm{d}\alpha} \tag{2-7}$$

La moyenne d'une v.a. est donc un réel.
Pour une f.a. $A(t)$ de la variable réelle t, la moyenne devient une fonction certaine de t :

$$\boxed{\overline{A}(t) = \int_{-\infty}^{+\infty} \alpha f(\alpha, t)\mathrm{d}\alpha} \tag{2-8}$$

5.2 Moment

On appelle moment d'ordre n de la f.a. $A(t)$ la quantité :

$$\overline{A^n}(t) = \int_{-\infty}^{+\infty} \alpha^n f(\alpha, t)\mathrm{d}\alpha \tag{2-9}$$

Les moments du type : $\overline{a^n}(t) = \overline{\left(A(t) - \overline{A}(t)\right)^n} = \int_{-\infty}^{+\infty} \left(\alpha - \overline{A}(t)\right)^n f(\alpha, t)\mathrm{d}\alpha$ (2-10)

sont appelés moments *centrés* d'ordre n. Pour des f.a. du temps, ces grandeurs sont ainsi des fonctions certaines de t.

5.3 Variance – Ecart type

La variance est le moment centré d'ordre deux dont la racine carrée est l'écart type :

$$\sigma^2(t) = \overline{a^2}(t) = \overline{\left(A(t) - \overline{A}(t)\right)^2} = \int_{-\infty}^{+\infty} \left(\alpha - \overline{A}(t)\right)^2 f(\alpha, t)\mathrm{d}\alpha \tag{2-11}$$

5.4 Facteurs de dissymétrie et d'aplatissement

Lorsqu'il est difficile d'accéder aux lois de probabilité (fonction de répartition ou densité), les coefficients suivants permettent de procéder à une première analyse. Il s'agit du facteur de :

- Dissymétrie[1]

$$S(t) = \overline{a^3(t)}/\left(\overline{a^2(t)}\right)^{\frac{3}{2}} \tag{2-12}$$

- Aplatissement[1]

$$T(t) = \overline{a^4(t)}/\left(\overline{a^2(t)}\right)^{2} \tag{2-13}$$

REMARQUE — *Comme le mentionne Lumley* [277], *Frenkiel et Klebanoff* [140] *ont étendu en 1967 la définition du facteur de dissymétrie aux moments d'ordre cinq et sept, avec le facteur de "superdissymétrie" et "d'hyperdissymétrie" respectivement.*

EXERCICE — ***Moyenne et moments d'une variable aléatoire gaussienne*** — Soit la variable aléatoire absolument continue X dont la densité de probabilité $f(x)$ est donnée par la loi de Laplace-Gauss :

$$f(x) = \frac{1}{\sigma\sqrt{2\pi}} e^{-\frac{(x-m)^2}{2\sigma^2}} \tag{2-14}$$

1) Que vaut la moyenne de cette v.a. ? (Rappel : $\int\limits_{-\infty}^{+\infty} e^{-x^2} \mathrm{d}x = \sqrt{\pi}$)

2) Montrer que tous les moments d'ordre impair de cette v.a. sont nuls.

3) Calculer la variance de cette variable aléatoire. (Rappel : $\int\limits_{-\infty}^{+\infty} x^2 e^{-x^2} \mathrm{d}x = \sqrt{\pi}/2$)

4) Quelles sont les valeurs des facteurs d'aplatissement et de dissymétrie ? (Rappel : $\int\limits_{-\infty}^{+\infty} x^4 e^{-x^2} \mathrm{d}x = 3\sqrt{\pi}/4$)

SOLUTION

1) La moyenne vaut par définition :

$$\overline{X} = \int_{-\infty}^{+\infty} x f(x)\,\mathrm{d}x = \frac{1}{\sigma\sqrt{2\pi}} \equiv \int_{+\infty}^{-\infty} x e^{-\frac{(x-m)^2}{2\sigma^2}} \mathrm{d}x$$

En effectuant le changement de variable $u = (x-m)/\left(\sigma\sqrt{2}\right)$ il vient :

$$\overline{X} = \sigma\sqrt{\frac{2}{\pi}} \int_{+\infty}^{-\infty} u e^{-u^2} \mathrm{d}u + \frac{m}{\sqrt{\pi}} \int_{+\infty}^{-\infty} e^{-u^2} \mathrm{d}u$$

---

[1] skewness factor, en anglais.

[1] flatness factor ou kurtosis, en anglais.

Pour des raisons de parité, la première intégrale est nulle et avec le résultat du rappel, la seconde vaut $\sqrt{\pi}$. Le paramètre m s'interprète donc comme la moyenne de la variable aléatoire normale.
2) Pour simplifier les calculs, nous pouvons considérer une v.a. centrée (moyenne nulle), ou effectuer, dans le cas contraire le changement de variable $x' = x - m$. Dans ces conditions, les moments d'ordre impair sont donnés par :

$$\overline{X^{2p+1}} = \int_{-\infty}^{+\infty} x^{2p+1} f(x)\,\mathrm{d}x = \frac{1}{\sigma\sqrt{2\pi}} \equiv \int_{+\infty}^{-\infty} x^{2p+1} e^{-\dfrac{x^2}{2\sigma^2}}\,\mathrm{d}x$$

où p est un entier supérieur ou égal à l'unité. De simples considérations de parité montrent bien alors que l'intégrale du dernier membre est nécessairement nulle.
3) Par définition de la variance d'une v.a. centrée (moyenne nulle), on a :

$$\overline{X^2} = \int_{-\infty}^{+\infty} x^2 f(x)\,\mathrm{d}x \equiv \frac{1}{\sigma\sqrt{2\pi}} \int_{-\infty}^{+\infty} x^2\, e^{-\dfrac{x^2}{2\sigma^2}}\,\mathrm{d}x$$

En effectuant le changement de variable $x = \sigma t\sqrt{2}$, l'intégrale du second membre s'écrit :

$$\int_{-\infty}^{+\infty} x^2\, e^{-\dfrac{x^2}{2\sigma^2}}\,\mathrm{d}x = 2\sigma^3\sqrt{2} \int_{-\infty}^{+\infty} t^2\, e^{-t^2}\,\mathrm{d}t$$

Avec le résultat rappelé, il vient : $$\overline{X^2} = \frac{1}{\sigma\sqrt{2\pi}} \times 2\sqrt{2} \times \sigma^3 \times \frac{\sqrt{\pi}}{2} \equiv \sigma^2$$

4) Le facteur de dissymétrie est évidemment nul ($S = 0$), puisque relatif à un moment impair. Pour obtenir le facteur d'aplatissement, calculons l'intégrale :

$$\overline{X^4} = \frac{1}{\sigma\sqrt{2\pi}} \int_{-\infty}^{+\infty} x^4\, e^{-\dfrac{x^2}{2\sigma^2}}\,\mathrm{d}x \equiv \frac{4\sigma^5\sqrt{2}}{\sigma\sqrt{2\pi}} \int_{-\infty}^{+\infty} t^4\, e^{-t^2}\,\mathrm{d}t = 3\sigma^4$$

compte tenu du résultat rappelé. On en déduit donc un facteur d'aplatissement $T = 3$.

COMPLÉMENT — ***Note historique : loi normale*** — Dans la littérature française, la loi normale est dite loi de Laplace en référence aux travaux sur le calcul des probabilités du mathématicien et physicien français Pierre Simon, marquis de Laplace (1749–1827). Ainsi dans l'ouvrage de référence de Blanc-Lapierre & Fortet [28] le nom de Gauss n'est jamais mentionné à ce propos.
L'usage international a entériné la dénomination de loi de Gauss, en hommage au mathématicien et astronome allemand Carl Friedrich Gauss (1777–1855). Ceci explique la double référence de Laplace-Gauss que nous avons adoptée ici.

5.5 Fonction génératrice des moments

Désignant par x une variable réelle certaine sur $]-\infty, +\infty[$, on considère la fonction certaine complexe suivante :

$$\varphi(x) = \int_{-\infty}^{+\infty} e^{i\alpha x} f_o(\alpha) \mathrm{d}\alpha \tag{2-15}$$

où $f_o(\alpha)$ désigne toujours la fonction densité de probabilité d'une variable aléatoire (voir §4.1). Cette fonction existe toujours, $f_o(\alpha)$ étant par définition absolument intégrable — Cf éq. (2-4).

La fonction $\varphi(x)$ peut ainsi être vue soit comme la transformée de Fourier de la fonction (certaine) de densité de probabilité $f_o(\alpha)$, soit comme la moyenne ou espérance mathématique de la fonction complexe de la v.a. :

$$cos(x.A_o) + i\, sin(x.A_o) \equiv e^{ixA_o}$$

Dans le premier cas, on parle encore de première fonction caractéristique et l'on dispose de la relation de réciprocité suivante :

$$f_o(\alpha) = \frac{1}{2\pi} \int_{-\infty}^{+\infty} e^{-i\alpha x} \varphi(x) \mathrm{d}x$$

D'un point de vue symbolique, on pourra retenir que : $\varphi(x) \equiv \hat{f}_o(\alpha) \equiv \overline{\left[e^{ixA_o}\right]}$

qui montre en particulier que $\|\varphi(x)\| \leq 1$. La propriété caractéristique de la fonction génératrice des moments s'exprime par :

$$\boxed{\overline{A_o^n} = i^{-n} \left(\frac{\mathrm{d}^n \varphi}{\mathrm{d}x^n}\right)_{x=0}} \tag{2-16}$$

Démonstration — À partir du développement en série de l'exponentielle :

$$e^{i\alpha x} = 1 + \frac{ix}{1!}\alpha + \frac{(ix)^2}{2!}\alpha^2 + \; .... \; + \frac{(ix)^n}{n!}\alpha^n + \; ...$$

on tire que :

$$\varphi(x) = 1 + \frac{ix}{1!}\int_{-\infty}^{+\infty} \alpha f_o(\alpha) \mathrm{d}\alpha + \frac{(ix)^2}{2!}\int_{-\infty}^{+\infty} \alpha^2 f_o(\alpha) \mathrm{d}\alpha \; .... \; + \frac{(ix)^n}{n!}\int_{-\infty}^{+\infty} \alpha^n f_o(\alpha) \mathrm{d}\alpha + \; ...$$

soit, par définition même des moments de A_o :

$$\varphi(x) = 1 + \frac{ix}{1!}\overline{A_o} + \frac{(ix)^2}{2!}\overline{A_o^2} + \; .... \; + \frac{(ix)^n}{n!}\overline{A_o^n} + \; ... \tag{2-17}$$

Par identification terme à terme avec le développement à l'origine $x = 0$ de $\varphi(x)$:

$$\varphi(x) = \varphi(0) + \frac{x}{1!}\varphi'(0) + \frac{x^2}{2!}\varphi''(0) + \; .... \; + \frac{x^n}{n!}\varphi^{(n)}(0) + \; ...$$

on déduit bien la propriété caractéristique justifiant la dénomination de la fonction φ.

EXERCICE — ***Fonction caractéristique d'une variable aléatoire gaussienne*** — La fonction caractérisitque ou fonction génératrice des moments d'une v.a. gaussienne centrée est donnée par :

$$\varphi(x) = e^{-x^2\sigma^2/2}$$

1) Montrer que tous les moments d'ordre impair sont nuls.
2) Que représente le paramètre σ ? Que pouvez-vous dire de tous les moments d'ordre pair ?

SOLUTION
1) Calculons les premières dérivées de la fonction $\varphi(x)$. On obtient :

$$\frac{\partial\varphi}{\partial x} = -x\sigma^2\varphi \quad \frac{\partial^2\varphi}{\partial x^2} = -\sigma^2\varphi + x^2\sigma^4\varphi$$

$$\frac{\partial^3\varphi}{\partial x^3} = x\big(3\sigma^4 - x^2\sigma^6\big)\varphi \quad \frac{\partial^4\varphi}{\partial x^4} = 3\sigma^4\varphi + x^2\big(-6\sigma^6 - x^2\sigma^8\big)\varphi$$

Par récurrence, il est facile de déduire que tout moment d'ordre impair et proportionnel à x et que sa contribution au moment correspondant (valeur à l'origine) est nulle.

2) Notant que $\varphi(0) = 1$, l'expression de la dérivée seconde ci-dessus, montre que σ représente l'écart type de la densité de probabilité de la v.a. Par récurrence, il est là aussi facile de montrer que tous les moments d'ordre pair sont proportionnels à σ, de sorte que ce seul paramètre suffit à caractériser l'ensemble de tous les moments d'une loi de probabilité gaussienne.

5.6 Fonction génératrice des cumulants

Désignant toujours par x une variable certaine réelle, on considère la seconde fonction caractéristique, fonction certaine complexe $\psi(x)$, définie par :

$$\psi(x) = \ln\left[\varphi(x)\right]$$

Cette foncton est appelée fonction génératrice des cumulants car elle se met sous la forme :

$$\psi(x) = \sum_{n=1}^{\infty} C_n \frac{i^n}{n!} x^n \tag{2-18}$$

où les coefficients C_n sont par définition les *cumulants* de la v.a A_o. Ils s'expriment par :

$$\boxed{C_n = i^{-n}\left(\frac{\mathrm{d}^n\psi}{\mathrm{d}x^n}\right)_{x=0}}$$

Démonstration — En substituant l'expression (2-17) dans la définition de la fonction on a encore :

$$\psi(x) = \ln\left[1 + \sum_{n=1}^{\infty} \frac{i^n}{n!}\overline{A_o^n}x^n\right]$$

Compte tenu du développement $\ln(1+u) = u - \frac{u^2}{2} + \frac{u^3}{3} - \frac{u^4}{4} + \ldots$ on obtient bien l'expression annoncée.

Les cumulants à l'ordre six s'écrivent :

$$\begin{aligned}
&C_1 = \overline{A_o} \qquad C_2 = \overline{A_o^2} \qquad C_3 = \overline{A_o^3}\\
&C_4 = \overline{A_o^4} - 3\left(\overline{A_o^2}\right)^2\\
&C_5 = \overline{A_o^5} - 10\left(\overline{A_o^2}\right)\left(\overline{A_o^3}\right)\\
&C_6 = \overline{A_o^6} - 15\left(\overline{A_o^2}\right)\left(\overline{A_o^4}\right) - 10\left(\overline{A_o^3}\right)^2 + 30\left(\overline{A_o^2}\right)^3
\end{aligned} \tag{2-20}$$

On voit ainsi qu'en particulier, la fonction génératrice des cumulants permet de quantifier très rapidement l'écart à la situation gaussienne.

5.7 Covariance, coefficient de corrélation

Étant donné un couple de v.a. (A_o, B_o), on définit les moments croisés d'ordres m et n par :

$$\overline{A_o^m B_o^n} = \int\int \alpha^m \beta^n f_o(\alpha, \beta)\mathrm{d}\alpha\mathrm{d}\beta \tag{2-21}$$

Dans cette définition, $f_o(\alpha, \beta)$ est la densité de probabilité du couple de v.a. (A_o,B_o) à savoir :

$$f_o(\alpha, \beta) = \frac{\partial^2}{\partial\alpha\partial\beta}F_o(\alpha, \beta) = \frac{Prob\left[\alpha < A_o \le \alpha + \mathrm{d}\alpha;\ \beta < B_o \le \beta + \mathrm{d}\beta\right]}{\partial\alpha\partial\beta}$$

La covariance est le moment **centré** d'ordre (1,1) soit :

$$\overline{a_o b_o} = \overline{\left(A_o - \overline{A_o}\right)\left(B_o - \overline{B_o}\right)} \tag{2-22}$$

En normant la covariance par les écarts types respectifs, on obtient le coefficient de corrélation :

$$r = \frac{\overline{a_o b_o}}{\sqrt{\overline{a_o^2}}\sqrt{\overline{b_o^2}}} \tag{2-23}$$

qui vérifie l'inégalité Schwarz ($|r| \le 1$).

RAPPEL La condition $r^2 = 1$ traduit l'existence d'une relation linéaire entre les deux v.a. A_o et B_o, alors que $r = 0$ exprime la *décorrélation* : Deux v.a. statistiquement indépendantes (Cf §5.8) ont une corrélation nulle, la réciproque étant en général fausse sauf dans le cas gaussien.

5.8 Indépendance statistique - Moyennes conditionnelles

Désignant toujours par $f_o(\alpha, \beta)$ la densité de probabilité conjointe du couple de v.a (A_o,B_o), on appelle densité de probabilité *marginale* de A_o — resp. B_o — la fonction :

$$f_{A_o}(\alpha) = \int_{-\infty}^{+\infty} f_o(\alpha, \beta) \mathrm{d}\beta \qquad \left(resp.\ f_{B_o}(\beta) = \int_{-\infty}^{+\infty} f_o(\alpha, \beta) \mathrm{d}\alpha \right) \tag{2-24}$$

qui permet de définir la densité de probabilité *conditionnelle* de A_o sachant que $B_o = \beta$, i.e.,

$$Prob\ (\alpha_1 < A_o < \alpha_2 \mid B_o = \beta) = \int_{\alpha_1}^{\alpha_2} f_{A_0/B_o}(\alpha, \beta)\, \mathrm{d}\alpha$$

où $f_{A_o/B_o}(\alpha, \beta) = f_o(\alpha, \beta) \,/\, f_{B_o}(\beta)$.
Cette loi de probabilité permet d'introduire la *moyenne conditionnelle par* β :

$$< A_o \underset{\beta}{>} = \int_{-\infty}^{+\infty} \alpha f_{A_o/B_o}(\alpha, \beta) \mathrm{d}\alpha \tag{2-25}$$

L'usage de ce type de moyenne s'est répandu dans l'analyse expérimentale de la turbulence ; nous y reviendrons ultérieurement (§8.1.2).
Si les deux v.a. A_o et B_o sont indépendantes en probabilité, alors :

$$f_o(\alpha, \beta) = f_{A_o}(\alpha) f_{B_o}(\beta)$$

et la moyenne conditionnelle se confond avec la moyenne conventionnelle.

6 Décomposition harmonique et analyse spectrale

6.1 Décomposition harmonique d'une fonction certaine non périodique

Soit $k(t)$ une fonction certaine, **non périodique**[1], à valeurs complexes, définie sur $]-\infty, +\infty[$ et absolument sommable, i.e., telle que :

$$\int_{-\infty}^{+\infty} |k(t)| \mathrm{d}t \qquad est\ fini \tag{2-26}$$

[1] Le cas des fonctions périodique sera examiné au Chapitre V-§2.2.

Cette condition permet d'assurer l'existence de la décomposition harmonique de $k(t)$, i.e., sa représentation en une superposition continue de sinusoïdes :

$$k(t) = \int_{-\infty}^{+\infty} \widehat{k}(n) e^{int} \mathrm{d}n \tag{2-27}$$

avec la relation de réciprocité : $\widehat{k}(n) = \dfrac{1}{2\pi} \displaystyle\int_{-\infty}^{+\infty} k(t) e^{-int} \mathrm{d}t$

Ces relations s'appliquent évidemment à toute caractéristique statistique d'une f.a. qui, en tant que fonction certaine, vérifie la condition d'intégrabilité (2-26).

6.2 Analyse harmonique de la fonction d'autocorrélation

Soit $R(\tau)$ la fonction d'autocorrélation d'une f.a. complexe du temps, stationnaire au second ordre :

$$\boxed{R(\tau) = \overline{A(t)A^*(t-\tau)}} \tag{2-28}$$

où A^* est la valeur complexe conjuguée de A. Supposant que $R(\tau)$ vérifie la condition (2-26), on peut écrire :

$$R(\tau) = \int_{-\infty}^{+\infty} \widehat{R}(n) e^{in\tau} \mathrm{d}n \tag{2-29a}$$

$$\widehat{R}(n) = \frac{1}{2\pi} \int_{-\infty}^{+\infty} R(\tau) e^{-in\tau} \mathrm{d}\tau \tag{2-29b}$$

La première des deux relations précédentes donne en particulier :

$$R(0) \equiv \overline{A(t)A^*(t)} = \int_{-\infty}^{+\infty} \widehat{R}(n) \mathrm{d}n \tag{2-30}$$

de sorte que la transformée de Fourier de $R(\tau)$ peut également s'interpréter comme une densité de répartition spectrale (densité spectrale en abrégé) de la moyenne quadratique de la f.a. $A(t)$. Nous reviendrons sur ce point au paragraphe 7.4 et verrons qu'il est possible de justifier la décomposition harmonique de la fonction d'autocorrélation non plus grâce à (2-26), mais à partir d'hypothèses sur la f.a. dont elle est issue.

6.3 Décomposition harmonique d'une fonction aléatoire

$A(t)$ désignant toujours une f.a. du temps à valeur complexe, définie sur $]-\infty, +\infty[$, il est possible d'étendre les relations de réciprocité (2-27 et b), avec les adaptations mathématiques convenables (intégrale de Riemann au sens de la convergence en moyenne quadratique ou de Stieltjes, Cf réf. [228] et [28] pp. 342-345 par exemple). On obtient ainsi :

$$A(t) = \int_{-\infty}^{+\infty} \widehat{A}(n) e^{int} \mathrm{d}n \qquad et \qquad \widehat{A}(n) = \frac{1}{2\pi} \int_{-\infty}^{+\infty} A(t) e^{-int} \mathrm{d}t \tag{2-31}$$

où la **transformée de Fourier** $\widehat{A}(n)$ est bien sûr maintenant une **nouvelle f.a.**

6.4 Propriétés énergétiques des f.a.

6.4.1 Localisation en fréquence – Densité spectrale d'énergie

En anticipant sur les applications ultérieures et pour simplifier les problèmes de vocabulaire, nous adopterons dès à présent le langage du mécanicien[1]. La f.a. $U(t)$ est alors censée représenter la **vitesse** et son carré $E(t)$ sera qualifié d'**énergie cinétique** (en toute rigueur, le double de l'énergie cinétique par unité de masse)

$$E(t) = U(t) \times U(t) \tag{2-32}$$

L'équation (2-31) introduit la transformée de Fourier $\widehat{U}(n)$ de la vitesse, alors que (2-30) définit la densité de spectrale $s(n)$ de la moyenne de l'énergie cinétique $E(t)$, à savoir :

$$\overline{E} = \int_{-\infty}^{+\infty} s(n) \mathrm{d}n \equiv \int_{-\infty}^{+\infty} \mathrm{d}S(n) \tag{2-33}$$

Dans cette dernière relation, $S(n)$ désigne une fonction de répartition spectrale d'énergie. La question que l'on pose ici est celle de l'inter-dépendance entre $\widehat{U}(n)$ et $S(n)$ ou $s(n)$.

Comme nous allons le voir ci–après, cette question reçoit une réponse simple lorsque la moyenne de l'énergie cinétique est *"localisable"* en fréquence. Dans ce cas et par définition, cette grandeur s'obtient par *addition* des contributions relatives de chaque composante "en n" de la transformée de Fourier de la vitesse, *sans* faire intervenir de termes d'*interaction* entre composantes.

[1] Ces questions sont souvent exposées en relation avec la théorie du signal **d'origine électrique**. Dans ce cas, la f.a. est homogène à une tension, ce qui justifie de parler de son carré en terme de puissance. Pour éviter toute confusion entre les notions de puissance et d'énergie, il ne sera plus fait référence ci–après, à ce domaine de la Physique.

6.4.2 Le théorème de Kintchine

Ce théorème **fonde l'analyse spectrale des f.a. stationnaires d'ordre deux** en fixant les conditions de validité de la localisation en fréquence de la moyenne de l'énergie. Nous le citerons ainsi : *Si* $U(t)$ *est une f.a. stationnaire d'ordre deux et de covariance continue à l'origine, alors :*

1. La f.a. $U(t)$ possède une transformée de Fourier :

$$U(t) = \int_{-\infty}^{+\infty} \widehat{U}(n) e^{int} \mathrm{d}n$$

2. La moyenne de son énergie est localisable en fréquence au sens où il existe une fonction $s(n) = \mathrm{d}S(n)/\mathrm{d}n$ telle que :

$$\overline{E} \equiv \overline{U(t) \times U^*(t)} = \int_{-\infty}^{+\infty} s(n)\mathrm{d}n = \int_{-\infty}^{+\infty} \mathrm{d}S(n)$$

3. La fonction de répartition spectrale d'énergie $S(n)$ peut se calculer à partir des composantes aléatoires de la décomposition harmonique de $U(t)$:

$$S(n) = \int_{-\infty}^{n} \overline{\left|\widehat{U}(x)\right|^2} . \mathrm{d}x$$

4. La densité spectrale d'énergie est aussi la transformée de Fourier de la fonction d'autocorrélation de $U(t)$:

$$R(\tau) \equiv \overline{U(t) \times U^*(t-\tau)} = \int_{-\infty}^{+\infty} \widehat{R}(n) e^{in\tau} \mathrm{d}n \qquad avec \;\; \widehat{R}(n) \equiv s(n)$$

Les correspondances énergétiques de ce théorème sont illustrées ci-dessous.

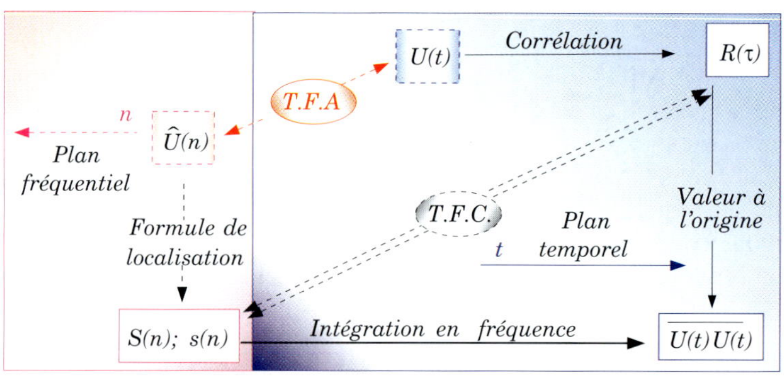

Fig. 3: Articulation entre transformées de Fourier certaine (T.F.C.) et aléatoire (T.F.A.) au sens de Kintchine.

Les résultats énoncés sur des f.a. *stationnaires en temps* ont bien évidemment leurs équivalents sur les f.a. *homogènes dans l'espace* à l'ordre deux. Si $U(\vec{x})$ désigne une telle f.a. de l'espace, à valeur complexe, sa décomposition harmonique s'écrit formellement :

$$U(\vec{x}) = \iiint\limits_{\mathcal{D}(\vec{\kappa})} e^{i\vec{\kappa}.\vec{x}}\hat{U}(\vec{\kappa})\mathrm{d}\kappa_1\mathrm{d}\kappa_2\mathrm{d}\kappa_3 \tag{2-34}$$

où $\vec{\kappa}$ est le vecteur d'onde, de composantes $\kappa_i = 2\pi/\lambda_i$, en référence à la longueur d'onde λ_i. L'homogénéité spatiale d'ordre deux se traduit à présent par :

$$\overline{U(\vec{\kappa})U(\vec{\kappa}+\vec{r})} = B(\vec{r})$$

Si la fonction de corrélation spatiale $B(\vec{r})$ est continue à l'origine, alors elle possède une transformée de Fourier $F(\vec{\kappa})$ conformément aux relations de réciprocité :

$$B(\vec{r}) = \iiint\limits_{\mathcal{D}(\vec{\kappa})} e^{i\vec{\kappa}.\vec{r}}F(\vec{\kappa})\mathrm{d}\kappa_1\mathrm{d}\kappa_2\mathrm{d}\kappa_3 \tag{2-35a}$$

avec :

$$F(\vec{k}) = \frac{1}{8\pi^3}\iiint\limits_{\mathcal{D}(\vec{r})} e^{-i\vec{\kappa}.\vec{r}}B(\vec{r})\mathrm{d}r_1\mathrm{d}r_2\mathrm{d}r_3 \tag{2-35b}$$

L'énergie est là encore localisable en vecteur d'onde par :

$$B(\vec{0}) = \overline{|U(\vec{x})|^2} = \iiint\limits_{\mathcal{D}(\vec{\kappa})} F(\vec{\kappa})\mathrm{d}\kappa_1\mathrm{d}\kappa_2\mathrm{d}\kappa_3$$

où $F(\vec{\kappa})$ est la densité spectrale tridimensionnelle d'énergie. Nous reviendrons plus en détail sur ces notions au Chapitre V-§4.

REMARQUE — *Il existe plusieurs façons d'énoncer le théorème de Kintchine. Pour une formulation de caractère plus mathématique, telle celle de Bochner-Kintchine, on pourra par exemple se référer à B. Lacaze* [228].

7 Éléments de description statistique de la turbulence

La transposition[1] des notions des sections précédentes conduit à la description statistique de la turbulence. En situation isovolume, tout champ d'écoulement turbulent est ainsi décrit par deux fonctions aléatoires :

[1] Cette transposition pose la question d'un "univers" probabilisable en turbulence indispensable à la définition de toute moyenne statistique. Cet aspect fondamental n'est pas abordé ici.

– la vitesse, f.a. vectorielle $U_i(\vec{x}, t)$,
– la pression, f.a. réelle $P(\vec{x}, t)$.

À travers les équations de Navier-Stokes, il faut s'intéresser non seulement aux propriétés de telles f.a. des variables d'Euler $(\vec{x}, t)$, mais aussi de leurs dérivées en espace et en temps. C'est par cette question que nous allons commencer.

7.1 Commutativité des opérateurs de moyenne et de dérivation

Concrètement nous posons ici la question de la "commutativité" des opérateurs de *moyenne statistique* et *dérivation*, i.e., de l'équivalence entre la *moyenne de* la dérivée et la *dérivée de* la moyenne. Il s'agit là d'un aspect majeur de l'analyse des f.a. dont le traitement se situe hors de l'exposé de ce cours. Pour les besoins des développements ultérieurs, il suffit simplement de rappeler le résultat suivant :
Si U_n est une v.a. bornée qui, lorsque *n* tend vers l'infini, converge soit en loi, soit presque sûrement vers la v.a. U, alors on peut écrire :

$$\lim_{n \to \infty} \left(\overline{U}_n\right) = \overline{\left(\lim_{n \to \infty} U_n\right)} = \overline{U}$$

Nous transposerons ce résultat, sans démonstration, aux moyennes et moments statistiques d'ordre quelconque d'une f.a. et écrirons par exemple pour une f.a. $U(\vec{x}, t)$ de l'espace et du temps :

$$\boxed{\overline{\frac{\partial U(\vec{x}, t)}{\partial t}} = \frac{\partial}{\partial t} \overline{U}(\vec{x}, t)} \quad \text{(2-36a)} \qquad \boxed{\overline{\frac{\partial U(\vec{x}, t)}{\partial x_k}} = \frac{\partial}{\partial x_k} \overline{U}(\vec{x}, t)} \quad \text{(2-36b)}$$

7.2 Les différents types de moyennes

7.2.1 Moyenne d'ensemble

La moyenne prise sur l'ensemble de toutes les réalisations possibles d'un écoulement turbulent, en abrégé, moyenne d'ensemble, n'est autre que la moyenne statistique définie précédemment (2-7).
Pour la suite, on retiendra que cet opérateur vérifie les quatre propriétés :

$$\overline{(A + B)} = \overline{A} + \overline{B} \quad \text{(2-37a)}$$

$$\overline{(\lambda . A)} = \lambda . \overline{A} \quad \text{(2-37b)}$$

$$\overline{(A . B)} = \overline{A} . \overline{B} + \overline{a . b} \quad \text{(2-37c)}$$

$$\overline{\left(\frac{\partial A}{\partial t}\right)} = \frac{\partial \overline{A}}{\partial t} \; et \; \overline{\left(\frac{\partial A}{\partial x_j}\right)} = \frac{\partial \overline{A}}{\partial x_j} \quad \text{(2-37d)}$$

Dans les expressions ci-dessus, λ est une constante (grandeur certaine), A et B désignent deux f.a. quelconques de (x_j, t) pour lesquelles on a posé :

$$\boxed{A = \overline{A} + a \qquad \text{avec} \quad \overline{a} = 0} \tag{2-38}$$

avec une décomposition semblable pour B.

Cette moyenne peut s'obtenir en pratique :

- **directement**, par **"estimation statistique"** selon un opérateur classique du type :

$$\overline{A}(x_j, t) \simeq \frac{1}{N} \sum_{n=1}^{n=N} \breve{A}_n(x_j, t)$$

  appliqué à une collection d'échantillons $\breve{A}_n(x_j, t)$ représentatifs de la f.a.,
- **indirectement**, i.e., en passant par d'autres types de moyenne (temporelle ou spatiale, voir ci-après), si la f.a. satisfait aux conditions **d'ergodicité** correspondantes (Cf. §8.3) ;

7.2.2 Moyennes conditionnelles

Contrairement à la moyenne d'ensemble, la moyenne conditionnelle procède d'échantillons sélectionnés par classes selon un critère dicté par l'analyse physique. En turbulence, de nombreux types de mesures conditionnelles ont été proposés parmi lesquels on peut citer :

- **Moyenne** en référence **de zone**, afin d'isoler les valeurs qui correspondent à des phénomènes ayant une localisation particulière dans l'écoulement.
  On pose alors :

$$\breve{A}(x_j, t) = \lim_{N \to \infty} \frac{1}{N} \sum_{n=1}^{n=N} \breve{A}_n(x_j, t) \times I_n(t) \tag{2-39}$$

  où $I_n(t)$ est l'indicateur d'appartenance à la classe. Avec ce type de moyenne, il est possible d'introduire une ségrégation spatiale du champ des propriétés. C'est ainsi que l'on peut reconnaître, avec marquage thermique par exemple, l'origine des bouffées turbulentes dans une couche limite, ou encore analyser l'intermittence avec une moyenne conditionnée par la fonction indicatrice ou facteur d'intermittence (Chapitre IX-§8.1).
- **Moyenne** en référence **de phase**, où un critère temporel permet d'effectuer un recalage dans le temps (phase t_{θ_n}) des différents échantillons, conformément à la définition :

$$\breve{A}(x_j, \theta) = \lim_{N \to \infty} \frac{1}{N} \sum_{n=1}^{n=N} \breve{A}(x_j, t_{\theta_n}) \tag{2-40}$$

  L'analyse de la turbulence en présence de structures tourbillonnaires à organisation spatio-temporelle pseudo–périodique repose sur des moyennes de ce type.

La ségrégation permet alors une analyse de propriétés "internes" aux mouvements de l'agitation turbulente.

7.2.3 Moyenne temporelle

Cet opérateur est défini en référence à *un seul échantillon* et non un ensemble comme dans les deux cas précédents. Désignant celui-ci[1] par $\breve{A}(x_j, t)$, la moyenne temporelle de $\breve{A}$ vaut, quand elle existe :

$$A_T(x_j) = \lim_{T\to\infty} \frac{1}{2T} \int_{-T}^{+T} \breve{A}(x_j, t)\mathrm{d}t \tag{2-41}$$

Dans de nombreux cas, l'intégrale du second membre peut être non définie et la moyenne temporelle n'avoir aucun sens. Elle ne s'applique qu'aux régimes dits *permanents en moyenne*, pour lesquels des conditions de stationnarité sont vérifées.

7.2.4 Moyenne spatiale

De façon similaire, on peut introduire une moyenne spatiale sur une réalisation quelconque d'un champ turbulent par :

$$<A> (t) = \lim_{\mathcal{D}\to\infty} \frac{1}{\mathcal{D}} \iiint_{\mathcal{D}} \breve{A}(x_j, t)\mathrm{d}v \tag{2-42}$$

Comme précédemment, cette moyenne n'a de sens que pour des situations *homogènes* dans l'espace i.e., où des conditions de stationnarité spatiale sont vérifiées *en moyenne*.

7.2.5 Moyenne spatiale filtrée

Pour des champs turbulents spatialement inhomogènes, une moyenne spatiale peut néanmoins être envisagée, à condition d'opérer non pas sur $\breve{A}(x_j, t)$ directement, mais sur le produit de $\breve{A}(x_j, t)$ par une fonction de pondération s'évanouissant suffisamment vite avec l'éloignement au point courant. On introduit ainsi une moyenne spatiale filtrée, dont l'usage est particulièrement adapté aux théories de simulation des grandes structures. Désignant par $G_\Delta\left(\vec{x}, \vec{x'}\right)$ une telle fonction d'atténuation sur une "largeur spatiale" Δ autour du point $\vec{x}$, l'opérateur de moyenne filtrée s'écrit :

$$<\breve{A}> (x_j, t) = \lim_{\mathcal{D}\to\infty} \frac{1}{\mathcal{D}} \int\int_{\mathcal{D}}\int G_\Delta(x_j, x'_j) A(x'_j, t)\, \mathrm{d}v\left(\vec{x'}\right) \tag{2-43}$$

[1] Il s'agit d'**un** "graphe" correspondant à **une** réalisation particulière de l'écoulement. On parle encore d'**une** "trajectoire" de la fonction aléatoire $A(x_j, t)$.

EXERCICE — ***Diffusion unidirectionnelle et moyennes spatiales*** — Dans un fluide homogène, supposé occuper tout l'espace, on marque à un instant donné, pris pour origine des temps, un certain nombre de particules fluides. Ce marquage confère aux particules qu'il affecte un caractère indélébile de contaminant *passif*, i.e., sans altération des fonctions thermomécaniques du mouvement de ces particules. On suppose qu'à tout instant ultérieur, chaque particule est susceptible de se déplacer suivant une seule direction (on la note x), avec une vitesse propre. On désigne alors par $n(x,t)$ le nombre de particules qui se positionnent à l'abscisse x à l'instant t.

1) On donne

$$n(x,t) = \frac{A}{\sqrt{Dt}}\, e^{-\frac{x^2}{4Dt}} \tag{2-44}$$

où A et D sont deux réels positifs. Montrer que ce champ est solution d'une équation de diffusion unidirectionnelle pure. Donner l'interprétation physique du paramètre D.

2) On désigne par N_0 le nombre de particules marquées à l'instant initial $t = 0$. Que pouvez-vous dire de la valeur de ce nombre au cours du temps ?

3) On suppose qu'à $t = 0$ les particules marquées sont réparties entre les deux plans $x = -b_0$ et $x = +b_0$ avec une concentration (nombre par unité de volume) uniforme de valeur Γ_0. Exprimer la valeur de la constante A de telle sorte que le nombre des particules marquées reste égal à $2b_0\Gamma_0$. (On rappelle que $\int_0^{+\infty} e^{-x^2}\mathrm{d}x = \sqrt{\pi}/2$)

4) On désigne par $\overline{x}(t)$ la moyenne spatiale des abscisses des positions des particules marquées. Que vaut $\overline{x}(t)$ et quelle(s) interprétation(s) physique(s) pouvez-vous donner de ce résultat ?

5) Calculer la distance quadratique moyenne du nuage de particules marquées. (On rappelle que $\int_0^{+\infty} x^2 \times e^{-x^2}\mathrm{d}x = \sqrt{\pi}/4$)

SOLUTION

1) Par dérivation temporelle du champ (2-44) il vient directement :

$$\frac{\partial n}{\partial t} = -\frac{A}{2}\frac{e^{-\frac{x^2}{4Dt}}}{D^{1/2}t^{3/2}} + \frac{A}{4}\frac{x^2\, e^{-\frac{x^2}{4Dt}}}{D^{3/2}t^{5/2}}$$

Or, on peut noter que : $$\frac{\partial n}{\partial x} = -\frac{A}{2}\frac{x\, e^{-\frac{x^2}{4Dt}}}{D^{3/2}t^{3/2}}$$

de sorte que : $$\frac{\partial^2 n}{\partial x^2} = -\frac{A}{2}\frac{e^{-\frac{x^2}{4Dt}}}{D^{3/2}t^{3/2}} + \frac{A}{4}\frac{x^2\, e^{-\frac{x^2}{4Dt}}}{D^{5/2}t^{5/2}} \equiv \frac{1}{D}\frac{\partial n}{\partial t}$$

On aboutit donc à une équation de diffusion unidirectionnelle ($\frac{\partial n}{\partial t} = D\frac{\partial^2 n}{\partial x^2}$) dont D n'est autre que le coefficient de diffusion ou diffusivité.

2) Le contaminant étant par nature passif et n'étant introduit qu'à l'instant initial, il ne peut y avoir au cours du temps de modification du nombre total de particules marquées. Cette conclusion s'observe également sur l'équation de diffusion précédente

où ne figure aucun terme de production/destruction (ou source/puits). Désignant par $N(t)$ le nombre de particules marquées présentes, à un instant quelconque dans le champ du mouvement, on a donc $N(t) = N_0 = C^{te}$.
3) Le nombre total de particules marquées s'exprime à l'instant t par :

$$N(t) = \int_{-\infty}^{+\infty} n(x,t)\mathrm{d}x \equiv 2\frac{A}{\sqrt{Dt}} \int_0^{+\infty} e^{-\frac{x^2}{4Dt}}\mathrm{d}x$$

Compte tenu de l'interprétation physique du paramètre D, on peut poser $\alpha = 2\sqrt{Dt}$. Introduisant le changement de variable $x = \alpha u$, l'intégrale du second membre devient $\int_0^{+\infty} e^{-u^2} \times \alpha \mathrm{d}u$ qui vaut donc, avec le résultat rappelé $\alpha\sqrt{\pi}/2$. On obtient donc que $N(t) = 2A\sqrt{\pi}$. La conservation du traceur se traduit ainsi par la relation :

$$2A\sqrt{\pi} = 2b_0\Gamma_0$$

ce qui conduit à la forme de la solution :

$$n(x,t) = \frac{b_0\Gamma_0}{\sqrt{\pi Dt}} e^{-\frac{x^2}{4Dt}} \qquad avec \qquad \int_{-\infty}^{+\infty} n(x,t)\,\mathrm{d}x = 2b_0\Gamma_0$$

4) Le fluide étant homogène, i.e., composé de particules de même masse, la moyenne spatiale des positions des particules marquées n'est autre que l'abscisse du barycentre du nuage (ensemble) de toutes ces particules. Par définition, on a donc :

$$\overline{x}(t) = \frac{\int_{-\infty}^{+\infty} x \times n(x,t)\,\mathrm{d}x}{\int_{-\infty}^{+\infty} n(x,t)\,\mathrm{d}x}$$

De simples considérations de parité montrent alors que l'intégrale figurant au numérateur est identiquement nulle. Le processus de diffusion reste donc, ***en moyenne***, centré autour de l'origine. Une première interprétation est celle de l'étalement par agitation moléculaire d'une bande marquée dans un fluide macroscopiquement au repos. Une autre possibilité est de voir (2-44) comme l'équation régissant, dans un repère se déplaçant à la vitesse moyenne locale de l'écoulement, un processus de diffusion par agitation turbulente (mouvements continus).
5) Puisque le nuage de particules marquées reste centré à l'origine en moyenne, la distance quadratique moyenne de celles-ci s'exprime par :

$$\overline{x^2}(t) = \frac{\int_{-\infty}^{+\infty} x^2 \times n(x,t)\,\mathrm{d}x}{\int_{-\infty}^{+\infty} n(x,t)\,\mathrm{d}x}$$

Or (question 3), le dénominateur vaut $2b_0\Gamma_0$. Il reste donc simplement à calculer :

$$I = \int_{-\infty}^{+\infty} x^2 n(x,t)\mathrm{d}x = 2\frac{b_0\Gamma_0}{\sqrt{\pi Dt}} \int_0^{+\infty} x^2\, e^{-\frac{x^2}{4Dt}}\,\mathrm{d}x$$

Avec le changement de variable déjà introduit à la question 3, on déduit aisément que la valeur de l'intégrale du second membre est $2Dt\sqrt{\pi Dt}$. Ainsi :

$$\overline{x^2} = \frac{1}{2b_0\Gamma_0} \times \frac{2b_0\Gamma_0}{\sqrt{\pi Dt}} \times 2Dt\sqrt{\pi Dt} = 2Dt$$

La "dispersion" ou "l'étalement" du marqueur se fait donc suivant une loi parabolique dans le temps et d'autant plus intensément que la diffusivité du milieu est grande.

Nous récapitulons au tableau suivant les opérateurs de moyenne que nous venons de passer en revue, avec les situations pour lesquelles chacun d'eux est plus particulièrement adapté.

Dénomination	Expression	Adaptation/Validité
Ensemble	$\overline{A}(x_j,t) = \lim\limits_{N\to\infty} \frac{1}{N}\sum\limits_{n=1}^{n=N} A_n(x_j,t)$	*Collection d'échantillons représentatifs*
Temporelle	$A_T(x_j) = \lim\limits_{T\to\infty} \frac{1}{2T}\int\limits_{-T}^{+T} A(x_j,t)\mathrm{d}t$	*Mvt. permanent*
En référence de phase	$\breve{A}(x_j,\theta) = \lim\limits_{N\to\infty} \frac{1}{N}\sum\limits_{n=1}^{n=N} A(x_j,t_{\theta_n})$	*présence d'un caractère périodique du champ*
Spatiale vol.	$<A>(t) = \lim\limits_{\mathcal{D}\to\infty} \frac{1}{\mathcal{D}}\iiint\limits_{\mathcal{D}} A(x_j,t)\mathrm{d}v$	*Homogénéité*
Spatiale plane	$<A>(x,t) = \lim\limits_{\mathcal{L}\to\infty} \frac{1}{\mathcal{L}^2}\int\limits_0^{\mathcal{L}}\int\limits_0^{\mathcal{L}} A(x,y,z,t)\mathrm{d}y\mathrm{d}z$	*Homogénéité plan y,z*
Spatiale filtrée	$<\breve{A}>(x_j,t) = \lim\limits_{\mathcal{D}\to\infty} \frac{1}{\mathcal{D}}\iiint\limits_{\mathcal{D}} G_\Delta(x_j,x'_j,t)A(x'_j,t)\mathrm{d}v(x'_j)$	*Largeur de filtre Δ*

Tableau 2.1 Principaux types de moyennes en régime turbulent isovolume.

7.3 Paramétrisation statistique de l'agitation

7.3.1 Intensités de turbulence

Désignant par $u(x_j,t), v(x_j,t), w(x_j,t)$ les fluctuations turbulentes, ou écarts par rapport à la moyenne des composantes du vecteur vitesse dans un repère (x,y,z), on appelle intensité de turbulence en x (resp. y, et z), la quantité suivante :

$$\boxed{I_u = \frac{\sqrt{\overline{u^2}}}{\overline{U}}} \tag{2-45}$$

où $\overline{U}$ représente la valeur moyenne (supposée non nulle) de la composante suivant x du vecteur vitesse.

De façon analogue, on définit l'intensité en énergie de la turbulence par :

$$I_e = \frac{\sqrt{\overline{u^2} + \overline{v^2} + \overline{w^2}}}{\sqrt{\overline{U}^2 + \overline{V}^2 + \overline{W}^2}}$$

Ces ratios permettent de distinguer les champs turbulents faibles $I \sim 1\%$, moyens $I \sim 10\%$ et forts $I \sim 20\%$ et au-delà.

7.3.2 Échelles énergétiques

L'intensité énergétique de turbulence renseigne sur le *montant* d'énergie d'agitation $\overline{k} = \frac{1}{2}\overline{u_i u_i}$, mais pas sur sa *répartition* entre "tourbillons". Pour cela, on fait appel à la notion de *spectre en fréquence ou nombre d'onde* (Cf. §7) et sur laquelle nous reviendrons au Chapitre V. Une allure typique de spectre (densité spectrale) d'énergie en nombre d'onde κ (inverse d'une longueur) est donné à la figure 4. Désignant par κ_l la valeur du nombre d'onde du maximum de densité spectrale d'énergie, on peut lui associer schématiquement la plage des **tourbillons porteurs d'énergie**, d'échelles représentatives :

– vitesse : $u' \sim \sqrt{2\overline{k}}$
– longueur : $l \sim 1/\kappa_l$

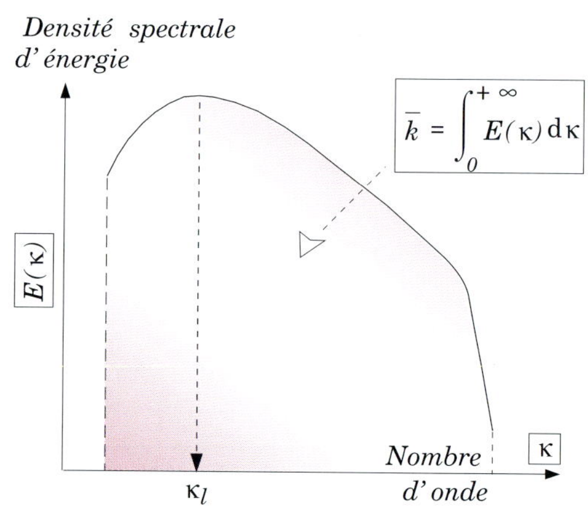

Fig. 4: Allure typique d'un spectre en nombre d'onde en turbulence pleinement développée.

EXERCICE — ***Intensité turbulente en agitation gaussienne*** — En un point d'un écoulement d'une soufflerie, on mesure une vitesse moyenne de $20\,m/s$ et une intensité de turbulence I_u de $0{,}2\%$. Les fluctuations centrées de vitesse étant réparties avec une approximation satisfaisante selon une loi normale, donner l'expression de cette loi.

SOLUTION

Dans le cas d'une loi de Gauss, l'expression générale de la densité de probabilité des fluctuations u de vitesse ne dépend que du seul écart type de ces fluctuations. Avec une intensité turbulente de $0,2\%$, on obtient, pour une vitesse moyenne de $20\,m/s$, $\sqrt{\overline{u^2}}=4\times10^{-2}$. La loi de densité de probabilité des fluctuations s'écrit donc $f(u) \simeq 9,97\,e^{-10\,000u^2/32}$.

7.3.3 Micro et macro échelles de Taylor

Pour simplifier les écritures, nous nous limitons à la fluctuation monodimensionnelle du vecteur vitesse $u(x,t)$. On peut alors construire la fonction d'autocorrélation spatio-temporelle générale suivante :

$$R\big(x,x';t,t'\big) = \frac{\overline{u(x,t)u(x',t')}}{\overline{u(x,t)u(x,t)}} \qquad \text{(2-46)}$$

Pour $t=t'=t_0=C^{te}$ — resp. $x=x'=x_0=C^{te}$ — cette expression redonne la fonction d'autocorrélation spatiale — resp. temporelle. Pour des champs turbulents homogènes — resp. stationnaires — d'ordre deux, elles s'écrivent :

$$R(r,t_0) = \frac{\overline{u(x,t_0)u(x+r,t_0)}}{\overline{u(x,t_0)u(x,t_0)}} \quad ou \quad R(x_0,\tau) = \frac{\overline{u(x_0,t)u(x_0,t+\tau)}}{\overline{u(x_0,t)u(x_0,t)}} \qquad \text{(2-47)}$$

La forme typique de ces fonctions est illustrée à la figure ci-contre pour des fluctuations de vitesse u colinéaires au déplacement r (voir Chapitre IV-§3.6).

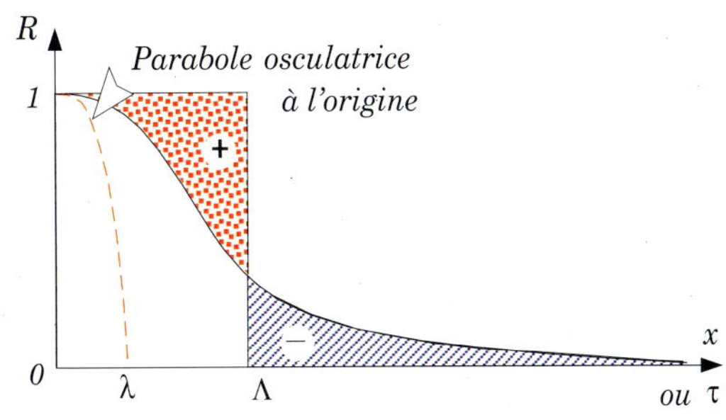

Fig. 5: Fonction d'autocorrélation et échelles de Taylor associées.

Les **macro-échelles** temporelle et spatiale au sens de Taylor sont définies par :

$$\boxed{\Lambda(t) = \int_0^\infty R(r,t)\mathrm{d}r \quad et \quad \Lambda(\vec{x}) = \int_0^\infty R(\vec{x},\tau)\mathrm{d}\tau} \qquad \text{(2-48)}$$

où la convergence des intégrales est souvent admise en pratique. Ces grandeurs intégrales fournissent une évaluation grossière de la durée ou de la distance en deçà de laquelle la vitesse fluctuante $u(x,t)$ serait parfaitement corrélée avec elle-même et totalement décorrélée d'elle-même au-delà.

Le comportement à l'origine de ces mêmes fonctions d'autocorrélation permet de définir les **micro-échelles** temporelle et spatiale au sens de Taylor :

$$\boxed{\left(\frac{\partial^2 R(r,t)}{\partial r^2}\right)_{r=0} = -\frac{2}{\lambda^2(t)}} \quad \text{et} \quad \boxed{\left(\frac{\partial^2 R(\vec{x},\tau)}{\partial \tau^2}\right)_{\tau=0} = -\frac{2}{\lambda^2(\vec{x})}} \qquad (2\text{-}49)$$

de sorte que la courbe R est osculatrice à l'origine à une parabole d'équation générale $1-x^2/\lambda^2$ (voir figure précédente).

COMPLÉMENT — ***Interprétation dissipative de la micro-échelle*** — La définition des micro-échelles de Taylor montre que celles-ci renseignent simplement sur la courbure à l'origine des fonctions d'autocorrélation. Une autre interprétation physique peut en être donnée en situation homogène. Nous limitant au cas spatial, on a alors :

$$0 = \frac{d}{dx}\overline{u^2} = 2\overline{u\frac{du}{dx}} \Rightarrow \frac{d^2}{dx^2}\overline{u^2} = 2\overline{u\frac{d^2u}{dx^2}} + 2\overline{\left(\frac{du}{dx}\right)^2} = 0$$

Mais $\overline{u\dfrac{d^2u}{dx^2}} \equiv \left(\overline{u\dfrac{d^2u}{dr^2}}\right)_{r=0} = -\dfrac{2}{\lambda^2}\overline{u^2}$ d'où $\dfrac{2\overline{u^2}}{\lambda^2} = \overline{\left(\dfrac{du}{dx}\right)^2}$

Or nous verrons qu'en turbulence homogène et isotrope, le taux de dissipation $\bar{\varepsilon}$ s'exprime par :

$$\bar{\varepsilon} \equiv 2\nu\overline{s_{ij}s_{ij}} = 15\nu\overline{\left(\frac{du}{dx}\right)^2} = 30\nu\frac{\overline{u^2}}{\lambda^2} \qquad (2\text{-}50)$$

Ainsi la micro-échelle λ apparaît-elle comme une quantité permettant de fournir une *valeur* du *montant* de la dissipation. Par contre, il est capital de remarquer que l'échelle de vitesse $u' = \sqrt{\overline{u^2}}$ n'étant pas associée aux structures dissipatives, la micro-échelle n'est pas représentative de la *classe de tourbillons* responsables de la dissipation. Les échelles (longueur, vitesse,...) pertinentes seront introduites au Chapitre VIII-§2.6.

EXERCICE — ***Corrélation temporelle et échelles temporelles de Taylor*** — Un champ de fluctuations turbulente de vitesse stationnaire au second ordre, admet comme fonction d'autocorrélation temporelle :

$$R(\tau) \equiv \frac{\overline{u(t)u(t+\tau)}}{u'^2} = e^{-\tau^2/\mathcal{T}^2}$$

où le réel positif $\mathcal{T}$ est homogène à un temps et $u' = \sqrt{\overline{u^2(t)}}$.

1) Calculer les micro et macro-échelles temporelles de Taylor. Que concluez-vous de ces résultats ?

2) Reprendre cette question en prenant pour fonction d'autocorrélation temporelle $R(\tau) = e^{-|\tau|/\mathcal{T}}$.

SOLUTION

1) On vérifie bien en premier lieu que $R(0) = 1$. En outre, il est immédiat que :

$$\frac{\mathrm{d}R(\tau)}{\mathrm{d}\tau} = -\frac{2\tau}{\mathcal{T}^2}R(\tau) \qquad et \qquad \frac{\mathrm{d}^2R(\tau)}{\mathrm{d}\tau^2} = -\frac{2}{\mathcal{T}^2}R(\tau) + \frac{4\tau^2}{\mathcal{T}^4}R(\tau)$$

On en déduit que la micro-échelle temporelle de Taylor vaut :

$$\lambda^2 \equiv -2/\left(\frac{\mathrm{d}^2R}{\mathrm{d}\tau^2}\right)_{\tau=0} = \mathcal{T}^2$$

Par définition la macro-échelle de Taylor s'obtient par :

$$\Lambda = \int_0^{+\infty} R(\tau)\mathrm{d}\tau = \mathcal{T} \times \int_0^{+\infty} e^{-x^2}\mathrm{d}x$$

après avoir effectué le changement de variable $\tau = x \times \mathcal{T}$. La valeur de l'intégrale du second membre étant $\sqrt{\pi}/2$, on aboutit finalement à $\Lambda = \lambda\sqrt{\pi}/2$. Ce résultat montre que l'expression considérée n'est pas physiquement représentative d'une autocorrélation de fluctuations de vitesse, la macro-échelle étant inférieure à la micro-échelle ($\Lambda \approx 0,89\lambda$).

2) La seconde fonction proposée vérifie bien également $R(0) = 0$. Par contre n'étant pas paire à l'origine, son comportement au voisinage de $\tau = 0$ ne permet pas de définir une micro-échelle. S'agissant de la macro-échelle, il vient :

$$\Lambda = \mathcal{T} \times \int_0^{+\infty} e^{-x}\mathrm{d}x \equiv \mathcal{T}$$

Ainsi, on peut dire que cette seconde fonction ne peut au mieux représenter l'autocorrélation de fluctuations turbulentes de vitesse que pour des grands décalages en temps.

7.3.4 Nombres de Reynolds de turbulence

Plusieurs expressions d'un **nombre de Reynolds de turbulence**, i.e., défini sur des échelles se rapportant à l'agitation, peuvent en être données. Nous en citerons trois :

$$R_l = \frac{u' \times l}{\nu} \qquad R_\epsilon = \frac{u'^4}{\epsilon \times \nu} \qquad R_\lambda = \frac{u' \times \lambda}{\nu} \tag{2-51}$$

Dans tous les cas, l'échelle de vitesse est estimée à partir du montant énergétique $u' \propto \sqrt{k}$. Deux estimations des échelles de longueur sont envisageables, macro ($l \propto \Lambda$) et micro (λ), au sens de Taylor. À noter enfin que la deuxième définition se ramène à la première en adoptant l'expression du taux de dissipation en fonction des échelles énergétiques $\epsilon \propto u'^3/l$ (voir Chapitre VIII-§2.4.2).

7.3.5 Corrélations spatio-temporelles et célérité de transfert

Les fonctions de corrélation avec décalage dans l'espace et dans le temps, permettent de quantifier l'effet de "mémoire spatio-temporelle" de l'agitation turbulente. Favre, Gaviglio et Dumas furent parmi les premiers à mesurer de telles fonctions en couche limite sur plaque plane sans gradient de pression. Comme le montre la figure 6 adaptée de la référence [134] de ces auteurs, chaque courbe de corrélation temporelle pour un décalage spatial donné, passe par un maximum pour un décalage en temps particulier $\tau = t_m$. Cette valeur t_m varie de façon sensiblement proportionnelle avec la distance de séparation r, le rapport $r/(t_m \times U_\infty)$ s'établissant à une valeur de l'ordre de 0,8 dans le cas cité. Ainsi, l'information statistique correspondant au maximun de corrélation se *propage* à une *célérité* (r/t_m) distincte de la vitesse moyenne locale $(0,8 \times U_\infty)$.

Ce résultat peut suggérer l'idée d'un comportement tourbillonnaire spécifique des grandes structures "porteuses" de la mémoire temporelle qui, par leur dynamique propre, assurent également l'effet de mémoire spatiale.

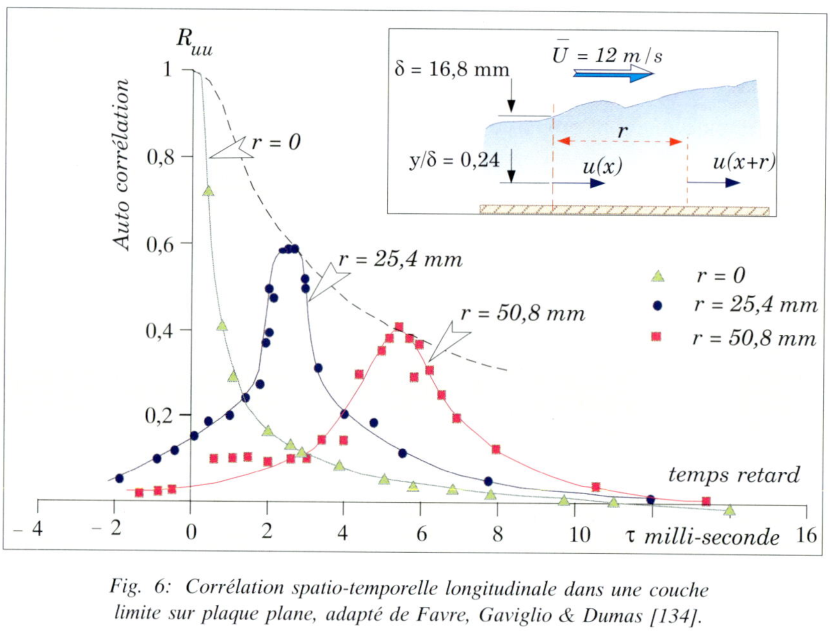

Fig. 6: Corrélation spatio-temporelle longitudinale dans une couche limite sur plaque plane, adapté de Favre, Gaviglio & Dumas [134].

EXERCICE — ***Auto-corrélation temporelle Lagrangienne*** — En référence aux variables de Lagrange ξ, η, ζ, t, on désigne par $\mathrm{u_i}(\xi, \zeta, \eta, t)$ les composantes du vecteur vitesse d'agitation d'un champ turbulent et stationnaire d'ordre deux. On forme le coefficent de corrélation temporel lagrangien suivant :

$$R_L(\tau) = \frac{\overline{\mathrm{u}(\xi,\eta,\zeta,t)\mathrm{u}(\xi,\eta,\zeta,t-\tau)}}{\overline{\mathrm{u}'^2}} \equiv \frac{\overline{\mathrm{u}(t)\mathrm{u}(t-\tau)}}{\overline{\mathrm{u}'^2}}$$

En supposant que l'agitation est isotrope, on désigne par $r(\xi, \eta, \zeta, t) \equiv r(t)$ la distance parcourue, entre l'instant initial ($t = 0$) et l'instant courant (t), par la particule fluide au cours de son déplacement aléatoire sous l'action de la seule vitesse d'agitation.

1) Montrer que :

$$r(t) = \int_0^t \mathrm{u}(t-\tau)\mathrm{d}\tau$$

2) Quelle relation en déduisez-vous entre l'intégrale $\int_0^t R_L(\tau)\mathrm{d}\tau$ et la distance quadratique moyenne $\overline{r^2(t)}$?

3) Que pouvez-vous dire de la loi de variation de $\overline{r^2(t)}$ pour des temps infiniment courts ?

SOLUTION

1) Par définition même des variables de Lagrange, on peut écrire sous l'hypothèse d'isotropie des déplacements que :

$$\int_0^r \mathrm{d}x = \int_0^t \mathrm{u}(\alpha)\mathrm{d}\alpha$$

En introduisant dans l'intégrale du second membre le changement de variable $\alpha = t - \tau$, il vient :

$$r(t) = -\int_t^0 \mathrm{u}(t-\tau)\mathrm{d}\tau = \int_0^t \mathrm{u}(t-\tau)\mathrm{d}\tau$$

2) Exprimons l'intégrale de $\mathrm{u}'^2 R_L(\tau)$ entre les instants $\tau = 0$ et $\tau = t$. On a :

$$\mathrm{u}'^2 \int_0^t R_L(\tau)\mathrm{d}\tau = \overline{\mathrm{u}(t)\int_0^t \mathrm{u}(t-\tau)\mathrm{d}\tau} \equiv \overline{\mathrm{u}(t)r(t)}$$

Or, par définition même des variables de Lagrange, on sait que $\mathrm{u}(t) = \dfrac{\mathrm{d}r(t)}{\mathrm{d}t}$ de sorte que le résultat précédent s'écrit :

$$\mathrm{u}'^2 \int_0^t R_L(\tau)\mathrm{d}\tau = \overline{r(t)\frac{\mathrm{d}r(t)}{\mathrm{d}t}} \equiv \frac{1}{2}\frac{\mathrm{d}}{\mathrm{d}t}\left[\overline{r^2(t)}\right]$$

qui est la relation demandée. Sous forme intégrale, il peut également s'écrire :

$$\overline{r^2(T)} = 2\mathrm{u}'^2 \int_0^T \int_0^t R_L(\tau)\mathrm{d}\tau\mathrm{d}t$$

3) Aux temps infiniment petits, la fonction de corrélation temporelle lagrangienne peut être assimilée à l'unité. Dans ces conditions, l'intégration directe de la relation précédente donne :

$$\sqrt{\overline{r^2(T)}} \approx \mathrm{u}' \times T, \qquad \textit{dans la } \text{limite } T \to 0$$

7.4 Stationnarité et homogénéité

De façon très générale, nous introduirons les notions de :

- *stationnarité* ou invariance par *translation temporelle* de certaines propriétés statistiques d'une f.a. du temps,
- *homogénéité* ou invariance par *translation spatiale* de propriétés équivalentes d'une f.a. de l'espace.

Plus précisément, une f.a. du temps $A(t)$ sera dite stationnaire :

- i) **à l'ordre un** ou en moyenne[1], si et seulement si sa moyenne est indépendante du temps,
- ii) **à l'ordre deux**, si et seulement si elle l'est à l'ordre un et que sa covariance $\overline{a(t)a(t')}$ ne dépend pas séparément de t **et** t' mais de la seule **différence** $(t - t')$, soit :

$$\overline{a(t)a(t')} \equiv r\left(t - t'\right) \tag{2-52}$$

- iii) **strictement**, si et seulement si sa loi de probabilité à un ordre n quelconque est invariante par translation pour tout t_i, $i = 1$ à n.

Ce dernier type de stationnarité est très difficile à prouver en pratique et l'on se limite alors le plus souvent à la stationnarité au second ordre qui conduit à une classe de f.a. aux propriétés particulièrement intéressantes.
Les considérations précédentes sur la stationnarité s'étendent sans difficultés au cas de l'homogénéité. En particulier, pour une f.a. de l'espace $A(\vec{x})$ homogène d'ordre deux, on aura :

$$\overline{a(\vec{x})a\left(\vec{x} + \vec{l}\right)} = r\left(\vec{l}\right) \tag{2-53}$$

Pour conclure, et à titre illustratif[2], nous donnons à la figure (7) des exemples de trajectoires de f.a. révélateurs de divers types "d'instationarité statistique".

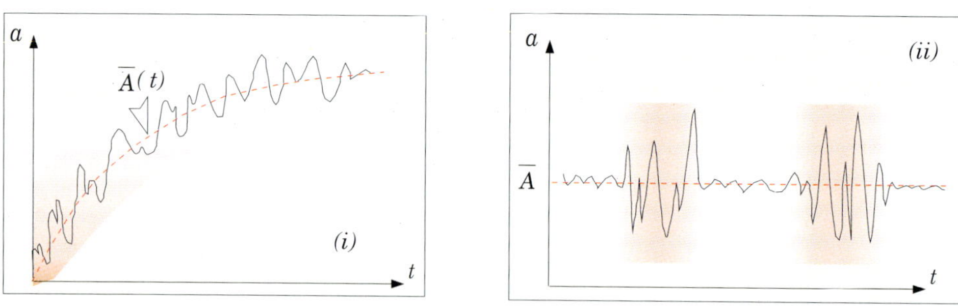

Fig. 7: Trajectoires de f.a. non stationnaire en moyenne (a) et non stationnaire à l'ordre deux (b).

[1] On emploie également parfois en mécanique des fluides le qualificatif de permanent en moyenne.

[2] Les propriétés d'une f.a. quelconque ne peuvent pas, en général, se déduire de l'observation d'une seule réalisation.

7.5 Ergodicité

Comme nous l'avons annoncé plus haut (§8.1.1), la valeur moyenne *au sens statistique* du terme peut s'obtenir indirectement, à partir d'opérateurs temporels appliqués à *une trajectoire*, i.e., pour **une** réalisation quelconque de la f.a. Pour cela, il faut que la f.a remplisse certaines conditions; c'est la notion **d'ergodicité**. L'exposé mathématique complet des notions d'ergodicité est hors du cadre de ce cours, car faisant appel à des propriétés d'analyse des f.a. Nous nous limiterons, à titre d'exemple, à l'énoncé du théorème ergodique pour la moyenne.

7.5.1 Le théorème ergodique pour la moyenne

Une condition nécessaire et suffisante pour que l'intégrale en moyenne quadratique de la f.a. :

$$\frac{1}{T}\int_T \breve{A}(t)\,\mathrm{d}t$$

converge vers la moyenne statistique $\overline{A}(t)$ *quand T tend vers l'infini est que :*

$$\lim_{T\to\infty}\left\{\frac{1}{T^2}\int_T\int_T K\big(t,t'\big)\,\mathrm{d}t\,\mathrm{d}t'\right\}=0$$

où $K(t,t') = \overline{\big(A(t)-\overline{A}(t)\big)\big(A(t')-\overline{A}(t')\big)}$ *est le moment centré d'ordre deux.*

La dernière limite s'entend au sens de l'analyse des fonctions certaines et est encore équivalente à $K(t,t') \to 0 \;\; quand \; |t-t'| \to \infty$. Bien que fondamental, ce théorème n'est cependant pas directement exploitable en pratique, puisqu'il fait intervenir comme "moyenne temporelle" une intégrale définie en moyenne quadratique, ce qui nécessiterait la connaissance de toutes les trajectoires de $A(t)$. Sous certaines conditions de régularité — voir Blanc-Lapierre et Fortet [28] page 585 —, on peut montrer que l'intégrale temporelle ordinaire de $A(t)$: (i) existe, (ii) prend la même valeur sur presque toutes les trajectoires et (iii) ne diffère de la moyenne statistique que pour un ensemble de cas ayant une probabilité nulle. Ainsi :

$$\lim_{T\to\infty}\left\{\frac{1}{T}\int_T \breve{A}(t)\,\mathrm{d}t\right\}=\overline{A}$$

la limite étant prise au sens classique sur une trajectoire quelconque $\breve{A}(t)$. Cette formulation traduit l'hypothèse ergodique admise par J.C. Maxwell pour des systèmes à très grand nombre de degrés de liberté dans le cadre de la théorie cinétique des gaz.

Les résultats précédents s'étendent à l'ergodicité spectrale sans hypothèses supplémentaires.

EXERCICE — *Stationnarité et ergodicité ; Moyenne temporelle et de phase.*

1) En vous référant aux graphes des trajectoires temporelles des signaux des figures 5 et 9 du premier chapitre, pouvez-vous induire des informations sur le caractère stationnaire et / ou ergodique des phénomènes observés ?

2) Quelles différences qualitatives peut-on attendre de l'application d'un opérateur de moyenne temporelle et de moyenne en référence de phase à des trajectoires temporelles du type de celles de la figure 9 ?

SOLUTION

1) L'ensemble des enregistrements des figures en question correspondent à des signaux manifestement stationnaires *en moyenne*. Pour ce qui est de la stationnarité à l'ordre deux, les conditions ne peuvent être satisfaites par un phénomène dont la signature est celle présentée à la figure 9. En effet, la variance du signal, prise sur les seules plages "turbulentes" est différente de celle relative aux séquences laminaires. Une propriété analogue peut éventuellement être décelée sur l'enregistrement à $y/a = 0{,}24$ de la figure 5. Par contre les deux signaux restants de cette même figure peuvent être raisonnablement associés à des fluctuations stationnaires au second ordre.

2) La moyenne temporelle d'une trajectoire telle que celle donnée à la figure 9 n'est autre qu'une constante. Le lissage opéré par cet opérateur est donc "fort" et fait perdre aussi bien le caractère périodique de la plage non turbulente de l'écoulement que le caractère chaotique de la partie turbulente. En revanche, une moyenne en référence de phase opére plus "faiblement" en ne "lissant" que les fluctuations aléatoires. Elle permet donc de conserver le caractère périodique qui est une caractéristique importante du champ porteur de cet écoulement.

7.5.2 Conséquence pratique

Nous nous limitons ici à la classe des f.a stationnaires et ergogiques d'ordre deux et posons la question de la mesure de la moyenne à partir d'une trajectoire particulière $\breve{U}(t)$ par intégration temporelle sur un *intervalle* de temps nécessairement *fini*, contrairement aux formulations théoriques précédentes. En d'autres termes, quelle erreur commet-on en prenant pour moyenne temporelle $\underline{U}$ non pas la valeur exacte :

$$\underline{U} = \lim_{T\to\infty} \frac{1}{T}\int_0^T \breve{U}(t)\mathrm{d}t = \bar{U} \qquad \text{mais la valeur approchée :} \qquad U_T = \frac{1}{T}\int_0^T \breve{U}(t)\mathrm{d}t$$

Selon Tennekes et Lumley [414], l'erreur quadratique moyenne peut être estimée par :

$$\frac{\sqrt{\overline{\left(U_T - \bar{U}\right)^2}}}{\bar{U}} \sim \sqrt{2} I_u \frac{\Lambda}{T} \tag{2-54}$$

Elle est donc d'autant plus élevée que l'intensité de turbulence est grande, mais peut être ramenée à n'importe quel ordre de précision par un choix convenable du temps d'intégration T en fonction de la macro-échelle temporelle Λ.

EXERCICE — ***Durée d'intégration pour l'estimation d'une moyenne*** — Un écoulement turbulent stationnaire présente une intensité turbulente I_u de 5%, pour une macro-échelle temporelle de l'ordre de $2s$. Quelle doit être la durée d'intégration temporelle du signal de vitesse pour espérer obtenir la vitesse moyenne avec une précision de l'ordre de 1% ?

SOLUTION

En considérant que la précision du calcul de la moyenne est donnée par la formule sur l'erreur quadratique moyenne précédente, on peut estimer le temps $T_{\%}$ associé à une valeur précise à 1% par :

$$T_{\%} = 100\sqrt{2} \times I_u \times \Lambda$$

soit, avec les valeurs données $T_{\%} \approx 14$ *à* $15\,s$.

7.6 Représentations en " transformées" temps-échelle

Pour extraire, des fonctions de l'écoulement, certaines propriétés représentatives de la turbulence, il peut être avantageux de "quitter" le plan physique $(\vec{x}, t)$ pour travailler dans un "plan transformé". La correspondance entre ces deux plans peut revêtir des formulations très diverses et aux propriétés mathématiques fort différentes (inversibilité, linéarité, préservation en norme...). Cependant, sous l'angle du physicien, l'idée générale commune à toutes ces méthodes peut se résumer en une même proposition qui est "*d'éclater*" le signal en une représentation différente (i.e."dans un autre plan") où l'information "cachée" que l'on recherche sera mieux mise ne évidence.

C'est dans cette perspective que nous avons introduit au §7 les rappels sur l'analyse harmonique. De fait, à partir de 1950, de nombreux travaux ont été consacrés à l'analyse de la turbulence en terme de *transformée de Fourier* (T.F.) de fonction aléatoire[1].

Il ne s'agit en fait que d'une expression particulière de la transformée intégrale temps-fréquence, qui, pour l'essentiel, consiste à associer à un "signal" $s(t)$ une transformée $w(n)$ à travers un "noyau" $\varphi(t, n)$, que l'on peut noter très schématiquement par :

$$w(n) = \int_{\mathbb{R}} s(t)\varphi(t, n)\mathrm{d}t$$

Pour les applications en physique, on est parfois conduit à s'intéresser à des noyaux particuliers, dont la définition mathématique est telle qu'elle rende inversible la transformation pour reconstruire le signal et assure la préservation de l'énergie.

S'agissant de la T.F., on peut faire observer que toute l'information temporelle initiale se retrouve, après transformation dans le registre fréquentiel, ou de nombres

1 Mentionnons au passage la tentative originale de J. Bass [14], visant à représenter un champ de vitesse fluctuant par une fonction "pseudo-aléatoire" non décomposable en intégrale de Fourier classique.

d'onde s'il s'agit d'un signal spatial $s(x)$.
Cette transformation a donc un caractère *global* en ce sens qu'elle opère sur tout le domaine de temps ou d'espace. Elle n'est donc pas adaptée pour traiter une information localisée, i.e correspondant à un "objet" d'échelle temporelle ou spatiale limitée. Dans ce cas en effet, l'information initialement "bornée" se retrouvera répartie sur une infinité de contributions recouvrant une infinité d'échelles, ce qui ne correspond pas à la notion intuitive de localisation.
Concrètement, la T.F. est mal adaptée pour traiter des situations ou interviennent des structures cohérentes, un caractère intermittent, des inhomogénéités spatiales ou temporelles prononcées,...

Bien que l'étude de telles situations complexes ne soit pas envisagée dans la perspective de modélisation de ce cours, on se doit de mentionner, à titre purement indicatif donc, un autre type de transformation qui vise précisemment à rendre compte de tels phénomènes. Il s'agit de la *transformation en ondelettes* (T.O.) [153] dont l'usage en turbulence tend à se répandre depuis 1985. On trouvera dans l'article de Farge [131], une synthèse des principales applications dans le domaine. Sans entrer dans le détail, la T.O. d'un signal $s(t)$ relativement à l'ondelette $g_{a,t}(\tau)$ s'écrit :

$$T_g(a,t) = \frac{1}{\sqrt{a}} \int g\left(\frac{\eta - t}{a}\right) s(\eta) \mathrm{d}\eta$$

où $g_{a,t}(\tau)$ joue le rôle d'un "microscope mathématique" dont les deux paramètres a et t règlent respectivement l'amplitude et la position. Une loi particulière utilisée pour $g_{a,t}(\tau)$ peut être celle du "chapeau mexicain", dérivée seconde d'une gaussienne (cas du schéma suivant).
On notera la différence essentielle avec la T.F. qui est que le résultat de la transformation reste fonction de la variable initiale, ici t.

La figure ci-contre schématise le mode opératoire de la T.O. Il peut être perçu comme la recherche d'une corrélation "par plage de signal", i.e. localement, avec des formes d'ondes analysantes que l'on est libre de choisir et qui sont appelées ondelettes. Pour une forme d'ondelette donnée, on pourra dégager selon la localisation dans le temps de l'onde analysante, (voir schéma) des régions à forte ou faible corrélation. On devine alors l'aptitude d'une telle représentation à traiter des signaux à "information localisée", et en particulier détecter différents types de singularitées "cachées".

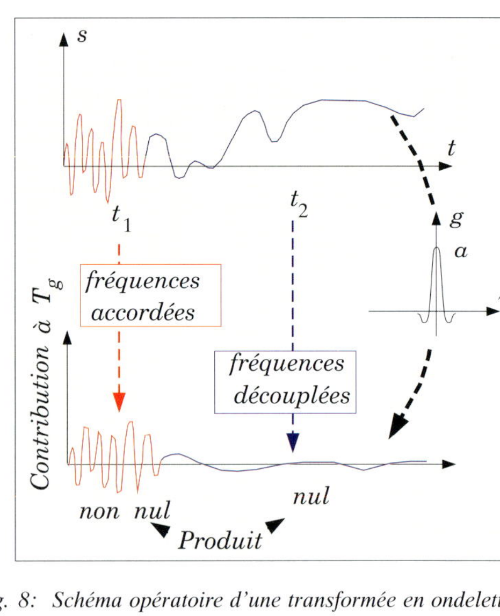

Fig. 8: Schéma opératoire d'une transformée en ondelettes.

7.7 Théorème de la limite centrale et tendance gaussienne en turbulence

7.7.1 Le Théorème de la limite centrale de Laplace-Liapounov

De façon très schématique, ce théorème permet de connaître la loi de probabilité d'une f.a. dès lors qu'elle peut être rattachée à la *somme d'un très grand nombre* de fonctions aléatoires indépendantes.
Il en existe plusieurs énoncés. Pour ce qui est de son usage en turbulence, nous retiendrons ici l'expression suivante :

> Soit une fonction aléatoire $s_N(t)$ somme de N fonctions aléatoires $x_n(t)$ **indépendantes**, mais possédant une **même** loi **quelconque** de probabilité admettant *au moins un* moment **d'ordre deux**.
> Dans la limite $N \to \infty$, la fonction aléatoire $\dfrac{s_N(t) - m}{\sigma}$ où m et σ désignent respectivement la moyenne et la variance de $s(t)$ est distribuée suivant une **loi normale** si :
>
> $$\lim_{N\to\infty} \left(\frac{\sum\limits_{n=1}^{n=N} \overline{|x_n^3(t)|}}{\overline{s_N^3(t)}} \right) = 0$$

En turbulence, ce théorème permet d'obtenir différents résultats sur le comportement de l'agitation par mouvements continus et les propriétés qui en résultent. Un exemple en est donné ci-après. Il faut néanmoins souligner que la portée de ce théorème est très générale et permet de dire que sous les hypothèses énoncées, le processus de moyenne de grandeurs stationnaires (en prenant pour t le temps) génère un résultat qui est indépendant des caractéristiques statistiques des grandeurs elles-mêmes. Il reste que son hypothèse principale (indépendance statistitique) est rarement parfaitement vérifiée, de sorte que c'est souvent l'écart à la situation gaussienne qui est le plus révélateur. C'est en particulier le cas en turbulence.

DÉMONSTRATION — Soit la fonction aléatoire définie par :

$$s_N(t) = x_1(t) + x_2(t) + ...x_n(t) + ...x_N(t) \equiv \sum_{n=1}^{n=N} x_n(t)$$

où $x_n(t)$ désigne, pour $n = 1$ à N un ensemble de N fonctions aléatoires. Ces fonctions ayant, par hypothèse, même loi de probabilité ont en particulier une même variance σ^2. Exprimons alors la variance de la somme $s_N(t)$.
Les f.a. étant statistiquement indépendantes, toutes leurs corrélations sont nulles de sorte que la variance de la somme se réduit à la somme des variances. En supposant

les f.a. $x_n(t)$ centrées (moyenne nulle) pour alléger les écritures et sans nuire à la généralité, on peut donc écrire que :

$$\overline{s_N^2(t)} = \sum_{n=1}^{n=N} \overline{x_n^2(t)} \equiv N\sigma^2$$

Considérons à présent la quantité aléatoire définie par :

$$\frac{s_N(t)}{\sqrt{\overline{s_N^2(t)}}} = \frac{s_N(t)}{\sigma\sqrt{N}} \equiv \frac{z_N(t)}{\sigma}$$

Comme le montre l'écriture ci-dessus, l'étude se ramène à celle de la f.a. $z_N(t) \equiv s_N(t)/\sqrt{N}$ définie de sorte à admettre pour variance σ^2.
Les f.a. $x_n(t)$ ayant même loi de probabilité, il en résulte (éq. 2-15) qu'elles ont toutes même fonction caractéristique. On peut donc poser :

$$\forall n = 1 \text{ à } N \qquad \varphi_n(u) = \overline{e^{iux_n(t)}} \equiv \varphi(u)$$

Exprimons à présent la fonction caractéristique de la f.a. $z_N(t)$. Par définition, on a :

$$\phi_N(u) \equiv \overline{exp(iuz_N(t))} = \overline{exp\left(\frac{iu}{\sqrt{N}} \sum_{n=1}^{n=N} x_n(t)\right)} = \left[\varphi\left(\frac{u}{\sqrt{N}}\right)\right]^N$$

la dernière égalité résultant directement du résultat précédent.
Or chaque f.a. étant à moyenne nulle et ayant même variance (σ^2), puisque même loi de probabilité, la première fonction caractéristique, qui est également la fonction génératrice des moments se développe, d'après (2-17) selon :

$$\varphi(\alpha) = 1 - \frac{\alpha^2}{2}\sigma^2 + \mathcal{O}(\alpha^3)$$

On en déduit immédiatement que :

$$\phi_N(u) = \left[1 - \frac{u^2}{2N}\sigma^2 + \mathcal{O}\left(\frac{u^3}{N\sqrt{N}}\right)\right]^N$$

Par passage à la limite $N \to \infty$, et sous la condition précisée en hypothèse sur le moment d'ordre trois, on peut limiter l'expression ci-dessus aux seuls deux premiers termes du développement, pour lesquels on sait que :

$$\lim_{X\to\infty} \left(1 - \frac{\beta}{X}\right)^X = e^{-\beta}$$

On en déduit donc que $\lim\limits_{N\to\infty} (\phi_N(u)) = e^{-u^2\sigma^2/2}$ qui est bien la fonction caractéristique de la loi normale, C.Q.F.D.

COMPLÉMENT — ***Loi des grands nombres et autres théorèmes de convergence asymptotique*** — Le théorème de la limite centrale est l'une des lois qui peuvent se déduire aymptotiquement de l'addition de variables aléatoires indépendantes. Il existe de nombreux autres résultats issus également de théorèmes de convergence par passage à la limite selon divers critères, au sens des probabilités. On en trouvera une revue dans l'ouvrage d'Yves Caumel [53] par exemple.

L'un des plus anciens est sans doute celui publié en 1713 dans « *Ars Conjectandi* », œuvre posthume du mathématicien Jacques Bernoulli. Il définit la probabilité d'un évènement comme limite des fréquences relatives et permet d'ancrer la notion de probabilité sur une assise empirique.

Il apparaît aujourd'hui comme un cas particulier d'un autre théorème de convergence dit “loi des grands nombres”. Dans sa formulation faible, il énonce que, pour une suite de n v.a. X_i, mutuellement indépendantes et de loi identique de moyenne m, la quantité $\sum_{i=1}^{1=n} X_i/n$ converge en probabilité vers m.

D'un point de vue concret, le théorème de la limite centrale traduit l'idée qu'une grandeur, dont la variation résulte d'un très grand nombre de facteurs indépendants, présente des fluctuations gaussiennes. De façon plus précise, la moyenne arithmétique de n quantités aléatoires mutuellement indépendantes et de même loi d'écart type σ fluctue selon une loi gaussienne d'écart type $\sigma/\sqrt{n}$.

Sous des hypothèses différentes, on peut avoir des tendances asymptotiques autres que celle à la loi normale. On trouvera ainsi en référence [28], un exemple de tendance vers une loi de Poisson à un paramètre.

7.7.2 Limite gaussienne des déplacements Lagrangiens

Une conséquence majeure du théorème de la limite centrale en turbulence concerne le suivi Lagrangien des déplacements d'une particule dans un champ d'écoulement (voir figure ci-contre).

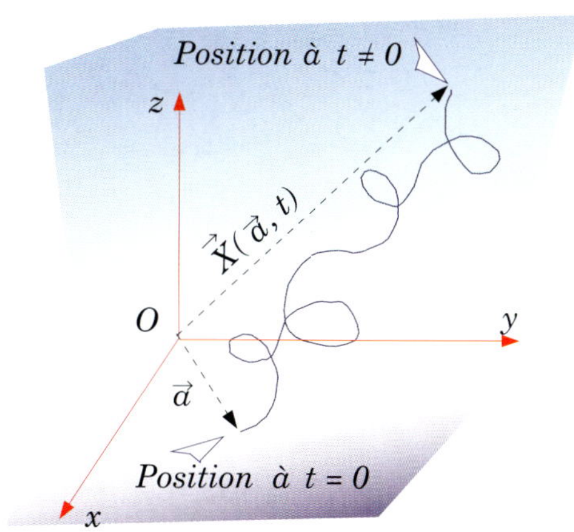

Fig. 9: Suivi Lagrangien du mouvement aléatoire d'une particule dans un champ turbulent.

En référence à la position de marquage ($t=0$), la position à un instant ultérieur t quelconque s'exprime par :

$$X_i(\vec{a},t) = a_i + \int_0^T v_i(\vec{a},t)\mathrm{d}t$$

Il est alors toujours possible de décomposer l'intégrale en une somme de N fonctions aléatoires $Z_n(\vec{a},\mathcal{J})$, $n = 1$ à N définies sur un intervalle de temps $\mathcal{J} = T/N$ en posant :

$$\int_0^T v_i(\vec{a},t)\mathrm{d}t = \int_0^{\mathcal{J}} v_i(\vec{a},t)\mathrm{d}t + \int_{\mathcal{J}}^{2\mathcal{J}} v_i(\vec{a},t)\mathrm{d}t + \ldots = \sum_{n=1}^{n=N} Z_n(\vec{a},\mathcal{J})$$

$$\text{avec} \quad Z_n(\vec{a},\mathcal{J}) = \int_{(n-1)\mathcal{J}}^{n\mathcal{J}} v_i(\vec{a},t)\mathrm{d}t$$

Lorsque la durée d'observation T devient très grande, on peut satisfaire la double condition $n \to \infty$ *et* $\mathcal{J} \to \infty$ *quand* $T \to \infty$. Sous les hypothèses de stationnarité, la suite de f.a. Z_n comprend ainsi un nombre croissant d'éléments qui sont statistiquement de plus en plus indépendants, dans la mesure où l'effet de mémoire, caractérisé par une macro-échelle temporelle Λ fixe, ne représente qu'une fraction de plus en plus petite du temps de moyennage $\mathcal{J}$.

On se trouve donc dans les conditions d'application du théorème de la limite centrale, ce qui conduit à conclure que la fonction aléatoire représentative de l'écart de position lagrangienne $\vec{X}(\vec{a},t) - \vec{a}$ suit asymptotiquement pour des temps d'observation T très grands, et en situation stationnaire, une loi de probabilité gaussienne.

CHAPITRE III

ÉQUATIONS GÉNÉRALES DE LA STATISTIQUE EN UN POINT

« D'un côté, sur un pic couvert de neiges éternelles, flotte dans la solitude et le silence, l'étendard des équations de Navier; un abîme insondable sépare ce sommet du terrain sur lequel se déverse la pluie incessante des résultats de l'expérience... Un seul pont est tendu au-dessus de cet abîme... Ce pont est constitué par les équations de Reynolds.»

J. KAMPÉ DE FÉRIET, [203] 1962, page 467.

1 Introduction

Nous abordons ici le traitement statistique des équations du mouvement turbulent d'un fluide visqueux incompressible. Comme nous l'avons vu au premier chapitre, la turbulence ne modifie pas le modèle rhéologique à la source des équations de Navier-Stokes. C'est donc du traitement statistique de ces équations dont il va être question.

Considérant vitesse et pression comme deux fonctions aléatoires de l'espace et du temps, le *traitement statistique macroscopique avant résolution* consiste à établir et interpréter les équations gouvernant des *propriétés statistiques* telles que moyennes, moments,... Dans ce chapitre, seul le cas des propriétés définies en *un point* sera examiné.

La procédure restera rigoureusement déductive, les relations obtenues procédant donc directement des équations de Navier-Stokes que nous allons rappeler pour commencer.

2 Bases de l'étude

2.1 Les équations de départ

La vitesse $U_i(x_j, t)$, $(i = 1, 2, 3)$ et la pression $P(x_j, t)$ à tout instant t et tout point $x_j(j = 1, 2, 3)$ du champ d'écoulement d'un fluide incompressible sont régies indépendamment de la température par :

- l'équation de continuité :

$$\boxed{\frac{\partial U_i}{\partial x_i} = 0} \tag{3-1}$$

- l'équation de la dynamique :

$$\boxed{\rho\left(\frac{\partial U_i}{\partial t} + U_j\frac{\partial U_i}{\partial x_j}\right) = \rho F_i - \frac{\partial P}{\partial x_i} + \mu\frac{\partial^2 U_i}{\partial x_j \partial x_j}} \tag{3-2}$$

où $F_i(i = 1, 2, 3)$ représente les forces extérieures de volume. La masse volumique ρ et la viscosité dynamique μ sont supposées constantes.

2.2 La décomposition statistique binaire

Vitesse et pression sont traitées comme des fonctions aléatoires de l'espace et du temps dont on décompose les valeurs instantanées en :

$$U_i(x_j, t) = \overline{U}_i(x_j, t) + u_i(x_j, t) \tag{3-3}$$

et

$$P(x_j, t) = \overline{P}(x_j, t) + p(x_j, t) \tag{3-4}$$

Le symbole $\overline{(\ )}$ figure l'opérateur de moyenne statistique ou moyenne d'ensemble et les lettres minuscules, les fluctuations ou écarts par rapport à ces moyennes.

Par définition, les fluctuations sont *centrées*, de sorte que l'on a identiquement :

$$\overline{u}_i(x_j, t) = 0 \qquad et \qquad \overline{p}(x_j, t) = 0$$

Rappelons (Cf. Chapitre II-§7.2.1) que l'opérateur de moyenne statistique ou moyenne d'ensemble vérifie les propriétés de **linéarité** et d'**indépendance** vis-à-vis des opérateurs de dérivation spatio-temporelle.

COMPLÉMENT — ***Note historique : Moyenne de Reynolds*** — L'origine d'une décomposition *binaire* en valeur moyenne et fluctuation remonte à la communication d'Osborne Reynolds à la "Royal Society" en mai 1894. Il est très fréquemment fait référence à la publication de celle-ci [340] en 1895, en citation de la moyenne "de Reynolds", considérée comme moyenne d'ensemble ou moyenne temporelle. Il s'agit d'une erreur dans les deux cas, l'analyse d'origine de l'auteur reposant en réalité sur la notion de moyenne spatiale (Cf. Chapitre II-§7.2.4).

2.3 Les deux types d'advection

Appliquée à la vitesse *agent d'advection* (transport) d'une quantité scalaire $\mathcal{G}$, la décomposition (3-3) revient à distinguer, au niveau macroscopique, un transport advectif par le mouvement moyen et un autre par le mouvement fluctuant conformément à l'identité :

$$\underbrace{U_j \frac{\partial \mathcal{G}}{\partial x_j}}_{\substack{Advection \\ totale}} = \underbrace{\bar{U}_j \frac{\partial \mathcal{G}}{\partial x_j}}_{\substack{Advection\ par\ le \\ mouvement\ moyen}} + \underbrace{u_j \frac{\partial \mathcal{G}}{\partial x_j}}_{\substack{Advection\ par\ le \\ mouvement\ fluctuant}} \tag{3-5}$$

La relation (3-5) ne fait ainsi que quantifier, avec les expressions des termes de transports respectifs, les résultats qualitatifs du premier chapitre (§6.1).

2.4 La diffusion turbulente

Avec une décomposition binaire s'introduisent, en régime turbulent, trois niveaux d'analyse du mouvement : moyen (i) et fluctuant par agitation (ii) turbulente (macroscopique) et (iii) moléculaire (microscopique). Deux possibilités d'interprétation peuvent alors s'envisager comme le schématise la figure suivante.

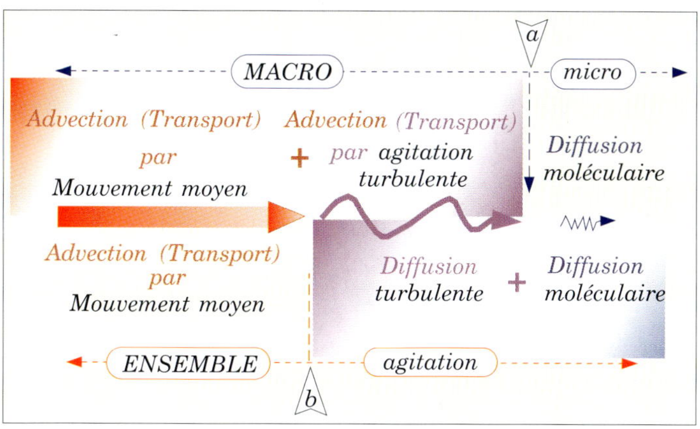

Fig. 1: Classes de mouvement en régime turbulent et leurs interprétations :
(a) Séparation macroscopique-microscopique
(b) Clivage en référence au mouvement d'ensemble macroscopique.

a) **Retenant** le clivage usuel classique macroscopique / microscopique du milieu continu, on est naturellement conduit à distinguer *deux transports advectifs* à échelle du continu (par mouvements moyen **et** fluctuant), et *un seul transfert diffusif* à échelle microscopique (agitation moléculaire).

b) La seconde possibilité, systématiquement adoptée par la suite, consiste à **changer** de *référence d'analyse à échelle macroscopique* en ne retenant que le seul *transport* advectif par le *mouvement moyen.* Les *deux mouvements* restants sont alors qualifiés de *transferts* par agitation, en distinguant bien sûr les deux origines *moléculaire* et *turbulente.* S'agissant de cette dernière, on parle encore de "diffusion turbulente" ou "diffusion par mouvements continus", bien que la dénomination de *diffusion* soit quelque peu abusive dans ce cas, comme nous le verrons par la suite (Chapitre VII).

3 L'évolution moyenne

En décomposant $\mathcal{G}$ en grandeur moyenne et fluctuation, selon le schéma général :

$$\mathcal{G} = \overline{\mathcal{G}} + g \qquad avec \qquad \overline{g} = 0 \tag{3-6}$$

l'équation (3-5) conduit, en **prenant la moyenne** membre à membre à :

$$\underbrace{\overline{U_j \frac{\partial \mathcal{G}}{\partial x_j}}}_{\substack{Moyenne\ de \\ l'advection \\ totale}} = \underbrace{\overline{U}_j \frac{\partial \overline{\mathcal{G}}}{\partial x_j}}_{\substack{Advection\ par\ le \\ mouvement\ moyen \\ de\ la\ valeur\ moyenne}} + \underbrace{\overline{u_j \frac{\partial \mathcal{G}}{\partial x_j}}}_{\substack{Moyenne\ du\ transfert \\ par\ diffusion \\ turbulente}} \tag{3-7}$$

Avec l'option d'analyse qui a été adoptée, la **variation moyenne particulaire** de toute grandeur $\overline{\mathcal{G}}$ est définie par :

$$\boxed{\frac{D}{Dt}(\overline{\mathcal{G}}) \equiv \frac{\partial \overline{\mathcal{G}}}{\partial t} + \overline{U}_j \frac{\partial \overline{\mathcal{G}}}{\partial x_j}} \tag{3-8}$$

Il s'agit d'un *nouvel* opérateur de dérivation particulaire pris **"en suivant le mouvement moyen"**, qui est en particulier *différent* de la *moyenne* de celui figurant aux équations de Navier-Stokes puisque :

$$\overline{\frac{d(\ )}{dt}} \equiv \overline{\frac{\partial(\ )}{\partial t} + U_j \frac{\partial(\ )}{\partial x_j}} = \frac{D(\overline{\ })}{Dt} + \overline{u_j \frac{\partial(\ )}{\partial x_j}}$$

Dans la suite, il sera systématiquement fait état d'une évolution moyenne en référence à (3-8). Compte tenu du caractère centré des fluctuations, on notera enfin que :

$$\overline{u_j \frac{\partial \mathcal{G}}{\partial x_j}} \equiv \overline{u_j \frac{\partial g}{\partial x_j}} \tag{3-9}$$

4 Les équations du mouvement moyen

L'objet de cette section est de déduire des équations (3-1) et (3-2) celles relatives aux évolutions moyennes telles que définies précédemment.

4.1 Continuité du mouvement moyen

Par raison de linéarité, on déduit immédiatement de (3-1) en introduisant (3-3) que :

$$\frac{\partial \overline{U}_i}{\partial x_i} + \frac{\partial u_i}{\partial x_i} = 0$$

L'opérateur de moyenne d'ensemble appliqué à cette équation fournit la relation conséquente suivante :

$$\boxed{\frac{\partial \overline{U}_i}{\partial x_i} = 0}$$

En situation isovolume, le champ de vitesse moyenne est donc solénoïdal tout comme l'est, à tout instant, le champ de vitesse fluctuante, puisque par soustraction directe des deux équations précédentes, on a également :

$$\frac{\partial u_i}{\partial x_i} = 0 \qquad (3\text{-}10)$$

EXERCICE — ***Bilans de masse en canal plan*** — On considère l'écoulement turbulent, permanent, en régime établi, d'un fluide visqueux isovolume et non pesant entre deux plans parallèles, fixes, distants d'une largeur $2h$. On suppose que le champ moyen est bidimensionnel plan.

1) Montrer que sous les hypothèses du problème, le champ du vecteur vitesse moyenne se réduit à la seule composante $\overline{U}(y)$ suivant la direction de l'écoulement. (La coordonnée transversale est désignée par y).

2) Que devient, sous les mêmes hypothèses, l'équation de continuité du mouvement d'agitation ?

SOLUTION

1) Sous les hypothèses du problème, le champ de vitesse ***moyenne*** se réduit aux deux seules composantes longitudinale et transversale $\overline{U}$ et $\overline{V}$ respectivement. Le mouvement moyen étant établi ($\partial(\overline{\ })/\partial x \equiv 0$), permanent ($\partial(\overline{\ })/\partial t \equiv 0$) et bidimensionnel plan ($\partial(\overline{\ })/\partial z \equiv 0$), ces deux composantes ne sont fonction que de la seule coordonnée y et seront donc désignées respectivement par $\overline{U}(y)$ et $\overline{V}(y)$. L'équation de continuité du champ moyen amène que $d\overline{V}/\mathrm{d}y = 0$ soit $\overline{V}(y) = C^{te}$.
Puisque, par condition d'adhérence $\overline{V}(\pm h) = 0$, cette composante est identiquement

nulle dans tout le champ, C.Q.F.D.
2) Les propriétés d'invariance temporelle et spatiale du champ moyen (grandeurs *certaines*) ne s'étendent pas au champ fluctuant (fonctions aléatoires). L'équation de continuité du mouvement d'agitation reste donc :

$$\frac{\partial u}{\partial x} + \frac{\partial v}{\partial y} + \frac{\partial w}{\partial z} = 0$$

où u, v et w sont les composantes du vecteur vitesse d'agitation, f.a. des variables d'Euler (x, y, z, t).

4.2 Dynamique du mouvement moyen : équations de REYNOLDS

Tous les opérateurs de l'équation (3-2) sont linéaires à l'exception de celui du terme d'advection pour lequel les résultats (3-7) et (3-9) s'appliquent. On obtient donc immédiatement l'équation moyenne suivante :

$$\rho\left(\frac{\partial \overline{U}_i}{\partial t} + \overline{U}_j \frac{\partial \overline{U}_i}{\partial x_j} + \overline{\mathrm{u_j}\frac{\partial \mathrm{u_i}}{\partial x_j}}\right) = \rho \overline{F}_i - \frac{\partial \overline{P}}{\partial x_i} + \mu \frac{\partial^2 \overline{U}_i}{\partial x_j \partial x_j}$$

Cette équation appelle plusieurs commentaires :

- La non linéarité du terme d'advection introduit un terme supplémentaire qui peut s'interpréter comme la moyenne de l'advection par le mouvement fluctuant de la quantité de mouvement fluctuante. *Il y a donc influence de l'agitation turbulente sur le bilan de quantité de mouvement moyenne.*
- Le terme de couplage implique à la fois la vitesse de déformation et le rotationnel du mouvement fluctuant. En effet, décomposant le tenseur gradient de vitesse fluctuante en partie symétrique ($s_{ij} = (\partial u_i/\partial x_j + \partial u_j/\partial x_i)/2$) et antisymétrique ($r_{ij} = (\partial u_i/\partial x_j - \partial u_j/\partial x_i)/2$), on obtient :

$$\overline{\mathrm{u_j}\frac{\partial \mathrm{u_i}}{\partial x_j}} = \overline{\mathrm{u_j s_{ij}}} + \overline{\mathrm{u_j r_{ij}}} = 2\overline{\mathrm{u_j s_{ij}}} - \frac{\partial}{\partial x_i}\left(\frac{\overline{\mathrm{u_j u_j}}}{2}\right) = 2\overline{\mathrm{u_j r_{ij}}} + \frac{\partial}{\partial x_i}\left(\frac{\overline{\mathrm{u_j u_j}}}{2}\right)$$

- En usant du résultat (3-10), on peut encore écrire :

$$\overline{\mathrm{u_j}\frac{\partial \mathrm{u_i}}{\partial x_j}} = \frac{\partial}{\partial x_j}(\overline{\mathrm{u_i u_j}})$$

qui introduit le tenseur des corrélations des fluctuations de vitesse $\overline{\mathrm{u_i u_j}}$. Il s'agit d'un tenseur symétrique du second ordre.

Compte tenu de cet ensemble de remarques, le bilan de quantité de mouvement moyenne, *en référence à l'évolution moyenne* prend finalement la forme suivante, encore qualifiée d'équation de Reynolds :

$$\frac{D}{Dt}(\rho\overline{U}_i) \equiv \rho\left(\frac{\partial \overline{U}_i}{\partial t} + \overline{U}_j \frac{\partial \overline{U}_i}{\partial x_j}\right) = \rho\overline{F}_i + \frac{\partial}{\partial x_j}(\overline{\Sigma}_{ij}) \qquad (3\text{-}11)$$

avec

$$\overline{\Sigma}_{ij} = \overline{\sigma}_{ij} - \rho\overline{\mathrm{u_i u_j}} \qquad (3\text{-}12)$$

et

$$\overline{\sigma}_{ij} = -\overline{P}\delta_{ij} + 2\mu\overline{S}_{ij} \quad \text{où} \quad \overline{S}_{ij} = \frac{1}{2}\left(\frac{\partial \overline{U}_i}{\partial x_j} + \frac{\partial \overline{U}_j}{\partial x_i}\right) \qquad (3\text{-}13)$$

Ainsi, bien qu'issues de la non linéarité advective du premier membre, les *corrélations doubles* peuvent aussi s'interpréter comme des *contraintes*, i.e., des forces extérieures de surface en référence à un bilan de quantité de mouvement pris dans l'évolution moyenne. En d'autres termes on pourra retenir que :

Pour le bilan de quantité de mouvement *moyenne* suivant la variation advective du seul mouvement *moyen*, tout se passe comme si l'agitation turbulente, par les corrélations $-\rho\overline{\mathrm{u_i u_j}}$, était à l'origine de forces de surface ou contraintes supplémentaires. Ces corrélations sont de ce fait dénommées *contraintes de turbulence* ou *tensions de Reynolds*.

REMARQUES — Effets pratiques des tensions de Reynolds.

– *Comme toute force agissant sur le mouvement, ces "nouvelles" contraintes peuvent être directement perçues à travers les effets qu'elles induisent sur l'écoulement moyen. Le phénomène de décollement est particulièrement illustratif à cet égard : une couche limite* laminaire décollée *d'un profil, en raison d'un gradient de pression défavorable peut, en devenant* turbulente, recoller *à la paroi sous l'action précisément des contraintes de Reynolds. C'est là la raison des observations présentées au premier chapitre, figure 19.*

– *La présence des corrélations* **doubles** *confère au système d'équations du mouvement* **moyen** *un caractère* **ouvert**, *en ce sens qu'il contient, à l'ordre un, plus d'inconnues que d'équations. Nous reviendrons dans la suite sur les conséquences d'un tel résultat.*

Récapitulation relative au champ moyen : Les bilans moyens de masse et quantité de mouvement se traduisent par les deux équations suivantes, l'interprétation physique de la dernière étant illustrée par le schéma de la figure ci-après.

Continuité :	$\dfrac{\partial \overline{U}_i}{\partial x_i} = 0$	
Dynamique :	$\underbrace{\rho \dfrac{D\overline{U}_i}{Dt}}_{(a)} = \underbrace{\rho \overline{F}_i}_{(b)} - \underbrace{\dfrac{\partial \overline{P}}{\partial x_i}}_{(c)} + \underbrace{\mu \dfrac{\partial^2 \overline{U}_i}{\partial x_j \partial x_j}}_{(d)} - \underbrace{\dfrac{\partial}{\partial x_j}(\rho \overline{u_i u_j})}_{(e)}$	(3-14)

(a) *Variation moyenne totale*

(b) *Force de volume en moyenne*

(c) *Pression moyenne*

(d) *Viscosité moyenne*

(e) *Tensions de Reynolds*

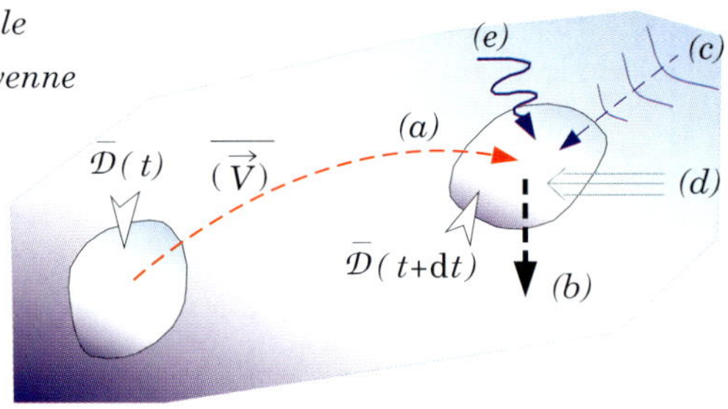

Fig. 2: Bilan moyen de quantité de mouvement en référence à l'équation (3-14).

EXERCICE — ***Annulation des tensions de Reynolds*** — Soit un écoulement turbulent permanent dont le champ de vitesse moyenne se réduit à la seule composante $\overline{U}(y)$, avec $0 \leqslant y \leqslant h$. On suppose que, pour $y \to 0$, ce champ se développe en $\overline{U}(y) = U_0 + ay^2$ et qu'il s'annule pour $y \to h$ (présence d'une paroi fixe).

1) Montrer que sous l'une et l'autre de ces conditions, la contrainte turbulente de cisaillement $\overline{uv}$ s'annule en $y = 0$ et $y = h$.

2) Que pouvez-vous dire du coefficient de corrélation $\overline{uv}/\sqrt{\overline{u^2}}\sqrt{\overline{v^2}}$ en ces deux points ?

SOLUTION

1) Au voisinage de $y = 0$ le profil de vitesse moyenne présente par hypothèse un extremum et une symétrie *géométrique* ($\pm y$) autour de celui-ci. Cette symétrie géométrique sur une propriété *moyenne* peut se comprendre sous-tendue par une "symétrie *statistique*" au sens où la probabilité qu'un tourbillon franchisse l'axe $y=0$ dans un sens donné est la même que celle associée au franchissement dans le sens opposé. Cette équiprobabilité qualitative s'étend quantitativement dans la mesure où, pour une valeur absolue donnée $|uv|$, il n'y a pas statistiquement de raison d'avoir des valeurs positives *instantanées* du produit en plus grand nombre que les valeurs négatives. En conséquence il est légitime de conclure que la valeur *moyenne* de ce produit est nulle $(\overline{uv})_{y=0} \equiv 0$, ou ce qui revient physiquement au même, que les deux fluctuations de vitesse sont décorrélées en l'extremum de vitesse moyenne d'un écoulement symétrique.

Considérons à présent le cas de la paroi ($y \to h$). La condition d'adhérence en fluide visqueux impose l'annulation de la vitesse en valeur instantanée à la paroi. On peut donc écrire en particulier que :

$$\textit{pour } y \to h, \qquad \overline{U}(y) \to 0,\ \sqrt{\overline{u^2}}(y) \to 0,\ \sqrt{\overline{v^2}}(y) \to 0$$

Or, par définition du coefficient de corrélation $\overline{uv} = Q\sqrt{\overline{u^2}}\sqrt{\overline{v^2}}$ avec $|Q| \leqslant 1$, de sorte que nécessairement pour $y \to h$, $\overline{uv} \to 0$.
2) Les deux cas d'annulation de la tension de cisaillement de Reynolds que nous venons de voir se distinguent par le fait que, pour le premier, rien ne permet d'annuler a priori les tensions normales, contrairement à ce qui se passe pour le second. Ainsi, pour ce premier cas, on peut assurer que, l'énergie turbulente n'étant pas nulle en $y = 0$, on a $Q = 0$ ce qui n'est pas nécessairement assuré, pour le second, en $y = h$.

EXERCICE — ***Dynamique du champ moyen en canal plan*** — On reprend la configuration d'écoulement turbulent de l'exercice du paragraphe 4.1 : mouvement permanent et bidimensionnel plan en moyenne avec régime établi au second ordre, d'un fluide visqueux isovolume et non pesant entre deux plans parallèles, fixes, distants d'une largeur $2h$.
1) Écrire, en projections, les équations de la dynamique du mouvement moyen (équations de Reynolds).
2) Montrer que dans cet écoulement les fluctuations de vitesse radiale et azimutale sont décorrélées.

SOLUTION
1) En projetant l'équation vectorielle (3-14) il vient :

$$0 = -\frac{\partial \overline{P}}{\partial x} + \mu\frac{\mathrm{d}^2\overline{U}}{\mathrm{d}y^2} - \frac{\mathrm{d}(\rho\overline{uv})}{\mathrm{d}y} \qquad 0 = -\frac{\partial \overline{P}}{\partial y} - \frac{\mathrm{d}(\rho\overline{v^2})}{\mathrm{d}y} \qquad 0 = -\frac{\mathrm{d}(\rho\overline{vw})}{\mathrm{d}y}$$

Contrairement au cas laminaire, on constate que le gradient transversal de pression moyenne n'est pas nul. On aura noté que, dans l'écriture des projections précédentes, l'hypothèse de régime établi a été appliquée aux grandeurs moyennes du premier et deuxième ordre. En pratique, l'expérience montre que l'invariance en x du champ moyen s'obtient en amont de celle des corrélations doubles.
2) D'après l'équation de la dynamique suivant z il vient $\overline{vw}(y) = C^{te}$. Or par raison d'adhérence, on sait que $\overline{vw}(\pm h) = 0$ de sorte que les fluctuations correspondantes de vitesse sont décorrélées dans tout le champ de cet écoulement.

EXERCICE — ***Équations du champ moyen en écoulement de jet libre plan*** — On s'intéresse à un écoulement turbulent cisaillé mince libre de type jet bidimensionnel plan. On suppose le mouvement permanent et le fluide isovolume non pesant. On se limite à la région du jet où les hypothèses suivantes sont vérifiées :

- les tensions *normales* de Reynolds sont de même ordre de grandeur ;
- cet ordre de grandeur $u'(L) \equiv \sqrt{\overline{u^2}}$ à l'abscisse $x = L$ du jet est proportionnel à la différence des vitesses moyennes à cette même abscisse ($\Delta\mathbb{U}(L)$) entre l'axe du jet et l'écoulement extérieur, soit $u' = \alpha\Delta\mathbb{U}$.
- les fluctuations *croisées* longitudinale et transversale sont bien corrélées, i.e.,

$$\frac{\overline{uv}}{\sqrt{\overline{u^2}}\sqrt{\overline{v^2}}} \simeq 1$$

L'expérience donne pour loi d'expansion du jet $\delta(x) \simeq 0{,}1 \times x$, où δ représente l'épaisseur du jet, distance caractéristique de la diffusion transversale de cet écoulement.
1) Déduire de l'équation de continuité du mouvement moyen la référence $V_{ref}(L)$ de la vitesse moyenne transversale à l'abscisse $x = L$ en fonction $\Delta\mathbb{U}(L)$.
2) Estimer les termes d'advection, diffusion moléculaire et turbulente du bilan moyen de quantité de mouvement longitudinale.
3) En déduire que lorsque le nombre de Reynolds local $\Delta\mathbb{U} \times L/\nu$ est grand, la contribution des termes visqueux est négligeable dans ce bilan.
4) En partant de l'estimation des termes de l'équation de la dynamique du mouvement moyen en projection *transversale*, déduire de l'équivalence entre termes prépondérants d'advection et de diffusion turbulente l'ordre de grandeur du coefficient α.

SOLUTION

1) L'écoulement considéré appartient à la classe des écoulements "de type couche limite" pour lesquels le champ de vitesse moyenne ne peut être établi, contrairement au cas de celui de l'exercice précédent. Sous la seule hypothèse de bidimensionnalité, l'équation de continuité du champ moyen s'écrit donc :

$$\frac{\partial \overline{U}}{\partial x} + \frac{\partial \overline{V}}{\partial y} = 0$$

En estimant chacun de ces termes avec leurs échelles caractéristiques respectives, on déduit aisément que :

$$\frac{\Delta\mathbb{U}}{L} \sim \frac{V_{ref}}{\delta}$$

soit en tenant compte de la valeur du taux d'expansion $V_{ref} \simeq 0,1\Delta\mathbb{U}$.

2) L'estimation terme à terme du bilan moyen de quantité de mouvement longitudinale donne, à partir de l'équation de la dynamique en projection longitudinale :

$$\underbrace{\overline{U}\frac{\partial \overline{U}}{\partial x}}_{\frac{\Delta\mathbb{U}^2}{L}} + \underbrace{\overline{V}\frac{\partial \overline{U}}{\partial y}}_{V_{ref}\times\frac{\Delta\mathbb{U}}{\delta}} = -\frac{1}{\rho}\frac{\partial \overline{P}}{\partial x} - \underbrace{\frac{\partial \overline{u^2}}{\partial x}}_{\frac{\alpha^2\Delta\mathbb{U}^2}{L}} - \underbrace{\frac{\partial \overline{uv}}{\partial y}}_{\frac{\alpha^2\Delta\mathbb{U}^2}{\delta}} + \nu\left(\underbrace{\frac{\partial^2 \overline{U}}{\partial x^2}}_{\frac{\Delta\mathbb{U}}{L^2}} + \underbrace{\frac{\partial^2 \overline{U}}{\partial y^2}}_{\frac{\Delta\mathbb{U}}{\delta^2}}\right)$$

En introduisant les estimations déjà produites, on déduit que :

$$\begin{aligned}
&Advection\ : && \left|\overline{U}\frac{\partial \overline{U}}{\partial x}\right| \sim \left|\overline{U}\frac{\partial \overline{V}}{\partial y}\right| \sim \frac{\Delta \mathbb{U}^2}{L}\\
&Diffusion\ turbulente\ : && \left|\frac{\partial \overline{u^2}}{\partial x}\right| < \left|\frac{\partial \overline{uv}}{\partial y}\right| \sim 10\alpha^2\frac{\Delta \mathbb{U}^2}{L}\\
&Diffusion\ mol\acute{e}culaire\ : && \nu\left|\frac{\partial^2 \overline{U}}{\partial x^2}\right| \ll \nu\left|\frac{\partial^2 \overline{U}}{\partial y^2}\right| \sim 100\nu\frac{\Delta \mathbb{U}}{L^2}
\end{aligned}$$

3) En comparant les termes d'advection et de diffusion moléculaire, il apparaît que :

$$\frac{Diff.\ mol.}{Advection} \approx \frac{100}{R_{eL}}$$

où $R_{e_L} = \Delta\mathbb{U} \times L/\nu$. Typiquement, ce nombre de Reynolds est en régime turbulent de l'ordre de 10^4 ou plus, de sorte que la contribution visqueuse est négligeable.
4) L'estimation des termes de l'équation de la dynamique du mouvement moyen en projection transversale donne :

$$\underbrace{\overline{U}\frac{\partial \overline{V}}{\partial x}}_{\Delta\mathbb{U}\frac{V_{ref}}{L}} + \underbrace{\overline{V}\frac{\partial \overline{V}}{\partial y}}_{\frac{V_{ref}^2}{\delta}} = -\frac{1}{\rho}\frac{\partial \overline{P}}{\partial y} - \underbrace{\frac{\partial \overline{uv}}{\partial x}}_{\frac{\alpha^2\Delta\mathbb{U}^2}{L}} - \underbrace{\frac{\partial \overline{v2}}{\partial y}}_{\frac{\alpha^2\Delta\mathbb{U}^2}{\delta}} + \nu\left(\underbrace{\frac{\partial^2 \overline{V}}{\partial x^2}}_{\frac{V_{ref}}{L^2}} + \underbrace{\frac{\partial^2 \overline{V}}{\partial y^2}}_{\frac{V_{ref}}{\delta^2}}\right)$$

Si la contribution turbulente prépondérante des tensions de Reynolds est prise du même ordre que l'advection par le mouvement moyen, alors :

$$\Delta\mathbb{U}\frac{V_{ref}}{L} \approx \alpha^2\frac{\Delta\mathbb{U}}{\delta} \qquad \text{soit} \qquad \alpha^2 \approx \frac{V_{ref}}{\Delta\mathbb{U}} \times \frac{\delta}{L}$$

En usant des estimations précédemment établies, il apparaît que $\alpha^2 \sim 10^{-2}$, soit $\alpha \approx 0{,}3$. Cette estimation est conforme aux données expérimentales, qui montrent que dans la zone centrale d'un jet plan la valeur de α se situe à 0,2 ou 0,27 selon la composante de la fluctuation de vitesse considérée. Ces valeurs sont analogues à celles d'un écoulement à symétrie de révolution où l'on mesure un taux de turbulence $\left(\sqrt{k}/\overline{U}\right)_{axe}$ de l'ordre de 0,27 dans la zone d'affinité d'un jet de tube [61].

5 Les équations aux corrélations de fluctuations de vitesse

5.1 Exposé du problème

Tout passage à la moyenne se traduit par une **perte d'information**. C'est le cas notamment entre les équations du mouvement instantané (3-2) et du mouvement moyen (3-14). En effet, par différence membre à membre de ces deux relations on obtient, en l'absence de fluctuation des forces extérieures de volume et désignant par k l'indice libre :

$$\rho\left(\frac{\partial u_k}{\partial t}+u_j\frac{\partial \overline{U}_k}{\partial x_j}+\overline{U}_j\frac{\partial u_k}{\partial x_j}+u_j\frac{\partial u_k}{\partial x_j}-\frac{\partial \overline{u_j u_k}}{\partial x_j}\right)=-\frac{\partial p}{\partial x_k}+\mu\frac{\partial^2 u_k}{\partial x_j \partial x_j} \tag{3-15}$$

Ainsi, la dynamique du champ fluctuant $[u_k, p]$ est à chaque instant régie par l'ensemble des deux équations (3-10) et (3-15). Par un traitement adéquat de celles-ci, il peut être envisagé de "récupérer" tout ou partie de l'information perdue. C'est l'objet même du paragraphe suivant, s'agissant de l'information relative aux corrélations aux fluctuations de vitesse d'ordre quelconque, dont on se propose d'établir les équations de transport en référence à l'évolution moyenne (3-8).

5.2 Equation de transport de la fonction génératrice des moments aux fluctuations de vitesse

Pour accéder à l'équation de transport d'une corrélation d'ordre quelconque, nous allons utiliser la fonction génératrice des moments (Cf. Chapitre II–§5.5).
Rappelons ici que, partant d'un triplet de réels α_j ($j=1,2,3$) la fonction génératrice des moments ou première fonction caractéristique est définie par :

$$\boxed{\overline{M}(\alpha_j)=\overline{e^{i\alpha_j u_j}}} \tag{3-16}$$

où $\pm i$ désignent les racines complexes de –1. La principale propriété de cette fonction est de fournir directement les moments d'ordre quelconque par :

$$\overline{u_j^m u_k^n .. u_l^q}=\frac{1}{i^{(m+n+..+q)}}\times\left[\frac{\partial^{(m+n+..+q)}\overline{M}}{\partial\alpha_j^m\partial\alpha_k^n..\partial\alpha_l^q}\right]_{\alpha_j=\alpha_k=..=\alpha_l=0} \tag{3-17}$$

Le résultat est transcrit à la page suivante.

$$\begin{aligned}
\frac{\partial \overline{M}}{\partial t} + \overline{U}_j \frac{\partial \overline{M}}{\partial x_j} &= -\alpha_k \frac{\partial \overline{U}_k}{\partial x_j} \frac{\partial \overline{M}}{\partial \alpha_j} \quad \text{.......... } \textit{couplage avec mouvement moyen} \\
&- \frac{\partial(\overline{M u_j})}{\partial x_j} \quad \text{................ } \textit{diffusion par agitation turbulente} \\
&+ \bar{M} \frac{\partial}{\partial x_j} \left(\overline{u_j \ln M}\right) \quad \text{... } \textit{intéraction d'agitation turbulente} \\
&- i \frac{\alpha_k}{\rho} \left(\overline{M \frac{\partial p}{\partial x_k}}\right) \quad \text{....... } \textit{corrélation avec la pression fluctuante} \\
&+ \nu \frac{\partial^2 \overline{M}}{\partial x_j \partial x_j} \quad \text{............... } \textit{diffusion par agitation moléculaire} \\
&+ \nu \alpha_k^2 \overline{M \left(\frac{\partial u_k}{\partial x_j}\right)^2} \quad \text{..... } \textit{pseudo} - \textit{dissipation}
\end{aligned}$$

(3-18)

DÉMONSTRATION — L'équation de transport de M se déduit de l'équation (3-15) en multipliant membre à membre par $i\alpha_k e^{i\alpha_k u_k}$. On obtient ainsi terme à terme :

$$\begin{aligned}
(a) &= i\alpha_k e^{i\alpha_k u_k} \times \frac{\partial u_k}{\partial t} = \frac{\partial}{\partial t}\left(e^{i\alpha_k u_k}\right) \equiv \frac{\partial M}{\partial t} \\
(b) &= i\alpha_k e^{i\alpha_k u_k} \times u_j \frac{\partial \overline{U}_k}{\partial x_j} = i\alpha_k \frac{\partial \overline{U}_k}{\partial x_j} \frac{\partial}{\partial(i\alpha_j)}\left(e^{i\alpha_j u_j}\right) \equiv \alpha_k \frac{\partial \overline{U}_k}{\partial x_j} \frac{\partial M}{\partial \alpha_j} \\
(c) &= i\alpha_k e^{i\alpha_k u_k} \times \overline{U}_j \frac{\partial u_k}{\partial x_j} = \overline{U}_j \frac{\partial}{\partial x_j}\left(e^{i\alpha_k u_k}\right) \equiv \overline{U}_j \frac{\partial M}{\partial x_j} \\
(d) &= i\alpha_k e^{i\alpha_k u_k} \times \frac{\partial}{\partial x_j}(u_j u_k) = i\alpha_k e^{i\alpha_k u_k} . u_j \frac{\partial u_k}{\partial x_j} \equiv u_j \frac{\partial M}{\partial x_j} \\
-(e) &= i\alpha_k e^{i\alpha_k u_k} \times \frac{\partial}{\partial x_j}(\overline{u_j u_k}) = M \frac{\partial}{\partial x_j}\left(\overline{i\alpha_k u_j u_k}\right) \equiv M \frac{\partial}{\partial x_j}\left(\overline{u_j \ln(M)}\right) \\
-(f) &= \frac{i\alpha_k e^{i\alpha_k u_k}}{\rho} \times \frac{\partial p}{\partial x_k} \equiv i \frac{\alpha_k}{\rho} M \frac{\partial p}{\partial x_k} \\
(g) &= i\alpha_k e^{i\alpha_k u_k} \times \nu \frac{\partial^2 u_k}{\partial x_j \partial x_j} \equiv \nu \frac{\partial^2 M}{\partial x_j \partial x_j} + \nu M \left(\alpha_k \frac{\partial u_k}{\partial x_j}\right)^2
\end{aligned}$$

Après passage à la moyenne des expressions (*a*) à (*g*), on aboutit à l'équation cherchée sous la forme (3-18), la justification de certains qualificatifs des termes du second membre étant éclaircie ultérieurement.

Par application de la relation (3-17) on peut déduire de (3-18) l'équation de transport de toute corrélation aux fluctuations de vitesse. Nous explicitons ci-après celles relatives aux seuls moments d'ordres deux et trois.

Moment / Terme	$\overline{u_k u_l}$	$\overline{u_k u_l u_m}$
Advection	$\dfrac{\partial \overline{u_k u_l}}{\partial t} + \overline{U}_j \dfrac{\partial \overline{u_k u_l}}{\partial x_j}$	$\dfrac{\partial \overline{u_k u_l u_m}}{\partial t} + \overline{U}_j \dfrac{\partial \overline{u_k u_l u_m}}{\partial x_j}$
Couplage avec mvt moyen	$-\left(\overline{u_k u_j}\dfrac{\partial \overline{U}_l}{\partial x_j} + \overline{u_l u_j}\dfrac{\partial \overline{U}_k}{\partial x_j}\right)$	$-(\overline{u_k u_l u_j}\dfrac{\partial \overline{U}_m}{\partial x_j} + \overline{u_l u_m u_j}\dfrac{\partial \overline{U}_k}{\partial x_j} + \overline{u_m u_k u_j}\dfrac{\partial \overline{U}_l}{\partial x_j})$
Diffusion turbulente	$-\dfrac{\partial(\overline{u_k u_l u_j})}{\partial x_j}$	$-\dfrac{\partial\left(\overline{u_k u_l u_m u_j}\right)}{\partial x_j}$
Couplage turbulent	0	$(\overline{u_k u_l}\dfrac{\partial \overline{u_m u_j}}{\partial x_j} + \overline{u_l u_m}\dfrac{\partial \overline{u_k u_j}}{\partial x_j} + \overline{u_m u_k}\dfrac{\partial \overline{u_l u_j}}{\partial x_j})$
Corrélation fluct. pression	$-\dfrac{1}{\rho}\left(\overline{u_k \dfrac{\partial p}{\partial x_l}} + \overline{u_l \dfrac{\partial p}{\partial x_k}}\right)$	$-\dfrac{1}{\rho}(\overline{u_k u_l \dfrac{\partial p}{\partial x_m}} + \overline{u_l u_m \dfrac{\partial p}{\partial x_k}} + \overline{u_m u_k \dfrac{\partial p}{\partial x_l}})$
Diffusion moléculaire	$\nu \dfrac{\partial^2 \overline{u_k u_l}}{\partial x_j \partial x_j}$	$\nu \dfrac{\partial^2 \overline{u_k u_l u_m}}{\partial x_j \partial x_j}$
Pseudo-dissipation	$-2\,\nu \overline{\left(\dfrac{\partial u_k}{\partial x_j}\right)\left(\dfrac{\partial u_l}{\partial x_j}\right)}$	$-2\nu(\overline{u_k \dfrac{\partial u_l}{\partial x_j}\dfrac{\partial u_m}{\partial x_j}} + \overline{u_l \dfrac{\partial u_m}{\partial x_j}\dfrac{\partial u_k}{\partial x_j}} + \overline{u_m \dfrac{\partial u_k}{\partial x_j}\dfrac{\partial u_l}{\partial x_j}})$

Tableau 3.1 Termes des équations de transport des corrélations doubles et triples de fluctuations de vitesse.

EXERCICE — ***Expressions des termes de couplage des équations aux corrélations doubles et triples.***

1) En partant de la forme générale (3-18), écrire le terme de couplage avec le mouvement noyen des équations de transport de $\overline{u_i u_j}$ et $\overline{u_i u_j u_k}$.

2) Même question que la précédente mais pour les termes de couplage turbulent.

SOLUTION

1) La forme générique du terme de couplage avec le mouvement moyen est :

$$A = -\alpha_m \frac{\partial \overline{U}_m}{\partial x_l} \frac{\partial \overline{M}}{\partial \alpha_l}$$

Une première dérivation par rapport à α_i donne :

$$\frac{\partial A}{\partial \alpha_i} = -\frac{\partial \overline{U}_i}{\partial x_l} \frac{\partial \overline{M}}{\partial \alpha_l} - \alpha_m \frac{\partial \overline{U}_m}{\partial x_l} \frac{\partial^2 \overline{M}}{\partial \alpha_l \partial \alpha_i}$$

Une deuxième dérivation par rapport à α_j conduit à :

$$\frac{\partial^2 A}{\partial \alpha_i \partial \alpha_j} = -\frac{\partial \overline{U}_i}{\partial x_l} \frac{\partial^2 \overline{M}}{\partial \alpha_l \partial \alpha_j} - \frac{\partial \overline{U}_j}{\partial x_l} \frac{\partial^2 \overline{M}}{\partial \alpha_l \partial \alpha_i} - \alpha_m \frac{\partial \overline{U}_m}{\partial x_l} \frac{\partial^3 \overline{M}}{\partial \alpha_l \partial \alpha_i \partial \alpha_j}$$

Enfin, une troisième dérivation par rapport à α_k amène :

$$\frac{\partial^3 A}{\partial \alpha_i \partial \alpha_j \partial \alpha_k} = -\frac{\partial \overline{U}_i}{\partial x_l} \frac{\partial^3 \overline{M}}{\partial \alpha_l \partial \alpha_k \partial \alpha_j} - \frac{\partial \overline{U}_j}{\partial x_l} \frac{\partial^3 \overline{M}}{\partial \alpha_l \partial \alpha_i \partial \alpha_k} - \frac{\partial \overline{U}_k}{\partial x_l} \frac{\partial^3 \overline{M}}{\partial \alpha_l \partial \alpha_i \partial \alpha_j} - \alpha_m \frac{\partial \overline{U}_m}{\partial x_l} \frac{\partial^4 \overline{M}}{\partial \alpha_l \partial \alpha_i \partial \alpha_j \partial \alpha_k}$$

Prenant les valeurs à l'origine des α des deux relations précédentes, i.e., pour $\alpha_i = \alpha_j = \alpha_k = \alpha_m = 0$, il vient respectivement :

$$\left(\frac{\partial^2 A}{\partial \alpha_i \partial \alpha_j} \right)_0 = -\frac{\partial \overline{U}_i}{\partial x_l} \overline{u_j u_l} - \frac{\partial \overline{U}_j}{\partial x_l} \overline{u_i u_l}$$

$$\left(\frac{\partial^3 A}{\partial \alpha_i \partial \alpha_j \partial \alpha_k} \right)_0 = -\frac{\partial \overline{U}_i}{\partial x_l} \overline{u_j u_k u_l} - \frac{\partial \overline{U}_j}{\partial x_l} \overline{u_i u_k u_l} - \frac{\partial \overline{U}_k}{\partial x_l} \overline{u_i u_j u_l}$$

2) Pour obtenir les termes de couplage turbulent, on procède de façon analogue à partir de l'expression générique $B = \overline{M} \partial(\alpha_m \overline{u_l u_m})/\partial x_l$. Les trois dérivations donnent successivement ;

$$\frac{\partial B}{\partial \alpha_i} = \frac{\partial \overline{M}}{\partial \alpha_i} \frac{\partial(\alpha_m \overline{u_l u_m})}{\partial x_l} + \overline{M} \frac{\partial(\overline{u_l u_i})}{\partial x_l}$$

$$\frac{\partial^2 B}{\partial \alpha_i \partial \alpha_j} = \frac{\partial^2 \overline{M}}{\partial \alpha_i \partial \alpha_j} \frac{\partial(\alpha_m \overline{u_l u_m})}{\partial x_l} + \frac{\partial \overline{M}}{\partial \alpha_i} \frac{\partial(\overline{u_l u_j})}{\partial x_l} + \frac{\partial \overline{M}}{\partial \alpha_j} \frac{\partial(\overline{u_l u_i})}{\partial x_l}$$

$$\frac{\partial^3 B}{\partial \alpha_i \partial \alpha_j \partial \alpha_k} = \frac{\partial^3 \overline{M}}{\partial \alpha_i \partial \alpha_j \partial \alpha_k} \frac{\partial(\alpha_m \overline{u_l u_m})}{\partial x_l} + \frac{\partial^2 \overline{M}}{\partial \alpha_i \partial \alpha_j} \frac{\partial(\overline{u_l u_k})}{\partial x_l} + \frac{\partial^2 \overline{M}}{\partial \alpha_i \partial \alpha_k} \frac{\partial(\overline{u_l u_j})}{\partial x_l} + \frac{\partial^2 \overline{M}}{\partial \alpha_j \partial \alpha_k} \frac{\partial(\overline{u_l u_i})}{\partial x_l}$$

Les fluctuations étant centrées, les valeurs des dérivées premières $\partial \overline{M}/\partial \alpha$ sont nulles à l'origine, de sorte que la contribution de ce terme disparaît bien à l'ordre deux. Pour les corrélations triples, il reste bien, en revanche :

$$\left(\frac{\partial^3 B}{\partial \alpha_i \partial \alpha_j \partial \alpha_k} \right)_0 = \overline{u_i u_j} \frac{\partial(\overline{u_l u_k})}{\partial x_l} + \overline{u_i u_k} \frac{\partial(\overline{u_l u_j})}{\partial x_l} + \overline{u_j u_k} \frac{\partial(\overline{u_l u_i})}{\partial x_l}$$

5.3 Bilan des tensions de Reynolds

5.3.1 Équations de transport des tensions de Reynolds

Comme le laissent entrevoir les éléments du tableau précédent, l'équation de transport des corrélations du second ordre présente, par rapport à celles de tout moment d'ordre supérieur, la particularité de ne pas contenir de termes de couplage turbulent. Revenant aux indices i et j, elle se réduit en effet à :

$\frac{\partial \overline{u_i u_j}}{\partial t} + \overline{U}_k \frac{\partial \overline{u_i u_j}}{\partial x_k} = -\left(\overline{u_i u_k}\frac{\partial \overline{U}_j}{\partial x_k} + \overline{u_j u_k}\frac{\partial \overline{U}_i}{\partial x_k}\right)\ldots$	Couplage avec le mvt. moyen	
$-\frac{\partial(\overline{u_i u_j u_k})}{\partial x_k}\ldots\ldots$	Diffusion par agitation turbulente	
$-\frac{1}{\rho}\left(\overline{u_i \frac{\partial p}{\partial x_j}} + \overline{u_j \frac{\partial p}{\partial x_i}}\right)\ldots\ldots$	Corrélation avec la fluctuation de pression	(3-19)
$+\nu \frac{\partial^2 \overline{u_i u_j}}{\partial x_k \partial x_k}\ldots\ldots$	Diffusion par agitation moléculaire	
$-2\nu \overline{\left(\frac{\partial u_i}{\partial x_k}\right)\left(\frac{\partial u_j}{\partial x_k}\right)}\ldots\ldots$	Pseudo-dissipation	

À l'absence des termes de couplage turbulent déjà mentionnée, nous ajouterons que :

- la non linéarité advective introduit une *corrélation triple* $\overline{u_i u_j u_k}$ de façon analogue à la corrélation double pour le mouvement moyen ;
- les équations à l'ordre deux forment donc toujours un système *ouvert* ;
- la corrélation avec la fluctuation de pression peut également s'écrire :

$$-\frac{1}{\rho}\left(\overline{u_i \frac{\partial p}{\partial x_j}} + \overline{u_j \frac{\partial p}{\partial x_i}}\right) \equiv -\frac{1}{\rho}\left(\frac{\partial \overline{p u_i}}{\partial x_j} + \frac{\partial \overline{p u_j}}{\partial x_i}\right) + \frac{2}{\rho}\overline{p s_{ij}} \qquad (3\text{-}20)$$

  où apparaissent les corrélations “pression-vitesse” du type $\overline{p u_i}$ et la corrélation $\overline{p s_{ij}}$ dite de “pression-déformation”.

5.3.2 Tenseurs de dissipation

Dans la formulation (3-19), la viscosité figure dans les deux termes de diffusion moléculaire et de pseudo dissipation :

$$\overline{\varepsilon}_{ij} = 2\nu \overline{\left(\frac{\partial u_i}{\partial x_k}\right)\left(\frac{\partial u_j}{\partial x_k}\right)} \qquad (3\text{-}21)$$

Cette dénomination sera justifiée par la suite (Chapitre IV-§4.3). Une seconde écriture de ces mêmes termes de viscosité est possible sous la forme :

$$2\nu \frac{\partial}{\partial x_k}\left(\overline{s_{jk}u_i} + \overline{s_{ik}u_j}\right) - 2\nu\left(\overline{s_{jk}\frac{\partial u_i}{\partial x_k}} + \overline{s_{ik}\frac{\partial u_j}{\partial x_k}}\right)$$

où s'introduit le tenseur de dissipation :

$$\overline{\epsilon}_{ij} = 2\nu\left(\overline{s_{jk}\frac{\partial u_i}{\partial x_k}} + \overline{s_{ik}\frac{\partial u_j}{\partial x_k}}\right) \qquad (3\text{-}22)$$

DÉMONSTRATION — Par manipulation directe de (3-15) les termes de viscosité s'écrivent :

$$\mathcal{V}_{ij} = \nu\left(\overline{u_i\frac{\partial^2 u_j}{\partial x_k \partial x_k}} + \overline{u_j\frac{\partial^2 u_i}{\partial x_k \partial x_k}}\right)$$

Une première transformation donne : $u_i\dfrac{\partial^2 u_j}{\partial x_k \partial x_k} = \dfrac{\partial}{\partial x_k}\left(u_i\dfrac{\partial u_j}{\partial x_k}\right) - \dfrac{\partial u_i}{\partial x_k}\dfrac{\partial u_j}{\partial x_k}$

qui, par substitution dans l'expression complète conduit à :

$$\mathcal{V}_{ij} = \nu\overline{\frac{\partial}{\partial x_k}\left(u_i\frac{\partial u_j}{\partial x_k} + u_j\frac{\partial u_i}{\partial x_k}\right)} - 2\nu\overline{\frac{\partial u_i}{\partial x_k}\frac{\partial u_j}{\partial x_k}} \equiv \nu\frac{\partial}{\partial x_k}\left(\frac{\partial \overline{u_i u_j}}{\partial x_k}\right) - 2\nu\overline{\frac{\partial u_i}{\partial x_k}\frac{\partial u_j}{\partial x_k}}$$

C'est ce regroupement qui a été utilisé dans l'écriture (3-19). Une seconde prossibilité de transformation de l'expression brute est :

$$u_i\frac{\partial^2 u_j}{\partial x_k \partial x_k} \equiv u_i\frac{\partial}{\partial x_k}\left(\frac{\partial u_j}{\partial x_k} + \frac{\partial u_k}{\partial x_j}\right) = 2u_i\frac{\partial s_{jk}}{\partial x_k}$$

en usant du caractère isovolume des fluctuations. Ainsi

$$\mathcal{V}_{ij} = 2\nu\left(\overline{u_i\frac{\partial s_{jk}}{\partial x_k}} + \overline{u_j\frac{\partial s_{ik}}{\partial x_k}}\right) \equiv 2\nu\left(\frac{\partial \overline{u_i s_{jk}}}{\partial x_k} + \frac{\partial \overline{u_j s_{ik}}}{\partial x_k}\right) - 2\nu\left(\overline{s_{jk}\frac{\partial u_i}{\partial x_k}} + \overline{s_{ik}\frac{\partial u_j}{\partial x_k}}\right)$$

dont le dernier terme amènera à la dissipation "vraie", comme nous le verrons en §6.4.

EXERCICE — ***Équations de transport des tensions de Reynolds en canal plan*** —

1) Écrire, pour l'écoulement de canal plan décrit précédemment (exercices §4.1 et §4.2) les équations de transport de chacune des tensions normales de Reynolds. On adoptera le regroupement (3-20) et on désignera par $\overline{\varepsilon}_{ij}$ le tenseur de pseudo-dissipation. Que constatez-vous sur le terme de couplage avec le mouvement moyen ?

2) On désigne par δ la distance transversale à l'axe du canal sur laquelle la diffusion turbulente est libre de s'exercer avec une échelle de vitesse u'.
Comparer les échelles de temps de diffusion par agitation turbulente et moléculaire sur cette même distance δ.

3) Les mesures de Laufer [232] pour l'écoulement en conduite circulaire, montrent que sur une distance de l'ordre de 90% du rayon de la conduite, l'intensité de turbulence $u'/\overline{U}_{axe}$ reste supérieure à sa valeur sur l'axe. Pour un nombre Reynolds global

$\overline{U}_{axe}D/\nu$ de 50 000, cette intensité turbulente axiale est de l'ordre de 5%. Qu'en concluez-vous pour les équations de bilan des tensions normales de Reynolds ?

SOLUTION

1) Remarquons en premier lieu que le terme d'advection est nul sous les hypothèses d'écoulement moyen unidirectionnel ($\overline{V}=\overline{W}=0$) et de régime établi au second ordre ($\partial\overline{u_i u_j}/\partial x = 0$). Considérant que cette dernière propriété s'applique également aux corrélations pression-vitesse, il vient en définitive :

$$\begin{aligned}
\frac{\mathrm{d}\overline{u^2 v}}{\mathrm{d}y} &= -2\overline{uv}\frac{\mathrm{d}\overline{U}}{\mathrm{d}y} + 0 + \frac{2}{\rho}\overline{ps_{11}} + \nu\frac{\mathrm{d}^2\overline{u^2}}{\mathrm{d}y^2} - \epsilon_{11} \\
\frac{\mathrm{d}\overline{v^3}}{\mathrm{d}y} &= 0 - \frac{1}{\rho}\frac{\mathrm{d}\overline{pv}}{\mathrm{d}y} + \frac{2}{\rho}\overline{ps_{22}} + \nu\frac{\mathrm{d}^2\overline{v^2}}{\mathrm{d}y^2} - \epsilon_{22} \\
\frac{\mathrm{d}\overline{w^2 v}}{\mathrm{d}y} &= 0 + 0 + \frac{2}{\rho}\overline{ps_{33}} + \nu\frac{\mathrm{d}^2\overline{w^2}}{\mathrm{d}y^2} - \epsilon_{33}
\end{aligned}$$

On notera qu'aucune hypothèse simplificatrice ne peut être appliquée à l'expression des contributions de la pseudo-dissipation, celle-ci s'exprimant en effet à partir de corrélations de dérivées et non de dérivées de corrélations.

S'agissant du terme de couplage avec le mouvement moyen, il ne présente, pour ce type d'écoulement, qu'une seule contribution qui affecte la seule contrainte normale axiale $\overline{u^2}$.

2) L'échelle de temps caractéristique du transfert par agitation turbulente s'estime à partir d'une évaluation *advective* en référence à l'échelle de vitesse de turbulence u'. Donc, sur la distance δ, on a $\mathcal{T}_{\mathrm{T}} \propto \delta/u'$. Pour la même distance, le temps caractéristique du transfert par agitation moléculaire s'établit à $\mathcal{T}_{\nu} \propto \delta^2/\nu \approx \mathcal{T}_{\mathrm{T}}{\times}R_T$ où $R_T \equiv u'\delta/\nu$ est le nombre de Reynolds de turbulence relatif à la distance δ.

3) Pour des valeurs suffisantes du nombre de Reynolds *de turbulence*, la contribution de la diffusion par agitation moléculaire devient négligeable vis-à-vis de celle par agitation turbulente et les termes correspondants peuvent donc être simplifiés des équations de bilans précédentes. Avec les données de Laufer, il apparaît que :

$$R_T = \frac{u' \times \overline{U}_{axe}}{\overline{U}_{axe}} \times \frac{0.9D}{2\nu} \equiv \frac{0,9}{2} \times \frac{u'}{\overline{U}_{axe}} \times R_e$$

où R_e est maintenant le nombre de Reynolds *global* de l'écoulement. On obtient ainsi $R_T \simeq 1\,100$, ce qui montre que sur la majeure partie de la section du tuyau, les effets de diffusion moléculaire sont effectivement négligeables.

5.3.4 Tenseur d'anisotropie

Définition : Deux éléments importants par leurs interprétations physiques, sont attachés au tenseur des contraintes de Reynolds. Le premier est relatif à sa demi trace :

$$\boxed{\frac{1}{2}\overline{u_i u_i} = \overline{k} \equiv \overline{e}/\rho} \qquad (3\text{-}23)$$

Il introduit directement l'énergie cinétique du mouvement d'agitation ($\overline{e}$). L'établissement et la discussion de l'équation de bilan de cette propriété fera l'objet de la section 6.4 suivante.
Le second n'est autre que le déviateur adimensionnel de ce tenseur :

$$\boxed{a_{ij} = \frac{\overline{u_i u_j}}{2\overline{k}} - \frac{1}{3}\delta_{ij}} \quad \text{ou} \quad \boxed{b_{ij} = \frac{\overline{u_i u_j}}{\overline{k}} - \frac{2}{3}\delta_{ij} \; (\equiv 2a_{ij})} \qquad (3\text{-}24)$$

Nul pour des tensions de Reynolds sphériques ou isotropes ($\overline{u_i u_j} = \frac{\overline{u_m u_m}}{3}\delta_{ij}$), ce tenseur rend compte de l'anisotropie des contraintes de turbulence et est classiquement dénommé *tenseur d'anisotropie.*

Propriétés : Le tenseur d'anisotropie possède des propriétés remarquables qui serviront notamment à prescrire des conditions de vraisemblance aux schémas de fermeture (voir 3ème partie).

i) Par définition même (3-24), le tenseur d'anisotropie est de trace nulle, de sorte que son premier invariant est nul [$\mathbf{I}_a(\equiv a_{ii}) = \mathbf{I}_b(\equiv b_{ii}) = 0$].

ii) Pour obtenir les invariants d'ordres supérieurs, on peut procéder par contraction des diverses puissances du tenseur a_{ij} (resp. b_{ij}), ce qui introduit :

$$\mathbf{II}_a = a_{ij}a_{ji}, \; \mathbf{II}_b = b_{ij}b_{ji} \,; \; \mathbf{III}_a = a_{ik}a_{kj}a_{ji}, \; \ldots$$

En vertu du théorème de Cayley-Hamilton qui stipule qu'une matrice est solution de sa propre équation caractéristique on peut écrire ici, par exemple :

$$b^3_{ij} - \frac{1}{2}\,\mathbf{II}_b\, b_{ij} - \frac{1}{3}\,\mathbf{III}_b\, \delta_{\mathrm{ij}} = 0$$

où $b^3_{ij} = b_{in}b_{nm}b_{mj}$. Ainsi, b^3_{ij}, comme toute puissance supérieure, est linéairement dépendante des tenseurs b^2_{ij}, b_{ij} et δ_{ij}, ce qui limite à deux le nombre des invariants indépendants non nuls.

iii) Le domaine de variation des valeurs des composantes du tenseur d'anisotropie est borné. Cette propriété a été démontrée initialement par Lumley et Newman [280] dans le plan des invariants ($\mathbf{II}^*_a$, $\mathbf{III}^*_a$) tels que :

$$\mathbf{II}^*_a = -\mathbf{II}_a/2 \qquad \text{et} \qquad \mathbf{III}^*_a = \mathbf{III}_a/3$$

Avec cette représentation, le domaine admissible se réduit à l'intérieur du triangle curviligne schématisé à la figure suivante.
L'origine du plan ($\mathbf{II}^*_a, \mathbf{III}^*_a$) représente l'état de turbulence isotrope. Le segment de droite (PQ) correspond à une turbulence à deux composantes[1]

[1] On trouve parfois employée pour cette situation, la dénomination de "*limite bidimensionnelle*". Elle n'est pas retenue ici en raison de son risque de confusion avec la "*turbulence* bidimensionnelle". Selon Lesieur [259], il y a lieu en effet de distinguer la "turbulence bidimensionnelle", pour laquelle on a $u_i(x, y)$, $i = 1, 2, 3$ et la "turbulence horizontale" où l'on a $u_i(x, y, z)$, avec $i = 1, 2$. Ce dernier vocabulaire, faisant allusion aux écoulements stratifiés, qui ne sont pas considérés dans le cadre de ce cours, n'est pas repris bien qu'il recouvre une notion identique.

(une des trois valeurs propres est nulle). Dans la suite, l'écart à cet état de turbulence bicomposante sera mesuré par le paramètre de planéité :

$$\beta = 1 - \frac{9}{8}(\mathbf{II}_b - \mathbf{III}_b) \equiv 1 - 9\left(\frac{\mathbf{II}_a}{2} - \mathbf{III}_a\right) \equiv 1 + 9\mathbf{II}_a^* + 27\mathbf{III}_a^*$$

Les arcs (OP) et (OQ) s'obtiennent pour une turbulence axisymétrique (deux valeurs propres égales). Le long du premier, l'invariant **III** est positif, ce qui traduit l'existence d'une seule valeur propre positive du tenseur d'anisotropie. On peut se rendre compte que cela correspond, pour les valeurs propres du tenseur de Reynolds, à une structure en "cigare" avec une composante "axiale" prépondérante sur les deux composantes "radiales" égales. Avec un invariant **III** négatif, ce sont les composantes radiales qui sont prépondérantes, et l'on parle alors de structure en "disque" (voir figure 5 ci-après). Ces deux cas peuvent également être décrits en terme de "contraction" ou "d'expansion" axisymétrique. La démonstration de ces résultats est proposée en exercice.

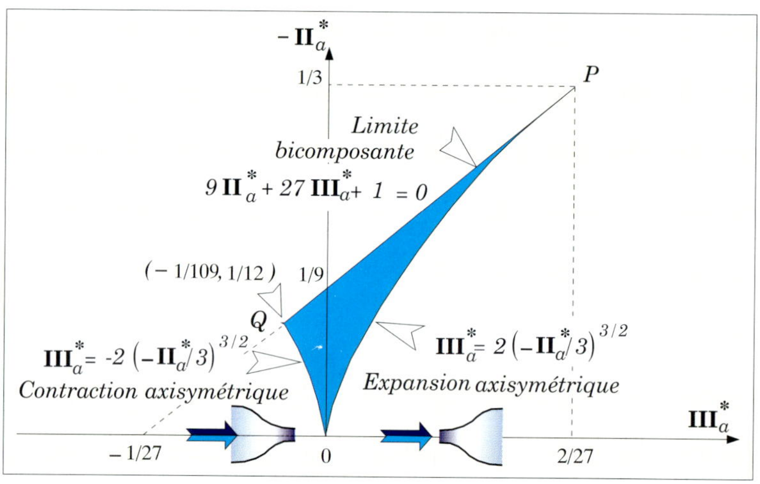

Fig. 3: Domaine admissible d'anisotropie dans le plan des invariants $\mathbf{II}_a^*$ et $\mathbf{III}_a^*$.

REMARQUE — *Pour une matrice 3×3 quelconque (m_{ij}, $i = 1, 2, 3$ $j = 1, 2, 3$), le théorème de Caley-Hamilton stipule que la relation suivante est identiquement vérifiée :*

$$m_{ij}^3 - \mathbf{I} \times m_{ij}^2 + \frac{\mathbf{I}^2 - \mathbf{II}}{2} m_{ij} - \left(\frac{\mathbf{I}^3}{6} - \frac{\mathbf{I} \times \mathbf{II}}{2} + \frac{\mathbf{III}}{3}\right)\delta_{ij} = 0$$

avec $m_{ij}^3 = m_{ik}m_{kl}m_{lj}$ et $m_{ij}^2 = m_{ik}m_{kj}$. Les invariants associés sont notés $\mathbf{I} = m_{ii}$, $\mathbf{II} = m_{ik}m_{ki}$ et $\mathbf{III} = m_{ik}m_{kl}m_{li}$. Ainsi, la puissance cubique de la matrice m_{ij} dépend linéairement de ses puissances d'ordre inférieur, 2, 1, et 0. Par multiplication matricielle par m_{ij}, m_{ij}^2, ... m_{ij}^n, on étend facilement ce résultat à toute puissance d'ordre supérieur à trois. Dans le cas où $\mathbf{I} = 0$, il est facile de retrouver la condition ii) *appliquée à b_{ij}.*

EXERCICE — ***Triangle d'anisotropie dans le plan des valeurs propres*** — On désigne par α et β deux quelconques des trois valeurs propres du tenseur d'anisotropie $b_{ij} = \overline{u_i u_j}/\overline{k} - \frac{2}{3}\delta_{ij}$.

1) Établir les inégalités suivantes : $\alpha \geqslant -2/3$, $\beta \geqslant -2/3$ et $\alpha + \beta \leqslant 2/3$.

2) Montrer que les inégalités précédentes conduisent à un partitionnement des valeurs dans le plan (α, β) tel qu'il est représenté à la figure 4(a).

3) Interpréter les propriétés physiques liées aux éléments géométriques :

– sommets, côtés et centre du triangle,

– médianes et milieux des côtés.

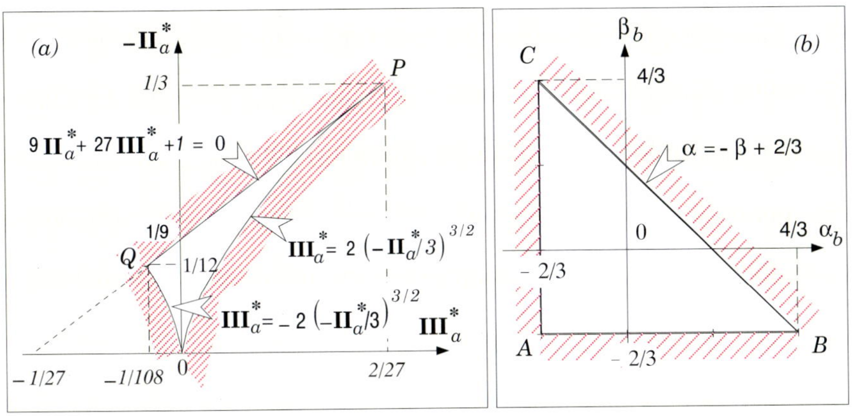

Fig. 4: Triangles d'anisotropie : (a) plan des invariants (a_{ij}), (b) plan des valeurs propres (b_{ij}).

SOLUTION

1) En désignant par α, β et γ les trois valeurs propres de b_{ij}, on peut écrire, en affectant de l'indice $)_p$ celles du tenseur de Reynolds :

$$b_{ij} = \begin{pmatrix} \alpha & 0 & 0 \\ 0 & \beta & 0 \\ 0 & 0 & \gamma \end{pmatrix} = \begin{pmatrix} \dfrac{\overline{u^2}_p}{\overline{k}} - \dfrac{2}{3} & 0 & 0 \\ 0 & \dfrac{\overline{v^2}_p}{\overline{k}} - \dfrac{2}{3} & 0 \\ 0 & 0 & \dfrac{\overline{w^2}_p}{\overline{k}} - \dfrac{2}{3} \end{pmatrix}$$

Or, par définition même, on sait que $\overline{u^2}_p/\overline{k} \geqslant 0$ de sorte que $\overline{u^2}_p/\overline{k} - 2/3\ (\equiv \alpha) \geqslant -2/3$, et deux résultats analogues pour β et γ. En outre, la nullité de trace de b_{ij} impose que $\gamma = -(\alpha + \beta)$, de sorte que la dernière des trois inégalités précédentes ($\gamma \geqslant -2/3$) se traduit encore par $\alpha + \beta \leqslant 2/3$.

2) Dans le repère (α, β), les conditions $\alpha \geqslant -2/3$ et $\beta \geqslant -2/3$ interdisent les points du demi-plan "à gauche" de la droite $\alpha = -2/3$ et "en dessous" de la droite $\beta = -2/3$ respectivement. La troisième interdit les points "au-dessus" de la droite $\alpha = -\beta + 2/3$. Finalement le domaine admissible des valeurs de b_{ij} dans le plan de deux de ses valeurs propres quelconques se réduit bien à l'intérieur du triangle défini sur la figure 4(b)

3) Chaque côté du triangle est caractérisé par $\alpha\,(ou\ \beta\ ou\ \gamma) = -2/3$, ce qui implique l'annulation de l'une des trois tensions de Reynolds normales. C'est le cas de la turbulence réduite à deux composantes, telle qu'on la rencontre en limite de l'agitation tridimensionnelle au voisinage d'une paroi. En chaque sommet la turbulence est réduite à une seule composante normale. Le barycentre du triangle, confondu avec l'origine des axes, est tel que $\alpha = \beta = 0$ et donc nécessairement $\gamma = 0$. Il correspond à l'état de turbulence isotrope tridimensionnelle ($\overline{u^2} = \overline{v^2} = \overline{w^2} = 2\overline{k}/3$). Les médianes issues des sommets *A*, *B* et *C* ont pour équations respectives $\alpha = \beta$, $\alpha = -2\beta$, et $\alpha = \beta/2$. Ces relations expriment l'égalité de deux des contraintes normales, ce qui est le cas d'une turbulence axisymétrique. Enfin les milieux des côtés correspondent à la limite bicomposante (isotrope) de la turbulence axisymétrique (deux composantes égales et opposées, la troisième nulle).

EXERCICE — ***Triangle d'anisotropie dans le plan des invariants*** — En se plaçant dans le plan des invariants de Lumley relativement au tenseur d'anisotropie a_{ij} — voir triangle *OPQ* de la figure 4(*a*) —, montrer que :
1) La limite en turbulence à deux composantes diagonales, est représentée par la droite (*PQ*) d'équation $9\mathrm{II}_a^* + 27\mathrm{III}_a^* + 1 = 0$.
2) La turbulence axysimétrique correspond aux deux arcs de courbes (*OP*) et (*OQ*) dont on donnera les équations.

SOLUTION
1) Ce cas de turbulence correspond à un tenseur des contraintes de Reynolds qui, exprimé dans ses axes principaux, se réduit par exemple à :

$$\overline{u_i u_j} = \begin{pmatrix} a & 0 & 0 \\ 0 & 0 & 0 \\ 0 & 0 & b \end{pmatrix}$$

avec bien sûr a et b positifs et $a + b = 2\overline{k}$. En posant par exemple $b = \overline{k}(1 - s)$, avec $|s| \leq 1$, le tenseur des contraintes s'écrit encore :

$$\overline{u_i u_j} = \overline{k} \begin{pmatrix} 1+s & 0 & 0 \\ 0 & 0 & 0 \\ 0 & 0 & 1-s \end{pmatrix}$$

Il est alors facile de vérifier que le tenseur d'anisotropie a pour expression :

$$a_{ij} = \frac{1}{2} \begin{pmatrix} \frac{1}{3}+s & 0 & 0 \\ 0 & -\frac{2}{3} & 0 \\ 0 & 0 & \frac{1}{3}-s \end{pmatrix}$$

On en tire $\mathrm{II}_a = \mathrm{s}^2/2 + 1/6$ et $\mathrm{III}_a = \mathrm{s}^2/4 - 1/36$ dont on déduit facilement que $9\mathrm{II}_a^* + 27\mathrm{III}_a^* + 1 = 0$, C.Q.F.D.

2) En situation de turbulence axisymétrique, le tenseur des contraintes de Reynolds dans ses axes principaux, a deux composantes égales et s'écrit par exemple :

$$\overline{u_i u_j} = 2\overline{k}\begin{pmatrix} a & 0 & 0 \\ 0 & a & 0 \\ 0 & 0 & 1-2a \end{pmatrix}$$

Physiquement, ce cas peut être approché en soumettant une turbulence isotrope à une contraction ou une expansion axisymétrique d'axe x_3 dans l'exemple précédent. Pour la contraction on aura $\overline{u_1^2} = \overline{u_2^2} > \overline{u_3^2}$, ce qui équivaut à $a > 1/3$, alors que pour l'expansion, c'est au contraire $0 < a < 1/3$ qu'il faudra prendre. Il est alors facile de voir que :

$$a_{ij} = \begin{pmatrix} \alpha & 0 & 0 \\ 0 & \alpha & 0 \\ 0 & 0 & -2\alpha \end{pmatrix}$$

en posant $\alpha = a - 1/3$. On en déduit simplement que $\text{II}_a = 6\alpha^2$ et $\text{III}_a = -6\alpha^3$, ce qui amène directement à :

$$\textit{contraction axisymétrique } (\alpha > 0) : \text{III}_a^* = -2\left(-\frac{\text{II}_a^*}{3}\right)^{3/2}$$

$$\textit{expansion axisymétrique } (\alpha < 0) : \text{III}_a^* = 2\left(-\frac{\text{II}_a^*}{3}\right)^{3/2}$$

dont les graphes sont ceux des courbes (*OQ*) et (*OP*) respectivement. Bien évidemment, avec cette représentation, l'origine correspond à l'état de turbulence isotrope tridimensionnelle.

On retrouve bien que dans le cas d'une "contraction", l'invariant III a une valeur propre négative, et deux dans le cas de l'expansion. Les différents types d'anisotropie axisymétrique qui se distinguent selon le signe de l'invariant III sont illustrés par le schéma suivant, l'affectation des directions étant arbitraire (voir aussi complément du Chapitre VIII-§3.2.2).

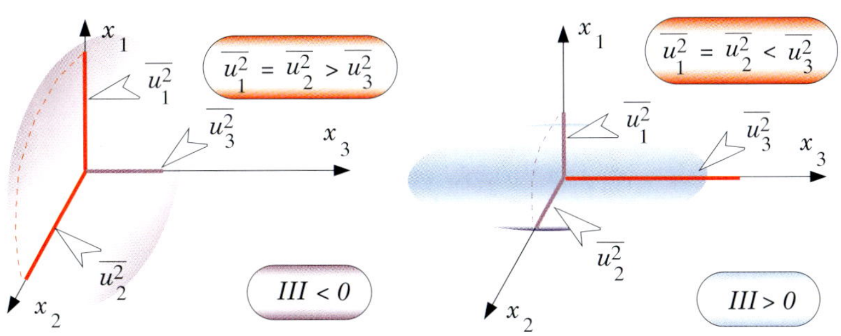

Fig. 5: Anisotropie en "disque" et "cigare" selon le signe de l'invariant cubique.

6 Propriétés énergétiques

6.1 Définitions

En se limitant aux champs de vitesse et pression, les propriétés énergétiques de l'écoulement d'un fluide incompressible s'expriment essentiellement à travers l'*énergie cinétique* de valeur locale et instantanée par unité de volume :

$$\boxed{\mathcal{E} = \frac{1}{2}\rho U_i U_i} \tag{3-25}$$

En prenant la moyenne et après décomposition (3-3) de la vitesse, il vient :

$$\overline{\mathcal{E}} = \overline{E} + \overline{e} \tag{3-26}$$

avec :

$$\overline{E} = \frac{1}{2}\rho \overline{U}_i \overline{U}_i \tag{3-27}$$

$$\overline{e} = \frac{1}{2}\rho \overline{u_i u_i} \tag{3-28}$$

$$e = \frac{1}{2}\rho u_i u_i \tag{3-29}$$

On introduit ainsi l'énergie cinétique du mouvement moyen ($\overline{E}$), l'énergie cinétique instantanée (e) et moyenne ($\overline{e}$) du mouvement d'agitation.
Considérant le montant des irréversibilités intrinsèques au mouvement du fluide visqueux isovolume :

$$\boxed{\Phi = 2\mu S_{ij} S_{ij} \equiv \frac{\mu}{2}\left(\frac{\partial U_i}{\partial x_j} + \frac{\partial U_j}{\partial x_i}\right)^2}$$

la même analyse conduit à définir le taux de dissipation du mouvement moyen ($\overline{\phi}$), celui du mouvement fluctuant en valeur instantanée (φ) et moyenne ($\overline{\varphi}$), à savoir :

$$\overline{\phi} = 2\mu \overline{S}_{ij} \overline{S}_{ij} \qquad \overline{\varphi} = 2\mu \overline{s_{ij} s_{ij}} \qquad \varphi = 2\mu s_{ij} s_{ij}$$

avec bien sûr :

$$\overline{\Phi} = \overline{\phi} + \overline{\varphi} \tag{3-30}$$

En moyenne, l'analyse des propriétés énergétiques de la turbulence en situation isovolume repose ainsi sur les **deux** bilans[1] :
- d'énergie cinétique du mouvement moyen ($\overline{E}$),
- d'énergie cinétique moyenne du mouvement d'agitation ($\overline{e}$).

[1] On aura soin de noter que e et φ ne sont pas les fluctuations centrées de $\mathcal{E}$ et Φ. Les relations (3-26) et (3-30) ne doivent donc pas être confondues avec l'expression générale de la décomposition binaire (3-6).

6.2 Bilan instantané d'énergie cinétique

L'équation d'énergie cinétique instantanée $\mathcal{E}$ se déduit de celle de la dynamique en multipliant scalairement par U_i, soit :

$$\frac{\partial \mathcal{E}}{\partial t}+U_j\frac{\partial \mathcal{E}}{\partial x_j}=\rho U_iF_i+U_i\frac{\partial}{\partial x_j}(\sigma_{ij})\equiv \underbrace{\rho U_iF_i}_{(a)}+\underbrace{\frac{\partial}{\partial x_j}(\sigma_{ij}U_i)}_{(b)}-\underbrace{\sigma_{ij}\frac{\partial U_i}{\partial x_j}}_{(c)}$$

Dans la seconde égalité, on a fait apparaître la puissance des forces extérieures de volume (*a*) et de surface (*b*), ainsi que la puissance intérieure de ces mêmes forces de surface (*c*). Après remaniements, cette équation peut s'expliciter pour un fluide newtonien en évolution isovolume comme suit :

$$\begin{aligned}
\frac{\partial \mathcal{E}}{\partial t}+U_j\frac{\partial \mathcal{E}}{\partial x_j} &= \rho U_iF_i \;\ldots\ldots\ldots\ldots\ldots\; \textit{puissance instantanée des forces exterieures de volume}\\
&- \frac{\partial}{\partial x_i}(PU_i) \;\ldots\ldots\ldots\; \textit{puissance instantanée des forces exterieures de pression}\\
&+ \frac{\partial}{\partial x_j}(2\mu U_iS_{ij}) \;\ldots\ldots\; \textit{puissance instantanée des forces exterieures de viscosité}\\
&- 2\mu S_{ij}S_{ij} \;\ldots\ldots\ldots\ldots\; \textit{dissipation instantanée}
\end{aligned}$$

6.3 Bilan d'énergie cinétique du mouvement moyen

Le bilan interprété d'énergie cinétique du mouvement moyen s'exprime par :

$$\boxed{\begin{aligned}
\frac{D\overline{E}}{Dt} &= \rho\overline{U}_iF_i \;\ldots\ldots\ldots\ldots\; \textit{puissance dans le mvt. moyen des forces extérieures de volume}\\
&- \frac{\partial}{\partial x_i}(\overline{P}\,\overline{U}_i) \;\ldots\ldots\; \textit{puissance dans le mvt. moyen des forces extérieures de pression moyenne}\\
&+ \frac{\partial}{\partial x_j}(2\mu\overline{S}_{ij}\overline{U}_i) \;\ldots\; \textit{puissance dans le mvt. moyen des forces extérieures de viscosité moyenne}\\
&- \frac{\partial}{\partial x_j}(\rho\overline{u_iu_j}\,\overline{U}_i) \;..\; \textit{puissance extérieure dans le mvt. moyen des tensions de Reynolds}\\
&- 2\mu\overline{S}_{ij}\overline{S}_{ij} \;\ldots\ldots\ldots\; \textit{dissipation dans le mvt. moyen } (-\overline{\phi})\\
&+ \rho\overline{u_iu_j}\frac{\partial\overline{U}_i}{\partial x_j} \;\ldots\ldots\; \textit{puissance interne dans le mvt. moyen des tensions de Reynolds}
\end{aligned}} \qquad (3\text{-}31)$$

DÉMONSTRATION — Multipliant scalairement l'équation de la dynamique du mouvement moyen par $\overline{U}_i$ on obtient, en l'absence de fluctuations des forces extérieures de volume :

$$\frac{D\overline{E}}{Dt} = \rho\overline{U}_i F_i + \overline{U}_i \frac{\partial}{\partial x_j}(\overline{\Sigma}_{ij}) = \rho\overline{U}_i F_i + \frac{\partial}{\partial x_j}(\overline{\Sigma}_{ij}\overline{U}_i) - \overline{\Sigma}_{ij}\frac{\partial \overline{U}_i}{\partial x_j} \qquad (3\text{-}32)$$

Selon l'analyse classique (voir par exemple [63]), on explicite les puissances externe et interne des forces de surface en remplaçant $\overline{\Sigma}_{ij}$ par son expression — eqs. (3-12) et (3-13) —, ce qui donne :

$$\frac{\partial}{\partial x_j}(\overline{\Sigma}_{ij}\overline{U}_i) = -\frac{\partial}{\partial x_i}(\overline{P}\overline{U}_i) + \frac{\partial}{\partial x_j}(2\mu\overline{S}_{ij}\overline{U}_i) - \frac{\partial}{\partial x_j}(\rho\overline{u_i u_j}\,\overline{U}_i)$$

$$\overline{\Sigma}_{ij}\frac{\partial \overline{U}_i}{\partial x_j} = 2\mu\overline{S}_{ij}\frac{\partial \overline{U}_i}{\partial x_j} - \rho\overline{u_i u_j}\frac{\partial \overline{U}_i}{\partial x_j} \equiv 2\mu\overline{S}_{ij}\overline{S}_{ij} - \rho\overline{u_i u_j}\frac{\partial \overline{U}_i}{\partial x_j}$$

EXERCICE — ***Énergie cinétique du mouvement moyen en zone de proche paroi de couche limite sur plaque plane*** — On s'intéresse à l'écoulement de couche limite turbulente, stationnaire et bidimensionnmelle plane qui se développe en fluide non pesant le long d'une plaque plane sans gradient de pression.

1) Écrire, pour cet écoulement, l'équation du bilan d'énergie cinétique du mouvement moyen, en dégageant les expressions de la puissance moyenne des forces extérieures de viscosité (A) et des tensions turbulentes (B), de la dissipation (C) et de la puissance interne des tensions de Reynolds (D).

2) À quoi se réduit ce bilan dans le cas d'une couche limite laminaire ? Que devient-il à la paroi ($y = 0$) ?

3) On sait qu'en régime laminaire, le profil transversal de vitesse dans cette couche limite peut être représenté avec un bon degré d'approximation par l'expression $U = U_\infty \times \sin\left(\frac{\pi}{2}y/\delta\right)$ où δ désigne l'épaisseur conventionnelle de couche limite. Montrer qu'au voisinage de la plaque ($y \to 0$), l'advection varie de façon quadratique avec la distance à la paroi.

4) Établir, en régime turbulent et à la paroi, l'égalité en module des termes A et C d'une part et de l'autre l'annulation de chacun des termes *B* et *D*.

5) Déduire du bilan d'énergie moyenne en régime turbulent, qu'en l'absence d'advection :

$$\tau_v(x,y) + \tau_T(x,y) = \tau_p(x)$$

où τ_v, τ_T et τ_p désignent le frottement visqueux, turbulent et à la paroi respectivement.

6) Montrer que, dans la région d'advection négligeable, le terme de production passe par un extremum à une distance de la paroi où les frottements visqueux et turbulent sont égaux. En déduire qu'en ce point, le bilan d'énergie du mouvement moyen se traduit par les deux équilibres :

$$\begin{matrix}\textit{Puissance des forces}\\ \textit{ext. de viscosité}\end{matrix} = \begin{matrix}\textit{Puissance des}\\ \textit{tensions turbulentes}\end{matrix}$$

et

$$\begin{matrix}\textit{Puissance interne}\\ \textit{des tensions de Reynolds}\end{matrix} = \textit{Dissipation}$$

7) Les évolutions des différents termes du bilan d'énergie cinétique moyenne dans la zone d'advection négligeable de la région de proche paroi sont schématisées sur la figure ci-dessous. Quels commentaires vous inspirent ces évolutions ? Appuyez votre jugement sur le calcul des intégrales :

$$\int_0^{\delta(x)} A(x,y)\mathrm{d}y \quad \text{et} \quad \int_0^{\delta(x)} B(x,y)\mathrm{d}y$$

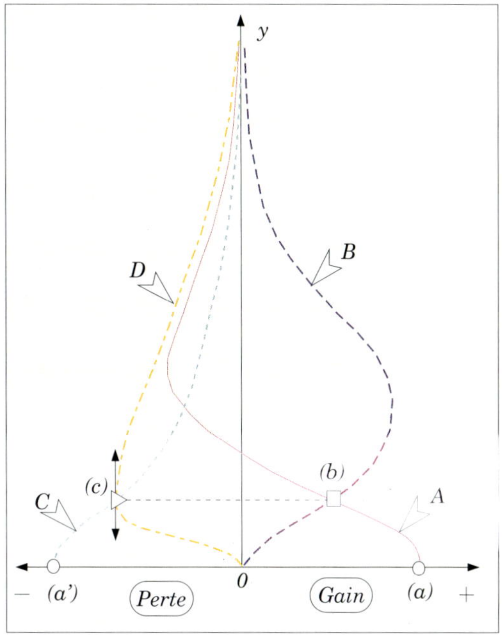

Fig. 6: Bilan énergétique du mouvement moyen en proche paroi d'écoulement en canal plan.

SOLUTION

1) Sous les approximations classiques de couche limite bidimensionnelle, sans gradient de pression, l'équation (3-32) devient :

$$\frac{1}{\rho}\left(\overline{U}\frac{\partial\overline{E}}{\partial x}+\overline{V}\frac{\partial\overline{E}}{\partial y}\right)=\underbrace{\nu\frac{\partial}{\partial y}\left(\overline{U}\frac{\partial\overline{U}}{\partial y}\right)}_{A}-\underbrace{\frac{\partial}{\partial y}(\overline{U}\,\overline{uv})}_{B}-\underbrace{\nu\left(\frac{\partial\overline{U}}{\partial y}\right)^2}_{C}+\underbrace{\overline{uv}\frac{\partial\overline{U}}{\partial y}}_{D}$$

La variation advective d'énergie cinétique du mouvement moyen $\overline{E}=\rho\overline{U}_i\overline{U}_i/2$ est ainsi équilibrée par la puissance des forces extérieures de viscosité et tensions de Reynolds — termes (*A*) et (*B*) respectivement — diminuée de la dissipation par le mouvement moyen (*C*) et de la puissance intérieure des tensions de Reynolds (*D*), encore qualifiée de transfert au mouvement d'agitation ou “production” (voir §6.4 ci-après).

2) En régime laminaire, le bilan d'énergie cinétique $E\equiv\rho U_iU_i/2$ s'écrit :

$$\underbrace{\frac{1}{\rho}\left(U\frac{\partial E}{\partial x}+V\frac{\partial E}{\partial y}\right)}_{Advection}=\underbrace{\nu\frac{\partial}{\partial y}\left(U\frac{\partial U}{\partial y}\right)}_{Diffusion\ mol.}-\underbrace{\nu\left(\frac{\partial U}{\partial y}\right)^2}_{Dissipation}$$

En l'absence de soufflage et aspiration à la paroi, l'équation précédente se réduit à l'équilibre *diffusion* = *dissipation* en $y = 0$.

3) Avec la loi de profil de vitesse en sinus, il est immédiat d'établir que :

$$\frac{Diffusion}{\nu U_\infty^2} = \frac{\pi^2}{4\delta^2}\cos\left(\pi\frac{y}{\delta}\right) \qquad \frac{Dissipation}{\nu U_\infty^2} = \nu\frac{\pi^2}{4\delta^2}\cos^2\left(\frac{\pi}{2}\frac{y}{\delta}\right)$$

et l'on vérifie bien l'égalité de ces deux termes en $y = 0$. En outre, à des faibles distances de la paroi, un développement limité des expressiosn précédentes fournit :

$$pour\ y \to 0, \quad Diff. \simeq \frac{\pi^2}{4\delta^2} - \frac{\pi^4}{8\delta^4}y^2 + \mathcal{O}(y^4) \quad Diss. \simeq \frac{\pi^2}{4\delta^2} - \frac{\pi^4}{16\delta^4}y^2 + \mathcal{O}(y^4)$$

Ainsi, pour $y \to 0$, la dissipation l'emporte sur la diffusion, l'équilibre étant rétabli grâce à l'advection, dont la contribution vaut :

$$(Advection)_{y\to 0} \simeq -\frac{\pi^4}{16\delta^4}y^2 + \mathcal{O}(y^4)$$

4) On peut écrire $\quad A \equiv \nu\dfrac{\partial}{\partial y}\left(\overline{U}\dfrac{\partial\overline{U}}{\partial y}\right) = \nu\left(\dfrac{\partial\overline{U}}{\partial y}\right)^2 + \nu\overline{U}\dfrac{\partial^2\overline{U}}{\partial y^2}$

À la paroi ($\overline{U} = 0$) on obtient donc $\qquad A_{y=0} = \nu\left(\dfrac{\partial\overline{U}}{\partial y}\right)^2_{y=0}$

qui, à l'évidence, s'identifie bien en module à $C_{y=0}$.
En outre, à la paroi, nous savons que par la condition d'adhérence, non seulement la vitesse moyenne est nulle, mais également la tension de Reynolds $\overline{uv}$ (voir exercice du §4.2). Ainsi $D_{y=0} = 0$. En outre, notant que

$$B = \frac{\partial}{\partial y}(\overline{U}\,\overline{uv}) = \overline{U}\frac{\partial}{\partial y}(\overline{uv}) + \overline{uv}\frac{\partial}{\partial y}(\overline{U})$$

on en déduit aisément que $B_{y=0} = 0$.

5) En l'absence d'advection et en développant les expressions des différents termes, le bilan d'énergie cinétique du mouvement donne :

$$0 = \nu\overline{U}\frac{\partial^2\overline{U}}{\partial y^2} + \nu\left(\frac{\partial\overline{U}}{\partial y}\right)^2 - \overline{U}\frac{\partial\overline{uv}}{\partial y} - \overline{uv}\frac{\partial\overline{U}}{\partial y} - \nu\left(\frac{\partial\overline{U}}{\partial y}\right)^2 + \overline{uv}\frac{\partial\overline{U}}{\partial y}$$

soit, après simplifications et pour $\overline{U} \neq 0$:

$$\frac{\partial}{\partial y}\left(\mu\frac{\partial\overline{U}}{\partial y} - \rho\overline{uv}\right) \equiv \frac{\partial}{\partial y}(\tau_v + \tau_T) = 0$$

La somme du frottement visqueux et turbulent est donc fonction de x seulement, et reste de ce fait égale à sa valeur à la paroi $\tau_p(x)$, C.Q.F.D.

6) L'extremum en y du terme de production s'obtient pour :

$$\frac{\partial D}{\partial y} \equiv \frac{\partial \overline{uv}}{\partial y} \times \frac{\partial \overline{U}}{\partial y} + \overline{uv} \times \frac{\partial^2 \overline{U}}{\partial y^2} = 0$$

Mais d'après le résultat de la question précédente, on sait que dans la région d'advection négligeable :

$$\nu \frac{\partial^2 \overline{U}}{\partial y^2} = \frac{\partial \overline{uv}}{\partial y}$$

L'extremum s'obtient donc pour : $\displaystyle \frac{\partial \overline{uv}}{\partial y} \left[\nu \frac{\partial \overline{U}}{\partial y} + \overline{uv} \right] = 0$

Or le premier facteur ne peut s'annuler faute de point d'inflexion du profil de vitesse moyenne en couche limite ($\partial \overline{uv}/\partial y = 0 \Rightarrow \partial^2 \overline{U}/\partial y^2 = 0$) et donc nécessairement $\tau_v = \tau_T$. Par simple multiplication membre à membre de cette égalité par $\partial \overline{U}/\partial y$ il vient :

$$\mu \left(\frac{\partial \overline{U}}{\partial y} \right)^2 = -\rho \overline{uv} \frac{\partial \overline{U}}{\partial y}$$

qui n'est autre que l'égalité $C = D$. L'équation de bilan implique alors que $A + B = 0$ d'où l'on déduit les deux équilibres séparés.

7) Les évolutions de la figure 6 sont conformes aux résultats qui viennent d'être établis. On retrouve en effet aux points (*a*) et (*a*') l'annulation des termes *A* et *C* en $y = 0$; la localisation — point (*b*) — de l'extremum de production au droit de l'égalité des frottements visqueux et turbulent; enfin le double équilibre, avec en particulier "*production* = *dissipation*" au point (*c*).
S'agissant des propriétés intégrales, il est à noter que :

$$\int_0^\delta A \mathrm{d}y = \nu \left[\overline{U} \frac{\partial \overline{U}}{\partial y} \right]_{y=0}^{y=\delta} = U_\infty \times 0 - 0 \times \tau_p = 0$$

$$\int_0^\delta B \mathrm{d}y = - \left[\overline{U} \overline{uv} \right]_{y=0}^{y=\delta} = U_\infty \times 0 - 0 \times 0 = 0$$

La première condition est bien réalisée dans la zone de proche paroi.
Par contre la compension des aires qu'implique la seconde relation ne peut l'être. En effet, il faudrait dans ce cas que le terme *B* devienne négatif et le bilan global ne pourrait plus être satisfait en s'écartant de la paroi (quatre termes négatifs).
En fait, l'expérience montre qu'en régime turbulent, la contribution advective au bilan d'énergie cinétique du mouvement moyen ne reste négligeable que sur une distance à la paroi de l'ordre de 10% de l'épaisseur de couche limite. La compensation intégrale du terme *B* se fait donc hors de cette région et en complément de la contribution advective.

6.4 Bilan d'énergie cinétique du mouvement d'agitation

L'équation de bilan moyen d'énergie cinétique du mouvement d'agitation ($\frac{1}{2}\rho\overline{u_i u_i}$) se déduit de celle de transport des tensions de Reynolds (3-19) par simple contraction $i=j$. Après multiplication par $\rho/2$ on aboutit à :

$$\begin{aligned}
\frac{D\overline{e}}{Dt} = & -\frac{\partial}{\partial x_i}(\overline{pu_i}) \text{ .... } \textit{moyenne de la puissance des forces de pression dans le mvt. d'agitation} \\
& -\frac{\partial}{\partial x_i}(\overline{eu_i}) \text{ .... } \textit{diffusion turbulente} \\
& +\nu\frac{\partial^2\overline{e}}{\partial x_j \partial x_j} \text{ .... } \textit{diffusion moléculaire} \\
& -\mu\overline{\left(\frac{\partial u_i}{\partial x_j}\right)\left(\frac{\partial u_i}{\partial x_j}\right)} \text{ .... } \textit{pseudo-dissipation} \\
& -\rho\overline{u_i u_j}\frac{\partial \overline{U}_i}{\partial x_j} \text{ .... } \textit{couplage avec le mvt. moyen}
\end{aligned} \qquad (3\text{-}33)$$

Cette équation peut encore s'écrire :

$$\begin{aligned}
\frac{D\overline{e}}{Dt} = & -\frac{\partial}{\partial x_i}(\overline{pu_i}) \text{ ...... } \textit{moyenne de la puissance des forces de pression dans le mvt. d'agitation} \\
& -\frac{\partial}{\partial x_i}(\overline{eu_i}) \text{ .... } \textit{diffusion turbulente} \\
& +\frac{\partial(2\mu\overline{s_{ij}u_i})}{\partial x_j} \text{ ..... } \textit{moyenne de la puissance par le mvt. d'agitation des forces ext. de viscosité} \\
& -2\mu\overline{s_{ij}s_{ij}} \text{ .... } \textit{moyenne de la dissipation mvt. fluct.} \ (-\overline{\varphi}) \\
& -\rho\overline{u_i u_j}\frac{\partial \overline{U}_i}{\partial x_j} \text{ ...... } \textit{couplage avec le mvt. moyen}
\end{aligned} \qquad (3\text{-}34)$$

Les deux équations ne se distinguent que par les expressions des termes de viscosité, en prolongement des formulations vues au §5.3.2. Quant à la contribution de la fluctuation de pression, elle se réduit désormais au seul terme de corrélation avec la fluctuation de vitesse, en conséquence directe de la condition isovolume ($s_{ii}=0$).

EXERCICE — ***Énergie cinétique du mouvement d'agitation en couche limite sur plaque plane*** — On reprend la configuration de l'exercice du §6.3 d'écoulement de couche limite turbulente, stationnaire et bidimensionnmelle plane qui se développe en fluide non pesant le long d'une plaque plane.

1) En partant de l'équation générale (3-33), écrire, pour cet écoulement, l'équation

du bilan d'énergie cinétique du mouvement d'agitation, en précisant la signification physique des différents termes.

2) À une certaine distance de la paroi, le bilan se traduit (voir Chapitre X-§5.6) par les évolutions ci-contre. Quels commentaires vous-inspirent-ils ?

3) On désigne par $\mathcal{T}$ l'échelle de temps imposée par le cisaillement moyen ($\mathcal{T}^{-1} = \partial\overline{U}/\partial y$ et l'on estime le montant du taux de dissipation par $\epsilon \simeq \alpha\overline{e}/\rho\mathcal{T}$ où α est une constante positive. Sachant que dans le région d'équilibre entre production et dissipation, les mesures fournissent $\rho\overline{uv}/\overline{e} \propto 0,3$, donner la valeur de la constante α.

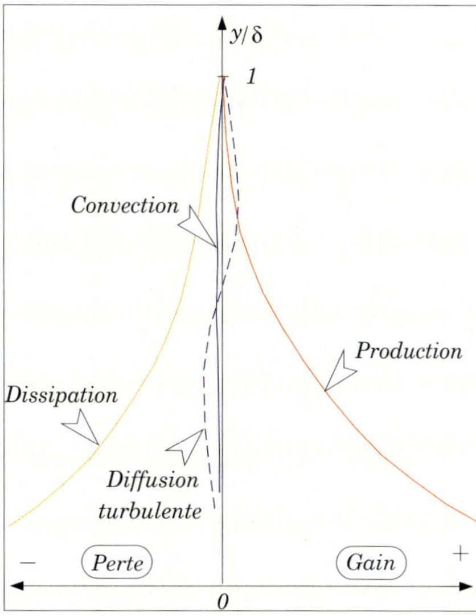

Fig. 7: Bilan d'énergie cinétique d'agitation en couche limite turbulente.

SOLUTION

1) Sous les approximations classiques de couche limite bidimensionnelle l'équation (3-33) devient pour $k \equiv e/\rho$:

$$\underbrace{\overline{U}\frac{\partial\overline{k}}{\partial x} + \overline{V}\frac{\partial\overline{k}}{\partial y}}_{Convection} = \underbrace{-\frac{\partial}{\partial y}\left(\overline{\left(k+\frac{p}{\rho}\right)v}\right)}_{Diff.\ turbulente} + \underbrace{\nu\frac{\partial^2\overline{k}}{\partial y^2}}_{Diff.\,mol.} \underbrace{-\overline{uv}\frac{\partial\overline{U}}{\partial y}}_{Production} \underbrace{-\nu\overline{\left(\frac{\partial u_i}{\partial x_j}\right)^2}}_{Dissipation}$$

On notera qu'aucune simplification d'invariance géométrique ne peut être appliquée à l'expression du terme de dissipation.

2) À distance suffisante de la paroi, les évolutions de la figure ci-dessus montrent que le bilan précédent se réduit au simple équilibre :

$$Production = Dissipation$$

En supposant une corrélation forte pour $\overline{uv}$ dans cette région, l'ordre de grandeur du terme de production peut être estimé par u'^2U_{ref}/δ. Il est donc bien supérieur (dans le rapport L/δ) au terme d'advection d'ordre u'^2U_{ref}/L. De même il s'impose au terme de diffusion moléculaire, d'ordre $\nu u'^2/\delta^2 \equiv \left(u'^2U_{ref}/\delta\right)/(U_{ref}\delta/\nu)$.

3) Avec les échelle données et posant $\overline{uv} = C\overline{e}/\rho$, on a :

$$Production = \frac{C}{\rho}\overline{e}/\mathcal{T} \qquad Dissipation = \alpha\overline{e}/\rho\mathcal{T}$$

Il résulte de l'équilibre de ces termes que $\alpha = C \simeq 0{,}3$. Ce résultat montre que l'estimation du *montant* de la dissipation peut être correctement appréhendée à partir d'échelles "extérieures" à celles des structures qui sont physiquement responsables de cette dissipation. Nous y reviendrons au Chapitre VIII-§2.4.2.

6.5 L'échange "interne" d'énergie

Le terme de "couplage" $\rho\overline{u_i u_j}\dfrac{\partial\overline{U}_i}{\partial x_j}$, qui figure avec des signes opposés dans les bilans énergétiques du mouvement moyen et du mouvement d'agitation, disparaît de l'équation de l'énergie moyenne totale $\overline{\mathcal{E}} \equiv \overline{E}+\overline{e}$. Il représente donc un **échange d'énergie** entre mouvements moyen et fluctuant.
Sans aborder encore le détail des phénomènes qui en assurent le mécanisme, nous allons dégager trois traits majeurs de cet échange.

a) Comme le montre son expression même, l'échange d'énergie entre mouvements moyen et fluctuant (Δ) résulte de deux facteurs :

- la *corrélation* entre les fluctuations de vitesse,
- le *gradient* de vitesse moyenne *avec déformation*, puisqu'en effet :

$$\Delta = -\rho\overline{u_i u_j}\,\frac{\partial\overline{U}_i}{\partial x_j} \equiv -\rho\overline{u_i u_j}\,\overline{S}_{ij}$$

Ainsi les *zones* de l'écoulement à *"gradient solidifiant" ne participent pas* à l'échange d'énergie.

b) Dans la plupart des cas d'écoulements turbulents, on constate que la condition suivante est satisfaite :

$$-\rho\overline{u_i u_j}\frac{\partial\overline{U}_i}{\partial x_j} > 0$$

Il y a donc *apport* d'énergie depuis le mouvement moyen *vers* le mouvement d'agitation. En *référence* au bilan énergétique du *seul mouvement d'agitation*, on exprime le sens de ce transfert en parlant de *"production"* d'énergie (en provenance du mouvement moyen).

c) Une justification phénoménologique simple de l'inégalité précédente peut être donnée dans le cas d'un écoulement plan à cisaillement pur. Le champ de vitesse moyenne se réduit alors à une fonction $\bar{U}_1(x_2) \equiv \bar{U}(y)$, le terme d'échange valant quant à lui :

$$-\rho\overline{u_1 u_2}\mathrm{d}\overline{U}_1/\mathrm{d}x_2 \equiv -\rho\overline{uv}\mathrm{d}\overline{U}/\mathrm{d}y$$

Si nous supposons, cas de la figure 8, que le gradient de vitesse $\mathrm{d}\overline{U}/\mathrm{d}y$ est positif, alors on peut s'attendre à ce que la corrélation $\overline{uv}$ soit négative. Considérons pour cela le cas de la figure 8(a). En un point de cote y_o quelconque de l'écoulement, la vitesse *instantanée* $U(y_o, t)$ est, à l'instant *t*, supérieure à la valeur moyenne locale supposée stationnaire $\overline{U}(y_o)$. La fluctuation de vitesse qui en résulte est donc positive. Physiquement, ce fait peut être interprété comme le résultat du passage en ce point, et à cet instant d'un "paquet de fluide" en provenance d'une région

$y > y_o$ où la probabilité d'être en "survitesse" par rapport à $\overline{U}(y_0)$ est élevée, en raison de la caractéristique même du profil de vitesse moyenne $\overline{U}(y)$. Or ce passage vers le bas d'un tel paquet de fluide se traduit bien évidemment par une fluctuation de vitesse v négative.
Ainsi, il y a statistiquement plus de chances qu'à une fluctuation de vitesse u positive soit associée une fluctuation de vitesse v négative, résultat qui conduit ipso-facto à une corrélation $\overline{uv}$ négative. Un raisonnement symétrique peut évidemment être fait dans le cas où $U(y_o, t) < \overline{U}(y_o)$ comme le suggère le schéma 8(b).

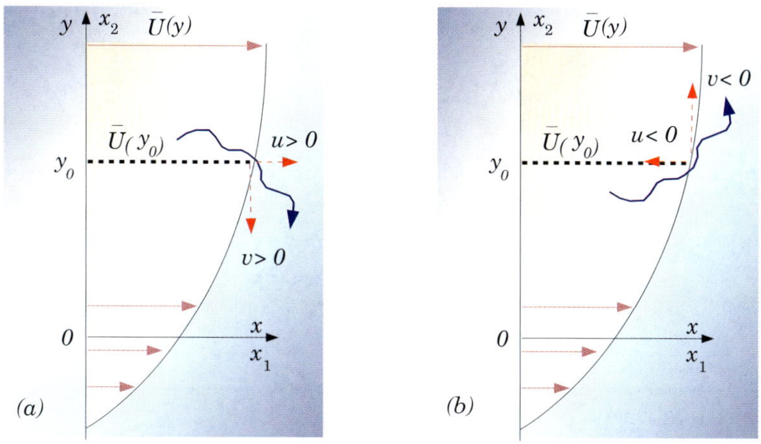

Fig. 8: Schéma sur la statistique du produit uv en écoulement cisaillé plan.

6.6 Taux de dissipation par agitation turbulente

La demi-trace des tenseurs $\overline{\varepsilon}_{ij}$ et $\overline{\epsilon}_{ij}$ — éqs (3-21) et (3-22) respectivement —, définit les taux (valeurs par unité de temps et de volume) de pseudo-dissipation et de dissipation par le mouvement turbulent :

$$\overline{\varepsilon}\left(\equiv \frac{1}{2}\overline{\varepsilon}_{ii}\right) = \nu \overline{\left(\frac{\partial u_i}{\partial x_j}\right)\left(\frac{\partial u_i}{\partial x_j}\right)} \qquad et \qquad \overline{\epsilon}\left(\equiv \frac{1}{2}\overline{\epsilon}_{ii}\right) = 2\nu \overline{s_{ij}s_{ij}} \tag{3-35}$$

L'équivalence des écritures des termes de viscosité dans les deux équations de bilan provient directement des l'égalités :

$$\frac{1}{\rho}\frac{\partial^2 \overline{e}}{\partial x_j \partial x_j} - \overline{\left(\frac{\partial u_i}{\partial x_j}\right)\left(\frac{\partial u_i}{\partial x_j}\right)} = \overline{u_i \frac{\partial^2 u_i}{\partial x_j \partial x_j}} = \frac{\partial (2\overline{s_{ij}u_i})}{\partial x_j} - 2\overline{s_{ij}s_{ij}} \tag{3-36}$$

Seul le montant $\overline{\epsilon}(\equiv \overline{\varphi}/\rho)$ représente bien la dissipation au sens thermodynamique usuel des irréversibilités intrinsèques au mouvement d'un fluide visqueux. Il est associé à $2\partial(\overline{s_{ij}u_i})/\partial x_j$, terme qui exprime la puissance communiquée, en moyenne, par les fluctuations de forces extérieures de viscosité au cours du mouvement fluctuant. Le montant $\overline{\varepsilon}$ est lui aussi toujours positif, mais intervient en regroupement d'une contribution diffusive dans l'intégralité des termes de viscosité. Affecté du signe négatif dans l'équation de bilan énergétique, il est donc qualifié de "pseudo-dissipation". La relation entre $\overline{\varepsilon}$ et $\overline{\epsilon}$ sera examinée au §9.1 ci-après.

6.7 Récapitulation

La prise en compte simultanée des bilans énergétiques des mouvements moyen *et* fluctuant conduit directement aux conclusions illustrées au schéma ci-dessous.

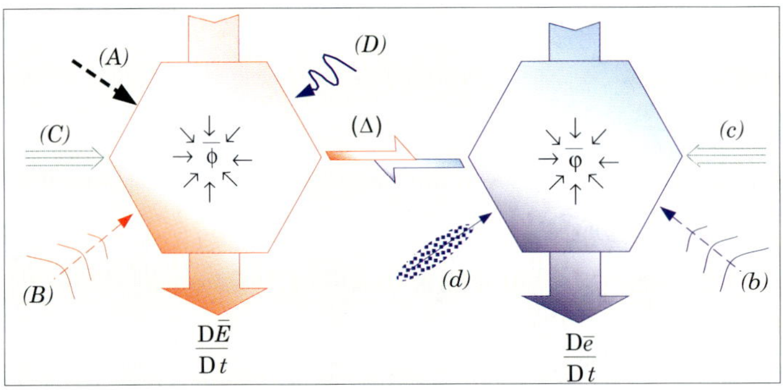

- **Puissance dans le mouvement** :

moyen — *agitation*

des forces extérieures de :

volume : (A) $\rho\overline{U}_i F_i$

pression : (B) $-\dfrac{\partial}{\partial x_i}(\overline{P}\,\overline{U}_i)$ — (b) $-\dfrac{\partial}{\partial x_i}(\overline{pu_i})$

viscosité : (C) $\dfrac{\partial}{\partial x_j}(2\mu\overline{S}_{ij}\overline{U}_i)$ — (c) $\dfrac{\partial}{\partial x_j}(2\mu\overline{s_{ij}u_i})$ (3-37)

turbulence : (D) $-\dfrac{\partial}{\partial x_j}(\rho\overline{u_iu_j}\,\overline{U}_i)$

- **Diffusion turbulente** : (d) $= -\dfrac{\partial}{\partial x_j}(\overline{eu_j})$

- **Dissipation** : $\overline{\phi} = 2\mu\overline{S}_{ij}\overline{S}_{ij}$ — $\overline{\varphi} = 2\mu\overline{s_{ij}s_{ij}}$

- **Échange entre mouvements** :

$$(\Delta) = \pm\rho\overline{u_iu_j}\frac{\partial\overline{U}_i}{\partial x_j}$$

Fig. 9: Schéma récapitulatif des bilans énergétiques en turbulence isovolume.

7 Les équations aux pressions

7.1 Pression instantanée

Dans les équations précédentes, la pression intervient en valeur moyenne et corrélation avec les fluctuations de vitesse. Cette fonction joue un rôle spécifique en raison de son caractère non "transportable", comme le montrent les formulations suivantes.

L'équation de Poisson régissant la valeur instantanée de la pression s'obtient simplement en prenant la divergence de l'équation de la dynamique (3-2). En évolution isovolume et en l'absence de forces extérieures de volume, elle s'écrit :

$$\frac{1}{\rho}\frac{\partial^2 P}{\partial x_i \partial x_i} = -\frac{\partial U_i}{\partial x_j}\frac{\partial U_j}{\partial x_i} \equiv -\frac{\partial^2}{\partial x_i \partial x_j}(U_i U_j) \tag{3-38}$$

Pour dégager une interprétation physique au terme source du second membre, introduisons, en suivant Bradshaw et Koh [39], la décomposition en partie symétrique et antisymétrique du tenseur gradient de vitesse :

$$\frac{\partial U_i}{\partial x_j} = S_{ij} + R_{ij} \quad \textit{avec} \quad S_{ij} = \frac{1}{2}\left(\frac{\partial U_i}{\partial x_j} + \frac{\partial U_j}{\partial x_i}\right) \quad \textit{et} \quad R_{ij} = \frac{1}{2}\left(\frac{\partial U_i}{\partial x_j} - \frac{\partial U_j}{\partial x_i}\right)$$

La relation (3-38) devient :

$$\frac{1}{\rho}\frac{\partial^2 P}{\partial x_i \partial x_i} = -S_{ij}S_{ji} + \frac{\Omega^2}{2} \tag{3-39}$$

où $\Omega^2 = \Omega_k \Omega_k$ est le carré scalaire du vecteur rotationnel.

Sous cette forme, la partie purement déformante du champ de vitesse est un terme de puits, alors que la composante rotationnelle agit comme une source. Considérons alors un point du champ de l'écoulement où la pression est extremum (sympoliquement $\partial P/\partial x = 0$). Sous l'action de la seule déformation, le champ de pression diminue autour de ce point (symboliquement $\partial^2 P/\partial x^2 < 0$) qui est donc un maximum. Réciproquement, la présence d'un mouvement solidifiant localement n'est compatible qu'avec un minimum relatif de pression.

DÉMONSTRATION — En substituant $\partial U_i/\partial x_j = S_{ij} + R_{ij}$ il vient :

$$\frac{1}{\rho}\frac{\partial^2 P}{\partial x_i \partial x_i} = -S_{ij}S_{ji} - R_{ij}R_{ji} \equiv -S_{ij}S_{ij} + R_{ij}R_{ij}$$

Faisant alors usage du vecteur rotationnel (voir ci-après §8.1), nous avons $R_{ij} = -\frac{1}{2}\epsilon_{ijk}\Omega_k$, d'où :

$$\frac{1}{\rho}\frac{\partial^2 P}{\partial x_i \partial x_i} = -S_{ij}S_{ji} - R_{ij}R_{ji} \equiv -S_{ij}S_{ij} + \frac{1}{4}\epsilon_{ijk}\epsilon_{ijl}\Omega_k\Omega_l$$

Le résultat annoncé s'en déduit grâce à l'identité $\epsilon_{ijk}\epsilon_{ijl} = 2\delta_{kl}$

7.2 Pressions moyenne et fluctuante

En introduisant dans l'équation (3-38) les décompositions en moyenne et fluctuation, il vient :

$$-\frac{1}{\rho}\left(\frac{\partial^2 \overline{P}}{\partial x_i \partial x_i}+\frac{\partial^2 p}{\partial x_i \partial x_i}\right)=\frac{\partial^2}{\partial x_i \partial x_j}\left(\overline{U}_i\overline{U}_j+u_i\overline{U}_j+u_j\overline{U}_i+u_iu_j\right)$$

qui, par passage à la moyenne, conduit immédiatement à :

$$\boxed{-\frac{1}{\rho}\frac{\partial^2 \overline{P}}{\partial x_i \partial x_i}=\frac{\partial^2}{\partial x_i \partial x_j}\left(\overline{U}_i\overline{U}_j+\overline{u_iu_j}\right)} \tag{3-40a}$$

Comme pour la vitesse moyenne (3-14), il y a *influence* du mouvement d'*agitation* sur la valeur *moyenne* de la pression à travers le *seul et même* terme de corrélation $\overline{u_iu_j}$.
Par ailleurs, en référence à la relation (3-39), on peut encore noter que :

$$\frac{1}{\rho}\frac{\partial^2 \overline{P}}{\partial x_i \partial x_i}=-\overline{S}_{ij}\overline{S}_{ij}+\frac{\overline{\Omega^2}}{2}-\overline{s_{ij}s_{ij}}+\frac{\overline{\omega^2}}{2}$$

Ainsi, les conclusions sur les effets de déformation et de rotationnel, dégagées pour la pression instantanée, s'appliquent également à la pression moyenne, en contribution additive des champs moyen et turbulent.
En soustrayant membre à membre de (3-38) l'équation de la pression moyenne, on obtient l'équation de Poisson pour la fluctuation de pression :

$$-\frac{1}{\rho}\frac{\partial^2 p}{\partial x_i \partial x_i}=2\frac{\partial^2}{\partial x_i \partial x_j}\left(u_i\overline{U}_j\right)+\frac{\partial^2}{\partial x_i \partial x_j}\left(u_iu_j-\overline{u_iu_j}\right) \tag{3-40b}$$

Usant du formalisme de Green, les solutions de ces équations sur un domaine spatial infini[1] peuvent se mettre sous la forme :

$$-\frac{\overline{P}(\vec{x},t)}{\rho}=\frac{1}{4\pi}\iiint_{-\infty}^{+\infty}\left[\frac{\partial^2\left(\overline{U}_i\overline{U}_j+\overline{u_iu_j}\right)}{\partial x_i \partial x_j}\right]_{\vec{x}'}\frac{\mathrm{dV}\left(\vec{x}'\right)}{\left\|\vec{x}'-\vec{x}\right\|} \tag{3-41}$$

$$-\frac{p(\vec{x},t)}{\rho}=\frac{1}{2\pi}\iiint_{-\infty}^{+\infty}\left[\frac{\partial^2\left(u_i\overline{U}_j\right)}{\partial x_i \partial x_j}\right]_{\vec{x}'}\frac{\mathrm{dV}\left(\vec{x}'\right)}{\left\|\vec{x}'-\vec{x}\right\|}+\frac{1}{4\pi}\iiint_{-\infty}^{+\infty}\left[\frac{\partial^2\left(u_iu_j-\overline{u_iu_j}\right)}{\partial x_i \partial x_j}\right]_{\vec{x}'}\frac{\mathrm{dV}\left(\vec{x}'\right)}{\left\|\vec{x}'-\vec{x}\right\|} \tag{3-42}$$

[1] En présence de parois, des intégrales de surface supplémentaires interviennent. Cette situation, examinée au Chapitre X-§2.4, n'est pas retenue ici dans le seul but d'alléger les écritures, les conclusions restant qualitativement inchangées à ce stade de l'étude.

Le caractère non-transportable de la pression moyenne comme de la fluctuation de pression, se dégage clairement des formulations précédentes où les valeurs en un point $(\vec{x})$ dépendent, à tout instant, de celles de la vitesse dans tout le champ $V\left(\vec{x'}\right)$. Compte tenu de la pondération en $\left\|\vec{x'} - \vec{x}\right\|^{-1}$, le voisinage du point $(\vec{x})$ joue évidemment un rôle prépondérant.

Enfin, et pour la *fluctuation de pression*, il apparaît clairement qu'elle est liée à celle de la vitesse par *deux contributions additives*, dont l'une — premier terme du second membre (3-42) — est *linéaire* et l'autre — second terme du même membre de cette équation — est *quadratique* par rapport à cette fluctuation de vitesse. Cette double dépendance sera mise à profit ultérieurement lors de la schématisation du terme de corrélation pression-déformation. Pour conclure, on résume l'ensemble des considérations précédentes par le schéma ci-contre.

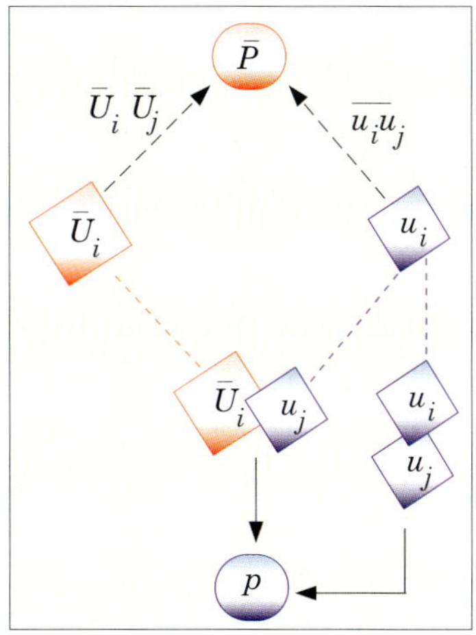

Fig. 10: Schéma des interactions pression-vitesse en écoulement turbulent isovolume.

8 Rotationnel et enstrophie

8.1 Définitions

Le rotationnel est défini à partir du champ de vitesse par :

$$\Omega_i = \epsilon_{ijk} \frac{\partial U_k}{\partial x_j} \tag{3-43}$$

où ϵ_{ijk} est le pseudo-tenseur unitaire alterné, dont toutes les composantes sont nulles sauf si i, j, k sont en permutation directe ou inverse de 1, 2, 3, où elles valent alors respectivement +1 et −1.

Posant $\dfrac{\partial U_k}{\partial x_j} = S_{kj} + R_{kj}$, la définition (3-43) s'écrit encore :

$$\Omega_i = -\epsilon_{ijk} R_{jk} \equiv \epsilon_{ijk} R_{kj} \tag{3-44}$$

car le produit doublement contracté du tenseur antisymétrique ϵ_{ijk} par le tenseur symétrique S_{kj} est identiquement nul.
Enfin on notera que :

$$\begin{pmatrix} 0 & \left(\frac{\partial U_1}{\partial x_2} - \frac{\partial U_2}{\partial x_1}\right) & -\left(\frac{\partial U_1}{\partial x_3} - \frac{\partial U_3}{\partial x_1}\right) \\ -\left(\frac{\partial U_1}{\partial x_2} - \frac{\partial U_2}{\partial x_1}\right) & 0 & \left(\frac{\partial U_2}{\partial x_3} - \frac{\partial U_3}{\partial x_2}\right) \\ \left(\frac{\partial U_1}{\partial x_3} - \frac{\partial U_3}{\partial x_1}\right) & -\left(\frac{\partial U_2}{\partial x_3} - \frac{\partial U_3}{\partial x_2}\right) & 0 \end{pmatrix} = \begin{pmatrix} 0 & -\Omega_3 & -\Omega_2 \\ \Omega_3 & 0 & -\Omega_1 \\ \Omega_2 & \Omega_1 & 0 \end{pmatrix}$$

qui peut bien sûr être condensé en : $R_{ij} = -\frac{1}{2}\epsilon_{ijk}\Omega_k$

Nous introduirons également la notion d'enstrophie[1] ou carré scalaire du rotationnel :

$$\mathcal{F} = \frac{1}{2}\Omega_k\Omega_k$$

Complément — ***Rappel : Pseudo-tenseur alterné*** — En se bornant à un simple aspect calculatoire, il suffit de considérer le pseudo-tenseur unitaire alterné ϵ_{ijk} comme un opérateur se manipulant selon les règles usuelles du calcul tensoriel. Avec la notation indicielle, il permet d'exprimer simplement les composantes du produit vectoriel $\vec{A}\times\vec{B} = \vec{C}$, sous la forme :

$$C_i = \epsilon_{ijk}A_jB_k$$

où A_j, B_k et C_i désignent les composantes respectives des vecteurs $\vec{A}, \vec{B}$ et $\vec{C}$. En considérant que $\epsilon_{ijk} = +1$, pour i, j, k en permutation directe de (1,2,3), $\epsilon_{ijk} = -1$ pour la permutation inverse de (1,2,3), et $\epsilon_{ijk} = 0$ dans tous les autres cas, l'orientation du vecteur $\vec{C}$ s'obtient à partir de celles des vecteurs $\vec{A}$ et $\vec{B}$ par la “règle du pouce” ou du “tire-bouchon” ou du “bonhomme d'Ampere”.

Par la suite, nous aurons à traiter de produits de la forme $\epsilon_{ijk}\epsilon_{lmn}$. Il est clair que la valeur sera +1 si (i, j, k) est en permutation directe de (l, m, n), −1 si la permutation est inverse , et 0 dans tous les autres cas. Ces résultats peuvent se résumer simplement par :

$$\epsilon_{ijk}\epsilon_{lmn} = \begin{vmatrix} \delta_{il} & \delta_{im} & \delta_{in} \\ \delta_{jl} & \delta_{jm} & \delta_{jn} \\ \delta_{kl} & \delta_{km} & \delta_{kn} \end{vmatrix}$$

en usant du symbole de Kronecker δ_{ij}. On en déduit en particulier les identités suivantes :

$$\epsilon_{ijk}\epsilon_{lmn} = \delta_{il}\delta_{jm}\delta_{kn} + \delta_{jl}\delta_{in}\delta_{km} + \delta_{kl}\delta_{im}\delta_{jn} - \delta_{il}\delta_{jn}\delta_{km} - \delta_{jl}\delta_{im}\delta_{kn} - \delta_{kl}\delta_{in}\delta_{jm}$$

$$\epsilon_{ijk}\epsilon_{ilm} = \delta_{jl}\delta_{km} - \delta_{jm}\delta_{kl}$$

$$\epsilon_{ijk}\epsilon_{ijl} = 2\delta_{kl}$$

$$\epsilon_{ijk}\epsilon_{ijk} = 6$$

[1] Ce terme, normalement réservé à l'intensité tourbillonnaire du mouvement fluctuant est étendu ici par commodité de langage à tout carré scalaire du pseudo-vecteur rotationnel.

8.2 Retour sur le caractère rotationnel du mouvement d'un fluide réel

Parfois moins familières que les précédentes, les équations du rotationnel (Ω_i) et de l'enstrophie $\left(\frac{1}{2}\Omega_i\Omega_i\right)$ n'ent sont pas moins indispensables à la compréhension et à la modélisation de traits essentiels de l'écoulement turbulent de fluide réel. La raison tient au caractère rotationnel du mouvement isovolume d'un fluide visqueux en présence de parois. On peut en effet démontrer que, dans un référentiel lié aux parois[1] *tout* mouvement *isovolume* d'un *fluide visqueux* est nécessairement *rotationnel.*

Examinons une conséquence majeure de ce résultat sur le comportement énergétique du mouvement, supposant celui-ci permanent et le fluide non pesant, pour simplifier. Lorsque le mouvement est ***partout irrotationnel***, il obéit au premier théorème de Bernoulli, i.e., vérifie la constance dans tout le champ de l'écoulement de la quantité :

$$\forall M, \quad \left(P + \frac{1}{2}\rho U_j U_j\right)(M) = C^{te}$$

En introduisant ce résultat dans le bilan d'énergie cinétique :

$$U_j \frac{\partial}{\partial x_j}\left(\frac{U_i U_i}{2}\right) = -\frac{1}{\rho}\frac{\partial(PU_i)}{\partial x_i} + 2\nu\frac{\partial(S_{ij}U_i)}{\partial x_j} - 2\nu S_{ij}S_{ij}$$

on en déduit que : $\forall M, \quad 2\nu\dfrac{\partial}{\partial x_j}(S_{ij}U_i) = 2\nu S_{ij}S_{ij}.$

Ainsi, en tout point du champ, et à tout instant, le montant local de la dissipation compense exactement la puissance des forces extérieures de viscosité.

Au contraire, si le mouvement est ***rotationnel***, le résultat précédent ne s'applique plus désormais qu'*à la paroi*. Ceci résulte directement de la condition d'adhérence d'un fluide newtonien, qui sur un solide fixe se traduit par :

$$\vec{U}(S) = \vec{0}$$

en tout point S de la frontière avec le solide. Appliquant cette condition à l'équation de l'énergie cinétique à la paroi, il vient immédiatement que :

$$\left[2\nu\frac{\partial}{\partial x_j}(S_{ij}U_i)\right]_{paroi} = [2\nu S_{ij}S_{ij}]_{paroi}$$

Ainsi, en écoulement de fluide visqueux en présence de solides, les caractères *rotationnel* et *dissipatif* du mouvement apparaissent-ils comme intimement liés. Cette propriété est évidemment indépendante de la nature du régime de mouvement laminaire ou turbulent. Tous les **écoulements turbulents** cependant sont caractérisés par de forts niveaux de **fluctuation de rotationnel**, ce qui est d'ailleurs l'un des traits spécifiques du phénomène par comparaison à d'autres mouvements de fluides tels que les vagues des océans ou les ondes de gravité.

Nous allons donc d'abord rappeler les principaux résultats relatifs au transport de rotationnel en régime laminaire, résultats qui s'appliquent directement au champ turbulent instantané.

---

[1] Ceci suppose qu'en cas de parois multiples, celles-ci ne sont pas animées de mouvements relatifs.

8.3 Rappels

8.3.1 L'équation du rotationnel

Cette équation, qui se déduit de celles de Navier-Stokes s'écrit :

$$\boxed{\underbrace{\frac{\partial \Omega_i}{\partial t}}_{(a)} + \underbrace{U_j \frac{\partial \Omega_i}{\partial x_j}}_{(b)} = \underbrace{\Omega_j \frac{\partial U_i}{\partial x_j}}_{(c)} + \underbrace{\nu \frac{\partial^2 \Omega_i}{\partial x_j \partial x_j}}_{(d)}} \tag{3-45}$$

On reconnaît ainsi les termes de variation temporelle (a), d'advection (b), de diffusion (d) et un terme de couplage rotationnel-gradient de vitesse (c) qui, lui, est spécifique de cette équation. Il s'écrit encore :

$$\Omega_j \frac{\partial U_i}{\partial x_j} = \Omega_j (S_{ij} + R_{ij})$$

Or, par définition, $R_{ij} = -\frac{1}{2}\epsilon_{ijk}\Omega_k$, si bien que :

$$\Omega_j R_{ij} = -\frac{1}{2}\epsilon_{ijk}\Omega_j\Omega_k \equiv -\frac{1}{2}\epsilon_{ikj}\Omega_k\Omega_j \equiv +\frac{1}{2}\epsilon_{ijk}\Omega_j\Omega_k$$

La contribution de la partie antisymétrique est donc nécessairement nulle réduisant le terme à :

$$\Omega_j \frac{\partial U_i}{\partial x_j} = \Omega_j S_{ij}$$

DÉMONSTRATION — Considérons les équations de Navier-Stokes sous la forme :

$$\frac{\partial U_i}{\partial t} + \frac{\partial}{\partial x_i}\left(\frac{U_j U_j}{2} + \frac{P}{\rho}\right) = \epsilon_{ijk} U_j \Omega_k - \nu \epsilon_{ijk} \frac{\partial \Omega_k}{\partial x_j} \tag{3-46}$$

et prenons-en le rotationnel membre à membre en appliquant l'opérateur $\times \epsilon_{pqi} \frac{\partial}{\partial x_q}$. On obtient ainsi pour les deux termes du premier membre :

$$\epsilon_{pqi} \frac{\partial}{\partial x_q}\left(\frac{\partial U_i}{\partial t}\right) = \frac{\partial}{\partial t}\left(\epsilon_{pqi} \frac{\partial U_i}{\partial x_q}\right) \equiv \frac{\partial}{\partial t}(\Omega_p) \qquad \epsilon_{pqi} \frac{\partial}{\partial x_q}\frac{\partial}{\partial x_i}\left(\frac{U_j U_j}{2} + \frac{P}{\rho}\right) = 0$$

la dernière égalité résultant du caractère antisymétrique de ϵ_{ijk} et du caractère symétrique de l'opérateur $\frac{\partial^2}{\partial x_q \partial x_i}$. En utilisant l'identité $\epsilon_{ijk}\epsilon_{pqi} = \delta_{pj}\delta_{qk} - \delta_{pk}\delta_{qj}$ il vient pour le premier terme du second membre de cette même équation (3-46) et en situation isovolume :

$$\epsilon_{ijk}\epsilon_{pqi} \frac{\partial (U_j \Omega_k)}{\partial x_q} = (\delta_{pj}\delta_{qk} - \delta_{pk}\delta_{qj}) \frac{\partial (U_j \Omega_k)}{\partial x_q} = \frac{\partial}{\partial x_k}(U_p \Omega_k) - \frac{\partial}{\partial x_j}(U_j \Omega_p)$$

soit $\epsilon_{ijk}\epsilon_{pqi}\dfrac{\partial(U_j\Omega_k)}{\partial x_q} = \Omega_k\dfrac{\partial U_p}{\partial x_k} - U_j\dfrac{\partial \Omega_p}{\partial x_j}$ utilisant le fait que la divergence d'un rotationnel est identiquement nulle. Quant au terme de viscosité, il devient :

$$\epsilon_{ijk}\epsilon_{pqi}\frac{\partial}{\partial x_q}\left(\frac{\partial \Omega_k}{\partial x_j}\right) = (\delta_{pj}\delta_{qk} - \delta_{pk}\delta_{qj})\frac{\partial^2\Omega_k}{\partial x_q \partial x_j} = \frac{\partial^2\Omega_k}{\partial x_k \partial x_p} - \frac{\partial^2\Omega_p}{\partial x_j \partial x_j} \equiv -\frac{\partial^2\Omega_p}{\partial x_j \partial x_j}$$

En regroupant tous les résultats, et en revenant aux indices i et j, on aboutit finalement à l'équation de transport du rotationnel (3-45).

8.3.2 L'intéraction entre champ de vitesse et champ de rotationnel

Outre le terme advectif classique (a), l'équation (3-45) présente également par son terme (c) un *deuxième* élément de *non-linéarité* qui n'existe qu'en écoulement *tridimensionnel*. En effet, en situation bidimensionnelle où, par exemple, $\Omega_1 = \Omega_2 = 0$, on a identiquement :

$$\Omega_j\frac{\partial U_i}{\partial x_j} = \Omega_3\frac{\partial U_i}{\partial x_3} \equiv 0$$

Ce terme correspond à une phénoménologie d'interaction tridimensionnelle entre gradient de vitesse et rotationnel, mettant en jeu les deux mécanismes de :

- "**basculement**" du tourbillon ;
- "**étirement / tassement**" du tourbillon.

Le schéma ci-dessous en donne une illustration en se limitant aux gradients de la seule composante U_1 du champ de vitesse.

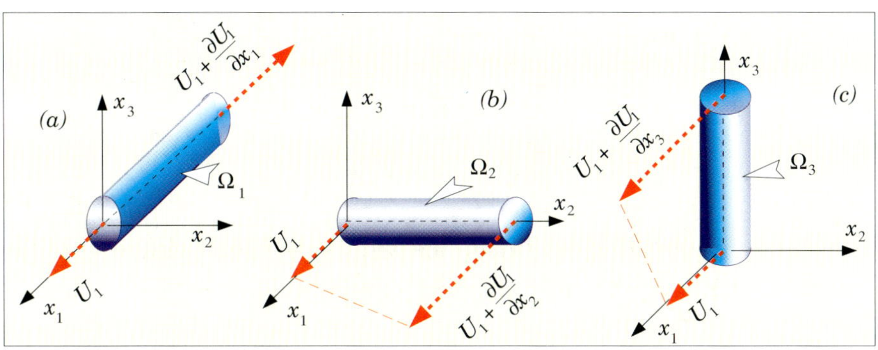

Fig. 11: Schéma des différents types d'interaction vitesse / tourbillon :
(a) Etirement – tassement, (b) et (c) Basculement.

À partir de ce schéma, il est facile de conclure que :

- le basculement, correspond à des termes en $\Omega_\alpha\dfrac{\partial U_\beta}{\partial x_\alpha}$ (sans sommation) ;
- l'étirement / tassement s'obtient pour des termes en $\Omega_\alpha\dfrac{\partial U_\alpha}{\partial x_\alpha}$ (pas de sommation).

Ainsi, le premier type d'interaction est a priori deux fois plus répandu que le second.

8.3.3 L'équation de l'enstrophie

En multipliant scalairement l'équation (3-45) par Ω_i on établit celle de l'enstrophie $\mathcal{F} = \frac{1}{2}\Omega_i\Omega_i$ sous la forme :

$$\underbrace{\frac{\partial \mathcal{F}}{\partial \mathrm{t}}}_{(a)} + \underbrace{U_j \frac{\partial \mathcal{F}}{\partial x_j}}_{(b)} = \underbrace{\Omega_\mathrm{i}\Omega_\mathrm{j}\frac{\partial U_i}{\partial x_j}}_{(c)} + \underbrace{\nu \frac{\partial^2 \mathcal{F}}{\partial x_j \partial x_j}}_{(d)} - \underbrace{\nu \frac{\partial \Omega_\mathrm{i}}{\partial x_j}\frac{\partial \Omega_\mathrm{i}}{\partial x_j}}_{(e)} \qquad (3\text{-}47)$$

Les termes (a), (b), (d) et (e) ont des interprétations classiques, la contribution (c) étant l'homologe de celle déjà rencontrée pour le rotationnel (éq.3-45).

8.3.4 Variation d'enstrophie et étirement tourbillonnaire

a) Nous commençons l'analyse en nous plaçant en situation **non visqueuse**. Dans ce cas, l'équation (3-47) se réduit à :

$$\frac{\mathrm{d}}{\mathrm{d}t}\left(\frac{\Omega_\mathrm{i}\Omega_\mathrm{i}}{2}\right) = \Omega_i\Omega_j\frac{\partial U_i}{\partial x_j} \qquad (3\text{-}47)$$

Considérons alors (voir schéma ci-contre) une portion de filet tourbillonnaire de longueur δl $\left(\delta l = \sqrt{\delta x_i \delta x_i}\right)$ et de vecteur directeur $\vec{n}$ $\left(n_i = \frac{\delta x_i}{\delta l} = \frac{\Omega_i}{\sqrt{\Omega_i\Omega_i}}\right)$.

En désignant par $\vec{V}(M)$ et $\vec{V}(M')$ les vitesses aux extrémités *M* et *M'* respectives, la variation de longueur du filet tourbillonnaire s'exprime par :

$$\frac{\mathrm{d}}{\mathrm{d}t}(\delta l) = \vec{n}.\left(\vec{V}(\mathrm{M}') - \vec{V}(\mathrm{M})\right)$$

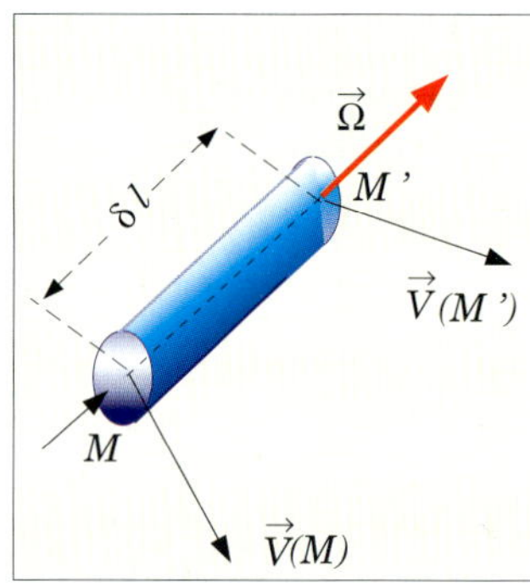

Fig. 12: Variation d'enstrophie par étirement tourbillonnaire.

Supposant δl suffisamment petit pour valider une approximation au premier ordre, on a :

$$\vec{V}(\mathrm{M}') - \vec{V}(\mathrm{M}) = \mathrm{grad}\vec{V} \odot \mathrm{d}\vec{\mathrm{M}}$$

d'où, en notations indicielles :

$$\frac{\mathrm{d}}{\mathrm{d}t}(\delta l) = n_i\left(\frac{\partial U_i}{\partial x_j}\delta x_j\right) = n_i\left(\frac{\delta U_i}{\delta x_j}\frac{\delta x_j}{\delta l}\delta l\right) = n_i n_j \frac{\delta U_i}{\delta x_j}\delta l = \frac{\Omega_i\Omega_j}{\Omega^2}\frac{\delta U_i}{\delta x_j}\delta l$$

Ainsi finalement :

$$\frac{1}{\delta l}\frac{\mathrm{d}}{\mathrm{d}t}(\delta l) = \frac{\Omega_i\Omega_j}{\Omega^2}\frac{\partial U_i}{\partial x_j} \qquad (3\text{-}48)$$

En comparant les relations (3-47) et (3-48) on déduit immédiatement que :

$$\frac{1}{2\mathcal{F}}\frac{\mathrm{d}\mathcal{F}}{\mathrm{d}t} = \frac{1}{\delta l}\frac{\mathrm{d}}{\mathrm{d}t}(\delta l)$$

On voit ainsi clairement qu'il ne peut y avoir variation d'enstrophie que par *variation de longueur de filets tourbillonnaires.*
En conséquence, seuls les mécanismes d'étirement et de tassement pourront amener une augmentation ou une diminution d'enstrophie, ceux de basculement ne conduisant qu'à de simples modifications des orientations des tourbillons, sans variation d'intensité de l'enstrophie.

Nous reprendrons cette conclusion au Chapitre VII-§3.3.2 à propos de la phénoménologie tourbillonaire par étirements mutuels, à l'origine de la cascade énergétique sur les structures de l'agitation turbulente .

b) En écoulement de fluide **visqueux**, les mécanismes d'interaction que nous venons de dégager ne sont pas fondamentalement remis en question, mais doivent désormais être associés à ceux bien connus de *diffusion visqueuse* et *"dissipation"* représentés par les termes (d) et (e) de l'équation (3-47) qui n'est plus dès lors conservative.

EXERCICE — ***Étirement – tassement des filets tourbillonnaires au passage dans un convergent*** — Un écoulement permanent, de fluide incompressible et de vitesse uniforme U_0 dans la direction x est soumis à une contraction longitudinale faisant passer sa section d'une valeur E à la valeur $S < E$ sur une distance $\Delta x \equiv L$.
On donne $U_0 = 2m/s,\ L = 2m,\ E = 10S$.
1) Que vaut la vitesse axiale en sortie du convergent (section S) ?
2) Calculer la valeur moyenne de l'accélération axiale subie par le fluide lors de son passage dans le convergent.
3) On suppose que le dessin du convergent est tel qu'il assure une croissance linéaire de la vitesse axiale. Donner l'expression de la loi $U(x)$. Que vaut le temps caractéristique de la vitesse de déformation correspondante ?
4) Que vaut la variation de longueur d'un filet tourbillonnaire d'axe parallèle à l'écoulement lors du passage dans le convergent ?
5) Que se passe-t-il pour des filets tourbillonnaires disposés dans un plan normal à l'axe de l'écoulement ? (On supposera que la variation d'orientation des lignes de courant dans le convergent reste bidimensionnelle plane).

SOLUTION
1) Le fluide étant incompressible, l'équation de continuité donne simplement $U_S = U_E \times E/S$, soit avec les données du problème, $U_S = 20\,m/s$.
2) L'accélération axiale locale a pour expression eulérienne, en convenant de poser $\rho = 1$ pour simplifier :

$$\Gamma(x) = U\frac{\mathrm{d}U}{\mathrm{d}x} \equiv \frac{\mathrm{d}}{\mathrm{d}x}\left(\frac{U^2}{2}\right)$$

L'accélération moyenne subie entre $x = x_E$ et $x = x_S \equiv x_E + \Delta x$ s'exprime alors par ;

$$\widetilde{\Gamma} = \frac{1}{\Delta x}\int_{x_E}^{x_S}\Gamma(x)\mathrm{d}x = \frac{1}{2L}\left(U_S^2 - U_E^2\right)$$

Avec les données du problème, on trouve $\widetilde{\Gamma} = 99\,m/s^2$ soit environ $10\,g$.

3) Pour une augmentation de vitesse linéaire dans le convergent, on a :

$$\frac{\mathrm{d}U}{\mathrm{d}x} = \frac{U_S - U_E}{x_S - x_E} = C^{te}$$

qui par intégration entre x_E et la section courante donne $U = U_E + \frac{x - x_E}{x_S - x_E}(U_S - U_E)$. L'échelle de temps qui est associée à cette variation de vitesse vaut, avec les données du problème $T = 1/9 \approx 0{,}11\ s$.

4) En désignant par $\delta l_{//}$ la longueur d'un filet tourbillonnaire colinéaire à l'axe de l'écoulement, on sait que, d'après (3-48) :

$$\frac{1}{\delta l_{//}}\frac{\mathrm{d}\delta l_{//}}{\mathrm{d}t} = \frac{\mathrm{d}U}{\mathrm{d}x}$$

Pour le convergent étudié, le second membre de cette relation est constant, (égal à $1/T$), de sorte que par intégration, on déduit que $\delta l_{//} = \delta l_0 \times e^{t/T}$, en convenant de poser que l'entrée dans le convergent se fait pour $t = 0$ où la longueur du filet tourbillonnaire est δl_0. Ce filet subit donc un *étirement* multipliant par un facteur de 2,7 sa longueur à la sortie du divergent.

5) En supposant que l'écoulement est bidimensionnel plan dans le convergent, l'équation de continuité donne, en tout point hors de l'axe :

$$\frac{\partial U}{\partial x} = -\frac{\partial V}{\partial y}$$

La variation de longueur d'un filet tourbillonnaire orthogonal à l'axe de l'écoulement est donc régie par :

$$\frac{1}{\delta l_\perp}\frac{\mathrm{d}\delta l_\perp}{\mathrm{d}t} = -\frac{\partial V}{\partial y}$$

conduisant à $\delta l_\perp = \delta l_0 \times e^{-t/T}$. Les filets tourbillonnaires orthogonaux à l'écoulement subissent dans ce cas un *tassement* tel que leur longueur est divisée par 2,7 au passage dans le convergent. Concrètement, partant de filets tourbillons de $1\,mm$ de long, on se trouvera à la sortie du convergent en présence de filets de $2,7\,mm$ et $0,4\,mm$ de long, selon qu'ils sont parallèles ou orthogonaux à l'axe de l'écoulement.

8.4 L'équation du rotationnel moyen

L'obtention de l'équation de transport du rotationnel moyen peut s'envisager à partir de l'une ou l'autre des **deux** procédures suivantes :

- Décomposition dans (3-45) du rotationnel instantané en valeur moyenne et fluctuation puis passage à la moyenne,
- Prise du rotationnel sur les équations moyennes de Reynolds.

a) En introduisant tout d'abord dans **l'équation de** Ω (3-45) la décomposition :

$$\Omega_i = \overline{\Omega}_i + \omega_i \qquad \textit{avec :} \qquad \overline{\omega}_i = 0$$

puis en prenant la **moyenne**, il vient directement :

$$\begin{aligned}
\frac{\partial \overline{\Omega}_i}{\partial t} + \overline{U}_j \frac{\partial \overline{\Omega}_i}{\partial x_j} = \overline{\Omega}_j \frac{\partial \overline{U}_i}{\partial x_j} & \ldots\ldots\ldots\ldots \textit{interaction vitesse / rotationnel moyen} \\
- \frac{\partial}{\partial x_j}(\overline{\omega_i u_j} - \overline{\omega_j u_i}) & \ldots \textit{action du champ fluctuant} \\
+ \nu \frac{\partial^2 \overline{\Omega}_i}{\partial x_j \partial x_j} & \ldots\ldots\ldots\ldots \textit{diffusion visqueuse}
\end{aligned} \qquad (3\text{-}49)$$

b) En traitant l'équation de la **dynamique du mouvement moyen** (3-47), comme celle du rotationnel instantané (Cf. §8.3.1), il vient, en l'absence de forces de volume :

$$\frac{\partial \overline{U}_i}{\partial t} + \frac{\partial}{\partial x_j}\left(\frac{\overline{U}_i \overline{U}_i}{2} + \frac{\overline{P}}{\rho}\right) = \epsilon_{ijk} \overline{U}_j \overline{\Omega}_k - \nu \epsilon_{ijk} \frac{\partial \overline{\Omega}_k}{\partial x_j} - \frac{\partial}{\partial x_j}(\overline{u_i u_j})$$

soit, après multiplication membre à membre par $\epsilon_{pqi} \frac{\partial}{\partial x_q}$, et compte tenu de calculs déjà faits :

$$\frac{\partial \overline{\Omega}_i}{\partial t} + \overline{U}_j \frac{\partial \overline{\Omega}_i}{\partial x_j} = \overline{\Omega}_j \frac{\partial \overline{U}_i}{\partial x_j} - \epsilon_{iql} \frac{\partial}{\partial x_q}\left(\frac{\partial}{\partial x_j} \overline{u_j u_l}\right) + \nu \frac{\partial^2 \overline{\Omega}_i}{\partial x_j \partial x_j} \qquad (3\text{-}50)$$

ce qui fournit une expression alternative au terme d'action du mouvement fluctuant.

Trois remarques se dégagent des équations (3-49) et (3-50) :

1. En analogie directe avec l'équation du rotationnel instantané (3-45), l'interaction tridimensionnelle entre rotationnel moyen et gradient de vitesse moyenne s'exprime encore par :

$$\overline{\Omega}_j \frac{\partial \overline{U}_i}{\partial x_j} = \overline{\Omega}_j \overline{S}_{ij}$$

2. Comme pour l'équation de la dynamique du mouvement moyen (3-17), l'agitation turbulente influence le champ de rotationnel moyen, avec par exemple, dans l'équation (3-49), le terme :

$$-\frac{\partial}{\partial x_j}(\overline{\omega_i u_j} - \overline{\omega_j u_i})$$

   On voit apparaître des corrélations vitesse-rotationnel en extension tensorielle de l'hélicité $\overline{\omega_i u_i}$ (voir Chapitre IV-§3.3.2). Les deux contributions, dans la divergence précédente, peuvent s'interpréter comme :

   – une *diffusion* du rotationnel par *agitation turbulente,* pour la corrélation $\overline{\omega_i u_j}$, analogue des tensions de Reynolds $\overline{u_i u_j}$;

– une *variation en orientation et intensité* du rotationnel fluctuant par basculement, étirement ou tassement, sous l'action des gradients de vitesse d'agitation, en remarquant que $\partial(\omega_j u_i)/\partial x_j \equiv \omega_j \partial u_i/\partial x_j$.

3. L'équivalence de formulation des termes d'action du champ fluctuant des équations (3-49) et (3-50) donne :

$$-\frac{\partial}{\partial x_j}(\overline{\omega_i u_j} - \overline{\omega_j u_i}) \equiv -\epsilon_{iql}\frac{\partial}{\partial x_q}\left(\frac{\partial}{\partial x_j}\overline{u_j u_l}\right)$$

Or en situation *isotrope* des tensions de Reynolds, le tenseur $\overline{u_j u_l}$ est *sphérique*, soit $\overline{u_j u_l} = \frac{1}{3}\overline{u_p u_p}\ \delta_{jl}$. Il en résulte que :

$$\frac{\partial}{\partial x_j}(\overline{\omega_i u_j} - \overline{\omega_j u_i}) \equiv \epsilon_{iql}\frac{\partial}{\partial x_q}\left(\frac{\partial}{\partial x_j}\overline{u_j u_l}\right) \equiv \frac{1}{3}\epsilon_{iql}\frac{\partial^2}{\partial x_q \partial x_l}(\overline{u_p u_p}) = 0$$

Il n'y a donc pas d'effet du champ fluctuant sur le bilan de rotationnel moyen en turbulence isotrope. En d'autres termes, le champ fluctuant n'agit sur le rotationnel moyen qu'en fonction de son *écart à l'isotropie* ou degré d'anisotropie dont on peut rendre compte par le *tenseur d'anisotropie* par exemple (Cf. §5.3.4). Par anticipation, ces considérations donnent à pressentir toute l'importance d'une bonne schématisation des mécanismes de retour à l'isotropie dans la modélisation que nous envisagerons ultérieurement.

8.5 L'équation de l'enstrophie du mouvement moyen

Comme pour l'énergie cinétique et la dissipation, nous introduisons pour la valeur moyenne de l'intensité tourbillonnaire les éléments suivants :

$$\overline{\mathcal{F}} = \overline{F} + \overline{f} \tag{3-51}$$

avec :

$$\overline{F} = \frac{1}{2}\overline{\Omega}_i\overline{\Omega}_i\ , \quad \overline{f} = \frac{1}{2}\overline{\omega_i\omega_i}\ , \quad f = \frac{1}{2}\omega_i\omega_i \tag{3-52}$$

L'équation de transport de l'enstrophie du mouvement moyen ($\overline{F}$) s'obtient par simple multiplication scalaire de (3-49) par $\overline{\Omega}_i$. Le résultat est donné en page suivante.

Par comparaison à l'équation de l'énergie cinétique du mouvement moyen (3-32), une différence capitale apparaît, due au terme de diffusion *"d'enstrophie croisée"* ($\omega_i\overline{\Omega}_i$) qui reste sans équivalent énergétique ($u_i\overline{U}_i$) dans l'équation de bilan correspondante.

$$
\begin{aligned}
\frac{\partial \overline{\mathcal{F}}}{\partial t} + \overline{U}_j \frac{\partial \overline{\mathcal{F}}}{\partial x_j} &= \overline{\Omega}_i \overline{\Omega}_j \frac{\partial \overline{U}_i}{\partial x_j} \text{.......... } \textit{Source/Puits par étir./tass. du mvt. moyen} \\
&+ \overline{\Omega}_i \, \overline{\omega_j \frac{\partial u_i}{\partial x_j}} \text{............... } \textit{Source/Puits par étir./tass. de mvts croisés} \\
&+ \frac{\partial}{\partial x_j} \left(\overline{\omega_i u_j} \, \overline{\Omega}_i \right) \text{.......... } \textit{Diffusion turbulente «croisée» } \omega_i \overline{\Omega}_i \\
&+ \nu \frac{\partial^2 \overline{\mathcal{F}}}{\partial x_j \partial x_j} \text{............... } \textit{Diffusion moléculaire} \\
&- \nu \left(\frac{\partial \overline{\Omega}_i}{\partial x_j} \right) \left(\frac{\partial \overline{\Omega}_i}{\partial x_j} \right) \text{..... } \textit{Pseudo-dissipation} \\
&+ \overline{\omega_i u_j} \frac{\partial \overline{\Omega}_i}{\partial x_j} \text{.......... } \textit{Interaction avec mvt. d'agitation}
\end{aligned}
\qquad (3\text{-}53)
$$

8.6 L'équation de l'enstrophie du mouvement d'agitation

Le bilan d'enstrophie d'agitation s'établit comme suit :

$$
\begin{aligned}
\frac{\partial \overline{f}}{\partial t} + \overline{U}_j \frac{\partial \overline{f}}{\partial x_j} &= \overline{\omega_i \omega_j} \frac{\partial \overline{U}_i}{\partial x_j} \text{..... } \textit{Source/Puits par étirement/tassement dans le mvt. moyen} \\
&+ \overline{\omega_i \omega_j \frac{\partial u_i}{\partial x_j}} \text{........................ } \textit{Source/Puits par étirement/tassement dans le mvt. d'agitation} \\
&+ \overline{\Omega}_j \overline{\omega_i \frac{\partial u_i}{\partial x_j}} \text{........................ } \textit{Source/Puits par étirement/tassement par mvts. croisés} \\
&- \frac{\partial \overline{f u_j}}{\partial x_j} \text{............................ } \textit{Diffusion turbulente} \\
&+ \nu \frac{\partial^2 \overline{f}}{\partial x_j \partial x_j} \text{....................... } \textit{Diffusion moléculaire} \\
&- \nu \overline{\left(\frac{\partial \omega_i}{\partial x_j} \right) \left(\frac{\partial \omega_i}{\partial x_j} \right)} \text{.......... } \textit{Destruction par mvt. d'agitation} \\
&- \overline{\omega_i u_j} \frac{\partial \overline{\Omega}_i}{\partial x_j} \text{...................... } \textit{Intéraction avec le mvt. moyen}
\end{aligned}
\qquad (3\text{-}54)
$$

Pour établir cette équation, on part de celle de la fluctuation de rotationnel obtenue par soustraction membre à membre des équations (3-49) et (3-45). Elle s'écrit :

$$\frac{\partial \omega_i}{\partial t} + \overline{U}_j \frac{\partial \omega_i}{\partial x_j} + u_j \frac{\partial \overline{\Omega}_i}{\partial x_j} + u_j \frac{\partial \omega_i}{\partial x_j} - \overline{u_j \frac{\partial \omega_i}{\partial x_j}} = \overline{\Omega}_j \frac{\partial u_i}{\partial x_j} + \omega_j \frac{\partial \overline{U}_i}{\partial x_j}$$
$$+ \omega_j \frac{\partial u_i}{\partial x_j} - \overline{\omega_j \frac{\partial u_i}{\partial x_j}} + \nu \frac{\partial^2 \omega_i}{\partial x_j \partial x_j}$$

Par multiplication scalaire par ω_i et après passage à la moyenne, on aboutit à l'équation de transport de la moyenne de l'enstrophie du mouvement d'agitation.

8.7 Récapitulation

a) Considérant tout d'abord la somme des deux équations (3-53) et (3-54), il est clair que le terme

$$\overline{\omega_i u_j} \frac{\partial \overline{\Omega}_i}{\partial x_j}$$

ne participe pas au bilan moyen total de $\overline{\mathcal{F}} = \overline{F} + \overline{f}$. Il représente donc un *échange* d'enstrophie entre mouvement moyen et fluctuant, en analogie du terme de "production" des équations d'énergies.

b) Le bilan d'enstrophie du mouvement d'agitation présente un terme de création / destruction *interne au mouvement d'agitation* qui est sans équivalent au niveau énergétique. Il s'écrit :

$$\overline{\omega_i \omega_j \frac{\partial u_i}{\partial x_j}} \equiv \overline{\omega_i \frac{\partial u_i \omega_j}{\partial x_j}} \equiv \overline{\omega_i \omega_j s_{ij}}$$

c) Les bilans enstrophiques — éqs. (3-53) et (3-54) — restent complexes. S'agissant de celui propre au mouvement d'agitation (3-54), Tennekes et Lumley [414], en s'appuyant sur des considérations aux ordres de grandeur, montrent qu'à grand nombre de Reynolds de turbulence, il se réduit en fait à l'égalité suivante :

$$\overline{\omega_i \omega_j \frac{\partial u_i}{\partial x_j}} = \nu \overline{\left(\frac{\partial \omega_i}{\partial x_j}\right)\left(\frac{\partial \omega_i}{\partial x_j}\right)} \qquad (3\text{-}55)$$

Cette égalité exprime qu'à grand nombre de Reynolds, la variation d'enstrophie par étirement / tassement interne à l'agitation turbulente est exactement compensée par la destruction par viscosité. Les situations *d'étirement* de vortex fluctuant (source) sont statistiquement *plus fréquentes* que celles de *tassement* (puits).

Ce bilan simplifié à grand nombre de Reynolds de turbulence montre également que, contrairement à l'énergie cinétique de turbulence, l'enstrophie du mouvement d'agitation peut s'équilibrer sans "production" en provenance du mouvement moyen. Plus généralement, le bilan de cette quantité est indépendant de la structure du mouvement moyen. Nous verrons au Chapitre XII-§7.3 que cette remarque peut être mise à profit dans la fermeture au premier ordre du modèle à deux équations "$\overline{k}$, ω".

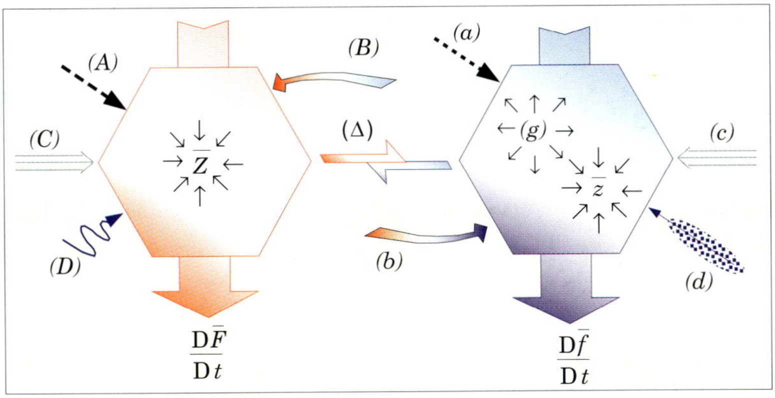

	Mvt. moyen	*Mvt. d'agitation*
Source/Puits par étir^t.tass^t. dans mvt. moyen...............	$(A)\ \overline{\Omega}_i\overline{\Omega}_j\frac{\partial\overline{U}_i}{\partial x_j}$	$(a)\ \overline{\omega_i\omega_j}\frac{\partial\overline{U}_i}{\partial x_j}$
Source/Puits par étir^t.tass^t. par mvts. croisés...............	$(B)\ \overline{\Omega}_i\overline{\omega_j\frac{\partial u_i}{\partial x_j}}$	$(b)\ \overline{\Omega}_j\overline{\omega_i\frac{\partial u_i}{\partial x_j}}$
Diffusion mol^{aire}............	$(C)\ \nu\frac{\partial^2\bar{F}}{\partial x_j\partial x_j}$	$(c)\ \nu\frac{\partial^2\bar{f}}{\partial x_j\partial x_j}$
Diffusion turbulente........	$(D)\ \frac{\partial}{\partial x_j}\left(\overline{\omega_i\overline{\Omega}_i u_j}\right)$	$(d)\ \frac{\partial}{\partial x_j}(\overline{\omega_i\omega_i u_j})$
Source/Puits par étir^t.tass^t. par mvt. d'agitation SEUL..		$(g)\ \overline{\omega_i\omega_j\frac{\partial u_i}{\partial x_j}}$
Destruction par viscosité...	$(Z)\ -\nu\left(\frac{\partial\overline{\Omega}_i}{\partial x_j}\right)^2$	$(z)\ -\nu\overline{\left(\frac{\partial\omega_i}{\partial x_j}\right)^2}$
Échange entre mouvements..............	$(\Delta_f)\ \pm\overline{\omega_i u_j}\frac{\partial\overline{\Omega}_i}{\partial x_j}$	

Fig. 13: Schéma d'ensemble des bilans enstrophiques en turbulence isovolume.

d) Enfin, en turbulence *homogène et isotrope*, les bilans d'énergie cinétique et d'enstrophie du mouvement d'agitation se traduisent par les équations simplifiées qui suivent.

$$\frac{\partial \overline{e}}{\partial t} = -\mu \overline{\left(\frac{\partial u_i}{\partial x_j}\right)\left(\frac{\partial u_i}{\partial x_j}\right)}$$

$$\frac{\partial \overline{f}}{\partial t} = \overline{\omega_i \omega_j \frac{\partial u_i}{\partial x_j}} - \nu \overline{\left(\frac{\partial \omega_i}{\partial x_j}\right)\left(\frac{\partial \omega_i}{\partial x_j}\right)}$$

Sous ces hypothèses nous verrons, au paragraphe 9.1 ci-après, que le taux de dissipation turbulente par unité de masse s'exprime par :

$$\overline{\varepsilon} = \frac{\nu}{2} \overline{\left(\frac{\partial u_i}{\partial x_j} + \frac{\partial u_j}{\partial x_i}\right)^2} \equiv \nu \overline{\left(\frac{\partial u_i}{\partial x_j}\right)^2} \equiv \nu\, \overline{\omega_i \omega_i} = 2\nu \overline{f}$$

qui le relie directement à l'enstrophie. Ainsi les équations précédentes redonnent-elles celles de $\overline{k}$ et $\overline{\varepsilon}$ sous la forme :

$$\frac{\partial \overline{k}}{\partial t} = -\overline{\varepsilon}$$

$$\frac{\partial \overline{\varepsilon}}{\partial t} = 2\nu\, \overline{\omega_i \omega_j \frac{\partial u_i}{\partial x_j}} - 2\nu^2 \overline{\left(\frac{\partial \omega_i}{\partial x_j}\right)\left(\frac{\partial \omega_i}{\partial x_j}\right)}$$

La dissipation, proportionnelle à l'enstrophie, est donc gouvernée par la différence entre *production* par étirement tourbillonnaire de l'agitation et *destruction* par viscosité.

Les résultats généraux des bilans d'enstrophie sont résumés dans le schéma de la page suivante.

9 Taux de dissipation turbulente

9.1 Relation entre dissipation et pseudo-dissipation

Lors de la formulation des bilans énergétiques sont apparues deux expressions — voir éqs. (3-35) — des termes de puits qualifiées de dissipation turbulente et pseudo-dissipation, soit respectivement :

$$\overline{\varepsilon} = \nu \overline{\left(\frac{\partial u_i}{\partial x_j}\right)\left(\frac{\partial u_i}{\partial x_j}\right)} \qquad et \qquad \overline{\epsilon} = 2\nu \overline{s_{ij} s_{ij}}$$

telles que, d'après (3-36) : $\nu \dfrac{\partial^2 \overline{k}}{\partial x_j \partial x_j} - \overline{\varepsilon} = 2\nu \dfrac{\partial (\overline{s_{ij} u_i})}{\partial x_j} - \overline{\epsilon}$

Cette relation permet de conclure à l'égalité des deux types de dissipation en turbulence homogène. Ce résultat est également valable à grand nombre de Reynolds si la diffusion par agitation moléculaire est négligeable devant celle par agitation turbulente.
En outre, on peut aussi établir que : $2\overline{\varepsilon} = \overline{\epsilon} + \nu\overline{\omega^2}$ (3-56)

où le carré scalaire du vecteur rotationnel fluctuant $\overline{\omega^2} = \overline{\omega_i\omega_i}$ est le double de l'enstrophie $\overline{f}$.
Le diagramme ci-contre résume les propriétés qui découlent des résultats précédents. On notera en particulier que, dans le cas général, $\overline{\varepsilon} \geq \overline{\epsilon}/2$, alors qu'en turbulence homogène et isotrope :

(3-57) $$\overline{\varepsilon} = \overline{\epsilon} = \nu\overline{\omega^2}$$

égalité que nous redémontrerons par un calcul direct au Chapitre IV-§4.3.

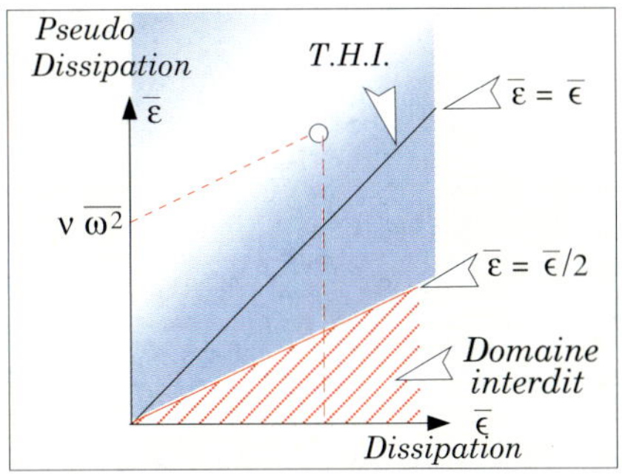

Fig. 14: Diagramme de variation des dissipations

DÉMONSTRATION — Introduisant la décomposition du gradient de fluctuation de vitesse en partie symétrique et antisymétrique dans $\overline{\varepsilon}$, il vient :

$$\overline{\varepsilon}/\nu = \overline{(s_{ij} + r_{ij})(s_{ij} + r_{ij})} \equiv \overline{s_{ij}s_{ij}} + \overline{r_{ij}r_{ij}}$$

Or par définition, $r_{ij} = -\frac{1}{2}\alpha_{ijk}\omega_k$, en convenant de désigner par α_{ijk} les composantes du pseudo-tenseur alterné (voir Rappel §8.1). Par substituion, il s'en déduit :

$$\overline{\varepsilon}/\nu = \overline{s_{ij}s_{ij}} + \frac{1}{4}\alpha_{ijk}\alpha_{ijl}\overline{\omega_k\omega_l} = \overline{s_{ij}s_{ij}} + \frac{2\delta_{kl}}{4}\overline{\omega_k\omega_l} \equiv \overline{s_{ij}s_{ij}} + \frac{1}{2}\overline{\omega^2}$$

en utilisant la troisième identité du rappel §8.1, et en posant $\omega^2 = \omega_k\omega_k$. Le résultat (3-56) en découle par simple multiplication par 2ν.

Hors des situations de turbulence spatialement homogène ou à grand nombre de Reynolds, les deux dissipations ne s'identifient pas l'une à l'autre. C'est pourquoi nous allons établir maintenant les équations générales de transport de chacune d'elles.

9.2 L'équation de la pseudo-dissipation

L'équation de transport de la pseudo-dissipation $\overline{\varepsilon} = \nu\overline{\left(\frac{\partial u_i}{\partial x_j}\right)\left(\frac{\partial u_i}{\partial x_j}\right)}$ s'écrit :

$$\frac{\partial \overline{\varepsilon}}{\partial t} + \overline{U}_k \frac{\partial \overline{\varepsilon}}{\partial x_k} =$$

$$- 2\nu \left(\overline{u_k \frac{\partial u_i}{\partial x_j}} \cdot \frac{\partial^2 \overline{U}_i}{\partial x_j \partial x_k} + \overline{\frac{\partial u_i}{\partial x_j} \frac{\partial u_i}{\partial x_k}} \cdot \frac{\partial \overline{U}_k}{\partial x_j} + \overline{\frac{\partial u_i}{\partial x_j} \frac{\partial u_k}{\partial x_j}} \cdot \frac{\partial \overline{U}_i}{\partial x_k} \right) \text{....} \textit{Couplage au mvt. moyen}$$

$$- 2\nu \overline{\frac{\partial u_i}{\partial x_j} \cdot \frac{\partial u_i}{\partial x_k} \cdot \frac{\partial u_k}{\partial x_j}} \text{.......................} \textit{Interaction interne au mvt. d'agitation}$$

$$- \frac{\partial}{\partial x_k} (\overline{u_k \varepsilon}) \text{.......................} \textit{Diffusion turbulente}$$

$$- 2 \frac{\nu}{\rho} \frac{\partial}{\partial x_i} \left(\overline{\frac{\partial u_i}{\partial x_j} \cdot \frac{\partial p}{\partial x_j}} \right) \text{.......................} \textit{Interaction par fluctuation de pression}$$

$$+ \nu \frac{\partial^2 \overline{\varepsilon}}{\partial x_k \partial x_k} \text{.......................} \textit{Diffusion moléculaire}$$

$$- 2\nu^2 \overline{\left(\frac{\partial^2 u_i}{\partial x_j \partial x_k} \right) \left(\frac{\partial^2 u_i}{\partial x_j \partial x_k} \right)} \text{............} \textit{Destruction visqueuse} \qquad (3\text{-}58)$$

Cette équation est analogue à celle citée par Biesel [26] en 1972.

Démonstration — En dérivant par rapport à x_j l'équation pour la fluctuation de vitesse u_i (3-15) et en désignant maintenant par k l'indice muet, on obtient :

$$\begin{aligned} &\frac{\partial}{\partial t}\left(\frac{\partial u_i}{\partial x_j}\right) + \overline{U}_k \frac{\partial}{\partial x_k}\left(\frac{\partial u_i}{\partial x_j}\right) + u_k \frac{\partial}{\partial x_k}\left(\frac{\partial \overline{U}_i}{\partial x_j}\right) \\ &\quad + \frac{\partial \overline{U}_k}{\partial x_j}\frac{\partial u_i}{\partial x_k} + \frac{\partial \overline{U}_i}{\partial x_k}\frac{\partial u_k}{\partial x_j} + \frac{\partial}{\partial x_j}\left(u_k \frac{\partial u_i}{\partial x_k}\right) - \frac{\partial}{\partial x_j}\left(\overline{u_k \frac{\partial u_i}{\partial x_k}}\right) \\ &\quad = -\frac{1}{\rho}\frac{\partial^2 p}{\partial x_i \partial x_j} + \nu \frac{\partial^2}{\partial x_k \partial x_k}\left(\frac{\partial u_i}{\partial x_j}\right) \end{aligned} \qquad (3\text{-}59)$$

Multipliant membre à membre par $\partial u_i / \partial x_j$ et prenant la moyenne, il vient :

$$\begin{aligned} &\overline{\left(\frac{\partial u_i}{\partial x_j}\right) \times \frac{\partial}{\partial t}\left(\frac{\partial u_i}{\partial x_j}\right)} + \overline{U}_k \overline{\left(\frac{\partial u_i}{\partial x_j}\right) \times \frac{\partial}{\partial x_k}\left(\frac{\partial u_i}{\partial x_j}\right)} = \\ &\quad - \overline{u_k \frac{\partial u_i}{\partial x_j}} \times \frac{\partial^2 \overline{U}_i}{\partial x_j \partial x_k} - \overline{\frac{\partial u_i}{\partial x_j}\frac{\partial u_i}{\partial x_k}} \times \frac{\partial \overline{U}_k}{\partial x_j} - \overline{\frac{\partial u_i}{\partial x_j}\frac{\partial u_k}{\partial x_j}} \times \frac{\partial \overline{U}_i}{\partial x_k} \\ &\quad - \overline{\left(\frac{\partial u_i}{\partial x_j}\right) \times \frac{\partial}{\partial x_j}\left(u_k \frac{\partial u_i}{\partial x_k}\right)} \\ &\quad - \frac{1}{\rho}\overline{\left(\frac{\partial u_i}{\partial x_j}\right) \times \frac{\partial^2 p}{\partial x_i \partial x_j}} + \nu \overline{\left(\frac{\partial u_i}{\partial x_j}\right) \times \frac{\partial^2}{\partial x_k \partial x_k}\left(\frac{\partial u_i}{\partial x_j}\right)} \end{aligned}$$

Le résultat final s'en déduit après quelques regroupements simples.

9.3 L'équation de la dissipation

Nous nous intéressons maintenant au taux de dissipation cinématique par agitation turbulente :

$$\overline{\epsilon} = \nu \overline{\frac{\partial u_i}{\partial x_j}\left(\frac{\partial u_i}{\partial x_j} + \frac{\partial u_j}{\partial x_i}\right)} \equiv \frac{\nu}{2}\overline{\left(\frac{\partial u_i}{\partial x_j} + \frac{\partial u_j}{\partial x_i}\right)^2} \tag{3-60}$$

L'équation de transport correspondante s'écrit :

$$\begin{aligned}
&\frac{\partial \overline{\epsilon}}{\partial t} + \overline{U}_k \frac{\partial \overline{\epsilon}}{\partial x_k} = \\
&\quad - \nu \overline{\left(\frac{\partial u_i}{\partial x_j} + \frac{\partial u_j}{\partial x_i}\right) u_k} \frac{\partial}{\partial x_k}\left(\frac{\partial \overline{U}_i}{\partial x_j} + \frac{\partial \overline{U}_j}{\partial x_i}\right) \\
&\quad - \nu \left[\overline{\left(\frac{\partial u_i}{\partial x_j} + \frac{\partial u_j}{\partial x_i}\right)\frac{\partial u_k}{\partial x_j}} \frac{\partial \overline{U}_i}{\partial x_k} + \overline{\left(\frac{\partial u_i}{\partial x_j} + \frac{\partial u_j}{\partial x_i}\right)\frac{\partial u_k}{\partial x_i}} \frac{\partial \overline{U}_j}{\partial x_k}\right] \quad \text{... Couplage} \\
&\quad - \nu \left[\overline{\left(\frac{\partial u_i}{\partial x_j} + \frac{\partial u_j}{\partial x_i}\right)\frac{\partial u_i}{\partial x_k}} \frac{\partial \overline{U}_k}{\partial x_j} + \overline{\left(\frac{\partial u_i}{\partial x_j} + \frac{\partial u_j}{\partial x_i}\right)\frac{\partial u_j}{\partial x_k}} \frac{\partial \overline{U}_k}{\partial x_i}\right] \quad \text{mvt. moyen} \\
&\quad - \nu \overline{\left(\frac{\partial u_i}{\partial x_j} + \frac{\partial u_j}{\partial x_i}\right)\left(\frac{\partial u_i}{\partial x_k}\frac{\partial u_k}{\partial x_j} + \frac{\partial u_j}{\partial x_k}\frac{\partial u_k}{\partial x_i}\right)} \quad \text{... Intéraction d'agitation} \\
&\quad - \frac{\partial \overline{\epsilon u_k}}{\partial x_k} \quad \text{......... Diffusion turbulente} \\
&\quad - \frac{2\nu}{\rho} \overline{\left(\frac{\partial u_i}{\partial x_j} + \frac{\partial u_j}{\partial x_i}\right)\frac{\partial^2 p}{\partial x_i \partial x_j}} \quad \text{......... Corrél}^n\text{. fluctuation pression} \\
&\quad + \nu \frac{\partial^2 \overline{\epsilon}}{\partial x_k \partial x_k} \quad \text{......... Diffusion visqueuse} \\
&\quad - \nu^2 \overline{\left[\frac{\partial}{\partial x_k}\left(\frac{\partial u_i}{\partial x_j} + \frac{\partial u_j}{\partial x_i}\right)\right]^2} \quad \text{......... Destruction par viscosité}
\end{aligned} \tag{3-61}$$

DÉMONSTRATION — En ajoutant à l'équation (3-59) celle obtenue par simple permutation des indices i et j, il vient :

$$\begin{aligned}
&\frac{\partial}{\partial t}\left(\frac{\partial u_i}{\partial x_j} + \frac{\partial u_j}{\partial x_i}\right) + \overline{U}_k \frac{\partial}{\partial x_k}\left(\frac{\partial u_i}{\partial x_j} + \frac{\partial u_j}{\partial x_i}\right) + u_k \frac{\partial}{\partial x_k}\left(\frac{\partial \overline{U}_i}{\partial x_j} + \frac{\partial \overline{U}_j}{\partial x_i}\right) + \frac{\partial \overline{U}_k}{\partial x_j}\frac{\partial u_i}{\partial x_k} + \frac{\partial \overline{U}_i}{\partial x_k}\frac{\partial u_k}{\partial x_j} \\
&+ \frac{\partial \overline{U}_k}{\partial x_i}\frac{\partial u_j}{\partial x_k} + \frac{\partial \overline{U}_j}{\partial x_k}\frac{\partial u_k}{\partial x_i} + \frac{\partial}{\partial x_j}\left(u_k \frac{\partial u_i}{\partial x_k}\right) + \frac{\partial}{\partial x_i}\left(u_k \frac{\partial u_j}{\partial x_k}\right) - \frac{\partial}{\partial x_j}\left(\overline{u_k \frac{\partial u_i}{\partial x_k}}\right) - \frac{\partial}{\partial x_i}\left(\overline{u_k \frac{\partial u_j}{\partial x_k}}\right) \\
&= -\frac{2}{\rho}\frac{\partial^2 p}{\partial x_i \partial x_j} + \nu \frac{\partial^2}{\partial x_k \partial x_k}\left(\frac{\partial u_i}{\partial x_j} + \frac{\partial u_j}{\partial x_i}\right)
\end{aligned}$$

Multipliant membre à membre par $\partial u_i/\partial x_j$ puis prenant la moyenne, on obtient :

$$\overline{\frac{\partial u_i}{\partial x_j}\frac{\partial}{\partial t}\left(\frac{\partial u_i}{\partial x_j}+\frac{\partial u_j}{\partial x_i}\right)}+\overline{U}_k\overline{\frac{\partial u_i}{\partial x_j}\frac{\partial}{\partial x_k}\left(\frac{\partial u_i}{\partial x_j}+\frac{\partial u_j}{\partial x_i}\right)}+\overline{u_k\frac{\partial u_i}{\partial x_j}}\frac{\partial}{\partial x_k}\left(\frac{\partial \overline{U}_i}{\partial x_j}+\frac{\partial \overline{U}_j}{\partial x_i}\right)$$
$$+\frac{\partial \overline{U}_k}{\partial x_j}\overline{\frac{\partial u_i}{\partial x_k}\frac{\partial u_i}{\partial x_j}}+\frac{\partial \overline{U}_i}{\partial x_k}\overline{\frac{\partial u_k}{\partial x_j}\frac{\partial u_i}{\partial x_j}}+\frac{\partial \overline{U}_k}{\partial x_i}\overline{\frac{\partial u_j}{\partial x_k}\frac{\partial u_i}{\partial x_j}}+\frac{\partial \overline{U}_j}{\partial x_k}\overline{\frac{\partial u_k}{\partial x_i}\frac{\partial u_i}{\partial x_j}}+\overline{\frac{\partial u_i}{\partial x_j}\frac{\partial}{\partial x_j}\left(u_k\frac{\partial u_i}{\partial x_k}\right)}$$
$$+\overline{\frac{\partial u_i}{\partial x_j}\frac{\partial}{\partial x_i}\left(u_k\frac{\partial u_j}{\partial x_k}\right)}=-\frac{2}{\rho}\overline{\frac{\partial u_i}{\partial x_j}\frac{\partial^2 p}{\partial x_i\partial x_j}}+\nu\overline{\frac{\partial u_i}{\partial x_j}\frac{\partial^2}{\partial x_k\partial x_k}\left(\frac{\partial u_i}{\partial x_j}+\frac{\partial u_j}{\partial x_i}\right)}$$

On peut alors facilement remarquer que :

$$\overline{\frac{\partial u_i}{\partial x_j}\frac{\partial}{\partial t}\left(\frac{\partial u_i}{\partial x_j}+\frac{\partial u_j}{\partial x_i}\right)}=\frac{\partial}{\partial t}\left(\frac{\overline{\epsilon}}{2\nu}\right)\quad;\quad \overline{U}_k\overline{\frac{\partial u_i}{\partial x_j}\frac{\partial}{\partial x_k}\left(\frac{\partial u_i}{\partial x_j}+\frac{\partial u_j}{\partial x_i}\right)}=\overline{U}_k\frac{\partial}{\partial x_k}\left(\frac{\overline{\epsilon}}{2\nu}\right)$$
$$\overline{u_k\frac{\partial u_i}{\partial x_j}}\frac{\partial}{\partial x_k}\left(\frac{\partial \overline{U}_i}{\partial x_j}+\frac{\partial \overline{U}_j}{\partial x_i}\right)=\frac{1}{2}\overline{u_k\left(\frac{\partial u_i}{\partial x_j}+\frac{\partial u_j}{\partial x_i}\right)}\frac{\partial}{\partial x_k}\left(\frac{\partial \overline{U}_i}{\partial x_j}+\frac{\partial \overline{U}_j}{\partial x_i}\right)$$
$$\overline{\frac{\partial u_i}{\partial x_j}\frac{\partial u_k}{\partial x_j}}\frac{\partial \overline{U}_i}{\partial x_k}+\overline{\frac{\partial u_i}{\partial x_j}\frac{\partial u_k}{\partial x_i}}\frac{\partial \overline{U}_j}{\partial x_k}\equiv\overline{\frac{\partial u_j}{\partial x_i}\frac{\partial u_k}{\partial x_i}}\frac{\partial \overline{U}_j}{\partial x_k}+\overline{\frac{\partial u_j}{\partial x_i}\frac{\partial u_k}{\partial x_j}}\frac{\partial \overline{U}_i}{\partial x_k}=$$
$$\frac{1}{2}\overline{\left(\frac{\partial u_i}{\partial x_j}+\frac{\partial u_j}{\partial x_i}\right)\frac{\partial u_k}{\partial x_j}}\frac{\partial \overline{U}_i}{\partial x_k}+\frac{1}{2}\overline{\left(\frac{\partial u_i}{\partial x_j}+\frac{\partial u_j}{\partial x_i}\right)\frac{\partial u_k}{\partial x_i}}\frac{\partial \overline{U}_j}{\partial x_k}$$

Or
$$\frac{\partial u_i}{\partial x_j}\frac{\partial u_k}{\partial x_j}\frac{\partial u_i}{\partial x_k}+\frac{\partial u_i}{\partial x_j}\frac{\partial u_k}{\partial x_i}\frac{\partial u_j}{\partial x_k}\equiv\frac{\partial u_j}{\partial x_i}\frac{\partial u_k}{\partial x_i}\frac{\partial u_j}{\partial x_k}+\frac{\partial u_j}{\partial x_i}\frac{\partial u_k}{\partial x_j}\frac{\partial u_i}{\partial x_k}$$
$$=\frac{1}{2}\frac{\partial u_k}{\partial x_j}\frac{\partial u_i}{\partial x_k}\left(\frac{\partial u_i}{\partial x_j}+\frac{\partial u_j}{\partial x_i}\right)+\frac{1}{2}\frac{\partial u_k}{\partial x_i}\frac{\partial u_j}{\partial x_k}\left(\frac{\partial u_i}{\partial x_j}+\frac{\partial u_j}{\partial x_i}\right)$$

et également

$$u_k\frac{\partial u_i}{\partial x_j}\frac{\partial}{\partial x_k}\left(\frac{\partial u_i}{\partial x_j}\right)+u_k\frac{\partial u_i}{\partial x_j}\frac{\partial}{\partial x_k}\left(\frac{\partial u_j}{\partial x_i}\right)\equiv u_k\frac{\partial u_i}{\partial x_j}\frac{\partial}{\partial x_k}\left(\frac{\partial u_i}{\partial x_j}+\frac{\partial u_j}{\partial x_i}\right)\equiv$$
$$u_k\frac{\partial u_j}{\partial x_i}\frac{\partial}{\partial x_k}\left(\frac{\partial u_i}{\partial x_j}+\frac{\partial u_j}{\partial x_i}\right)=\frac{1}{2}u_k\left(\frac{\partial u_j}{\partial x_i}+\frac{\partial u_i}{\partial x_j}\right)\frac{\partial}{\partial x_k}\left(\frac{\partial u_i}{\partial x_j}+\frac{\partial u_j}{\partial x_i}\right)=\frac{1}{2}u_k\frac{\partial \epsilon}{\partial x_k}$$

Le résultat final s'obtient par simple regroupement de l'ensemble des expressions partielles précédentes.

Pour conclure, mentionnons que les résultats auxquels on vient d'aboutir restent "théoriques" car aucun terme n'est accessible par mesure. Seules les simulations numériques directes y donnent accès pour certains écoulements seulement. C'est pourquoi, on considèrera les qualifications des différents termes comme des appellations commodes et non comme de véritables interprétations physiques.

CHAPITRE IV

ANALYSE CORRÉLATOIRE EN DEUX POINTS

« On peut penser que nombreux sont les phénomènes naturels fluctuant dans l'espace et dans le temps qui sont susceptibles d'être considérés comme des chaos spatio-temporels non désordonnés, si les corrélations spatio-temporelles ne sont pas nulles et tendent vers des valeurs nulles quand les décalages d'espace et de temps deviennent grands, ou si les mémoires statistiques ont des durées non nulles et limitées. Le phénomène de turbulence dans les écoulements des fluides en est un exemple.»

Alexandre FAVRE [133] 1988, page 63.

1 Introduction

Comme nous l'avons mentionné dès le premier chapitre, un trait important de la turbulence tient à sa "mémoire spatio-temporelle" : les fluctuations présentes en un point du champ et à un instant donné ne sont pas décorrélées de celles situées dans un certain "voisinage", au double sens d'une localisation spatiale et temporelle de ce dernier. Ainsi l'étude de la turbulence ne peut se réduire aux seules grandeurs statistiques définies en "*un*" point mais doit faire intervenir une description "*multi-points*".

Ce chapitre est précisément consacré à la présentation des outils de traitement statistique en *deux* points. Dans la perspective de modélisation ultérieure par fermeture en un point, il ne vise nullement à un exposé exhaustif de ce sujet. En particulier, les questions de modélisation spectrale sont hors du champ de cet ouvrage. Ainsi l'approche en deux points sera-t-elle circonscrite aux seuls éléments dont la connaissance est indispensable à la compréhension de mécanismes faisant l'objet de schémas ponctuels.

Compte tenu de cet objectif, nous nous limiterons, dans la plupart des cas, à des situations de turbulence homogène et souvent isotrope. Les propriétés y seront alors décrites en termes de corrélations spatiales, ou en dualités spectrales (Chapitre V).

2 L'approche corrélatoire

L'emploi des corrélations statistiques aux fluctuations de vitesse *en deux points* distincts d'un champ turbulent remonte à G.I. Taylor [412]. L'introduction de telles quantités peut être considérée comme un prolongement par extension "naturelle" de l'analyse corrélatoire *en un point*, dont on a vu l'importance avec notamment le tenseur des contraintes de Reynolds $-\rho\overline{u_i u_j}$.
Dans le cas général, i.e., en l'absence d'hypothèses sur les propriétés statistiques de l'agitation, l'analyse théorique des corrélations en deux points débouche sur une complexité de traitement qui la rend peu "maniable". Aussi nous limiterons-nous dans la suite, à des champs de turbulence homogène et isotrope.
La présentation s'articulera alors en trois volets :

- nous introduirons d'abord l'outil mathématique et étudierons les propriétés cinématiques sous les simplifications résultant des hypothèses d'homogénéité, isotropie et évolution isovolume,
- l'étude dynamique, avec l'établissement de l'équation d'évolution des corrélations doubles aux fluctuations de vitesse fera l'objet du deuxième volet,
- enfin dans un troisième temps, nous dégagerons et commenterons quelques propriétés classiques des solutions de cette équation d'évolution.

2.1 L'outil mathématique

2.1.1 Définition des corrélations doubles de vitesse en deux points

Soient deux points $P_1(x_i, i = 1,2,3)$ et $P_2(x_j, j = 1,2,3)$ du champ d'un écoulement turbulent, ainsi que deux directions (α) et (β), définies par les vecteurs unitaires $\vec{\alpha}$ et $\vec{\beta}$ de cosinus directeurs e_α^l et e_β^k respectivement (voir schéma ci-dessous).

La fonction :

$$Q_{\alpha,\beta}(P_1, P_2, t_1, t_2) = \overline{u_\alpha(P_1, t_1) u_\beta(P_2, t_2)} \quad (4\text{-}1)$$

définit la *corrélation double spatio-temporelle* i.e., la moyenne d'ensemble du produit entre :

- $u_\alpha(P_1, t_1)$, composante sur $\vec{\alpha}$ du vecteur vitesse d'agitation au point P_1 à l'instant t_1;
- $u_\beta(P_2, t_2)$, composante sur $\vec{\beta}$ du vecteur vitesse d'agitation au point P_2 à l'instant t_2.

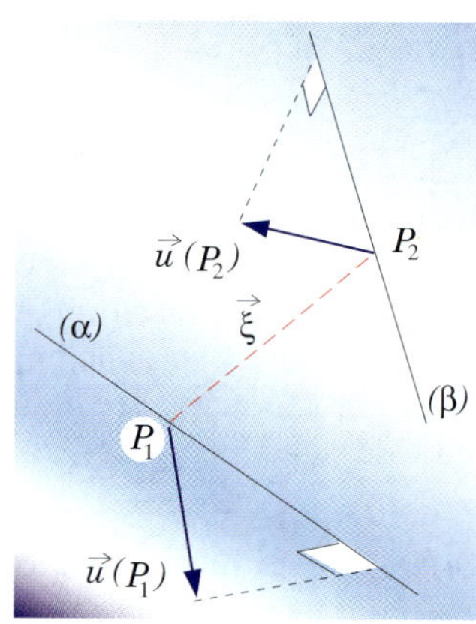

Fig. 1: Schéma des composantes de fluctuations de vitesses en deux points.

De façon analogue, on peut définir[1] :

$$Q_{\beta,\alpha}(P_1, P_2, t_1, t_2) = \overline{u_\beta(P_1, t_1)u_\alpha(P_2, t_2)}$$

Pour obtenir des quantités variant entre -1 et +1, on norme les corrélations précédentes par le produit des valeurs efficaces soit :

$$R_{\alpha,\beta}(P_1, P_2, t_1, t_2) = \frac{\overline{u_\alpha(P_1, t_1)u_\beta(P_2, t_2)}}{\sqrt{\overline{u_\alpha^2(P_1, t_1)}}\sqrt{\overline{u_\beta^2(P_2, t_2)}}} \tag{4-2}$$

Dans le cas général, les corrélations définies ci-dessus sont des fonctions de huit coordonnées spatio-temporelles. Par la suite, nous verrons que sous certaines hypothèses de stationnarité dans le temps et l'espace, le nombre de variables peut etre ramené à deux.

2.1.2 Définition des corrélations triples de vitesse en deux points

En faisant intervenir une troisième direction (γ) de vecteur unitaire $\vec{\gamma}$, on peut étendre les définitions précédentes à des quantités du type :

$$S_{\alpha\beta,\gamma}(P_1, P_2, t) = \overline{u_\alpha(P_1, t)u_\beta(P_1, t)u_\gamma(P_2, t)}$$

où l'on a considéré les composantes du vecteur vitesse d'agitation au même instant pour simplifier les écritures. Là encore, en application de la convention d'utilisation de la virgule, on évitera toute confusion de $S_{\alpha\beta,\gamma}$ avec $S_{\alpha,\beta\gamma}$ qui représente la corrélation :

$$S_{\alpha,\beta\gamma}(P_1, P_2, t) = \overline{u_\alpha(P_1, t)u_\beta(P_2, t)u_\gamma(P_2, t)} \tag{4-3}$$

Sous forme adimensionnelle, on introduira également :

$$T_{\alpha\beta,\gamma}(P_1, P_2, t) = \frac{\overline{u_\alpha(P_1, t)u_\beta(P_1, t)u_\gamma(P_2, t)}}{\sqrt{\overline{u_\alpha^2(P_1, t)}}\sqrt{\overline{u_\beta^2(P_1, t)}}\sqrt{\overline{u_\gamma^2(P_2, t)}}} \tag{4-4}$$

2.1.3 Définition des corrélations mixtes pression vitesse en deux points

Désignant par $p(P, t)$ la fluctuation de pression au point P et à l'instant t, on définit la corrélation mixte pression-vitesse entre deux points P_1 *et* P_2 par la moyenne :

$$L_{,\alpha}(P_1, P_2, t) = \overline{p(P_1, t)u_\alpha(P_2, t)}$$

Toujours selon la convention de position de la virgule, l'absence d'indice de part ou d'autre de ce symbole signifie simplement qu'il est fait référence à une quantité scalaire au point considéré, de sorte que :

$$L_{\alpha,}(P_1, P_2, t) = \overline{u_\alpha(P_1, t)p(P_2, t)}$$

[1] On prendra bien soin de noter la convention d'utilisation de la virgule dans la désignation des corrélations spatiales. En effet, ce symbole servira toujours à séparer, dans la liste des indices, ceux relatifs à des propriétés affectées au point P_1 (**avant la virgule**) et au point P_2 (**après la virgule**).

2.1.4 Corrélations doubles particulières en deux points

Soit $\vec{x}$ le vecteur repérant un point P_1 quelconque d'un champ d'écoulement turbulent. Nous nous intéressons aux corrélations entre les fluctuations de vitesses en ce point et au point P_2 repéré par le vecteur $\vec{x} + \vec{r}$.

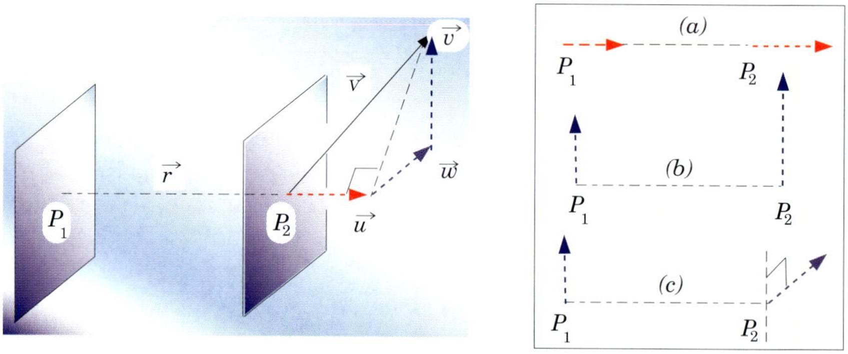

Fig. 2: Corrélations particulières en référence à un repère local.

Par rapport à un référentiel orthornormé local $(\vec{\alpha}, \vec{\beta}, \vec{\gamma})$ tel que $\vec{\alpha} = \vec{r}/r$ — voir figure 2 — on sera amené à distinguer avec Batchelor [15]et Hinze [180], les trois corrélations particulières suivantes :

- **Corrélation longitudinale** : $F\left(\vec{x}, \vec{r}, t, t'\right) = \overline{u(\vec{x}, t) \times u(\vec{x} + \vec{r}, t')}$
- **Corrélation transversale** : $G\left(\vec{x}, \vec{r}, t, t'\right) = \overline{v(\vec{x}, t) \times v(\vec{x} + \vec{r}, t')}$
- **Corrélation croisée** : $H\left(\vec{x}, \vec{r}, t, t'\right) = \overline{v(\vec{x}, t) \times w(\vec{x} + \vec{r}, t')}$

Ces trois fonctions de corrélation correspondent aux directions des cas (a), (b) et (c) du schéma de la figure 2.

2.1.5 Tenseurs des corrélations

Dans le cas d'un trièdre $(\vec{\alpha}, \vec{\beta}, \vec{\gamma})$ quelconque, et en raisonnant sur la corrélation triple de vitesse en deux points $S_{\alpha,\beta\gamma}(P_1, P_2, t)$, nous pouvons écrire :

$$u_\alpha(P_1, t) = u_i(P_1, t)e^i_\alpha \qquad (sommation\ sur\ i)$$
$$u_\beta(P_2, t) = u_j(P_2, t)e^j_\beta \qquad (sommation\ sur\ j)$$
$$u_\gamma(P_2, t) = u_k(P_2, t)e^k_\gamma \qquad (sommation\ sur\ k)$$

où u_i, u_j et u_k désignent les composantes du vecteur fluctuation de vitesse dans un repère orthonormé de référence. Par définition de la corrélation triple, il est clair que :

$$S_{\alpha,\beta\gamma}(P_1, P_2, t) = \overline{u_i(P_1, t)u_j(P_2, t)u_k(P_2, t)}\ e^i_\alpha e^j_\beta e^k_\gamma$$

qui permet d'exprimer $S_{\alpha,\beta\gamma}(P_1, P_2, t)$ à l'aide d'un tenseur d'ordre trois (27 composantes) appelé *tenseur des corrélations triples* et défini par :

$$\boxed{S_{i,jk}(P_1, P_2, t) = \overline{u_i(P_1, t)u_j(P_2, t)u_k(P_2, t)}} \tag{4-5}$$

Pour la corrélation double de vitesse, les formules analogues s'écrivent :

$$Q_{\alpha,\beta}(P_1, P_2, t) = Q_{i,j}(P_1, P_2, t)\ e^i_\alpha e^j_\beta$$

avec :

$$\boxed{Q_{i,j}(P_1, P_2, t) = \overline{u_i(P_1, t)u_j(P_2, t)}} \tag{4-6}$$

où le tenseur des corrélations $Q_{i,j}(P_1, P_2, t)$ est maintenant d'ordre deux.

Pour des corrélations mixtes pression-vitesse, l'ordre du tenseur est inférieur d'une unité au rang de la corrélation, en raison du caractère scalaire de la pression. Ainsi, pour la corrélation double par exemple, on aura :

$$L_{,\alpha}(P_1, P_2, t) = L_{,i}(P_1, P_2, t)\ e^i_\alpha$$

avec :

$$\boxed{L_{,i}(P_1, P_2, t) = \overline{p(P_1, t)u_i(P_2, t)}} \tag{4-7}$$

où $L_{,i}(P_1, P_2, t)$ est simplement un vecteur.

2.1.6 Premières propriétés du tenseur des corrélations doubles

Avec Batchelor [15], nous remarquerons que le tenseur des corrélations doubles de fluctuations de vitesse en deux points possède, par définition, les propriétés suivantes :

a) $Q_{i,j}$ est défini et continu s'il en est de même des fluctuations de vitesses,

b) À tout instant le tenseur $Q_{i,j}$ vérifie l'inégalité de Schwartz, à savoir :

$$\overline{u_i(P_1, t)u_j(P_2, t)} \leq \sqrt{\overline{u_i(P_1, t)^2}} \times \sqrt{\overline{u_j(P_2, t)^2}}$$

faisant apparaître le produit de corrélations **en un point**.

2.2 Dynamique des corrélations doubles

En déduction directe des équations de Navier-Stokes, il est possible d'établir l'équation régissant l'évolution du tenseur des corrélations doubles de vitesse. Le résultat est donné à la page suivante pour $Q_{i,j}(\vec{x}-\vec{r}, \vec{x}, t)$ où l'on a posé $\vec{r}=\vec{x}_B-\vec{x}_A$, et convenu que la dérivation spatiale en *x* est relative au point *B*, sauf mention explicite d'un autre point.

$$
\begin{aligned}
\frac{\partial Q_{i,j}}{\partial t} + \left(\overline{U}_k\right)_A \frac{\partial Q_{i,j}}{\partial x_k} + \left[\left(\overline{U}_k\right)_B - \left(\overline{U}_k\right)_A\right] \frac{\partial Q_{i,j}}{\partial r_k} = & -Q_{k,j}\left(\frac{\partial \overline{U}_i}{\partial x_k}\right)_A - Q_{i,k}\left(\frac{\partial \overline{U}_j}{\partial x_k}\right)_B \\
& -\frac{\partial S_{ik,j}}{\partial x_k} + \frac{\partial}{\partial r_k}\left(S_{ik,j} - S_{i,jk}\right) \\
& -\frac{1}{\rho}\left(\frac{\partial L_{,j}}{\partial x_i} - \frac{\partial L_{,j}}{\partial r_i} + \frac{\partial L_{i,}}{\partial r_j}\right) \\
& +\nu \frac{\partial^2 Q_{i,j}}{\partial x_k^2} + 2\nu\left(\frac{\partial^2 Q_{i,j}}{\partial r_k^2} - \frac{\partial^2 Q_{i,j}}{\partial r_k \partial x_k}\right)
\end{aligned} \qquad \text{(4-8)}
$$

Il figure au second membre de cette équation les termes de (i) couplage avec le mouvement moyen, (ii) corrélations triples, (iii) corrélations pression-vitesse et (iv) viscosité. Les deux premières contributions sont issues de la non linéarité du terme d'advection. Lorsque l'on confond dans cette relation les points A et B, on retrouve bien évidemment l'équation de transport des tensions de Reynolds que nous avons établie, par un procédé différent, au Chapitre III-§5.3. On notera ainsi que les termes de viscosité de la relation (4-8) englobent à la fois les effets de diffusion et de dissipation.
Comme celle des corrélations en un point, l'équation de transport des corrélations en deux points (4-8) est ouverte. De ce fait, et en raison de son niveau de complexité, son usage reste limité dans le cas général. Par intégration spatiale sur tout le champ, elle permet néanmoins d'aboutir, en suivant Kassinos et al. [204], à une équation fermée[1] en turbulence homogène et isotrope, situation que nous allons examiner plus en détail maintenant.

DÉMONSTRATION — Bien qu'exempt de difficultés particulières, l'établissement de l'équation (4-8) est relativement long; aussi en explicitons-nous les différentes étapes :

- a) Écriture de l'équation à la fluctuation de vitesse $(u_i)_A$ au point A
- b) Multiplication membre à membre par la fluctuation $(u_j)_B$ au point B
- c) Transformation par symétrie ($i \leftrightarrow j$ et $A \leftrightarrow B$)
- d) Addition membre à membre des résultats (b) et (c)
- e) Passage à la moyenne et introduction des dérivations en $r_k \equiv (x_k)_B - (x_k)_A$

Le détail de chacune de ces étapes peut être explicité comme suit.
a) L'équation de la dynamique pour la fluctuation de vitesse — Chapitre III-§5.1 — s'écrit au point A :

$$
\frac{\partial (u_i)_A}{\partial t} + \left(\overline{U}_k\right)_A \left(\frac{\partial u_i}{\partial x_k}\right)_A + (u_k)_A \left(\frac{\partial \overline{U}_i}{\partial x_k}\right)_A + (u_k)_A \left(\frac{\partial u_i}{\partial x_k}\right)_A - \overline{(u_k)_A \left(\frac{\partial u_i}{\partial x_k}\right)_A} = -\frac{1}{\rho}\left(\frac{\partial p}{\partial x_i}\right)_A + \nu \left(\frac{\partial^2 u_i}{\partial x_k^2}\right)_A
$$

[1] La référence à une telle relation peut s'avérer particulièrement intéressante pour calibrer certaines méthodes de calculs.

b) En notant que $(u_j)_B$ est constant vis-à-vis des opérateurs appliqués en A, on déduit :

$$(u_j)_B \frac{\partial (u_i)_A}{\partial t} + (\overline{U}_k)_A \left(\frac{\partial (u_i)_A (u_j)_B}{\partial x_k} \right)_A + (u_k)_A (u_j)_B \left(\frac{\partial \overline{U}_i}{\partial x_k} \right)_A$$

$$+ (u_k)_A \left(\frac{\partial (u_i)_A (u_j)_B}{\partial x_k} \right)_A - (u_j)_B \times \overline{\left(\frac{\partial (u_i)_A (u_j)_B}{\partial x_k} \right)_A} =$$

$$- \frac{1}{\rho} \left(\frac{\partial}{\partial x_i} \right)_A (p)_A (u_j)_B + \nu \left(\frac{\partial^2}{\partial x_k \partial x_k} \right)_A (u_i)_A (u_j)_B$$

c) En permutant les indices i et j ainsi que les points A et B il vient :

$$(u_i)_A \frac{\partial (u_j)_B}{\partial t} + (\overline{U}_k)_B \left(\frac{\partial (u_j)_B (u_i)_A}{\partial x_k} \right)_B + (u_k)_B (u_i)_A \left(\frac{\partial \overline{U}_j}{\partial x_k} \right)_B$$

$$+ (u_k)_B \left(\frac{\partial (u_j)_B (u_i)_A}{\partial x_k} \right)_B - (u_i)_A \times \overline{\left(\frac{\partial (u_j)_B (u_i)_A}{\partial x_k} \right)_B} =$$

$$- \frac{1}{\rho} \left(\frac{\partial}{\partial x_j} \right)_B (p)_B (u_i)_A + \nu \left(\frac{\partial^2}{\partial x_k \partial x_k} \right)_B (u_j)_A (u_i)_A$$

d) En ajoutant ces deux relations et prenant la moyenne, on obtient terme à terme :

- variation temporelle :

$$(I) \quad : \quad \overline{(u_j)_B \frac{\partial (u_i)_A}{\partial t}} + \overline{(u_i)_A \frac{\partial (u_j)_B}{\partial t}} = \frac{\partial \overline{(u_i)_A (u_j)_B}}{\partial t} \equiv \frac{\partial Q_{i,j}}{\partial t}$$

- variation advective :

$$(II) \quad : \quad (\overline{U}_k)_A \left(\frac{\partial \overline{(u_i)_A (u_j)_B}}{\partial x_k} \right)_A + (\overline{U}_k)_B \left(\frac{\partial \overline{(u_j)_B (u_i)_A}}{\partial x_k} \right)_B$$

En considérant que $r_k = (x_k)_B - (x_k)_A$, la dérivation au point A peut être explicitée à partir de celle au point B, si bien qu'en notant finalement $(x_k)_B \equiv x_k$ il vient :

$$(II) \quad : \quad (\overline{U}_k)_A \frac{\partial Q_{i,j}}{\partial x_k} - (\overline{U}_k)_A \frac{\partial Q_{i,j}}{\partial r_k} + (\overline{U}_k)_B \frac{\partial Q_{i,j}}{\partial x_k}$$

- couplage avec mouvement moyen :

$$(III) \quad : \quad \overline{(u_k)_A (u_j)_B} \left(\frac{\partial \overline{U}_j}{\partial x_k} \right)_A + \overline{(u_k)_B (u_i)_A} \left(\frac{\partial \overline{U}_j}{\partial x_k} \right)_B \equiv Q_{k,j} \left(\frac{\partial \overline{U}_j}{\partial x_k} \right)_A + Q_{i,k} \left(\frac{\partial \overline{U}_j}{\partial x_k} \right)_B$$

- corrélations triples :

$$(IV) \quad : \quad \overline{(u_k)_A \left(\frac{\partial (u_i)_A (u_j)_B}{\partial x_k} \right)_A} + \overline{(u_k)_B \left(\frac{\partial (u_j)_B (u_i)_A}{\partial x_k} \right)_B} \equiv \left(\frac{\partial S_{ik,j}}{\partial x_k} \right)_A + \left(\frac{\partial S_{i,jk}}{\partial x_k} \right)_B$$

puisque $(\partial u_k / \partial x_k)_{A \text{ ou } B} = 0$ par continuité de l'agitation isovolume. Avec la même convention de dérivation relative entre A et B que pour le terme d'advection, on aboutit à :

$$(IV) \quad : \quad \frac{\partial S_{ik,j}}{\partial x_k} - \frac{\partial S_{ik,j}}{\partial r_k} + \frac{\partial S_{i,jk}}{\partial x_k}$$

- corrélations pression-vitesse :

$$(V) \quad : \quad -\frac{1}{\rho}\left(\frac{\partial}{\partial x_i}\right)_A \overline{(p)_A(u_j)_B} - \frac{1}{\rho}\left(\frac{\partial}{\partial x_j}\right)_B \overline{(p)_B(u_i)_A} = -\frac{1}{\rho}\left(\frac{\partial L_{,j}}{\partial x_i} - \frac{\partial L_{,j}}{\partial r_i} + \frac{\partial L_{i,}}{\partial r_j}\right)$$

- contribution visqueuse :

$$(VI) \quad : \quad \nu\left(\frac{\partial^2 Q_{i,j}}{\partial x_k \partial x_k}\right)_A + \nu\left(\frac{\partial^2 Q_{i,j}}{\partial x_k \partial x_k}\right)_B = \nu\frac{\partial^2 Q_{i,j}}{\partial x_k^2} + 2\nu\left(\frac{\partial^2 Q_{i,j}}{\partial r_k^2} - \frac{\partial^2 Q_{i,j}}{\partial r_k \partial x_k}\right)$$

En regroupant l'ensemble des résultats, on aboutit bien à l'équation cherchée.

3 Théorie des corrélations en T.H.I.

3.1 Champ de turbulence homogène

Nous définissons tout d'abord le champ de turbulence cinématiquement[1] homogène comme un domaine infini de l'espace dans lequel les propriétés statistiques de la turbulence sont indépendantes de la position du point dans le domaine.

Bien qu'il n'existe pas d'écoulement réel satisfaisant les conditions idéales précédentes, le concept de turbulence homogène n'en présente pas moins un double intérêt : (i) en simplifiant le traitement mathématique des équations et facilitant le développement de la théorie, (ii) en permettant, au plan de l'analyse physique, de découpler les mécanismes d'action du champ moyen sur le champ turbulent, comme nous le préciserons au Chapitre VI. Enfin, nous verrons qu'il est possible d'approcher expérimentalement la condition d'homogénéité (Cf. Turbulence de grille au Chapitre VIII) afin de permettre une vérification des résultats théoriques qui vont être présentés.

Mathématiquement, l'*homogenéité* se traduit par la *stationnarité dans l'espace* de toute *moyenne statistique* de quantités fluctuantes (invariance par translation). Autrement dit et en particulier, des corrélations $\overline{a(P_1,t)b(P_2,t)}$ sont fonctions, non des coordonnées $x_i(P_1)$ *et* $x_j(P_2)$ des points P_1 *et* P_2 pris séparément, mais de la seule différence $x_i(P_2) - x_i(P_1)$, c'est-à-dire des composantes ξ_i du vecteur $\vec{P_1P_2}$, ce que nous traduirons formellement par :

$$\overline{a(P_1,t)b(P_2,t)} = \varphi(\xi_i,t)$$

Nous relèverons trois conséquences de cette hypothèse :

– a) Toute **moyenne** statistique de **grandeurs en un point** est constante dans le champ et ne **dépend que du temps**. Ainsi, par exemple :

$$\overline{a(P,t)b(P,t)} = \varphi(0,t) \equiv \phi(t)$$

[1] Ce qualificatif est indispensable lorqu'il s'agit de distinguer différents types d'inhomogénéité d'un mouvement de fluide, tel que par exemple l'inhomogénéité massique ou de composition en présence d'un mélange d'espèces. Nous l'omettrons dans la suite de ce cours où aucune ambiguïté de cet ordre ne peut exister.

de sorte qu'en particulier : $\frac{\partial}{\partial x_j}\overline{a(P,t)b(P,t)} = 0$

– b) Toute propriété statistique en **deux points** est **invariante** par **translation** spatiale conservant le vecteur glissant $\overrightarrow{P_1P_2}$. Ainsi, en introduisant la variable $\xi_i = x_i(P_2) - x_i(P_1)$, il est clair que :

$$\frac{\partial}{\partial \xi_i} = \left(\frac{\partial}{\partial x_i}\right)_{P_2} \tag{4-9a}$$

exprimant, dans un référentiel lié à P_1, une variation de propriété affectée à P_2, ou alternativement,

$$\frac{\partial}{\partial \xi_i} \equiv -\left(\frac{\partial}{\partial x_i}\right)_{P_1} \tag{4-9b}$$

exprimant, dans un référentiel lié à P_2, une variation de propriété affectée à P_1. On notera que, pour la dérivation en x_i, les propriétés non affectées au point de dérivation sont à considérer comme des constantes (P_1 pour un opérateur en P_2 et P_2 pour un opérateur en P_1 respectivement).

– c) Enfin, l'homogénéité permet d'assurer que :

$$Q_{i,j}\left(\vec{\xi},t\right) = Q_{j,i}\left(-\vec{\xi},t\right) \tag{4-10}$$

DÉMONSTRATION — Revenant à la définition de $Q_{i,j}$ et désignant par $\vec{x}$ le vecteur position du point P_1 :

$$Q_{i,j}\left(\vec{\xi},t\right) = \overline{u_i(\vec{x},t)u_j\left(\vec{x}+\vec{\xi},t\right)}$$

ce qui, en posant $\vec{x'} = \vec{x} + \vec{\xi}$ conduit bien au résultat annoncé, puisque :

$$Q_{i,j}\left(\vec{\xi},t\right) = \overline{u_i\left(\vec{x'}-\vec{\xi},t\right)u_j\left(\vec{x'},t\right)} = \overline{u_j\left(\vec{x'},t\right)u_i\left(\vec{x'}-\vec{\xi},t\right)} \equiv Q_{j,i}\left(-\vec{\xi},t\right)$$

EXERCICE — ***Homogénéité et propriétés en un point*** — Montrer qu'en turbulence homogène d'un fluide non pesant, le champ de vitesse moyenne est également stationnaire. Préciser les arguments de la décomposition en vitesse moyenne et fluctuante.
2) Montrer que l'énergie cinétique du mouvement moyen est conservative en turbulence homogène. En est-il de même de celle du mouvement d'agitation ?
Qu'en déduisez-vous de l'interaction entre mouvements ?

SOLUTION

Par définition de l'homogénéité, la vitesse moyenne se réduit à une seule fonction vectorielle du temps $\overline{U}_i(t)$. Or l'équation de la dynamique du mouvement moyen — voir équations de Reynolds, Chapitre III-§4.2 — montre que sa variation temporelle s'exprime par la somme algébrique de termes directement fonctions de variations spatiales de grandeurs moyennes. On a donc sous l'hypothèse d'homogénéité :

$$\frac{\partial \overline{U}_i}{\partial t} = 0 \quad \text{soit} \quad \overline{U}_i = C^{te}(= U_i^o)$$

La décomposition du champ de vitesse en moyenne et fluctuation se traduit alors par :

$$U_i(\vec{x},t) = U_i^o + u_i(\vec{x},t)$$

2) Il résulte immédiatement de ces résultats que le montant d'énergie cinétique du mouvement moyen est constant en tout point du champ (homogénéité saptiale) et à tout instant (stationnarité dans le temps).
S'agissant de l'énergie cinétique du mouvement d'agitation, on note en premier lieu que, par homogénéité, sa valeur moyenne ne dépend que du temps :

$$\frac{1}{2}\rho\overline{u_i(\vec{x},t)u_i(\vec{x},t)} \equiv \overline{e}(t)$$

L'équation de bilan de cette quantité — voir Chapitre III-§6.4 — se réduit simplement par homogénéité à :

$$\frac{\mathrm{d}\overline{e}(t)}{\mathrm{d}t} = -2\mu\overline{s_{ij}s_{ij}} \equiv -\overline{\varphi} < 0$$

qui montre que son montant ne peut que décroître avec le temps.
L'hypothèse d'homogénéité opère donc un découplage énergétique entre les contributions afférentes (i) au mouvement moyen, qui est conservative, et (ii) au mouvement d'agitation sur laquelle s'opère l'intégralité de la dissipation sans apport en provenance du mouvement moyen.

3.2 Champ de turbulence isotrope

Un degré supplémentaire de simplification résulte de l'hypothèse d'*isotropie* qui stipule qu'à tout instant, les propriétés statistiques du champ d'agitation turbulente sont invariantes par rotation ***et*** symétrie plane en tout point du champ. Dès lors :

- tout champ isotrope est nécessairement homogène, car toute translation peut se réduire au produit de deux rotations. La dénomination de turbulence homogène ***et*** isotrope (T.H.I.) est donc redondante et il suffirait de n'employer, en toute rigueur, que le seul qualificatif isotrope, comme le fait Hinze [180]. Nous la conserverons néanmoins par la suite conformément à l'usage historique et pour la distinguer des autres cas (anisotropes) de turbulence homogène ;
- tout moment en *un* point d'une fluctuation de grandeur scalaire avec une puissance impaire de la vitesse du type $\overline{f(\vec{x},t)u_i^{2p+1}(\vec{x},t)}$ est nul.

Telle qu'elle vient d'être définie, l'hypothèse d'isotropie n'est compatible qu'avec un champ de vitesse moyenne nulle. En effet par rotation d'angle π, la condition $\overline{U}_i = -\overline{U}_i$ ne peut être satisfaite pour $\overline{U}_i \neq 0$. La seconde des propriétés précédentes s'explique pour la même raison.

COMPLÉMENT — ***Note historique*** — Le concept de turbulence homogène et isotrope remonte vraisemblablement au début des années 1930 avec les recherches de Sir G.I. Taylor [411], regroupées en partie en référence [412]. Il correspond à un angle d'attaque "purement statistique" de l'agitation turbulente qui fut celui de l'*École de Cambridge* en Angleterre par exemple. Il a perduré semble-t-il jusqu'en début des années 1950, culminant en 1953 avec la publication de la monographie "*The Theory of Homogeneous Turbulence*" où Batchelor [15] livre la synthèse des développements théoriques et expérimentaux de l'époque. C'est peu après, selon Townsend [425] que ce point de vue purement statistique fut progressivement abandonné et que de nouveaux concepts de structure tourbillonnaire prirent leur essor (Cf. Chapitre VII).

3.3 Tenseurs de corrélations doubles de vitesse en T.H.I.

3.3.1 Forme générique des tenseurs de corrélation en T.H.I.

En raison des propriétés d'invariance géométrique par translation, rotation et symétrie de la turbulence homogène et isotrope, Robertson [347] a pu montrer en 1940 que les tenseurs des corrélations (pression-vitesse, double et triple) en deux points se mettaient respectivement sous les formes générales suivantes :

$$L_{,i}(P_1, P_2, t) \equiv \overline{p(P_1, t)u_i(P_2, t)} = l(r, t) \times \xi_i \qquad \text{(4-11)}$$

$$Q_{i,j}(P_1, P_2, t) \equiv \overline{u_i(P_1, t)u_j(P_2, t)} = q^{(1)}(r, t) \times \xi_i\xi_j + q^{(2)}(r, t) \times \delta_{ij} \qquad \text{(4-12)}$$

$$\begin{aligned} S_{ij,k}(P_1, P_2, t) &\equiv \overline{u_i(P_1, t)u_j(P_1, t)u_k(P_2, t)} \\ &= s^{(1)} \times \xi_i\xi_j\xi_k + s^{(2)} \times \delta_{ij}\xi_k + s^{(3)} \times \delta_{jk}\xi_i + s^{(4)} \times \delta_{ki}\xi_j \end{aligned} \qquad \text{(4-13)}$$

Dans les trois relations précédentes, l, $q^{(1)}$, $q^{(2)}$, $s^{(1)}$, $s^{(2)}$, $s^{(3)}$, $s^{(4)}$ désignent **sept fonctions scalaires** inconnues des **deux arguments** r *et* t. Rappelons que $r = \sqrt{\xi_i\xi_i}$ où ξ_i $(i = 1, 2, 3)$ sont les composantes du vecteur $\vec{P_1P_2}$.

Nous allons maintenant expliciter ces différentes composantes des tenseurs de corrélations, en choisissant, pour simplifier les écritures et sans que cela nuise à la généralité sous les hypothèses d'homogénéité et d'isotropie, un repère tel que $\vec{P_1P_2}$ ait pour composantes $(r, 0, 0)$. Dans un tel repère, on obtient alors :

– Pour les corrélations pression–vitesse :

$$L_{,1} = l(r, t) \times r \qquad \text{(4-14a)}$$

$$L_{,2} = L_{,3} = 0 \qquad \text{(4-14b)}$$

– Pour les corrélations doubles de vitesse :

$$Q_{1,1} = q^{(1)}(r, t) \times r^2 + q^{(2)}(r, t) \qquad \text{(4-14c)}$$

$$Q_{2,2} = Q_{3,3} = q^{(2)}(r, t) \qquad \text{(4-14d)}$$

toutes les autres composantes non explicitées étant identiquement nulles.

– Pour les corrélations triples de vitesse :

$$S_{11,1} = s^{(1)}(r,t) \times r^3 + \left[s^{(2)}(r,t) + s^{(3)}(r,t) + s^{(4)}(r,t)\right] \times r \quad \text{(4-14e)}$$

$$S_{22,1} = S_{33,1} = s^{(2)}(r,t) \times r \quad \text{(4-14f)}$$

$$S_{12,2} = S_{13,3} = s^{(3)}(r,t) \times r \quad \text{(4-14g)}$$

$$S_{21,2} = S_{31,3} = s^{(4)}(r,t) \times r \quad \text{(4-14h)}$$

toutes les autres composantes non explicitées étant là encore identiquement nulles. En outre, par définition même du tenseur des corrélations triples de vitesse en deux points, on a, à l'évidence, $S_{12,2} = S_{21,2}$, de sorte que $s^{(3)}(r,t) = s^{(4)}(r,t)$.

EXERCICE — ***Forme générique du tenseur des corrélations doubles en T.H.I.*** — À titre d'illustration, nous allons détailler l'établissement de la relation (4-12). En turbulence homogène, la corrélation double de vitesse $Q_{\alpha,\beta} = Q_{i,j} e^i_\alpha e^j_\beta$ dépend des trois arguments vectoriels $\vec{\alpha}$, $\vec{\beta}$, $\vec{\xi}$. Trouver la forme générale de cette fonction qui est invariante par rotation et symétrie.

SOLUTION

On sait que la forme recherchée ne dépendra que des invariants fondamentaux que l'on peut bâtir à partir des arguments initiaux $\vec{\alpha}$, $\vec{\beta}$, $\vec{\xi}$. Ces invariants fondamentaux sont (i) les produits scalaires $\vec{\alpha}.\vec{\xi}$, $\vec{\beta}.\vec{\xi}$, $\vec{\alpha}.\vec{\beta}$, *et* $r^2 = \vec{\xi}.\vec{\xi}$ et (ii) le déterminant $\det\left|\vec{\alpha},\ \vec{\beta},\ \vec{\xi}\right| = \epsilon_{ijk} e^i_\alpha e^j_\beta \xi_k$. On peut alors exprimer $Q_{\alpha,\beta}$ comme une forme bilinéaire des invariants fondamentaux, c'est à dire :

$$\begin{aligned} Q_{\alpha,\beta} &= A(r^2)\left[\left(\vec{\alpha}.\vec{\xi}\right)\left(\vec{\beta}.\vec{\xi}\right)\right] + B(r^2)\left(\vec{\alpha}.\vec{\beta}\right) + C(r^2)\det\left|\vec{\alpha},\vec{\beta},\vec{\xi}\right| \\ &\equiv A(r^2)\left(e^i_\alpha \xi_i\right)\left(e^j_\beta \xi_j\right) + B(r^2)\left(e^i_\alpha e^j_\beta \delta_{ij}\right) + C(r^2)\epsilon_{ijk} e^i_\alpha e^j_\beta \xi_k \\ &\equiv \left[A(r^2)\xi_i\xi_j + B(r^2)\delta_{ij} + C(r^2)\epsilon_{ijk}\xi_k\right] e^i_\alpha e^j_\beta \end{aligned}$$

La dernière égalité permet alors d'identifier directement avec :

$$Q_{i,j} = A(r^2)\xi_i\xi_j + B(r^2)\delta_{ij} + C(r^2)\epsilon_{ijk}\xi_k$$

La prescription d'invariance par symétrie plane impose ensuite que $Q_{i,j} = Q_{j,i}$, ce qui ne peut être réalisé qu'à condition que $C(r^2) \equiv 0$ par suite du caractère antisymétrique du tenseur alterné ϵ_{ijk}. Aux notations près, on retrouve bien le résultat annoncé.

3.3.2 Fonctions conventionnelles de corrélation en T.H.I.

Au lieu des composantes $q^{(1)}$, $q^{(2)}$, $s^{(1)}$, $s^{(2)}$ et $s^{(3)}$ précédentes, l'usage[1] a consacré l'emploi de cinq "fonctions de corrélation". Elles sont définies et illustrées

[1] Cet usage fait référence aux travaux de Kármán et Howarth [437].

schématiquement ci-après à partir des tenseurs de corrélations normés d'ordres deux et trois : $R_{i,j} = Q_{i,j}/u'^2$ et $T_{ij,k} = S_{ij,k}/u'^3$

Dans les expressions précédentes, on a posé :

$$\boxed{u' = \sqrt{\overline{u_1^2}} = \sqrt{\overline{u_2^2}} = \sqrt{\overline{u_3^2}}} \tag{4-15}$$

• ***Fonctions de corrélations doubles en deux points*** :

longitudinale	$f(r,t) = \dfrac{\overline{u_1(P_1,t)u_1(P_2,t)}}{u'^2} \equiv R_{1,1}(r,t)$	(4-16)
transversale	$g(r,t) = \dfrac{\overline{u_2(P_1,t)u_2(P_2,t)}}{u'^2} \equiv R_{2,2}(r,t)$	(4-17)

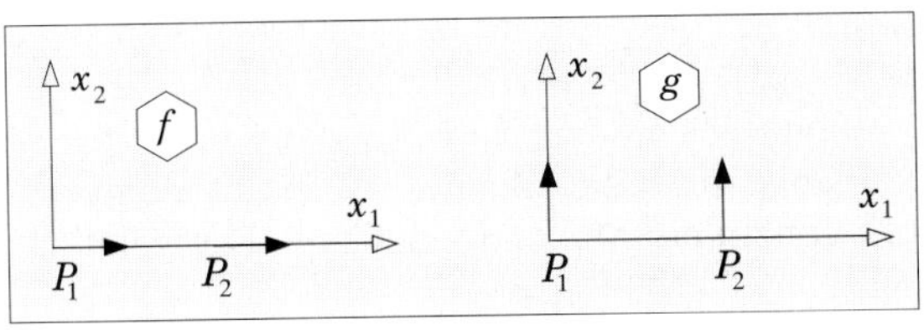

Fig. 3: Schéma des fonctions de corrélations conventionnelles doubles.

• ***Fonctions de corrélations triples en deux points*** :

longitudinale	$k(r,t) = \dfrac{\overline{u_1(P_1,t)u_1(P_1,t)u_1(P_2,t)}}{u'^3} \equiv T_{11,1}(r,t)$	(4-18)
croisée	$h(r,t) = \dfrac{\overline{u_2(P_1,t)u_2(P_1,t)u_1(P_2,t)}}{u'^3} \equiv T_{22,1}(r,t)$	(4-19)
mixte	$q(r,t) = \dfrac{\overline{u_1(P_1,t)u_2(P_1,t)u_2(P_2,t)}}{u'^3} \equiv T_{12,2}(r,t)$	(4-20)

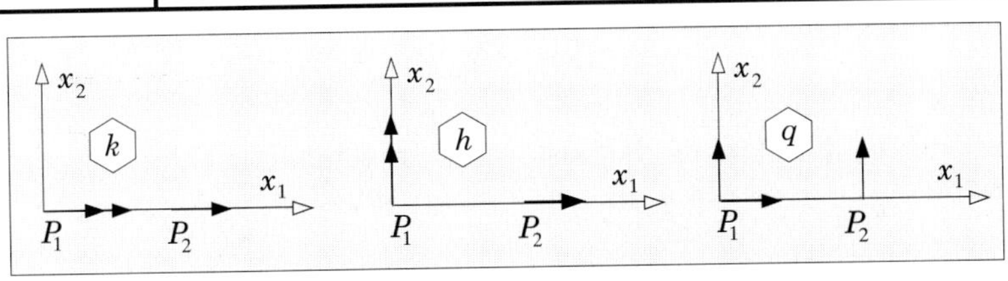

Fig. 4: Schéma des fonctions de corrélations conventionnelles triples.

COMPLÉMENT — ***Hélicité*** — La notion d'isotropie définie §2.2.2 correspond à celle introduite originellement par l'école de Cambridge. On peut la qualifier d'isotropie forte, au sens où ses hypothèses incluent l'invariance par symétrie plane. Une situation d'isotropie faible, i.e., où l'on ne retient que la seule invariance par l'ensemble des rotations a été introduite et développée par Lesieur [259]. Ces deux situations se distinguent aisément par la valeur de l'hélicité relative aux fluctuations de vitesse.
Définissant l'hélicité comme la corrélation entre fluctuations de vitesse et de rotationnel, soit encore la moyenne du produit scalaire vitesse rotationnel fluctuant ($H_e = \overline{u_i\omega_i}$), cette fonction s'annule par symétrie plane. On peut donc parler, selon le cas considéré, de turbulence isotrope sans ou avec hélicité. Comme le rappelle également Lesieur [259], il semble que l'hélicité joue un rôle essentiel en turbulence magnéto-hydro-dynamique (M.H.D.).
En présence d'hélicité, la corrélation double croisée $Q_{2,3}$ d'une turbulence isotrope n'est pas nulle, ce qui introduit une fonction de corrélation supplémentaire telle que $Q_{2,3}(r,t) = u'^2 \times r \times \gamma(r,t)$.

3.3.3 Équivalence entre expressions des corrélations de vitesse en deux points

En introduisant les définitions (4-16) à (4-20) dans les expressions (4-14) et (4-14), nous pouvons établir les équivalences entre les composantes des tenseurs de corrélation et les fonctions conventionnelles. Les relations correspondantes s'écrivent par exemple :

$$q^{(1)}(r,t) = u'^2\, \frac{f(r,t) - g(r,t)}{r^2} \tag{4-21a}$$

$$q^{(2)}(r,t) = u'^2\, g(r,t) \tag{4-21b}$$

et

$$s^{(1)}(r,t) = u'^3\, \frac{k(r,t) - h(r,t) - 2q(r,t)}{r^3} \tag{4-21c}$$

$$s^{(2)}(r,t) = u'^3\, \frac{h(r,t)}{r} \tag{4-21d}$$

$$s^{(3)}(r,t) = s^{(4)}(r,t) = u'^3\, \frac{q(r,t)}{r} \tag{4-21e}$$

3.4 Tenseur des corrélations aux fluctuations de rotationnel en deux points

Par définition, le rotationnel du mouvement d'agitation est lié aux composantes du vecteur vitesse d'agitation. Il existe donc une relation entre les *corrélations* respectives de chacune de ces grandeurs qui, en situation isovolume, s'écrit :

$$\overline{\omega_i(P_1,t)\omega_j(P_2,t)} = \frac{\partial^2}{\partial\xi_l\partial\xi_l}Q_{j,i} + \frac{\partial^2}{\partial\xi_i\partial\xi_j}Q_{m,m} - \delta_{ij}\frac{\partial^2}{\partial\xi_l\partial\xi_l}Q_{m,m} \tag{4-22}$$

Par contraction ($i = j$), on en déduit en particulier que :

$$\boxed{\overline{\omega_i(P_1,t)\omega_i(P_2,t)} = -\frac{\partial^2 Q_{i,i}}{\partial \xi_l \partial \xi_l}} \tag{4-23}$$

DÉMONSTRATION — Pour obtenir ces relations, rappelons que les composantes du vecteur tourbillon d'agitation s'expriment par :

$$\omega_i = \epsilon_{ijk}\frac{\partial u_k}{\partial x_j}$$

où ϵ_{ijk} est le tenseur alterné d'ordre trois. Il s'en déduit :

$$\overline{\omega_i(P_1,t)\omega_j(P_2,t)} = \epsilon_{ilm}\epsilon_{jpq}\overline{\left(\frac{\partial u_m}{\partial x_l}\right)_{P_1}\left(\frac{\partial u_q}{\partial x_p}\right)_{P_2}}$$

Or, par raison d'homogénéité et grâce à la relation (4-9), on peut également écrire :

$$\overline{\left(\frac{\partial u_m}{\partial x_l}\right)_{P_1}\left(\frac{\partial u_q}{\partial x_p}\right)_{P_2}} = -\frac{\partial^2}{\partial \xi_l \partial \xi_p} Q_{m,q}$$

Avec l'identité :
$\epsilon_{ilm}\epsilon_{jpq} = \delta_{ij}\delta_{lp}\delta_{mq} + \delta_{ip}\delta_{lq}\delta_{mj} + \delta_{iq}\delta_{lj}\delta_{mp} - \delta_{ij}\delta_{lq}\delta_{mp} - \delta_{ip}\delta_{lj}\delta_{mq} - \delta_{iq}\delta_{lp}\delta_{mj}$
on aboutit finalement, en situation isovolume, à l'expression cherchée.

3.5 T.H.I. isovolume : Relations de Kármán et Howarth

3.5.1 L'hypothèse d'incompressibilité et ses conséquences

Nous considérons désormais que les conditions d'homogénéité et d'isotropie sont associées à une évolution isovolume, pour laquelle on a donc en tout point :

$$\frac{\partial u_j}{\partial x_j} = 0$$

Prenant la divergence au point P_2 des tenseurs $L_{,i}$ $Q_{i,j}$ et $S_{ij,k}$ on en déduit directement :

$$\left(\frac{\partial}{\partial x_i}\right)_{P_2}\left[\overline{p(P_1,t)u_i(P_2,t)}\right] \equiv \overline{p(P_1,t)\frac{\partial}{\partial x_i}[u_i(P_2,t)]} = 0$$

$$\left(\frac{\partial}{\partial x_j}\right)_{P_2}\left[\overline{u_i(P_1,t)u_j(P_2,t)}\right] \equiv \overline{u_i(P_1,t)\frac{\partial}{\partial x_j}[u_j(P_2,t)]} = 0$$

$$\left(\frac{\partial}{\partial x_k}\right)_{P_2}\left[\overline{u_i(P_1,t)u_j(P_1,t)u_k(P_2,t)}\right] \equiv \overline{u_i(P_1,t)u_j(P_1,t)\frac{\partial}{\partial x_k}[u_k(P_2,t)]} = 0$$

ce qui, compte tenu de la relation (4-9), se traduit encore par :

$$\partial L_{,i}/\partial \xi_i = 0 \quad (4\text{-}24a)$$
$$\partial Q_{i,j}/\partial \xi_j = 0 \quad (4\text{-}24b)$$
$$\partial S_{ij,k}/\partial \xi_k = 0 \quad (4\text{-}24c)$$

3.5.2 Corrélation pression-vitesse en fluide incompressible

La première conséquence de la condition d'incompressibilité peut s'énoncer ainsi :

> En situation de T.H.I. isovolume, il n'y a pas de corrélation pression vitesse en deux points, soit :
>
> $$\boxed{\forall i = 1, 2, 3, \qquad L_{,i} = 0} \quad (4\text{-}25)$$

DÉMONSTRATION — Appliquant la condition (4-24a) à l'expression générale de $L_{,i}$ on obtient :

$$\frac{\partial (l \times \xi_i)}{\partial \xi_i} = 0$$

soit

$$l\frac{\partial \xi_i}{\partial \xi_i} + \xi_i \frac{\partial l}{\partial \xi_i} \equiv 3l + \xi_i \frac{\partial l}{\partial r}\frac{\partial r}{\partial \xi_i} = 0$$

Or $r^2 = \xi_i \xi_i$ de sorte que $2r\mathrm{d}r = 2\xi_i \mathrm{d}\xi_i$ et $\frac{\partial r}{\partial \xi_i} = \frac{\xi_i}{r}$. Ainsi, la condition d'incompressibilité se traduit-elle encore par :

$$3l + \xi_i \frac{\xi_i}{r}\frac{\partial l}{\partial r} \equiv 3l + r\frac{\partial l}{\partial r} = 0$$

On en déduit que, quel que soit t *bloqué*, $\mathrm{d}l/l = -3\mathrm{d}r/r$, dont l'intégration amène $l(r,t) = C(t)/r^3$. La corrélation étant nécessairement finie pour un décalage spatial nul, la fonction $C(t)$ est donc identiquement nulle pour tout t, ce qui démontre le résultat antérieurement énoncé.

3.5.3 Corrélations doubles de vitesses en fluide incompressible

En écoulement incompressible, on peut énoncer le résultat suivant pour les corrélations doubles de vitesses :

> En situation de T.H.I. isovolume, il n'existe, à l'ordre deux, ***qu'une seule*** fonction de corrélation ***indépendante***, en vertu de la relation :
>
> $$\boxed{4q^{(1)} + r\frac{\partial q^{(1)}}{\partial r} + \frac{1}{r}\frac{\partial q^{(2)}}{\partial r} = 0} \quad (4\text{-}26)$$

DÉMONSTRATION — Pour démontrer cette proposition, on substitue, comme précédemment l'expression de $Q_{i,j}$ (4-12) dans la condition (4-24b). On obtient :

$$\frac{\partial}{\partial \xi_j}\left(q^{(1)}\xi_i\xi_j + q^{(2)}\delta_{ij}\right) = 0$$

soit :

$$\xi_i\xi_j\frac{\partial q^{(1)}}{\partial \xi_j} + q^{(1)}\xi_j\frac{\partial \xi_i}{\partial \xi_j} + q^{(1)}\xi_i\frac{\partial \xi_j}{\partial \xi_j} + \frac{\partial q^{(2)}}{\partial \xi_j}\delta_{ij} = 0$$

ou encore :

$$\xi_i\xi_j\frac{\xi_j}{r}\frac{\partial q^{(1)}}{\partial r} + q^{(1)}\xi_j\delta_{ij} + 3q^{(1)}\xi_i + \frac{\xi_j}{r}\frac{\partial q^{(2)}}{\partial r}\delta_{ij} \equiv \left(r\frac{\partial q^{(1)}}{\partial r} + 4q^{(1)} + \frac{1}{r}\frac{\partial q^{(2)}}{\partial r}\right)\xi_i = 0$$

L'égalité devant être vérifiée quel que soit ξ_i, on peut donc bien conclure à la dépendance fonctionnelle annoncée.

3.5.4 Corrélations triples de vitesses en fluide incompressible

Une troisième conséquence de l'incompressibilité se traduit par :

En situation de T.H.I. isovolume, il n'existe, à l'ordre trois, ***qu'une seule*** fonction de corrélation ***indépendante***, en vertu des relations :

$$r\frac{\partial s^{(1)}}{\partial r} + 5s^{(1)} + \frac{2}{r}\frac{\partial s^{(3)}}{\partial r} = 0 \qquad \text{(4-27a)}$$

$$r\frac{\partial s^{(2)}}{\partial r} + 3s^{(2)} + 2s^{(3)} = 0 \qquad \text{(4-27b)}$$

DÉMONSTRATION — Ce résultat procède du même type de démonstration. Par substitution de l'expression de $S_{ij,k}$ (4-13) dans la condition (4-24c), on obtient :

$$\frac{\partial}{\partial \xi_k}\left(s^{(1)}\xi_i\xi_j\xi_k + s^{(2)}\xi_k\delta_{ij} + s^{(3)}\xi_i\delta_{jk} + s^{(3)}\xi_j\delta_{ik}\right) = 0$$

soit encore :

$$\xi_i\xi_j\xi_k\frac{\partial s^{(1)}}{\partial \xi_k} + s^{(1)}\xi_i\xi_j\frac{\partial \xi_k}{\partial \xi_k} + s^{(1)}\xi_j\xi_k\frac{\partial \xi_i}{\partial \xi_k} + s^{(1)}\xi_k\xi_i\frac{\partial \xi_j}{\partial \xi_k}$$

$$+ \xi_k\frac{\partial s^{(2)}}{\partial \xi_k}\delta_{ij} + s^{(2)}\frac{\partial \xi_k}{\partial \xi_k}\delta_{ij}$$

$$+ \xi_i\frac{\partial s^{(3)}}{\partial \xi_k}\delta_{jk} + s^{(3)}\frac{\partial \xi_i}{\partial \xi_k}\delta_{jk} + \xi_j\frac{\partial s^{(3)}}{\partial \xi_k}\delta_{ik} + s^{(3)}\frac{\partial \xi_j}{\partial \xi_k}\delta_{ik} = 0$$

On en déduit :

$$r\frac{\partial s^{(1)}}{\partial r}\xi_i\xi_j + 3s^{(1)}\xi_i\xi_j + s^{(1)}\xi_j\xi_i + s^{(1)}\xi_j\xi_i + r\frac{\partial s^{(2)}}{\partial r}\delta_{ij} + 3s^{(2)}\delta_{ij}$$

$$+ \xi_i\frac{\xi_k}{r}\frac{\partial s^{(3)}}{\partial r}\delta_{jk} + s^{(3)}\frac{\partial \xi_i}{\partial \xi_k}\delta_{jk} + \xi_j\frac{\xi_k}{r}\frac{\partial s^{(3)}}{\partial r}\delta_{ik} + s^{(3)}\frac{\partial \xi_j}{\partial \xi_k}\delta_{ik} = 0$$

soit encore, après réduction des termes :

$$r\frac{\partial s^{(1)}}{\partial r}\xi_i\xi_j + 5s^{(1)}\xi_i\xi_j + r\frac{\partial s^{(2)}}{\partial r}\delta_{ij} + 3s^{(2)}\delta_{ij}$$
$$+ \xi_i\frac{\xi_j}{r}\frac{\partial s^{(3)}}{\partial r} + s^{(3)}\delta_{ij} + \xi_j\frac{\xi_i}{r}\frac{\partial s^{(3)}}{\partial r} + s^{(3)}\delta_{ij} = 0$$

Finalement, on aboutit à :

$$\left(r\frac{\partial s^{(1)}}{\partial r} + 5s^{(1)} + \frac{2}{r}\frac{\partial s^{(3)}}{\partial r}\right)\xi_i\xi_j + \left(r\frac{\partial s^{(2)}}{\partial r} + 3s^{(2)} + 2s^{(3)}\right)\delta_{ij} = 0$$

égalité qui ne peut être vérifiée, à chaque instant, qu'aux conditions (4-27a) et (4-27b).

3.5.5 Les relations de Kármán et Howarth

Les conséquences de l'incompressibilité sur les corrélations en deux points en T.H.I. furent établies pour la première fois par von Kármán et Howarth en 1938 [437]. Dans leur formulation initiale, les résultats précédents étaient exprimés en usant des fonctions de corrélations conventionnelles.
Sous cette forme, ils restent connus sous la dénomination de "relations de Kármán et Howarth" :

$$\boxed{g(r,t) = f(r,t) + \frac{r}{2}\frac{\partial}{\partial r}f(r,t)} \qquad (4\text{-}28)$$

et

$$k(r,t) = -2h(r,t) \qquad (4\text{-}29)$$

$$q(r,t) = -h(r,t) - \frac{r}{2}\frac{\partial}{\partial r}h(r,t) \qquad (4\text{-}30)$$

DÉMONSTRATION — Pour obtenir la première relation de Kármán et Howarth, il suffit de substituer dans la relation (4-26) les expressions (4-21), on obtient :

$$u'^2\left[4\frac{f-g}{r^2} - 2\frac{f-g}{r^2} + \frac{1}{r}\left(\frac{\partial f}{\partial r} - \frac{\partial g}{\partial r}\right) + \frac{1}{r}\frac{\partial g}{\partial r}\right] = 0$$

qui, après simplification conduit directement au résultat recherché.
De façon analogue, en partant de la relation (4-27) et en introduisant les expressions (4-21) on obtient tout d'abord :

$$u'^3\left[r\frac{\partial}{\partial r}\left(\frac{k-h-2q}{r^3}\right) + 5\left(\frac{k-h-2q}{r^3}\right) + \frac{2}{r}\frac{\partial}{\partial r}\left(\frac{q}{r}\right)\right] = 0$$

soit encore : $$\frac{\partial(k-h)}{\partial r} + \frac{2}{r}(k-h-3q) = 0$$

ou $$\frac{\partial k}{\partial r} + \frac{2k}{r} = \frac{\partial h}{\partial r} + \frac{2h}{r} + \frac{6q}{r}$$

Par ailleurs, en exploitant (4-27)

$$u'^3\left[r\frac{\partial}{\partial r}\left(\frac{h}{r}\right) + 3\frac{h}{r} + 2\frac{q}{r}\right] = 0$$

soit, après simplification : $$\frac{\partial h}{\partial r} + \frac{2h}{r} = -2\frac{q}{r}$$

Ainsi, en combinant les deux égalités intermédiaires, et en choisissant d'expliciter l'inter-dépendance des fonctions $k(r,t)$ et $q(r,t)$ à l'aide de la fonction $h(r,t)$ il vient : $$\frac{\partial k}{\partial r} + \frac{2k}{r} = \frac{\partial h}{\partial r} + \frac{2h}{r} + \frac{6q}{r} = \frac{4q}{r}$$

soit finalement $k = -2h$.

3.5.6 Bilan de la description corrélatoire en T.H.I. isovolume

Le tableau suivant récapitule les simplifications apportées au cas général par les hypothèses d'homogénéité, d'isotropie et d'évolution isovolume.

	Cas général	T.H.I.	T.H.I + isovolume
$L_{,i}$	3 fonctions 7 arguments: P_1, P_2, t	1 fonction 2 arguments: (r,t)	0
$Q_{i,j}$	9 fonctions 7 arguments: P_1, P_2, t	2 fonctions 2 arguments: (r,t)	1 fonction 2 arguments: (r,t)
$S_{ij,k}$	27 fonctions 7 arguments: P_1, P_2, t	3 fonctions 2 arguments: (r,t)	1 fonction 2 arguments: (r,t)

Tableau 4.1 Simplifications des expressions des tenseurs de corrélation selon les diverses hypothèses.

Il apparaît clairement que les simplifications portent tant sur le nombre des fonctions inconnues nécessaires à la description, que sur celui des arguments dont dépendent ces fonctions. Pour la suite de l'étude de la T.H.I. isovolume, nous conviendrons de retenir, comme fonctions inconnues principales :

- à l'ordre deux : $f(r,t)$,
- à l'ordre trois : $k(r,t)$.

Les expressions qui en résultent pour les tenseurs des corrélations sont :

$$\boxed{R_{i,j}(r,t) \equiv \frac{Q_{i,j}(r,t)}{u'^2} = -\frac{1}{2r}\frac{\partial f}{\partial r}\xi_i\xi_j + \left(f + \frac{r}{2}\frac{\partial f}{\partial r}\right)\delta_{ij}} \qquad \text{(4-31)}$$

$$\boxed{\begin{aligned} T_{ij,l}(r,t) \equiv \frac{S_{ij,l}(r,t)}{u'^3} &= \frac{1}{2r^3}\left(3k - \frac{\partial}{\partial r}(r^2k)\right)\xi_i\xi_j\xi_l - \frac{k}{2r}\xi_l\delta_{ij} \\ &+ \frac{1}{4r^2}\frac{\partial}{\partial r}(r^2k)\left(\xi_i\delta_{jl} + \xi_j\delta_{il}\right) \end{aligned}} \qquad \text{(4-32)}$$

3.6 Études aux limites : Échelles conventionnelles

3.6.1 Comportement à l'origine des corrélations doubles

Par définition, nous savons que $\lim_{r\to 0} f(r,t) = 1 \ et \ \lim_{r\to 0} g(r,t) = 1$. Nous nous proposons à présent d'établir les résultats complémentaires suivants sur le comportement de ces fonctions *au voisinage* de l'origine :

$$\boxed{\begin{aligned} & f(r,t) \simeq 1 + \frac{r^2}{2!}\left(\frac{\partial^2 f(r,t)}{\partial r^2}\right)_{r=0} + \mathcal{O}(r^4) \\ & avec : \left(\frac{\partial^2 f(r,t)}{\partial r^2}\right)_{r=0} = -\frac{1}{\overline{u^2}(t)}\overline{\left(\frac{\partial u(r,t)}{\partial r}\right)^2_{r=0}} \end{aligned}} \qquad \text{(4-33)}$$

et un résultat analogue pour $g(r,t)$.

DÉMONSTRATION — Pour établir la relation (4-33), introduisons le développement en série de Taylor de la fluctuation longitudinale de vitesse $u(x+r,t)$. Dans toute la suite, l'analyse sera conduite à *t bloqué* et nous n'expliciterons plus cette variable, pour alléger les écritures. Nous avons ainsi :

$$u(x+r) = u(x) + \frac{r}{1!}\left(\frac{\partial u}{\partial r}\right)_{r=0} + \frac{r^2}{2!}\left(\frac{\partial^2 u}{\partial r^2}\right)_{r=0} + \frac{r^3}{3!}\left(\frac{\partial^3 u}{\partial r^3}\right)_{r=0} + \ ...$$

En multipliant membre à membre par $u(x)$ et prenant la moyenne, il vient :

$$\overline{u(x)u(x{+}r)} = \overline{u(x)u(x)} + \frac{r}{1!}\overline{u(x)\left(\frac{\partial u}{\partial r}\right)_{r=0}} + \frac{r^2}{2!}\overline{u(x)\left(\frac{\partial^2 u}{\partial r^2}\right)_{r=0}} + \frac{r^3}{3!}\overline{u(x)\left(\frac{\partial^3 u}{\partial r^3}\right)_{r=0}} + \ ...$$

De façon symétrique, i.e. en changeant *r* en – *r*, on obtiendrait :

$$\overline{u(x)u(x-r)} = \overline{u(x)u(x)} - \frac{r}{1!}\overline{u(x)\left(\frac{\partial u}{\partial r}\right)_{r=0}} + \frac{r^2}{2!}\overline{u(x)\left(\frac{\partial^2 u}{\partial r^2}\right)_{r=0}} - \frac{r^3}{3!}\overline{u(x)\left(\frac{\partial^3 u}{\partial r^3}\right)_{r=0}} + \ ...$$

Or par raison d'homogénéité et d'isotropie, les deux corrélations précédentes doivent être égales. On en déduit donc le résultat suivant, *pour tout terme impair* :

$$0 = \overline{u(x)\left(\frac{\partial u}{\partial r}\right)_{r=0}} = \overline{u(x)\left(\frac{\partial^3 u}{\partial r^3}\right)_{r=0}} = ...\overline{u(x)\left(\frac{\partial^{2p+1} u}{\partial r^{2p+1}}\right)_{r=0}}$$

Plusieurs relations peuvent se déduire de la propriété précédente par dérivations successives en r, en remarquant qu'en raison des hypothèses de T.H.I. et d'évolution isovolume on a :

$$0 = \frac{\partial}{\partial x}\left[\overline{u(x)\left(\frac{\partial u(x+r)}{\partial r}\right)}\right] \equiv \frac{\partial}{\partial r}\left[\overline{u(x)\left(\frac{\partial u(x+r)}{\partial r}\right)}\right] \equiv \overline{\left(\frac{\partial u}{\partial r}\right)\left(\frac{\partial u}{\partial r}\right)} + \overline{u\left(\frac{\partial^2 u}{\partial r^2}\right)}$$

d'où l'on tire par passage à la limite :

$$\overline{u(x)\left(\frac{\partial^2 u}{\partial r^2}\right)_{r=0}} = -\overline{\left(\frac{\partial u}{\partial r}\right)^2_{r=0}}$$

Par simple substitution de ces divers résultats dans l'expression initiale, il vient :

$$\overline{u(x)u(x+r)} = \overline{u(x)u(x)} - \frac{r^2}{2!}\overline{\left(\frac{\partial u}{\partial r}\right)^2_{r=0}} + \frac{r^4}{4!}\overline{u(x)\left(\frac{\partial^4 u}{\partial r^4}\right)_{r=0}} + \ ...$$

En divisant membre à membre par $\overline{u(x)u(x)}$ et en identifiant terme à terme au développement en série de Taylor de la fontion $f(r,t)$:

$$f(r,t) = 1 + \frac{r}{1!}\left[\frac{\partial f(r,t)}{\partial r}\right]_{r=0} + \frac{r^2}{2!}\left[\frac{\partial^2 f(r,t)}{\partial r^2}\right]_{r=0} + \ ...$$

on aboutit bien au résultat annoncé.

3.6.2 Comportement à l'origine des corrélations triples

Par un raisonnement analogue, on montrerait que :

$$\overline{u_1^2(x)u_1(x+r)} \simeq \frac{r^3}{3!}\overline{u_1^2(x)\left(\frac{\partial^3 u_1}{\partial r^3}\right)_{r=0}} + \mathcal{O}(r^5)$$

et

$$\overline{u_2^2(x)u_1(x+r)} \simeq \frac{r^3}{3!}\overline{u_2^2(x)\left(\frac{\partial^3 u_1}{\partial r^3}\right)_{r=0}} + \mathcal{O}(r^5)$$

Les fonctions de corrélations triples $h(r,t)$ et $k(r,t)$ sont donc des fonctions *impaires* de r dont les développements en série de puissances au voisinage de l'origine s'écrivent :

$$\boxed{k(r,t) \simeq \frac{r^3}{3!}\left(\frac{\partial^3 k}{\partial r^3}\right)_{r=0} + \frac{r^5}{5!}\left(\frac{\partial^5 k}{\partial r^5}\right)_{r=0} + ...} \qquad (4\text{-}34)$$

et une expression analogue pour $h(r,t)$.

3.6.3 Micro-échelle de Taylor

En suivant G.I. Taylor, nous poserons :

$$\boxed{\frac{1}{\lambda_f^2(t)} = -\frac{1}{2}\left(\frac{\partial^2 f(r,t)}{\partial r^2}\right)_{r=0} \equiv \frac{1}{2u'^2(t)}\overline{\left(\frac{\partial u}{\partial r}\right)^2_{r=0}}} \tag{4-35}$$

relation qui définit la *micro-échelle longitudinale* $\lambda_f(t)$, encore qualifiée de *micro-échelle de Taylor*.
L'expression (4-33) montre en outre que, dans la limite $r \to 0$, la fonction $f(r,t)$ admet comme courbe osculatrice la parabole d'équation $y = 1 - r^2/\lambda_f^2$. Ceci conduit directement à l'interprétation géométrique de la micro-échelle λ_f comme la distance du point d'intersection de cette parabole avec l'axe des abscisses (voir schéma Chapitre II-Fig.5).
À ce stade de l'exposé, il n'est pas possible d'expliciter plus avant la *signification physique* de cette micro-échelle. Ainsi, le qualificatif de "micro" échelle s'entend simplement en référence au fait que la courbure à l'origine de la fonction $f(r,t)$ est sous la dépendance des "petits tourbillons".
Pour autant, nous verrons que l'échelle des *plus petites structures* de la turbulence n'est pas égale à $\lambda_f(t)$. Enfin, nous établirons dans la suite de ce chapitre (§4.3) que le taux de dissipation peut s'exprimer avec cette même échelle, ce qui conduit parfois à qualifier $\lambda_f(t)$ "d'échelle de dissipation", vocabulaire pouvant prêter à confusion avec les *échelles des structures dissipatives* au sens de *Kolmogorov*.

De façon analogue, mais en usant cette fois de la fonction $g(r,t)$, on peut définir la micro-échelle *transversale* de Taylor :

$$\boxed{\frac{1}{\lambda_g^2(t)} = -\frac{1}{2}\left(\frac{\partial^2 g(r,t)}{\partial r^2}\right)_{r=0}} \tag{4-36}$$

Compte tenu de la première relation de Kármán et Howarth entre les fonctions $f(r,t)$ et $g(r,t)$, il est immédiat que $\partial^2 g(r,t)/\partial r^2 = 2\partial^2 f(r,t)/\partial r^2$, de sorte que :

$$\boxed{\lambda_f(t) = \sqrt{2}\,\lambda_g(t)} \tag{4-37}$$

3.6.4 Comportement asymptotique à l'infini : Macro-échelles de Taylor

Les propriétés suivantes concernant le comportement à l'infini ne peuvent être démontrées qu'à condition que soit assurée la convergence d'intégrales du type :

$$\int_0^\infty r^n f(r,t)\mathrm{d}r \;\; et \;\; \int_0^\infty r^n g(r,t)\mathrm{d}r$$

pour des valeurs du naturel n précisées ultérieurement. Pour $n = 1$ on posera :

$$\boxed{\Lambda_f(t) = \int_0^\infty f(r,t)\mathrm{d}r} \qquad (4\text{-}38)$$

avec une expression analogue de $\Lambda_g(t)$ pour la fonction $g(r,t)$.
Les longueurs Λ_f *et* Λ_g sont appelées *échelles intégrales* ou *macro-échelles de Taylor*. Comme nous l'avons illustré au Chapitre II-Fig.5, elles représentent la distance maximum d'extension d'un processus équivalent de corrélation unité.
Comme pour les micro-échelles, il existe, entre les échelles intégrales bâties sur f et g une dépendance directe qui s'écrit :

$$\boxed{\Lambda_f(t) = 2\Lambda_g(t)} \qquad (4\text{-}39)$$

De plus, en vertu de la première relation de Kármán et Howarth, on peut établir que :

$$\int_0^\infty r g(r,t)\mathrm{d}r = 0 \qquad (4\text{-}40)$$

relation qui montre que la fonction $g(r,t)$, nécessairement positive aux faibles valeurs de *r*, doit changer de signe pour *r* suffisamment grand, d'où les graphes typiques de la figure ci-contre.

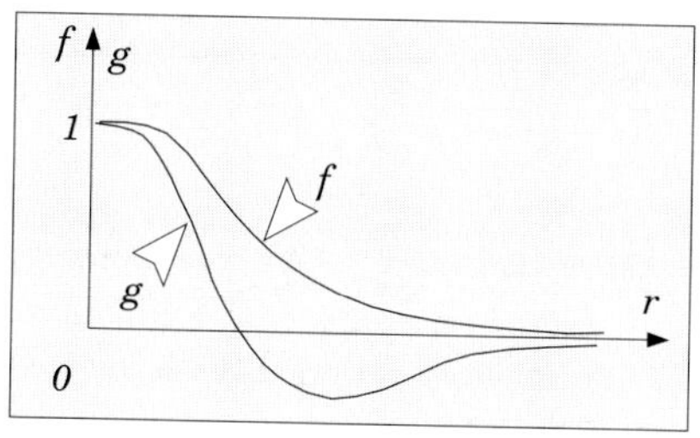

Fig. 5: Allures des corrélations longitudinale et transversale en T.H.I. isovolume.

DÉMONSTRATION — Pour établir les deux résultats précédents, multiplions membre à membre la première équation de Kármán et Howarth par r^n et intégrons sur $[0,\infty[$:

$$\int_0^\infty r^n g(r,t)\mathrm{d}r = \int_0^\infty r^n f(r,t)\mathrm{d}r + \frac{1}{2}\int_0^\infty r^{n+1}\frac{\partial f(r,t)}{\partial r}\mathrm{d}r$$

Une intégration par parties conduit à :

$$\int_0^\infty r^n g(r,t)\mathrm{d}r = \int_0^\infty r^n f(r,t)\mathrm{d}r + \frac{1}{2}\left[r^{n+1}f(r,t)\right]_0^\infty - \frac{n+1}{2}\int_0^\infty r^n f(r,t)\mathrm{d}r$$

soit encore :
$$\int_0^\infty r^n g(r,t)\mathrm{d}r = \frac{1-n}{2}\int_0^\infty r^n f(r,t)\mathrm{d}r$$

Cette dernière relation fournit immédiatement les deux propriétés recherchées en prenant successivement $n = 0$ puis $n = 1$.

3.7 Dynamique des corrélations en deux points

3.7.1 Équation d'évolution des corrélations en deux points

L'équation de Kármán et Howarth régissant l'évolution du tenseur des corrélations doubles de vitesse en T.H.I. peut se déduire bien évidemment de celles de Navier-Stokes qui, sous les hypothèses de l'étude se réduisent, pour la fluctuation de vitesse $u_i(\vec{x}, t)$ à :

$$\frac{\partial u_j}{\partial x_j} = 0 \quad \text{et} \quad \frac{\partial u_i}{\partial t} + u_j \frac{\partial u_i}{\partial x_j} = -\frac{1}{\rho}\frac{\partial p}{\partial x_i} + \nu \frac{\partial^2 u_i}{\partial x_j \partial x_j}$$

Par un calcul direct analogue à celui du §2.2, ou en appliquant plus simplement la restriction isotrope à l'équation générale (4-8), on établit l'équation d'évolution du tenseur des corrélations $Q_{i,j}(r, t)$. Elle s'écrit, en désignant par ξ_k les composantes du vecteur séparation $\vec{r}$:

$$\boxed{\frac{\partial Q_{i,j}(r,t)}{\partial t} - \frac{\partial}{\partial \xi_k}\left[S_{ik,j}(r,t) + S_{jk,i}(r,t)\right] = 2\nu \frac{\partial^2 Q_{i,j}(r,t)}{\partial \xi_k \partial \xi_k}} \qquad \text{(4-41)}$$

Démonstration — Tous les termes inhomogènes (dérivation partielle en *x*) disparaissent bien évidemment de l'équation (4-8). Pour la contribution des corrélations triples, rappelons, que d'après la propriété (4-10) on a $S_{i,jk}(r, t) = S_{jk,i}(-r, t)$ de sorte que $\partial S_{i,jk}/\partial r = -\partial S_{jk,i}/\partial r$, C.Q.F.D.

3.7.2 L'interprétation de l'équation de Kármán et Howarth

L'équation (4-41) est l'équation de Kármán et Howarth d'évolution du tenseur des corrélations doubles de vitesse en T.H.I. :

$$\underbrace{\frac{\partial}{\partial t} Q_{i,j}}_{(a)} - \underbrace{\frac{\partial}{\partial \xi_k}\left(S_{ik,j} + S_{jk,i}\right)}_{(b)} = \underbrace{2\nu \frac{\partial^2}{\partial \xi_k \partial \xi_k} Q_{i,j}}_{(c)}$$

dont les trois termes traduisent physiquement :
(*a*) la variation temporelle,
(*b*) l'interaction de l'agitation turbulente sur elle-même, par effets non linéaires,
(*c*) les effets de la viscosité moléculaire.

On peut donner plusieurs formes équivalentes de l'équation d'évolution du tenseur des corrélations. Faisant choix des fonctions $h(r, t)$ et $k(r, t)$ par exemple, il vient :

$$\boxed{\frac{\partial}{\partial t}\left[u'^2(t) f(r,t)\right] - \frac{u'^3(t)}{r^4}\frac{\partial}{\partial r}\left[r^4 k(r,t)\right] = 2\nu \frac{u'^2(t)}{r^4}\frac{\partial}{\partial r}\left[r^4 \frac{\partial f(r,t)}{\partial r}\right]} \qquad \text{(4-42)}$$

Enfin nous noterons que :

- comme pour les tensions de Reynolds (grandeurs en un point), l'équation des corrélations en deux points est *ouverte*, en raison de la présence de termes de corrélation triple. Il n'y a donc à cet égard aucune différence de principe entre les deux traitements ;
- l'origine des corrélations triples est toujours la non linéarité du terme d'advection des équations de Navier-Stokes.

3.7.3 Propriétés aux "moments" : Invariant de Loitsyanski

L'une des premières conséquences de l'équation (4-42) porte sur les "moments" aux divers ordres de la fonction $f(r,t)$, i.e., et sous réserve de convergence des intégrales :

$$\boxed{J^{(m)}(t) = \int_0^\infty r^m f(r,t)\mathrm{d}r} \qquad (4\text{-}43)$$

Avec des hypothèses que nous préciserons en cours de démonstration, on peut établir que :

$$\boxed{u'^2(t)J^{(4)}(t) = Cons^{te}\ \mathrm{K}} \qquad (4\text{-}44)$$

où la constante K est qualifiée d'*invariant de Loitsyanski*.
Physiquement, cette "invariance de Loitsyanski" signifie, lorsqu'elle s'applique, que toute variation du montant énergétique $u'^2(t)$ s'accompagne nécessairement d'un réaménagement d'échelle de longueur de la turbulence au cours du temps, afin de conserver la globalité énergétique initiale du système (intégrale du montant énergétique pondéré par f dans un espace de dimension cinq — le moment $J^{(4)}$ étant homogène à $[L]^5$—, selon Hinze [180]). Sa validité est en particulier assurée si les fonctions de corrélation double et triple décroissent exponentiellement pour r tendant vers l'infini (voir démonstration).

Démonstration — Pour établir ce résultat, multiplions membre à membre l'équation (4-42) par r^m et intégrons de 0 à *R*. Il vient ainsi :

$$\frac{\partial}{\partial t}\left(u'^2\int_0^R r^m f\mathrm{d}r\right) = u'^3\int_0^R r^{m-4}\frac{\partial}{\partial r}(r^4 k)\mathrm{d}r + 2\nu u'^2\int_0^R r^{m-4}\frac{\partial}{\partial r}\left(r^4\frac{\partial f}{\partial r}\right)\mathrm{d}r$$

dont le second membre s'écrit encore :

$$u'^3\int_0^R 4r^{m-1}k\mathrm{d}r + u'^3\int_0^R r^m\frac{\partial k}{\partial r}\mathrm{d}r + 2\nu u'^2\int_0^R 4r^{m-1}\frac{\partial f}{\partial r}\mathrm{d}r + 2\nu u'^2\int_0^R r^m\frac{\partial^2 f}{\partial r^2}\mathrm{d}r$$

Or, en intégrant par parties, on a :

$$\int_0^R r^m \frac{\partial k}{\partial r} \mathrm{d}r = [r^m k]_0^R - \int_0^R mkr^{m-1} \mathrm{d}r$$

$$\int_0^R r^m \frac{\partial^2 f}{\partial r^2} \mathrm{d}r = \left[r^m \frac{\partial f}{\partial r} \right]_0^R - \int_0^R mr^{m-1} \frac{\partial f}{\partial r} \mathrm{d}r$$

Ainsi, en regroupant l'ensemble de ces résultats, on obtient :

$$\begin{aligned} \frac{\partial}{\partial t} \left(u'^2 \int_0^R r^m f \mathrm{d}r \right) =& u'^3 (4-m) \int_0^R r^{m-1} k \mathrm{d}r + 2\nu u'^2 (4-m) \int_0^R r^{m-1} \frac{\partial f}{\partial r} \mathrm{d}r \\ & + u'^3 [r^m k]_0^R + 2\nu u'^2 \left[r^m \frac{\partial f}{\partial r} \right]_0^R \end{aligned}$$

Par passage à la limite $r \rightarrow \infty$ et avec les hypothèses nécessaires de convergence, on déduit :

$$\begin{aligned} \frac{\partial}{\partial t} \left(u'^2 J^{(m)} \right) =& u'^3 (4-m) \int_0^\infty r^{m-1} k \mathrm{d}r + 2\nu u'^2 (4-m) \int_0^\infty r^{m-1} \frac{\partial f}{\partial r} \mathrm{d}r \\ & + u'^3 \lim_{r \to \infty} [r^m k] + 2\nu u'^2 \lim_{r \to \infty} \left[r^m \frac{\partial f}{\partial r} \right] \end{aligned}$$

La propriété d'invariance de Loitsyanski découle alors directement de la relation précédente pour $m = 4$, sous condition d'annulation à l'infini des fonctions $r^4 k(r,t)$ et $\frac{\partial}{\partial r} f(r,t)$.

3.7.4 Les restrictions locales de l'équation de Kármán et Howarth

D'autres conséquences de l'équation de Kármán et Howarth s'obtiennent par passage à la limite $r \rightarrow 0$. Cette restriction conduit bien évidemment à des équations d'évolutions de propriétés en un point. Nous retiendrons plus particulièrement :

- *l'équation d'évolution de l'énergie cinétique de turbulence* :

$$\boxed{\frac{\mathrm{d}}{\mathrm{d}t} \left[\frac{3}{2} u'^2(t) \right] = 15 \nu u'^2 \left(\frac{\partial^2 f(r,t)}{\partial r^2} \right)_{r=0}} \qquad \text{(4-45)}$$

- *l'équation d'évolution de l'enstrophie* :

$$\boxed{\frac{\mathrm{d}}{\mathrm{d}t} \overline{\omega^2}(t) + 35 u'^3 \left(\frac{\partial^3 k(r,t)}{\partial r^3} \right)_{r=0} = 70 \nu u'^2 \left(\frac{\partial^4 f(r,t)}{\partial r^4} \right)_{r=0}} \qquad \text{(4-46)}$$

DÉMONSTRATION — Pour obtenir ces équations, introduisons les développements en séries, au voisinage de l'origine, des fonctions $f(r,t)$ et $k(r,t)$:

$$f(r,t) = 1 + \frac{r^2}{2!}\left(\frac{\partial^2 f}{\partial r^2}\right)_{r=0} + \frac{r^4}{4!}\left(\frac{\partial^4 f}{\partial r^4}\right)_{r=0} + \ldots$$

$$k(r,t) = \frac{r^3}{3!}\left(\frac{\partial^3 k}{\partial r^3}\right)_{r=0} + \frac{r^5}{5!}\left(\frac{\partial^5 k}{\partial r^5}\right)_{r=0} + \ldots$$

On en déduit $\displaystyle \frac{1}{r^4}\frac{\partial}{\partial r}\left(r^4\frac{\partial f}{\partial r}\right) = 5\left(\frac{\partial^2 f}{\partial r^2}\right)_{r=0} + \frac{7}{6}r^2\left(\frac{\partial^4 f}{\partial r^4}\right)_{r=0} + \ldots$

$$\frac{1}{r^4}\frac{\partial}{\partial r}\left(r^4\frac{\partial k}{\partial r}\right) = \frac{7}{6}r^2\left(\frac{\partial^3 k}{\partial r^3}\right)_{r=0} + \ldots$$

Par ailleurs, on remarque que :

$$\begin{aligned}\frac{\partial}{\partial t}[u'^2 f] &= \frac{\partial}{\partial t}\left[u'^2 + \frac{r^2}{2!}u'^2\left(\frac{\partial^2 f}{\partial r^2}\right)_{r=0} + \frac{r^4}{4!}u'^2\left(\frac{\partial^4 f}{\partial r^4}\right)_{r=0} + \ldots\right] \\ &= \frac{\mathrm{d}u'^2}{\mathrm{d}t} + \frac{r^2}{2!}\frac{\mathrm{d}}{\mathrm{d}t}\left[u'^2\left(\frac{\partial^2 f}{\partial r^2}\right)_{r=0}\right] + \ldots\end{aligned}$$

Substituant alors dans l'équation de Kármán et Howarth (4-42), on obtient :

$$\begin{aligned}&\frac{\mathrm{d}u'^2}{\mathrm{d}t} + \frac{r^2}{2}\frac{\mathrm{d}}{\mathrm{d}t}\left[u'^2\left(\frac{\partial^2 f}{\partial r^2}\right)_{r=0}\right] - \frac{7r^2}{6}u'^3\left(\frac{\partial^3 k}{\partial r^3}\right)_{r=0} + \mathcal{O}(r^4) = \\ &10\nu u'^2\left(\frac{\partial^2 f}{\partial r^2}\right)_{r=0} + \frac{7}{3}\nu u'^2 r^2\left(\frac{\partial^4 f}{\partial r^4}\right)_{r=0} + O(r^4)\end{aligned}$$

Par identification des termes constants en *r*, on déduit :

$$\frac{\mathrm{d}u'^2}{\mathrm{d}t} = 10\nu u'^2\left(\frac{\partial^2 f}{\partial r^2}\right)_{r=0}$$

Au facteur 3/2 près, cette première équation n'est autre que celle de l'évolution de l'énergie cinétique cinématique. Par identification des coefficients des termes en r^2 du développement on déduit :

$$\frac{\mathrm{d}}{\mathrm{d}t}\left[u'^2\left(\frac{\partial^2 f}{\partial r^2}\right)_{r=0}\right] - \frac{7}{3}u'^3\left(\frac{\partial^3 k}{\partial r^3}\right)_{r=0} = \frac{14}{3}\nu u'^2\left(\frac{\partial^4 f}{\partial r^4}\right)_{r=0}$$

Nous verrons ci-après qu'en T.H.I., le montant local d'enstrophie s'exprime par :

$$\overline{\omega^2} = -15u'^2\left(\frac{\partial^2 f}{\partial r^2}\right)_{r=0}$$

de sorte que cette relation est bien l'équation d'évolution de $\overline{\omega^2}$.

EXERCICE — ***Taille des structures dissipatives en T.H.I.*** — On envisage de procéder à une simulation numérique directe de la dynamique d'une T.H.I. pour un nombre de Reynolds de turbulence $R_\lambda = 100$. Quel doit être, en pourcentage de l'échelle λ, la dimension maximale de la maille afin d'espérer capturer les structures tourbillonnaires à l'échelle de Kolmogorov $\eta = \left(\nu^3/\epsilon\right)^{1/4}$?

SOLUTION
L'équation précédente d'évolution de $u'^2(t)$ conduit en T.H.I. à $\mathrm{d}\overline{k}/\mathrm{d}t = -\epsilon$.

Avec $\epsilon = 30\,\nu u'^2/\lambda^2$, on en déduit que $\eta^4 = \dfrac{\nu^3 \times \lambda^2}{30\nu \times u'^2} \equiv \dfrac{\lambda^4}{30} \times \dfrac{\nu^2}{u'^2 \times \lambda^2}$

Ainsi, il vient $\eta/\lambda = \left(30 \times R_\lambda^2\right)^{-1/4}$ soit environ $4,27 \times 10^{-2}$ avec les données de l'exercice.
Ce résultat montre qu'il serait illusoire de prétendre capturer les structures les plus fines de cet écoulement avec un maillage dont la grille serait supérieure à 4% de la micro-échelle de Taylor.

3.8 Solutions modèles de l'équation de Howarth et Kármán

Nous allons, au cours de cette dernière section dégager quelques propriétés remarquables des solutions de l'équation d'évolution de Kármán et Howarth. Comme celle-ci est *ouverte*, nous nous limiterons à des propriétés "générales" i.e., qui ne font intervenir aucun *schéma de fermeture* du terme d'interaction non linéaire.

3.8.1 Le modèle linéaire

En négligeant purement et simplement les termes non linéaires de corrélations triples dans l'équation (4-41), on obtient une équation d'évolution pour les seules corrélations doubles, qui s'écrit :

$$\frac{\partial}{\partial t} Q_{i,j}(r,t) = \frac{2\nu}{r^2}\frac{\partial}{\partial r}\left(r^2 \frac{\partial}{\partial r} Q_{i,j}(r,t)\right) \tag{4-47}$$

Cette équation est du type conduction de la chaleur. Elle fut étudiée par Agostini et Bass à l'aide d'une technique de séparation de variables classique en mécanique des fluides pour la résolution d'équations paraboliques — Cf. *hypothèse d'affinité* de "couche limite" par exemple. Avec à cette méthode, on recherche une classe particulière de fonction solution qui par exemple, pour la trace de la matrice des composantes de $Q_{i,j}$ se présente sous la forme :

$$Q_{i,i}(r,t) = \varphi(t) \times \psi(\chi)$$
$$avec \quad \chi = r \times g(t)$$

On peut alors démontrer que :

$$\boxed{Q_{i,i}(r,t) = \frac{\alpha C}{t^{5/2}}\left(3 - 2\chi^2\right)e^{-\chi^2}} \tag{4-48a}$$

avec

$$\boxed{\begin{aligned} g(t) &= 1/\sqrt{8\nu t} \\ \chi &= r/\sqrt{8\nu t} \\ \varphi(t) &= Ct^{-5/2} \\ \psi(\chi) &= \alpha\left(3 - 2\chi^2\right)e^{-\chi^2} \end{aligned}} \qquad (4\text{-}48b)$$

où α et C sont deux constantes.

Démonstration — Partant de l'éq. (4-41) en l'absence de corrélations triples on a directement :

$$\frac{\partial}{\partial t}Q_{i,j} = 2\nu\frac{\partial^2}{\partial\xi_k\partial\xi_k}Q_{i,j}$$

En exprimant alors les dérivations en ξ par des dérivations en r, il vient au second membre :

$$\begin{aligned} \frac{\partial^2}{\partial\xi_k\partial\xi_k}Q_{i,j} &= \frac{\partial}{\partial\xi_k}\left(\frac{\xi_k}{r}\frac{\partial}{\partial r}Q_{i,j}\right) = \frac{3}{r}\frac{\partial Q_{i,j}}{\partial r} + \frac{\xi_k\xi_k}{r}\frac{\partial}{\partial r}\left(\frac{1}{r}\frac{\partial Q_{i,j}}{\partial r}\right) \\ &= \frac{3}{r}\frac{\partial Q_{i,j}}{\partial r} + r\frac{\partial}{\partial r}\left(\frac{1}{r}\frac{\partial Q_{i,j}}{\partial r}\right) = \frac{2}{r}\frac{\partial Q_{i,j}}{\partial r} + \frac{\partial^2 Q_{i,j}}{\partial r^2} \equiv \frac{1}{r^2}\frac{\partial}{\partial r}\left(r^2\frac{\partial Q_{i,j}}{\partial r}\right) \end{aligned}$$

qui conduit bien à l'équation précitée.

3.8.2 Propriétés remarquables des solutions du modèle linéaire

La solution précédente de l'équation sans corrélations triples permet de mettre en évidence trois propriétés remarquables :

a) La décroissance énergétique obéit à la loi :

$$\boxed{u'^2(t) = \alpha C t^{-5/2}} \qquad (4\text{-}49)$$

b) La fonction de corrélation spatiale longitudinale $f(r,t)$ suit la loi de Gauss :

$$\boxed{f(r,t) = e^{-\dfrac{r^2}{8\nu t}}} \qquad (4\text{-}50)$$

c) La solution satisfait à la condition d'invariance de Loitsyanski $u'^2 \times J^{(4)} = \mathrm{K}$.

Démonstration — Pour établir ces trois propriétés, exprimons la trace du tenseur de corrélations doubles de la solution de l'équation linéaire. On a :

$$\begin{aligned} \frac{Q_{i,i}}{u'^2} &= -\frac{1}{2r}\frac{\partial f}{\partial r}\xi_i\xi_i + \left(f + \frac{r}{2}\frac{\partial f}{\partial r}\right)\delta_{ii} = -\frac{r}{2}\frac{\partial f}{\partial r} + 3f + \frac{3}{2}r\frac{\partial f}{\partial r} \\ &= 3f + r\frac{\partial f}{\partial r} \equiv \frac{1}{r^2}\frac{\partial}{\partial r}\left(r^3 f\right) \end{aligned}$$

Compte tenu du développement à l'origine de la fonction $f(r,t)$, on en déduit que dans la limite $r \rightarrow 0$:
$$\frac{Q_{i,i}(0,t)}{u'^2(t)} = 3$$

Appliquant alors le résultat (4-48a) pour $r=0$, on obtient $u'^2(t) = \alpha C t^{-5/2}$ qui est bien la loi de décroissance énergétique annoncée.

3.8.3 Affinité générale des solutions de l'équation de Kármán et Howarth

La situation simplifiée précédente a mis en évidence l'existence de solutions en affinité où les corrélations *normées par une échelle fonction de **t***, ne dépendent que d'*une* variable de longueur elle-même *réduite par une échelle fonction de **t*** :$g^{-1}(t)$. Cette observation suggére de rechercher si cette propriété ne pourrait s'étendre aux solutions de l'équation de Kármán *complète*, *avec* les termes de corrélations triples. C'est la question que nous allons examiner maintenant.
En particularisant l'analyse aux fonctions $f(r,t)$ et $k(r,t)$ comme nous l'avons fait jusqu'ici, l'hypothèse d'affinité[1] revient à poser :

$$\frac{Q_{1,1}}{u'^2(t)} = f(\eta) \quad et \quad \frac{S_{11,1}}{u'^3(t)} = k(\eta) \qquad avec \qquad \eta = \frac{r}{l(t)} \tag{4-51}$$

où $u'(t)$ et $l(t)$ sont deux échelles, respectivement de vitesse et de longueur, *fonctions de la seule variable temporelle.*

Après substitution dans l'équation de Kármán, on peut montrer que celle-ci est transformée en l'équation différentielle suivante :

$$-\frac{1}{u'}\frac{\mathrm{d}l}{\mathrm{d}t}[\eta f'] + \frac{2l}{u'^2}\frac{\mathrm{d}u'}{\mathrm{d}t}[f] - \frac{1}{\eta^4}[\eta^4 k]' = \frac{2}{R_l}\frac{1}{\eta^4}[\eta^4 f']' \tag{4-52}$$

où $R_l = R_l(t) \equiv u'(t) \times l(t)/\nu$. Cette équation n'admet de solutions conformes à l'hypothèse d'affinité que si des conditions de compatibilité sont satisfaites. Celles-ci imposent, *A* désignant une constante pure :

– décroissance énergétique :
$$\boxed{u'^2(t) = \frac{\nu}{A}\mathcal{R}_l \frac{1}{(t-t_0)}} \tag{4-53a}$$

– évolution de l'échelle de longueur :
$$\boxed{l(t) = \sqrt{\nu A \mathcal{R}_l} \times (t-t_0)^{1/2}} \tag{4-53b}$$

– nombre de Reynolds de turbulence :
$$\boxed{\mathcal{R}_l = \frac{u'(t) \times l(t)}{\nu} = Cons^{te}} \tag{4-54}$$

[1] "similarity" en anglais

Lorsqu'elles sont satisfaites, les conditions précédentes assurent l'existence de solutions d'affinité *totale*, par opposition à l'affinité *partielle* que nous verrons ci-après. En conséquence immédiate de l'affinité totale, il est aisé de tirer les propriétés suivantes :

- a) Les échelles $l(t)$ et $\lambda(t)$ sont proportionnelles, $\lambda(t)$ désignant la micro-échelle longitudinale de Taylor :

$$\boxed{\frac{l(t)}{\lambda(t)} = Cons^{te} = \sqrt{\frac{A}{10}\mathcal{R}_l}} \qquad (4\text{-}55)$$

- b) La fonction de corrélation double $f(r,t)$ est régie par l'équation différentielle : $\frac{A}{2}\eta f' + Af + \frac{1}{\eta^4}\left(\eta^4 k\right)' = \frac{-2}{\mathcal{R}_l}\frac{1}{\eta^4}\left(\eta^4 f'\right)'$

  qui ne peut être résolue sans un schéma de fermeture pour la fonction $k(r,t)$.
- c) La solution **ne vérifie pas** la condition d'invariance de Loitsyanski, car $u'^2 \times J^{(4)} \sim t^{3/2}$.

3.8.4 Les solutions en affinité partielle de l'équation de Kármán et Howarth

Comme nous le verrons dans la deuxième partie de ce cours, les conditions d'affinité *totale* qui viennent d'être présentées peuvent n'être qu'imparfaitement vérifiées expérimentalement, car trop contraignantes. En pareil cas, on peut être alors conduit à rechercher des conditions d'affinité *partielle.*

a) Une première tentative en ce sens est due à Lin [269]. L'idée en est d'appliquer les concepts d'affinité, non plus sur tout l'intervalle $[0, +\infty[$, mais sur une plage *limitée* d'échelles de longueur i.e., $0 \le r \le R$.
D'un point de vue formel, cela se traduit par l'application de l'affinité aux *fonctions de structure* au lieu des fonctions de corrélations. Ces *fonctions de structure* sont définies, par exemple, par :

$$D_{1,1}(r,t) = \overline{[u(x+r,t) - u(x,t)]^2} \equiv 2\overline{u^2(t)} - 2Q_{1,1}(r,t)$$
$$D_{11,1}(r,t) = \overline{[u(x+r,t) - u(x,t)]^3} \equiv 6S_{11,1}(r,t)$$

Sur ces grandeurs, l'hypothèse d'affinité consistera donc à poser :

$$Pour\ 0 \le r \le R \begin{cases} D_{1,1}(r,t) = \tilde{u}^2(t).\tilde{f}\left(r/\tilde{l}(t)\right) \\ et \\ D_{11,1}(r,t) = \tilde{u}^3(t).\tilde{k}\left(r/\tilde{l}(t)\right) \end{cases} \qquad (4\text{-}56)$$

où les échelles de vitesse et de longueur sont maintenant désignées respectivement par $\tilde{u}(t)$ et $\tilde{l}(t)$, les fonctions d'affinité par $\tilde{f}(\tilde{\eta})$ et $\tilde{k}(\tilde{\eta})$, et avec pour nouvelle variable réduite $\tilde{\eta} = r/\tilde{l}(t)$.

Bien que moins restrictif que l'affinité générale, le concept de Lin se traduit par des conditions de compatibilité identiques aux relations générales (4-52) à (4-54), pour les échelles $\tilde{u}(t)$ *et* $\tilde{l}(t)$.

DÉMONSTRATION — Les relations précédentes de l'hypothèse d'affinité partielle fournissent les équivalences suivantes :

$$\tilde{u}^2\tilde{f}(\tilde{\eta}) = 2u'^2 - 2u'^2 f$$
$$\tilde{u}^3\tilde{k}(\tilde{\eta}) = 6u'^3 k$$

qui permettent une substitution directe dans l'équation de Kármán et Howarth (4-42). On obtient ainsi :

$$\frac{\mathrm{d}u'^2}{\mathrm{d}t} - \frac{1}{2}\frac{\partial}{\partial t}\left(\tilde{u}^2\tilde{f}\right) - \frac{\tilde{u}^3}{6r^4}\frac{\partial}{\partial r}\left(r^4\tilde{k}\right) = -\nu\frac{\tilde{u}^2}{r^4}\frac{\partial}{\partial r}\left(r^4\frac{\partial\tilde{f}}{\partial r}\right)$$

Or nous avons vu que : $\dfrac{\mathrm{d}u'^2}{\mathrm{d}t} = -10\nu u'^2\left(\dfrac{\partial^2 f}{\partial r^2}\right)_{r=0}$

Dérivant alors deux fois par rapport à r la relation $2u'^2 f = 2u'^2 - \tilde{u}^2\tilde{f}$ il vient :

$$u'^2\left(\frac{\partial^2 f}{\partial r^2}\right)_{r=0} = -\frac{\tilde{u}^2}{2}\left(\frac{\partial^2\tilde{f}}{\partial r^2}\right)_{r=0} \equiv -\frac{\tilde{u}^2}{2\tilde{l}^2}\left(\frac{\mathrm{d}^2\tilde{f}}{\mathrm{d}\tilde{\eta}^2}\right)_{\tilde{\eta}=0}$$

On peut donc écrire pour l'évolution de l'énergie :

$$\frac{\mathrm{d}u'^2}{\mathrm{d}t} = 5\nu\frac{\tilde{u}^2}{\tilde{l}^2}\left(\frac{\mathrm{d}^2\tilde{f}}{\mathrm{d}\tilde{\eta}^2}\right)_{\tilde{\eta}=0} = 5\nu\frac{\tilde{u}^2}{\tilde{l}^2}\tilde{f}''(0)$$

En outre, compte tenu des calculs déjà faits, on sait que :

$$\frac{\partial}{\partial t}\left(\tilde{u}^2\tilde{f}\right) = \tilde{f}\frac{\mathrm{d}\tilde{u}^2}{\mathrm{d}t} - \frac{\tilde{u}^2}{\tilde{l}}\frac{\mathrm{d}\tilde{l}}{\mathrm{d}t}\left[\tilde{\eta}\tilde{f}'\right]$$
$$\frac{1}{r^4}\frac{\partial}{\partial r}\left(r^4\tilde{k}\right) = \frac{1}{\tilde{l}}\frac{1}{\tilde{\eta}^4}\left[\tilde{\eta}^4\tilde{k}\right]'$$
$$\frac{1}{r^4}\frac{\partial}{\partial r}\left(r^4\frac{\partial\tilde{f}}{\partial r}\right) = \frac{1}{\tilde{l}^2}\frac{1}{\tilde{\eta}^4}\left[\tilde{\eta}^4\tilde{f}'\right]'$$

En substituant dans l'équation de von Kármán, et après multiplication membre à membre par $\tilde{l}^2/\nu\tilde{u}^2$, on aboutit finalement à :

$$5\tilde{f}''(0) - \frac{1}{2}\frac{\tilde{l}^2}{\nu\tilde{u}^2}\frac{\mathrm{d}\tilde{u}^2}{\mathrm{d}t}\left[\tilde{f}\right] + \frac{1}{2}\frac{\tilde{l}}{\nu}\frac{\mathrm{d}\tilde{l}}{\mathrm{d}t}\left[\tilde{\eta}\tilde{f}'\right] - \frac{\tilde{u}\tilde{l}}{6\nu}\frac{1}{\tilde{\eta}^4}\left[\tilde{\eta}^4\tilde{k}\right]' = -\frac{1}{\tilde{\eta}^4}\left[\tilde{\eta}^4\tilde{f}'\right]'$$

Il s'agit d'une équation différentielle en $\tilde{\eta}$ dont toutes les quantités entre crochets ne dépendent que de cette seule variable. Le premier terme de cette équation étant constant, il impose les conditions de compatibilités suivantes :

$$\frac{\tilde{l}^2}{\tilde{u}^2}\frac{\mathrm{d}\tilde{u}^2}{\mathrm{d}t} = C^{te}, \quad \tilde{l}\frac{\mathrm{d}\tilde{l}}{\mathrm{d}t} = C^{te}, \quad et\ \frac{\tilde{u}\tilde{l}}{\nu} = C^{te}$$

Il est alors facile de se rendre compte que ces conditions sont identiques à celles de l'affinité générale précédemment étudiée (§2.6.2.)

b) Un deuxième type d'affinité partielle, introduit par Kármán et Howarth, consiste à limiter cette propriété à des situations où le *nombre de Reynolds de turbulence* est *grand*. L'équation de Kármán et Howarth sous l'hypothèse d'affinité (4-52) se réduit alors à :

$$-\frac{1}{u'}\frac{\mathrm{d}l}{\mathrm{d}t}[\eta f'] + \frac{2l}{u'^2}\frac{\mathrm{d}u'}{\mathrm{d}t}[f] - \frac{1}{\eta^4}[\eta^4 k]' = 0$$

Dans ce cas, on peut montrer que les conditions de compatibilité se traduisent par :

– décroissance énergétique : $$\boxed{u'^2(t) = \alpha(t-t_0)^{\frac{2B}{A-B}}} \qquad \text{(4-57a)}$$

– échelle de longueur : $$\boxed{l(t) = \beta(t-t_0)^{\frac{A}{A-B}}} \qquad \text{(4-57b)}$$

où α, β, A et B représentent quatre constantes.
Enfin, si l'on impose en plus de satisfaire la condition d'invariance de Loitsyanski, alors les exposants sont liés par la relation $2B = -5A$, de sorte que les lois précédentes deviennent $u'^2(t) \sim (t-t_0)^{-10/7}$ et $l(t) \sim (t-t_0)^{2/7}$.

4 Expressions locales de la dissipation et de l'enstrophie en T.H.I.

En conclusion de cette étude sur les corrélations en deux points nous nous proposons de tirer, par passage à la limite $r \to 0$, les expressions *locales* ou en *un point*, de deux fonctions particulières :

– l'enstrophie, ou double de la variance du rotationnel fluctuant $\overline{\omega^2}$
– le taux de dissipation par agitation turbulente $\overline{\epsilon}$.

Ces quantités ont pour expressions respectives :

$$\overline{\omega^2} = \overline{\omega_i\omega_i} = 2\overline{\left(\frac{\partial u_k}{\partial x_j} - \frac{\partial u_j}{\partial x_k}\right)^2} \qquad \text{(4-58a)}$$

$$\overline{\epsilon} = \frac{\nu}{2}\overline{\left(\frac{\partial u_i}{\partial x_j} + \frac{\partial u_j}{\partial x_i}\right)^2} \qquad \text{(4-58b)}$$

et dépendent des seuls arguments $(\vec{x}, t)$.

Les expressions de définition précédentes faisant intervenir des *corrélations entre dérivées* spatiales de fluctuations de vitesses en un point, nous allons commencer par établir certains résultats sur de telles corrélations.

4.1 Expression des corrélations aux dérivées de fluctuations de vitesse en un point en T.H.I. isovolume

Sous les hypothèses d'homogénéité et d'isotropie, on peut établir les relations suivantes sur les corrélations de dérivées spatiales de fluctuations de vitesse **prises en un point** :

$$\overline{\frac{\partial u}{\partial x}\frac{\partial v}{\partial y}} = \overline{\frac{\partial v}{\partial y}\frac{\partial w}{\partial z}} = \overline{\frac{\partial w}{\partial z}\frac{\partial u}{\partial x}} = \overline{\frac{\partial u}{\partial y}\frac{\partial v}{\partial x}} = \overline{\frac{\partial v}{\partial z}\frac{\partial w}{\partial y}} = \overline{\frac{\partial w}{\partial x}\frac{\partial u}{\partial y}} =$$

$$-\frac{1}{2}\overline{\left(\frac{\partial u}{\partial x}\right)^2} = -\frac{1}{2}\overline{\left(\frac{\partial v}{\partial y}\right)^2} = -\frac{1}{2}\overline{\left(\frac{\partial w}{\partial z}\right)^2} = -\frac{1}{4}\overline{\left(\frac{\partial u}{\partial y}\right)^2} = -\frac{1}{4}\overline{\left(\frac{\partial u}{\partial z}\right)^2} =$$

$$-\frac{1}{4}\overline{\left(\frac{\partial v}{\partial x}\right)^2} = -\frac{1}{4}\overline{\left(\frac{\partial v}{\partial z}\right)^2} = -\frac{1}{4}\overline{\left(\frac{\partial w}{\partial x}\right)^2} = -\frac{1}{4}\overline{\left(\frac{\partial w}{\partial y}\right)^2}$$

ou encore sous forme tensorielle condensée :

$$\boxed{\lim_{r\to 0} R_{i,j} \simeq -\frac{1}{2}\left(\frac{\partial^2 f}{\partial r^2}\right)_{r=0}\xi_i\xi_j + \left[1 + \left(\frac{\partial^2 f}{\partial r^2}\right)_{r=0} r^2\right]\delta_{ij}} \qquad (4\text{-}59)$$

DÉMONSTRATION — Soit donc une corrélation en un point de la forme :

$$\overline{\frac{\partial u_k}{\partial x_i}\frac{\partial u_l}{\partial x_j}} \equiv \overline{\frac{\partial u_k(P,t)}{\partial x_i}\frac{\partial u_l(P,t)}{\partial x_j}}$$

Avec les règles de dérivation introduites antérieurement — éqs.(4-9a et b) — nous pouvons écrire :

$$\frac{\partial^2}{\partial\xi_i\partial\xi_j}Q_{k,l} = -\overline{\frac{\partial u_k(P_1,t)}{\partial\xi_i}\frac{\partial u_l(P_2,t)}{\partial\xi_j}}$$

Faisant tendre alors P_2 vers P_1 il vient :

$$\left[\frac{\partial^2}{\partial\xi_i\partial\xi_j}Q_{k,l}\right]_{\vec{\xi}=\vec{0}} = -\overline{\frac{\partial u_k}{\partial x_i}\frac{\partial u_l}{\partial x_j}}$$

Or, d'après la première relation de Kármán et Howarth, il est facile de voir que :

$$\left[\frac{\partial^2}{\partial\xi_i\partial\xi_j}Q_{k,l}\right]_{\vec{\xi}=\vec{0}} = \begin{cases} f''(0) & \textit{pour } k=l=i=j \\ 2f''(0) & \textit{pour } k=l\neq i=j \\ -\frac{f''(0)}{2} & \textit{pour } \begin{cases} k=i\neq l=j \\ \textit{ou} \\ k=j\neq l=i \end{cases} \\ 0 & \textit{pour tous les autres cas} \end{cases}$$

Ceci démontre le résultat annoncé, la valeur commune de la chaîne d'égalités n'étant autre que $f''(0)/2$.

4.2 Expression de l'enstrophie en T.H.I.

Nous considérons tout d'abord le montant local du double d'enstrophie :

$$\overline{\omega^2(P,t)} \equiv \overline{\omega^2(P,t)} \equiv \overline{\omega_i(P,t)\omega_i(P,t)}$$

En application des résultats précédents, cette quantité s'exprime, en T.H.I. isovolume par :

$$\boxed{\overline{\omega^2}(t) = -15u'^2(t)\left[\frac{\partial^2 f(r,t)}{\partial r}\right]_{r=0}} \qquad (4\text{-}60)$$

DÉMONSTRATION — Pour établir ce résultat, il suffit de considérer la valeur locale de l'enstrophie comme la limite suivante de la corrélation entre fluctuations de rotationnel en deux points :

$$\overline{\omega^2(P,t)} = \lim_{P_2 \to P} \overline{\omega_i(P,t)\omega_i(P_2,t)}$$

Or nous avons précédemment établi — éq.(4-23) — la relation entre la corrélation de rotationnel et le tenseur des corrélations, de sorte que :

$$\overline{\omega^2(t)} = -u'^2 \left(\frac{\partial^2 R_{i,i}}{\partial \xi_j \partial \xi_j}\right)_{\xi_1=\xi_2=\xi_3=0}$$

On en déduit immédiatement que :

$$\overline{\omega^2(t)} = -u'^2 \left(\frac{\partial^2 R_{1,1}}{\partial \xi_j \partial \xi_j} + \frac{\partial^2 R_{2,2}}{\partial \xi_j \partial \xi_j} + \frac{\partial^2 R_{3,3}}{\partial \xi_j \partial \xi_j}\right)_{\xi_1=\xi_2=\xi_3=0}$$

Compte tenu des relations (4-59), nous voyons que :

$$\left(\frac{\partial^2 R_{1,1}}{\partial \xi_j \partial \xi_j}\right)_{\vec{\xi}=\vec{0}} = \left(\frac{\partial^2 R_{1,1}}{\partial \xi_1 \partial \xi_1} + \frac{\partial^2 R_{2,2}}{\partial \xi_2 \partial \xi_2} + \frac{\partial^2 R_{3,3}}{\partial \xi_3 \partial \xi_3}\right)_{\vec{\xi}=\vec{0}} = \left(\frac{\partial^2 f}{\partial r^2}\right)_{r=0} + 2\left(\frac{\partial^2 f}{\partial r^2}\right)_{r=0} + 2\left(\frac{\partial^2 f}{\partial r^2}\right)_{r=0}$$

d'où finalement : $\overline{\omega^2(t)} = -u'^2 \times 3 \times 5 \left(\frac{\partial^2 f}{\partial r^2}\right)_{r=0} = -15u'^2 \left(\frac{\partial^2 f}{\partial r^2}\right)_{r=0}$

4.3 Expressions de la dissipation en T.H.I.

Le taux de dissipation d'énergie cinétique cinématique $\overline{\epsilon} = \frac{\nu}{2}\overline{\left(\frac{\partial u_i}{\partial x_j} + \frac{\partial u_j}{\partial x_i}\right)^2}$ n'est en général pas directement mesurable sauf en T.H.I., où des formes simplifiées peuvent être utilisées. Ce sont ces expressions que nous allons établir maintenant.

Pour alléger les écritures, on ne mentionnera plus systématiquement les arguments des fonctions, mais on aura soin de retenir qu'en situation de T.H.I. isovolume, le taux de dissipation local ne dépend que du temps $\overline{\epsilon} \equiv \overline{\epsilon}(t)$.

a) En développant la relation de définition de $\overline{\epsilon}$ on obtient :

$$\begin{aligned}\overline{\epsilon} &= \frac{\nu}{2}\overline{\left(\frac{\partial u_i}{\partial x_j}\right)\left(\frac{\partial u_i}{\partial x_j}\right)} + \frac{\nu}{2}\overline{\left(\frac{\partial u_j}{\partial x_i}\right)\left(\frac{\partial u_j}{\partial x_i}\right)} + \nu\overline{\left(\frac{\partial u_i}{\partial x_j}\right)\left(\frac{\partial u_j}{\partial x_i}\right)}\\ &= \nu\overline{\left(\frac{\partial u_i}{\partial x_j}\right)\left(\frac{\partial u_i}{\partial x_j}\right)} + \nu\frac{\partial}{\partial x_j}\overline{\left(u_i\frac{\partial u_j}{\partial x_i}\right)} = \nu\overline{\left(\frac{\partial u_i}{\partial x_j}\right)\left(\frac{\partial u_i}{\partial x_j}\right)} + \nu\frac{\partial^2\left(\overline{u_i u_j}\right)}{\partial x_j \partial x_i}\end{aligned}$$

où il a été fait usage de la condition isovolume pour transformer le dernier terme du second membre.
Puisqu'en situation homogène, toute variation spatiale d'un moment statistique en un point est nulle, cette expression se réduit simplement à :

$$\boxed{\overline{\epsilon} = \nu\overline{\left(\frac{\partial u_i}{\partial x_j}\right)^2} = \nu\overline{\left(\frac{\partial u_i}{\partial x_j}\right)\left(\frac{\partial u_i}{\partial x_j}\right)} \equiv \overline{\varepsilon}} \tag{4-61}$$

Rappelons que nous avons qualifié, dans le cas général, l'expression $\overline{\varepsilon}$ de *pseudo-dissipation*, car elle ne s'identifie à la dissipation vraie $\overline{\epsilon}$ que dans le cas homogène. Elle lui est équivalente, en situation non homogène, mais à grand nombre de Reynolds de turbulence (Cf. Chapitre X). Dans la suite de cette section nous ne ferons plus de distinction de notations entre ces deux fonctions.

b) Par un calcul tout à fait analogue, on peut montrer que :

$$\begin{aligned}\overline{\left(\frac{\partial u_i}{\partial x_j} - \frac{\partial u_j}{\partial x_i}\right)^2} &= \overline{\left(\frac{\partial u_i}{\partial x_j}\right)^2} + \overline{\left(\frac{\partial u_j}{\partial x_i}\right)^2} - 2\overline{\left(\frac{\partial u_i}{\partial x_j}\right)\left(\frac{\partial u_j}{\partial x_i}\right)}\\ &= 2\overline{\left(\frac{\partial u_i}{\partial x_j}\right)^2}\end{aligned}$$

On en déduit que :

$$\boxed{\overline{\varepsilon} = \frac{\nu}{2}\overline{\left(\frac{\partial u_i}{\partial x_j} - \frac{\partial u_j}{\partial x_i}\right)^2} \equiv \nu\overline{\omega_i\omega_i}} \tag{4-62}$$

qui établit en fait, l'identité de la dissipation et de l'enstrophie (au facteur 2ν près) en situation homogène.

DÉMONSTRATION — Appliquant l'identité (3-43) au mouvement fluctuant, on a :

$$\left(\frac{\partial u_i}{\partial x_j} - \frac{\partial u_j}{\partial x_i}\right)^2 \equiv r_{ij}r_{ij} = \left(-\frac{1}{2}\alpha_{ijk}\omega_k\right)\left(-\frac{1}{2}\alpha_{ijl}\omega_l\right) = \frac{1}{4}\alpha_{ijk}\alpha_{ijl}\omega_k\omega_l$$

en désignant ici par α_{ijk} le pseudo-tenseur alterné. Or $\alpha_{ijk}\alpha_{ijl} = 2\delta_{kl}$ de sorte que :

$$\overline{\left(\frac{\partial u_i}{\partial x_j} - \frac{\partial u_j}{\partial x_i}\right)^2} = \frac{1}{2}\delta_{kl}\overline{\omega_k\omega_l} \equiv \frac{1}{2}\overline{\omega_k\omega_k} \qquad C.Q.F.D.$$

c) En développant l'expression (4-58b), on obtient ensituation isotrope :

$$\bar{\varepsilon} = \nu\left[3\overline{\left(\frac{\partial u_1}{\partial x_1}\right)^2} + 6\overline{\left(\frac{\partial u_1}{\partial x_2}\right)^2}\right]$$

Or toujours en situation de T.H.I., $\overline{\left(\frac{\partial u_1}{\partial x_1}\right)^2} = \frac{1}{2}\overline{\left(\frac{\partial u_1}{\partial x_2}\right)^2}$

Ainsi déduit-on :

$$\boxed{\bar{\varepsilon} = \frac{15}{2}\nu\overline{\left(\frac{\partial u_1}{\partial x_2}\right)^2} = 15\nu\overline{\left(\frac{\partial u_1}{\partial x_1}\right)^2}} \qquad (4\text{-}63)$$

d) Les relations précédentes peuvent être facilement reconverties pour faire intervenir les micro-échelles de Taylor. Nous avons vu en effet que :

$$\frac{1}{\lambda_f^2(t)} = \frac{1}{2\overline{u^2}(t)}\overline{\left(\frac{\partial u_1}{\partial x_1}\right)^2} = -\frac{1}{2}\left[\frac{\partial^2}{\partial r^2}f(r,t)\right]_{r=0}$$
$$\frac{1}{\lambda_g^2(t)} = \frac{1}{2\overline{u^2}(t)}\overline{\left(\frac{\partial u_2}{\partial x_1}\right)^2} = -\frac{1}{2}\left[\frac{\partial^2}{\partial r^2}g(r,t)\right]_{r=0}$$

Par substitution directe de ces expressions dans les relations précédentes, on obtient :

$$\boxed{\bar{\varepsilon} = 15\nu\frac{\overline{u^2}}{\lambda_g^2} = 30\nu\frac{\overline{u^2}}{\lambda_f^2}} \qquad (4\text{-}64)$$

C'est en raison de ces relations que les micro-échelles de Taylor sont parfois qualifiées d'*échelles de dissipation*. Cette terminologie pouvant prêter à confusion avec la dénomination de Kolmogorov pour les *échelles des structures dissipatives* ne sera pas utilisée ici.
Finalement, en rapprochant cette dernière expression de (4-60), on peut conclure qu'en T.H.I. :

$$\bar{\epsilon} = \bar{\varepsilon} = \nu\overline{\omega^2} = -15\nu u'^2\left(\frac{\partial^2 f}{\partial r^2}\right)_{r=0}$$

CHAPITRE V

ÉLÉMENTS DE L'APPROCHE SPECTRALE

« De la même façon que les informations traduites dans l'espace physique résultent d'une contraction de données provenant de l'espace spectral, l'équation en un point de l'espace spectral est un condensé d'informations résultant de diverses interactions spectrales. Cette situation est mieux saisie lorsque la transformée de Fourier des corrélations est obtenue à partir des transformées de composantes de la vitesse.»

J. MATHIEU [290] 1979, page 477.

1 Introduction

Sous la dénomination générique "d'approche spectrale" se cache en réalité une diversité de voies d'étude de la turbulence qui peut résulter tant des outils mathématiques mis en œuvre que des objectifs cognitifs assignés. Actuellement, le recours à un traitement spectral en turbulence peut être motivé par au moins trois types de préoccupations.

- La première est celle de la simulation numérique directe de réalisations de champs turbulents. Dans ce cas, l'outil mathématique de référence est la décomposition en série de Fourier de fonctions certaines à périodicité spatiale. Il conduit directement à l'exploitation de méthodes numériques spectrales ou pseudo-spectrales.
- Une deuxième motivation est d'ordre plus théorique, centrée en particulier sur l'analyse des mécanismes d'interactions et échanges entre nombres d'onde. L'assise de l'étude est alors donnée par l'écriture des équations de Navier-Stokes dans l'espace de Fourier des fonctions alétoires en conséquence d'une transformée harmonique de la vitesse et de la pression en intégrale de Fourier, comme cela a été vu au Chapitre II-§7.3.
- Enfin, un troisième usage peut être justifié par des considérations de modélisation, en proposant, en dualité au domaine physique, un second espace d'expression d'hypothèses de fermeture. On retrouve alors une transformation en intégrale de Fourier mais qui opère à présent sur des fonctions certaines

obtenues, soit par passage à la moyenne des équations spectrales aléatoires, soit par représentation spectrale de corrélations spatiales.

Il existe bien évidemment de profondes similitudes de formalisme et correspondances mathématiques entre ces divers traitements que le lecteur débutant a parfois tendance à confondre. C'est pourquoi, nous aborderons successivement les trois aspects qui viennent d'être introduits. Pour le lecteur déjà averti de ces questions, nous renvoyons à l'ouvrage de M. Lesieur [259] où il trouvera une présentation unitaire plus élégante de l'ensemble du sujet. En outre, et dans la perspective de modélisation par fermeture en un point à laquelle se limite cet ouvrage, nous nous en tiendrons strictement à la présentation de notions qui participent exclusivement de cette finalité.

2 Champ à périodicité spatiale et transformée de Fourier discrète

Au Chapitre II-§7, nous avons introduit les décompositions en intégrales de Fourier de fonctions certaines et aléatoires. Nous allons compléter ici l'étude spectrale par la décomposition harmonique discrète en séries de Fourier de fonctions certaines. En préalable, nous allons montrer sur l'exemple de Kovasznay [221], quelques particularités des fonctions trigonométriques de l'espace en solution exacte, spatialement périodique, des équations de Navier-Stokes.

2.1 Champ spatial sinusoïdal. Vecteur d'onde

Nous nous plaçons pour simplifier en situation bidimensionnelle plane (x, y) et considérons un écoulement isovolume dont les champs de vitesse et de pression sont donnés par :

$$\begin{aligned} U(x, y, t) &= A(t) \cos(ax + by) \\ V(x, y, t) &= B(t) \cos(ax + by) \\ P(x, y, t) &= 0 \end{aligned} \tag{5-1}$$

$A(t)$ et $B(t)$ sont deux fonctions réelles non nulles du temps, a et b, deux coefficients également non nuls, homogènes à l'inverse d'une longueur qui vérifient, à tout instant t, la condition :

$$\forall t, \quad A(t)/B(t) = -b/a \tag{5-2}$$

On peut alors aisément vérifier que, sous cette condition, le champ de vitesse est bien solénoïdal puisque :

$$div\vec{V} = -[aA(t) + bB(t)] \sin(ax + by) \equiv 0$$

Ainsi les composantes du vecteur vitesse dérivent, à chaque instant de la fonction potentiel :

$$\psi(x, y, t) = -\frac{A(t)}{b}\sin(ax + by) \equiv \frac{B(t)}{a}\sin(ax + by) \qquad (5\text{-}3)$$

En substituant vitesse et pression dans la première projection des équations de Navier-Stokes, on déduit que l'amplitude de la première composante du vecteur vitesse est régie par :

$$\frac{1}{A(t)}\frac{\mathrm{d}A(t)}{\mathrm{d}t} = -\nu\left(a^2 + b^2\right)$$

dont la solution s'écrit $A(t) = A_0 e^{-\nu\kappa^2 t}$, en posant $\kappa^2 = a^2 + b^2$ et convenant que pour $t = 0$, $A(0) = A_0$.
On montrerait de la même façon que l'amplitude de la seconde composante du vecteur vitesse, toujours en solution des équations de Navier-Stokes, est donnée par $B(t) = B_0 e^{-\nu\kappa^2 t}$.
Ainsi, le champ de vitesse précédent est celui d'un écoulement (voir figure suivante) bidimensionnel plan, instationnaire, isovolume et isobare,
– variant sinusoïdalement dans l'espace à un instant quelconque,
– décroissant exponentiellement en amplitude au cours du temps.

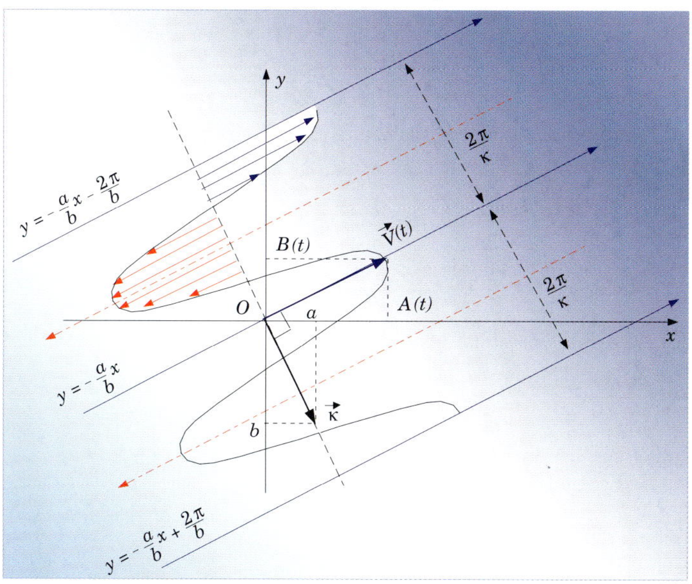

Fig. 1: Schéma du champ d'écoulement à répartition spatiale sinusoïdale de vitesse ($a > 0$ et $b < 0$).

L'expression précédente de la fonction courant montre qu'à chaque instant, les lignes d'équation $ax + by = 2\pi n$, où n est un entier relatif, sont les lignes de courant $\psi = 0$. Il s'agit d'un faisceau de droites parallèles, inclinées de l'angle $\mathrm{arctg}(-b/a)$ sur Ox et équidistantes d'une longueur normale égale à $2\pi/\kappa$, où $\kappa = \sqrt{a^2 + b^2}$.

Quant à la condition (5-2), elle traduit l'orthogonalité à tout instant du vecteur vitesse $\vec{V}(U, V)$ et du vecteur $\vec{\kappa}(a, b)$. Ce dernier est appelé *vecteur d'onde* ou encore *vecteur nombre d'onde*[1].

En résumé, cet exemple montre qu'il existe dans $\mathbb{R}^2$ une solution analytique des équations de Navier-Stokes instationnaires dont le champ de vitesse est donné en variation sinusoïdale de l'espace. Ce résultat peut être étendu au cas tridimensionnel, comme proposé dans l'exercice suivant.

EXERCICE — ***Solution sinusoïdale tridimensionnelle des équations de Navier-Stokes instationnaires*** — On donne le champ de vitesse périodique de l'espace comme partie réelle de l'expression complexe suivante :

$$U_j(\vec{x}, t) = A_j(t)e^{i\vec{\kappa}.\vec{x}} \qquad j = 1, 2, 3$$

où $A_j(t)$ est un vecteur à composantes fonctions complexes du temps, i l'unité imaginaire du plan complexe ($i^2 = -1$) et $\vec{\kappa}$ un vecteur d'onde tridimensionnel, de composantes réelles homogènes à l'inverse d'une longueur.

1) Montrer qu'en raison du caractère isovolume du mouvement, le vecteur d'onde est orthogonal à tout instant au vecteur vitesse.

2) Donner la loi d'évolution temporelle du module de la vitesse en solution des équations de Navier-Stokes à pression constante et en l'absence de forces extérieures de volume.

SOLUTION

1) En désignant respectivement par κ_1, κ_2, κ_3 les composantes du vecteur d'onde, la divergence du champ de vitesse s'exprime par la partie réelle de l'expression suivante :

$$iA_1\kappa_1 e^{i\vec{\kappa}.\vec{x}} + iA_2\kappa_2 e^{i\vec{\kappa}.\vec{x}} + iA_3\kappa_3 e^{i\vec{\kappa}.\vec{x}} \equiv i\left(\vec{A}.\vec{\kappa}\right)e^{i\vec{\kappa}.\vec{x}}$$

Pour une évolution isovolume, on en déduit bien la condition d'orthogonalité demandée.

2) Les différentes dérivations en fonction du champ de vitesse complexe sont :

$$\frac{\partial U_j}{\partial t} = \frac{\mathrm{d}A_j(t)}{\mathrm{d}t}e^{i\vec{\kappa}.\vec{x}}, \qquad \frac{\partial U_i}{\partial x_m} = iA_j(t)\kappa_m e^{i\vec{\kappa}.\vec{x}}, \qquad \frac{\partial^2 U_i}{\partial x_m^2} = -A_j(t)\kappa^2 e^{i\vec{\kappa}.\vec{x}}$$

Substituant dans les équations de Navier-Stokes, il vient ($P = C^{te}$) :

$$\frac{\mathrm{d}A_j(t)}{\mathrm{d}t}e^{i\vec{\kappa}.\vec{x}} + iA_j(t)\underbrace{A_m(t)\kappa_m}_{\equiv 0} e^{2i\vec{\kappa}.\vec{x}} = -\nu A_j(t)\kappa^2 e^{i\vec{\kappa}.\vec{x}}$$

l'annulation du terme mentionné résultant de la condition d'incompressibilité. La solution de l'équation simplifiée s'obtient aisément sous forme d'une décroissance exponentielle du temps $A_j(t) = A_j(0)e^{-\nu\kappa^2 t}$.

[1] La première dénomination correspond directement à l'anglais "wave vector" (voir Lesieur [259]). La seconde est celle employée par Kovasznay dans l'ouvrage en français cité en référence [135].

2.2 Représentation harmonique en série de Fourier de champs à périodicité spatiale

En présence d'une périodicité spatiale, l'exemple que nous venons de voir suggère d'utiliser les fonctions trigonométriques comme base de décomposition de la solution des équations de Navier-Stokes. Cela exige cependant qu'un certain nombre de conditions mathématiques soient satisfaites. Celles-ci sont précisées en détail dans le rappel inclus ci-après. Nous retiendrons simplement pour les besoins de l'exposé que si l'on suppose en particulier que le champ de l'écoulement est tridimensionnel et spatialement périodique modulo L, alors vitesse et pression peuvent être décomposées en séries harmoniques sous la forme :

$$\vec{u}(\vec{x},t)=\sum_{n_1,n_2,n_3=-\infty}^{n_1,n_2,n_3=+\infty}\widehat{u}_L(n_1,n_2,n_3,t)e^{\frac{2i\pi}{L}(n_1x_1+n_2x_2+n_3x_3)}\equiv\sum_{\kappa_j=-\infty}^{\kappa_j=+\infty}\widehat{u}_L(\vec{\kappa},t)e^{i\kappa_jx_j}$$

$$p(\vec{x},t)=\sum_{n_1,n_2,n_3=-\infty}^{n_1,n_2,n_3=+\infty}\widehat{p}_L(n_1,n_2,n_3,t)e^{\frac{2i\pi}{L}(n_1x_1+n_2x_2+n_3x_3)}\equiv\sum_{\kappa_j=-\infty}^{\kappa_j=+\infty}\widehat{p}_L(\vec{\kappa},t)e^{i\kappa_jx_j}$$

Dans les secondes parties des égalités ci-dessus, on a introduit le vecteur d'onde tridimensionnel $\vec{\kappa}$ de composantes

$$\kappa_j=\frac{2\pi}{L}n_j,\qquad \text{avec}\qquad n_j\in\mathbb{Z}\quad(j=1,2,3)$$

Le modulo L étant fini, les nombres d'onde sont discrets et dénombrables.
Les fonctions vectorielles $\widehat{u}_L(\vec{\kappa},t)$ et scalaire $\widehat{p}_L(\vec{\kappa},t)$ sont les transformées de Fourier spatiales discrètes modulo L du vecteur vitesse et de la pression respectivement. Celles-ci étant réelles, ces transformées vérifient la condition de symétrie hermitienne :

$$\widehat{u}_L(\vec{\kappa},t)=\widehat{u}_L^*(-\vec{\kappa},t)\qquad\text{et}\qquad\widehat{p}_L(\vec{\kappa},t)=\widehat{p}_L^*(-\vec{\kappa},t)$$

où l'astérisque désigne le complexe conjugué.

COMPLÉMENT — ***Rappels mathématiques sur la transformée de Fourier discrète*** — Ce rappel concerne les fonctions certaines à valeur réelle d'une variable réelle x.

a) *Fonctions de carré sommable* :

La famille :

$$\sqrt{\frac{1}{T}},\ \sqrt{\frac{2}{T}}\cos\left(\frac{2\pi x}{T}\right),\ \sqrt{\frac{2}{T}}\sin\left(\frac{2\pi x}{T}\right),\dots\ \sqrt{\frac{2}{T}}\cos\left(\frac{2\pi nx}{T}\right),\ \sqrt{\frac{2}{T}}\sin\left(\frac{2\pi nx}{T}\right),\dots$$

est une base hilbertienne de l'espace des fonctions $L^2(-T/2,T/2)$, i.e., de carré sommable sur l'intervalle $[-T/2,T/2]$. Ce résultat se traduit par le fait que tout élément — fonction certaine $f(x)$ — de cet espace peut se mettre sous la forme :

$$f(x)\overset{L^2}{=}\frac{a_0}{2}+\sum_{n=1}^{n=+\infty}\left\{a_n\cos\left(\frac{2\pi nx}{T}\right)+b_n\sin\left(\frac{2\pi nx}{T}\right)\right\}\tag{5-4}$$

avec

$$\forall n \geqslant 0,\; a_n = \frac{2}{T}\int_{-T/2}^{+T/2} f(x)\cos\left(\frac{2\pi nx}{T}\right)\mathrm{d}x \quad et \quad \forall n \geqslant 1,\; b_n = \frac{2}{T}\int_{-T/2}^{+T/2} f(x)\sin\left(\frac{2\pi nx}{T}\right)\mathrm{d}x$$

Par définition, la série figurant au second membre de l'égalité (5-4) s'appelle série de Fourier de la fonction $f(x)$, et les coefficients a_0, a_1, $b_1, \ldots a_n$, $b_n, \ldots$, coefficients de Fourier de cette même fonction.
Il est important de noter que l'égalité (5-4) ne traduit qu'une convergence en *valeur quadratique* de la série de Fourier vers la fonction, i.e., au sens de la limite suivante :

$$\lim_{k\to\infty}\left\| f(x) - \frac{a_0}{2} - \sum_{n=1}^{n=k}\left\{ a_n\cos\left(\frac{2\pi nx}{T}\right) + b_n\sin\left(\frac{2\pi nx}{T}\right)\right\}\right\|^2_{L^2(-T/2,T/2)} = 0$$

En d'autres termes, ce type de convergence n'interdit aucunement l'existence de valeurs de x pour lesquelles la série de Fourier ne "converge" pas vers la fonction $f(x)$. Cette question a été précisée par la proposition de Carleson en 1965, qui stipule que la série de Fourier de f « converge simplement presque partout vers f ». Autrement dit, les points de l'intervalle $[-T/2, +T/2]$ où il n'y a pas convergence *simple* constituent un ensemble de mesure nulle.
En pratique du traitement du signal par exemple, cette proposition montre qu'il est possible de changer la valeur du "signal" en un nombre fini de points, sans modifier la puissance, pourvu que cet ensemble soit de mesure nulle.
Il existe un autre cas particulier où l'on peut établir la décomposition (5-4) à partir d'une convergence plus "forte" que celle en valeur quadratique. C'est celui des fonctions périodiques.

b) *Fonctions périodiques* : Pour des fonctions $f(x)$ périodiques (T) on peut établir, avec des hypothèses complémentaires qui seront explicitées ci-après, la convergence *simple* ou *uniforme* de la série de Fourier de ces fonctions.
Rappelons en premier lieu que :

- une suite S_n de fonctions définies sur un intervalle I *converge simplement* vers S, si pour tout x de I, la suite de nombres réels $S_n(x)$ converge dans $\mathbb{R}$ vers $S(x)$, soit :

$$\forall x \in I,\; \forall \epsilon > 0,\; \exists N(x,\epsilon) \text{ tel que } n > N(x,\epsilon) \Longrightarrow |S_n(x) - S(x)| < \epsilon$$

- une suite S_n de fonctions définies sur un intervalle I *converge uniformément* vers S, sur I si :

$$\lim_{n\to\infty}\{Sup_{x\in I}|S_n(x) - S(x)|\} = 0$$

Enfin, si $S_n(x)$ converge uniformément vers $S(x)$ sur I, alors $S_n(x)$ converge simplement vers $S(x)$ en tout point de l'intervalle.
On démontre alors que pour une fonction f continue sur $\mathbb{R}$, absolument continue sur $[-T/2, T/2]$ et à dérivée de carré sommable sur ce même intervalle, la série de Fourier de f converge uniformément sur $\mathbb{R}$ vers f. Dans le cas où la fonction et sa

dérivée présentent des discontinuités de première espèce en un nombre fini de points, la convergence n'est plus uniforme mais simple.

c) *Fonctions paires et impaires* : Le calcul des coefficients de Fourier se simplifie conformément à :

$$f(x)\ paire : \qquad b_n = 0 \quad et \quad a_n = \frac{4}{T}\int_0^{T/2} f(x)\cos\left(\frac{2\pi n x}{T}\right)\mathrm{d}x$$

$$f(x)\ impaire : \qquad a_n = 0 \quad et \quad b_n = \frac{4}{T}\int_0^{T/2} f(x)\sin\left(\frac{2\pi n x}{T}\right)\mathrm{d}x$$

d) *Série de Fourier sous forme complexe* : La décomposition générale en série de Fourier (5-4) peut encore s'écrire en usant de la notation complexe :

$$f(x) \overset{L^2}{=} \sum_{n=-\infty}^{n=+\infty} c_n e^{2i\pi n x/T}$$

où les coefficients complexes (autres que c_0) s'obtiennent par la relation :

$$\forall n \in \mathbb{Z}^*, \quad c_n = \frac{1}{T}\int_{-T/2}^{+T/2} f(x)e^{-2i\pi n x/T}\mathrm{d}x$$

Outre la correspondance $c_0 = a_0/2$, on notera aussi les équivalences suivantes :

$$\forall n \geqslant 1 \quad c_n = \frac{a_n - ib_n}{2} \qquad et \qquad c_{-n} = \frac{a_n + ib_n}{2}$$

On observe bien que les coefficients c_n présentent la symétrie hermitienne ($c_{-n} = c_n^*$), propriété qui ne vaut que parce que la fonction f est à valeurs réelles.

e) *Égalité de Parseval* : Désignant par a_0, a_1, b_1,... a_n, b_n,... les coefficients de Fourier d'une fonction de carré sommable sur $[-T/2, T/2]$, on démontre que :

$$\frac{2}{T}\int_{-T/2}^{+T/2} [f(x)]^2\mathrm{d}x = \frac{a_0^2}{2} + \sum_{n=1}^{n=+\infty}\left(a_n^2 + b_n^2\right)$$

En pratique pour le physicien, l'intégrale figurant au premier membre de cette égalité représente selon le cas, l'énergie ou la puissance du signal sur une période. Le carré du module $a_n^2 + b_n^2$ exprime l'énergie ou la puissance de la $n^{ème}$ harmonique de la décomposition spectrale de f sur la base des fonctions sinus et cosinus. L'égalité de Parseval établit que l'énergie ou la puissance du signal sur une période s'obtient par sommation des contributions de toutes les harmoniques relatives à ce signal. Ce résultat est le pendant, pour les fonctions certaines, du théorème de Kintchine pour les fonctions alétoires (Cf. Chapitre II-§6).

2.3 Simulation numérique directe par méthodes spectrales et pseudo-spectrales

Il n'est pas question ici de donner un aperçu, même très rapide, des approches de simulation spectrale, mais simplement de susciter l'intérêt pour des méthodes qui, grâce au développement des moyens de calcul offrent désormais une alternative attrayante aux traitements classiques par différences finies. Pour une introduction au domaine, le lecteur pourra consulter le cours de Thual [418], et l'ouvrage de Canuto et al. [52], pour un exposé plus complet.

Dans les techniques spectrales de discrétisation spatiale, les fonctions du mouvement sont prises sous forme de développements en série de fonctions orthogonales. Les trois principaux types de fonctions de base sont les polynômes de Chebyshev, de Legendre et les fonctions trigonométriques des séries de Fourier. Le choix de la décomposition dépend des conditions aux limites de l'écoulement, les deux premières bases étant plus particulièrement adaptées au cas de mouvements en présence de parois solides avec condition d'adhérence. Les séries de Fourier sont recommandées pour des écoulements dont les frontières sont périodiques dans l'espace. Lorsque cette condition ne résulte pas directement de la géométrie, on peut néanmoins envisager un traitement de Fourier en usant du concept "d'écoulement en boîte".

Comme le précise Lesieur [259], ce concept s'applique s'il est possible de définir dans l'espace physique de l'écoulement étudié, — qui n'est pas nécessairement cinématiquement homogène —, un cube ("boîte") de côté L qui "capture" toutes les structures spatiales significatives de la turbulence considérée. La périodicité spatiale est alors obtenue par un "pavage" de tout l'espace en une infinité de boîtes identiques selon les trois directions.

Les différentes bases peuvent également être combinées pour traiter des problèmes où la périodicité spatiale peut être invoquée suivant deux directions par exemple, la troisième restant contrainte par des conditions d'adhérence, situation typique des écoulements entre plaques (canal plan d'envergure infinie).

Nous ne considérerons plus par la suite que la configuration avec périodicité spatiale tridimensionnelle. Dans ce cas, toute fonction réelle $f(x,t)$ d'une variable d'espace x et du temps t est représentée par une approximation discrète $\widetilde{f}(x_p,t)$ sur un nombre fini N de points de collocation x_p, $p = 1$ à N.

La décomposition en série de Fourier de cette approximation discrète s'écrit :

$$\widetilde{f}(x_p,t) = \sum_{n=1}^{n=N} \widehat{f}(\kappa_n,t)e^{i\kappa_n x_p} \qquad \text{avec} \qquad \widehat{f}(x_p,t) = \frac{1}{N}\sum_{p=1}^{p=N} \widetilde{f}(x_p,t)e^{-i\kappa_n x_p}$$

où κ_n est le nombre d'onde relatif à la boîte de périodicité spatiale L, soit $\kappa_n = 2\pi n/L$. L'emploi d'une telle représentation des solutions des équations de Navier-Stokes présente :

- un avantage, qui est de permettre un calcul aisé de toute dérivée saptiale de la fonction (par simple multiplication par $i\kappa_n$). Ce calcul est également très précis, car on peut montrer (Canuto et al. [52]) que l'erreur sur la valeur de la dérivée décroît plus vite que n'importe quelle valeur de N, pour N suffisamment grand;

– un inconvénient dû au terme d'advection des équations dont la non linéarité introduit un produit de convolution. Son évaluation par sommation des contributions des transformées de Fourier requiert de l'ordre de N^6 opérations pour un calcul tridimensionnel.

Par comparaison, l'évaluation directe de ce même terme à partir d'algorithmes aux différences finies en usant des fonctions premières de l'écoulement se fait avec N^3 opérations.
C'est pourquoi, plutôt que de s'en tenir à une méthode purement *spectrale*, il peut être avantageux d'utiliser une méthode *pseudo-spectrale* où les produits de convolution sont calculés dans l'espace réel à partir des valeurs des fonctions obtenues par transformée de Fourier rapide (F.F.T) de leurs équivalents spectraux. Avec ce procédé, l'ordre de grandeur du nombre d'opérations requis est réduit à $N^3 \times log_2(N)$.
Cette technique introduit en contre partie des erreurs de recouvrement ou de repliement ("aliasing"), comme l'a signalé Rogallo par exemple 1981 [353]. Pour les réduire ou les éviter, une troncature du nombre de points intervenant dans le calcul des produits doit être appliquée. Pour un produit de deux facteurs, des résultats exempts de tout recouvrement s'obtiennent, selon Orszag et al. [318], en ne retenant que les $2N/3$ premiers modes. Pour un produit de trois facteurs, il faut réduire à $N/2$, selon Sandoval [372].

3 Les équations de Navier-Stokes dans l'espace de Fourier

3.1 Transformées de Fourier temporelle et spatiale

Nous revenons à présent à un champ de fluctuations de vitesse d'un écoulement turbulent quelconque. Une telle grandeur est représentée par une fonction aléatoire vectorielle centrée des variables d'Euler que nous noterons ici :

$$\vec{u}(\vec{x},t) = \underline{u}(\vec{x},t)$$

Comme nous l'avons mentionné au Chapitre II-§7.3, il est possible d'associer à cette fonction et par transformée de Fourier, une autre fonction aléatoire opérant sur un autre espace de variables. Ce second espace peut être défini de deux façons, selon que la transformation est prise sur la variable temporelle (scalaire) ou spatiale (vecteur).
Dans le premier cas, on passe du plan temporel *t* au plan fréquentiel *n* selon les relations de réciprocité :

$$\underline{u}(t) = \int_{-\infty}^{+\infty} \widehat{\underline{u}}(n) e^{int} \mathrm{d}n \qquad \text{et} \qquad \widehat{\underline{u}}(n) = \frac{1}{2\pi} \int_{-\infty}^{+\infty} \underline{u}(t) e^{-int} \mathrm{d}t \tag{5-5}$$

Dans le cas d'une transformée de Fourier spatiale, la correspondance s'établit entre le vecteur de coordonnées $\vec{x}$ du domaine physique et le vecteur d'onde $\vec{\kappa}$ de l'espace spectral, dont chacune des composantes est homogène à l'inverse d'une longueur. Les relations correspondantes prennent alors les formes suivantes :

$$\underline{u}(\vec{x}) = \iiint_{-\infty}^{+\infty} \widehat{\underline{u}}(\vec{\kappa}) e^{i\vec{\kappa}.\vec{x}} \mathrm{d}\kappa_1 \mathrm{d}\kappa_2 \mathrm{d}\kappa_3 \quad \text{et} \quad \widehat{\underline{u}}(\vec{\kappa}) = \frac{1}{(2\pi)^3} \iiint_{-\infty}^{+\infty} \underline{u}(\vec{x}) e^{-i\vec{\kappa}.\vec{x}} \mathrm{d}x_1 \mathrm{d}x_2 \mathrm{d}x_3 \quad (5\text{-}6)$$

Concrètement, la représentation en transformée de Fourier revient à interpréter la fluctuation de vitesse en un instant donné — respectivement point donné — comme une superposition de mouvements ondulatoires du temps — resp. de l'espace — d'amplitudes aléatoires. En d'autres termes, la valeur $\widehat{\underline{u}}(n_0)$ pour une fréquence n_0 donnée intègre, sur toute l'histoire (valeurs passées de $\underline{u}(t)$ pour $t < 1/n_0$) et avenir (valeurs futures de $\underline{u}(t)$ pour $t > 1/n_0$), tout ce qui correspond à la fréquence en question. Cette opération correspond à un filtrage infiniment sélectif de toute la trajectoire. Elle ne peut donc s'envisager que sous des hypothèses de stationnarité. Lorsque la f.a. vérifie des conditions d'homogénéité spatiale, i.e., "de stationnarité vis-à-vis des coordonnées géométriques", alors c'est la transformée de Fourier spatiale qu'il convient d'utiliser de façon tout à fait analogue.
Ainsi, la transposition de ces notions à l'analyse d'un champ turbulent, conduira à considérer, selon la terminologie d'usage, que la fluctuation de vitesse en un instant donné est la résultante d'une infinité de contributions tourbillonnaires de fréquences différentes ou de nombres d'onde (module du vecteur d'onde) différents.
Nous allons poursuivre maintenant l'application de la transformée de Fourier spatiale à l'étude d'une turbulence homogène.

3.2 Règles opératoires

Pour l'usage ultérieur dans ce cours de la transformée de Fourier spatiale, nous regroupons au tableau ci-dessous quelques correspondances utiles.

Fonction / Opérateur dans l'espace physique	Équivalent en Transformée de Fourier spatiale
$f(\vec{x},t)$	$\widehat{f}(\vec{\kappa},t)$
$f(\vec{x},t)+g(\vec{x},t)$	$\widehat{f}(\vec{\kappa},t)+\widehat{g}(\vec{\kappa},t)$
$f(\vec{x},t)\times g(\vec{x},t)$	$\left[\widehat{f}*\widehat{g}\right](\vec{\kappa},t)$
$\partial f/\partial x_j$	$i\kappa_j\widehat{f}(\vec{\kappa},t)$
$\Delta f \equiv \dfrac{\partial^2 f}{\partial x_j \partial x_j}$	$-\kappa_j\kappa_j\widehat{f}(\vec{\kappa},t) \equiv -\kappa^2\widehat{f}(\vec{\kappa},t)$

Tableau 5.1 Quelques équivalences de la transformation de Fourier spatiale.

Les formules précédentes ne sont que la transposition de relations classiques de transformées temporelles que l'on peut facilement trouver dans les ouvrages traitant de ces questions, tel que celui de J. Max [291], par exemple. Dans l'expression figurant en troisième ligne, dernière colonne, le symbole " $*$ " désigne le produit de convolution spatial qui peut être explicité symboliquement par :

$$\left[\widehat{f} * \widehat{g}\right](\vec{\kappa}, t) = \iiint\limits_{\vec{m}+\vec{n}=\vec{\kappa}} \widehat{f}(\vec{m}, t)\widehat{g}(\vec{n}, t)\mathrm{d}\vec{m}$$

REMARQUE — *Le produit de convolution de deux signaux temporels* $x(t)$ *et* $y(t)$ *s'exprime classiquement (voir par exemple J. Max* [291], *page 49) par la première égalité suivante :*

$$x(t) * y(t) = \int_{-\infty}^{+\infty} x(\tau)y(t-\tau)\mathrm{d}\tau \equiv \int\limits_{m+n=t} x(m)y(n)\mathrm{d}m$$

La seconde expression résulte d'un simple changement de notation des variables. C'est celle qui sera employée par la suite, en se rappelant que, pour des fonctions de l'espace, l'intégrale est à prendre dans ce cas sur $\mathbb{R}^3$, *soit :*

$$[\widehat{u}_j * \widehat{u}_n](\vec{\kappa}, t) = \iiint_{-\infty}^{+\infty} \widehat{u}_j(\vec{\tau}, t)\widehat{u}_n(\vec{\kappa} - \vec{\tau}, t)\mathrm{d}\vec{\tau} \equiv \iiint\limits_{\vec{p}+\vec{q}=\vec{\kappa}} \widehat{u}_j(\vec{p}, t)\widehat{u}_n(\vec{q}, t)\mathrm{d}\vec{p}$$

où $\mathrm{d}\vec{x} \equiv \mathrm{d}x_1\mathrm{d}x_2\mathrm{d}x_3$ *dénote l'élément différentiel d'une intégrale de volume.*

3.3 Forme spectrale des équations de Navier-Stokes en turbulence homogène

Nous considérons un champ turbulent de fluide incompressible non pesant vérifiant les conditions d'homogénéité cinématique au sens de Craya [100] — voir ci-après Chapitre VI-§3.1.2. En pareille situation, les valeurs *instantanées* des fluctuations de vitesse $u_i(\vec{x}, t)$ et de pression $p(\vec{x}, t)$ sont régies par :

$$\frac{\partial u_m}{\partial x_m} = 0 \tag{5-7}$$

$$\frac{\partial u_m}{\partial t} + \left(U_n^0 + u_n\right)\frac{\partial u_m}{\partial x_n} + u_n\Lambda_{mn} = -\frac{1}{\rho}\frac{\partial p}{\partial x_m} + \nu\frac{\partial^2 u_m}{\partial x_n^2} \tag{5-8}$$

Dans l'équation (5-8) ci-dessus, U_n^0 désigne une vitesse constante en tout point du champ, et Λ_{ij} le gradient de vitesse moyenne ($\partial\overline{U}_i/\partial x_j$) également constant dans tout le champ.
Par transformation de Fourier de l'équation de continuité, il vient directement $i\kappa_m\widehat{u}_m = 0$, soit encore :

$$\vec{\kappa} \,.\, \underline{\widehat{u}} = 0 \tag{5-9}$$

On peut donc énoncer :

> En turbulence homogène de fluide incompressible, le vecteur transformé de Fourier de la fluctuation de vitesse est à chaque instant et en tout point de l'espace spectral orthogonal au vecteur d'onde en ce point.

La propriété précédente s'étend évidemment à tout vecteur spectral colinéaire à $\widehat{\underline{u}}(\vec{\kappa},t)$, tel que $\partial\widehat{\underline{u}}/\partial t$ et $\nu\kappa^2\widehat{\underline{u}}$. En revanche, si nous considérons la transformée de Fourier du gradient de pression, il apparaît immédiatement qu'il s'agit du vecteur $i\widehat{p}\vec{\kappa}$ qui est donc colinéaire au vecteur d'onde en tout point l'espace spectral. Finalement, on aboutit à une configuration nécessairement conforme à celle illustrée au schéma ci-contre.

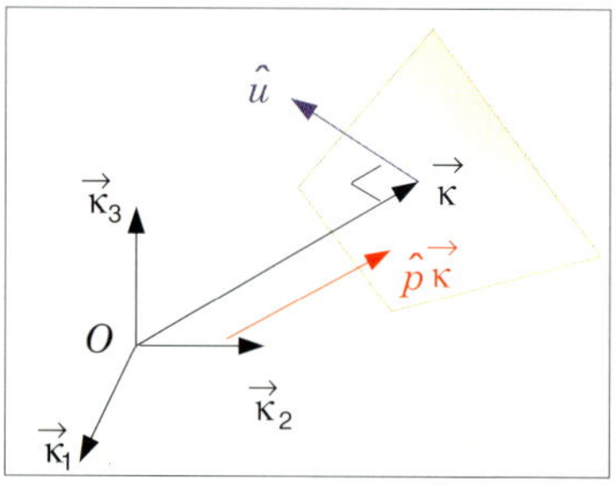

Fig. 2: Orthogonalité des contributions de vitesse et pression des transformées de Fourier en turbulence homogène isovolume.

Par application de la même transformée à l'équation (5-8) on peut déduire les deux résultats suivants :

$$\widehat{p}(\vec{\kappa},t) = -\rho\Big(\frac{\kappa_m\kappa_n}{\kappa^2}\,[\widehat{u}_m * \widehat{u}_n](\vec{\kappa},t) - i\Lambda_{mn}\frac{\kappa_m}{\kappa^2}\widehat{u}_n(\vec{\kappa},t)\Big) \tag{5-10a}$$

$$\left(\frac{\partial}{\partial t} + iU_n^0\kappa_n + \nu\kappa^2\right)\widehat{u}_m(\vec{\kappa},t) = i\kappa_n\left(\frac{\kappa_m\kappa_j}{\kappa^2} - \delta_{mj}\right)[\widehat{u}_j * \widehat{u}_n](\vec{\kappa},t) \tag{5-10b}$$
$$-\Lambda_{jn}\left(\frac{\kappa_j}{\kappa^2} - \delta_{mj}\right)\kappa_m\widehat{u}_n(\vec{\kappa},t)$$

Démonstration — En prenant la transformée de Fourier de l'équation (5-8) il vient :

$$\frac{\partial\widehat{u}_m}{\partial t} + iU_n^0\kappa_n\widehat{u}_m + i\kappa_n\widehat{u}_m * \widehat{u}_n + \Lambda_{mn}\widehat{u}_n = -\frac{1}{\rho}i\kappa_m\widehat{p} - \nu\kappa^2\widehat{u}_m$$

Multipliant membre à membre par κ_m il vient :

$$\underbrace{\kappa_m\frac{\partial\widehat{u}_m}{\partial t}}_{\equiv 0} + \underbrace{iU_n^0\kappa_n\kappa_m\widehat{u}_m}_{\equiv 0} + i\kappa_m\kappa_n\widehat{u}_m * \widehat{u}_n + \Lambda_{mn}\kappa_m\widehat{u}_n = -\frac{1}{\rho}i\kappa^2\widehat{p} - \underbrace{\nu\kappa^2\kappa_m\widehat{u}_m}_{\equiv 0}$$

où l'annulation des termes indiqués résulte directement de la propriété d'orthogonalité (5-9). On en déduit bien la relation pour la pression. En la substituant ensuite dans l'équation du mouvement, il vient :

$$\frac{\partial\widehat{u}_m}{\partial t} + iU_n^0\kappa_n\widehat{u}_m + i\kappa_n\widehat{u}_m * \widehat{u}_n + \Lambda_{mn}\widehat{u}_n = i\kappa_m\left[\left(\frac{\kappa_j\kappa_n}{\kappa^2}\right)\widehat{u}_j * \widehat{u}_n - i\Lambda_{jn}\frac{\kappa_j}{\kappa^2}\widehat{u}_n\right] - \nu\kappa^2\widehat{u}_m$$

Or : $i\kappa_n \widehat{u}_m * \widehat{u}_n \equiv i\kappa_n \delta_{mj} \widehat{u}_j * \widehat{u}_n$ et $\Lambda_{mn}\widehat{u}_n \equiv \Lambda_{jn}\delta_{mj}\widehat{u}_n$

En regroupant les termes semblables, on aboutit alors à :

$$\left(\frac{\partial}{\partial t} + iU_n^0\kappa_n + \nu\kappa^2\right)\widehat{u}_m = i\kappa_n\left(\frac{\kappa_j\kappa_m}{\kappa^2} - \delta_{mj}\right)\widehat{u}_j * \widehat{u}_n - \Lambda_{jn}\left(\frac{\kappa_j}{\kappa^2} - \delta_{mj}\right)\kappa_m\widehat{u}_n$$

Deux remarques sont à faire sur les relations précédentes :

- Dans l'espace de Fourier, le terme de pression s'élimine de l'équation de la dynamique en évolution isovolume ;
- La non linéarité du terme d'advection est à l'origine d'un terme d'interaction entre vecteurs d'onde $\vec{p}$ et $\vec{q}$ formant triade[1], i.e., tels que la contribution au vecteur d'onde $\vec{\kappa}$ vérifie $\vec{\kappa} = \vec{p} + \vec{q}$.
  Comme le schématise la figure suivante, ces interactions peuvent impliquer des vecteurs d'onde qui en module peuvent être supérieur ou inférieur à celui du vecteur $\vec{\kappa}$. Dans le premier cas, l'interaction triadique sera associée à des échanges avec des structures de taille inférieure à l'échelle locale de turbulence, dans le second, il s'agira d'un transfert vers les "gros tourbillons ".

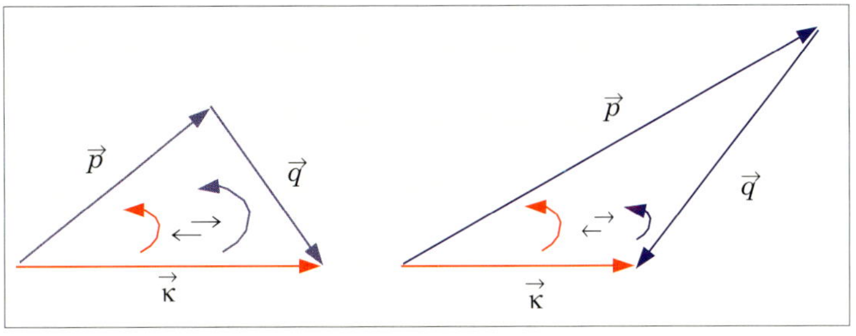

Fig. 3: Interaction triadique et sens des transferts entre structures.

REMARQUE — *Le découplage des champs de vitesse et de pression dans l'espace spectral a pour équivalent, dans le domaine physique l'élimination de la pression de l'équation de la dynamique en passant à la formulation rotationnelle de celle-ci. Comme le souligne O. Thual* [417], *ces deux résultats se déduisent d'opérations de projection, et ont donc une origine mathématique commune. Rappelons qu'un tenseur P_{ij} est un opérateur de projection orthogonale s'il est symétrique et vérifie $P_{ik}P_{kj} = P_{ij}$. En dehors du tenseur nul et unité, le tenseur de projection orthogonale admet pour représentations e_ie_j et $1-e_ie_j$ dans une base de vecteur unité $\vec{e}$ (théorème de Gürtin). En référence à l'équation (5-10b) on peut ainsi introduire :*

$$P_{mj} = \delta_{mj} - \frac{\kappa_m\kappa_j}{\kappa^2}$$

Désignant par a_j les composantes d'un vecteur quelconque $\vec{a}$, le produit $P_{mj}a_j$ représente les composantes h_m d'un vecteur $\vec{h}$. Il est facile de voir que $\vec{h} = \vec{a} - \vec{b}$, où le vecteur $\vec{b}$ est colinéaire à $\vec{\kappa}$ et a pour module la longueur de la projection de $\vec{a}$

[1] On parle encore d'interaction triadique.

sur $\vec{\kappa}$ (produit scalaire $\vec{a}.\frac{\vec{\kappa}}{\|\vec{\kappa}\|}$). Ainsi, le vecteur $\vec{h}$, transformé de $\vec{a}$ par l'opérateur $P_{mj}(\vec{\kappa})$ représente bien le vecteur projection du vecteur $\vec{a}$ dans un plan orthogonal au vecteur $\vec{\kappa}$.

COMPLÉMENT — ***Catastrophe ultra-violette*** — Pour entrouvrir la perspective des conséquences physiques du terme d'interaction triadique, nous citerons en premier lieu le texte de Kovasznay [221], pages 87–88 :
« *S'il y a initialement plus de trois nombres d'onde présents, tout point de l'espace des nombres d'onde sera atteint éventuellement et celui-ci sera densément couvert. Si la viscosité est négligée et si l'on suppose explicitement $\nu = 0$, l'énergie totale doit être conservée; ainsi l'énergie s'étendra sur un domaine de plus en plus grand de nombres d'onde, ce qui conduit au comportement appelé 'catastrophe ultra-violette', par analogie avec le phénomène hypothétique qui avait été appelé ainsi avant l'avènement de la mécanique quantique.*»
Le corollaire direct de cette première observation, est que le spectre d'énergie de turbulence s'étend à l'infini en l'absence de viscosité. (On peut envisager que le nombre d'onde de Kolmogorov $\kappa_\eta = \left(\overline{\varepsilon}/\nu^3\right)^{1/4} \to \infty$ pour $\nu \to 0$, à $\overline{\varepsilon}$ fini). Si l'on accepte cette proposition, se pose alors la question de savoir si l'étalement à l'infini du spectre se fait en un temps fini ou pas ? Ce problème, qui fait encore controverse, est largement abordé dans l'ouvrage de Lesieur [259].

4 Analyse spectrale de la T.H.I.

Les propriétés de la turbulence homogène et isotrope en régime incompressible, que nous avons dégagées au Chapitre IV en termes de *corrélations spatiales*, peuvent faire l'objet d'une *présentation alternative* en usant des *grandeurs spectrales*. Bien que les deux approches soient parfaitement équivalentes, certains résultats s'expriment plus aisément selon le type de formulation adopté. C'est dans cette perspective que nous exposerons les principales caractéristiques spectrales en T.H.I. isovolume.
Comme nous l'avons vu au Chapitre II et en vertu du théorème de Kintchine, deux voies sont envisageables pour obtenir les équivalents spectraux des caractéristiques corrélatoires d'un processus aléatoire stationnaire au second ordre. Nous opterons ici pour celle de la transformation de Fourier au sens des fonctions certaines des corrélations. La démarche alternative par localisation des grandeurs énergétiques du domaine spectral est disponible par exemple chez Lesieur [259].

COMPLÉMENT — ***Note historique sur l'analyse harmonique en turbulence*** — L'un des premiers à s'intéresser à la répartition de l'énergie d'agitation en fonction d'une longueur d'onde spatiale est très propbablement Hugh L. Dryden, dans ses travaux au National Bureau of Standards, à partir de 1935. Il écrit en effet, dans un article [118] publié en 1937 : « *La caractérisation d'un mouvement turbulent par deux quantités, intensité et échelle correspond à la caractérisation du mouvement moléculaire d'un gaz par la température et le libre parcours moyen. Il semble possible d'élargir facilement le traitement en prenant en compte le fait que des tourbillons de différentes tailles sont présents et en considérant la distribution de l'intensité selon la taille. Cette procédure est l'analogue du traitement classique des ondes lumineuses ou de chaleur par exemple... Ainsi, la turbulence peut être caractérisée par une fonction E_λ de la longueur d'onde λ, telle que l'énergie de la turbulence par unité de volume pour des longueurs d'onde comprises entre λ et $\lambda + \mathrm{d}\lambda$ soit $E_\lambda \mathrm{d}\lambda$. L'énergie totale par unité de volume ou l'intensité est* $\int_0^\infty E_\lambda \mathrm{d}\lambda$.»

4.1 Tenseur spectral en T.H.I.

4.1.1 Définition

Considérons, dans un champ de turbulence cinématiquement homogène, le tenseur spatial des corrélations doubles de fluctuations de vitesse sous la forme :

$$Q_{i,j}(\vec{r},t) = \overline{u_i(\vec{x},t)u_j(\vec{x}+\vec{r},t)} \tag{5-11}$$

La transformée de Fourier spatiale tridimensionnelle de cette quantité — Cf. relations de réciprocité du Chapitre II-§6 —, introduit le ***tenseur spectral tridimensionnel*** $\phi_{ij}(\vec{\kappa},t)$ en vecteur d'onde $\vec{\kappa}$ associé au vecteur séparation $\vec{r}$:

$$Q_{i,j}(\vec{r},t) = \iiint_{-\infty}^{+\infty} \phi_{ij}(\vec{\kappa},t)e^{i\vec{\kappa}.\vec{r}}\mathrm{d}\vec{\kappa} \tag{5-12a}$$

$$\phi_{ij}(\vec{\kappa},t) = \frac{1}{8\pi^3}\iiint_{-\infty}^{+\infty} Q_{i,j}(\vec{r},t)e^{-i\vec{\kappa}.\vec{r}}\mathrm{d}\vec{r} \tag{5-12b}$$

Pour alléger les écritures, on a noté $\mathrm{d}\vec{\kappa}$ — resp. $\mathrm{d}\vec{r}$ — les éléments de volume de l'espace des nombres d'onde — resp. espace physique.
Nous allons préciser maintenant quelques propriétés remarquables du tenseur spectral tridimensionnel.

4.1.2 Propriétés

1.a) Le tenseur spectral $\phi_{ij}(\vec{\kappa},t)$ est une grandeur à composantes *complexes*, contrairement au tenseur des corrélations doubles $Q_{i,j}(\vec{r},t)$ qui lui est *réel*. Il en résulte directement que :

$$\phi_{ij}(-\vec{\kappa},t) = \phi^*_{ij}(\vec{\kappa},t)$$

où la grandeur étoilée désigne la valeur complexe conjuguée.

1.b) Décomposons le tenseur $Q_{i,j}(\vec{r},t)$ en parties symétrique et antisymétrique :

$$Q_{i,j}(\vec{r},t) = Q^S_{i,j}(\vec{r},t) + Q^A_{i,j}(\vec{r},t)$$

$$avec \quad Q^S_{i,j}(\vec{r},t) \equiv \frac{1}{2}[Q_{i,j}(\vec{r},t) + Q_{i,j}(-\vec{r},t)] = Q^S_{i,j}(-\vec{r},t)$$
$$et \quad Q^A_{i,j}(\vec{r},t) \equiv \frac{1}{2}[Q_{i,j}(\vec{r},t) - Q_{i,j}(-\vec{r},t)] = -Q^A_{i,j}(-\vec{r},t)$$

On peut alors aisément vérifier que les parties réelle et imaginaire de $\phi_{ij}(\vec{\kappa},t)$ sont telles que :

$$\mathcal{R}[\phi_{ij}(\vec{\kappa},t)] = \frac{1}{8\pi^3}\iiint_{-\infty}^{+\infty} Q^S_{i,j}(\vec{r},t)\cos(\vec{\kappa}.\vec{r})\mathrm{d}\vec{r} \tag{5-13a}$$

$$\mathcal{I}[\phi_{ij}(\vec{\kappa},t)] = \frac{1}{8\pi^3}\iiint_{-\infty}^{+\infty} Q^A_{i,j}(\vec{r},t)\sin(\vec{\kappa}.\vec{r})\mathrm{d}\vec{r} \tag{5-13b}$$

Ainsi, la partie réelle de $\phi_{ij}(\vec{\kappa},t)$ est-elle liée à la contribution symétrique du tenseur des corrélations et la partie imaginaire à la contribution antisymétrique.

2.a) En situation de turbulence *homogène* — hypothèse **H.1** — le tenseur des corrélations vérifie l'égalité :

$$Q_{i,j}(\vec{r},t) = Q_{j,i}(-\vec{r},t)$$

dont on déduit aisément pour le tenseur spectral la relation suivante :

$$\phi_{ij}(\vec{\kappa},t) = \phi^*_{ji}(\vec{\kappa},t) \tag{5-14}$$

2.b) Sous l'hypothèse **H.1**, l'ensemble des propriétés précédentes confère au tenseur spectral $\phi_{ij}(\vec{\kappa},t)$ la symétrie *hermitienne* de sorte que la forme quadratique associée $\phi = \chi_i\chi^*_j\phi_{ij}(\vec{\kappa},t)$ est définie positive quel que soit le vecteur complexe constant χ_i

3) En situation de turbulence *isotrope* — hypothèse **H.2** — le tenseur des corrélations doubles est *symétrique* :

$$Q_{i,j}(\vec{r},t) = Q_{j,i}(\vec{r},t)$$

Des relations (5-13a et b), on déduit immédiatement que le tenseur spectral $\phi_{ij}(\vec{\kappa},t)$ est à composantes *réelles*.

4.a) Sous les hypothèses **H.1** et **H.2**, le tenseur spectral est réel et symétrique :

$$\phi_{ij}(\vec{\kappa},t) = \phi^*_{ji}(\vec{\kappa},t) = \phi_{ji}(\vec{\kappa},t) \tag{5-15}$$

4.b) Sous ce même ensemble d'hypothèses, la théorie des invariants montre que le tenseur spectral est nécessairement de la forme :

$$\phi_{ij}(\vec{\kappa},t) = \phi_{ij}(\kappa,t) \equiv A(\kappa)\kappa_i\kappa_j + B(\kappa)\delta_{ij} \tag{5-16}$$

où $A(\kappa)$ et $B(\kappa)$ sont deux fonctions réelles de la seule norme du vecteur d'onde.

5) Pour une évolution *isovolume* — hypothèse **H.3** — les deux fonctions $A(\kappa)$ et $B(\kappa)$ ne sont pas indépendantes, de sorte que la relation précédente peut se réduire par exemple à :

$$\boxed{\phi_{ij}(\kappa,t) = A(\kappa,t)\left[\kappa_i\kappa_j - \kappa^2\delta_{ij}\right]} \tag{5-17}$$

DÉMONSTRATION — La condition d'isovolume $div\ \vec{v} = 0$ se traduit indifféremment par :

$$\frac{\partial}{\partial x_i}Q_{i,j}(\vec{r},t) = 0 \qquad ou \qquad \kappa_i\phi_{ij}(\vec{\kappa},t) = 0$$

Multipliant alors l'équation (5-16) par κ_i on en déduit :
$\kappa_i.\phi_{ij}(\vec{\kappa},t) = A(\kappa)\kappa^2\kappa_j + B(\kappa)\kappa_i\delta_{ij} \equiv \kappa_j\left[A(\kappa)\kappa^2 + B(\kappa)\right] = 0$, ce qui conduit bien à une relation de dépendance entre les fonctions $A(\kappa)$ et $B(\kappa)$.

4.2 Spectre d'énergie en module en T.H.I.

Les résultats que nous venons de voir mettent clairement en évidence les simplifications apportées, à la description spectrale de la turbulence, par les hypothèses d'homogénéité et d'isotropie en situation isovolume. Cette constatation est en tous points comparable à celle déjà notée lors de l'analyse corrélatoire du précédent chapitre.

La relation (5-17) montre en particulier qu'en T.H.I. et milieu incompressible — hypothèses **H.1**, **H.2** et **H.3** — une seule fonction scalaire suffit à exprimer le tenseur spectral tridimensionnel, résultat dont l'équivalent corrélatoire se traduit par la relation (4-31).

Il est possible d'expliciter le sens physique de la fonction $A(\kappa)$ en procédant par intégration du tenseur spectral $\phi_{ij}(\vec{\kappa},t)$ selon deux modes, sphérique et plan — voir figure 4 — conduisant au spectre d'énergie *en module* et aux spectres d'énergie *monodimensionnels* respectivement.

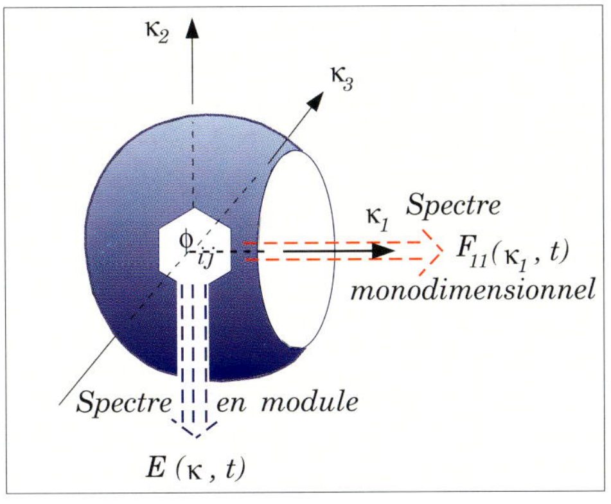

Fig. 4: Modes d'intégration du tenseur spectral $\phi_{ij}(\vec{\kappa},t)$

La quantité spectrale qui, en pratique, présente un intérêt immédiat est la *densité spectrale d'énergie* ou en abrégé le *spectre d'énergie* en **module** ou en **nombre d'onde** $E(\kappa, t)$ défini par :

$$\bar{k}(t) \equiv \frac{1}{2}\left(\overline{u^2}(t) + \overline{v^2}(t) + \overline{w^2}(t)\right) = \int_0^\infty E(\kappa, t)d\kappa \tag{5-18}$$

La relation qui existe entre cette quantité et le tenseur spectral dans le cas d'une turbulence homogène s'exprime simplement par :

$$\phi_{ij}(\kappa, t) = \frac{E(\kappa, t)}{4\pi\kappa^2}\left(\delta_{ij} - \frac{\kappa_i\kappa_j}{\kappa^2}\right) \tag{5-19}$$

Par contraction $i = j$ il s'en déduit en particulier que :

$$E(\kappa, t) = 2\pi\kappa^2\phi_{ii}(\kappa, t) \tag{5-20}$$

DÉMONSTRATION — Pour établir ces résultats, nous procédons à une intégration à partir des coordonnées sphériques précisées à la figure ci-dessous où l'axe κ_3 est pris colinéaire au vecteur $\vec{r}$. L'élément de volume devient ainsi $\kappa^2 \sin\theta d\kappa d\theta d\gamma$, avec de plus :

$$\vec{\kappa}.\vec{r} = \kappa r \cos\theta \quad \textit{où} \quad \kappa = ||\vec{\kappa}|| \quad \textit{et} \quad r = ||\vec{r}||$$

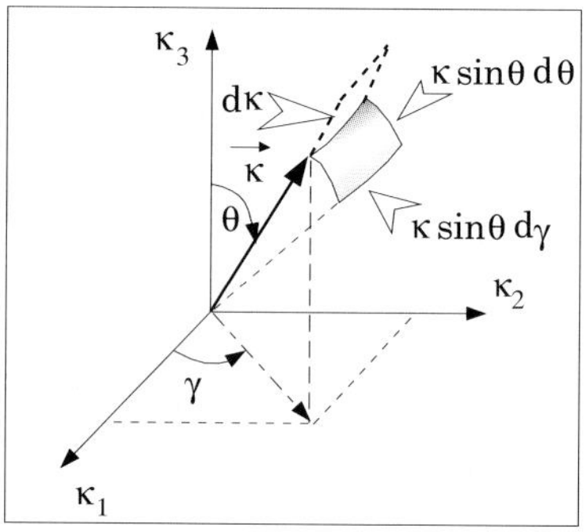

Fig. 5: Schéma des coordonnées sphériques d'intégration du tenseur spectral

On déduit alors de (5-12) et en situation homogène, que :

$$Q_{i,i}(r, t) = \int_0^{2\pi} d\gamma \int_0^{+\infty} \phi_{ii}(\kappa, t)\kappa^2 \left[\int_0^{\pi} e^{i\kappa r\cos\theta} \sin\theta d\theta\right] d\kappa$$

En posant $u = \cos\theta$, l'expression ci-dessus se calcule par :

$$Q_{i,i}(r, t) = 2\pi \int_0^{+\infty} \phi_{ii}(\kappa, t)\kappa^2 \left[\int_{-1}^{+1} e^{i\kappa r u} du\right] d\kappa = 2\pi \int_0^{+\infty} \phi_{ii}(\kappa, t)\kappa^2 \frac{2i\sin(\kappa r)}{i\kappa r} d\kappa$$

Finalement, le résultat se met sous la forme :

$$Q_{i,i}(r,t) = 4\pi \int_0^{+\infty} \phi_{ii}(\kappa,t)\kappa^2 \frac{\sin(\kappa r)}{\kappa r} d\kappa$$

Or, par définition même du tenseur des corrélations doubles $Q_{i,i}(r,t)$, on a :

$$Q_{i,i}(0,t) \equiv \overline{u^2(t)} + \overline{v^2(t)} + \overline{w^2(t)} = 4\pi \int_0^{\infty} \phi_{ii}(\kappa,t)\kappa^2 d\kappa$$

qui, par identification avec la définition de la densité spectrale d'énergie $E(\kappa,t)$ — éq. (5-18) —, conduit à $E(\kappa,t) = 2\pi\kappa^2\phi_{ii}(\kappa,t)$. Enfin, en T.H.I. et en vertu de la relation (5-17), on a immédiatement que $\phi_{ii}(\kappa,t) = -2\kappa^2 A(\kappa,t)$, de sorte que $E(\kappa,t) = -4\pi\kappa^4 A(\kappa,t)$, ce qui finalement permet bien d'exprimer le tenseur spectral en T.H.I. selon la relation (5-19) :

$$\phi_{ij}(\kappa,t) = \frac{E(\kappa,t)}{4\pi\kappa^2}\left(\delta_{ij} - \frac{\kappa_i\kappa_j}{\kappa^2}\right)$$

4.3 Spectres monodimensionnels

4.3.1 Notions premières

Lors de l'analyse corrélatoire de la T.H.I., nous avons introduit les fonctions de corrélations spatiales doubles de fluctuations de vitesses *longitudinale* — $f(r,t)$ — et *transversale* — $g(r,t)$ —, respectivement définies par les relations (4-16) et (4-17). Comme nous l'avons vu, il s'agit de fonctions paires. Leurs transformées de Fourier spatiales sont donc des quantités réelles qui s'écrivent :

$$\overline{u^2}(t)f(r,t) = \int_0^{\infty} F_{11}(\kappa_1,t)\cos(\kappa_1 r)d\kappa_1 \qquad \text{(5-21a)}$$

$$\overline{u^2}(t)g(r,t) = \int_0^{\infty} F_{22}(\kappa_1,t)\cos(\kappa_1 r)d\kappa_1 \qquad \text{(5-21b)}$$

avec pour relations de réciprocité :

$$F_{11}(\kappa_1,t) = 2\frac{\overline{u^2}(t)}{\pi} \int_0^{\infty} f(r,t)\cos(\kappa_1 r)dr \qquad \text{(5-22a)}$$

$$F_{22}(\kappa_1,t) = 2\frac{\overline{u^2}(t)}{\pi} \int_0^{\infty} g(r,t)\cos(\kappa_1 r)dr \qquad \text{(5-22b)}$$

Dans les relations précédentes, la distance r est comptée le long de l'axe x_1 et κ_1 désigne donc la composante du vecteur d'onde correspondante.

DÉMONSTRATION — Les relations de réciprocité s'obtiennent aisément en remarquant que :

$$\int_0^\infty F_{11}(\kappa_1,t)\cos(\kappa_1 r)d\kappa_1 = \frac{1}{2}\int_0^{+\infty} F_{11}(\kappa_1,t)e^{i\kappa_1 r}d\kappa_1 + \frac{1}{2}\int_0^{+\infty} F_{11}(\kappa_1,t)e^{-i\kappa_1 r}d\kappa_1$$

Or la dernière intégrale du second membre s'écrit encore :

$$\int_0^{+\infty} F_{11}(\kappa_1,t)e^{-i\kappa_1 r}d\kappa_1 = -\int_0^{-\infty} F_{11}(-\gamma_1,t)e^{i\gamma_1 r}d\gamma_1 = \int_{-\infty}^{0} F_{11}(\gamma_1,t)e^{i\gamma_1 r}d\gamma_1$$

en posant $\gamma_1 = -\kappa_1$ et usant de la propriété $F_{11}(\alpha,t) = F_{11}(-\alpha,t)$. On en tire

$$\int_0^\infty F_{11}(\kappa_1,t)\cos(\kappa_1 r)d\kappa_1 = \frac{1}{2}\int_{-\infty}^{+\infty} F_{11}(\kappa_1,t)e^{i\kappa_1 r}d\kappa_1$$

ce qui conduit directement aux relations de réciprocité mentionnées.

4.3.2 Définitions générales

Pour $r = 0$, les relations précédentes permettent d'interpréter la transformée de Fourier $F_{11}(\kappa_1,t)$ par exemple, comme une densité spectrale ou spectre *monodimensionnel* relatif à la contribution $\overline{u^2}(t)$ prise isolément. Nous généraliserons cette notion en définissant les ***spectres monodimensionnels*** par :

$$Q_{i,j}(r_1,0,0,t) = \int_{-\infty}^{+\infty} F_{ij}(\kappa_1,t)e^{i\kappa_1 r_1}d\kappa_1 \tag{5-23a}$$

$$F_{ij}(\kappa_1,t) = \frac{1}{2\pi}\int_{-\infty}^{+\infty} Q_{i,j}(r_1,0,0,t)e^{-i\kappa_1 r_1}dr_1 \tag{5-23b}$$

où l'on a choisi la direction r_1 comme seul argument de variation spatiale. Il est alors facile de voir que spectres monodimensionnels et spectre tridimensionnel sont liés par :

$$F_{ij}(\kappa_1,t) = \int_{-\infty}^{+\infty}\int_{-\infty}^{+\infty} \phi_{ij}(\kappa_1,\kappa_2,\kappa_3,t)d\kappa_2 d\kappa_3 \tag{5-24}$$

Ainsi, le spectre monodimensionnel en nombre d'onde κ_1 se déduit-il du tenseur spectral ϕ_{ij} par intégration dans le plan de nombres d'onde (κ_2,κ_3).
Nous allons établir maintenant les relations qui existent entre spectres monodimensionnels et densité spectrale d'énergie en module, et cela, sous forme intégrale puis différentielle.

4.3.3 Relations intégrales entre spectre en module et spectres monodimensionnels en T.H.I.

Sous forme intégrale, les relations entre le spectre en module $E(\kappa, t)$ et les spectres monodimensionnels $F_{11}(\kappa_1, t)$, $F_{22}(\kappa_1, t)$, $F_{33}(\kappa_1, t)$ s'expriment par :

$$F_{11}(\kappa_1, t) = \int_{\kappa_1}^{\infty} \frac{E(\kappa)}{\kappa}\left(1 - \frac{\kappa_1^2}{\kappa^2}\right) d\kappa \qquad \text{(5-25a)}$$

$$F_{22}(\kappa_1, t) = F_{33}(\kappa_1, t) = \frac{1}{2}\int_{\kappa_1}^{\infty} \frac{E(\kappa)}{\kappa}\left(1 + \frac{\kappa_1^2}{\kappa^2}\right) d\kappa \qquad \text{(5-25b)}$$

DÉMONSTRATION — **a)** Considérons en premier lieu le cas du spectre monodimensionnel $F_{11}(\kappa_1, t)$. En introduisant la relation (5-19) dans son expression, on obtient pour une T.H.I. :

$$F_{11}(\kappa_1, t) = 2\int_0^{+\infty}\int_0^{+\infty} \frac{E(\kappa)}{4\pi\kappa^4}\left(\kappa^2 - \kappa_1^2\right) d\kappa_2 d\kappa_3$$

Le calcul de l'intégrale à κ_1 bloqué, i.e dans un plan parallèle à (κ_2, κ_3), se fait en passant aux coordonnées polaires représentées à la figure ci–contre.

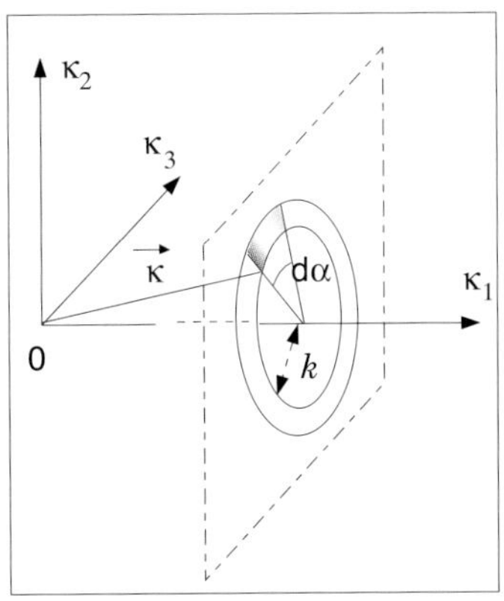

Fig. 6: Schéma des coordonnées d'intégration plane.

L'élément différentiel devient alors $kdkd\alpha$ et le changement de variable s'effectue conformément à la relation $\kappa^2 = \kappa_1^2 + k^2$, à κ_1 bloqué, soit $\kappa d\kappa = kdk$. On obtient ainsi :

$$F_{11}(\kappa_1, t) = 2\int_0^{2\pi} d\alpha \int_0^{+\infty} \frac{E\left(\sqrt{\kappa_1^2 + k^2}\right)}{4\pi\left(\kappa_1^2 + k^2\right)^2} k^2.kdk = \int_0^{+\infty} \frac{E\left(\sqrt{\kappa_1^2 + k^2}\right)}{\left(\kappa_1^2 + k^2\right)^2} k^2.kdk$$

En revenant au nombre d'onde initial on peut mettre la dernière intégrale sous la forme :

$$F_{11}(\kappa_1, t) = \int_{\kappa_1}^{\infty} \frac{E(\kappa)}{\kappa}\left(1 - \frac{\kappa_1^2}{\kappa^2}\right) d\kappa$$

b) Considérons à présent le cas des spectres monodimensionnels relatifs aux deux autres composantes normales $F_{22}(\kappa_1,t)$ et $F_{33}(\kappa_1,t)$. Grâce aux mêmes relations que précédemment, on a :

$$F_{22}(\kappa_1,t)=\iint\limits_{-\infty}^{+\infty}\frac{E(\kappa)}{4\pi\kappa^4}\left(\kappa^2-\kappa_2^2\right)d\kappa_2 d\kappa_3 \quad et \quad F_{33}(\kappa_1,t)=\iint\limits_{-\infty}^{+\infty}\frac{E(\kappa)}{4\pi\kappa^4}\left(\kappa^2-\kappa_3^2\right)d\kappa_2 d\kappa_3$$

En conséquence des hypothèses d'isotropie, on vérifie bien l'égalité de ces deux spectres. Ceci conduit à symétriser les écritures en posant :

$$\begin{aligned}F_{22}(\kappa_1,t)=F_{33}(\kappa_1,t)&=\frac{1}{2}\int_0^{+\infty}\int_0^{+\infty}\frac{E(\kappa)}{4\pi\kappa^4}\left(2\kappa^2-\kappa_2^2-\kappa_3^2\right)d\kappa_2 d\kappa_3\\&=\frac{1}{2}\int_0^{+\infty}\int_0^{+\infty}\frac{E(\kappa)}{4\pi\kappa^4}\left(2\kappa_1^2+\kappa_2^2+\kappa_3^2\right)d\kappa_2 d\kappa_3\end{aligned}$$

En usant de la même technique d'intégration, on aboutit alors à :

$$F_{22}(\kappa_1,t)=F_{33}(\kappa_1,t)=\frac{1}{2}\int_{\kappa_1}^{+\infty}\frac{E(\kappa)}{\kappa}\left(1+\frac{\kappa_1^2}{k^2}\right)dk$$

4.3.4 Relation différentielle entre spectre en module et spectre monodimensionnel en T.H.I.

Sous forme différentielle, on peut établir assez simplement, la dépendance des spectres F_{11} *et* E sous les formes suivantes :

$$2E(\kappa_1,t)=\kappa_1^2\frac{\partial^2}{\partial\kappa_1\partial\kappa_1}F_{11}(\kappa_1,t)-\kappa_1\frac{\partial}{\partial\kappa_1}F_{11}(\kappa_1,t) \qquad (5\text{-}26a)$$

$$2E(\kappa,t)=\kappa^2\left[\frac{\partial^2}{\partial\kappa_1\partial\kappa_1}F_{11}(\kappa_1,t)\right]_{\kappa_1=\kappa}-\kappa\left[\frac{\partial}{\partial\kappa_1}F_{11}(\kappa_1,t)\right]_{\kappa_1=\kappa} \qquad (5\text{-}26b)$$

Démonstration — Pour obtenir ces expressions, nous partons de la relation (5-25) qui, en simplifiant les notations, donne :

$$F(x)=\int_x^{+\infty}\frac{E(u)}{u}\left(1-\frac{x^2}{u^2}\right)du=\int_0^{+\infty}\frac{E(u)}{u}\left(1-\frac{x^2}{u^2}\right)du-\int_0^{x}\frac{E(u)}{u}\left(1-\frac{x^2}{u^2}\right)du$$

Rappelons que si $y(x)=\int_0^x f(u)g(x)du$, alors $\frac{\mathrm{d}y}{\mathrm{d}x}=f(x)g(x)+\int_0^x f(u)g'(x)du$

Appliquant ce résultat à l'expression précédente de $F(x)$ il vient :

$$\begin{aligned}\frac{\mathrm{d}F(x)}{\mathrm{d}x}&=-\frac{\mathrm{d}}{\mathrm{d}x}\left[\int_0^x\frac{E(u)}{u}du-\int_0^x\frac{E(u)}{u}\frac{x^2}{u^2}du\right]\\&=-\left[\frac{E(x)}{x}-\frac{E(x)}{x}-\int_0^x\frac{E(u)}{u}\frac{2x}{u^2}du\right]\equiv 2x\int_0^x\frac{E(u)}{u^3}du\end{aligned}$$

En revenant aux notations initiales, la dérivation par rapport à κ_1 de la relation (5-25) s'écrit donc :

$$\frac{\partial}{\partial \kappa_1} F_{11}(\kappa_1, t) = 2\kappa_1 \int_0^{\kappa_1} \frac{E(\kappa, t)}{\kappa^3} d\kappa$$

d'où l'on déduit facilement que : $\dfrac{\partial}{\partial \kappa_1}\left(\dfrac{1}{\kappa_1}\dfrac{\partial}{\partial \kappa_1} F_{11}(\kappa_1, t)\right) = 2\dfrac{E(\kappa_1, t)}{\kappa_1^3}$

Après développement et multiplication par κ_1^3 on obtient :

$$-\kappa_1 \frac{\partial}{\partial \kappa_1} F_{11}(\kappa_1, t) + \kappa_1^2 \frac{\partial^2}{\partial \kappa_1 \partial \kappa_1} F_{11}(\kappa_1, t) = 2E(\kappa_1, t)$$

dont il est facile de déduire la forme (5-26).

4.3.5 Équivalent spectral de la première relation de Kármán et Howarth

L'équivalent spectral de la première relation de Kármán et Howarth entre les fonctions de corrélation spatiales $f(r, t)$ et $g(r, t)$ s'exprime par :

$$\boxed{F_{22}(\kappa_1, t) = \frac{1}{2} F_{11}(\kappa_1, t) - \frac{1}{2}\kappa_1 \frac{\partial}{\partial \kappa_1} F_{11}(\kappa_1, t)} \qquad (5\text{-}27)$$

DÉMONSTRATION — Par dérivation de la relation (5-25) il vient :

$$\frac{\partial}{\partial \kappa_1} F_{22}(\kappa_1, t) = -\frac{1}{2}\frac{E(\kappa_1, t)}{\kappa_1} - \frac{1}{2}\int_0^{\kappa_1} \kappa_1 \frac{E(\kappa, t)}{\kappa^3} d\kappa$$

Ainsi : $$\frac{\partial}{\partial \kappa_1}\left[\frac{1}{\kappa_1}\left(\frac{\partial}{\partial \kappa_1} F_{22}(\kappa_1, t) + \frac{1}{2}\frac{E(\kappa_1, t)}{\kappa_1}\right)\right] = -\frac{1}{2}\frac{E(\kappa_1, t)}{\kappa_1^3}$$
$$= -\frac{1}{2}\frac{\partial}{\partial \kappa_1}\left[\frac{1}{\kappa_1}\left(\frac{\partial}{\partial \kappa_1} F_{11}(\kappa_1, t)\right)\right]$$

la dernière égalité résultant directement de la relation établie antérieurement entre les spectres E et F_{11}. Une première intégration fournit alors :

$$\frac{\partial}{\partial \kappa_1} F_{22}(\kappa_1, t) + \frac{1}{2}\frac{E(\kappa_1, t)}{\kappa_1} = -\frac{1}{2}\frac{\partial}{\partial \kappa_1} F_{11}(\kappa_1, t)$$

qui, en vertu de la relation (5-26) donne encore :

$$\frac{\partial}{\partial \kappa_1} F_{22}(\kappa_1, t) = -\frac{1}{2}\kappa_1 \frac{\partial^2}{\partial \kappa_1 \partial \kappa_1} F_{11}(\kappa_1, t)$$

$$\equiv \frac{1}{2}\frac{\partial}{\partial \kappa_1}\left[F_{11}(\kappa_1, t) - \kappa_1 \frac{\partial}{\partial \kappa_1} F_{11}(\kappa_1, t)\right]$$

Par intégration de la dernière égalité, on arrive bien finalement à l'équation (5-27).

4.4 Caractéristiques spectrales en T.H.I. isovolume

D'un point de vue spectral, les résultats précédents amènent aux caractéristiques suivantes de l'analyse d'une T.H.I. isovolume :

- Les équations (5-26 ou b) montrent en premier lieu qu'il est possible d'accéder, par la seule mesure du spectre monodimensionnel, au spectre d'énergie en module $E(\kappa, t)$ puis, grâce à la relation (5-19), au tenseur spectral complet $\phi_{ij}(\kappa, t)$.
- Comme pour l'analyse corrélatoire, l'équation (5-27) constitue, lorsqu'elle est satisfaite, une vérification indirecte du caractère homogène et isotrope de l'agitation turbulente isovolume.
- Enfin, il est possible de déduire des relations (5-26 ou b), des informations sur l'allure des graphes des diverses fonctions spectrales et en particulier sur leurs comportements à l'origine, comme le schématise la figure suivante.

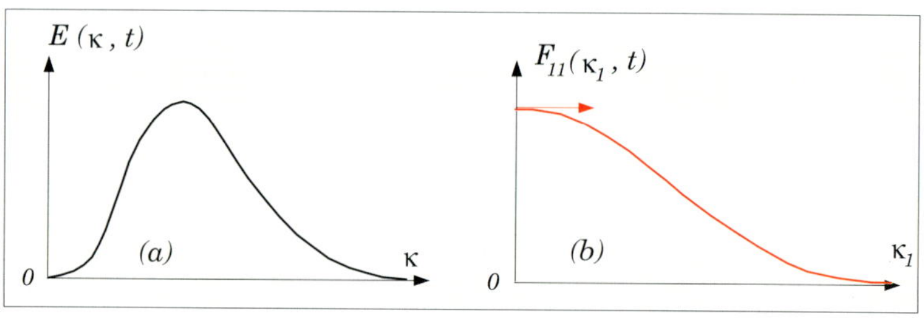

Fig. 7: Graphes caractéristiques des spectres : en module (a) et monodimensionnel (b)

Démonstration — Par passage à la limite $\kappa_1 \to 0$ dans l'équation (5-26), on déduit :

$$\lim_{\kappa_1 \to 0} E(\kappa_1, t) = 0$$

si les dérivées à l'origine et jusqu'à l'ordre deux du spectre $F_{11}(\kappa_1, t)$ restent finies. En outre cette même relation (5-26) permet également d'écrire :

$$\frac{\partial}{\partial \kappa_1} F_{11}(\kappa_1, t) = -\frac{E(\kappa_1, t)}{\kappa_1} - \kappa_1 \frac{\partial^2}{\partial \kappa_1 \partial \kappa_1} F_{11}(\kappa_1, t)$$

de sorte que si la décroissance à l'origine du spectre $E(\kappa, t)$ est d'ordre supérieur à l'unité :

$$\lim_{\kappa_1 \to 0} \left[\frac{\partial}{\partial \kappa_1} F_{11}(\kappa_1, t) \right] = 0$$

Ainsi le graphe du spectre $F_{11}(\kappa_1, t)$ présente une tangente à l'origine horizontale. Enfin la relation intégrale (5-25) montre que :

$$F_{11}(0, t) = \frac{1}{2} \int_0^\infty \frac{E(\kappa)}{\kappa} d\kappa$$

En pratique, on vérifiera que l'intégrale du second membre n'est pas nulle, si bien que le spectre $F_{11}(\kappa_1, t)$ ne s'annulle pas à l'origine, contrairement à $E(\kappa, t)$. Ces différences sont illustrées au schéma de la Fig. 7.

EXERCICE — ***Spectres d'une T.H.I. à autocorrélation spatiale exponentiellement décroissante*** — On suppose un champ de T.H.I. isovolume dont la fonction d'autocorrélation longitudinale est donnée par :

$$f(r, t) = e^{-r/L(t)}$$

où $L(t)$ représente une échelle de longueur évolutive dans le temps.

1) Établir l'expression du spectre monodimensionnel $F_{11}(\kappa_1, t)$.

[On donne $\int_0^\infty e^{-x} \cos(ax) \mathrm{d}x = 1/\left(1 + a^2\right)$]

2) En déduire l'expression du spectre en module $E(\kappa, t)$.

3) Donner une représentation graphique des résultats obtenus pour un instant fixe quelconque, et commenter les comportements au voisinage de l'origine (On prendra, pour simplifier $L(t) = 1$).

SOLUTION

1) Par définition, on a $F_{11}(\kappa_1, t) = 2\frac{\overline{u^2}(t)}{\pi} \int_0^\infty e^{-r/L} \cos(\kappa_1 r) \mathrm{d}r$.

En posant $r/L = u$, l'intégrale du second membre s'écrit, avec le résultat du rappel :

$$\int_0^\infty e^{-r/L} \cos(\kappa_1 r) \mathrm{d}r = L \int_0^\infty e^{-u} \cos(\kappa_1 L u) \mathrm{d}u = \frac{L}{1 + \kappa_1^2 L^2}$$

On aboutit finalement au spectre :

$$F_{11}(\kappa_1, t) = \frac{2}{\pi} \times \frac{\overline{u^2}(t) L(t)}{1 + \kappa_1^2 L^2(t)}$$

2) La relation (5-26) permet d'écrire :

$$E(\kappa, t) = \frac{1}{2} \left[\kappa_1^3 \frac{\partial}{\partial \kappa_1} \left(\frac{1}{\kappa_1} \frac{\partial F_{11}(\kappa_1, t)}{\partial \kappa_1} \right) \right]_{\kappa_1 = \kappa}$$

Avec le résultat de la première question, on déduit :

$$\frac{\partial F_{11}}{\partial \kappa_1} = \frac{2\overline{u^2} L}{\pi} \times \frac{-2L^2 \kappa_1}{\left(1 + L^2 \kappa_1^2\right)^2} \quad et \quad \frac{\partial}{\partial \kappa_1} \left(\frac{1}{\kappa_1} \frac{\partial F_{11}}{\partial \kappa_1} \right) = \frac{2\overline{u^2} L}{\pi} \times \frac{8 L^4 \kappa_1}{\left(1 + L^2 \kappa_1^2\right)^3}$$

En remplaçant dans l'expression précédente, on trouve que :

$$E(\kappa, t) = \frac{8\overline{u^2}(t) L^5(t)}{\pi} \times \frac{\kappa^4}{\left(1 + L^2(t) \kappa^2\right)^3}$$

3) Les graphes des fonctions $(1+x^2)^{-1}$ et $x^4(1+x^2)^{-3}$ représentatives, à un instant donné, des spectres F_{11} et E respectifs sont portés sur la figure ci-contre.
On y observe bien les caractéristiques à l'origine établies en §4.4.

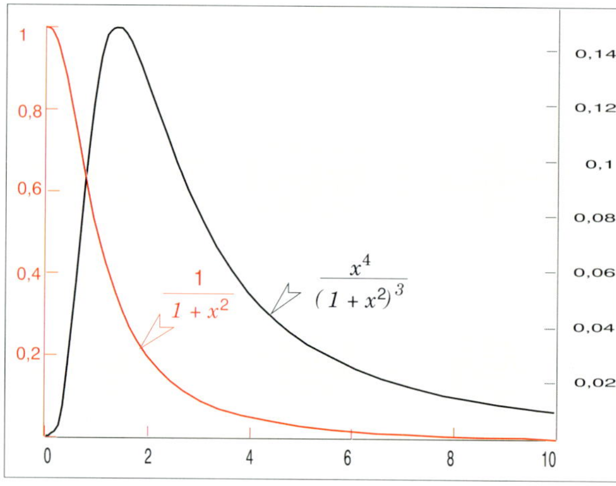

Fig. 8: Spectres de T.H.I. à autocorrélation spatiale exponentiellement décroissante.

EXERCICE — ***Spectres d'une T.H.I. à autocorrélation spatiale gaussienne*** — On suppose un champ de T.H.I. isovolume dont la fonction d'autocorrélation longitudinale est donnée par la loi gaussienne :

$$f(r,t) = e^{-r^2/L^2(t)}$$

où $L(t)$ représente une échelle de longueur évolutive dans le temps.
1) Établir l'expression du spectre monodimensionnel $F_{11}(\kappa_1, t)$.
[On donne $\int_0^\infty e^{-x^2}\cos(ax)\mathrm{d}x = \frac{1}{2}\sqrt{\pi}\, e^{-a^2/4}$]
2) En déduire l'expression du spectre en module $E(\kappa, t)$.

SOLUTION
1) Par définition, on a : $F_{11}(\kappa_1,t) = 2\dfrac{\overline{u^2}(t)}{\pi}\displaystyle\int_0^\infty e^{-r^2/L^2}\cos(\kappa_1 r)\mathrm{d}r$

En posant $r/L = u$, l'intégrale du second membre s'écrit, avec le résultat du rappel :

$$\int_0^\infty e^{-r^2/L^2}\cos(\kappa_1 r)\mathrm{d}r = L\int_0^\infty e^{-u^2}\cos(\kappa_1 L u)\mathrm{d}u = \frac{L\sqrt{\pi}}{2}\, e^{-\kappa_1^2 L^2/4}$$

On aboutit finalement au spectre également gaussien :

$$F_{11}(\kappa_1,t) = \frac{\overline{u^2}(t)L(t)}{\sqrt{\pi}}\, e^{-\kappa_1^2 L^2(t)/4}$$

2) En procédant de la même façon que pour l'exercice précédent, on trouve que :

$$E(\kappa,t) = \frac{\overline{u^2}(t)L^5(t)}{8\sqrt{\pi}} \times \kappa^4\, e^{-\kappa^2 L^2(t)/4}$$

4.5 Équations d'évolution des spectres en T.H.I.

4.5.1 L'équation d'évolution du tenseur spectral tridimensionnel

Nous nous intéressons en premier lieu à l'équivalent spectral de la relation (4-41), i.e., l'équation qui régit l'évolution du tenseur spectral tridimensionnel $\phi_{pq}(\kappa, t)$, fonction du seul module du vecteur $\vec{\kappa}$ en *turbulence homogène et isotrope.* Elle s'écrit :

$$\boxed{\frac{\partial}{\partial t}\phi_{pq}(\kappa, t) - \kappa_l\left[\psi_{plq}(\kappa, t) + \psi_{qlp}(\kappa, t)\right] = -2\nu\kappa^2\phi_{pq}(\kappa, t)} \tag{5-28}$$

où ψ_{plq} est l'équivalent spectral du tenseur des corrélations triples de fluctuations de vitesses en deux points.

DÉMONSTRATION — Pour établir ce résultat, on part de l'équation générale (4-41) de transport du tenseur des corrélations doubles de vitesse en T.H.I. :

$$\frac{\partial}{\partial t}[Q_{p,q}(r, t)] - \frac{\partial}{\partial \xi_l}[Q_{pl,q}(r, t) + Q_{ql,p}(r, t)] = 2\nu\frac{\partial^2}{\partial \xi_l \partial \xi_l}[Q_{p,q}(r, t)]$$

On prend ensuite la transformée spatiale tridimensionnelle de cette équation. Pour cela, on introduit la transformée de Fourier tridimensionnelle du tenseur de corrélations triples sous la forme :

$$Q_{pl,q}(r, t) = -i\iiint_{-\infty}^{+\infty} \psi_{plq}(\kappa, t)e^{i\vec{\kappa}.\vec{\xi}}\mathrm{d}\vec{\kappa}$$

où l'on réserve le symbole $\pm i$ à la notation des racines complexes de *–1.* Ainsi :

$$\frac{\partial}{\partial \xi_l}Q_{pl,q}(r, t) = \iiint_{-\infty}^{+\infty} \kappa_l\psi_{plq}(\kappa, t)e^{i\vec{\kappa}.\vec{\xi}}\mathrm{d}\vec{\kappa}$$

De même, pour le tenseur spectral des corrélations doubles, on notera que :

$$\frac{\partial}{\partial \xi_l}Q_{p,q}(r, t) = i\iiint_{-\infty}^{+\infty} \kappa_l\phi_{pq}(\kappa, t)e^{i\vec{\kappa}.\vec{\xi}}\mathrm{d}\vec{\kappa}$$

et

$$\frac{\partial^2}{\partial \xi_l \partial \xi_l}Q_{p,q}(r, t) = -\iiint_{-\infty}^{+\infty} \kappa_l.\kappa_l\phi_{pq}(\kappa, t)e^{i\vec{\kappa}.\vec{\xi}}\mathrm{d}\vec{\kappa}$$

Faisant usage de ces expressions, la transformée de l'équation (4-50) s'écrit donc bien :

$$\frac{\partial}{\partial t}\phi_{pq}(\kappa, t) - \kappa_l[\psi_{plq}(\kappa, t) + \psi_{qlp}(\kappa, t)] = -2\nu\kappa^2\phi_{pq}(\kappa, t)$$

où κ^2 désigne simplement le carré scalaire $\kappa_l\kappa_l$.

4.5.2 L'équation d'évolution du spectre en module

L'équation cherchée est maintenant celle qui régit l'évolution de la densité spectrale d'énergie ou spectre en module $E(\kappa, t)$. Elle se met sous la forme :

$$\underbrace{\frac{\partial}{\partial t} E(\kappa, t)}_{\substack{Variation\\temporelle}} = \underbrace{T(\kappa, t)}_{\substack{Terme\ non\ linéaire\\liée\ aux\ corrél.\ triples}} - \underbrace{2\nu\kappa^2 E(\kappa, t)}_{\substack{Terme\ linéaire\\de\ viscosité}} \tag{5-29}$$

Démonstration — Par simple contraction des indices p et q dans l'équation (5-28) il vient :

$$\frac{\partial}{\partial t}\phi_{pp}(\kappa, t) - 2\kappa_l[\psi_{plp}(\kappa, t)] = -2\nu\kappa^2\phi_{pp}(\kappa, t)$$

Or, en situation de T.H.I., nous savons que : $\phi_{pp}(\kappa, t) = \dfrac{E(\kappa, t)}{2\pi\kappa^2}$

En substituant ce dernier résultat dans l'équation précédente, on aboutit à :

$$\frac{\partial}{\partial t}E(\kappa, t) = 4\pi\kappa^2\kappa_l[\psi_{plp}(\kappa, t)] - 2\nu\kappa^2 E(\kappa, t)$$

dont le premier terme du second membre ne peut être qu'une fonction de κ et t. En convenant de poser $4\pi\kappa^2\kappa_l\psi_{plp}(\kappa, t) = T(\kappa, t)$, on obtient bien le résultat annoncé.

4.5.3 Remarques sur les équations de la dynamique spectrale

a. Les deux équations (5-28) et (5-29), tant pour le spectre tridimensionnel que pour celui en module, sont *ouvertes*. La raison tient toujours à la non linéarité advective des équations de Navier-Stokes. On retrouve donc un problème de *fermeture* dans l'espace des nombres d'onde, comme cela avait déjà été le cas dans le plan physique.

b. L'équation (5-29) pour la densité spectrale d'énergie, est parfois appelée équation de Lin [270], en référence à la publication par cet auteur en 1949.

c. Le caractère *ouvert* de l'équation d'évolution du spectre d'énergie en module provient du terme $T(\kappa, t)$ dont on peut montrer que :

$$\int_0^\infty T(\kappa, t)d\kappa = 0 \tag{5-30}$$

d. En vertu de la relation précédente, la fonction $T(\kappa, t)$ disparaît du bilan d'ensemble énergétique. Elle représente donc un *échange d'énergie entre nombres d'onde* et le cas échéant entre les structures qui peuvent y être associées.

De façon plus précise, la fonction suivante :

$$S(\kappa, t) = -\int_0^{\kappa} T(u, t) du \tag{5-31}$$

exprime le montant d'énergie cédée par les nombres d'onde inférieurs ou égaux à κ et correspond à un *flux* ou *transfert interne* d'énergie turbulente entre contributions spectrales. Nous apporterons au chapitre suivant des précisions sur le *sens* suivant lequel s'effectue ce transfert.

DÉMONSTRATION — Pour démontrer que la fonction $T(\kappa, t)$ disparaît par sommation sur l'ensemble des nombres d'onde, intégrons l'équation de Lin sur l'ensemble des nombres d'onde :

$$\frac{\partial}{\partial t}\int_0^{\infty} E(\kappa, t)d\kappa = \int_0^{\infty} T(\kappa, t)d\kappa - 2\nu\int_0^{\infty} \kappa^2 E(\kappa, t)d\kappa$$

On constate alors que, par définition $\int_0^{\infty} E(\kappa, t)d\kappa = \bar{k}(t)$

et nous verrons (5-33) que : $2\nu\int_0^{\infty} \kappa^2 E(\kappa, t)d\kappa = \bar{\varepsilon}(t)$

Ainsi l'équation intégrée sur l'ensemble des nombres d'onde donne :

$$\int_0^{\infty} T(\kappa, t)d\kappa = \frac{\partial}{\partial t}\bar{k}(t) + \bar{\varepsilon}(t)$$

Mais l'on sait qu'en T.H.I. l'équation de décroissance énergétique se réduit précisément à $\partial\bar{k}(t)/\partial t = -\bar{\varepsilon}(t)$, ce qui conduit bien à l'annulation de l'intégrale de $T(\kappa, t)$.

5 Expressions spectrales de la dissipation en T.H.I.

Nous allons clore ce chapitre en donnant quelques équivalents spectraux des expressions du taux de dissipation établies au Chapitre IV-§4.3.

a) En usant du spectre monodimensionnel en transformée de Fourier de la fonction d'auto-corrélation $f(r, t)$ à savoir :

$$\overline{u^2}(t).f(r, t) = \int_0^{+\infty} F_{11}(\kappa_1, t)e^{i\kappa_1 r}d\kappa_1$$

on peut déduire : $$\overline{u^2}(t) \times \left[\frac{\partial^2}{\partial r^2} f(r,t)\right]_{r=0} = -\int_0^{+\infty} \kappa_1^2 F_{11}(\kappa_1,t)d\kappa_1$$

Compte tenu des résultats du Chapitre IV-§4.3, on a :

$$\overline{u^2}(t) \times \left[\frac{\partial^2}{\partial r^2} f(r,t)\right]_{r=0} = -\overline{\left(\frac{\partial u_1}{\partial x_1}\right)^2} = -\frac{\overline{\varepsilon}}{15\nu}$$

de sorte que :

$$\boxed{\overline{\varepsilon} = 15\nu \int_0^{+\infty} \kappa_1^2 F_{11}(\kappa_1,t)d\kappa_1} \qquad (5\text{-}32)$$

b) Enfin, en utilisant la relation entre spectre mono et tridimensionnel sous la forme :

$$2\frac{E(\kappa,t)}{\kappa^3} = \frac{\partial}{\partial \kappa}\left(\frac{1}{\kappa}\frac{\partial}{\partial \kappa} F_{11}(\kappa,t)\right)$$

on déduit : $$2\int_0^{+\infty} \kappa^2 E(\kappa,t)d\kappa = \int_0^{+\infty} \kappa^5 \frac{\partial}{\partial \kappa}\left(\frac{1}{\kappa}\frac{\partial}{\partial \kappa} F_{11}(\kappa,t)\right)d\kappa$$

En effectuant deux intégrations par parties successives, on obtient :

$$\begin{aligned}2\int_0^{+\infty} \kappa^2 E(\kappa,t)d\kappa &= \left[\kappa^4 \frac{\partial}{\partial \kappa} F_{11}(\kappa,t)\right]_0^{+\infty} - 5\int_0^{+\infty} \kappa^3 \frac{\partial}{\partial \kappa} F_{11}(\kappa,t)d\kappa \\ &= \left[\kappa^4 \frac{\partial}{\partial \kappa} F_{11}(\kappa,t)\right]_0^{+\infty} - 5\left[\kappa^3 F_{11}(\kappa,t)\right]_0^{+\infty} + 15\int_0^{+\infty} \kappa^2 F_{11}(\kappa,t)d\kappa\end{aligned}$$

Sous réserve de décroissance suffisante à l'infini de la fonction $F_{11}(\kappa,t)$ et de sa dérivée première, on tire finalement que :

$$\boxed{\overline{\varepsilon} = 2\nu \int_0^{+\infty} \kappa^2 E(\kappa,t)d\kappa} \qquad (5\text{-}33)$$

Cette dernière relation montre clairement le décalage vers les grands nombres d'onde du spectre de la dissipation.

Les principales formules qui ont été établies pour le taux de dissipation en turbulence homogène et isotrope de fluide incompressible aux Chapitres IV et V sont récapitulées dans les tableaux suivants :

Dissipation générale :	$\bar{\varepsilon} = \frac{\nu}{2}\overline{\left(\frac{\partial u_i}{\partial x_j} + \frac{\partial u_j}{\partial x_i}\right)^2}$
Pseudo-dissipation :	$\bar{\varepsilon} = \nu\overline{\left(\frac{\partial u_i}{\partial x_j}\right)\left(\frac{\partial u_i}{\partial x_j}\right)}$

Tableau 5.2 Expressions de la dissipation : (a) Cas général.

$$\bar{\varepsilon} = \bar{\epsilon} = \frac{\nu}{2}\overline{\omega_i\omega_i}$$

$$\bar{\varepsilon} = \bar{\epsilon} = 15\nu\overline{\left(\frac{\partial u_1}{\partial x_1}\right)^2}$$

$$\bar{\varepsilon} = \bar{\epsilon} = 30\nu\overline{u^2}/\lambda_f^2$$

$$\bar{\varepsilon} = \bar{\epsilon} = 2\nu\int_0^{+\infty}\kappa^2 E(\kappa,t)d\kappa$$

Tableau 5.2 (b) Expressions particulières en T.H.I. isovolume.

EXERCICE — ***Dissipation en T.H.I. à autocorrélation spatiale exponentielle et gaussienne*** — On suppose un champ de T.H.I. isovolume dont la fonction d'autocorrélation longitudinale est donnée par :

$$f(r,t) = e^{-r/L(t)}$$

où $L(t)$ représente une échelle de longueur évolutive au cours du temps.

1) Montrer en calculant l'expression du taux de dissipation qu'une telle fonction d'autocorrélation est physiquement inacceptable. On donne :

$$\int\frac{x^6}{\left(1+a^2x^2\right)^3}\mathrm{d}x = \frac{x}{a^6} + \frac{9x}{8a^6\left(1+a^2x^2\right)} - \frac{x}{4a^6\left(1+a^2x^2\right)^2} - \frac{15}{8a^7}\mathrm{arctg}(ax)$$

2) Que pouvez-vous dire de ce même taux de dissipation dans le cas d'un spectre gaussien tel que :

$$E(\kappa,t) = \frac{\overline{u^2}(t)L^5(t)}{8\sqrt{\pi}} \times \kappa^4\, e^{-\kappa^2 L^2(t)/4}$$

Retrouver la signification physique de l'échelle de longueur $L(t)$.

[On donne $\int_0^\infty x^6 e^{-x^2}\mathrm{d}x = \frac{15\sqrt{\pi}}{16}$].

SOLUTION

L'expression du spectre trouvée antérieurement — voir premier exercice §4.4 — conduit, par la relation (5-33) à :

$$\overline{\varepsilon}(t) = 2\nu \times \frac{8\overline{u^2}(t)L^5(t)}{\pi} \int_0^\infty \frac{\kappa^6}{(1 + L^2(t)\kappa^2)^3} \mathrm{d}\kappa$$

Compte tenu du résultat donné en rappel, l'intégrale du second membre diverge pour $\kappa \to \infty$, en raison du premier terme du développement. Si la fonction d'autocorrélation à décroissance exponentielle était adoptée, il en résulterait un taux de dissipation infini, ce qui n'est pas physiquement acceptable.

2) Pour un spectre gaussien, l'expression du taux de dissipation devient :

$$\overline{\varepsilon}(t) = 2\nu \times \frac{\overline{u^2}(t)L^5(t)}{8\sqrt{\pi}} \int_0^\infty \kappa^6 e^{-\frac{\kappa^2 L^2}{4}} \mathrm{d}\kappa$$

soit encore avec le changement de variable $x = \kappa L/2$:

$$\overline{\varepsilon}(t) = 2\nu \times \frac{2^4}{\sqrt{\pi}} \frac{\overline{u^2}(t)}{L^2(t)} \int_0^\infty x^6 e^{-x^2} \mathrm{d}x$$

Avec le résultat précisé en rappel, on aboutit à $\overline{\varepsilon}(t) = 30\nu\overline{u^2}(t)/L^2(t)$.

Comme nous l'avons vu au Chapitre IV-éq(4-64), le taux de dissipation peut également s'exprimer de façon générale à partir de la micro-échelle de Taylor sous la forme $\bar{\varepsilon} = 30\nu u'^2/\lambda_f^2$. Par identification directe de ces deux expressions, on retrouve bien que l'échelle de longueur $L(t)$ n'est autre que la micro-échelle de Taylor $\lambda(t)$.

DEUXIÈME PARTIE

DONNÉES SUR LA TURBULENCE EN FLUIDE INCOMPRESSIBLE

CHAPITRE VI

CLASSIFICATION ET ÉCOULEMENTS TURBULENTS TYPES

« Classification of turbulent flows has, surprisingly, seldom been attempted by turbulent researchers (perhaps because they are making overly ambitious the attempt to describe every kind of turbulence ?); but we have found it to be useful in guiding the choice of appropriate turbulence models, and for relating complex practical problems in turbulence to simpler and better understood turbulent flows.»

(Il est étonnant que la classifiaction des écoulements turbulents n'ait été que rarement tentée par les chercheurs en turbulence (peut-être parce que la description de tous les types de turbulence leur apparaît comme excessivement ambitieuse ?); mais nous considérons qu'elle est utile pour guider le choix des modèles de turbulence adéquats, et relier les problèmes pratiques complexes à des écoulements turbulents plus simples et mieux élucidés.)

Julian C.R. HUNT [185] 1992, page 6.

1 Introduction

La deuxième partie du cours qui s'ouvre ici est consacrée à la présentation de données sur la turbulence isovolume. C'est la diversité même des manifestations de ce phénomène — voir premier Chapitre — qui va alors poser problème, dans la mesure où, contrairement aux idées de Landau et Lifshitz [230] qui ont prévalu pendant près de quarante ans, la turbulence n'est pas un état universel de la nature du mouvement des fluides. Pour autant, le phénomène ne se réduit pas à une simple collection d'écoulements et des configurations différentes peuvent partager certains traits communs, en termes de structures tourbillonnaires, comportements moyens et mécanismes statistiques par exemple. C'est là l'essence même de la classification en écoulements types qui sera abordée dans la suite.
L'étude ultérieure des propriétés de situations typiques de turbulence ne cherche pas à être exhaustive. Dans la perspective de modélisation de cet ouvrage, nous nous en tiendrons en effet aux seuls éléments d'information ayant trait :

– à l'**élaboration** de schémas de fermeture ;
– à la **validation** de modèles complets ;
– au **développement** de nouveaux modèles.

Les critères de ***classification des écoulements turbulents isovolumes*** vont être examinés en début de chapitre. Nous présenterons ensuite le classement proprement dit, en dégageant les principaux éléments distinctifs des différents types d'écoulements qui le composent. L'examen plus approfondi des caractéristiques typiques de trois classes particulières d'écoulements fera l'objet des Chapitres VIII et IX et X.

2 Classification des écoulements turbulents isovolumes

2.1 But de la classification

Le traitement statistique macroscopique des équations en un point — Chapitre III — a mis en évidence l'existence de couplages entre les équations régissant la statistique des *grandeurs moyennes* et celle des moments d'ordre au moins égal à deux du *mouvement d'agitation.*
D'un point de vue physique, ce couplage se traduit dans le cadre de la décomposition binaire de Reynolds, par l'existence de *mécanismes d'interaction* entre mouvements moyen et fluctuant. Comme nous le verrons dans la suite, l'étude de tels mécanismes est déterminante, tant du point de vue de la connaissance fondamentale de la turbulence, qu'en regard de tout objectif de modélisation.
L'identification et la compréhension de ces mécanismes, lorsqu'ils agissent simultanément, peuvent se révéler complexes. Aussi, pour faciliter l'analyse, est-il préférable de procéder graduellement en isolant certain(s) d'entre eux dans une configuration donnée d'écoulement où il(s) se trouve(nt) être seul(s) impliqué(s). Ainsi, le but de la classification est de structurer l'étude du couplage entre mouvement moyen et fluctuant selon un degré de complexité croissant, en l'associant à une "hiérarchie" de situations "élémentaires" au regard des mécanismes impliqués par la physique de l'interaction.

2.2 Le mode de classification

En première approche[1] on peut considérer qu'il existe entre mouvements moyen et d'agitation un **double couplage** à la fois **explicite** et **implicite** qui, comme l'illustre

[1] i.e., en focalisant la discussion aux seules propriétés du premier et second ordre.

le schéma suivant, fait intervenir tant les propriétés dynamiques qu'énergétiques.

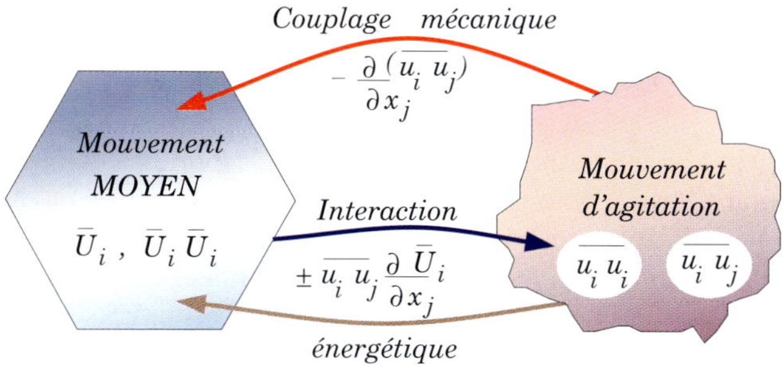

Fig. 1: Schéma des couplages ***explicites*** *au second ordre entre mouvements moyen et d'agitation.*

- S'agissant du couplage **explicite**, nous avons vu qu'il se manifestait :
  – dans l'équation de la dynamique du mouvement moyen, par les termes de tensions de Reynolds qui impliquent le mouvement d'agitation :
$$-\frac{\partial}{\partial x_j}\left(\rho \overline{u_i u_j}\right) \tag{6-1}$$
  – dans le bilan d'énergie cinétique du mouvement moyen via l'échange énergétique associé au terme de "production":
$$\mathrm{P} = \pm \rho \overline{u_i u_j} \frac{\partial \overline{U}_i}{\partial x_j} \tag{6-2}$$
  C'est ce couplage explicite que symbolise le schéma de la figure 1. Dans le premier cas (couplage mécanique, flèche du haut) un terme associé au mouvement d'agitation est introduit dans le bilan de quantité de mouvement moyenne. Dans le second (interaction énergétique), le transfert d'énergie, qui se fait généralement du mouvement moyen vers le mouvement d'agitation, peut néanmoins localement s'inverser, ce qu'illustrent les deux flèches inférieures du schéma (Cf. "production négative").
- Outre ces couplages explicites, il existe également entre grandeurs moyennes et moments d'ordre deux, des **couplages implicites** par les corrélations pression–vitesse qui figurent, dans l'équation de transport des contraintes de Reynolds (3-19), sous la forme :
$$\Pi_{ij} = -\frac{1}{\rho}\left(\overline{u_i \frac{\partial p}{\partial x_j}} + \overline{u_j \frac{\partial p}{\partial x_i}}\right) \tag{6-3}$$
  Or, l'équation de Poisson (3-40b) :
$$-\frac{1}{\rho}\frac{\partial^2 p}{\partial x_i \partial x_i} = 2\frac{\partial^2}{\partial x_i \partial x_j}\left(u_i \overline{U}_j\right) + \frac{\partial^2}{\partial x_i \partial x_j}\left(u_i u_j - \overline{u_i u_j}\right)$$
  montre qu'à travers la fluctuation de pression, Π_{ij} met en jeu à la fois le mouvement moyen (premier terme du second membre) et le mouvement d'agitation (second terme du second membre).

2.3 Les critères de classement

2.3.1 Homogénéité spatiale

Si l'on considère plus particulièrement les termes du couplage *explicite* (6-1) et (6-2), il apparaît que ceux-ci dépendent directement de *gradients locaux* de propriétés statistiques d'ordre un et deux. Ils sont donc à l'évidence simplifiés par toute hypothèse affectant les variations spatiales de ces fonctions.
Cette observation fournit le *premier critère de classification*, en introduisant la notion d'*homogénéité statistique cinématique*, i.e., invariance, par translation spatiale, et plus généralement par certains groupes de transformations géométriques, des moments statistiques en un point. Lorsqu'elle est vérifiée, cette hypothèse conduit à la **classe** des écoulements **cinématiquement homogènes**. Comme nous le verrons par la suite, cette classe est nécessairement associée à un champ de vitesse moyenne à **gradient constant**. En d'autres termes, de tels écoulements se caractérisent par une évolution *moyenne* à *échelle de temps imposée* (éventuellement nulle).

En situation **inhomogène**, et dans le droit fil de ce qui précède, on est naturellement conduit à prolonger l'analyse en la focalisant sur le terme de couplage énergétique que l'on sait alors exister. Comme le montre l'expression (6-2), ce couplage fait explicitement intervenir le tenseur gradient de vitesse moyenne.
Cette constatation amène le *deuxième critère de classification* directement lié au degré de *simplification du tenseur gradient de vitesse moyenne.*
Là encore, nous allons voir que la signification donnée à ces simplifications peut s'interpréter en termes d'échelles temporelles préférentielles auxquelles l'écoulement se trouve soumis.

2.3.2 Échelles temporelles

Pour quantifier les considérations précédentes, reprenons l'équation de bilan d'énergie cinématique turbulente après division membre à membre par $\overline{k}$. Il vient :

$$\frac{1}{\overline{k}}\frac{\partial \overline{k}}{\partial t}+\frac{\overline{U}_j}{\overline{k}}\frac{\partial \overline{k}}{\partial x_j}=-\frac{\overline{u_iu_j}}{\overline{k}}\frac{\partial \overline{U}_i}{\partial x_j}-\frac{1}{\overline{k}}\frac{\partial}{\partial x_j}\left(\overline{\frac{p}{\rho}u_j}\right)-\frac{1}{\overline{k}}\frac{\partial}{\partial x_j}(\overline{ku_j})+\frac{\nu}{\overline{k}}\frac{\partial^2 \overline{k}}{\partial x_j\partial x_j}-\frac{\overline{\varepsilon}}{\overline{k}}$$

où chaque terme est homogène à l'inverse d'un temps. En désignant par des symboles étoilés les grandeurs sans dimensions, cette équation s'écrit encore :

$$\begin{aligned}\frac{1}{\mathcal{T}^k}\left[\frac{1}{\overline{k}}\frac{\partial \overline{k}}{\partial t}\right]^*+\frac{1}{\mathcal{T}^k_A}\left[\frac{\overline{U}_j}{\overline{k}}\frac{\partial \overline{k}}{\partial x_j}\right]^*=-\frac{1}{\mathcal{T}^k_{Prod}}\left[\frac{\overline{u_iu_j}}{\overline{k}}\frac{\partial \overline{U}_i}{\partial x_j}\right]^*-\frac{1}{\mathcal{T}^k_p}\left[\frac{1}{\overline{k}}\frac{\partial}{\partial x_j}\left(\overline{\frac{p}{\rho}u_j}\right)\right]^*\\-\frac{1}{\mathcal{T}^k_{Dt}}\left[\frac{1}{\overline{k}}\frac{\partial}{\partial x_j}(\overline{ku_j})\right]^*+\frac{1}{\mathcal{T}^k_{Dm}}\left[\frac{\nu}{\overline{k}}\frac{\partial^2 \overline{k}}{\partial x_j\partial x_j}\right]^*-\frac{1}{\mathcal{T}^k_{Dis}}\left[\frac{\overline{\varepsilon}}{\overline{k}}\right]^*\end{aligned} \qquad (6\text{-}4)$$

On dégage alors les différents temps caractéristiques :

$$\boxed{\begin{array}{lcl} Variation\ instationnaire & : & \mathcal{T}^k \\ Advection\ mvt.\ moyen & : & \mathcal{T}^k_A \\ Production & : & \mathcal{T}^k_{Prod} \\ Pression & : & \mathcal{T}^k_p \\ Diffusion\ turbulente & : & \mathcal{T}^k_{Dt} \\ Diffusion\ moléculaire & : & \mathcal{T}^k_{Dm} \\ Dissipation & : & \mathcal{T}^k_{Dis} \end{array}} \qquad (6\text{-}5)$$

Si les sept échelles précédentes sont de même ordre, aucune simplification ne peut être légitimement appliquée à l'équation de départ. Dans le cas contraire, celle-ci se réduira au bilan des seuls termes affectés des échelles prépondérantes. Il en résultera un certain nombre de situations typiques associées aux critères temporels schématisés ci-dessous et que nous allons préciser dans la suite.

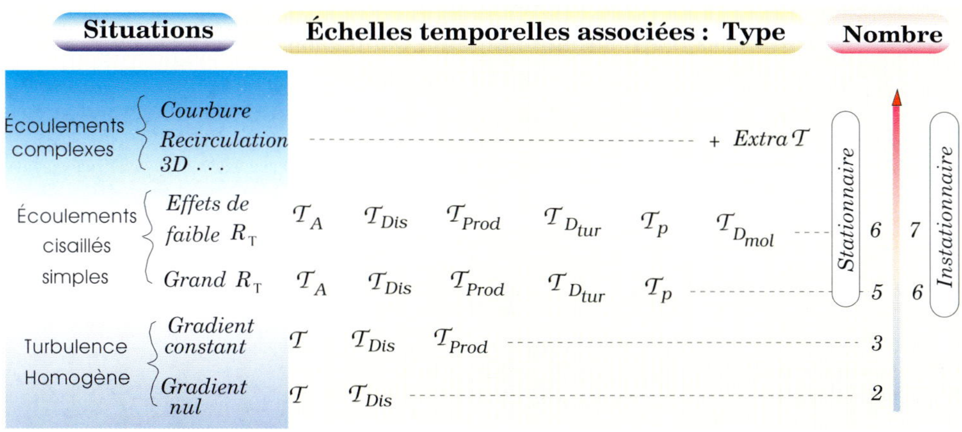

Fig. 2: Classification des écoulements turbulents isovolumes selon le nombre d'échelles temporelles significatives du bilan d'énergie cinétique du mouvement d'agitation.

2.3.3 Écoulements homogènes

Nous distinguerons (voir détails §3.1 ci-après) deux types d'homogénéité cinématique, au sens *strict* de Taylor ou au sens *large* de Craya.

a) Au sens *strict*, la notion d'homogénéité exprime l'absence de variation spatiale d'une moyenne quelconque de toute fonction définie en un point. Désignant par $\bar{\phi}(M,t)$ une telle quantité, cela se traduit par :

$$\frac{\partial}{\partial x_j}\bar{\phi}(M,t) = 0$$

Si $\bar{\phi}_o$ représente une valeur de référence de la grandeur en question et L_o une échelle de longueur caractéristique du gradient, l'homogénéité stricte se traduit encore, pour la fonction adimensionnelle $\bar{\phi}^*$, par :

$$\frac{\bar{\phi}_o}{L_o}\frac{\partial}{\partial x_j^*}\bar{\phi}^*(M,t)=0$$

Il en résulte que la classe des écoulements *homogènes au sens strict* implique des échelles de longueur asymptotiquement infinies pour les termes d'advection, diffusion turbulente et diffusion moléculaire. Notant ensuite que :

$$\mathcal{T}_A \sim \frac{L_o}{U_o};\ \mathcal{T}_{D_t} \sim \frac{L_o}{u_o};\ \mathcal{T}_{D_m} \sim \frac{L_o^2}{\nu}$$

où les échelles de vitesses U_o, u_o et la diffusivité ν sont nécessairement finies, on en déduit :

$$\mathcal{T}_A^k \sim \mathcal{T}_{D_t}^k \sim \mathcal{T}_{D_m}^k \sim \mathcal{T}_{Prod}^k \sim \infty$$

Nous verrons en outre qu'il n'existe pas dans ce cas de corrélation pression-vitesse, de sorte que la situation la plus simple d'homogénéité stricte ne peut se traduire que par la balance des termes extrêmes de l'équation (6-4), conformément à la relation d'équilibre temporel :

$$\boxed{\mathcal{T}^k \sim \mathcal{T}_{Dis}^k} \qquad (6\text{-}6)$$

b) Au sens *large*, nous n'appliquerons la propriété d'invariance spatiale qu'aux seules grandeurs statistiques d'ordre supérieur ou égal à deux, admettant pour le gradient de vitesse moyenne une valeur constante non nécessairement nulle. Dans ce cas, l'équation de bilan d'énergie cinétique turbulente comprendra *trois* termes, conformément à l'équilibre :

$$\boxed{\mathcal{T}^k \sim \mathcal{T}_{Dis}^k \sim \mathcal{T}_{Prod}^k} \qquad (6\text{-}7)$$

2.3.4 Propriétés spatiales en écoulements inhomogènes

S'agissant des écoulements *inhomogènes*, la première remarque que l'on peut faire est que le caractère stationnaire ou non en moyenne introduira ou ôtera systématiquement l'échelle $\mathcal{T}^k$. Une telle simplification était naturellement sans objet pour la situation précédente. Nous allons poursuivre ici la discussion pour le seul cas des écoulements inhomogènes stationnaires.

Nous limitant aux grandeurs cinématiques d'ordre deux, l'inhomogénéité implique la présence de termes tels que :

$$\frac{\partial \overline{U}_i}{\partial x_j}(\neq C^{te}) \qquad et \qquad \frac{\partial \overline{u_i u_j}}{\partial x_k}$$

Le premier introduit le tenseur gradient des vitesses de déformation moyennes ;
Le second (pour $k = i\ ou\ j$) s'identifie, en situation isovolume, à un transport par la fluctuation de vitesse encore qualifié de diffusion turbulente :

$$\frac{\partial \overline{u_i u_j}}{\partial x_j} \equiv \overline{u_j \frac{\partial u_i}{\partial x_j}}$$

La hiérarchie des écoulements inhomogènes découle directement des simplifications qui peuvent être appliquées à ces deux quantités par des critères tels que :

– (i) **écoulement bidimensionnel** ;
– (ii) **écoulement bidimensionnel de type couche limite** ;
– (iii) **nombre de Reynolds de turbulence élevé**.

• Les deux premiers concernent directement le tenseur $\partial \bar{U}_i/\partial x_j$ qu'ils réduisent respectivement à quatre et une composante significative. Sous l'hypothèse (ii), la contribution préférentielle se limite en effet à $\partial \bar{U}_1/\partial x_2$ par exemple. Il en résulte une seule échelle de production $\mathcal{T}_{Prod}$, qui, comme nous le verrons par la suite est équivalente à celles d'advection et de diffusion. Ce cas est celui des ***écoulements cisaillés simples***[1].

• Le dernier critère assure, quant à lui, la prépondérance de la diffusion par agitation turbulente sur celle d'origine moléculaire.

À partir des critères précédents, la situation inhomogène la plus simple que l'on puisse envisager se limite à l'équilibre des termes afférents aux échelles temporelles suivantes :

$$\boxed{\mathcal{T}_{\mathrm{A}}^k \sim \mathcal{T}_p^k \sim \mathcal{T}_{Prod}^k \sim \mathcal{T}_{Dis}^k \sim \mathcal{T}_{D_t}^k} \qquad (6\text{-}8)$$

Ce cas est celui des ***écoulements cisaillés simples en turbulence libre***.

Le degré de complexité immédiatement supérieur est atteint pour les ***écoulements cisaillés simples en turbulence de paroi***, où l'hypothèse de grand nombre de Reynolds de turbulence n'est plus vérifiée dans tout le champ. Il en résulte l'introduction d'une échelle supplémentaire $\mathcal{T}_{Dm}^k$, de sorte que six échelles peuvent alors être localement impliquées, à savoir :

$$\boxed{\mathcal{T}_{\mathrm{A}}^k;\ \mathcal{T}_p^k;\ \mathcal{T}_{Prod}^k;\ \mathcal{T}_{Dis}^k;\ \mathcal{T}_{D_t}^k;\ \mathcal{T}_{D_m}^k} \qquad (6\text{-}9)$$

Enfin, en l'absence de toute hypothèse simplificatrice, on se trouve en présence de la catégorie des ***écoulements cisaillés complexes*** selon une terminologie empruntée à Bradshaw [101], [341]. En pareils cas, le champ de vitesse moyenne présente notamment des gradients dans différentes directions, par effets de courbure, d'expansion latérale, de décollements,... en géométries bi et tridimensionnelles. Il en résulte l'introduction d'échelles temporelles supplémentaires en reflet des sources d'anisotropie présentes.

2.4 Les situations typiques du classement

Les situations typiques du classement découlent directement de l'application des

[1] ou couches cisaillées minces.

critères de classification précédents. Elles sont répertoriées sur la figure ci–dessous en faisant apparaître deux classes et quatre catégories. Quelques exemples, parmi les plus répandus, des divers "**types**" d'écoulements y sont également cités selon leurs dénominations usuelles.

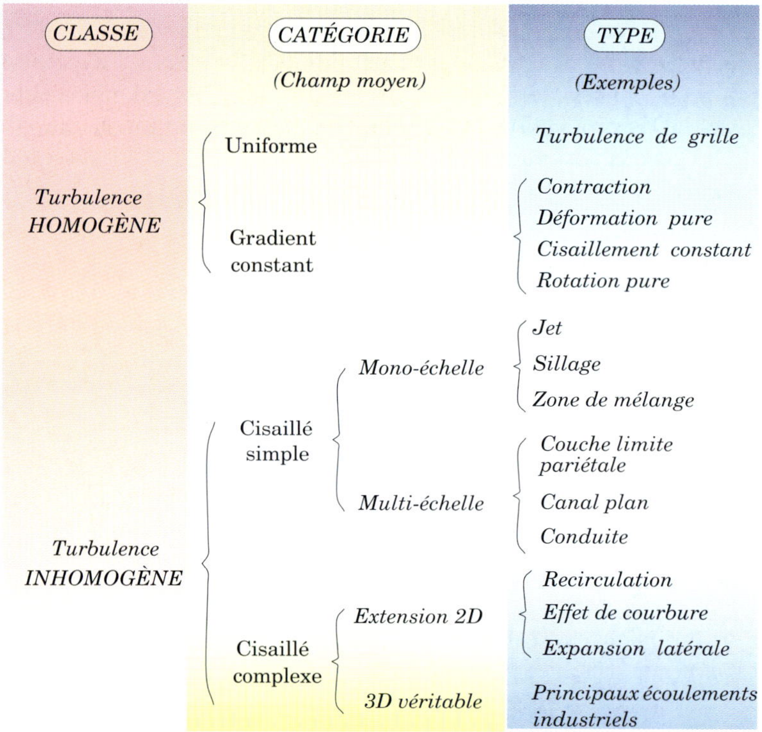

Fig. 3: Classement des écoulements turbulents isovolumes.

3 Turbulence cinématiquement homogène

3.1 Définitions

Toutes les définitions qui suivent sont d'ordre cinématique et s'appliquent donc à des instants donnés quelconques.

3.1.1 Homogénéité et isotropie au sens de Taylor

Tel qu'il a déjà été introduit au Chapitre IV-§3.1 & 2, le concept de turbulence homogène et isotrope se caractérise par :

- un domaine spatial illimité ;
- l'invariance par translation de ***toute*** propriété statistique en ***UN*** point ;
- l'invariance par translation, rotation et symétrie plane de ***toute*** propriété statistique prise en au moins ***DEUX*** points.

Ces hypothèses correspondent à la notion d'homogénéité au sens strict, i.e., selon l'acception proposée à l'origine par Taylor [411] (Cf. note historique du Chapitre IV). Ce sont également celles retenues par Batchelor [15]. Rappelons que, bien que redondante, la qualification de turbulence homogène ***et*** isotrope sera maintenue pour la raison donnée antérieurement (Chapitre IV-§3.2).
En conséquence directe de cette définition, on notera en particulier que le champ de vitesse moyenne $\bar{U}_i(\vec{x},t)$ ***et*** celui des tensions de Reynolds $\overline{u_i u_j}(\vec{x},t)$ sont indépendants du vecteur position $\vec{x}$.

3.1.2 Homogénéité au sens de Craya

Une acception plus large de l'homogénéité a été proposée ultérieurement par Craya [100]. Les hypothèses de définition en sont les suivantes :

- domaine spatial illimité ;
- invariance par translation de ***toute*** propriété statistique en ***UN*** point ***d'ordre supérieur ou égal à deux*** ;
- champ de vitesse moyenne à ***gradient constant***,
- invariance par translation de ***toute*** propriété statistique en ***DEUX*** points.

Dans ce cas, seules les tensions de Reynolds et les moments d'ordres supérieurs, restent indépendants de la position du point dans l'espace.

3.1.3 Homogénéité et isotropie au sens de Lesieur

Une modification des définitions de l'homogénéité et de l'isotropie selon l'École de Cambridge (Townsend, Batchelor) est introduite par Lesieur [259]. Les hypothèses d'homogénéité et d'isotropie se traduisent alors par :

- ***Homogénéité*** : Invariance de propriétes statistiques d'un ensemble de n points par toute translation de cet ensemble ;
- ***Isotropie*** : Invariance de propriétés statistiques d'un ensemble de n points par toute rotation simultanée de cet ensemble de points ***et*** des axes de coordonnées.

Cette définition de l'isotropie se distingue des précédentes par l'absence de prescription d'invariance par symétrie plane. Elle permet d'introduire une fonction de corrélation non nulle entre les fluctuations de vitesse et de rotationnel, c'est l'hélicité $\overline{h_e}$:

$$\overline{h_e} = \frac{1}{2}\overline{\vec{v}(\vec{x},t).\vec{rot}\vec{v}(\vec{x},t)}$$

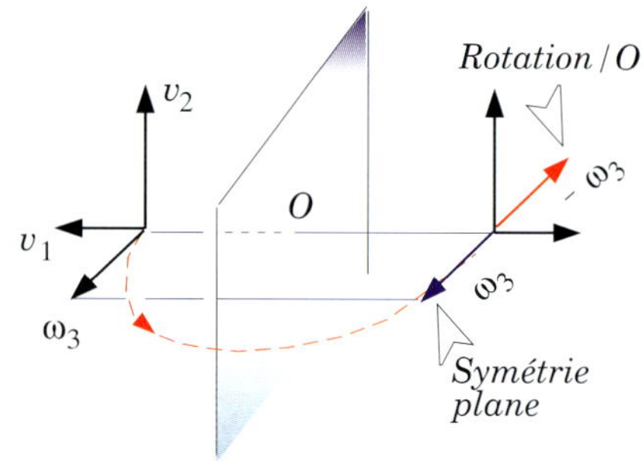

Fig. 4: Annulation de l'hélicité en turbulence isotrope au sens de Taylor.

3.2 Propriétés physiques remarquables

Quelle qu'en soit la définition, la turbulence homogéne présente les quatre propriétés physiques remarquables suivantes :

- □ **découplage dynamique** entre mouvement moyen et mouvement d'agitation ($\partial \overline{u_i u_j}/\partial x_j \equiv 0$). Il n'y a donc *pas de rétro-action* du mouvement d'agitation sur le mouvement moyen,
- □ **absence** de toute *diffusion*,
- □ **réduction** des couplages *implicites* liés aux termes de pression,
- □ **simplification énergétique**, l'*action directe de "production"* du mouvement moyen sur celui d'agitation, étant rigoureusement **nulle** pour une situation définie au sens "strict" de Taylor et "**linéarisée**" dans le cas de l'homogénéité large de Craya.

Ces différentes propriétés sont illustrées ci-dessous, où, par comparaison avec la figure 1, sont mises en évidence les simplifications apportées au schéma général.

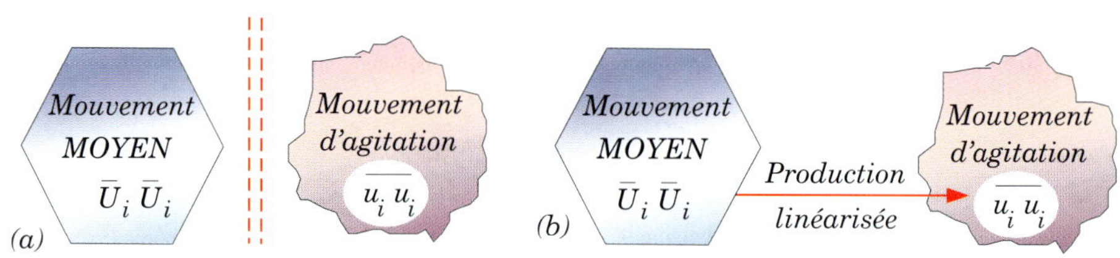

Fig. 5: Schéma des simplifications par homogénéité de Taylor (a) et de Craya (b).

3.3 Le problème d'évolution

En raison du caractère infini du domaine saptial, le problème mathématique à résoudre, en situation de turbulence homogène, est de type *évolution*. Il ne nécessite donc que la seule prescription de conditions initiales.

Quant aux équations à traiter, elles se simplifient selon le type d'homogénéité adopté :

– au sens de Taylor, avec pour seules échelles temporelles significatives $\mathcal{T}$ et $\mathcal{T}_{D_{is}}$, l'équation d'énergie cinétique du mouvement d'agitation devient :

$$\boxed{\frac{\partial \overline{k}}{\partial t} \equiv \frac{\mathrm{d}\overline{k}}{\mathrm{d}t} = -\overline{\varepsilon}} \tag{6-10}$$

– pour l'homogénéité de Craya, un terme supplémentaire apparaît :

$$\boxed{\frac{\partial \overline{k}}{\partial t} \equiv \frac{\mathrm{d}\overline{k}}{\mathrm{d}t} = -\overline{u_i u_j}\lambda_{ij} - \overline{\varepsilon}} \tag{6-11}$$

Il s'agit d'un terme de ***production linéaire*** avec : $\dfrac{\partial \overline{U}_i}{\partial x_j} = \lambda_{ij} = C^{te}$ (6-12)

EXERCICE — ***Dissipation en turbulence homogène*** — On s'intéresse au mouvement permanent d'une turbulence homogène au sens de Craya.

1) Montrer que le bilan d'énergie cinétique de turbulence se réduit à l'équilibre "*production = dissipation*" en tout point du champ.

2) On estime les tensions de Reynolds à partir d'une échelle de vitesse u' et de longueur l caractéristiques de l'agitation turbulente, conformément à $-\overline{u_i u_j} = Cu'l\overline{S}_{ij}$, où C est une constante adimensionnelle. Montrer qu'à grand nombre de Reynolds de turbulence, la dissipation par le mouvement moyen devient négligeable vis-à-vis de celle due au mouvement fluctuant.

SOLUTION

1) En régime permanent, le bilan précédent de $\overline{k}$ se réduit simplement à $\overline{\varepsilon} = -\overline{u_i u_j}\lambda_{ij}$ qui traduit bien l'équilibre énergétique "*production = dissipation*".

2) À partir de l'estimation donnée des tensions de Reynolds, on déduit que :

$$\overline{\varepsilon} = Cu'l\overline{S}_{ij}\lambda_{ij} \propto Cu'l\overline{S}_{ij}\overline{S}_{ij}$$

Le taux de dissipation par le mouvement moyen valant par définition $\overline{\phi} = 2\rho\nu\overline{S}_{ij}\overline{S}_{ij}$, la relation précédente montre que :

$$\overline{\varepsilon} \propto C\frac{u'l}{\nu}\frac{\overline{\phi}}{\rho}$$

On voit ainsi que $\rho\overline{\varepsilon} \sim \overline{\phi} \times R_T$ où $R_T = u'l/\nu$ est le nombre de Reynolds de turbulence rapporté aux échelles u' et l. Pour des valeurs élevées de ce paramètre, la dissipation dans le mouvement d'agitation l'emporte donc nettement sur celle due au mouvement moyen, C.Q.F.D.

3.4 La hiérarchie des écoulements homogènes

En anticipant quelque peu sur la discussion, on a fait apparaître en figure 3, différentes situations parmi la classe des écoulements homogènes.
Elles sont reliées, comme nous allons voir en suivant Gence [144], à deux types de paramètres se rapportant respectivement à :

– l'agitation turbulente, statistiquement isotrope ou non ;
– le type de gradient moyen intervenant.

Pour saisir le rôle de ces paramètres dans la classification, on peut adopter une "analogie mécanique" selon laquelle l'étude de ce type de turbulence s'envisage comme celle d'un "matériau turbulent" particulier — caractérisé par un certain champ d'agitation homogène — soumis à des "sollicitations" diverses (traction, torsion, ...) imposées de "l'extérieur" par l'action d'un gradient de vitesse moyenne donné. L'essentiel du problème consiste alors en la détermination de la "réponse" de ce matériau en fonction du type de sollicitation exercée.

- 1a) En turbulence homogène de Taylor, le "matériau" statistiquement **isotrope**, n'est soumise à aucune action du champ moyen, en raison de la **nullité du gradient de vitesse moyenne**. On se trouve dans le cas où les seuls mécanismes à intervenir sont ceux de l'interaction du mouvement turbulent sur lui-même. Nous verrons qu'ils mettent en jeu des processus non-linéaires de transfert entre tourbillons de différentes tailles.

- 1b) La situation immédiatement connexe est celle d'un "matériau" **anisotrope** évoluant en l'**absence de gradient de vitesse moyenne**. Dans ce cas, outre le processus déjà mentionné, nous verrons apparaître un deuxième mécanisme de "relaxation" ou de retour "naturel" vers l'état isotrope.

Les situations qui viennent immédiatement après, font intervenir un **gradient de vitesse moyenne constant**. Pour les écoulements de cette catégorie, on rencontrera, outre les processus antérieurs, des mécanismes *linéaires* d'action "extérieure" du champ moyen sur le "matériau turbulent" dont les propriétés pourront être modifiées tant en *intensité* qu'en *orientation*.
Bien qu'il soit plus arbitraire de classer les écoulements de cette catégorie, on retrouvera néanmoins la distinction liée à l'état, **isotrope ou non**, de la turbulence *avant* application du gradient moyen.
En se limitant aux situations actuellement documentées, on peut ainsi faire état des quatre configurations suivantes :

- 2a) *Déformation pure plane* appliquée à une turbulence initialement *isotrope*. Comme nous le préciserons dans la suite, l'action du champ est alors purement "scalaire", la déformation induisant un apport d'énergie sans modification d'orientation des axes principaux du tenseur des contraintes de Reynolds qui restent alignés avec ceux de la déformation imposée.

- 2b) *Déformation pure plane* appliquée à une turbulence initialement *anisotrope*. Cette situation permet de conjuguer l'apport énergétique et l'écart d'orientation entre les axes principaux du tenseur de Reynolds et ceux de la déformation moyenne *sans* faire intervenir la *rotation*.

- 2c) *Cisaillement constant* appliqué à une turbulence initialement *isotrope*. Ce cas correspond à l'action concomittante d'une déformation pure plane, dont les axes principaux sont inclinés à 45° sur la direction de l'écoulement et d'une rotation autour d'un axe perpendiculaire au plan de l'écoulement. Il y a donc simultanément apport énergétique et réorientation des axes du tenseur des contraintes de Reynolds.

- 2d) *Rotation pure* appliquée à une turbulence initialement *isotrope*. Cette situation qui peut regrouper plusieurs variantes selon l'orientation de l'axe de rotation relativement à celle de l'écoulement, induit en général une reconfiguration structurelle profonde de l'agitation turbulente.

Le schéma suivant illustre cette hiérarchie de situations homogènes.

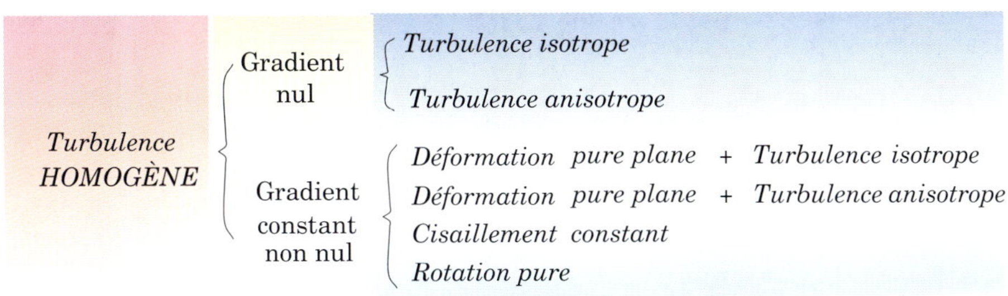

Fig. 6: Hiérarchie des écoulements homogènes.

4 Écoulements cisaillés simples de turbulence libre

L'étude des écoulements inhomogènes peut également s'envisager graduellement, comme cela a été suggéré antérieurement (§4.4). La configuration la plus simple est alors celle qui réunit les conditions suivantes :

- mouvement moyen permanent,
- champ moyen bidimensionnel,
- écoulement de type couche limite libre,
- grand nombre de Reynolds de turbulence.

Ces hypothèses sont vérifiées dans certaines régions d'écoulements de jets, sillages

lointains, zones de mélange[1], en géométrie plane ou à symétrie de révolution. Dans la suite, et pour simplifier l'exposé, les calculs ne seront explicités que dans le seul cas plan.
Ces configurations, encore qualifiées d'écoulement quasi-parallèle, ou de couche cisaillée mince[2] ont en commun des caractéristiques physiques "***Advection / Diffusion***" spécifiques. Nous allons donc commencer par un rappel de ces propriétés en nous plaçant d'abord en régime laminaire où elles sont seules à intervenir.

4.1 Retour sur la situation de type couche limite libre en régime laminaire

4.1.1 Caractères spécifiques de la situation de type couche limite

L'écoulement laminaire plan, de type couche limite, se caractérise essentiellement par la double distorsion géométrique et cinématique (voir figure), que nous schématiserons :

$$U \gg V \qquad et \qquad x \gg y \tag{6-13}$$

en désignant par (U, V) les composantes du vecteur vitesse dans le plan (x, y) de l'écoulement.

La réalité physique sous-jacente à cette distorsion, est celle d'une ***manifestation préférentielle***[3], dans le bilan de quantité de mouvement, du :

- transport ***advectif*** dans la ***direction x***,
- transfert ***diffusif*** dans la ***direction y***.

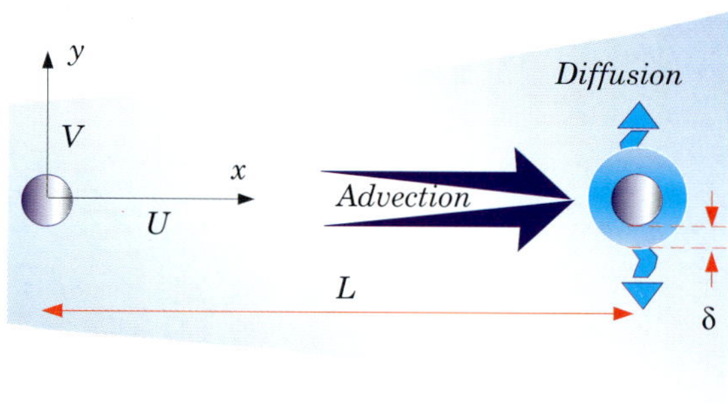

Fig. 7: Schéma Advection / Diffusion en écoulement laminaire de type couche limite et échelles de longueur associées.

4.1.2 L'hypothèse fondamentale en écoulement libre

En configuration dite *libre*, les deux mécanismes en présence ne sont soumis, par définition, à *aucune restriction spatiale*. En d'autres termes, l'absence de parois permet d'assurer que, si pendant un temps donné ***T***, l'advection s'exerce sur une distance longitudinale L (voir Fig. 7), pendant **ce même** temps ***T***, la diffusion

[1] Il s'agit ici de zone de mélange en développement **spatial**.

[2] "Thin Shear Layer"

[3] On parle de manifestation préférentielle pour souligner le fait que, pas plus l'advection suivant *y*, que la diffusion suivant *x* ne sont nulles.

peut se développer librement sur une région d'épaisseur caractéristique δ. Ainsi, revenant aux échelles temporelles de l'analyse, la situation de type couche limite libre se caractérise, *pour le bilan de quantité de mouvement*, par l'équivalence :

$$\mathcal{T}_A \sim \mathcal{T}_{D_m} \tag{6-14}$$

De cet équilibre temporel fondamental résulte une relation aux échelles de longueurs. En effet, si l'on désigne par $\mathcal{U}$ une échelle de vitesse représentative du transport advectif sur la distance L, et par ν une diffusivité caractéristique du transfert macroscopique par agitation moléculaire sur la distance δ, alors :

$$\mathcal{T}_A \sim \frac{L}{\mathcal{U}} \qquad et \qquad \mathcal{T}_{D_m} \sim \frac{\delta^2}{\nu} \tag{6-15}$$

En conséquence de (6-14), l'expansion de l'écoulement est obligatoirement fixée par la relation :

$$\delta/L \sim 1/\sqrt{\mathcal{R}_e} \tag{6-16}$$

où $\mathcal{R}_e$ est le nombre de Reynolds global $\mathcal{U}L/\nu$.

4.2 Turbulence libre de type couche limite

4.2.1 L'équilibre temporel Advection / Diffusion

En régime turbulent, les propriétés précédentes sont directement transposables au bilan de quantité de mouvement *moyenne* prenant en compte le :

- transport ***advectif*** par le mouvement ***moyen***,
- transfert ***diffusif*** par agitation ***turbulente***.

Si la première transposition est immédiate, la seconde suppose que la diffusion par agitation moléculaire est, en tout point du champ, négligeable vis-à-vis de la diffusion turbulente. Quantitativement, cela peut se traduire simplement par :

$$\nu_T \gg \nu$$

où ν_T représente une diffusivité par agitation macroscopique. Nous verrons ultérieurement que cette condition est équivalente à celle de grand nombre de Reynolds de turbulence.
Les conditions de l'équilibre temporel fondamental de bilan de quantité de mouvement se traduisent donc, en transposition directe de (6-14) et (6-15) par :

$$\boxed{\mathcal{T}_A \sim \mathcal{T}_{D_t}} \tag{6-17}$$

avec $$\boxed{\mathcal{T}_A \sim \frac{L}{\mathcal{U}}} \quad (6\text{-}18)$$ et $$\boxed{\mathcal{T}_{D_t} = \frac{\delta^2}{\nu_T}} \quad (6\text{-}19)$$

où les échelles L *et* $\mathcal{U}$ sont maintenant représentatives de la longueur et de la vitesse d'advection par le *mouvement moyen.*

Ainsi, et du point de vue conceptuel de l'analyse moyenne, il n'existe aucune distinction majeure entre les régimes laminaire et turbulent de couche limite libre en équilibre. La seule différence tient au fait que, pour ce dernier, la viscosité turbulente ν_T ne peut être considérée comme une propriété physique du fluide et dépend en fait de l'écoulement lui-même. Il convient donc pour poursuivre l'analyse de préciser certaines caractéristiques de l'écoulement considéré.

EXERCICE — ***Dissipation en zone d'équilibre énergétique d'une turbulence libre de type couche limite*** — On s'intéresse au mouvement permanent d'une turbulence libre de type couche limite dont l'échelle de temps de diffusion est bâtie sur les paramètres u' et l. On suppose qu'il existe dans le champ de cet écoulement une région vérifiant l'équilibre énergétique "*production* = *dissipation*".
On estime les tensions de Reynolds conformément à $-\overline{u_i u_j} = Cu'l\overline{S}_{ij}$, où C est une constante adimensionnelle. En déduire l'estimation du taux de dissipation $\overline{\varepsilon}$.

SOLUTION
1) De l'équilibre "*production* = *dissipation*" et de l'estimation des tensions de Reynolds, on tire que :

$$\overline{\varepsilon} = -\overline{u_i u_j}\frac{\partial \overline{U}_i}{\partial x_j} \propto Cu'l\overline{S}_{ij}\frac{\partial \overline{U}_i}{\partial x_j}$$

Or, par propriété de la turbulence libre de couche limite, on sait que :

$$\overline{S}_{ij} \sim \partial\overline{U}_i/\partial x_j \approx \mathcal{U}/L \propto u'/l$$

Il résulte de ces deux estimations que $\overline{\varepsilon} \propto u'^3/l$. Nous aurons l'occasion de revenir sur cette relation en précisant l'ordre de grandeur du coefficient de proportionnalité selon la nature de l'échelle de longueur retenue.

4.2.2 Échelles caractéristiques du bilan moyen de quantité de mouvement

Les trois configurations bidimensionnelles typiques de turbulence libre que sont le sillage, le jet et la zone de mélange sont schématisées à la figure 8. Nous en explicitons les échelles caractéristiques comme suit :

a) Advection : En référence aux notations du schéma, les échelles de vitesse représentatives de l'*advection moyenne selon x* sont respectivement pour :

- o le sillage: $\mathcal{U} \sim U_\infty$,
- o le jet: $\mathcal{U} \sim U_{Axe}(x)$,
- o la zone de mélange: $\mathcal{U} \sim \frac{1}{2}(U_1 + U_2)$.

Une seconde échelle de vitesse peut être introduite qui est représentative du *profil* moyen, i.e., de la variation transversale dans une section donnée de la quantité de mouvement axiale moyenne sur l'épaisseur[1] $\delta(x)$. On aura, pour :

- o le sillage: $\tilde{\mathcal{U}} \sim U_\infty - U_{Axe}(x) = U'_{Axe}(x)$,
- o le jet: $\tilde{\mathcal{U}} \sim U_{Axe}(x)$,
- o la zone de mélange: $\tilde{\mathcal{U}} \sim |U_1 - U_2|$.

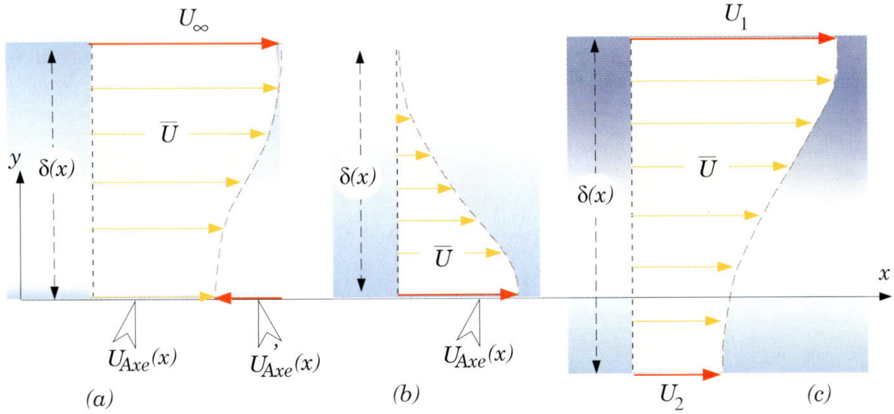

Fig. 8: Schéma des configurations de sillage (a), jet (b), zone de mélange (c).

b) Diffusion : L'évaluation de la viscosité cinématique de turbulence ν_T doit se faire à partir des propriétés mêmes de l'écoulement turbulent. Or depuis les expériences de Brown et Roshko [42] — voir croquis ci-dessous —, on sait que la structure de la zone de mélange par exemple, est fortement conditionnée par la présence de noyaux tourbillonnaires de grande échelle, auxquels une dynamique propre confère un caractère de "cohérence" de comportement.

Fig. 9: Zone de mélange: Champ moyen et structures cohérentes.

[1] Les définitions conventionnelles généralement retenues pour cette épaisseur seront explicitées au Chapitre IX-§3. Ces précisions sont sans utilité pour la présente discussion.

De nombreuses observations viennent actuellement confirmer qu'une telle phénoménologie s'applique également aux jets et sillages (voir par exemple Crow & Champagne [102] pour le jet, Cantwell & Coles [51] pour le sillage et, pour un tableau plus général, le livre édité par Métais et Lesieur [295]). Nous reviendrons plus en détails sur cette organisation tourbillonnaire au chapitre suivant. Pour l'objet de l'analyse en cours, il suffit ici de noter que ces structures "cohérentes", dont l'évolution gouverne en particulier l'expansion latérale δ de l'écoulement, sont sous le contrôle direct de l'écart transversal de vitesse moyenne axiale $\tilde{\mathcal{U}}$ existant à travers une section droite de celui-ci.

Avec cet ensemble de données, il est légitime d'estimer la viscosité de turbulence ν_T par une expression de la forme :

$$\boxed{\nu_T \sim \tilde{U} \times \delta} \tag{6-20}$$

On retrouve ainsi, sur la base d'une argumentation différente, la proposition formulée à l'origine par Prandtl-Reichardt et sur laquelle nous reviendrons au Chapitre XII-§4.2.2.

EXERCICE — ***Échelles de vitesses du champ moyen de sillage, jet et zone de mélange.***

1) Montrer que pour les écoulements de jet et de zone de mélange, une seule référence de vitesse moyenne suffit pour caractériser à la fois l'advection dans la direction principale ($\mathcal{U}$) et la variation transversale sur une section droite (ΔU).
Qu'en est-il de la configuration de sillage ?
2) Que pouvez-vous-dire du rapport $\mathcal{U}/\Delta U$ entre ces deux échelles pour ces divers écoulements ?

SOLUTION

1) Pour le jet en atmosphère au repos, la vitesse sur l'axe $U_{Axe}(x)$, référence advective de l'écoulement à l'abscisse x rend également compte de la variation transversale à cette même abscisse $[\Delta U \equiv U_{Axe}(x) - 0]$. Pour la zone de mélange telle que $U_2 > U_1$, on peut noter que la caractéristique advective introduite précédemment s'écrit :

$$\mathcal{U} = \frac{1}{2}(U_1 + U_2) \equiv U_1 + \frac{1}{2}(U_2 - U_1)$$

Ainsi, dans un repère mobile en translation à la vitesse du courant lent, cette quantité est directement proportionnelle à la variation de vitesse transversale $U_1 - U_2$. Ces deux configurations relèvent donc d'une même phénoménologie où le champ de vitesse moyenne, tant en advection longitudinale qu'en diffusion transversale, se trouve caractérisé par une seule échelle de référence.
En revanche, le sillage nécessite deux échelles distinctes, dans la mesure où la référence advective U_∞ ne peut à elle seule rendre compte de l'expansion latérale.
2) Pour un jet libre, le rapport d'échelles reste égal à l'unité dans tout le champ de l'écoulement. En zone de mélange, ce même rapport demeure également constant, sa valeur pouvant être prise quelconque sur la plage $[1/2, +\infty]$, la borne inférieure

s'obtenant pour $U_2 > U_1 = 0$ et la limite supérieure correspondant à $U_2 = U_1$. À l'opposé, ce rapport ne reste pas constant le long du sillage puisque la référence U'_{Axe} est une fonction de x. Physiquement, on peut ajouter qu'il devient infini avec la distance aval. Ainsi apparaît la spécificité de la configuration de sillage, par rapport à celles du jet et de la zone de mélange.

4.2.3 Taux d'expansion

En estimant le taux d'expansion d'un écoulement libre par $\frac{\mathrm{d}\delta}{\mathrm{d}x} \sim \frac{\delta}{L}$, l'équilibre temporel (6-17) conduit, avec les évaluations précédentes à :

$$\frac{\mathrm{d}\delta}{\mathrm{d}x} \sim \frac{\delta}{L} \sim \frac{\delta}{\tilde{\mathcal{U}}} \frac{\tilde{\mathcal{U}}}{\mathcal{U}} \frac{\mathcal{U}}{L} \sim \frac{\mathcal{T}_{D_t}}{\mathcal{T}_A} \frac{\tilde{\mathcal{U}}}{\mathcal{U}} \sim \frac{\tilde{\mathcal{U}}}{\mathcal{U}} \tag{6-21}$$

Le tableau suivant regroupe les conclusions auxquelles conduit l'application de ces équivalences pour chaque configuration d'écoulement, compte tenu du choix d'échelles de vitesses caractéristiques $\tilde{\mathcal{U}}$ et $\mathcal{U}$.

	Sillage	Jet	Zone de mélange
Référence advective $\mathcal{U}$	U_∞	$U_{Axe}(x)$	$\frac{1}{2}(U_1 + U_2)$
Référence diffusive $\tilde{\mathcal{U}}$	$U'_{Axe}(x)$	$U_{Axe}(x)$	$\|U_1 - U_2\|$
Taux d'expansion $\mathrm{d}\delta/\mathrm{d}x$	$U'_{Axe}(x)/U_\infty$	Cte	Cte
Loi d'épaisseur $\delta(x)$	?	$\sim x$	$\sim x$

Tableau 6.1 Taux d'expansion du sillage, jet et zone de mélange en régime turbulent.

Ainsi, à partir de simples considérations phénoménologiques, il est possible de conclure, en régime turbulent, à l'expansion linéaire du jet et de la zone de mélange. Par contre, et avec ces seuls arguments, il n'est pas possible à ce stade d'aboutir dans le cas du sillage. Pour cela, il faut faire appel à une propriété supplémentaire[1] de *conservation du flux de quantité de mouvement moyenne axiale* à travers une section droite quelconque. Comme nous le verrons par la suite, cette propriété fournit une relation supplémentaire entre les échelles de vitesse et de longueur caractéristiques. On peut alors déduire la forme des lois d'évolution des paramètres d'épaisseur δ et de vitesse axiale $\tilde{\mathcal{U}}$ conformément aux indications portées dans le tableau 6.2.

[1] Cette conservation de quantité de mouvement axiale s'applique également aux jets libres en l'absence de forces de pesanteur.

	Sillage plan	Sillage de révolution	Jet plan	Jet de révolution	Zone de mélange
Conservation Qté de mvt.	$U'_{Axe}\delta = C^{te}$	$U'_{Axe}\delta^2 = C^{te}$	$U^2_{Axe}\delta = C^{te}$	$U^2_{Axe}\delta^2 = C^{te}$	/
Épaisseur $\delta(x)$	$\sim x^{\frac{1}{2}}$	$\sim x^{\frac{1}{3}}$	$\sim x$	$\sim x$	$\sim x$
Vitesse $\tilde{\mathcal{U}}(x)$	$x^{-\frac{1}{2}}$	$x^{-\frac{2}{3}}$	$x^{-\frac{1}{2}}$	x^{-1}	/

Tableau 6.2 Lois d'expansion et variations de vitesse de référence du sillage, jet et zone de mélange en régime turbulent.

4.2.4 Échelles caractéristiques du bilan d'énergie cinétique d'agitation

Avec les éléments dégagés au cours de l'analyse précédente, il est désormais possible de traiter le cas du bilan d'énergie cinétique d'agitation de l'équation (6-4).

a) Advection : S'agissant tout d'abord de l'advection de $\bar{k}$, on voit immédiatement que :

$$\frac{1}{\mathcal{T}_A^k} \sim \frac{1}{\bar{k}}\left(\bar{U}\frac{\partial \bar{k}}{\partial x} + \bar{V}\frac{\partial \bar{k}}{\partial y}\right) \sim \frac{\mathcal{U}}{L} = \frac{1}{\mathcal{T}_A}$$

b) Pression : En l'absence de possibilité d'estimation directe et simple du terme de pression, celui-ci sera regroupé avec la diffusion turbulente, soit :

$$\frac{\partial}{\partial x_j}\left(\overline{\frac{p}{\rho}u_j}\right) + \frac{\partial}{\partial x_j}(\overline{ku_j}) = \frac{\partial}{\partial x_j}\left[\overline{\left(k + \frac{p}{\rho}\right)u_j}\right]$$

Cette pratique revient en fait à admettre implicitement que :

$$\mathcal{T}_p^k \sim \mathcal{T}_{Dt}^k \tag{6-22}$$

Ainsi l'essentiel de la question se ramène à l'estimation des échelles temporelles caractéristiques de la (i) production, (ii) diffusion, (iii) dissipation.

c) Production : En écoulement moyen bidimensionnel plan, la production

$$G = -\overline{u_i u_j}\frac{\partial \overline{U}_i}{\partial x_j} \quad \text{se développe en} \quad G = -\overline{u^2}\frac{\partial \overline{U}}{\partial x} - \overline{v^2}\frac{\partial \overline{V}}{\partial y} - \overline{uv}\left(\frac{\partial \overline{U}}{\partial y} + \frac{\partial \overline{V}}{\partial x}\right)$$

Pour comparer les diverses contributions qui interviennent, nous introduisons une échelle de vitesse u' caractéristique de l'énergie cinétique d'agitation, telle que, par exemple :

$$\mathrm{u}' \sim \sqrt{\bar{k}}$$

Les résultats expérimentaux montrent alors que :

$$\overline{u^2} \sim \overline{v^2} \sim \overline{w^2} \sim \mathrm{u}'^2 \qquad et \qquad \overline{uv} \sim C\mathrm{u}'^2 \tag{6-23}$$

où le coefficient de corrélation C est borné à l'unité en valeur absolue. Avec ces évaluations, on obtient pour G :

$$G \sim -\mathrm{u}'^2\left(\frac{\partial \overline{U}}{\partial x} + \frac{\partial \overline{V}}{\partial y}\right) - C\mathrm{u}'^2\left(\frac{\partial \overline{U}}{\partial y} + \frac{\partial \overline{V}}{\partial x}\right) = -C\mathrm{u}'^2\left(\frac{\partial \overline{U}}{\partial y} + \frac{\partial \overline{V}}{\partial x}\right)$$

la dernière égalité résultant directement de l'équation de continuité du mouvement moyen. Comparant ensuite les deux variations spatiales restantes, on voit que :

$$\frac{\partial \overline{U}}{\partial y} \Big/ \frac{\partial \overline{V}}{\partial x} \sim \frac{\tilde{\mathcal{U}}}{\delta} \times \frac{L}{\tilde{\mathcal{V}}} = \frac{\tilde{\mathcal{U}}}{\delta} \times \frac{L^2}{\tilde{\mathcal{U}}\delta} = \frac{L^2}{\delta^2}$$

de sorte que le terme de production présente, en général, une contribution prépondérante de la forme:

$$G \simeq -\overline{uv}\frac{\partial \overline{U}}{\partial y} \tag{6-24}$$

L'échelle temporelle qui lui est associée, dont l'ordre de grandeur est donné par celui de $\left(G/\bar{k}\right)^{-1}$, peut ainsi être estimée par :

$$\boxed{\frac{1}{\mathcal{T}_{Prod}} \sim C\frac{\mathrm{u}'^2}{\bar{\mathrm{k}}}\frac{\tilde{\mathcal{U}}}{\delta} = C\frac{L}{\delta}\frac{\tilde{\mathcal{U}}}{L}} \tag{6-25}$$

d) Diffusion : Comme pour la quantité de mouvement, nous estimerons le temps caractéristique de la diffusion par agitation turbulente de l'énergie cinétique $\bar{k}$ par :

$$\mathcal{T}^k_{D_t} = \frac{\delta^2}{\gamma^k_T}$$

où γ^k_T n'est autre qu'une diffusivité ou coefficient de transfert par agitation turbulente d'énergie cinétique $\bar{k}$. En introduisant un nombre de Prandtl – Schmidt de diffusion turbulente σ^k, nous écrirons :

$$\gamma^k_T = \frac{\nu_T}{\sigma^k}$$

Compte tenu de l'estimation antérieure de la viscosité d'agitation turbulente, l'ordre de grandeur de l'échelle temporelle de diffusion turbulente d'énergie cinétique s'établit alors comme suit :

$$\boxed{\mathcal{T}^k_{D_t} = \sigma^k\frac{\delta^2}{\nu_T} \sim \sigma^k\frac{\delta}{\tilde{\mathcal{U}}} = \sigma^k\frac{\delta}{L}\frac{L}{\tilde{\mathcal{U}}}} \tag{6-26}$$

e) Dissipation : Nous avons vu au Chapitre IV-§4.3, que le taux $\overline{\varepsilon}$ de dissipation d'énergie cinétique cinématique d'agitation turbulente s'exprimait par :

$$\overline{\varepsilon} = \nu \overline{\left(\frac{\partial u_i}{\partial x_j}\right)\left(\frac{\partial u_i}{\partial x_j}\right)} + \nu \frac{\partial^2}{\partial x_i \partial x_j}(\overline{u_i u_j})$$

À grand nombre de Reynolds de turbulence, cette expression se réduit en fait simplement à :

$$\overline{\varepsilon} = \nu \overline{\left(\frac{\partial u_i}{\partial x_j}\right)\left(\frac{\partial u_i}{\partial x_j}\right)} \tag{6-27}$$

Contrairement à toutes les autres quantités considérées précédemment, l'estimation de l'échelle de temps associée à la dissipation ne peut résulter d'une évaluation *directe* à partir de l'expression même de ce terme (6-27). En effet, celle-ci fait intervenir des **corrélations de dérivées** spatiales de fluctuations de vitesses auxquelles il n'est plus possible d'appliquer le traitement réservé jusqu'ici à l'estimation de grandeurs qui, elles, dépendent de **dérivées de corrélations**.
En fait, disposant des échelles u' et δ, de simples considérations aux dimensions montrent que l'évaluation de la dissipation peut se faire à l'aide d'une relation de la forme :

$$\overline{\varepsilon} \sim \frac{\mathrm{u}'^3}{A\delta}$$

où A désigne une constante pure. L'estimation de l'échelle de temps associée dans l'équation (6-4) — à savoir $\overline{k}/\overline{\varepsilon}$ — s'en déduit aisément :

$$\mathcal{T}_{Dis} \sim \frac{A\delta}{\mathrm{u}'}$$

En convenant de poser $I_u = \mathrm{u}'/\tilde{U}$ où I_u est un "coefficient" d'intensité de turbulence, on aboutit finalement à :

$$\boxed{\mathcal{T}_{Dis} \sim \frac{A\delta}{I_u\tilde{\mathcal{U}}} = \frac{A}{I_u}\frac{\delta}{L}\frac{L}{\tilde{\mathcal{U}}}} \tag{6-28}$$

RÉCAPITULATION
De l'analyse précédente, nous dégagerons deux conclusions majeures.

a) S'il existe une équivalence entre les échelles temporelles telle que :

$$\boxed{\frac{L}{\tilde{\mathcal{U}}} \sim \frac{1}{C}\frac{\delta}{\tilde{\mathcal{U}}} \sim \sigma^k \frac{\delta}{\tilde{\mathcal{U}}} \sim \frac{A}{I_u}\frac{\delta}{\tilde{\mathcal{U}}} \equiv \mathcal{T}^*} \tag{6-29}$$

alors le bilan d'énergie cinétique d'agitation en turbulence libre est caractérisé par ***une seule et même*** échelle de temps $\mathcal{T}^*$ représentative de l'ensemble des mécanismes d'advection, production, diffusion et dissipation. La justification expérimentale de toutes les équivalences (6-29) est difficile à administrer en toute généralité. À titre d'exemple, mentionnons que, pour des écoulement de jets, la première d'entre elles se réduit à :

$$\frac{1}{C}\frac{\delta}{L} \sim 1$$

Or les lois d'expansions mesurées[1] fournissent des valeurs de δ/L comprises entre 0,07 et 0,09, pour des coefficients de corrélations non nuls[1] n'excédant pas une valeur de l'ordre de 0,4.

b) Sous réserve de validité des équivalences (6-29), les lois d'évolution des échelles caractéristiques du bilan de quantité de mouvement (Cf. Tableau 6.2) montrent que l'échelle de temps du bilan d'énergie $\mathcal{T}^*$ ***n'est pas constante*** le long de l'écoulement. Les données du tableau ci-dessous font alors apparaître des écoulements à évolution lente (sillage plan, axisymétrique et zone de mélange) et rapide (jet rond), le cas du jet plan se plaçant en position intermédiaire.

	Sillage plan	Sillage de révolution	Zone de mélange	Jet plan	Jet rond
L	$\sim x$	$\sim x$	$\sim x$	$\sim x$	$\sim x$
$\mathcal{U}$	U_∞	U_∞	$C^{te} = U_0$	$U_0\sqrt{\frac{l_0}{x}}$	$U_0\frac{l_0}{x}$
$\mathcal{T}^*$	$\frac{x}{U_\infty}$	$\frac{x}{U_\infty}$	$\frac{x}{U_0}$	$\frac{x^{\frac{3}{2}}}{U_0\sqrt{l_0}}$	$\frac{x^2}{U_0 l_0}$

Tableau 6.3 Classement des écoulements turbulents libres selon l'échelle de temps de la décroissance énergétique.

Nous verrons ultérieurement que ces différences de comportement peuvent être reliées à des propriétés spécifiques des structures tourbillonnaires de chaque type d'écoulement.

4.2.5 Équations locales des écoulements turbulents libres de couche limite

En prolongement direct de l'analyse précédente, il est possible d'établir la forme simplifiée des équations locales de continuité, quantité de mouvement et énergie cinétique d'agitation. Nous regroupons dans le tableau ci-après les expressions correspondant au sillage, zone de mélange et jet.

[1] En pratique, il est extrêmement difficile d'accéder à une valeur précise de l'épaisseur totale du jet, en raison du phénomène d'intermittence de frontière. C'est pourquoi le taux d'expansion est le plus souvent déduit de l'épaisseur de vitesse moitié, i.e., de la distance transversale où la composante longitudinale de la vitesse moyenne atteint la moitié de sa valeur sur l'axe. Cette définition conduit à une "sous-estimation" du coefficient d'expansion — voir par exemple [61].

[1] Voir exercice §4.2.5 ci-après.

Nous rappelons que ces expressions ne s'appliquent que sous les hypothèses suivantes:

- o écoulement de type couche limite ;
- o mouvement permanent en moyenne ;
- o mouvement bidimensionnel plan en moyenne ;
- o grand nombre de Reynolds de turbulence.

	Sillage	Zone de mélange et Jet
Continuité	$\frac{\partial \overline{U}}{\partial x} + \frac{\partial \overline{V}}{\partial y} = 0$	
Qté. de mvt. selon x	$U_\infty \frac{\partial \overline{U}}{\partial x} = -\frac{\partial}{\partial y}\overline{uv}$	$\overline{U}\frac{\partial \overline{U}}{\partial x} + \overline{V}\frac{\partial \overline{U}}{\partial y} = -\frac{\partial}{\partial y}\overline{uv}$
Énergie cinétique du mouvement d'agition	$U_\infty \frac{\partial \overline{k}}{\partial x} = -\overline{uv}\frac{\partial \overline{U}}{\partial y} - \frac{\partial}{\partial y}\left[\overline{\left(k + \frac{p}{\rho}\right)v}\right] - \overline{\varepsilon}$	$\overline{U}\frac{\partial \overline{k}}{\partial x} + \overline{V}\frac{\partial \overline{k}}{\partial y} = -\overline{uv}\frac{\partial \overline{U}}{\partial y} - \frac{\partial}{\partial y}\left[\overline{\left(k + \frac{p}{\rho}\right)v}\right] - \overline{\varepsilon}$

Tableau 6.4 Formes simplifiées des équations locales en turbulence libre (2D-plan).

EXERCICE — ***Correction de diffusion turbulente longitudinale pour un jet*** — On se place, à titre d'exemple, dans la configuration de jet libre plan s'épanouissant dans une atmosphère au repos.

1) Que pouvez-vous-dire de la valeur du coefficent de corrélation C (éq.6-23) sur l'axe du jet ?

2) En reprenant les estimations des termes du bilan de quantité de mouvement moyen (voir second exercice du §4.2 au Chapitre III) dire à partir de quelle valeur du coefficient de corrélation il devient légitime d'inclure le terme de diffusion turbulente longitudinale dans l'équation de la dynamique en projection longitudinale ?

SOLUTION

1) Par raison de symétrie statistique, comme cela a été dit au Chapitre III (voir premier exercice de §4.2) la corrélation $\overline{uv}$ est nulle sur l'axe du jet alors que les tensions normales ne le sont pas. Il en résulte que $C = 0$, condition qui remettrait en cause certaines des approximations précédentes dans la zone centrale d'un tel écoulement.

2) En reprenant l'estimation des deux contributions de la diffusion turbulente au bilan moyen de quantité de mouvement longitudinale, on voit à présent que :

$$\left|\frac{\partial \overline{u^2}}{\partial x}\right| \sim \alpha^2 \frac{\Delta \mathbb{U}^{\not{k}}}{L} \qquad et \qquad \left|\frac{\partial \overline{uv}}{\partial y}\right| \sim C\alpha^2 \frac{\Delta \mathbb{U}^{\not{k}}}{\delta}$$

où $\alpha \approx u'/\Delta\mathbb{U}$. Il devient donc légitime de retenir la contribution longitudinale dès lors que $C \sim \delta/L$, soit, avec les données afférentes à ce type d'écoulement, un coefficient de corrélation de l'ordre de 10%.

5 Écoulements pariétaux cisaillés simples

5.1 Les configurations typiques

On aborde maintenant le deuxième type d'écoulements cisaillés minces. C'est celui que l'on rencontre lors du mouvement d'un fluide en présence d'un obstacle solide pour autant que la configuration géométrique ne remette pas en cause l'existence d'une direction d'advection privilégiée. On supposera également dans la suite que le nombre de Reynolds général, ainsi que le nombre de Reynolds de turbulence, sont *globalement*[1] élevés. Classiquement, ce genre de situation se retrouve dans deux cas typiques :

- la couche limite pariétale pleinement turbulente ;
- l'écoulement parallèle établi en canal ou en conduite.

Nous allons présenter successivement quelques caractéristiques majeures de chacune de ces deux configurations en supposant en outre :

o le mouvement moyen permanent ;
o l'écoulement bidimensionnel plan en moyenne.

5.2 Couche limite turbulente sur paroi lisse

Nous nous intéressons ici tout particulièrement à l'écoulement tel qu'il est schématisé à la figure suivante.

[1] Les valeurs *locales* de ces paramètres en certaines zones du champ de l'écoulement peuvent être très faibles voire nulles, en raison de l'arrêt du fluide à la paroi.

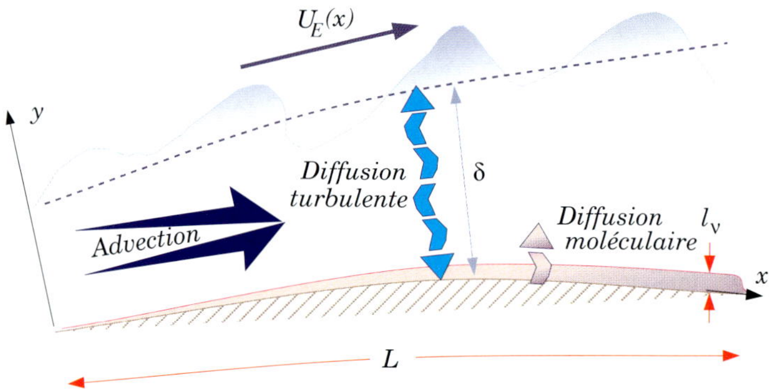

Fig. 10: Schéma de l'écoulement de couche limite turbulente sur un obstacle

Sous l'hypothèse de grand nombre de Reynolds extérieur ($U_E(x)\,L/\nu$), l'écoulement moyen présente une direction privilégiée dans le sens de l'advection imposée par $U_E(x)$. On peut ajouter que :

- L'existence d'une frontière libre pour $y > 0$ permet à la diffusion transversale à une abscisse $x = L$ d'atteindre l'épaisseur $\delta(L)$ requise par la seule condition d'équilibre temporel[1] avec l'advection sur la longueur L, conformément au principe général (§4.1.2).
  En prenant pour échelle représentative de la vitesse d'advection $\mathcal{U} \sim U_E$ et introduisant, pour caractériser la diffusion turbulente une viscosité ν_T, l'équilibre temporel conduit alors à :
$$\boxed{\frac{L}{\mathcal{U}} \sim \frac{\delta^2}{\nu_T}} \qquad (6\text{-}30)$$
- La présence d'une paroi impose, quant à elle, une condition d'adhérence du fluide visqueux qui fait pressentir que, pour y suffisamment petit, la turbulence ne pourra plus assurer le transfert diffusif, le relais étant alors *localement* pris par la viscosité moléculaire ν.

Ainsi, outre la diffusion turbulente opérant à l'échelle δ coexiste, *dans le même temps*, un transfert par *agitation moléculaire* n'affectant, lui, qu'une région d'épaisseur caractéristique l_v. La relation générale d'accord temporel (6-30) doit donc être désormais recherchée à partir des trois échelles temporelles suivantes :

$$\boxed{\frac{L}{\mathcal{U}}\ ;\ \frac{\delta^2}{\nu_T}\ ;\ \frac{l_v^2}{\nu}} \qquad (6\text{-}31)$$

Ces remarques permettent de comprendre qualitativement les différences de comportement entre frottements visqueux et turbulent d'expressions respectives :

[1] Plusieurs références à la notion de "couche limite en équilibre" sont proposées dans la littérature. Selon Rotta [365], cette dénomination est synonyme d'existence de l'affinité des profils. Elle n'est donc pas restreinte à l'absence de tout gradient de pression, ne devenant véritablement inappropriée qu'en présence de forts gradients adverses de pression.

$$\boxed{\tau_v = \mu \frac{\partial \overline{U}}{\partial y}} \quad \text{(6-32a)} \qquad \boxed{\tau_t = -\rho \overline{uv}} \quad \text{(6-32b)}$$

À proximité de la paroi, c'est le premier terme (6-32a) qui est prépondérant, la situation s'inversant avec l'éloignement à l'obstacle, comme nous le détaillerons au Chapitre X-§4.3. Il n'est donc plus possible, en présence d'une paroi, de trouver une *échelle unique* de longueur et de vitesse permettant d'estimer les différents temps caractéristiques advection / diffusion sur toute l'épaisseur de l'écoulement.
Il faut donc affiner l'analyse des paramètres prépondérants de (6-31) en procédant à un partitionnement transversal de l'écoulement, d'où la notion *d'échelles multiples* que nous allons expliciter dans la section suivante.

5.3 L'analyse multi-échelles

5.3.1 Échelles de vitesses

Loin de la paroi où l'agitation turbulente est prédominante, une échelle de vitesse caractéristique de la diffusion se déduit simplement de l'intensité de turbulence ou du montant d'énergie cinétique $u' \sim \sqrt{k}$.
Près de la paroi, la "désagrégation" de la turbulence, tant par diminution du niveau énergétique que par décorrélation au second ordre, rend les tensions de Reynolds inaptes à fournir l'échelle de vitesse représentative du mouvement. Celle-ci est alors bâtie sur le *frottement à la paroi* :

$$\tau_p(x) = \tau_v(x, 0) \equiv \mu\big(\partial \overline{U}/\partial y\big)_{y=0}$$

qui tient alors le rôle prédominant dans cette zone. Par raison dimensionnelle, on introduit ainsi l'échelle de vitesse dite *vitesse de frottement* :

$$\boxed{u_* = \sqrt{\tau_p/\rho}} \quad \text{(6-33)}$$

En résumé, sur l'épaisseur de la couche limite, on dispose des trois échelles :

- $\mathcal{U} \sim U_E(x)$ pour représenter l'advection par le mouvement moyen,
- u' pour représenter la diffusion turbulente,
- u_* pour caractériser l'écoulement dans la *zone de proche paroi.*

5.3.2 Échelles de longueur

En cohérence avec ce qui vient d'être dit, ***deux*** échelles de longueur sont à introduire pour rendre compte des phénomènes ***diffusifs*** au sein de la couche limite sur paroi lisse[1], à savoir :

- l'épaisseur conventionnelle de couche limite δ représentative de l'expansion latérale d'ensemble, sous dominance de la *diffusion par agitation turbulente,*

[1] Dans le cas d'une surface "hydrauliquement" rugueuse (voir Chapitre X-§5.2), il faudrait également considérer une échelle liée à une dimension caractéristique de la rugosité.

– l'échelle de longueur l_v, caractéristique de la région sous influence des *transferts par agitation moléculaire*, que l'on explicitera donc à partir de la viscosité cinématique ν du fluide et de la vitesse de frottement u_* sous la forme :

$$\boxed{l_v = \frac{\nu}{u_*}} \tag{6-34}$$

5.3.3 Le partitionnement à grand nombre de Reynolds

Avec les deux échelles de longueur précédentes, il est possible de définir deux variables adimensionnelles transversales, notées respectivement η et y^+ :

$$\boxed{\eta = \frac{y}{\delta}} \tag{6-35}$$

$$\boxed{y^+ = \frac{y}{l_v} \equiv \frac{yu_*}{\nu}} \tag{6-36}$$

On peut alors aisément vérifier que ces variables sont liées par :

$$y^+/\eta = R_* \tag{6-37}$$

où $R_* = u_*\delta/\nu$ est le nombre de Reynolds rapporté à la vitesse de frottement et à l'épaisseur δ. Sa valeur conduit à distinguer différentes zones dans l'épaisseur de la couche limite, comme l'illustre le diagramme de la figure suivante.
Pour clarifier la présentation, et sans que cela ait, en quoi que ce soit, valeur de critère, nous conviendrons que :

– pour $y/\delta \leq 10^{-2}$, η est "petit" : c'est la condition dite "*interne*",
– pour $y/l_\nu \geq 10^2$, y^+ est "grand" : c'est la condition dite "*externe*".

La condition interne est associée aux régions (1), (2) et (3) du partitionnement de la figure 11, la condition externe s'applique aux régions (2), (3), (5) et (6).

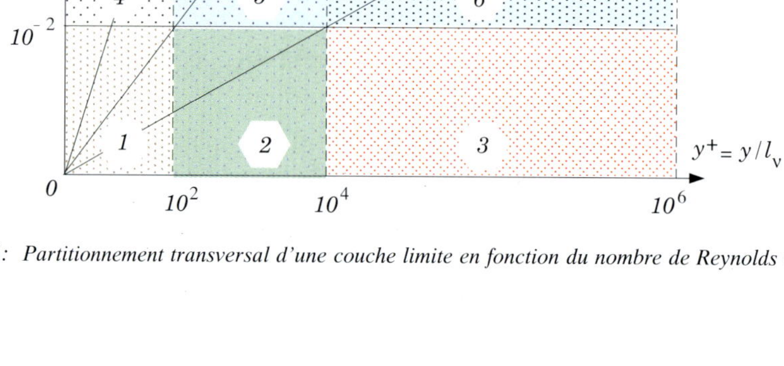

Fig. 11: Partitionnement transversal d'une couche limite en fonction du nombre de Reynolds $u_*\delta/\nu$.

Compte tenu du caractère linéaire de la relation (6-37) entre η et y^+ à R_* bloqué, nous voyons que :

- pour R_* petit, typiquement inférieur à 10^2, seule la condition *interne* pourra s'appliquer pour la partie de la droite $\eta(y^+)$ incluse en région (1) de la Fig.11 ;
- pour $R_* < 10^4$, les deux conditions *interne* et *externe* seront *séparément* et *successivement* vérifiées à la traversée des régions (1) et (5) ;
- pour R_* grand, typiquement supérieur à 10^4, la droite $\eta(y^+)$ franchit ***trois*** régions : les régions (1) et (6) où les conditions *interne* et *externe* sont *séparément* vérifiées, comme dans le cas précédent, et une région (2) dite de *recouvrement* des conditions qui vérifie *conjointement* η petit *et* y^+ grand.

En situation de turbulence forte, pleinement développée, qui est celle retenue dans ce cours, c'est un partitionnement en *trois* zones qu'il y a lieu de retenir.

5.4 Les expressions du profil de vitesse moyenne

5.4.1 Lignes directrices de la démarche

Lors de l'analyse précédente, nous avons raisonné, en fait, *à échelle de temps imposée* pour pouvoir réaliser l'accord temporel entre les différentes échelles figurant en (6-31). Nous avons vu que les différents mécanismes mis en jeu dans une couche limite devaient alors adapter en conséquence leurs échelles de longueurs caractéristiques. C'est la raison fondamentale du partitionnement mis en évidence précédemment.

Nous allons maintenant procéder à une étude *par zone*, soit donc, *à échelle de longueur imposée*. En focalisant le traitement au seul profil de vitesse moyenne longitudinale, i.e, à la répartition transversale de $\overline{U}$ dans une section donnée. Il apparaît immédiatement que le gradient $\partial\overline{U}/\partial y$ fournit une échelle de temps caractéristique de cette répartition (en fait, l'inverse d'un temps).

Nous introduirons alors l'hypothèse selon laquelle cette échelle temporelle de gradient est accordée, dans chaque zone "α, β..." à celle formée à partir des échelles de longueur et de vitesse caractéristiques dégagées antérieurement. Formellement, cela revient à écrire une relation qui, schématiquement, se met pour la zone "α" sous la forme :

$$\left(\frac{\partial\overline{U}}{\partial y}\right)_\alpha = \mathcal{F}(l_\alpha/V_\alpha) \tag{6-38}$$

où les échelles de longueur et de vitsesse l_α et V_α sont relatives à la zone en question. Sous cette seule condition, nous allons voir qu'il est possible d'établir des expressions analytiques simples du profil de vitesse moyenne.

5.4.2 Les échelles temporelles par zones

Parcourant le partitionnement précédent depuis la paroi, nous pouvons dégager les éléments suivants.

- a) La sous-couche visqueuse est caractérisée par l'échelle temporelle u_*/l_v, de sorte que la condition d'adaptation précédente conduit à poser:

$$\frac{\partial \overline{U}}{\partial y} = K \times \frac{u_*}{l_v} \tag{6-39}$$

où K est une constante adimensionnelle.

- b) Dans la région extérieure, nous savons que la variable adimensionnelle transversale représentative est $\eta = y/\delta$. En outre, l'expérience montre que le profil de vitesse moyenne est, en régime turbulent, plus "plat" qu'en régime laminaire, le "déficit" de vitesse par rapport à la vitesse externe se trouvant par ailleurs être de l'ordre de u_*. Cet ensemble de considérations[1] conduit à rechercher une forme de profil du type:

$$\overline{U}_E - \overline{U} = u_* \times F(\eta) \qquad avec: \qquad F(\eta) \sim \mathcal{O}(1) \tag{6-40}$$

La condition d'adaptation temporelle se traduit alors nécessairement par la relation :

$$\frac{\partial \overline{U}}{\partial y} = -\frac{u_*}{\delta}\frac{\mathrm{d}F}{\mathrm{d}\eta} \tag{6-41}$$

- c) Dans la région intermédiaire enfin, et pour autant que le nombre de Reynolds soit suffisamment grand, on ne peut rapporter la variable transversale ni à l'échelle extérieure δ, ($\eta \ll 1$), ni à l'échelle interne ($y^+ \gg 1$). Ainsi, l'échelle de longueur caractéristique de cette zone ne peut être définie que par la distance à la paroi elle-même. Quant à l'échelle de vitesse, l'expérience accrédite l'estimation $u' \sim u_*$, ce qui conduit à poser :

$$\frac{\partial \overline{U}}{\partial y} = a\,\frac{u_*}{y} \tag{6-42}$$

où a est une constante de l'ordre de l'unité.

5.4.3 Loi linéaire en sous-couche visqueuse

Compte tenu des définitions mêmes des échelles u_* et l_v, la relation (6-39) fournit, par intégration directe, le profil de vitesse linéaire :

$$\boxed{\overline{U} = u_*\, y^+} \tag{6-43}$$

5.4.4 Profil logarithmique en région interne

En procédant de même par intégration de l'expression (6-42) on obtient :

$$\frac{\overline{U}}{u_*} = a \ln y + b$$

[1] Il s'agit en fait d'une hypothèse d'affinité en tous points analogue à celle que nous introduirons en turbulence libre (Cf. Chapitre IX-§3).

que nous réécrirons en conformité avec les notations usuelles ($u^+ \equiv \overline{U}/u_*$) :

$$\boxed{u^+ = \frac{1}{\chi}\ln\left(y^+\right) + C} \qquad (6\text{-}44)$$

Cette loi logarithmique constitue l'un des résultats majeurs de l'étude de couche limite turbulente. Son domaine de validité la situe hors de l'influence des paramètres de la région externe extrême (épaisseur δ, vitesse $\overline{U}_E$, gradient longitudinal de pression ...) ce qui tend à lui conférer un caractère d'*universalité*. Elle introduit deux paramètres, χ constante de von Kármán et la constante d'intégration C.

REMARQUE — *La "constante" de von Kármán a été déterminée expérimentalement dans divers écoulements. Elle est généralement comprise entre 0,40 et 0,42, bien que certains études fournissent un résultat sensiblement différent (selon Zagarola et Smits* [458], *pour l'écoulement en conduite à grand nombre de Reynolds, on retrouve une loi logarithmique pour* $y^+ > 600$ *avec* $\chi = 0{,}436$*).*
La valeur "standard" de la constante d'intégration C est généralement comprise entre 5 et 5,2 (4,9 selon les premières mesures de Clauser [71] *en 1956). Comme ce paramètre répercute, pour* $y^+ \to 0$*, les effets des conditions limites en proche paroi, il peut sensiblement s'écarter ce cette valeur sur une surface rugueuse ou en présence de soufflage ou aspiration pariétale. (Il atteint 6,15 pour l'étude de Zagarola et Smits précitée).*

5.4.5 Loi de vitesse déficitaire en région externe

Si l'on impose au profil dans la zone externe une continuité de raccordement[1] de gradient avec celui de la région logarithmique, alors on doit avoir :

$$\frac{1}{\chi}\frac{u_*}{y} = -\frac{u_*}{\delta}F'(\eta) \qquad soit \qquad F'(\eta) = -\frac{1}{\chi\eta}$$

Il s'en déduit directement que :

$$\boxed{\frac{\overline{U}_E - \overline{U}}{u_*} = -\frac{1}{\chi}\ln(\eta) + b} \qquad (6\text{-}45)$$

Dans cette relation, b désigne une constante pure. Par l'hypothèse même de son établissement, cette relation n'est valable[2] que pour les faibles valeurs de η. Sur toute l'épaisseur de la zone externe, soit 85% à 95% de l'épaisseur de couche limite selon le nombre de Reynolds, le profil déficitaire est de la forme :

$$\frac{\overline{U}_E - \overline{U}}{u_*} = F\left(\eta, \frac{\mathrm{d}P}{\mathrm{d}x}\right)$$

---

[1] En fait, et plus rigoureusement, il s'agit d'une condition de raccordement "asymptotique" sous la double condition $\eta \to 0$ *et* $y^+ \to \infty$.

[2] Dans la région où elle s'applique, la loi logarithmique interne est également valable, aussi parle-t-on de région de recouvrement.

Il n'existe pas d'expression *analytique rigoureusement établie* de la fonction F. Les mesures de Clauser [71] fournissent des profils de ce type, paramétrés en $\beta = \dfrac{\delta^*}{\tau_p}\dfrac{\mathrm{d}P}{\mathrm{d}x}$, où δ^* est l'épaisseur de déplacement.
Dans de très nombreux cas pratiques, et notamment pour l'évaluation rapide des paramètres globaux (épaisseurs) de couche limite sur plaque plane, il suffit de recourir à la loi puissance :

$$\frac{\overline{U}(x,y)}{U_\infty} = \left(\frac{y}{\delta(x)}\right)^{1/n}$$

où l'exposant n, fonction du nombre de Reynolds, reste compris entre 7 et 8 (voir ci-après tableau 6.5).
On pourra également faire usage des expressions avec "correction de sillage" que nous décrirons au Chapitre X-§4.1.

5.4.6 Récapitulation

Nous récapitulons ici les éléments dégagés par l'analyse temporelle multi-échelles de la couche limite turbulente sur paroi lisse. À eux seuls, ils ne sont pas conclusifs, ne serait-ce que par la prescription des valeurs des "constantes" qui exige le recours à l'expérience. C'est pourquoi nous y reviendrons au Chapitre X où nous apporterons des précisions quantitatives sur les expressions du profil de vitesse qui viennent d'être obtenues.
Tel qu'il est schématisé à la figure suivante le partitionnement peut se résumer ainsi :

- Pour $y^+ \lesssim 7$, le profil suit la loi adimensionnelle linéaire. C'est la zone dite de *sous-couche visqueuse*.
- Sur une distance comprise entre 7 et $30y^+$ se fait progressivement le raccordement au profil logarithmique. C'est la *zone tampon*[1].
- Pour $y^+ \gtrsim 30 \text{ à } 40$, on entre dans la région de recouvrement, avec validation simultanée des profils *logarithmiques* de région *interne* et de vitesse déficitaire *externe*. Cette région est encore qualifiée par Tennekes et Lumley [414] de "*sous-couche inertielle*" en raison du fait que les propriétés dynamiques de l'écoulement y sont indépendantes de la viscosité moléculaire. Elle s'étend sur une épaisseur qui est fonction du nombre de Reynolds (typiquement $y^+ \sim 10^3$ pour $R_\delta \sim 150\,000$).
- Quand est atteinte une distance suffisante de la paroi ($y \sim 10^{-2} \times \delta$ pour fixer les idées avec le nombre de Reynolds précédent), l'expérience s'écarte progressivement du profil de vitesse déficitaire logarithmique. Le profil peut alors être représenté par une formulation avec correction de sillage par exemple (voir Chapitre X-§4.1).

[1] "Buffer layer" en anglais.

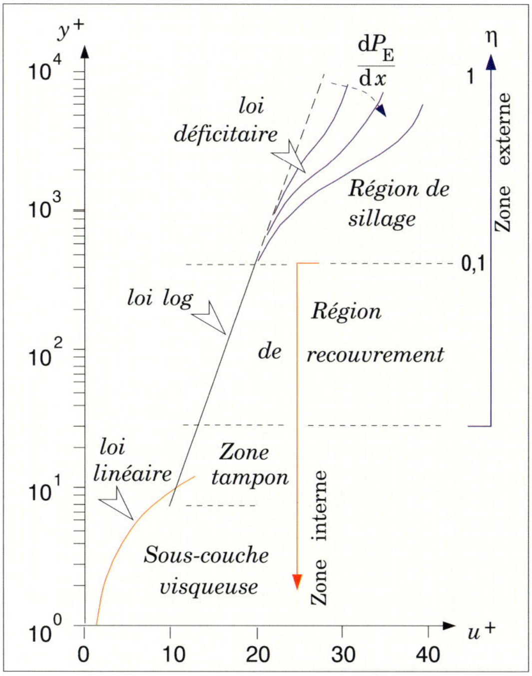

Fig. 12: Différentes régions d'une couche limite turbulente à grand nombre de Reynolds.

EXERCICE — ***Distance de raccordement dans la zone tampon*** — On adopte comme profil de vitesse moyenne de la région logarithmique l'expression suivante :

$$u^+ = 2{,}44 \ln y^+ + 5$$

À quelle distance de la paroi la vitesse devient-elle égale à celle donnée par la loi de sous–couche visqueuse ?

SOLUTION

La condition d'égalité des deux valeurs de vitesse se traduit par la relation :

$$y^+ = 2{,}44 \ln y^+ + 5 \qquad \text{soit} \qquad \ln y^+ = 0{,}41\big(y^+ - 5\big)$$

Comme le montrent les courbes du diagramme suivant, cette équation admet deux racines. La valeur de celle physiquement acceptable est de 10,8. Ce résultat dépend bien évidemment des paramètres χ et C de la loi logarithmique. À titre d'exemple, et toujours pour $\chi = 0{,}41$, ce raccordement se fait à $y^+ \simeq 10{,}54$ pour $C = 0{,}48$ et à $y^+ \simeq 11{,}06$ pour $C = 0{,}52$.

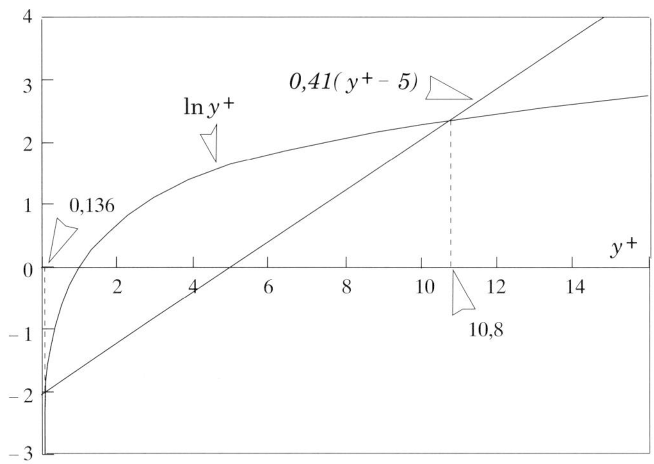

Fig. 13: Schéma de raccordement dans la zone tampon.

5.5 Les équations locales de couche limite

Pour conclure, nous citerons, sans démonstration, les équations locales de couche limite des bilans de masse, quantité de mouvement et énergie cinétique de turbulence.

$$\frac{\partial \overline{U}}{\partial x} + \frac{\partial \overline{V}}{\partial y} = 0 \tag{6-46}$$

$$\frac{\partial \overline{U}}{\partial t} + \overline{U}\frac{\partial \overline{U}}{\partial x} + \overline{V}\frac{\partial \overline{U}}{\partial y} = -\frac{1}{\rho}\frac{\partial \overline{P}}{\partial x} + \frac{1}{\rho}\frac{\partial}{\partial y}\left(\mu \frac{\partial \overline{U}}{\partial y} - \rho \overline{uv}\right) \tag{6-47a}$$

$$0 = -\frac{1}{\rho}\frac{\partial \overline{P}}{\partial y} - \frac{\partial \overline{v^2}}{\partial y} \tag{6-47b}$$

$$\frac{\partial \overline{k}}{\partial t} + \overline{U}\frac{\partial \overline{k}}{\partial x} + \overline{V}\frac{\partial \overline{k}}{\partial y} = -\,\overline{uv}\frac{\partial \overline{U}}{\partial y} - \frac{\partial}{\partial y}\left[\overline{\left(k + \frac{p}{\rho}\right)v}\right] + \nu \frac{\partial^2 \overline{k}}{\partial y_2} - \overline{\varepsilon} \tag{6-48}$$

Il s'agit là de relations "non particularisées" à telle ou telle zone de la couche limite. Leur application à des régions restreintes de celle-ci conduit à des formulations distinctes à partir desquelles peuvent s'introduire des techniques de raccordements asymptotiques. Le lecteur intéressé par ces questions pourra avantageusement consulter l'ouvrage de J. Cousteix [91].

5.6 Écoulement en canal et conduit

5.6.1 Échelles caractéristiques

En situation de couche limite autour d'un obstacle que nous venons d'étudier, l'échelle de longueur de diffusion est libre de croître indéfiniment sous la seule contrainte d'accord temporel avec l'échelle advective (6-30). En écoulement interne (mouvement de direction x entre plans parallèles ou en conduit de section circulaire, pour s'en tenir à des géométries bidimensionnelles) il n'en va plus de même. Désignant par $\delta(x)$ la distance transversale caractéristique de l'expansion latérale des effets diffusifs, le confinement du fluide impose à cette grandeur d'être bornée supérieurement par la demi largeur (h) du canal plan ou le rayon (R) de la conduite circulaire. Concrètement, cela signifie que dans la direction du mouvement, on pourra distinguer asymptotiquement deux régions selon la distance en aval :

- À proximité de la section d'entrée, i.e., tant qu'il est possible de considérer que la condition $\delta(x) \ll h\ ou\ R$ s'applique, existe une zone où la diffusion des effets de paroi n'affecte qu'une partie de la section droite. Il subsiste ainsi, au cœur de la géométrie, un "noyau d'écoulement" permettant le développement de mécanismes analogues à ceux qui opèrent dans une couche limite avec, à présent, un gradient longitudinal de pression non nul ;
- Très loin de la section d'entrée se situe une région où la diffusion est bloquée latéralement et où le profil de vitesse moyenne, comme toutes les grandeurs cinématiques moyennes, n'évoluent plus avec la distance x. C'est la région dite de *régime établi*, la seule que nous considèrerons dans la suite.

Fondamentalement, la condition de régime établi supprime toute référence d'échelle de temps advective, de sorte que l'écoulement est entièrement contrôlé par les mécanismes diffusifs. En posant à présent :

$$\boxed{\eta = \frac{y}{h(ou\ R)}} \qquad (6\text{-}49) \qquad\qquad \boxed{y^+ = \frac{y}{l_v} \equiv \frac{y u_*}{\nu}} \qquad (6\text{-}50)$$

on a toujours :

$$\frac{y^+}{\eta} = R_* \qquad (6\text{-}51)$$

avec maintenant $R_* = u_* h(ou\ R)/\nu$. Pour les mêmes raisons que celles ayant conduit au partitionnement de la couche limite, on distinguera, à grand nombre de Reynolds, une zone interne à prédominance des effets visqueux à proximité de la paroi et un " noyau central' sous contrôle de l'agitation turbulente.

Complément — ***Longueur d'établissement de régime turbulent en conduite*** — En pratique, la distance au-delà de laquelle on peut considérer que le régime turbulent est établi en conduite dépend de nombreux facteurs, tels que la nature du régime (laminaire ou turbulent) ou la forme du profil de vitesses en entrée de la conduite, le nombre de Reynolds global, la rugosité de paroi. Selon les indications rapportées par Hinze

[180], elle peut se situer entre 20 et 100 fois le diamètre de la conduite. Par exemple, avec un écoulement perturbé en entrée et un nombre de Reynolds $Re_D = 9 \times 10^5$, cette distance est de l'ordre de 40 diamètres.

En tout état de cause, elle reste très inférieure à celle requise pour l'établissement d'un régime laminaire — écoulement de Poiseuille — dont la valeur peut s'estimer par $X_{lam}/D \simeq Re_D/30$ selon Tritton [426].

5.6.2 Bilan moyen de quantité de mouvement

Dans la région établie de canal plan ($\overline{U} \equiv \overline{U}(y)$, $\overline{V} = 0$), le bilan moyen de quantité de mouvement, tel qu'il a déjà été écrit au Chapitre III, exercice §4.2, se réduit pour les deux premières projections à :

$$0 = -\frac{1}{\rho}\frac{\partial \overline{P}}{\partial x} + \frac{\mathrm{d}}{\mathrm{d}y}\left(-\overline{uv} + \nu \frac{\mathrm{d}\overline{U}}{\mathrm{d}y}\right)$$

$$0 = -\frac{1}{\rho}\frac{\partial \overline{P}}{\partial y} - \frac{\mathrm{d}\overline{v^2}}{\mathrm{d}y}$$

La seconde équation permet de déduire que $\overline{P}(x,y) = f(y) + g(x)$. Introduisant ce résultat dans la première équation, on aboutit finalement à la linéarité du frottement total (visqueux + turbulent) :

$$\tau_v + \tau_T = -\alpha y \tag{6-52}$$

en imposant une condition d'annulation par symétrie sur l'axe ($y = 0$). La pente $\alpha(>0)$ n'est autre que le gradient (linéaire) longitudinal de pression moyenne ($\alpha = -\mathrm{d}\overline{P}/\mathrm{d}x$).

Compte tenu de la relation (6-52), le partitionnement de l'écoulement se traduit pour les frottements par des évolutions telles que celles schématisées sur la figure ci-contre.

En proche paroi, c'est le frottement visqueux qui prédomine depuis son extremum pariétal τ_p. Dans la zone centrale, il s'efface devant le frottement turbulent qui, en vertu de (6-52) contribue à lui seul à la distribution linéaire du frottement total.

Cette propriété peut être mise à profit pour servir d'étalonnage d'un dispositif de mesure du frottement turbulent.

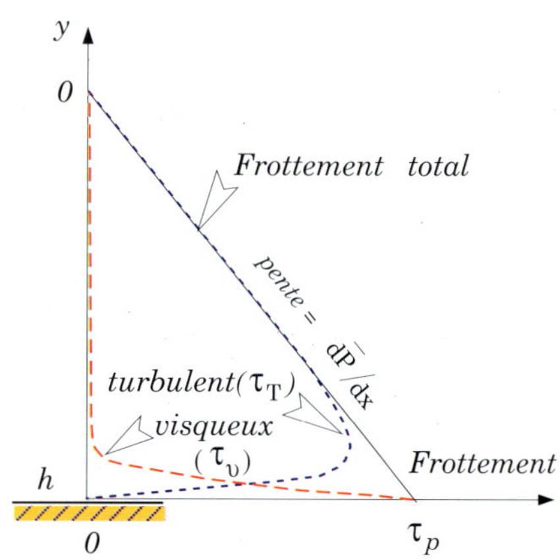

Fig. 14: Profils de frottements en canal plan

On notera que dans la région de paroi, le frottement turbulent ne peux pas rester constant en canal plan, ce qui distingue radicalement cet écoulement de celui de la couche limite où les données expérimentales montrent une distribution sensiblement uniforme. Dans la zone externe de couche limite, le profil devient presque linéaire, propriété qui est exactement prouvée en écoulement de canal.

5.6.3 Profil de vitesse moyenne

À grand nombre de Reynolds, la distribution de vitesse moyenne se définit comme dans le cas de la couche limite avec, en fonction de la distance (y) à la paroi :

- une sous-couche visqueuse à profil linéaire $\overline{U}^+ = y^+$;
- une zone inertielle à profil logarithmique :

$$\frac{\overline{U}}{u_*} = \frac{1}{\chi} \ln \frac{u_* y}{\nu} + B$$

  En conduite circulaire, la valeur de χ reste sensiblement voisine de 0,4. Celle de B varie sensiblement en fonction de la rugosité, avec par exemple pour les mesures de Nikuradse [311], $B = 5{,}50$ en paroi lisse et $B = 8{,}48$ en paroi rugueuse ;
- un noyau central, à profil de vitesse déficitaire également logarithmique :

$$\frac{\overline{U}_{axe} - \overline{U}}{u_*} = -\frac{1}{\chi} \ln \frac{y}{R} + B'$$

  avec $\chi = 0,41$ et $B' = 0,8$ en référence aux mesures de Laufer [232].

Comme pour la couche limite, la distribution des vitesses moyennes peut être globalement représentée avec un bon degré d'approximation par une loi analytiquement plus simple, de forme puissance :

$$\frac{\overline{U}}{\overline{U}_{axe}} = \left(\frac{y}{R}\right)^{1/n}$$

L'exposant varie là aussi avec le nombre de Reynolds global $Re_D = U_{moy} D/\nu$, où U_{moy} est la vitesse moyenne débitante. Selon les mesures de Nikuradse [311], cette dépendance peut être exprimée de façon très simple en fonction du seul coefficient de perte de charge, tant pour les écoulements en conduite lisse que rugueuse :

$$n = \frac{1}{\sqrt{\Lambda}}$$

où

$$\frac{\Lambda}{D} = -\frac{\mathrm{d}\overline{P}}{\mathrm{d}x} / \left(\frac{1}{2}\rho U_{moy}^2\right)$$

Pour une application rapide, on pourra adopter les valeurs du tableau suivant :

n	6	7	9	10
Re_D	4×10^3	10^5	5×10^5	2×10^6

Tableau 6.5 Exposant du profil en puissance en fonction du nombre de Reynolds global de l'écoulement en conduite circulaire.

Signalons pour conclure la proposition de Barenblatt [13], pour qui la loi puissance peut s'expliciter de la façon suivante :

$$\frac{\overline{U}}{u_*} = \left(\frac{1}{\sqrt{3}} \ln R_e + \frac{5}{2}\right) \times \left(y^+\right)^\alpha \quad avec \quad \alpha = \frac{3}{2 \ln R_e}$$

COMPLÉMENT — ***Lois de profils de vitesse moyenne en turbulence de conduite*** — La représentation du profil de vitesse moyenne par une expression logarithmique est généralement considérée comme une "loi" de la turbulence de paroi. En fait, ainsi que le souligne Barenblatt [13] en 1993, la forme puissance est tout aussi "rigoureuse", mais simplement ne repose pas sur les mêmes hypothèses. Comme nous l'avons vu en §5.4, le cœur du problème tient au calage d'une échelle de temps représentative des phénomènes présents. Considérant que le gradient de vitesse moyenne s'impose à ce titre (inverse d'un temps), sa valeur va dépendre a priori, et hors de la sous-couche visqueuse de la distance à la paroi (y), du diamètre de la conduite (D) en tuyau circulaire par exemple, de la viscosité (μ), de la masse volumique du fluide (ρ) et du frottement à la paroi (τ_0). Par raison de dimension, on peut alors poser que :

$$\frac{\partial \overline{U}}{\partial y} = \frac{u_*}{y} \phi(y^+, R_e)$$

où $R_e = \overline{U}_{moy} D/\nu$ est un nombre de Reynolds global de l'écoulement et $y^+ = y u_*/\nu$. Fondamentalement, la "loi" logarithmique correspond en réalité à l'hypothèse que, pour $y^+ \to \infty$ **et** $R_e \to \infty$, la fonction $\phi(y^+, R_e)$ tend vers une valeur finie non nulle. Posant simplement $\phi(\infty, \infty) = 1/\chi$, la "loi" logarithmique s'en déduit immédiatement. En revanche, adopter un profil en puissance, c'est considérer qu'une telle limite n'existe pas, puisque dans ce cas $\phi \sim A(y^+)^\alpha$, où les paramètres A et α peuvent dépendre du nombre de Reynolds.

Cette question est toujours d'actualité comme en témoigne l'étude de Zagarola et Smits [458] de 1998.

CHAPITRE VII

PHÉNOMÉNOLOGIE TOURBILLONNAIRE, STRUCTURES COHÉRENTES ET PROPRIÉTÉS ÉNERGÉTIQUES

« One should not try to understand why flows are turbulent but rather why they are ever laminar; science seeks to interpret order in nature, not disorder. This remark certainly adds to our understanding of the nature of turbulence.»

(On ne devrait pas chercher à savoir pourquoi les écoulements sont turbulents, mais plutôt pourquoi ils peuvent encore être laminaires; la science vise à interpréter l'ordre dans la nature, pas le désordre. Cette remarque en ajoute certainement à notre connaissance de la nature de la turbulence.)

David J. TRITTON [426] 1977, page 242.

1 Introduction

Au cours des chapitres précédents et notamment lors de la mise en équations, nous n'avons pas fait intervenir de considérations relatives aux conditions initiales et aux limites. Or celles-ci sont indispensables à la réalisation effective de tout écoulement turbulent en pratique.

Une telle "omission" est assez révélatrice de ce qu'était la pensée probabiliste dominante des années cinquante — voir complément ci-après —, selon laquelle l'état de turbulence du mouvement d'un fluide est statistiquement indépendant des conditions de mise en mouvement, accréditant l'idée d'une turbulence "*état de la nature*", selon la terminologie de Hunt et al. [186].

Cette conception ne signifie pas la négation systématique de toute "*structure*" en turbulence, réduisant ce régime à un simple mouvement brownien à l'échelle du continu. Elle implique simplement l'idée que toute propriété structurelle du mouvement turbulent — s'il en existe — est définie de façon statistique et présente à ce titre des caractéristiques telles que similitude au nombre de Reynolds, affinité en écoulement cisaillé mince... qui lui confèrent un caractère d'universalité. La meilleure illustration d'une telle position est donnée par Townsend [422] avec sa monographie intitulée précisément «*The structure of turbulent shear flow*».

Si, à la date de sa première parution en 1956, un tel titre ne prêtait à aucune confusion, il n'en va plus de même lors de la réédition de l'ouvrage en 1976. En effet comme le notent Métais et Lesieur en 1991 [295], l'une des avancées les plus remarquables en mécanique des fluides au cours des vingt cinq dernières années est sans doute l'émergence de "*structures cohérentes*" en turbulence. S'il est difficile de décerner la paternité d'une telle découverte à un auteur précis, on peut légitimement attribuer le "choc" de la communauté scientifique à Brown & Roshko [42] avec la publication en 1974 de leur fameux article sur l'organisation à grande échelle de la zone de mélange.
Comme on peut s'en rendre compte sur le diagramme suivant donnant l'évolution de la probabilité d'occurence de sujets titrant sur "turbulence" *et* "structure", "tourbillon" ou "mouvement cohérent", les années qui suivirent furent marquées par une prolifération d'articles amenant chacun des preuves de l'existence d'une organisation de la turbulence à grande échelle dans une variété croissante d'écoulements.

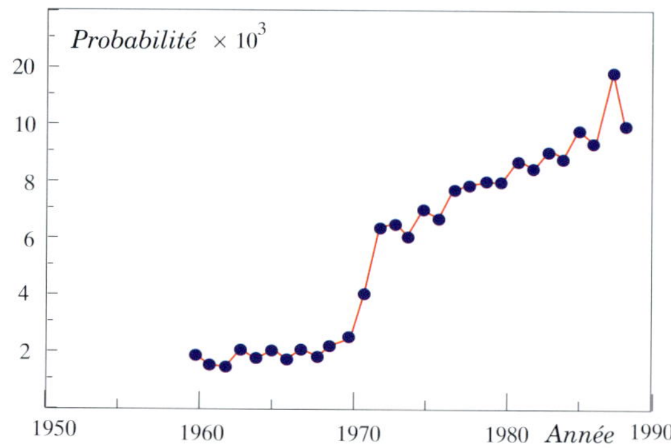

Fig. 1: Probabilité d'occurence d'articles sur les structures organisées de la littérature aérospatiale, d'après Lumley [278].

Par delà la "zoologie" de ces structures cohérentes, c'était la conception même des objectifs de recherche en turbulence qui était remise en cause, avec notamment en début des années quatre-vingt, l'apparition de la notion de *contrôle* d'écoulements turbulents, en antinomie totale avec la conception *intégralement* aléatoire de la turbulence qui sous-tend l'approche statisticienne classique. Non sans quelque paradoxe, le revers de ce retour à un déterminisme partiel est la perte de cohésion du sujet, conduisant à se demander, toujours avec Hunt et al. [186], si la turbulence ne se réduit pas désormais à une simple collection de phénomènes.

Nous nous proposons dans ce chapitre de présenter succintement quelques notions sur la structure tourbillonnaire des écoulements turbulents à la lumière de ce double éclairage.
Nous suivrons l'ordre chronologique et exposerons donc en premier lieu les propriétés qui relèvent d'une conception exclusivement probabiliste de l'agitation turbulente. Nous donnerons ensuite quelques exemples d'organisation spatio-temporelle liée à l'existence d'entités physiques dans certains écoulements turbulents.

Il est bien évidemment hors de question de vouloir être exhaustif sur un tel sujet, car,

comme le notait déjà Townsend en 1956, l'encre du manuscrit n'est pas encore sèche que déjà une nouvelle publication vient remettre en cause l'édifice laborieusement dressé. Cette observation, qui valait alors pour la synthèse des données statistiques est plus que jamais d'actualité, s'agissant des structures cohérentes !
Les quelques éléments choisis l'ont été en fonction de l'objectif général de modélisation de cet ouvrage, soit qu'ils viennent en illustration de la conception même de la procédure, soit, au contraire, qu'ils en signalent des limitations patentes.

COMPLÉMENTS — ***a) Vision statistique "universaliste" de l'état de turbulence*** — Jusque dans les années cinquante, la conception qui prévalait était celle d'une nature statistique de la turbulence indépendante des conditions initiales et aux limites propres à chaque type d'écoulement où, à tout le moins, à une même classe d'écoulements, comme en témoignent les deux citations suivantes, par :
Batchelor en 1953 [15] qui écrit pages 6 et 7 : « ... *we put our faith in the tendency for dynamical systems with a large number of degrees of freedom, and with coupling between these degrees of freedom, to approach a statistical state which is independent (partially, if not wholly) of the initial conditions.*»
Landau & Lifshitz en 1959 [230] qui concluent en page 117 «... *Hence it follows that, in the consideration of turbulent flow, the actual initial conditions cease to have any effect after sufficiently long intervals of time. This shows that the theory of turbulent flow must be a statistical theory.*»
— ***b) Historique de la notion de structure cohérente en turbulence*** — Bien que minoritaire dans le courant de pensée précédent, la notion de structure cohérente n'est pas à proprement parler une nouveauté. Selon les recherches de Liu [272], on pourrait en dater l'origine aux environs du début de la seconde guerre mondiale. Elle fut vraisemblablement exprimée clairement pour la première fois par Liepmann [267] en 1952, avant d'être méticuleusement exploitée par Townsend, selon son *acception statistique*. Malgré cette relative ancienneté, l'idée n'avait cependant pas fait de percée significative avant les années 1970 où l'on assiste à une véritable explosion du sujet.

2 Le modèle tourbillonnaire statistique

2.1 Définition et échelles caractéristiques

Les fluctuations de vitesse inhérentes à l'agitation turbulente traduisent un "enchevêtrement" des trajectoires instantanées à l'échelle du continu. L'image phénoménologique du champ turbulent à un instant donné est ainsi celle d'un ensemble embrouillé de lignes de courants entrelacées. Au cours du temps, et pour autant que l'entremêlement reste fort, l'évolution de cet ensemble va être marquée par une importante interaction des filets fluides.

Le tableau précédent peut être transposé au champ du vecteur rotationnel instantané, les lignes de courants devenant alors les lignes vortex. Les propriétés géométriques de l'enchevêtrement de celles-ci peuvent induire une topologie des lignes et surfaces vortex, faisant apparaître par exemple des regroupements locaux instantanés en lignes quasi parallèles, concentrations en nappes, tores... tous éléments englobés par le vocable de "tourbillons", selon une terminologie usuelle non nécessairement bien définie[1].

Avec ce point de vue et pour le quantifier, il suffit de se doter des échelles caractérisant statistiquement cette agitation turbulente. Selon le schéma de la figure ci-contre, elles sont de deux types, permettant d'apprécier d'une part l'intensité tourbillonnaire de la structure et de l'autre son volume.

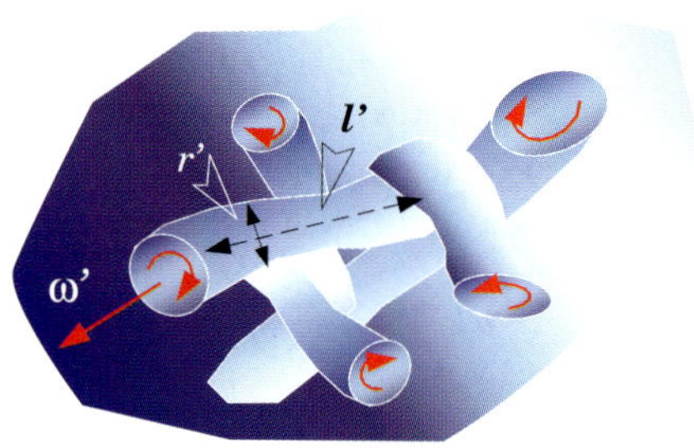

Fig. 2: Phénoménologie tourbillonnaire de l'agitation turbulente.

Nous introduirons ainsi, à un instant $t = t_0$ quelconque, une échelle de temps $(\omega_0')^{-1}$, et deux échelles de longueur représentatives de la section transversale r_0' et de l'expansion axiale l_0' d'un noyau tourbillonnaire. Ces échelles de longueur sont évidemment directement liées à la géométrie présumée de la structure, assimilé ici à un tronc de cylindre. Elles pourront donc varier avec celle-ci et se réduire par exemple à une seule valeur pour des noyaux quasi sphériques, sans que cela change fondamentalement la discussion en cours.

À partir de ces échelles, on peut déduire qu'une classe tourbillonnaire donnée présente, à un instant fixé, les caractéristiques suivantes :

1. masse : $\propto l' \times r'^2$;
2. vitesse azimutale : $\propto \omega' \times r'$;
3. circulation des vitesses sur une section droite : $\propto \omega' \times r'^2$;
4. moment cinétique : $\propto l'r'^2 \times \omega' r' \times r' = l' \times \omega' \times r'^4$;
5. énergie cinétique : $\propto l'r'^2 \times \omega'^2 r'^2 = l' \times \omega'^2 \times r'^4$;

2.2 Paramétrisation des classes inertielles et visqueuses

Les échelles que nous venons d'introduire serviront ultérieurement à quantifier certains effets de l'interaction entre structures tourbillonnaires. Elles permettent d'ores et déjà de distinguer deux classes particulières de mouvements d'agitation.

[1] Des définitions précises ne peuvent s'envisager sans identification physique des structures auxquelles elles s'appliquent, ce qui est hors sujet d'une approche probabiliste.

a) La *classe inertielle* est celle pour laquelle le mouvement est quasi indépendant de la viscosité du fluide. Les échelles caractéristiques vérifient donc la condition :

$$R_T \equiv \frac{u'r'}{\nu} \gg 1 \tag{7-1}$$

où R_T est le nombre de Reynolds *local de la structure tourbillonnaire* rapporté à la vitesse périphérique $u' \sim \omega' r'$. Il est facile de voir que ce nombre compare directement les échelles de temps suivantes :

$$\frac{Temps\ de\ diffusion\ mol.}{Temps\ de\ retournement} = \frac{r'^2}{\nu} \times \frac{u'}{r'} = R_T$$

En effet, l'échelle de temps de retournement d'un tourbillon, représentative des forces d'inertie n'est autre que $\mathcal{T}_r = r'/u'$. Par ailleurs, nous savons estimer le temps caractéristique de la diffusion moléculaire de quantité de mouvement à l'échelle du noyau tourbillonnaire par $\mathcal{T}_\nu = r'^2/\nu$. Dè lors et aussi longtemps que la condition (7-1) sera satisfaite, les propriétés dynamiques de telles structures pourront se déduire d'une analyse non visqueuse.

b) La *classe visqueuse*, qui s'obtient en limite des faibles valeurs du nombre de Reynolds local R_T.
En adoptant comme limite représentative de celui-ci pour cette classe $R_T \approx 1$, on peut préciser la valeur de l'échelle de longueur caractéristique, en supposant qu'il n'y a pas lieu d'introduire d'anisotropie dans la géométrie de ces structures. Désignant alors par δ^3 le volume tourbillonnnaire caractéristique et par $v = \omega\delta$ la vitesse circonférencielle correspondante, on a, pour $v\delta/\nu \approx 1$:

$$\delta = \nu/v \qquad ou \qquad \delta = \sqrt{\nu/\omega} \tag{7-2}$$

EXERCICE — ***Interprétation énergétique de l'échelle limite de la classe visqueuse*** —

1) Estimer à partir des échelles ω et δ la variation d'énergie cinétique par unité de temps de retournement.

2) En admettant que les gradients de vitesses à échelle δ puissent être évalués par v/δ, donner le montant du taux de dissipation à ces échelles. Comparez le résultat à celui de la première question. Qu'en concluez-vous ?

SOLUTION

1) À partir des échelles δ et v, le montant d'énergie cinétique peut s'évaluer par $\mathrm{e}_c \simeq \rho v^2 \delta^3 \equiv \rho\omega^2\delta^5$. La variation de cette grandeur par unité de temps de retournement vaut alors :

$$\frac{\mathrm{e}_c}{\tau_r} \simeq \frac{\rho\omega^2\delta^5}{\delta/v} = \rho\omega^3\delta^5$$

2) Avec l'hypothèse proposée, le montant de dissipation dans le volume δ^3 peut s'évaluer par :

$$\epsilon \simeq \mu\Big(\frac{v}{\delta}\Big)^2\delta^3 = \mu\omega^2\delta^3$$

En faisant le rapport de deux expressions trouvées il vient : $\frac{e_c}{\tau_r}/\epsilon \simeq \frac{\omega\delta^2}{\nu} \equiv \frac{\upsilon\delta}{\nu}$

Or, par définition de cette classe, le nombre de Reynolds local est $R_T \approx 1$
Ainsi l'équilibre dynamique entre forces d'inertie et de viscosité en limite d'échelle de la classe visqueuse correspond aussi à la compensation de variation d'énergie cinétique par la dissipation sur un temps caractéristique du retournement des structures. En conséquence, ces "tourbillons" ne peuvent *statistiquement* pas se maintenir en mouvement dans le fluide. Ils disparaissent donc physiquement de l'écoulement assurant ainsi la perte irréversible d'énergie, selon le second principe de la thermodynamique.

3 Propriétés physiques du modèle tourbillonnaire statistique

Nous allons dégager dans cette section quelques propriétés majeures qui peuvent être comprises comme les conséquences d'ensemble d'interactions dynamiques entre structures de l'agitation turbulente telle qu'elle vient d'être conceptualisée.

3.1 Croissance des lignes fluides matérielles

3.1.1 Analyse simplifiée

Dans un champ turbulent dont l'agitation est statistiquement homogène et isotrope, considérons (voir figure) deux points A et B suffisamment éloignés pour que les mouvements des particules fluides qui s'y trouvent à un instant t_0 puissent être traités comme statistiquement indépendants à tout instant ultérieur t. Nous supposons "matérialisée" de façon passive la ligne fluide coïncidant à l'instant t_0 avec le segment de droite [AB]. Désignant par L_0 la longueur de ce segment à l'instant du marquage, on pose la question de savoir comment varie dans le temps la moyenne $\bar{L}(t)$ de la longueur de la ligne fluide matérielle, i.e., la courbe reliant à un instant donné, les mêmes particules fluides qu'à l'instant de marquage.

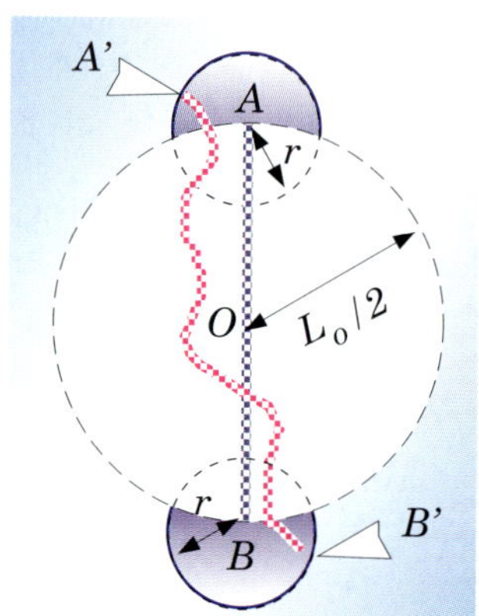

Fig. 3: Schéma de croissance d'une ligne matérielle fluide en déplacements discrets.

En première analyse, nous supposons que les points A et B se déplacent par sauts **discrets** d'amplitude $r < L_0/2$ dans des directions équiréparties sur les sphères de rayon r entourant chacun de ces points (isotropie). À tout instant suivant, la ligne fluide matérielle a une longueur L qui est supérieure ou égale à celle du segment A'B' reliant les nouvelles positions des points A et B. La condition $L > L_0$ est donc vérifiée dans le cas où les points A' et B' sont sur les calottes (A,r) et (B,r) extérieures à la sphère de centre O et de rayon $L_0/2$ (Cf. figure 6). Compte tenu des hypothèses d'équirépartition en probabilité, de simples considérations géométriques montrent alors que ces situations sont statistiquement plus nombreuses que celles pour lesquelles $L < L_0$.
Le résultat précédent peut être étendu au cas de déplacements indépendants **quelconques** de deux points dans un champ de turbulence stationnaire et homogène comme l'a montré Corrsin [84]. Ainsi, pour un tel écoulement :
– la distance séparant deux particules indépendantes *croît* en moyenne,
– la longueur de la ligne fluide matérielle associée *augmente* elle aussi en moyenne.

3.1.2 L'évidence expérimentale

Ces propriétés d'étirement des lignes fluides ont été mises en évidence expérimentalement par Corrsin et Karweit [87] dans l'écoulement en aval d'une grille placée dans un canal à eau. Un marquage électrolytique par bulles d'hydrogène permet d'observer les évolutions successives de lignes fluides ainsi matérialisées, comme l'illustre la figure 4.

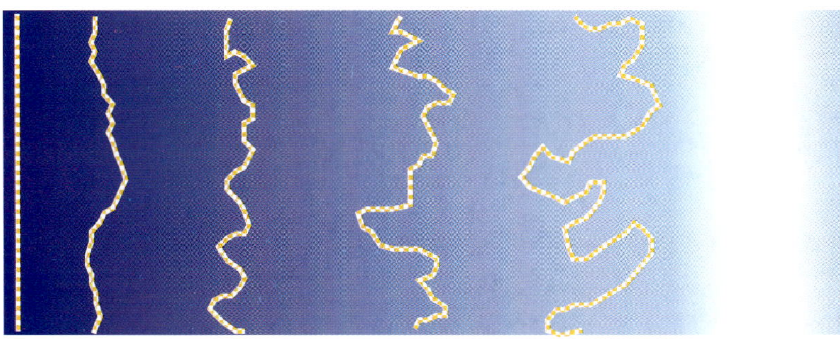

Fig. 4: Visualisation de l'évolution de lignes fluides en turbulence de grille, adapté de Corrsin et al. [87].

À partir de ces données, ces mêmes auteurs ont procédé à l'estimation de la longueur moyenne $\bar{L}$ des lignes matérielles fluides. Sa variation en fonction de la distance en aval de la grille (de maille M), comptée depuis la section de "marquage" à $x_0 = 18M$ est donnée en figure 5, courbe (a).
Au voisinage de l'origine, i.e., pour des temps — ou des éloignements — très petits, on peut établir [87] l'approximation eulérienne suivante :

$$pour\ t \to 0, \qquad \frac{\bar{L}(t)}{L_0} \sim 1 + 2\frac{\overline{u^2}}{\lambda^2}t^2$$

Nous verrons ultérieurement (Chapitre VIII-§2.4) que lors de la phase initiale de dégénérescence ($20M < x < 100M$) le produit $\overline{u^2}\lambda^2$ est sensiblement constant ou faiblement évolutif. Ainsi, d'après l'équation précédente, l'accroissement de longueur suit, au départ, une loi approximativement parabolique — courbe (b) Fig. 5.

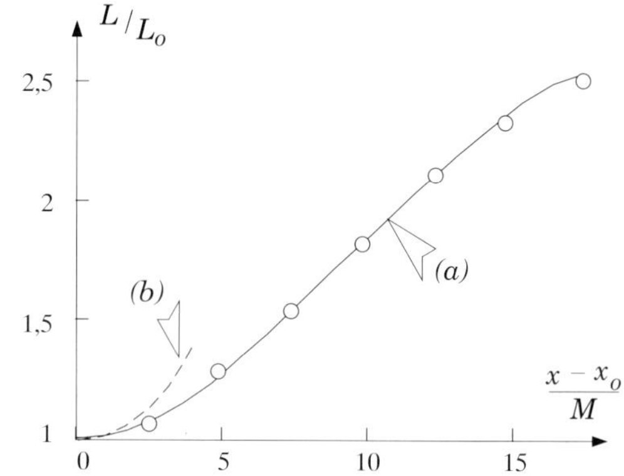

Fig. 5: Croissance de la longueur moyenne de lignes matérielles fluides en aval d'une grille ($x_0/M = 18$) d'après Corrsin et Karweit [87]
(a) Courbe expérimentale en analyse lagrangienne, (b) approximation eulérienne au voisinage de l'origine.

3.2 Croissance d'enstrophie par déformation élongationnelle isovolume

En évolution isovolume, les fluctuations de vitesse de l'agitation turbulente sont en tout point et à tout instant liées par la condition de continuité :

$$\frac{\partial u}{\partial x} + \frac{\partial v}{\partial y} + \frac{\partial w}{\partial z} = 0$$

Pour simplifier les écritures, nous poserons : $\frac{\partial u}{\partial x} = a$, $\frac{\partial v}{\partial y} = b$ et $\frac{\partial w}{\partial z} = c$, avec $a + b + c = 0$. Ces fluctuations de vitesse s'accompagnent de fluctuations de rotationnel auxquelles elles sont reliées par :

$$\frac{\mathrm{d}\omega_i}{\mathrm{d}t}\left(\equiv \frac{\partial \omega_i}{\partial t} + u_j\frac{\partial \omega_i}{\partial x_j}\right) = \omega_j\frac{\partial u_i}{\partial x_j} + \nu\frac{\partial^2 \omega_i}{\partial x_j \partial x_j}$$

En négligeant la diffusion visqueuse, cette équation se réduit à :

$$\frac{\mathrm{d}\omega_i}{\mathrm{d}t} \simeq \omega_j\frac{\partial u_i}{\partial x_j} \equiv \omega_j r_{ij} + \omega_j s_{ij} = \omega_j s_{ij}$$

Ainsi on obtient pour chacune des composantes :

$$\frac{\mathrm{d}\omega_1}{\mathrm{d}t} = a\omega_1 \quad \frac{\mathrm{d}\omega_2}{\mathrm{d}t} = b\omega_2 \quad \frac{\mathrm{d}\omega_3}{\mathrm{d}t} = c\omega_3$$

En se limitant pour simplifier, à des durées de déformation pour lesquelles les gradients de vitesse restent sensiblement constants, la solution de ces équations s'écrit :

$$\omega_1 = \omega_0 e^{at}, \quad \omega_2 = \omega_0 e^{bt} \quad et \quad \omega_3 = \omega_0 e^{ct}$$

On trouve ainsi une croissance exponentielle des vitesses angulaires *locales* en présence d'une déformation élongationnelle positive et une décroissance également exponentielle dans le cas opposé.
Mais si l'on considère le montant d'enstrophie, on peut vérifier que la solution se traduit par :

$$\frac{\omega_1^2 + \omega_2^2 + \omega_3^2}{\omega_0^2} \simeq 3 + 2(a+b+c)t + 2\left(a^2+b^2+c^2\right)t^2 + \mathcal{O}\left(t^3\right)$$

Or le coefficient du terme linéaire est nul en situation isovolume de sorte que l'action concommittante des effets tridirectionnels d'une déformation pure se manifeste *localement* dans le sens d'une croissance d'enstrophie.

EXERCICE — ***Variation d'enstrophie en déformation pure plane*** — On suppose qu'à un instant donné, il existe localement une zone de l'écoulement où le gradient de vitesse de fluctuation, supposé constant dans le temps, se réduit aux deux seules composantes $\partial u/\partial x$ et $\partial v/\partial y$. Établir, sous les mêmes conditions que celles du §3.2 la loi de variation d'enstrophie correspondante.

SOLUTION
Posant par exemple $\partial u/\partial x = a > 0$, la situation étudiée devient celle d'une déformation élongationnelle suivant l'axe x. Sous les conditions du §3.2, et négligeant notamment les effets de viscosité, les variations de rotationnel s'expriment respectivement par :

$$\omega_1 = \omega_0 e^{at}, \quad \omega_2 = \omega_0 e^{bt} \equiv \omega_0 e^{-at}$$

la dernière égalité résultant directement du caractère isovolume de l'évolution. On en déduit immédiatement que :

$$\omega_1^2 + \omega_2^2 = 2\omega_0^2 \cosh(2at)$$

On trouve bien encore une croissance de l'enstrophie, ici en cosinus hyperbolique.

3.3 L'étirement tourbillonnaire

Le résultat établi au paragraphe précédent est de caractère *local*, au sens où il s'applique à l'*échelle particulaire*. Nous allons montrer à présent qu'il est possible d'aboutir également à la croissance de ω^2 pour des entités physiques de taille largement *supra-particulaire*, en référence aux "structures" de l'agitation turbulente dans l'acception statistique du §2. Le raisonnement s'appuye alors sur la phénoménologie d'étirement tourbillonnaire[1] telle qu'elle est décrite notamment par Bradshaw [35].

---

[1] Vortex stretching, en anglais.

3.3.1 Analyse en termes d'échelles

Nous nous proposons de voir comment se répercute l'action d'une déformation sphérique (élongation ou compression) sur un *ensemble* de "structures tourbillonnaires" en terme d'échelles caractéristiques de cet ensemble. L'état initial est statistiquement en équilibre et son évolution ultérieure est supposée vérifier les deux hypothèses suivantes :

1. la masse de toute structure se conserve lors de cette déformation ;
2. les effets de viscosité sont négligeables.

Il découle directement de la première que : $l' \times r'^2 = C^{te}$. Quant à la seconde, elle se traduit, en vertu du théorème de Kelvin, par la conservation de la circulation, soit donc : $\omega' \times r'^2 = C^{te}$

Il est alors facile de déduire de ces deux relations les lois de variation des différents paramètres des structures tourbillonnaires au cours d'un étirement ou tassement d'ensemble. Les résultats sont regroupés dans le tableau 1.

Propriété	Étirement / Élongation	Tassement / Compression
Longueur (l)	$\nearrow$	$\searrow$
Rayon (r)	$\searrow\ (l^{-\frac{1}{2}})$	$\nearrow\ (l^{\frac{1}{2}})$
Vitesse angulaire (ω)	$\nearrow\ (l)$	$\searrow\ (l^{-1})$
Vitesse azimutale	$\nearrow\ (l^{\frac{1}{2}})$	$\searrow\ (l^{-\frac{1}{2}})$
Masse	$\equiv$	$\equiv$
Circulation	$\equiv$	$\equiv$
Moment cinétique	$\equiv$	$\equiv$
Énergie cinétique	$\nearrow\ (l)$	$\searrow\ (l^{-1})$

Tableau 1 Variation des caractéristiques tourbillonnaires au cours d'un étirement / tassement.

Pour les deux cas (étirement et tassement), le moment cinétique se conserve et le nombre de Reynolds de turbulence $\omega r^2/\nu$ demeure constant. En outre lorsque le processus d'étirement est statistiquement prédominant, le système tourbillonnaire évolue dans le sens d'une réduction de la section des structures avec augmentation des vitesses radiale et azimutale ainsi que de l'énergie cinétique.

REMARQUE — ***Prédominance de l'étirement sur le tassement*** — *Comme nous l'avons mentionné en début de cette section, l'agitation turbulente présente, en l'absence même de tout champ moyen, une propension à l'étirement des lignes fluides. L'analyse de cette section vient à l'appui de cette constatation. En l'absence de production* *(champ de vitesse moyenne uniforme) la situation de rétraction tourbillonnaire, si elle est statistiquement majoritaire tend à l'extinction de l'agitation turbulente et renforce donc l'effet de la dissipation visqueuse. En revanche, les mécanismes inertiels de l'étirement dégagent une tendance à l'augmentation du montant d'énergie cinétique susceptible d'équilibrer celle de décroissance par dissipation visqueuse. C'est cette dernière solution que choisit la nature, sans que l'on puisse en administrer ici la raison.*

3.3.2 Phénoménologie de la réaction en chaîne

Nous nous proposons maintenant de montrer que, dans un ensemble de structures tourbillonnaires tridimensionnelles occupant tout le champ de l'écoulement, les conséquences de l'étirement d'une seule d'entre elles ne restent pas circonscrites à celle-ci. Pour cela, nous considérons deux éléments tourbillonnaires, d'axes orthogonaux, tels que (*a*) et (*b*) de la figure 6.

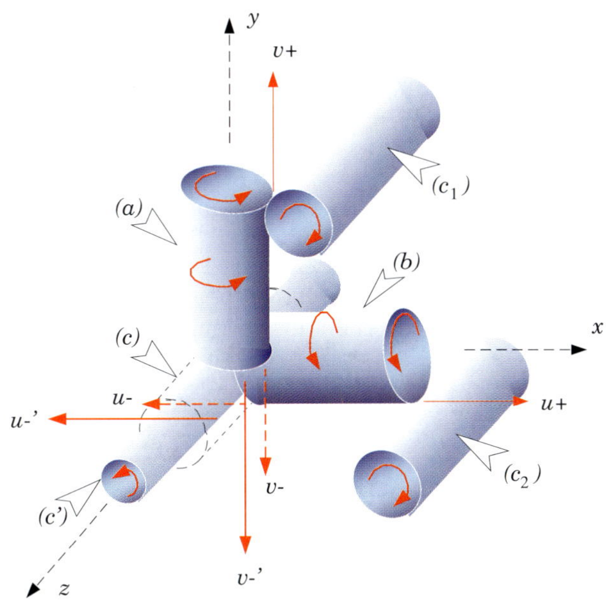

Fig. 6: Schéma d'enchaînement en cascade d'étirements tourbillonnaires.

Nous supposons qu'à un instant donné ces structures sont en situation d'équilibre dynamique vis-à-vis de l'interaction tourbillonnaire. En d'autres termes, elles ne subissent ni étirement, ni tassement sous l'action mutuelle de tourbillons d'axe z, notés (c), (c_1) et (c_2). Dans ces conditions, on désigne par u^+ et u^- les valeurs instantanées des fluctuations de vitesses colinéaires au tourbillon (b) aux extrémités de celui-ci, et par v^+ et v^- les grandeurs équivalentes pour le tourbillon (*a*).

Imaginons que nous modifions cet équilibre statistique en faisant subir à un tourbillon tel que (c) un étirement l'amenant en situation (c'). Avec les résultats du

paragraphe antérieur, cela va se traduire par l'augmentation en valeur absolue de la vitesse azimutale en périphérie du noyau tourbillonnaire, soit encore un accroissement en module des fluctuations de vitesses u^- et v^- dont les valeurs deviennent avec les notations du schéma $u^{-'}$ et $v^{-'}$.
Il en résulte un déséquilibre entre les vitesses instantanément présentes aux extrémités des srtructures (*a*) et (*b*) qui vont subir à leur tour, un étirement puisque $|u^{-'}| > |u|$ et $|v^{-'}| > |v|$. De ce fait, ces structures vont provoquer à nouveau des étirements de tourbillons ***préexistants*** d'axes x et z, pour le tourbillon (*a*) et y et z pour (*b*).
Il importe de bien saisir que ce mécanisme n'est pas celui d'une *création* de nouvelles structures tourbillonnaires mais de simple *transmission* d'un étirement initialement isolé à tout un ensemble tridimensionnel de tourbillons du champ turbulent.

Si ce mécanisme perdure sur un certain laps de temps, on peut aisément déduire les caractéristiques suivantes — voir tableau 2 — de sa progression au cours du temps. Outre le caractère non linéaire que l'on aura déjà noté de ce processus, qui à une cause associe deux effets, la lecture du tableau permet de dégager un second attribut : le caractère éminament anisotrope à l'origine (étirement initial suivant une seule direction) s'estompe au cours du temps. À la sixième génération par exemple, sur un total de 127 tourbillons ayant subis des étirements mutuels tridimensionnels, la différence relative entre le nombre de structures classées par directions n'est que de (43 – 42)/127. Il n'existe donc plus à ce stade qu'une anisotropie résiduelle inférieure à 1% en "mémoire" de la condition d'initialisation.

Degré d'avancement du processus	Nombre de tourbillons étirés à la génération *i* selon :			Nombre cumulé de structures ayant été soumises à étirement selon :		
	x	y	z	x	y	z
Initialisation	0	0	1	0	0	1
Génération 1	1	1	0	1	1	1
Génération 2	1	1	2	2	2	3
Génération 3	3	3	2	5	5	5
Génération 4	5	5	6	10	10	11
Génération 5	11	11	10	21	21	21
Génération 6	21	21	22	42	42	43
Génération 7	43	43	42	85	85	85

Tableau 2 Caractéristique de la progression de l'étirement tourbillonnaire mutuel au cours du temps.

REMARQUE — ***Transmission du caractère rotationnel*** — *Nous avons dit plus haut que le mécanisme d'étirement tourbillonnaire mutuel ne générait pas de structures tourbillonnaires. Il faut en outre préciser que, sous l'hypothèse de prédominance des* *forces d'inertie, ce mécanisme est incapable de conférer le caractère rotationnel à toute zone de mouvement irrotationnel. La transmission de ce caractère ne peut être obtenue que par l'action de la diffusion visqueuse. En revanche, une fois ce caractère acquis, la vorticité peut être accrue de plusieurs ordres de grandeurs par étirement tourbillonnaire inertiel.*

En résumé nous pourrons retenir de cette présentation que l'intéraction inertielle par étirement tourbillonnaire mutuel successif est une phénoménologie selon laquelle :

> l'énergie cinétique d'agitation se redistribue vers des structures de taille décroissante :
> - de façon non linéaire,
> - avec perte de mémoire de l'anisotropie initiale du déclenchement du processus.

3.4 Phénoménologie des structures dissipatives

3.4.1 La limitation par effet visqueux

La constance du nombre de Reynolds local des structures tourbillonnaires — éq.(7-1) — soumises au processus schématique d'étirement *purement inertiel* que nous venons de décrire, ne peut être assurée indéfiniment. La réduction progressive de taille et l'accroissement corrélatif des gradients de vitesse à l'échelle de la structure font que l'on doit s'attendre à une intervention grandissante des effets de viscosité. On conçoit dès lors que le processus puisse être physiquement borné — borne inférieure en terme de longueur caractéristique.
Nous verrons au Chapitre VIII que cette borne correspond à la limite de la classe visqueuse pour $R_T \approx 1$, dont les éléments de paramétrisation statistique ont été vus au §2.2. Pour autant, rien ne peut être déduit des discussions antérieures sur la représentation physique des structures qui composent cette classe. C'est la question que nous abordons brièvement au paragraphe suivant.

3.4.2 Modèles physiques de structures dissipatives

Comme nous l'avons déjà signalé, le caractère intermittent de la dissipation implique que cette fonction n'est pas répartie continuellement dans le temps en tout point du champ. Une façon de rendre compte de cette intermittence temporelle dans une approche statistique consiste à imaginer des distributions spatiales particulières. Parmi les modèles proposés, nous n'en citerons que deux, parmi les plus simples, dus respectivement à Corrsin [83] et Tennekes [413].
Selon Corrsin, les structures dissipatives sont concentrées en nappes ou surfaces séparées par des régions de grande taille exemptes de fluctuations de petite échelle (Fig. 7–a). La longueur caractéristique de la première n'est autre que l'échelle limite de la classe visqueuse δ. Quant à la dimension caractéristique de la seconde,

elle est supposée être celle des structures porteuses d'énergie (notée L).
En désignant par $\tilde{\varepsilon}$ le taux de dissipation dans les zones assurant **physiquement** celle-ci, et par ϵ le *montant* local du taux de dissipation, on peut estimer que $\tilde{\varepsilon}\delta \sim \epsilon(L+\delta)$.
Selon Tennekes au contraire (Fig. 7–b), la dissipation s'effectue au sein de tubes tourbillonnaires dont le diamètre est de l'ordre de δ et la longueur de celle de la micro-échelle de Taylor. Dans ce cas, il vient donc $\tilde{\varepsilon}\delta^2\lambda \sim \epsilon\lambda^3$. Ainsi selon le modèle adopté, on aura : $\frac{\epsilon}{\tilde{\varepsilon}} \sim \frac{\delta}{L}$ *ou* $\frac{\epsilon}{\tilde{\varepsilon}} \sim \frac{\delta^2}{\lambda^2}$

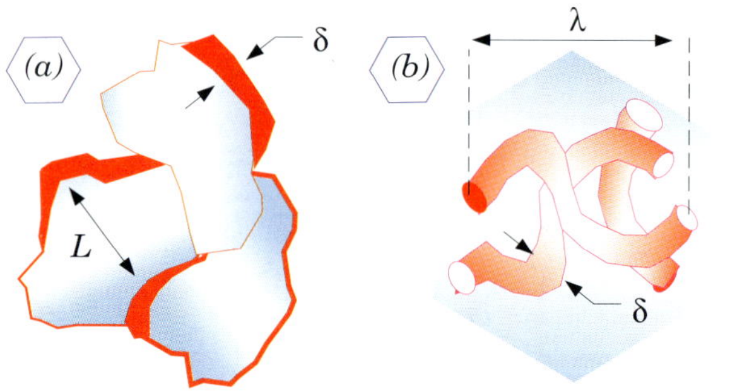

Fig. 7: Phénoménologie des structures dissipatives : (a) Corrsin [83], (b) Tennekes [413].

COMPLÉMENT — ***Estimation du taux de dissipation selon la phénoménologie des structures*** — En utilisant la seconde relation ci-dessus, on peut déduire une estimation du montant du taux de dissipation associé aux zones où celle-ci s'exerce réellement selon la phénoménologie de Tennekes. Il vient en effet :

$$\tilde{\varepsilon} \sim \frac{\lambda^2}{\delta^2}\epsilon \sim \frac{\lambda^2}{\delta^2}\frac{u'^3}{L} \sim \frac{u'\lambda}{\nu}\frac{\lambda}{L}\nu\frac{u'^2}{\delta^2} \sim \nu\frac{u'^2}{\delta^2}$$

la dernière simplification résultant des deux équivalences établies antérieurement $\lambda/\delta \sim R_\lambda^{1/2}$ *et* $L/\lambda \sim R_\lambda$. Avec cette évaluation de $\tilde{\varepsilon}$, le modèle de Corrsin donne en retour :

$$\epsilon \sim \frac{u'^3}{L}R_\lambda^{-1/2}$$

qui met bien en évidence l'influence de la phénoménologie sur les estimations du taux de dissipation qui s'en déduisent. Rappelons que les "modèles" présentés restent assez "simplistes" dans la prise en compte l'intermittence à petite échelle.

4 Transfert énergétique selon le modèle statistique d'agitation turbulente

Le transfert d'énergie "interne à la turbulence", i.e., entre différents nombres d'onde est l'un des mécanismes essentiels de ce régime d'écoulement. Au cours de la précédente section, nous en avons donné une description phénoménologique en terme d'interaction entre classes de "structures tourbillonnaires". Nous examinons ici sa conceptualisation statistique "classique", i.e., au sens précisé en introduction du chapitre.

Nous nous en tiendrons pour l'instant à une approche qualitative, la paramétrisation quantitative étant présentée ultérieurement avec la discussion des hypothèses de Kolmogorov au Chapitre VIII-§2.6. À cet égard, la caractéristique majeure du transfert d'énergie par processus inertiel, est qu'il s'effectue entre structures accordées, c'est-à-dire dont les échelles sont proches. On parle alors de *cascade d'énergie* pour illustrer l'idée d'un transfert *progressif* d'énergie depuis les "gros tourbillons" vers les "petits".

Une autre formulation plus précise de cette même idée peut être avancée en considérant le point de vue spectral. Si les classes de nombres d'onde entre lesquelles il opère sont de **même ordre**, le transfert est dit **local**. Si, au contraire, elles sont **dissociées**, il est qualifié de **non local**. Selon Domaradzki et al. [355], on peut admettre comme critère de séparation un facteur deux entre les plages de nombres d'onde. En référence aux résultats actuellement disponibles, il semble que ce transfert ait, majoritairement, un caractère local, comme le soulignent Tennekes et Lumley [414].

Dans ces conditions, le tableau "statistique" du transfert énergétique entre composantes de l'agitation turbulente peut être représenté par le schéma de la figure suivante.

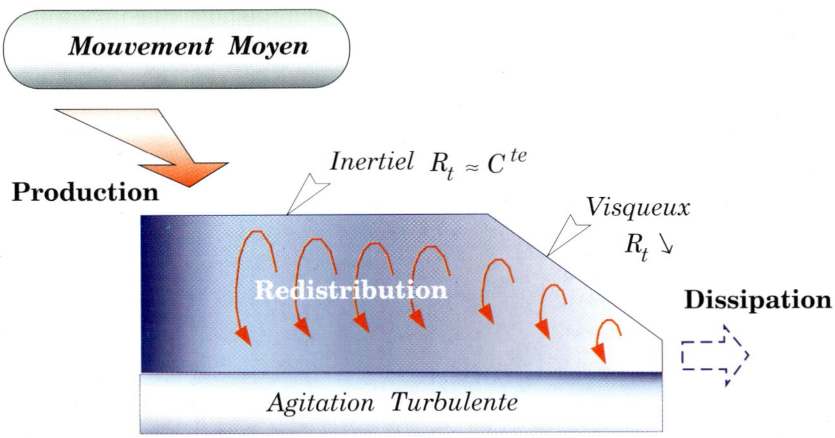

Fig. 8: Schéma du transfert énergétique selon la conception statistique classique

Le processus énergétique s'articule autour de trois éléments majeurs (voir Fig. 8) :

- un apport énergétique en provenance du mouvement moyen, encore qualifié de ***production*** (Cf. Chapitre III-§6.5) ;
- une ***redistribution*** interne à l'agitation turbulente. À grand nombre de Reynolds de turbulence, elle comprend une première étape *inertielle* par étirement tour-

billonnaire entre structures d'échelles accordées. La diminution progressive du nombre de Reynolds de turbulence local avec l'augmentation du nombre d'onde conduit dans un second temps à une influence relative de plus en plus sensible de la viscosité. L'étape *visqueuse* se traduit par une intervention croissante de la dissipation ;

- une ***dissipation*** assurant la variation d'entropie au titre des irréversibilités intrinsèques au *mouvement d'agitation* et bornant la plage inférieure des structures par disparition "physique" des plus fines.

COMPLÉMENT — ***Localité du transfert énergétique*** — La question de savoir si le transfert se fait exclusivement entre nombres d'onde voisins ou si, au contraire, un échange significatif a lieu entre structures "disjointes" a reçu des réponses variées. Ainsi, en analysant les travaux de Ling et Huang, Deissler [110] a été amené à conclure que la plus grande partie de l'énergie était échangée entre structures d'échelles distinctes (un ordre de grandeur d'écart).

Pour le même écoulement, mais procédant par simulation numérique directe *à faible nombre de Reynolds* de turbulence, Domaradzki et Rogallo [354] aboutissent à une conclusion opposée, mais plus précise : En situation homogène et isotrope, le transfert est *essentiellement local* car s'effectuant entre structures d'échelles semblables, *mais les interactions triadiques* qui sont responsables de ce transfert sont elles *non locales* dans l'espace des nombres d'onde au sens où elles mettent en jeu des valeurs qui elles sont séparées (triades non locales). En fait, l'échange a lieu entre les deux grandes valeurs de nombres d'onde de la triade sans affecter la composante restante à petit nombre d'onde, ce qui conserve la localité du transfert au sens initialement défini.

Selon ces mêmes auteurs, ces résultats à bas nombre de Reynolds sont extrapolables à grand nombre de Reynolds en usant d'un modèle E.D.Q.N.M.[1], la situation n'étant pas encore accessible à la simulation numérique directe.

La conclusion est que si, à faible nombre de Reynolds, la quasi totalité du transfert entre un nombre d'onde donné p et un nombre d'onde q se fait pour $\frac{1}{2}p < q < 2p$, à grand nombre de Reynolds, cette même plage rend compte de 75% du transfert total. Ainsi, selon ces travaux, c'est encore le caractère local du transfert qui domine les échanges énergétiques.

Ces derniers développements ne remettent pas fondamentalement en cause les idées de Kolmogorov : La localité du transfert semble confirmée, simplement les interactions triadiques qui en sont à l'origine ne sont plus, elles, de type local, contrairement à ce qui était admis avec les hypothèses classiques. Ces considérations majeures pour la modélisation à statistique différenciée de type L.E.S. restent encore "en amont" d'une prise en compte par les fermetures en un point.

---

[1] Approximation quasi-normale avec amortissement tourbillonnaire markovianisé (voir ci-après Chapitre XI-§4.3.4).

5 Structure et cohérence en turbulence

Selon la conception statistique adoptée jusqu'ici, l'agitation turbulente est composée de structures tourbillonnaires dont les tailles sont réparties continûment sur une plage d'échelles de longueur, bornée supérieurement par la géométrie du modèle en laboratoire et inférieurement par la limitation visqueuse de l'étirement tourbillonnaire. Cette infinité de tourbillons, en perpétuelle interaction mutuelle, confère à l'agitation turbulente, dans le droit fil des concepts probabilistes classiques, un caractère d'incohérence au sens où aucun d'entre eux ne joue de rôle différencié. Une telle perception s'applique parfaitement bien au modèle de turbulence de grille. Pour autant la validité de sa transposition à d'autes types d'écoulements s'est très vite posée. Cette question récurrente a connu plusieurs éclairages chronologiques car directement tributaires des moyens d'investigation de l'époque.

- Entre les années 1945 et 1960 environ, la très large majorité des données expérimentales de laboratoire sur la turbulence provenait de mesures locales eulériennes par anémothermométrie à fil ou film chaud. Leur analyse et traitement s'opérait toujours selon une conception "majoritairement' probabiliste de l'agitation turbulente, remontant en fait à l'origine de l'étude scientifique du sujet dans les années 1920–30.
- À partir des années soixante, et grâce aux développements technologiques en électronique, optique et informatique, des méthodes sans cesse plus nombreuses et raffinées étaient mises en œuvre pour dégager, au sein même de l'agitation chaotique des éléments structurels d'organisation. Initialement perçus comme réminiscences de la transition de régime, ils affectaient essentiellement les très grandes échelles de l'écoulement, comme en témoignait la visualisation qui, de simple moyen qualitatif allait devenir elle aussi un véritable outil de diagnostic et d'analyse de mécanismes internes de l'agitation turbulente. Pour un panorama complet de ces méthodes, on pourra consulter l'article de synthèse de Bonnet et Delville [30].
- Les années quatre-vingt furent marquées par un retour en force du traitement du signal en liaison avec de nouveaux opérateurs mathématiques (voir par exemple Chapitre II-§8.1 et 8.4). Appliquées à des signaux issus aussi bien de l'expérience que de la simulation numérique directe, ces méthodes ont permis une analyse sélective de l'information à la recherche d'éléments de cohérence sans a priori sur l'identification "physique" des structures.

Gardant présent à l'esprit ces considérations historiques, on comprend mieux que le contenu significatif des termes de "structure" et de "cohérence" appliqués à l'agitation turbulente ait évolué au cours du temps.

- Lors de la première période, la différenciation entre structures d'agitation ne pouvait résulter que de raisons *indirectes*, i.e., à travers l'observation de propriétés remettant en cause le modèle statistique indifférencié. L'élaboration d'une forme physique de telle ou telle de ces structures ne pouvait se faire que par "reconstruction spéculative" à partir des mesures en un point ou en deux points à partir de corrélations spatiales et spatio-temporelles eulériennes.

La problématique pouvait se résumer ainsi : connaissant les (quelques) propriétés des fonctions de corrélations d'un champ turbulent, déterminer la forme et la répartition de "tourbillons"permettant de justifier les observations. Elle est illustrée par le cheminement (*a*) de la figure 9 et remarquablement bien explicitée dans le premier chapitre de l'ouvrage de Townsend [422].

– Au cours de la prériode suivante, on peut schématiquement dire que les termes de la problématique se sont inversés. En effet, accédant à présent *directement* à la structure tourbillonnaire en tant qu'entité physique distincte et cohérente, la question est plutôt de déduire les propriétés qu'elle induit sur le champ turbulent. Elle correspond au cheminement (*b*) de la figure 9. Pour l'essentiel, l'idée pilote est celle du couplage entre (i) structures organisées, cohérentes, de grandes échelles, à évolutions partiellement déterministe et bidimensionnelle, et (ii) agitation de fond chaotique, tridimensionnelle et de petites échelles.
– La problématique de la période la plus récente en date s'inscrit en conjonction de celles des deux précédentes. Elle reprend en effet un questionnement du type (*a*) *mais* selon une approche qui n'est plus statistique, et porte au contraire sur l'analyse de "trajectoires instantanées", cherchant à dégager les propriétés structurelles de chaque réalisation. Elle fait également référence à l'orientation (*b*) *mais* avec pour différence notable que l'élément de cohérence "mathématique" n'est pas nécessairement associé à celui de structure "physique" *à grande échelle*, définie a priori.

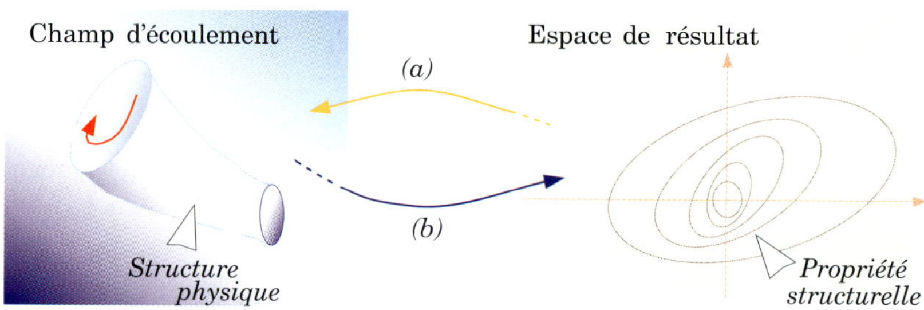

Fig. 9: Schéma d'articulation des notions de structure et cohérence.

Quel qu'en soit le mode, la démarche de pensée visant à définir une "structuration" de l'agitation turbulente peut être perçue comme un outil conceptuel visant à réduire la complexité de certains mécanismes de la turbulence à quelques représentations simplifiées. À ce titre, elle participe directement de la ligne directrice de modélisation qui sous-tend cet ouvrage.
Pour autant, les limitations notées par Cantwell [50] en 1981 ne sont pas encore levées, de sorte que la recherche n'a pas encore débouché en la matière sur des méthodes directement exploitables par l'ingénieur. C'est pourquoi, en cohérence avec l'objectif de ce cours, nous n'en donnerons dans la suite que quelques illustrations fragmentaires destinées simplement à mieux faire deviner les restrictions des méthodes en usage actuellement.

6 Cohérence statistique

6.1 Différenciation statistique entre structures de l'agitation turbulente

Il semble que ce soit Corrsin [81] qui le premier en 1943 ait apporté une information décisive quant à la nécessité de modifier le tableau statistique de l'agitation turbulente. La découverte de l'intermittence de frontière d'un jet libre démontre en effet le rôle spécifique d'une agitation à grande échelle (de l'ordre de grandeur de la dimension transversale de l'écoulement) pour des caractéristique majeures telles que mélange, expansion... Dans les années qui suivirent, ce même phénomène fut également avéré pour des sillages, zones de mélanges, couches limites, bref toutes situations de turbulence libre.
Progressivement au cours des années cinquante une nouvelle phénoménologie de l'agitation turbulente s'est dégagée pour ce type d'écoulement, qui conduisit Townsend[1] à expliciter en 1956 un modèle d'agitation à double structure.

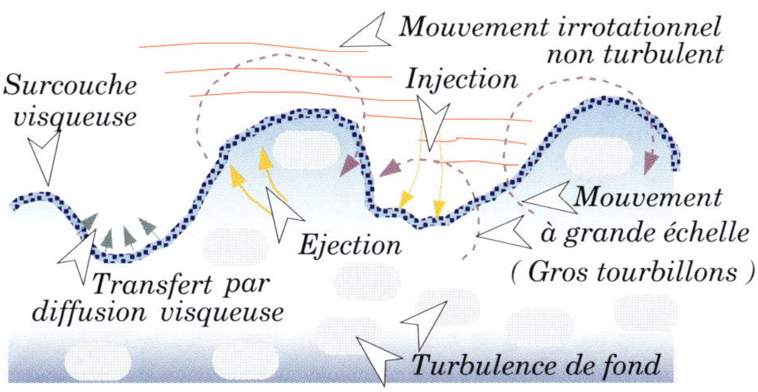

Fig. 10: Double structure de la turbulence en écoulement libre

D'après Townsend [422], page 102 et Hinze [180], page 445 par exemple, l'agitation turbulente comprend, selon le schéma de la figure 10, un ensemble de structures indifférenciées, analogues à celles rencontrées en turbulence de grille mais complété par des tourbillons de grande échelle. Les premières portent le "bruit de fond" ou "l'arrière plan" turbulent selon une dynamique *diffusive* reprenant largement celle de l'agitation aléatoire isotrope. Les gros tourbillons, dont la contribution au montant total d'énergie cinétique d'agitation reste faible, ont un comportement relevant plus de l'*advection*. Ils assurent en effet un brassage du fluide à l'échelle de tout le champ de l'écoulement et contrôlent de ce fait la géométrie globale de la région turbulente. Ils jouent un rôle capital dans l'expansion et le mélange, à travers des mécanismes d'éjection et d'injection. Pour autant, ils sont inaptes à transmettre le

[1] Il peut être révélateur de noter que l'intéressante discussion de Townsend sur la double structure de la turbulence, présente dans la première édition de son ouvrage en 1956, a disparu de la seconde parution en 1976 [424]. Doit-on y voir l'influence des découvertes postérieures sur les structures cohérentes dans les écoulements cisaillés minces ?

caractère rotationnel de l'agitation turbulente au fluide extérieur dont le mouvement est toujours supposé à potentiel. Cette fonction incombe à la diffusion par viscosité moléculaire dont le domaine d'action est localisé dans une zone de faible épaisseur à la limite *physique* de l'interface turbulent / non turbulent. Cette région est appelée “sur-couche” visqueuse en référence à la dénomination[1] de Corrsin & Kistler [86], inventeurs du concept en 1954.

6.2 Cohérence statistique

Comme nous l'avons mentionné en introduction de cette section, la question qui se pose avec ce type d'approche est celle de la “reconstruction” d'entités tourbillonnaires physiques susceptibles d'expliquer certains aspects de la cohérence statistique décelés, pour la plupart d'entre eux, à partir de fonctions de corrélations spatiales ou spatio-temporelles. De nombreuses études ont été publiées en ce sens parmi lesquelles on peut citer celles de Payne & Lumley [324] en 1967, pour le sillage d'un cylindre et de Townsend [423] en 1970 et [424] en 1976, portant sur la double structure en cylindres et cônes obliques d'une turbulence libre et pariétale respectivement.
Nous illustrerons ici ce type de démarche en faisant référence aux travaux de Grant [152]. De l'exploration très fournie du champ des corrélations spatiales d'un sillage bidimensionnel (Ox, Oy) à nombre de Reynolds $U_\infty D/\nu = 1360$, nous avons extrait — figure 11(a) — la fonction d'autocorrélation spatiale $R_{22}(r)$ des fluctuations transversales $(\vec{v})$ de vitesse, selon des séparations (r_α) alignées suivant Ox, direction principale de l'écoulement — $R_{22}(r_1)$ — et suivant Oz, normale au plan de l'écoulement — $R_{22}(r_3)$. La sonde fixe est placée au point de coordonnées $x/D = 533$ et $y/D = 4$, donc hors du plan de symétrie du mouvement $(y = 0)$.

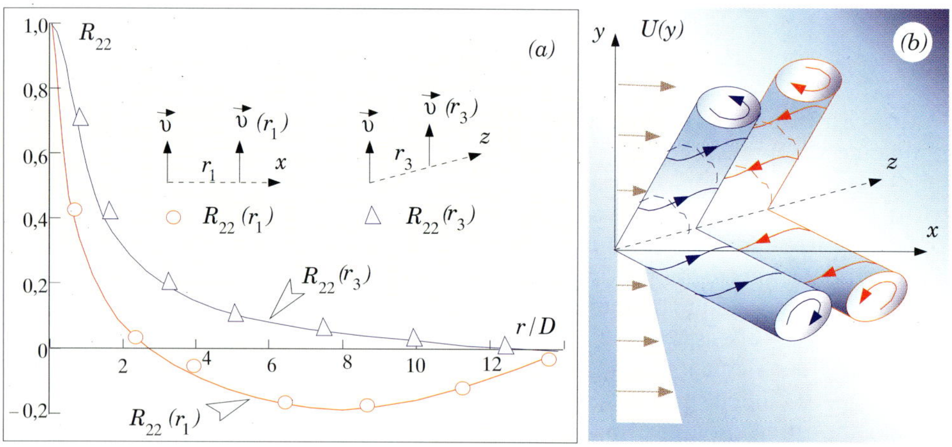

Fig. 11: Autocorrélation spatiale d'après Grant [152] (a) et structuration tourbillonnaire transversale associée (b).

[1] “viscous superlayer”

Les courbes observées révèlent une anisotropie prononcée entre les deux directions considérées, la répartition de l'autocorrélation longitudinale $R_{22}(r_1)$ présentant même des valeurs nettement négatives pour $r/D > 3$, alors que la fonction d'autocorrélation transversale reste, elle, toujours positive. Le changement de signe de $R_{22}(r_1)$ peut s'interpréter par la présence dans le sillage, hors du plan symétrie, d'un courant de retour ascendant et descendant à grande échelle. Un tel mouvement apparaît nettement dominant dans la direction amont aval et pratiquement inexistant suivant l'envergure transversale.

La géométrie du mouvement à grande échelle qui en émerge pour ce type d'écoulement consiste en un motif de référence à deux noyaux tourbillonnaires contra-rotatifs, décalés selon la direction transversale Oz — voir figure 11(b). L'axe de chaque tourbillon est dans le plan (x, y), la structure étant orientée obliquement par rapport à la direction principale de l'écoulement, la partie amont du tourbillon pointant vers le centre du sillage. Il existe un écoulement parallèle à l'axe des tourbillons, de sorte que le mouvement du fluide présente une allure hélicoïdale (enroulement en spirale autour du noyau).

6.3 Limitations de l'approche structurelle probabiliste

L'approche des structures tourbillonnaires de grande échelle à partir de corrélations spatiales euleriennes, dont nous venons de voir un exemple, présente intrinsèquement un certain nombre de limitations. Nous en retiendrons quatre.

- La première est qu'il n'existe pas de relation unique entre la cohérence statistique mesurée et la géométrie à grande échelle susceptible de la justifier. Sur le cas examiné plus haut, il est possible, par exemple, de rendre compte des mesures avec des tourbillons dont les axes ne seraient pas rectilignes.
- La seconde est que l'analyse eulerienne ne permet pas de suivre la propagation de la perturbation à grande échelle qui engendre le degré de corrélation du signal. À cet égard, une analyse de même type mais conduite à partir de corrélations lagrangiennes déboucherait sur un tableau radicalement différent.
- Indépendamment de la pertinence de la géométrie dégagée, le mode d'analyse statistique eulérien ne renseigne en rien sur la présence effective de la structure à un instant donné dans le champ de l'écoulement. Ainsi, pour le cas du sillage déjà cité, les observations justifient une géométrie symétrique par rapport au plan axial de l'écoulement. Mais il ne faudrait pas en conclure qu'il s'agit également d'une symétrie "dynamique" avec présence simultanée des tourbillons symétriques (structures en phase). En fait, le résultat est également parfaitement compatible avec les mesures si les tourbillons de part et d'autre du plan de symétrie sont disposés alternativement au cours du temps (structures en opposition de phase).
- Enfin, l'interprétation de la concentration de rotationnel, qui est à la source même de la notion de structure tourbillonnaire, à partir des seules données statistiques, reste très approximative quant aux exigences théoriques des théorèmes généraux sur la circulation des vitesses et le vecteur tourbillon. Dans certains

cas, par exemple, des lignes tourbillons restent ouvertes, laissant en suspens la façon dont les noyaux tourbillonnaires sont nécessairement reliés entre eux.

Tous ces éléments font qu'il n'y a pas lieu de s'étonner que les mesures extensives de corrélations statistiques réalisées pendant de nombreuses années dans une zone de mélange turbulente aient spectaculairement échoué dans le diagnostic des tourbillons transversaux que l'on sait aujourd'hui être une caractéristique dominante de ce type d'écoulement.
Diverses modifications sont envisageables pour remédier à tel ou tel des défauts précédents. L'une des plus importantes consiste à substituer aux simples corrélations spatiales des corrélations spatio-temporelles. Cette méthode fut originellement proposée par Favre, Gaviglio et Dumas [134] en 1957 pour l'analyse de la turbulence dans une couche limite. Comme nous l'avons déjà mentionné au Chapitre II-§8.2.5, il devient alors possible d'accéder à une information de phase sur la structure. Elle se traduit dans ce cas par une célérité de propagation d'une donnée statistique telle que, par exemple, le maximum de corrélation. En suivant ces auteurs, il est possible d'aller plus loin dans le diagnostic des propriétés structurelles de l'écoulement en associant directement ces dernières aux cartographies des corrélations spatio-temporelles. De façon un peu schématique, on peut dire que la cartographie représente directement la signature de la structure physique sans qu'il soit besoin de procéder à une quelconque "reconstruction" comme c'est le cas avec les corrélations exclusivement spatiales.

7 Cohérence physique à grande échelle

Contrairement à la conception précédente où la "structure" apparaissait comme le résultat induit de la cohérence statistique, nous adoptons ici l'idée selon laquelle cette notion est à percevoir comme entité physique à part entière, i.e., en tant que domaine lagrangien de concentration de rotationnel dans l'écoulement.
Sous cette acception, la notion de cohérence est elle ausssi totalement changée. Elle est en effet directement liée maintenant à la structure elle même et exprime simplement le fait que ses propriétes (géométrique, cinématique, dynamique...) à l'échelle de son domaine spatial représentatif, évoluent faiblement au cours de la convection de la structure par l'écoulement.
Nous allons tout de suite préciser ces données générales sur le cas simple du tourbillon rectiligne à noyau visqueux avant de généraliser le concept (§7.2).

COMPLÉMENT — ***Définitions alternatives de la notion de structure cohérente*** — La définition retenue ici comme représentative de la notion de structure cohérente s'inspire de celle que donna Fazle Hussain lors du congrès d'Ithaca en 1989 [279] : « *Une structure cohérente est un domaine où le rotationnel instantané présente un fort niveau* *de corrélation spatiale.*»

De très nombreuses autres propositions ont été avancées et nous citerons par exemple, extraites de la même référence [279] :

— Anthony Perry, reprenant une suggestion de John Lumley:

« *Une structure cohérente est un motif récurrent de l'écoulement. Cela n'implique pas la notion d'ordre, les échelles de vitesse, de longueur peuvent être aléatoires, mais le motif doit avoir des caractéristiques d'orientation fixes grâce auxquelles il devient identifiable.*»

— Stephen Kline :

« *Les structures cohérentes sont des évènements récurrents qui sont essentiels à la dynamique (production des tensions de Reynolds, dissipation d'énergie cinétique de turbulence...)*»

— Roland Stull :

« *Les structures cohérentes sont des entités qui assurent un transport (de quantité de mouvement, de scalaire...) de type non diffusif sur des distances finies.*»

— I. Wygnanski :

« *Les structures cohérentes sont les modes prédominants d'instabilité.*»

7.1 Tourbillon rectiligne à noyau visqueux

Imaginons un fluide visqueux au repos, incompressible, non pesant, emplissant tout l'espace et au sein duquel est disposée une enveloppe cylindrique à section circulaire, infiniment mince et de rayon R_0. Si cette surface solide est animée d'un mouvement de rotation à vitesse uniforme autour de son axe, ce mouvement se transmet par viscosité tant au fluide intérieur à l'enveloppe ($0 \leqslant r \leqslant R_0$) qu'au fluide extérieur. En régime permanent, le champ de vitesse se calcule en résolution analytique des équations de Navier-Stokes (voir par exemple Chassaing [63]) et se réduit, pour un champ bidimensionnel à symétrie de révolution, à la seule composante azimutale V_θ fonction de la distance à l'axe r. Les principales propriétés de la solution sont rappelées dans le tableau suivant.

	Région interne $0 \leqslant r \leqslant R_0$	Région externe $r \geqslant R_0$
Vitesse	$V_\theta(r) = \Omega_0\, r, \quad V_r = V_z = 0$	$V_\theta(r) = \dfrac{\Omega_0 R_0^2}{r}, \quad V_r = V_z = 0$
Rotationnel	Mouvement solidifiant $\Omega_z = C^{te} = 2\Omega_0$ $\Omega_r = \Omega_\theta = 0$	Mouvement irrotationnel $\Omega_r = \Omega_\theta = \Omega_z = 0$

Tableau 7.3 Solution de l'écoulement visqueux dans et autour d'un cylindre en rotation (régime permanent et bidimensionnel).

Une fois le régime permanent de la solution précédente obtenu, supposons que l'on "dématérialise" à un instant t_0 pris comme origine des temps, le solide de l'enveloppe cylindrique, sans autre conséquence que de faire disparaître l'imposition d'une valeure donnée de la contrainte visqueuse en $r = R_0$. On génère ainsi dans un espace infini de fluide visqueux en mouvement irrotationnel ($r > R_0$), une concentration cylindrique de rotationnel, uniforme dans le cas présent sur toute la section $r \leqslant R_0$. C'est le tourbillon à noyau visqueux schématisé à la figure 12(a). Pour ce cas bidimensionnel, il est facile d'expliciter les échelles qui caractérisent les propriétés géométrique et cinématique à l'origine même de l'entité tourbillonnaire considérée. L'échelle de longueur caractéristique de la structure à $t = t_0$ n'est autre que le rayon R_0. Quant au temps caractéristique de son mouvement, il peut s'estimer directement par Ω_0^{-1}, qui au coefficient 2π près, représente la durée d'une révolution de la structure autour de son axe (temps de retournement).

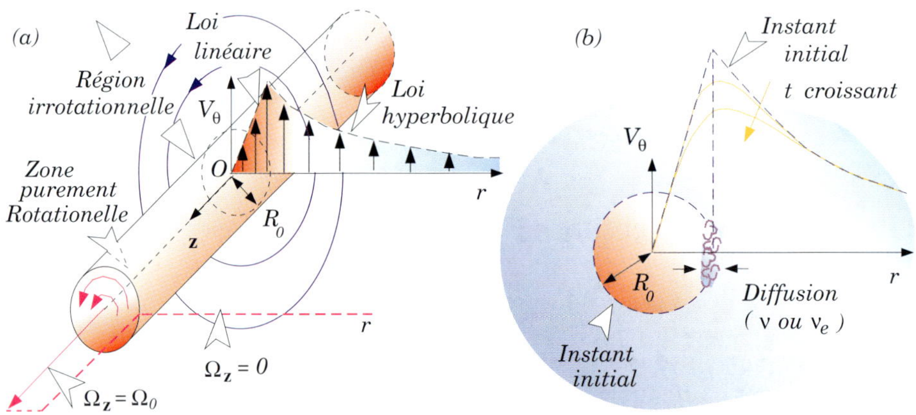

Fig. 12: Tourbillon rectiligne à noyau visqueux : configuration idéale (a) et altération par diffusion pure (b).

Pour $t > t_0$, cette structure tourbillonnaire va être soumise à diffusion à la périphérie de son noyau. Ce processus de diffusion de quantité de mouvement peut être caractérisé par un coefficient diffusif qui n'est autre que la viscosité cinématique du fluide en régime laminaire. Cependant, si une telle structure évolue dans un champ d'agitation turbulente dont l'échelle de longueur caractéristique reste très inférieure à R_0 — "turbulence fine" —, le mécanisme prédominant de diffusion sera celui par mouvements continus que nous caractériserons alors par une viscosité de turbulence ν_T. Le temps représentatif du processus diffusif à l'échelle du noyau tourbillonnaire est donné simplement par R_0^2/ν_e ou $\nu_\mathrm{e} = \nu + \nu_\mathrm{T}$ est la viscosité effective d'un mode quelconque de diffusion (agitation moléculaire ou turbulence fine).
Ainsi l'évolution d'un tel tourbillon est contrôlée par le rapport des deux échelles de temps :

$$\frac{Temps\ de\ diffusion}{Temps\ de\ retournement} \equiv \frac{R_0^2}{\nu_\mathrm{e}} / \frac{1}{\Omega_0} \equiv \frac{\Omega_0 R_0^2}{\nu_\mathrm{e}}$$

qui est bien sûr homogène à un nombre qui n'est autre que le nombre de Reynolds effectif à l'échelle du noyau tourbillonnaire.

Comme le montre le schéma (*b*) de la figure 12, l'entité tourbillonnaire initiale reste identifiable tant que le mécanisme de diffusion n'affecte pas une part significative de l'épaisseur du noyau. C'est ce que l'on traduit en qualifiant la structure de *cohérente*.

Sur la base des estimations précédentes, on peut dire que, pour le tourbillon rectiligne à noyau visqueux, la condition de cohérence se traduit simplement par l'inégalité :

$$\Omega_0 R_0^2/\nu_{\mathrm{e}} \gg 1$$

7.2 Structure tourbillonnaire cohérente

Nous pouvons étendre les considérations précédentes pour préciser le concept physique de structure tourbillonnaire cohérente (S.T.C.). En nous appuyant plus particulièrement sur les propositions de M. Lesieur [258] et A.K.M.F. Hussain [187], nous retiendrons qu'une S.T.C. se définit par :

- une *masse de fluide* affectée à un *domaine* particulier $\mathcal{D}_0$ du champ de l'écoulement à un instant t_0 donné. C'est la notion de *structure* selon l'acception physique du terme ;
- une *intensité tourbillonnaire* qui se distingue pour la masse fluide en question de celle du milieu environnant. C'est la notion de structutre *tourbillonnaire* traduisant une "concentration" ou "intensification" (relative) de rotationnel dans le volume afférent à la structure par suite d'une forte corrélation en phase du rotationnel instantané. Cette concentration peut être caractérisée par une échelle de vorticité ou module d'un vecteur rotationnel représentatif d'une moyenne de cette grandeur sur le domaine. On la note $\widetilde{\Omega}_0$;
- une *persistance* des caractéristiques précédentes sur des durées longues devant l'échelle de temps propre de la structure, estimée par exemple par son temps de retournement. C'est la notion de *cohérence physique*, qui signifie en particulier que le domaine $\mathcal{D}$ de la structure à un instant ultérieur garde une forme "reconnaissable" dans un suivi lagrangien de la masse de fluide constituant $\mathcal{D}_0$. Rappelons que si la perte de cohérence de la structure résulte exclusivement du processus diffusif par viscosité cinématique ν_{e}, le critère correspondant se traduit par :

$$\frac{\widetilde{\Omega}_0 \mathcal{D}_0^{2/3}}{\nu_{\mathrm{e}}} \gg 1$$

On aura noté que dans les propriétés distinctives des S.T.C. retenues ici ne figu-re pas le caractère d'organisation spatio-temporelle quasi périodique que l'on observe dans de très nombreux cas. En effet, une telle notion en appelle plus au degré de déterminisme de *l'évolution* de la structure qu'à sa *définition* proprement dite. Ainsi, de telles caractéristiques de périodicité plaident en faveur d'un certain niveau de prédétermisme, alors que pour Lesieur [258] au contraire, l'évolution dans le temps du domaine caractéristique de la structure est, par définition, *imprédicible*. Nous reviendrons ultérieurement sur ces deux points de vue, qui ne sont pas fondamentalement antynomiques, mais relèvent plus directement de l'étude du comportement des S.T.C.

EXERCICE — ***Cohérence d'un tourbillon rectiligne à noyau visqueux*** — Une structure cohérente assimilable à un tourbillon rectiligne à noyau visqueux de rayon $R_0 = 10cm$ se déplace dans de l'eau ($\nu = 10^{-6}\ m^2/s$) à la vitesse constante U_0 de $1\ cm/s$. On considère que la cohérence de la structure est assurée tant que la diffusion n'affecte pas une distance supérieure à 10% du rayon du noyau.
1) Sur quelle distance peut-on considérer que la structure reste cohérente ?
2) Le déplacement s'effectue à présent dans un fluide porteur d'une agitation turbulente "fine" paramétrisée par une échelle de vitesse $u' = 0,1cm/s$ et une échelle de longueur $l = 1\ mm$. Que devient le résultat de la question précédente en pareil cas ?
3) Reprendre la question n° 2 avec $l = 1\ cm$, les autres valeurs restant inchangées.

SOLUTION
1) Le temps caractéristique de la diffusion visqueuse en limite de cohérence du tourbillon est donné par $T_{Dif} = (0,1 \times R_0)^2/\nu$. Pendant cette même durée, la structure est convectée sur une distance égale à $L_{Adv} = U_0 \times T_{Dif}$. Avec les données de l'exercice, on trouve $T_{Dif} = 100\ s$ et donc une distance égale à un mètre.
2) Le mécanisme de diffusion par agitation macroscopique continue peut être caractérisé par une viscosité équivalente $\nu_e = u' \times l$ soit ici $\nu_e = \nu$. La structure est donc soumise à deux types de diffusion simultanément dont les viscosités sont égales. L'échelle de temps de cohérence est donc réduite de moitié, tout comme la distance d'advection qui passe donc à $50\ cm$.
3) La viscosité de la diffusion par mouvement continu est à présent de $10^{-5}\ m^2/s$, soit dix fois la valeur de la viscosité moléculaire. La cohérence de la structure au cours de son advection n'est donc plus assurée que sur des distances de l'ordre de $10\ cm$.

COMPLÉMENT — ***Au-delà du tourbillon du mécanicien des fluides*** — Comme le note Ha Minh [160], les tourbillons présents dans les fluides en mouvement sont l'une des caractéristiques parmi les plus "photogéniques" des écoulements. Est-ce par la puissance de certaines de leurs manifestations terrestres (trombes, tornades, cyclones...), la beauté et l'esthétique des mouvements qu'ils engendrent, ou leur large présence dans la nature et l'univers, qu'ils ont exercé le plus de fascination sur l'esprit humain ? Il est difficile de conclure. Toujours est-il qu'ils sont associés, en de nombreuses reprises, à l'intervention Divine dans la Bible, comme en témoignent les quelques extraits suivants :
«*Le Seigneur marche au milieu des tourbillons et des tempêtes*» NAHUM **1**-*3*, ou :
«*Alors le Seigneur répondant à Job du milieu d'un tourbillon lui dit...*» JOB **38**-*1*, ou encore :
«*Lorsque le Seigneur voulut enlever Élie au ciel dans un tourbillon, Élie et Élisée venaient de Galgala... Comme ils continuaient leur chemin et marchaient en s'entretenant, un char de feu et des chevaux de feu les séparèrent tout à coup l'un de l'autre, et Élie monta au ciel au milieu d'un tourbillon.*» ROIS IV,**2**-*1* et **2**-*11*.
• Les tourbillons ont également inspiré le génie artistique de Van Gogh (1853–1890) pour son tableau "*la nuit étoilée*" ou encore Hiroshige Utagawa (1797–1858) auteur

de "*Tourbillons dans le courant Konaruto*". On trouvera des reproductions de ces deux œuvres dans l'ouvrage de Lesieur [260], pages 52 et 63.
• Plus concrètement, des enroulements tourbillonnaires se rencontrent dans une variété de phénomènes naturels étagés sur une très large plage de tailles, depuis les "remous" du ruisseau à truites, dont ils signent le poste favorable, jusqu'aux cellules planétaires révélées par les taches orange de Jupiter et bleue de Neptune, en passant par toutes les manifestations à l'échelle du globe dans l'atmosphère et courants marins.

7.3 Mécanismes élémentaires d'interaction tourbillonnaire

Contrairement à l'agitation turbulente fine ou incohérente, l'identification de S.T.C. en nombre fini permet d'envisager l'étude de leur mouvement intrinsèquement, i.e., sans recourir à un traitement statistique d'ensemble. Le raisonnement porte alors sur les mécanismes (i) de génération de telles structures, (ii) d'interaction mutuelle et (iii) d'interaction avec la turbulence de fond.
Nous examinons dans ce paragraphe les lois qui dirigent les processus d'interaction des structures tourbillonnaires cohérentes entre elles (ii). Pour ce qui est des deux autres points, le premier sera brièvement évoqué au paragraphe 7.4 et le dernier plus largement traité en section 8.

À l'échelle du mouvement cohérent de la structure, il est légitime de considérer, dans un premier temps, que la contribution des phénomènes liés à la viscosité moléculaire est négligeable. Dans ces conditions, ce sont des mécanismes purement inertiels qui règlent le comportement d'une structure isolée et l'interaction entre structures multiples.
Certains de ces mécanismes peuvent alors être compris en conséquences directes des théorèmes de Biot et Savart, Kelvin et de Lagrange — voir par exemple [63]. Ces deux résultats s'appliquent sous les hypothèses de :

- fluide parfait (viscosité nulle) ;
- forces de volume dérivant d'un potentiel ;
- comportement barotrope $\rho = \rho(P)$ ou, a fortiori, incompressible $\rho = C^{te}$.

Dans ces conditions, ces théorèmes stipulent que :

1. *Toute répartition linéique (resp. volumique) de rotationnel induit en tout point de l'écoulement une vitesse dont l'expression* — (Relations de Biot et Savart) — *est donnée par :*

$$\vec{V}(\vec{r}) = -\frac{1}{4\pi}\int_{\mathcal{C}} \frac{\Gamma \mathrm{d}\vec{l} \wedge \vec{r}}{r^3} \quad ou \quad \vec{V}(\vec{r}) = -\frac{1}{4\pi}\int_{\mathcal{V}} \frac{\vec{\omega}(\vec{r}) \wedge \vec{r}}{r^3}\mathrm{d}v$$

2. *La circulation sur un contour fermé, dont chaque point se déplace avec la vitesse locale du fluide en ce point, reste constante au cours du temps* (Théorème de Kelvin).

3. *Si, à un instant quelconque, il existe dans le champ de l'écoulement un domaine en mouvement irrotationnel, celui-ci le restera indéfiniment* (Théorème de Lagrange).

Ces théorèmes permettent de prévoir le comportement de structures tourbillonnaires simples, comme illustré à la figure suivante.

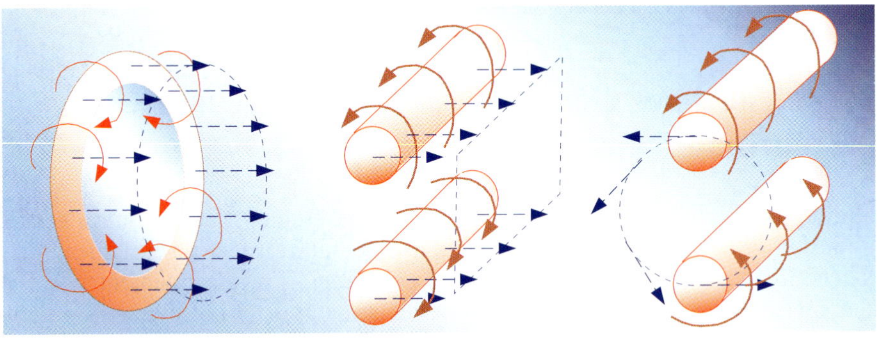

(a) *(b)* *(c)*

Fig. 13: Comportement de structures tourbillonnaires simples en l'absence d'effets visqueux.

Pour un tourbillon torique (a), chaque élément d'un secteur angulaire infinitésimal $d\theta$ est soumis à une vitesse induite par le reste de la couronne circulaire. Par symétrie de révolution, il en résulte un déplacement d'ensemble de l'anneau suivant la direction perpendiculaire à son plan. Avec Guyon et al. [157], une estimation de la vitesse de déplacement peut même être obtenue analytiquement dans le cas d'un tore de section infiniment mince.
Un comportement similaire est à attendre de deux tourbillons rectilignes infiniment longs, parallèles et *contrarotatifs* — figure (b). L'ensemble se déplace alors selon une direction normale au plan des deux strucures. En revanche, lorsque la rotation s'effectue dans le même sens — cas (c) —, on observera une giration d'ensemble de ces structures autour de l'axe de symétrie du doublet.
Le premier type de comportement (a) et (b) est d'observation courante avec les "ronds" d'un fumeur de pipe "adroit" ou ceux de bulles d'air qu'émet par son évent un dauphin, tout aussi "adroit", en nageant sous l'eau. Le second (c) est lui bien connu des mécaniciens des fluides et donne lieu à l'appariement tourbillonnaire[1] que l'on rencontre dans la plupart des écoulements turbulents cisaillés libres. Bien évidemment, ces observations se font en fluide *visqueux*, de sorte que les propriétés *idéales* précédemment décrites sont contaminées par la viscosité. C'est pourquoi on note en particulier une diffusion, avec expansion de la section apparente du noyau tourbillonnaire et un mélange de fluide entre tourbillons, dans le phénomène d'appariement, toutes choses exclues en fluide parfait en raison du théorème de Lagrange.
Néanmoins, la comparaison des résultats expérimentaux et des simulations

[1] "vortex pairing" en anglais

numériques directes montre, selon Lasheras et Meiburg [231], que les traits importants de l'évolution tridimensionnelle des structures tourbillonnaires de grande échelle peuvent être correctement capturés par une dynamique non visqueuse.

7.4 Exemple de structures cohérentes en écoulement turbulent

À l'origine même de cette seconde approche de différenciation structurelle de l'agitation turbulente on trouve l'existence de mécanismes de concentration de rotationnel et d'organisation spatio-temporelle à grande échelle. Ce sont eux qui sont responsables de la création de la "structure". Leur étude est donc celle de la ou des cause(s) assurant l'émergence et le maintient relatif dans le temps d'une concentration de rotationnel dans une géométrie cohérente.
Bien que fondamentale, une telle étude sort du cadre de ce cours, et c'est pourquoi nous ne ferons simplement état que des deux éléments suivants.

- La concentration de rotationnel lors de la phase de transition à la turbulence est manifestement une source possible d'émergence de structures cohérentes. Le sillage de von Kármán, en rue de tourbillons alternés à l'aval d'un cylindre à section circulaire, en est vraisemblablement l'illustration la plus connue. La présence de ces structures à des nombres de Reynolds modérés, fait que l'explication ne vaut légitimement que pour la turbulence "jeune".
- La présence de structures cohérentes en turbulence pleinement développée est maintenant avérée. Si l'on s'en tenait à la première explication, il resterait à démontrer que l'entité structurelle issue de la transition serait capable de perdurer à des nombres de Reynolds très élevés. Une autre hypothèse consiste à penser que les mêmes mécanismes de structuration qui, appliqués à l'écoulement laminaire conduisent aux tourbillons transitionnels, pourraient également œuvrer en présence de "turbulence fine", pour autant que l'on retrouve des carac-téristiques moyennes analogues dans les deux cas (existence d'un point d'inflexion par exemple). Dans ce cas, les structures cohérentes de grande échelle se verraient dès leur création "ensemencées" d'agitation fine.

Nous allons illustrer maintenant par quelques exemples, des situations de turbulence en présence de structures cohérentes, quelle qu'en soit l'origine.

7.5 Structures cohérentes en couche limite sur paroi plane

La couche limite turbulente sur plaque plane, sans gradient de pression est l'une des configurations les plus étudiées. Son organisation tourbillonnaire a déjà fait l'objet de nombreuses revues de synthèses, notamment par Cantwell [50] en 1981 et Dussauge et al. [122] en 1996. Contrairement à ces références, nous ne cherchons pas ici à dresser une présentation exhaustive de l'ensemble des études, mais plutôt à dégager les traits distinctifs de l'organisation cohérente dans cet écoulement.

La structure tourbillonnaire prédominante de cette cohérence, révélée tant par visualisations, mesures locales que simulations numériques directes est de type — voir fig. 14 (a) — "fer à cheval" ou encore "épingle à cheveux[1] ", la dénomination la plus appropriée dépendant en fait du nombre de Reynolds.

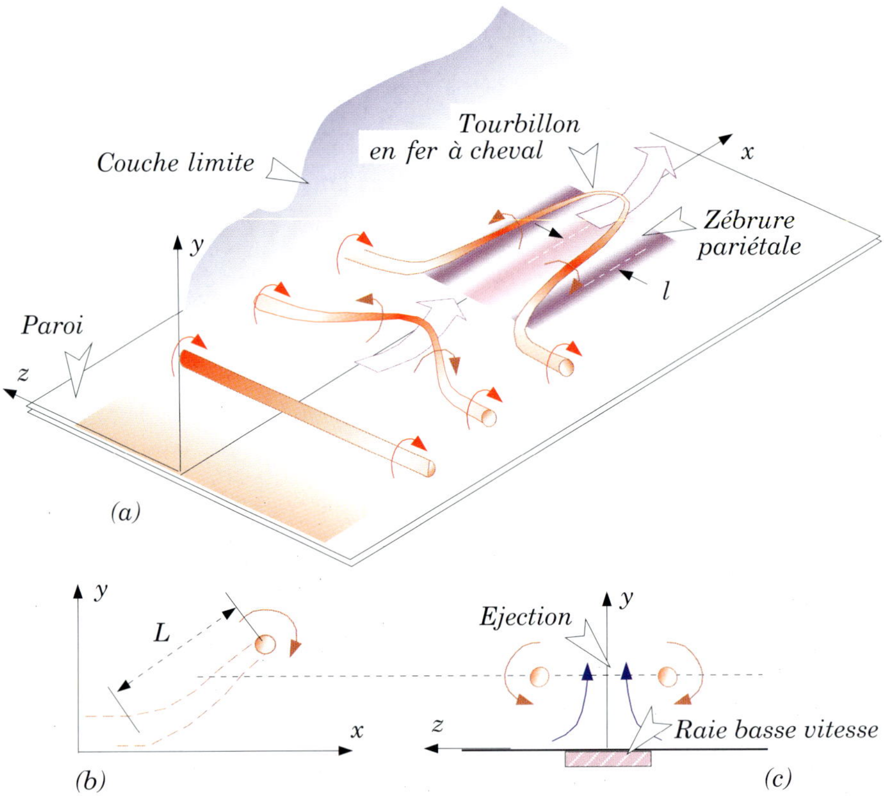

Fig. 14: Modèle de structure cohérente en "fer à cheval" ou "épingle à cheveux" en couche limite sur plaque plane.

Le motif en fer à cheval semble avoir été postulé pour la première fois dès 1955 par Theodorsen [415]. Le nombre de Reynolds augmentant, (typiquement pour Re_θ compris entre 600 et 9 400), celui-ci se rapprocherait plutôt, selon les visualisations de Head et al. [175], d'une épingle à cheveux, avec une élongation nettement prononcée dans le sens de l'écoulement et inclinaison d'un angle de l'ordre de 40 à 45 degrés avec la plaque — fig. 14 (b). Le rapport L/l, évolutif avec le nombre de Reynolds, varierait sensiblement comme l'inverse de celui-ci. Un modèle conceptuel, proposé par MacAulay et Gartshore en 1991 [282], rend compte de l'évolution en nombre de Reymolds entre motifs en fer à cheval ($L \sim l \sim \delta$, où δ, est l'épaisseur de couche limite) et en épingle à cheveux ($L \sim \delta \ll l$).
Ce type de structure pourrait provenir de lignes tourbillonnaires situées à proxi-

1 "horseshoe" ou "hairpin" vortex respectivement en anglais.

mité immédiate de la paroi et disposées perpendiculairement à la direction de l'écoulement — voir fig. 14 (a). Si, sous l'effet d'une perturbation, un tel tourbillon initialement rectiligne subit une ondulation transversale, les actions à distance de Biot et Savart vont tendre à éloigner de la plaque les sommets de l'ondulation. Des portions du filet tourbillonnaire vont alors se trouver dans des zones de survitesse relative, ce qui provoque l'amplification de l'ondulation par étirement, d'où une nouvelle surélévation, et ainsi de suite. Un tel scénario est parfaitement conforme aux résultats de simulation directe de Leonard [255].

Les mouvements tourbillonnaires secondaires engendrés, dans un plan orthogonal à la direction de l'écoulement, par une structure en fer à cheval — fig. 14 (c) — permettent d'expliquer une observation remarquable sur la turbulence de paroi faite par l'équipe de Stanford et notamment Kline et al. [212] en 1967.

Des visualisations par bulles d'hydrogène de la couche limite turbulente à faible nombre de Reynolds ont montré en effet que les bulles émises à proximité immédiate de la paroi ($y^+ = 2,7$) ne suivaient pas des trajectoires rectilignes parallèles, mais se regroupaient en un réseau formé d'une succession de régions en sur-vitesse et sous-vitesse par rapport à la valeur moyenne locale. Ce phénomène confère à l'écoulement dans cette zone une allure "zébrée" où des "raies" ou "stries[1] " sombres puis claires se distribuent alternativement. L'explication de la formation de telles "zébrures" fut apportée par Blackwelder et Eckelmann [27] en 1979. En utilisant la température en tant que marqueur pariétal, ils ont pu identifier les raies de basse vitesse comme les régions d'accumulation entre les branches longitudinales des tourbillons où la composante verticale de vitesse de ces mouvements secondaires est orientée dans la direction opposée à la paroi — fig. 14 (c). Kline et al [212] ont aussi mis en évidence un comportement répétitif des raies de basse vitesse relative qui, dans un premier temps se soulèvent de la paroi, oscillent et finalement explosent brutalement en éjectant du fluide loin de la paroi. Ils qualifièrent l'ensemble de ce processus "d'éclatement" [2] qui, selon ces auteurs, reste conforme aux mécanismes d'élévation et d'étirement de tubes tourbillonnaires longitudinaux.

Quatre années plus tard, en 1971, les travaux de Kim et al. [207] apportèrent la démonstration que dans la région de paroi, $0 < y^+ < 100$, la quasi totalité de la production de turbulence se fait à travers le processus d'éclatement. Or depuis les travaux de Klebanoff [210] en 1955, on sait que la production d'énergie cinétique dans la couche limite $-\overline{uv}\partial\overline{U}/\partial y$ a lieu essentiellement en bordure de la sous-couche visqueuse (autour de $y^+ \approx 10$ à 12, voir Chapitre X-§4.4).

En conclusion de cet ensemble de travaux, on pourra retenir que :

- en couche limite turbulente sur plaque plane lisse, des structures tourbillonnaires cohérentes existent à proximité de la paroi ;
- des processus opérant en séquence à partir de ces structures sont directement liés à la génération d'énergie cinétique d'agitation en proche paroi.

[1] "streaks" en anglais.

[2] "bursting" en anglais.

7.6 Structures cohérentes en zone de mélange

Un trait essentiel de la transition à la turbulence en zone de mélange plane est l'émergence de tourbillons cohérents, de grande taille, bidimensionnel, d'axes perpendiculaires à la direction de l'écoulement. De telles structures s'observent également en zone de mélange turbulente, sans que l'on puisse dire s'il s'agit des mêmes entités. Nous allons en détailler quelques propriétés respectives.

a) Selon Corcos & Sherman [78] les structures transitionnelles naissent de l'amplification sélective d'ondes sinusoïdales amenant la concentration de rotationnel en des régions spatialement distinctes appelées noyaux[1]. Ceux-ci sont interconnectés ou entrelacés par de fins cordons ou filaments[2] concentrant également une autre composante du rotationnel, comme l'illustre le schéma (a) de la figure suivante. Dans un repère mobile à la vitesse d'advection des noyaux, on note la présence d'un point d'arrêt des lignes de courant. L'explication de la formation des filaments longitudinaux reste encore en 1993 largement ouverte, ainsi qu'en témoigne la discussion approfondie que lui consacre Lesieur dans son ouvrage [259].

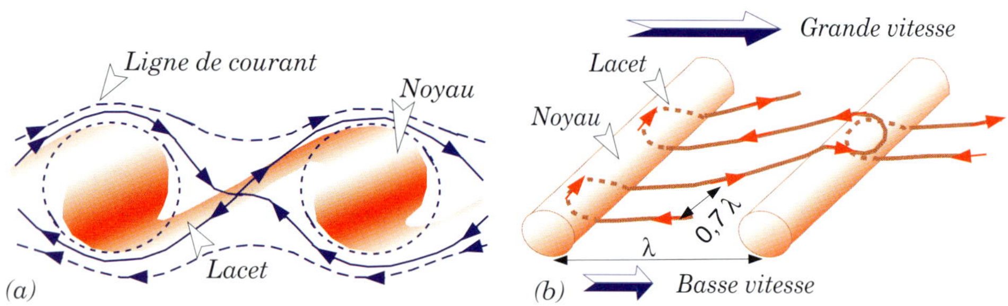

Fig. 15: Topologie tourbillonnaire en zone de mélange : (a) organisation tourbillonnaire et lignes de courant, adapté de Corcos et Sherman [78], (b) noyaux entrelacés d'après Bernal et Roshko [25].

La topologie de ces cordons longitudinaux a été reconstruite expérimentalement par Bernal & Roshko [25] pour une zone de mélange en présence de turbulence fine. Le modèle proposé — 15 (b) — reprend l'entité en forme d'épingle à cheveux, ordonnée par paires, de part et d'autre de deux noyaux principaux adjacents. L'ensemble forme ainsi un treillis dont la maille est d'environ 0,7 fois la longueur d'onde des structures principales.

b) Lorsque la couche de mélange est turbulente, cas qui nous intéresse plus particulièrement ici, on note, selon Bernal, les modifications suivantes :

- Dans une section donnée, des structures transversales de grande taille continuent d'exister, mais avec des échelles qui se répartissent désormais selon une loi de probabilité (distribution lognormale, avec un bon degré d'approximation)
- Des mouvements à petite échelle, tridimensionnels et apparemment désordonnés

[1] "core" selon la dénomination des auteurs

[2] "braids" selon la dénomination des auteurs

sont également présents au sein même de ces structures cohérentes.

– Cette agitation fine ne joue qu'un rôle indirect dans la répartition en taille des structures de grande échelle et ne détruit pas leur cohérence transversale.
– Les structures cohérentes, comme la dynamique qui les gouverne, restent très largement sous l'influence de mécanismes bidimensionnels.

Le plus important de ceux-ci est un processus d'amalgamation ou de coalescence de structures adjacentes (au moins deux), comme l'illustre le schéma ci-dessous, adapté d'une prise de vue à la cadence de 3 000 images par seconde de l'article de Bernal [24]. Les échantillons sont ceux de rangs 1, 6, 9, 13 et 19 de cet auteur. Les valeurs des vitesses sont de 1 000 cm/s et 380 cm/s respectivement.

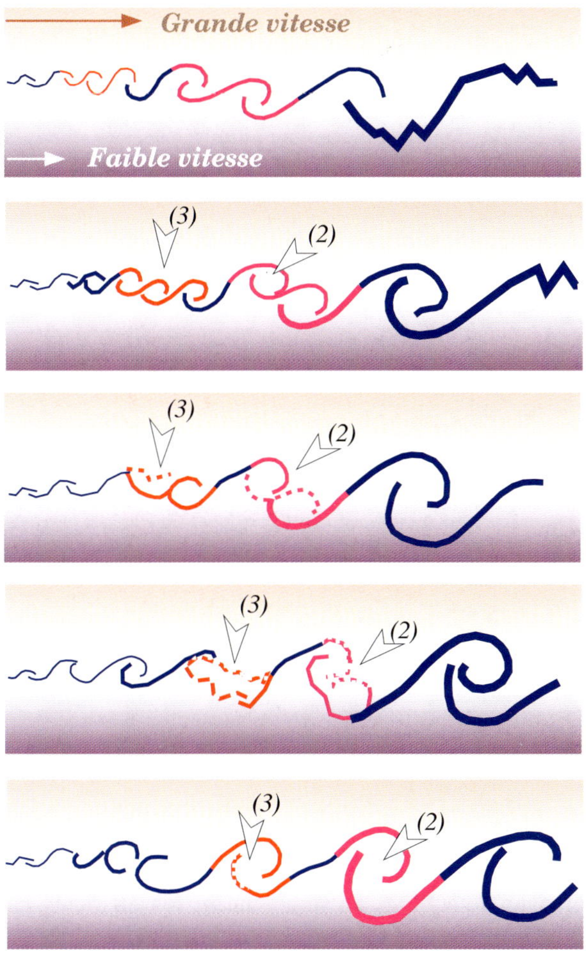

Fig. 16: Coalescence tourbillonnaire par paire (2) et triplet (3) selon Bernal [24].

Trois types de coalescence ont pu être observés selon que l'amalgame s'effectue par :

- dislocation d'un tourbillon qui se déchire en deux parties venant s'inclure dans deux noyaux distincts adjacents en amont et en aval de la structure qui disparaît. Ce processus peut être qualifié d'opération "unaire";
- appariement "binaire" où deux structures adjacentes se regroupent pour ne plus en former qu'une seule ;
- appariement "ternaire" du même type que le précédent, mais impliquant trois structures adjacentes.

Un exemple de ces deux derniers types d'interaction est donné par les structures rouges et roses de la figure précédente. Statistiquement, sur un échantillon de 100 cas d'amalgamation observés, l'appariement binaire représente 80%, les deux autres 10% chacun.

7.7 Structures cohérentes en sillage

La présence de tourbillons de grande taille, à forte bidimensionnalité et disposés orthogonalement à la direction principale de l'écoulement est une caractéristique bien connue et facilement observable du sillage plan à nombre de Reynolds modéré. Ces tourbillons sont générés de façon régulière et avec une périodicité prononcée pour des valeurs du nombre de Reynolds comprises entre 47 et 2×10^5 [357], [357].

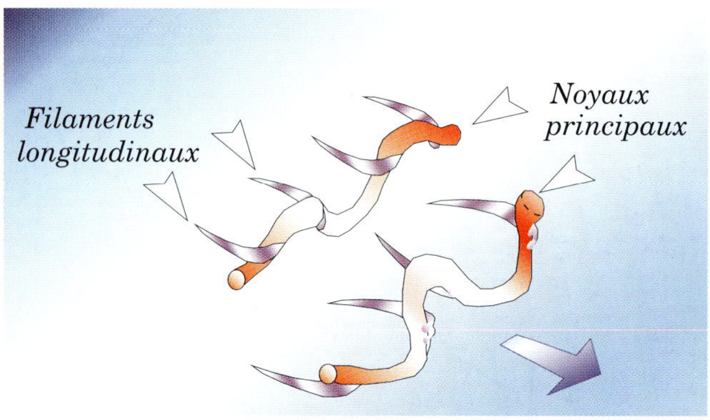

Fig. 17: Schéma de structures tourbillonnaires d'un sillage plan, adapté de Hussain et al. [136].

Contrairement à ce qui se passe dans les zones de mélange ou les jets, les structures du sillage ne sont pas soumises à des interactions fortes de coalescence et conservent donc leur identité sur de longues distances en aval de l'obstacle. Outre l'apparition d'agitation tridimensionnelle fine, on note, parmi les éléments caractéristiques de leur modification avec l'augmentation du nombre de Reynolds, la tendance à la tridimensionnalisation, par instabilité transversale notamment, ainsi que la formation de structures longitudinales en interconnection des noyaux principaux, comme le suggère le schéma proposé par Hussain et al. [136], confirmé et précisé par les résultats de simulation numérique directe de Persillon & Braza [327].

Pour un observateur se déplaçant à la vitesse d'advection des tourbillons principaux, les lignes de courant du champ de vitesse instantanée — voir par exemple Cantwell [50], Antonia [4] — présentent des motifs alternant des zones de rotation et des régions de mouvement élongationnel autour d'un point d'arrêt, analogues au schéma de la figure 15(a).
Le point remarquable d'une telle organisation spatiale est son influence sur la localisation des contraintes de Reynolds *de l'agitation de fond* tridimensionnelle. Selon les auteurs précités, les contraintes normales $\overline{u^2}$ et $\overline{v^2}$ de la turbulence fine sont maximales dans les noyaux rotationnels, alors que la contrainte de cisaillement l'est sur la "selle[1] " entourant le point d'arrêt des zones élongationnelles. Au centre de celle-ci, le coefficient de corrélation $\overline{uv}/\sqrt{\overline{u^2}}\sqrt{\overline{v^2}}$ peut atteindre des valeurs de 0,5 à 0,6, alors qu'il n'est que de 0,1 au centre du noyau rotationnel.
Comme dans le cas de la couche limite, on voit donc que dans un sillage turbulent :

La turbulence de fond n'est ni faible ni distribuée aléatoirement dans le champ de l'écoulement. Elle est spatialement ordonnée en conséquence directe de l'organisation structurée à grande échelle.

7.8 Organisation tourbillonnaire en turbulence homogène cisaillée

Les quelques écoulements que nous venons de passer en revue apportent la preuve, aujourd'hui incontestée, de l'existence de structures organisées au sein d'écoulements turbulents. Pour autant, de très nombreux points font encore discussion, et en particulier celui de "l'universalité" de telles structures.
La présentation très réduite que nous avons consacrée ici au sujet, pourrait donner à penser à une relative convergence des idées autour de quelques caractéristiques topologiques simples (noyaux transversaux, filaments longitudinaux, entrelacement...). Un examen plus exhaustif de la littérature spécialisée montrerait qu'il n'en est rien et que l'on pourrait même envisager une véritable taxinomie de tous les "objets" identifiés par l'observation expérimentale. La simulation numérique directe est venue apporter un éclairage complémentaire fort utile.
Comme le signale Moin dans une discussion rapportée en référence [279], des structures en épingles à cheveux, en tous points semblables à celles décrites en couche limite, s'observent également en turbulence homogène cisaillée calculée numériquement. Selon Vincent et Meneguzzi [435], les tubes de vorticité, qui constituent les structures principales du champ de rotationnel, sont produits par des instabilités de cisaillement s'exerçant sur des nappes de rotationnel qui se forment en premier dans un tel écoulement. De telles instabilités semblent jouer un rôle au moins aussi important que l'étirement tourbillonnaire dans la cascade énergétique. Enfin des séquences de regroupement de tubes tourbillonnaires peuvent également être mises en évidence par les simulations numériques de ces auteurs.

[1] "saddle point" en anglais.

Ainsi, bien que *globalement* l'écoulement homogène cisaillé soit inconditionnellement stable, pourrait-on néanmoins retrouver, *à échelle locale*, des mécanismes d'instabilité semblables à ceux qui conduisent aux structures de grande échelle associées aux modes propres d'instabilité des équations de Navier-Stokes, pour les situations précédemment décrites.

COMPLÉMENT — ***Taxinomie et physique des structure cohérentes*** — Dans le Livre de la Genèse, il est dit que Dieu demanda à Adam de nommer toutes les créatures du Paradis. Adam s'acquitta consciencieusement de sa tâche et désigna les lions, les tigres, les oiseaux, les poissons... Pour autant, comme le souligne George en page 171 de la référence [279], il ne viendrait à l'idée de personne d'en conclure que cela fait d'Adam le premier des biologistes !
Ainsi, ce n'est pas en identifiant et nommant des "objets" tels que tourbillons, vortex, filament, épingle à cheveux, fer à cheval... que l'on peut prétendre faire œuvre de physicien. Pour cela, il convient d'établir les règles ou "lois" qui régissent la dynamique et l'énergétique d'objets précis et d'en donner, autant que possible, une formulation mathématique.

8 Agitation bimodale et transfert d'énergie

8.1 Agitation bimodale

Le tableau qui se dégage des quelques éléments présentés en §7 est celui d'une agitation bimodale associant des *éléments structurels*, généralement aux grandes échelles et une *agitation inorganisée* aux plus petites.
Dans les configurations académiques simples (couche limite, zone de mélange, jet, sillage), les premiers peuvent avoir des origines diverses, réminiscence d'effets transitionnels en turbulence faible ou réorganisation à grande échelle d'une agitation chaotique en présence d'un profil de vitesse moyenne inflexionnel par exemple.
Pour les applications industrielles, s'il est bien vrai que l'état de turbulence procède toujours de mécanismes d'instabilités en chaîne, il est rare que ceux-ci relèvent de processus identifiés dans une seule des situations précitées. En aérodynamique externe par exemple, une turbulence d'origine pariétale (transition de couche limite) va "ensemencer" une turbulence de zone de mélange (en bord de fuite de l'aile), tout en étant elle même soumise à l'influence d'une turbulence externe générée indépendamment, (sillage d'un volet par exemple). En aérodynamique interne, dans des turbomachines de dimensions réduites notamment, l'analyse de la situation visant à considérer les fluctuations à petite échelle comme le seul fruit d'instabilités successives d'une même classe de structures à plus grande échelle peut même devenir inextricable. Ainsi, des structures cohérentes issues de cer-

taines phases d'instabilité d'un mécanisme 'A' peuvent se développer en présence de fluctuations de petites échelles générées par d'autres phases de développement d'autres mécanismes 'B', 'C',.. avec lesquelles elles n'entretiennent a priori aucune corrélation.
De telles considérations ont des conséquences sérieuses sur le traitement statistique de la turbulence, conduisant par exemple à l'impossibilité d'appliquer à l'intégralité de l'agitation les hypothèses de stationnarité et d'ergodicité, avec en prolongement énergétique, la perte de validité de la condition d'équilibre spectral.
Ainsi, la notion de cohérence physique induit-elle celle d'un traitement différencié, distinguant les *éléments structurels* de l'*agitation inorganisée*. Celui-ci peut se décliner différemment, selon le critère retenu pour distinguer ces "deux modes" de fluctuations (voir complément en fin ce chapitre), ouvrant par exemple sur la simulation des grandes échelles ou l'approche semi-déterministe [162].
Nous n'entrerons pas ici dans les distinctions fondamentales de ces méthodes pour nous contenter d'illustrer quelques conséquences directes d'un traitement à *statistique différenciée* [62] avec des hypothèses générales très simples sur l'agitation bimodale.

8.2 Formulation de la décomposition

Notant $\vec{W}(x_j, t)$ la fonction aléatoire du champ de vitesse d'un écoulement turbulent, nous posons :

$$W_i(x_j,t)=U_i(x_j,t)+v_i(x_j,t)\equiv\overline{U}_i(x_j,t)+u_i(x_j,t)+v_i(x_j,t) \quad avec \;\; \overline{u}_i=\overline{v}_i=0$$

Pour la suite des calculs, il n'est pas nécessaire d'expliciter l'opérateur de moyenne dont une première interprétation possible consiste à voir dans le regroupement formel $\left(\overline{U}_i+u_i\right)$ la moyenne de phase de W_i (voir définition Chapitre II-§7.2.2). Une seconde fait référence à la décomposition statistique classique où la fluctuation serait prise sous forme de deux contributions additives.
Pour poursuivre nous supposerons simplement la non corrélation entre les deux modes de fluctuations u et v, soit :

$$\overline{u_i v_j} = 0 \qquad pour\ tout\ i,\ j = 1, 2, 3$$

et n'introduirons d'autres hypothèses que celles du traitement statistique usuel (Chapitre II-§8.1.1).
Une conséquence majeure de cette hypothèse est que la moyenne de l'énergie cinétique est une grandeur additive des contributions des différents modes puisque :

$$\overline{W_i W_i} = \overline{U}_i\overline{U}_i + \overline{u_i u_i} + \overline{v_i v_i}$$

Nous verrons dans la suite que la décorrélation des deux champs $\vec{u}$ et $\vec{v}$ n'implique nullement l'absence d'échange énergétique entre les modes associés.

8.3 Équations moyennes

Par un traitement en tous points semblable à celui du Chapitre III, on obtient :

$$\textit{Continuité} : \quad \frac{\partial \overline{W}_i}{\partial x_i} = \frac{\partial \overline{U}_i}{\partial x_i} = 0$$

$$\textit{Dynamique} : \quad \frac{\partial \overline{U}_i}{\partial t} + \overline{U}_j \frac{\partial \overline{U}_i}{\partial x_j} = \overline{F}_i - \frac{1}{\rho}\frac{\partial \overline{P}}{\partial x_i} + \nu \frac{\partial^2 \overline{U}_i}{\partial x_j^2} - \frac{\partial}{\partial x_j}(\overline{u_i u_j} + \overline{v_i v_j})$$

Comme on pouvait s'y attendre, cette dernière équation montre simplement l'additivité des "tensions de Reynolds" des modes structurel et désorganisé dans le bilan de quantité de mouvement moyenne.
Pour ce qui est de l'équation de l'énergie cinétique du mouvement moyen, il vient par multiplication scalaire par $\overline{U}_i$:

$$\frac{\partial}{\partial t}\left(\frac{\overline{U}_i\overline{U}_i}{2}\right) + \overline{U}_j \frac{\partial}{\partial x_j}\left(\frac{\overline{U}_i\overline{U}_i}{2}\right) = \underbrace{\overline{U}_i\overline{F}_i}_{(a)} - \underbrace{\frac{\overline{U}_i}{\rho}\frac{\partial \overline{P}}{\partial x_i}}_{(b)} + \underbrace{\nu \frac{\partial}{\partial x_j}\left[\left(\frac{\partial \overline{U}_i}{\partial x_j} + \frac{\partial \overline{U}_j}{\partial x_i}\right)\overline{U}_i\right]}_{(c)}$$
$$- \underbrace{\frac{\partial}{\partial x_j}\left[(\overline{u_i u_j} + \overline{v_i v_j})\overline{U}_i\right]}_{(d)} - \underbrace{\frac{\nu}{2}\left(\frac{\partial \overline{U}_i}{\partial x_j} + \frac{\partial \overline{U}_j}{\partial x_i}\right)^2}_{(e)}$$
$$+ \underbrace{\overline{u_i u_j}\frac{\partial \overline{U}_i}{\partial x_j}}_{(f)} + \underbrace{\overline{v_i v_j}\frac{\partial \overline{U}_i}{\partial x_j}}_{(g)} \qquad (7\text{-}3)$$

Par comparaison avec l'équation classique (3-31), on retrouve la puissance dans le mouvement moyen des forces extérieures de volume (a), pression (b), viscosité (c) et tensions de Reynolds (d), ces dernières comprenant à présent deux contributions additives. Le terme (e) n'est autre que la contribution de la dissipation dans le mouvement moyen. Quant aux deux termes restants (f) et (g), ils faut s'attendre à les voir réapparaître dans les bilans d'énergie cinétique des mouvements d'agitations, au titre du transfert avec le mouvement moyen, en analogie avec le terme usuel de production.

8.4 Équations aux énergies d'agitation

L'équation d'énergie cinétique du mouvement d'agitation, pris dans son ensemble ($\rho\overline{w_i w_i}/2$) est évidemment identique à celle établie au Chapitre III (éq. 3–33). Nous ne la reprenons donc pas ici, où nous nous concentrons sur les énergies cinétiques des modes structurel ($\overline{e} = \overline{u_i u_i}/2$) et désorganisé ($\overline{k} = \overline{v_i v_i}/2$). Les équations correspondantes, en l'absence de fluctuation des forces extérieures de volume, figurent au tableau suivant.

Mode structurel	Mode désorganisé
$\frac{\partial \overline{e}}{\partial t}+\overline{U}_j\frac{\partial \overline{e}}{\partial x_j} = -\frac{1}{\rho}\overline{u_i\frac{\partial p}{\partial x_i}}+\nu\overline{u_i\frac{\partial^2 w_i}{\partial x_j\partial x_j}}$ $-\underbrace{\overline{u_iu_j}\frac{\partial \overline{U}_i}{\partial x_j}}_{-(f)} -\mathcal{D}_e - \mathcal{T}_e$	$\frac{\partial \overline{k}}{\partial t}+\overline{U}_j\frac{\partial \overline{k}}{\partial x_j} = -\frac{1}{\rho}\overline{v_i\frac{\partial p}{\partial x_i}}+\nu\overline{v_i\frac{\partial^2 w_i}{\partial x_j\partial x_j}}$ $-\underbrace{\overline{v_iv_j}\frac{\partial \overline{U}_i}{\partial x_j}}_{-(g)} -\mathcal{D}_k - \mathcal{T}_k$
avec :	*avec :*
$\mathcal{D}_e = -\frac{\partial \overline{ew_j}}{\partial x_j} - \overline{w_ju_i\frac{\partial v_i}{\partial x_j}}$	$\mathcal{D}_k = -\frac{\partial \overline{kw_j}}{\partial x_j} - \overline{w_jv_i\frac{\partial u_i}{\partial x_j}}$
$\mathcal{T}_e = \overline{u_i\frac{\partial v_i}{\partial t}} - \overline{U}_j\left(\overline{u_i\frac{\partial v_i}{\partial x_j}}\right)$	$\mathcal{T}_k = \overline{v_i\frac{\partial u_i}{\partial t}} - \overline{U}_j\left(\overline{v_i\frac{\partial u_i}{\partial x_j}}\right)$

Tableau 7.4 Bilans des énergies d'agitations en analyse bimodale.

À la lecture des équations de ce tableau, on peut relever les points suivants :

1. Comme attendu, on retrouve les termes (f) et (g) dans les équations correspondantes avec des signes opposés à ceux de l'équation (7-3). Ils jouent donc bien un rôle de "production" ou d'échange avec le mouvement moyen ;
2. Considérant les termes $\mathcal{T}_e$ et $\mathcal{T}_k$, on peut observer que :

$$\mathcal{T}_e + \mathcal{T}_k = \frac{\partial \overline{u_iv_i}}{\partial t} + \overline{U}_j\frac{\partial \overline{u_iv_i}}{\partial x_j} \equiv 0$$

   par raison de décorrélation. On peut donc poser $\mathcal{T}_e = -\mathcal{T}_k$, montrant que ces termes représentent un transfert net d'énergie entre les deux modes de fluctuations ;
3. Enfin, pour les termes $\mathcal{D}$, on note que :

$$\mathcal{D}_e + \mathcal{D}_k = \frac{\partial}{\partial x_j}\left[\overline{(e+k)w_j}\right] + \overline{w_j\frac{\partial u_iv_i}{\partial x_j}} \equiv \frac{\partial}{\partial x_j}\left(\overline{\frac{w_iw_i}{2}w_j}\right)$$

   Ces termes reconstituent donc la diffusion turbulente dans le mouvement d'agitation *pris dans son ensemble*. Considérés séparement, et en raison du caractère éminemment non linéaire de la diffusion turbulente, ils sont à l'origine d'un couplage inertiel des contributions énergétiques.

8.5 Schéma énergétique de l'agitation bimodale

Par comparaison au tableau énergétique classique (Fig. 8), le nouveau schéma de la figure suivante montre que l'alimentation énergétique de l'agitation désorganisée comprend algébriquement une "production directe", au sens où elle provient en droite ligne du mouvement moyen et un apport indirect, car transitant par l'étage énergétique de l'agitation structurée.

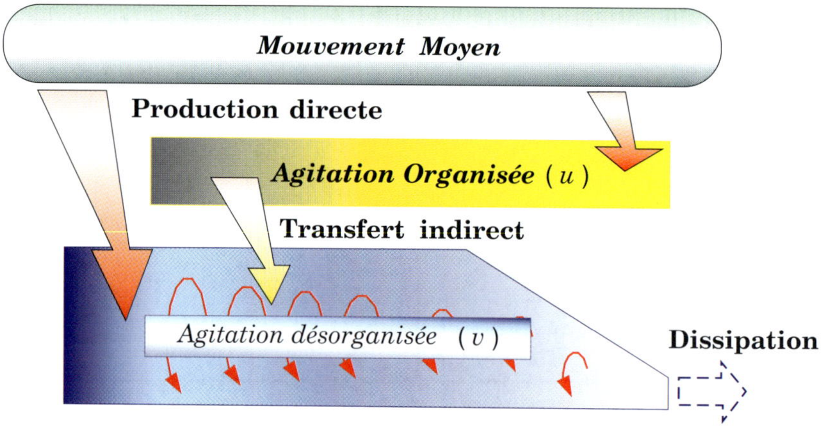

Fig. 18: Transfert énergétique en présence d'une agitation bimodale.

Pour préciser quelque peu cet aspect qualitatif, nous donnons dans le tableau suivant, tiré d'une étude publiée par Antonia [4], la part des tensions structurelles — fluctuations notées u (vitesse) et θ (température) — relativement aux tensions totales (désignées respectivement par w et ϑ).
Bien que les résultats varient assez sensiblement avec le type d'écoulement, les valeurs mesurées montrent bien que la contribution structurelle n'est généralement pas négligeable.

Grandeur / Ecoulement	$\dfrac{\overline{u_1^2}}{\overline{w_1^2}}$	$\dfrac{\overline{u_2^2}}{\overline{w_2^2}}$	$\dfrac{\overline{\theta^2}}{\overline{\vartheta^2}}$	$\dfrac{\overline{u_1 u_2}}{\overline{w_1 w_2}}$	$\dfrac{\overline{u_1 \theta}}{\overline{w_1 \vartheta}}$	$\dfrac{\overline{u_2 \theta}}{\overline{w_2 \vartheta}}$
Jet plan	0,20	0,20	0,40	0,42	0,40	0,52
Couche limite (zone log.)	0,20	0,08	0,30	0,22	0,32	0,26
Sillage plan	0,09	0,22	0,33	0,28	0,30	0,45

Tableau 7.5 Part relative des flux du mode structurel dans divers écoulements, selon Antonia [4].

Ajoutons enfin que ce fractionnement quantitatif de l'apport énergétique peut en outre fort bien s'accorder à des échelles de temps spécifiques. En effet, rien ne permet a priori d'assurer (ni d'interdire bien sûr) une quelconque adaptation temporelle, de sorte que le passage indirect par les structures organisées peut introduire par exemple un effet "tampon" à l'encontre de la transmission "immédiate" de la cascade inertielle. C'est pourquoi, il faudra regarder avec la plus extrême circonspection les résultats issus des modèles statistiques classiques (voir troisième partie) pour des écoulements en présence de ce type de particularités.

En résumé, on pourra retenir parmi les points principaux, que les structures cohérentes :

- *contrôlent* le transport à grande échelle, auquel elles confèrent un caractère non diffusif (pas de loi de type gradient) ;
- *ordonnent* le champ de la turbulence fine : zones de production, de dissipation, localisation d'extremums des tensions... ;
- *affectent* les mécanismes "classiques" de transfert énergétique interne au mouvement d'agitation.

COMPLÉMENT — ***Quatrain de Richardson*** — Parodiant un poême de Swift, Lewis Fry Richardson décrivit en 1922 l'essence des interactions tourbillonnaires de la turbulence en ces termes :

« *Great whirls have little whirls*
that feed on their velocity and
little whirls have lesser whirls
and so on to viscosity
(au sens moléculaire).»

Il s'agit là d'une conception de la dynamique de l'agitation turbulente qui fait plus particulièrement référence aux idées exposées en début de ce chapitre, et dont nous allons retrouver l'empreinte au chapitre suivant.

COMPLÉMENT — ***Outils mathématiques de caractérisation des structures cohérentes*** — Une des difficultés de description synthétique des propriétés des structures cohérentes de la turbulence tient à l'absence de caractérisation mathématique rigoureuse de la notion et par suite à la grande variabilité de ses modes de détection expérimentale.

À l'origine des travaux métrologiques, on trouve une variété de techniques d'échantillonnage conditionnel, dont une revue a été publiée par Antonia en 1981 [3]. Un large recours est fait aux moyennes de phases (voir Chapitre II-§7.2.2) et plus récemment — Farge [131], Zubair et al. [462] par exemple —, aux ondelettes et transformées temps-échelle (voir Chapitre II-§8.4). À signaler également la proposition de filtre adaptatif de turbulence de Brereton et Kodal [40].

Le point d'achoppement de toutes ces techniques vient du fait qu'elles fournissent des données eulérienne dont il est extrêmement difficile d'extraire une information révélatrice du comportement lagrangien de la structure.

Une deuxième école autour de Perry — voir Perry et Lim [326] par exemple —, tente de relier la topologie des trajectoires autour de points critiques à des motifs tourbillonnaires d'écoulements stationnaires et instationnaires.

En 1967, Lumley [273] reprit la décomposition de Karhunen-Loeve qu'il préconisa comme méthode non ambiguë d'identification des structures cohérentes par décomposition orthogonale en modes propres. Parmi ses premières applications effectives en turbulence, on peut faire état de l'analyse des résultats de simulation des grandes échelles en écoulement de canal par Moin [300] en 1984.
On trouvera dans l'ouvrage édité par J.-P. Bonnet [29] une revue complète et détaillée de l'ensemble de ces méthodes ainsi que quelques unes de leurs applications les plus marquantes pour l'identification de structures tourbillonnaires en turbulence.

CHAPITRE VIII

LA TURBULENCE CINÉMATIQUEMENT HOMOGÈNE

« *Research on homogeneous turbulence, and on the properties of the energy-containing eddies in particular, put random function theory on the turbulence map, and we may confidently expect that the same analytical concepts will become the accepted framework for work on non-homogeneous and shear-flow turbulence.* »

(La recherche sur la turbulence homogène, et en particulier sur les propriétés des tourbillons porteurs d'énergie, a mis en vedette de l'approche, la théorie des fonctions aléatoires, et l'on peut raisonnablement s'attendre à ce que les mêmes concepts analytiques soient acceptés comme cadre des études sur la turbulence non-homogène et en écoulement cisaillé.)

G.K. BATCHELOR [17] 1961, page 88.

1 Introduction

Nous abordons avec ce chapitre la présentation de "données[1] " nécessaires à la compréhension de mécanismes fondamentaux de la turbulence isovolume.

L'objectif essentiel est donc celui de la *connaissance* qualitative et quantitative des propriétés aptes à éclairer l'élaboration ultérieure des schémas de fermeture. Dans cette perspective, l'exposé ne sera ni *exhaustif* à l'égard de toute l'information disponible, ni bien sûr *prédictif* vis-à-vis des éléments présentés.

Conformément au classement en complexité croissante des écoulements turbulents que nous avons exposé antérieurement, nous commençons par les situations de **turbulence cinématiquement homogène**. Les situations **inhomogènes** en écoulements cisaillés minces feront l'objet du Chapitre IX. Nous n'envisageons donc ici que des écoulements relevant des deux situations suivantes :

[1] Nous rappelons que par le terme de "données", il faut entendre actuellement des éléments qui proviennent aussi bien des mesures expérimentales que des résultats de calculs par simulation numérique directe.

- Champ turbulent homogène ***sans*** gradient de vitesse moyenne, regroupant les deux phénomènes de :
  - *Dégénérescence de turbulence homogène et isotrope,* dont le modèle physique est celui de la " turbulence de grille "en écoulement moyen uniforme ;
  - *Dégénérescence de turbulence homogène initialement anisotrope* en écoulement moyen uniforme ;
- Champ turbulent homogène ***avec*** **gradient de vitesse moyenne**, conduisant en particulier aux écoulements à :
  - *Cisaillement constant* ;
  - *Déformation pure plane* ;
  - *Rotation pure.*

2 La turbulence homogène et isotrope

2.1 Le modèle de turbulence de grille

2.1.1 Description physique

La turbulence de grille s'obtient par passage d'un fluide à travers un "obstacle ajouré" placé transversalement dans un écoulement permanent rectiligne et uniforme en moyenne (figure 1).

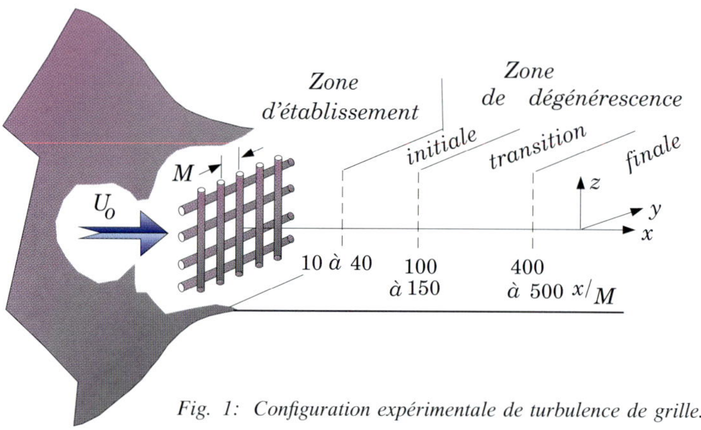

Fig. 1: Configuration expérimentale de turbulence de grille.

Dans la plupart des réalisations [298], [208], [271], le dispositif générateur de turbulence est une grille plane (un ou deux plans parallèles) formée de barreaux de section circulaire ou carrée et régulièrement espacés d'une distance M. L'intensité de turbulence ainsi engendrée est comprise, selon les cas, entre 3% et 5%.

Deux groupes de paramètres caractérisent l'écoulement. Ils sont représentatifs :

- de *l'obstacle:* maille de la grille (*M*), diamètre ou largeur des barreaux (d), facteur de blocage (surface obturée par l'obstacle rapportée à la surface totale de veine[1]), nombre de plans ou de grilles...
- du *fluide en mouvement:* vitesse de l'écoulement, viscosité du fluide,...

Ceci amène à définir deux types de nombres de Reynolds :

▶ **global** $$R_M = \frac{U_o M}{\nu} \tag{8-1}$$

▶ **de turbulence** $$R_\lambda = \frac{u'\lambda}{\nu} \tag{8-2}$$

rapporté par exemple à la micro-échelle longitudinale de Taylor λ et avec $u' = \sqrt{\overline{u^2}}$. L'idée d'une telle configuration pour approcher le concept théorique d'homogénéité et d'isotropie remonte vraisemblablement à Taylor [411] en 1935. Sa justification pose les problèmes de :

- *représentativité* en passant d'un problème d'évolution à un problème de champ ;
- *d'universalité* vis-à-vis de la diversité des paramètres spécifiques de toute configuration réelle ;
- *d'approximation* des conditions d'homogénéité et d'isotropie qui ne peuvent être que partielles en pratique.

Nous allons brièvement commenter ces trois points.

2.1.2 L'approximation expérimentale

Selon Taylor, la situation expérimentale de *turbulence de grille* fournit, dans la région centrale de la veine, une représentation *spatiale* (par convention en x), des évolutions *temporelles* de toute propriété statistique du modèle théorique. La correspondance $t \leftrightarrow x$ se traduit alors simplement par l'hypothèse suivante :

Concept théorique		*Modèle expérimental*
t	$\rightarrow$	x/U_o
$t - t_0$	$\rightarrow$	$(x - x_0)/U_o$
$\partial/\partial t$	$\rightarrow$	$U_o \partial/\partial x$

(8-3)

où U_o représente la vitesse moyenne (constante) d'advection de l'écoulement. Concrètement, cette hypothèse, dite de Taylor revient à supposer que le champ turbulent est **figé**[2] car non altéré par son "transport" à la vitesse d'ensemble du champ moyen. Son évolution devient donc **directement et intégralement** observable dans un repère **mobile** en translation uniforme à cette vitesse d'ensemble.

[1] Solidity factor en anglais

[2] "Frozen pattern" en anglais.

2.1.3 Universalité du modèle expérimental

Face à la diversité de configurations expérimentales de turbulence de grille se pose la question de "l'universalité" du modèle physique, i.e., de l'indépendance des résultats de mesure vis-à-vis des conditions d'essais (taille, morphologie de la grille, vitesse du fluide...). En clair, cela revient à savoir si, en valeurs *adimensionnelles*, les propriétés statistiques du champ turbulent s'adaptent d'une expérience à l'autre par une simple *similitude globale* (géométrique et de Reynolds).
Les résultats présentés sur les figures ci-après tendent à justifier qu'il en est bien ainsi, tant sur les paramètres relatifs à l'obstacle que pour ceux liés aux conditions du mouvement.

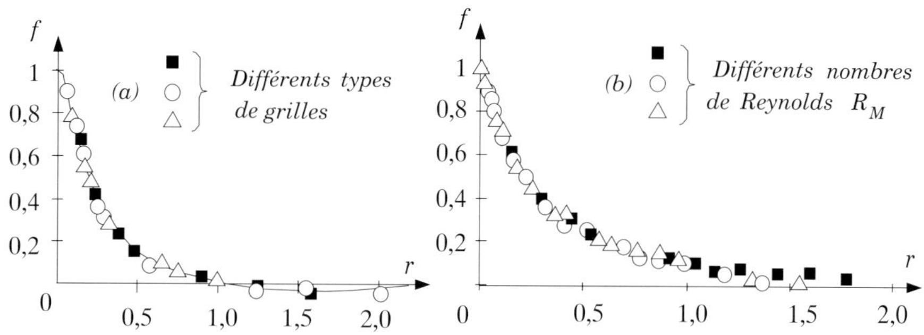

Fig. 2: Similitude globale de la fonction d'auto-corrélation longitudinale en termes de : (a) paramètres de grille, (b) nombre de Reynolds.

2.1.4 L'approximation des conditions d'homogénéité et d'isotropie

En aval d'une grille (figure 1), on conçoit aisément que l'égalité des contraintes radiale et azimutale $\overline{v^2} \simeq \overline{w^2}$ puisse être relativement bien vérifiée dans une région centrale de l'écoulement. Pour ce qui est de l'égalisation à la composante longitudinale ($\overline{u^2}$), le résultat paraît moins évident a priori.

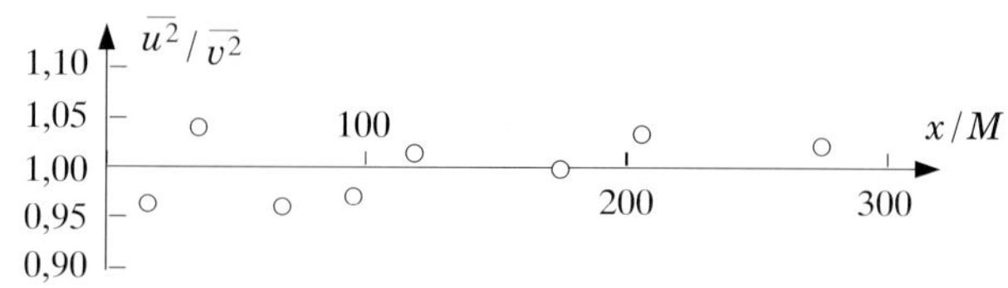

Fig. 3: Equipartition énergétique en turbulence de grille, adapté de Ling et Huang [271].

Typiquement, on observe qu'en deçà d'une distance (x/M) à l'obstacle[1] de 10 à 40, l'écoulement reste fortement marqué par les inhomogénéités de la traversée de la grille. Au-delà, les propriétés statistiques de la turbulence deviennent sensiblement

[1] Les écarts de valeurs sont le reflet des diversités de géométries de grilles.

invariantes par translation, rotation et symétrie, dans tout plan orthogonal à la direction du mouvement moyen. Ainsi, pour le cas présenté à la figure suivante, l'écart entre les contributions $\overline{u^2}$ *et* $\overline{v^2}$ qui n'excède pas 5%.

Nous verrons ultérieurement que l'équirépartition énergétique peut être encore améliorée en faisant subir une légère contraction à l'écoulement après la grille, comme l'ont montré Comte-Bellot et Corrsin [77].

Une deuxième preuve, indirecte celle-là, de l'état d'homogénéité et d'isotropie de l'écoulement *isovolume* derrière une grille s'obtient par référence aux relations de Kármán et Howarth (voir Chapitre IV-§3.5.5). La confrontation théorie-expérience, illustrée à la figure 4, confirme bien la représentativité du modèle expérimental de turbulence de grille isovolume.

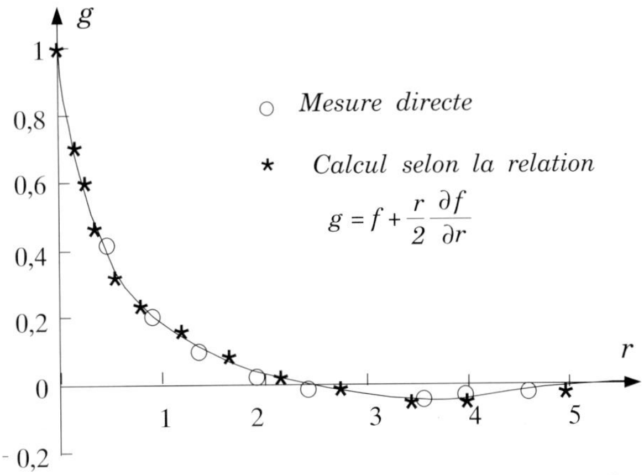

Fig. 4: Vérification expérimentale de la première relation de Kármán et Howarth.

2.2 État gaussien des fluctuations en turbulence de grille

Par son mode de génération, l'agitation turbulente derrière une grille se présente comme intrinsèquement chaotique, i.e., a priori exempte de toute organisation cohérente à quelqu'échelle que ce soit. En conséquence, et pour les raisons mentionnées au Chapitre II-§8.5 notamment, on doit s'attendre à observer une répartition gaussienne des grandeurs fluctuantes.

Cette conjecture se vérifie effectivement bien sur les fluctuations de vitesse, comme le montre la courbe *(a)* de la figure 5.

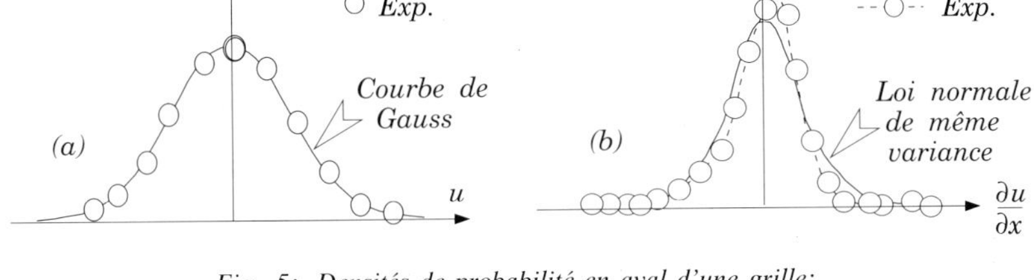

Fig. 5: Densités de probabilité en aval d'une grille:
(a) fluctuations de vitesse, (b) dérivée longitudinale de la fluctuation de vitesse.

En revanche, pour la densité de propabilité des *dérivées* spatiales de la fluctuation de vitesse, des écarts à la loi normale apparaissent — résultat *(b)* de cette même figure. Ces quantités sont ici obtenues par simple différentiation temporelle, en usant de l'équivalence de Taylor :

$$\frac{\partial}{\partial x} \leftrightarrow \frac{1}{U_o}\frac{\partial}{\partial t} \tag{8-4}$$

L'écart au cas gaussien quelque peu inattendu de la figure 5(b) peut être précisé par les valeurs des facteurs de dissymétrie et d'aplatissement des fluctuations du gradient longitudinal de vitesse:

$$S_{\dot{u}} = \frac{\overline{\left(\frac{\partial u}{\partial x}\right)^3}}{\left[\overline{\left(\frac{\partial u}{\partial x}\right)^2}\right]^{3/2}} \qquad F_{\dot{u}} = \frac{\overline{\left(\frac{\partial u}{\partial x}\right)^4}}{\left[\overline{\left(\frac{\partial u}{\partial x}\right)^2}\right]^{2}}$$

Les premières mesures expérimentales de Mills et al. [298] — donnent $S_{\dot{u}} \approx -0{,}4$ et $F_{\dot{u}} \approx 3{,}3$. Les travaux plus récents montrent qu'à grand nombre de Reynolds de turbulence $S_{\dot{u}} \approx -0{,}7$. À nombre de Reynolds modéré, le résultat déduit d'une approche de renormalisation par Smith et al. [389] est $S_{\dot{u}} \approx -0{,}59$.
En turbulence isotrope et avec Dryden — voir par exemple Chapitre IV-§4 — on peut établir de façon exacte que :

$$\overline{\varepsilon} = 15\nu\overline{\left(\frac{\partial u_1}{\partial x_1}\right)^2} \qquad et \qquad \overline{\omega_i\omega_j\frac{\partial u_i}{\partial x_j}} = -\frac{35}{2}\overline{\left(\frac{\partial u_1}{\partial x_1}\right)^2} \tag{8-5}$$

Les données précédentes sont donc un premier indice du caractère non gaussien de la statistique de la dissipation et du transfert inter-tourbillonnaire.

COMPLÉMENT — ***Écart à l'état gaussien*** — L'écart à la situation gaussienne n'est pas un caractère "pathologique" de l'écoulement, au demeurant particulier, de turbulence de grille. Au contraire nous verrons qu'il est quasi général, incluant donc les écoulements cisaillés, où il s'accentue même avec le nombre de Reynolds de turbulence R_λ.
En ce qui concerne l'explication de cette perte de gaussianité aux hautes fréquences, l'allure des signaux correspondants (après dérivation ou filtrage passe haut) fournit un indice sérieux. En effet, même si des divergences quantitatives existent entre les divers auteurs, tous s'accordent pour reconnaître que les enregistrements présentent un caractère **intermittent**. Cette observation se répercute sur toute fonction définie à partir de telles dérivées saptiales, et notamment la dissipation. Ainsi, même si l'écoulement d'ensemble est pleinement turbulent, les zones de structures dissipatives **à petite échelle** se localiseront de façon sporadique dans le champ de l'écoulement.

2.3 Propriétés énergétiques

Avec le modèle physique de turbulence de grille, on apporte effectivement au schéma énergétique général de l'écoulement turbulent les deux simplifications majeures de la T.H.I. en (i) *supprimant* toute *diffusion* et (ii) *fixant* la zone et le montant de *production* d'énergie cinétique *une fois pour toute* en regard de l'évolution ultérieure de cette quantité. Ainsi, les deux seuls mécanismes susceptibles d'intervenir sont :

- la **dissipation** par viscosité,
- le **transfert d'énergie** entre différentes classes de nombres d'onde qui résulte de l'interaction tourbillonnaire en **interne** à la seule agitation turbulente.

Ces deux mécanismes sont quantitativement régis par les équations :

• de *décroissance énergétique* : $U_o \mathrm{d}\overline{k}/\mathrm{d}x = -\overline{\varepsilon}$ (8-6)

où $\overline{\varepsilon}$ représente le taux de dissipation d'énergie cinétique cinématique de turbulence,

• d'*évolution de la densité spectrale d'énergie* :

$$U_o \frac{\partial E(\kappa, x)}{\partial x} = T(\kappa, x) - 2\nu\kappa^2 E(\kappa, x) \qquad (8\text{-}7)$$

où le terme $T(\kappa, x)$ représente le transfert inter-tourbillonnaire, comme nous l'avons vu au Chapitre V-§4.5.2, éq.(5-29).

Nous allons examiner maintenant plus en détails les propriétés de :

- *décroissance* de l'énergie cinétique d'agitation sous l'effet de la dissipation visqueuse, en l'absence de toute production (éq.8-6) ;
- *reconditionnement spectral* en réponse aux interactions tourbillonnaires de la turbulence sur elle-même (éq.8-7) .

2.4 Décroissance énergétique

2.4.1 Les différentes phases

La décroissance du montant d'énergie cinétique du mouvement d'agitation est illustrée par l'évolution longitudinale de l'intensité de turbulence u'/U_o (figure 6).

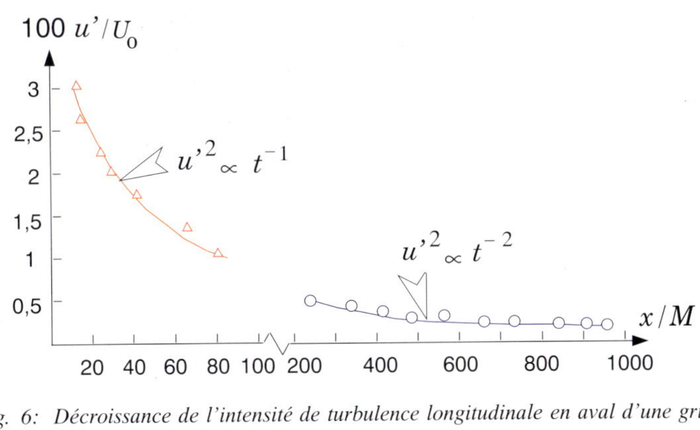

Fig. 6: Décroissance de l'intensité de turbulence longitudinale en aval d'une grille.

En adoptant une forme de loi de u'^2 en $(t-t_0)^{-n}$ ou $(x-x_0)^{-n}$ on peut distinguer *asymptotiquement* deux phases de dégénérescence :

– une phase **initiale**, où l'exposant n est voisin de l'unité,
– une phase **finale** où le taux de décroissance énergétique est plus faible ($n \simeq 2$).

Cette "partition" se retrouve sur l'évolution des échelles de longueur, telle la micro-échelle de Taylor représentée à la figure ci-contre, confirmant l'interdépendance de la décroissance énergétique et de la restructuration spatiale, sans qu'il y ait nécessairement accord sur l'invariant de Loitsyanski.

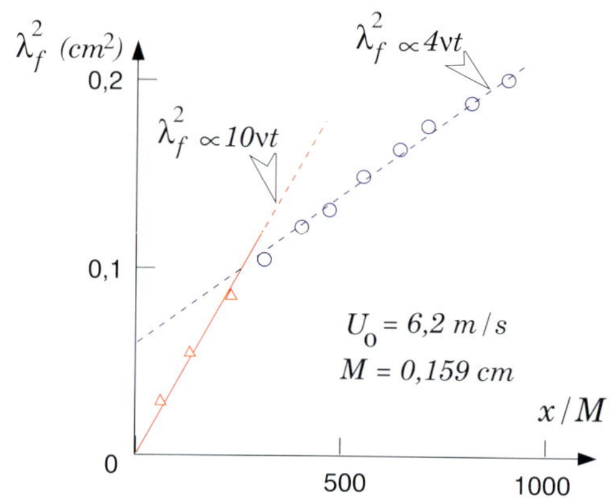

Fig. 7: Micro-échelle de Taylor en aval d'une grille, adapté de Batchelor et Townsend.

Complément — ***Justification physique des phases de décroissance énergétique en turbulence de grille*** — L'existence de différentes formes de lois de variation des paramètres de la turbulence de grille ne peut résulter que d'une modification relative des poids de mécanismes internes à l'écoulement. Si nous revenons à "l'interprétation mécanique" des termes dont sont issus ceux de l'équation (8-7), nous voyons que le phénomène de transfert interne d'énergie provient du terme non linéaire d'inertie, alors que celui de dissipation prend en compte un terme quadratique facteur de la viscosité. La comparaison de ces deux effets peut donc se faire très classiquement par un nombre de Reynolds de turbulence *variable* au cours de la dégénérescence. Selon la valeur qu'il prend à un stade donné de celle-ci, on pourra être amené à distinguer différentes situations asymptotiques ou "phases" dans le processus de dégénérescence de la turbulence de grille.

– a) Au proche aval de l'obstacle, les forces d'inertie liées aux fluctuations de vitesse sont importantes et le nombre de Reynolds de turbulence est localement élevé. Il en résulte un processus de transfert tourbillonnaire *relativement* plus intense que la dissipation. Or ces deux mécanismes ont des effets *antagonistes* sur la taille des structures : alors que le premier tend à élargir la plage des tourbillons de la répartition énergétique, le second, par viscosité, impose une limite inférieure aux plus petites structures. En conséquence, plus le *nombre de Reynolds de turbulence* initial est *grand*, plus les tourbillons dissipatifs sont dissociés des structures porteuses d'énergie. Dans ce cas, nous verrons que l'étude de la dégénérescence globale de la turbulence se confond avec celle des tourbillons porteurs d'énergie. Cela correspond à la phase *initiale*.

– b) Très en aval de la grille, les fluctuations de vitesse se sont affaiblies à tel point que les forces d'inertie associées tendent à devenir localement négligeables vis-à-vis des forces de viscosité. On aboutit asymptotiquement à une situation de régime turbulent à *très petit nombre de Reynolds de turbulence*. La conséquence énergétique est que le transfert inertiel s'efface devant la dissipation ce qui réduit du même coup considérablement la non linéarité de la dégénérescence. On se trouve alors en phase *finale* du processus.

Nous allons maintenant expliciter les propriétés marquantes de chacune de ces phases, en rappelant en exergue la remarque de Monin et Yaglom [301] selon qui, en 1975, les données de mesures en provenance de divers auteurs étaient non seulement incomplètes mais, pire, souvent contradictoires. Plus de vingt ans plus tard, cette observation reste pertinente, même si elle ne s'applique plus aux mêmes résultats.

2.4.2 La phase initiale

En réfèrence aux travaux du groupe de Cambridge — Cf Batchelor [15] par exemple — la décroissance énergétique s'exprime, dans la phase initiale, par une relation de la forme :

$$\frac{\overline{u^2}}{U_o^2} = A\left(\frac{U_o}{M}t - \frac{U_o}{M}t_0\right)^{-1} \tag{8-8}$$

où A désigne une constante pure.
Selon Comte-Bellot et Corrsin [77], ce résultat ne serait applicable que sur de faibles distances et correspondrait en réalité à une approximation localement linéaire d'une loi faiblement évolutive en t (ou en x). Après avoir corrigé, par une légère contraction de la veine fluide, les défauts d'anisotropie constatés dans les travaux antérieurs, ces auteurs sont amenés à proposer une relation de la forme :

$$\frac{\overline{u^2}}{U_o^2} = A_u\left(\frac{U_o}{M}t - \frac{U_o}{M}t_0\right)^{-1,25} \quad et \quad \frac{\overline{v^2}}{U_o^2} = A_v\left(\frac{U_o}{M}t - \frac{U_o}{M}t_0\right)^{-1,25} \tag{8-9}$$

où A_u et A_v sont deux constantes pures. La nouvelle valeur de l'exposant se situe dans la plage des résultats obtenus par différents chercheurs américains tel Corrsin [80] (n = 1,28 à 1,35) ou Uberoi [430] (n = 1,20) par exemple. S'agissant des coefficients A_u et A_v, les mesures fournissent, pour diverses configurations de grilles, des valeurs "moyennes" également très voisines, autour de $4{,}4 \times 10^{-2}$ $(1/22{,}55)$ et $4{,}6 \times 10^{-2}$ $(1/21{,}75)$ respectivement.

Une divergence de même type se retrouve sur les lois d'évolution des échelles de longueur avancées par les chercheurs britanniques et américains. Pour les premiers, s'agissant par exemple de la macro-échelle de Taylor, la relation s'écrit :

$$\Lambda_f = C\left(\frac{U_o}{M}t - \frac{U_o}{M}t_0\right)^{0,5} \tag{8-10}$$

où C est une constante pure. Pour Comte-Bellot et Corrsin, la loi proposée est :

$$\Lambda_f = C' \left(\frac{U_o}{M} t - \frac{U_o}{M} t_0 \right)^{0.375} \tag{8-11}$$

La valeur de l'exposant est une moyenne sur l'ensemble des configurations étudiées pour lesquelles on a en outre $C' \approx 0{,}12$.

Pour ce qui est du nombre de Reynolds de turbulence $R_\Lambda = u'\Lambda/\nu$ on a :

– selon Batchelor $\quad R_\Lambda \sim C^{te}$
– selon Comte-Bellot et Corrsin $\quad R_\Lambda \sim t^{-0{,}25}$

Depuis l'analyse théorique du Chapitre IV-§3.8.3 et 4, nous savons que ces expressions reposent sur des hypothèses d'affinité au sens strict (premier cas) ou au sens large (second cas). Les résultats de la figure 8 permettent de trancher cette alternative. Il apparaît en effet que les conditions d'affinité totale ne sont pas rigoureusement vérifiées par la fonction d'auto-corrélation $f(r,t)$.

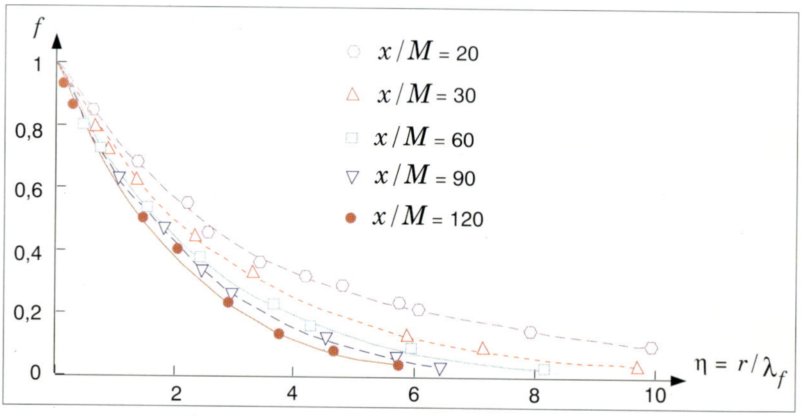

Fig. 8: Affinité de la fonction d'auto-corrélation longitudinale d'après Stewart et Townsend [406].

Ce défaut d'affinité totale se voit également indirectement confirmé par les expressions des macro et micro-échelles de Taylor de Comte-Bellot et Corrsin, à savoir :

$$\frac{\Lambda_g}{M} = 0,06 \left(\frac{U_o}{M} t - \frac{U_o}{M} t_0 \right)^{0.375} \quad \text{et} \quad \frac{\lambda_g}{M} = 0,02 \left(\frac{U_o}{M} t - \frac{U_o}{M} t_0 \right)^{0.50} \tag{8-12}$$

Ainsi les exposants des deux relations sont-ils différents, ce qui interdit du même coup toute relation de proportionnalité entre les deux échelles.

En résumé de ces diverses observations et pour le calage ultérieur de certaines constantes des modèles, nous retiendrons pour "lois" de décroissance énergétique dans la phase initiale :

$$\boxed{\begin{aligned} \frac{u'}{U_o} &= 0,21\left(\frac{U_o}{M}t - \frac{U_o}{M}t_0\right)^{-5/8} \qquad (8\text{-}13)\\ \frac{\Lambda_f}{M} &= 0,12\left(\frac{U_o}{M}t - \frac{U_o}{M}t_0\right)^{3/8} \qquad (8\text{-}14)\end{aligned}}$$

Ces relations sont conformes aux conditions d'affinité au sens large :

$$u' \sim t^{\dfrac{b}{2a-b}} \quad \text{et} \quad l \sim t^{\dfrac{2a}{2a-b}}$$

avec pour équation de décroissance énergétique : $\bar{\varepsilon} = -\dfrac{3}{2}\dfrac{\mathrm{d}u'^2}{\mathrm{d}t}$

Il est possible de déduire de (8-13) l'expression du taux de dissipation $\bar{\varepsilon}$. On trouve ainsi :

$$\bar{\varepsilon} = \frac{15}{8}\frac{U_o^3}{M}A_u\left(\frac{U_o}{M}t - \frac{U_o}{M}t_o\right)^{-9/4}$$

Ce résultat peut être directement comparé à u'^3/Λ_f, comme l'a suggéré Batchelor [15] dès 1953. Il vient :

$$\frac{u'^3}{\Lambda_f} = \frac{0,21}{0,12}\frac{U_o^3}{M}A_u\left(\frac{U_o}{M}t - \frac{U_o}{M}t_o\right)^{-9/4}$$

de sorte que le rapport de ces deux quantités s'établit à :

$$\frac{\bar{\varepsilon}}{u'^3/\Lambda_f} = \frac{15}{8} \times \frac{4}{7} \approx 1$$

Cette valeur voisine de l'unité permet de conclure qu'au cours de la phase initiale de décroissance énergétique de la turbulence :

> le montant du taux de dissipation peut être *évalué à partir de données relatives aux tourbillons "porteurs d'énergie"* conformément à la relation :
>
> $$\boxed{\bar{\varepsilon} \simeq \frac{u'^3}{\Lambda_f} \equiv \frac{\left(\overline{u^2}\right)^{3/2}}{\Lambda_f}} \qquad (8\text{-}15)$$

Nous verrons dans la suite les implications de cette relation fondamentale. Signalons simplement ici l'une de ses premières conséquences sur le rapport entre macro et micro échelles de Taylor. Nous savons en effet que le taux de dissipation en T.H.I. peut s'exprimer avec la micro échelle λ_f de Taylor par :

$$\bar{\varepsilon} = 30\nu\frac{u'^2}{\lambda_f^2} \qquad (8\text{-}16)$$

dont il résulte directement que : $\dfrac{\Lambda_f}{\lambda_f} = \dfrac{1}{30} \times \dfrac{u'\lambda_f}{\nu} \equiv \dfrac{R_\lambda}{30}$ (8-17)

La dernière relation[1], montre que la séparation d'échelles est directement proportionnelle au nombre de Reynolds de turbulence rapporté à la micro-échelle de Taylor.

2.4.3 La phase finale

La phase finale de dégénérescence, i.e., celle définie en limite asymptotique $R_\lambda \to 0$, s'observe en pratique lorsque ce nombre local de turbulence est devenu inférieur à une valeur de l'ordre de 100. Jusqu'en 1970, et malgré quarante années de recherches, la décroissance énergétique d'une turbulence faible restait, selon Ling et al. [271], une question imparfaitement résolue. Depuis, l'apport de la simulation numérique directe [354] est venu éclairer les points de controverses encore présents. Les premiers travaux théoriques sur le sujet admettaient la linéarisation des équations aux corrélations doubles ou aux spectres par suppression des termes de transfert liés aux effets inertiels supposés être devenus négligeables (Cf. [301] page 153 par exemple). Il en résultait l'invariance du moment de Loitsyanski sous la simple condition que $\lim_{r\to\infty}\left(r^4\frac{\partial f}{\partial r}\right)=0$ (voir Chapitre IV-§3.7.3). Sous ces hypothèses, la dégénérescence (voir Chapitre IV-§3.8) devait obéir à :

- loi de décroissance énergétique : $u'^2(t) \sim t^{-5/2}$ (8-18)
- loi de croissance de la micro-échelle : $\lambda^2(t) = 4\nu(t-t_0)$ (8-19)
- fonction d'autocorrélation $f(r,t)$ gaussienne en variable réduite $r/\sqrt{8\nu(t-t_0)}$.

Les données expérimentales comparatives fiables de ces résultats sont en nombre relativement restreint. Les premiers travaux, dont est tirée la loi de variation de la micro-échelle de Taylor (Fig. 9), sont dus à Batchelor et Townsend [18]. Nous illustrons ci-après la confirmation de la loi de décroissance de l'intensité turbulente en puissance –5/2.
Ces résultats, parus en 1948, restèrent pratiquement "uniques" pendant plus de vingt ans.

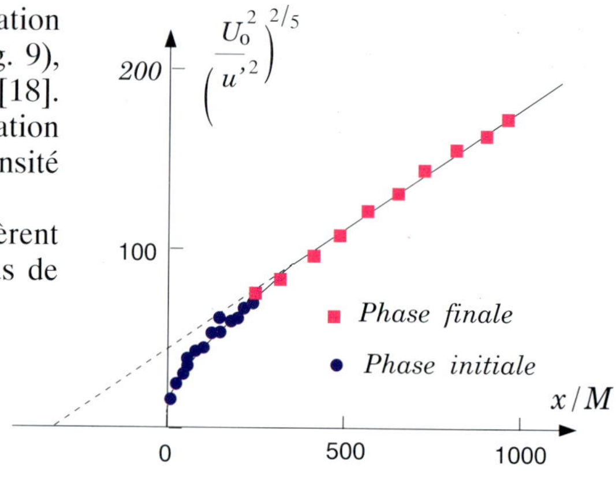

Fig. 9: Vérification de la décroissance énergétique en $t^{-5/2}$ au cours de la phase finale, d'après Batchelor et Townsend.

[1] Dans la suite, les échelles de Taylor relatives à la fonction d'autocorrélation f seront notées simplement Λ et λ.

En 1970, Ling et Huang [271] publièrent une étude, réalisée dans un canal à eau, par anémométrie à film chaud, couvrant une plage de nombres de Reynolds de 3 à 70 et diverses configurations de grilles. Leurs mesures et les conclusions auxquelles elles conduisent sont sensiblement différentes de celles de Batchelor et Townsend ainsi que l'on peut s'en rendre compte sur la fonction d'auto-corrélation (figure 10).

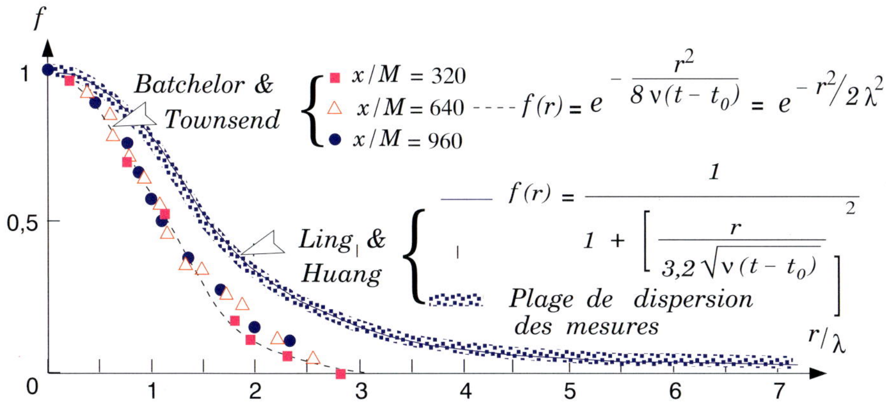

Fig. 10: Auto-corrélation longitudinale en phase finale, adaptation de Batchelor & Townsend et Ling & Huang.

Alors que les mesures de Batchelor et Townsend conduisent à une fonction d'auto-corrélation de type gaussien :

$$f(r,t) = e^{-\eta^2/2} \quad avec \quad \eta = \frac{r}{\lambda}$$

Ling et Huang aboutissent eux à une loi de distribution de Cauchy :

$$f(r,t) = \frac{1}{1+\frac{\eta^2}{2}}$$

Selon ces mêmes auteurs, la loi de variation de la micro-échelle de Taylor vaut :

$$\lambda^2(t) \simeq 5\nu(t-t_0) \tag{8-20}$$

Conformément à l'équation d'évolution de l'énergie $\frac{1}{u'^2}\frac{\mathrm{d}u'^2}{\mathrm{d}t} = -10\nu/\lambda^2$ on en déduit la loi de décroissance énergétique sous la forme :

$$u'^2(t) = A(t-t_0)^{-2} \tag{8-21}$$

où A est une constante déterminée expérimentalement.

REMARQUE — *Qualitativement, les écarts entre les deux études peuvent passer pour relativement mineurs. En fait, ils procèdent de deux analyses radicalement différentes puisque, comme nous le verrons ultérieurement (§2.6), les mesures de Ling et Huang conduisent à un terme de transfert inter-composante* **non négligeable** *contrairement à celles de Batchelor et Townsend. Les travaux plus récents de simulation numérique directe de Domaradzki et Rogallo* [354] *tendent à confirmer la première thèse.*

2.5 Le reconditionnement spectral

Comme nous l'avons vu au §2.4, la dégénérescence énergétique de la turbulence de grille se caractérise par **deux** traits complémentaires dont la combinaison peut conduire à la diminution du nombre de Reynolds de turbulence. Il s'agit de :

- la *décroissance* du montant d'énergie cinétique,
- l'*augmentation* des échelles de longueur.

Ces deux phénomènes sont intimement liés[1] et peuvent s'expliquer simplement en considérant leurs effets dans le plan spectral. Comme l'illustre alors la figure 11, ceux–ci amènent un "reconditionnement" selon un **double** critère :

- d'*amplitude*, l'aire sous spectre devant diminuer,
- d'*extension* de la plage de nombre d'onde, qui se réduit par décalage vers les petites valeurs de nombres d'onde (grandes échelles) de sa borne supérieure.

Physiquement, c'est la disparition, par viscosité, des structures les plus fines assurant la dissipation de l'énergie qui conduit au "recentrage" vers les petits nombres d'onde. Pour pouvoir s'accomplir, ce mécanisme suppose que de l'énergie ait été préalablement transmise à de telles échelles. Pour analyser ce point, il suffit de revenir à l'équation spectrale de Lin (8-7) qui, par intégration membre à membre sur l'ensemble des nombres d'onde, conduit à :

$$\int_0^\infty T(\kappa, x)\mathrm{d}\kappa = U_o \frac{\partial \overline{k}}{\partial x} + \overline{\varepsilon} = 0$$

La dernière égalité de la relation précédente résulte directement de l'équation de décroissance énergétique (8-6). Ainsi, le terme $T(\kappa, x)$, qui n'est autre que la transformée de Fourier des corrélations triples issues des non-linéarité inertielles, disparaît par sommation sur l'ensemble des nombres d'onde. Il représente donc bien un mécanisme d'**échange d'énergie** cinétique **entre les différentes échelles** du spectre.

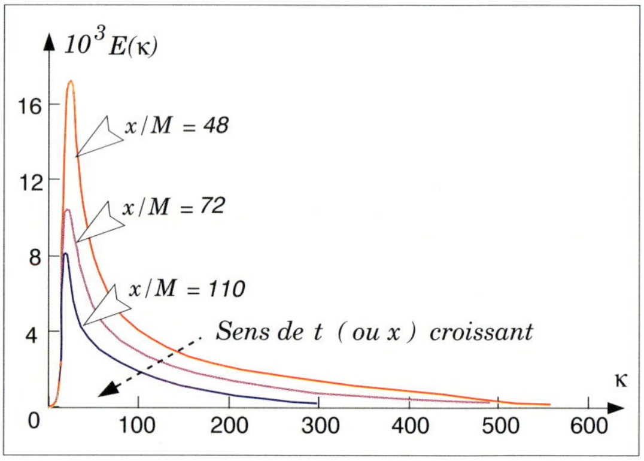

Fig. 11: Evolution du spectre longitudinal avec la distance à la grille selon Uberoi [430].

En turbulence de grille, il est possible de mesurer ce terme et d'obtenir ainsi des renseignements directs sur le transfert entre nombres d'onde. C'est cette analyse que nous allons poursuivre en citant les principaux résultats connus pour chaque phase de dégénérescence.

---

[1] Il serait illusoire par exemple d'attribuer l'augmentation des échelles de longueur à l'apparition physique de tourbillons de taille croissante.

2.5.1 La phase initiale

Un exemple de mesure du terme de transfert $T(\kappa, x)$ au cours de la phase initiale est présenté à la figure ci–contre, en référence aux travaux d'Uberoi [430].

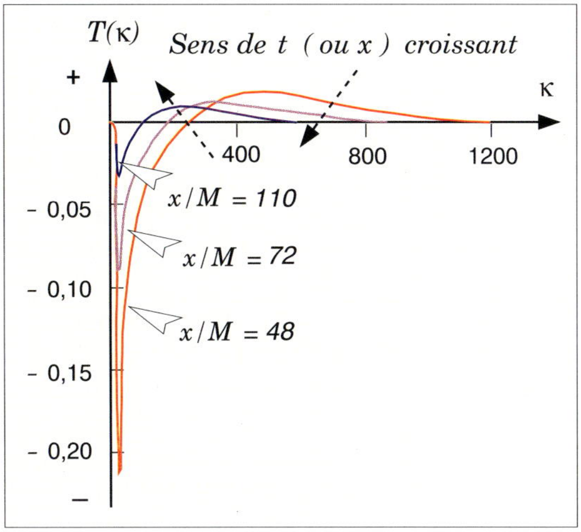

Fig. 12: Transfert inter-composantes $T(\kappa, x)$ à différentes distances aval d'après Uberoi. [430].

Un tel résultat fournit deux séries d'informations.

a) Quelle que soit la section aval, le terme de transfert $T(\kappa, x)$ est *négatif* aux faibles nombres d'onde et *positif* aux grands nombres d'onde. L'échange se fait donc *depuis* les grandes échelles *vers* les petites,

b) Le transfert est d'autant plus intense que l'on se trouve près de la grille, en conformité avec l'origine *inertielle* du mécanisme de transfert qui de ce fait, et pour cet écoulement s'amenuise avec la distance à la grille.

Nous retiendrons donc qu'en phase *initiale* de dégénérescence, un reconditionnement spectral, tel que schématisé à la figure 13, s'opère par transfert d'énergie depuis (i) la plage des "échelles énergétiques", "grandes structures" ou petits nombres d'onde, vers celle (ii) des "échelles dissipatives", "structures fines" ou grands nombres d'onde.

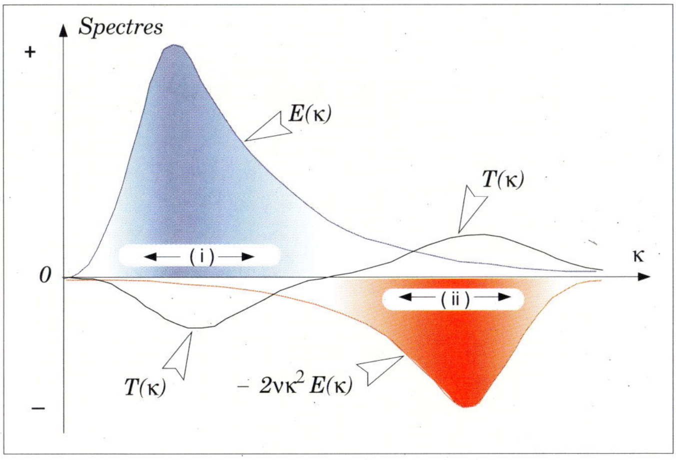

Fig. 13: Schéma spectral à grand nombre de Reynolds de turbulence.

2.5.2 La phase finale

Lorsque le nombre de Reynolds est faible, la question de l'existence ou de l'importance d'un transfert entre plages énergétique et dissipative peut se poser, dans la mesure où il y a recouvrement des nombres d'onde de chacune d'elles.
Selon la réponse apportée, on peut observer des différences significatives. Ainsi pour Ling et Huang [271], la décroissance spectrale aux grands nombres d'onde suit une loi en $e^{-\alpha\kappa}$, alors que, pour Batchelor [16] et les chercheurs du groupe de Cambridge, elle est de type $e^{-\alpha\kappa^2}$.
Une telle divergence s'explique en totalité par le fait que le terme de transfert inertiel T est supposé négligeable pour Batchelor et Townsend, alors que sa mesure directe conduit Ling et Huang à une conclusion opposée comme nous allons le voir maintenant.
Grâce aux résultats de ces auteurs sur la fonction d'auto-corrélation longitudinale $f(r,t)$, il est en effet possible de quantifier le transfert d'énergie entre nombres d'onde dans le plan spectral. Prenant la transformée de Fourier réelle de $f(r,t)$, on obtient ainsi la densité spectrale monodimensionnelle :

$$E_1(\kappa,t) = \frac{2u'^2}{\pi}\int_0^\infty f(r,t)\cos(\kappa,r)\mathrm{d}r$$

soit encore, après normalisation :

$$E_1^*(\kappa,t) \equiv \frac{E_1(\kappa,t)(t-t_0)^{3/2}}{A\nu^{1/2}} = \frac{2}{\pi}\int_0^\infty f(r^*,t)\cos(\kappa^*,r^*)\mathrm{d}r^* \quad \text{avec} \quad \kappa^* = \kappa[\nu(t-t_0)]^{1/2}$$

En usant de la relation calée expérimentalement pour la fonction d'auto-corrélation :

$$f(r^*,t) = \frac{1}{1+\left[\dfrac{r^*(t)}{\alpha}\right]^2} \quad \text{où} \quad r^*(t) = r[\nu(t-t_0)]^{-1/2}$$

on obtient finalement l'expression : $E_1^*(\kappa^*) = \alpha e^{-\alpha\kappa^*}$ (8-22)

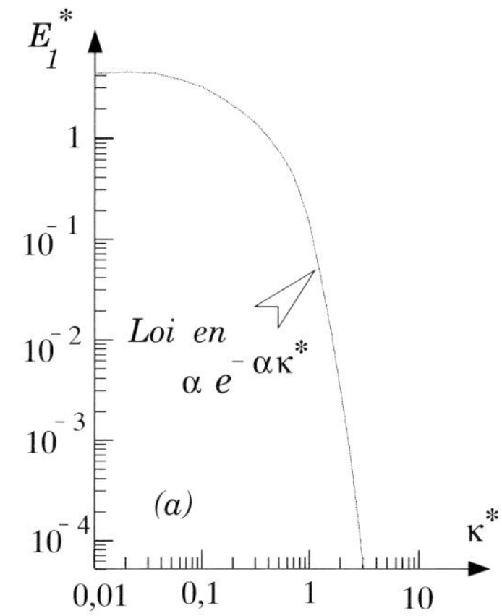

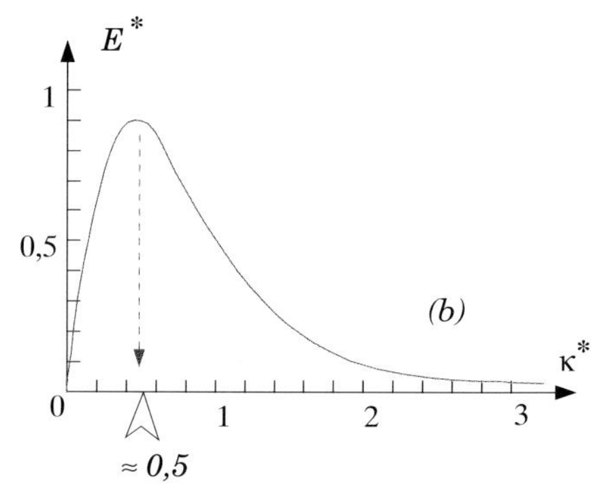

Fig. 14: Densités spectrales normées d'après Ling & Huang [271] : mono (a) et tridimensionnelle (b).

Le résultat (8-22) pour la valeur (α = 3,16) définie expérimentalement est présenté à la figure 14(a) qui montre que la densité spectrale est réduite d'un facteur de 100 pour un nombre d'onde adimensionnel κ^* voisin de 1,8. En comparaison, la figure 14(b) donne le spectre **tridimensionnel** normé $E^*(\kappa^*, t)$, déduit du précédent par la relation classique en T.H.I. :

$$E^*(\kappa^*, t) = \frac{{\kappa^*}^3}{3} \frac{\partial}{\partial \kappa^*} \left(\frac{1}{\kappa^*} \frac{\partial E_1^*(\kappa^*, t)}{\partial \kappa^*} \right)$$

Le maximum de cette distribution se situe aux environs de $\kappa^* = 0,5$.
À l'aide de ces résultats, il est alors possible d'accéder au spectre de dissipation, qui, sous forme adimensionnelle s'exprime par $D^* = 2{\kappa^*}^2 E^*$, pour en déduire, grâce à l'équation de Lin sous forme réduite :

$$\left(\frac{\partial E}{\partial t} \right)^* = T^* - D^*$$

la répartition spectrale du terme de transfert d'énergie inter-composantes T^*. Le résultat final relatif à ces deux densités spectrales selon Ling et al. est présenté à la figure 15, où l'on remarquera que le maximum de dissipation se situe à un nombre d'onde adimensionnel de l'ordre de 1,2 sur une plage ne s'étendant pas au-delà d'une valeur voisine de 4.

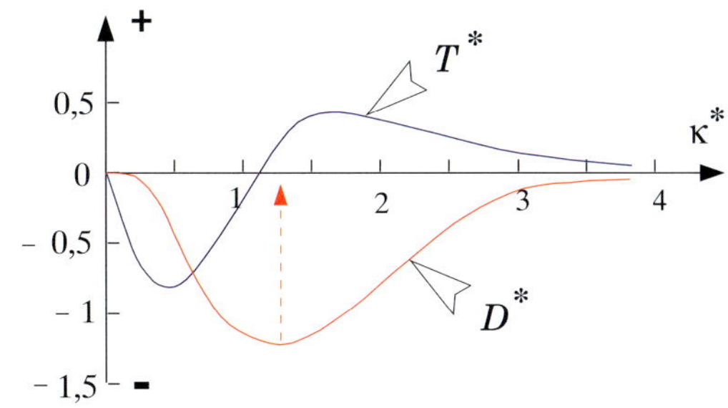

Fig. 15: Densités spectrales de dissipation et de transfert inter-composantes au cours de la phase finale selon Ling & Huang [271].

2.6 Les hypothèses de Kolmogorov sur les transferts d'énergie à grand nombre de Reynolds

2.6.1 Les données de départ

Schématiquement, nous avons dégagé deux plages de nombres d'onde correspondant (i) aux tourbillons porteurs d'énergie et (ii) aux structures dissipatives pour lesquelles nous disposons des éléments suivantes :

a) *Structures énergétiques* : les échelles caractéristiques sont :

vitesse:	u'
longueur:	Λ
temps:	$T_e = \Lambda / u'$
nombre d'onde:	$\kappa_e = 1/\Lambda$

b) *Structures dissipatives* :

– les échelles en vitesse, nombre d'onde et temps sont :

vitesse: $v' \ll u'$
nombre d'onde: $\kappa_\epsilon \gg \kappa_e$
temps: $T_\epsilon = 1/(v'\kappa_\epsilon)$

– le montant d'énergie qu'elles doivent dissiper leur est imposé "de l'extérieur" i.e., par les structures énergétiques conformément à la relation (8-15) :

$$\epsilon = u'^3/\Lambda$$

En d'autres termes, ***le temps représentatif de la décroissance énergétique ne dépend pas des structures assurant effectivement la dissipation*** puisqu'il s'exprime par :

$$\vartheta = \left[\frac{1}{u'^2}\frac{\mathrm{d}u'^2}{\mathrm{d}t}\right]^{-1} \simeq \frac{u'^2}{\bar{\varepsilon}} = \frac{\Lambda}{u'} = T_e \tag{8-23}$$

c) *Séparation d'échelles* : la distinction des deux plages est d'autant plus marquée que le nombre de Reynolds de turbulence est élevé, avec, d'après (8-17) :

$$R_\lambda(\equiv u'\lambda/\nu) = 30\Lambda/\lambda$$

À partir de ces éléments, nous allons exposer maintenant les deux hypothèses de Kolmogorov [215] en notant que la présentation adoptée, bien que consacrée par l'usage, diffère de la formulation originelle de l'auteur qui, elle, faisait appel aux fonctions de structure définies sur des corrélations entre différences de vitesse en turbulence *localement* isotrope (Cf. Complément §2.6.4).

2.6.2 Première hypothèse de Kolmogorov

La première hypothèse dite d'**équilibre universel** aux échelles dissipatives exprime une double propriété :

(i) la notion d'**équilibre** provient de ce que le temps caractéristique des structures dissipatives T_ϵ est très petit devant celui de la décroissance énergétique $\vartheta = T_e$:

$$T_\epsilon \ll \vartheta \sim T_e \tag{8-24}$$

Ainsi, les structures dissipatives ont le temps de "s'adapter" aux variations "lentes" imposées par le processus de dégénérescence. Elles peuvent de ce fait atteindre un état quasi-stationnaire ou de quasi-équilibre qu'exprime cette première partie "d'équilibre" de l'hypothèse ;

(ii) le caractère **universel** de cet équilibre, signifie qu'il ne dépend pas des conditions particulières de l'écoulement (ici de grille, en raison des propriétés de similitude globale de ce dernier, Cf. §2.1.4). En réalité, ce caractère d'universalité s'étend bien au-delà du cas de la T.H.I. pour englober en fait toute configuration à nombre de Reynolds de turbulence suffisant. Dans ces conditions, le comportement aux échelles dissipatives est entièrement déterminé par les seuls paramètres "extérieurs" au mouvement à ces échelles, et qui ne peuvent donc être que :

– la viscosité du fluide ν,
– le montant ϵ du taux de dissipation.

2.6.3 Échelles de Kolmogorov et normalisation spectrale

En considérant que la limite d'existence des structures les plus fines est fixée par la condition $\upsilon\eta/\nu \simeq 1$, de simples considérations aux dimensions conduisent à assigner aux plus petites échelles admissibles de la turbulence les expressions suivantes :

$$\textit{longueur}\ :\qquad \eta = \left(\nu^3/\epsilon\right)^{1/4} \tag{8-25}$$

$$\textit{vitesse}\ :\qquad \upsilon = \left(\nu\epsilon\right)^{1/4} \tag{8-26}$$

$$\textit{temps}\ :\qquad \tau = \eta/\upsilon = \left(\nu/\epsilon\right)^{1/2} \tag{8-27}$$

$$\textit{nombre d'onde}\ :\qquad \kappa_\eta = \eta^{-1} = \left(\epsilon/\nu^3\right)^{1/4} \tag{8-28}$$

On peut alors aisement établir les relations qui lient les diverses échelles représentatives des deux plages de nombres d'onde :

$$\frac{\eta}{\Lambda} = R_\Lambda^{-3/4} = 30^{3/4} R_\lambda^{-3/2} \quad \text{ou} \quad \frac{\eta}{\lambda} = 30^{-1/2} R_\Lambda^{-1/4} = 30^{-1/4} R_\lambda^{-1/2} \tag{8-29}$$

$$\frac{\upsilon}{u'} = R_\Lambda^{-1/4} = 30^{1/4} R_\lambda^{-1/2} \tag{8-30}$$

$$\frac{\tau}{Te} = R_\Lambda^{-1/2} = 30^{1/2} R_\lambda^{-3} \tag{8-31}$$

où selon (8-17) il a été fait usage de la correspondance entre échelles λ et Λ sous la forme :

$$\lambda/\Lambda = 30 R_\lambda^{-1} = 30^{1/2} R_\Lambda^{-1/2} \tag{8-32}$$

Par combinaison des relations précédentes, il apparaît que les échelles sont d'autant plus séparées (dans le rapport $\Lambda/\eta \propto R_\lambda^{3/2}$) que le nombre de Reynolds de turbulence R_λ est élevé. C'est ce qu'illustre le schéma suivant, avec, à macro échelle constante, une réduction par un facteur de 1 000 de l'échelle de Kolmogorov lorsque R_λ est multiplié par cent.

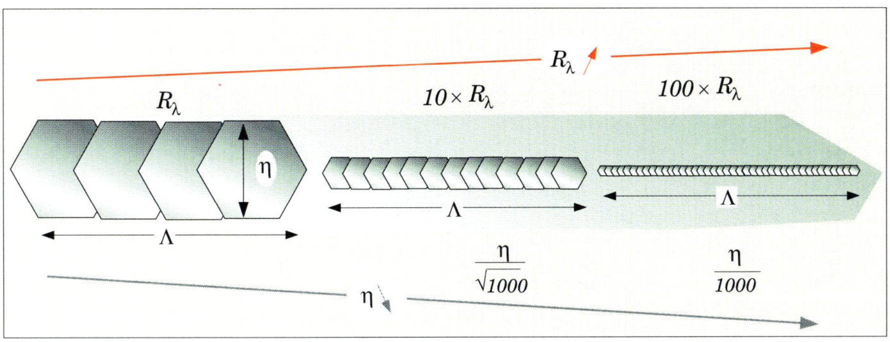

Fig. 16: Influence du nombre de Reynolds R_λ sur le découplage d'échelles.

La pertinence de cette première hypothèse de Kolmogorov peut s'observer sur la normalisation aux grands nombres d'onde, comme illustré par les deux figures suivantes.

La figure 17 met en évidence le rôle normatif des échelles de Kolmogorov sur la dissipation en ramenant à un tracé unique les courbes relatives à différentes sections en aval de la grille avec la représentation $\eta\kappa^2 E(\kappa)/\upsilon^2 = f(\eta\kappa)$.

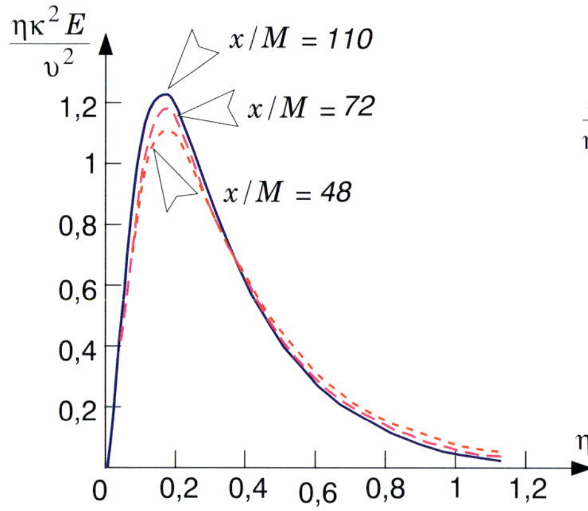

Fig. 17: ↑ Spectres de dissipation en norme de Kolmogorov, d'après Uberoi [430].

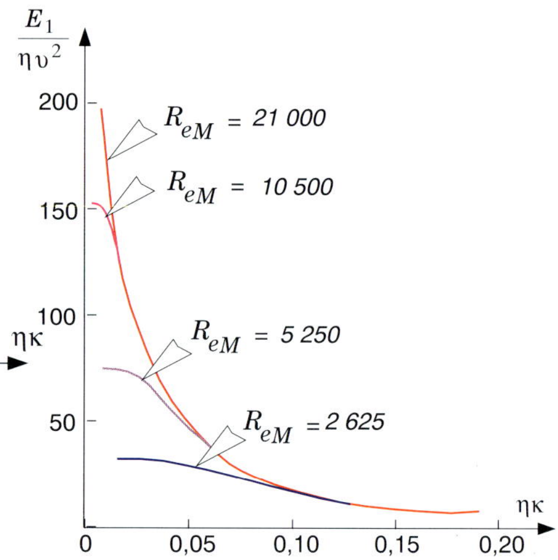

Fig. 18: → Spectres d'énergie en norme de Kolmogorov à différents nombres de Reynolds, d'après Stewart et Townsend [406].

La figure 18 donne, pour différents nombres de Reynolds de grille, la forme du spectre monodimensionnel d'énergie $E_1(\kappa)$ normé par les échelles de Kolmogorov, soit $E_1(\kappa)/\eta\upsilon^2$. Le nombre d'onde κ est lui aussi rapporté à celui de Kolmogorov, soit $\kappa/\kappa_\eta = \eta\kappa$. Deux informations majeures se dégagent de ces résultats :

- la tendance, pour les grands nombres d'onde, à l'indépendance du spectre vis-à-vis du nombre de Reynolds de turbulence,
- le renforcement énergétique aux faibles nombres d'onde lorsque le nombre de Reynolds global augmente, dissociant ainsi de plus en plus, la plage des tourbillons porteurs d'énergie de celle des structures dissipatives.

La validité de ces deux résultats ne se limite pas au seul cas de la turbulence homogène considérée ici, mais s'étend à toute une variété de configurations, comme le montre la figure suivante.
Construite à partir des compilations réalisées en 1979 par Chapman [59] et plus récemment par Saddoughi & Veeravalli [369], elle représente, pour divers écoulements (jet, sillage, couche limite,...), le spectre E_{11} de la corrélation $\overline{u_1 u_1}$ des fluctuations longitudinales en fonction du nombre d'onde longitudinal κ_1. Chaque quantité est normée par les échelles de Kolmogorov, à savoir $\left(\epsilon \times \nu^5\right)^{1/4}$ pour la densité spectrale et $\left(\nu^3/\epsilon\right)^{1/4} \equiv \eta$ pour le nombre d'onde, où ν $\left(m^2/s\right)$ est la viscosité cinématique du fluide et ϵ $\left(m^2/s^3\right)$ le montant du taux de dissipation par agitation turbulente.

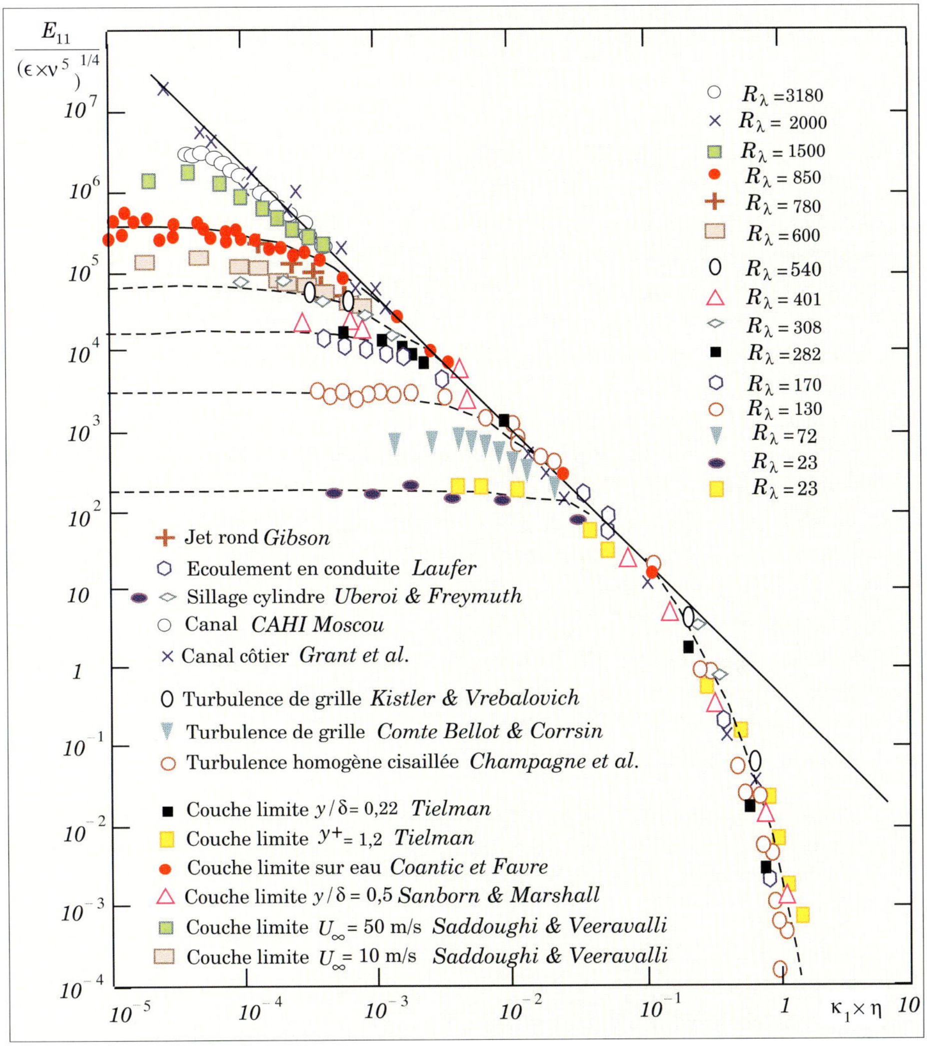

Fig. 19: Spectres d'énergie de divers écoulements turbulents rapportés aux échelles de Kolmogorov. (Adapté de Chapman [59]) et Saddoughi et al. [369].

De cette normalisation par les échelles de Kolmogorov il ressort :

- la tendance à "l'universalité" des répartitions "aux grands nombres d'onde" : pour des valeurs suffisamment grandes de $\eta\kappa_1$, les tracés convergent vers une courbe unique, traduisant une indépendance à l'égard du type d'écoulement ;
- l'influence du nombre de Reynolds de turbulence : les écoulements cités en figure 19 étant classés suivant la valeur du nombre de Reynolds de turbulence R_λ, on observe que, plus ce nombre est élevé, plus la plage "universelle" de la répartition spectrale de $\overline{u_1 u_1}$ est étendue. Pour les plus grandes valeurs de R_λ, celle-ci peut atteindre trois à quatre décades en multiple de η.

EXERCICE — ***Échelles de Kolmogorov et milieu continu*** — On rappelle que les échelles de vitesse et de longueur de Kolmogorov sont données respectivement par :

$$v = (\nu \times \epsilon)^{1/4} \qquad \eta = \left(\nu^3/\epsilon\right)^{1/4}$$

où ν $\left(m^2/s\right)$ est la viscosité cinématique du fluide et ϵ $\left(m^2/s^3\right)$ le montant du taux de dissipation par agitation turbulente.
Sachant que ce taux de dissipation peut être convenablement estimé à partir de la relation $\epsilon = u'^3/l$, où u' et l sont des échelles respectives de vitesse et de longueur des tourbillons porteurs d'énergie de l'agitation turbulente, calculer les échelles de Komogorov pour les deux mouvements turbulents suivants :
1) Turbulence de basse couche atmosphérique, avec $u' = 0,5\,m/s$ et $l = 100\,m$.
2) Turbulence en conduite, avec $u' = 2\,m/s$ et $l = 2\,cm$. Dans les deux cas, on prendra $\nu = 15 \times 10^{-6}\ m^2/s$.
3) Estimer la valeur du nombre de Knudsen rapporté à l'échelle de longueur de Kolmogorov pour ces deux situations. (On prendra pour libre parcours moyen des molécules $l_m = 85\,nm$). Qu'en concluez-vous quant à la validité de l'approche du milieu continu pour ces écoulements turbulents ?

SOLUTION
Commençons par calculer le montant du taux de dissipation. On trouve dans le premier cas $\epsilon = 1,25 \times 10^{-3}\ m^2/s^3$ et $\epsilon = 4 \times 10^2\ m^2/s^3$ dans le second, soit 320 000 fois plus.
1) Pour la situation de turbulence atmosphérique, on en déduit que :

$$v \simeq 1,2\,cm/s \qquad et \qquad \eta \simeq 1,3\,mm$$

2) En turbulence de conduite, il vient de même :

$$v \simeq 28\,cm/s \qquad et \qquad \eta \simeq 0,054\,mm$$

On vérifie bien au passage que le nombre de Reynolds *relatif à ces échelles* est de l'ordre de l'unité pour les deux écoulements.
3) Par définition, le nombre de Knudsen rapporté à l'échelle de longueur de Kolmogorov, s'écrit $K_n = l_m/\eta$. Il vaut donc respectivement 6,5 $\times 10^{-5}$ et 1,6 $\times 10^{-3}$ pour les deux situations étudiées. Dans les deux cas ces valeurs restent inférieures à la limite (10^{-2}) de validité de l'approche du continu (voir par exemple Chassaing [63]).

EXERCICE — ***Plage de fréquences de l'agitation turbulente*** — On suppose que les fluctuations de l'agitation turbulente se répartissent sur des plages d'échelles de vitesse et de longueur notées respectivement $[v, u']$ et $[\eta, l]$.
1) Établir, en fonction de ces échelles, la plage fréquentielle de l'agitation turbulente.
2) Prenant pour valeurs des échelles v et η les expressions Kolmogorov, montrer que le rapport des fréquences limites de l'agitation turbulente s'exprime en puissance du nombre de Reynolds de turbulence $u'l/\nu$ (On rappelle que $\epsilon = u'^3/l$). Quelle

conséquence en tirez-vous sur l'étendue du spectre de turbulence ?
3) Vérifier vos conclusions en considérant les situations du premier exercice.

SOLUTION

1) La fréquence relative aux échelles u' et l donne directement la borne fréquentielle inférieure, soit $f_{min} = u'/l$. La fréquence maximum se déduit de façon analogue des deux autres échelles, i.e., $f_{max} = v/\eta$, ce qui fournit la plage fréquentielle $[u'/l\,, v/\eta]$.
2) En remplaçant les échelles de Kolmogorov par leurs expressions il vient :

$$f_{max} = \frac{(\nu\epsilon)^{1/4}}{(\nu^3/\epsilon)^{1/4}} = \left(\frac{\epsilon}{\nu}\right)^{1/2} = \left(\frac{u'^3}{\nu l}\right)^{1/2} \equiv \left(\frac{u'^2}{l^2} \times \frac{u'l}{\nu}\right)^{1/2}$$

dont on déduit immédiatement que $f_{max} = \sqrt{R_T} \times f_{min}$, où R_T désigne le nombre de Reynolds de turbulence $u'l/\nu$. L'étendue de la plage de fréquences que recouvre l'agitation turbulente est donc d'autant plus grande que le nombre de Reynolds de turbulence est élevé.
3) Avec les données de l'exercice du précédent, on trouve que l'agitation en turbulence de basse atmosphère considérée (v= 0,012 m/s, u' = 0,5 m/s, η = 1,3 mm, l = 100m) recouvre une plage de "basse fréquences" s'étalant de 5×10^{-3}Hz à 9Hz.
Par comparaison, l'agitation turbulente de l'écoulement en conduite (v = 0,28 m/s, u' = 2 m/s, η = 0,054 mm, l = 20 mm) se positionne à "plus hautes fréquences" puisqu'elle est comprise entre 100 Hz et 5 200 Hz.
Un autre paramètre important de la comparaison des deux situations est l'amplitude ou étendue de la plage fréquentielle. A cet égard, il apparaît que la turbulence atmosphérique s'étale sur 180 décades (f_{max}/f_{min} = 1800), alors que la turbulenec en conduite n'en recouvre environ que cinq ($f_{max}/f_{min} \simeq 52$). Cette différence est directement liée à l'écart qui existe entre les nombres de Reynolds de turbulence de ces deux configurations, puisque les valeurs s'établissent à $R_T = 3{,}3\times10^6$ pour la première (atmosphère) et $R_T = 2{,}7\times10^3$ pour la seconde (conduite). Comme le montre le tableau suivant, ces valeurs justifient la "séparation" d'échelles fréquentielles selon une expression en $(R_T)^{1/2}$.

	f_{max}/f_{min}	$u'l/\nu$	$(u'l/\nu)^{1/2}$
Turbulence atmosphérique	1 800	$3,3\times10^6$	1 816
Turbulence en conduite	52	$2,7\times10^3$	51,9

Tableau 8.1 Plages fréquentielles en différents types de turbulence.

2.6.4 Seconde hypothèse de Kolmogorov

Cette seconde hypothèse prolonge en la raffinant la première dans le cas de nombre de Reynolds de turbulence élevé. En raison de l'extension de la zone d'équilibre universel que l'on observe alors (voir Fig. 18), il peut apparaître une plage sur laquelle la dissipation visqueuse est négligeable.

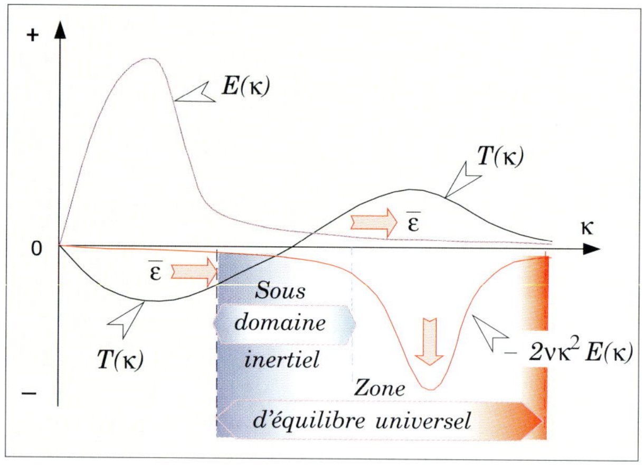

Fig. 20: Schéma spectral du sous-domaine inertiel.

En d'autres termes, si la séparation d'échelles le permet, il peut exister une régiuon où le mécanisme dominant est celui du transfert d'énergie vers les petites structures sans que la transformation irréversible en chaleur par viscosité y soit notoire. C'est la notion de **sous-domaine inertiel**[1] sur lequel le spectre d'énergie ne dépend plus de la viscosité (seconde hypothèse de Kolmogorov). Deux conséquences importantes en découlent :

- sur le sous domaine inertiel, le montant ϵ du taux de dissipation, qui règle la décroissance énergétique, représente en fait le "flux conservatif d'énergie" qui passe des petits aux grands nombres d'onde limitrophes du domaine,
- si l'on postule, pour la densité spectrale d'énergie, une expression **indépendante de** ν de la forme $E(\kappa) \propto \epsilon^{\alpha}\kappa^{\beta}$, alors de simple considérations de dimensions — $[E] = [L]^3[T]^{-2}$ — imposent que :

$$E(\kappa) = C_{\kappa}\epsilon^{2/3}\kappa^{-5/3} \tag{8-33}$$

  où C_{κ} est une constante adimensionnelle "universelle" encore dénommée constante de Kolmogorov. La relation (8-33) est unanimement désignée sous le nom de "loi en moins cinq tiers".

En définitive, les hypothèses de Kolmogorov jouent un rôle majeur dans l'un des mécanismes essentiels du régime turbulent qu'est le transfert d'énergie "interne à l'agitation". Comme nous le verrons par la suite, c'est sur ces idées que s'appuye l'élaboration de la majorité des schémas de modélisation. Nous pouvons donc comprendre dès à présent comment sont perçus les processus physiques qui contribuent au transfert énergétique et à la dissipation à travers ces schématisations.

[1] "inertial subrange" en anglais

a) La *cascade d'énergie* qui amène à la présence du *sous-domaine inertiel* revêt, ainsi que le soulignent Tennekes et Lumley [414] un caractère fondamentalement **local**. Ce point a déjà été discuté au Chapitre VII-§4.

b) Le *détail réel* de la morphologie et le comportement des structures fines **n'est pas nécessaire** à leur paramétrisation sous l'hypothèse d'équilibre local qui fournit une *évaluation par "propriété"* des échelles dissipatives.

Pour résumer, on schématise sur la figure 21 deux des conséquences principales des hypothèses de Kolmogorov. Elles portent sur (i) l'existence d'une plage de décroissance spectrale en puissance –5/3 dont (ii) l'extension en nombres d'onde est d'autant plus large que le nombre de Reynolds est grand.

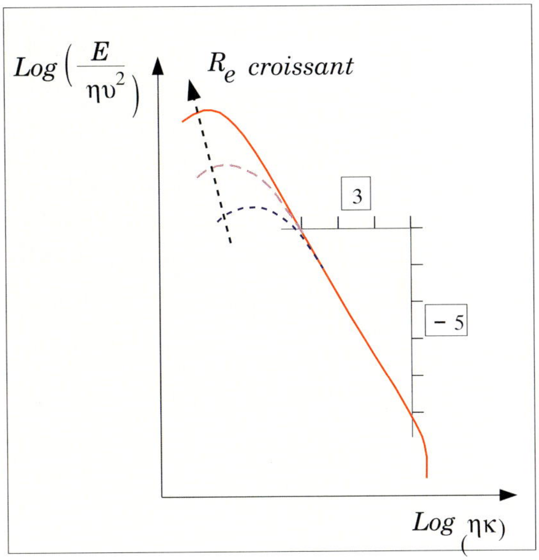

Fig. 21: Propriétés spectrales selon les hypothèses de Kolmogorov.

COMPLÉMENT — *Note historique : L'hypothèse 'K41' et la constante de Kolmogorov.*
A.N. Kolmogorov (1903–1987) publia en 1941 trois articles sur la turbulence [215], [216], [214]. Le premier — actuellement repris sous la référence 'K41' dans la communauté scientifique — expose ses deux hypothèses fondamentales : (i) les propriétes statistiques dans la plage inertielle et dissipative sont uniquement et universellement déterminées par ν et ϵ, alors que (ii) ces mêmes propriétés sont uniquement et universellement déterminées par ϵ dans la seule plage inertielle. Comme nous l'avons indiqué, il en tire ensuite les conséquences sur les corrélations entre *différences* de vitesses en deux points voisins[1], les hypothèses d'isotropie étant comprises *localement*, i.e., sur des séparations petites de ces deux points. La relation principale s'écrit alors :

$$B_{11}(r) \equiv \overline{[u_1(r) - u_1(0)]^2} \sim C\epsilon^{2/3} r^{2/3} \qquad \text{K- 41}$$

L'importance de ce résultat tient pour une large part à la façon dont il a été établi à savoir sur de pures considérations d'invariance d'échelles. En conséquence d'une démonstration de cette nature, le coefficient C doit être une constante *universelle*, c'est à dire indépendante de l'écoulement, et pas simplement de la plage d'échelles dans un écoulement donné.

[1] Ces quantités ont été dénommées fonctions de structure par Monin et Yaglom [301].

Le caractère par trop "phénoménal" d'une telle proposition a-t-il donné à réfléchir à Kolmogorov lui-même ? On peut se poser la question à la lecture du troisième article paru également en 1941. On y trouve en effet démontré ce même résultat, mais selon une démarche différente n'invoquant pas l'invariance d'échelles. Il est en effet déduit de l'équation de Kármán et Howarth grâce à une approximation du facteur de dissymétrie $B_{111}/B_{11}^{3/2}$ qui devient constant pour r suffisamment grand. Ce point est souligné par l'auteur lui même qui note, selon la traduction anglaise [218] « *In Kolmogorov (1941) the relation (K-41) was deduced from somewhat different considerations, and the local scale of turbulence was introduced.*»
Lors d'un séminaire qui se tint à Kazan en 1942, Kolmogorov fit état de ses travaux en présence de Lev Landau. Ce dernier aurait fait une remarque selon laquelle, il serait possible d'obtenir, en principe, une même *forme* d'expression (K-41) pour n'importe quel type d'écoulement, mais la valeur de la constante ne saurait être indépendante de l'écoulement. La raison invoquée a donné lieu à différentes interprétations par la suite et l'on pourra consulter l'article de Frisch [141] pour plus de détails à ce propos. Quoi qu'il en soit, il semble bien que l'on puisse dater de cette année 1942 l'ouverture du débat sur "l'universalité" de la constante de Kolmogorov.

2.6.5 Constante de Kolmogorov

Les hypothèses de Kolmogorov amènent à la formulation d'expressions universelles pour les fonctions de structure et spectres de la forme :

$$B_{11}(r) = C_1\epsilon^{2/3}r^{2/3}, \qquad B_{22}(r) = C_2\epsilon^{2/3}r^{2/3}$$

$$E_1(\kappa) = C'_\kappa\epsilon^{2/3}\kappa^{-5/3}, \qquad E_2(\kappa) = C''_\kappa\epsilon^{2/3}\kappa^{-5/3}, \qquad E(\kappa) = C_\kappa\epsilon^{2/3}\kappa^{-5/3}$$

où $C_1, C_2, C_\kappa, C'_\kappa$ et C''_κ sont des "*constantes universelles*". Selon Monin et Yaglom [301], page 355, on peut établir, sous certaines hypothèses, les relations suivantes entre ces diverses constantes : $\dfrac{C_1}{C_2} = \dfrac{C'_\kappa}{C''_\kappa} = \dfrac{4}{3}, \quad C_1 \simeq 4,02C'_\kappa, \quad C_\kappa = \dfrac{55}{18}C'_\kappa$

de sorte qu'il suffit de s'intéresser à l'une d'entre elles pour discuter de la question de l'universalité. Pour la suite, nous retiendrons C'_κ, c'est à dire la constante relative au spectre monodimensionnel longitudinal $E_1(\kappa)$.
Actuellement, on dispose d'une base de données expérimentales permettant d'évaluer la constante de Kolmogorov pour une très grande variété d'écoulements couvrant une large plage de valeurs du nombre de Reynolds de turbulence R_λ. Les résultats collationnés en 1995 par Sreenivasan [404] conduisent aux conclusions suivantes :

- Aucune tendance significative d'une évolution de la "constante" avec le nombre de Reynolds ne se dégage des données pour $R_\lambda \gtrsim 50$;
- Pour une turbulence à nombre de Reynolds R_λ compris entre *50* et *10 000*, la moyenne des résultats s'établit à :

$$C'_\kappa = 0,53 \qquad (8\text{-}34)$$

avec un écart type de $0{,}055$. La valeur correspondant au spectre en module s'établit donc, avec l'équivalence de Monin et Yaglom à $C_\kappa \simeq 1{,}62$.

COMPLÉMENT — ***Note historique : Constante de Kolmogorov*** — A.N. Kolmogorov fut le premier à déterminer la valeur de la constante, qui porte désormais son nom, dans le dernier des trois articles qu'il publia en 1941 sur la turbulence [214]. Sur la base des mesures disponibles à l'époque en turbulence de grille, et réalisées par le groupe de Dryden en 1937, il fixe l'estimation de la valeur de C — relation (K-41) — à $C(\equiv C_1) = 1,5$. Avec l'équivalence de Monin et Yaglom, cela correspond à $C'_\kappa = 0,37$ en nette sous estimation de la valeur actuellement admise.

3 Dégénérescence de turbulence non isotrope

Nous examinons ici ce qu'il advient de la dégénérescence d'une turbulence **homogène** mais **anisotrope**, situation qui se rencontre lorsque, préalablement à la dégénérescence, l'agitation a été modifiée par l'action de gradients moyens, comme nous le verrons ultérieurement (voir par exemple §4).
Le schéma expérimental, toujours le même, est celui d'une turbulence de grille, rendue **anisotrope**, évoluant ensuite dans un conduit de section constante en l'absence de tout gradient de vitesse moyenne (zone centrale du conduit). Ainsi, seuls les mécanismes d'interaction de l'agitation sur elle-même opèrent et conduisent aux effets qui vont être étudiés à présent.
S'agissant de l'écart initial à l'isotropie, celui-ci peut avoir été créé de multiples façons. Nous nous limiterons ici aux cas où il résulte de l'application d'une déformation pure plane latérale, en accord avec les travaux de Tucker et Reynolds [428] et de Gence [144]. La génération de ce tupe d'anisotropie sera examinée spécifiquement en §5 du chapitre.
Dans sa réalisation sur modèle physique, le mouvement reste bien sûr permanent en moyenne. L'équivalence avec le problème théorique se fait donc, là encore, selon l'hypothèse de Taylor.

3.1 L'équation d'évolution des tensions de Reynolds

Pour cet écoulement et avec les hypothèses d'homogénéité, les équations de transport des tensions de Reynolds (3-19), en usant de l'identité (3-20), se réduisent à :

$$\frac{\mathrm{d}}{\mathrm{d}t}\overline{u_i u_j} = \overline{\frac{p}{\rho}\left(\frac{\partial u_i}{\partial x_j} + \frac{\partial u_j}{\partial x_i}\right)} - \varepsilon_{ij} \qquad avec \quad \varepsilon_{ij} = 2\nu\overline{\frac{\partial u_i}{\partial x_k}\frac{\partial u_j}{\partial x_k}}$$

En suivant Lumley et Newman [280] nous écrirons :

$$\frac{\mathrm{d}}{\mathrm{d}t}\overline{u_i u_j} = \underbrace{\overline{\frac{p^{(2)}}{\rho}\left(\frac{\partial u_i}{\partial x_j} + \frac{\partial u_j}{\partial x_i}\right)} - \overline{\varepsilon}_{ij} + \frac{2}{3}\overline{\varepsilon}\delta_{ij}}_{\Pi_{ij}^{(2)}} - \frac{2}{3}\overline{\varepsilon}\delta_{ij} \tag{8-35}$$

avec : $\overline{\varepsilon} = \frac{1}{2}\overline{\varepsilon}_{ii} \equiv \nu\overline{\frac{\partial u_i}{\partial x_j}\frac{\partial u_i}{\partial x_j}}$

La fluctuation de pression a été notée $p^{(2)}$ pour rappeler qu'elle est solution de l'équation simplifiée par raison d'homogénéité :

$$\frac{1}{\rho}\frac{\partial^2 p^{(2)}}{\partial x_j \partial x_j} = -\frac{\partial u_i}{\partial x_j}\frac{\partial u_j}{\partial x_i} \tag{8-36}$$

Ainsi, à côté de la dissipation en formulation isotrope ($2\overline{\varepsilon}\delta_{ij}/3$), le terme $\Pi_{ij}^{(2)}$ de l'équation (8-35) de trace nulle, ne peut avoir d'autre effet, sous l'angle énergétique, que l'échange entre contributions, à montant global constant. Ce transfert, qui signe la particularité de la dégénérescence en situation anisotrope, incombe à la corrélation pression-déformation et à l'anisotropie de la dissipation.

3.2 Les résultats principaux

3.2.1 Le retour à l'isotropie

Considérons en premier lieu l'évolution de l'énergie cinétique d'agitation (Fig.22a).

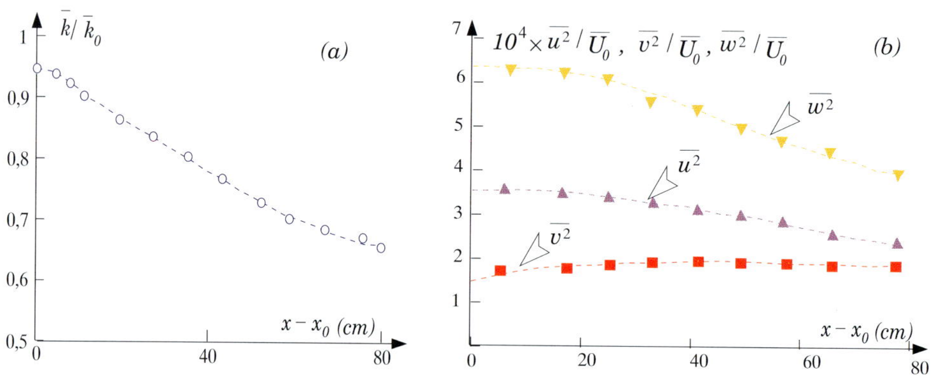

Fig. 22: Retour à l'isotropie d'après Gence [144] : (a) énergie cinétique, (b) tensions normales.

On constate une décroissance énergétique tout à fait conforme à la théorie. En effet, par contraction de l'équation (8-35), il vient bien évidemment :

$$\mathrm{d}\overline{k}/\mathrm{d}t = -\overline{\varepsilon}$$

de sorte que l'on doit observer une diminution du montant d'énergie cinétique analogue à celle de la situation classique de turbulence de grille.
On notera que l'énergie d'agitation est normée par sa valeur à l'entrée du conduit de distorsion ($x = x_0$) ce qui explique que la décroissance ne s'effectue pas à partir d'une valeur adimensionnelle unité.
L'analyse du comportement de chaque tension normale prise isolément (Fig.22b), révèle ensuite des différences entre les trois composantes :

- la composante axiale $\overline{u^2}$ décroît de façon monotone, comme l'énergie cinétique de turbulence ;
- la composante transversale la plus énergétique ($\overline{w^2}$ avec les notations de la figure), subit également une décroissance, mais à un taux nettement plus élevé que celui de $\overline{u^2}$;
- la composante transversale la moins énergétique ($\overline{v^2}$), dégage une tendance (légère) à l'augmentation, déjà observée par Uberoi [429], Mills et Corrsin [299], puis Tucker et Reynolds [428].

Ces premiers résultats montrent donc que la décroissance énergétique ne se fait pas à un même taux (tant en signe qu'en valeur absolue) pour les trois tensions normales, les différences de variation allant dans le sens d'une réduction des écarts entre composantes.
Cette tendance au "*retour à l'isotropie*" est plus perceptible sur la figure suivante.

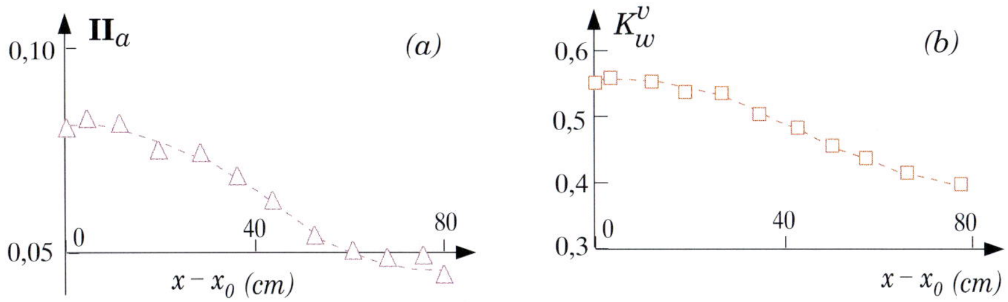

Fig. 23: Eléments du retour à l'isotropie d'après Gence [144].

Les évolutions — (courbe *a*) — du deuxième invariant du tenseur d'anisotropie $\mathbf{II}_a = a_{ij}a_{ji}$ (avec $a_{ij} = \overline{u_i u_j}/2\overline{k} - \delta_{ij}/3$) et du coefficient d'anisotropie de Taylor $K_w^v = \left(\overline{w^2} - \overline{v^2}\right) / \left(\overline{w^2} + \overline{v^2}\right)$ — (courbe *b*) — fixent aux environs de 40% la réduction d'anisotropie pour cette expérimentation.

Complément — ***Inhomogénéité de comportement des tensions normales*** — La constatation d'une croissance de la tension normale $\overline{v^2}$ peut paraître quelque peu surprenante puisqu'il n'existe aucun terme de "production" en provenance du mouvement moyen. L'explication réside donc bien dans le seul terme $\Pi_{ij}^{(2)}$. Examinons plus particulièrement le rôle qu'y joue la corrélation de pression-déformation. Des équations gouvernant les contraintes normales on peut tirer que :

$$\frac{\mathrm{d}\overline{u_2^2}}{\mathrm{d}t} = 2\,\overline{\frac{p}{\rho}\frac{\partial u_2}{\partial x_2}} - 2\nu\,\overline{\left(\frac{\partial u_2}{\partial x_k}\right)^2}$$

$$\frac{\mathrm{d}}{\mathrm{d}t}\left(\overline{u_1^2} + \overline{u_3^2}\right) = 2\,\overline{\frac{p}{\rho}\left(\frac{\partial u_1}{\partial x_1} + \frac{\partial u_3}{\partial x_3}\right)} - 2\nu\left[\overline{\left(\frac{\partial u_1}{\partial x_k}\right)^2} + \overline{\left(\frac{\partial u_3}{\partial x_k}\right)^2}\right]$$

Dès lors, si les composantes $\overline{u_1^2}$ et $\overline{u_3^2}$ décroissent à un taux supérieur à celui imposé strictement par les termes visqueux, on peut conclure que :

$$\overline{\frac{p}{\rho}\left(\frac{\partial u_1}{\partial x_1} + \frac{\partial u_3}{\partial x_3}\right)} < 0$$

d'où par continuité du mouvement fluctuant $\overline{\frac{p}{\rho}\frac{\partial u_2}{\partial x_2}} > 0$
Ainsi, dans le second membre de l'équation d'évolution de $\overline{u_2^2}$, la contribution de pression joue le rôle d'une source. Elle peut, le cas échéant, surcompenser le puits de viscosité et conduire finalement à un taux de variation positif (croissance de la contrainte correspondante) si :

$$\overline{\frac{p}{\rho}\frac{\partial u_2}{\partial x_2}} - \nu\,\overline{\left(\frac{\partial u_2}{\partial x_k}\right)^2} > 0$$

3.2.2 Temps de retour à l'isotropie

Le second enseignement que l'on peut tirer de cette situation concerne l'influence de l'anisotropie sur le temps de retour à l'isotropie. Pour le préciser, définissons les deux échelles temporelles suivantes pour :

- la décroissance énergétique : $T_D = -\bar{k}\left(\mathrm{d}\bar{k}/\mathrm{d}t\right)^{-1}$
- le retour à l'isotropie : $T_R = -\mathbf{II}_a(\mathrm{d}\mathbf{II}_a/\mathrm{d}t)^{-1}$

Le rapport T_R/T_D pour diverses expériences, relevé par Gence [145], Le Penven et al. [249] est donné au tableau suivant avec, pour nombre de Reynolds de turbulence l'expression de Lumley et al. [280] :

$$R_T = \frac{\bar{k}^2}{36\,\nu\bar{\varepsilon}}$$

On y observe en premier lieu que, pour toutes les expériences consignées, l'invariant cubique du tenseur d'anisotropie $\mathbf{III}_a \equiv a_{ik}a_{kl}a_{li}$ ne conserve pas le même signe, lequel semble en outre affecter l'échelle de temps caractéristique du retour à l'isotropie.
On peut en effet relever que le retour à l'isotropie est généralement rapide (T_R de l'ordre de 0,4 à 0,5 T_D) lorsque l'invariant $\mathbf{III}_a$ est négatif. Il s'effectue par contre plus lentement (T_R de l'ordre de 0,8 à 2 T_D), en présence d'un invariant $\mathbf{III}_a$ positif.

Auteur	Expérience				Rapport
	Génération de l'anisotropie initiale	Paramètres initiaux			T_R/T_D
		R_T	$\mathbf{II}_a$	$\mathbf{III}_a$	
Uberoi (1957) [429]	Contraction axisymétrique	160	0,047	de $-7\ 10^{-3}$ à $-1,3\ 10^{-5}$	0,36
Mills & Corrsin (1959) [299]	Contraction axisymétrique	60	0,056	de $-5,7\ 10^{-3}$ à $-1,2\ 10^{-3}$	0,36
Comte-Bellot & Corrsin (1966) [77]	Grille avec faible contraction	420	0,0015	$\approx 2,4\ 10^{-5}$	2,00
Tucker & Reynolds (1968) [428]	Distorsion plane	460	0,08	de $-4,5\ 10^{-4}$ à $-3\ 10^{-3}$	0,5
Gence (1979)[144]	Distorsion plane	450	0,08	de $+2,6\ 10^{-3}$ à $+4,2\ 10^{-3}$	0,63
Warhaft (1980) [441]	Contraction axisymétrique	150	0,116	$\approx -16,1\ 10^{-3}$	0,38
Choi (1983) [67]	Distorsion plane	180	0,061	$\approx +0,75\ 10^{-3}$	0,82
	Expansion axisymétrique	260	0,062	$\approx +5,8\ 10^{-3}$	≈ 1
Le Penven, Gence & Comte-Bellot (1985) [249]	Distorsion plane	350	0,054	$\approx +3,1\ 10^{-3}$	≈ 1
	Contraction bilatérale	450	0,062	$\approx -5\ 10^{-3}$	0,38

Tableau 8.2 Temps de décroissance et de retour à l'isotropie selon divers auteurs.

Compte tenu de la signification physique du signe de l'invariant $\mathbf{III}_a$ — voir complément ci-après —, une explication simple de son influence sur le temps de retour à l'isotropie peut être la suivante :

– pour les expériences où $\mathbf{III}_a$ est négatif, *deux* composantes sont susceptibles d'alimenter la troisième. Il est plausible d'en inférer que la redistribution de l'énergie entre les composantes du tenseur de Reynolds se fait alors rapidement ;

– à l'opposé, lorsqu'une seule composante est excédentaire par rapport aux deux autres, le retour à l'isotropie devra intervenir vraisemblablement plus lentement. C'est le cas des expériences où $\mathbf{III}_a$ est positif.

Ainsi la dynamique du retour à l'isotropie implique-t-elle vraisemblablement l'invariant cubique du tenseur d'anisotropie, élément important pour l'élaboration ultérieure d'une schématisation réaliste de ce phénomène.

En résumé, il ressort de l'ensemble des constatations précédentes, qu'en l'absence de tout gradient de vitesse moyenne, une turbulence anisotrope évolue de façon à réduire cette anisotropie. En suivant Gence [144] cela signifie concrètement que :

- les axes principaux du tenseur de Reynolds, tels qu'ils ont été pré-orientés, ne subissent pas, lors du retour à l'isotropie, de réorientation et conservent donc des directions fixes dans le repère galiléen du laboratoire ;
- les écarts entre composantes diagonales de ce tenseur dans ses axes principaux tendent à se réduire en l'absence de toute action du champ moyen ;
- le temps caractéristique du retour à l'isotropie dépend du type d'anisotropie traduit par le signe de l'invariant cubique du tenseur d'anisotropie.

COMPLÉMENT — ***Interprétation physique du signe de l'invariant III du tenseur d'anisotropie*** — En complément de ce qui a été déjà vu au Chapitre III-§5.3.4, et pour comprendre à quoi correspond physiquement la variation de signe de l'invariant cubique III_a, considérons une situation de turbulence anisotrope mais axisymétrique pour laquelle le tenseur de Reynolds est, par définition de la forme :

$$\frac{\overline{u_i u_j}}{2\bar{k}} = \begin{pmatrix} \alpha & 0 & 0 \\ 0 & \alpha & 0 \\ 0 & 0 & \beta \end{pmatrix}$$

Deux cas anisotropes et deux seulement sont alors envisageables, selon que α est supérieur ou inférieur à β.

Désignant par x un réel tel que $0 < x \leq \alpha$, on peut convenir de définir le premier cas ($\alpha > \beta$) par : $\beta = \alpha - x$ soit, puisque nécessairement $2\alpha + \beta = 1$, $x = 3\alpha - 1$. La condition $x > 0$ impose alors $\alpha > 1/3$. Posant $b = 2(\alpha - 1/3) > 0$, il est facile de voir que le tenseur d'anisotropie s'écrit (cas n° 1) :

$$a_{ij} = \begin{pmatrix} b/2 & 0 & 0 \\ 0 & b/2 & 0 \\ 0 & 0 & -b \end{pmatrix} (cas\ n^o\ 1) \quad ou \quad a_{ij} = \begin{pmatrix} -b/2 & 0 & 0 \\ 0 & -b/2 & 0 \\ 0 & 0 & b \end{pmatrix} (cas\ n^o\ 2)$$

Le résultat du cas n° 2 ($\alpha < \beta$) s'obtient de façon similaire en posant cette fois $b = (\beta - 1/3) > 0$. On en déduit aisément que $II_a = 3b^2/2$ dans les deux cas. En revanche, III_a vaut $-3b^3/4$ dans le premier et $+3b^3/4$ dans le second.
Ainsi le signe de l'invariant cubique distingue clairement les deux situations de turbulence anisotrope axisymétrique, l'une de type "disque" ($\alpha > \beta$ et $III_a < 0$), l'autre de type "cigare" ($\alpha < \beta$ et $III_a > 0$) comme l'illustre le schéma de la figure 5 du Chapitre III.

4 Turbulence homogène cisaillée

4.1 La configuration d'écoulement

Le schéma expérimental de cet écoulement est illustré à la figure 24. Dans un conduit à section constante, un dispositif — il peut s'agir d'une grille dont l'espacement des barreaux dans une direction n'est pas uniforme — génère en aval, une turbulence sensiblement homogène évoluant en présence d'une répartition transversale de vitesse moyenne linéaire.
Comme en situation de turbulence homogène et isotrope, il n'existe pas pour la turbulence homogène cisaillée d'échelle de vitesse ou de longueur imposée. Par contre, l'action du champ moyen par un cisaillement constant fixe une *échelle de temps caractéristique* :

$$\vartheta = \left(\frac{\mathrm{d}\bar{U}}{\mathrm{d}y}\right)^{-1} \tag{8-37}$$

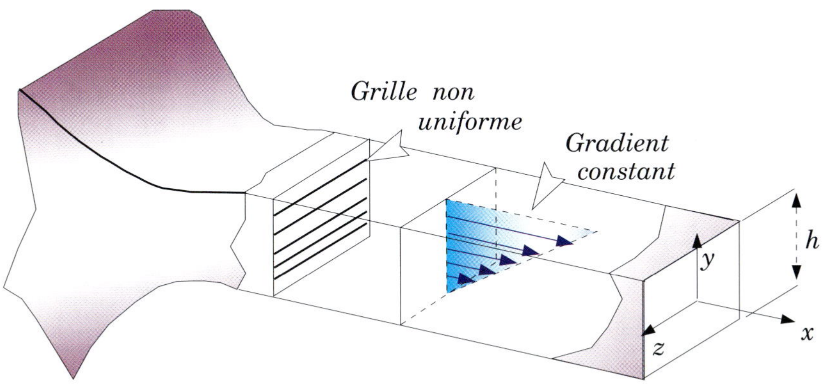

Fig. 24: Configuration expérimentale de turbulence homogène cisaillée.

De nombreux travaux ont été consacrés à l'étude d'une turbulence homogène soumise à un gradient **constant** de vitesse moyenne. On peut citer par exemple ceux de Rose [359], [358], Champagne, Harris et Corrsin [58], [173], Mulhearn et Luxton [303], Deissler [108], [109] et Sabel'Nikov [368].
En outre, cet écoulement a été également traité par simulation numérique directe, avec l'une des premières publications de Rogallo [352] en 1981.

4.2 Les résultats sur les tensions de Reynolds

Les évolutions longitudinales des quatre tensions de Reynolds $\overline{u^2}, \overline{v^2}, \overline{w^2}$ *et* $\overline{uv}$ sont présentées ci-après.

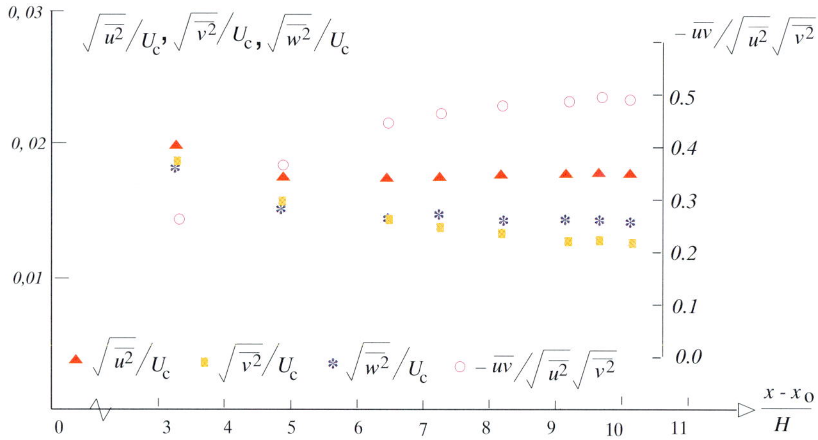

Fig. 25: Tensions de Reynolds en turbulence homogène cisaillée (adapté de Champagne et al. [58]).

On note que :

- après une phase de décroissance, les contraintes normales (voir intensités de turbulence) se stabilisent à un niveau qui demeure sensiblement constant ;
- la composante longitudinale $\overline{u^2}$ est la première à atteindre cette situation ;
- la valeur de la contrainte de cisaillement augmente pour atteindre elle aussi un niveau sensiblement constant.

Ces mesures suggérent l'existence d'un état de "maintien à niveau énergétique" pour cet écoulement. Il se caractérise en particulier (voir tableau suivant) par des valeurs constantes de :

$$u' = \sqrt{\overline{u^2}}/U_{ref} \qquad v' = \sqrt{\overline{v^2}}/U_{ref} \qquad w' = \sqrt{\overline{w^2}}/U_{ref} \qquad C_{uv} = \overline{uv}/\sqrt{\overline{u^2}} \times \sqrt{\overline{v^2}}$$

où la vitesse de référence U_{ref} est prise au centre du conduit.
Un tel état n'est possible que par la présence de mécanismes "d'apport d'énergie" qui viennent compenser l'influence de la dissipation, contrairement à ce que nous avons vu en l'absence de cisaillement.

Fonction / Auteur / Réf	ϑ (s)	$u'(\%)$	$v'(\%)$	$w'(\%)$	C_{uv}
Rose [358], [359]	0,12	1,1	0,90	0,95	0,45
Champagne et al.(1970) [58]	0,077	1,8	1,3	1,4	0,5
Champagne et al.(1977) [173]	0,023	5,2	3,3	4	0,47

Tableau 8.3 Valeurs asymptotiques des tensions de Reynolds en turbulence homogène cisaillée selon divers auteurs.

L'état d'équilibre asymptotique des tensions normales correspond à un régime établi (indépendant de x) en situation *anisotrope*, avec systématiquement $\overline{u^2} > \overline{w^2} > \overline{v^2}$ et $\overline{uv} \neq 0$. Le rapport entre les contraintes extrêmes $(\overline{u^2}/\overline{v^2})$ s'établit respectivement à 1,22 1,38 et 1,58 et augmente donc avec l'échelle de temps du cisaillement ϑ.

Nous allons à présent compléter cette conclusion en **norme** par des propriétés d'**orientation** en référence aux directions principales du tenseur des contraintes de Reynolds.

Selon les mesures de Champagne et al. 1970) [58], le coefficient de corrélation $\overline{uw}/\sqrt{\overline{u^2}} \times \sqrt{\overline{w^2}}$ est de l'ordre de 0,01 si bien qu'en première approximation, le tenseur des contraintes cinématiques de turbulence, dans les axes de l'écoulement (cf. Fig 24) se réduit à :

$$-\overline{u_i u_j} = -\begin{pmatrix} \overline{u^2} & \overline{uv} & 0 \\ \overline{uv} & \overline{v^2} & 0 \\ 0 & 0 & \overline{w^2} \end{pmatrix}$$

Les composantes principales du plan (x,y) sont données par :

$$-\sigma_I = \frac{\overline{u^2}+\overline{v^2}}{2} + \sqrt{\left(\frac{\overline{u^2}-\overline{v^2}}{2}\right)^2 + \overline{uv}^2} \quad \text{et} \quad -\sigma_{II} = \frac{\overline{u^2}+\overline{v^2}}{2} - \sqrt{\left(\frac{\overline{u^2}-\overline{v^2}}{2}\right)^2 + \overline{uv}^2}$$

Les orientations des axes principaux sont quant à elles définies par :

$$\alpha_I = \frac{1}{2}\, arc\ tg\left(\frac{2\overline{uv}}{\overline{u^2}-\overline{v^2}}\right) \qquad et \qquad \alpha_{II} = \frac{\pi}{2} - \frac{1}{2}\, arc\ tg\left(\frac{2\overline{uv}}{\overline{u^2}-\overline{v^2}}\right)$$

Les résultats de la figure 26(a) confirment l'anisotropie en module, le rapport des contraintes principales s'établissant, selon Champagne et al. (1970) [58], à 2,3. L'influence du taux de cisaillement sur ce résultat a été mise en évidence par ces mêmes auteurs en (1977) [173], qui notent que cette valeur du rapport σ_I/σ_{II} passe à 4,1 lorsque le cisaillement $\mathrm{d}\overline{U}/\mathrm{d}y$ s'établit à $44\ s^{-1}$ contre $12,9\ s^{-1}$ pour les premières expériences de 1970.

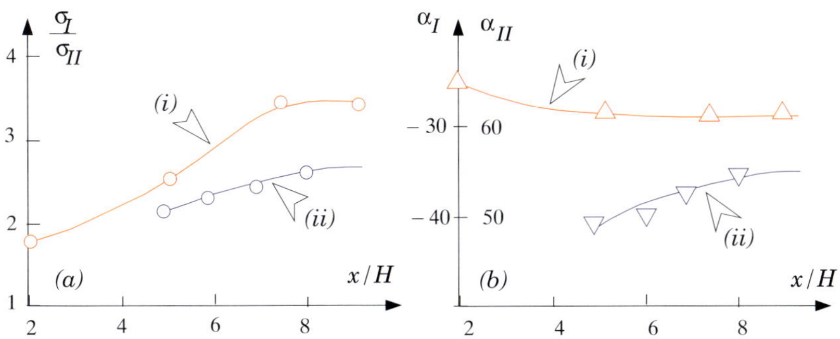

Fig. 26: Comportement asymptotique des éléments principaux du tenseur des contraintes turbulentes en turbulence homogène cisaillée : (i) Mulhearn et al. [303] — (ii) Champagne et al. [58].

Pour les orientations des axes principaux — Fig.26(b) —, les valeurs de Champagne et al. en 1970 et 1977 sont de l'ordre de –28 (–22) et 62 (68) degrés respectivement. L'étude de Mulhearn et al [303] confirme la tendance vers l'état d'équilibre asympotique, les niveaux n'étant pas comparables en raison des différences de génération de l'écoulement homogène.
Si l'on se rappelle que les angles des directions principales du tenseur des vitesses moyennes de déformation ($\overline{S}_{ij}$) sont, pour un écoulement cisaillé simple, de ± 45 degrés, il est manifeste que les deux tenseurs $\overline{u_i u_j}$ et $\overline{S}_{ij}$ ne peuvent être reliés linéairement. En d'autres termes une schématisation par loi gradient avec viscosité de turbulence du type :

$$\overline{u_i u_j} \propto \nu_T \overline{S}_{ij}$$

n'est pas valable. Nous retrouverons une conclusion semblable en écoulement de canal et de couche limite[1], ce qui distingue ces configurations de celles d'autres écoulements cisaillés simples, jets et sillage par exemple, où les axes principaux des deux tenseurs sont alors sensiblement colinéaires.

En conclusion, on retiendra que la turbulence homogène établie en présence d'un cisaillement constant se caractérise par :

- la constance du montant énergétique ;
- l'anisotropie des contraintes de turbulence ;
- le non alignement des axes principaux du tenseur de Reynolds avec ceux du tenseur des vitesses de déformation du champ moyen..

COMPLÉMENT — ***Anisotropie des contraintes normales*** — Selon les niveaux du taux de cisaillement et de viscosité, les simulations numériques de Rogallo [352] conduisent aux plages suivantes d'amplitudes des contraintes normales de turbulence :
$\overline{u^2}/2\overline{k}$: de 0,5 à 0,62; $\overline{v^2}/2\overline{k}$: de 0,2 à 0,14; $\overline{w^2}/2\overline{k}$: de 0,3 à 0,24.
En outre, la valeur de 4,1 du rapport des valeurs propres σ_I/σ_{II} selon Harris et al. (1977) [173] est tout à fait comparable à celle que l'on obtient dans les écoulements cisaillés de canal (3 à 5), couche limite (3 à 4) ou sillage plan (2 à 6).

4.3 Discussion des propriétés au second ordre

Nous nous proposons à présent de mettre en perspective les données recueillies sur $\overline{u_i u_j}$ et les équations qui gouvernent ces tensions. Observons en premier lieu que, par raison d'homogénéité, les termes de corrélation pression-vitesse (3-20) se simplifient, puisque :

$$\overline{u_i \frac{\partial p}{\partial x_j}} + \overline{u_j \frac{\partial p}{\partial x_i}} = \overline{p\left(\frac{\partial u_i}{\partial x_j} + \frac{\partial u_j}{\partial x_i}\right)}$$

[1] Le fait que, pour ces écoulements, de nombreux calculs fondés sur un schéma gradient conduisent néanmoins à des résultats "satisfaisants" au regard des applications ne confère aucunement une quelconque validité scientifique à ce type d'hypothèse !

Dans ces conditions, la restriction des équations générales (3-19) sous les hypothèses d'homogénéité et gradient constant donne :

$$\frac{\mathrm{d}\overline{u^2}}{\mathrm{d}t} = -2\beta\overline{uv} - \frac{2}{\rho}\overline{p\frac{\partial u}{\partial x}} - 2\nu\overline{\left(\frac{\partial u}{\partial x_j}\right)\left(\frac{\partial u}{\partial x_j}\right)} \tag{8-38a}$$

$$\frac{\mathrm{d}\overline{v^2}}{\mathrm{d}t} = 0 - \frac{2}{\rho}\overline{p\frac{\partial v}{\partial y}} - 2\nu\overline{\left(\frac{\partial v}{\partial x_j}\right)\left(\frac{\partial v}{\partial x_j}\right)} \tag{8-38b}$$

$$\frac{\mathrm{d}\overline{w^2}}{\mathrm{d}t} = 0 - \frac{2}{\rho}\overline{p\frac{\partial w}{\partial z}} - 2\nu\overline{\left(\frac{\partial w}{\partial x_j}\right)\left(\frac{\partial w}{\partial x_j}\right)} \tag{8-38c}$$

où l'on a posé $\mathrm{d}\overline{U}/\mathrm{d}y = C^{te} \equiv \beta$. Par simple addition membre à membre, on déduit que le montant d'énergie cinétique de turbulence est régi par :

$$\frac{\mathrm{d}\overline{k}}{\mathrm{d}t} = -\beta\overline{uv} - \overline{\varepsilon} \tag{8-39}$$

soit encore, avec l'hypothèse de Taylor : $\overline{U}\dfrac{\mathrm{d}\overline{k}}{\mathrm{d}x} = -\beta\overline{uv} - \overline{\varepsilon}$

Or, sous la condition $d\overline{k}/\mathrm{d}x \neq 0$, le premier membre est fonction de y ($\overline{U} = \beta y + \alpha$), alors que, par raison d'homogénéité, le second ne dépend pas de cette variable. Cette contradiction ne peut être levée qu'avec $d\overline{k}/\mathrm{d}x = 0$, de sorte que l'on ne peut observer expérimentalement de turbulence homogène cisaillée qui ne soit pas établie en x.

Le bilan d'énergie cinétique de turbulence pour cet écoulement est alors nécessairement de la forme :

$$0 = \underbrace{-\beta\overline{uv}}_{(P_r)} - \underbrace{\overline{\varepsilon}}_{(D)} \tag{8-40}$$

Quant aux équations de transport de chacune des contraintes (8-38) et (8-39), elles se réduisent à :

$$\overline{u^2} : \quad 0 = -2\beta\overline{uv} - \frac{2}{\rho}\overline{p\frac{\partial u}{\partial x}} - 2\nu\overline{\left(\frac{\partial u}{\partial x_j}\right)\left(\frac{\partial u}{\partial x_j}\right)} \tag{8-41a}$$

$$\overline{v^2} : \quad 0 = 0 - \frac{2}{\rho}\overline{p\frac{\partial v}{\partial y}} - 2\nu\overline{\left(\frac{\partial v}{\partial x_j}\right)\left(\frac{\partial v}{\partial x_j}\right)} \tag{8-41b}$$

$$\overline{w^2} : \quad 0 = 0 - \frac{2}{\rho}\overline{p\frac{\partial w}{\partial z}} - 2\nu\overline{\left(\frac{\partial w}{\partial x_j}\right)\left(\frac{\partial w}{\partial x_j}\right)} \tag{8-41c}$$

$$\overline{uv} : \quad 0 = \underbrace{-\beta\overline{v^2}}_{(P_r)} + \underbrace{\frac{1}{\rho}\overline{p\left(\frac{\partial u}{\partial y} + \frac{\partial v}{\partial x}\right)}}_{(\Pi_{ij})} \tag{8-41d}$$

Ainsi, les effets des mécanismes physiques œuvrant en turbulence homogène cisaillée se traduisent-ils par deux couples de tendances antagonistes :

– un forçage à l'anisotropie par le champ moyen, à travers le terme de production (P_r) des équations (8-41), auquel s'oppose la tendance naturelle de retour à l'isotropie de la turbulence, sous l'action des termes de corrélation avec la fluctuation de pression (Π_{ij}), comme nous l'avons vu au §3.2;

– un accroissement énergétique par apport en provenance du mouvement moyen — terme de production (P_r) de l'équation (8-40) — que vient équilibrer le puits de dissipation (D).

Fondamentalement, cet équilibre "Production = Dissipation" signifie qu'il y a accord entre l'échelle temporelle caractéristique de la turbulence ($\overline{k}/\overline{\varepsilon}$) et celle imposée par le cisaillement moyen, soit :

$$\overline{k}/\overline{\varepsilon} \propto \vartheta(\equiv 1/\beta) \quad \text{ou} \quad \overline{k}/\overline{\varepsilon}\vartheta = C^{te} \tag{8-42}$$

Comme on pourra le vérifier à titre d'exercice, la condition (8-42) est incompatible avec une répartition isotrope des tensions de Reynolds, ce que confirment bien les données tant expérimentales que de simulation directe.

EXERCICE — ***Équilibre production / dissipation et isotropie*** — Montrer que la condition d'accord temporel (8-42) issue de l'équilibre production / dissipation en situation homogène cisaillée est incompatible avec une évolution de turbulence isotrope.

SOLUTION

Ainsi que nous l'avons vu au §2.4, l'énergie cinétique de turbulence en T.H.I. varie comme $\overline{k} \sim t^{-n}$, d'où $\overline{\varepsilon} = -\mathrm{d}\overline{k}/\mathrm{d}t \sim t^{-n-1}$. Avec une évolution isotrope, on aurait une croissance temporelle linéaire de $\overline{k}/\overline{\varepsilon}$, rapport restant fixe sous condition d'équilibre. C.Q.F.D.

4.4 Échelles de longueur

Nous terminerons cette présentation de la turbulence homogène cisaillée par l'examen des échelles de longueur.

Sur la figure ci-contre, la micro-échelle de Taylor demeure sensiblement constante et peut donc servir à exprimer le taux de dissipation — lui aussi constant pour ce type d'écoulement —, selon une relation de type T.H.I. $\overline{\varepsilon} \propto \nu\overline{k}/\lambda^2$. En revanche, la macro-échelle est elle croissante, ce qui invalide une relation (8-15) $\overline{\varepsilon} \propto (\overline{k})^{3/2}/\Lambda$, pour ce type de turbulence.

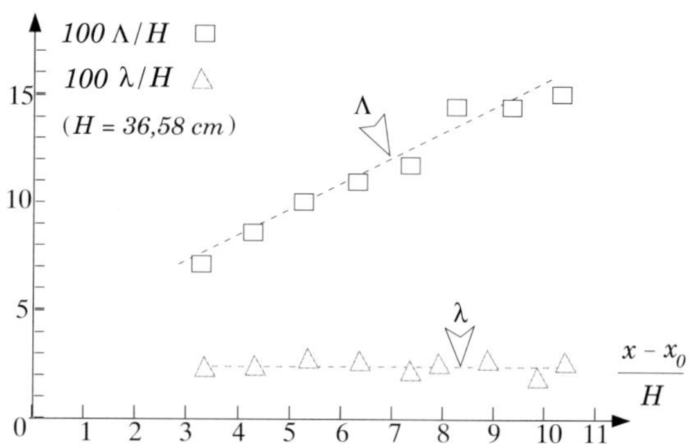

Fig. 27: Micro et macro échelles en turbulence homogène cisaillée, adaptées de Champagne et al. [173].

COMPLÉMENT — ***Nombre de cisaillement*** — Pour tout écoulement cisaillé simple, l'équation (8-42) introduit une grandeur adimensionnelle appelée "nombre de cisaillement[1]". Voisin de l'unité dans les écoulements en équilibre, ce nombre peut atteindre des valeurs de 15 en région de proche paroi et dans des écoulements stratifiés, comme le notent Jacobitz et Sarkar [191].

5 Turbulence homogène en déformation plane

5.1 Action d'une déformation plane sur une turbulence homogène

5.1.1 La configuration expérimentale

La deuxième situation de turbulence homogène *anisotrope* que nous considérons ici résulte de l'action d'une vitesse moyenne de déformation plane sur une turbulence initialement isotrope. Ce thème a fait l'objet de plusieurs investigations expérimentales, notamment par Townsend en 1954, Tucker et Reynolds [428] en 1968, Maréchal [287], [288] en 1970 et 1972, puis Gence [144] en 1979.

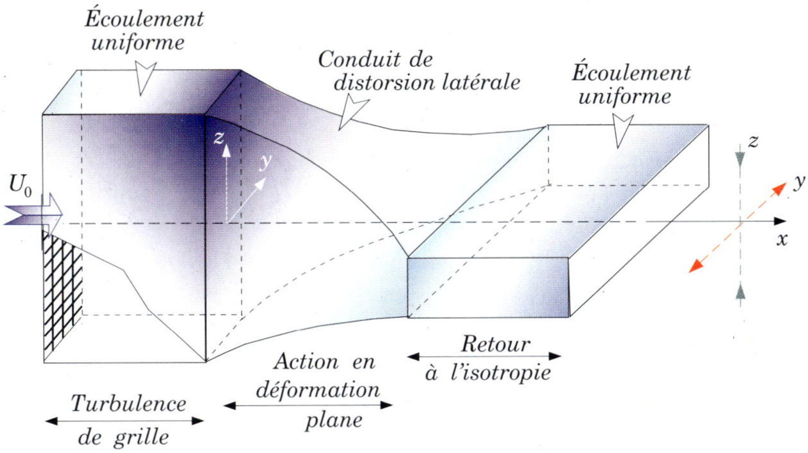

Fig. 28: Schéma de déformation plane transversale à la direction de l'écoulement.

Expérimentalement, cet écoulement s'obtient au passage d'une turbulence de grille dans un canal de distorsion, i.e., imposant un étirement dans une direction exacte-

[1] "shear number" en anglais

ment compensé par un tassement dans une seconde direction normale à la première. Pour l'expérience de Townsend [421], les deux directions sont orthogonales à celle de l'écoulement, ce qui conduit au schéma de la figure 28.

Dans l'étude de Tucker et Reynolds [428], une seconde configuration fut également analysée où l'une des directions de la déformation était colinéaire à celle de l'écoulement, l'autre restant orthogonale à celle-ci.
Pour le cas de la déformation orthogonale à la direction de l'écoulement (Fig. 28), le tenseur gradient de vitesse moyenne se réduit à :

$$\frac{\partial \overline{U}_i}{\partial x_j} = \overline{S}_{ij} + \overline{R}_{ij} \qquad avec \quad \overline{R}_{ij} = 0 \qquad et \quad \overline{S}_{ij} = \begin{pmatrix} 0 & 0 & 0 \\ 0 & \overline{D} & 0 \\ 0 & 0 & -\overline{D} \end{pmatrix} \tag{8-43}$$

où $\overline{D}$ désigne le scalaire positif, homogène à l'inverse d'un temps et égal, par raison de continuité à $\partial\overline{V}/\partial y \equiv -\partial\overline{W}/\partial z$.
Sous l'effet d'une telle déformation, un corps de fluide parallélépipèdique évoluant le long de l'axe du canal et dont la forme initiale serait caractérisée dans le repère (x,y,z) par les distances 1:a:1 se retrouvera en fin de déformation — voir exercice suivant — avec les valeurs 1:1:a.
Pour l'expérience de Townsend [421], le coefficient de déformation est a = 4, et passe à 6, pour celle de Tucker & Reynolds [428].

EXERCICE — ***Conduit de distorsion plane transversale*** — On applique le champ de vitesse de déformation (8-43) à un écoulement uniforme de vitesse $(U_0, 0, 0)$ en $x = 0$.
1) Montrer qu'en évolution isovolume, la vitesse moyenne axiale reste égale à U_0 et que les composantes transversales varient linéairement comme $\overline{D}y$ et $-\overline{D}z$.
2) Établir les équations paramétriques des lignes de courant sous la forme $y = f(x)$ et $z = g(z)$. Vérifier que l'aire de la section droite du canal reste constante au cours de la déformation.

SOLUTION
1) L'équation de continuité du mouvement moyen donne $\partial\overline{U}/\partial x + \overline{D} - \overline{D} = 0$, soit $\overline{U} = \alpha + f(y, z)$. Puisqu'en $x = 0$ on impose $\overline{U} = U_0$ quels que soient y et z, on en déduit bien que $\alpha = U_0$ et $f(y, z) \equiv 0$.
Par hypothèse — éq.(8-43) — on sait que $\partial\overline{V}/\partial y = \overline{D}$, dont l'intégration donne $\overline{V} = \overline{D}y + g(x, z)$. Or, par raison de symétrie en $y = 0$, on doit avoir $\overline{V} = 0$, quels que soient x et z, ce qui amène bien à la variation affine. On démontrerait de même que $\overline{W} = -\overline{D}z$.
2) Les équations différentielles des lignes de courant sont : $\dfrac{\mathrm{d}x}{U_0} = \dfrac{\mathrm{d}y}{\overline{D}y} = \dfrac{\mathrm{d}z}{-\overline{D}z}$
Par intégration, il vient : $y = ae^{x\overline{D}/U_0}$ et $z = be^{-x\overline{D}/U_0}$, où a et b désignent la largeur et la hauteur du canal en $x = 0$. En fin de distorsion $(x = L)$, les valeurs correspondantes sont $a' = ae^{L\overline{D}/U_0}$ et $b' = be^{-L\overline{D}/U_0}$, dont le produit membre à membre montre bien que l'aire se conserve puisque $a'b' = ab$. En pratique, le canal à distorsion latérale s'obtient donc par élargissement exponentiel d'une dimension transversale, avec réduction, également exponentielle, de la seconde.

5.1.2 Effet sur la décroissance énergétique

Les résultats de mesure de l'énergie cinétique de turbulence au cours de l'action de la déformation plane de l'expérience de Tucker & Reynolds [428] sont représentés sur la figure ci-contre.
En l'absence de déformation, le montant énergétique décroît comme $(x - x_0)^{-1,2}$, où x_0 désigne une origine fictive de génération de la turbulence.
Avec déformation, la décroissance énergétique est freinée dans un premier temps pour s'inverser et conduire en fin d'action à une croissance énergétique.

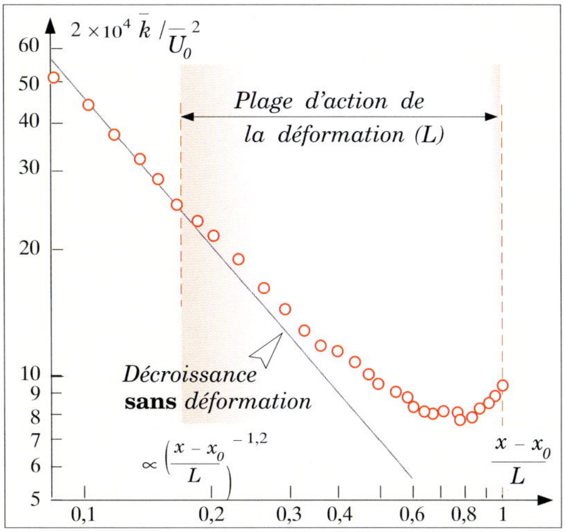

Fig. 29: Énergie cinétique de turbulence avec déformation pure plane transversale (Adapté de Tucker & Reynolds).

On peut donc conclure à l'existence d'une *production* associée à la déformation. Les courbes de la figure suivante permettent de préciser et d'affiner le constat précédent composante par composante.

L'évolution de la contrainte axiale ($\overline{u^2}$) est sensiblement semblable à celle de l'énergie cinétique. En revanche, la composante dans la direction de l'étirement ($\overline{v^2}$) montre une décroissance plus rapide que ce qu'elle est sans déformation.
Au contraire, la composante subissant la compression décroît plus lentement sous l'effet de la déformation.
Ces indices militent en faveur d'un *renforcement de l'anisotropie* en présence de *production* pour une turbulence homogène soumise à déformation latérale pure.

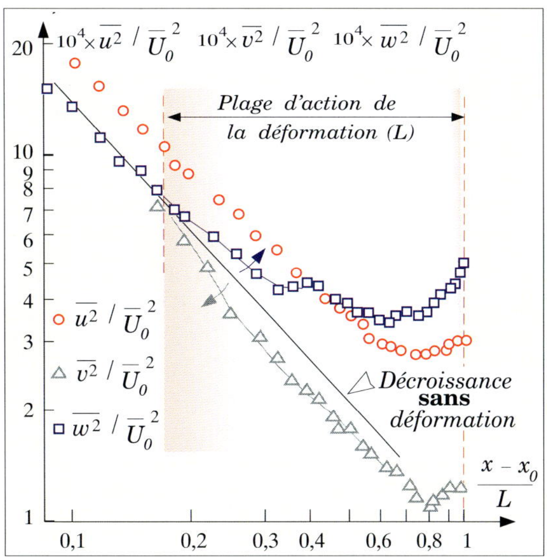

Fig. 30: Intensités de turbulence avec déformation pure plane transversale (Adapté de Tucker & Reynolds).

5.1.3 Effet sur l'anisotropie des tensions normales

Pour préciser l'effet d'anisotropie résultant d'une déformation pure plane sur une turbulence homogène, considérons en premier lieu les rapports de chaque contrainte normale au montant d'énergie cinétique.

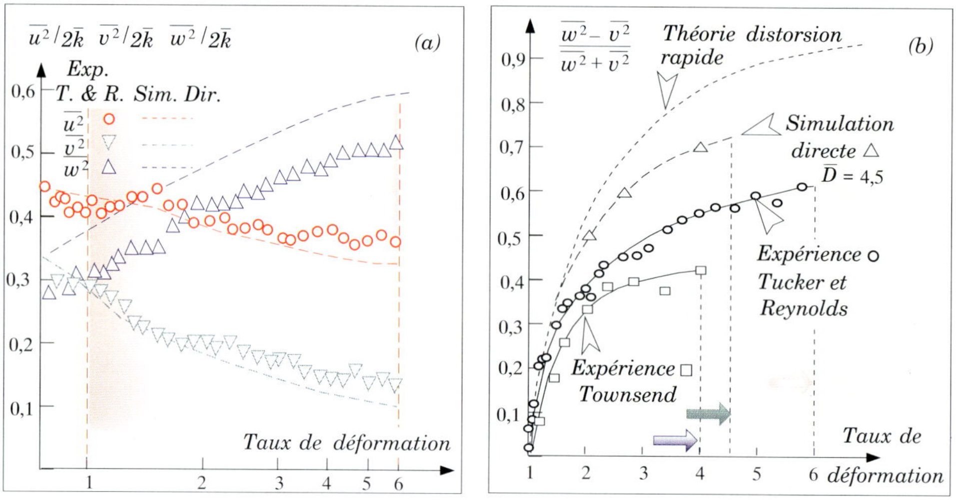

Fig. 31: Anisotropie des tensions normales en déformation pure de turbulence homogène.

Les courbes du diagramme (a) comparent les résultats de l'expérience de Tucker & Reynolds [428] à ceux de la simulation directe de Rogallo [352] pour un taux de vitesse de déformation de 4,5. Elles confirment la nette séparation des contraintes $\overline{v^2}$ et $\overline{w^2}$ qui, partant de valeurs sensiblement voisines, évoluent ensuite en sens opposés jusqu'à atteindre des niveaux dans un rapport de 1 à 5 en fin d'action de la déformation. Dans le même temps, la composante axiale subit une décroissance de l'ordre de 20%.

La différence de comportement entre tensions normales est encore plus manifeste sur le diagramme (b) avec le coefficient d'anisotropie de Taylor de ces contraintes. On observe en outre que le niveau d'anisotropie est fonction de l'intensité de la déformation puisque le coefficient de Taylor est de 0,4 pour l'expérience de Townsend [421], contre 0,6 pour celle de Tucker & Reynolds [428], les taux de déformations étant respectivement de 4 et 6 pour ces deux essais.

En résumé, nous pourrons retenir qu'en agissant sur une turbulence homogène, une déformation plane latérale :

- ralentit, compense et peut même inverser la décroissance énergtique ;
- provoque une anisotropie des contraintes normales de turbulence ;
- ne modifie pas les orientations des axes principaux du tenseur de Reynolds qui restent alignés avec ceux du tenseur des vitesses moyennes de déformation.

5.1.4 Discussion des propriétés au second ordre

Une première explication, d'ordre phénoménologique, peut être apportée à l'anisotropie des tensions normales sous l'action d'une déformation latérale plane. Considérons pour cela deux structures tourbillonnaires préorientées suivant les directions *yy'* et *zz'* de la déformation (Fig. 32). La structure d'axe *xx'* du champ turbulent tridimensionnel n'est pas figurée pour ne pas nuire à la clarté du schéma.

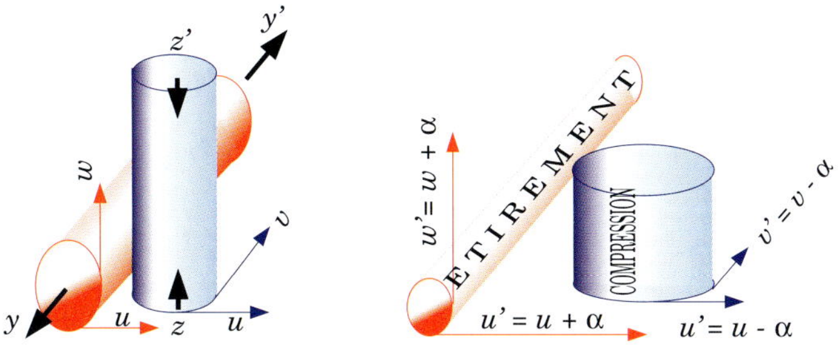

Fig. 32: Évolution schématique de structures tourbillonnaires en déformation pure plane.

Par convention — voir figure 28—, la deuxième direction (*y*) est celle de l'étirement et la troisième (*z*) celle de la compression. Désignant par *u, v, w* les fluctuations de vitesses afférentes à ces structures *avant déformation*, l'étirement du tourbillon d'axe *yy'* va intensifier les composantes *u* et *w* dont les valeurs passent schématiquement, *après déformation* à $u'_e = u + \alpha$ et $w'_e = w + \alpha$, avec $\alpha > 0$. Conjointement, la compression suivant *z* amènera des variations aux composantes *u* et *v* dont les valeurs passeront à $u'_c = u - \alpha$ et $v'_c = v - \alpha$.
Au total, on peut conclure de cette phénoménologie d'action d'une déformation plane latérale, à la diminution des tensions colinéaires à la direction de l'étirement (*v*), à l'augmentation de celles alignées sur la compression (*w*) et au maintien quasi en l'état des tensions normales au plan de la déformation ($u' \simeq (u'_c + u'_e)/2 \simeq u$). Ainsi, la décroissance observée expérimentalement de cette dernière composante ne peut pas être imputée à l'effet de la déformation, mais à la seule dissipation.

La discussion qualitative précédente peut être précisée en considérant les équations régissant chacune des tensions normales :

$$\frac{\mathrm{d}\overline{u^2}}{\mathrm{d}t} = 0 \qquad - \frac{2}{\rho}\overline{p\frac{\partial u}{\partial x}} \quad - 2\nu\overline{\left(\frac{\partial u}{\partial x_j}\right)\left(\frac{\partial u}{\partial x_j}\right)} \tag{8-44a}$$

$$\frac{\mathrm{d}\overline{v^2}}{\mathrm{d}t} = -\overline{D}\,\overline{v^2} \quad - \frac{2}{\rho}\overline{p\frac{\partial v}{\partial y}} \quad - 2\nu\overline{\left(\frac{\partial v}{\partial x_j}\right)\left(\frac{\partial v}{\partial x_j}\right)} \tag{8-44b}$$

$$\frac{\mathrm{d}\overline{w^2}}{\mathrm{d}t} = \underbrace{+\overline{D}\,\overline{w^2}}_{(P_r)} \quad \underbrace{- \frac{2}{\rho}\overline{p\frac{\partial w}{\partial z}}}_{(\Pi_{ij})} \quad - 2\nu\overline{\left(\frac{\partial w}{\partial x_j}\right)\left(\frac{\partial w}{\partial x_j}\right)} \tag{8-44c}$$

Ces relations permettent d'affecter aux mécanismes décelés précédemment une signature explicite dans une analyse au second ordre, à savoir :

- présence de termes de "production", s'opposant à la dissipation pour la composante comprimée et renforçant au contraire les termes de puits pour la composante étirée. Il en résultera une "anisotropisation" des tensions normales ;
- existence d'un transfert énergétique en provenance du champ moyen dans le bilan d'énergie cinétique d'agitation de la forme $\overline{D}\left(\overline{w^2}-\overline{v^2}\right)$. Compte tenu du premier item, on doit avoir $\overline{w^2}-\overline{v^2}>0$ et ce transfert est bien un apport d'énergie. Il y a aura donc réduction du taux de décroissance énergétique.

Précisons pour finir, s'agissant de l'anisotropie, qu'elle est le résultat d'un antagonisme entre (i) un forçage de l'anisotropie par action directe du champ moyen (P_r) et (ii) une tendance au retour à l'isotropie par action de la turbulence sur elle-même (Π_{ij}
). Ces deux mécanismes ne se font pas à même échelle de temps.

5.2 Action de deux déformations planes successives sur une turbulence homogène

Les résultats qui viennent d'être exposés tendraient à accréditer l'idée qu'une déformation plane est toujours génératrice d'anisotropie. Or cette conclusion peut être parfois infirmée car l'effet d'un tel gradient moyen dépend très fortement de l'histoire du tenseur de Reynolds, comme l'a bien montré Gence.
Pour comprendre l'explication, rappelons que, pour les études précédentes, la déformation est appliquée à une turbulence homogène et initialement *quasi isotrope*. Dans sa thèse, Gence [144] a réalisé un montage où deux déformations planes sont appliquées successivement, de sorte que la seconde agit sur un "matériau turbulent" préalablement conditionné en orientation.
La conception du conduit (fig.33) reprend la configuration générale du circuit de distorsion de Townsend, mais en section elliptique, de sorte que la distorsion latérale amène nécessairement au passage par une section circulaire. Les tronçons situés de part et d'autre de cette section sont mobiles en rotation autour de leur axe commun, ce qui permet de faire varier les angles relatifs des directions principales des deux déformations planes.

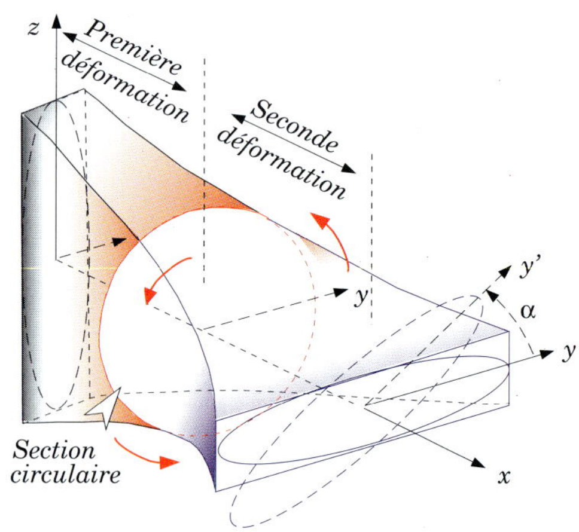

Fig. 33: Schéma du conduit à déformations planes successives de l'expérience de Gence [144].

5.2.1 Effet d'orientation sur l'anisotropie.

Les courbes de la figure 34 donnent les évolutions du coefficient d'anisotropie de Taylor (K_w^v) des contraintes normales et du second invariant du tenseur d'anisotropie (II_a) pour deux orientations différentes des axes principaux de la seconde déformation, relativement à ceux de la première (angle α sur la figure 33).

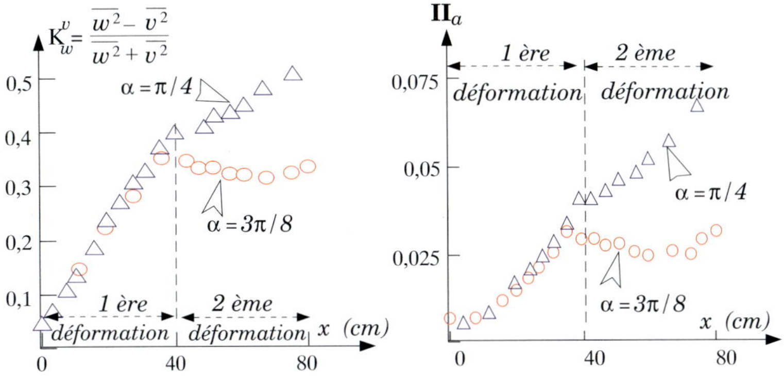

Fig. 34: Anisotropie des tensions normales sous l'action de deux déformations planes successives de l'expérience de Gence [144].

Pour l'orientation $\alpha = \pi/4$ on note toujours une tendance au renforcement de l'anisotropie lors de la seconde déformation, mais à un taux plus faible qu'au cours de la première. En revanche, pour $\alpha = 3\pi/8$, la seconde déformation se traduit par un retour vers l'isotropie pour les deux paramètres examinés. Ainsi, selon l'orientation relative des axes principaux du tenseur de Reynolds et de la déformation moyenne, il peut y avoir non seulement réduction de la tendance à l'anisotropie, mais encore retour forcé vers l'isotropie.

5.2.2 Production négative de turbulence

Une autre conséquence de l'effet d'orientation que nous venons de signaler s'observe sur la décroissance énergétique de la figure suivante.
Pour un angle de $\pi/4$ et plus encore pour celui de $3\pi/8$, la décroissance énergétique se fait à un taux nettement supérieur à celui imposé par la seule dissipation du cas $\alpha = 0$. Or l'équation d'évolution de $\overline{k}$, obtenue par sommation des relations (8-44), *est explicitement indépendante* de α et s'écrit :

$$\frac{\mathrm{d}\overline{k}}{\mathrm{d}t} = \overline{D}\left(\overline{w^2} - \overline{v^2}\right) - \overline{\varepsilon}$$

Si le second terme du second membre est toujours négatif, le signe du premier peut varier selon la nature de l'anisotropie. Dans ces conditions, l'intensification de la décroissance énergétique traduit une réduction du terme source lié à la déformation, qui peut même devenir un terme de puits lorsque $\overline{w^2} < \overline{v^2}$. C'est la situation mesurée par Gence [144] avec $\alpha = 3\pi/8$.

Pour cette seconde orientation, l'énergie d'agitation diminue plus vite que ne l'impose la dissipation en raison d'un transfert vers le moiuvement moyen. On parle encore de "production négative".

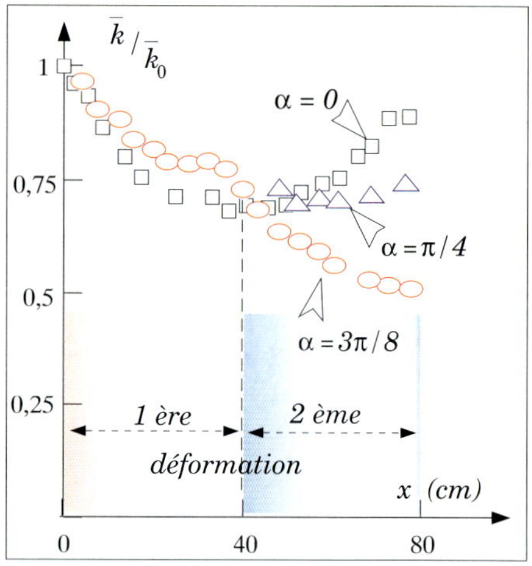

Fig. 35: Effets énergétiques de deux déformations planes successives de l'expérience de Gence [144].

En conclusion de cette étude, nous compléterons la synthèse du paragraphe 5.1.3. de l'action d'une déformation plane latérale sur une turbulence homogène en disant que :

- les effets d'une déformation pure plane sur une turbulence homogène dépendent de l'orientation relative des axes principaux du tenseur de Reynolds et de ceux de la déformation ;
- pour certaines valeurs, la déformation peut provoquer un retour forcé vers l'isotropie ;
- une telle situation peut s'accompagner d'une inversion de transfert énergétique qui se fait en retour de la turbulence vers le mouvement moyen ("production négative").

6 Turbulence homogène en rotation

6.1 La configuration expérimentale

Dans de nombreuses applications pratiques en machines tournantes comme en circulation atmosphérique terrestre, la turbulence se trouve soumise à des effets de mise en rotation du fluide. Si l'on désigne par Ω le module de la vitesse angulaire caractéristique de cette rotation, de tels effets peuvent être comparés, dans le bilan de quantité de mouvement, à l'advection et aux forces de viscosité, introduisant ainsi et respectivement, les nombres de Rossby et d'Eckman :

$$Nombre\ de\ Rossby\ :\quad R_O \propto \frac{\acute{E}chelle\ de\ temps\ de\ rotation}{\acute{E}chelle\ de\ temps\ d'advection} = \frac{\mathcal{U}}{2\mathcal{L}\Omega} \tag{8-45}$$

$$Nombre\ d'Eckman\ :\quad E \propto \frac{\acute{E}chelle\ de\ temps\ de\ rotation}{\acute{E}chelle\ de\ temps\ de\ diffusion} = \frac{\nu}{2\mathcal{L}\Omega} \tag{8-46}$$

Plusieurs situations expérimentales ont été imaginées pour explorer l'influence de ces nombres sur l'évolution d'une turbulence homogène. Citons par exemple Wigeland & Nagib [443] en 1978, et Jacquin [193] en 1989 en turbulence de grille avec rotation colinéaire au sens de l'écoulement, Ibbetson & Tritton [190] en 1975, et Hopfinger, Browand & Gagne [184] en 1982, pour une turbulence en cuve en rotation.

Pour une première illustration des effets de rotation, nous nous en tiendrons dans la suite à l'expérience de Jacquin [193], [194] dont la configuration est schématisée à la figure suivante.

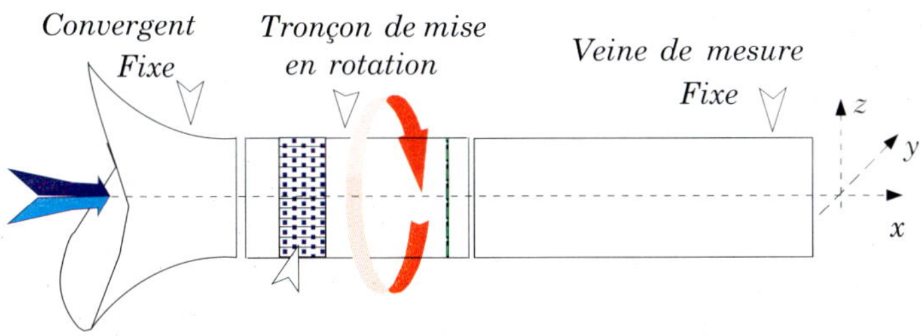

Fig. 36: Schéma du montage expérimental de Jacquin.

Un tronçon cylindrique de section circulaire, de 30 cm de diamètre et 50 cm de long peut être mis en rotation autour de son axe. La vitesse maximum de rotation est de 800 tours par minute, soit 83 rad/s. Il est muni dans sa partie amont d'une structure en nid d'abeilles de 10 cm de long et 1,5 mm de maille. Ce dispositif provoque la rotation en bloc du fluide par déviation brutale des filets d'air en sortie des alvéoles. Dans la partie aval du tronçon mobile est disposé le générateur de turbulence. Il s'agit d'une grille constituée de barreaux cylindriques de 3 mm de diamètre disposés en un treillis à maille carrée de taille $M = 1,5\ cm$. Le facteur de blocage est de 0,36.

6.2 Les effets de la rotation

6.2.1 Décroissance énergétique

Le montant d'énergie cinétique de turbulence rapporté à sa valeur dans la section initiale de la veine (fixe) de mesure obtenu par Jacquin [193] est présenté à la

figure suivante.
Le temps est normé par l'échelle de déclin de turbulence ($\bar{k}_0/\bar{\varepsilon}_0$) dans la section initiale de référence.
On observe clairement le ralentissement de la décroissance énergétique sous l'action de la rotation. Cet effet, pratiquement indécelable en deçà de 5 rd/s, est d'autant plus prononcé que la vitesse angulaire est élevée.

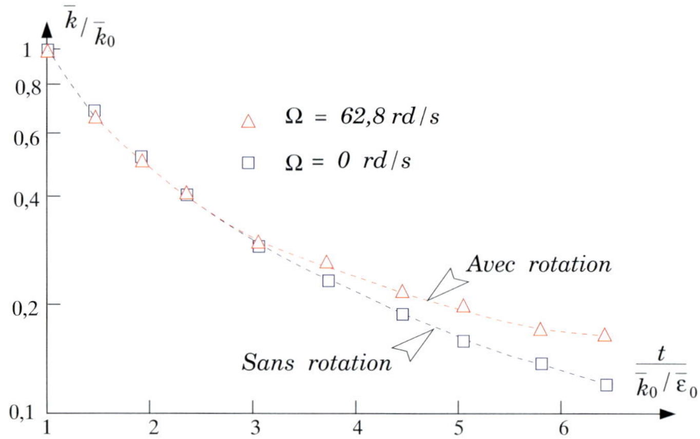

Fig. 37: Effet d'une rotation sur la décroissance énergétique adapté de Jacquin [193].

On peut chercher à quantifier ce résultat par une loi de décroissance énergétique de la forme :

$$\bar{k} \propto (x - x_0)^{-n}$$

La rotation s'y manifeste par une diminution de l'exposant n et une augmentation de la position de l'origine fictive x_0, selon les valeurs du tableau suivant.

Vitesse angulaire Ω (rd/s)	Exposant n	Origine fictive x_0/M
0	1,30	2,6
5,2	1,23	4
15,7	1,15	5
31,4	1,08	6,2
62,8	0,81	10

Tableau 8.4 Influence de la rotation sur la loi de décroissance énergétique selon Jacquin [193].

6.2.2 Renforcement de l'anisotropie

Si l'on considère les contraintes normales $\overline{u^2}$ et $\overline{v^2}$ séparément, (figure 38), on note que la composante axiale n'est pratiquement pas affectée par la rotation — sauf pour la valeur maximale de Ω. La composante transversale est en revanche profondément altérée, puisque (i) son niveau initial (en sortie du conduit tournant) est augmenté par la rotation et (ii) la décroissance dans le conduit libre est réduite. Ainsi la rotation signe encore un effet d'anisotropie sur la turbulence.

Comme nous le verrons par la suite, aucun apport énergétique net ne peut incomber à la rotation, de sorte que le ralentissement de la décroissance énergétique ne saurait provenir de la présence d'un terme source spécifique dans le bilan d'énergie cinétique de turbulence. Il ne peut donc s'expliquer que par un effet induit du renforcement de l'anisotropie.

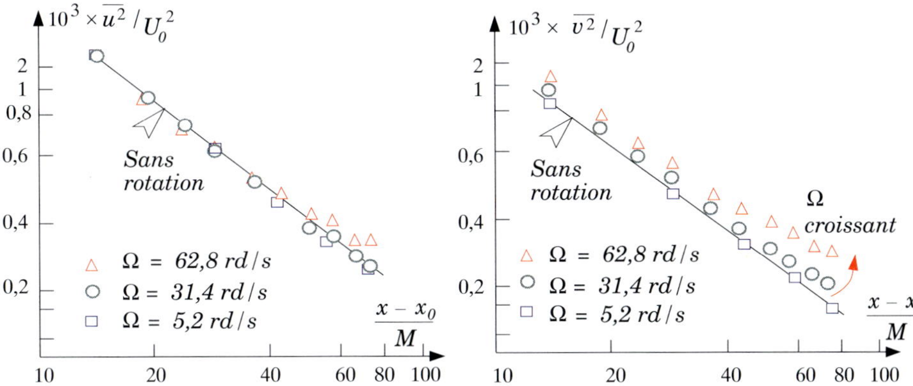

Fig. 38: Effet d'une rotation sur la décroissance des intensités de turbulence, adapté de Jacquin.

6.2.3 Échelles intégrales

Les échelles de longueur intégrales L_u et L_v, relatives aux fluctuations axiales et transversales respectivement sont présentées à la figure suivante.

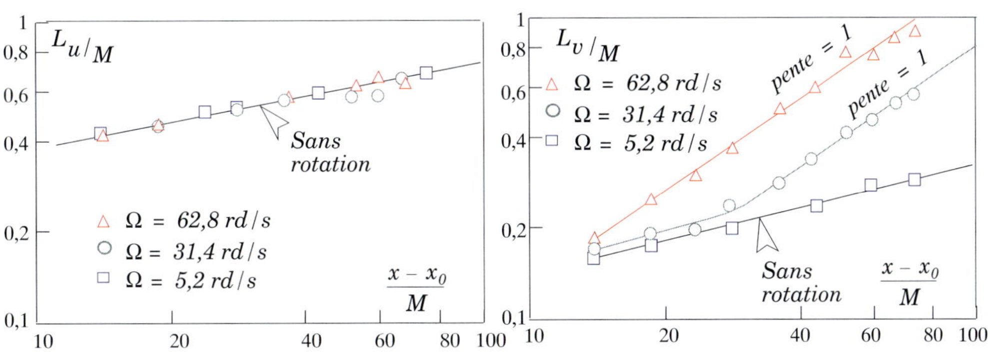

Fig. 39: Échelles intégrales de l'expérience de Jacquin.

S'agissant de l'échelle intégrale L_u, on note une croissance qui reste très sensiblement celle observée en l'absence de rotation. On peut en conclure que, pour cette direction de contrainte, l'augmentation de l'échelle résulte simplement de l'effet de reconditionnement spectral induit par la disparition des plus petites structures, comme nous l'avons vu dans le cas de la T.H.I.

En revanche, l'évolution de l'échelle intégrale transversale est, elle, profondément modifiée sous l'action de la rotation. Dans ce cas, la croissance outrepasse très largement celle résultant de la simple élimination des structures fines par dissipation visqueuse *sans* rotation. On peut donc conclure à un renforcement de la répartition spectrale de $\overline{v^2}$ sur la plage des structures énergétiques ("gros tourbillons") sous l'action spécifique de la rotation.

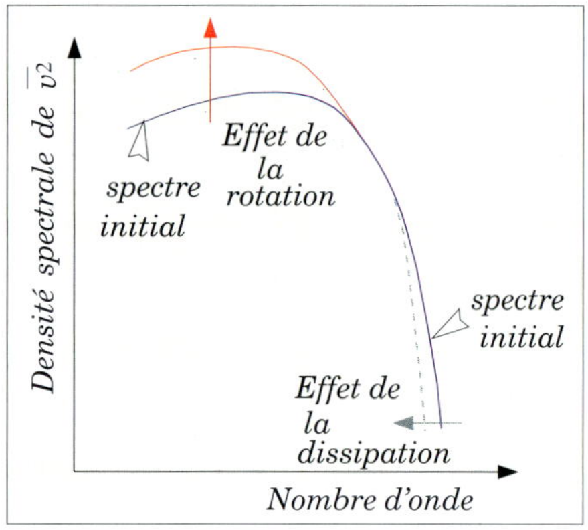

Fig. 40: Reconditionnement spectral lors de la dégénérescence avec rotation.

De cet ensemble de résultats, on peut retenir que sous l'action d'une rotation axiale en turbulence homogène :

- la décroissance énergétique est ralentie ;
- la composante axiale des tensions de Reynolds est faiblement sensible à la rotation ;
- la composante radiale est très sensible à la rotation qui (i) amplifie son niveau initial et (ii) réduit son taux de décroissance ultérieur;
- l'échelle intégrale transversale est fortement amplifiée traduisant un renforcement énergétique des structures porteuses d'énergie.

6.3 Discussion des propriétés au second ordre

Dans un repère tournant à la vitesse angulaire $\vec{\Omega}$, le champ des fluctuations turbulentes de vitesse $\vec{v}(\vec{x},t)$ et de pression $p(\vec{x},t)$ est régi, en l'absence de nouvement moyen, par :

$$\frac{\partial \vec{v}}{\partial t} + 2\vec{\Omega} \wedge \vec{v} + \vec{v} \odot \overline{\overline{grad}}\vec{v} = -\frac{1}{\rho}\vec{grad}p + \nu\vec{\Delta}\vec{v} \qquad (8\text{-}47)$$

On reconnaît successivement au premier membre de cette équation, les termes de variation instationnaire, d'accélération de Coriolis et d'advection. En passant aux notations indicielles, on déduit les équations de transport des tensions de Reynolds avec rotation et sans vitesse moyenne sous la forme :

$$\begin{aligned}\frac{\partial \overline{u_i u_j}}{\partial t} &= -2\Omega_k\left(\overline{u_j u_l}\,\epsilon_{ikl} + \overline{u_i u_l}\,\epsilon_{jkl}\right) \ldots\ldots\ldots \quad \textit{Action de la rotation}\\ &- \frac{\partial}{\partial x_k}(\overline{u_i u_j u_k}) \ldots\ldots\ldots\ldots\ldots\ldots\ldots \quad \textit{Diffusion turbulente}\\ &- \frac{1}{\rho}\left(\overline{u_i \frac{\partial p}{\partial x_j}} + \overline{u_j \frac{\partial p}{\partial x_i}}\right) \ldots\ldots\ldots \quad \textit{Corrélation avec la pression}\\ &+ \nu\left(\overline{u_i \frac{\partial^2 u_j}{\partial x_k \partial x_k}} + \overline{u_j \frac{\partial^2 u_i}{\partial x_k \partial x_k}}\right) \ldots \quad \textit{Viscosité}\end{aligned} \tag{8-48}$$

En explicitant cette équation par composantes il vient, pour une turbulence homogène soumise à rotation axiale :

$$\begin{aligned}\frac{\mathrm{d}\overline{u^2}}{\mathrm{d}t} &= 0 && - \frac{2}{\rho}\overline{p\frac{\partial u}{\partial x}} && - 2\nu\overline{\left(\frac{\partial u}{\partial x_k}\right)\left(\frac{\partial u}{\partial x_k}\right)}\\ \frac{\mathrm{d}\overline{v^2}}{\mathrm{d}t} &= +4\Omega\overline{vw} && - \frac{2}{\rho}\overline{p\frac{\partial v}{\partial y}} && - 2\nu\overline{\left(\frac{\partial v}{\partial x_k}\right)\left(\frac{\partial v}{\partial x_k}\right)}\\ \frac{\mathrm{d}\overline{w^2}}{\mathrm{d}t} &= -4\Omega\overline{vw} && - \frac{2}{\rho}\overline{p\frac{\partial w}{\partial z}} && - 2\nu\overline{\left(\frac{\partial w}{\partial x_k}\right)\left(\frac{\partial w}{\partial x_k}\right)}\\ \frac{\mathrm{d}\overline{vw}}{\mathrm{d}t} &= 2\Omega\left(\overline{v^2} - \overline{w^2}\right) - \frac{2}{\rho}\overline{p\left(\frac{\partial v}{\partial z} + \frac{\partial w}{\partial y}\right)}\end{aligned} \tag{8-49}$$

Plusieurs conséquences découlent de ces relations.

a) Appliquée à une turbulence *rigoureusement isotrope* (en particulier $\overline{v^2} = \overline{w^2}$ et $\overline{vw} = 0$, la *rotation axiale* ne produit strictement *aucun effet.*

b) En présence d'une turbulence initialement *anisotrope*, la rotation va provoquer une simple redistribution de l'énergie entre composantes normales *sans* affecter le montant global de cette quantité. En effet, par sommation des trois premières relations ci-dessus, on retrouve l'équation d'évolution d'énergie de la T.H.I.

$$\frac{\mathrm{d}\overline{k}}{\mathrm{d}t} = -\overline{\varepsilon}$$

c) Cette redistribution s'accompagne d'une tendance au renforcement de l'anisotropie.

En définitive, outre la dissipation par viscosité, la situation de turbulence homogène anisotrope avec rotation axiale est le siège de deux mécanismes antagonistes : l'un d'*écart à l'isotropie* sous l'action spécifique de la rotation, l'autre de *retour à l'isotropie* par la corrélation pression-déformation.
Si l'on adopte comme échelle de temps représentative de ce dernier le rapport $\overline{k}/\overline{\varepsilon}$, la comparaison en termes d'échelles de ces deux mécanismes se fera grâce à un nombre de Rossby de turbulence :

$$R_{OT} = \frac{\overline{\varepsilon}}{\overline{k}\Omega}$$

EXERCICE — ***Équations de transport des tensions de Reynolds avec rotation*** — Établir les équations de transport du tenseur des corrélations doubles de vitesse en un point en repère tournant à la vitesse angulaire $\vec{\Omega}$. Montrer que l'effet de la rotation se ramène à introduire un terme source/puits en supplément additif de ceux régissant les contraintes en l'absence de rotation.

SOLUTION

En présence d'une rotation, les équations de Navier-Stokes s'écrivent :

$$\frac{\partial U_i}{\partial t} + 2\Omega_k U_l\, \epsilon_{ikl} + U_k \frac{\partial U_i}{\partial x_k} = -\frac{1}{\rho}\frac{\partial P}{\partial x_i} + \nu \frac{\partial^2 U_i}{\partial x_k \partial x_k}$$

En prenant la moyenne, la vitesse angulaire n'étant pas soumise à fluctuation turbulente, il vient :

$$\frac{\partial \overline{U}_i}{\partial t} + 2\Omega_k \overline{U}_l\, \epsilon_{ikl} + \overline{U}_k \frac{\partial \overline{U}_i}{\partial x_k} = -\frac{1}{\rho}\frac{\partial \overline{P}}{\partial x_i} + \nu \frac{\partial^2 \overline{U}_i}{\partial x_k \partial x_k} - \frac{\partial \overline{u_i u_k}}{\partial x_k}$$

Par différence membre à membre de ces deux équations, on déduit que la fluctuation de vitesse est gouvernée par :

$$\frac{\partial u_i}{\partial t} + 2\Omega_k u_l\, \epsilon_{ikl} + \overline{U}_k \frac{\partial u_i}{\partial x_k} + u_k \frac{\partial \overline{U}_i}{\partial x_k} + u_k \frac{\partial u_i}{\partial x_k} - \frac{\partial \overline{u_i u_k}}{\partial x_k} = -\frac{1}{\rho}\frac{\partial p}{\partial x_i} + \nu \frac{\partial^2 u_i}{\partial x_k \partial x_k}$$

Multipliant membre à membre par u_j, on obtient :

$$u_j \frac{\partial u_i}{\partial t} + 2\Omega_k u_j u_l\, \epsilon_{ikl} + \overline{U}_k u_j \frac{\partial u_i}{\partial x_k} + u_k u_j \frac{\partial \overline{U}_i}{\partial x_k} + u_k u_j \frac{\partial u_i}{\partial x_k} - u_j \frac{\partial \overline{u_i u_k}}{\partial x_k} = -\frac{u_j}{\rho}\frac{\partial p}{\partial x_i} + \nu \frac{u_j \partial^2 u_i}{\partial x_k \partial x_k}$$

Ajoutant à cette dernière équation celle qui s'en déduit par simple permutation des indices *i* et *j*, on aboutit finalement, après passage à la moyenne à :

$$\frac{\partial \overline{u_i u_j}}{\partial t} + \overline{U}_k \frac{\partial \overline{u_i u_j}}{\partial x_k} = -\left(\overline{u_j u_k} \frac{\partial \overline{U}_i}{\partial x_k} + \overline{u_i u_k} \frac{\partial \overline{U}_j}{\partial x_k} \right) - 2\Omega_k \left(\overline{u_j u_l}\, \epsilon_{ikj} + \overline{u_i u_l}\, \epsilon_{jkl} \right)$$
$$- \frac{\partial \overline{u_i u_j u_k}}{\partial x_k} - \frac{1}{\rho}\left(\overline{\frac{u_j \partial p}{\partial x_i}} + \overline{\frac{u_i \partial p}{\partial x_j}} \right) + \nu \left(\overline{\frac{u_j \partial^2 u_i}{\partial x_k \partial x_k}} + \overline{\frac{u_i \partial^2 u_j}{\partial x_k \partial x_k}} \right)$$

Ainsi, on retrouve une équation identique à celle établie au Chapitre III — éq.(3-19) —, à la présence près du deuxième terme du second membre. En s'opposant à la production classique par cisaillement (premier terme du second membre), la contribution de la rotation peut amener la suppression complète de l'agitation turbulente, comme l'ont montré Kristoffersen et Andersson [226] par simulation directe de l'écoulement en canal tournant.

CHAPITRE IX

TURBULENCE EN ÉCOULEMENT CISAILLÉ LIBRE

« Any feature of turbulent fluid flow, eventually, finds its origin in processes of transport by turbulence; the study of such a feature then boils down to the study of the pertinent transport problem.»

(Chaque caractère de l'écoulement turbulent, en fin de compte, trouve son origine dans les processus de transport par la turbulence ; l'étude d'un tel caractère se ramène donc à celle du problème de transport pertinent.)

J. O. HINZE [180] 1959, page 275.

1 Introduction

Nous allons traiter à présent des effets d'inhomogénéité cinématique exclus par hypothèse du chapitre précédent. Liés à la présence de gradients de vitesse, ils relèvent directement des phénomènes de *transport* par champ moyen à variation non linéaire et de *transfert* ou *diffusion* par mouvements continus de l'agitation turbulente.

Nous commencerons par les cas de turbulence libre où ils sont les plus patents, réservant le chapitre suivant aux écoulements turbulents en présence de paroi.

Ces écoulements ont déjà fait l'objet de nombreuses présentations détaillées [180], [424], [308], auxquelles le lecteur pourra se référer aisément. Nous ne retiendrons ici que les éléments synthétiques susceptibles d'éclairer l'élaboration de schémas de fermeture ou de valider les modèles par comparaison avec l'expérience.

COMPLÉMENT — ***Note historique*** — Les recherches sur la turbulence en écoulement cisaillé libre débutèrent peu avant 1930 par la configuration de sillage. Elles sont donc contemporaines de celles sur la turbulence homogène et isotrope (voir note Chapitre IV-§3.2) et des investigations de Nikuradse [311] sur l'écoulement en conduite, dont les premières publications remontent à 1933. Elles furent servies par de grands noms de la mécanique des fluides tel Hermann Schlichting dont la thèse, présentée en 1930 à l'université de Göttingen, avait précisément pour sujet le sillage derrière un obstacle cylindrique. On peut également mentionner que l'une des premières publications d'Alan Townsend en 1947 s'intitule "*Measurements in the turbulent wake of a cylinder*". L'émergence de ce thème ne doit pas surprendre, compte tenu de son implication dans des recherches antérieures célèbres sur les tourbillons alternés de von Kármán. Pour ce qui est des jets libres, on peut y rattacher les noms de Tollmien en 1933, Howarth en 1938, Corrsin en 1943 et Hinze en 1948.

2 Similitude de Reynolds

En turbulence libre, on observe que le développement global de l'écoulement, les propriétés du champ moyen, les caractéristiques tourbillonnaires de grande échelles, la répartition spectrale des tourbillons porteurs d'énergie, sont autant de traits indépendants de la viscosité du fluide. En conséquence, toute expérimentation menée à un nombre de Reynolds suffisant est représentative de toutes celles qui pourraient l'être à des nombres de Reynolds supérieurs : c'est la notion même de *similitude* dite *de Reynolds*.
Pour illustrer ce point, prenons, à titre d'exemple, le cas du jet à symétrie de révolution débouchant librement dans une atmosphère infinie au repos, sous des conditions sensiblement isobare et isotherme à l'émission. Un tel écoulement peut être généré à partir de diverses géométries et l'on peut distinguer — voir figure — des jets de buse (issus d'un convergent) et des jets de tubes, l'orifice de sortie pouvant être, dans chaque cas, laissé libre ou implanté dans une paroi plane (jet de mur).

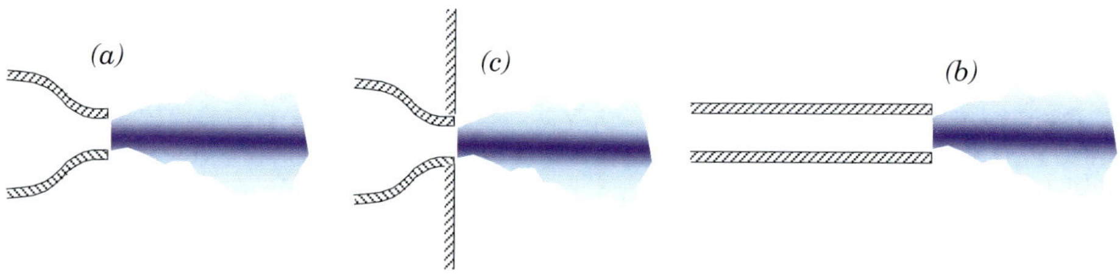

Fig. 1: Conditions d'émission de jet: (a) buse, (b) buse avec mur, (c) tube.

L'écoulement de jet est largement documenté dans la littérature et a fait l'objet d'une continuité d'investigations sur plus de cinquante ans, comme en témoignent les quelques références du tableau suivant. En dépit de différences de valeurs du nombre de Reynolds d'éjection (entre 20 000 et 700 000), des caractéristiques telles que le taux d'expansion ou la forme de loi de décroissance de la vitesse sur l'axe par exemple, se sont révélées pratiquement indépendantes de ce paramètre, en situation isovolume.

Une des conséquences de la condition de grand nombre de Reynolds global (Cf. Chapitre VI-§4.2) est l'équilibre temporel entre mécanismes d'advection et de diffusion. En turbulence libre, cet équilibre s'applique en tout point du champ, de sorte que la similitude de Reynolds affecte l'intégralité spatiale de l'écoulement.

Auteur	Type de jet	Diamètre de sorie (D_0)	Vitesse d'éjection (U_0)	Reynolds à l'émission	Plage étudiée (en x/D_0)
Corrsin [81] (1943)	Buse avec et sans mur	2,54 cm et 7,62 cm	20,5 m/s	33 000 et 100 000	0 à 12
Laurence [247] (1955)	Buse	8,9 cm	70 m/s à 230 m/s	75 000 à 700 000	0,57 à 8
Davies et al.[106] (1963)	Buse	2,54 cm	68 m/s à 188 m/s	23 000 (à 68 m/s)	1,5 à 10
Florent [139] (1963)	Buse et mur	10 cm	14 m/s à 45 m/s	158 000 228 000 323 000	2 à 12
Wygnanski & Fiedler [451] (1969)	Buse et mur	2,64 cm	51 m/s et 72 m/s	100 000	20 à 98
Rodi [348] (1972)	Buse et mur	1,27 cm	100 m/s	87 000	62 à 75
Chassaing [61] (1979)	Tube	4 cm	20,3 m/s	53 800	0 à 44
Panchapakesan et Lumley [320] (1993)	Mur	0,61 cm	27 m/s	110 000	30 à 150
Hussein et al.[188] (1994)	Buse	2,54 cm	56,2 m/s	95 500	16 à 122

Tableau 9.1 Quelques réferences de travaux sur le jet turbulent libre à symétrie de révolution en phase gazeuse (air).

Les études ci-dessus ont également révélé la tendance générale de ces écoulements à la “perte de mémoire” des conditions d'émission. En clair, la variabilité de celles-ci (jet de buse, de tube, de mur...) ne se manifeste plus, à distance suffisante de l'orifice sur des profils normés par des échelles *locales* (fonctions de la distance à l'orifice). Cette caractéristique, qui s'étend aux autres écoulements cisaillés simples sous condition de similitude de Reynolds traduit la propriété dite d'affinité des profils, que nous allons préciser maintenant.

3 Affinité

3.1 Notion d'affinité de profils

Les configurations auxquelles nous ferons référence dans ce chapitre seront toutes prises *bidimensionnelles en moyenne*, que ce soit en géométrie plane ou de révolution. Nous adopterons une approche statistique globale, i.e., s'appliquant à l'intégralité des structures tourbillonnaires du champ d'agitation, en supposant le régime *permanent en moyenne* (indépendance temporelle de toute fonction statistique du champ d'écoulement). Enfin nous nous limiterons à des écoulements de type couche limite, ou écoulements cisaillés minces (Cf. Chapitre VI-§4), régis par des équations moyennes locales paraboliques dans l'espace (avec $x \gg y$).
Sous cet ensemble d'hypothèses et avec des conditions aux limites adéquates, il est possible d'établir des relations de compatibilité qui assurent l'existence de solutions d'affinité[1] de ces équations. Cette question est largement traitée dans les références [180], [424], [60] et [146] par exemple, et ne sera donc pas reprise ici.
Disons simplement qu'en écoulement bidimensionnel plan, si $\overline{F}(x, y)$ désigne la moyenne d'une fonction du champ cinématique de l'écoulement, l'affinité de profil se traduit par :

$$\frac{\overline{F}(x, y)}{\overline{F}_{ref}(x - x_0)} = f(\eta) \qquad avec \qquad \eta = \frac{y}{g(x - x_0)} \tag{9-1}$$

Dans cette relation, la référence $\overline{F}_{ref}$ ne dépend que de la coordonnée longitudinale de la direction d'advection. La fonction $g(x - x_0)$ désigne quant à elle une échelle (*variable en x*) représentative de l'expansion latérale dans la direction de diffusion (y). L'abscisse x_0 est une "origine fictive" ou "pôle" de l'écoulement qui ne coïncide pas nécessairement avec l'origine des coordonnées géométriques.
Pour les différentes configurations de jets, sillages et zones de mélange, une relation du type précédent s'appliquera notamment aux composantes de vitesse moyenne ainsi qu'aux tensions de Reynolds significatives.

3.2 Établissement des profils en affinité

En raison de la variabilité des conditions de génération des écoulements en pratique (nature du régime, uniformité du profil de vitesse, développement des couches limites, niveau de turbulence...), il n'est pas possible de dégager de l'ensemble des expérimentations une évaluation unique de la distance à partir de laquelle s'établiraient systématiquement des distributions conformes à une loi d'affinité.
Sur l'exemple des jets, c'est néanmoins la condition sur le profil de vitesse moyenne $\overline{U}$ qui est toujours satisfaite en premier (par exemple à $x/D = 20$ pour le jet rond de Wygnanski et al. [451]). La fonction qui s'établit ensuite en affinité est la tension normale $\overline{u^2}$, ce qui pour la même étude se produit aux environs de $x/D = 40$.

[1] Self-similarity ou encore self-preservation en anglais.

Viennent ensuite quasi simultanément les deux autres composantes normales vers $x/D \approx 75$ [451]. Selon Townsend [422], l'affinité complète du jet ne pourrait être réalisée à moins de $x/D = 50$.

Le constat qui vient d'être tiré des expériences sur les jets vaut qualitativement pour les autres types d'écoulements de sillage et zone de mélange.

3.3 Épaisseur de diffusion transversale

Pour pouvoir appliquer en pratique une relation générale d'affinité telle que (9-1), il faut préciser l'expression de l'épaisseur de diffusion $g(x)$ normant la variable réduite transversale η. Cette épaisseur est déduite du profil de vitesse moyenne (voir schéma ci-dessous) selon différentes conventions qui sont explicitées ci-après.

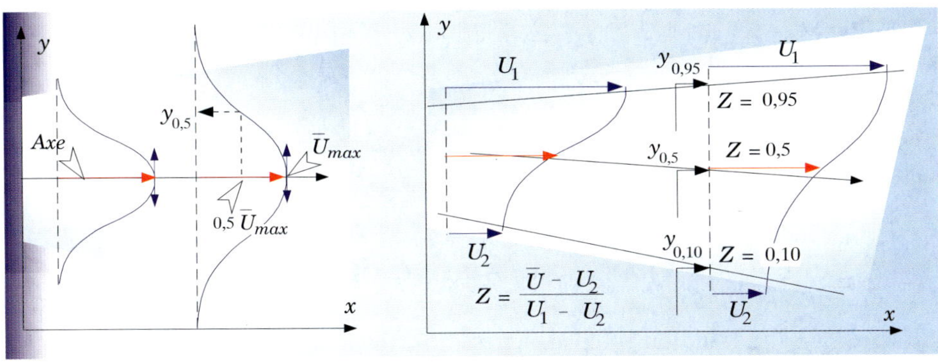

Fig. 2: Épaisseurs caractéristiques de jet et zone de mélange.

Lorsque le profil moyen présente un extremum (cas des jets et sillages), le lieu géométrique de cet extremum dans le plan (x, y) détermine l'axe de l'écoulement. L'épaisseur est alors comptée à partir de cet axe, et pour un écoulement symétrique, une seule valeur suffit pour en caractériser l'expansion. Le cas de la zone de mélange est différent et "l'axe" de l'écoulement est pris alors comme lieu des points de coordonnées $(x_{0,5}, y_{0,5})$, tels que :

$$U_1 - \overline{U}(x_{0,5}, y_{0,5}) = \frac{1}{2}(U_1 - U_2)$$

Plusieurs définitions d'épaisseurs ont été avancées. Nous en indiquons quelques unes parmi les plus utilisées :

– **Jet** : $g(x - x_0) = y_{0,5}(ou\ r_{05})\ tel\ que \quad : \quad \overline{U}(x, y_{0,5}) = \frac{1}{2}\overline{U}_{axe}(x - x_0)$

Cette distance est désignée sous le nom d'épaisseur de vitesse moitié.

– **Sillage** : $g(x - x_0) = y_T\ tel\ que \quad : \quad \dfrac{U_\infty - \overline{U}(y_T)}{U_\infty - \overline{U}_{axe}(x - x_0)} = e^{-1/2} \approx 0,605$

Cette définition correspond à la distance de Townsend [422]. On peut également faire usage d'une épaisseur en déficit de vitesse moitié, en analogie avec le jet.

– **Zone de mélange** : Plusieurs types d'épaisseurs sont utilisés pour cet écoulement. En référence à l'étude initiale de Liepmann et Laufer [268], on peut introduire $g(x-x_0) = y_{0.95} - y_{0.10}$, avec, pour les ordonnées $y_{0.95}$ et $y_{0.10}$:

$$\frac{\overline{U}(y_{0.95}) - U_2}{U_1 - U_2} = 0{,}95 \quad et \quad \frac{\overline{U}(y_{0.10}) - U_2}{U_1 - U_2} = 0{,}10$$

Avec Browand et Latigo [41], on peut également faire usage d'une échelle intégrale définie en analogie avec l'épaisseur de quantité de mouvement en couche limite par la relation :

$$\theta(x) = \int_{-\infty}^{+\theta} Z(x,y)[1 - Z(x,y)]\mathrm{d}y \qquad avec \qquad Z(x,y) = \frac{\overline{U}(x,y) - U_2}{U_1 - U_2}$$

Les vitesses aux frontières libres de la zone de mélange sont notées U_1 (haute vitesse) et U_2 (basse vitesse).

3.4 Échelle de vitesse normative de l'affinité

L'expression d'affinité du profil de vitesse moyenne s'écrit :

$$\overline{U}(x,y) = \overline{U}_{ref}(x-x_0) \times f(y/g(x-x_0))$$

et exige la prescription d'une référence *locale* de vitesse $\overline{U}_{ref}(x)$. Conformément à l'analyse du Chapitre VI-§4.2.2 & 4.2.3, la normalisation de la variation transversale de vitesse moyenne se fait par l'échelle $\widetilde{U}(x)$ servant à estimer le temps de diffusion sur l'épaisseur $g(x)$. Nous savons que cette norme est une constante en zone de mélange. Il ne reste donc plus qu'à l'expliciter que pour les jets et sillages.

• Pour les jets libres qui, par définition, se développent dans une atmosphère infinie au repos, la vitesse de référence sera naturellement :

$$\overline{U}_{ref}(x) = \overline{U}(x,0) \equiv \overline{U}_{axe}(x)$$

• Pour les sillages en présence d'un écoulement externe de vitesse uniforme U_∞, cette même référence sera définie par :

$$\overline{U}_{ref}(x) = U_\infty - \overline{U}(x,0) \equiv U_\infty - \overline{U}_{axe}(x)$$

4 Comportement asympotique des évolutions axiales

La présence d'une région d'affinité dans un écoulement donné n'existe que s'il y a compatibilité des conditions aux limites avec les évolutions longitudinales des échelles caractéristiques (voir par exemple Hinze [180]). Il en résulte des lois de variations bien précises qui conditionnent le comportement asymptotique de l'écoulement, en termes de taux d'expansion, évolutions cinématique et énergétique longitudinales (suivant x)... Ce sont ces lois "asymptotiques" (obtenues en pratique à distance finie de l'origine de l'écoulement) que nous allons préciser maintenant.

4.1 Taux d'expansion

Avec les définitions du §3.3, et d'après les résultats généraux du Chapitre VI-4.2.3, nous pouvons écrire :

$$\textit{Jet de révolution :} \quad g(x-x_0) = \Delta_{Jr} \times (x-x_0) \tag{9-2}$$

$$\textit{Jet plan :} \quad g(x-x_0) = \Delta_{Jp} \times (x-x_0) \tag{9-3}$$

$$\textit{Sillage plan :} \quad \frac{g(x-x_0)}{d} = \Delta_{Sp} \times \left(\frac{x-x_0}{d}\right)^{1/2} \tag{9-4}$$

$$\textit{Sillage de révolution :} \quad \frac{g(x-x_0)}{d} = \Delta_{Sr} \times \left(\frac{x-x_0}{d}\right)^{1/3} \tag{9-5}$$

$$\textit{Zone de mélange :} \quad g(x-x_0) = \Delta_m \times (x-x_0) \tag{9-6}$$

Dans les expressions ci-dessus, les symboles Δ_{nn} désignent des coefficients sans dimension liés au taux d'expansion ($\mathrm{d}g/\mathrm{d}x$) de l'écoulement considéré et, pour le sillage, d représente une dimension transversale caractéristique de l'obstacle. Nous donnons au tableau de la page suivante les valeurs de quelques-uns de ces coefficients déduites de divers travaux expérimentaux.

Complément — ***Taux d'expansion de zone de mélange*** — a) Si toute zone de mélange est susceptible d'atteindre un état d'affinité, son comportement *quantitatif* reste tributaire des conditions initiales à partir desquelles elle s'est développée, et tout particulièrement du caractère laminaire ou turbulent des couches limites initiales. Selon l'étude de Browand et Latigo [41], le taux d'expansion est plus élevé lorsque la couche limite est laminaire à l'origine. Rapporté à l'échelle intégrale $\theta(x)$, ces auteurs donnent un taux d'expansion $\mathrm{d}\theta/\mathrm{d}x = 0{,}0236 \pm 0{,}0008$ dans ce cas. Dans le cas turbulent, ils notent une rupture de pente à une distance aval de l'ordre de 400 à 500 fois la valeur initiale de l'épaisseur de quantité de mouvement, avec $\mathrm{d}\theta/\mathrm{d}x = 0{,}0163 \pm 0{,}0002$

en zone proche et 0,0208 ± 0,0006 en zone lointaine.

b) Le taux d'expansion est parfois rapporté à l'épaisseur de vorticité δ_ω, distance transversale de l'extremum de pente $\mathrm{d}\overline{U}/\mathrm{d}y$. Brown et Roshko [42] suggèrent une valeur $\mathrm{d}\delta_\omega/\mathrm{d}x$ comprise entre $0{,}16z$ et $0{,}18z$, contre $0{,}15z$, pour Browand et Latigo [41] dans le cas turbulent $[z=(U_1-U_2)/(U_1+U_2)]$.

c) Nous terminerons ce complément sur la zone de mélange par quelques informations sur l'équation de la ligne de demi somme des vitesses $\overline{U}=(U_1+U_2)/2$, soit encore $z=0{,}5$. Tous les auteurs s'accordent sur une loi affine dont la pente, comptée positivement vers la zone de basse vitesse, est de $0{,}0274 \pm 0{,}0003$ selon Browand et Latigo [42], et de l'ordre de 0,026 pour Patel [322].

Écoulement	Taux d'expansion	Épaisseur de référence	Remarques
Jet plan	(Δ_{Jp}) $0{,}10$ *à* $0{,}11$	$y_{0,5}$	0,10 pour jets de buse ; 0,11 pour jet de canal ou en présence d'un co-courant (Bradbury [34]).
Jet rond	(Δ_{Jr}) $0,091 \pm 0,01$	$y_{0,5}$	Moyenne des résultats des travaux cités au tableau 9.4.
Sillage plan	(Δ_{Sp}) $0,18$	$y_{0,605}$	D'après Townsend [422] avec $x_0 \simeq 0$ pour une région comprise entre 500 et 1000 fois le diamètre du cylindre.
Zone de mélange plane	(Δ_m) $0,18$	$y_{0,95}-y_{0,10}$	Moyenne des valeurs de Liepmann et al. [268] (0,17) et Patel [322] (0,19). Dans les deux cas $U_2=0$.

Tableau 9.2 Coefficients d'expansion de quelques écoulements turbulents libres.

4.2 Vitesse axiale de référence en jet libre et sillage

Les expressions des vitesses de référence de la zone d'affinité définies au §3.4 sont formulées selon les résultats issus de l'analyse générale du Chapitre VI-Tab.6.2. Nous noterons par A_{Jr}, A_{Jp}, A_{Sr}, A_{Sp} des coefficients sans dimensions et désignerons par D_0, H_0 et d_0 trois longueurs respectivement représentatives du diamètre (largeur) du jet en section de sortie et de l'obstacle dans le cas du sillage. Le tableau suivant regroupe quelques valeurs de ces coefficients déduites des lois mesurées expérimentalement.

$$\textit{Jet de révolution} : \quad \frac{\overline{U}_{axe}}{U_0} = \frac{A_{Jr}}{\eta} \equiv A_{Jr} \times \frac{D}{x - x_0} \tag{9-7}$$

$$\textit{Jet plan} : \quad \frac{\overline{U}_{axe}}{U_0} = \frac{A_{Jp}}{\sqrt{\eta}} \equiv A_{Jp} \times \left(\frac{H}{x - x_0}\right)^{1/2} \tag{9-8}$$

$$\textit{Sillage plan} : \quad \frac{U_\infty - \overline{U}_{axe}}{U_\infty} = A_{Sp} \times \left(\frac{d}{x - x_0}\right)^{1/2} \tag{9-9}$$

$$\textit{Sillage de révolution} : \quad \frac{U_\infty - \overline{U}_{axe}}{U_\infty} = A_{Sr} \times \left(\frac{d}{x - x_0}\right)^{2/3} \tag{9-10}$$

Coefficient	A_{Sp}	A_{Jp}	A_{Jr}
Valeur	0,99	2,1 à 2,4	5,8 à 6,1

Tableau 9.3 Coefficients de décroissance de la vitesse normative d'affinité.

REMARQUES — • *Pour le sillage plan, la valeur retenue est celle de Townsend* [422]. *Elle s'applique à la plage* $500 \leqslant x/d \leqslant 1000$*, avec des nombres de Reynolds* $U_\infty d/\nu$ *compris entre 835 et 8100 et* $x_0 \simeq 0$.

• *Pour le jet à symétrie de révolution, les mesures (voir tableau suivant) se regroupent autour de la valeur moyenne :* $A_{Jr} \simeq 5,91 \pm 0,15$ *si l'on fait exception des données de Wygnanski et al.* [451], *pour lesquelles on observe une rupture de pente en fonction de la plage d'abscisses considérée.*

Auteur	Loi de vitesse (A_{Jr})	Taux d'expansion (Δ)	Origine fictive (x_0/D_0)	Plage d'affinité (en x/D_0)
Corrsin & Uberoi [88] (1949)	5,75	0,090	-	15 à 50
Wygnanski & Fiedler [451] (1969)	5,4 6,1	0,084	3 si 7 si	20 à 50 50 à 90
Rodi [348] (1972)	5,9	0,086 et 0,090	-	62 à 75
Chassaing [61] (1979)	6,05	0,088	1	20 à 44
Panchapakesan et Lumley [320] (1993)	6,06	0,096	~0	30 à 150
Hussein et al. [188] (1994)	5,8	0,094 et 0,102	4	16 à 96

Tableau 9.4 Paramètres caractéristiques de l'affinité d'un jet rond.

- *S'agissant du jet plan, la valeur obtenue par Bradbury* [33] *est* $A_{Jp} = 2{,}11$. *Elle s'applique à un jet dans un écoulement extérieur parallèle de faible vitesse* ($U_\infty/U_0 = 0,16$) *dans la région* $20 \leqslant x/H \leqslant 70$ *avec* $x_0/H = 3$. *En l'absence d'un tel co-courant, les mesures d'Heskestad* [179], *comme celles de Gutmark et al.* [156] *s'accordent plus volontiers autour d'une valeur de* 2,38 *avec pour cette dernière étude un pôle localisé pratiquement en section de sortie du jet.*

4.3 Intensité de turbulence et niveau énergétique

Sous condition d'équilibre temporel du bilan énergétique d'une turbulence libre (Chapitre VI-§4.2.4), l'intensité de turbulence $I_u = \sqrt{\overline{u^2}}/\overline{U}$ est telle que :

$$I_u \propto \frac{\delta}{x}\frac{\mathcal{U}}{\widetilde{\mathcal{U}}} \tag{9-11}$$

où $\mathcal{U}$ et $\widetilde{\mathcal{U}}$ sont des échelles de vitesses repésentatives de l'advection longitudinale et de la diffusion transversale respectivement. Avec les lois posées en §3.3 et 3.4, on en déduit (voir exercice suivant) que dans les régions d'affinité des divers écoulements libres :

$$\left(\sqrt{\overline{u^2}}/\overline{U}\right)_{ref} = C^{te} \tag{9-12}$$

et deux résultats analogues pour $\overline{v^2}$ et $\overline{w^2}$.
Nous reportons dans le tableau suivant, quelques valeurs mesurées de cette constante pour différents écoulements turbulents libres. Les grandeurs de référence y sont définies de la façon suivante :

$$Zone\ de\ m\acute{e}lange\,(1)\ :\ I_u = \left(\sqrt{\overline{u^2}}\right)_{max}/(U_1 - U_2)$$

$$Sillages\ (2)\ :\ I_u = \left(\sqrt{\overline{u^2}}\right)_{axe}/\left(U_\infty - \overline{U}_{axe}\right)$$

$$Jets\ (3)\ :\ I_u = \left(\sqrt{\overline{u^2}}/\overline{U}\right)_{axe}$$

Sur les plages de validité en x indiquées, on note, quand elles sont disponibles, que les intensités I_v et I_w sont très voisines. En examinant plus en détails le cas du jet plan, il semble d'après Gutmark et al. [156], que la tension $\overline{v^2}$ soit légèrement supérieure à $\overline{w^2}$, résultat en opposition avec le jet rond où cette dernière l'emporte. De façon simplifiée, on pourra adopter en première approximation :

$$Jet\ plan\ :\quad \left(\sqrt{\overline{u^2}}/\overline{U}\right)_{axe} \simeq 0{,}25 \quad \left(\sqrt{\overline{v^2}}/\overline{U}\right)_{axe} \simeq 0{,}20 \quad \left(\sqrt{\overline{w^2}}/\overline{U}\right)_{axe} \simeq 0{,}19$$

$$Jet\ rond\ :\quad \left(\sqrt{\overline{u^2}}/\overline{U}\right)_{axe} \simeq 0{,}25 \quad \left(\sqrt{\overline{v^2}}/\overline{U}\right)_{axe} \simeq 0{,}19 \quad \left(\sqrt{\overline{w^2}}/\overline{U}\right)_{axe} \simeq 0{,}20$$

Avec ces valeurs, le montant énergétique du mouvement d'agitation représente 13,9% de l'énergie cinétique du mouvement moyen sur l'axe d'un jet.

Écoul.^{t}	Auteur	$\left(\sqrt{\overline{u^2}}/\overline{U}\right)_{ref}$	$\left(\sqrt{\overline{v^2}}/\overline{U}\right)_{ref}$	$\left(\sqrt{\overline{w^2}}/\overline{U}\right)_{ref}$
Zone de mélange$^{(1)}$	Browand et Latigo [41] (1979)	0,167±0,005 x/θ_i=800 ; 2800	/	/
Sillage rond$^{(2)}$	Uberoi et Freymuth [431] (1970)	0,88 x/d=50 ; 300	0,80 x/d=50 ; 300	0,80 x/d=50 ; 300
Sillage plan$^{(2)}$	Townsend [422] (1956)	0,39 x/d=500 ; 1000	/	/
Jet plan$^{(3)}$	Bradbury [33] (1965)	0,22 x/H=40 ; 120	/	/
	Heskestad [179] (1965)	0,26 x/H=40 ; 60	/	/
	Gutmark & Wygnanski [156] (1976)	0,26 x/H=40 ; 60	0,20 x/H=40 ; 60	0,19 x/H=40 ; 60
Jet rond$^{(3)}$	Wygnanski & Fiedler [451] (1969)	0,29 à 0,27 x/D=40 ; 96	0,24 à 0,25 x/D=75 ; 96	0,25 à 0,24 x/D=75 ; 96
	Chassaing [61] (1979)	0,23 à 0,25 x/D=25 ; 40	0,15 à 0,17 x/D=25 ; 40	0,10 à 0,12
	Panchapakesan et Lumley [320] (1993)	0,23 à 0,24 x/D=60 ; 150	0,180 à 0,185 x/D=60 ; 150	/
	Hussein et al.[188] (1994)	0,274±0,006 x/D=72	0,225±0,015 x/D=72	0,23±0,01 x/D=72

Tableau 9.5 Intensité de turbulence en zone d'affinité d'écoulements libres.

EXERCICE — ***Constance des intensités de turbulence en région affine de jets, sillage et zone de mélange plane*** — Établir le résultat (9-11) pour les jets, sillages et la zone de mélange plane.

SOLUTION

• Remarquons en premier lieu que pour les jets libres $\mathcal{U} \sim \widetilde{\mathcal{U}} \sim \overline{U}_{axe}$. Dans ces conditions, l'intensité de turbulence locale varie comme $\delta(x)/x$. Or l'expansion de ces écoulements est linéaire dans la zone d'affinité, soit $\delta(x) \sim x$, d'où le résultat.

• Pour les sillages, on sait que $\mathcal{U} \sim U_\infty$ et $\widetilde{\mathcal{U}} \sim U_\infty - \overline{U}_{axe}$. En vertu des résultats du Chapitre VI-§4.2.3, on a, lorsque l'affinité s'applique $\widetilde{\mathcal{U}} \sim x^{-1/2}$ et $\widetilde{\mathcal{U}} \sim x^{-2/3}$

selon que le sillage est plan ou à symétrie de révolution. Or dans le premier cas, $\delta(x) \sim x^{1/2}$ et dans le second $\delta(x) \sim x^{1/3}$ ce qui conduit encore à :

$$(I_u)_{Sp} \propto \frac{x^{1/2}}{x \times x^{-1/2}} = C^{te} \qquad (I_u)_{Sr} \propto \frac{x^{1/3}}{x \times x^{-2/3}} = C^{te}$$

• Pour une zone de mélange plane enfin, les vitesses $\mathcal{U}$ et $\widetilde{\mathcal{U}}$ sont constantes, alors que l'expansion reste linéaire$\delta(x) \sim x$, ce qui assure bien le résultat.

5 Profils d'affinité en turbulence libre

5.1 Vitesse moyenne

5.1.1 Vitesse axiale des jets, sillage et zone de mélange

L'étude, tant expérimentale que théorique, des profils *d'affinité* (vitesse moyenne notamment) servit dès l'origine à la validation des premières analyses phénoménologiques par viscosité de turbulence avec longueur de mélange. Elle fit l'objet de nombreux développements, largement décrits dans les ouvrages de Townsend [424], Hinze [180] et Schlichting [375], et fut réexaminée plus récemment par George [146]. Nous nous contenterons ici de retenir qu'il est possible, sous certaines conditions, de résoudre, parfois même analytiquement, les équations de Reynolds dans la région d'affinité des jets, sillages et zone de mélange, avec, le cas échéant, une hypothèse de viscosité de turbulence constante. Certaines des expressions ainsi obtenues sont rappelées dans le premier tableau suivant.

Écoulement	Profil	Expression	Valeur du Paramètre
Sillage plan	$\dfrac{U_\infty - \overline{U}}{U_\infty - \overline{U}_{axe}}$	$e^{-\alpha\eta^2}$	$\alpha = \text{Log}\, 2$ $\simeq 0,69$
Zone de mélange plane	$\dfrac{\overline{U} - U_{min}}{U_{max} - U_{min}}$	$\dfrac{1}{\sqrt{2\pi}} \int_{-\infty}^{\eta} e^{-\frac{(x-1)^2}{2}} dx$	-
Jet plan	$\overline{U}/\overline{U}_{axe}$	$\dfrac{1}{ch^2(\alpha\eta)}$	$\alpha = argch(\sqrt{2})$ $\simeq 0,88$
Jet rond	$\overline{U}/\overline{U}_{axe}$	$\dfrac{1}{(1+\alpha\eta^2)^2}$	$\alpha = \sqrt{2} - 1$ $\simeq 0,414$

Tableau 9.6 Profils d'affinité de vitesse moyenne : (i) formes avec viscosité de turbulence constante.

Les graphes correspondants sont tracés à la figure suivante. Dans l'ensemble, les données expérimentales s'accordent assez bien avec les expressions analytiques classiques, où la variable d'affinité η a été choisie telle que $f(\eta=1)=0{,}5$. Cela ne constitue pas pour autant un critère de validation suffisant[1] de telles relations. Pour s'en convaincre, il suffit de noter que, pour le jet rond par exemple, de très nombreuses formulations, guère plus empiriques, conduisent à des résultats tout aussi satisfaisants (deuxième tableau).

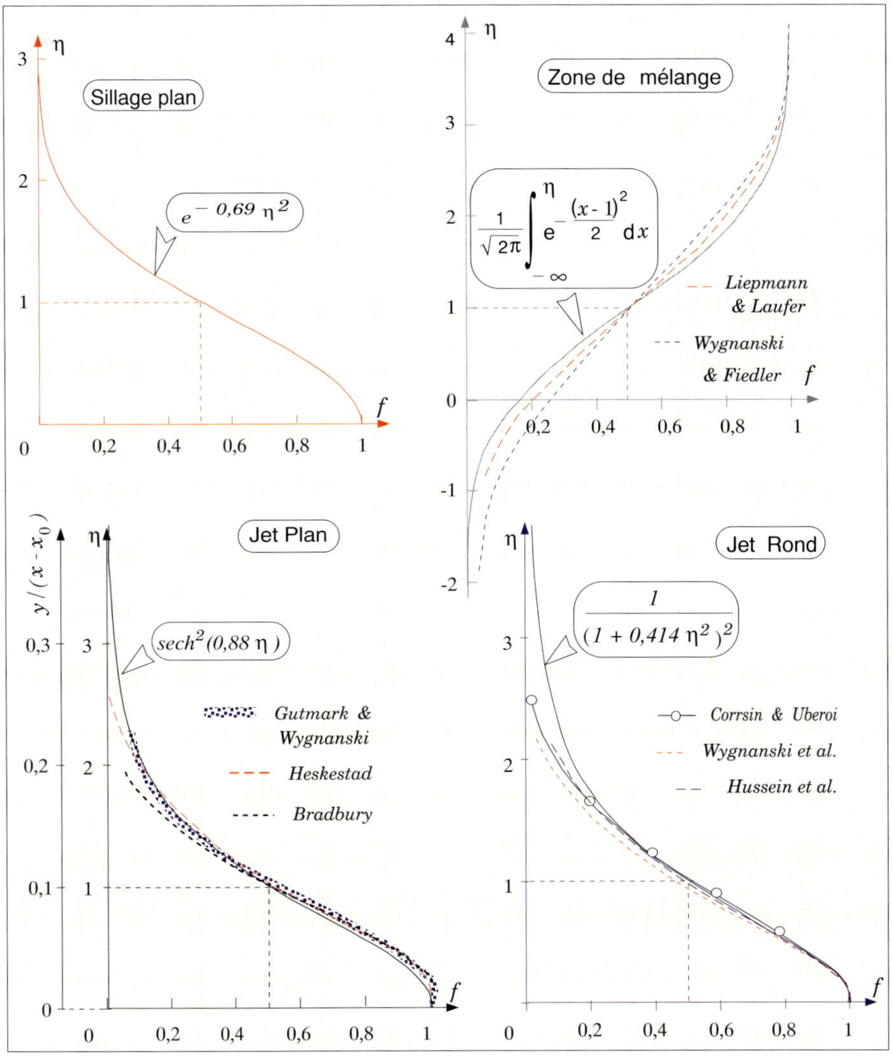

Fig. 3: Profils de vitesse moyenne dans la région d'affinité de jets, sillage et zone de mélange.

1 La solution d'affinité ne peut rigoureusement s'observer en jets plan et rond qu'en l'absence d'écoulement externe. Pour le sillage, l'hypothèse d'affinité n'est vérifiée qu'approximativement, dans la limtie où l'écart de vitesse à travers le sillage est faible vis-à-vis de la vitesse externe.

Dans toutes les expressions[1] qui suivent, la variable d'affinité est bâtie sur l'épaisseur de vitesse moitié ($\eta = y/y_{0,5}$), sauf pour la proposition de Panchapakesan et Lumley [320] où elle vaut $\eta = r/x$.

Auteur	Expression du profil de vitesse	Valeurs des paramètres	Remarques
Reichardt [339] (1942)	$e^{-k\eta^2}$	$k = 0,695$	Lissage gaussien de résultats expérimentaux.
Panchapakesan et Lumley [320] (1993)	$e^{-k\eta^2}$	$k = 0{,}693$	pour une loi d'expansion $y_{0,5} = 0,096x$.
Hussein et al.[188] (1994)	$e^{-k\eta^2}$	$k = -Log\left(\frac{1}{2}\right)$	lissage pour calcul des propriétés intégrales.
Schlichting [375] (1960)	$\frac{1}{(1+\alpha\eta^2)^2}$	$\alpha \simeq 0,414$	Résolution analytique des équations avec viscosité turbulente constante.
Florent [139] (1963)	$\left(1 - a\eta^2\right)^7$	$a = 0,09$	Relation applicable à la zone de mélange du jet par redéfinition de η.
Bradbury [34] (1967)	$e^{-\alpha\eta^2\left(1+\beta\eta^4\right)}$	$\alpha = 0,675$ $\beta = 0,027$	Lissage de résultats expérimentaux. Forme adaptable à la présence d'un co-courant.

Tableau 9.7 Profils d'affinité de vitesse moyenne : (ii) autres formulations en jet rond.

5.1.2 Vitesse radiale et entraînement des jets

Les profils d'affinité de la composante transversale $\overline{V}$ de la vitesse moyenne des jets sont présentés à la figure suivante.
Par comparaison avec la composante axiale $\overline{U}$, on note une différence d'ordre de grandeur, l'extremum de $\overline{V}$ représentant en valeur absolue quelques centièmes de $\overline{U}axe$. Ce résultat valide les approximations de type couche limite qui ont été adoptées pour ce type d'écoulement (Cf. Chapitre VI). On note ensuite que le signe de la composante transversale change pour une distance à l'axe $y_{V=0}$ voisine de l'épaisseur de vitesse moitié (de l'ordre de $1{,}2 \times y_{0,5}$).

[1] Il existe également des solutions tabulées, l'une des premières étant celle de Tollmien [420], en 1926.

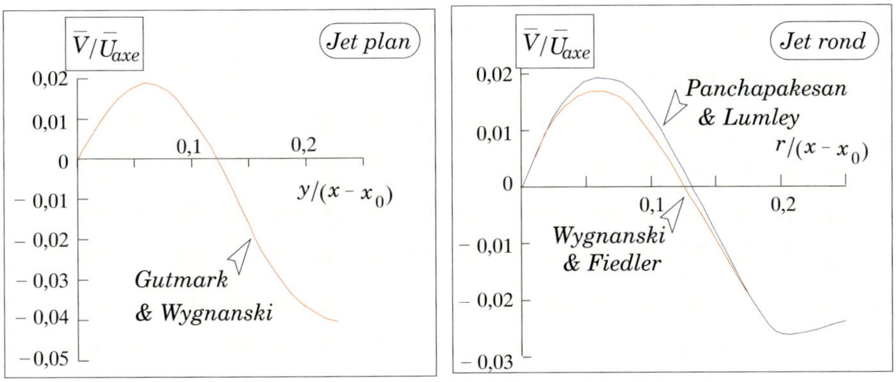

Fig. 4: Profils d'affinité de vitesse dans les jets ($\overline{V}$).

L'allure générale du champ moyen, telle qu'elle résulte des profils précédents est donc la suivante :
– loin de l'axe ($\overline{U} \to 0$), la vitesse moyenne, sensiblement confondue avec la composante $\overline{V}$ est normale à la direction du jet (mécanisme d'entraînement),
– dans le noyau central ($y < y_{V=0}$), on retrouve un écoulement quasi-parallèle, aux lignes de courant moyennes très légèrement divergentes.

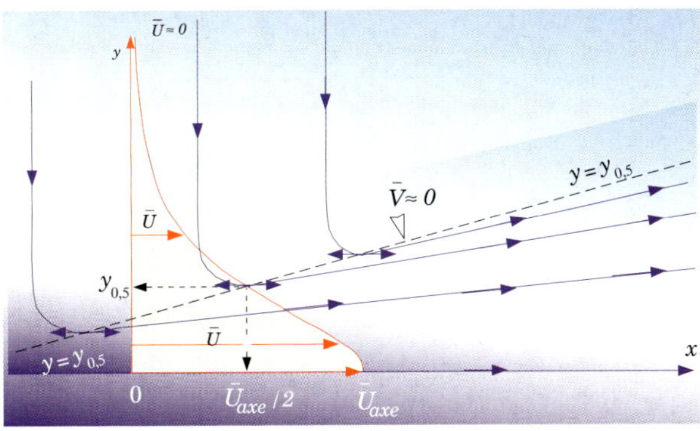

Fig. 5: Lignes de courant moyennes d'un jet libre.

Signalons pour finir les mesures directes de l'entraînement d'un jet rond réalisées par Ricou et Spalding [346]. Ces auteurs concluent que le flux de masse $Q_m(x)$ à travers une section droite du jet augmente linéairement avec la distance à l'émission avec une pente indépendante du nombre de Reynolds d'éjection si celui-ci est supérieur $2{,}5 \times 10^4$. Ce résultat s'appliquerait selon Panchapakesan et Lumley [320] dès $R_{e0} = 1{,}1 \times 10^4$, avec pour expression du flux de masse :

$$Q_m(x)/Q_{m0} = 0{,}32x/D \quad \text{où} \quad Q_m(x) = 2\pi\rho \int_0^{\infty} \overline{U}(x,r)r\mathrm{d}r$$

5.2 Tensions de Reynolds

5.2.1 Tensions normales

Jets Les profils, en normalisation locale par $\overline{U}^2_{axe}(x)$, sont tracés ci-dessous.

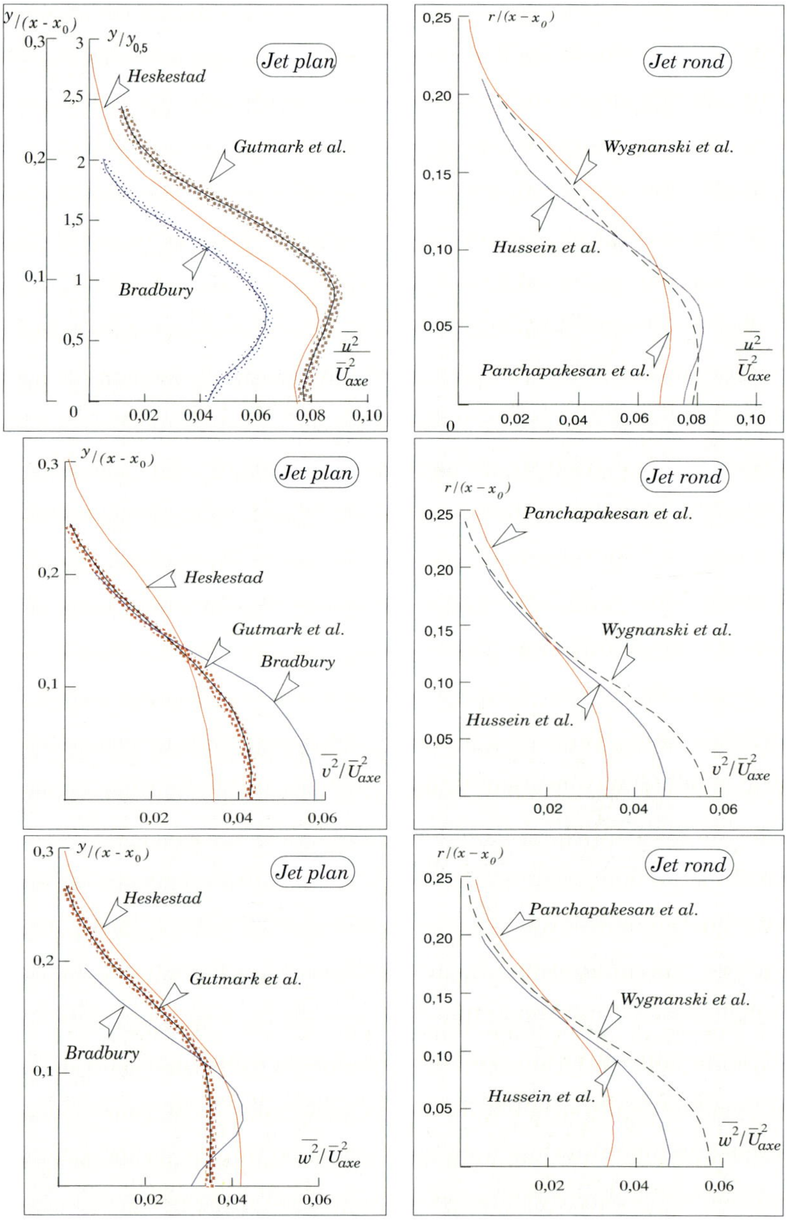

Fig. 6: Tensions normales en zone d'affinité de jets.

Pour la tension $\overline{u^2}$, à l'exception notable des mesures de Bradbury [33], dont le jet se développe en présence d'un co-courant parallèle externe, on note des niveaux tout à fait comparables pour les deux géométries de jets *libres*.
En revanche des différences beaucoup plus sensibles se manifestent sur les deux autres composantes. Elles incombent tant à la réalisation expérimentale proprement dite (conservation de la quantité de mouvement) qu'au mode de mesure utilisé.
En dépit d'une variabilité expérimentale certaine[1], toutes les études confirment cependant la validité de l'hypothèse d'affinité pour les tensions normales. Cette propriété est atteinte selon Gutmark et al. [156] quasi simultanément pour les trois composantes à une distance aval de l'ordre de trente fois la largeur initiale du jet. Ce résultat diffère de celui du jet rond (Cf. §3.2) rapporté par Wygnanski et al. [451].
Si l'on s'en tient aux travaux les plus récents en jets libres, il semble que l'on puisse en outre dégager les trois enseignements complémentaires suivants :

- aucune des tensions n'est nulle sur l'axe, alors que par raison de symétrie, la production vaut zéro en ce point ;
- la contrainte $\overline{u^2}$ (jet plan et rond) est prépondérante sur l'axe, les valeurs des deux autres tensions étant très proches pour le jet rond ;
- le maximum de tension $\overline{u^2}$ est décalé de l'axe, notamment en jet plan. En jet rond, une telle caractéristique échappe à la mesure par anémométrie conventionnelle, comme l'ont montré Hussein et al. [188].

Nous donnerons les explications à ces trois observations lors de la discussion ultérieure des bilans énergétiques.

Zone de mélange Les tensions normales mesurées par Liepmann & Laufer [268], Wygnanski & Fiedler [452] et Patel [322] dans une zone de mélange se développant à la frontière libre ($U_2 = 0$) d'un écoulement de vitesse U_1 sont représentées à la figure suivante. La distance transversale est comptée à partir du point d'ordonnée $y_{0,5}$ où la vitesse moyenne axiale vaut $U_1/2$.
Des différences de niveaux existent entre les trois études citées (25% d'écart en moyenne entre les valeurs des deux dernières par exemple) qui peuvent être attribuées, là encore, tant aux techniques de mesure qu'à la réalisation expérimentale. Ces résultats permettent néanmoins de tirer les conclusions qui suivent.

- Les trois études confirment l'affinité des profils des tensions normales de turbulence, avec le regroupement sur une courbe unique des distributions relatives à diverses sections comprises entre $[0{,}3\,m; 0{,}75\,m]$, $[0{,}388\,m; 0{,}586\,m]$ et $[0{,}28\,m; 1{,}025\,m]$ respectivement.
- De façon assez systématique, on note également que l'ordre de grandeur des tensions conduit au classement $\overline{u^2} > \overline{v^2} \sim \overline{w^2}$, sans qu'il soit possible de distinguer les deux tensions transversales en raison des imprécisions de mesure.

[1] Pour une même expérience, Hussein et al. [188] mettent en évidence des écarts de 20% pour les valeurs axiales de $\overline{v^2}$ ou $\overline{w^2}$ selon que les mesures sont réalisées par anémomètre à fil chaud ou vélocimètre laser Doppler. Une troisième technique de mesure dite de fil chaud volant a été également utilisée par ces auteurs. Elle fournit des résultats qui sont généralement en bon accord ceux de la vélocimètre laser Doppler qui sont seuls retenus dans les figures présentées ici.

– Enfin, on observe un décalage de localisation des maximums des profils avec "l'axe" de la zone de mélange, défini comme le lieu des points d'ordonnée $y_{0.5}$ où la vitesse moyenne est $\overline{U}(x, y_{0.5}) = U_1/2$. Il est alors intéressant de noter que la position de ces maximums est voisine de celle du point d'inflexion du profil de vitesse moyenne, soit encore à l'extremum du rotationnel moyen $\overline{\Omega} \simeq \partial\overline{U}/\partial y$, lequel se situe, avec les valeurs de Patel à une distance réduite $(y_{0.5} - y)/x \approx 0{,}019$. Ainsi, pour la zone de mélange, le maximum d'énergie cinétique de turbulence se positionne dans la région où la production est elle même maximum.

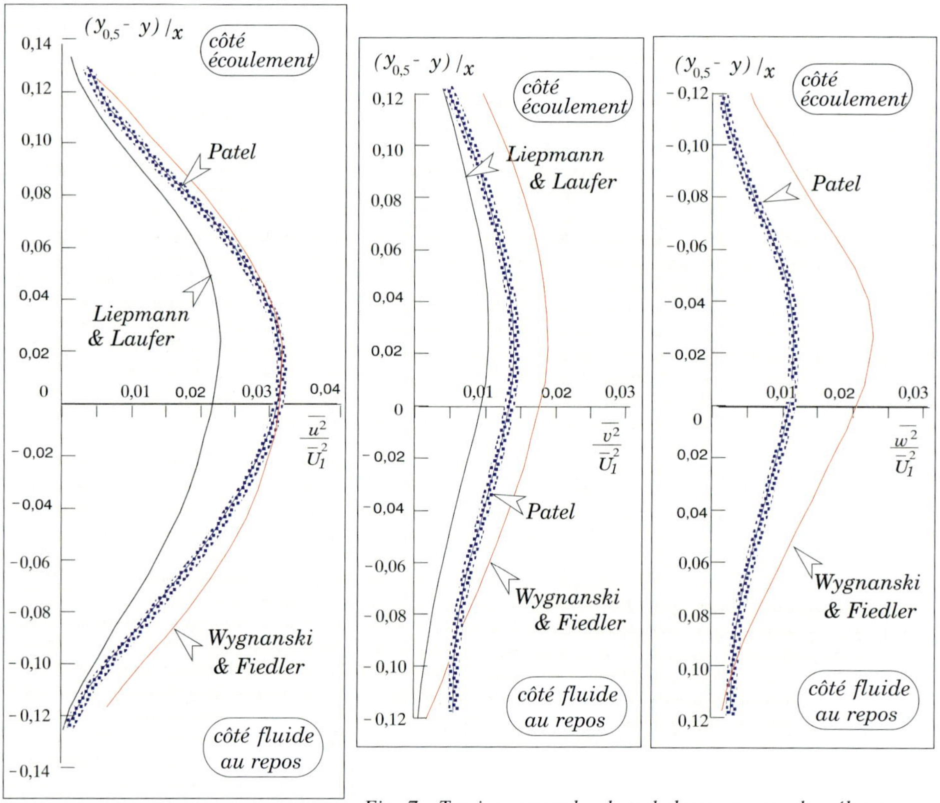

Fig. 7: Tensions normales de turbulence en zone de mélange.

Sillages Les tensions normales du sillage *plan* présentées à la figure suivante sont celles de Townsend [422] pour un écoulement derrière un cylindre à nombre de Reynolds $R_e = U_\infty D/\nu = 1360$. L'affinité y est vérifiée pour x/D compris entre 500 et 950. La vitesse de référence est $U_{ref} = U_\infty \times \sqrt{D/(x - x_0)}$ où l'origine fictive vaut $x_0/D = 90$ pour cette expérience. La variable d'affinité est définie par $\eta_p = y/\sqrt{(x - x_0) \times D}$.
Pour le sillage *à symétrie de révolution*, et conformément aux résultats du Chapitre VI-Tab.6.2, ces mêmes grandeurs de références sont prises respectivement égales

à $U_{ref} = U_\infty \times D^{2/3} \times (x - x_0)^{-2/3}$ et $\eta_r = y/\left[(x - x_0)^{1/3} \times D^{2/3}\right]$. Les résultats présentés sont extraits de l'étude de Uberoi et Freymuth [431] relative au sillage d'une sphère à nombre de Reynolds $R_e = U_\infty D/\nu = 8600$, pour lequel l'affinité est vérifiée à partir de $x/D = 50$ avec une origine fictive $x_0/D = 12$.

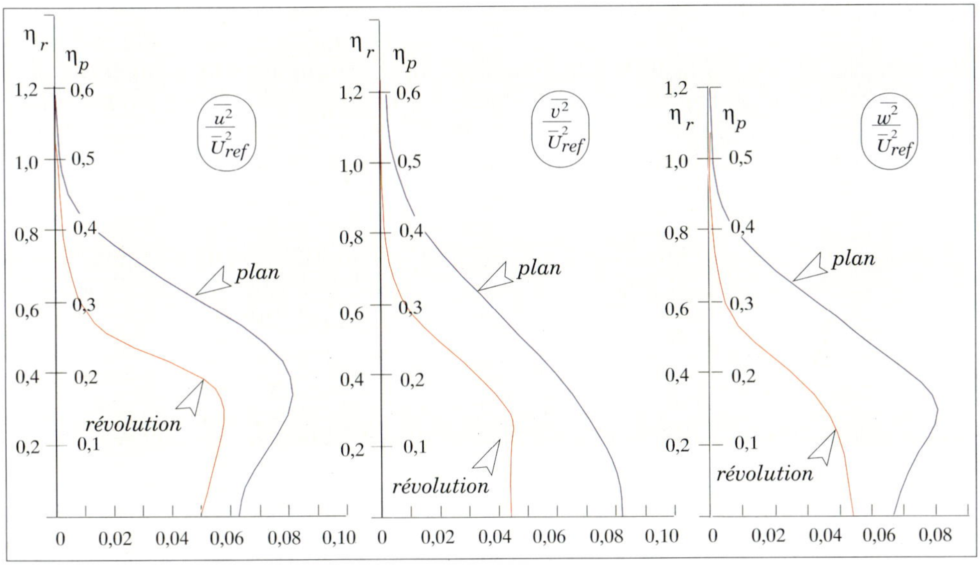

Fig. 8: Tensions normales en zone d'affinité de sillages.

Pour les deux types de géométrie, l'extremum de tension $\overline{u^2}$ est bien décalé de l'axe, caractère qui peut être nettement moins prononcé sur $\overline{v^2}$ ou $\overline{w^2}$ selon le cas. Il faut noter également le niveau relativement important de $\overline{v^2}$ mesuré près de l'axe par Townsend. Il pourrait traduire l'effet de structures cohérentes (voir Chapitre VII-§7.7) qui peuvent exister loin à l'aval à des nombres de Reynolds importants (16 000 dans l'étude de Kourta et al. [219]). Ces structures induisent une pulsation transversale du champ de vitesse qui vient se surajouter à celle de la turbulence incohérente proprement dite, majorant d'autant la valeur mesurée.

5.2.2 Cisaillement turbulent

Les profils de cisaillement turbulent, en normalisation locale, sont présentés ci-après pour les divers écoulements considérés. On note alors que :

- pour les jets et sillages qui présentent un axe de symétrie, la contrainte de cisaillement s'annule sur cet axe,
- pour tous ces écoulements, la localisation de l'extremum de tension coïncide assez sensiblement avec le point d'inflexion du profil de vitesse moyenne, $(y_{0,5} - y)/x \approx 0,019$ en zone de mélange, $y/y_{0,5} \approx 0,7$ pour les jets.

Ce dernier résultat est conforme à une loi gradient entre contrainte de cisaillement et vitesse moyenne du type : $$-\overline{uv} = \nu_T \frac{\partial \overline{U}}{\partial y}$$

introduisant la viscosité de turbulence ν_T.

Selon les mesures de Hinze [180] en sillage plan et jet rond, on trouve que cette viscosité reste très sensiblement constante pour $y < y_{0,5}$. Le rapport ν_T/ν s'établit respectivement à $0{,}017 R_e$ et $0{,}013 R_e$ où R_e est le nombre de Reynolds global de l'écoulement ($U_\infty D/\nu$ pour le sillage d'un cylindre de diamètre D, et $U_0 D/\nu$ pour un jet émis d'un orifice de diamètre D à la vitesse U_0). Ainsi par exemple, dans un jet à nombre de Reynolds d'émission de 77 000, la viscosité de turbulence est pratiquement 1000 fois plus importante que la viscosité moléculaire.

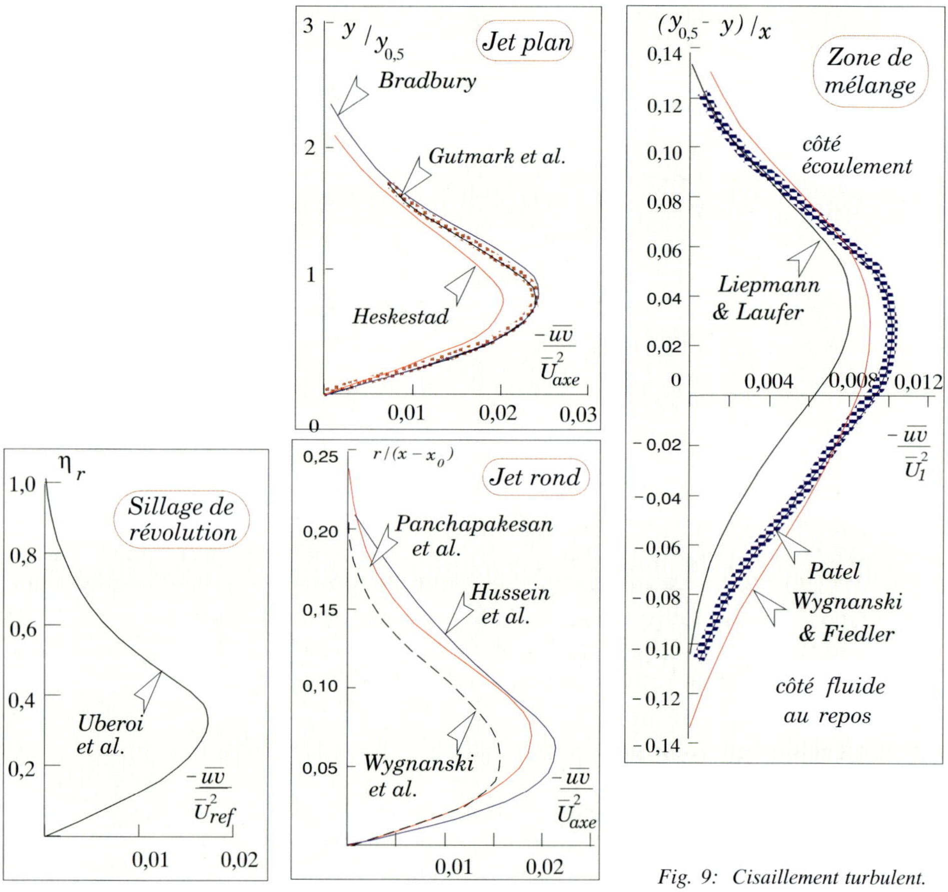

Fig. 9: Cisaillement turbulent.

Un autre résultat intéressant est fourni par le coefficient de corrélation :

$$C_{uv} = \frac{-\overline{uv}}{\sqrt{\overline{u^2}}\,\sqrt{\overline{v^2}}}$$

Pour les jets par exemple, sa valeur absolue reste sensiblement constante — voir figure suivante —, de l'ordre de $\approx 0{,}45 \pm 0{,}05$, pour $y/y_{0,5}$ compris entre 0,5 et 2.

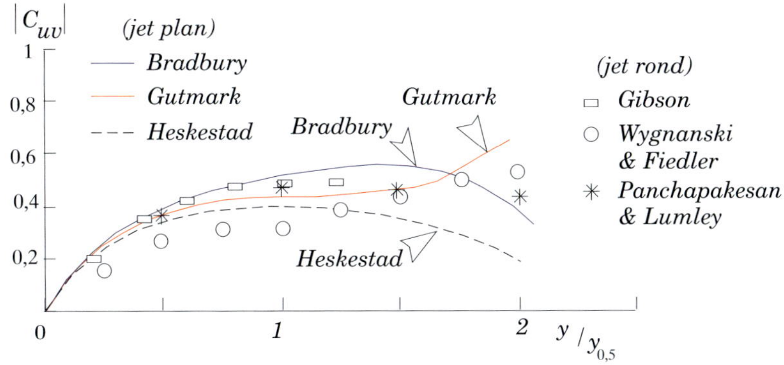

Fig. 10: Coefficient de corrélation C_{uv}.

6 Bilans énergétiques en turbulence libre

Sillage : Assez loin en aval de l'obstacle, sous les approximations de couche limite à grand nombre de Reynolds de turbulence, la forme simplifée du bilan d'énergie cinétique de turbulence[1] se réduit pour cet écoulement à :

$$0 = \underbrace{-U_\infty \frac{\partial \overline{k}}{\partial x}}_{Advection} \quad \underbrace{-\overline{uv}\frac{\partial \overline{U}}{\partial y}}_{Production} \quad \underbrace{-\frac{1}{y^j}\frac{\partial \overline{k}}{\partial y}\left[y^j \overline{v(k+p/\rho)}\right]}_{Diffusion} \quad \underbrace{-\ \overline{\varepsilon}}_{Dissipation}$$

avec $j=0$ pour le sillage plan et $j=1$ pour celui à symétrie de révolution. On aura noté que le terme dit de diffusion regroupe la diffusion turbulente proprement dite et le transfert par fluctuation de pression.
Les diverses contributions de ce bilan sont tracées à la figure suivante. La variable transversale adimensionnelle est $\eta=y/y_{ref}$ et les termes sont normés par U_∞^3/y_{ref}, avec $y_{ref}=[(x-x_0)\times D]^{1/2}$ en mouvement plan et $y_{ref}=(x-x_0)^{1/3}\times D^{2/3}$ pour le cas de révolution.
Les évolutions en sillage plan sont tirées de l'étude de Townsend [424], dans la section $x/D=160$ de l'écoulement à l'aval d'un barreau cylindrique à nombre de Reynolds $U_\infty D/\nu=8400$. Le cas à symétrie de révolution se réfère aux travaux de Uberoi et al. [431] dans la section $x/D=100$ du sillage d'une sphère à $R_e=8600$. Exception faite de la corrélation avec la fluctuation de pression, les termes du bilan énergétique sont obtenus soit directement, soit moyennant certaines approximations. C'est le cas de la dissipation qui, pour les résultats présentés, a été déduite de

[1] Voir par exemple Tennekes et Lumley [414], page 120.

l'expression isotrope ($15\nu\overline{(\partial u/\partial x)^2}$), la dérivation spatiale étant assimilée à une dérivée temporelle en usant d'une hypothèse de Taylor. Selon Uberoi et al. [431], la répétabilité des résultats est assurée à $\pm 10\%$ pour tous les termes mesurés directement, la dissipation n'étant, elle, garantie qu'à $\pm 20\%$.

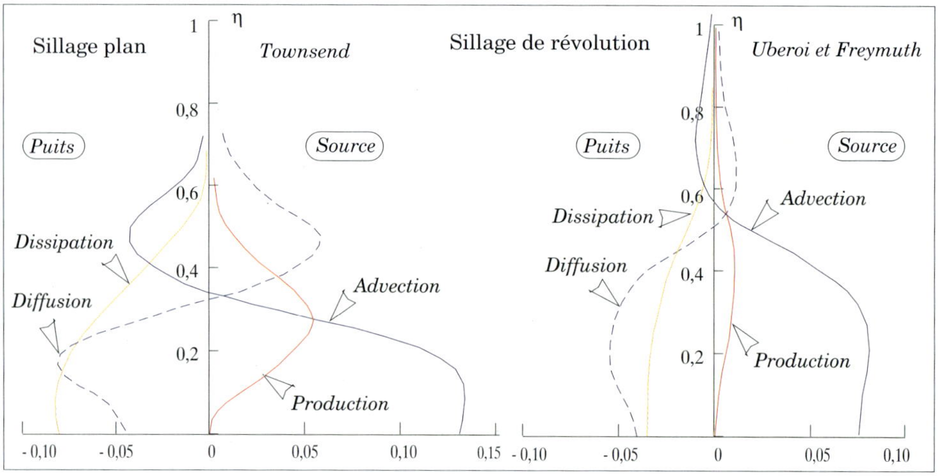

Fig. 11: Bilan énergétique du sillage.

On note que :

- les différents termes présentent des évolutions semblables, à l'exception de la production, notablement réduite en sillage à symétrie de révolution ;
- la production passe par un maximum, à $\eta \approx 0,4$ (révolution) et $\eta \approx 0,3$ (plan) ;
- dans la région centrale au voisinage immédiat de l'axe, à $\eta < 0,1$ (révolution) et $\eta < 0,05$ (plan), l'advection est le principal terme source, qui équilibre à lui seul dissipation et diffusion ;
- en s'éloignant de l'axe, les rôles de l'advection et de la diffusion s'inversent, vers $\eta \approx 0,55$ (sillage rond) et $\eta \approx 0,35$ (sillage plan). Ainsi, en deçà de ces valeurs, l'advection agit comme source, alors qu'au-delà c'est la diffusion ;
- en région périphérique, i.e., au-dessus des valeurs précédentes, le bilan énergétique se décompose sensiblement en deux équilibres, de types :

"*production = dissipation*" et "*advection = diffusion*"

En résumé, le tableau physique de ce bilan énergétique peut être dressé comme suit :

> La région de production maximum d'énergie cinétique est décentrée, et le montant produit n'y est localement dissipé qu'en partie. L'excédent est transféré vers le centre du sillage par advection. Le solde disponible dans cette région après dissipation est réinjecté dans la zone périphérique par diffusion.

Jet rond : Le bilan local d'énergie cinétique de turbulence d'un jet rond à grand nombre de Reynolds s'écrit, en coordonnées cylindriques :

$$0 = \underbrace{-\overline{U}\frac{\partial \overline{k}}{\partial x} - \overline{V}\frac{\partial \overline{k}}{\partial r}}_{Advection} \underbrace{-\left[\overline{uv}\left(\frac{\partial \overline{U}}{\partial r} + \frac{\partial \overline{V}}{\partial x}\right) + \overline{u^2}\frac{\partial \overline{U}}{\partial x} + \overline{v^2}\frac{\partial \overline{V}}{\partial r} + \overline{w^2}\frac{\overline{V}}{r}\right]}_{Production}$$

$$\underbrace{-\frac{\partial\left(\overline{uk}\right)}{\partial x} - \frac{1}{r}\frac{\partial\left(r\overline{vk}\right)}{\partial r}}_{Diffusion} \quad \underbrace{-\frac{1}{\rho}\left[\frac{\partial(\overline{up})}{\partial x} + \frac{1}{r}\frac{\partial(r\overline{vp})}{\partial r}\right]}_{Pression} \quad \underbrace{-\overline{\varepsilon}}_{Dissipation}$$

Dans cette équation, les corrélations pression-vitesse ne sont pas directement mesurables, pas plus que l'ensemble des termes qui composent l'expression *exacte* de la dissipation. La somme de ces deux contributions est obtenue par l'équilibrage des autres termes du bilan dans l'étude de Panchapakesan et al. [320]. Wygnanski et al. [451] estiment la dissipation en substituant aux dérivées spatiales des dérivées temporelles avec une hypothèse de Taylor relative à une vitesse d'advection des petites échelles. Pour Hussein et al. [188], certaines dérivées spatiales des vitesses sont directement mesurées par fil chaud volant, l'estimation de la dissipation s'en déduisant par une formulation localement axisymétrique. Dans ces deux derniers cas, seuls les termes de pression sont déduits de l'équilibrage général du bilan.

Ces différences de procédures, jointes aux incertitudes de mesures, expliquent les assez larges désaccords qui existent entre les résultats des trois études précitées, comme on peut le voir à la figure de la page suivante, où les différents termes sont normés par $\overline{U}^3_{axe}/y_{0,5}$.

On peut cependant dégager de l'ensemble de ces études les convergences suivantes :

- l'advection, maximum sur l'axe, agit majoritairement comme un terme "source" dans le bilan énergétique, puisqu'elle reste positive jusqu'à une distance adimensionnelle de l'ordre de 0,11 à 0,12, soit pratiquement le point où $\overline{V} = 0$. Elle demeure ensuite négative et joue donc un rôle de puits dans ce même bilan.
- la production est toujours un terme de source. Elle présente un maximum pour une distance à l'axe de l'ordre de 0,05 à 0,06 en valeur adimensionnelle. Elle est principalement assurée par le terme $-\overline{uv}\partial\overline{U}/\partial r$ (production par cisaillement), sauf sur l'axe, où les autres contributions lui confèrent une valeur finie non nulle.
- la valeur absolue de la dissipation est elle aussi maximum sur l'axe, et décroît ensuite régulièrement. Comme il fallait s'y attendre, c'est elle qui reflète la plus grande variabilité, avec des différences de plus du simple au double entre les diverses études.

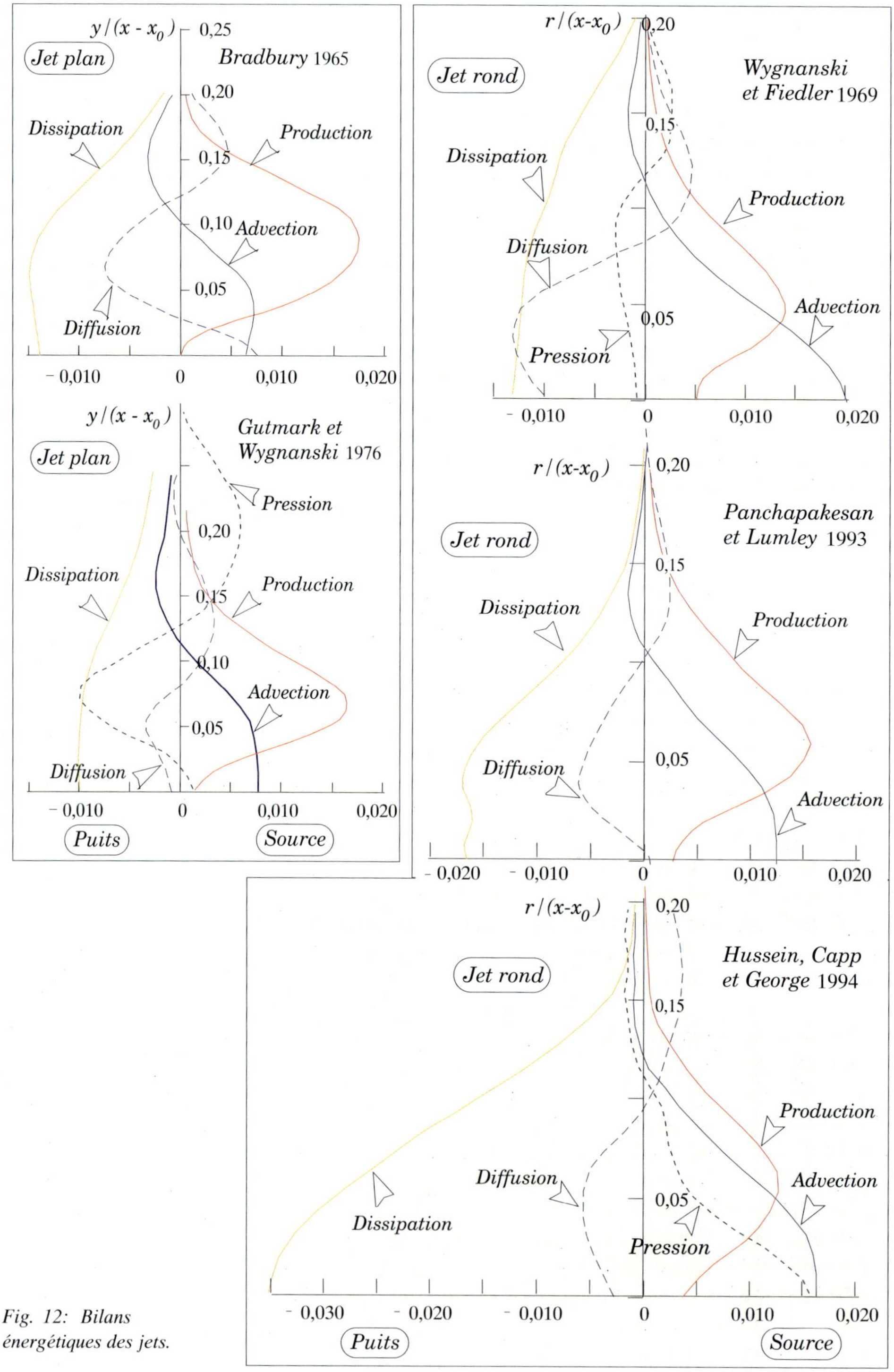

Fig. 12: Bilans énergétiques des jets.

- les rôles de l'advection et de la diffusion s'échangent vers une distance adimensionnelle de l'ordre de 0,11. Qualitativement, toutes les études s'accordent sur ce point, même si des différences quantitatives importantes existent. En revanche, on note des conclusions contradictoires sur le rôle du transfert par la fluctuation de pression qui s'oppose à l'action de la diffusion turbulente ou vient au contraire la renforcer. Selon Hussein et al. [188], il semble que ce soit la première tendance qui soit la bonne.
- sur l'axe du jet et dans son voisinage immédiat, l'équilibre énergétique est plutôt du type "*Advection = Dissipation*"; pour $r/(x - x_0) \approx 0{,}11$ à $0{,}12$, on retrouve l'équilibre classique" *Production = Dissipation*"; enfin en région périphérique, le bilan évolue vers une balance plus complexe :
  "*Diffusion = Dissipation + Advection*".

Finalement, l'essentiel de l'interprétation physique énergétique du jet rond peut se résumer ainsi :

Le centre dominant de production énergétique est décalé de l'axe. Par advection, l'énergie est transportée vers l'axe où elle est alors prélevée par diffusion pour être réinjectée en périphérie du jet.

Jet plan : Comme le montre la figure précédente, les situations énergétiques des jets plan et rond sont qualitativement analogues, sachant qu'en jet plan, l'équation de référence s'écrit simplement :

$$0 = \underbrace{-\overline{U}\frac{\partial \overline{k}}{\partial x} - \overline{V}\frac{\partial \overline{k}}{\partial y}}_{Advection} \underbrace{-\left[\overline{uv}\frac{\partial \overline{U}}{\partial y} - \left(\overline{u^2} - \overline{v^2}\right)\frac{\partial \overline{U}}{\partial x}\right]}_{Production} \underbrace{-\frac{\partial\left(\overline{vk}\right)}{\partial y}}_{Diff.^n} \underbrace{-\frac{1}{\rho}\frac{\partial(\overline{vp})}{\partial y}}_{Press.^n} \underbrace{-\overline{\varepsilon}}_{Diss.^n}$$

La disparition de certains termes complémentaires du jet rond explique en particulier les différences que l'on peut noter entre les valeurs de la diffusion et de la production sur l'axe des deux jets.

7 Données statistiques comparatives

7.1 Échelles temporelles du champ moyen

7.1.1 Échelle de cisaillement

Un trait commun aux profils de vitesse moyenne de tous les écoulements turbulents libres examinés ici est la présence d'un point d'inflexion (deux par symétrie pour les jets et sillages). On peut donc fixer une majorante à l'échelle de temps ($\mathcal{T}_C$)

imposée à l'écoulement par le cisaillement moyen :

$$\mathcal{T}_C{}^{-1} = \left|\frac{\partial \overline{U}}{\partial y}\right|_{y=\widetilde{y}} = \frac{U_{ref}(x)}{\delta(x)} \times \left|f'(\widetilde{\eta})\right|$$

où l'ordonnée $\widetilde{y}$ correspond à la valeur $\eta = \widetilde{\eta}$ de la variable réduite du point d'inflexion $f''(\widetilde{\eta}) = 0$. Avec les expressions analytiques du tableau 9.6, on peut alors préciser quantitativement dans la zone d'affinité, les estimations introduites au Chapitre VI-Tab.6.3, comme indiqué dans le tableau ci-dessous.

	Point d'inflexion ($\widetilde{\eta}$)	Pente $f'(\widetilde{\eta})$	Échelle de temps de cisaillement moyen
Sillage plan	0,85	- 0,71	$1{,}41g(x)/\left[U_\infty - \overline{U}_{axe}(x)\right]$
Zone de mélange	1	0,40	$2{,}5g(x)/[U_{max} - U_{min}]$
Jet plan	0,75	- 0,68	$1{,}47g(x)/\overline{U}_{axe}(x)$
Jet rond	0,69	- 0,67	$1{,}49g(x)/\overline{U}_{axe}(x)$

Tableau 9.8 Échelle de temps de cisaillement moyen en turbulence libre.

7.1.2 Échelle d'advection

L'échelle temporelle de cisaillement moyen précédente peut être directement comparée au temps local d'advection défini, dans la section courante *x*, par :

$$\mathcal{T}_A = \frac{x - x_0}{U_A}$$

où la vitesse *locale* d'advection U_A, i.e., au voisiange du point d'inflexion, est estimée par $U_{ref}/2$, sauf pour le sillage où elle est prise égale à $U_\infty/2$. Avec les données chiffrées des tableaux 9.2 et 9.3, on obtient les résultats suivants.

	Temps de cisaillement	Temps local d'advection	Rapport $\frac{\mathcal{T}_C}{\mathcal{T}_A}$
Sillage plan	$1,41 \times \frac{\Delta_{Sp}}{A_{Sp}} \frac{x-x_0}{U_\infty}$	$\frac{2(x-x_0)}{U_\infty}$	$1{,}41\Delta_{Sp}/2A_{Sp}$ $\simeq 0{,}13$
Zone de mélange	$2,5\Delta_m \times \frac{x-x_0}{U_{max}-U_{min}}$	$\frac{2(x-x_0)}{U_{max}-U_{min}}$	$1{,}25\Delta_m$ $\simeq 0{,}22$
Jet plan	$1,47 \times \frac{\Delta_{Jp}}{A_{Jp}} \frac{(x-x_0)^{3/2}}{U_0\sqrt{H}}$	$\frac{2(x-x_0)^{3/2}}{A_{Jp}U_0\sqrt{H}}$	$1{,}47\Delta_{Jp}/2$ $\simeq 0{,}07$
Jet rond	$1,49 \times \frac{\Delta_{Jr}}{A_{Jr}} \frac{(x-x_0)^2}{U_0 D}$	$\frac{2(x-x_0)^2}{A_{Jr}U_0 D}$	$1{,}49\Delta_{Jr}/2$ $\simeq 0{,}07$

Tableau 9.9 Rapport d'échelles de temps du champ moyen de jets, sillage et zone de mélange.

7.2 Échelles de longueur de la turbulence

7.2.1 Macro-échelles

Les échelles intégrales ou macro-échelles longitudinale (Λ_f) et transversale (Λ_g) sont ici :

$$\Lambda_f = \int_0^\infty R_{11}(\alpha, 0, 0)\mathrm{d}\alpha \qquad et \qquad \Lambda_g = \int_0^\infty R_{11}(0, \beta, 0)\mathrm{d}\beta$$

où $R_{11}(\alpha, \beta, \gamma) = \overline{u(x, y, z)u(x+\alpha, y+\beta, z+\gamma)}$ représente la corrélation spatiale sur la fluctuation de vitesse longitudinale relative au point de coordonnées (x, y, z). Le tableau ci-après regroupe les valeurs mesurées sur l'axe de quelques écoulements libres, lequel est défini en zone de mélange (travaux de Wygnanski et al. [452]) comme lieu des points où $\overline{U} = (U_1 + U_2)/2$.

Auteur	Écoulement	Λ_f	Λ_g	Λ_f/Λ_g
Corrsin & Uberoi [88] (1949)	Jet rond	0,92δ_{05}	0,17δ_{05}	5,4
Gibson [147] (1963)		0,95δ_{05}	-	-
Wygnanski & Fiedler [451] (1969)		0,45δ_{05}	0,18δ_{05}	2,43
Gutmark et Wygnanski [156] (1976)	Jet plan	0,48δ_{05}	0,22δ_{05}	2,18
Bradbury [33] (1965)		0,38δ_{05}	-	-
Townsend [422](1956)	Sillage plan	0,83$\sqrt{xd}$	0,6$\sqrt{xd}$	1,38
Grant [152] (1958)		0,83$\sqrt{xd}$	0,5$\sqrt{xd}$	1,67
Wygnanski & Fiedler [452] (1970)	Zone de mélange	0,103x	0,055x	1,87

Tableau 9.10 Macro-échelle de turbulence sur l'axe d'écoulements libres.

Les écoulements n'étant pas homogènes, on note que, même sur l'axe, le rapport des deux échelles ne s'établit pas à deux. En outre, les valeurs de Λ_f et Λ_g dépendent bien évidemment de la position du point dans le champ de l'écoulement :

- pour le jet rond, les deux échelles Λ_f et Λ_g sont des fonctions monotones croissantes de l'éloignement à l'axe ;
- pour le jet plan, Λ_f reste une fonction monotone croissante de y, mais l'étude de Gutmark et al. [156] indique que tel n'est plus le cas de Λ_g qui passe par un maximum pour $y/(x - x_0) \approx 0{,}1$ avant de décroître ;

– pour la zone de mélange, les mesures de Wygnanski et al. [452] montrent que Λ_f et Λ_g augmentent avec la distance à l'axe — comme en jet rond —, mais pas selon des lois monotones.

Malgré les facteurs de dispersion des résultats déjà mentionnés (plages d'exploration différentes, mode de détermination — corrélatoire ou spectral — des macro-échelles), il n'en demeure pas moins que pour tous ces écoulements, les échelles en question augmentent avec la distance en aval, selon des lois conformes aux évolutions en affinité.

7.2.2 Micro-échelles

Le tableau suivant donne quelques valeurs des micro-échelles définies ici par :

$$\frac{1}{\lambda_f^2} = \frac{1}{2\overline{u^2}}\overline{\left(\frac{\partial u}{\partial x}\right)^2} \qquad et \qquad \frac{1}{\lambda_g^2} = \frac{1}{2\overline{u^2}}\overline{\left(\frac{\partial u}{\partial y}\right)^2}$$

Auteur	Écoulement	x (mm)	$10^{-4}\times$ R_{ex}	λ_f (mm)	λ_g (mm)	$10^3\times$ $\mathrm{d}\lambda/\mathrm{d}x$
Wygnanski & Fiedler [451] (1969)	Jet rond	1320	56	6,1	4,5	4,8 (λ_f) 3,7 (λ_g)
Gutmark et Wygnanski [156] (1976)	Jet plan	520	46	6,4	$\simeq \lambda_f - 2{,}5$	0,9
Wygnanski & Fiedler [452] (1970)	Zone de mélange	200	17	3	$\simeq \lambda_f$	2,8

Tableau 9.11 Micro-échelle de turbulence sur l'axe d'écoulements libres.

Les micro-échelles sont trouvées fonction (très légèrement) croissante de la distance aval. Pour les évolutions radiales, la micro-échelle λ_f est mesurée croissante dans un jet rond et également dans la région centrale ($y/x < 0{,}12$) d'un jet plan, alors que λ_g décroît systématiquement avec la distance transversale. Dans une zone de mélange, la décroissance est observée pour les deux échelles dans la partie basse vitesse de l'écoulement ($\overline{U} < (U_1+U_2)/2$), alors que cette tendance est précédée d'une phase de légère croissance du côté grande vitesse.

Complément — ***Détermination expérimentale des micro-échelles*** — La micro-échelle peut être déterminée expérimentalement selon cinq procédures de mesure différentes. Les quatre premières sont classiques, s'agissant de :

– l'*application directe* de la définition, si l'on dispose d'une mesure convenable des dérivées spatiales,
– l'*application* de la définition, *sous l'approximation* de champ figé de Taylor, en remplaçant les dérivées spatiales par des dérivées temporelles,
– l'*utilisation* de la relation à la fonction de *corrélation spatiale*,
– l'*utilisation* de la relation au *spectre monodimensionnel.*
La dernière méthode utilise le théorème selon lequel le nombre N_0 de passages à zéro par unité de temps d'un signal aléatoire stationnaire $f(t)$ est tel que :

$$N_0^2 = \frac{1}{\pi^2}\overline{\left(\frac{\partial f^2}{\partial t}\right)}/\overline{(f^2)}$$

si f, $\partial f/\partial t$ sont tous deux à densité de probabilité gaussienne et sont décorrélés $(\overline{f\times(\partial f/\partial t)} = 0)$. Ces hypothèses n'étant généralement pas vérifiées par les écoulements considérés ici, il en résulte une erreur conduisant par exemple à surestimer les résultats pour un jet rond, comme l'ont montré Wygnanski et al. [451].

7.3 Anisotropie des tensions de Reynolds

Le tableau suivant regroupe les valeurs des tensions de Reynolds dans plusieurs écoulements libres, au point où la contrainte de cisaillement est extremum.

Écoul.[t]	Réf.	$-C_{uv}$	$\frac{-\overline{uv}}{k}$	$\frac{\overline{u^2}}{k}$	$\frac{\overline{v^2}}{k}$	$\frac{\overline{w^2}}{k}$	K_u^v
Zone de mélange	Liepmann et al. [268]	0,56	0,39	1,04	0,48	0,48 ($\overline{v^2}=\overline{w^2}$)	0,37
	Wygnanski et al. [452]	0,38	0,25	0,86	0,52	0,62	0,25
	Patel [322]	0,49	0,37	1,14	0,50	0,36	0,39
Sillage de révol.[n]	Uberoi et al. [431]	0,40	0,30	0,85	0,64	0,51	0,14
Jet plan	Gutmark et al. [156]	0,44	0,30	1,14	0,41	0,45	0,47
	Bradbury	0,43	0,31	0,85	0,59	0,56	0,18
Jet rond	Hussein et al. [188]	0,37	0,27	0,95	0,51	0,54	0,30

Fig. 13: Tensions de Reynolds au maximum de $|\overline{uv}|$.

L'anisotropie y est évaluée par le coefficient de Taylor sur les tensions $\overline{u^2}$ et $\overline{v^2}$, soit

$$K_u^v = \left(\overline{u^2} - \overline{v^2}\right) / \left(\overline{u^2} + \overline{v^2}\right)$$

En présence d'un écoulement externe (sillage, jet de Bradbury), ce coefficient est de l'ordre de 0,15, alors qu'il se situe en moyenne au double de cette valeur pour les autres écoulements.
Compte tenu des propriétés de symétrie géométrique et statistique des écoulements de jets et sillages, il est instructif de vérifier dans quelle mesure celles-ci se reflètent sur les valeurs des tensions de Reynolds sur l'axe. C'est ce que propose le tableau ci-dessous, en évaluant les composantes du tenseur d'anisotropie b_{ij}.
Sa lecture laisse entrevoir (on pourra calculer les valeurs des invariants II et III pour le confirmer) que c'est sur l'axe du sillage de révolution que l'état de l'agitation turbulente est le plus proche de l'isotropie, celui du jet plan en étant (relativement) le plus éloigné.

Écoul.[t]	Réf.	$\frac{\overline{u^2}}{k}$	$\frac{\overline{v^2}}{k}$	$\frac{\overline{w^2}}{k}$	b_{11}	b_{22}	b_{33}
Sillage plan	Townsend [422]	0,61	0,83	0,56	-0,055	0,16	-0,105
Sillage de révol.[n]	Uberoi et al. [431]	0,684	0,658	0,658	0,0172	0,0086	0,0086
Jet plan	Gutmark et al. [156]	0,98	0,56	0,46	0,31	-0,105	-0,205
Jet rond	Hussein et al. [188]	0,88	0,55	0,57	0,21	-0,115	-0,095

Fig. 14: Tenseur d'anisotropie des tensions de Reynolds sur l'axe de symétrie d'écoulements libres.

8 Frontière en turbulence libre

8.1 Intermittence de frontière

Nous avons introduit, au Chapitre VII-§6.1, le concept "d'interface" séparant, à la frontière libre d'un écoulement turbulent, les domaines à fluctuations de vorticité intense (région turbulente) et quasi nulle (champ extérieur). Nous avons mentionné, dès le premier chapitre (§3.5), l'une des propriétés importantes de cette interface avec l'intermittence de frontière. Nous allons la préciser ici avec les résultats de mesure du facteur d'intermittence.

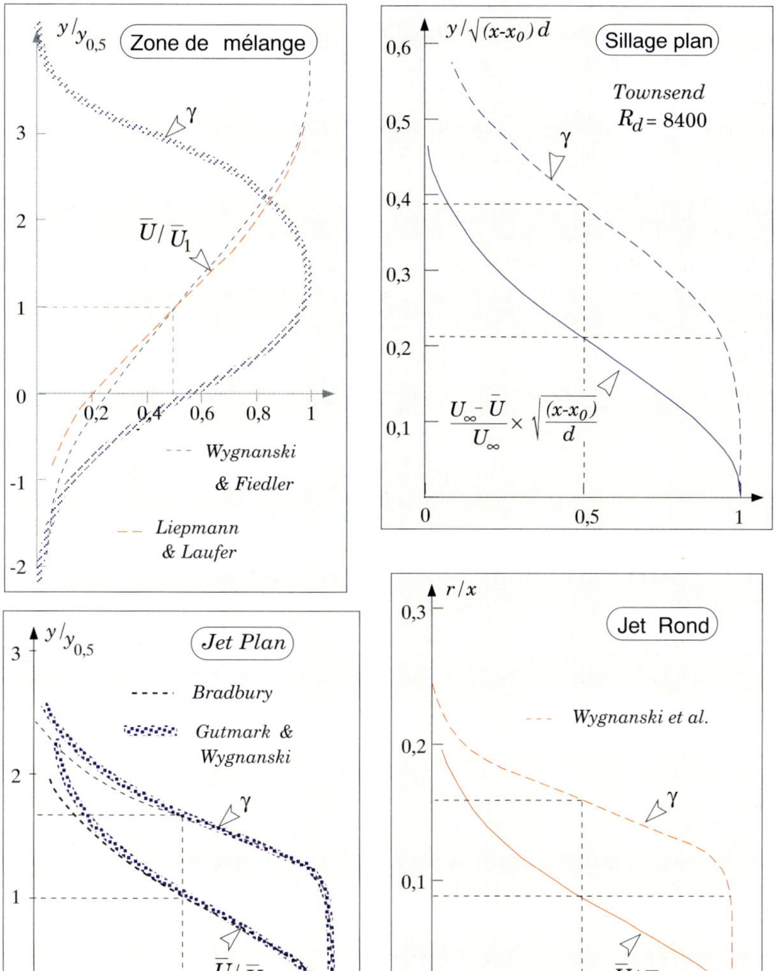

Fig. 15: Facteurs d'intermittence d'écoulements libres.

Le facteur d'intermittence n'est autre que la fonction de répartition en probabilité de la position de l'interface, soit dans un cas bidimensionnel :

$$\gamma(y) = \int_0^y P(Y)\mathrm{d}Y \tag{9-13}$$

où $P(Y)$ désigne la probabilité que l'interface soit compris entre les cotes Y et $Y+\mathrm{d}Y$, Y repérant la distance à l'axe ($y=0$) de cette interface.
De la comparaison des profils de vitesse moyenne et d'intermittence, il apparaît que l'écoulement de jet ou sillage reste bien pleinement turbulent sur toute l'épaisseur

de vitesse moitié. Il est cependant à remarquer que le régime turbulent se maintient à au moins 50% du temps sur une distance à l'axe largement supérieure à cette épaisseur conventionnelle (de l'ordre de 1,7 à 1,8 fois celle-ci). Le cas de la zone de mélange révèle en outre une distribution dissymétrique du facteur d'intermittence (décalage du maximum vers la région à grande vitesse et étalement plus prononcé dans la région des basses vitesses).

En pratique, la mesure du facteur d'intermittence se déduit de celle d'un indicateur temporel de présence de turbulence, supposant satisfaites des conditions d'érgodicité. En référence à un signal tel que celui présenté en figure 3 du premier chapitre, l'indicateur d'intermittence en un point de cote y donnée, est une fonction du temps $\mathcal{I}(y, t)$ dont la valeur est fixée égale à l'unité pendant les épisodes turbulents et vaut zéro le reste du temps. Dans ces conditions, le facteur d'intermittence s'obtient simplement par la moyenne (temporelle) de l'indicateur :

$$\gamma(y) = \lim_{T \to \infty} \frac{1}{T} \int_0^T \mathcal{I}(y, t) \mathrm{d}t \tag{9-14}$$

et représente la fraction du temps total d'observation pendant laquelle le signal a détecté la turbulence.
À la suite des travaux de Corrsin et Kistler [86], de nombreux auteurs [422], [452], ont vérifié que le profil du facteur d'intermittence pouvait être traduit par la fonction :

$$\gamma(y) = \frac{1}{\sqrt{2\pi}} \int_{y/y_0}^{+\infty} e^{-\frac{\alpha^2}{2}} \mathrm{d}\alpha$$

où y_0 est une constante empiriquement ajustée dans chaque cas.

8.2 Géométrie de l'interface

Nous nous proposons ici d'apporter quelques informations complémentaires sur la géométrie de l'interface turbulent / non turbulent.
Cette "frontière" est par nature un objet physique complexe car liée, par définition même, au champ de l'écoulement (via le rotationnel) et évoluant dans un espace à trois dimensions selon une très grande irrégularité de forme, en reflet des structures constitutives de l'agitation turbulente. Il est en effet assez naturel d'envisager que la morphologie du front soit, au moins en partie, sous la dépendance des structures tourbillonnaires actives dans cette zone de l'écoulement. Or, depuis les premiers travaux de Corrsin et Kistler [86] sur un jet libre, on sait que l'acquisition du caractère rotationnel par le fluide entraîné s'opère assez brusquement mais sur des distances supérieures à l'épaisseur caractéristique du front. On peut donc inférer que les formes d'un tel front reflèteront toute une gamme d'échelles s'étendant, d'une macro-échelle intégrale, pour les plus grandes, jusqu'à celle de Kolmogorov (ou un multiple de quelques unités), pour les plus petites.

De très nombreux travaux ont eu pour objectif de déduire, de propriétés statistiques de l'interface, des informations sur la géométrie des structures tourbillonnaires sous-jacentes. Actuellement, pour préciser l'influence de cette multiplicité d'échelles sur la morphologie du front, on fait appel à une détermination expérimentale de la dimension fractale de l'interface[1]. Différents résultats, issus de la compilation de Sreenivasan [403], sont regroupés au tableau suivant.

Écoulement	Type de mesure		
	Section 1D	Image 2D	Image 3D
Jet rond	2,36	2,36	2,36
Sillage plan	2,40	2,36	2,36
Zone de mélange plane	2,39	2,34	–
Couche limite	2,40	2,38	–

Tableau 9.12 Dimension fractale du front turbulent dans divers écoulements, selon Sreenivasan [403].

Il est assez remarquable de constater une relativement nette indépendance de la configuration d'écoulement sur la valeur de la dimension fractale du front. Avec l'auteur de l'étude, on peut donc conclure que :

> L'interface de vorticité dans les écoulements de turbulence libre classiques présente une dimension fractale égale à $2,36 \pm 0,05$

Ce résultat est une indication sérieuse que les échelles qui sont à l'origine de ce caractère fractal — inférieures à l'échelle intégrale pour les plus grandes — présentent une similitude cinématique pour ces écoulements turbulents libres.
Cette même dimension fractale se retrouve également pour l'interface turbulent défini par marquage d'un contaminant *passif*.

9 Production négative

Nous avons déjà rencontré la notion de "production négative" au Chapitre VIII-§5.2, à propos de l'action successive de deux déformations planes. Cette situation pourrait passer pour l'ingénieur, comme un artifice de laboratoire, conférant du coup

[1] Pour un "objet fractal mathématique', la plage d'échelles serait non bornée, ce qui n'est pas le cas ici où les conditions aux limites et la viscosité imposent des limitations aux plus grandes et plus petites dimensions respectivement.

au phénomène en question un caractère “pathologique”. En réalité, il n’en est rien et des zones de production négative se rencontrent dans nombre de configurations courantes en pratique.

Il semble que ce soit sur l’écoulement en canal courbe qu’ait été rapportée la première mention, par Wattendorf [442] en 1935, de l’existence d’un décalage de localisation spatiale du zéro des tensions de Reynolds et de l’extremum du profil de vitesse moyenne. La première étude détaillée de ce phénomène sur ce même écoulement est vraisemblablement due à Eskinazi et Yeh [128] en 1956. La non symétrie des profils moyens, clé du phénomène, fut mentionnée une année plus tard par Hanratty et Engen [170] pour un gaz se déplaçant entre une paroi solide et une interface liquide en mouvement parallèle.

C’est à Mathieu [289], dont les premiers travaux datent de 1959, que l’on doit d’avoir décelé un décalage de même type dans des jets pariétaux. Cet auteur suggéra en outre la possibilité d’un phénomène analogue pour le champ thermique. Ce fut enfin Beguier [21] qui, en 1964 mesura effectivement des valeurs de production négative par cisaillement dans un jet pariétal avec écoulement extérieur.

La preuve de l’existence effective d’un décalage analogue pour le champ thermique fut amenée pour la première fois en 1966 par Deardorff en turbulence atmosphérique. Les premières mesures de production négative thermique en laboratoire sont dues à Beguier et al. [23], en 1978, dans une zone de mélange avec créneau de température à la frontière.

Le même phénomène se retrouve également pour des écoulements en conduits de section annulaire, comme l’ont rapporté Kjellstrom et Hedberg [209] en 1968. Enfin en 1972 Hanjalic et Launder [166] mirent en évidence le même décalage sur le champ dynamique d’un écoulement de canal plan aux parois de rugosités différentes. Nous reviendrons sur ce cas au Chapitre X-§8, illustrant ici le phénomène par l’exemple de la zone de mélange thermique de Béguier et al. [23].

Dans l’expérience de ces auteurs, seule la partie “supérieure” d’une zone de mélange cinématique est chauffée. Le créneau de température est ainsi soumis à diffusion non symétrique entre une région (supérieure) à vitesse nulle, et une autre (inférieure) à vitesse non nulle.

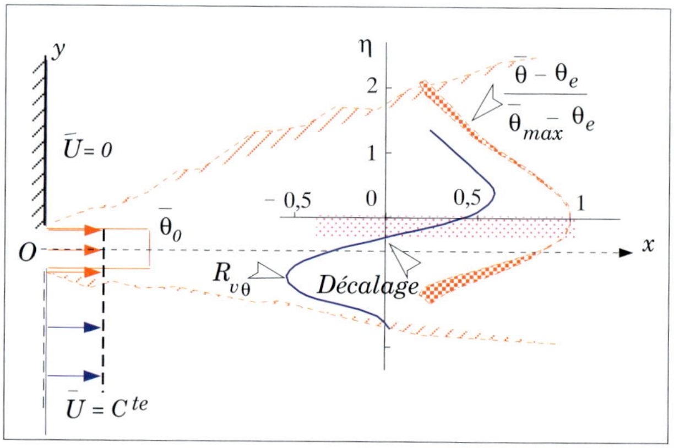

Fig. 16: Production négative en zone de mélange thermique, adapté de Béguier et al. [23].

Les mesures de la corrélation $\overline{v\theta}$ prouvent l’existence, en pareille situation, d’un décalage entre le zéro de cette fonction et le maximum du profil de température moyenne, dégageant une zone de production négative du côté de la région à forte vitesse.

CHAPITRE X

TURBULENCE EN ÉCOULEMENTS AVEC PAROIS

« Turbulent flow form such a complicated mathematical problem that its solution must lean heavily on experimental data.»

(L'écoulement turbulent pose un problème mathématique à ce point complexe que sa solution exige de recourir largement aux données expérimentales.)

A.A. TOWNSEND [424] 1976, page 3.

1 Introduction

Comme nous l'avons mis en évidence au Chapitre VI, la présence d'une paroi bien qu'annihilant tout mouvement relatif du fluide, est, non sans quelque paradoxe, source de complexité supplémentaire pour la turbulence. En effet, contrairement aux écoulements cisaillés libres que nous venons d'étudier, il n'est plus possible de maintenir un même équilibre temporel pour l'intégralité du champ de l'écoulement. Les premières répercussions de cette particularité sur la description analytique du profil de vitesse moyenne ont été examinées en §5 du chapitre précité. Nous allons ici détailler et approfondir l'analyse des conséquences de la présence d'une paroi sur la turbulence (§2), avant de décliner les propriétés qui en résultent en situation de couche limite sur plaque plane (§3) et de canal ou conduit rectiligne (§4).

2 Spécificités de la turbulence de paroi

En prolongement de l'analyse du *champ moyen* menée au Chapitre VI-§5, nous revenons sur les modifications engendrées, par la présence d'une paroi, sur une *agitation turbulente* qui serait sans cela homogène et isotrope. En régime incompressible, celles-ci peuvent être attribuées à trois facteurs disctincts que sont (i) le ***cisaillement*** par le champ moyen, (ii) la ***viscosité*** par réduction locale du nombre de Reynolds et (iii) le ***blocage*** par confinement transversal. Grâce notamment aux possibilités de la simulation directe avec un choix approprié des conditions aux limites, les effets respectifs de chacun de ces facteurs peuvent être isolés et analysés séparément dans des configurations d'écoulement spécifiquement définies, comme l'indique le tableau ci-dessous.

Écoulement	Cisaillement	Blocage	Viscosité	Référence / Année
T. Homogène + Cisail. Constant	O	-	-	Lee et al (1990) [251]
T. Homogène + paroi perméable	-	-	O	Perot et al (1995) [325]
Paroi mobile	-	O	- /O	Aronson et al (1997) [8]
Canal / Couche limite	O	O	O	Kim et al. (1987) [206] Spalart (1988) [390]

Tableau 10.1 Mécanismes unitaires d'une turbulence de paroi : facteur opérant (O) supprimé (-).

Ces trois effets seront discutés séparément dans la suite, en distinguant pour le cas du blocage, les aspects cinématiques et ceux liés à la fluctuation de pression. Une telle présentation "analytique" ne saurait bien évidemment induire l'idée que, lorsque tous les facteurs opèrent simultanément, i.e., dans une couche limite "réelle", l'effet global résultant s'obtient par simple addition des effets élémentaires qui vont être décrits à présent.

2.1 Cisaillement pariétal

La paroi génère, en régime turbulent, un renforcement du gradient de vitesse moyenne dans son proche voisinage. Or, sous l'action spécifique d'une telle sollicitation, nous avons vu qu'une agitation turbulente *homogène* prenait un caractère anisotrope, comme le rappelle le tableau suivant, en référence aux mesures de Champagne et al. [58].

De façon plus précise — voir Chapitre VIII-§4 —, l'application d'un cisaillement constant à une turbulence homogène se traduit par (i) un apport énergétique non équi-réparti entre tensions normales, (ii) un forçage de l'anisotropie et (iii) le non alignement des directions principales du tenseur de Reynolds avec celles des vitesses de déformation moyennes.

	Paramètre d'anisotropie	$\frac{\overline{u^2}}{k}-\frac{2}{3}$	$\frac{\overline{v^2}}{k}-\frac{2}{3}$	$\frac{\overline{w^2}}{k}-\frac{2}{3}$	$\frac{\overline{u^2}-\overline{v^2}}{\overline{u^2}+\overline{v^2}}$	$-\frac{\overline{uv}}{k}$
Turb. Homogène cisaillée	(Champagne et al. [58])	0,30	-0,18	-0,12	0,33	0,33
Turbulence en proche paroi	(D'après Launder [234])	0,55	-0,45	-0,11	0,69	0,24

Tableau 10.2 Valeurs d'anisotropie en écoulement cisaillé.

2.2 Effet de viscosité

L'effet sur la turbulence incombant strictement à la viscosité du fluide (absence de blocage, de gradient moyen et de réflexion de pression) résulte de la seule condition d'adhérence ($u= w= 0$) pour les deux composantes de la fluctuation de vitesse parallèles au plan de l'obstacle. Il se manifeste par les deux mécanismes classiques de diffusion visqueuse et dissipation à propos desquels nous ferons les deux remarques suivantes :

Diffusion visqueuse : En l'absence de tout autre transfert, l'ajustement des contraintes $\overline{u^2}$ et $\overline{w^2}$ parallèles à la paroi sur une distance l_ν de celle-ci se fait sous contrôle d'une échelle de temps diffusive $t_\nu \approx l_\nu^2/\nu$.

Dissipation : À proximité d'une paroi, ni l'hypothèse d'homogénéité cinématique, ni celle de grand nombre de Reynolds de turbulence ne sont justifiées, de sorte que l'assimilation de la pseudo-dissipation ($\overline{\varepsilon} = \nu \overline{\left(\frac{\partial u_i}{\partial x_j}\right)\left(\frac{\partial u_i}{\partial x_j}\right)}$) à la dissipation vraie ($\overline{\epsilon} = 2\nu \overline{s_{ij}s_{ij}}$) est abusive. Les résultats de simulation numérique directe de Walker et al. [439] pour une turbulence sans cisaillement sur paroi plane montrent déjà que la simple prescription de la condition $v = 0$ se traduit, à la paroi, par un montant de dissipation vraie ($\overline{\epsilon}$) qui ne représente plus que 77% de la pseudo dissipation ($\overline{\varepsilon}$), le complément (23%) étant à mettre au compte de l'enstrophie ($2\nu\overline{\omega_i\omega_i}$). Ces remarques fondamentales peuvent parfois n'être incluses dans la procédure de modélisation que par un "simple" ajustement des constantes, comme nous le verrons au Chapitre XIV.

L'influence quantitative des deux mécanismes précédents peut être précisée en référence à l'équation de bilan des tensions de Reynolds — Chapitre III-éq.(3-19) — qui, en l'absence de gradient de vitesse moyenne, se réduit à :

$$\frac{d\overline{u_iu_j}}{dt} = \underbrace{\underbrace{-\frac{1}{\rho}\left[\frac{\partial \overline{pu_i}}{\partial x_j} + \frac{\partial \overline{pu_j}}{\partial x_i}\right]}_{pression} \underbrace{- \nu\frac{\partial^2 \overline{u_iu_j}}{\partial x_k \partial x_k}}_{viscosit\acute{e}} \underbrace{- \frac{\partial \overline{u_iu_ju_k}}{\partial x_k}}_{turbulente}}_{Diffusion} + \underbrace{\overline{\frac{p}{\rho}\left(\frac{\partial u_i}{\partial x_j} + \frac{\partial u_j}{\partial x_i}\right)}}_{press./d\acute{e}f.} \underbrace{- 2\nu\overline{\frac{\partial u_i}{\partial x_k}\frac{\partial u_j}{\partial x_k}}}_{dissipation} \quad (10\text{-}1)$$

Dans la relation précédente, la dérivation particulaire du premier membre se réduit soit à une dérivée temporelle ($\frac{\mathrm{d}}{\mathrm{d}t} \equiv \frac{\partial}{\partial t}$) pour le problème théorique d'évolution (Cf. Perot et al. [325], par exemple), soit à une simple advection à vitesse constante ($\frac{\mathrm{d}}{\mathrm{d}t} \equiv U_0 \frac{\partial}{\partial x}$), pour la configuration spatiale expérimentale (Aronson et al. [8] par exemple).
Les différents termes de l'équation (10-1) sont donnés à la figure ci-dessous, où la dissipation est prise selon son expression homogène. On peut ainsi observer qu'en se rapprochant de la paroi, les termes dominants sont bien ceux de dissipation et diffusion visqueuse. Loin de la paroi, le bilan tend à se réduire à l'équilibre :

"advection = dissipation"

Enfin, on notera dans ce cas que la contribution dite "diffusive" de la corrélation pression-vitesse est pratiquement inexistante.

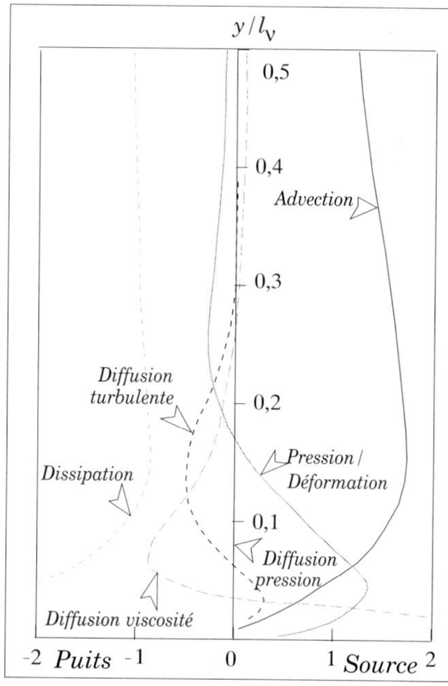

Fig. 1: Bilan de $\overline{u^2}$ sous dominance des effets visqueux, adapté de Perot et Moin d'après Aronson et al. (Tous les termes sont normés par $\overline{\varepsilon}_{11}$).

En définitive, on pourra retenir que :

> La condition d'adhérence visqueuse ($u = w = 0$) appliquée à une turbulence quasi homogène et isotrope provoque, en l'absence de tout autre effet, un amortissement des tensions normales $\overline{u^2}$ et $\overline{w^2}$.
> Cet amortissement diffuse transversalement selon des échelles réglées sur la viscosité du fluide. La turbulence reste ainsi sensiblement isotrope dans des plans parallèles à la paroi.
> En l'absence de blocage transversal ($v \neq 0$ à la paroi), l'atténuation de ces contraintes est partiellement compensée par l'effet de redistribution entre composantes normales par corrélation pression-déformation, terme de source dans les bilans de $\overline{u^2}$ et $\overline{w^2}$ et de puits dans celui de $\overline{v^2}$.

2.3 Blocage cinématique

Les données relevées par Launder (seconde ligne du tableau 10.2), attestent d'un fort degré d'anisotropie au voisinage même de la paroi. Or celui-ci ne peut plus s'expliquer par l'action du cisaillement moyen, car s'il existe bien un gradient de vitesse moyenne non nul à la paroi, sa contribution énergétique sur la turbulence $(-\rho\overline{uv}\partial\overline{U}/\partial y)$ devient insignifiante en zone proche, en raison de la décorrélation des fluctuations u et v. L'anisotropie "à la proche paroi" est donc forcée par un autre mécanisme : c'est l'effet de blocage cinématique transversal.
L'étude expérimentale d'une turbulence sur paroi mobile d'Aronson et al. [8], comme la simulation directe de Perot et Moin [325], par exemple, permettent d'analyser cet effet en l'absence de cisaillement moyen.
Désignons par u et w les fluctuations de vitesse dans un plan $(y = C^{te})$ parallèle à la paroi (supposée plane) et par v celle normale à la paroi $(y = 0)$. En l'*absence de tout effet visqueux*, le blocage transversal de la turbulence sur une paroi *imperméable*, se traduit par les *conditions cinématiques* :

$$v = 0 \quad et \quad u \neq 0, \quad w \neq 0 \qquad pour\ y = 0 \tag{10-2}$$

Selon une phénoménologie tourbillonnaire assez rudimentaire, on peut comprendre que, sans effet de viscosité, un paquet de fluide qui vient en impact de la paroi s'y "écrase" tout en s'étalant dans les directions "radiales" x et z. C'est l'effet de "floc[1]" qui tend à conférer à l'agitation des propriétés statistiques de turbulence bicomposante, très différentes de l'isotropie.

Ainsi, lorsque l'on impose à une turbulence quasi-isotrope la condition (10-2) précédente, on observe, en l'absence de tout autre facteur, une augmentation des contraintes $\overline{u^2}$ et $\overline{w^2}$ au voisinage de la paroi.
Ce résultat se dégage clairement des évolutions temporelles de ces contraintes depuis l'instant d'application de la condition $v = 0$ dans la simulation directe de Perot et Moin [325].

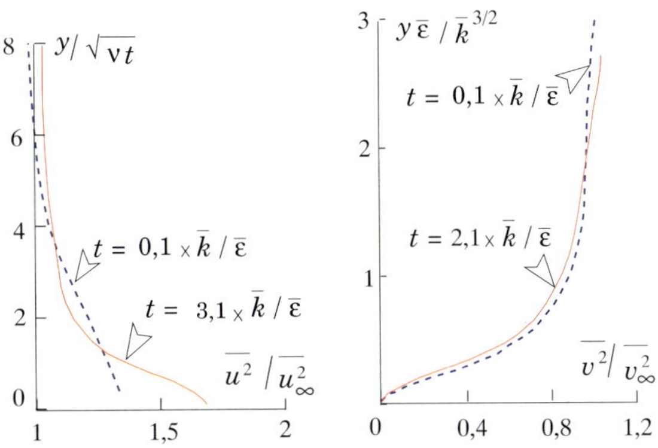

Fig. 2: Évolution des tensions normales sous blocage à la frontière (adapté de la simulation directe de Perot et Moin).

Comme le montre la figure précédente, un pic[2] se forme au cours du temps sur les profils des tensions turbulentes des composantes parallèles à la paroi, en réponse à

[1] Cette onomatopée imite le bruit d'une goutte de pluie frappant une vitre sur laquelle elle vient s'éclater. Dans la littérature anglaise, on parle de "splatting effect" (effet d'éclaboussure).

[2] Une controverse existe quant à la persistance de la croissance de ce pic au cours du temps. En effet, alors que les premières études de Thomas et Hancock [416] semblaient dégager une tendance à la croissance indéfinie, les travaux plus récents de Perot et al. [325] et Aronson et al. [8] montreraient plutôt qu'un niveau d'équilibre serait atteint.

l'effet de blocage. En revanche, l'amortissement de la tension normale $\overline{v^2}$, normée par les échelles extérieures, reste pratiquement inchangé sur une distance de l'ordre de $\overline{k}^{3/2}/\overline{\varepsilon}$ pour le nombre de Reynolds de turbulence $\overline{k}^2/(\nu\overline{\varepsilon}) = 134$ ($\overline{k}$ et $\overline{\varepsilon}$ sont les niveaux d'énergie cinétique et de dissipation de la turbulence hors de la région de blocage).
En résumé, nous pourrons retenir que :

> Le blocage d'une agitation turbulente tridimensionnelle engendre une tendance locale à la bidimensionnalité par (i) l'amortissement de la tension normale à la paroi blocante et (ii) le renforcement des tensions parallèles à celle-ci, avec apparition d'un maximum dans les profils.

COMPLÉMENT — ***Effet de blocage et anisotropie de la turbulence*** — Le simple, effet de "floc" ne fournit pas une explication suffisante de l'anisotropie de la turbulence. En effet, si la simulation directe de Perot et al. [325] a bien mis en évidence des séquences de mouvements d'impacts ("floc"), elle a aussi révélé des séquences d'éjection ou "antifloc[1]". Dans ce cas, un montant d'énergie initialement réparti sur les composantes parallèles à la paroi se "reconvertit" sur la composante normale. Partant de ce constat, deux scénarios ont été avancés par les auteurs pour tenter d'expliquer l'anisotropie.
a) Les séquences d'impact et d'éjection ne sont pas en équilibre, et c'est ce déséquilibre qui est responsable du transfert inter-composantes. Sur cette voie, les auteurs vont même jusqu'à suggérer que c'est la viscosité qui, indirectement, contrôlerait le déséquilibre entre les évènements d'impact et d'éjection.
b) Le second scénario, contrairement au précédent, n'attribue pas l'anisotropie au terme "source" mais plutôt à celui de "puits" du bilan énergétique. En clair, la turbulence loin de la paroi pourrait décroître plus vite que celle proche de la paroi. Pour appuyer cette thèse, on peut en effet conjecturer que le taux de dissipation va être modifié en raison du caractère de "bi-dimensionnalité" imposé par la paroi à l'agitation proche, impliquant la disparition du processus usuel (tridimensionnel !) de cascade énergétique.

2.4 Réflexion des fluctuations de pression

En plus de l'aspect cinématique qui vient d'être mentionné, la situation de blocage agit également sur le champ turbulent par l'intermédiaire de la pression : c'est l'effet de réflexion des fluctuations de pression. Il trouve son expression mathématique dans la formulation même du champ de cette fonction, en solution de l'équation de Poisson (3-50) en milieu confiné, soit :

$$-\frac{p(\vec{x},t)}{\rho} = \frac{1}{4\pi}\iiint\limits_V \varphi\left(\vec{x'}\right)\frac{\mathrm{dV}\left(\vec{x'}\right)}{\left\|\vec{x'}-\vec{x}\right\|} + \sum \qquad (10\text{-}3)$$

1 "splat" et "antisplat" selon Perot et Moin [325].

avec $$\varphi\left(\vec{x'}\right) = 2\left[\frac{\partial^2\left(u_i\overline{U}_j\right)}{\partial x_i \partial x_j}\right]_{\vec{x'}} + \left[\frac{\partial^2(u_i u_j - \overline{u_i u_j})}{\partial x_i \partial x_j}\right]_{\vec{x'}}$$

Dans l'expression (10-5), $\sum$ désigne une intégrale de surface dont la contribution n'est pas prise en compte dans les fermetures actuelles (voir complément ci-après).
Lorsque le domaine se réduit à un demi-plan (demi-plan supérieur $y \geq 0$ par exemple), il est possible, comme l'ont fait remarquer Launder et al. [238], d'exprimer l'intégrale de volume sur tout le plan, en faisant intervenir l'image miroir $\vec{x''}$ ($x'' = x'$, $y'' = -y'$, $z'' = z'$) du point courant $\vec{x'}$ (x', y', z') par rapport au plan $y = 0$, comme l'illustre le schéma ci-contre. L'expression correspondante s'écrit :

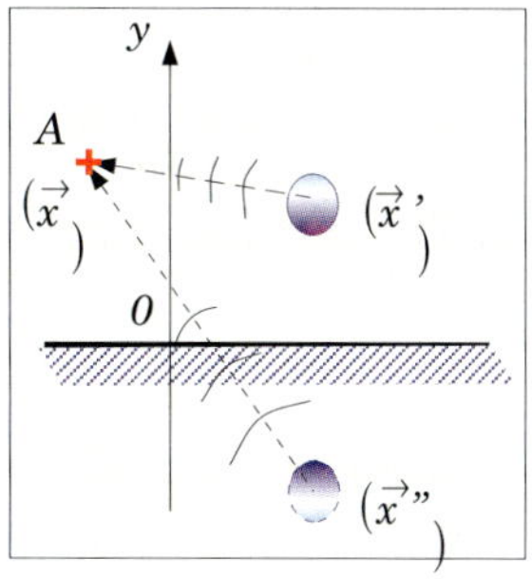

Fig. 3: Schéma de la contribution en réflexion de pression sur paroi plane.

$$-\frac{p(\vec{x},t)}{\rho} = \iiint_{y\geq 0} \varphi\left(\vec{x'}\right)\left[\frac{1}{\left\|\vec{x'}-\vec{x}\right\|} + \frac{1}{\left\|\vec{x''}-\vec{x}\right\|}\right] \mathrm{dV}\left(\vec{x'}\right)$$

où la seconde contribution de l'intégrale est qualifiée de terme "d'écho". Elle est amenée à jouer un rôle en proche paroi par la corrélation pression-déformation. En effet, en l'absence de cisaillement moyen, les mesures expérimentales d'Aronson et al. [8], comme les simulations directes de Perot & Moin [325] indiquent que la contribution dite "diffusive" de la fluctuation de pression dans les équations de transport des tensions de Reynolds est pratiquement négligeable au voisinage de la paroi. Ainsi :

$$Pour\ y \to 0, \quad -\frac{1}{\rho}\left(\overline{u_i \frac{\partial p}{\partial x_j}} + \overline{u_j \frac{\partial p}{\partial x_i}}\right) \approx +\frac{1}{\rho}\overline{p\left(\frac{\partial u_i}{\partial x_j} + \frac{\partial u_j}{\partial x_i}\right)} \tag{10-4}$$

Si l'on regarde l'incidence de cette corrélation pression-déformation sur le bilan de la tension normale $\overline{u^2}$, les résultats disponibles font apparaître qu'elle tend à l'augmentation de cette tension, déjà majoritaire, en zone de proche paroi. Ainsi, à proximité de la paroi et sans cisaillement, la corrélation pression-déformation affaiblit la tension normale (petite) et renforce celles (grandes) parallèles à la paroi. On trouve donc une action à l'opposé de la tendance à l'isotropie, qui est celle généralement reconnue pour ce terme (voir Chapitre VIII).
Cette action siège très près de la paroi, dans une couche dont l'épaisseur est de l'ordre de 0,3 fois celle sur laquelle s'amortit la composante $\overline{v^2}$, selon l'étude d'Aronson et al. [8].

En résumé, s'agissant de l'action de la corrélation pression-déformation, on pourra retenir que :

> La présence d'une paroi génère un terme "d'écho" de la fluctuation de pression. Il en résulte un forçage de l'anisotropie par corrélation pression-déformation, contrairement à la tendance à l'isotropie associée à cette même corrélation en turbulence homogène.
> Cet effet n'intervient qu'à proximité immédiate de la paroi, la corrélation pression-déformation restant pratiquement nulle sur une part substantielle de la région où l'anisotropie des tensions de Reynolds est significative.

COMPLÉMENT — ***Solution de l'équation de Poisson en formalisme de Green sur un domaine borné*** — En présence d'une paroi, la technique de Fourier utilisée en situation homogène (voir Chapitre XIII-§6.1.1) ne peut plus être reprise et on use alors du formalisme de Green (voir par exemple Cazalbou [54]), en partant de la relation de Green :

$$\iiint_{\mathcal{V}} (u\Delta v - v\Delta u)\mathrm{dv} = -\iint_{\mathcal{S}} \left(u\frac{\partial v}{\partial n} - v\frac{\partial u}{\partial n}\right)\mathrm{ds}$$

Désignons par $f(P)$ une fonction pourvue des régularités mathématiques convenables dans un domaine $\mathcal{V}$ et dont la dérivée $\partial f/\partial n$ suivant la normale $\vec{n}$ à la surface frontière $\mathcal{S}$ limitant le domaine existe. Si,

$$\Delta f = h \quad \text{dans } \mathcal{V} \quad \textit{et} \quad \frac{\partial f}{\partial n} = \psi \ \text{ sur } \mathcal{S}$$

alors la relation précédente montre que :

$$f(P) = -\frac{1}{4\pi}\iiint_{\mathcal{V}} G(P,M)h(M)\mathrm{dv}(M) + \frac{1}{4\pi}\iint_{\mathcal{S}} G(P,N)\psi(N)\mathrm{d}s(N)$$

où M désigne le point courant du volume, dont l'élément est noté $\mathrm{dv}(M)$, N le point courant de la surface d'aire élémentaire $\mathrm{ds}(N)$. Dans cette relation, $G(P,M)$ est la fonction de Green, définie comme solution du problème de Neumann homogène sur $(\mathcal{V},\mathcal{S})$, soit :

$$\Delta G(P,M) = -4\pi\delta_P(M) \quad \text{dans } \mathcal{V} \quad \textit{et} \quad \frac{\partial G}{\partial n} = 0 \ \text{ sur } \mathcal{S}$$

et dont l'expression dans le volume est donnée par $G(P,M) = 1/\left\|\vec{PM}\right\|$.
L'application à l'expression de la fluctuation de pression dans un demi plan se fait simplement en considérant qu'à la paroi ($y=0$), l'équation de Navier-Stokes impose que $\left(\frac{\partial p}{\partial y}\right)_{y=0} = \mu\left(\frac{\partial^2 v}{\partial y^2}\right)_{y=0}$. L'intégrale de surface amène donc une contribution explicitement liée à la viscosité qui jusqu'ici n'est pas considérée dans la modélisation de ce terme.

3 Analyse asymptotique au voisinage de la paroi

Nous allons expliciter ici, à travers la formulation des différents termes, les répercussions sur l'anisotropie de la turbulence induites notamment par le blocage pariétal de l'agitation en *évolution isovolume.*
Pour cela, nous effectuons un développement limité en série de Taylor (voir notamment Launder [234]) des composantes de la fluctuation de vitesse.
Posant, pour $y \to 0$:

$$u_i(y,t) = 0 + y(\partial u_i/\partial y)_{y=0} + \frac{y^2}{2!}\left(\partial^2 u_i/\partial y^2\right)_{y=0} + \ \dots$$

la condition isovolume impose que : $(\partial u_2/\partial y)_{y=0} \equiv (\partial v/\partial y)_{y=0} = 0$ Ainsi, en explicitant les développements pour chaque composante, il vient :

$$\begin{aligned}
u(y,t) &= 0 + y(\partial u/\partial y)_{y=0} + \frac{y^2}{2!}\left(\partial^2 u/\partial y^2\right)_{y=0} + \ \dots \\
v(y,t) &= 0 + \qquad 0 \qquad + \frac{y^2}{2!}\left(\partial^2 v/\partial y^2\right)_{y=0} + \ \dots \\
w(y,t) &= 0 + y(\partial w/\partial y)_{y=0} + \frac{y^2}{2!}\left(\partial^2 w/\partial y^2\right)_{y=0} + \ \dots
\end{aligned}$$

relations qui mettent clairement en évidence l'anisotropie des fluctuations au voisinage immédiat de toute paroi. Nous noterons en abrégé :

$$\begin{aligned}
u(y,t) &= a_1 y + a_2 y^2 + a_3 y^3 + \ \dots \\
v(y,t) &= \qquad\ \ b_2 y^2 + b_3 y^3 + \ \dots \\
w(y,t) &= c_1 y + c_2 y^2 + c_3 y^3 + \ \dots
\end{aligned}$$

où les "coefficients" a_i, b_i, c_i sont bien évidemment des fonctions aléatoires de l'espace et du temps.
Par un traitement statistique direct, on peut en déduire les résultats consignés au tableau de la page suivante[1], dont il ressort bien que la paroi impose une anisotropie *spécifique*, tant sur les tensions de Reynolds que sur le tenseur de dissipation, qui se caractérise notamment par :

a) une valeur finie non nulle de la diffusion visqueuse d'énergie cinétique de turbulence à la paroi ;
b) un taux de dissipation ($\overline{\varepsilon} = (\overline{\varepsilon}_{11} + \overline{\varepsilon}_{22} + \overline{\varepsilon}_{33})/2$) qui est lui aussi non nul à la paroi, et égal en module à la diffusion visqueuse ;
c) les équivalences suivantes, dans la limite $y \to 0$:

$$\boxed{\frac{\overline{\varepsilon}_{11}}{\overline{\varepsilon}} \sim \frac{\overline{u^2}}{\overline{k}}, \qquad \frac{\overline{\varepsilon}_{22}}{\overline{\varepsilon}} \sim 4\frac{\overline{v^2}}{\overline{k}}, \qquad \frac{\overline{\varepsilon}_{33}}{\overline{\varepsilon}} \sim \frac{\overline{w^2}}{\overline{k}}, \qquad \frac{\overline{\varepsilon}_{12}}{\overline{\varepsilon}} \sim 2\frac{\overline{uv}}{\overline{k}}} \qquad (10\text{-}5)$$

[1] Dans les expressions des composantes du tenseur de dissipation, des notations telles que $a_{1,x}$ représentent la dérivation partielle $\partial a_1/\partial x$.

Équivalence pour $y \to 0$	Valeur en $y=0$
Corrélations doubles : $\overline{uv} \sim \overline{a_1 b_2}\, y^3$	0
$\overline{u^2} \sim \overline{a_1^2}\, y^2 \quad \overline{v^2} \sim \overline{b_2^2}\, y^4 \quad \overline{w^2} \sim \overline{c_1^2}\, y^2$	0, 0, 0
Énergie cinétique : $\overline{k}$: $\dfrac{\overline{a_1^2}+\overline{c_1^2}}{2} y^2 + \dfrac{\overline{b_2^2}}{2} y^4$	0
Corrélations triples : $\overline{kv} \sim \dfrac{\overline{a_1^2 b_2}+\overline{c_1^2 b_2}}{2} y^4$	0
$\overline{u^3} \sim \overline{a_1^3}\, y^3 \quad \overline{v^3} \sim \overline{b_2^3}\, y^6 \quad \overline{w^3} \sim \overline{c_1^3}\, y^3$	0, 0, 0
$\overline{u^3} \sim \overline{a_1^3}\, y^3 \quad \overline{w^2 v} \sim \overline{c_1^2 b_2}\, y^4$	0, 0
Diffusion turbulente de $\overline{k}$: $\partial\left(\overline{kv}\right)/\partial y \sim 2\left(\overline{a_1^2 b_2} + \overline{c_1^2 b_2}\right) y^3$	0
Diffusion visqueuse de $\overline{k}$: $\nu \partial^2 \overline{k}/\partial y^2 \sim \nu\left(\overline{a_1^2} + \overline{c_1^2}\right) + 6\nu \overline{b_2^2}\, y^2$	$\nu\left(\overline{a_1^2} + \overline{c_1^2}\right)$
Tenseur d'anisotropie : $b_{12} \sim 2 \dfrac{\overline{a_1 b_2}}{\overline{a_1^2}+\overline{c_1^2}}\, y$	0
$b_{11} \sim 2 \dfrac{\overline{a_1^2}}{\overline{a_1^2}+\overline{c_1^2}} - \dfrac{2}{3} - 2 \dfrac{\overline{a_1^2 b_2^2}}{\overline{a_1^2}+\overline{c_1^2}}\, y^2$	$2 \dfrac{\overline{a_1^2}}{\overline{a_1^2}+\overline{c_1^2}} - \dfrac{2}{3}$
$b_{22} \sim -\dfrac{2}{3} + 2 \dfrac{\overline{b_2^2}}{\overline{a_1^2}+\overline{c_1^2}}\, y^2$	$-\dfrac{2}{3}$
$b_{33} \sim 2 \dfrac{\overline{c_1^2}}{\overline{a_1^2}+\overline{c_1^2}} - \dfrac{2}{3} - 2 \dfrac{\overline{c_1^2 b_2^2}}{\overline{a_1^2}+\overline{c_1^2}}\, y^2$	$2 \dfrac{\overline{c_1^2}}{\overline{a_1^2}+\overline{c_1^2}} - \dfrac{2}{3}$
Tenseur de pseudo-dissipation $\overline{\varepsilon}_{ij} = 2\nu \overline{\left(\dfrac{\partial u_i}{\partial x_k}\right)\left(\dfrac{\partial u_j}{\partial x_k}\right)}$	
$\overline{\varepsilon}_{11}/2\nu \sim \overline{a_1^2} + \left(\overline{a_{1,x}^2} + \overline{a_{1,z}^2}\right) y^2$	$2\nu \overline{a_1^2}$
$\overline{\varepsilon}_{22}/2\nu \sim 4\overline{b_2^2}\, y^2 + \left(\overline{b_{2,x}^2} + \overline{b_{2,y}^2} + \overline{b_{2,z}^2}\right) y^4$	0
$\overline{\varepsilon}_{33}/2\nu \sim \overline{c_1^2} + \left(\overline{c_{1,x}^2} + \overline{c_{1,z}^2}\right) y^2$	$2\nu \overline{c_1^2}$
$\overline{\varepsilon}_{12}/2\nu \sim 2\overline{a_1 b_2}\, y$	0

Tableau 10.3 Comportement asymptotique de la turbulence en proche paroi : Grandeurs cinématiques.

Cette analyse sur des grandeurs cinématiques peut bien évidemment s'étendre aux corrélations impliquant la fluctuation de pression. Avec un développement au voisinage de la paroi de la forme :

$$p/\rho = \alpha + \beta y + \gamma y^2 + ...$$

on peut aboutir aux résultats du tableau 10.4.

Équivalence pour $y \to 0$	Valeur en $y=0$
"Diffusion" par la fluctuation de pression : $\overline{pu}/\rho \sim \overline{\alpha a_1} y + \left(\overline{\alpha a_2} + \overline{\beta a_1}\right) y^2$ $\overline{pv}/\rho \sim \overline{\alpha b_2} y^2$ $\overline{pw}/\rho \sim \overline{\alpha c_1} y + \left(\overline{\alpha c_2} + \overline{\beta c_1}\right) y^2$	 0 0 0
Corrélation pression-déformation : $\overline{\frac{p}{\rho}\frac{\partial u}{\partial x}} \sim \overline{\alpha a_{2,x}} y \quad \overline{\frac{p}{\rho}\frac{\partial v}{\partial y}} \sim 2\overline{\alpha b_2} y \quad \overline{\frac{p}{\rho}\frac{\partial w}{\partial z}} \sim \overline{\alpha c_{2,z}} y$ $\overline{\frac{p}{\rho}\left(\frac{\partial u}{\partial y} + \frac{\partial v}{\partial x}\right)} \sim \overline{\alpha a_1} + (\overline{\alpha a_{1,y}} + 2\overline{\alpha a_2}) y$	 0, 0, 0 $\overline{\alpha a_1}$

Tableau 10.4 Comportement asymptotique de la turbulence en proche paroi : Corrélations avec la fluctuation de pression.

Ces éléments sont une aide précieuse pour la compréhension du bilan énergétique de la turbulence de paroi, tant en couche limite qu'en écoulements en canaux et tuyaux. C'est d'ailleurs dans la configuration de canal plan que les premières simulations numériques directes de Kim et al. [206] ont permis d'évaluer quantitativement les coefficients de l'analyse. Pour la configuration étudiée (canal plan à nombre de Reynolds global $R_e = 3\,600$ ou $R_* \equiv u_* h/\nu = 180$), on peut mentionner la valeur adimensionnelle de la dissipation *à la paroi* $(\overline{\varepsilon})_{paroi} \simeq 0{,}168 u_*^4/\nu$, avec pour l'anisotropie :

$$\left(\frac{\overline{\varepsilon}_{11}}{\overline{\varepsilon}}\right)_{paroi} \simeq 1{,}55 \quad \left(\frac{\overline{\varepsilon}_{22}}{\overline{\varepsilon}}\right)_{paroi} = 0 \quad \left(\frac{\overline{\varepsilon}_{33}}{\overline{\varepsilon}}\right)_{paroi} \simeq 0{,}45 \quad \left(\frac{\overline{\varepsilon}_{12}}{\overline{\varepsilon}}\right)_{paroi} = 0$$

Enfin, *pour une couche limite*, le rapprochement de ces valeurs en proximité de paroi avec celles en région externe met bien en évidence l'évolution de l'anisotropie des tensions de Reynolds, comme l'indique le tableau suivant.

Tension / Zone	$\overline{u^2}/\overline{k}$	$\overline{v^2}/\overline{k}$	$\overline{w^2}/\overline{k}$	$-\overline{uv}/\overline{k}$
Paroi	1,55	0	0,45	0
$0,3 \leq y/\delta \leq 0,8$	0,95	0,40	0,65	0,30

Tableau 10.5 Variation des répartitions énergétiques à travers la couche limite.

EXERCICE — ***Comportement aymptotique de la turbulence en proche paroi*** — En utilisant les équivalents du champ de vitesse en turbulence isovolume pour $y \to 0$, établir les résultats du tableau 10.3.

Si l'étude analytique des effets d'une paroi sur l'agitation turbulente est particulièrement utile à la connaissance des mécanismes spécifiques élémentaires qui interviennent, elle ne peut suffire à recomposer le tableau d'ensemble des propriétés d'une turbulence de paroi où tous les facteurs agissent de concert. La démarche ne se réduit pas, en effet, à une simple synthèse "additive", mais fait appel à une complétion interactive qui nécessite un degré supplémentaire d'analyse. Il faut donc recourir à l'exploration des configurations "réelles" où tous les éléments antérieurs interviennent ensemble. C'est l'objet des deux sections suivantes dédiées respectivement à la couche limite sur plaque plane et turbulence en conduit.

4 Couche limite sur plaque plane

La couche limite sur plaque plane, sans gradient de pression, en mouvement permanent et bidimensionnel plan en moyenne, qui combine l'ensemble des spécificités dégagées antérieurement, a fait l'objet de très nombreuses investigations. Dévolues à l'origine aux seules grandeurs moyennes, les études incluent désormais de nombreuses propriétés du champ fluctuant (profils de contraintes turbulentes, spectres, lois de probabilités...). Dans la revue consacrée à ce sujet en 1996 par Fernholz & Finley [137], on ne dénombre pas moins de vingt-quatre publications pour la période comprise entre 1973 et 1993, soit un peu plus d'un article par an en moyenne. Nous nous en tiendrons ici à une synthèse des principaux résultats dans la perspective de modélisation de ce cours. Signalons également sur cette même ligne de synthèse, les contributions de Ha Minh [159], [161], Ha Minh & Kourta [163], Cousteix [92] et Cazalbou [55].

4.1 Profil de vitesse moyenne

Dans toute la suite, et par convention, la direction principale d'advection sera notée x, la distance à la paroi étant désignée par y.
Pour ce qui est de la distribution des vitesses moyennes, il n'existe pas, en régime turbulent, de solution d'affinité globale du profil correspondant, faute d'un équilibre temporel unique sur toute la section de couche limite. La situation est donc radicalement différente de son homologue laminaire, où la condition d'équivalence entre échelles de temps d'advection et de diffusion visqueuse conduit, en paroi lisse, à la solution de Blasius sous forme d'une fonction unique :

$$\frac{U(x,y)}{U_E(x)} = f(\eta) \quad avec \ \eta = y/\delta(x) \tag{10-6}$$

Dans l'écriture précédente, $U_E(x)$ désigne la vitesse de raccordement à la solution externe de fluide parfait (ici $U_E(x) \equiv U_\infty$) et $\delta(x)$ l'épaisseur conventionnelle de couche limite.
Ainsi est-on amené, en régime turbulent, à introduire un partitionnement vertical (voir Chapitre VI-§5.4) en distinguant différentes régions dans la distribution verticale des vitesses moyennes, comme illustré au schéma suivant.

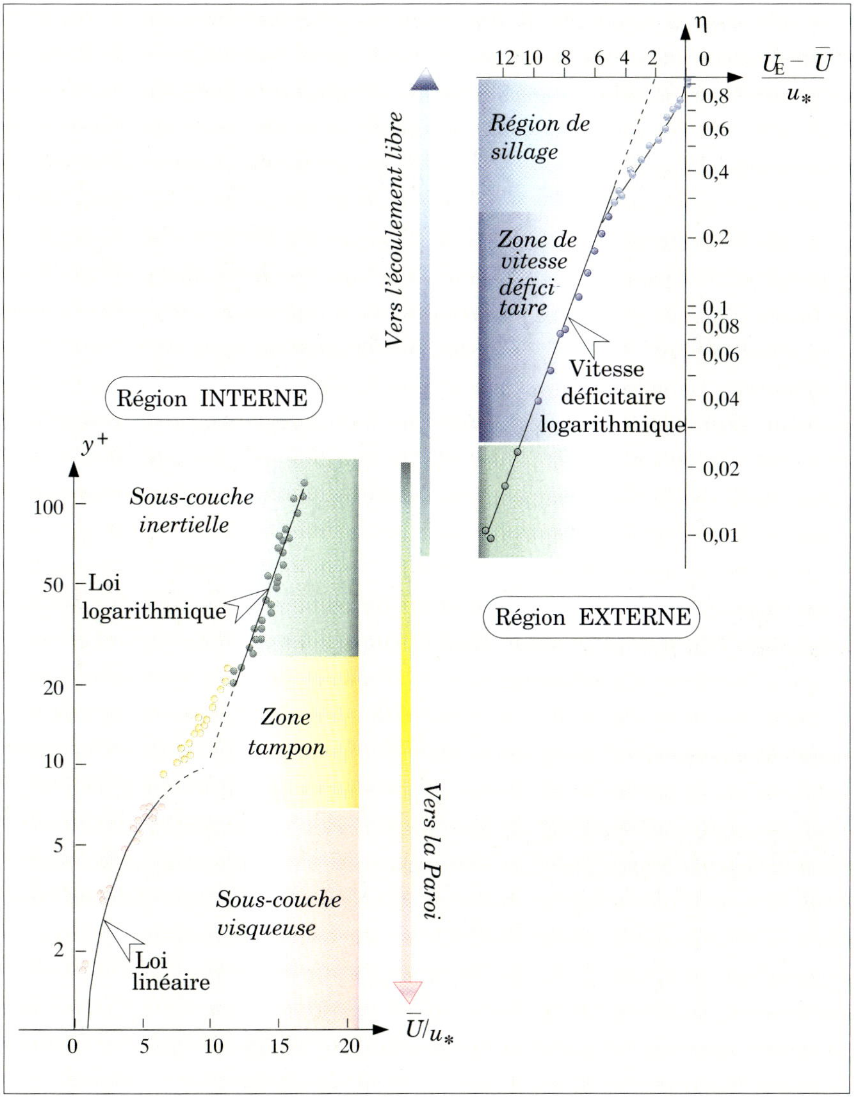

Fig. 4: Relevés expérimentaux, selon divers auteurs, de profils de vitesse de couche limite turbulente sur plaque plane sans gradient de pression.

a) Les mesures confirment tout d'abord (Fig.4) la validité de la *loi linéaire*, qui reste assurée pour $y^+(\equiv yu_*/\nu) \lesssim 7$, où $u_* = \sqrt{\tau_0/\rho}$ est la vitesse de frottement. Cependant, l'expérience révèle que dans cette zone, l'écoulement n'est ni stationnaire, ni exempt de fluctuations, mais que celles-ci ne peuvent se structurer au point d'apporter une contribution significative à la contrainte de cisaillement turbulent $-\rho\overline{uv}$ qui reste donc négligeable. Ces observations induisent à considérer que le qualificatif de "sous-couche laminaire", parfois employé, peut prêter à confusion car non conforme à la réalité, et c'est pourquoi la dénomination de *sous-couche visqueuse* lui a été préférée ici.

b) Le raccordement au profil logarithmique se fait progressivement dans une *région tampon*[1]. Comme nous le verrons ultérieurement, celle-ci est le siège d'une activité turbulente intense. En particulier, la production d'énergie cinétique d'agitation atteindra son maximum à une distance à la paroi où les tensions visqueuse et turbulente sont sensiblement égales, soit approximativement pour $y^+ \simeq 12$. On peut dire les choses d'une autre façon en intégrant les différents termes sur l'épaisseur de couche limite. Il apparaît alors que les premiers 5% de la distance à la paroi contribuent à plus de 50% du montant total de production d'énergie cinétique de turbulence à travers la section droite de couche limite.

En pratique, la région tampon recouvre la plage de y^+ de 7 à 30. Une expression implicite du profil de vitesse $u^+\left(\equiv \overline{U}/u_*\right)$, due à Spalding [392], et assurant le raccordement avec les lois en sous-couche visqueuse et région logarithmique s'écrit :

$$y^+ = u^+ + e^{-\chi C}\left\{e^{\chi u^+} - 1 - \chi u^+ - \frac{1}{2}\left(\chi u^+\right)^2 - \frac{1}{6}\left(\chi u^+\right)^3\right\}$$

c) Pour $y^+ \gtrsim 30$ à 40, on entre dans la *région à profil de vitesse logarithmique* d'expressions :

– en variables internes :
$$\frac{\overline{U}}{u_*}\left(\equiv u^+\right) = \frac{1}{\chi}\ln\left(y^+\right) + C \tag{10-7}$$

– en variables externes :
$$\frac{\overline{U} - U_E}{u_*} = \frac{1}{\chi}\ln\left(\eta\right) + B \tag{10-8}$$

où $\chi(\simeq 0{,}41)$ est la constante de von Kármán et C un coefficient voisin de 5 (Cf. remarques Chapitre VI-§5.4.4).

d) À une distance suffisante de la paroi[2], de l'ordre de $0{,}01 \times \delta$ typiquement, les mesures divergent de la loi logarithmique.
Afin de rendre compte de cet écart pour $\eta \to 1$, Coles [74] a proposé en 1952 d'introduire une correction additive, en posant :

$$u^+ = \frac{1}{\chi}\ln\left(y^+\right) + C + \frac{\Pi}{\chi} \times W(\eta) \tag{10-9}$$

---

[1] "Buffer layer" en anglais

[2] Rappelons que la séparation des zones interne et externe dépend de la valeur du nombre de Reynolds (voir Chapitre VI-§5.3.3). Pour fixer les idées, les mesures de Laufer pour l'écoulement en conduite (Cf. §5.2) montrent que la valeur $u_*\delta/\nu$ de 10^4 qui a été utilisée pour la discussion correspond pratiquement à un nombre de Reynolds global de 5×10^5.

Cette relation introduit une fonction correctrice $W(\eta)$ qualifiée de “terme de sillage”, le coefficient Π étant le “paramètre de sillage”. Selon Coles, le terme de sillage peut être pris sous la forme :

$$W(\eta) = 2\sin^2\left(\frac{\pi}{2}\eta\right)$$

La composition du profil de vitesse qui en résulte est illustrée par le schéma ci-contre.

L’expression empirique de Coles offre un avantage opérationnel certain, mais présente le défaut d’une formulation composite mêlant échelles interne et externe.

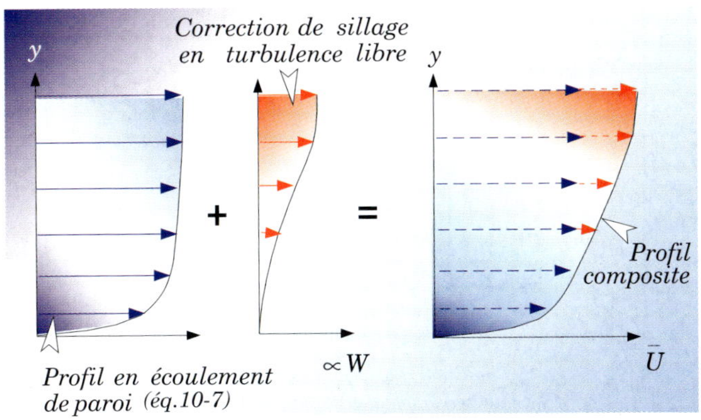

Fig. 5: Composition des effets de paroi et de turbulence libre sur le profil de vitesse en couche limite, selon Coles et Hirst [76].

Avec les travaux ultérieurs de Simpson [386] en 1970, et de Purtell et al. [337] en 1981, on peut exprimer la correction de la loi de vitesse déficitaire par :

$$\frac{U_E - \overline{U}}{u_*} = -\frac{1}{\chi}\ln(\eta) - \frac{\Pi}{\chi}W(\eta) + 2\frac{\Pi}{\chi}$$

En 1962, Coles [75] a déduit de la compilation des données expérimentales que le paramètre Π devenait indépendant du nombre de Reynolds pour $R_\theta > 6\,000$, préconisant une valeur de 0,55 à 0,60.

En résumé, avec les expressions des logarithmes décimaux, on pourra retenir les résultats qui figurent au tableau de la page suivante, pour une couche limite sur plaque plane sans gradient de pression et à nombre de Reynolds suffisamment élevé.

Complément — ***Analogie entre profils de vitesse moyenne en couche limite sur plaque plane et écoulement en conduite : loi de vitesse déficitaire*** — Jusqu’au début des années 1940, on considérait que le profil de vitesse dans une couche limite sur plaque plane sans gradient de pression et en conduite de section circulaire pouvaient s’identifier l’un à l’autre, en assimilant (U_∞ *et* δ) à (U_{axe} *et* R) respectivement. On adoptait donc dans les deux cas la même expression logarithmique $\overline{U}/u_* = A\log(yu_*/\nu) + B$, les valeurs des coefficients A et B passant, (Schlichting [375] page 540) de 5,85 et 5,56 (couche limite) à 5,75 et 5,50 (en conduite).

Il semble que ce soit à Schultz-Grunow [376] que l’on doive, en 1941, la mise en évidence d’un désaccord systématique des mesures avec cette représentation dans la zone externe de couche limite et la nouvelle représentation en vitesse déficitaire $(U_\infty - \overline{U})/u_* = f(y/\delta)$.

Région	Profil de vitesse	Paramètres
Interne (loi logarithmique	$\frac{\overline{U}}{u_*} = A \log\left(\frac{yu_*}{\nu}\right) + C$	$A=5{,}6$ ($\chi=0{,}41$) $C = 4{,}9$ à $5{,}2$
Externe (loi déficitaire)	$\frac{\overline{U} - U_E}{u_*} = A \log\left(\frac{y}{\delta}\right) + B$	$A=5{,}6$ ($\chi=0{,}41$) $B = -2{,}5$
Externe avec correction sillage	$\frac{\overline{U}-U_E}{u_*} = A \log\left(\frac{y}{\delta}\right) + 2\frac{\Pi}{\chi}\left(\sin^2\left(\frac{\pi}{2}\frac{y}{\delta}\right) - 1\right)$	$A=5{,}6$ ($\chi=0{,}41$) $\Pi = 0{,}55$ à $0{,}60$ pour $R_\theta > 6\,000$

Tableau 10.6 Expression du profil de vitesse moyenne en couche limite sur plaque plane à grand nombre de Reynolds de turbulence.

4.2 Coefficient de frottement

Pour quantifier le frottement pariétal $\tau_0(x)$, il est d'usage d'introduire un coefficient de frottement défini par :

$$\tau_0(x) = C_f(x) \times \frac{1}{2} \rho U_E^2(x) \tag{10-10}$$

En régime laminaire, le frottement pariétal, et par suite le coefficient de frottement, se déduit par simple dérivation du profil de vitesse, puisque $\tau_0 = \mu(\partial U/\partial y)_{y=0}$. En régime turbulent, l'existence de la sous-couche visqueuse interdit d'user de ce même procédé à partir des expressions du tableau 10.6.
Avec pour définition de la vitesse de frottement $u_* \equiv \sqrt{\tau_0/\rho}$, il est aisé de vérifier que $u_*/U_E = \sqrt{C_f/2}$. Ainsi il devient manifeste que les distributions précédentes de vitesses moyennes peuvent aussi s'expliciter sous la forme générale :

$$\frac{\overline{U}}{U_E} = \sqrt{\frac{C_f}{2}} \times f(\eta)$$

On comprend dès lors que le coefficient de frottement puisse en être déduit, non par dérivation, mais en prescrivant une condition sur la vitesse moyenne, par valeur à la limite (frontière libre ou plage de recouvrement). Le résultat s'exprime souvent de façon analytiquement compliquée, et c'est pourquoi il est parfois retranscrit par une formule de lissage empirique du graphe de la relation directe.
Physiquement, il importe de saisir que la véritable source de complexité provient du fait que le coefficient de frottement $C_f(x)$ peut dépendre du seul nombre de Reynolds, de la seule rugosité ou des deux paramètres simultanément. On retrouve en effet, comme pour le coefficient de perte de charge en conduite (voir premier chapitre, figure 20), les régimes d'écoulement sur paroi lisse, le régime rugueux pleinement développé, et le régime mixte, selon les valeurs du nombre de Reynolds et de la rugosité relative.

a) Lorsque l'échelle caractéristique (h) des rugosités est telle que $u_* h/\nu < 5$, la couche limite turbulente est en régime hydrauliquement lisse et le coefficient de frottement est donné, par exemple, par la relation de Schultz-Grunow [376] :

$$C_f(x) = \frac{0,37}{\left[\log\left(U_\infty x/\nu\right)\right]^{2,584}}$$

Cette relation, fondée sur une loi logarithmique de vitesse déficitaire, s'applique pour $R_L(\equiv U_\infty L/\nu)$ compris entre 5×10^5 et 5×10^8. Pour fixer les idées, on pourra noter que $C_f(x) \approx 3\times 10^{-3}$ pour $R_x = 5\times 10^6$.

b) En régime hydrauliquement rugueux, pour un nombre de Reynolds suffisamment grand, le coefficient local de frottement devient indépendant de ce paramètre. Pour une section donnée, il ne varie plus qu'en fonction de la rugosité h, selon par exemple la formule de Schlichting [375] :

$$C_f(x) = \frac{1}{\left[2,87 + 1,58\log\left(x/h\right)\right]^{2,5}}$$

Cette relation, valable lorsque la couche limite est turbulente dès le bord d'attaque, s'applique à des parois de rugosité uniforme et pour des longueurs de plaque L telles que $10^2 < L/h < 10^6$. Pour fixer les idées, si la rugosité relative est multipliée par 10, faisant passer x/h de 10^3 à 10^2 par exemple, le coefficient de frottement est quasiment doublé, de 0,0063 à 0,0116.

EXERCICE — ***Liaison épaisseur-frottement en couche limite turbulente sur plaque plane*** — On adopte pour profil de vitesse moyenne dans une couche limite turbulente sur plaque plane sans gradient de pression la loi puissance $\overline{U}(x,y)/U_\infty = (y/\delta(x))^{1/7}$.

1) Exprimer le rapport $\theta(x)/\delta(x)$, où $\theta(x)$ désigne l'épaisseur de quantité de mouvement (voir rappel de la définition au §4.6.2 ci-après).

2) Avec ce résultat, déduire de l'équation intégrale de von Kármán l'expression du coefficient de frottement local $C_f(x)$ en fonction de l'épaisseur de couche limite.

3) L'expérience montre que l'épaississement d'une telle couche limite turbulente peut être correctement représenté par une loi de la forme :

$$\frac{\delta(x)}{x} = \alpha\left(\frac{U_\infty x}{\nu}\right)^{-1/5}$$

où α est une constante pure. En déduire l'expression du coefficient de frottement.

SOLUTION

Par définition on a :

$$\theta(x) = \int_0^\infty \frac{\overline{U}}{U_\infty}\left(1-\frac{\overline{U}}{U_\infty}\right)\mathrm{d}y \approx \int_0^{\delta(x)} \frac{\overline{U}}{U_\infty}\left(1-\frac{\overline{U}}{U_\infty}\right)\mathrm{d}y = \delta(x)\times\int_0^1 \eta^{1/7}\left(1-\eta^{1/7}\right)\mathrm{d}\eta$$

en posant $\eta = y/\delta$. En effectuant l'intégration, il vient $\theta(x) = \frac{7}{72}\delta(x)$.

2) En négligeant le gradient longitudinal de pression moyenne, l'équation intégrale de von Kármán se réduit à :

$$\frac{\tau_0(x)}{\rho U_\infty^2} = \frac{\mathrm{d}\theta(x)}{\mathrm{d}x}$$

En introduisant le coefficient de frottement, on en déduit alors que :

$$C_f(x) = 2\frac{\mathrm{d}\theta}{\mathrm{d}x} = 2\frac{7}{72}\frac{\mathrm{d}\delta}{\mathrm{d}x}$$

3) Avec la loi d'épaississement donnée, il vient :

$$C_f(x) = 2\alpha \times \frac{7}{72} \times \frac{4}{5}\left(\frac{\nu}{U_\infty}\right)^{1/5} \times x^{-1/5} = 2\beta(R_x)^{-1/5}$$

avec $\beta = 7\alpha/90$. Les valeurs optimisées par l'expérience selon Schlichting [375] sont $\alpha \approx 0,37$ et $\beta \approx 0,0296$, soit à 2,7% près la valeur fournie par la relation précédente.

4.3 Tensions de Reynolds

Face à la grande diversité de sources de résultats et par souci de cohérence, nous nous appuierons assez systématiquement dans la suite sur les mesures de Klebanoff [210], en 1953 et les données de simulation numérique directe de Spalart [390] en 1988. Cette dernière étude permet une analyse très détaillée de toutes propriétés statistiques de la turbulence, mais reste cantonnée à des nombres de Reynolds relativement modérés[1]. C'est pourquoi elle sera élargie des données expérimentales de Klebanoff. Celles-ci furent obtenues en soufflerie de faible intensité de turbulence (< 0,04%) opérant à la vitesse 15,24 m/s. La veine, de section carrée, à angles tronqués, fait 1,37 m de large et 5,6 m de long. La couche limite se développe sur une plaque plane en aluminium, de 6,35 mm d'épaisseur, au bord d'attaque en dièdre symétrique. D'une largeur égale à celle de la veine de la soufflerie, sa longueur est de 3,66 m, la section de mesure étant localisée à 3,2 m du bord d'attaque. L'épaississement de la couche limite est forcé par du papier de verre sur les six premiers centimètres, amenant son épaisseur δ à une valeur d'environ 7,62 cm dans la section de mesure, soit un nombre de Reynolds $R_\delta \simeq 8,1 \times 10^4$.

4.3.1 Frottement turbulent

Sur la figure suivante sont tracées les allures caractéristiques des contraintes cinématique visqueuse ($\nu\partial\overline{U}/\partial y$) et turbulente ($-\overline{uv}$), telles qu'elles résultent des mesures de Klebanoff [210].
Au voisinage immédiat de la paroi, la prédominance de la contrainte visqueuse est bien confirmée. Toute contribution significative de celle-ci disparaît vers y^+ de l'ordre de 100 pour ces mesures (R_δ de l'ordre de 7 à 8×10^4). On observe en particulier l'égalité des tensions visqueuse et turbulente pour une distance y^+ de l'ordre de 12.
Au-delà de cette distance, c'est donc la tension de Reynolds qui l'emporte et s'identifie au frottement total à partir de $y/\delta > 0,04$. (On notera la rupture d'échelle sur la figure).

[1] Seuls les résultats afférents au plus grand d'entre eux ($R_\theta = 1410$) seront repris ici.

Le profil de frottement turbulent présente un maximum dont le positionnement précis en ordonnée est extrêmement délicat, en raison de la faiblesse des variations locales se traduisant, à grand nombre de Reynolds, par un "plateau" autour de cet extremum.

Selon les résultats de simulation de Spalart [390], l'influence du nombre de Reynolds provoque à la fois l'augmentation du maximum du frottement turbulent — voir tableau 10.7 —, et l'étalement de la courbe autour de ce maximum.

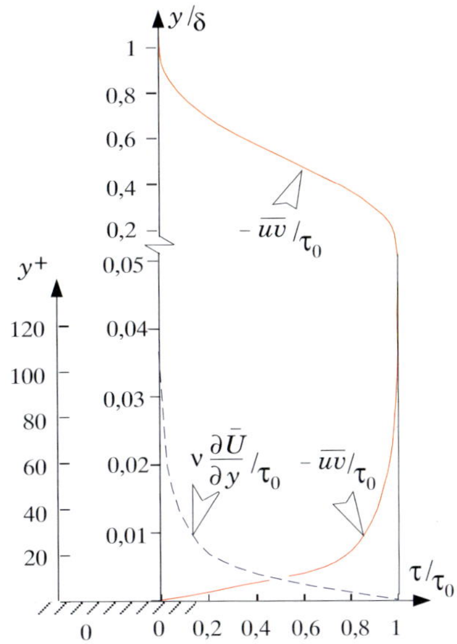

Fig. 6: Frottement visqueux et turbulent en couche limite sur plaque plane (adapté de [210]).

Avec une normalisation par échelle externe, en rapportant le frottement turbulent à l'énergie cinétique de turbulence, les résultats récents de la compilation de Fernholz et Finley [137], dégagent, pour la plage en y/δ comprise entre 0,2 et 0,8, une croissance légère (et sensiblement linéaire) avec la distance à la paroi du rapport $-\overline{uv}/\bar{k}$. L'influence du nombre de Reynolds se traduit quant à elle par un décalage de l'ordonnée à l'origine de cette variation linéaire (Dussauge et al. [122], page 31).

Auteur / Réf.	Année	Maximum de $-\overline{uv}/u_*^2$	Remarques
Klebanoff [210]	1954	0,97	Pour $R_\delta \simeq 8\times10^4$ et à $y/\delta = 0{,}03$
Spalart [390]	1988	0,80; 0,88; 0,91	Selon $R_\theta = 300\,;\ 670\,;\ 1410$
Erm et al.[127]	1991	0,87	Faible nombre de Reynolds
Fernholz et al.[137]	1995	0,92 à 0,95	R_θ entre 5 000 et 41 260

Tableau 10.7 Valeur du plateau de cisaillement turbulent normé par la vitesse de frottement.

Pour fixer les idées, et en référence aux mesures de Klebanoff [210], avec $R_\delta \simeq 8\times10^4$ et $u_*/U_\infty \simeq 0{,}037$, on pourra retenir l'estimation suivante valable pour $0,2 \leq y/\delta \leq 0,8$:

$$-\overline{uv}/\bar{k} \approx 0{,}30 \pm 0{,}02$$

Enfin, si l'on rend compte du frottement turbulent par le coefficient de corrélation $-\overline{uv}/\left(\sqrt{\overline{u^2}}\sqrt{\overline{v^2}}\right)$, celui-ci ne varie pratiquement pas dans l'expérience de Klebanoff [210] sur une très large section de la couche limite : pour y/δ compris entre 0,05 et 0,80 ce coefficient reste sensiblement constant, de l'ordre de 0,45.

EXERCICE — ***Localisation de l'extremum de production en couche limite*** — Que pouvez-vous dire du terme de production à la distance $y^+ \simeq 12$, où les contraintes de cisaillement visqueux et turbulent sont égales ?

SOLUTION

Le terme de production $-\overline{uv}d\overline{U}/dy$ est directement proportionnel au produit des tensions de cisaillement turbulent $\tau_T(= -\rho\overline{uv})$ et visqueux $\tau_\nu(= \mu\partial\overline{U}/\partial y)$. Or les résultats de la figure précédente montrent que $\tau_T + \tau_\nu \simeq C^{te}$, si bien que le produit est extremum lorsque ces deux frottements sont égaux.

4.3.2 Contraintes normales

Les profils des tensions normales de turbulence selon les mesures de Klebanoff [210] sont tracés à la figure suivante.
Le premier commentaire sera pour valider l'importance du niveau de turbulence dans la zone "tampon". C'est en effet dans la plage $y^+ < 30$ que se situe le maximum d'énergie cinétique de turbulente, dont le rapport à celle de l'écoulement externe est de l'ordre de 0,034.
La seconde observation est, à l'évidence, l'*anisotropie* de répartition énergétique entre les contraintes normales à travers toute la section de couche limite. Selon Wilcox [445] page 219, la répartition des tensions suit les ratios $\overline{u^2} : \overline{v^2} : \overline{w^2} = 4 : 2 : 3$ dans la région logarithmique et une bonne partie de la zone déficitaire. Ainsi en particulier, la contrainte $\overline{v^2}$, dans la direction normale à la paroi est-elle systématiquement inférieure aux deux autres.
En raffinant quelque peu l'estimation de Wilcox et sur la base des données expérimentales actuellement disponibles, on pourra retenir les éléments chiffrés du tableau de la page suivante.

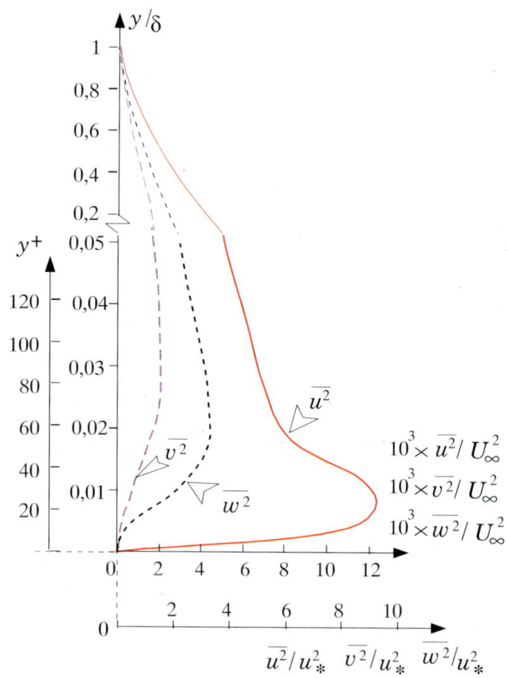

Fig. 7: Tensions normales en couche limite turbulente sur plaque plane (adapté de Klebanoff [210]).

EXERCICE — ***Tenseur d'anisotropie en zone externe de couche limite*** — En utilisant les données précédentes, calculer les valeurs des composantes significatives du tenseur d'anisotropie $b_{ij} = \overline{u_i u_j}/\overline{k} - \frac{2}{3}\delta_{ij}$ dans une couche limite sur plaque plane sans gradient de pression, pour compris y/δ entre 0,3 et 0,8.

SOLUTION
Les composantes significatives du tenseur d'anisotropie se réduisent, pour ce type d'écoulement à b_{11}, b_{22}, b_{33} et b_{12}. À partir des résultats de mesure, on peut estimer :

$$\frac{\overline{u_i u_j}}{\overline{k}} \approx \begin{pmatrix} 0{,}95 & -0{,}3 & . \\ -0{,}3 & 0{,}40 & . \\ . & . & 0{,}65 \end{pmatrix} \quad soit \quad b_{ij} \approx \begin{pmatrix} 0{,}28 & -0{,}3 & . \\ -0{,}3 & -0{,}27 & . \\ . & . & -0{,}01 \end{pmatrix} \simeq \begin{pmatrix} 0,3 & -0,3 & . \\ -0,3 & -0,3 & . \\ . & . & 0 \end{pmatrix}$$

Nous reviendrons sur ces estimations en §6 ci-après et montrerons l'importance de la valeur du rapport $\overline{w^2}/\overline{k}$ sur la détermination du type d'anisotropie en fonction du signe de l'invariant III.

Paramètre	Valeur	Remarques
$\overline{u^2}/\overline{k}$	0,95	
$\overline{v^2}/\overline{k}$	0,40	y/δ compris entre 0,3 et 0,8
$\overline{w^2}/\overline{k}$	0,65	
$\lvert\overline{uv}\rvert/\overline{k}$	0,28 à 0,34	0,1 < y/δ < 0,8 valeur légèrement croissante avec R_e
$\lvert\overline{uv}\rvert/\sqrt{\overline{u^2}}\sqrt{\overline{v^2}}$	0,3 à 0,45	0,3 près de la paroi 0,45 pour 0,05 < y/δ < 0,8
$\sqrt{\overline{w^2}}/\sqrt{\overline{u^2}}$	0,6 à 0,7	Pratiquement indépendant de y/δ et R_e.

Tableau 10.8 Valeurs des tensions de Reynolds en couche limite sur plaque plane lisse.

4.4 Bilan énergétique

Nous avons déjà étudié certaines particularités du bilan d'énergie cinétique du mouvement moyen d'un écoulement de paroi au Chapitre III-§6.3. Nous nous en tenons donc ici aux seules propriétés de l'énergie cinétique du mouvement d'agitation.
Sous les approximations classiques de couche limite plane sans gradient de pression

en régime permanent, le bilan d'énergie cinétique de turbulence se traduit par :

$$\underbrace{\overline{U}\frac{\partial \overline{k}}{\partial x}+\overline{V}\frac{\partial \overline{k}}{\partial y}}_{Advection} = \underbrace{\left(-\overline{uv}\frac{\partial \overline{U}}{\partial y}\right)}_{Production} + \underbrace{\left(-\frac{\partial}{\partial y}\left[\overline{\left(k+\frac{p}{\rho}\right)v}\right]\right)}_{Diff.^t} + \underbrace{\nu\frac{\partial^2 \overline{k}}{\partial y^2}}_{Diff.^\mu} - \underbrace{(\overline{\varepsilon})}_{Dissipation} \quad (10\text{-}11)$$

Pour rendre sans dimension les termes de cette équation, deux normalisations doivent être envisagées, selon la zone de couche limite analysée. Dans la région externe, on rapporte les distances à l'épaisseur de couche limite δ. En revanche, à proximité de la paroi où l'influence de la viscosité est dominante, l'échelle de longueur de référence est prise égale à ν/u_*.

Les premières analyses expérimentales de ce bilan énergétique remontent à Townsend [422] et Klebanoff [210]. Leurs évaluations ont le mérite de s'appliquer à une couche limite à nombre de Reynolds relativement grand. Malheureusement, la mesure des différents termes de l'équation (10-11) devient extrêmement délicate en zone de proche paroi. C'est pourquoi nous présentons ici les résultats de simulation directe obtenus par Spalart [390] à nombre de Reynolds plus modéré ($R_\theta = 1410$). De ce fait, et selon l'avis même de l'auteur, ils doivent être considérés comme représentatifs, mais non universels.

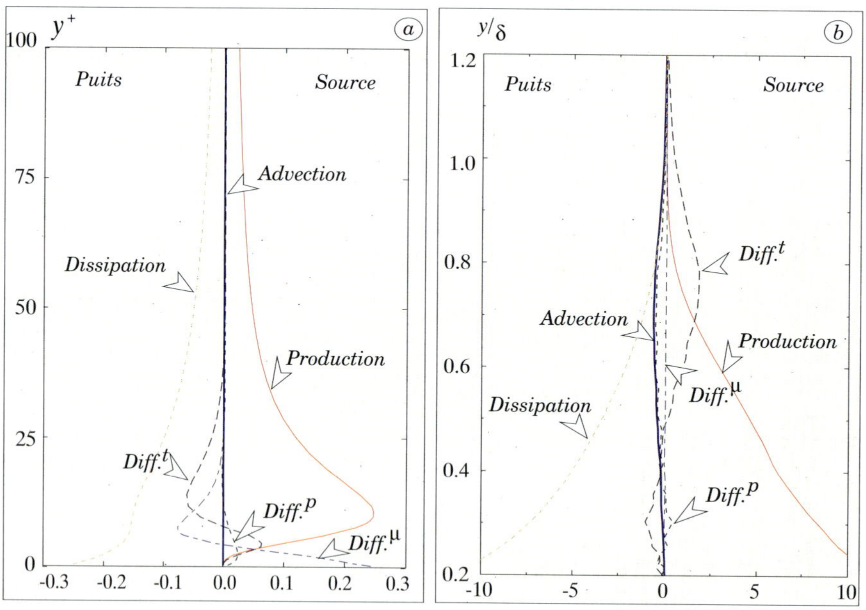

Fig. 8: Bilan d'énergie cinétique de turbulence en couche limite à $R_\theta = 1410$, d'après Spalart [390]. a) Région de paroi : les termes sont normés par u_*^4/ν; b) zone externe : les termes sont normés par u_*^3/δ.

a) *Bilan au voisinage de la paroi*

Trois éléments caractérisent la répartition énergétique dans cette zone :

- conformément à l'analyse de la section précédente, on note bien en premier lieu que, dans la sous couche visqueuse, le bilan se réduit à l'équilibre :

$$Diffusion\ visqueuse = Dissipation$$

avec notamment l'égalité de ces deux termes à la paroi ;
- dans la région logarithmique, on retrouve un équilibre prédominant mais qui est à présent :

$$Production = Dissipation$$

- enfin la figure confirme toute l'importance de la zone tampon, où se situe en particulier le maximum de production, au voisinage de $y^+ = 12$. Elle permet également de distinguer les contributions de la pression et celle de la vitesse dans le terme de "diffusion turbulente". Pour $y^+ < 8$, ces deux effets agissent comme "source" dans le bilan d'énergie. Au-delà, seul subsiste la diffusion par agitation turbulente qui joue alors le rôle d'un puits, tout comme la diffusion visqueuse.

b) ***Bilan dans la zone externe***

Comme le laisse déjà apparaître l'évolution en fin de région logarithmique (y^+=100 sur la figure 8), le bilan énergétique en zone externe est caractérisé par l'équilibre dominant :

$$Production = Dissipation$$

Cette situation se modifie à la frontière libre de l'écoulement où l'on voit réapparaître dans la région de sillage, l'effet de la diffusion turbulente, et à un degré moindre, celui de l'advection. L'incidence de ce nouvel équilibre sur la modélisation dans cette région sera examinée au Chapitre XII-§7.5.

On peut résumer l'ensemble de ces considérations en disant que :

> Dans une couche limite turbulente, le "centre producteur" d'énergie le plus intense se trouve aux environs de $y^+ = 12$. Au voisinage de celui-ci, une partie seulement de l'énergie produite est dissipée sur place. Le solde y est prélevé par l'ensemble des termes de diffusion et réinjecté vers la paroi pour venir alimenter la sous couche visqueuse.
> Au delà de ce "centre de production", l'apport d'énergie en provenance du mouvement moyen est pratiquement entièrement dissipé localement. Cet équilibre se maintient sur toute l'épaisseur restante, sauf en frontière de couche limite où la diffusion turbulente redevient significative.

REMARQUE — *Pour des raisons opératoires, un certain nombre d'aménagements sont apportés à la configuration calculée par comparaison avec celle étudiée expérimentalement. Ce point est décrit en détails en référence* [390]. *Nous signalerons simplement ici que l'emploi de séries de Fourier impose la prescription de conditions aux limites périodiques longitudinalement (suivant la direction advective, x) et transversalement (en envergure, z). La première peut se concevoir en approximation du faible taux d'expansion de ce type d'écoulement, et en travaillant dans un domaine transformé par un double changement de fonction et de variables.*

EXERCICE — ***Échelle de Kolmogorov et macro-échelle en région logarithmique d'équilibre énergétique de couche limite*** — On se place dans la région d'équilibre production / dissipation de la zone logarithmique de couche limite turbulente.

1) Évaluer le terme de production.

2) En déduire l'expression de l'échelle de longueur de Kolmogorov et d'une macro-échelle de turbulence.

SOLUTION

1) Les hypothèses de l'exercice définissent une région de couche limite localisée typiquement à $y^+ \sim 100$, où l'on peut adopter $\overline{U}/u_* = Alog(yu_*/\nu)+B$ et $-\overline{uv} \simeq u_*^2$. Dans ces conditions, le terme de production peut s'évaluer par :

$$-\overline{uv}\mathrm{d}\overline{U}/\mathrm{d}y = Au_*^2 \times u_*/y$$

2) Avec l'échelle de longueur de Kolmogorov η, la dissipation s'exprime par $\overline{\varepsilon} = \nu^3/\eta^4$. L'équilibre avec la production donne donc : $Au_*^3/y = \nu^3/\eta^4$, soit finalement $\eta = \left[\chi(\nu^3/u_*^3)y\right]^{1/4}$. En considérant à présent l'expression de la dissipation en fonction d'une macro-échelle L ($\overline{\varepsilon} = \overline{k}^{3/2}/L$), la même condition d'équilibre fournit $L \simeq 10\chi y$, avec $\overline{k} \simeq 4,7u_*^2$, d'après la figure 7 pour $y^+ \approx 100$.

4.5 Bilans des tensions de Reynolds

Pour affiner l'étude précédente, on considère séparément chacune des quatre tensions de Reynolds significatives, en référence à l'équation de bilan suivante :

$$\underbrace{\overline{U}\frac{\partial\overline{u_iu_j}}{\partial x}+\overline{V}\frac{\partial\overline{u_iu_j}}{\partial y}}_{Advection} = \underbrace{P_{ij}}_{Prod.} + \underbrace{\left(-\frac{\partial\overline{vu_iu_j}}{\partial y}\right)}_{Diff.^t} + \underbrace{\nu\frac{\partial^2\overline{u_iu_j}}{\partial y^2}}_{Diff.^\mu} + \underbrace{D_{ij}^P + \Pi_{ij}}_{Pression} - \underbrace{(\overline{\varepsilon}_{ij})}_{Dissip.} \quad \text{(10-12)}$$

où l'on a fait usage d'abréviations pour désigner la production, la diffusion turbulente, la diffusion visqueuse et la dissipation respectivement. Rappelons que la production s'écrit :

$$P_{ij} = -\left(\overline{u_iu_k}\frac{\partial\overline{U}_j}{\partial x_k} + \overline{u_ju_k}\frac{\partial\overline{U}_i}{\partial x_k}\right)$$

et que le terme de pression regroupe la contribution "diffusive" (D_{ij}^P) et la corrélation pression-déformation (Π_{ij}) de caractère redistributif, d'expressions respectives :

$$D_{ij}^P = -\frac{1}{\rho}\left(\frac{\partial\overline{pu_i}}{\partial x_j} + \frac{\partial\overline{pu_j}}{\partial x_i}\right) \qquad \Pi_{ij} = \overline{\frac{1}{\rho}p\left(\frac{\partial u_i}{\partial x_j} + \frac{\partial u_j}{\partial x_i}\right)}$$

Les bilans de chaque contrainte, tels qu'ils résultent de la simulation directe de Spalart[1] [390] sont présentés aux figures suivantes.

---

1 Nous devons à l'obligeance de Philippe Spalart la mise à disposition des fichiers de données de simulation numérique directe et à l'amabilité de Jean-Bernard Cazalbou leurs traitements graphiques.

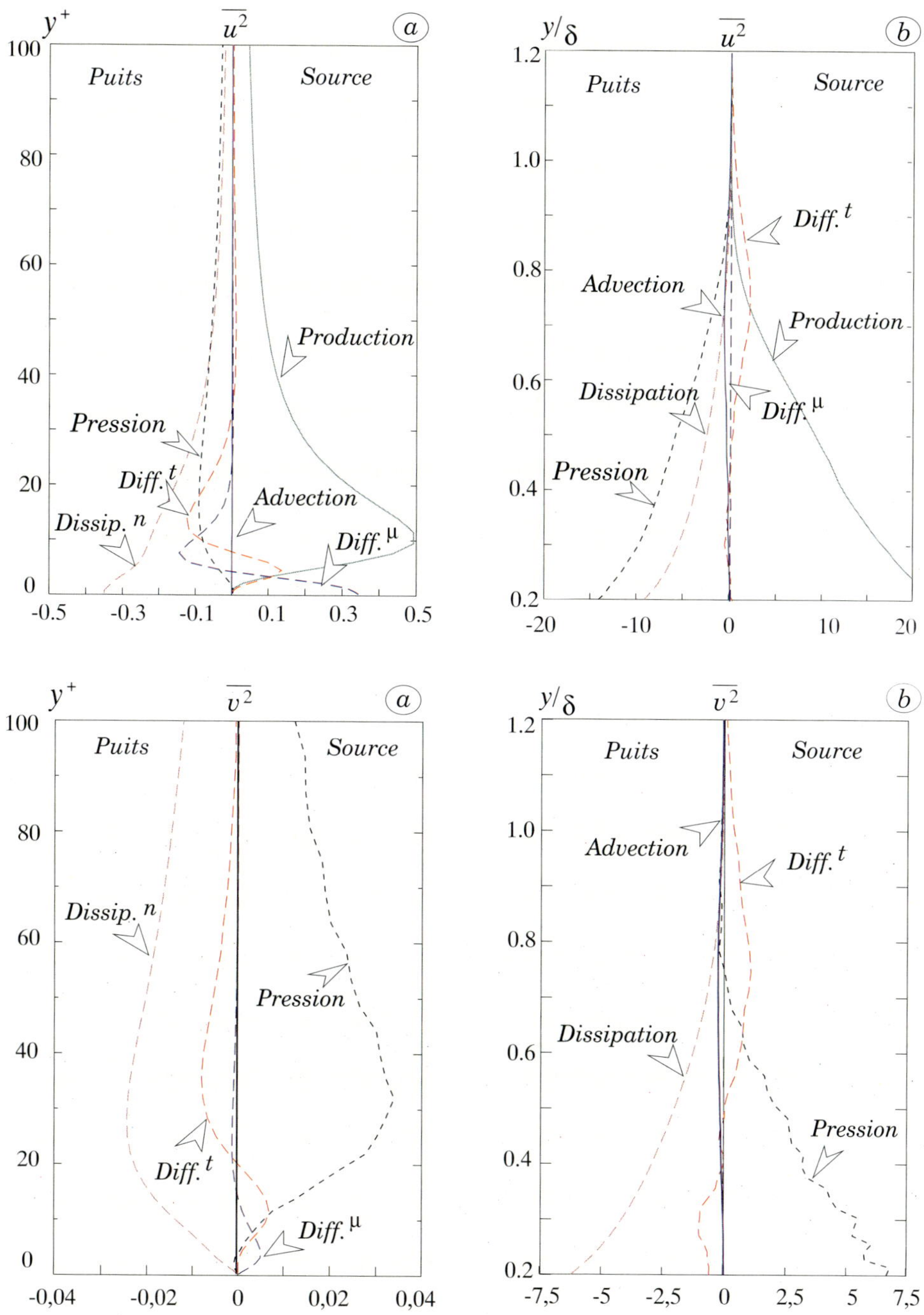

(Voir légende page suivante)

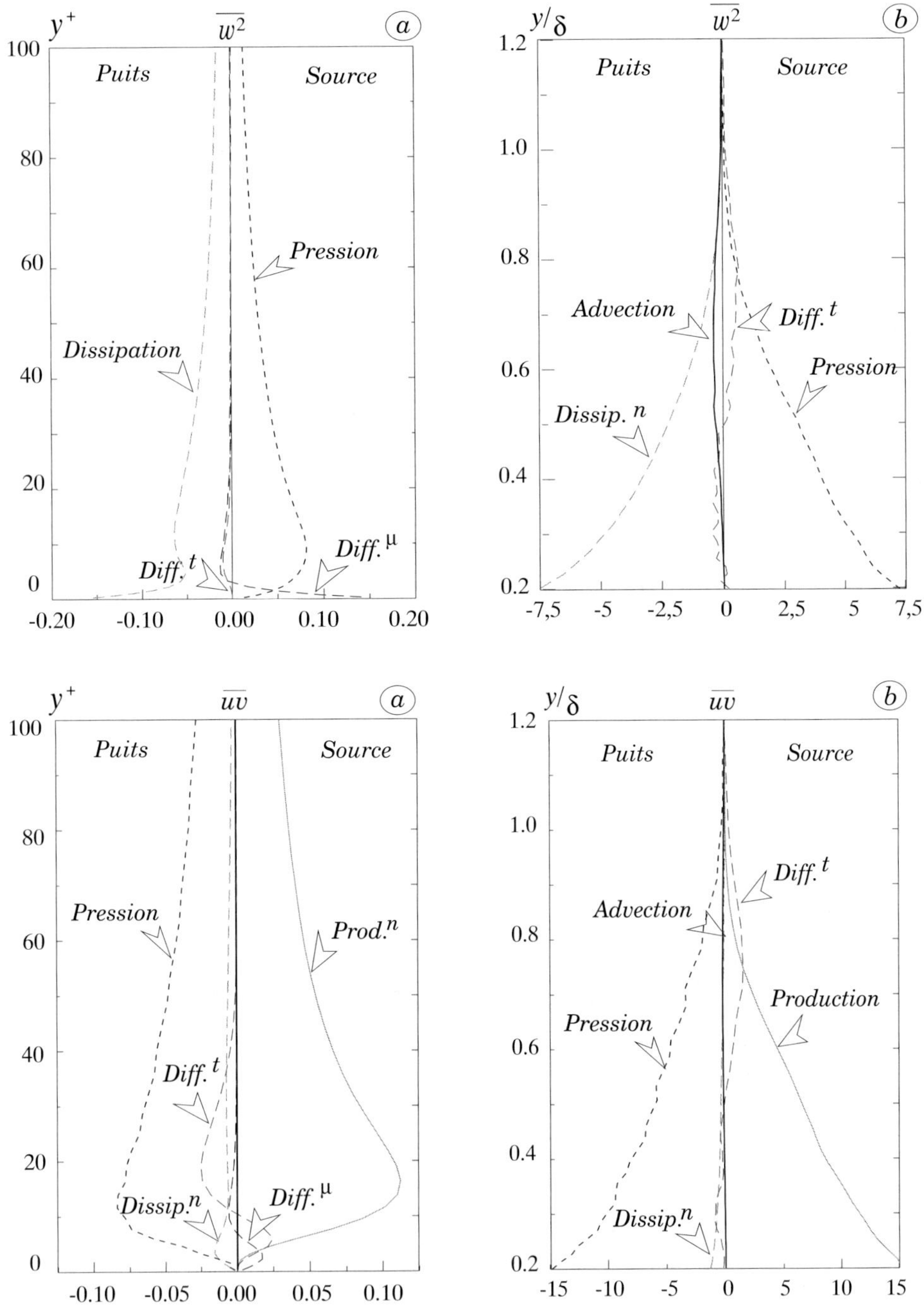

Fig. 9: Tensions normales et cisaillement turbulent en couche limite à $R_\theta = 1410$, d'après Spalart [390]. Les valeurs en zone pariétale (a) sont normées par u_*^4/ν et par u_*^3/δ en région externe (b).

Plusieurs enseignements peuvent être tirés de ces résultats.

- En l'absence de production directe en provenance du mouvement moyen, on note que, pour les tensions $\overline{v^2}$ et $\overline{w^2}$, le rôle de source est tenu par la corrélation avec la fluctuation de pression.
- À la paroi et à son voisinage immédiat, les comportements des tensions $\overline{u^2}$ et $\overline{w^2}$ sont analogues, alors que celui de $\overline{v^2}$ se singularise nettement, en conformité avec les élément dégagés par l'analyse du §2.4.
- Le rôle de l'advection est faible et pratiquement insignifiant en deçà de $y/\delta =$ $0{,}5$. Au-delà, ce terme agit systématiquement comme un puits pour ce type d'écoulement.
- Enfin pour $y/\delta > 0{,}2$, le bilan de la contrainte $\overline{uv}$ se réduit à l'équilibre entre *production* et *corrélation pression-déformation*.

S'agissant de l'anisotropie des tensions de Reynolds, rappelons que sous les hypothèses de couche limite, le terme de production se réduit majoritairement à $-2\overline{uv}\partial\overline{U}/\partial y$ et n'intervient qu'au titre du bilan de la seule tension normale $\overline{u^2}$. C'est donc à la fois cette inégalité entre tensions normales au regard de l'apport énergétique et les propriétés structurelles imposées par la paroi, qui sont à l'origine de l'anisotropie de l'agitation turbulente de ce type d'écoulement.

4.6 Frontière libre

4.6.1 Intermittence de frontière

À la limite externe de couche limite, on retrouve certaines des propriétés de la turbulence libre et en particulier celle de l'intermittence de frontière (voir Chapitre IX-§8.1).

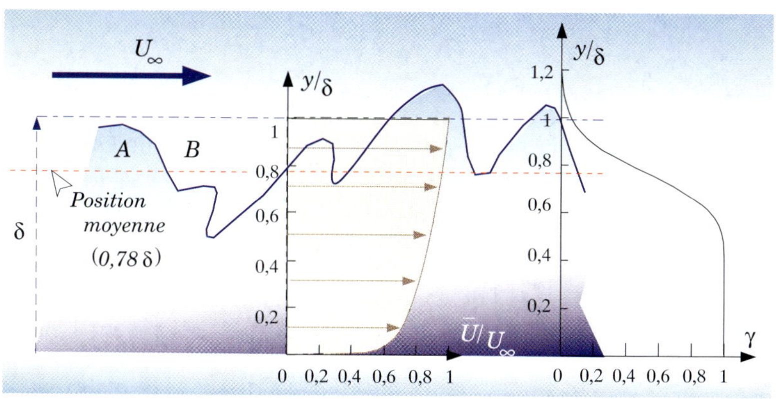

Fig. 10: Facteur d'intermittence de frontière de couche limite turbulente d'après Klebanoff [210].

Concrètement, cela signifie que dans une section droite donnée, la "démarcation[1] " entre zones turbulente et non turbulente se positionne aléatoirement en y, rarement en dessous de $y/\delta = 0{,}4$ et au-dessus de $y/\delta = 1{,}2$, selon les observations de Klebanoff [210]. La fonction de répartition de cette surface de démarcation n'est autre que le facteur d'intermittence γ — éq.(9-14) — qui mesure, pour une durée donnée, la fraction du temps où l'écoulement est turbulent au point d'observation. Le résultat de Klebanoff a été reporté sur le schéma précédent.

Ce phénomène d'intermittence de frontière a plusieurs conséquences sur les propriétés statistiques de la turbulence. Nous en retiendrons deux ici portant sur :

- le profil de vitesse moyenne qui, en l'absence d'intermittence (en canal ou conduite à même nombre de Reynolds par exemple) ne présente pas d'écarts notables à la loi logarithmique ;
- les fluctuations turbulentes de vitesse, dont la distribution en probabilité s'éloigne d'autant plus de la gaussienne que le facteur d'intermittence est élevé. Ce point s'explique facilement en considérant qu'à une distance donnée de la paroi, les régions turbulentes (telles que "*A*" sur le schéma ci-dessus) sont animées d'une vitesse longitudinale statistiquement inférieure à celle régnant dans une portion non turbulente "*B*" à *même distance* de la paroi. Il en résultera un coefficient de dissymétrie négatif pour la distribution de la fluctuation longitudinale de vitesse.

4.6.2 Épaisseurs conventionnelles

L'épaisseur conventionnelle de couche limite $\delta(x)$ turbulente est définie comme la distance à la paroi où la vitesse *moyenne* atteint 99% de la vitesse de raccordement à la solution externe ($U_E(x)$), en général distincte de U_∞ pour un obstacle autre que la plaque plane sans gradient de pression. Les épaisseurs de déplacement $\delta^*(x)$ — ou $\delta_1(x)$ — et de quantité de mouvement $\theta(x)$ — ou $\delta_2(x)$ — sont analogues à celles du cas laminaire, mais en référence au profil de vitesse *moyenne*, soit :

$$\delta^*(x) = \int_0^\infty \left(1 - \frac{\overline{U}(x,y)}{U_E(x)}\right) \mathrm{d}y \quad et \quad \theta(x) = \int_0^\infty \frac{\overline{U}(x,y)}{U_E(x)}\left(1 - \frac{\overline{U}(x,y)}{U_E(x)}\right) \mathrm{d}y$$

L'épaisseur conventionnelle à 99% se situe à un facteur d'intermittence de l'ordre de 0,07, alors que la position moyenne de "l'interface" turbulent-non turbulent (voir schéma prefcédent) est localisée à $0{,}78\delta$ et correspond très sensiblement à la limite supérieure de la zone externe (voir §4.4 précédent). On retrouve donc un sens physique de la position moyenne, ce qui n'est pas le cas de l'épaisseur conventionnelle.

Pour des applications pratiques, il peut être avantageux de disposer de relations opératoires simples pour ces diverses quantités. Celles-ci peuvent s'obtenir avec une approximation en loi puissance du profil de vitesse moyenne (Chapitre VI-§5.4.6). Adoptant par exemple, pour une couche limite sur plaque plane lisse

[1] Ce terme est mis entre guillemets pour rappeler que la turbulence induit des fluctuations dans la zone irrotationnelle externe. Selon l'étude de Phillips [328], elles s'amortissent très rapidement, en y^{-4}, y désignant la distance normale à la paroi.

($10^5 < R_x < 10^7$), l'expression $\overline{U}(x,y)/U_\infty = [y/\delta(x)]^{1/7}$, on peut aisément établir que :
$$\delta^*(x) = \tfrac{1}{8}\delta(x) \qquad \theta(x) = \tfrac{7}{72}\delta(x) \qquad \delta^*(x)/\theta(x) = 1,29$$

Si la couche limite est turbulente dès l'origine de la plaque plane, les données expérimentales sur paroi lisse fournissent :

$$\boxed{\frac{\delta(x)}{x} \simeq 0,37\left(\frac{U_\infty x}{\nu}\right)^{-1/5}} \quad \text{avec} \quad \boxed{\frac{\tau_0(x)}{\rho U_\infty^2} \equiv \frac{C_f(x)}{2} \simeq 0,0296\left(\frac{U_\infty x}{\nu}\right)^{-1/5}}$$

4.6.3 Sur-couche visqueuse

Lorsque l'écoulement est irrotationnel hors de la couche limite, l'action de la viscosité est déterminante pour transmettre le caractère rotationnel au fluide qui se trouvera capté par celle-là. Cette action s'exerce dans une zone de faible épaisseur, réalisant l'interface "laminaire/turbulent" ou "irrotationnel/rotationnel" en bordure de la frontière externe (voir Chapitre VII-§6.1). La dimension transversale typique de cette "sur-couche" visqueuse est de l'ordre de la taille des plus petits tourbillons. En pratique, on peut avec Faure [132], l'estimer par $\sigma \simeq 10\nu/V_e$, où V_e désigne la vitesse d'entraînement :

$$V_e(x) \equiv \int_0^{\delta(x)} \frac{\partial \overline{V}}{\partial y}\mathrm{d}y = -\int_0^{\delta(x)} \frac{\partial \overline{U}}{\partial x}\mathrm{d}y \equiv U_E(x) \times \frac{\mathrm{d}(\delta - \delta^*)}{\mathrm{d}x}$$

5 Turbulence établie en conduit

5.1 La configuration d'écoulement

Nous traitons ici de l'écoulement turbulent non vrillé dans un conduit rectiligne (canal plan, tuyau à section circulaire). En régime permanent et hors des effets d'extrémités, nous avons déjà signalé que cette géométrie était le siège d'un mouvement dont les grandeurs cinématiques sont statistiquement invariantes dans le sens de l'écoulement : c'est la notion de régime établi, dont une conséquence immédiate est la conservation de la moyenne de l'énergie cinétique. Nous allons maintenant nous intéresser aux propriétés caractéristiques de ce type de turbulence. Comme pour la couche limite avec les travaux de Klebanoff, nous adopterons ici, en tant que référence expérimentale principale, l'étude de Laufer [232] menée en 1953. Les mesures ont été réalisées dans un tuyau de diamètre D =24,67 cm et de 4,88 m de long. Celui-ci est intégré dans un ensemble assurant des conditions d'écoulement turbulent pleinement développé dès la première section. Deux séries de mesures ont été réalisées pour des nombres de Reynolds $U_{axe}D/\nu$ de $50\,000$ et $500\,000$, où U_{axe} désigne la vitesse maximum de l'air au centre de la conduite. (environ 3,05 m/s et 30,5 m/s respectivement).

Plusieurs propriétés remarquables du champ moyen de l'écoulement en canal plan ont déjà été dégagées au cours de divers exercices antérieurs (voir Chapitre III-§4.1, §4.2 et §5.3 ainsi que Chapitre VI-§5.6.2). Le problème suivant permet d'en faire une synthèse et de les étendre à l'écoulement à symétrie de révolution.

EXERCICE — ***Bilan moyen de quantité de mouvement en écoulement en conduite*** —

Un fluide visqueux (ν) non pesant s'écoule dans un tuyau cylindrique de section circulaire (R). Le régime étant pleinement turbulent, on suppose qu'en moyenne, le mouvement est non vrillé, à symétrie de révolution et permanent. On s'intéresse à la zone de régime établi pour laquelle toute grandeur statistique purement cinématique est invariante par translation suivant la direction de l'écoulement (x).

1) Déduire de l'équation de continuité que sans soufflage ni aspiration à la paroi, le champ de vitesse moyenne se réduit à la seule composante non nulle $\overline{U}(r)$.

2) Déduire, des équations de conservation de quantité de mouvement en moyenne rappelées ci-après en système de coordonnées cylindriques (x, r, θ), que la corrélation $\overline{vw}$ est nulle. Rappel :

$$0 = -\frac{1}{\rho}\frac{\partial \overline{P}}{\partial x} - \frac{1}{r}\frac{\mathrm{d}r\overline{uv}}{\mathrm{d}r} + \nu\left(\frac{\mathrm{d}^2\overline{U}}{\mathrm{d}r^2} + \frac{1}{r}\frac{\mathrm{d}\overline{U}}{\mathrm{d}r}\right)$$

$$0 = -\frac{1}{\rho}\frac{\partial \overline{P}}{\partial r} - \frac{1}{r}\frac{\mathrm{d}r\overline{v^2}}{\mathrm{d}r} + \frac{\overline{w^2}}{r}$$

$$0 = -\frac{\mathrm{d}\overline{vw}}{\mathrm{d}r} - 2\frac{\overline{vw}}{r}$$

3) Déduire de l'équation de la dynamique suivant r que le frottement total varie linéairement à travers la section droite de la conduite.

4) On introduit la vitesse de frottement $u_* = \sqrt{\tau_0/\rho}$. Exprimer le gradient longitudinal de pression en fonction de u_*, ainsi que le coefficient de perte de charge $\Lambda = -D\big(\mathrm{d}\overline{P}/\mathrm{d}x\big)/\big(\frac{1}{2}\rho U_{ref}\big)$, où $(D = 2R)$ est le diamètre de la conduite et U_{ref} une référence de vitesse débitante.

SOLUTION

En l'absence de vrillage ($\overline{W} \equiv 0$) les deux composantes restantes du vecteur vitesse moyenne sont indépendantes du temps (mouvement permanent) et de l'angle θ (symétrie de révolution). Elles sont en outre liées par l'équation de continuité qui, en les désignant par $\overline{U}(x, r)$ et $\overline{V}(x, r)$ s'écrit en coordonnées cylindriques :

$$\frac{\partial \overline{U}}{\partial x} + \frac{1}{r}\frac{\partial\big(r\overline{V}\big)}{\partial r} = 0$$

Sous l'hypothèse de régime établi, le premier terme est nul, les inconnues $\overline{U}$ et $\overline{V}$ n'étant fonctions que de r. On en déduit par simple intégration que $r\overline{V}(r) = C^{te}$. Or à la paroi ($r = R$), et sous la condition de flux pariétal de masse nul (ni soufflage, ni

aspiration), on a $\overline{V}(R) = 0$ ce qui impose une valeur nulle de la constante, CQFD.
2) La dernière équation (projection sur θ) du bilan de quantité de mouvement s'écrit :

$$\frac{\mathrm{d}\overline{vw}}{\overline{vw}} = -2\frac{\mathrm{d}r}{r}$$

soit après intégration $\overline{vw} = C^{te}/r^2$. La corrélation étant nulle à la paroi, l'expression précédente montre qu'elle l'est aussi dans tout le champ, CQFD.
3) L'équation de la dynamique suivant r peut encore s'écrire :

$$\partial\overline{P}/\partial r = \rho f'(r)$$

en posant $f'(r) = -\frac{1}{r}\frac{\mathrm{d}r\overline{v^2}}{\mathrm{d}r} + \frac{\overline{w^2}}{r}$. Par intégration, on en déduit formellement que $\overline{P}/\rho = f(r) + g(x)$. La substitution de cette expression dans la première projection de l'équation de la dynamique se traduit alors par l'égalité de formes différentielles de deux variables indépendantes, ce qui implique que :

$$g'(x) = -\frac{1}{r}\frac{\mathrm{d}r\overline{uv}}{\mathrm{d}r} + \nu\left(\frac{\mathrm{d}^2\overline{U}}{\mathrm{d}r^2} + \frac{1}{r}\frac{\mathrm{d}\overline{U}}{\mathrm{d}r}\right) = C^{te}$$

Posant cette constante égale à $\rho\alpha(> 0)$, en conformité avec la chute de pression dans le sens de l'écoulement, et introduisant les frottements turbulent ($\tau_T = -\rho\overline{uv}$) et visqueux ($\tau_\nu = \mu\partial\overline{U}/\partial r$), la seconde des relations précédentes s'écrit :

$$-\frac{1}{r}\frac{\mathrm{d}r\overline{uv}}{\mathrm{d}r} + \nu\left(\frac{\mathrm{d}^2\overline{U}}{\mathrm{d}r^2} + \frac{1}{r}\frac{\mathrm{d}\overline{U}}{\mathrm{d}r}\right) \equiv -\frac{1}{r}\frac{\mathrm{d}r\overline{uv}}{\mathrm{d}r} + \frac{\nu}{r}\frac{\mathrm{d}}{\mathrm{d}r}\left(r\frac{\mathrm{d}\overline{U}}{\mathrm{d}r}\right) = \frac{1}{r}\frac{\mathrm{d}(r(\tau_\mathrm{T}+\tau_\nu))}{\mathrm{d}r} = -\rho\alpha$$

Par intégration, le frottement total restant nécessairement fini sur l'axe, on en déduit bien la variation linéaire :

$$\tau_T + \tau_\nu = -\rho\frac{\alpha}{2}r \quad \textit{soit} \quad \frac{\tau_T + \tau_\nu}{\tau_0} = \frac{r}{R}$$

en introduisant le frottement à la paroi $\tau_0 = \tau_\nu(R) \equiv \mu\left(\partial\overline{U}/\partial r\right)_{r=R}$
4) De la loi de frottement précédente, on tire que $\alpha = 2\tau_0/\rho R \equiv 2u_*^2/R$. La chute de pression par unité de longueur vaut donc :

$$\partial\overline{P}/\partial x \equiv -\rho\alpha = -2\rho u_*^2/R$$

On en déduit que le coefficient de perte de charge est $\Lambda = 8(u_*/U_{ref})^2$.

5.2 Distribution de vitesse moyenne

Nous présentons à la figure suivante les profils de vitesse moyenne des deux expériences de Laufer [232]. Les valeurs de la vitesse de frottement déduites de la mesure de la chute de pression le long de la conduite y sont respectivement égales à $u_*/\overline{U}_{axe} \simeq 4{,}2 \times 10^{-2}$ et $3{,}6 \times 10^{-2}$ pour les nombres de Reynolds de $50\,000$ et $500\,000$.
En début des années 1930, Nikuradse [311] a proposé d'adopter une représentation logarithmique du profil de vitesse moyenne dans pratiquement toute la section du tuyau (hors sous couche visqueuse).

Dans leurs monographies respectives sur la base de données plus récentes, Schlichting [375] page 509, et Hinze [180] page 517, confirment que la loi logarithmique reste parfaitement acceptable en pratique, les écarts décelés expérimentalement demeurant faibles et nettement inférieurs à ceux observés en couche limite.

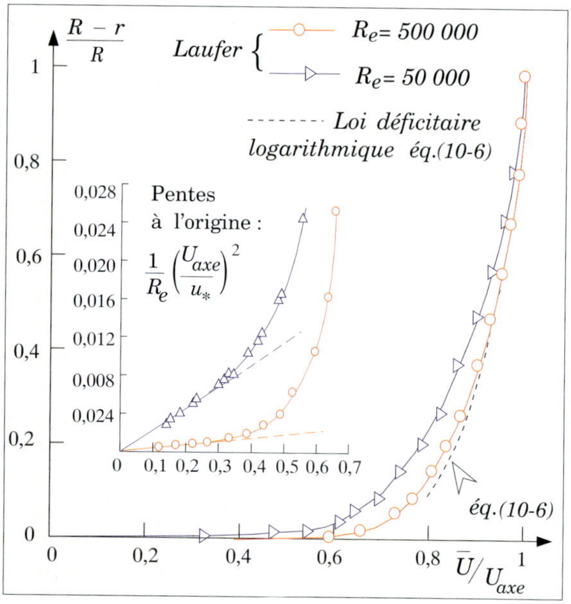

Fig. 11: Profil de vitesse moyenne de l'écoulement en tuyau, adapté de Laufer [232].

Pour les travaux précédents, la rugosité de paroi est supposée ne pas intervenir. On admet que c'est généralement le cas en régime qualifié d'hydrauliquement lisse, i.e., pour $hu_*/\nu \leq 5$, h désignant une échelle de longueur représentative de la rugosité de surface. Tenant compte de ce nouveau paramètre, on distinguera le :

– régime hydrauliquement lisse ($hu_*/\nu \leq 5$) : $\quad \frac{\overline{U}}{u_*} = \frac{1}{\chi} \ln (yu_*/\nu) + C$

– régime pleinement rugueux ($hu_*/\nu > 70$) : $\quad \frac{\overline{U}}{u_*} = \frac{1}{\chi} \ln (y/h) + B$

Dans les relations précédentes, $y = R - r$ désigne la distance à la paroi, $\chi = 0{,}4$ est la constante de von Kármán, $C = 5{,}5$ et $B = 8{,}48$.

Pour la région centrale du tuyau, on peut également envisager, comme en couche limite, une distribution logarithmique pour le déficit de vitesse, sous la forme :

$$\frac{U_{axe} - \overline{U}}{u_*} = -\frac{1}{\chi} \ln\left(\frac{R-r}{R}\right) + B' \qquad (10\text{-}13)$$

Cette expression est comparée aux mesures de Laufer à $R_e = 500\,000$ sur la figure précédente, avec $\chi = 0{,}41$ et $B' = 0{,}7$. Enfin, rappelons que, pour faciliter le calcul de grandeurs globales, on peut, avec un degré d'approximation largement suffisant en pratique, user d'une loi de vitesse en puissance de r (voir Chapitre VI-§5.6.3).

5.3 Coefficient de perte de charge

Le coefficient de perte de charge (Λ) joue un rôle équivalent, pour l'écoulement en conduite, à celui du coefficient de frottement en couche limite. Il est défini par :

$$\frac{\mathrm{d}\overline{P}}{\mathrm{d}x} = -\frac{\Lambda}{D} \times \frac{1}{2} \rho U_{ref}^2 \qquad (10\text{-}14)$$

où D est simplement le diamètre de la conduite (diamètre hydraulique équivalent, en cas de section non circulaire) et U_{ref} une vitesse de référence du débit volumique en régime incompressible. C'est le plus souvent la "vitesse débitante" ($U_{moy} = Q/S$), mais ce peut être aussi la vitesse sur l'axe.
La différence majeure avec le coefficient de frottement défini en (10-10) est que le coefficient de perte de charge est lui indépendant de l'abscisse, en conséquence de la situation de régime établi (voir exercice §3.1).
Nous donnons dans le tableau suivant quelques expressions parmi les plus connues s'appliquant à différents régimes d'écoulements en conduite.

Auteur	Expression	Remarques
Blasius	$\Lambda = 0,3164\left(\frac{U_{moy}D}{\nu}\right)^{-1/4}$	Tuyau lisse R_e compris entre 10^4 et 10^5
Prandtl	$\frac{1}{\sqrt{\Lambda}} = 2\log\left(\frac{U_{moy}D}{\nu}\sqrt{\Lambda}\right) - 0,8$	Tuyau lisse R_e compris entre 10^4 et $3,4\times10^6$
von Kármán / Nikuradse	$\Lambda = [2\log(R/k) + 1,74]^{-2}$	Régime pleinement rugueux
Colebrook et White	$\frac{1}{\sqrt{\Lambda}} = 1,74 - 2\log\left(\frac{k}{R} + \frac{18,7}{R\sqrt{\Lambda}}\right)$	Plage des régimes intermédiaires hydrauliquement lisse et rugueux

Tableau 10.9 Expressions du coefficient de perte de charge pour l'écoulement turbulent en conduite.

5.4 Tensions de Reynolds

5.4.1 Contraintes normales

Les courbes de la figure 12 présentent dans la zone pariétale une forte analogie avec leurs homologues en couche limite (Fig.7). Elles confirment ainsi l'importance du niveau énergétique de l'agitation turbulente dans la zone tampon. On y retrouve également la même hiérarchie des valeurs ($\overline{u^2} > \overline{w^2} > \overline{v^2}$), témoin de la même origine d'anisotropie.
En revanche, les évolutions en zone externe sont "forcées" ici par une condition d'isotropie sur l'axe qui n'existe pas en couche limite. Par raison de symétrie statistique, nous savons que la corrélation $(\overline{uv})_{r=0}$ est nécessairement nulle.
Les mesures montrent en outre que l'écart entre tensions normales est également très faible sur l'axe. Avec les données de de Laufer [232], on peut considérer que sur l'axe :

$$\left(\overline{u^2}/u_*^2\right)_{r=0} \approx 0{,}60 \text{ et } \left(\overline{v^2}/u_*^2\right)_{r=0} \sim \left(\overline{w^2}/u_*^2\right)_{r=0} \approx 0,53.$$

En définitive, on pourra retenir que la répartition énergétique s'établit autour des ratios suivants :

$$\left(\overline{u^2}/\overline{k}\right)_{r=0} = 0,72$$

et

$$\left(\overline{v^2}/\overline{k}\right)_{r=0} \sim \left(\overline{w^2}/\overline{k}\right)_{r=0} = 0,64$$

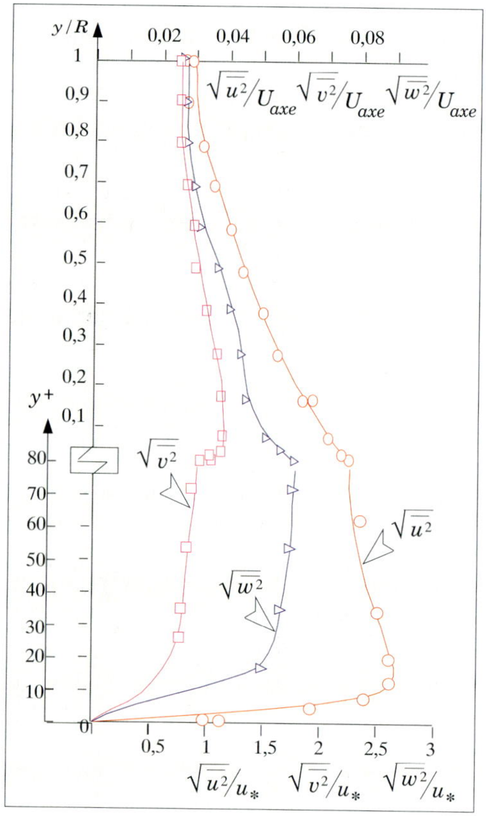

Fig. 12: Tensions normales en turbulence de conduite adaptées des mesures de Laufer [232].

EXERCICE — ***Valeur du tenseur d'anisotropie sur l'axe d'un écoulement en conduite*** — En utilisant les données précédentes, calculer les valeurs des composantes significatives du tenseur d'anisotropie $b_{ij} = \overline{u_i u_j}/\overline{k} - \frac{2}{3}\delta_{ij}$ dans la région centrale d'un écoulement turbulent pleinement développé en conduite.

SOLUTION

Le résultat démontré en exercice §5.1 ($\overline{vw} = 0$) permet de conclure que $b_{23} = 0$ dans tout le champ de cet écoulement. Sur l'axe, et par raison de symétrie statistique, $\overline{uv} = \overline{uw} = 0$, si bien que $b_{12} \sim b_{13} \approx 0$ dans la région proche de l'axe. Les composante diagonales b_{11}, b_{22}, b_{33} peuvent s'estimer grâce aux données précédentes et donner :

$$(b_{ij})_{axe} \simeq \begin{pmatrix} 0,050 & 0 & 0 \\ 0 & -0,025 & 0 \\ 0 & 0 & -0,025 \end{pmatrix}$$

Le rapprochement de ces valeurs avec celles de la couche limite montre que la restructuration de l'anisotropie de la turbulence entre paroi et région externe intervient avec des différences de niveaux entre ces deux écoulements.

5.4.2 Frottement turbulent

Le frottement turbulent sous la norme $-\overline{uv}/u_*^2$ de l'expérience de Laufer [232] est présenté à la figure ci-contre, en fonction de la variable "externe" $y/R = 1 - r/R$. On peut ainsi vérifier que sur la quasi-totalité de la section droite le frottement visqueux est négligeable, l'évolution du frottement turbulent coïncidant avec celle, *linéaire*, du frottement total.
À titre comparatif, nous avons également représenté sur cette même figure le frottement turbulent en couche limite, tel que mesuré par Klebanoff [210]. On notera que dans ce cas la normalisation est faite avec la vitesse externe $(-\overline{uv}/U_\infty^2)$. L'influence de la frontière libre apparaît alors clairement par l'écart à la loi linéaire qui se manifeste à partir de $y/\delta \approx 0{,}55$.

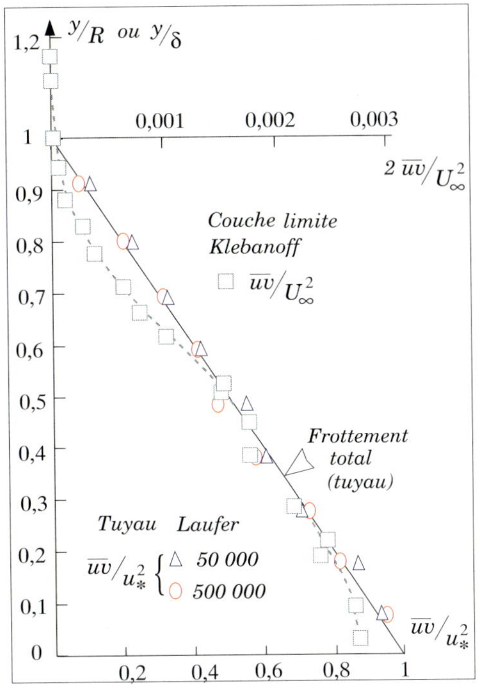

Fig. 13: Frottement turbulent en écoulement de conduite et de couche limite.

S'agissant du coefficient de corrélation $-\overline{uv}/\left(\sqrt{\overline{u^2}}\,\sqrt{\overline{v^2}}\right)$, les mesures au nombre de Reynolds de 500 000 donnent une valeur très sensiblement constante et égale à 0,43 pour y/R compris entre 0,05 et 0,6. Pour R_e = 50 000, la valeur augmente légèrement et devient proche de 0,50 mais avec une dispersion supérieure des mesures. On notera que ces résultats sont très voisins de ceux observés par Klebanoff en couche limite (≈ 0,45).

5.5 Bilan énergétique du mouvement d'agitation

Revenant, pour simplifier les écritures à la configuration de canal plan, les équations de transport des tensions de Reynolds s'y réduisent, en régime établi, à :

$$0 = \underbrace{-2\overline{uv}\frac{\mathrm{d}\overline{U}}{\mathrm{d}y}\delta_{ij}}_{Production} + \underbrace{\left(-\frac{\mathrm{d}\overline{vu_iu_j}}{\mathrm{d}y}\right)}_{Diff.^t} + \underbrace{\nu\frac{\mathrm{d}^2\overline{u_iu_j}}{\mathrm{d}y^2}}_{Diff.^\mu} + \underbrace{D_{ij}^P + \Pi_{ij}}_{Pression} - \underbrace{(\overline{\varepsilon}_{ij})}_{Dissipation} \qquad (10\text{-}15)$$

La principale différence qui apparaît dans les éqs. (10-15) par rapport à leurs homologues en couche limite (10-12), est la disparition du terme d'advection. Or nous avons vu que pour ce dernier écoulement, les contributions de ce terme aux bilans des différentes tensions restaient relativement faibles (Cf. §4.4). En raison des analogies structurelles imposées par la condition de paroi, on doit donc s'attendre à des évolutions assez semblables des termes communs aux bilans de ces deux écoulements dans les zones sous dominance pariétale. Nous avons déjà pu en faire le constat grâce aux données expérimentales du paragraphe précédent. Les résultats de la simulation numérique directe de Kim, Moin et Moser [206] de l'écoulement en canal plan (largeur $2h$) à $R_\tau(\equiv u_* h/\nu)=400$, présentés à la figure suivante, en apportent la confirmation détaillée.

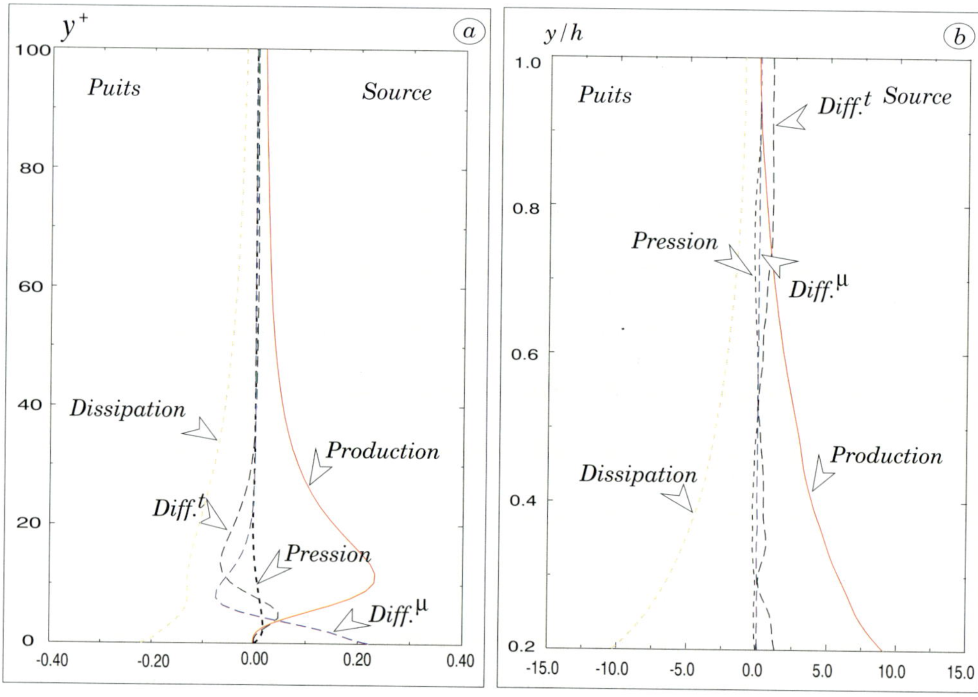

Fig. 14: Bilan d'énergie cinétique de turbulence en canal plan, par simulation directe de Kim et al. [206] à $R_\tau = 400$. (Mêmes conventions qu'en figure 8).

On y retrouve les mêmes tendances aux équilibres prédominants qu'en couche limite (voir §4.4), avec toujours une localisation du maximum de production vers $y^+ \simeq 12$.

5.6 Récapitulation du bilan énergétique d'ensemble

Parmi les propriétés distinctives de la turbulence en conduite, nous avons mentionné dès le premier chapitre (§3.8), l'accroissement de dissipation par rapport au régime laminaire. Nous pouvons à présent en comprendre la raison en reprenant les bilans énergétiques du mouvement moyen et du mouvement d'agitation.

a) Énergie cinétique du mouvement moyen Par simple multiplication scalaire de l'équation de la dynamique du mouvement moyen (voir exercice §5.1) par la vitesse moyenne, réduite ici à sa seule composante $\overline{U}(r)$, le bilan d'énergie cinétique du mouvement moyen s'écrit :

$$\frac{1}{\rho} r\overline{U}\frac{\mathrm{d}\overline{P}}{\mathrm{d}x} = -\overline{U}\frac{\mathrm{d}(r\overline{uv})}{\mathrm{d}r} + \nu\overline{U}\frac{\mathrm{d}}{\mathrm{d}r}\left(r\frac{\mathrm{d}\overline{U}}{\mathrm{d}r}\right)$$

soit encore : $$\frac{1}{\rho} r\overline{U}\frac{\mathrm{d}\overline{P}}{\mathrm{d}x} = -\frac{\mathrm{d}\left(r\overline{uv}\overline{U}\right)}{\mathrm{d}r} + r\overline{uv}\frac{\mathrm{d}\overline{U}}{\mathrm{d}r} + \nu\frac{\mathrm{d}}{\mathrm{d}r}\left(r\overline{U}\frac{\mathrm{d}\overline{U}}{\mathrm{d}r}\right) - \nu r\left(\frac{\mathrm{d}\overline{U}}{\mathrm{d}r}\right)^2 \quad (10\text{-}16)$$

Or nous savons que le bilan de forces se traduit, en moyenne, par la relation aux contraintes suivante :

$$\frac{1}{\rho}\frac{r}{2}\frac{\mathrm{d}\overline{P}}{\mathrm{d}x} = -\overline{uv} + \nu\frac{\mathrm{d}\overline{U}}{\mathrm{d}r} \quad (10\text{-}17)$$

dont se déduisent les deux relations :

$$\frac{1}{\rho}\frac{r}{2}\frac{\mathrm{d}\overline{P}}{\mathrm{d}x}\frac{\mathrm{d}\overline{U}}{\mathrm{d}r} = -\overline{uv}\frac{\mathrm{d}\overline{U}}{\mathrm{d}r} + \nu\left(\frac{\mathrm{d}\overline{U}}{\mathrm{d}r}\right)^2 \quad (10\text{-}18a)$$

$$\frac{1}{\rho}\frac{\mathrm{d}\overline{P}}{\mathrm{d}x}\frac{\mathrm{d}\left(r^2\overline{U}/2\right)}{\mathrm{d}r} = -\frac{\mathrm{d}\left(r\overline{uv}\overline{U}\right)}{\mathrm{d}r} + \nu\frac{\mathrm{d}\overline{U}}{\mathrm{d}r}\left(r\overline{U}\frac{\mathrm{d}\overline{U}}{\mathrm{d}r}\right) \quad (10\text{-}18b)$$

La première résulte de la simple multiplication scalaire de (10-17) par $\mathrm{d}\overline{U}/\mathrm{d}r$. La seconde s'obtient par dérivation en r de cette même équation, préalablement multipliée par $r\overline{U}$.
Il est alors immédiat de vérifier que par différence des équations 10-18(b) et (a), on obtient l'équation (10-16).

Ainsi le bilan d'énergie cinétique du mouvement moyen se décompose-t-il, pour cet écoulement, en deux sous bilans additifs, dont le second n'amène aucune contribution nette par intégration sur la section du tuyau. En d'autres termes, l'évaluation de la perte de charge pour un volume de fluide compris entre deux sections voisines x et $x + \mathrm{d}x$ ne fait appel qu'aux seuls termes figurant au second membre de l'équation 10-18a. Nous nous limitons donc à cette seule équation que nous réécrivons :

$$\frac{1}{\rho}\frac{r}{2}\frac{\mathrm{d}\overline{P}}{\mathrm{d}x}\frac{\mathrm{d}\overline{U}}{\mathrm{d}r} = Prod + \overline{\Phi} \quad (10\text{-}19)$$

où $Prod \equiv -\overline{uv}\mathrm{d}\overline{U}/\mathrm{d}r$ désigne le terme d'échange d'énergie avec le mouvement d'agitation ("production" pour ce dernier) et $\overline{\Phi} \equiv \nu\left(\mathrm{d}\overline{U}/\mathrm{d}r\right)^2$ le taux de dissipation par viscosité dans le mouvement moyen.
Les variations des deux termes du second membre de l'équation (10-19) sont tracées à la figure suivante, en valeurs adimensionnelles, pour l'expérience de Laufer à Re= 50 000. On peut ainsi observer que le gros de la dissipation par le mouvement moyen intervient à proximité de la paroi ($y^+ \leq 20$). On note ensuite **un point** d'égalité, en valeur absolue, des montants de production et de dissipation par le

mouvement moyen. Il est localisé à $y^+ \simeq 12$, résultat qui se déduit directement de l'exercice §5.5, et qui a été établi à l'exercice §6.3 du Chapitre III.

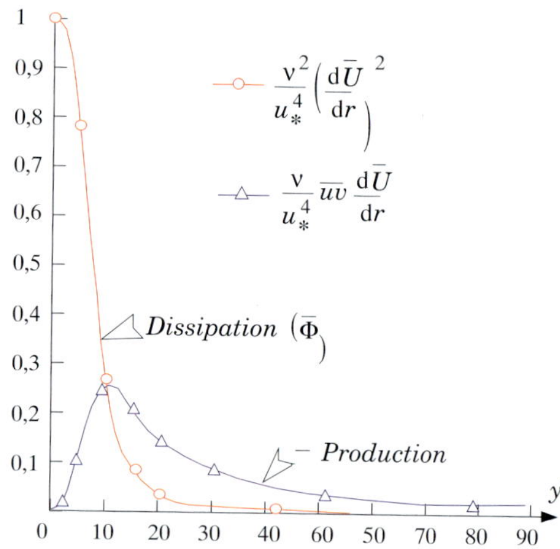

Fig. 15: Contributions moyennes à la perte de charge de l'écoulement en conduite selon les résultats de Laufer [232] à R_e = 50 000.

b) Énergie cinétique du mouvement d'agitation S'agissant du bilan d'énergie cinétique du mouvement d'agitation, nous avons vu qu'il se caractérisait par deux équilibres distincts selon la zone de l'écoulement concernée, ce que nous traduirons formellement par :

$$\textit{Région de proche paroi :} \quad Diff^{\mu}. - \overline{\varepsilon} = 0 \qquad \text{(10-20a)}$$

$$\textit{Zone pleinement turbulente :} \quad Prod - \overline{\varepsilon} = 0 \qquad \text{(10-20b)}$$

c) Traduction en termes de perte de charge En considérant simultanément les éqs. (10-19) et (10-20a) on voit que :

– la turbulence n'apporte aucune contribution *explicite directe* au bilan énergétique global à proximité immédiate de la paroi. En d'autres termes, l'accroissement de la perte de charge pour ce régime d'écoulement ne peut provenir, *dans cette zone*, que d'un effet *indirect, induit* par la modification du gradient de vitesse moyenne à la paroi, en conséquence de l'homogénéisation en zone centrale.

– en revanche pour la région pleinement turbulente, l'addition membre à membre des équations (10-19) et (10-20b) montre que la perte de charge est donnée par :

$$\frac{1}{\rho}\frac{r}{2}\frac{\mathrm{d}\overline{P}}{\mathrm{d}x}\frac{\mathrm{d}\overline{U}}{\mathrm{d}r} = \overline{\varepsilon} + \overline{\Phi}$$

dégageant une contribution *nette, spécifique* de l'agitation turbulente.
En résumé, on pourra retenir que :

> L'accroissement de la perte de charge dû au régime turbulent en écoulement en conduite résulte de :
> - l'augmentation, **près de la paroi**, de la dissipation du mouvement *moyen*, en répercusssion de la variation de pente du profil de vitesse moyenne;
> - l'addition, **hors de la paroi**, d'une dissipation supplémentaire due au mouvement d'*agitation*.

5.7 Bilans des tensions de Reynolds

Les bilans des tensions de Reynolds de la simulation numérique directe de Kim, Moin & Moser [206] sont illustrés ci-après *(voir légende page suivante)*.

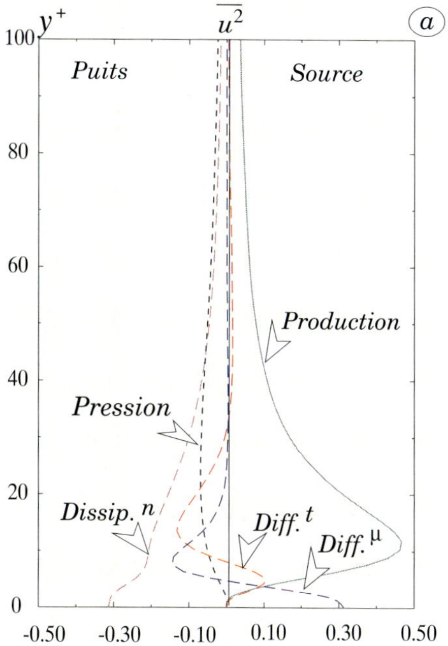

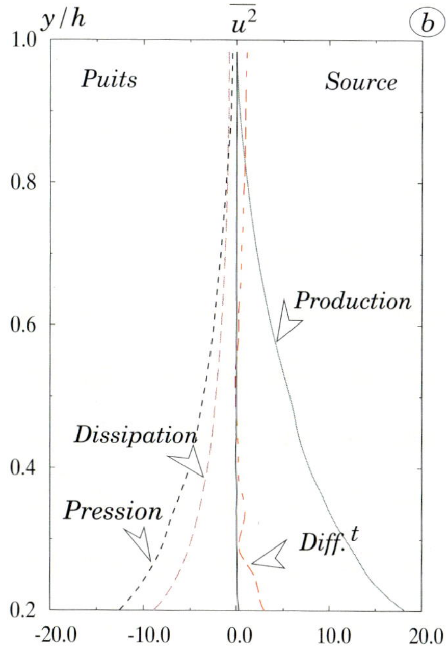

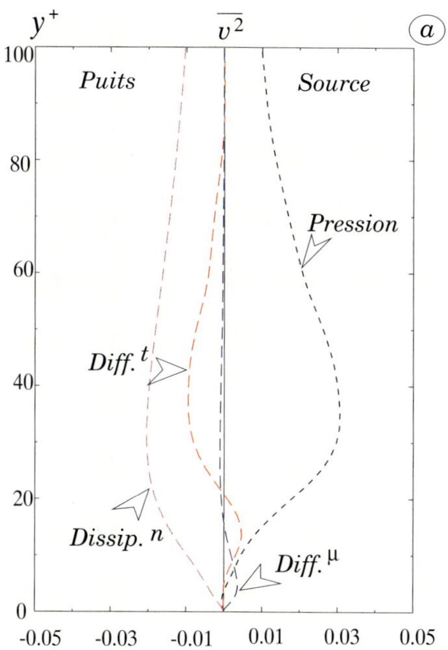

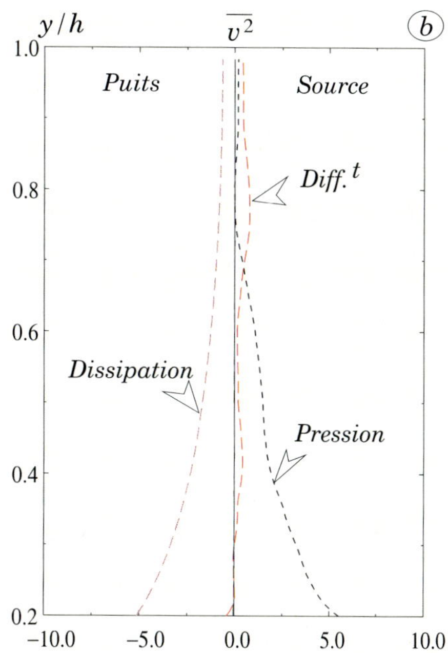

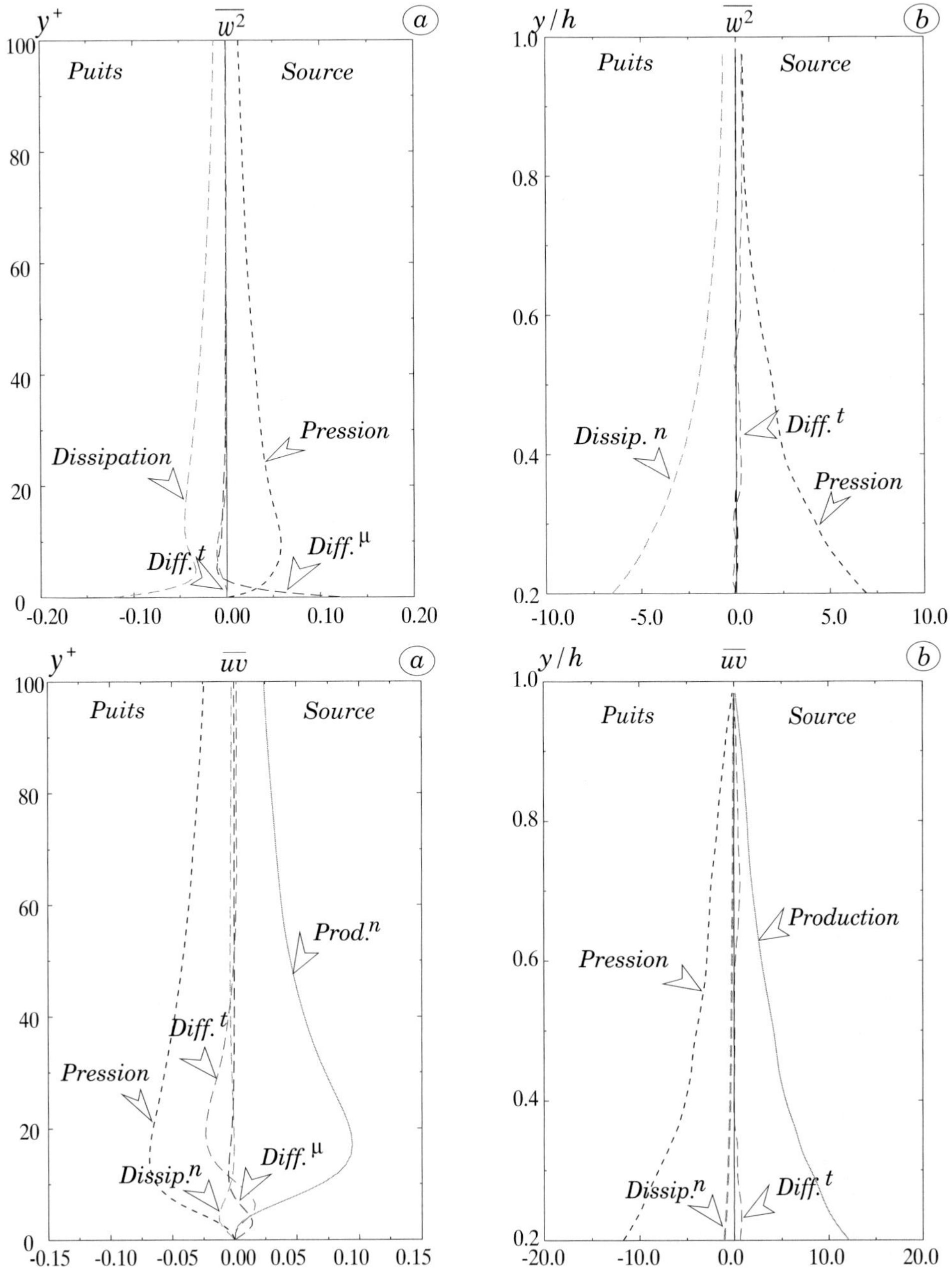

Fig. 16: Tensions normales et cisaillement turbulent en canal plan à $R_\tau = 400$, d'après Kim et al. [206]. Les valeurs en zone pariétale (a) sont normées par u_*^4/ν et par u_*^3/h en région externe (b).

Les différents termes des bilans précédents se rapportent à la même équation que celle pour la couche limite (10-12), hormis ceux d'advection qui sont nuls à présent.

Les principales tendances observées pour la couche limite — voir §4.5 —, se retrouvent encore plus nettement prononcées dans cette situation.
Ainsi, en particulier, il est clair qu'en l'absence de "production directe" depuis le mouvement moyen pour les tensions $\overline{v^2}$ et $\overline{w^2}$, c'est bien le terme de corrélation avec la fluctuation de pression qui joue le rôle de "source" pour ces deux composantes. On note en effet que, de négatif pour le bilan de $\overline{u^2}$, le terme correspondant devient positif pour ceux des deux autres contraintes normales.
Enfin, on observe bien l'influence de la paroi au voisinage de laquelle le comportement de la tension $\overline{v^2}$ se singularise de ceux de $\overline{u^2}$ et $\overline{w^2}$, en conséquence des mécanismes de blocage. On retrouve en effet pour ces deux contraintes une tendance asymptotique à l'équilibre pariétal des effets visqueux, sous la forme :

diffusion = dissipation.

À la section suivante, nous allons préciser, pour les tensions normales, le comportement redistributif de la corrélation pression-déformation à travers les termes :

$$\phi_{11} = \frac{2}{\rho}\overline{p\frac{\partial u_1}{\partial x_1}}\,, \qquad \phi_{22} = \frac{2}{\rho}\overline{p\frac{\partial u_2}{\partial x_2}}\,, \qquad \phi_{33} = \frac{2}{\rho}\overline{p\frac{\partial u_3}{\partial x_3}}$$

5.8 La redistribution inter-composantes

Au-delà de $y^+ \approx 12$ (voir détail en fenêtre), on note que les deux contributions ϕ_{22} et ϕ_{33} sont positives, alors que ϕ_{11} est négative. Cela signifie que la redistribution se fait depuis la composante la plus énergétique ($\overline{u^2}$) vers les deux autres ($\overline{v^2}$ et $\overline{w^2}$). Ce cas correspond à un mécanisme de redistribution qui agit dans le sens de la *réduction* de l'anisotropie.
En revanche, en deçà de cette valeur de y^+, ce sont les deux composantes $\overline{u^2}$ et $\overline{v^2}$ qui alimentent la troisième ($\overline{w^2}$) selon un processus qui ne peut donc amener l'équipartition énergétique entre composantes normales.

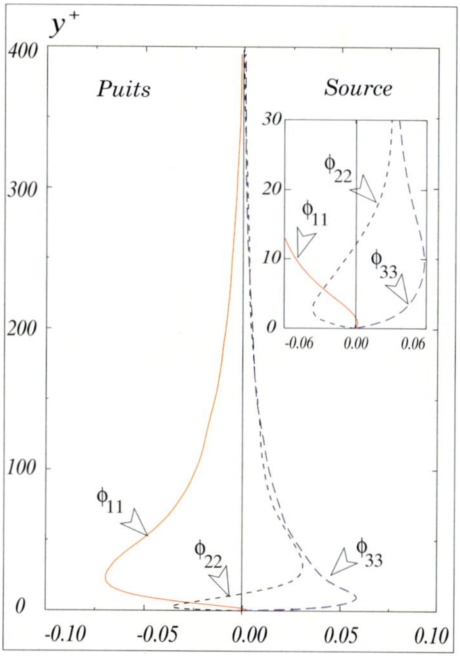

Fig. 17: Redistribution entre tensions normales en canal plan à $R_\tau = 400$, Cazalbou [55], d'après Kim et al. [206].

6 Anisotropie des tensions de Reynolds

Nous avons déjà signalé (voir les données des exercices §4.3.2 et §5.4.1) qu'en s'éloignant de la paroi des différences apparaissaient entre les valeurs des tensions de Reynolds en couche limite et en écoulement en conduit. À partir des résultats de simulation directe de Spalart [390] et de Kim, Moin & Moser [206], il est possible de préciser les différences d'évolution de l'anisotropie dans le plan des invariants de Lumley du tenseur a_{ij}. Les courbes correspondantes sont tracées à la figure suivante.

Pour les ceux configurations d'écoulement, l'état des tensions de Reynolds est pratiquement identique à proximité immédiate de la paroi (point A sur la figure), où il correspond à une turbulence quasi-bicomposante ($9\mathbf{II}_a^* + 27\mathbf{III}_a^* + 1 = 0$, voir Chapitre III-§5.4.2) avec $\mathbf{II}_a^* \simeq -0{,}13$ et $\mathbf{III}_a^* \approx +0{,}006$.

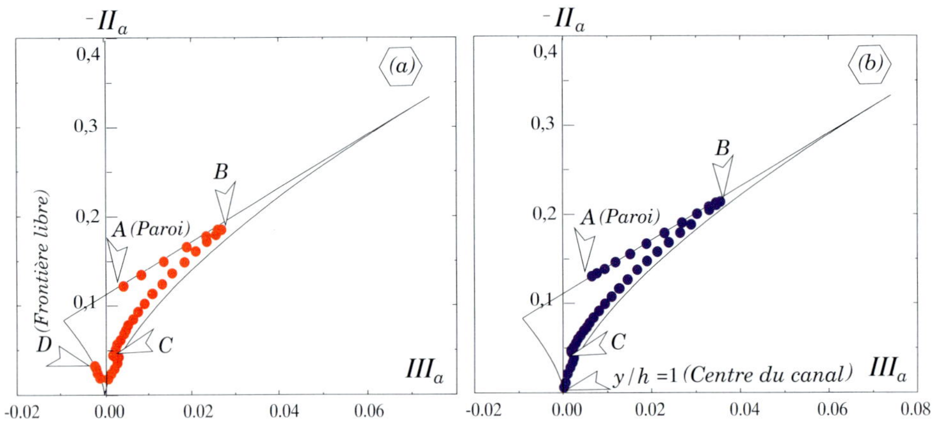

Fig. 18: Diagramme d'anisotropie de Lumley en couche limite (a) et canal plan (b), d'après les simulations numériques de Spalart (R_θ =1410) et Kim et al. ($R_\tau = 400$).

En s'éloignant de la paroi, les évolutions de l'anisotropie dans les deux cas restent comparables tant que $\mathbf{III}_a^*$ demeure supérieur à environ $0{,}002$ (point C). Elles se caractérisent par une croissance de cet invariant le long d'une trajectoire s'écartant progressivement de la limite bicomposante (portion AB), suivie d'une plage de décroissance convergeant vers l'état axisymétrique d'expansion (portion BC).
Au-delà du point C, la turbulence de conduit évolue vers un état très proche de l'isotropie. On observe en revanche, à la frontière libre de couche limite, un comportement différent, l'anisotropie basculant d'un état axisymétrique de type expansion vers celui de type contraction, ou encore d'une configuration en "cigare" à celle en "disque" représentée par le point D sur la figure 18(a).
Indiquons pour conclure que les mesures en couche limite à grand nombre de Reynolds révèlent bien l'anisotropie de type axisymétrique en expansion ($\mathbf{III}_a^* > 0$), la détection de la situation en "disque" impliquant les fluctuations en zone irrotationnelle, selon l'analyse théorique de Phillips [328].

EXERCICE — ***Valeurs et vecteurs propres du tenseur des contraintes Reynolds en écoulement de type couche limite*** — En écoulement cisaillé mince de type couche limite, la matrice des composantes significatives des tensions de Reynolds peut être réduite à :

$$\mathbf{A} = \begin{pmatrix} a & \alpha & 0 \\ \alpha & b & 0 \\ 0 & 0 & c \end{pmatrix}$$

où a, b, c et α sont trois réels positifs.
1) Montrer qu'il existe trois valeurs propres réelles et les calculer.
2) Déterminer les directions propres correspondantes.

SOLUTION

1) Les valeurs propres (λ) s'obtiennent en solution de l'équation $\det(\mathbf{A} - \lambda\mathbf{I}) = 0$, soit :

$$\begin{vmatrix} a-\lambda & \alpha & 0 \\ \alpha & b-\lambda & 0 \\ 0 & 0 & c-\lambda \end{vmatrix} = 0 \Longleftrightarrow (c-\lambda)\times \begin{vmatrix} a-\lambda & \alpha \\ \alpha & b-\lambda \end{vmatrix} = 0$$

Une première valeur propre est donc $\lambda_3 = c$. Les deux autres sont solutions de l'équation du second degré $\lambda^2 - (a+b)\lambda - \alpha^2 = 0$, dont le discriminant s'écrit : $\Delta = (a-b)^2 + 4\alpha^2 \geq 0$. Il existe donc deux autres valeurs propres réelles d'expressions :

$$\lambda_1 = \lambda_2 = \frac{a + b \pm \sqrt{(a-b)^2 + 4\alpha^2}}{2}$$

2) Le vecteur propre ($\mathbf{X}$) associé à la valeur propre λ s'obtient en solution de l'équation $(\mathbf{A} - \lambda\mathbf{I})\mathbf{X} = 0$. Pour la valeur propre λ_3, le vecteur propre correspondant est solution du système :

$$\begin{cases} (a-c)\,\mathrm{x}_3 + \alpha \mathrm{y}_3 = 0 \\ \alpha \mathrm{x}_3 + (b-c)\mathrm{y}_3 = 0 \\ 0 \times \mathrm{z}_3 = 0 \end{cases}$$

Il est colinéaire à l'axe des z, le système homogène en (x, y) n'ayant pas d'autre solution que *(0,0)* si $(a-c)(b-c) - \alpha^2 \neq 0$.
Le vecteur propre associé à λ_1 (resp. λ_2) s'obtient par :

$$\begin{cases} (a-\lambda_1)\mathrm{x}_1 + \alpha \mathrm{y}_1 = 0 \\ \alpha \mathrm{x}_1 + (b-\lambda_1)\mathrm{y}_1 = 0 \\ (c-\lambda_1)\mathrm{z}_1 = 0 \end{cases}$$

Pour $c \neq \lambda_1$, le vecteur propre est dans le plan (x, y). Le déterminant du système des deux autres composantes $[(a-\lambda_1)(b-\lambda_1) - \alpha^2]$ est nul. Les directions propres sont donc données par :

$$\begin{pmatrix} \alpha \\ \lambda_1 - a \\ 0 \end{pmatrix} \equiv \begin{pmatrix} \lambda_1 - b \\ \alpha \\ 0 \end{pmatrix} \quad et \quad \begin{pmatrix} \alpha \\ \lambda_2 - a \\ 0 \end{pmatrix} \equiv \begin{pmatrix} \lambda_2 - b \\ \alpha \\ 0 \end{pmatrix}$$

EXERCICE — ***Structure de l'anisotropie en zone externe de couche limite*** — En accord avec les valeurs mesurées expérimentalement (voir exercice §4.3.2), on adopte pour composantes du tenseur d'anisotropie dans le plan de coordonnées de l'écoulement :

$$b_{ij}^{(0)} = \begin{pmatrix} 0{,}28 & -0{,}3 & 0 \\ -0{,}3 & -0{,}27 & 0 \\ 0 & 0 & -0{,}01 \end{pmatrix}$$

1) En application des résultats de l'exercice précédent, calculer les valeurs propres du tenseur d'anisotropie.
2) Déterminer les directions propres correspondantes.
3) Calculer les invariants II_a^* et III_a^*, et préciser le type d'anisotropie associée.
4) Qu'obtiendrait-on avec les deux autres approximations suivantes du tenseur d'anisotropie dans le plan de l'écoulement :

$$b_{ij}^{(1)} \approx \begin{pmatrix} 0{,}3 & -0{,}3 & 0 \\ -0{,}3 & -0{,}3 & 0 \\ 0 & 0 & 0 \end{pmatrix} \quad et \quad b_{ij}^{(2)} \approx \begin{pmatrix} 0{,}27 & -0{,}3 & 0 \\ -0{,}3 & -0{,}28 & 0 \\ 0 & 0 & 0,01 \end{pmatrix}$$

SOLUTION

1) Une première valeur propre vaut $\lambda_3 = 0{,}01$. Les deux autres sont racines d'un trinôme dont le discriminant s'écrit, avec les notations de l'exercice précédent $\Delta = (a-b)^2 + 4\alpha^2$, soit ici $\Delta = 0{,}6625 \simeq (0{,}81)^2$. On en déduit pour les valeurs propres :

$$\lambda_1 = \frac{a+b+\sqrt{\Delta}}{2} \simeq 0{,}41 \quad et \quad \lambda_2 = \frac{a+b-\sqrt{\Delta}}{2} \simeq -0{,}40$$

2) Les vecteurs propres correspondant à ces deux valeurs propres ont pour composantes

$$\begin{pmatrix} \alpha \\ \lambda_1 - a \\ 0 \end{pmatrix} \equiv \begin{pmatrix} -0{,}3 \\ 0,13 \\ 0 \end{pmatrix} \quad et \quad \begin{pmatrix} \alpha \\ \lambda_2 - a \\ 0 \end{pmatrix} \equiv \begin{pmatrix} -0{,}3 \\ -0{,}68 \\ 0 \end{pmatrix}$$

Ces directions propres font, avec l'axe des x des angles voisins de -24° et +66°.
3) Avec les valeurs propres précédentes, les invariants quadratique et cubique du tenseur b_{ij} valent respectivement :

$$II_b = \lambda_1^2 + \lambda_2^2 + \lambda_3^2 \simeq 0{,}328 \qquad III_b = \lambda_1^3 + \lambda_2^3 + \lambda_3^3 \simeq 0{,}0049$$

Ainsi, l'invariant cubique est positif, ce qui correspond à une structure de type "cigare" (composante associée à λ_1 prépondérante sur les deux autres).
4) Nous regroupons dans le tableau suivant les éléments propres et les invariants pour chacune des trois approximations $b_{ij}^{(0)}, b_{ij}^{(1)}$ et $b_{ij}^{(2)}$.

	λ_1	λ_2	λ_3	θ_1	θ_2	II_b	III_b
$b_{ij}^{(0)}$	0,41	-0,40	-0,01	-24°	66°	0,328	0,0049
$b_{ij}^{(1)}$	0,424	-0,424	0	-22°	68°	0,360	0
$b_{ij}^{(2)}$	0,40	-0,41	0,01	-24°	66°	0,328	-0,0049

On peut noter ainsi que lorsque $b_{33} = 0$, les deux autres composantes diagonales étant nécessairement opposées, l'invariant cubique III est nul (cas de $b_{ij}^{(1)}$). Cette condition s'obtient avec $\overline{w^2} = 2\overline{k}/3$. Par ailleurs, en situation de couche limite, on a toujours $\overline{v^2} < 2\overline{k}/3$, soit $b_{22} < 0$. Ainsi, pour $\overline{w^2} < 2\overline{k}/3 (b_{33} < 0$, cas de $b_{ij}^{(0)})$ on a nécessairement $b_{11} = |b_{22}| + |b_{33}|$ et l'invariant cubique est positif. En revanche, si $\overline{w^2} > 2\overline{k}/3$ alors $b_{11} + b_{33} = |b_{22}|$, de sorte que la composante négative a la plus grande valeur absolue, ce qui entraîne III > 0.
Ces remarques montrent toute l'importance de la précision de la mesure du rapport $\overline{w^2}/\overline{k}$ en couche limite pour décider du type d'anisotropie caractéristique de la turbulence.
Signalons pour terminer que, pour ces approximations, l'invariant quadratique de Lumley vaut $\mathrm{II}_a^* = -\mathrm{II}_b/8 \simeq 0{,}041$ pour $\mathrm{III}_a^* \approx 0$, ce qui est en bon accord avec les données de simulation directe à plus bas nombre de Reynolds, voir figure 18(a).

EXERCICE — ***Structure de l'anisotropie au centre d'une conduite*** — Reprendre l'exercice précédent en considérant une turbulence de conduite pour laquelle (voir exercice §5.4.2) les valeurs mesurées expérimentalement sur l'axe sont, dans les coordonnées de l'écoulement :

$$b_{ij} = \begin{pmatrix} 0{,}05 & 0 & 0 \\ 0 & -0{,}025 & 0 \\ 0 & 0 & -0{,}025 \end{pmatrix}$$

SOLUTION

1) Le tenseur est déjà sphérique et donc réduit à ses valeurs propres. Le calcul de ses invariants donne :

$$\mathrm{II}_b = (0{,}05)^2 + 2(0,025)^2 \simeq 37{,}5 \times 10^{-4} \qquad \mathrm{III}_b = (0{,}05)^3 - 2(0,025)^3 \simeq 93{,}75 \times 10^{-6}$$

Ces valeurs situent l'état d'anisotropie dans le plan des invariants en un point très proche de l'origine, confirmant bien le caractère fortement isotrope de l'agitation turbulente sur l'axe. En outre, on vérifie que III>0, ce qui indique que la trajectoire vers l'isotropie se fait selon un mode axisymétrique en expansion.

7 Reconditionnement spectral par effet de paroi

L'anisotropie des tensions de Reynolds forcée par la paroi, telle que nous venons de la mettre en évidence dans l'espace physique, se retrouve évidemment dans le domaine spectral.

Une façon très simple de s'en rendre compte consiste à savoir si les relations spectrales déduites des hypothèses d'homogénéité et d'isotropie sont ou non vérifiées. Prenant par exemple les spectres monodimensionnels, rappelons qu'en T.H.I. — voir Chapitre V-§4.3 —, les spectres F_{22} et F_{33} des composantes transversales $\overline{u_2^2}\left(\equiv \overline{v^2}\right)$ et $\overline{u_3^2}\left(\equiv \overline{w^2}\right)$ se déduisent de celui (F_{11}) relatif à la composante longitudinale par la relation différentielle (5-27) ;

$$F_{22}(\kappa_\alpha, t) = F_{33}(\kappa_\alpha, t) = \frac{1}{2}\left[F_{11}(\kappa_\alpha, t) - \kappa_\alpha \frac{\partial F_{11}(\kappa_\alpha, t)}{\partial \kappa_\alpha}\right] \tag{10-21}$$

Le résultat obtenu par Spalart en couche limite ($R_\theta = 1410$) à la distance de la paroi $y^+ = 40$ est reporté à la figure suivante. Dans ce cas, le nombre d'onde κ_α est relatif à la direction d'envergure ($\alpha = z$). Les grandeurs sont normalisées par les échelles de Kolmogorov, soit :

$$F_{\alpha\alpha}^* = \frac{F_{\alpha\alpha}}{\eta v^2} \equiv \frac{F_{\alpha\alpha}}{\left(\overline{\varepsilon}\nu^5\right)^{1/4}} \quad \text{et} \quad \kappa_\alpha^* = \eta\kappa_\alpha \equiv \left(\frac{\nu^3}{\overline{\varepsilon}}\right)^{1/4} \times \kappa_\alpha$$

À cette distance de la paroi, la relation isotrope (10-21) peut encore s'envisager pour la dépendance entre les spectres des composantes $\overline{u^2}$ et $\overline{w^2}$. En revanche elle est totalement inadaptée s'agissant de la composante transversale $\overline{v^2}$.

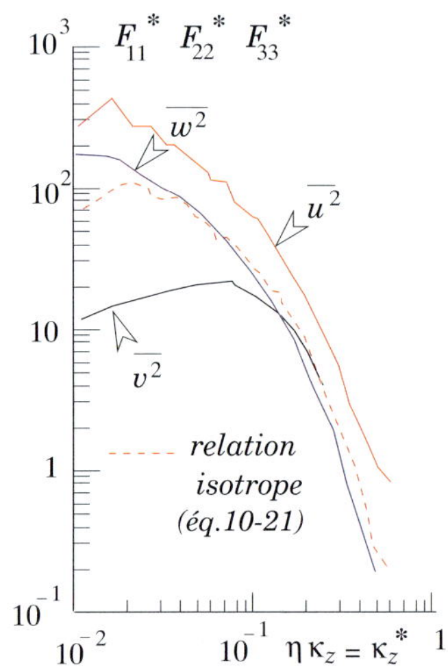

Fig. 19: Spectres monodimensionnels en envergure en couche limite à $y^+ = 40$, d'après Spalart [390].

De telles modifications vont évidemment se répercuter sur la répartition spectrale d'énergie (spectre monodimensionnel, Cf. Chapitre V-§4.2), conduisant à la remise en cause du concept de cascade énergétique avec plage d'équilibre inertiel de Kolmogorov (voir Chapitre VIII-§2.6).

Comme première conséquence, il faut s'attendre à la disparition de cette plage du spectre de la turbulence lorsque l'on se rapproche d'une paroi. Ce résultat, qui a été mis en évidence par Tieleman [419] en 1967, est présenté à la figure suivante.

En normant les valeurs par les échelles de Kolmogorov ($F_{11}^* = F_{11}/\left(\overline{\varepsilon}\nu^5\right)^{1/4}$ et $\kappa_x^* = \kappa_x \nu^{3/4}/\overline{\varepsilon}^{\,1/4}$), on constate effectivement que toute plage inertielle, caractérisée par la répartition en $\kappa_x^{*-5/3}$, a disparu du spectre à partir de $y^+ = 5{,}33$.

La raison en est facile à deviner, même si la réalité physique est plus complexe. Nous avons vu en effet que la dissipation $\overline{\varepsilon}$ ne s'annule pas à la paroi. Si donc la première hypothèse de Kolmogorov s'appliquait, il en résulterait que l'échelle de longueur $\eta = \left(\nu^3/\overline{\varepsilon}\right)^{1/4}$ conserverait à la paroi une valeur finie *non nulle*.

Or s'agissant des tourbillons porteurs d'énergie, il est légitime de penser qu'au voisinage de la paroi, leur échelle de longueur caractéristique (l) va se réduire comme une certaine puissance de la distance à celle-ci. Ainsi, dans la limite $y \to 0$, il devient manifeste que la condition $l > \eta$ ne peut plus être satisfaite.

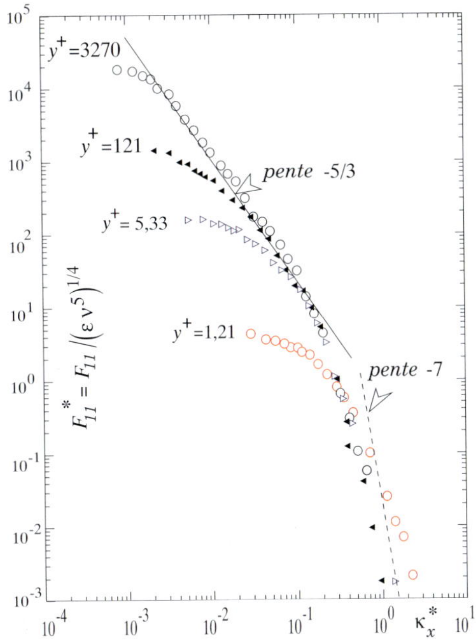

Fig. 20: Spectre de $\overline{u^2}$ en normes de Kolmogorov, d'après Cazalbou [55], adapté de Tieleman [419].

8 Production négative en canal plan

Nous en avons fait référence à diverses reprises à la symétrie des propriétés statistiques de l'écoulement en conduit, sur l'axe de celui-ci. Il importe de bien réaliser qu'une telle propriété résulte d'une symétrie des conditions aux limites, tant en regard de *la géométrie* de la frontière que de paramètres influençant la *dynamique* pariétale, tel que la rugosité par exemple. Ainsi l'écoulement pleinement établi en canal plan peut-il révéler des distributions de valeurs moyennes *non-symétriques* en présence de rugosités différentes sur chaque face du canal.

Cette situation a été étudiée expérimentalement par Hanjalic et Launder [165] en 1972, avec un canal de 3,70 m de long, de section rectangulaire, au rapport de forme de 12:1 et 6:1, selon que l'épaisseur entre parois latérales (H) est de 28 mm ou de 54 mm. Les deux faces latérales sont en Duralumin, l'une étant munie de barrettes de section carrée, de 3,18 mm de côté, disposées tous les 31,8 mm dans le sens de l'écoulement. Trois écoulements ont été analysés pour des nombres de Reynolds de 18 700, 36 400 et 56 000, rapportés à la vitesse maximum de l'écoulement.
Comme le montrent les profils en partie (a) de la figure suivante, la vitesse moyenne et la tension de cisaillement turbulent ne se répartissent pas symétriquement par rapport à l'axe entre plaques.

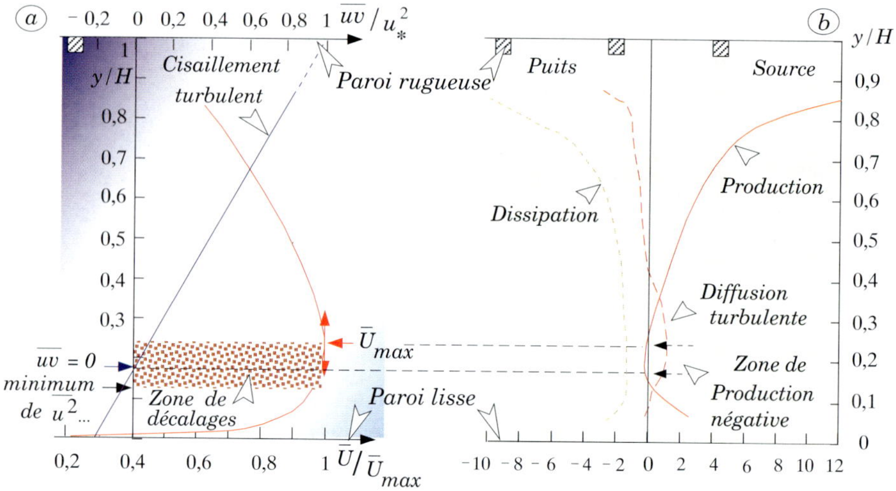

Fig. 21: Profils et bilan énergétique en canal plan à rugosités pariétales différentes, adapté d'Hanjalic & Launder [165].

L'extremum de vitesse moyenne ainsi que le zéro du cisaillement "sont repoussés" en effet en direction de la face lisse. Ces déplacements, variables avec le nombre de Reynolds, ne sont pas identiques sur chacune des deux fonctions, de sorte qu'il apparaît un décalage entre les localisations transversales du maximum de vitesse et du zéro du cisaillement turbulent.
Un résultat semblable se dégage des évolutions des tensions normales $\overline{u^2}$, $\overline{v^2}$, $\overline{w^2}$, dont les minimums ne sont plus situés sur l'axe géométrique mais se décalent également vers la paroi lisse, et se positionnent à une distance de celle-ci inférieure à celle du zéro de $\overline{uv}$.
Cet ensemble d'observations traduit la différence d'intensité de la diffusion turbulente, relativement plus forte du côté de la paroi rugueuse. Le phénomène se répercute sur le bilan d'énergie cinétique de turbulence. En se plaçant à distance suffisante des parois pour négliger la contribution "diffusive" de la pression, celui-ci se traduit simplement par :

$$-\overline{uv}\frac{\mathrm{d}\overline{U}}{\mathrm{d}y} - \frac{\mathrm{d}\left(\overline{kv}\right)}{\mathrm{d}y} - \overline{\varepsilon} = 0$$

La présence d'une zone de "production négative" où de l'énergie est localement rétrocédée au mouvement moyen n'est possible que lorsque le montant de la "source" par diffusion excède, en valeur absolue, celui du "puits" de la dissipation. C'est bien le cas dans la région de décalage, comme on peut le voir sur la partie (b) de la figure précédente, où les termes du bilan sont normés par H/u_*^3, la vitesse de frottement u_* étant relative à la paroi munie de rugosités.

TROISIÈME PARTIE

MODÉLISATION MATHÉMATIQUE DANS L'ESPACE PHYSIQUE

CHAPITRE XI

PANORAMA DES MÉTHODES PRÉDICTIVES EN TURBULENCE

« Pour certains, l'étude de la turbulence en Mécanique des Fluides constitue une branche des mathématiques ou de l'analyse numérique ; pour d'autres, il s'agit plutôt d'une discipline relevant des sciences de l'ingénieur ou de la physique appliquée. De là découle la diversité des écoles de pensée qui préconisent, pour la prédiction des écoulements turbulents, des voies d'approche souvent liées à la branche des sciences dont se réclament leurs auteurs.»

J. JACQUET [192] 1979, préface.

1 Introduction

La troisième et dernière partie de ce cours vise à mettre à disposition de l'ingénieur des méthodes "modernes" de prédétermination d'écoulements turbulents, tout en lui permettant de développer un sens critique face à une stratégie de choix. Cet objectif, à caractère nettement finalisé, la distingue donc des deux parties précédentes, à connotation plus cognitive. Elle s'ouvre par ce chapitre sur un panorama des *méthodes de pré-détermination* d'écoulements turbulents, i.e., tout moyen permettant d'obtenir des éléments dimensionnants quantitatifs autre que l'expérimentation directe sur la configuration étudiée.

Actuellement, les méthodes en question relèvent de l'un des sept types suivants qui peuvent se regrouper en cinq générations :

- *1ère génération*: Lois de régression et abaques,
- *2ème génération*: Méthodes intégrales,
- *3ème génération*: Méthodes statistiques en un point,
- " " : Méthodes spectrales,
- " " : Méthodes probabilistes,
- *4ème génération*: Simulation des grandes échelles,
- *5ème génération*: Simulation numérique directe.

Nous allons, dans un premier temps, donner un bref aperçu de chaque classe de méthodes, en tentant de dégager les éléments susceptibles de guider le choix de l'ingénieur à la recherche d'un compromis "coût / performance", le terme de coût impliquant ici une part non négligeable "d'investissement scientifique".
Nous présenterons ensuite plus particulièrement les grandes lignes de celle qui, aujourd'hui, semble réaliser au mieux un tel compromis.

2 Présentation générale des méthodes

La notion de génération du classement introductif précédent traduit une évolution de *nature* de l'outil mathématique mis en œuvre et de *niveau* de description statistique. Ainsi, selon les indications du tableau ci-après, progresse-t-on, sur le premier, de simples relations aux grandeurs "primitives" jusqu'aux équations de Navier-Stokes elles-mêmes. Quant à l'approche statistique, initialement conçue en traitement *avant* résolution des équations, en simple gradation de l'ordre des moments retenus, elle peut s'envisager aujourd'hui *après* résolution des équations "exactes" (méthodes de cinquième génération).

Indice de génération	Nature de relations mathématiques	Type d'approche statistique
1	Expressions entre grandeurs "primitives"	Globale avant résolution
2	Equation différentielle	
3	Eqs. aux derivées partielles	
4	"	Statistique partielle
5	"	Statistique après résolution

Tableau 11.1 Générations de méthodes de calcul d'écoulements turbulents.

2.1 Lois de régression et abaques

Ce type de méthode met en jeu des *relations* ou "corrélations" entre divers "coefficients" de frottement, de perte de charge, de transferts... et certains paramètres de l'écoulement, nombre de Reynolds, Grasshof, Prandtl, ... Exprimées dans la plupart des cas de façon adimensionnelle, elles peuvent se présenter sous différentes formes: implicite ou explicite, *analytique* ou *graphique*. Elles résultent soit de données expérimentales, soit de résultats déduits de méthodes de génération plus

avancée que nous verrons par la suite.
Pour l'ingénieur, il s'agit d'un outil extrêmement appréciable, très facile d'emploi, de mise en oeuvre rapide, et permettant de cerner très simplement les effets de paramètres souvent multiples. En contre-partie, ce type de méthode souffre d'au moins deux défauts majeurs :

- restriction à des situations "simples connues";
- limitation aux configurations d'écoulement et plages de variation des paramètres prescrites lors de l'établissement des "corrélations".

2.2 Méthodes intégrales

En deuxième génération se placent les méthodes intégrales qui furent initialement développées pour l'étude des écoulements de couche limite simple. Elles reposent souvent sur une forme *simplifiée* des équations de Navier-Stokes selon les approximations de Prandtl. Elles mettent en jeu une expression *différentielle ordinaire* de ces équations locales obtenue par intégration spatiale suivant une ou plusieurs coordonnées. Telles quelles, ces équations ne peuvent être directement résolues en régime turbulent et il faut donc introduire certaines approximations, portant par exemple sur une forme particulière de profil de vitesse ou des "corrélations" entre divers paramètres intégraux.
Tout en restant d'une mise en oeuvre relativement simple, les méthodes intégrales fournissent des renseignements plus détaillés que les précédentes incluant notamment les évolutions longitudinales de grandeurs caractéristiques. En outre, elles ne sont pas établies pour des situations aussi particulières que celles du cas précédent, et s'appliquent de ce fait avec plus de souplesse. Elles ont néanmoins deux facteurs limitatifs :

- la géométrie, qui ne peut guère s'écarter de celle du type couche limite;
- les hypothèses de résolution, qui confèrent un niveau d'empirisme réel.

2.3 Méthodes statistiques en un point

Ces méthodes de "troisième génération" ne présentent de véritable intérêt prédictif pour l'ingénieur qu'en raison du développement des techniques de résolution numérique de systèmes d'équations aux dérivées partielles. Elles procèdent en effet directement des équations de Navier-Stokes par passage à la moyenne[1]. Ce traitement induit une "perte d'information" et conduit donc à un système ouvert. La part d'information perdue au regard de la "finesse" de description statistique doit être en quelque sorte "reconstruite" puis "réinjectée" à l'aide de schémas de fermeture judicieusement élaborés à cet effet.
Les *équations moyennées*, complétées d'hypothèses de fermeture convenables four-

[1] Ces méthodes sont parfois désignées en anglais sous le sigle R.A.N.S., pour "Reynolds Averaged Navier-Stokes".

nissent ainsi un système qui conserve les caractères fondamentaux du modèle de Navier-Stokes (localité en variables d'Euler, non-linéarité advective, diffusion, dissipation) tout en ayant recouvré un déterminisme mathématique statistique.
Pour l'ingénieur, il s'agit de méthodes particulièrement attractives, car donnant accès, par principe, aux champs locaux de paramètres statistiques dans toute configuration géométrique. Elles restent cependant tributaires de deux contraintes principales :

- la résolution numérique, qui peut parfois devenir complexe ;
- la maîtrise de la procédure de "modélisation" qui, actuellement au moins, reste antinomique de tout usage en "boîte noire".

Nous reviendrons largement sur ce dernier point (§3) en présentant les grandes classes de modèles dont les schémas seront exposés en détail aux chapitres suivants.

2.4 Méthodes spectrales

Ces méthodes, qui opèrent sur des équations obtenues après transformation des coordonnées de l'espace physique, posent des problèmes de fermeture qui, sur le principe, sont analogues à ceux rencontrés avec les méthodes statistiques en un point. Même si de nouveaux types de transformations ont été récemment avancés, les seuls schémas de fermeture actuellement disponibles procèdent d'un traitement en transformées de Fourier.
Contrairement aux techniques en un point, les méthodes spectrales traitent de la hiérarchie tourbillonnaire et permettent donc d'appréhender les phénomènes fondamentaux directement liés aux mécanismes de transferts internes de l'agitation turbulente. Elles constituent ainsi un outil privilégié d'investigation de la turbulence et une aide précieuse de l'élaboration de schémas en un point. Pour ce qui est des applications pratiques à l'usage de l'ingénieur, on se doit de mentionner les deux restrictions suivantes :

- la spécificité du formalisme qui peut exiger une certaine période d'accoutumance;
- la restriction du champ d'applications à des situations homogènes, la preuve de leur aptitude à traiter des écoulements turbulents en géométrie complexe restant encore à administrer selon Kline [211].

2.5 Méthodes probabilistes

D'un point de vue conceptuel, ces méthodes s'inscrivent en prolongement direct des précédentes, dans la mesure où ce ne sont plus les premiers moments ou leurs équivalents spectraux qui font l'objet de la description statistique mais les fonctions de probabilité proprement dites. Dans la plupart des cas, il s'agit des fonctions de densité de probabilité[1] (f.d.p.) en un ou deux points, simples ou conjointes (vitesse

[1] "p.d.f.", pour Probability Density Function, en anglais.

ou vitesse et grandeur scalaire en général).
Par un traitement approprié des équations instantanées, on peut déduire celles des f.d.p. qui posent elles aussi un problème spécifique de fermeture.
Ces méthodes sont utilisées en pratique chaque fois que se posent des questions de "suivi Lagrangien" comme c'est le cas en présence d'un transport de particules ou de mélange de milieux inertes ou réactifs. En contre-partie elles exigent :

- l'assimilation de l'approche mathématique assez spécifique;
- la maîtrise de procédures de résolution numérique adaptées [213].

COMPLÉMENT — ***Approche probabiliste en mécanique*** — Aborder un problème de mécanique par voie probabiliste en se plaçant dans l'espace des phases n'est pas, à proprement parler, une idée nouvelle. C'est en effet une démarche classique de la mécanique des systèmes à très grand nombre de particules élémentaires discrètes. Certains de ces éléments ont été mis en place à partir de 1850, d'autres notions, comme l'application de l'ergodicité à la théorie cinétique des gaz à l'époque de Boltzmann, pouvant passer, avec le recul, comme "d'heureuses conjectures", la démonstration ne devant intervenir que cinquante ans plus tard !

La transposition de telles idées à la dynamique de la turbulence est en revanche plus récente, les premières tentatives se situant vraisemblablement aux alentours des années 1940.

Comme le note Kampé de Fériet [202], les traits caractéristiques de la mécanique statistique d'un système dynamique *conservatif* ayant un nombre *fini* de degrés de liberté et satisfaisant aux équations de Hamilton sont :

- La définition d'un espace des phases (Ω) où chaque état du système est associé à un point $\omega \in \Omega$;
- La preuve d'un théorème d'unicité sur l'évolution du système, assurant qu'à partir d'un état donné ω_0 du système, pris à l'instant (initial) $t = 0$, tous les états postérieurs ou antérieurs $T_t(\omega_0)$, pour t variant de $-\infty$ à $+\infty$, sont parfaitement déterminés et décrivent, dans Ω, une courbe ou *trajectoire* $\Gamma(\omega_0)$;
- L'existence dans Ω d'une mesure μ invariante par les transformations $T_t(\omega_0)$. En mécanique statistique classique, ce résultat est assuré par le théorème de Liouville et est strictement lié au caractère *conservatif* du système ;
- La preuve d'un théorème d'ergodicité assurant l'existence de la moyenne temporelle calculée le long d'une trajectoire $\Gamma(\omega_0)$ et son égalité à la moyenne statistique.

Le rappel de ces conditions permet de mieux mesurer les difficultés d'une approche probabiliste de la turbulence en mécanique des fluides. En premier lieu, il est clair que le système ayant une infinité continue de degrés de liberté, l'espace des phases ne pourra se réduire à un domaine d'un espace euclidien et sera un espace fonctionnel. Ensuite, il n'existe pas, pour les écoulements solutions des équations de Navier-Stokes de théorème d'unicité. Faute d'un tel théorème, il est vain de vouloir poursuivre le parallélisme. Ajoutons cependant que le modèle de fluide visqueux est intrinsèquement dissipatif, ce qui implique que l'énergie du système tend vers zéro pour des temps

infiniment longs. En conséquence toutes les trajectoires $\Gamma(\omega)$ admettent un point commun correspondant à l'état d'équilibre. Ce fait invalide l'invariance d'une mesure de nature énergétique pour l'évolution d'un tel système, sauf peut-être à considérer une énergie totale initialement infinie ?
En dépit de ces réserves théoriques majeures, une formulation d'une "hydrodynamique statistique" a été signée par Hopf [183] en 1952. Il s'en déduit toute une hiérarchie (non fermée) d'équations aux densités de probabilité, dont la première fut donnée par Lundgren [281] en 1967. Cet auteur proposa également des hypothèses de fermeture, une méthodologie qui fut largement exploitée par la suite pour des applications en combustion turbulente par Dopazo et O'Brien [117] par exemple.

2.6 Simulation des grandes échelles

L'origine de ce type d'approche remonte vraisemblablement à 1963, avec l'article fondateur de Smagorinsky [387] ayant comme premier champ d'application, la prévision météorologique.
Quelques années plus tard, Deardorff [107] fut le premier à employer la S.G.E. au calcul d'une configuration à l'échelle de l'ingénieur, à savoir l'écoulement turbulent en canal. Dans les deux cas, les fermetures de sous-maille se font au premier ordre et l'on doit à Léonard [254] d'être revenu sur la cascade énergétique pour ce type de méthode. Enfin, c'est Schumann [377] qui introduisit le premier des fermetures algébriques et à équations de transport pour les tensions de sous-maille.
L'idée majeure de cette nouvelle génération de méthodes est de considérer que l'intégralité de l'agitation turbulente cesse d'être aléatoire. Ainsi les contributions aux grandes échelles sont-elles explicitement calculées, la modélisation étant réservée aux structures dont la taille est inférieure à une dimension caractéristique de la "maille" de calcul.
Un tel concept est apparu d'emblée comme extrêmement prometteur, dans la mesure où il ouvrait sur un compromis idéal susceptible de réduire les deux défauts des méthodes adjacentes, à savoir :

– l'empirisme des fermetures en un point des équations moyennées,
– l'exigence en puissance de calcul de la simulation directe (voir section suivante).

Nous aurons l'occasion de voir ce qu'il en est de ces espoirs potentiels après quelques décennies de pratique au §6.

2.7 Simulation numérique directe

De peu postérieure aux méthodes précédentes — voir par exemple Orszag [315], Orszag et Patterson [318], [319] —, la simulation numérique directe (S.N.D.) peut en être considérée comme le prolongement logique et naturel, dans la mesure où elle exclut toute modélisation de l'agitation turbulente. On y procède en effet numériquement à la résolution des équations tridimensionnelles instationnaires de

Navier-Stokes. Ainsi, l'obtention de données statistiques sur l'écoulement se trouve-t-elle reportée après résolution, comme cela a été dit au premier chapitre, §5.4.
Ces méthodes exigent encore plus d'espace mémoire et temps de calcul que les méthodes de simulation des grandes échelles et sont donc les plus coûteuses. Elles appartiennent encore au domaine de la recherche et permettent notamment d'analyser les phénomènes associés aux petites échelles et en particulier les schémas de sous-maille. C'est pourquoi on peut dire à leur propos qu'elles permettent d'effectuer de véritables "expériences numériques" dont les résultats peuvent tout à la fois venir compléter la connaissance tirée d'expérimentations physiques classiques ou servir de support à l'élaboration de modèles d'autres catégories. L'article de Poinsot et al. [329] en donne un exemple particulièrement illustratif dans le cas de la combustion turbulente.
On notera enfin que :

- la grande finesse de détails de la structure de la turbulence exige la prescription de données initiales et aux limites à un niveau comparable, ce qui n'est pas sans poser parfois de sérieuses difficultés;
- des questions fondamentales liées au "post-traitement statistique" sont souvent résolues de façon heuristique,
- les configurations d'écoulements actuellement accessibles à ce type d'approche sont encore en assez petit nombre.

EXERCICE — ***Maillage pour la simulation directe de l'expérience de Laufer*** — En 1954, Laufer [232] publia une étude sur l'écoulement turbulent pleinement développé en conduite. Pour le nombre de Reynolds global de 500 000, le spectre mesuré des fluctuations de la composante radiale de la vitesse recouvre une plage d'échelles de longueur allant de $50\ cm$ à $0,05\ cm$.
En adoptant une approximation sur cinq noeuds de la plus petite variation spatiale, à combien s'élève le nombre total de noeuds d'une simulation tridimensionnelle directe d'un tel écoulement ?

SOLUTION
À raison de cinq points par taille des plus petites structures ($0,05\ cm$), on déduit un pas de grille unidirectionnel de $\delta x \approx 0,01\ cm$. Le nombre de noeuds pour les trois directions à l'échelle des plus grosses structures de cet écoulement peut donc être estimé par :

$$N \simeq (L/\delta x)^3$$

Avec $L = 50\ cm$, on obtient une valeur de 125×10^9.

2.8 Récapitulation

En récapitulation de ce descriptif général, nous mentionnerons que :

- toutes ces méthodes sont utilisées actuellement, ce qui montre à l'évidence qu'aucune d'elles n'est parfaite,

- s'agissant de l'ensemble de ces approches, il convient de parler plutôt de complémentarité que de concurrence,
- en pratique, le choix de telle ou telle méthode est conditionné par de nombreux facteurs tels que facilité de mise en œuvre, coût, performance, degré de généralité, souplesse d'utilisation...

Actuellement, les procédures de fermetures en un point semblent réaliser, entre ces divers paramètres, un compromis tout à fait acceptable dans une perspective d'utilisation par l'ingénieur. Il convient néanmoins de rester prudent sur la *validité* de ce choix et attentif à sa *pérennité*.

COMPLÉMENT — ***Du choix des fermetures statistiques en un point*** — Le choix systématique de méthodes de fermeture en un point pour une application à la prédétermination de toute configuration d'écoulement turbulent en pratique, pourrait avoir parfois des effets réducteurs. On peut mentionner par exemple que, pour les écoulements turbulents réactifs, combustion en particulier, les méthodes probabilistes sont d'ores et déjà exploitées pour des applications pratiques, tout comme celles de simulation des grandes échelles [433].

S'agissant de la pérennité de ce même choix, on ne saurait trop insister sur la rapidité d'évolution des recherches en la matière et sur ce qu'il convient de retenir au titre des notions « à l'usage de l'ingénieur ». Ainsi en 1950, Schlichting notait dans son ouvrage de référence [375] " *qu'aucune contribution des théories statistiques de la turbulence n'avait été incluse car elles n'avaient pas encore atteint un niveau pratique significatif pour l'ingénieur*". En 1965 cependant paraissait le monumental ouvrage de Monin et Yaglom qui, malgré les 1359 pages de sa traduction anglaise [301], allait devenir à son tour une référence pour les ingénieurs en matière de modélisation statistique de la turbulence. Cet exemple d'évolution en matière de jugement scientifique reste bien sûr toujours d'actuailité.

3 Survol des méthodes de fermeture en un point

3.1 Classification

Les méthodes de fermeture en un point opèrent sur les équations statistiques aux divers moments de fluctuations de vitesses qui ont été établies au Chapitre III. Un premier critère de classification des différents modèles est donc naturellement lié à cette hiérarchie de moments. Ainsi, on distinguera divers **types** de modèles selon l'**ordre** des moments retenus comme inconnues principales. On parlera donc de :

- modèles *au premier ordre*, qui limitent le champ des grandeurs inconnues principales aux seules valeurs moyennes des fonctions de l'écoulement (moment d'ordre un),
- modèles *au deuxième ordre*, qui retiennent comme inconnues premières, outre les valeurs moyennes, les tensions de Reynolds $\overline{u_i u_j}$ (moment d'ordre deux).

Actuellement, ces deux types de modèles sont les seuls à avoir fait l'objet de développements applicables en pratique, et c'est pourquoi nous n'irons pas au-delà du second ordre dans la suite de ce cours.

En complément à ce premier critère, relatif en quelque sorte à un *niveau de finesse* de la description statistique, s'en ajoute un second plus directement lié au degré de *complexité* de la procédure de fermeture en elle-même.
Très schématiquement, on peut considérer à cet égard que l'obtention d'un système fermé d'équations (i.e., en nombre égal à celui des inconnues), peut se faire, à partir du système ouvert, par :

- réduction du nombre des inconnues ;
- adjonction d'équations supplémentaires ;
- combinaison des deux procédures précédentes.

Ainsi, une façon très simple d'apprécier le surcroît de complexité imposé par la fermeture consiste à comptabiliser le nombre d'**équations supplémentaires** qui ont été introduites à cette occasion. On parlera ainsi de la *classe* de modèle *à une, deux équations...* pour signifier qu'il y a une ou deux équations à résoudre *en plus* de celles retenues au titre de l'*ordre* de la description statistique (critère n°1).
On aboutit ainsi à une classification selon deux axes, comme schématisé ci-contre.

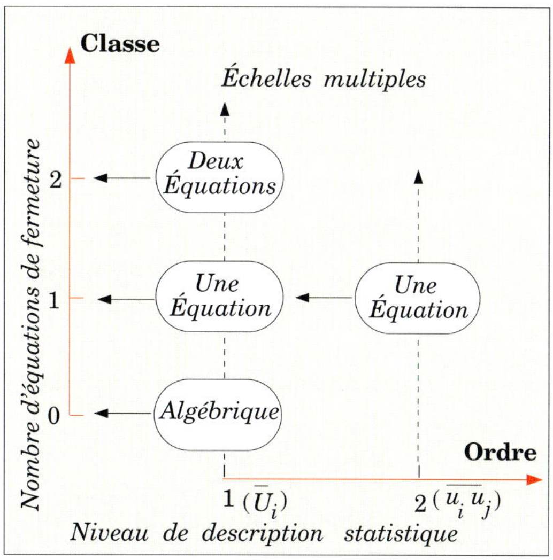

Fig. 1: Classification des modèles de fermeture en un point.

3.2 Les différents types de modèles

La brève présentation des modèles qui suit est simplement destinée à mieux illustrer le classement précédent. La justification et l'élaboration des schémas de fermeture feront l'objet d'examens beaucoup plus approfondis aux chapitres suivants.

3.2.1 Modèles du premier ordre à zéro équation

La fermeture au premier ordre consiste à relier les corrélations doubles $\overline{u_i u_j}$ ou plus généralement les flux turbulents $\overline{f u_j}$ aux inconnues principales que sont les grandeurs moyennes ($\overline{U}_i$ ou $\overline{F}$).
Pour le problème dynamique, Boussinesq [31], [32] fut le premier à introduire en 1877 le concept de **viscosité tourbillonnaire** ou **viscosité de turbulence** en proposant une relation en analogie de celle de Newton pour les contraintes de viscosité moléculaire. Schématiquement, cela revient à poser, en écoulement cisaillé simple, une relation de linéarité entre contrainte de cisaillement et gradient de vitesse moyenne :

$$\boxed{-\overline{uv} = \nu_T \frac{\partial \overline{U}}{\partial y}} \tag{11-1}$$

où le coefficient de proportionnalité ν_T représente une "viscosité cinématique de turbulence" que Boussinesq supposait constante.
Les résultats présentés en deuxième partie remettent aujourd'hui définitivement en cause la validité d'un tel schéma. En outre, l'agitation turbulente n'étant pas une propriété physique du fluide, la viscosité turbulente ne saurait être une constante indépendante des conditions d'écoulement.

Un premier palliatif consiste donc à faire dépendre ν_T de fonctions du champ de l'écoulement. De simples considérations aux dimensions montrent alors que :

$$\boxed{\nu_T \sim u' \times l} \tag{11-2}$$

où u' et l désignent respectivement des échelles de vitesse et de longueur représentatives de l'agitation turbulente.

Les premiers schémas de variation de ν_T avec l'écoulement à avoir été introduits reposent sur une dépendance *algébrique* de cette fonction à une *échelle de longueur* variable au sein du champ turbulent. Ce sont les schémas dits de "*longueur de mélange*[1] " largement redevables des travaux de Prandtl [332] et Taylor [412] dans les années 1925–1930.
Grâce aux développements qui eurent lieu depuis, on peut dire que les lois – empiriques – de variation de longueur de mélange sont très largement documentées. Ainsi ces modèles, qui sont parmi les plus simples et les plus rapides de mise en oeuvre, couvrent une large gamme d'écoulements turbulents. Ils ont été et restent encore employés avec succès dans des configurations classiques de l'aérodynamique de profils simples en l'absence de décollement.

3.2.2 Modèles du premier ordre à une équation

A l'aide de relations purement algébriques, il est difficilement envisageable de pouvoir traduire correctement et de façon "universelle" les propriétés turbulentes

[1] "Mixing length" en anglais

d'écoulements complexes, tridimensionnels, avec décollement...
Pour surmonter ce type de limitation, il est indispensable de prendre en considération les modifications *locales* de l'agitation turbulente en liant ses caractéristiques à l'évolution d'une quantité transportable.

C'est dans cette logique que furent proposés les modèles dits “à une équation”, la grandeur concernée étant en général représentative d'une échelle de vitesse des fluctuations turbulentes [36].
En fait, le gain en généralité est fort limité, dans la mesure où l'échelle de longueur reste toujours prescrite de façon algébrique, de sorte que ces modèles ont très vite été supplantés par ceux de la catégorie suivante.

3.2.3 Modèles du premier ordre à deux équations

Conformément à la relation (11-2), il est justifié de faire dépendre la valeur locale de la viscosité tourbillonnaire de *deux* caractéristiques représentatives des échelles de vitesse et de longueur de l'agitation turbulente.

- S'agissant de l'échelle de vitesse, le choix se porte naturellement sur le montant d'énergie cinétique cinématique de turbulence $\overline{k} = \frac{1}{2}\overline{u_i u_i}$ dont la racine carrée fournit directement l'échelle en question ($u' \simeq \sqrt{\overline{k}}$) ;
- Pour l'échelle de longueur, plusieurs voies ont été explorées, la plus directe consistant à établir une équation de transport spécifique pour une telle grandeur, les autres y accédant indirectement en usant d'une fonction intermédiaire $\mathcal{F}$ et d'une relation algébrique explicite de la forme :

$$l = f\left(\overline{k}, \mathcal{F}\right)$$

De très nombreuses propositions ont ainsi vu le jour — voir Tab. 12.1. L'une des plus répandue correspondant au modèle “$(\overline{k}, \epsilon)$”, où, en accord avec la cascade énergétique de Kolmogorov (voir Chapitre VIII) la fonction intermédiaire donnant accès à l'échelle de longueur n'est autre que le montant ϵ du taux de dissipation turbulente, soit :

$$\epsilon \simeq u'^3/l$$

Avec ce type d'approche, le problème de fermeture se trouve en fait reporté sur certains termes des équations de transport de $\overline{k}$ et l (ou $\mathcal{F}$, ou ϵ) qui doivent être correctement schématisés. C'est à ce niveau que seront introduits des “coefficients” ou “constantes” du modèle dont la détermination, par référence à l'expérience pose, entre autres, des problèmes d'universalité, sur lesquels nous reviendrons au §3.3.1 ci-après.
Actuellement, on peut dire que le modèle “$(\overline{k}, \epsilon)$” s'est très largement imposé dans cette catégorie et, qu'avec des valeurs “standards” des constantes, il conduit, en général, à des résultats qui, sans être toujours d'une précision suffisante, permettent à l'ingénieur de disposer d'une première “approche” des caractéristiques locales d'un écoulement turbulent, pour une très large gamme de configurations.
Une version plus élaborée, introduite par Launder et Schiestel [243] puis largement développée par ce dernier prend en compte un transfert spectral plus représentatif

car faisant intervenir différentes classes de structures tourbillonnaires. Cette idée est au cœur des fermetures multi-échelles dont on trouvera une présentation détaillée dans l'ouvrage de Schiestel [374].

3.2.4 Modèles du second ordre à relations algébriques aux contraintes

Ces modèles, que la littérature baptise également " modèles à contraintes (turbulentes) algébriques[1] " se situent en fait à la charnière entre les fermetures des premier et second ordres **avec équations de transport des contraintes** (§3.2.5).
En effet, si l'on y retient bien, comme inconnues, les moments d'ordre deux (contraintes turbulentes), ceux-ci ne sont cependant pas déduits d'équations de transport aux dérivées partielles, mais d'un système de relations algébriques applicables en tout point du champ (Rodi [350], 1976). Pour pouvoir être résolu, ce système ne nécessite alors que la connaissance de deux grandeurs transportables donnant accès aux échelles caractéristiques. Dans la version proposée par Rodi, ce rôle est joué par les fonctions $\overline{k}$ et ϵ comme précédemment.

Les modèles de ce type permettent d'obtenir des champs de tensions de Reynolds en ne résolvant que deux équations aux dérivées partielles supplémentaires.
Conceptuellement, ils relèvent d'un ensemble de méthodes visant à établir une "*loi constitutive des tensions de Reynolds*" sur la base d'une relation algébrique tensorielle, non nécessairement linéaire. Nous reviendrons sur cette question au Chapitre XII-§8, en extension des fermetures du premier ordre.

3.2.5 Modèles du second ordre à équations de transport des contraintes

Il s'agit là de modèles qui résolvent les équations de transport des tensions de Reynolds convenablement fermées[2]. Ils font de ce fait intervenir, dans le cas général, les six équations pour les corrélations doubles $\overline{u_i u_j}$, plus une équation de transport d'une grandeur donnant accès à une échelle de longueur (ou de temps), et qui n'est autre, en général, que le taux de dissipation ϵ.
L'élaboration des schémas de fermeture de ces modèles est plus complexe que celle afférente aux cas précédents, en raison notamment du caractère tensoriel des contraintes et d'une accessibilité expérimentale réduite à certains termes. Ceci explique que leur développement ne soit que partiellement achevé et qu'ils fassent encore l'objet de nombreuses études.

COMPLÉMENT — ***Formulation algébrique des tensions de Reynolds selon Rodi*** — Une méthode de formulation algébrique des tensions de Reynolds très répandue est due à Rodi [348], [350]. Nous en donnons ici le fil conducteur afin de mettre en évidence la liaison qu'elle établit avec les modèles du second ordre. Son point de départ est en effet *une* équation *fermée* (donc modélisée) de transport des tensions de Reynolds

[1] "A.S.M. ou Algebraic stress models" selon la terminologie anglaise

[2] "R.S.T.E. pour Reynolds Stress Transport Equations" en anglais.

(voir Chapitre XIII), que nous reprenons ici sous la forme générale :

$$\frac{\mathrm{d}\overline{u_i u_j}}{\mathrm{d}t} = P_{ij} + \Pi_{ij} + D_{ij} - \overline{\varepsilon}_{ij}$$

où, par définition, le terme Π_{ij} qui représente la redistribution est de trace nulle. Si l'hypothèse d'anisotropie constante ($\mathrm{d}b_{ij}/\mathrm{d}t = 0$) est vérifiée, on en déduit, sachant que $b_{ij} = \overline{u_i u_j}/\overline{k} - 2\delta_{ij}/3$:

$$\frac{\mathrm{d}\overline{u_i u_j}}{\mathrm{d}t} = \frac{\overline{u_i u_j}}{\overline{k}} \frac{\mathrm{d}\overline{k}}{\mathrm{d}t}$$

Or par contraction de l'équation de $\overline{u_i u_j}$, puisque $\Pi_{ii} \equiv 0$ et posant $P_{rod} = P_{ii}/2$, $D = D_{ii}/2$, $\overline{\varepsilon} = \overline{\varepsilon}_{ii}/2$, on obtient :

$$\frac{\mathrm{d}\overline{k}}{\mathrm{d}t} = P_{rod} - \overline{\varepsilon} + D$$

Si l'on suppose la diffusion négligeable, on en déduit par substitution successive de ces résultats que :

$$P_{ij} + \Pi_{ij} + D_{ij} - \overline{\varepsilon}_{ij} \left(= \frac{\mathrm{d}\overline{u_i u_j}}{\mathrm{d}t} \simeq \frac{\overline{u_i u_j}}{\overline{k}} \frac{\mathrm{d}\overline{k}}{\mathrm{d}t} \right) \simeq (P_{rod} - \overline{\varepsilon}) \frac{\overline{u_i u_j}}{\overline{k}}$$

Ainsi, pour tout schéma *linéaire* de fermeture du terme de redistribution Π_{ij}, cette relation fournit un système *algébrique linéaire* de six équations liant les tensions de Reynolds au champ de vitesse moyenne qu'il suffit d'expliciter en $\overline{u_i u_j}$ pour obtenir une formulation algébrique de ces tensions.

3.3 Lignes directrices de la procédure de fermeture en un point

Très généralement, la "fermeture" des équations ouvertes en turbulence peut se définir comme la procédure visant à obtenir un **modèle mathématique** régissant certaines propriétés statistiques de l'écoulement. Il doit donc en résulter :

- un *système fermé*, i.e., un ensemble d'équations en nombre égal à celui des inconnues,
- un jeu de "coefficients" ou "*constantes du modèle*",
- les *conditions initiales et aux limites* requises par la nature des équations aux dérivées partielles impliquées.

Actuellement, il n'existe pas de méthode rationnelle parfaitement déductive d'élaboration des schémas constitutifs de modèles pour les équations en un point. L'état des lieux du moment conduit à concevoir la procédure de fermeture comme une construction hybride, combinant des éléments *variables*, induits de la "physique" de la turbulence, à des règles *rigoureuses* dictées par des considérations mathématiques et principes généraux de la physique.

3.3.1 Principes déductifs

Homogénéité Ce critère fait bien sûr d'abord référence à l'*homogénéité dimensionnelle*, les termes de tout schéma devant avoir les mêmes dimensions que ceux qu'ils sont censés représenter.
Il fait aussi appel à l'*homogénéité formelle* au sens où l'expression mathématique du schéma doit posséder les mêmes caractéristiques tensorielles que les termes originaux qu'elle remplace. Ainsi par exemple, si ceux-ci ont la forme d'un tenseur du second ordre, symétrique et de trace nulle, le schéma devra refléter ces mêmes propriétés.

Indifférence matérielle et objectivité Ces notions fondamentales de mécanique relèvent de la formulation générale des "lois" de cette discipline, et plus particulièrement de l'indépendance vis-à-vis du référentiel choisi pour décrire le mouvement. Comme le note fort justement Coirier [73] en page 12, bien que souvent confondues, elles ne sont pas équivalentes.
Le principe d'indifférence matérielle[1] au sens de Truesdell [427], stipule que toute loi physique, définition et description de *comportements matériels* d'un milieu (continu) impliquées dans un processus dynamique sont identiques pour tout observateur, i.e., quel que soit le référentiel.
S'agissant de l'objectivité, il conviendrait plutôt de parler de règles, qui peuvent être définies comme suit. Dans l'espace Euclidien, tout changement de repère peut être décomposé en une translation et une rotation fonctions du temps et s'écrit par exemple :

$$X_i(t) = R_{ij}(t)x_j(t) + T_i(t)$$

où $X_i(t)$ est le vecteur position du point M, à l'instant t dans le repère fixe {A}, $x_i(t)$ est le vecteur position du même point au même instant t dans le repère mobile {a}, $R_{ij}(t)$ et $T_i(t)$ les transformations de rotation directe et translation faisant correspondre les deux repères à l'instant t. Une quantité scalaire S/s, vectorielle V_i/v_i ou tensorielle U_{ij}/u_{ij} est dite objective si ses valeurs dans les repères {A} (lettres capitales) et {a} (lettres minuscules) sont reliées par :

$$S = s \quad ; \quad V_i = R_{ij}v_j \quad ; \quad U_{ij} = R_{im}u_{mn}R_{nj}$$

L'utilisation de ces notions dans la procédure de fermeture des équations de la turbulence n'est pas sans soulever de sérieuses controverses. Sans vouloir trancher définitivement ici cette question, essayons de clarifier les positions. Si l'on considère que le principe d'indifférence matérielle régit toute "loi constitutive", il devrait donc être également retenu dans l'élaboration de schémas de fermeture des équations de la turbulence, au premier ordre ("loi constitutive des tensions de Reynolds"), ou à un orde supérieur quelconque, le cas échéant. Or ni les équations de Navier-Stokes, ni celles de transport des tensions de Reynolds ne satisfont l'indifférence matérielle. Elles découlent en effet de la loi de la dynamique de Newton qui n'est valable qu'en repère galiléen[2] car liant proportionnellement une force (vecteur objectif) à la masse (scalaire objectif) et à l'accélération (vecteur non objectif).

---

1 "frame indifference" en anglais.

2 Par définition, le repère galiléen se déduit du référentiel fixe par seule translation à vitesse uniforme (U_0 indépendante du temps), conformément au changement de variables $x \rightarrow x' - U_0t'$ et $t \rightarrow t'$.

Selon Wang [440], il n'y aurait pas là matière à contradiction, car la loi de la dynamique de Newton, ainsi que toutes celles qui en découlent, régissent le mouvement de corps et non les propriétés de comportements matériels, pour lequelles les notions d'objectivité et d'indifférence matérielle cessent d'être pertinentes.

3.3.2 Concepts inductifs

Historiquement, les premiers concepts structurants de l'induction physique furent de type phénoménologique. Actuellement, ils sont plutôt d'ordre méthodologique, avec les notions de complétion et vraisemblance.

Complétion Comme l'illustre le schéma suivant, le critère de *complétion* est directement lié à la classification des écoulements turbulents explicitée au Chapitre VI de ce cours.

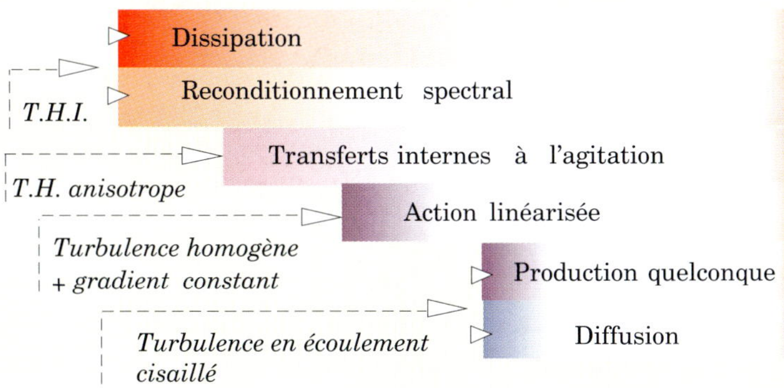

Fig. 2: Classification des écoulements turbulents isovolume et mécanismaes élémentaires associés.

Rappelons que cette classification se caratérise par une *distinction progressive* de différents mécanismes "unitaires" de la turbulence présents dans des écoulements "types".
Dans ces conditions, la notion de complétion dispose que tout schéma est représentatif d'un mécanisme spécifique et non d'un écoulement particulier. Elle conduit à aborder la procédure de modélisation *graduellement* selon une construction procédant par "*inclusion*" de contributions afférentes à chacun de ces mécanismes distincts[1].

Vraisemblance Ce dernier critère est lié à la contrainte pour le modèle de ne pas générer de résultats invraisemblables ou irréalistes[2].

[1] On prendra soin de noter dès à présent que cette notion de complétion par identification de mécanismes "unitaires" ne doit pas conduire à admettre ipso facto que l'élaboration du schéma représentatif de leur action globale dans un écoulement où ils interviennent conjointement doive s'obtenir par simple additivité des schémas afférents à chacun d'eux pris isolément. Une illustration particulièrement explicite de cette réserve sera donnée au Chapitre XIII-§7, avec la modélisation des termes de redistribution.

[2] "unrealizable" en anglais, d'où la terminologie de "réalisabilité" souvent utilisée également en français.

Très concrètement, il s'agit par exemple, de faire en sorte, qu'en toutes circonstances, le modèle ne puisse fournir des montants négatifs d'énergie ou des valeurs absolues de coefficients de corrélation normés supérieures à l'unité.

De telles contraintes furent introduites par J.C. André et al. [1] en 1976, le concept de vraisemblance étant formalisé par Schumann [378] en 1977 et Du Vachat [119] en 1978.
Le critère de vraisemblance ne fournit souvent que des conditions *suffisantes* de sorte que, comme le signale Launder [245], des modèles qui ne s'y conforment pas peuvent fort bien conduire à des résultats parfaitement acceptables dans de très nombreux cas et ne révéler leur déficience que pour des situations particulières choisies pour leur “pathologie académique”.

3.3.3 De quelques limitations

Telle qu'elle vient d'être exposée, l'assise physico-mathématique de la procédure de ferneture conduit à :

(i) une “diversité” de propositions, ce qui pose évidemment la question de l'*universalité* de la schématisation,
(ii) une “hiérarchie” parmi les modèles actuels qui en appelle, quant à elle, à un problème de “*convergence*" d'ensemble de la procédure.

Bien que pertinentes pour d'autres procédures de modélisation, ces questions seront abordées maintenant en restriction aux seules techniques de fermeture en un point.

Universalité Tel qu'il a été dit, la finalité de toute fermeture est de restituer, sous une forme adéquate, une partie de l'information nécessairement perdue par tout traitement en moyenne d'ordre fini. Si l'on accepte, comme nous l'avons fait ici, que toute la “physique” de la turbulence est contenue dans le modèle de Navier-Stokes, la question est donc de savoir s'il est possible d'établir une deuxième formulation qui, en usant d'un passage à la moyenne, lui soit “équipotente” à un ordre donné de troncature des moments statistiques.

Il n'existe pas encore de réponse théorique à cette interrogation, et la pratique incite à dire que toute schématisation s'accompagne d'une restitution de l'information perdue, à la fois *partielle* et *dépendante* des simplifications inhérentes à la schématisation même. Si la notion d'*universalité de* ***la*** *modélisation* apparaît ainsi hors de portée actuellement, en revanche, celle de l'*universalité des constantes d'**un** modèle* ne saurait être écartée. En clair, il s'agit de savoir si le jeu de coefficients, prescrits par un modèle pour une configuration d'écoulement donnée, est indépendant de cette configuration. *Si elle est assurée, l'*universalité des constantes *permet simplement de dire que,* ***pour le niveau de description statistique retenu****, la schématisation s'applique à une classe d'écoulements et non à une configuration particulière.*
Il est alors légitime de penser que ce résultat est le reflet d'une schématisation qui s'attache à traduire des “*mécanismes propres de l'agitation turbulente*” et non le

particularisme de tel ou tel champ de mouvement. C'est en ce sens qu'elle en appelle à une *physique de la turbulence*.

Convergence La classification du §3.1 fait apparaître une "hiérarchie" des modèles en fonction de l'*ordre* des moments sur lesquels s'exerce la fermeture.
Il importe de souligner alors qu'il n'existe actuellement aucune preuve *a priori* d'une quelconque "convergence" de la procédure en fonction de l'augmentation de cet ordre. Concrètement, cela implique par exemple qu'il est impossible de justifier *théoriquement* d'une "supériorité" intrinsèque d'un modèle au second ordre sur un modèle d'ordre un.

S'il n'existe donc pas de *preuve mathématique formelle* d'amélioration de la prédiction en fonction de l'ordre de fermeture, en revanche, on peut songer à associer à un tel facteur une *présomption de représentativité physique*. En effet, dans la mesure où l'ordre de modélisation est directement lié à la faculté d'introduire, dans les schémas, davantage de renseignements connus sur la physique de la turbulence, il est légitime d'en attendre une restitution plus fidèle du phénomène. Les modèles d'ordre deux offrent ainsi plus de possibilités que ceux d'ordre inférieur. En regard des acquis actuels sur la turbulence, ils peuvent apparaître, de ce point de vue, comme le compromis du moment le plus performant[1] entre complexité et généralité, les fermetures d'ordre supérieur[2] ayant en l'état présent des connaissances sur la turbulence, des aspects nettement plus spéculatifs.

4 Aperçu sur les théories spectrales

4.1 Introduction au problème de fermeture dans l'espace spectral

Il n'est pas envisagé ici de donner, même succintement, un exposé exhaustif des fermetures opérant dans le domaine spectral. Le lecteur intéressé par ces questions pourra fort avantageusement se reporter à des ouvrages beaucoup plus complets tels que ceux de Leslie [262] et plus récemment de Lesieur [259], ou à l'article de Rose et Sulem [360]. Le bref aperçu qui va être présenté n'a ainsi d'autre objectif que de permettre une meilleure compréhension des limitations inhérentes aux fermetures en un point, qui seront seules considérées par la suite.

Comme nous le verrons alors, la paramétrisation en un point de l'agitation turbulente nécessitera au moins une échelle de longueur caractéristique des structures

[1] Cette opinion n'a rien de définitif, et peut notamment être remise en cause au profit de certaines fermetures non-linéaires de premier ordre par exemple.

[2] Il convient de se souvenir ici du caractère spécifique des équations ouvertes à l'ordre deux vis-à-vis de celles des moments d'ordre supérieur (voir Chapitre III, tableau 3).

tourbillonnaires. Or ce type de méthode ne donne pas directement accès à une telle fonction, pas plus qu'elle ne permet d'accéder à des informations sur les transferts énergétiques associés aux interactions entre nombres d'onde, contrairement à l'approche spectrale en *transformée de Fourier spatiale*, comme l'a noté Batchelor [15].
Historiquement, le problème de fermeture spectrale fut d'abord posé sur des équations pour des fonctions "en un point", i.e., n'ayant qu'un seul vecteur nombre d'onde comme argument, réduit le plus souvent au seul module de celui-ci.
Une seconde voie, dont l'origine remonte vraisemblablement en France aux travaux de Craya [100] en 1958, procède à partir d'une équation d'évolution de la corrélation en "deux points" $\vec{\kappa}$ et $\vec{l}$ de l'espace spectral, c'est-à-dire en trois points du domaine physique. Celle-ci s'obtient par application de la transformée de Fourier spatiale à l'équation de Navier-Stokes écrite pour deux fluctuations de vitesses $u_i(M,t)$ et $u_j(N,t)$ qui sont ensuite combinées selon un traitement analogue à celui utilisé pour l'établissement de l'équation du tenseur des corrélations doubles de vitesse (Cf. Chapitre IV-§2.2). On retrouve ainsi, dans l'espace spectral, une hiérarchie d'équations aux "moments" pour les transformées de Fourier spatiales des fluctuations de vitesse, en abrégé équations aux "*moments spectraux*".
Conformément à cette hiérarchie, nous allons brièvement citer quelques unes des principales propositions de fermetures spectrales, en notant qu'elles sont réservées à des champs cinématiquement homogènes.

4.2 Fermetures "phénoménologiques"

4.2.1 L'équation de départ

Les premières schématisations à être examinées ici datent des années 1940–1950 et concernent une turbulence isotrope. Nous renvoyons le lecteur, pour un examen plus détaillé, à l'ouvrage de Monin et Yaglom [301], et pour une comparaison partielle, à l'article d'Ellison [317]. Nous ne mentionnerons en effet que quelques uns des principaux schémas proposés, en insistant sur les idées physiques sous-jacentes.

Le problème de fermeture qu'ils visent à résoudre est celui posé par l'équation de Lin (Chap.V–§4.5.2 éq. 5.29). En situation de T.H.I. le spectre en module $E(\kappa,t)$ est en effet régi par :

$$\frac{\partial}{\partial t}E(\kappa,t) = T(\kappa,t) - 2\nu\kappa^2 E(\kappa,t)$$

où le terme de transfert entre nombres d'onde $T(\kappa,t)$ est inconnu.
Concrètement, les schémas proposés concernent pour la plupart, non pas directement $T(\kappa,t)$, mais le transfert cumulé entre "*grosses*" structures (en deçà du nombre d'onde κ) et "*petites*" structures (au-delà du nombre d'onde κ), soit l'intégrale :

$$S(\kappa,t) = -\int_0^{\kappa} T\left(\kappa',t\right)\,\mathrm{d}\kappa'$$

4.2.2 Quelques fermetures historiques

Le modèle d'Obukhov (1941) Publié en 1941 par Obukhov [313] ce schéma est vraisemblablement le premier en date. L'idée en est de considérer le mécanisme de transfert des grosses structures vers les petites comme "analogue" à un échange d'énergie entre mouvement moyen et fluctuant des équations en un point. Le schéma procède alors directement de ce "rapprochement" avec le terme classique de "production":

$$-\rho\overline{u_i u_i}\frac{\partial \overline{U}_i}{\partial x_j}$$

Dans sa première formulation, l'équivalent des tensions de Reynolds est pris proportionnel au montant d'énergie des "petites structures" soit :

$$\int_{\kappa}^{\infty} E(\kappa', t)\,\mathrm{d}\kappa'$$

Le terme de gradient de vitesse moyenne est lui traduit par la valeur efficace de la dérivée du spectre d'énergie correspondant aux grosses structures sous la forme :

$$\left[2\int_{0}^{\kappa} \kappa'^2 E(\kappa', t)\,\mathrm{d}\kappa'\right]^{\frac{1}{2}}$$

Finalement, la proposition du terme de transfert s'écrit :

$$S(\kappa, t) = 2\gamma_0 \left[\int_{0}^{\kappa} \kappa'^2 E(\kappa', t)\,\mathrm{d}\kappa'\right]^{\frac{1}{2}} \int_{\kappa}^{\infty} E(\kappa', t)\,\mathrm{d}\kappa' \qquad (11\text{-}3)$$

où γ_0 est une constante adimensionnelle.
Bien que l'expression (11-3) ne permette pas une intégration analytique de l'équation de Lin, certaines conséquences de cette première proposition se sont avérées physiquement inacceptables. En particulier le spectre $E(\kappa, t)$ s'annule à des valeurs du nombre d'onde où la dissipation est finie.

Le modèle d'Heisenberg / Weizsäcker (1948) Indépendamment des travaux antérieurs d'Obukhov, Heisenberg [176] et Von Weizsäcker [438] proposèrent en 1948 des schémas qui peuvent se rattacher au même type de démarche par analogie phénoménologique. Simplement, pour ces auteurs, les tensions de Reynolds sont maintenant exprimées à l'aide d'un concept de viscosité d'agitation turbulente. Le terme de production est donc de la forme :

$$\nu_t\left(\frac{\partial \overline{U}_i}{\partial x_j} + \frac{\partial \overline{U}_j}{\partial x_i}\right)^2$$

Une expression de ce type suggère de poser pour le transfert spectral :

$$S(\kappa,t) = 2\mathrm{Z}(\kappa,t)\int_0^\kappa \kappa'^2 E(\kappa',t)\,\mathrm{d}\kappa'$$

où $\mathrm{Z}(\kappa,t)$ joue le rôle d'une "viscosité fictive" dans le transfert d'énergie entre nombre d'ondes. L'expression proposée par Heisenberg pour cette viscosité s'inspire de la relation classique $\nu_t \sim u' \times l$ et conduit, pour l'homologue spectral, à :

$$\mathrm{Z}(\kappa,t) = \gamma_1 \int_\kappa^\infty \sqrt{\frac{E(\kappa',t)}{\kappa'^3}}\,\mathrm{d}\kappa'$$

Finalement le schéma s'écrit :

$$S(\kappa,t) = 2\gamma_1 \int_\kappa^\infty \sqrt{\frac{E(\kappa',t)}{\kappa'^3}}\,\mathrm{d}\kappa' \times \int_0^\kappa \kappa'^2 E(\kappa',t)\,\mathrm{d}\kappa' \qquad (11\text{-}4)$$

où γ_1 est une constante sans dimension.
La résolution de l'équation de Lin avec la fermeture (11-4) conduit au spectre :

$$E(\kappa,t) = \left(\frac{8}{9}\frac{\bar{\varepsilon}}{\gamma_1}\right)^{2/3} \times \kappa^{-5/3} \times \left(1 + \frac{8\nu^3}{3\gamma_1^2\bar{\varepsilon}}\kappa^4\right)^{-4/3}$$

Si κ est assez petit pour pouvoir négliger $8\nu^3\kappa^4/3\gamma_1^2\bar{\varepsilon}$ devant l'unité, la solution conduit à la loi en –5/3. Par contre, pour κ tendant vers l'infini, elle donne $E(\kappa,t) \sim \kappa^{-7}$ qui n'assure pas la convergence des moments d'ordre supérieur.

Le modèle de Kovasznay (1948) Contrairement aux auteurs précédents, Kovasznay [220] proposa en 1948 un modèle ne reposant que sur de simples considérations dimensionnelles sans phénoménologie particulière. Remarquant que :

$$[S] = L^2T^{-3}, \quad [E] = L^3T^{-2}, \; et \; [\kappa] = L^{-1}$$

l'expression la plus simple que l'on puisse envisager conformément à l'homogénéité dimensionnelle s'écrit :

$$S(\kappa,t) = \gamma \times E^{3/2}(\kappa,t) \times \kappa^{5/2} \qquad (11\text{-}5)$$

où γ est une constante adimensionnelle. Dans ce cas l'équation de Lin peut être intégrée analytiquement, ce qui donne le résultat :

$$E(\kappa,t) = \gamma^{-2/3} \times \bar{\varepsilon}^{2/3}(\kappa,t) \times \kappa^{-5/3} \times \left[1 - \frac{\gamma^{-2/3}}{2}\left(\frac{\kappa}{\kappa_\eta}\right)^{4/3}\right]^2$$

où κ_η est le nombre d'onde de Kolmogorov. Le schéma de Kovasznay conduit ainsi à la loi en puissance $-5/3$. Par contre, la répartition spectrale présente une coupure très brutale à une valeur finie du nombre d'onde, résultat non conforme à la réalité.

Le modèle d'Ellison (1962) Ce modèle est en fait une modification du schéma d'Obukhov (11-3). Pour Ellison [125] les termes du schéma qui sont les "équivalents" des tensions de Reynolds sont supposés dépendre principalement de $E(\kappa, t)$ et κ seulement. Par raison de dimension, le schéma prend alors nécessairement la forme :

$$S(\kappa, t) = \gamma_3 \kappa \times E(\kappa, t) \times \left[\int_0^{\kappa} \kappa'^2 E\big(\kappa', t\big)\, \mathrm{d}\kappa' \right]^{1/2} \tag{11-6}$$

Ce schéma apparaît ainsi comme "intermédiaire" entre celui d'Obukhov et de Kovasznay. Malgrè son degré d'empirisme, il conduit à un meilleur accord avec l'expérience.

Le modèle de Pao (1965) Cet auteur [321] reprend la démarche de Kovasznay mais en suggérant de retenir, en plus de $E(\kappa, t)$ et κ le taux de dissipation $\bar{\varepsilon}(\kappa, t)$ comme grandeur servant à exprimer le terme de transfert. La relation équivalente à (11-4) est alors :

$$S(\kappa, t) = \frac{1}{\gamma_K}\, \bar{\varepsilon}^{\frac{1}{2}}(\kappa, t).E(\kappa, t).\kappa^{\frac{5}{3}} \tag{11-7}$$

où γ_K est la constante de Kolmogorov. La solution de l'équation de Lin avec ce schéma s'écrit :

$$E(\kappa, t) = \gamma_K\, \bar{\varepsilon}^{2/3}(\kappa, t) \times \kappa^{-5/3} \times exp\left[-\frac{3\gamma_K}{2} \left(\frac{\kappa}{\kappa_\eta} \right)^{4/3} \right]$$

où η est l'échelle de longueur de Kolmogorov. Outre la dépendance en $-5/3$, la solution obtenue assure la convergence de tous les moments du spectre $E(\kappa, t)$, propriété d'intérêt pratique évident.

La brève revue que l'on vient de faire des fermetures de l'équation de Lin ne présentent plus guère, actuellement, qu'un intérêt historique, le problème étant abordé depuis sur des moments d'ordre supérieur comme nous allons le voir maintenant.

4.3 Fermetures aux moments spectraux

4.3.1 Exposé du problème

Ce deuxième type d'approche — Cf.§-4.1 — s'intéresse aux moments spectraux régis par des équations *ouvertes* déduites de celles de Navier-Stokes par transformée de Fourier spatiale de la fluctuation de vitesse aléatoire, — voir Chapitre V-§3.3, éqs.(5-9) et (5-10b). Nous les rappelons ici pour une turbulence homogène et isotrope :

– Continuité : $$\kappa_m \widehat{u}_m = 0 \tag{11-8}$$

– Dynamique : $$\left\{\frac{\partial}{\partial t}+\nu\kappa^2\right\}\widehat{u}_j(\vec{\kappa},t)=i\kappa_l\left(\frac{\kappa_j\kappa_m}{\kappa^2}-\delta_{jm}\right)\times\iiint_{\vec{\kappa}=\vec{p}+\vec{q}}\widehat{u}_m(\vec{p},t)\widehat{u}_l(\vec{q},t)\mathrm{d}\vec{p} \qquad (11\text{-}9)$$

où $\widehat{u}_j(\vec{\kappa},t)$ désigne le vecteur aléatoire transformée de Fourier spatiale du vecteur fluctuation de vitesse $u_j(\vec{x},t)$ dans le domaine physique :

$$\widehat{u}_j(\vec{\kappa},t)=\frac{1}{8\pi^3}\iiint u_j(\vec{x},t)\,e^{-i\vec{\kappa}.\vec{x}}\,\mathrm{d}\vec{x} \quad avec \quad u_j(\vec{x},t)=\iiint\widehat{u}_j(\vec{\kappa},t)\,e^{i\vec{\kappa}.\vec{x}}\,\mathrm{d}\vec{\kappa}$$

Dans l'équation (11-9), l'intégrale du second membre introduit la combinaison triadique du produit de convolution issu de la non linéarité advective des équations de Navier-Stokes. En raison des inégalités triangulaires $p+q\leq k\leq|p-q|$, les modules des vecteurs nombres d'onde qui interviennent dans ce produit de convolution en $\vec{\kappa}$ ne peuvent être quelconques. En fait, les extrémités des vecteurs $\vec{p}$ et $\vec{q}$ qui contribuent à l'interaction triadique doivent se trouver dans un domaine du plan $(\vec{p},\vec{q})$ limité par les droites $\kappa=p+q$, $\kappa=p-q$ et $\kappa=q-p$, comme l'illustre le schéma suivant.

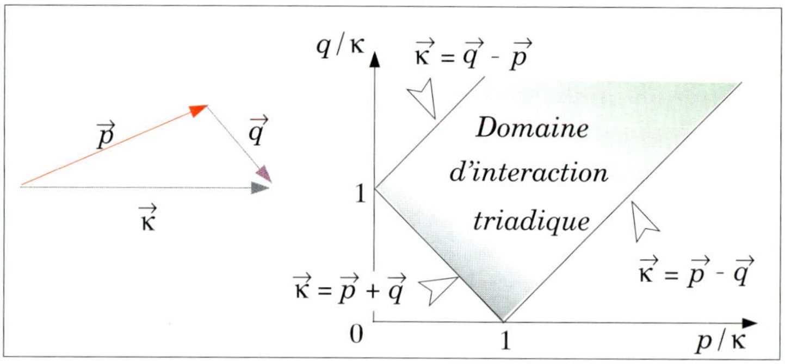

Fig. 3: Schéma de l'interaction triadique.

À partir de l'équation (11-9) qui, en présence de gradients de vitesse du champ moyen comprend bien évidemment des termes linéaires supplémentaires (Cf.[9] par exemple et Chapitre V), il est possible de déduire les équations pour les "moments spectraux" de divers ordres. A l'ordre deux par exemple, en suivant la procédure de Cambon et al. [47], on retrouve l'équation d'évolution spectrale de Lin, ou plus généralement, celle de Craya [100]. Il n'est pas nécessaire ici de donner la forme exacte de ces équations et, avec Mathieu [290], nous nous limiterons à une formulation "symbolique" mettant en évidence leur structure et le problème de fermeture qui s'y rattache. On note ainsi :

– à l'ordre deux : $$\frac{\partial}{\partial t}<\hat{u}\hat{u}>=<\hat{u}\hat{u}\hat{u}>-\nu<\hat{u}\hat{u}>$$

– à l'ordre trois : $$\frac{\partial}{\partial t}<\hat{u}\hat{u}\hat{u}>=<\hat{u}\hat{u}\hat{u}\hat{u}>-\nu<\hat{u}\hat{u}\hat{u}>$$

où le symbole < > désigne la moyenne de quantités aléatoires de l'espace spectral.

4.3.2 L'hypothèse quasi-normale (Q.N.)

Les premières propositions de fermeture de la hiérarchie d'équations aux "moments spectraux" furent celles de Millionshchikov [297], en 1941 et de Proudman et Reid [336], en 1954. Le schéma, qualifié d'approximation quasi-normale, porte sur l'équation des moments du quatrième ordre. Il consiste à expliciter ces quantités à partir des moments d'ordre deux, comme pour une loi normale, sans pour autant postuler l'annulation des moments d'ordre trois, comme cela serait le cas en situation *rigoureusement* gausssienne. Formellement, cela se traduit par :

$$
\begin{aligned}
<\hat{u}_k(\vec{\kappa},t)\hat{u}_p(\vec{p},t)\hat{u}_q(\vec{q},t)\hat{u}_r(\vec{r},t)> =& <\hat{u}_k(\vec{\kappa},t)\hat{u}_p(\vec{p},t)><\hat{u}_q(\vec{q},t)\hat{u}_r(\vec{r},t)>\\
&+ <\hat{u}_k(\vec{\kappa},t)\hat{u}_q(\vec{q},t)><\hat{u}_p(\vec{p},t)\hat{u}_r(\vec{r},t)>\\
&+ <\hat{u}_k(\vec{\kappa},t)\hat{u}_r(\vec{r},t)><\hat{u}_p(\vec{p},t)\hat{u}_q(\vec{q},t)>
\end{aligned}
$$

avec: $<\hat{u}_k(\vec{\kappa},t)\hat{u}_p(\vec{p},t)\hat{u}_q(\vec{q},t)> \neq 0$

En T.H.I., les formules précédentes permettent en particulier de fermer l'équation de Lin et de calculer l'évolution du spectre d'énergie $E(\kappa,t)$. Plusieurs auteurs [312], [314], [316] ont alors montré, soit analytiquement, soit par résolution numérique, que l'hypothèse Q.N. pouvait conduire à des valeurs négatives de ce spectre pour les nombres d'onde qui apportent les plus grandes contributions énergétiques, comme le montre la figure ci-contre.

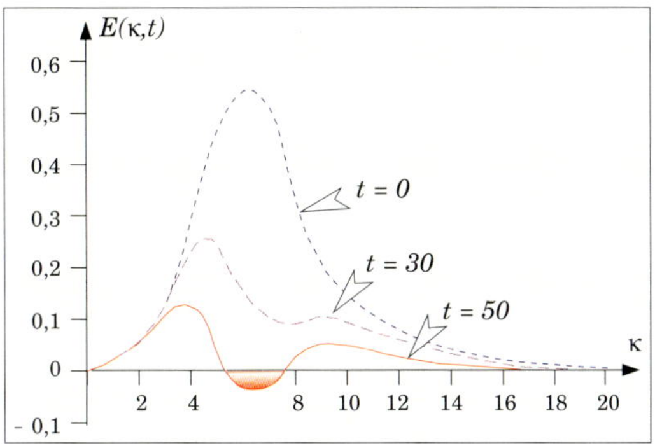

Fig. 4: Évolution temporelle du spectre d'énergie avec fermeture Q.N. selon Ogura [314]

4.3.3 L'hypothèse quasi-normale avec amortissement tourbillonnaire (E.D.Q.N.)

Pour éviter le défaut majeur de l'approximation Q.N., plusieurs "corrections" ont été envisagées. Comme l'apparition de valeurs négatives de $E(\kappa,t)$ provient d'un transfert trop important des grandes structures vers les plus petites, on peut conclure que la croissance du moment d'ordre trois est trop rapide. Un premier remède consiste donc à accroître le terme d'amortissement de l'équation qui régule ce moment.

Sans entrer dans le détail du formalisme, on peut retenir que c'est là l'essence même de la proposition émise par Orszag [316], en 1970, qualifiée d'hypothèse quasi-normale avec amortissement tourbillonnaire[1]. Cette fermeture réduit effectivement le transfert énergétique, sans garantir pour autant la positivité du spectre ($\forall\kappa,\ \forall t,\ E(\kappa,t) \geq 0$) à tout nombre d'onde et pour tout instant.

[1] E.D.Q.N. pour "Eddy Damped Quasi Normal" approximation en anglais.

4.3.4 L'approximation quasi-normale avec amortissement tourbillonnaire markovianisé (E.D.Q.N.M.)

Une autre tentative exploite l'idée émise par Leith [253] en 1967 selon laquelle la relaxation des moments d'ordre trois devrait être plus rapide que celle des grandeurs d'ordre deux. Ceci conduit à introduire une distinction entre les variables temporelles intervenant dans l'expression intégrale du terme d'amortissement, d'où le qualificatif de "Markovianisation" attaché à ce type de modèle[1].
On peut alors montrer que ce schéma assure bien que $E(\kappa, t)$ ne devient jamais négatif. Il conduit en outre à des accords avec l'expérience remarquablement satisfaisants, comme l'ont mis en évidence Lesieur et al. [261] par exemple.

4.4 Fermetures selon Kraichnan

Pendant plus de quinze ans, Kraichnan a apporté des contributions originales et capitales à l'élaboration d'une "théorie analytique de la turbulence". De façon très réductrice, nous ne citerons ici que trois références de cet auteur traitant respectivement de *l'interaction directe*[2] [222], en 1959 de *l'approximation avec histoire Lagrangienne*[3] [224], en 1965 et du *modèle à test de champ*[4] [225], en 1972.
Comme pour les méthodes aux moments spectraux que nous venons de passer en revue, le problème de fermeture posé par Kraichnan porte lui aussi sur les "moments stochastiques" i.e., les corrélations en nombre d'onde des transformées de Fourier spatiales des fluctuations de vitesse. L'approche mathématique en est cependant sensiblement différente et ambitionne, dans ses développements ultimes, de résoudre le problème de fermeture **sans** "*ajustement*" de "constantes". C'est en ce sens, comme le note Orszag [317] à propos de l'approximation d'interaction directe, que l'on peut parler de "la seule théorie où l'on aborde de façon fondamentale les questions d'interactions non-linéaires et de relaxation stochastique." En effet, sur un plan mathématique, Kraichnan a montré que le problème pouvait se ramener à la détermination d'une fonction de Green d'un champ stochastique non linéaire. Cette fonction peut être perçue comme la réponse impulsionnelle obtenue par perturbation infinitésimale des équations de Navier-Stokes pour les transformées de Fourier spatiales ("équations du champ stochastique").
En dépit d'un formalisme mathématique très spécifique, les idées de Kraichnan rejoignent, sous certaines conditions, celles des modèles de fermetures aux moments spectraux. Ainsi selon Proudman [335], la D.I.A. ramenée à son niveau conceptuel, est très étroitement analogue aux théories de fermeture par annulation des cumulants. Il en va de même du T.F.M. selon Sulem et al. [407] qui se ramène aux schémas E.D.Q.N.M. Ainsi, sous certaines hypothèses, D.I.A. redonne le T.F.M. et conduit

---

[1] E.D.Q.N.M. en anglais, pour Eddy Damped Quasi Normal Markovian

[2] D.I.A. Direct Interaction Approximation.

[3] L.H.C.A. Lagrangian History Closure Approximation.

[4] T.F.M. Test Field Model.

à E.D.Q.N.M.
Il n'est pas envisageable de faire ici un exposé détaillé de ces questions. Pour le lecteur intéréssé par une première "prise de contact" on peut suggérer la présentation de Stanišić [405] (pp. 196–220), où l'essentiel des idées de Kraichnan y est rendu relativement accessible en traitant de l'équation de Burgers. On allège ainsi l'exposé de la complexité formelle liée au caractère vectoriel des équations de Navier-Stokes. Pour une présentation plus complète, on pourra utilement se référer au livre de Lesieur [259], où l'on trouvera notamment en page 175 un schéma de synthèse du positionnement respectif des diverses approches.
Nous nous en tiendrons simplement ici aux trois séries de remarques suivantes.

a) D.I.A.: Le principe de l'approximation directe est d'admettre que, pour les moments d'ordre trois, les interactions indirectes entre nombres d'onde fournissent des contributions négligeables vis-à-vis de celles résultant d'une interaction qualifiée de directe, i.e., entre modes formant triade (voir figure).

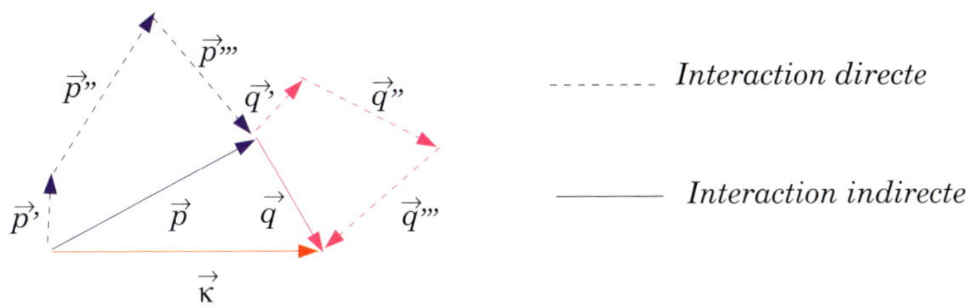

Fig. 5: Schéma des modes de l'interaction.

Avec cet argument, Kraichnan montre qu'il est possible de fermer l'équation de la réponse impulsionnelle, *sans* avoir à *faire intervenir* de constantes arbitraires. Contrairement à l'approximation Q.N., la D.I.A. ne conduit pas à des valeurs négatives du spectre d'énergie. Selon son auteur [223], la raison tient au fait que la D.I.A. privilégie un système d'interaction entre modes spectraux sans imposer pour autant une troncature de la chaîne des moments. En d'autres termes, si le spectre obtenu par D.I.A. est développé en puissances du nombre de Reynolds de turbulence $R_T = u'l/\nu$ (l échelle de longueur des tourbillons porteurs d'énergie), le résultat obtenu ne peut être distingué de celui fourni par l'approximation Q.N. pour $R_T << 1$. En fait, à l'ordre deux (en R_T^2), les développements sont identiques mais divergent nettement aux très grandes valeurs de R_T.
Enfin il faut mentionner que la D.I.A. donne, dans la plage inertielle, un spectre d'énergie en $\kappa^{-3/2}$ et non en $\kappa^{-5/3}$, et qu'elle ne vérifie pas les conditions d'invariance galiléenne.

b) L.H.C.A.: Le schéma de fermeture par approximation avec histoire Lagrangienne peut être vu comme une tentative de remédier aux défauts de D.I.A. S'agissant des mécanismes spectraux entre nombres d'onde, on introduit l'idée physique selon laquelle les "grosses structures" ont un effet de transport advectif sur les plus petites. Par un formalisme lagrangien assez complexe, cette idée aboutit à une amélioration notable des prévisions théoriques, puisque la loi en puissance $-5/3$ est cette fois obtenue, la valeur de la constante de Kolmogorov étant de 1,43 soit très proche de celle de celle mesurée par Grant (1,40).

c) T.F.M.: Le "Test field model" est une procédure qui vise également, comme la précédente, à recouvrer l'invariance galiléenne, mais sans recourir à une approche lagrangienne. Pour rester dans le cadre d'une description eulérienne, un traitement spécifique du terme de pression est introduit. Il consiste à lui associer une double contribution, l'une *incompressible*, qui vérifie les équations *réelles*, l'autre *"fictive"*, de caractère *compressible* à laquelle correspond un champ test hypothétique, à partir duquel est fermée l'équation sur la réponse impulsionnelle. On retrouve bien alors les propriétés spectrales classiques et en particulier la loi en puissance $-5/3$.

5 Aperçu sur la simulation des grandes échelles

5.1 Principe

L'idée de la simulation des grandes échelles (S.G.E.) est d'obtenir, par résolution directe des équations de Navier-Stokes, les caractéristiques de "grande taille" de la turbulence pour n'avoir à modéliser que les mouvements de "petite taille". Le but est de mieux rendre compte des propriétés des grandes structures, fortement dépendantes de la géométrie ou d'effets transitionnels par exemple, et de réserver la schématisation à un niveau structurel tel que l'on puisse y rattacher des caractéristiques plus "universelles".
Ces méthodes offrent, par principe, le double avantage de concilier l'accessibilité numérique à des configurations complexes et (ou) nombres de Reynolds de turbulence élevés, avec une représentativité physique bien assurée.
Comme cela fut déjà le cas en début de chapitre (§2.6), nous employerons indifféremment pour désigner ce type de méthodes la terminologie de *simulation des grandes échelles* ou de *modélisation de sous-maille*. En fait, comme le souligne Reynolds [343] la première dénomination est plus rigoureuse car la référence au maillage intervient, non par principe, mais simplement à travers la procédure numérique de résolution.

5.2 Moyenne spatiale filtrée et fluctuation de sous-maille

Pour isoler les contributions des grandes échelles, on introduit un opérateur de moyenne spatiale filtrée (Cf. Chap. II-§7.2.5) :

$$\tilde{f}(\vec{x},t) = \iiint G_\Delta(\vec{x},\vec{x}\,')f(\vec{x}\,',t)\,\mathrm{d}^3\vec{x}\,' \tag{11-10}$$

où $G_\Delta(\vec{x},\vec{x}\,')$ désigne l'opérateur de filtrage spatial au point $\vec{x}$ dans l'environnement défini par $\vec{x}\,'$, Δ représentant un paramètre caractéristique de la coupure de ce filtre. L'opérateur de filtrage est supposé normé, soit :

$$\iiint G_\Delta(\vec{x},\vec{x}\,')\,\mathrm{d}^3\vec{x}\,' = 1 \tag{11-11}$$

Toute fonction du champ de l'écoulement est alors décomposée en :

$$f(\vec{x},t) = \tilde{f}(\vec{x},t) + f'(\vec{x},t) \tag{11-12}$$

Trois remarques sont à faire à ce niveau.

- Si la fonction f est une fonction aléatoire, alors il en est de même de $\tilde{f}$ et de f'. Ainsi dans le cas général, l'opérateur de moyenne spatiale filtrée doit être conjugué avec celui d'une moyenne d'ensemble pour fournir des résultats statistiquement représentatifs. Ce n'est que sous des hypothèses d'homogénéité et d'*érgodicité spatiale* qui, comme le souligne Lesieur [259], restent encore largement à démontrer, que la moyenne filtrée sur une réalisation peut correspondre à la moyenne statistique.
  Hors de la situation homogène, la procédure L.E.S. pose donc le même problème méthodologique que la simulation directe quant à la constitution d'un échantillon de solutions statistiquement représentatif de l'ensemble des réalisations possibles.
- Outre la propriété (11-11), il est important que l'opérateur de filtrage spatial soit commutatif avec ceux de dérivation dans l'espace et dans le temps pour pouvoir être directement appliqué aux équations instantanées de Navier-Stokes. Cette propriété est bien vérifiée par un filtre Gaussien dont l'opérateur, en situation homogène ne dépend que de $\vec{x} - \vec{x}\,'$:

$$\iiint G_\Delta(\vec{x},\vec{x}\,')\,\mathrm{d}^3\vec{x}\,' = A \times exp\left[-6\frac{(\vec{x}-\vec{x}\,')^2}{\Delta^2}\right]$$

  où la constante A est déterminée par la condition normative en fonction du nombre de directions spatiales sur lesquelles opère le filtre.
- Enfin l'équation (11-12) introduit la "fluctuation de sous-maille" $f'(\vec{x},t)$ dont la moyenne spatiale filtrée n'est pas nulle car $\tilde{\tilde{f}} \neq \tilde{f}$. On a ainsi :

$$\widetilde{f'} = \tilde{\tilde{f}} - \tilde{f}$$

5.3 Les équations aux moyennes spatiales filtrées

En appliquant directement l'opérateur de moyenne filtrée (11-10) aux équations du mouvement instantané on obtient :

– Continuité : $$\frac{\partial \tilde{u}_j}{\partial x_j} = 0$$

– Dynamique : $$\frac{\partial \tilde{u}_i}{\partial t} + \frac{\partial}{\partial x_j}(\widetilde{u_i u_j}) = -\frac{1}{\rho}\frac{\partial \tilde{p}}{\partial x_i} + \nu \frac{\partial^2 \tilde{u}_i}{\partial x_j \partial x_j} \qquad (11\text{-}13)$$

Afin de retrouver dans la formulation de l'équation (11-13) un terme d'advection classiquement associé au champ moyen, on est amené à réécrire la moyenne spatiale filtrée du produit $\widetilde{u_i u_j}$ sous la forme :

$$\widetilde{u_i u_j} = \tilde{u}_i \tilde{u}_j + \tilde{L}_{ij} + \tilde{R}_{ij}$$

avec $$\tilde{L}_{ij} = \widetilde{\tilde{u}_i \tilde{u}_j} - \tilde{u}_i \tilde{u}_j \quad \text{et} \quad \tilde{R}_{ij} = \widetilde{\tilde{u}_i u'_j} + \widetilde{\tilde{u}_j u'_i} + \widetilde{u'_i u'_j} \qquad (11\text{-}14)$$

Le premier terme ($\tilde{L}_{ij}$) introduit les tensions dites de Leonard, alors que le second ($\tilde{R}_{ij}$) caractérise les tensions de Reynolds de sous-maille. Le problème de fermeture de la procédure L.E.S. est donc celui de la schématisation de $\tilde{R}_{ij}$ pour obtenir *la* solution d'*une* réalisation de l'écoulement.

5.4 Aperçu des schémas de fermeture L.E.S.

Le tenseur des contraintes de sous-maille $\tilde{R}_{ij}$ peut être repris sous la forme :

$$\tilde{R}_{ij} = \tilde{T}_{ij} + \frac{1}{3}\tilde{R}_{kk}\delta_{ij}$$

Si la partie isotrope $\tilde{R}_{kk}$ est incluse dans le terme de pression, seule la contribution anisotrope reste à modéliser.

Comme nous l'avons mentionné en début de cette section, la schématisation des termes de "sous-maille" devrait pouvoir s'accommoder de modèles relativement simples. L'un des plus répandus est celui de Smagorinsky qui suppose une relation linéaire du tenseur anisotrope $\tilde{T}_{ij}$ avec le champ de vitesse de déformation filtrée $\tilde{S}_{ij}$ telle que $\tilde{T}_{ij} = -2\tilde{\nu}_t\, \tilde{S}_{ij}$. La viscosité tourbillonnaire des structures de sous-maille ($\tilde{\nu}_t$) est prise proportionnelle au produit d'une longueur par une vitesse. L'échelle de longueur n'est autre que celle du filtre Δ et l'échelle de vitesse est déduite de $\tilde{S}_{ij}$, ce qui conduit à $\tilde{\nu}_t = C\Delta^2\sqrt{\tilde{S}_{ij}\tilde{S}_{ij}}$ où la constante C reste à déterminer.

Pour cela, il peut être fait appel au test de Clark et al. [70] dont la validité est limitée à des situations isotropes. Selon Reynolds [343], le modèle mixte de Bardina et al. [12] utilisé conjointement avec celui de Smagorinsky se révèle nettement plus performant.

6 Remarques finales

Avec Laurence [246], on peut considérer que les méthodes de calcul par voie numérique d'écoulements turbulents sont à apprécier au regard de deux critères : (i) la puissance de calcul requise, et (ii) le type d'écoulement accessible. Sous ce double éclairage, on peut actuellement faire état des poins suivants :

a. Les fermetures en un point réalisent un bon niveau de compromis entre puissance de calcul et capacité à traiter des situations complexes. C'est la raison pour laquelle elles ont été largement exploitées dans un très grand nombre d'applications pratiques variées. Elles constituent d'ores et déjà des "outils" indispensables de l'ingénieur, ce qui explique le choix retenu pour la suite de ce cours.

b. Pour autant et parmi les méthodes de calcul d'écoulements turbulents, ces approches "à l'usage de l'ingénieur" ne constituent qu'une partie d'un ensemble plus vaste de procédures "modernes" dont certaines relèvent encore du domaine de la recherche.

c. La rapide évolution technologique en matière de puissance de calcul incite à la plus extrême prudence quant à l'exploitation pratique de procédures considérées *actuellement* hors de portée de l'ingénieur. Ainsi pour des situations *homogènes*, des calculs sur des maillages comprenant 256^3 nœuds sont largement accessibles. À titre indicatif, un réseau de 128^3 points conduit à moins de 1% d'erreur sur l'énergie turbulente à $R_T = 50$, et des informations sur la structure spatiale de la turbulence homogène et isotrope à $R_\lambda = 150$ sont correctement décrites avec une résolution de 240^3, comme l'ont montré en 1991 Vincent et Meneguzzi [434].

d. Conceptuellement, les méthodes de calcul par simulation des grandes échelles sont très attractives. Malheureusement, après plus de trente années de développement, il semble que l'opinion de Speziale selon laquelle elles n'auraient pas tenu toutes leurs promesses soit justifiée. Pour l'étayer, on peut dire que les fermetures en S.G.E. :
– présentent une inadaptation à répondre à des changements locaux de l'état de la turbulence avec des modèles de sous-maille simples,
– fournissent des résultats en accord très moyen avec les données de simulation directe, à faible nombre de Reynolds de turbulence,
– laissent, à grand nombre de Reynolds de turbulence, une fraction non négligeable de l'énergie cinétique dans les échelles non résolues, et retrouvent de ce fait un degré d'empirisme analogue aux fermetures statistiques en un point.

e. Bien que leurs applications effectives à la turbulence forte ne soient pas encore définitivement établies, les techniques de simulation de "gaz sur réseaux" peuvent s'avérer un jour une alternative prometteuse à la résolution d'équations aux dérivées partielles par algorithme mathématique. Le lecteur intéressé par ces méthodes pourra trouver une présentation assez générale de l'état de la question en référence [115].

CHAPITRE XII

MODÈLES AU PREMIER ORDRE

« There is thus a strong temptation to pursue a sub-branch of turbulence studies, dedicated to predicting the mean flow without actually borthering much about the turbulence: this is undoubtedly lifemanship, and will not suffice except in rather simple flows.»

(Ainsi la tentation est forte de s'engager sur une sous-ramification de l'étude de la turbulence, dédiée à la prévision de l'écoulement moyen sans se soucier vraiment beaucoup de la turbulence: Ce n'est qu'une fausse attitude de supériorité qui ne suffira pas sauf pour des écoulements relativement simples.)

Peter BRADSHAW [35] 1971, préface.

1 Introduction

Comme nous l'avons vu au précédent chapitre, les modèles du **premier ordre** proposent une *fermeture* des équations du mouvement *moyen*. Cet objectif peut être atteint de différentes façons :

- **sans introduire** de nouvelles équations de transport. Selon la classification définie au Chapitre XI-§3.1, on parlera dans ce cas de modèles **algébriques** ou **à zéro équation**,
- en **adjoignant** au système initial certaines équations aux dérivées partielles **supplémentaires**. Selon leur nombre, on aura alors affaire à des modèles à **une** ou **plusieurs équations**.

Ainsi, après avoir rappelé le problème de fermeture au premier ordre, nous allons détailler les schémas constitutifs de ces différents types de modèles en suivant cette classification.

2 Rappel du problème

Limitant la description au champ moyen $(\overline{U}_i(x_j,t), \overline{P}(x_j,t))$, le système régissant ces fonctions se réduit en situation isovolume à :

$$\frac{\partial \overline{U}_j}{\partial x_j} = 0 \tag{12-1}$$

et

$$\rho\left(\frac{\partial \overline{U}_i}{\partial t} + \overline{U}_j \frac{\partial \overline{U}_i}{\partial x_j}\right) = \rho \overline{F}_i + \frac{\partial}{\partial x_j}\overline{\Sigma}_{ij} \tag{12-2}$$

représentant respectivement l'équation de continuité et celle de bilan de quantité de mouvement moyenne. Dans l'équation (12-2), le tenseur $\overline{\Sigma}_{ij}$ regroupe *l'ensemble* de toutes les contraintes agissant localement et en moyenne, à savoir — Cf. Chapitre III-§4.2 —, pression, viscosité et tensions de Reynolds, conformément à la relation :

$$\overline{\Sigma}_{ij} = -\overline{P}\delta_{ij} + \mu\left(\frac{\partial \overline{U}_i}{\partial x_j} + \frac{\partial \overline{U}_j}{\partial x_i}\right) - \rho\overline{u_i u_j}$$

Le système d'équations (12-1) et (12-2) est *ouvert au premier ordre* en raison de la présence des corrélations doubles $\overline{u_i u_j}$. Une première façon d'envisager sa *fermeture* consiste à exprimer directement ces corrélations à partir du champ de vitesse moyenne ; c'est ce que nous allons voir à présent.

3 Le concept de viscosité de turbulence

3.1 Définition

Par simple analogie avec la loi de Newton pour les contraintes d'agitation moléculaire, on peut tenter de poser, pour celles dues à l'agitation turbulente :

$$\boxed{-\rho\overline{u_i u_j} + \frac{2}{3}\rho\overline{k}\delta_{ij} = \mu_t\left(\frac{\partial \overline{U}_i}{\partial x_j} + \frac{\partial \overline{U}_j}{\partial x_i}\right)} \tag{12-3}$$

où le coefficient scalaire μ_t est appelé *viscosité dynamique de turbulence.*
Le terme $\frac{2}{3}\rho\bar{k}$, analogue à une "pression dynamique par agitation turbulente" a été introduit afin d'assurer la véracité de cette même relation par contraction $i=j$.
Comme cela a été dit au Chapitre XI-§3.2.1, l'idée d'une dépendance linéaire entre contraintes turbulentes et vitesses de déformation du champ moyen n'est pas nouvelle, puisqu'elle remonte en fait à Boussinesq [31] en 1877. Quelques unes de ses spécificités vont être rappelées maintenant.

a) Mathématiquement, la *dépendance générale* entre $\overline{u_i u_j}$ et $\overline{S}_{ij}$ ne s'exprime pas par la relation linéaire (12-3) qui n'est au mieux qu'une "première approximation". Nous reviendrons plus en détails sur cette question au §8.

b) Une relation telle que (12-3) implique la *colinéarité* des axes principaux du tenseur d'anisotropie et de celui des vitesses de déformation moyennes. Nous savons qu'il existe au moins une configuration d'écoulement où cette propriété n'est pas vérifiée : la turbulence homogène à cisaillement constant.

c) En écoulement cisaillé simple, le schéma (12-3) n'accepte l'annulation du frottement turbulent qu'en un extremum du profil de vitesse moyenne. Nous avons vu qu'il était possible de rencontrer des zones de "production négative" associées à un décalage entre le zéro des tensions et l'extremum de vitesse.

d) D'un point de vue physique, le type de schéma (12-3) revient à conférer aux contraintes turbulentes, *issues de la non-linéarité du terme d'advection*, un caractère *diffusif*. En conséquence, on devrait donc s'attendre à ce que l'effet des tensions de Reynolds soit de stabiliser les mécanismes instationnaires advectifs, en contradiction avec leur origine formelle.

e) Contrairement aux échelles de longueur de l'agitation moléculaire, qui sont découplées de celles du mouvement macroscopique, celles de l'agitation turbulente ne le sont pas du mouvement moyen. En conséquence le coefficient de viscosité de turbulence *ne peut pas être* assimilé à une propriété physique du fluide *constante*. Dès lors, la relation (12-3) — dont la validité ne repose sur aucun fondement majeur — ne fait que substituer aux corrélations inconnues $\overline{u_i u_j}$ une autre grandeur indéterminée μ_t.

f) En raison de ce qui vient d'être dit, la valeur de μ_t doit être déterminée en *chaque* point de *tout* écoulement turbulent. La relation (12-3) traduit alors une *dépendance locale* i.e., entre grandeurs prises au même point et au même instant. Cette relation est donc inapte à traduire les effets de mémoire "spatio-temporelle" que nous avons mis en évidence dans des chapitres antérieurs.

Les critiques précédentes devraient conduire à l'abandon pur et simple du schéma (12-3). Cependant, et en dépit de graves lacunes conceptuelles, il offre l'avantage indéniable de la simplicité et permet ainsi d'obtenir très rapidement des résultats qui ne sont pas sans intérêt. C'est pourquoi nous allons détailler maintenant les diverses propositions visant à exprimer la viscosité de turbulence, et reviendrons au §8 sur les extensions en loi constitutive non linéaire des tensions de Reynolds.

3.2 Expression

En s'inspirant de la théorie cinétique des gaz et plus particulièrement de l'expression microscopique de la viscosité cinématique moléculaire ν, on peut poser, en accord dimensionnel avec l'équation (11-2) :

$$\nu_T \equiv \frac{\mu_T}{\rho} = C_\mu \tilde{u}\tilde{l} \qquad (12\text{-}4)$$

où les échelles de vitesse $\tilde{u}$ et de longueur $\tilde{l}$ sont toutes deux *caractéristiques de l'agitation turbulente*[1], C_μ désignant une constante pure. En fait, pour des raisons de simple homogénéité de dimensions — $[\nu_T] = [L]^2[T]^{-1}$ —, il apparaît que ce coefficient de viscosité s'obtient à partir d'une échelle de *longueur* et d'une échelle de *temps*, ou, plus généralement, par *toute combinaison multiplicative de puissances de ces grandeurs* dont (12-4) n'est qu'une représentation parmi d'autres.

Nous allons présenter maintenant les principales propositions permettant de déterminer *algébriquement* la valeur de $\mu_T(\equiv \nu_T/\rho)$ en chaque point du champ d'un écoulement turbulent donné. En fait, nous nous placerons dans des situations de *type couche limite* qui furent les premières à avoir été traitées et demeurent toujours parmi les plus accessibles à une telle schématisation.

3.3 Limitation physique

Comme tout schéma de type "gradient", la validité de la relation (12-3) ne peut plus être physiquement assurée en turbulence si l'une au moins des conditions nécessaires suivantes n'est pas satisfaite :

- L'échelle de *longueur* $\sqrt{\nu_T \times \tau}$, caractéristique du transport diffusif par agitation turbulente pendant un temps τ, doit être sensiblement inférieure à la distance sur laquelle la propriété moyenne (ici la vitesse) subit des variations spatiales appréciables ;
- L'échelle de *temps* l^2/ν_T, caractéristique du transport diffusif par agitation turbulente sur une distance l, doit être supérieure ou à la limite égale à celle du transport advectif par le champ moyen (Condition de Corrsin [85]).

EXERCICE — ***Rapport entre viscosités par agitation moléculaire et turbulente*** — On considère que, pour pouvoir distinguer le transfert diffusif par agitation turbulente du transport advectif par le mouvement moyen pendant un temps donné, il faut un rapport de 10 entre les échelles de longueur correspondantes.

1) Exprimer le rapport des viscosités par agitation turbulente et moléculaire ν_T/ν en fonction du rapport d'échelles et du nombre de Reynolds d'advection.

2) Discuter les valeurs pour $R_e = 10^2$ et $R_e = 10^4$.

SOLUTION

Désignant par l et L les échelles de longueur respectives de la diffusion turbulente et de l'advection par la vitesse moyenne U sur une durée commune τ, on peut écrire : $\tau = l^2/\nu_T = L/U$.

On en déduit aisément que $\tau = \dfrac{l^2}{L^2} \times \dfrac{\nu}{\nu_T} = \dfrac{L}{L^2 U} \times \nu$ soit $\dfrac{\nu_T}{\nu} = \left(\dfrac{l}{L}\right)^2 \times R_e$

où l'on désigne par R_e le nombre de Reynolds UL/ν.

[1] La viscosité cinématique ν ou diffusivité de quantité de mouvement par agitation moléculaire est le produit du libre parcours moyen des molécules par une vitesse quadratique moyenne d'agitation de ces dernières.

2) Avec un coefficient de séparation d'échelles de 10 entre diffusion turbulente et advection moyenne ($l = 0,1 \times L$), la relation précédente montre que, pour $R_e = 100$, on a $\nu_T \simeq \nu$. Il résulte de cette estimation que pour un tel cas d'écoulement, on ne pourra pas négliger la diffusion par agitation moléculaire vis-à-vis de celle par agitation turbulente. En revanche, pour $R_e = 10^4$, la diffusivité moléculaire se trouve réduite au centième de la valeur de ν_T, ce qui justifie de ne pas tenir compte de sa contribution dans les équations de bilans.

4 Les fermetures algébriques

Historiquement, ce type de fermeture a été élaboré en écoulement de type couche limite bidimensionnelle, plan et permanent en moyenne. La contrainte turbulente principale qui intervient dans l'équation de la dynamique du mouvement moyen se réduit dans ce cas au seul cisaillement $-\rho\overline{u_1 u_2} \equiv -\rho\overline{uv}$ dont le schéma de fermeture selon (12-3), s'écrit simplement :

$$\boxed{-\rho\overline{uv} = \mu_T \frac{\partial \overline{U}}{\partial y} \equiv \mu_T \frac{\partial \overline{U}_1}{\partial x_2}} \tag{12-5}$$

4.1 Les approches phénoménologiques à longueur de mélange

Au cours des années 1925–1932, plusieurs tentatives virent le jour qui, s'inspirant des concepts de la théorie cinétique des gaz, visaient à imaginer une phénoménologie macroscopique “d'intéraction entre paquets fluides”, en transposition de celle entre “chocs” moléculaires. L'objectif majeur de ces travaux était bien sûr de relier la viscosité de turbulence à des paramétres caractéristique de l'agitation à l'échelle du continu[1].
Bien que très limités au plan conceptuel, les schémas qui en résultent permettent d'obtenir, dans un cadre applicatif restreint, des résultats significatifs.

4.1.1 Théorie de Prandtl (1925)

Considérons, comme l'illustre la figure 1, un écoulement cisaillé simple en fluide incompressible qui soit, en moyenne, permanent et bidimensionnel plan.
En raison du brassage permanent du fluide par l'agitation turbulente, on considère qu'à un instant donné, un paquet de fluide en provenance de la région $y > y_0$ arrive

[1] La définition d'une échelle de longueur de l'agitation par mouvements continus allait s'inspirer, par exemple, du concept de libre parcours moyen de l'agitation moléculaire.

dans le plan $y = y_0$ où il va interagir en se mélangeant avec un autre paquet issu, lui, de la région $y < y_0$.
Selon la phénoménologie imaginée par Prandtl [332], des particules fluides peuvent, au sein même de l'agitation turbulente, se regouper pour un temps en "paquets" se déplaçant "en bloc".

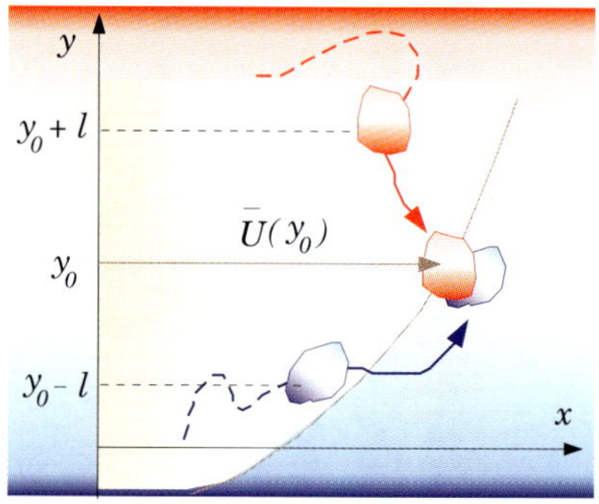

Fig. 1: Situation de mélange selon la phénoménologie de Prandtl.

Le mélange résulte de la rencontre entre deux paquets, avec dissociation /recombinaison de l'assemblage les particules fluides permettant au processus de perdurer. Quatre hypothèses principales, grâce auxquelles on peut obtenir une expression de la viscosité de turbulence, caractérisent cette phénoménologie.

– H1. Les caractéristiques avant mélange sont celles du point d'origine. Par exemple, la quantité de mouvement axiale (selon l'axe x) des paquets de fluide au moment de la rencontre reste *adaptée* à la valeur *moyenne* en leurs points d'origine. Ainsi, pour une masse fluide issue de la région supérieure, cette quantité de mouvement sera proportionnelle à :

$$\overline{U}(y_0 + l) = \overline{U}(y_0) + l \left[\frac{\partial \overline{U}}{\partial y} \right]_{y=y_0} + \ldots \qquad (12\text{-}6)$$

– H2. Les caractéristiques de tout paquet de fluide se conservent entre deux "interactions". Ainsi, en arrivant dans le plan $y = y_0$, le paquet venant de la zone supérieure possède un excédent de quantité de mouvement par rapport à la valeur moyenne locale. Selon Prandtl, il en résulte une fluctuation de vitesse axiale, qui, au premier ordre, vaut :

$$u' \simeq \overline{U}(y_0 + l) - \overline{U}(y_0) = l \left[\frac{\partial \overline{U}}{\partial y} \right]_{y=y_0} + \mathcal{O}\big(l^2\big)$$

– H3. Le "mélange" de deux paquets de fluides issus de régions opposées de l'écoulement, se fait selon un processus qui peut revêtir l'une ou l'autre des deux formes indiquées ci-après (Figure 2) :

  – Dans le cas (a), le paquet "H" précède, au point de rencontre, le paquet "B". Compte tenu des signes respectifs des fluctuations de vitesse axiale de chacun d'eux (excédent de quantité de mouvement pour "H" et fluctuation u' positive, déficit pour "B" et fluctuation u' négative), le mélange se fait par "collision" entre ces deux paquets. Il en résulte par continuité une "éjection" du fluide selon la direction normale et à des vitesses opposées $-v'$ et v' respectivement.

– Dans le cas (b) où le paquet "H" devance le paquet "B", le mélange se fait par "aspiration" transversale du fluide venant combler l'écart relatif des deux masse fluides en interaction, comme l'illustre le schéma correspondant.

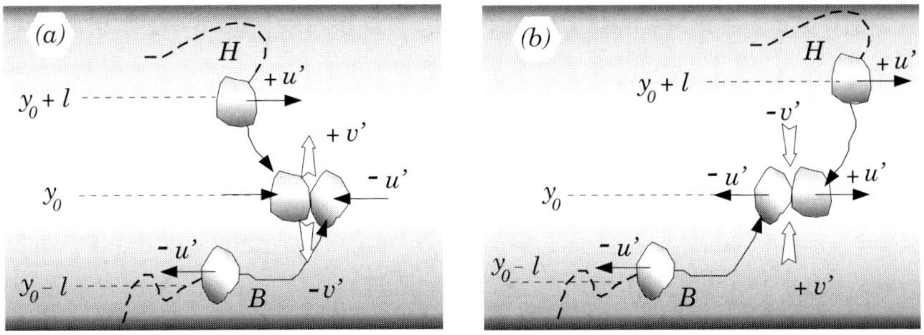

Fig. 2: Schémas de "mélange" selon la phénoménologie de Prandtl.
(Les vitesses sont relatives à un repère se translatant à $\overline{U}(y_0)$.)

– H4. Lors du mélange, les fluctuations de vitesse sont de même ordre en module et fortement corrélées, de sorte que :

$$|u'| \sim |v'| \qquad et \qquad \overline{u'v'} \sim |u'| \times |v'|$$

Par substitution directe de l'expression de u', on tire alors aisément que :

$$-\rho\overline{u'v'} = \rho l^2 \left(\frac{\partial \overline{U}}{\partial y}\right)^2$$

Tenant compte du fait que le frottement turbulent doit changer de signe avec le gradient de vitesse, nous écrirons finalement la relation précédente sous la forme :

$$-\rho\overline{u'v'} = \rho l_m^2 \left|\frac{\partial \overline{U}}{\partial y}\right| \frac{\partial \overline{U}}{\partial y}$$

en désignant par l_m la longueur de référence appelée *longueur de mélange*. Par identification avec la relation (12-5), on en déduit l'expression de la viscosité cinématique de turbulence :

$$\boxed{\nu_T \equiv \frac{\mu_T}{\rho} = l_m^2 \left|\frac{\partial \overline{U}}{\partial y}\right|} \qquad (12\text{-}7)$$

Pour compléter la fermeture, nous donnons ci-après quelques expressions empiriques de la longueur de mélange pour divers écoulements. Il ne s'agit que d'un "échantillonnage" des très nombreuses propositions disponibles dans la littérature.

- **JET PLAN :** $l_m = 0,09\,\delta_{0.5}$ (12-8)
- **JET ROND :** $l_m = 0,075\,\delta_{0.5}$ (12-9)

Dans les relations précédentes $\delta_{0.5}$ désigne l'épaisseur de vitesse moitié i.e., la distance à l'axe où $\overline{U}(x,\delta) = 0{,}5 \times \overline{U}(x,0)$.

• **ÉCOULEMENT EN CONDUITE :**

$$\frac{l_m}{R} = 0,14 - 0,08\left(1 - \frac{y}{R}\right)^2 - 0,06\left(1 - \frac{y}{R}\right)^4 \qquad \text{(12-10)}$$

où R est le rayon de la conduite et y la distance normale à la paroi.

• **COUCHE LIMITE SUR PAROI :**

> **Région de paroi:** (Van Driest [432]) $$l_m = \chi y\left(1 - e^{-\frac{y^+}{A^+}}\right) \qquad \text{(12-11)}$$

avec $\chi = 0,41$ *et* $A^+ = 26$. y est la distance normale à la paroi et $y^+ = \frac{y}{\nu}\sqrt{\frac{\tau_p}{\rho}}$ sa valeur rapportée au frottement pariétal τ_p. La validité de cette relation est limitée à la région $y^+ < 40$.

> **Région logarithmique:** $$l_m = \chi y \qquad \text{(12-12)}$$

> **Région extérieure:** (Michel et al. [296]) $$\frac{l_m}{\delta} = 0{,}085 \tanh\left(\frac{\chi}{0,085}\frac{y}{\delta}\right) \qquad \text{(12-13)}$$

où δ désigne alors l'épaisseur conventionnelle de couche limite et qui s'applique dans la région $y/\delta > 0,15$.

Pour les écoulements pariétaux, d'autres citations, telles celles de Smith & Cebeci [388] et de Baldwin & Lomax [10] seront détaillées au Chapitre XIV-§3.2.

Pour conclure, nous insisterons sur les points suivants :

- Les expressions empiriques antérieures relient la longueur de mélange à des "épaisseurs" caractéristiques de chaque écoulement et non à une échelle représentative d'un transfert tourbillonnaire plus "universel", en conformité avec l'analyse phénoménologique invoquée ;
- Comme la viscosité de turbulence, la longueur de mélange manque donc d'*universalité* puisqu'elle dépend du type d'écoulement et s'exprime, pour certains d'entre eux, par des formulations diversifiées dans le champ ;
- En écoulement cisaillé simple, la viscosité turbulente et par suite le cisaillement turbulent s'annulent en tout extremum du profil de vitesse moyenne. Ce résultat n'est pas acceptable car il peut être contredit par l'expérience. Pour l'éviter, Prandtl lui-même a proposé de remplacer le schéma (12-7) par :

$$\nu_T = l_m^2\sqrt{\left(\frac{\partial \bar{U}}{\partial y}\right)^2 + l_n^2\left(\frac{\partial^2 \bar{U}}{\partial y^2}\right)^2}$$

  relation qui s'est révélée d'un usage complexe car nécessitant la connaissance d'une deuxième échelle de longueur l_n ;
- D'un point de vue conceptuel, la première critique que l'on peut formuler tient à la nature bidimensionnelle de l'interaction, contrairement au caractère fondamentalement tridimensionnel de l'agitation turbulente qui lui donne naissance ;

– Enfin, l'approche de Prandtl repose sur un transfert purement **advectif** de quantité de mouvement. Or cette grandeur peut être modifiée par effet de **pression** sans qu'il y ait pour autant transport en masse de "paquets de fluide". En outre, toute fluctuation de vitesse s'accompagne nécessairement de fluctuaion de pression de sorte que la quantité de mouvement d'un paquet de fluide ne peut rester constante sur une distance de l'ordre de l_m.

Ainsi, la théorie de longueur de mélange de Prandtl n'est-elle pas pleinement satisfaisante, et d'autres propositions furent donc avancées dans l'espoir d'améliorer certains de ces aspects, comme nous allons le voir maintenant. Elle reste cependant une fermeture parmi les plus simples qui fournit des résultats tout à fait acceptables pour les situations auxquelles elle est adaptée.

EXERCICE — ***Validité de la longueur de mélange en proche paroi*** — En comparant au terme du second ordre du développement de Taylor (12-6), montrer que l'approximation au premier ordre introduisant la longueur de mélange l_m ne se justifie qu'à condition de considérer $l_m \ll L$, où L est une échelle de longueur définie à partir des dérivées du champ de vitesse moyenne que l'on explicitera.
2) En région de proche paroi sur un obstacle, la longueur de mélange varie proportionnellement à la distance y normale à la paroi, les mesures précisant que $l_m \simeq 0,41y$. Dans cette même région, le profil de vitesse moyenne suit la loi de paroi, de sorte que $\overline{U} \simeq \operatorname{Log} y + C^{te}$. Que vaut dans ces conditions le rapport l_m/L. Commentez ce résultat à la lumière de la première question.

SOLUTION
Négliger le terme du second ordre dans le développement (12-6), revient à supposer que le terme au premier ordre est prépondérant, ce qui se traduit par :

$$l_m \left| \frac{\partial \overline{U}}{\partial y} \right| \ll \frac{1}{2} l_m^2 \left| \frac{\partial^2 \overline{U}}{\partial y^2} \right|$$

Par simple raison de dimensions, on peut poser $L = 2\left|\dfrac{\partial \overline{U}}{\partial y}\right| / \left|\dfrac{\partial^2 \overline{U}}{\partial y^2}\right|$ et la condition précédente se traduit alors par $l_m/L \ll 1$. On retrouve ainsi un rapport de longueurs comparant une échelle de diffusion (par mouvements continus) à une échelle représentative du mouvement d'ensemble. Ce rapport peut être qualifié de nombre de Knudsen de turbulence, en analogie directe avec le nombre de Knudsen caractéristique des effets de raréfaction rapportés au libre parcours moyen de la diffusion moléculaire (voir P. Chassaing [63] par exemple).
2) Avec la loi de paroi logarithmique, il est aisé de voir que $\left|\partial \overline{U}/\partial y\right| \propto y^{-1}$ et $\left|\partial^2 \overline{U}/\partial y^2\right| \propto y^{-2}$, de sorte que $L = 2y$. Le nombre de Knudsen de turbulence est donc de l'odre de 0,20 valeur trop élevée pour assurer une validité indiscutable de l'analyse au premier ordre dans ce cas d'écoulement.

4.1.2 Théorie de Karman – Betz (1930)

Afin d'obtenir la dépendance de la longueur de mélange avec la position du point dans le champ, von Kármán, en 1930, appliqua le principe de similitude en introduisant des facteurs d'échelles pour l'espace et le temps. Il aboutit ainsi à l'expression :

$$\boxed{l_m = \kappa \left| \frac{\partial \overline{U}/\partial y}{\partial^2 \overline{U}/\partial y^2} \right|} \qquad (12\text{-}14)$$

où κ est une constante de proportionnalité à déterminer par l'expérience.

Comme l'a montré ultérieurement Betz, ce même résultat peut s'obtenir indépendamment de toute considération de similitude en approfondissant simplement la phénoménologie de Prandtl. Reprenant donc le schéma de la figure 1, on peut noter que les paquets de fluide, qui sont à l'origine du transfert de quantité de mouvement, véhiculent également des montants de rotationnel différents. Pour cet écoulement cisaillé, le gradient de vitesse moyenne correspond en effet au champ de rotationnel moyen :

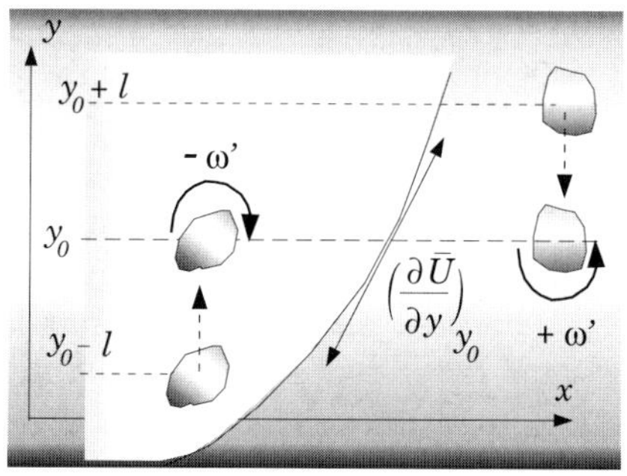

Fig. 3: Transport de rotationnel associé à l'échange de quantité de mouvement par paquets fluides.

$$\overline{\Omega}(y) = \frac{\partial \overline{U}}{\partial y}$$

Développant ce rotationnel moyen autour de y_0 on obtient :

$$\overline{\Omega}(y_0 \pm l) = \overline{\Omega}(y_0) \pm l \left[\frac{\partial \overline{\Omega}}{\partial y}\right]_{y=y_0} + \ldots \equiv \overline{\Omega}(y_0) \pm l \left[\frac{\partial^2 \overline{U}}{\partial y^2}\right]_{y=y_0} + \ldots \qquad (12\text{-}15)$$

les signes positif et négatif correspondant à des paquets de fluides en provenance de régions $y > y_0$ et $y < y_0$ respectivement. On constate donc que le transfert de quantité de mouvement s'accompagne d'une fluctuation de rotationnel ω' égale au premier ordre à :

$$\omega' \simeq \overline{\Omega}(y_0 \pm l) - \overline{\Omega}(y_0) = \pm l \left[\frac{\partial^2 \overline{U}}{\partial y^2}\right]_{y=y_0} + \mathcal{O}(l^2)$$

à laquelle correspond une vitesse circonférentielle fluctuante de valeur :

$$z' = (\alpha l) \times \omega' \simeq \pm \alpha l^2 \left[\frac{\partial^2 \overline{U}}{\partial y^2}\right]_{y=y_0} + \mathcal{O}(l^3)$$

si l'on convient de désigner par αl le rayon de la masse fluide animée du rotationnel ω', α étant une constante à fixer expérimentalement. En admettant alors que les fluctuations de vitesse *u'*, *v'*, et *z'* sont de même ordre, on en déduit :

$$\pm l \left[\frac{\partial \overline{U}}{\partial y} \right]_{y=y_0} = \pm \alpha l^2 \left[\frac{\partial^2 \overline{U}}{\partial y^2} \right]_{y=y_0}$$

dont il est immédiat de tirer la relation (12-14).

En conclusion de cette schématisation, il faut souligner une limitation importante liée à la nécessité d'assurer $\partial^2 \overline{U} / \partial y^2$ non nul en tout point de l'écoulement. Ceci exclut, en particulier, l'usage de cette relation en écoulement libre (jet, sillage, zone de mélange...) en raison de la présence d'un point d'inflexion du profil de vitesse moyenne.

4.1.3 Théorie de Taylor (1932)

S'agissant d'écoulements pariétaux, le défaut majeur de l'approche de Prandtl est d'être inapplicable au voisinage immédiat de la paroi, dès lors que les fluctuations de vitesses deviennent nulles. Il n'en va pas de même des fluctuations de rotationnel, et c'est pourquoi Taylor [410] proposa de considérer que la viscosité de turbulence était liée à un transfert de *rotationnel* et non de quantité de mouvement.
Comme pour l'interprétation de Betz, on considére le rotationnel local moyen en un point de cote y_0 d'un écoulement cisaillé simple :

$$\overline{\Omega}(y_0) = \left[\frac{\partial \overline{U}}{\partial y} \right]_{y=y_0}$$

Développant ce champ à $y_0 + L$ conformément à (12-15), et appliquant la phénoménologie de Prandtl au transport de rotationnel par paquets de fluide, on peut exprimer la fluctuation de rotationnel résultant de l'arrivée d'un paquet en provenance d'une région $y > y_0$ dans le plan y_0 par :

$$\omega'(y_0) \simeq \overline{\Omega}(y_0 + L) - \overline{\Omega}(y_0) = L \left[\frac{\partial^2 \overline{U}}{\partial y^2} \right]_{y=y_0} + \mathcal{O}\big(L^2\big)$$

Contrairement à Prandtl, Taylor n'invoque pas de phénoménologie particulière de mélange de paquets de fluides porteurs de montants de rotationnel différents. Il suppose simplement que l'adaptation se fait de façon non visqueuse dans un champ de vitesse qui peut être localement assimilé à :

$$U = \overline{U}(y) + u', \qquad V = v', \qquad W = 0$$

où l'on retrouve le caractère bidimensionnel appliqué à l'agitation turbulente.
L'équation instantanée de la dynamique s'écrit dans ces conditions :

$$\frac{\partial U}{\partial t} + U \frac{\partial U}{\partial x} + v' \frac{\partial U}{\partial y} \equiv \frac{\partial U}{\partial t} + \frac{\partial}{\partial x} \left(\frac{\overline{U}^2 + 2\overline{U} u' + u'^2}{2} \right) + v' \omega' = -\frac{1}{\rho} \frac{\partial P}{\partial x}$$

Par passage à la moyenne et supposant que les valeurs statistiques à l'ordre deux ne dépendent que de y, on en déduit :

$$\overline{v'\omega'} = -\frac{1}{\rho}\frac{\partial \overline{P}}{\partial x}$$

Sous ces mêmes hypothèses, le bilan de quantité du mouvement moyen se réduit à :

$$0 = -\frac{1}{\rho}\frac{\partial \overline{P}}{\partial x} + \frac{\partial \tau}{\partial y}$$

de sorte que :
$$\frac{d\tau}{dy} = \frac{1}{\rho}\frac{\partial \overline{P}}{\partial x} = -\overline{v'\omega'}$$

En usant de l'estimation $\overline{v'\omega'} \sim \|v'\| \times \|\omega'\|$ et avec $\|v'\| \sim l\left|\partial\overline{U}/\partial y\right|$, on en déduit que :

$$\left|\frac{d\tau}{dy}\right| = l \times L \left|\frac{d^2\bar{U}}{dy^2} \times \frac{d\bar{U}}{dy}\right|$$

Après intégration, et en posant $l_\omega^2 = l \times L$, on aboutit finalement à :

$$\tau = \frac{l_\omega^2}{2}\left(\frac{d\overline{U}}{dy}\right)^2$$

Ainsi, bien que conceptuellement nettement distincte de l'approche de Prandtl, la théorie de Taylor conduit à un résultat quasi identique, en convenant de poser simplement $l_\omega = \sqrt{2} \times l_m$.

4.2 Autres propositions

Les schémas précédents relèvent tous d'une forme générale (12-3) en "loi gradient" avec expression "locale" de la viscosité de turbulence. Plusieurs types de modifications peuvent dès lors s'envisager par différenciation de telle ou telle caractéristique de cette formulation.

4.2.1 Extensions locales de schémas gradient

Des extensions des expressions de type longueur de mélange ont été envisagées pour inclure différents effets. Pour ne pas alourdir la présentation, nous donnons quelques exemples relatifs à la courbure et l'intermittence de frontière.

- **Courbure**

$$\nu_T = l_m^2 \left|\frac{\partial \overline{U}}{\partial y} - C\frac{\overline{U}}{\mathcal{R}}\right| \tag{12-16}$$

Ce schéma dû à Sawyer en 1963 constitue l'une des premières tentatives visant à inclure les effets de courbure des lignes de courant moyennes caratérisés par le rayon $\mathcal{R}$. C désigne une constante empirique.

• **Intermittence** $$\nu_T = \sigma^2 \left| \frac{\partial \overline{U}}{\partial y} \right| \quad (12\text{-}17)$$

Ce schéma de Gartshore de 1966 s'apparente à celui de Prandtl où la longueur de mélange est remplacée par l'écart type de la distribution des positions de(s) frontière(s) latérale(s) de l'écoulement, à savoir :

$$\sigma^2 = \int_{-\infty}^{+\infty} \left(y - \overline{Y}\right) P(y) dy$$

$P(y)$ désigne la densité de probabilité de répartition des positions transversales de la frontière, encore liée au facteur d'intermittence γ par $P(y) = -d\gamma/dy$.
Cette proposition n'est plus guère utilisée au profit de celle de Smith et Cebeci [388], de 1967 :

$$\nu_T = \widetilde{\nu}_T \times I_K \quad avec \;\; I_K(x,y) = \frac{1}{1+5,5(y/\delta(x))^6} \quad (12\text{-}18)$$

Elle consiste simplement en la pondération de la viscosité de turbulence usuelle $\widetilde{\nu}_T$ par le facteur I_K et s'applique en zone externe de couche limite (voir Chapitre XIV-§3.2.1). Le correctif multiplicatif a été introduit à la suite des travaux de Corrsin et Kistler [86] et de Klebanoff [210] sur la structure intermittente de la frontière libre de couche limite turbulente sur plaque plane.

4.2.2 Expressions non locales

En turbulence libre, des prédictions en bon accord avec l'expérience s'obtiennent avec une expression non locale de la viscosité de turbulence. Un tel schéma fut proposé par Prandtl [333], en 1935 et appliqué pour la première fois au calcul du sillage par Reichardt [339], en 1942. Nous le désignerons donc par la suite sous l'appellation double de Prandtl-Reichardt, pour le différencier des schémas classiques locaux.
En écoulement turbulent cisaillé simple, bidimensionnel plan en moyenne, la formule de Prandtl-Reichardt postule que sur une section droite de l'écoulement, la viscosité de turbulence reste constante et égale à :

$$\nu_T = A(U_{max}(x) - U_{min}(x)) \times \delta(x) \quad (12\text{-}19)$$

$U_{max}(x)$ et $U_{min}(x)$ sont les valeurs extrêmes de la vitesse axiale moyenne sur l'*épaisseur globale* $\delta(x)$ de la couche cisaillée *libre*. A est une constante qui reste à déterminer empiriquement dans chaque configuration d'écoulement. Selon Schiestel [374] page 230, sa valeur serait 0,0148 en jet plan et 0,010 en jet rond par exemple. Rappelons qu'un tel schéma repose sur l'équilibre temporel fondamental de la turbulence libre introduit au Chapitre VI-§4.2.

En 1956, Clauser [71] proposa une formulation du même type pour la région de vitesse déficitaire d'une couche limite :

$$\nu_T = \alpha U_E \delta^* \quad (12\text{-}20)$$

où $\alpha = 0{,}0168$ et δ^* est l'épaisseur de déplacement (Chapitre X-§4.6.2).

4.2.3 Schémas de type gradient / convection

En raison des observations rapportées au Chapitre IX, l'une des premières critiques du schéma (12-5) à avoir été confirmée expérimentalement fut l'annulation du frottement turbulent en des points ne coïncidant pas avec un extremum du profil de vitesse moyenne.
À partir notamment des travaux d'Eskinazi et Yeh [128] de Mathieu [289] et de Béguier [22], de nombreux décalages de ce type furent observés dans des écoulements bidimensionnels en moyenne, dont le profil de vitesse $\bar{U}(y)$ présente une dissymétrie autour de son maximum.

Ce fait est attribué à un comportement spécifique des grandes structures tourbillonnaires (voir Chapitre VII-§5), dont la dynamique ne peut être "pilotée" par le gradient de vitesse, les échelles caractéristiques ne pouvant satisfaire à la condition de Corrsin [85]. C'est pourquoi, de nombreux auteurs, à la suite de Townsend (1949) ont suggéré d'ajouter au schéma **diffusif de type gradient** traduisant les effets des *"petits" tourbillons*, un terme correctif de l'effet de **convection** par les *"gros" tourbillons*. A titre d'exemple, nous citons la proposition de Béguier [22]

$$-\overline{uv} = \nu_T \frac{\partial \overline{U}}{\partial y} - K \Lambda_g^3 \frac{\partial \bar{k}}{\partial y} \frac{\partial^2 \overline{U}}{\partial y^2} \tag{12-21}$$

où K est une constante empirique, Λ_g la macro-échelle transversale de Taylor et $\bar{k}$ l'énergie cinétique cinématique de l'agitation turbulente.

Plus que la forme du schéma, c'est l'idée, novatrice pour l'époque, d'une distinction de comportement parmi les structures responsables de l'agitation turbulente qu'il faut retenir, car elle redevient actuellement à la source de nouvelles recherches en matière de modélisation de caractère partiellement statistique.

EXERCICE — ***Écoulements libres à viscosité de turbulence constante*** — En vous aidant des résultats du Chapitre VI-§4.2, dégager parmi les écoulements cisaillés simples de turbulence libre, ceux pour qui, conformément au schéma de Prandtl-Reichardt, la viscosité de turbulence est constante dans tout le champ.

SOLUTION

Reprenant les lois de variations du tableau 6.2, il apparaît que, pour la région lointaine d'un sillage plan, la variation transversale de vitesse évolue comme $1/\sqrt{x}$ sur une épaisseur qui croît paraboliquement (en $\sqrt{x}$). Le produit est donc constant et par suite la viscosité de turbulence. Ce même résultat s'obtient également pour un jet rond s'épanouissant dans une atmosphère au repos, car l'expansion linéaire de cet écoulement $\delta(x) \sim x$ est associée à une décroissance hyperbolique de la vitesse sur l'axe, si bien que $U_{max}(x) - U_{min}(x) \equiv U_{axe}(x) \sim 1/x$.
En revanche, pour les autres écoulements libres que sont le sillage de révolution, le jet plan et la zone de mélange, les donnés du tableau 6.2 montrent qu'en conséquence du schéma de Prandtl-Reichardt, la viscosité de turbulence varie longitudinalement comme $x^{-1/3}$, $x^{1/2}$ et x respectivement.

Ces différences de comportement expliquent pourquoi le schéma de Boussinesq à viscosité de turbulence constante ne présente pas la même "qualité" de prédétermination du champ de vitesse moyenne en turbulence libre.

EXERCICE — ***Calcul du champ de vitesse moyenne en zone d'affinité d'un jet rond*** — Un jet émis d'une buse de section circulaire (diamètre D_0) débouche dans une atmosphère infinie initialement au repos. Le fluide est supposé visqueux, incompressible et non pesant, le régime pleinement turbulent et le mouvement moyen bidimensionnel plan permanent. Sous ces conditions, et dans un système de coordonnées cylindriques, le champ de vitesse moyenne de composante axiale $\overline{U}(x,r)$ et radiale $\overline{V}(x,r)$ est régi par :

$$\frac{\partial \overline{U}}{\partial x} + \frac{1}{r}\frac{\partial (r\overline{V})}{\partial r} = 0$$

$$\overline{U}\frac{\partial \overline{U}}{\partial x} + \overline{V}\frac{\partial \overline{U}}{\partial r} = -\frac{1}{r}\frac{\partial (r\,\overline{uv})}{\partial r}$$

1) Établir à l'aide de ces équations que le flux de quantité de mouvement axiale se conserve à travers toute section droite de rayon R du jet.

2) Dans la région d'affinité de cet écoulement, on cherche une solution de la forme :

$$\frac{\overline{U}(x,r)}{\overline{U}_{axe}(X)} = f(\eta), \qquad \frac{\overline{V}(x,r)}{\overline{U}_{axe}(X)} = h(\eta), \qquad \frac{\overline{uv}(x,r)}{\overline{U}^2_{axe}(X)} = -k(\eta)$$

avec :

$$\eta = \frac{r}{D_0} \times \frac{1}{g(X)} \qquad \text{et} \qquad X = \frac{x + x_0}{D_0}$$

Dans les expressions ci-dessus, $\overline{U}_{axe}(X)$ désigne la valeur de la vitesse moyenne longitudinale sur l'axe du jet, soit $\overline{U}(x,0)$, et x_0 une constante arbitraire dont on précisera la signification physique ultérieurement.

Déduire de la conservation du flux de quantité de mouvement pour $R \to \infty$, la relation liant les fonctions $\overline{U}_{axe}(X)$ et $g(X)$.

3) Établir, en conséquence de l'hypothèse d'affinité sur l'équation de la dynamique, que les fonctions f, h, k sont liées par une équation différentielle dont les coefficients sont soit constants, soit fonctions de X.

4) Déduire des questions précédentes les conditions de compatibilité de l'hypothèse d'affinité sous la forme $g(X) \propto X$ et $\overline{U}_{axe}(X) \propto 1/X$. Commenter ces résultats.

5) Pour simplifier les calculs[1], on convient dans la suite de prendre $\alpha = 1$. Montrer qu'en vertu de l'équation de continuité, les fonctions $f(\eta)$ et $h(\eta)$ dérivent d'une fonction unique $F(\eta)$ telle que :

$$f(\eta) = \frac{1}{\eta}\frac{\mathrm{d}F}{\mathrm{d}\eta} \qquad et \qquad h(\eta) = \frac{\mathrm{d}F}{\mathrm{d}\eta} - \frac{F}{\eta}$$

6) Pour fermer le problème, on adopte un schéma de frottement turbulent de type gradient avec viscosité de turbulence de Prandtl-Reichardt. De quelle relation

[1] Le cas général, α quelconque non nul, se décline comme le cas simplifié $\alpha = 1$, à condition de poser $F' = \alpha\eta f$.

supplémentaire dispose-t-on alors ? (on posera $\nu_T = aD_0 g \times \overline{U}_{axe}$, où a est une constante empirique).

7) Tenant compte des conditions aux limites et de l'ensemble de tous les résultats précédents, montrer que la fonction $F(\eta)$ est solution d'une équation différentielle non linéaire du premier ordre.

8) En séparant η et $F(\eta)$, intégrer l'équation sous la forme $\eta(F)$. En déduire l'expression du profil de vitesse adimensionnel longitudinal et commenter le résultat. (On rappelle que $\int \frac{\mathrm{d}x}{x(\alpha+\beta x)} = -\frac{1}{\alpha}\mathrm{Log}\left(\frac{\alpha+\beta x}{x}\right)$).

SOLUTION

1) Multipliant l'équation de la dynamique par ρr et intégrant de $r = 0$ à $r = R$, il vient :

$$\rho \int_0^R \left(\overline{U}\frac{\partial \overline{U}}{\partial x} + \overline{V}\frac{\partial \overline{U}}{\partial r}\right) r\mathrm{d}r = \int_0^R \frac{\partial (r\,\tau_T)}{\partial r}\mathrm{d}r$$

où $\tau_T \equiv -\rho\,\overline{uv}$ désigne la contrainte de cisaillement turbulent. On en déduit que :

$$\rho \int_0^R \frac{\partial}{\partial x}\left(\frac{\overline{U}^2}{2}\right) r\mathrm{d}r + \rho \int_0^R r\overline{V}\frac{\partial \overline{U}}{\partial r}\mathrm{d}r = [r\,\tau_T]_0^R = 0$$

La condition d'annulation en $r = 0$ est immédiate, le frottement turbulent restant manifestement fini sur l'axe. La valeur en $r = R$ s'obtient en considérant qu'à l'extérieur du jet il n'y a pas de turbulence. En intégrant par parties, il vient ensuite :

$$\frac{\partial}{\partial x}\left[\int_0^R \left(\frac{\rho \overline{U}^2}{2}\right) r\mathrm{d}r\right] + \rho\left[r\overline{U}\,\overline{V}\right]_0^R - \rho \int_0^R \overline{U}\frac{\partial (r\overline{V})}{\partial r}\mathrm{d}r = 0$$

Tenant compte de l'équation de continuité ($\partial(r\overline{V})/\partial r = -r\partial\overline{U}/\partial x$), et en l'absence de mouvement *axial* hors du jet $\overline{U}(x,R) \equiv 0$, l'égalité précédente conduit à :

$$\frac{\partial}{\partial x}\left[\int_0^R \left(\frac{\rho \overline{U}^2}{2}\right) r\mathrm{d}r\right] + 0 + \frac{\partial}{\partial x}\left[\int_0^R \left(\frac{\rho \overline{U}^2}{2}\right) r\mathrm{d}r\right] = 0 \quad soit \quad \int_0^R \rho\overline{U}^2 r\mathrm{d}r = C^{te}$$

Cette égalité exprime bien la conservation du flux de quantité de mouvement axiale, la valeur de la constante pouvant s'exprimer à l'aide des valeurs en section de sortie, soit, par exemple $\pi\frac{D_0^2}{4}\rho U_0^2$, si le profil de vitesse à l'émission est uniformément égal à U_0.

2) En effectuant le changement d'affinité dans le flux de quantité de mouvement, on obtient, à x bloqué :

$$\rho D_0 \overline{U}_{axe}^2(X) g^2(X) \times \int_0^\infty f^2(\eta)\eta\mathrm{d}\eta = C^{te}$$

Sous réserve de convergence de l'intégrale, la relation précédente impose que :

$$\overline{U}_{axe}(X)g(X) = C^{te}$$

3) Pour effectuer le changement de variables $(x, r) \rightarrowtail (X, \eta)$ et de fonctions conformément aux relations d'affinité, il peut être avantageux de remarquer que :

$$\frac{\partial \eta}{\partial r} = \frac{1}{gD_0} \quad ; \quad \frac{\partial \eta}{\partial x} = -\frac{\eta}{D_0} \times \frac{g'}{g} \quad ; \quad \frac{\partial X}{\partial r} = 0 \quad ; \quad \frac{\partial X}{\partial x} = \frac{1}{D_0}$$

où par convention, les symboles primés représentent des dérivées droites par rapport au seul argument dont dépend la fonction considérée. Dans ces conditions, on a :

$$\frac{\partial \overline{U}}{\partial x} = \frac{\overline{U}'_{axe}}{D_0} f - \frac{\overline{U}_{axe}}{D_0} \frac{g'}{g} \eta f' \qquad \frac{\partial \overline{U}}{\partial r} = \frac{\overline{U}_{axe}}{D_0} \frac{1}{g} f' \qquad \frac{1}{r}\frac{\partial (r\tau_T)}{\partial r} = \rho \frac{\overline{U}^2_{axe}}{gD_0} \frac{(\eta k)'}{\eta}$$

Par substitution dans l'équation de la dynamique et après simplifications, on en déduit :

$$\left[g\frac{\overline{U}'_{axe}}{\overline{U}_{axe}} \right] f^2 - [g']\eta f f' + h f' = \frac{(\eta k)'}{\eta}$$

4) Dans l'équation différentielle aux fonctions de η qui vient d'être établie, on note que les coefficients sont soit constants, soit fonction de la seconde variable indépendante X. Il n'y a donc de solution que si les conditions de compatibilité suivantes sont satisfaites :

$$g' = C^{te}(\equiv \alpha) \quad \text{et} \quad \left[g\frac{\overline{U}'_{axe}}{\overline{U}_{axe}} \right] = C^{te}(\equiv \beta)$$

De la première condition, il est immédiat de voir que $g(X) = \alpha X$, si l'origine fictive ou pôle x_0 du jet est prise telle que $g(0) = 0$. Quant à la seconde égalité elle donne $\overline{U}_{axe}(X) = KX^{\beta/\alpha}$, où K est une constante empirique homogène à une vitesse. Introduisant la dépendance entre ces fonctions établie en question 2, on doit avoir en outre :

$$KX^{\beta/\alpha} \times \alpha X = C^{te}$$

soit nécessairement $\beta = -\alpha$. On retrouve ainsi que l'expansion du jet, caractérisée par une loi du type $g(X) = C^{te}$ se fait linéairement, alors que la décroissance de la vitesse sur l'axe est hyperbolique.

5) Sous la condition d'affinité, l'équation de continuité devient :

$$\underbrace{\left[g\frac{\overline{U}'_{axe}}{\overline{U}_{axe}} \right]}_{\beta} f - \underbrace{[g']}_{\alpha} \eta f' = -\frac{(\eta h)'}{\eta}$$

soit encore avec $\beta = -\alpha = -1$: $\quad f + \eta f' \equiv (\eta f)' = -\dfrac{(\eta h)'}{\eta}$

Faisant usage de la fonction $F(\eta) = nf(\eta)$, il vient :

$$(\eta h)' = -\eta F'' \equiv (\eta F' - F)'$$

qui est bien vérifiée par la fonction $h(\eta) = F' - F/\eta$, CQFD.

6) Selon le schéma de Prandtl-Reichardt et avec cet écoulement : $(U_{max} - U_{min}) \sim \overline{U}_{axe} \sim 1/X$ et $\delta(X) \sim g(X) \sim X$. La viscosité de turbulence est constante et le cisaillement turbulent vaut :

$$-\overline{uv} = \nu_T \frac{\partial \overline{U}}{\partial r} \equiv \nu_T \frac{\overline{U}_{axe}}{g D_0} f' = a \overline{U}_{axe}^2 f'$$

On en tire que : $k\left(\equiv -\overline{uv}/\overline{U}_{axe}^2\right) = af'$.

7) En conséquence de tous les résultats antérieurs, l'équation de la dynamique devient :

$$\frac{\eta\left(F'^2 + FF''\right) - FF'}{\eta^2} \equiv \left(\frac{FF'}{\eta}\right)' = -a\left(\eta f'\right)'$$

Une première intégration donne : $\displaystyle\frac{FF'}{\eta} = -a\eta f' + C^{te}$

où la constante d'intégration est nulle, car pour $\eta = 0$, le frottement (f') doit rester fini. Ainsi :

$$FF' = -a\eta^2\left(\frac{F''}{\eta} - \frac{F'}{\eta^2}\right) = -a\eta F'' + aF'$$

qui s'intègre sous la forme : $\displaystyle\frac{F^2}{2} = -a\left(\eta F' - 2F\right) + C^{te}$

La constante d'intégration vaut encore zéro puisque $F(0) = 0$ pour assurer que la composante $\overline{V}$ soit bien nulle sur l'axe. Finalement, la fonction F est solution de l'équation différentielle :

$$F^2 + 2a\eta F' - 4aF = 0$$

8) L'équation précédente peut se mettre sous la forme :

$$\frac{1}{\eta} = \frac{2a\,\mathrm{d}F/\mathrm{d}\eta}{F(4a - F)} \quad \text{soit} \quad \frac{\mathrm{d}\eta}{\eta} = 2a\frac{\mathrm{d}F}{F(4a - F)}$$

On en déduit par intégration :

$$\operatorname{Log}\eta = 2a\int \frac{\mathrm{d}F}{F(4a - F)} = \frac{2a}{-4a}\operatorname{Log}\left[\left(\frac{4a - F}{F}\right) \times C\right]$$

qu'il est facile de remettre sous la forme :

$$F = \frac{4aC\eta^2}{1 + C\eta^2}$$

où C est une constante qui reste à déterminer. On déduit de cette expression que :

$$\frac{\overline{U}}{\overline{U}_{axe}} \equiv f \equiv \frac{F'}{\eta} = \frac{8aC}{(1 + C\eta^2)^2}$$

Or par définition, $f(0) = 1$, si bien que $C = 1/8a$. La forme finale du profil adimensionnel de vitesse moyenne axiale s'exprime donc par :

$$\frac{\overline{U}}{\overline{U}_{axe}} = \left(1 + \frac{\eta^2}{8a}\right)^{-2}$$

Ce résultat n'est autre que celui obtenu par Schlichting [375] et déja cité au Chapitre IX-Tab.9.4. Avec un calage empirique convenable du coefficient a qui, rappelons-le, règle la valeur de la viscosité de turbulence, nous savons qu'il est en bonne concordance avec les données expérimentales, comme nous l'avons également mentionné dans ce même chapitre.

5 Fermetures à équations de transport

Parmi les limitations "intrinsèques" des fermetures algébriques il faut noter un manque d'adaptabilité aux applications pratiques. Le recours à un empirisme élevé implique en fait des connaissances préalables sur l'écoulement à calculer !
Une façon de progresser vers des schémas offrant plus généralité consiste à déduire la valeur de la viscosité de turbulence d'une ou plusieurs fonctions transportables. Nous allons établir dans la suite des équations "modélisées" de telles fonctions dans le cas où le nombre de Reynolds de turbulence est élevé.

5.1 L'hypothèse de grand nombre de Reynolds de turbulence

Désignant par u' et l des échelles de vitesse et de longueur caractéristiques de l'agitation turbulente, l'hypothèse de grand nombre de Reynolds de turbulence se traduit par :

$$\mathcal{R}_T \equiv \frac{u'l}{\nu} \gg 1 \qquad (12\text{-}22)$$

Nous allons en examiner deux conséquences sur la diffusion et la dissipation respectivement.

5.2 Conséquence sur la diffusion

Considérons les termes de diffusion par agitation moléculaire (diffusivité α) et par agitation turbulente d'une même propriété scalaire ϕ. Ils ont respectivement pour expressions en moyenne :

$$Diffusion\ moléculaire : \quad \alpha \frac{\partial^2 \overline{\phi}}{\partial x_j \partial x_j}$$

$$Diffusion\ turbulente : \quad \frac{\partial \overline{\varphi u}_j}{\partial x_j}$$

Une estimation, *à même échelle de longueur*, de l'ordre de grandeur de ces deux termes conduit à :

$$Diffusion\ moléculaire : \quad \frac{\alpha}{l^2}[\phi]$$

$$Diffusion\ turbulente : \quad \frac{u'}{l}[\phi]$$

dont le rapport s'établit à : $\dfrac{Diffusion\ turbulente}{Diffusion\ moléculaire} : \quad \dfrac{\nu}{\alpha}\dfrac{u'l}{\nu} = \dfrac{\nu}{\alpha}\mathcal{R}_T \qquad (12\text{-}23)$

Ainsi, pour des nombres de Prandtl / Schmidt voisins de l'unité, l'hypothèse de grand nombre de turbulence amène à négliger la diffusion moléculaire vis-à-vis de la diffusion turbulente.

5.3 Conséquence sur la dissipation

S'agissant de la dissipation, nous mentionnerons les deux aspects suivants.

a) **Identification de la pseudo-dissipation**. Comme nous l'avons vu au Chapitre III–éq. (3.36), le terme de viscosité de l'équation de l'énergie cinétique du mouvement d'agitation s'écrit:

$$\overline{\mu u_i \frac{\partial^2 u_i}{\partial x_j \partial x_j}} = \frac{\mu}{\rho} \frac{\partial^2 \overline{e}}{\partial x_j \partial x_j} - \mu \overline{\left(\frac{\partial u_i}{\partial x_j}\right)^2}$$

La première contribution du second membre est celle d'une diffusion visqueuse, négligeable d'après ce qui précède. Seule subsite la seconde, toujours négative, qui joue donc le rôle d'un puits, justifiant de sa qualification de *pseudo-dissipation*.

b) **Transfert inertiel à échelle de temps imposée**. Conformément aux idées de Kolmogorov sur le transfert spectral d'énergie, la condition de grand nombre de Reynolds de turbulence assure l'existence d'une plage inertielle qui fixe le “flux” d'énergie vers les structures dissipatives. Ainsi :

- l'échelle de temps du transfert interne vers les grands nombres d'onde est imposée par la gamme des tourbillons porteurs d'énergie ($l/\sqrt{\overline{k}}$),
- le taux de dissipation est lui aussi fixé par les caractéristiques de ces mêmes structures, à un montant de l'ordre de $\overline{\varepsilon} \sim \left(\overline{k}\right)^{3/2}/l$.

6 Modèles à une équation

6.1 Le schéma de Prandtl – Kolmogorov

Nous entamons cette revue des fermetures à une équation par celle qui procède à la modélisation de l'équation de bilan d'énergie cinétique de turbulence, en usant de la proposition de Prandtl / Kolmogorov :

$$\boxed{\nu_T = C_\mu \sqrt{\overline{k}} \times l} \qquad (12\text{-}24)$$

où C_μ est une constance pure et l une échelle de longueur qui reste donnée algébriquement.

Ainsi la viscosité de turbulence dépend-elle, dans ce cas, de l'énergie cinétique cinématique d'agitation turbulente dont la racine carrée est prise comme échelle de vitesse significative. La valeur de cette quantité, variable dans le champ de l'écoulement, est obtenue en résolvant directement l'équation de transport de $\overline{k}$ préalablement modélisée.

6.2 Équation modèle d'énergie cinétique de turbulence

6.2.1 Les données du problème

Nous avons établi au Chapitre III–§6.4, l'équation "exacte" de transport de l'énergie cinétique du mouvement d'agitation $\overline{e}\ (\equiv \rho \overline{k})$ dont on déduit aisément :

$$\frac{\partial \overline{k}}{\partial t}+\overline{U}_j\frac{\partial \overline{k}}{\partial x_j} = \underbrace{-\overline{u_i u_j}\frac{\partial \overline{U}_i}{\partial x_j}}_{(a)} - \underbrace{\frac{\partial}{\partial x_j}\left[\overline{\left(\frac{p}{\rho}+k\right)u_j}\right]}_{(b)} + \underbrace{\nu\frac{\partial^2 \overline{k}}{\partial x_j \partial x_j}}_{(c)} - \underbrace{\nu\overline{\frac{\partial u_i}{\partial x_j}\frac{\partial u_i}{\partial x_j}}}_{(d)} \quad (12\text{-}25)$$

Rappelons que cette équation établit que la variation totale dans le mouvement moyen de $\overline{k}$ est équilibrée par la production (a), la diffusion turbulente (b), la diffusion par agitation moléculaire (c), et la "pseudo-dissipation" (d). Conformément à l'hypothèse de grand nombre de Reynolds de turbulence, le terme (c) sera négligé, de sorte que la schématisation va intéresser les trois termes de :

- production,
- diffusion turbulente,
- pseudo-dissipation.

6.2.2 Schéma de Production

Selon le schéma (12-3), le terme de production se réduit, en situation isovolume, à :

$$-\overline{u_i u_j}\frac{\partial \overline{U}_i}{\partial x_j} = \nu_T\left(\frac{\partial \overline{U}_i}{\partial x_j}+\frac{\partial \overline{U}_j}{\partial x_i}\right)\frac{\partial \overline{U}_i}{\partial x_j}$$

Ainsi, avec l'expression (12-24) de viscosité de turbulence, la modélisation de ce terme s'écrit finalement:

$$-\overline{u_i u_j}\frac{\partial \overline{U}_i}{\partial x_j} = C_\mu\sqrt{\overline{k}}\times l\times\left(\frac{\partial \overline{U}_i}{\partial x_j}+\frac{\partial \overline{U}_j}{\partial x_i}\right)\frac{\partial \overline{U}_i}{\partial x_j} \quad (12\text{-}26)$$

6.2.3 Schéma de diffusion turbulente

Comme nous aurons l'occasion de le constater dans la suite, la schématisation des termes de diffusion turbulente emprunte très généralement une forme *gradient*. Rappelons que si $\phi = \overline{\phi} + \varphi$ représente une grandeur scalaire quelconque, la diffusion turbulente de celle-ci s'exprime par $\partial\overline{\varphi u_j}/\partial x_j$ et introduit le vecteur densité de flux diffusif $\overline{\varphi u_j}$. La schématisation de type gradient consiste à poser que ce vecteur densité de flux diffusif est proportionnel au gradient de la propriété moyenne soumise à diffusion, soit:

$$\boxed{\overline{\varphi u_j} = d_\varphi\frac{\partial \overline{\phi}}{\partial x_j}} \quad (12\text{-}27)$$

Le coefficient d_ϕ est appelé **diffusivité** par agitation **turbulente** et sera pris dans la suite sous la forme:

$$d_\phi = \nu_T / \sigma_\phi \tag{12-28}$$

où σ_ϕ est le **nombre de Prandtl / Schmidt de turbulence** relatif à la grandeur ϕ.

Dans le terme de diffusion turbulente de l'équation de $\overline{k}$ — expression (b) éq. (12-25) — figure une contribution due à la pression, par la corrélation $\overline{pu_j}$. En raison du caractère "non transportable" de la pression, il n'est pas réaliste de l'inclure dans la source de flux diffusif qui se réduit dès lors au seul montant d'énergie cinétique cinématique de turbulence. Le schéma en gradient (12-27) prend alors la forme particulière :

$$\boxed{-\overline{\left(\frac{p}{\rho} + k\right)u_j} = \frac{\nu_T}{\sigma_k}\frac{\partial \overline{k}}{\partial x_j}} \tag{12-29}$$

où σ_k est le nombre de Prandtl d'énergie cinétique de turbulence, supposé en général constant.

COMPLÉMENT — ***Diffusion et transfert par la fluctuation de pression*** — L'inclusion du terme de transfert par la fluctuation de pression dans un schéma de diffusion de type gradient a de quoi étonner le mécanicien des fluides. Il n'existe pas — bien au contraire — de justification physique à un tel regroupement. L'intérêt du schéma (12-29) ne peut donc se concevoir que d'un simple point de vue opératoire et dans la mesure où la contribution du terme de pression reste marginale. Fort heureusement, les résultats de simulation numérique directe de Mansour et al. [284] sont venus montrer en 1988 que, pour l'écoulement cisaillé simple de canal plan, il en était bien ainsi !

6.2.4 Schéma de dissipation

Le schéma pour le terme (d) — éq.(12-25) — résulte directement des considérations sur les mécanismes de transfert énergétique selon Kolmogorov exposées au Chapitre VIII. On pose donc :

$$\boxed{\nu\overline{\frac{\partial u_i}{\partial x_j}\frac{\partial u_i}{\partial x_j}} \simeq \overline{\varepsilon} = C_d\frac{\left(\overline{k}\right)^{3/2}}{l}} \tag{12-30}$$

où C_d est une autre constante du modèle et l une échelle de longueur représentative de la plage des tourbillons porteurs d'énergie.

6.2.5 Calage des constantes

Pour rendre le modèle opérationnel, il faut prescrire l'échelle de longueur ainsi que les valeurs des paramètres C_μ, C_d et σ_k. On adopte pour l'échelle l les mêmes expressions que celles de la longueur de mélange. Pour ce qui est des coefficients, une représentativité convenable du modèle est généralement assurée en prenant $C_\mu = \sigma_k = 1$, et C_d compris entre 0,07 et 0,09.

6.2.6 Récapitulation du modèle à une équation (k)

En regroupant l'ensemble des expressions précédentes, on aboutit à la forme suivante du modèle à une équation, avec constantes préconisées par Glushko [150] :

$$\nu_T = C_\mu \sqrt{\overline{k}} \times l$$

$$\frac{\partial \overline{k}}{\partial t} + \overline{U_j}\frac{\partial \overline{k}}{\partial x_j} = C_\mu \sqrt{\overline{k}} \times l \times \left(\frac{\partial \overline{U_i}}{\partial x_j} + \frac{\partial \overline{U_j}}{\partial x_i}\right)\frac{\partial \overline{U_i}}{\partial x_j} + \frac{\partial}{\partial x_j}\left[\frac{C_\mu \sqrt{\overline{k}} \times l}{\sigma_k}\frac{\partial \overline{k}}{\partial x_j}\right] - C_d \frac{\left(\overline{k}\right)^{3/2}}{l}$$

$$l \rightarrow \textit{loi empirique de longueur de mélange}$$

$$C_\mu = 1 \qquad \sigma_k = 1 \qquad C_d = 0,07 \text{ à } 0,09$$

Tableau 12.1 Éléments constitutifs du modèle à une équation à grand $\mathcal{R}_T$.

En définitive, avec ce type de fermeture, on dispose de *cinq* équations pour les cinq fonctions scalaires $\overline{U_i}(\vec{x},t)$, $\overline{P}(\vec{x},t)$, $\overline{k}(\vec{x},t)$. Ce modèle introduit *trois* constantes C_μ, C_d, σ_k ainsi qu'une échelle de longueur l qui doit être prescrite algébriquement. Il a fait l'objet en 1991 d'une version multi-échelles par Goldberg [151].

EXERCICE — ***Échelle de longueur en écoulement cisaillé en équilibre*** — On suppose qu'il existe en écoulement cisaillé simple ($\partial\overline{U}/\partial y$) une région d'équilibre énergétique *Production = Dissipation.* En vous appuyant sur l'équation modèle d'énergie cinétique de turbulence, que pouvez-vous dire du rapport d'échelles l/l_m, où l_m désigne la longueur de mélange d'un schéma algébrique de Prandtl ?

SOLUTION

Par simple identification des expressions de viscosité de turbulence des schémas de longueur de mélange Prandtl et de Prandtl-Kolmogorov on a :

$$C_\mu \sqrt{\overline{k}} l = l_m^2 \left|\frac{\partial \overline{U}}{\partial y}\right|$$

Or, dans la région d'équilibre d'un écoulement cisaillé simple, l'équation modèle de $\overline{k}$ se réduit à :

$$C_\mu \sqrt{\overline{k}}\, l \left(\frac{\partial \overline{U}}{\partial y}\right)^2 = C_d \frac{\overline{k}^{3/2}}{l} \quad \text{soit} \quad \overline{k} = \frac{C_\mu}{C_d} l^2 \left(\frac{\partial \overline{U}}{\partial y}\right)^2$$

Substituant cette dernière relation dans la première égalité, on déduit que :

$$C_\mu \left(\frac{C_\mu}{C_d}\right)^{1/2} \times l^2 = l_m^2$$

de sorte que finalement, $l_m = \left(C_\mu^3/C_d\right)^{1/4} \times l$. Ainsi, ces deux échelles de longueur ne se distinguent que par un simple coefficient multiplicatif dans la région d'équilibre énergétique d'un écoulement cisaillé simple.

6.3 Autres modèles à une équation

6.3.1 Modèle de Bradshaw, Ferriss et Atwell (1967)

Dans le modèle de Bradshaw et al. [36], c'est la contrainte de cisaillement turbulent $\tau(\equiv -\rho\,\overline{uv})$ elle-même qui fait l'objet de l'équation de transport supplémentaire. La modélisation tire profit du fait que, sur une large section d'une couche limite, le rapport $|\overline{uv}|/\overline{k}$ est sensiblement constant et égal à 0,3. Cette relation permet de se passer du schéma gradient avec viscosité de turbulence, et d'obtenir comme équation de fermeture de τ :

$$\overline{U}\frac{\partial}{\partial x}\left(\frac{\tau}{a\rho}\right)+\overline{V}\frac{\partial}{\partial y}\left(\frac{\tau}{a\rho}\right)=\frac{\tau}{\rho}\frac{\partial\overline{U}}{\partial y}-\left(\frac{\tau_{max}}{\rho}\right)^{1/2}\frac{\partial\left(G\frac{\tau}{\rho}\right)}{\partial y}-\frac{(\tau/\rho)^{3/2}}{L} \quad (12\text{-}31)$$

avec $a=0{,}3$. L'échelle de longueur L, de même que le paramètre adimensionnel $\left(\frac{\tau_{max}}{\rho}\right)^{1/2}G$, sont deux fonctions empiriques de la distance transversale y/δ.
Ce modèle donne de très bons résultats pour des couches limites sans et avec gradient de pression. Il a été étendu en 1972 par Bradshaw et Ferriss [38] à des écoulements instationnaires, compressibles, bi et tridimensionnels. Signalons enfin qu'outre l'absence de diffusion, sa principale caractéristique tient à la nature hyperbolique de l'équation de fermeture (12-31).

6.3.2 Modèle de Nee et Kovasznay (1969)

Avec le schéma de Nee et Kovasznay [309], c'est la viscosité de turbulence elle même qui fait l'objet d'une équation de transport. Celle-ci, totalement empirique, revêt la forme générale de bilan avec les termes d'advection, diffusion, source (production) et puits (dissipation). À grand nombre de Reynolds de turbulence, elle s'écrit :

$$\overline{U}\frac{\partial\nu_T}{\partial x}+\overline{V}\frac{\partial\nu_T}{\partial y}=\frac{\partial}{\partial y}\left(\nu_T\frac{\partial\nu_T}{\partial y}\right)+A\nu_T\left|\frac{\partial\overline{U}}{\partial y}\right|-B\frac{\nu_T^2}{l^2} \quad (12\text{-}32)$$

A et B sont deux constantes, l désigne une échelle de longueur qui reste prescrite algébriquement. Nous reviendrons sur ce type de modèle au Chapitre XIV-§4.3.

6.4 Bilan des fermetures à une équation

Nous retiendrons en évaluation globale des fermetures à une équation :

Avantages
• Degré de complexité très réduit, • Prise en compte partielle de "l'histoire de la turbulence".

Inconvénients
• Empirisme de la prescription de l'échelle de longueur, • Extension difficile au cas tridimensionnel.

7 Modèles à deux équations

7.1 Généralités

Pour réduire l'empirisme de la prescription algébrique d'une échelle de longueur, il est vite apparu naturel de calculer cette grandeur en résolvant une équation de transport supplémentaire. On accède ainsi à la famille des modèles du premier ordre à *deux équations* dont les représentants se distinguent par le choix de la seconde fonction transportable mise en jeu.
En prolongement direct de ce qui vient d'être fait, la fonction "naturellement" candidate à une telle équation n'est autre que l'échelle de longueur elle même. Malheureusement, il n'est pas possible d'établir de façon rigoureusement déductive, une équation (ouverte) de transport pour l. Tout au plus peut-on aboutir, en suivant Rotta [364], et en partant des équations aux corrélations doubles spatio-temporelles, à une équation de transport du produit $\overline{k} \times l$.

Face aux difficultés d'interprétation et de schématisation des termes inconnus de cette équation, de nombreuse alternatives furent proposées. Toutes exploitent la remarque — Cf. §3.2 — selon laquelle la viscosité cinématique de turbulence peut s'obtenir à partir d'une échelle de *longueur* et d'une échelle de *temps*, ou de *toute combinaison en puissance de ces grandeurs*. Concrètement, cela a conduit à choisir, comme seconde fonction caractéristique après $\overline{k}$, tout groupement proportionnel à :

$$\overline{k}^{m} \times l^{n} \tag{12-33}$$

avec bien sûr m et n respectivement différents de 1 et 0.

Pour des raisons non objectivement élucidées, mais qui tiennent peut-être à la présence explicite du taux de dissipation $\bar{\varepsilon}$ dans l'équation de bilan de $\overline{k}$, la combinaison $m = \frac{3}{2}$ et $n = -1$ correspondant à cette fonction ($\bar{\varepsilon} = \overline{k}^{\frac{3}{2}}/l$) s'est largement répandue au cours du temps. C'est donc par cette fermeture $(\overline{k}, \bar{\varepsilon})$, initialement proposée par Jones et Launder [200] en 1972, que nous débuterons. Nous présenterons ensuite le modèle $(\overline{k}, \omega)$ utilisant pour seconde grandeur caractéristique de la turbulence la fréquence $\omega \propto \sqrt{\overline{k}}/l$ suggérée par Kolmogorov.

Complément — ***Revue historique des fermetures à deux équations*** — De très nombreuses propositions ont vu le jour pour adjoindre à l'énergie cinétique d'agitation une seconde fonction caractéristique de la turbulence. La première envisagée par Kolmogorov en 1942 fut une fréquence $\omega \propto \sqrt{\overline{k}}/l$. Ce choix a subi une assez longue éclipse avant de connaître un regain d'intérêt avec les travaux de Wilcox [444] datant de la fin des années quatre-vingt.
Chou en 1945 [69] fut sans doute le premier à adopter pour seconde fonction une échelle de longueur (micro-échelle λ). L'établissement d'une équation de transport "exacte" pour une échelle de longueur incombe en premier à Rotta [361] et [362], ses travaux débouchant en fait sur l'utilisation du produit $\overline{k} \times l$ comme seconde fonction.

C'est Davidov [104] qui fut en 1961 le précurseur de l'usage de l'équation du taux de dissipation. Il fut suivi en 1967 par Harlow et Nakayama [171] qui firent paraître la forme "modernisée" du modèle $(\bar{k}, \bar{\varepsilon})$. L'ouvrage de Launder et Spalding [240] dresse une revue relativement exhaustive de ces diverses formulations dont on donne un échantillon ci-dessous.

Auteur / Réf.	Année	2nde fonction	Équivalences
Kolmogorov [217]	1942	ω : Fréquence $[T^{-1}]$	$\omega \propto \sqrt{\bar{k}}\,/l$
Wilcox [444]	1988		
Saffman [370]	1970	$\omega^2 \quad [T^{-2}]$	$\omega^2 \propto \bar{k}\,/l^2$
Spalding [394]	1972		
Wilcox & Traci [447]	1976		
Rotta [361], [362]	1950	l : Longueur $[L]$	
Spalding [393]	1969		
Rodi & Spalding [351]	1970	$\bar{k}\times l \quad [L^2T^{-1}]$	
Davidov [69]	1961	ϵ : Dissipation $[L^2T^{-3}]$	$\epsilon \propto \bar{k}^{3/2}/l$
Harlow & Nakayama [171]	1967		
Jones & Launder [200]	1972		

Tableau 12.1 Quelques propositions de fermetures à deux équations.

7.2 Le modèle $(\bar{k}, \bar{\varepsilon})$

7.2.1 Le schéma de viscosité

Le choix du taux de dissipation comme seconde fonction du modèle permet d'exprimer l'échelle de longueur l par :

$$\boxed{l = C_D \bar{k}^{3/2} / \bar{\varepsilon}} \tag{12-34}$$

où C_D est une constante pure. Avec cette relation, l'expression (12-24) de la viscosité de turbulence devient :

$$\boxed{\nu_T = C_\mu C_D \frac{\bar{k}^2}{\bar{\varepsilon}} \equiv C'_\mu \frac{\bar{k}^2}{\bar{\varepsilon}}} \tag{12-35}$$

en posant $C'_\mu = C_\mu C_D$.

7.2.2 Équation modèle d'énergie

L'équation modèle d'énergie cinétique de turbulence reprend la formulation antérieure, avec pour seules modifications :

- l'expression de la viscosité de turbulence,
- le terme de dissipation qui ne fait plus l'objet de schématisation, puisque calculé séparément.

Ainsi, l'équation modélisée de l'énergie cinétique cinématique de turbulence s'écrit :

$$\boxed{\frac{\partial \overline{k}}{\partial t}+\overline{U}_j\frac{\partial \overline{k}}{\partial x_j}=C'_\mu\frac{\overline{k}^2}{\overline{\varepsilon}}\left(\frac{\partial \overline{U}_i}{\partial x_j}+\frac{\partial \overline{U}_j}{\partial x_i}\right)\frac{\partial \overline{U}_i}{\partial x_j}+\frac{\partial}{\partial x_j}\left[\frac{C'_\mu}{\sigma_k}\frac{\overline{k}^2}{\overline{\varepsilon}}\frac{\partial \overline{k}}{\partial x_j}\right]-\overline{\varepsilon}} \tag{12-36}$$

7.2.3 Équation modèle de la dissipation

Nous avons établi, au Chapitre III–§9, les expressions "exactes" des équations de transport de la dissipation et de la pseudo-dissipation. Considérant plus particulièrement cette dernière à grand nombre de Reynolds de turbulence, le résultat — Cf. éq.(3-82) — se met sous la forme suivante :

$$\frac{\partial \overline{\varepsilon}/2}{\partial t}+\overline{U}_j\frac{\partial \overline{\varepsilon}/2}{\partial x_j}=-\nu\left(\overline{u_k\frac{\partial u_i}{\partial x_j}}.\frac{\partial^2 \overline{U}_i}{\partial x_j\partial x_k}+\overline{\frac{\partial u_i}{\partial x_j}\frac{\partial u_i}{\partial x_k}}.\frac{\partial \overline{U}_k}{\partial x_j}+\overline{\frac{\partial u_i}{\partial x_j}\frac{\partial u_k}{\partial x_j}}.\frac{\partial \overline{U}_i}{\partial x_k}\right)$$

$$\underbrace{-\nu\overline{\frac{\partial u_i}{\partial x_j}.\frac{\partial u_i}{\partial x_k}.\frac{\partial u_k}{\partial x_j}}-\frac{\nu}{\rho}\frac{\partial}{\partial x_i}\overline{\left(\frac{\partial u_i}{\partial x_j}.\frac{\partial p}{\partial x_j}\right)}}_{(a)}\underbrace{-\frac{\partial}{\partial x_k}\left(\overline{\varepsilon u_k/2}\right)}_{(b)}\underbrace{-\nu^2\overline{\left(\frac{\partial^2 u_i}{\partial x_j\partial x_k}\right)^2}}_{(c)}$$

Ayant négligé la diffusion par agitation moléculaire, il ne subsiste plus dans cette équation, outre les termes de couplage avec le mouvement moyen, que ceux :

- d'interaction de la turbulence sur elle-même (*a*),
- de diffusion par agitation turbulente (*b*),
- de destruction par effet visqueux (*c*).

La fermeture de cette équation est une entreprise délicate sur laquelle nous reviendrons aux chapitres suivants (Chap. XIII-§4.3 & Chap. XIV§6.4.2). Nous nous en tiendrons ici à une simple "description" de la schématisation "standard", retenant, au second membre de l'équation modélisée trois termes, l'un de source, l'autre de puits et le dernier de diffusion, ce que nous formaliserons par :

$$\frac{\mathrm{d}\overline{\varepsilon}}{\mathrm{d}t}=S_{ource}(\overline{\varepsilon})-P_{uits}(\overline{\varepsilon})+D_{iff}(\overline{\varepsilon}) \tag{12-37}$$

Par anticipation du Chapitre XIII-§4.3.1, mentionnons dès à présent qu'il ne faut pas considérer que l'équation modèle (12-37) résulte d'une schématisation terme à terme des contributions (*a*), (*b*) et (*c*) de l'équation d'origine.

Terme source de l'équation de dissipation Le schéma de ce terme est une réplique directe de celui de la production dans l'équation de $\overline{k}$. Pour de simples raisons d'homogénéité dimensionnelle, il se met sous la forme :

$$S_{ource}(\overline{\varepsilon}) = -C_{\varepsilon 1}\frac{\overline{\varepsilon}}{\overline{k}}\overline{u_i u_j}\frac{\partial \overline{U}_i}{\partial x_j}$$

où C_{ε_1} est une constante de fermeture.

Terme puits de l'équation de dissipation Ce terme joue le rôle de "dissipation" dans l'équationn de la dissipation. Il est pris proportionnel à cette dernière et se schématise donc par :

$$P_{uits}(\overline{\varepsilon}) = -C_{\varepsilon 2}\frac{\overline{\varepsilon}^2}{\overline{k}}$$

où C_{ε_2} est une nouvelle constante de fermeture.

Schéma du terme de diffusion Comme pour le terme équivalent de l'équation de $\overline{k}$, le schéma adopté est de type gradient, et revient à poser :

$$\overline{\varepsilon u_j} = \frac{\nu_T}{\sigma_\varepsilon}\frac{\partial \overline{\varepsilon}}{\partial x_j}$$

introduisant un "nombre de Prandtl / Schmidt" de dissipation σ_ε.

Après substitution des trois relations précédentes dans (12-37), la forme modèle de l'équation de transport du taux de dissipation s'écrit finalement :

$$\frac{\partial \overline{\varepsilon}}{\partial t} + \overline{U}_j\frac{\partial \overline{\varepsilon}}{\partial x_j} = -C_{\varepsilon 1}\frac{\overline{\varepsilon}}{\overline{k}}\overline{u_i u_j}\frac{\partial \overline{U}_i}{\partial x_j} + \frac{\partial}{\partial x_j}\left[\frac{C_\mu}{\sigma_\varepsilon}\frac{\overline{k}^2}{\overline{\varepsilon}}\frac{\partial \overline{\varepsilon}}{\partial x_j}\right] - C_{\varepsilon 2}\frac{\overline{\varepsilon}^2}{\overline{k}} \qquad \text{(12-38)}$$

La résolution numérique des équations (12-38) et (12-36) donne accès à la deuxième fonction transportable $\overline{\varepsilon}$ de ce "modèle" $\overline{k}, \overline{\varepsilon}$.

COMPLÉMENT — ***Origine historique de la modélisation de l'équation de dissipation*** — Si, comme dit plus haut, les premières mentions de fermeture sur l'équation de $\overline{\varepsilon}$ remontent à Davidov [104] en 1961, puis Harlow et Nakayama [171], [172], en 1967 et 1968, il reste que l'article *fondateur* du modèle actuel est celui de Jones et Launder [200], en 1972, même si les valeurs "standard" des constantes sont plutôt aujourd'hui celles affinées par Launder et Sharma [239], en 1974.

7.2.4 Récapitulation du modèle à deux équations ($\overline{k}, \overline{\varepsilon}$)

En collationnant l'ensemble des résultats des deux sections précédentes, le modèle ($\overline{k}, \overline{\varepsilon}$) à grand nombre de Reynolds de turbulence s'écrit comme indiqué ci-après. Sous cette forme, il s'avére actuellement l'un des plus répandus dans les applications pratiques à l'usage de l'ingénieur. Utilisé en dehors des situations d'écoulements cisaillés simples pour lesquelles il fut initialement conçu, il conduit à des résultats qui, sans être toujours quantitativement corrects, restent le plus souvent qualitativement représentatifs. En outre, il est adapté à des procédures de résolution numérique d'équations "classiques" en mécanique des fluides[1]. Il ne faudrait pas cependant, par excès de confiance ou simple tendance à la facilité, lui accorder plus de crédit qu'il n'en mérite. Nous aurons l'occasion de revenir par la suite sur quelques unes de ses limitations et insuffisances.

$$\nu_T = C'_\mu \overline{k}^2 / \overline{\varepsilon}$$

$$\overline{u_i u_j} = -\nu_T \left(\frac{\partial \overline{U}_i}{\partial x_j} + \frac{\partial \overline{U}_j}{\partial x_i} \right) + \frac{2}{3} \overline{k} \delta_{ij}$$

$$\frac{\partial \overline{k}}{\partial t} + \overline{U}_j \frac{\partial \overline{k}}{\partial x_j} = C'_\mu \frac{\overline{k}^2}{\overline{\varepsilon}} \left(\frac{\partial \overline{U}_i}{\partial x_j} + \frac{\partial \overline{U}_j}{\partial x_i} \right) \frac{\partial \overline{U}_i}{\partial x_j} + \frac{\partial}{\partial x_j} \left(\frac{C'_\mu}{\sigma_k} \frac{\overline{k}^2}{\overline{\varepsilon}} \frac{\partial \overline{k}}{\partial x_j} \right) - \overline{\varepsilon}$$

$$\frac{\partial \overline{\varepsilon}}{\partial t} + \overline{U}_j \frac{\partial \overline{\varepsilon}}{\partial x_j} = C_{\varepsilon 1} C'_\mu \overline{k} \left(\frac{\partial \overline{U}_i}{\partial x_j} + \frac{\partial \overline{U}_j}{\partial x_i} \right) \frac{\partial \overline{U}_i}{\partial x_j} + \frac{\partial}{\partial x_j} \left(\frac{C'_\mu}{\sigma_\varepsilon} \frac{\overline{k}^2}{\overline{\varepsilon}} \frac{\partial \overline{\varepsilon}}{\partial x_j} \right) - C_{\varepsilon 2} \frac{\overline{\varepsilon}^2}{\overline{k}}$$

$$C'_\mu = 0,09,\ C_{\varepsilon_1} = 1,44,\ C_{\varepsilon_2} = 1,92,\ \sigma_k = 1,0\ \sigma_\varepsilon = 1,3 \qquad (12\text{-}39)$$

Les valeurs des **cinq** constantes figurant dans l'encadré ci-dessus seront qualifiées par la suite de "valeurs standards". Elles ont été fixées, pour certaines d'entre elles par Jones et Launder [200]. En conclusion de la schématisation $(\overline{k}, \overline{\varepsilon})$, nous pourrons retenir :

Avantages
• Modèle largement répandu, • Prise en compte de la variabilité spatiale de l'agitation turbulente, • Relative simplicité de mise en œuvre, • Bonne prédiction des écoulements cisaillés simples.

Inconvénients
• Dépendance locale et linéaire des tensions turbulentes et du champ moyen, • Schématisation de l'équation pour $\overline{\varepsilon}$, • Peu adapté aux écoulements complexes (recirculation, anisotropie forte, production négative,...)

7.3 Autres modèles à deux équations

Comme nous l'avons signalé en introduction de cette section (§7.1), la liberté de choix de la seconde échelle caractéristique de la turbulence (f) s'est traduite par

[1] Le concept de viscosité de turbulence conserve la forme générale des équations de transport de type "Advection" = "Diffusion" + "Source/Puits". Il augmente en outre le poids relatif des termes de diffusion, ce qui numériquement justifie l'emploi de méthodes éprouvées pour la résolution des équations de Navier-Stokes en régime laminaire.

une grande diversité de propositions. Nous regroupons dans le tableau suivant les équations de quatre d'entre elles, en comparaison du schéma $(\overline{k}, \overline{\varepsilon})$.

2ème fonction	Viscosité de turbulence ν_T	Équation modèle
$\overline{\varepsilon}$	$C_\mu C_D \dfrac{\overline{k}^2}{\overline{\varepsilon}}$	$\dfrac{\mathrm{D}\overline{\varepsilon}}{\mathrm{D}t} = -C_{\varepsilon 1} \overline{u_i u_j} \dfrac{\partial \overline{U}_i}{\partial x_j} + \dfrac{\partial}{\partial x_j}\left(\dfrac{\nu_T}{\sigma_\varepsilon}\dfrac{\partial \overline{\varepsilon}}{\partial x_j}\right) - C_{\varepsilon 2}\dfrac{\overline{\varepsilon}^2}{\overline{k}}$
$\overline{k}\, l$ $\left(C_D \dfrac{\overline{k}^{5/2}}{\overline{\varepsilon}}\right)$	$C_\mu l \sqrt{\overline{k}}$	$\dfrac{\mathrm{D}\overline{k}\, l}{\mathrm{D}t} = -C_{l_1} l \overline{u_i u_j} \dfrac{\partial \overline{U}_i}{\partial x_j} + \dfrac{\partial}{\partial x_j}\left(\dfrac{\nu_T}{\sigma_{l_1}} l \dfrac{\partial \overline{k}}{\partial x_j} + \dfrac{\nu_T}{\sigma_{l_2}} \overline{k} \dfrac{\partial l}{\partial x_j}\right) - C_{l_2} \overline{k}^{3/2}$
$\overline{k}\,\theta$ $\left(\overline{k}^2/\overline{\varepsilon}\right)$	$C_\mu C_D \overline{k}\,\theta$	$\dfrac{\mathrm{D}\overline{k}\theta}{\mathrm{D}t} = -C_{\theta_1} \theta \overline{u_i u_j} \dfrac{\partial \overline{U}_i}{\partial x_j} + \dfrac{\partial}{\partial x_j}\left(\dfrac{\nu_T}{\sigma_\theta}\dfrac{\partial (\overline{k}\theta)}{\partial x_j}\right) - C_{\theta_2}\overline{k}$
ω $\left(\dfrac{\overline{\varepsilon}}{C_\mu C_D \overline{k}}\right)$	$\overline{k}/\omega$	$\dfrac{\mathrm{D}\omega}{\mathrm{D}t} = -\alpha \dfrac{\omega}{\overline{k}} \overline{u_i u_j} \dfrac{\partial \overline{U}_i}{\partial x_j} + \dfrac{\partial}{\partial x_j}\left(\sigma \nu_T \dfrac{\partial \omega}{\partial x_j}\right) - \beta \omega^2$
φ $\left(\dfrac{\overline{\varepsilon}}{\sqrt{\overline{k}}}\right)$	$C_\mu \left(\overline{k}\right)^{3/2}/\varphi$	$\dfrac{\mathrm{D}\varphi}{\mathrm{D}t} = \alpha \dfrac{\varphi}{\overline{k}} \tau_{ij} \dfrac{\partial \overline{U}_i}{\partial x_j} + \dfrac{\partial}{\partial x_j}\left(\dfrac{\nu_T}{\sigma_\varphi}\dfrac{\partial \varphi}{\partial x_j}\right) - \beta \varphi^2/\sqrt{\overline{k}}$

Tableau 12.2 Seconde fonction de fermeture en alternative au modèle $(\overline{k}, \overline{\varepsilon})$.

Auteur	Année	Type	Valeur des constantes (2ème équation)
Ng et al.[310]	1972	$\overline{k}$, $\overline{k}\, l$	$C_{l_1} = 0,98 \quad C_{l_2} = 0,059 + 702(l/y)^6 \quad C_\mu = 0,09$ $\sigma_{l_1} = \sigma_{l_2} = 1\ (= \sigma_k)$
Zeierman et al.[459]	1986	$\overline{k}$, $\overline{k}\,\theta$	$C_{\theta_1} = 0,173 \quad C_{\theta_1} = 0,225 \quad C_\mu = 0,09$ $\sigma_\theta = 10,8 \quad (\sigma_k = 1,46)$
Wilcox [444]	1988	$\overline{k}$, ω	$\alpha = 5/9 \quad \beta = 3/40 \quad \sigma = 1/2 \quad (\sigma_k = 1/\sigma = 2)$
Cousteix et al.[94]	1997	$\overline{k}$, φ	$\alpha = 1,14 \quad \beta = 1,42 \quad \sigma_k = 1,5 \quad \sigma_\varphi = 2$ $C_\mu = 0,09$

Tableau 12.3 Constantes des schémas de fermetures alternatives au modèle $(\overline{k}, \overline{\varepsilon})$.

Le tableau 12.2 ne présente qu'un échantillon très réduit de propositions, dont on trouvera une liste beaucoup plus complète chez Wlicox [445], pages 459–460.

– Dans la première formulation $(\overline{k}, \overline{k}\, l)$ de Rotta [363], en 1968, la seconde fonction du modèle, produit de l'énergie cinétique d'agitation par une échelle de longueur, est déduite de l'intégrale spatiale de la fonction d'autocorrélation de vitesses en deux points $Q_{i,j}(\vec{x}, t; \vec{r}) = \overline{u_i(\vec{x}, t) u_j(\vec{x} + \vec{r}, t)}$ par :

$$\overline{k} \times l(\vec{x}, t) = \frac{3}{16} \int_{-\infty}^{+\infty} Q_{i,i}(\vec{x}, t; r) \mathrm{d}r \qquad où \quad r = \|\vec{r}\|$$

Sous certaines hypothèses, une équation ouverte de transport de $\overline{k}\, l$ peut être déduite directement de celle des corrélations doubles de vitesse établie au Chapitre IV (éq.4-8). Une fermeture en a été proposée par Rodi et Spalding [351] en 1970 pour des écoulements libres. En 1972, le cas des écoulements pariétaux a fait l'objet d'une fermeture de ce type par Ng et Spalding [310].

– Le modèle de Zeierman et Wolfshtein [459], en 1986 procède d'une analyse du même type, appliquée cette fois à l'autocorrélation temporelle. La seconde caractéristique est alors le produit de l'énergie cinétique de turbulence par une échelle de temps conformément à :

$$\overline{k} \times \theta(\vec{x}, t) = \frac{1}{4} \int_{-\infty}^{+\infty} Q_{ii}\big(\vec{x}, t; t'\big) \mathrm{d}t'$$

– La justification de la forme modèle d'équation pour ω n'est pas sans soulever quelques difficultés sérieuses. Si l'on adopte pour ω la racine carrée de l'enstrophie $(\omega = \sqrt{\overline{f}} \big(\equiv \sqrt{\overline{\omega_i \omega_i}/2}\big))$, l'équation ouverte de transport correspondante se déduit aisément de celle établie au Chapitre III pour $\overline{f}$ — éq.(3-54) — et ne se révèle guère plus simple que celle pour la dissipation. Nous avons signalé en outre que, sous l'approximation de grand nombre de Reynolds de turbulence (voir Chapitre III-§8.7), le bilan d'enstrophie d'agitation s'exprimait indépendamment de toute relation au champ moyen, en contradiction avec la forme générale du modèle. Ainsi la formulation intiale de cette équation par Kolmogorov, ne faisait pas intervenir de termes de “production” et postulait simplement que :

$$\rho \frac{\mathrm{D}\omega}{\mathrm{D}t} = \frac{\partial}{\partial x_j}\left(\sigma \mu_T \frac{\partial \omega}{\partial x_j}\right) - \beta \rho \omega^2$$

La forme retenue au tableau 12.2 constitue selon Wilcox [444] l'état de l'art du développement actuel de cette fermeture.

– Un des derniers développements en date de ce type de modélisation (k, φ) est dû à Cousteix et al. [94], [95]. L'idée majeure qui préside au choix de la seconde fonction est fondamentalement dictée par le comportement du modèle au voisinage d'une paroi. Nous y reviendrons donc au Chapitre XIV.

REMARQUE — *Compte tenu de la dépendance explicite entre la seconde fonction de fermeture ($f = \overline{k}^m \times \overline{\varepsilon}^p$) et les fonctions $\overline{k}$ et $\overline{\varepsilon}$, l'équation modèle de f peut se ramener à celle de $\overline{\varepsilon}$, à la seule différence des termes "sources". C'est donc à travers le comportement de ces derniers que peuvent en définitive s'apprécier les différences de comportements des divers modèles.*

7.4 Calage des constantes

Toutes les fermetures à équations de transport, et en particulier celles à deux équations, font intervenir un certain nombre de coefficicents encore qualifiés un peu abusivement de "constantes" du modèle. Si le principe de complétion s'appliquait rigoureusement, la détermination de leurs valeurs pourrait se faire graduellement, en référence à des situations particulières isolant des mécanismes n'impliquant à chaque fois qu'une seule constante inconnue. Une telle procédure suppose notamment (i) que l'on capture des mécanismes *universels* de la turbulence et que (ii) la schématisation les traite *tous* correctement. Ces prémices ne peuvent être assurées par une fermeture au premier ordre, et c'est pourquoi la calibration des constantes reste encore sujette à caution. Nous nous limiterons dans la suite à celles du modèle $(\overline{k}, \overline{\varepsilon})$.

7.4.1 Le calage conventionnel

Nous discutons ici du cas des trois constantes $C_{\varepsilon 2}$, C'_μ et $C_{\varepsilon 1}$. La question des nombres de Prandtl de turbulence sera examinée ultérieurement (§7.5.2).

Constante $C_{\varepsilon 2}$ Cette constante est la seule qui subsiste en situation de turbulence homogène et isotrope où les équations de fermeture du modèle se réduisent à :

$$\frac{\partial \overline{k}}{\partial t} = -\overline{\varepsilon} \qquad et \qquad \frac{\partial \overline{\varepsilon}}{\partial t} = -C_{\varepsilon 2}\frac{\overline{\varepsilon}^2}{\overline{k}}$$

La valeur de $C_{\varepsilon 2}$ se déduit directement du taux de décroissance énergétique en T.H.I. selon :

$$C_{\varepsilon 2} = \overline{k}\frac{\partial^2 \overline{k}}{\partial t^2} \Big/ \left(\frac{\partial \overline{k}}{\partial t}\right)^2 \tag{12-40}$$

Comme nous l'avons vu au Chapitre VIII–§2.4, l'ensemble des travaux expérimentaux s'accorde sur une loi de décroissance énergétique en puissance $\overline{k} = A \times t^n$, l'exposant n étant compris entre –1,25 selon Comte-Bellot et al. [77] et –1 selon Batchelor [15]. La relation (12-40) fournit alors $C_{\varepsilon 2} = (n-1)/n$, ce qui conduit à une valeur de $C_{\varepsilon 2}$ de l'ordre de 1,8 à 2,0. L'indication de 1,92 comme "valeur standard" intègre en réalité un effet "d'*optimisation* par l'usage".

Constante C'_μ L'expression même du cisaillement turbulent en couche limite turbulente bidimensionnelle plane en moyenne donne :

$$C'_\mu = \frac{\overline{\varepsilon}}{\overline{k}^2} \times \frac{-\overline{uv}}{\partial \overline{U}/\partial y}$$

Appliquant cette expression à la région d'équilibre énergétique entre "production" et "dissipation" de $\overline{k}$, il vient :

$$-\overline{uv}\partial\overline{U}/\partial y = \overline{\varepsilon}$$

qui, par substitution du gradient de vitesse moyenne conduit à $C'_\mu = (\overline{uv})^2/\overline{k}^2$. Or, en référence aux données expérimentales dans cette configuration, Bradshaw et al. [36] ont conclu à une valeur sensiblement constante du rapport $-\overline{uv}/\overline{k}$, de l'ordre de 0,3. On en déduit donc :

$$C'_\mu \simeq (0,3)^2 \simeq 0,09 \qquad (12\text{-}41)$$

Les spécificités mêmes du calage précédent posent la question de "l'universalité" de la valeur obtenue. Cette question a été examinée par Cazalbou et Bradshaw [57] qui ont conclu à une large dépendance au type d'écoulement (entre 0,03 et 0,6). Ces mêmes auteurs ont également dégagé une influence significative du nombre de Reynolds de turbulence, dont l'augmentation se traduit par une décroissance de C'_μ. Leurs estimations conduisent, dans la limite $R_T \to \infty$, à des valeurs de 0,055 et 0,065 pour la couche limite et le canal plan respectivement. À noter qu'une telle décroissance s'observe également sur les mesures de Laufer [232], avec $C'_\mu \simeq 0,1$ pour l'écoulement à faible nombre de Reynolds ($R_{eD} = 50\,000$) et $C'_\mu \simeq 0,06$ pour celui à $R_{eD} = 500\,000$.

Constante C_{ε_1} Le calage de cette constante fait réféfence à la région logarithmique de l'écoulement de couche limite. En négligeant les termes d'advection et de diffusion moléculaire, l'équation modèle de la dissipation s'écrit :

$$0 = C_{\varepsilon_1}\nu_T\left(\frac{\partial\overline{U}}{\partial y}\right)^2 + \frac{\partial}{\partial y}\left(\frac{\nu_T}{\sigma_\epsilon}\frac{\partial\overline{\varepsilon}}{\partial y}\right) - C_{\varepsilon_2}\frac{\overline{\varepsilon}^2}{\overline{k}}$$

Considérant que, dans cette région — voir Chapitre VI —, les profils de $\overline{U}$, $\overline{k}$ et $\overline{\varepsilon}$ peuvent être représentés par :

$$\frac{\overline{U}}{u_*} = \frac{1}{\chi}\ln y^+ + C \qquad \overline{k} = u_*^2/\sqrt{C'_\mu} \qquad \overline{\varepsilon} = \frac{u_*^3}{\chi y}$$

l'équation précédente, avec $\nu_T = \chi u_* y$, — voir aussi Ha Minh [158] —, conduit à :

$$C_{\varepsilon_1} = C_{\varepsilon_2} - \frac{\chi^2}{\sigma_\varepsilon\sqrt{C'_\mu}}$$

Avec les résultats antérieurs et un nombre de Prandtl de dissipation $\sigma_\varepsilon = 1,3$, cette égalité fournit $C_{\varepsilon_1} = 1,44$, à condition de prendre pour constante de von Kármán $\chi = 0,435$ soit une valeur légèrement supérieure à celle préconisée au Chapitre VI ($\chi = 0,41$).

7.4.2 Le calage par techniques de renormalisation

L'application des techniques de renormalisation au traitement de la turbulence permet, à partir des équations de Navier-Stokes, de déduire des données d'ordre statistique et des résultats directement exploitables dans la modélisation. Les pionniers en furent Yakhot et Orszag [454] qui, non seulement retrouvèrent la forme heuristique (12-38) du modèle d'équation de la dissipation, mais en fixèrent également les coefficients sans ajustement à l'expérience.
Les valeurs sont $C_{\varepsilon_1} = 1{,}42$, $C_{\varepsilon_2} = 1{,}68$ et $\sigma_k = \sigma_\varepsilon = 0{,}719$.
Reprenant la même méthode, Smith et Reynolds [389] ont également donné la valeur de la constante du schéma de viscosité, soit $C'_\mu = 0{,}0846$.
Speziale [397] a montré que le modèle $(\overline{k}, \overline{\varepsilon})$ utilisant ces valeurs prédisait mal la turbulence homogène, avec notamment une croissance excessive de l'énergie en écoulement cisaillé homogène.
Ces techniques de renormalisation furent à l'origine de très nombreux développements. Une revue en est faite par Zhou et al. [461] où l'on trouvera également un exposé très clair de leurs applications à la turbulence.

7.5 Comportement en frontière libre

Le comportement des modèles à deux équations en présence d'une paroi faisant l'objet de la section 5 du Chapitre XIV ne sera pas examiné ici, où nous nous limitons au cas d'écoulements avec frontière libre. Une nouvelle distincion apparaît alors entre les diverses fermetures, selon qu'elles font intervenir ou pas un conditionnement par l'intermittence, avec, le cas échant une équation de transport supplémentaire pour le facteur d'intermittence.

7.5.1 Modèles avec intermittence

Sous l'angle général de l'analyse physique, l'introduction de l'intermittence de frontière se fait en distinguant par un traitement conditionnel, les moyennes prises au cours d'épisodes turbulents et non turbulents. Toute valeur statistique $(\overline{F})$ est ainsi recomposée en fonction de deux contributions additives renvoyant aux séquences turbulente $(\widetilde{\widetilde{F}})$ et non turbulente $(\widetilde{F})$. Des équations peuvent être écrites pour chaque type de fonction : c'est l'approche zonale suivie notamment par Kollmann et son groupe [43], [195]. Nous ne l'aborderons pas ici, limitant l'examen à l'incidence de l'intermittence sur la fermeture des équations en statistique conventionnelle.
En regard de ce type de modélisation, on peut s'attendre à trois séries de conséquences portant sur :

- l'expression du schéma constitutif des tensions de Reynolds,
- des modifications aux équations modèles de fermeture sans intermittence,
- la schématisation du facteur d'intermittence.

Nous allons en donner quelques illustrations en prenant le modèle de Cho et Chung [66] à titre d'exemple.

• Ces auteurs conjecturent tout d'abord que la vicosité de turbulence dépende du facteur d'intermittence γ et posent :

$$\nu_T = C_\mu(\gamma)\overline{k}^2/\overline{\varepsilon}$$

S'appuyant sur la relation exacte de Chevray et Tutu [64] :

$$\overline{u_i u_j} = \gamma\widetilde{\widetilde{u_i u_j}} + (1-\gamma)\widetilde{u_i u_j} + \gamma(1-\gamma)\left(\widetilde{\widetilde{U}}_i - \widetilde{U}_i\right)\left(\widetilde{\widetilde{U}}_j - \widetilde{U}_j\right)$$

ils en dérivent l'expression suivante de la fonction $C_\mu(\gamma)$:

$$C_\mu(\gamma) = C'_\mu\left[1 + C_{\mu\gamma}\frac{\overline{k}^3}{\overline{\varepsilon}^2}\left(\frac{1-\gamma}{\gamma^m}\right)\frac{\partial\gamma}{\partial x_j}\frac{\partial\gamma}{\partial x_j}\right]\frac{\overline{k}^2}{\overline{\varepsilon}}$$

Selon les données regroupées par Rodi [349], le "coefficient" $C_\mu(\gamma)$ peut être une fonction monotone de γ, tendant vers l'infini en écoulement externe ($\gamma = 0$). Pour le calcul, Cho et al. ont utilisé $C'_\mu = 0{,}09$, $C_{\mu\gamma} = 0{,}1$ et $m = 3$.

• La valeur du facteur d'intermittence s'obtient en solution d'une équation de transport de γ, ce qui, outre les équations pour $\overline{k}$ et $\overline{\varepsilon}$, conduit à un modèle à trois équations. Plusieurs auteurs se sont attachés à écrire une telle équation, parmi lesquels on peut citer Libby [263] et Dopazo [116]. Celle utilisée par Cho et al. se singularise principalement par les termes source et s'écrit :

$$\frac{\partial\gamma}{\partial t} + \overline{U}_j\frac{\partial\gamma}{\partial x_j} = \frac{\partial}{\partial x_j}\left[(1-\gamma)\frac{\nu_T}{\sigma_\gamma}\frac{\partial\gamma}{\partial x_j}\right] + C_{\gamma 1}\gamma(1-\gamma)\frac{P_{rod}}{\overline{k}}$$
$$+ C_{\gamma 2}\frac{\overline{k}^2}{\overline{\varepsilon}}\frac{\partial\gamma}{\partial x_j}\frac{\partial\gamma}{\partial x_j} - C_{\gamma 3}\gamma(1-\gamma)\frac{\overline{\varepsilon}}{\overline{k}}\Gamma$$

où $$\Gamma = \frac{\overline{k}^{5/2}}{\overline{\varepsilon}^2}\frac{\overline{U}_i}{\sqrt{\overline{U}_n\overline{U}_n}}\frac{\partial\overline{U}_i}{\partial x_j}\frac{\partial\gamma}{\partial x_j}$$

Les valeurs adoptées pour les coefficients sont $C_{\gamma 1} = 1{,}6$, $C_{\gamma 2} = 0{,}15$, $C_{\gamma 3} = 0{,}16$ et $\sigma_\gamma = 1$.

• La dernière incidence de l'intermittence dans le modèle de Cho et al. est relative à l'équation de la dissipation, avec l'adjonction d'un terme source supplémentaire valant $0{,}1 \times \Gamma$.

Ce modèle, avec la correction de Pope [331], a été appliqué au calcul de quatre écoulements libres, le jet et sillage plan, le jet rond et la zone de mélange. Il se traduit par un accroissement de la diffusion turbulente dans la région intermittente, avec pour conséquence l'amélioration de la prédétermination des profils de vitesse moyenne et frottement turbulent, particulièrement en écoulement de sillage et zone de mélange.

7.5.2 Modèles sans intermittence

Dans une très large majorité, les fermetures d'usage courant ne font pas intervenir de traitement explicite de l'intermittence. En conséquence, toutes les fonctions statistiques du modèle de turbulence doivent s'annuler à la frontière libre avec un écoulement non-turbulent[1]. Il importe cependant que la tendance à zéro de ces fonctions reste physiquement réaliste, i.e., (i) sans discontinuité ni valeur infinie de pentes et (ii) conforme aux tendances de l'équilibre énergétique dans cette zone, dont les termes prépondérants semblent être la diffusion turbulente et l'advection par le mouvement moyen (voir Chapitres IX et X-§4.4).
Comme l'ont montré Cazalbou et al [56], il est possible de trouver localement une solution analytique faible pour la vitesse moyenne, l'énergie cinétique de turbulence et la dissipation, montrant en particulier que :

- la turbulence diffuse dans l'écoulement non-turbulent à vitesse finie ;
- les fronts d'énergie cinétique et de dissipation coïncident.

Les nombres de Prandtl de diffusion turbulente sont les paramètres déterminants du comportement de la solution à la frontière libre. Pour le modèle $(\overline{k}, \overline{\varepsilon})$, les auteurs précisent qu'afin d'éviter des anomalies telles que pente infinie du profil de vitesse, ces nombres (σ_k et σ_ε dans ce cas) doivent satisfaire la condition :

$$2\sigma_k - \sigma_\varepsilon \leq 1$$

On vérifiera que les valeurs standards ($\sigma_k = 1$, $\sigma_\varepsilon = 1{,}3$) ansi que celles du modèle de Yakhot et al. [454], ($\sigma_k = \sigma_\varepsilon = 0{,}7179$) sont bien conformes à cette inégalité. Avec les modèles du type $(\overline{k}, \overline{kl})$, le calage des constantes de Ng et Spalding peut présenter certaines faiblesses. C'est néanmoins le modèle $(\overline{k}, \omega)$ qui est le moins bien conditionné pour ce type de frontière, avec des décroissances exponentielles en désaccord avec la solution analytique de Cazalbou et al. En fait, comme l'a souligné Menter [294], la solution "optimisée" de cette fermeture est obtenue en prescrivant un raccordement de ω à une "petite" valeur non nulle dans l'écoulement externe, disposition qui rend ce modèle particulièrement délicat à manier.

8 Fermetures à schémas constitutifs non linéaires

8.1 Retour sur les limitations du schéma de Boussinesq

Un exemple d'inadaptation du modèle linéaire est illustré à la figure ci-contre. Il concerne le retour à l'isotropie consécutif à l'action d'une déformation pure plane.

[1] La condition de raccordement ne tient en effet pas compte de l'atténuation des fluctuations induites dans la zone irrotationnelle.

L'expérimentale est celle de Tucker et Reynolds [428], discutée au Chapitre VIII-§5. Le calcul est celui de Wilcox et Rubesin [446], à l'aide d'un modèle à deux équations de type $(\overline{k}, \omega^2)$. L'évolution du coefficient d'anisotropie de Taylor K_u^v en fonction de la distance d'application de la déformation est tracé à la figure ci-contre. Il apparaît un désaccord sévère entre expérience et calcul, la simulation indiquant un retour immédiat à l'isotropie dès que l'écoulement quitte le conduit de distorsion, en contradiction totale avec les mesures.

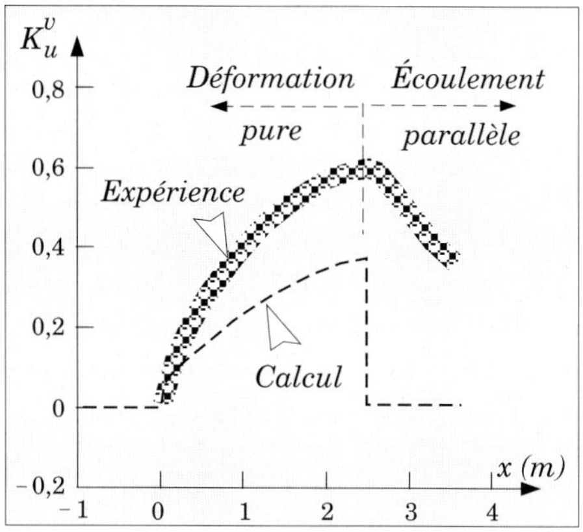

Fig. 4: Modèle au premier ordre en déformation pure plane.

En fait, outre les défauts déjà signalés au §3.1, la pratique conduit à ajouter les limitations suivantes de la schématisation linéaire :

• impossibilité de capturer l'anisotropie
• sensibilité insuffisante à des taux de déformations complémentaires (écoulements secondaires en conduits, décollement en couche limite,...)
• mauvais comportement en présence de changements brusques de déformations (production excessive de turbulence au point d'arrêt)
• inadaptation aux effets tridimensionnels, de rotation, de courbure.

Pour repousser les limites précédentes, plusieurs tentatives ont été faites. Certaines de celles qui procèdent d'un retour sur la loi constitutive de Boussinesq vont être examinées à présent.

8.2 La question des lois constitutives en turbulence

L'établissement de relations constitutives ou lois de comportements est une question centrale de la mécanique des milieux continus. Avec Truesdell [427], de telles lois doivent satisfaire les trois principes (i) d'indifférence matérielle, (ii) de déterminisme et (iii) d'action locale. Le premier a été exposé et son application à la turbulence discutée au Chapitre XI-§3.3.1. Le principe de déterminisme stipule que l'état de contrainte d'un matériau est déterminé par l'histoire du mouvement qu'a connue ce matériau. Le troisième exprime que les éléments de cette histoire *hors* d'un voisinage arbitrairement petit d'une "particule matérielle" peuvent être ignorés pour

déterminer l'état de contraintes agissant à l'échelle de *la particule*.
La validité du premier principe pour les tensions de Reynolds ne fait pas problème. Pour le dernier, l'expérience montre (voir résultats de la deuxième partie de cet ouvrage) un effet de "mémoire spatiale" sur des distances de l'ordre de l'échelle intégrale. En toute rigueur, il n'existerait donc pas de loi constitutive en turbulence, l'état statistique de l'agitation en un point et un instant donnés ne pouvant dériver d'une expression locale des valeurs au point et à l'instant courant, car devant inclure des arguments fonction de l'histoire temporelle et de l'environnemet spatial. Néanmoins, selon les conclusions de Lumley [274], une loi constitutive des tensions de Reynolds au regard du critère de localité pourrait exister dans des configurations où les échelles de longueur et de temps de l'agitation turbulente sont significativement inférieures à celles du champ moyen, de sorte que les effets des conditions initiales et aux limites deviennent négligeables. Tel est le cas d'écoulements stationnaires évoluant en milieu infini, avec de faibles inhomogénéités spatiales. Une large communauté scientifique (Pope [330] 1975, Speziale [397] 1991, Shih & Lumley [383] 1993, entre autres) s'accorde cependant pour admettre le principe de localité en turbulence, au moins comme première approximation opérationnelle pour l'élaboration de schémas de fermeture.

8.3 Extensions des schémas à viscosité effective

Plusieurs généralisations du schéma linéaire de Boussinesq ont été proposées. Elles procèdent d'une même formulation générique, du type :

$$\overline{u_i u_j} = \mathcal{F}_{ij}(\alpha,\ U_{mn}) \tag{12-42}$$

où la fonctionnelle tensorielle $\mathcal{F}_{ij}$ est en fait une fonction d'arguments[1] scalaire (α) et tensoriel (U_{ij}). Les diverses propositions ne diffèrent plus alors que par le choix de ces arguments et les hypothèses retenues pour expliciter la fonction en question.

Schéma en développement du second ordre Lumley [274], en 1970 puis Saffman [371], en 1976 ont montré que, sous la condition d'incompressibilité, le développement au second ordre en $\overline{S}_{ij}$ et $\overline{R}_{ij}$ de la relation (12-42) s'écrivait :

$$\begin{aligned} -\overline{u_i u_j} + \frac{2}{3}\overline{k}\,\delta_{ij} =& 2\nu_T \overline{S}_{ij} - Bl^2 \overline{S}_{qp}\overline{S}_{pq}\delta_{ij} - Cl^2 \overline{S}_{ik}\overline{S}_{kj} \\ &- Dl^2\left(\overline{S}_{ik}\overline{R}_{kj} + \overline{S}_{jk}\overline{R}_{ki}\right) - Gl^2 \overline{R}_{qp}\overline{R}_{pq}\delta_{ij} - Hl^2 \overline{R}_{ik}\overline{R}_{kj} \end{aligned} \tag{12-43}$$

Outre la viscosité cinématique de turbulence ν_T, ce schéma introduit cinq coefficients spécifiques B, C, D, G, H ainsi qu'une échelle de longueur caractéristique de la turbulence l, prise égale à $\left(\overline{k}\right)^{3/2}/\overline{\varepsilon}$ en turbulence forte. Pour assurer l'égalité en trace, on doit imposer $3B{+}C=0$ et $3G{+}H=0$, ce qui ne laisse que trois paramètrtes

[1] Cette fonction ne peut dépendre d'argument vectoriel si l'on veut satisfaire à la fois le principe d'indifférence matérielle et les règles d'objectivité, comme l'a montré Wang [440]

indépendants. Certains d'entre eux peuvent alors être prescrits en imposant la conformité de la relation constituive avec certaines données expérimentales. Si l'on admet par exemple avec Ibbetson et al. [190] que la décroissance d'une turbulence homogène avec rotation d'ensemble se fait sans engendrer d'anisotropie, alors $H = 0$. De même si l'on admet que, pour la déformation pure plane latérale ($\overline{U} = U_0$, $\overline{V} = -\alpha y$, $\overline{W} = +\alpha z$) les tensions sont telles que $\tau_{xx} = (\tau_{yy} + \tau_{zz})/2$, alors $C = 0$. Sous ces conditions, la relation constitutive se réduit à :

$$-\overline{u_i u_j} + \frac{2}{3}\overline{k}\,\delta_{ij} = 2\nu_T \overline{S}_{ij} - D\frac{\overline{k}^3}{\overline{\varepsilon}^2}\left(\overline{S}_{ik}\overline{R}_{kj} + \overline{S}_{jk}\overline{R}_{ki}\right) \qquad (12\text{-}44)$$

C'est une relation de ce type qui est été utilisée par Wilcox et Rubesin [446] dans le modèle à deux équations ($\overline{k}, \omega^2$). Elle ne résoud bien évidemment pas le problème de temps de retour à l'isotropie, mais améliore en revanche l'anisotropie des contraintes normales dans la région logarithmique de couche limite avec une bonne restitution de l'influence d'un gradient de pression adverse.

Schéma de Pope (1975) Appliquant la relation (12-42) au tenseur d'anisotropie b_{ij}, Pope [330] cherche une expression sous forme tensorielle polynômiale générale en fonction des deux arguments adimensionnels :

$$\overline{S}^*_{ij} = \frac{1}{2}\frac{\overline{k}}{\overline{\varepsilon}}\left(\frac{\partial \overline{U}_i}{\partial x_j} + \frac{\partial \overline{U}_j}{\partial x_i}\right) \qquad \overline{R}^*_{ij} = \frac{1}{2}\frac{\overline{k}}{\overline{\varepsilon}}\left(\frac{\partial \overline{U}_i}{\partial x_j} - \frac{\partial \overline{U}_j}{\partial x_i}\right)$$

En vertu du théorème de Cayley-Hamilton, le développement polynômial en question regroupe un nombre fini de termes[1] et s'écrit dans le cas bidimensionnel :

$$b_{ij} = G_1\frac{\overline{k}}{\overline{\varepsilon}}\overline{S}_{ij} + G_2\frac{\overline{k}^2}{\overline{\varepsilon}^2}\left(\overline{S}_{ik}\overline{R}_{kj} + \overline{S}_{jk}\overline{R}_{ki}\right) + G_3\frac{\overline{k}^2}{\overline{\varepsilon}^2}\left(\overline{S}_{ik}\overline{S}_{kj} - \frac{1}{3}\overline{S}_{pq}\overline{S}_{qp}\delta_{ij}\right)$$

Pour déterminer les trois coefficients G_α, l'auteur identifie les tensions fournies par le schéma précédent avec les expressions obtenues par restriction algébrique du modèle de Launder et al. [238], selon la démarche de Rodi [348] (voir Chapitre XI-§3.2.5). Les valeurs qui découlent de ce calcul, dont on peut trouver les détails en référence [44], sont :

$$G_1 = G_2 = -\frac{1}{2}G_3 = -\frac{3}{D}\times\frac{(C_2 - 2/3)(1 - C_3)}{(C_3 - 2)(C_1 - 1 + P_{rod}/\overline{\varepsilon})}$$

avec :

$$D = 3 - 2\eta^2 - 6\xi^2 \qquad \eta = \frac{(1 - C_3)\mathbf{S}}{2(C_1 - 1 + P_{rod}/\overline{\varepsilon})} \qquad \xi = \frac{(1 - C_4)\mathbf{R}}{2(C_1 - 1 + P_{rod}/\overline{\varepsilon})} \qquad (12\text{-}45)$$

où figure le terme de production de l'équation de $\overline{k}$: $P_{rod} = -\overline{u_i u_j}\partial\overline{U}_i/\partial x_j$, et où l'on a posé $\mathbf{S} = \frac{\overline{k}}{\overline{\varepsilon}}\sqrt{\overline{S}_{ij}\overline{S}_{ij}}$ et $\mathbf{R} = \frac{\overline{k}}{\overline{\varepsilon}}\sqrt{\overline{R}_{ij}\overline{R}_{ij}}$.

[1] Il comprend trois termes dans le cas bidimensionnel et dix, dans le cas tridimensionnel.

Les constantes $C_1 = 1{,}5$, $C_2 = 0{,}4$, $C_3 = 0{,}875$, $C_4 = 0{,}655$ sont relatives au schéma *linéaire* de fermeture du terme de redistribution de Launder et al. [238] — voir Chapitre XIII-§6.2.3 —, mis sous la forme générale :

$$\Pi_{ij} = -C_1\overline{\varepsilon}b_{ij} + C_2\overline{k}\,\overline{S}_{ij} + C_3\overline{k}\left(b_{ik}\overline{S}_{jk} + b_{jk}\overline{S}_{ik} - \frac{2}{3}b_{pq}\overline{S}_{qp}\delta_{ij}\right) + C_4\left(b_{ik}\overline{R}_{jk} + b_{jk}\overline{R}_{ik}\right)$$

En définitive, le schéma de Pope peut être vu comme la solution algébrique explicite déduite du modèle de Launder et al. en écoulement bidimensionnel plan et dans un référentiel d'inertie. Il présente deux particularités marquantes :
– une non-linéarité, en conséquence de simples couplages quadratiques ;
– une variation des coefficients en fonction des invariants $\mathbf{S}$ et $\mathbf{R}$. Prenant par l'exemple de G_1 — qui s'identifie à $C'_\mu = 0{,}09$ du schéma linéaire —, sa valeur peut être comprise entre 0,03 et 0,3 si les plages de variations de $\mathbf{S}$ et $\mathbf{R}$ vont de 0,28 à 2,8 pour chacun.

Schéma de Gatski & Speziale (1993) Ces auteurs [143] généralisent au cas tridimensionnel et à un référentiel non-inertiel, l'analyse de Pope. Pour obtenir l'expression explicite adimensionnelle du schéma $b_{ij} = f_{ij}\left(\overline{S}^*_{pq}, \overline{R}^*_{pq}\right)$, il est imposée à la fonction f_{ij}, symétrique et de trace nulle, d'être également une fonction tensorielle isotrope de ses arguments[1]. La forme générale s'écrit alors matriciellement :

$$\mathbf{b} = \sum_{n=1}^{n=10} G_n \mathbf{T}^{(n)}$$

où les $\mathbf{T}^{(n)}$ constituent la base d'intégrité minimale formée à partir des matrices associées aux tenseurs adimensionnels symétriques et antisymétriques $\overline{S}^*_{ij}$ et $\overline{R}^*_{ij}$. Les coefficients G_n sont à présent des fonctions des cinq invariants ($\overline{S}_{ij}\overline{S}_{ji}$, $\overline{R}_{ij}\overline{R}_{ji}$, $\overline{S}_{ik}\overline{S}_{km}\overline{S}_{mj}$, $\overline{S}_{ik}\overline{R}_{km}\overline{R}_{mj}$ et $\overline{S}_{ik}\overline{S}_{kp}\overline{R}_{pq}\overline{S}_{qj}$). Matriciellement, et dans un repère d'inertie, la relation précédente s'explicite comme suit :

$$\begin{aligned}
b_{ij} &= G_1\frac{\overline{k}}{\overline{\varepsilon}}\overline{S}_{ij} + G_2\frac{\overline{k}^2}{\overline{\varepsilon}^2}\left(\overline{S}_{ik}\overline{R}_{kj} + \overline{S}_{jk}\overline{R}_{ki}\right) + G_3\frac{\overline{k}^2}{\overline{\varepsilon}^2}\left(\overline{S}_{ik}\overline{S}_{kj} - \frac{1}{3}\overline{S}_{pq}\overline{S}_{qp}\delta_{ij}\right)\\
&+ G_4\frac{\overline{k}^2}{\overline{\varepsilon}^2}\left(\overline{R}_{ik}\overline{R}_{kj} - \frac{1}{3}\overline{R}_{pq}\overline{R}_{qp}\delta_{ij}\right) + G_5\frac{\overline{k}^3}{\overline{\varepsilon}^3}\left(\overline{R}_{ik}\overline{S}_{kp}\overline{S}_{pj} - \overline{S}_{ik}\overline{S}_{kp}\overline{R}_{pj}\right)\\
&+ G_6\frac{\overline{k}^3}{\overline{\varepsilon}^3}\left(\overline{R}_{ik}\overline{R}_{kp}\overline{S}_{pj} + \overline{S}_{ik}\overline{R}_{kp}\overline{R}_{pj} - \frac{2}{3}\overline{S}_{nk}\overline{R}_{kp}\overline{R}_{pn}\delta_{ij}\right)\\
&+ G_7\frac{\overline{k}^4}{\overline{\varepsilon}^4}\left(\overline{R}_{ik}\overline{S}_{kp}\overline{R}_{pn}\overline{R}_{nj} - \overline{R}_{ik}\overline{R}_{kp}\overline{S}_{pn}\overline{R}_{nj}\right)
\end{aligned}$$

---

[1] Cette condition s'exprime encore en disant que la forme de la loi est invariante par transformation de coordonnées orthogonale. Si $\mathbf{Q}$ est une matrice de rotation et $\mathbf{Q}^T$ sa transposée, en désignant par $\mathbf{f}$ la matrice associée à f_{ij}, cela se traduit par : $\mathbf{Q}\mathbf{f}(\mathbf{S}^*, \mathbf{R}^*)\mathbf{Q}^T = \mathbf{f}\left(\mathbf{Q}\mathbf{S}^*\mathbf{Q}^{\mathrm{T}}, \mathbf{Q}\mathbf{R}^*\mathbf{Q}^{\mathrm{T}}\right)$.

$$+ G_8 \frac{\overline{k}^4}{\overline{\varepsilon}^4} \left(\overline{S}_{ik} \overline{R}_{kp} \overline{S}_{pn} \overline{S}_{nj} - \overline{S}_{ik} \overline{S}_{kp} \overline{R}_{pn} \overline{S}_{nj} \right)$$
$$+ G_9 \frac{\overline{k}^4}{\overline{\varepsilon}^4} \left(\overline{R}_{ik} \overline{R}_{kp} \overline{S}_{pn} \overline{S}_{nj} + \overline{S}_{ik} \overline{S}_{kp} \overline{R}_{pn} \overline{R}_{nj} - \frac{2}{3} \overline{S}_{pk} \overline{S}_{kq} \overline{R}_{qn} \overline{R}_{np} \delta_{ij} \right)$$
$$+ G_{10} \frac{\overline{k}^5}{\overline{\varepsilon}^5} \left(\overline{R}_{iq} \overline{S}_{qk} \overline{S}_{kp} \overline{R}_{pn} \overline{R}_{nj} - \overline{R}_{iq} \overline{R}_{qk} \overline{S}_{kp} \overline{S}_{pn} \overline{R}_{nj} \right) \qquad (12\text{-}46)$$

Les coefficients G_1 à G_9 s'expriment sous forme de quotients dont le dénominateur peut s'annuler. Pour éviter cette singularité, les auteurs proposent pour les applications, un modèle régularisé selon une approximation de Padé. Il s'écrit :

$$\overline{u_i u_j} - \frac{2}{3} \overline{k} \delta_{ij} = -3\overline{k} \left(\frac{C_2 - 2/3}{C_3 - 1} \right) \times \frac{(1+\eta^2)}{3 + \eta^2 + 6\xi^2\eta^2 + 6\xi^2} [\overline{S}^*_{ij} + \left(\overline{S}^*_{ik} \overline{R}^*_{kj} + \overline{S}^*_{jk} \overline{R}^*_{ki} \right)$$
$$- \left(\overline{S}^*_{ik} \overline{S}^*_{kj} - \frac{1}{3} \left(\overline{S}^*_{pq} \overline{S}^*_{qp} \right) \delta_{ij} \right)]$$

où η et ξ gardent les définitions (12-45) mais avec à présent :

$$\overline{S}^*_{ij} = \frac{\overline{k}}{\overline{\varepsilon}} \frac{(1 - C_3)}{(C_1 - 1 + P_{rod}/\overline{\varepsilon})} \overline{S}_{ij} \qquad \overline{R}^*_{ij} = \frac{\overline{k}}{\overline{\varepsilon}} \frac{(1 - C_4)}{(C_1 - 1 + P_{rod}/\overline{\varepsilon})} \overline{R}_{ij}$$

Ce schéma, qui redonne dans le cas bidimensionnel celui de Pope (trois premiers termes du développement), a été appliqué au calcul de l'écoulement cisaillé homogène $(\Lambda \left(\equiv \partial\overline{U}/\partial y\right) = C^{te})$ en comparaison avec l'expérience de Tavoularis et Corrsin [408]. Pour ce faire, il a été introduit dans une fermeture de type $(\overline{k}, \overline{\varepsilon})$ classique, avec pour constantes $C'_\mu = 0{,}09$, $\sigma_k = 1$, $\sigma_\varepsilon = 1{,}3$, $C_{\varepsilon 1} = 1{,}44$ et $C_{\varepsilon 2} = 1{,}83$. Les autres valeurs utilisées sont $C_1 = 3{,}4$, $C_2 = 0{,}18$, $C_3 = 0{,}625$, $C_4 = 0{,}2$ et $g = 0{,}233$.

À partir des composantes du tenseur d'anisotropie du tableau suivant, on peut juger la fermeture satisfaisante pour ce type d'écoulement, et en tout cas de comportement bien meilleur que le modèle $(\overline{k}, \overline{\varepsilon})$ classique.

	b_{11}	b_{22}	b_{33}	b_{12}	$\frac{\overline{k}}{\overline{\varepsilon}}\Lambda$
Expérience	0,10	-0,070	-0,030	-0,075	6,0
Schéma algébrique non linéaire	0,102	-0,074	-0,027	-0,078	6,02
Modèle $(\overline{k}, \overline{\varepsilon})$ standard	0	0	0	-0,108	4,82

Tableau 12.4 Éléments de l'anisotropie avec schéma de viscosité de turbulence linéaire et non-linéaire.

Schéma de Wang (1997) Contrairement aux deux précédents auteurs, Wang [440] considère que les tenseurs $\overline{S}_{ij}$ et $\overline{R}_{ij}$ ne peuvent intervenir comme arguments *indépendants* dans l'expression tensorielle polynômiale. Il retient donc le tenseur gradient de vitesse lui-même. De même, il n'impose pas a priori les fonctions $\overline{k}$ et $\overline{\varepsilon}$ comme arguments scalaires de l'expression recherchée. Celle-ci découle alors de la restrcition d'une représentation tensorielle polynômiale sous les conditions de :

- déterminisme et localité ;
- indiférence matérielle et objectivité ;
- vraisemblance, au sens où il est imposé au schéma d'assurer le caractère semi-définie positive de la forme quadratique associée au tenseur des contraintes de Reynolds

Le résultat s'exprime exactement par :

$$\overline{u_i u_j} = \psi_0 \overline{S}_{ij} + \psi_1 \overline{S}_{ik}\overline{S}_{kj} + \psi_2 \overline{S}_{ik}\overline{S}_{kp}\overline{S}_{pj}$$

où les coefficients ψ_n doivent être déterminés par recours à l'expérience, sachant qu'ils sont des fonctions des invariants $\overline{S}_{ii}$, $\overline{S}_{ik}\overline{S}_{ki}$ et du déterminant de $\overline{S}_{ii}$ vérifiant les conditions :

$$\psi_0 > 0 \qquad \psi_2 > 0 \qquad |\psi_1| < 2\sqrt{\psi_0\psi_2}$$

Dans la limite des faibles vitesses de déformation, l'expression précédente conduit à des approximations linéaires et quadratiques de la loi constitutive s'écrivant en évolution isovolume :

$$\overline{u_i u_j} \overset{L}{=} a\delta_{ij} + c\overline{S}_{ij}$$

$$\overline{u_i u_j} \overset{Q}{=} \left(a + b\overline{S}_{ik}\overline{S}_{ki}\right)\delta_{ij} + c\overline{S}_{ij} + d\overline{S}_{ik}\overline{S}_{kj}$$

où les coefficients sont des constantes à déterminer expérimentalement.
En définitive, la proposition de Wang fournit l'expression d'une loi constitutive vérifiant de façon nécessaire et suffisante les conditions d'invariance et de vraisemblance. Si les hypothèses retenues s'appliquent effectivement, la loi qui en découle présente les traits distinctifs suivants :

- la vitesse ne peut intervenir dans une formulation invariante ;
- le tenseur antisymétrique $\overline{R}_{ij}$ ne peut figurer explicitement dans une formulation invariante. En d'autres termes, cette dernière ne dépend que du seul tenseur des vitesses de déformation $\overline{S}_{ij}$;
- le choix de quantités telles que $\overline{k}$ ou $\overline{\varepsilon}$ comme paramètres scalaires retenus en arguments du schéma est d'ordre intuitif. Les scalaires à considérer au sens déductif de cette approche sont les invariants de $\overline{S}_{ij}$ ($\overline{S}_{ii}$, $\overline{S}_{ik}\overline{S}_{ki}$ et $det(\overline{S}_{ij})$) ;
- les vecteurs propres de $\overline{u_i u_j}$ sont confondus avec ceux de $\overline{S}_{ij}$. Ce résultat que l'on sait ne pas être toujours vérifié expérimentalement, pourrait suggérer de revoir la généralité de certaines hypothèses.

Autres propositions Les travaux qui viennent d'être décrits ne donnent qu'une vue partielle des réponses aux questions posées par l'établissement d'une loi constitutive des tensions de Reynolds, d'où les quelques correctifs qui suivent.
En toute généralité, la viscosité de turbulence devrait être un tenseur d'ordre quatre ν_{ijkl}. Cette voie a été explorée par Wirth et al. [457], qui en proposent une expression en solution d'équations de Navier-Stokes tridimensionnelles linéarisées.

Revenant à une dimension scalaire de la viscosité, il existe d'autres méthodes pour expliciter la relation (12-42) sous forme d'un développement au second ordre analogue à (12-43) :

$$
\begin{aligned}
-\overline{u_i u_j} + \frac{2}{3}\overline{k}\,\delta_{ij} =& 2G_1\frac{\overline{k}}{\overline{\varepsilon}}\overline{S}_{ij} + G_2\left(\frac{\overline{k}}{\overline{\varepsilon}}\right)^2\left(\overline{S}_{ik}\overline{R}_{kj} + \overline{S}_{jk}\overline{R}_{ik}\right) \\
&+ G_3\left(\frac{\overline{k}}{\overline{\varepsilon}}\right)^2\left(\overline{S}_{ik}\overline{S}_{kj} - \frac{1}{3}\overline{S}_{qp}\overline{S}_{pq}\delta_{ij}\right) \\
&G_4\left(\frac{\overline{k}}{\overline{\varepsilon}}\right)^2\left(\overline{R}_{ik}\overline{R}_{kj} - \frac{1}{3}\overline{R}_{qp}\overline{R}_{pq}\delta_{ij}\right)
\end{aligned}
$$

Sans chercher à être exhaustif, signalons simplement la proposition de Yoshizawa [457] qui résulte d'une approximation d'interaction directe à deux échelles.

Plus récemment, plusieurs travaux ont été publiés qui, exploitant les méthodes de renormalisation de groupe de Yakhot et Orszag [454], fournissent des expressions analytiques des coefficients. À titre d'exemple, nous donnons au tableau suivant les valeurs obtenues par Rubinstein et al. [366] avec cette technique.

On observera la confirmation du choix généralement retenu pour la valeur de la constante du schéma antérieur de Chou (12-35), à savoir $C'_\mu (\equiv G_1) = 0{,}09$.

Constante / Auteur	G_1	G_2	G_3	G_4
Yoshizawa [457]	0,09	0,064	0,0284	0,384
Speziale [396]	0,09	0,054	-0,054	0
Rubinstein et al. [366]	0,0845	0,046	-0,22	0,094

Tableau 12.5 Constantes de quelques schémas non-linéaires.

8.4 Schéma visco-élastique

Il semble qu'une première incursion dans ce type d'analyse débouchant sur une contribution significative appliquée à la turbulence soit celle de Crow [101], en 1968.

Pour en comprendre le sens physique, rappelons qu'en l'absence de tout champ moyen, nous savons qu'une turbulence homogène anisotrope évolue “naturellement” en réduisant son niveau d'anisotropie. Ce processus de retour à l'isotropie de l'agitation turbulente peut être caractérisé par une échelle de temps dite temps de relaxation vers l'isotropie, notée θ et se comprendre comme une propriété “intrinsèque” du “matériau turbulent”. En présence d'un champ moyen inhomogène, cette échelle de temps entre en compétition avec celle imposée par le gradient de vitesse moyenne. Considérons alors, dans un tel écoulement, un paquet de fluide que l'on suit dans son mouvement moyen et désignons par ϖ la fréquence caractéristique de l'agitation à l'échelle de ce système fluide. Dire que cette agitation manifeste un comportement visco-élastique signifie qu'il existe des cas limites de réponses purement élastique et purement visqueuse en fonction de la valeur du produit $\theta{\times}\varpi$, qui n'est autre qu'un nombre de Deborah (Voir par exemple Chassaing [63], page 13).

- Si le temps de relaxation est très grand comparé à l'inverse de la fréquence de réponse, soit $\theta\times\varpi >> 1$, le milieu se comportera de façon élastique. Une telle situation est évidemment compatible avec un champ moyen cinématiquement inhomogène dont l'échelle de temps caractéristique est largement supérieure à celle de la relaxation de la turbulence, puisqu'alors $\left\|\partial\overline{U}_i/\partial x_j\right\|^{-1} >> \theta >> 1/\varpi$.
- Au contraire, si $\theta{\times}\varpi << 1$, le temps de relaxation est trop court pour permettre à une "organisation interne" du matériau de se mettre en place, et le comportement est alors de type visqueux.

Dans le schéma proposé en 1987 par Speziale [395], le comportement visco-élastique se traduit par la présence de la variation de $\overline{S}_{ij}$ dans la relation constitutive à travers la dérivation matérielle d'Oldroyd :

$$\overset{o}{\overline{S}}_{ij} = \frac{\partial \overline{S}_{ij}}{\partial t} + \overline{U}_k \frac{\partial \overline{S}_{ij}}{\partial x_k} - \left(\frac{\partial \overline{U}_i}{\partial x_k} \overline{S}_{kj} + \frac{\partial \overline{U}_j}{\partial x_k} \overline{S}_{ki} \right)$$

Le schéma introduit par cet auteur dans un modèle de type $(\overline{k}, \overline{\varepsilon})$ s'écrit :

$$\begin{aligned}\tau_{ij} + \frac{2}{3}\overline{k}\,\delta_{ij} = 2\mu_T \overline{S}_{ij} &+ 4C_D C_\mu^2 \rho \frac{\overline{k}^3}{\overline{\varepsilon}^2} \left(\overline{S}_{ki}\overline{S}_{kj} - \frac{1}{3}\overline{S}_{qp}\overline{S}_{pq}\delta_{ij} \right) \\ &+ 4C_E C_\mu^2 \rho \frac{\overline{k}^3}{\overline{\varepsilon}^2} \left(\overset{o}{\overline{S}}_{ij} - \frac{1}{3}\overset{o}{\overline{S}}_{pp}\delta_{ij} \right) \qquad (12\text{-}47)\end{aligned}$$

avec $C_D = C_E = 1{,}68$.
Ce modèle ne rend pas mieux compte du retour à l'isotropie que les précédents, puisque toute anisotropie disparaît à l'évidence en l'absence de vitesse de déformation moyenne. En revanche il s'avère apte à traduire l'anisotropie des tensions de Reynolds qui résulte de gradients additionnels de vitesse moyenne $(\partial\overline{U}/\partial z)$ tels qu'il s'en produit dans des écoulements en conduits à section rectangulaire. Or la différence de contraintes normales $\tau_{zz} - \tau_{yy}$ est déterminante des recirculations secondaires que l'on observe en pareille situation. Le schéma précédent capture ainsi un trait essentiel de ce type d'écoulement, contrairement aux propositions antérieures.

CHAPITRE XIII

FERMETURES AU SECOND ORDRE

« Turbulence modelling, I am sorry to say, is still seen by many as a black art founded on bad physics and capable of producing computed flows patterns in accord with measurements only by the arbitrary case-by-case adjustment of a sackful of empirical constants and other less reputable fudges.»

(La modélisation de la turbulence, j'ai le regret de le dire, passe encore pour beaucoup pour une alchimie occulte fondée sur une mauvaise physique, apte à simuler numériquement des écoulements en accord avec les mesures que par l'ajustement au cas par cas d'un paquet de constantes empiriques et autres artifices encore moins recommandables.)

Brian E. LAUNDER [374] 1993, préface page 13.

1 Introduction

Dans les fermetures au second ordre, les tensions de Reynolds font désormais l'objet d'équations *à résoudre*, au même titre que celles du champ moyen. Pour des raisons que nous dégagerons par la suite, ce type de modèle nécessite toujours la prescription d'une échelle de temps, déduite le plus souvent d'une équation de dissipation.

Nous allons donc en premier lieu rappeler les équations exactes (ouvertes) qui régissent les contraintes turbulentes, en discernant les termes à schématiser et les mécanismes qui sont censés y être associés.

En suivant la classification du Chapitre VI, nous présenterons et discuterons ensuite les principales propositions de schématisation, en commençant par les situations de turbulence homogène.

Comme dans le chapitre précédent, nous nous en tenons ici aux seules situations où le *nombre de Reynolds de turbulence est élevé,* mention que nous ne reprendrons plus dans la suite. L'adaptation aux écoulements à faible nombre de Reynolds sera présentée au Chapitre XIV.

2 Les mécanismes à modéliser

Des enseignements de la deuxième partie (voir notamment du Chapitre VIII), il ressort que les phénomènes majeurs qui peuvent être appréhendés par une analyse au second ordre en un point sont :

1. la **dégénérescence** d'une turbulence *isotrope* dans un champ de vitesse moyenne uniforme,
2. le **retour à l'isotropie**, en relaxation d'une turbulence initialement *anisotrope*,
3. le **développement** de l'**anisotropie** en réponse à des **actions du champ moyen** sur une turbulence initialement *isotrope ou non*,
4. la **redistribution** entre composantes du tenseur de Reynolds,
5. le **mélange** limité ici aux champs de fonctions cinématiques variables dans l'espace.

Selon la classification du Chapitre VI, les quatre premiers peuvent être traités indépendamment du dernier. À l'exclusion du **transfert énergétique** entre nombres d'onde qui échappe à toute analyse en UN point et requiert une approche spectrale ou MULTI-points, les autres phénomènes sont sous contrôle de mécanismes qui s'explicitent dans les différents termes des équations de transport des tensions de Reynolds :

- advection,
- dissipation,
- corrélation pression-vitesse,
- production,
- diffusion.

En suivant une ligne d'exposé par complétion, nous allons présenter les schématisations spécifiques de ces divers mécanismes en considérant des configurations d'écoulement où ils s'introduisent progressivement.

3 Retour sur les équations

L'objet de la fermeture est l'équation (3-19) reprise ici sous la forme compacte suivante :

$$\boxed{\frac{\mathrm{D}\overline{u_i u_j}}{\mathrm{D}t} = P_{ij} + \Pi_{ij} + D_{ij} - \overline{\varepsilon}_{ij}} \qquad (13\text{-}1)$$

Dans le cadre d'une fermeture au second ordre, les termes de *production* :

$$P_{ij} = -(\overline{u_i u_k}\frac{\partial \overline{U}_j}{\partial x_k} + \overline{u_j u_k}\frac{\partial \overline{U}_i}{\partial x_k})$$

sont directement liés aux fonctions inconnues principales du problème et ne nécessitent donc pas de modélisation.

Seuls les trois termes suivants du second membre de l'équation (13-1) sont à schématiser. Il s'agit respectivement de :

- la *corrélation avec la fluctuation de pression* : $\Pi_{ij} = -\frac{1}{\rho}\left(\overline{u_i\frac{\partial p}{\partial x_j}} + \overline{u_j\frac{\partial p}{\partial x_i}}\right)$
- la *diffusion turbulente* : $D_{ij} = -\frac{\partial}{\partial x_k}\left(\overline{u_i u_j u_k}\right)$
- le tenseur de "*pseudo-dissipation*" : $\overline{\varepsilon}_{ij} = 2\nu\overline{\frac{\partial u_i}{\partial x_k}\frac{\partial u_j}{\partial x_k}}$

Préalablement à leur fermeture, nous allons apporter quelques modifications d'écritures dictées par l'interprétation physique qui se rapporte à chacun d'eux.

3.1 Corrélation avec la fluctuation de pression

Le terme de *corrélation avec la fluctuation de pression* peut encore s'écrire :

$$-\left(\overline{u_i\frac{\partial p}{\partial x_j}} + \overline{u_j\frac{\partial p}{\partial x_i}}\right) \equiv -\frac{\partial}{\partial x_k}\left(\overline{pu}_i\delta_{jk} + \overline{pu}_j\delta_{ki}\right) + 2\overline{ps}_{ij} \qquad \text{(13-2)}$$

où nous rappelons que $s_{ij} = \frac{1}{2}(\partial u_i/\partial x_j + \partial u_j/\partial x_i)$. Ainsi, en turbulence homogène, la pression n'intervient-elle plus qu'à travers le seul terme de *corrélation* avec la vitesse de *déformation* ou, en raccourci, *corrélation pression-déformation.* L'équation (3.42) de la fluctuation de pression suggère de faire apparaître dans le schéma de ce terme deux contributions additives :

$$\overline{ps}_{ij} = \overline{p^{(1)}s_{ij}} + \overline{p^{(2)}s_{ij}} \qquad \text{(13-3)}$$

La première partie, ou contribution **linéaire** correspond à la fluctuation de pression $p^{(1)}$ qui est solution de l'équation :

$$-\frac{1}{\rho}\frac{\partial^2 p^{(1)}}{\partial x_j \partial x_j} = 2\frac{\partial^2}{\partial x_m \partial x_n}\left(u_m\overline{U}_n\right) \equiv 2\frac{\partial u_m}{\partial x_n} \times \frac{\partial \overline{U}_n}{\partial x_m} \qquad \text{(13-4a)}$$

La seconde, ou contribution **quadratique** est relative à la fluctuation de pression $p^{(2)}$ solution de l'équation :

$$-\frac{1}{\rho}\frac{\partial^2 p^{(2)}}{\partial x_j \partial x_j} = \frac{\partial^2}{\partial x_m \partial x_n}\left(u_m u_n - \overline{u_m u_n}\right) \qquad \text{(13-4b)}$$

3.2 Dissipation

En suivant la suggestion de Lumley [276], nous écrirons pour la *dissipation* :

$$\overline{\varepsilon}_{ij} \equiv 2\nu\overline{\frac{\partial u_i}{\partial x_j}\frac{\partial u_i}{\partial x_j}} = \left(\overline{\varepsilon}_{ij} - \frac{2}{3}\overline{\varepsilon}\delta_{ij}\right) + \frac{2}{3}\overline{\varepsilon}\delta_{ij} \equiv \overline{e}_{ij} + \frac{2}{3}\overline{\varepsilon}\delta_{ij} \qquad \text{(13-5)}$$

en introduisant le déviateur ($\overline{e}_{ij}$) du tenseur de dissipation et sa partie sphérique, dont la demi-trace n'est autre que le taux de dissipation d'énergie cinétique d'agitation $\overline{\varepsilon}$ soit, en situation homogène ou turbulence à grand nombre de Reynolds :

$$\overline{\varepsilon} = \overline{\varphi}/\rho = \frac{\nu}{2}\overline{\left(\frac{\partial u_i}{\partial x_j} + \frac{\partial u_i}{\partial x_j}\right)^2} = \nu\overline{\frac{\partial u_i}{\partial x_j}\frac{\partial u_i}{\partial x_j}}\left(\equiv \frac{\overline{\varepsilon}_{ii}}{2}\right)$$

3.3 Équations à modéliser

Avec les expressions (13-2), (13-3) et (13-5), l'équation de transport des corrélations doubles de vitesse (13-1) devient :

$$\frac{\mathrm{D}\overline{u_i u_j}}{\mathrm{D}t} = \underbrace{P_{ij} + \Pi_{ij}^{(1)}}_{(i)} + \underbrace{D_{ij} - \frac{1}{\rho}\frac{\partial}{\partial x_k}\left(\overline{pu_i}\delta_{jk} + \overline{pu_j}\delta_{ik}\right)}_{(ii)} + \underbrace{\Pi_{ij}^{(2)} - \overline{e}_{ij}}_{(iii)} - \underbrace{\frac{2}{3}\overline{\varepsilon}\delta_{ij}}_{(iv)} \qquad (13\text{-}6)$$

en posant :

$$\Pi_{ij}^{(1)} = \overline{\frac{1}{\rho}p^{(1)}\left(\frac{\partial u_i}{\partial x_j} + \frac{\partial u_i}{\partial x_j}\right)}, \quad \Pi_{ij}^{(2)} = \overline{\frac{1}{\rho}p^{(2)}\left(\frac{\partial u_i}{\partial x_j} + \frac{\partial u_i}{\partial x_j}\right)}$$

Ainsi, en référence à l'équation (13-6), il apparaît :

• un premier groupe (i) comprenant les termes de couplage avec le mouvement moyen. Seul $\Pi_{ij}^{(1)}$ est à modéliser. On observe qu'il est de trace nulle ($\Pi_{ii}^{(1)} = 0$) en situation isovolume, de sorte qu'il ne peut que changer la répartition relative entre composantes normales, pour un montant énergétique global fixe. C'est pourquoi il sera qualifié de *redistribution.*

• un deuxième ensemble (ii) qui réunit des expressions n'amenant aucune contribution par intégration sur un domaine fermé, sans source ni puits à la frontière. On parlera "globalement" de *diffusion* et notera qu'il n'exige pas de schématisation en situation cinématiquement homogène.

• un troisième groupe lié au seul mouvement d'agitation, (iii) qui est lui aussi de caractère redistributif (trace nulle). Il inclut le déviateur du tenseur de dissipation, conformément à la suggestion de Lumley [276].

• une dernière contribution (iv) qui n'est autre que celle de la *dissipation* sous forme isotrope.

En *turbulence homogène*, l'équation (13-6) se réduit par contraction des indices *i* et *j* à :

$$\frac{\mathrm{d}\overline{k}}{\mathrm{d}t} = -\lambda_{ij}\overline{u_i u_j} - \overline{\varepsilon} \quad avec \quad \lambda_{ij}\left(\equiv \frac{\partial \overline{U}_i}{\partial x_j}\right) = C^{te} \qquad (13\text{-}7)$$

où ne figurent plus que les termes de production et de dissipation pour l'énergie turbulente $\overline{k} = \overline{e}/\rho = \overline{u_i u_i}/2$.

Cette équation montre que, pour compléter la fermeture, il est nécessaire de pouvoir

déterminer le taux de dissipation $\overline{\varepsilon}$. Cela s'obtient pour la majorité des modèles par résolution d'une équation de transport modélisée pour cette fonction.
C'est par cette question de la schématisation de la dissipation que nous allons débuter l'exposé qui se poursuivra avec celle des termes de redistribution et de diffusion, en liaison avec les mécanismes rappelés au tableau ci-dessous.

Situation / Mécanismes	Termes à modéliser
Turbulence homogène / Décroissance énergétique	Dissipation
Turbulence homogène - Retour à l'isotropie ; - Action du champ moyen.	Redistribution
Turbulence inhomogène / Transferts par fluctuations turbulentes	Diffusion

Tableau 13.1 Mécanismes associés aux schémas de fermeture des équations des tensions de Reynolds.

4 Dissipation

4.1 La question du modèle de dissipation

Dans le cadre des fermetures au second ordre, la modélisation de la dissipation pose actuellement deux séries de questions liées respectivement à :

- l'expression du *tenseur* de dissipation $\overline{\varepsilon}_{ij}$ à faire intervenir dans les équations de transport des tensions de Reynolds ;
- la formulation d'une équation fermée du *taux scalaire* de dissipation $\overline{\varepsilon}=\overline{\varepsilon}_{ii}/2$.

La raison d'une telle problématique n'a rien de théorique et provient simplement du fait que, pour le moment, la fermeture n'opère pas directement sur l'équation du tenseur de dissipation lui-même. Nous allons traiter en premier lieu la question de l'équation modèle de $\overline{\varepsilon}$ puis aborderons celle du mode d'expression analytique du tenseur $\overline{\varepsilon}_{ij}$. Enfin, des compléments pour effet de bas nombre de Reynolds seront fournis au Chapitre XIV-§6.4

4.2 Le problème isotrope de dégénérescence énergétique

En T.H.I., le tenseur des contraintes de Reynolds se réduit à :

$$\overline{u_i u_j} = \frac{2}{3}\overline{k}\delta_{ij}$$

et ne fait donc plus intervenir que la seule fonction scalaire inconnue $\overline{k}$. Cette fonction est strictement décroissante pour une turbulence évoluant dans un champ moyen uniforme (par dissipation visqueuse en l'absence de toute production). Comme nous l'avons vu au Chapitre VIII, cette décroissance énergétique s'accompagne d'un réajustement des échelles spatio-temporelles, double effet typique de la *dégénérescence* de turbulence isotrope. Le mécanisme du premier est directement accessible aux fermetures en un point.
L'équation de décroissance énergétique (13-7) s'écrit en effet, en l'absence de gradient moyen ($\lambda_{ij} = 0$) :

$$\mathrm{d}\overline{k}/\mathrm{d}t = -\overline{\varepsilon} \tag{13-8}$$

Tout le problème se ramène donc dans ce cas, à la fermeture de l'équation du taux de dissipation, i.e., à la schématisation du second membre de l'une ou l'autre des équations (voir Chapitre III-§9) :

$$\frac{\mathrm{d}\overline{\varepsilon}}{\mathrm{d}t} = -2\nu\overline{\frac{\partial u_i}{\partial x_j}\times\frac{\partial u_i}{\partial x_k}\times\frac{\partial u_k}{\partial x_i}} - 2\nu^2\overline{\frac{\partial^2 u_i}{\partial x_j \partial x_j}\times\frac{\partial^2 u_i}{\partial x_j \partial x_j}} \tag{13-9}$$

$$\frac{\mathrm{d}\overline{\varepsilon}}{\mathrm{d}t} = 2\nu\overline{\omega_i\omega_j\frac{\partial u_i}{\partial x_j}} - 2\nu^2\overline{\frac{\partial \omega_i}{\partial x_j}\times\frac{\partial \omega_i}{\partial x_j}} \tag{13-10}$$

4.3 Fermeture isotrope de l'équation de la dissipation

Formellement, nous pouvons reprendre la dernière de ces équations comme suit :

$$\frac{\mathrm{d}\overline{\varepsilon}}{\mathrm{d}t} = \epsilon^{(1)} - \epsilon^{(2)} \tag{13-11}$$

en posant simplement :

$$\epsilon^{(1)} = 2\nu\overline{\omega_i\omega_j\frac{\partial u_i}{\partial x_j}} \quad et \quad \epsilon^{(2)} = 2\nu^2\overline{\frac{\partial \omega_i}{\partial x_j}\times\frac{\partial \omega_i}{\partial x_j}}$$

Comme nous l'avons mentionné au Chapitre III-§8.7, la première contribution joue l'effet de source ou "gain" par des mécanismes d'interaction tourbillonnaire de l'agitation turbulente sur elle-même, alors que la seconde représente un puits, ou "dissipation" de la dissipation.
Divisant membre à membre l'équation (13-11) par $\overline{\varepsilon}$, on déduit :

$$\frac{1}{\overline{\varepsilon}}\frac{\mathrm{d}\overline{\varepsilon}}{\mathrm{d}t} = \frac{1}{\vartheta_1}\left[\epsilon^{(1)}\right]^* - \frac{1}{\vartheta_2}\left[\epsilon^{(2)}\right]^*$$

où les fonctions étoilées sont sans dimension et ϑ_1 et ϑ_2 désignent deux échelles temporelles directement comparables à celle du taux de variation de la dissipation $\vartheta = \left[\frac{1}{\overline{\varepsilon}}\frac{\mathrm{d}\overline{\varepsilon}}{\mathrm{d}t}\right]^{-1}$.

À nombre de Reynolds de turbulence élevé, l'analyse des ordres de grandeur de Tennekes et Lumley [414] montre que les échelles ϑ_1 et ϑ_2 sont équivalentes, avec en outre :

$$\frac{\vartheta}{\vartheta_1} \sim \frac{\vartheta}{\vartheta_2} \sim \sqrt{R_T}$$

Ainsi, la seule façon d'éviter une dégénérescence de l'équation du type $\epsilon^{(1)} = \epsilon^{(2)}$ est de supposer que la *différence* des deux termes prédominants du second membre est de même ordre que le terme du premier membre, ce que l'on peut noter en abrégé par :

$$Quand\ R_T \to \infty,\ \frac{\vartheta}{\vartheta_1}\ et\ \frac{\vartheta}{\vartheta_2} \to \infty,\ mais\ \left(\frac{\vartheta}{\vartheta_1} - \frac{\vartheta}{\vartheta_2}\right) \simeq 1$$

Plusieurs options s'offrent pour transcrire cet équilibre temporel dans (13-11).

4.3.1 Le schéma isotrope classique

La schématisation classique suppose que la différence $\epsilon^{(1)} - \epsilon^{(2)}$ est directement proportionnelle à la dissipation $\overline{\varepsilon}(t)$. En calant l'échelle de temps sur celle de la décroissance énergétique ($\vartheta = \overline{k}/\overline{\varepsilon}$), la forme schématisée de l'équation s'écrit simplement :

$$\frac{\mathrm{d}\overline{\varepsilon}}{\mathrm{d}t} = -C_{\epsilon 2}\frac{\overline{\varepsilon}}{\vartheta} = -C_{\epsilon 2}\frac{\overline{\varepsilon}^2}{\overline{k}} \tag{13-12}$$

où $C_{\epsilon 2}$ est une constante pure.

On peut alors facilement déduire des équations (13-8) et (13-12) que :

$$\frac{1}{\overline{k}}\frac{\mathrm{d}\overline{k}}{\mathrm{d}t} = -\frac{\overline{\varepsilon}}{\overline{k}} = -\frac{\overline{\varepsilon}^2}{\overline{k}} \times \frac{1}{\overline{\varepsilon}} = \frac{1}{C_{\epsilon 2}}\frac{1}{\overline{\varepsilon}}\frac{\mathrm{d}\overline{\varepsilon}}{\mathrm{d}t}$$

Il en résulte que $\overline{\varepsilon} \propto \left(\overline{k}\right)^{C_{\epsilon 2}} = A \times \left(\overline{k}\right)^{C_{\epsilon 2}}$, A désignant une constante. Par substitution dans l'équation de $\overline{k}$, il vient :

$$d\overline{k}/\mathrm{d}t = -A \times \left(\overline{k}\right)^{C_{\epsilon 2}}$$

dont la solution qui, pour $t=0$ vérifie la condition $\overline{k}=\overline{k}_0$ et $\overline{\varepsilon}=\overline{\varepsilon}_0$, s'écrit :

$$\overline{k}/\overline{k}_0 = (1 - t/\tau)^{\frac{1}{1-C_{\epsilon 2}}} \quad avec : \quad \tau = \frac{\overline{k}_0}{(1 - C_{\epsilon 2})\overline{\varepsilon}_0} \tag{13-13}$$

On en déduit bien sûr que :

$$\overline{\varepsilon}/\overline{\varepsilon}_0 = (1 - t/\tau)^{\frac{C_{\epsilon 2}}{1-C_{\epsilon 2}}} \quad et \quad \overline{l}/\overline{l}_0\left(\equiv \overline{k}^{3/2}/\overline{\varepsilon}\right) = (1 - t/\tau)^{\frac{3-2C_{\epsilon 2}}{2(1-C_{\epsilon 2})}} \tag{13-14}$$

Avec ces expressions, on peut vérifier que le nombre de Reynolds de turbulence $R_T = \sqrt{\overline{k}} \times l/\nu$ varie comme $1 - t/\tau$ à la puissance $(2-C_{\epsilon 2})/(1-C_{\epsilon 2})$. Les évolutions en affinité globale, qui conduisent à une valeur constante de ce paramètre — voir Chapitre IV-§3.8.3 —, s'obtiennent donc exclusivement pour $C_{\epsilon 2} = 2$. C'est ce résultat qui explique que les prescriptions utilisées en pratique ne s'écartent que légèrement de ce chiffre, et ce par valeur inférieure, comme on peut le voir au tableau suivant. On notera enfin qu'il est parfaitement possible (voir exercice) de reformuler la discussion en terme d'échelle de longueur grâce à la relation (13-14).

Année	Auteur / Référence	$C_{\epsilon 2}$	Remarques
1972	Jones & Launder [200]	2	Calage sur l'expérience de Batchelor & Townsend
1075	Launder [233]	1,9	/
1976	Hanjalic & Launder [167]	1,8	/
1984	W.C. Reynolds [245]	11/6 (1,83)	$\overline{k}$ en puissance - 6/5 de tl en puissance 2/5 de t

Tableau 13.2 Constante $C_{\epsilon 2}$ selon divers auteurs.

EXERCICE — ***Prescription de la décroissance énergétique de T.H.I. par équation modèle d'une échelle de longueur*** — On se propose de régler le taux de décroissance d'énergie d'une T.H.I. par une échelle de longueur, conformément à la relation $l(t) = a\left[\overline{k}^{3/2}/\overline{\varepsilon}\right](t)$, où a est un réel positif.

1) Déduire la forme modèle de l'équation d'évolution de $l(t)$ de celles de $\overline{k}(t)$ et $\overline{\varepsilon}(t)$.

2) Quelle condition en tirez-vous sur la valeur de la constante $C_{\epsilon 2}$?

SOLUTION

Par différentiation de l'expression de définition de l'échelle de longueur il vient :

$$\frac{1}{a}\frac{\mathrm{d}\overline{\varepsilon}}{\mathrm{d}t} = -\frac{\overline{k}^{3/2}}{l^2}\frac{\mathrm{d}l}{\mathrm{d}t} + \frac{3}{2}\frac{\overline{k}^{1/2}}{l}\frac{\mathrm{d}\overline{k}}{\mathrm{d}t} = -\frac{\overline{k}^{3/2}}{l^2}\frac{\mathrm{d}l}{\mathrm{d}t} - \frac{3}{2}a\frac{\overline{k}^2}{l^2}$$

où il a été fait usage de la relation (13-8) pour transformer le second membre de la première égalité. En identifiant avec l'équation modèle de $\overline{\varepsilon}$:

$$\mathrm{d}\overline{\varepsilon}/\mathrm{d}t = -C_{\epsilon 2}\overline{\varepsilon}^2/\overline{k} \equiv -C_{\epsilon 2}a^2\overline{k}^2/l^2$$

on obtient pour équation d'évolution de l'échelle $l(t)$:

$$\frac{\mathrm{d}l}{\mathrm{d}t} = a\left(C_{\epsilon 2} - \frac{3}{2}\right)\sqrt{\overline{k}}$$

2) On sait (voir Chapitre VIII-§2.4) que la dégénérescence de T.H.I. s'accompagne nécessairement d'une augmentation de l'échelle de longueur de la plage énergétique. Un tel résultat ne peut s'obtenir, avec la schématisation présente, que pour $C_{\epsilon 2} > 1,5$, ce qui impose une limitation par vraisemblance à la valeur de cette constante.

4.3.2 Extension homogène anisotrope

Lorsque la turbulence homogène n'est pas isotrope, il semble naturel de faire dépendre la différence $\epsilon^{(1)} - \epsilon^{(2)}$ non seulement de $\overline{\varepsilon}(t)$ mais aussi de l'anisotropie. L'extension immédiate de (13-12) en ce sens s'écrit :

$$\frac{\mathrm{d}\overline{\varepsilon}}{\mathrm{d}t} = -\psi(b_{ij})\frac{\overline{\varepsilon}}{\vartheta} = -\psi(b_{ij})\frac{\overline{\varepsilon}^2}{\overline{k}}$$

où $\psi(b_{ij})$ est à présent une fonction d'arguments liés au tenseur d'anisotropie des tensions de Reynolds b_{ij}. Par modelage invariant (voir Schiestel [374], page 184), le développement autour de l'isotropie de cette fonction donne :

$$\psi(b_{ij}) = -c_1 + c_2\mathbf{II}_b + c_3\mathbf{III}_\mathrm{b}$$

où $\mathbf{II}_b$ et $\mathbf{III}_b$ sont les invariants quadratique et cubique du tenseur b_{ij}. On retiendra que, d'un point de vue physique, cette extension revient à moduler l'échelle de temps caractéristique de la cascade énergétique $\overline{k}/\overline{\varepsilon}$ par l'anisotropie de la turbulence.

4.4 Fermeture inhomogène de l'équation de dissipation

4.4.1 Base de la fermeture

La base des fermetures dont il va être question reste celle des modélisations "classiques" de l'équation du taux de dissipation (voir par exemple Chapitre XII-§7.2) en référence à une expression formelle de l'équation à fermer, du type :

$$\frac{\partial\overline{\varepsilon}}{\partial t} + \overline{U}_j\frac{\partial\overline{\varepsilon}}{\partial x_j} = \underbrace{-\frac{\partial}{\partial x_j}(\overline{\varepsilon u_j})}_{Diffusion} \quad - \underbrace{\psi\frac{\overline{\varepsilon}}{\overline{k}}}_{Création\,/Destruction} \tag{13-15}$$

4.4.2 Création / Destruction

En suivant Lumley [276], la fonction adimensionnelle ψ pondérant le terme de "source algébrique" de l'équation est supposée dépendre, à nombre de Reynolds de turbulence élevé, des contraintes de Reynolds et du gradient de vitesse moyenne[1]. On peut alors simplifier le problème en supposant que, *dans le cas d'une turbulence isotrope*, le montant de la dissipation ne puisse être modifié par l'action du champ moyen. En d'autres termes, le gradient de vitesse moyenne ne peut agir qu'en situation *anisotrope*, ce qui revient à associer l'action du tenseur $\partial\overline{U}_i/\partial x_j$ avec celle de b_{ij} de telle sorte que la fonction ψ ne dépende que des invariants adimensionnels formés sur ces deux tenseurs, i.e., $\mathbf{II}_b, \mathbf{III}_b$, $\vartheta b_{ij}\partial\overline{U}_i/\partial x_j$, $\vartheta b_{ik}b_{kj}\partial\overline{U}_i/\partial x_j$ ...
Lorsque les gradients de vitesse sont faibles, on peut retenir pour expression de

1 À faible nombre de Reynolds de turbulence, il conviendra de faire intervenir également la viscosité. Ce point sera traité au Chapitre XIV-§6.4.

ψ un développement en série de puissances limité aux termes de premier ordre en $\partial\overline{U}_i/\partial x_j$, soit :

$$\psi = \psi_0 + \psi_1 \frac{\overline{k}}{\overline{\varepsilon}} b_{ij} \frac{\partial \overline{U}_i}{\partial x_j} + \psi_2 \frac{\overline{k}}{\overline{\varepsilon}} b_{ik} b_{kj} \frac{\partial \overline{U}_i}{\partial x_j} + ... \tag{13-16}$$

Il est facile de vérifier que le deuxième terme du second membre du développement peut s'écrire indifféremment, en situation isovolume :

$$\psi_1 \frac{\overline{k}}{\overline{\varepsilon}} b_{ij} \frac{\partial \overline{U}_i}{\partial x_j} \equiv \psi_1 \frac{1}{\overline{\varepsilon}} \overline{u_i u_j} \frac{\partial \overline{U}_i}{\partial x_j} = -\psi_1 \frac{\mathcal{P}_{rod}}{\overline{\varepsilon}}$$

introduisant la "production" $\mathcal{P}_{rod} (\equiv P_{kk}/2) = -\overline{u_i u_j} \partial \overline{U}_i / \partial x_j$. Adoptant classiquement pour échelle de temps $\vartheta = \overline{k}/\overline{\varepsilon}$, la forme générique du schéma de création/destruction de l'équation modèle de dissipation s'écrit finalement :

$$-\frac{\overline{\varepsilon}}{\vartheta} \psi = -\psi_0 \frac{\overline{\varepsilon}^2}{\overline{k}} + \psi_1 \frac{\overline{\varepsilon}}{\overline{k}} \mathcal{P}_{rod} + ... \tag{13-17}$$

Pour achever la fermeture, il ne reste plus qu'à prescrire les valeurs des "coefficients" $\psi_0, \psi_1, ...$ qui restent, a priori, fonction des invariants de b_{ij}. Nous donnons ci-après quelques propositions.

Valeurs du schéma standard Il est facile de vérifier — Cf. éq.(12–38) — que le modèle "standard" ne retient que deux coefficients *constants non nuls* :

$$\psi_0 \equiv C_{\varepsilon_2} \approx 1{,}92 \qquad \psi_1 \equiv C_{\varepsilon_1} \approx 1{,}44$$

Utilisée conjointement à des schématisations simples des termes de corrélation pression-déformation (schéma linéaire de Rotta et d'isotropisation de la production par exemple), cette fermeture présente quelques défauts à prédire correctement les taux d'expansion d'écoulements cisaillés simples, avec un jeu *unique* de constantes.

Valeurs de Zeman et Lumley (1977) Selon ces auteurs [460], le développement (13-16) peut également se limiter aux deux premiers termes avec, pour premier coefficient, la fonction suivante du second invariant de a_{ij} :

$$\psi_0 \simeq 1{,}9 - \frac{3\mathbf{II}_a/2}{1 + 3\sqrt{\mathbf{II}_a/2}} \qquad \psi_1 \equiv C^{te} \approx 0{,}475 \tag{13-18}$$

À l'usage, il s'est avéré que ces valeurs conduisaient à des prédéterminations médiocres d'écoulements de jets.

Correction de Pope (1978) Dans le but de résoudre l'anomalie des jets (mauvaise prédiction du jet rond avec les mêmes coefficients qu'en jet plan), Pope [331] émit en 1978 une proposition qui se ramène au schéma générique (13-17) avec :

$$\psi_0 = C_{\varepsilon_2} - 0{,}79 \left(\frac{\overline{k}}{\overline{\varepsilon}} \right)^3 \overline{S}_{ij} \overline{R}_{jk} \overline{R}_{ki} \qquad \psi_1 = C_{\varepsilon_1}$$

et la valeur standard de C_{ε_1} et C_{ε_2}. Cette modification n'a aucune incidence en écoulement bidimensionnel plan. En revanche, elle conduit dans le cas général tridimensionnel à la violation de la condition de vraisemblance de point fixe, en $\overline{\varepsilon} = 0$ (i.e., assurant que $\mathrm{d}\overline{\varepsilon}/\mathrm{d}t \to 0$ lorsque $\overline{\varepsilon} \to 0$).

Correction d'Hanjalic & Launder (1980) La proposition des ces auteurs [168] se traduit par :

$$\psi_0 = C_{\varepsilon_2} + 0{,}27\left(\frac{\overline{k}}{\overline{\varepsilon}}\right)^2 \epsilon_{mij}\epsilon_{mkl}\frac{\partial \overline{U}_i}{\partial x_j}\frac{\partial \overline{U}_k}{\partial x_l} \qquad \psi_1 = C_{\varepsilon_1}$$

où ϵ_{ijk} est le pseudo tenseur alterné. Les coefficients conservent les valeurs en standard de 1,44 et 1,92 respectivement. Comme pour le schéma de Pope, la condition de vraisemblance de point fixe en $\overline{\varepsilon}=0$ n'est pas assurée. Il peut en outre conduire dans le calcul d'une turbulence en rotation, à des valeurs négatives de la dissipation, entraînant une croissance irréaliste de l'énergie par rotation, comme l'ont montré Speziale et Gatski [402].

Valeurs de Launder (UMIST 1989) Après une dizaine d'années de tests à l'UMIST, les valeurs proposées en 1989 par Launder [236] sont :

$$\psi_0 \simeq \frac{1{,}92}{1+0{,}6\mathrm{II}_b\sqrt{\beta}} \qquad \psi_1 \equiv C^{te} \approx 1 \tag{13-19}$$

où $\beta = 1 + \frac{9}{8}(\mathbf{III}_b - \mathbf{II}_b)$ est le paramètre de planéité (voir Chapitre III-§5.3.4). À condition de le conjuguer avec le schéma classique d'action du champ moyen (voir Chapitre XII-§7.2.3), ce modèle contribue à l'amélioration substantielle des prédictions des taux d'expansion d'écoulements cisaillés libres, comme nous le verrons plus loin (§9.2.3).

Formulation de Speziale et Gatski (1997) La proposition de ces auteurs [402] tire profit des progrès de la simulation numérique directe qui sont venus enrichir la réflexion sur la question de la fermeture de l'équation de la dissipation, en apportant des informations nouvelles sur les expressions exactes des termes à modéliser. Laissant de côté pour cette discussion les termes de diffusion, l'équation ouverte (3-61) peut être reprise sous la forme :

$$\frac{\mathrm{D}\overline{\varepsilon}}{\mathrm{D}t} = -(\overline{\varepsilon}_{ij} + \widetilde{\varepsilon}_{ij})\frac{\partial \overline{U}_i}{\partial x_j} - \in_1 - \in_2 \tag{13-20}$$

posant :

$$\overline{\varepsilon}_{ij} = 2\nu\overline{\frac{\partial u_i}{\partial x_k}\frac{\partial u_j}{\partial x_k}},\ \widetilde{\varepsilon}_{ij} = 2\nu\overline{\frac{\partial u_k}{\partial x_i}\frac{\partial u_k}{\partial x_j}},\ \in_1 = 2\nu\overline{\frac{\partial u_i}{\partial x_k}\frac{\partial u_k}{\partial x_j}\frac{\partial u_i}{\partial x_j}},\ \in_2 = 2\nu^2\overline{\left(\frac{\partial^2 u_i}{\partial x_j x_k}\right)^2}$$

Le premier terme du second membre de (13-20) s'annule en situation isovolume par raison d'isotropie, car alors $\overline{\varepsilon}_{ij} = \widetilde{\varepsilon}_{ij} = \frac{2}{3}\overline{\varepsilon}\delta_{ij}$. Il traduit donc l'action du champ moyen sur la dissipation *à travers le caractère anisotrope de celle-ci.* Ce résultat précise et explicite la conjecture de Lumley [276] dont nous avons fait état antérieurement (§4.4.2).
Les contributions $\in_1$ et $\in_2$, qui résultent toutes deux de l'action de la turbulence sur elle-même, représentent respectivement la création ou "production" de dissipation par étirement tourbillonnaire fluctuant et la destruction ou "dissipation" de dissipation par action de la viscosité dans le mouvement d'agitation.

En turbulence isotrope, Speziale et Bernard [401] ont montré que, sous réserve d'une condition d'équilibre, les deux contributions $\in_1$ et $\in_2$ étaient équivalentes et telles que :

$$\underset{iso}{\in} \equiv (\in_1 + \in_2)_{iso} = C_{\varepsilon_2}\frac{\overline{\varepsilon}^2}{\overline{k}} \qquad avec \qquad C_{\varepsilon_2} \propto S_K\sqrt{R_T}$$

S_K est le facteur de dissymétrie de la fonction de répartition des *dérivées spatiales* des fluctuations de vitesse. En situation anisotrope et grand nombre de Reynolds de turbulence, ce résultat suggére que :

$$\in = C_{\varepsilon_2}\frac{\overline{\varepsilon}^2}{\overline{k}} + \overset{*}{\in}\left(\frac{\partial \overline{U}_i}{\partial x_j}, b_{ij}, \overline{k}, \overline{\varepsilon}\right)$$

avec $\overset{*}{\in} \to 0$ pour $\partial \overline{U}_i/\partial x_j \to 0$ et $b_{ij} \to 0$. Un développement de Taylor au premier ordre donne alors :

$$\in = C_{\varepsilon_2}\frac{\overline{\varepsilon}^2}{\overline{k}} + C_{\varepsilon_1} b_{ij}\frac{\partial \overline{U}_i}{\partial x_j} \equiv C_{\varepsilon_2}\frac{\overline{\varepsilon}^2}{\overline{k}} + C_{\varepsilon_1}\frac{\overline{\varepsilon}}{\overline{k}}\overline{u_i u_j}\frac{\partial \overline{U}_i}{\partial x_j}$$

Par substitution dans l'équation (13-20) la forme modélisée de l'équation de la dissipation devient :

$$\frac{\mathrm{D}\overline{\varepsilon}}{\mathrm{D}t} = -(\overline{\varepsilon}_{ij} + \widetilde{\varepsilon}_{ij})\frac{\partial \overline{U}_i}{\partial x_j} + C_{\varepsilon_1}\frac{\overline{\varepsilon}}{\overline{k}}\mathcal{P}_{rod} - C_{\varepsilon_2}\frac{\overline{\varepsilon}^2}{\overline{k}}$$

Faisant ensuite usage de l'expression algébrique du tenseur de dissipation également proposée en référence [402], le premier terme du second membre de cette équation peut être transformé pour conduire finalement à :

$$\frac{\mathrm{D}\overline{\varepsilon}}{\mathrm{D}t}\left(\equiv -\psi\frac{\overline{\varepsilon}}{\overline{k}}\right) = C'_{\varepsilon_1}\frac{\overline{\varepsilon}}{\overline{k}}\mathcal{P}_{rod} - C_{\varepsilon_2}\frac{\overline{\varepsilon}^2}{\overline{k}}$$

avec

$$C'_{\varepsilon_1} = C_{\varepsilon_1} + \frac{2(1+\alpha)}{15C_\mu}\left[\frac{C_{\epsilon 5} + 2C_\mu\eta^2 - 1}{(C_{\epsilon 5}+2C_\mu\eta^2-1)^2 - \frac{2}{3}\left(\frac{15\alpha_3-1}{11}\right)^2\eta^2 + 2\left(\frac{7\alpha_3+1}{11}\right)^2\xi^2}\right]$$

où :

$$\xi = \frac{\overline{k}}{\overline{\varepsilon}}\sqrt{\overline{R_{ij}}\,\overline{R_{ij}}} \qquad et \qquad \eta = \frac{\overline{k}}{\overline{\varepsilon}}\sqrt{\overline{S_{ij}}\,\overline{S_{ij}}} \tag{13-21}$$

Ces résultats donnent à la forme générale du schéma de départ (13-17) comme aux modifications heuristiques proposées ultérieurement, une consistance physique plus affirmée. Pour en terminer avec ce modèle, nous donnons au tableau suivant les valeurs des coefficients préconisées par les auteurs.

Coefficient	C_μ	C_{ε_1}	C_{ε_2}	$C_{\epsilon 5}$	α_3	$\alpha = \frac{3}{4}\left(\frac{14}{11}\alpha_3 - \frac{16}{33}\right)$
Valeur	0,094	1,44	1,92	5,8	0,6	0,21

Tableau 13.3 Coefficients du schéma de Speziale et Gatski [402].

4.4.3 Diffusion

Comme pour l'ensemble des équations, les termes de diffusion de l'équation modèle de $\overline{\varepsilon}$ sont schématisés par une loi en gradient :

$$\overline{\varepsilon u_j} = -D^{\epsilon} \frac{\partial \overline{\varepsilon}}{\partial x_j}$$

Les différentes propositions de fermeture ne se distinguent alors que par l'expression du "coefficient" de diffusivité D^{ε}.

Schéma à diffusivité scalaire Ce schéma, le plus simple, est celui de la fermeture du modèle classique $(\overline{k}, \overline{\varepsilon})$ du Chapitre XII-éq.(12–38). Par raison de dimensions $([D^{\epsilon}] = [L]^2 \times [T]^{-1})$, et tenant compte qu'elle manifeste l'effet de l'agitation turbulente, la diffusivité est prise proportionnelle à $\vartheta \times \overline{k}$, conduisant finalement à :

$$\overline{\varepsilon u_j} = -\frac{C'_{\mu}}{\sigma_{\epsilon}} \frac{\overline{k}^2}{\overline{\varepsilon}} \frac{\partial \overline{\varepsilon}}{\partial x_j}$$

Schéma à diffusivité tensorielle d'Hanjalic & Launder (1972) Dans l'étude déjà citée d'Hanjalic & Launder [166], la diffusivité devient une grandeur tensorielle donnée, selon ces auteurs par :

$$D^{\epsilon}_{jl} = C_{\epsilon} \frac{\overline{k}}{\overline{\varepsilon}} \overline{u_j u_l}$$

L'expression du vecteur densité de flux diffusif s'obtient alors par produit contracté avec le gradient de $\overline{\varepsilon}$ (hypothèse de gradient généralisée) soit :

$$\overline{\varepsilon u_j} = -D^{\epsilon}_{jl} \frac{\partial \overline{\varepsilon}}{\partial x_l} = C_{\epsilon} \overline{u_j u_l} \frac{\partial \overline{\varepsilon}}{\partial x_l}$$

La prescription actuellement recommandée de la constante C_{ϵ} est de 0,15 afin de restituer une valeur correcte de la constante de von Kármán du profil de vitesse logarithmique en couche limite. Ce schéma est repris dans la fermeture récente de Speziale et Gatski [402].

Schéma de Lumley (1979) L'une des conditions importantes de vraisemblance de la dissipation est que, lorsque l'énergie cinétique de turbulence s'annule, cette fonction tende vers zéro plus rapidement que l'énergie elle-même. En d'autres termes, tout modèle doit vérifier :

$$Quand\ \overline{k} \to 0, \qquad \frac{\left(\overline{k}\right)^n}{\overline{\varepsilon}} \simeq \mathcal{O}(1)$$

avec $n > 1$. En référence [276], Lumley établit un schéma qui vérifie cette condition en partant de l'hypothèse que :

$$\overline{\varepsilon u_j} = \frac{3}{5} n \frac{\overline{\varepsilon}}{\overline{k}} \overline{k u_j}$$

L'expression finale s'écrit :

$$\overline{\varepsilon u_j} = -\frac{3}{5} \frac{\overline{k}}{\overline{\varepsilon}} \left(\frac{3}{5 + 4A} \right) \left(\overline{u_j u_l} + \frac{\overline{u_j u_n} \times \overline{u_l u_n}}{\overline{k}} \right) \frac{\partial \overline{\varepsilon}}{\partial x_l}$$

La valeur de la fonction A est donnée par la relation (13-27) ci-après.

4.5 Récapitulation du modèle d'équation de dissipation

On peut résumer la procédure "*classique*" de fermeture de l'équation de la dissipation par les trois traits distinctifs suivants :

- Les évolutions de l'énergie cinétique et de la dissipation sont régies par une seule et même échelle de temps ;
- Cette référence temporelle est bâtie sur les fonctions $\overline{k}$ et $\overline{\varepsilon}$ en question ;
- Elle peut être modulée pour l'équation de $\overline{\varepsilon}$ en fonction de l'anisotropie des tensions de Reynolds.

Le tableau suivant regroupe quelques éléments principaux de la schématisation de l'équation du taux de dissipation que nous venons de voir.

Effet considéré	Mécanismes à schématiser dans l'équation exacte	Schématisation
Dissipation d'énergie cinétique de turbulence ($\overline{\varepsilon}$)	• T.H.I. Action de la turbulence sur elle-même : $\left(2\nu\, \overline{\omega_i\omega_j \frac{\partial u_i}{\partial x_j}} - 2\nu^2 \overline{\frac{\partial \omega_i}{\partial x_j}\frac{\partial \omega_i}{\partial x_j}}\right)$ • Turbulence inhomogène : - Interaction avec mvt. moyen, - Diffusion	Source/Puits : $-\psi_0\overline{\varepsilon}^2/\overline{k} + \psi_1\mathcal{P}_{rod}/\overline{\varepsilon}$ Classique : $\psi_0 = C_{\varepsilon_2} \simeq 1{,}8$ *à* 2 $\psi_1 = C_{\varepsilon_1} \simeq 1{,}4$ *à* $1{,}6$ Extension : $\psi = \psi(b_{ij})$ Diffusion : $\overline{\varepsilon u_j} = -D^{\varepsilon}_{jl}\frac{\partial \overline{\varepsilon}}{\partial x_l}$

Tableau 13.4 Schématisation de l'équation du taux de dissipation.

Complément — ***Termes supplétifs de l'équation modèle de dissipation*** — L'utilisation des premières schématisations en date de l'équation de la dissipation révéla certaines déficiences majeures, dont la plus sévère est connue sous le nom d'anomalie du jet, et se traduisant par l'impossibilité de calculer correctement les taux d'expansion d'un jet plan et d'un jet rond avec le même jeu de constantes.

Pour amender ces défauts, plusieurs tentatives furent faites en début des années quatre-vingt, consistant à adjoindre au second membre de l'équation (13-15) des termes additifs supplémentaires. On peut faire état par exemple des travaux de Pope [331] en 1978 (voir également Launder [235]). Ces corrections se sont révélées à l'usage peu convaincantes, les améliorations très partielles obtenues pour un écoulement donné dégradant en général la performance du modèle pour l'ensemble des autres écoulements. C'est pourquoi nous ne les explicitons pas, les développements plus récents présentés dans la suite devant leurs être préférés.

4.6 Expression du tenseur de dissipation

4.6.1 Le schéma isotrope et ses limitations

À grand nombre de Reynolds de turbulence, il fut longtemps considéré légitime d'adopter une expression isotrope du tenseur de dissipation en posant :

$$\overline{e}_{ij} = 0 \qquad soit \qquad \overline{\varepsilon}_{ij} = \frac{2}{3}\overline{\varepsilon}\delta_{ij}$$

Une incidence plus subtile de ce recours à la nature isotrope du schéma de la dissipation se retrouve dans l'expression de Lumley (13-5), où l'anisotropie du tenseur de dissipation se voit en fait “absorbée” par le schéma du terme quadratique de corrélation pression–déformation.

Or en 1985, Lee et Reynolds [252] ont montré, sur l'analyse de leurs résultats de simulation numérique directe de turbulence homogène, que la partie quadratique de la corrélation pression-vitesse ($\Pi_{ij}^{(2)}$) était beaucoup plus fortement liée à l'anisotropie du *tenseur de dissipation* $\overline{\varepsilon}_{ij}$ qu'à celle des tensions de Reynolds $\overline{u_i u_j}$. Compte tenu de la faiblesse du nombre de Reynolds de la simulation (sensiblement du même ordre que celui d'une couche limite turbulente à $y^+ \simeq 20$), la validité de la transposition d'un tel résultat à grand nombre de Reynolds de turbulence pouvait encore légitimement se poser à la date de parution de l'article.

Quatre années plus tard, Hallbäck et al. [164] publièrent les résultats d'une étude sur le retour à l'isotropie d'une turbulence après contraction axiale par passage dans un convergent, à nombre de Reynolds de turbulence relativement élevé ($R_\Lambda \approx 1000$). Or, en dépit de cette valeur, les mesures des micro-échelles de Taylor dans le sens de l'écoulement (λ_x) et orthogonalement à celui-ci (λ_y) s'établissent, dans le circuit de relaxation, à un rapport (λ_x/λ_y) compris entre 2,6 et 2,8, soit près du double du montant voulu par la situation isotrope ($\lambda_x/\lambda_y = \sqrt{2} \approx 1,4$).

Les constatations précédentes ne sont que quelques exemples qui amènent à envisager une schématisation anisotrope du tenseur des taux de dissipation. Nous en présentons deux à la section suivante.

4.6.2 Schémas anisotropes

Hallbäck, Groth & Johansson (1989) Pour établir leur schéma, Hallbäck et al. [164] proposent de développer $\overline{e}_{ij}$ en série de puissances de b_{ij}, soit :

$$\frac{\overline{e}_{ij}}{\overline{\varepsilon}} = c_1 b_{ij} + c_2\left(b_{ik}b_{kj} - \frac{\mathbf{II}_b}{3}\delta_{ij}\right) + c_3\left(b_{ik}b_{kl}b_{lj} - \frac{\mathbf{III}_b}{3}\delta_{ij}\right)$$
$$+ c_4\left(b_{ik}b_{kl}b_{lm}b_{mj} - \frac{\mathbf{IV}_b}{3}\delta_{ij}\right) + ...$$

Limitant la série au troisième ordre et tenant compte de l'identité de Cayley-Hamilton (voir Chapitre III, remarque §5.3.4), le schéma qui vérifie les conditions de symétrie ($\overline{e}_{ij} = \overline{e}_{ji}$), de trace nulle et de limite “bidimensionnelle” (turbulence à deux composantes) s'écrit :

$$\frac{\overline{e}_{ij}}{\overline{\varepsilon}} = b_{ij} + \alpha\left[\left(\frac{\mathbf{II}_b}{2} - \frac{2}{3}\right)b_{ij} - \left(b_{ik}b_{kj} - \frac{\mathbf{II}_b}{3}\delta_{ij}\right)\right]$$

Cette relation conduit finalement au schéma algébrique anisotrope de dissipation :

$$\overline{\varepsilon}_{ij} = \frac{2}{3}\overline{\varepsilon}\delta_{ij} + \overline{\varepsilon}\left\{b_{ij} + \alpha\left[\left(\frac{\mathbf{II}_b}{2} - \frac{2}{3}\right)b_{ij} - \left(b_{ik}b_{kj} - \frac{\mathbf{II}_b}{3}\delta_{ij}\right)\right]\right\} \qquad (13\text{-}22)$$

où les termes entre accolades représentent un effet correctif, fonction de l'anisotropie des tensions de Reynolds. Ce schéma n'introduit qu'une seule constante empirique que les auteurs calent à la valeur α=1, en comparaison avec l'expérience.
Testé par ses auteurs en turbulence homogène avec déformation irrotationnelle (contraction, expansion axisymétriques et relaxation), le schéma s'est avéré conduire à des résultats sur certaines composantes du tenseur $\overline{\varepsilon}_{ij}$ conformes à ceux de la simulation directe à faible nombre de Reynolds de turbulence.

Speziale & Gatski (1997) La démarche de Speziale et Gatski [402] se distingue assez radicalement des précédentes, dans la mesure où le schéma procède d'une restriction d'une équation modélisée (voir complément ci-après) de transport du tenseur de pseudo-dissipation $\overline{\varepsilon}_{ij}$.
L'expression de ce schéma est obtenue en solution d'un système algébrique linéaire déduit par dégénérescence de l'équation de transport modélisée, sous la double condition (i) d'équilibre énergétique, au sens *production = dissipation* et (ii) d'*écoulement homogène* à *gradient de vitesse moyenne bidimensionnel*. Il s'écrit :

$$\frac{\overline{e}_{ij}}{\overline{\varepsilon}} = -4C_{\epsilon\mu}\frac{\overline{k}}{\overline{\varepsilon}}[\overline{S}_{ij} + \left(\frac{(7\alpha+1)/11}{C_{\epsilon5} + \mathcal{P}_{rod}/\overline{\varepsilon} - 1}\right)\frac{\overline{k}}{\overline{\varepsilon}}(\overline{S}_{ik}\overline{R}_{kj} + \overline{S}_{jk}\overline{R}_{ki})$$
$$+\left(\frac{(30\alpha-2)/11}{C_{\epsilon5} + \mathcal{P}_{rod}/\overline{\varepsilon} - 1}\right)\frac{\overline{k}}{\overline{\varepsilon}}\left(\overline{S}_{ik}\overline{S}_{kj} - \frac{1}{3}\overline{S}_{kl}\overline{S}_{kl}\delta_{ij}\right)]$$

avec

$$C_{\epsilon\mu} = \frac{1}{15(C_{\epsilon5}+\mathcal{P}_{rod}/\overline{\varepsilon}-1)}\left[1+2\left(\frac{(7\alpha+1)/11}{C_{\epsilon5}+\mathcal{P}_{rod}/\overline{\varepsilon}-1}\right)^2\xi^2 - \frac{2}{3}\left(\frac{(15\alpha-1)/11}{C_{\epsilon5}+\mathcal{P}_{rod}/\overline{\varepsilon}-1}\right)^2\eta^2\right]^{-1}$$

où ξ et η sont définis par les relations (13-21), les valeurs des constantes étant celles du tableau 13.3.
Ainsi, le trait distinctif majeur de ce schéma tient à sa dépendance *non-linéaire* aux gradients de vitesse moyenne. Compte tenu de ses hypothèses d'élaboration, il ne peut prétendre à traduire les anisotropies présentes en turbulence inhomogène (diffusion turbulente, blocage de paroi,...) En revanche il s'est avéré particulièrmenent apte à rendre compte des effets stabilisant ou destabilisant d'une rotation d'ensemble d'un écoulement cisaillé homogène.

COMPLÉMENT — ***Équation modèle du tenseur de dissipation de Speziale & Gatski (1997).***

En se limitant à une turbulence homogène, l'équation exacte de transport du tenseur de dissipation $\overline{\varepsilon}_{ij}$ peut se mettre sous la forme :

$$\frac{\mathrm{d}\overline{\varepsilon}_{ij}}{\mathrm{d}t} = -\overline{\varepsilon}_{ik}\frac{\partial\overline{U}_j}{\partial x_k} - \overline{\varepsilon}_{jk}\frac{\partial\overline{U}_i}{\partial x_k} + 2(f_{ikjl} + f_{jkil} - f_{lkij})\frac{\partial\overline{U}_k}{\partial x_l} + N_{ij}$$

où, en référence à l'équation (3-61) et avec $f_{ijkl} = 2\nu\overline{\frac{\partial u_k}{\partial x_i}\frac{\partial u_l}{\partial x_j}}$, l'avant dernier terme du second membre rend compte des couplages avec le mouvement moyen, alors que le dernier regroupe les contributions source/puits de l'action de la turbulence sur elle-même. Ils sont tous deux à modéliser.

Compte tenu des conditions de symétrie et de normalisation qui s'attachent au tenseur d'ordre quatre f_{ijkl}, la forme linéaire générale d'un développement au premier ordre en $\overline{\mathrm{e}}_{ij}$ s'écrit :

$$\begin{aligned}\frac{f_{ijkl}}{\overline{\varepsilon}} = \frac{4}{15}\delta_{ij}\delta_{kl} - \frac{1}{15}(\delta_{ik}\delta_{jl} + \delta_{jk}\delta_{il}) + \alpha\delta_{kl}\overline{\mathrm{e}}_{ij} + \left(\frac{4\alpha + 10}{11}\right)\delta_{ij}\overline{\mathrm{e}}_{kl} \\ -\left(\frac{3\alpha + 2}{11}\right)(\delta_{ik}\overline{\mathrm{e}}_{jl} + \delta_{jk}\overline{\mathrm{e}}_{il} + \delta_{il}\overline{\mathrm{e}}_{jk} + \delta_{jl}\overline{\mathrm{e}}_{ik})\end{aligned}$$

où les deux premiers termes du second membre correspondent à l'expression isotrope. En référence aux données de simulation directe, les auteurs proposent de prendre $\alpha = 0{,}6$.

La schématisation de N_{ij} se fait en décomposant ce terme en partie sphérique (isotrope) et déviateur, soit $N_{ij} = {}^{D}N_{ij} + \frac{2}{3}N\delta_{ij}$, où $N = N_{ii}/2$. La partie isotrope est modélisée sous la forme classique :

$$N = C_{\epsilon 1}\mathcal{P}_{rod}\overline{\varepsilon}/\overline{k} - C_{\epsilon 2}\overline{\varepsilon}^2/\overline{k}$$

où $\mathcal{P}_{rod} = -\overline{u_i u_j}\partial\overline{U}_i/\partial\overline{U}_j$ est la production classique de turbulence.

Quant au déviateur, son rôle principal est de forcer le retour à l'isotropie, en l'absence de déformation moyenne. Ainsi Maréchal [287], [288] a montré expérimentalement, qu'à nombre de Reynolds de turbulence modéré, une déformation moyenne pouvait induire des anisotropies significatives des petites échelles, lesquelles retournaient rapidement à une situation isotrope dès la disparition de la déformation. De ce fait, le schéma proposé pour ${}^{D}N_{ij}$ s'écrit :

$${}^{D}N_{ij} = -C_{\epsilon 5}\frac{\overline{\varepsilon}}{\overline{k}}\left(\overline{\varepsilon}_{ij} - \frac{2}{3}\overline{\varepsilon}\delta_{ij}\right) \equiv -2C_{\epsilon 5}\frac{\overline{\varepsilon}^2}{\overline{k}}\overline{\mathrm{e}}_{ij}$$

où le coefficient $C_{\epsilon 5}$ devrait être fonction du nombre de Reynolds de turbulence. Il est pris ici égal à 5,8 après optimisation en référence aux expériences de Maréchal.

En reportant l'ensemble de ces fermetures dans l'équation ouverte, on obtient, après réécritures, l'équation modèle de transport du tenseur de dissipation *en situation homogène*, sous la forme :

$$\begin{aligned}\frac{\mathrm{D}\overline{\varepsilon}_{ij}}{\mathrm{D}t} = -\overline{\varepsilon}_{ik}\frac{\partial\overline{U}_j}{\partial x_k} - \overline{\varepsilon}_{jk}\frac{\partial\overline{U}_i}{\partial x_k} + \frac{16}{15}\overline{\varepsilon}\overline{S}_{ij} - \left(\frac{14}{11}\alpha - \frac{16}{33}\right)\overline{\varepsilon}\,\overline{\mathrm{e}}_{kl}\overline{S}_{kl}\delta_{ij} \\ + \left(\frac{30\alpha + 20}{11}\right)\overline{\varepsilon}\left(\overline{\mathrm{e}}_{ik}\overline{S}_{jk} + \overline{\mathrm{e}}_{jk}\overline{S}_{ik} - \frac{2}{3}\overline{\mathrm{e}}_{kl}\overline{S}_{kl}\delta_{ij}\right) - \left(\frac{14\alpha - 20}{11}\right)\overline{\varepsilon}\left(\overline{\mathrm{e}}_{ik}\overline{R}_{jk} + \overline{\mathrm{e}}_{jk}\overline{R}_{ik}\right) \\ + \frac{2}{3}\left(C_{\epsilon 1}\frac{\overline{\varepsilon}}{\overline{k}}\mathcal{P}_{rod} - C_{\epsilon 2}\frac{\overline{\varepsilon}^2}{\overline{k}}\right)\delta_{ij} - 2C_{\epsilon 5}\frac{\overline{\varepsilon}^2}{\overline{k}}\overline{\mathrm{e}}_{ij}\end{aligned}$$

5 Retour à l'isotropie

5.1 Exposé du problème

Nous savons — voir Chapitre VIII-§3 —, qu'une turbulence homogène initialement anisotrope et libre d'évoluer **sans gradient de vitesse moyenne**, tend à devenir isotrope. La dégénérescence énergétique affecte donc différemment chacune des composantes normales sous l'action des mécanismes du "retour à l'isotropie".
La restriction isotrope $\left(\overline{u_i u_j}\right)_{isotrope} = 2/3\overline{k}\delta_{ij}$ ne permet pas de traduire de tels effets qui en appellent à l'ensemble des composantes du tenseur $\overline{u_i u_j}$. En situation *homogène sans* gradient de vitesse moyenne, l'équation de transport des tensions de Reynolds (13-6) se réduit à :

$$\frac{d\overline{u_i u_j}}{dt} = \underbrace{2\left[\overline{\frac{p^{(2)}}{\rho}s_{ij}} - \left(\frac{\overline{\varepsilon}_{ij}}{2} - \frac{\overline{\varepsilon}}{3}\delta_{ij}\right)\right]}_{T_{ij}^{(2)}} \quad \underbrace{-2\frac{\overline{\varepsilon}}{3}\delta_{ij}}_{(d)} \tag{13-23}$$

Il apparaît ainsi au second membre de cette équation, les termes de :

- *dissipation* (d), sous forme isotrope,
- *redistribution* $T_{ij}^{(2)}$, i.e, l'ensemble des contributions **de trace nulle**, qui de ce fait ne participent pas au bilan d'énergie cinétique d'agitation.
  L'exposant $^{(2)}$ rappelle que seule la partie quadratique de la fluctuation de pression (13-3) est à considérer. Cette écriture dégage les deux facteurs potentiels du retour à l'isotropie, (i) la corrélation pression-déformation et (ii) l'anisotropie de la dissipation. Ils peuvent être traités globalement, ou faire l'objet de schématisations séparées et nous poserons alors :

$$\mathrm{T}_{ij}^{(2)} = \Pi_{ij}^{(2)} - \overline{\mathrm{e}}_{\mathrm{ij}} \qquad \text{avec} \qquad \overline{\mathrm{e}}_{\mathrm{ij}} = \overline{\varepsilon}_{ij} - \frac{2}{3}\overline{\varepsilon}\delta_{ij}$$

5.2 Équation d'évolution du tenseur d'anisotropie

Pour caractériser l'anisotropie des tensions de Reynolds, nous avons introduit au Chapitre III-§5.3.4 le déviateur adimensionnel du tenseur $\overline{u_i u_j}$ ou *tenseur d'anisotropie* $a_{ij} = \overline{u_i u_j}/2\overline{k} - \delta_{ij}/3$ ou $b_{ij} = 2a_{ij}$. Par simple différentiation de cette définition on obtient par exemple :

$$\frac{db_{ij}}{dt} = \frac{1}{\overline{k}}\frac{d\overline{u_i u_j}}{dt} - \frac{\overline{u_i u_j}}{\overline{k}^2}\frac{d\overline{k}}{dt}$$

qui, combiné à l'équation de décroissance de $\overline{k}$ **sans gradient de vitesse moyenne**, donne :

$$\frac{db_{ij}}{dt} = \frac{1}{\overline{k}}\frac{d\overline{u_i u_j}}{dt} + \frac{\overline{\varepsilon}}{\overline{k}^2}\overline{u_i u_j}$$

En substituant l'expression (13-23) et explicitant $\overline{u_i u_j}$ à partir de b_{ij}, on aboutit finalement à :

$$\frac{\mathrm{d}b_{ij}}{\mathrm{d}t} = \underbrace{\frac{\overline{\varepsilon}}{\overline{k}}b_{ij}}_{(a)} + \underbrace{\frac{2}{\overline{k}}\left(\overline{\frac{p^{(2)}}{\rho}s_{ij}} - \left(\frac{\overline{\varepsilon}_{ij}}{2} - \frac{\overline{\varepsilon}}{3}\delta_{ij}\right)\right)}_{\left(\mathrm{T}_{ij}^{(2)}\right)} \tag{13-24}$$

Cette écriture permet de conforter l'interprétation physique du terme de redistribution. On trouve en effet au second membre de cette équation :

- un terme (a) qui agit *globalement*, i.e., pour toutes les composantes, sur le sens d'évolution en croissance-décroissance selon le signe de b_{ij}. Il est affecté d'une constante de temps $\overline{k}/\overline{\varepsilon}$ caractéristique de la décroissance énergétique ;
- le terme de redistribution $\left(\mathrm{T}_{ij}^{(2)}\right)$ qui module le précédent selon chacune des composantes, traduisant dans l'évolution de b_{ij} les effets d'une **déviation par rapport à l'isotropie**. Les contributions qu'il regroupe sont donc bien celles du *transfert inter-composantes du retour à l'isotropie*, tel que l'a montré l'expérience.

5.3 Les schématisations

5.3.1 Le schéma linéaire

Les premières fermetures de l'équation (13-24) sont issues des idées émises par Rotta [361] et [362], en 1951. Deux points essentiels les caractérisent :

a) Le **retour à l'isotropie** est **proportionnel** au degré d'**anisotropie** sur le seul terme de redistribution par pression, soit :

$$\Pi_{ij}^{(2)}/\overline{k} = -A_0 b_{ij}/\vartheta$$

où A_0 est une constante pure, et ϑ une échelle de temps de turbulence.

b) L'**échelle de temps** ϑ est bâtie sur les fonctions $\overline{k}$ et $\overline{\varepsilon}$ déjà introduites pour caractériser l'agitation turbulente, soit $\vartheta \sim \overline{k}/\overline{\varepsilon}$.

Avec ces hypothèses, l'équation modèle d'évolution de b_{ij} prend la forme :

$$\boxed{\frac{\mathrm{d}b_{ij}}{\mathrm{d}t} = (1 - A_0)\frac{\overline{\varepsilon}}{\overline{k}}b_{ij}} \tag{13-25}$$

Le schéma linéaire (13-25) introduit donc une seule constante empirique dont le tableau ci-après regroupe quelques valeurs.

Année	Auteur / Réf.	Valeur de A_0	Remarques
1975	Launder Reece Rodi [238]	1,5	Calage sur les expériences de Comte-Bellot Corrsin [77]
1977	Lumley & Newman [280]	1,62	Valeur adaptée à la plupart des situations pratiques
1978	Gibson & Launder [149]	1,8	-
1984	W.C. Reynolds [342]	1,25	Schéma et valeur ne convenant que pour des anisotropies faibles

Tableau 13.5 Valeur de la constante du retour à l'isotropie du schéma de Rotta.

Si toutes les valeurs de A_0 sont bien supérieures à l'unité, condition imposée pour le retour à l'isotropie — Cf. éq.(13-25) —, la lecture du tableau dégage une assez large dispersion (écarts de l'ordre de 30% à 40%). Une première tentative d'explication pourrait être que le schéma (13-25) ne serait correct que "par morceaux", la valeur de la "constante" **dépendant** du degré d'anisotropie à partir duquel s'effectue la tendance au retour.

Ce point est illustré sur la figure suivante, en référence à l'expérience de Tucker et Reynolds [428]. Le calage de la constante peut schématiquement s'effectuer à l'aval immédiat de la zone de déformation, siège d'une anisotropie forte, — plage (*a*) —, ou au contraire dans la phase finale du retour à l'isotropie, — plage (*b*).

Dans le premier cas, on aboutit à une valeur voisine de 1,9 alors qu'elle est proche de 1,25 pour le second.

En réalité, cette explication ne suffit pas, car le schéma linéaire reste entaché de défauts conceptuels provoquant :

- l'indépendance au montant initial d'anisotropie,
- l'équivalence des taux de retour à l'isotropie pour chaque composante du tenseur d'anisotropie.

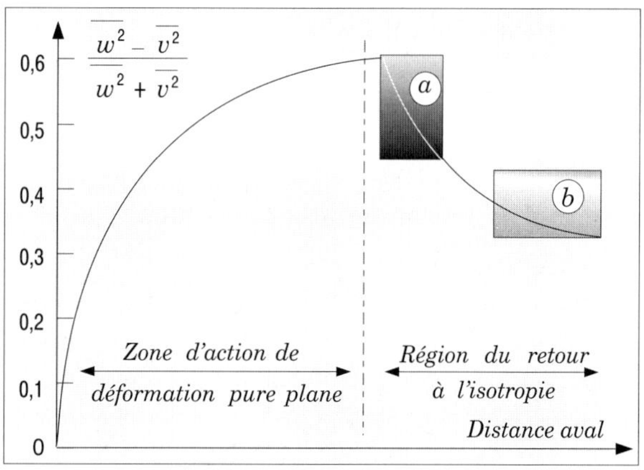

Fig. 1: Influence du degré d'anisotropie sur le calage de la constante Ao dans l'expérience de Tucker et Reynolds [428].

C'est ce qui explique l'émergence d'autres propositions que nous examinerons au paragraphe suivant.

EXERCICE — ***Temps de décroissance énergétique et de retour à l'isotropie en schématisation linéaire isotrope.***

1) Comment varie l'échelle de temps caractéristique de la décroissance énergétique ($\overline{k}/\overline{\varepsilon}$) en T.H.I. lorsqu'il est fait usage de la fermeture isotrope par l'éq.(13-12) ?
2) En adoptant un schéma de retour à l'isotropie linéaire, quel rapport existe-t-il entre l'échelle de temps précédente et celle caractéristique du retour à l'isotropie ?
3) Avec ces mêmes schématisations, établir les lois d'évolution du tenseur d'anisotropie b_{ij} et de ses invariants.

SOLUTION
1) Posant $\vartheta = \overline{k}/\overline{\varepsilon}$, on a $\frac{\mathrm{d}\vartheta}{\mathrm{d}t} = \frac{1}{2\overline{\varepsilon}}\frac{\mathrm{d}\overline{k}}{\mathrm{d}t} - \frac{\overline{k}}{\overline{\varepsilon}^2}\frac{\mathrm{d}\overline{\varepsilon}}{\mathrm{d}t}$. Substituant l'équation d'évolution de $\overline{k}$ (*exacte*) et de $\overline{\varepsilon}$ (*modèle* 13-12), on déduit directement que :

$$\mathrm{d}\vartheta/\mathrm{d}t = C_{\varepsilon_2} - 1$$

Ainsi l'échelle de temps de décroissance varie linéairement : $\vartheta - \vartheta_0 = (C_{\varepsilon_2} - 1)t$. Ce résultat peut également s'obtenir à partir des relations d'évolution (13-13) et (13-14).
2) Avec une fermeture linéaire, l'équation d'évolution du tenseur b_{ij} prend la forme :

$$\frac{\mathrm{d}b_{ij}}{\mathrm{d}t} = (1 - A_0)\frac{\overline{\varepsilon}}{\overline{k}}b_{ij}$$

En considérant que $\frac{1}{b_{ij}}\frac{\mathrm{d}b_{ij}}{\mathrm{d}t} \equiv (\vartheta_R)^{-1}$ introduit l'échelle de temps caractéristique du retour à l'isotropie ϑ_R, l'égalité précédente peut s'interpréter en terme d'équilibre temporel sous la forme $\vartheta = (1 - A_0)\vartheta_R$. Il existe donc un rapport constant, prescrit par la valeur de la constante A_0, entre les temps de décroissance énergétique et de retour à l'isotropie. Compte tenu du résultat antérieur, cette relation de proportionnalité permet alors d'anticiper que $\vartheta_R \sim \frac{C_{\varepsilon_2} - 1}{1 - A_0}t$.

3) D'après les relations (13-13) et (13-14), on sait que : $\frac{\overline{\varepsilon}}{\overline{k}} = \frac{\overline{\varepsilon}_0}{\overline{k}_0}\left(1 - \frac{t}{\tau}\right)^{-1}$
de sorte que $\frac{\mathrm{d}b_{ij}}{b_{ij}} = (A_0 - 1)\frac{\overline{\varepsilon}_0}{\overline{k}_0}\tau\frac{\mathrm{d}(1 - t/\tau)}{(1 - t/\tau)}$

La solution, de valeur b^0_{ij} à l'origine des temps, est $b_{ij} = b^0_{ij}\left(1 - \frac{t}{\tau}\right)^{\frac{A_0 - 1}{1 - C_{\varepsilon_2}}}$
Les évolutions des invariants s'en déduisent comme suit :

$$\frac{\mathrm{II}}{\mathrm{II}_0} = \left(1 - \frac{t}{\tau}\right)^{2\frac{A_0 - 1}{1 - C_{\varepsilon_2}}} \quad et \quad \frac{\mathrm{III}}{\mathrm{III}_0} = \left(1 - \frac{t}{\tau}\right)^{3\frac{A_0 - 1}{1 - C_{\varepsilon_2}}}$$

On retrouve bien **l'interdépendance** des constantes C_{ε_2} et A_0 dans le calage des lois de retour à l'isotropie des invariants en question, en conformité avec l'interprétation physique en termes d'échelles temporelles représentatives associées.

5.3.2 Le schéma quasi-linéaire

Le schéma quasi-linéaire de Lumley [276] s'applique à l'ensemble des contributions redistributives $\left(\mathrm{T}^{(2)}_{ij}\right)$. Il procède d'une simple extrapolation de la forme linéaire où le "coefficient" A_0 varie en fonction des invariants du tenseur d'anisotropie et du nombre de Reynolds de turbulence. Le notant $A(R_T, \mathbf{II}, \mathbf{III})$, cela se traduit par :

$$\boxed{\frac{\mathrm{T}_{ij}^{(2)}}{\overline{k}} = -2\frac{A(R_T, \mathbf{II}_a, \mathbf{III}_a)}{\vartheta}a_{ij}} \tag{13-26}$$

avec, selon Lumley $A(R_T, \mathbf{II}_a, \mathbf{III}_a) = 1 + \frac{1}{2}\left(\frac{1}{9} - \frac{\mathbf{II}_a}{2} + \mathbf{III}_a\right) \exp\left(\frac{-7{,}77}{\sqrt{R_T}}\right)\{\frac{72}{\sqrt{R_T}}$

$$+80{,}1 \times \ln\left[1 + 62{,}4(0{,}5\mathbf{II}_a + 2{,}3\mathbf{III}_a/3)\right]\} \tag{13-27}$$

en posant, pour nombre de Reynolds de turbulence : $R_T = 4\overline{k}^2/(9\overline{\varepsilon}\nu)$.

Comme le souligne l'auteur lui-même, le schéma (13-27) ne repose sur aucun argument fondamental et n'est en fait qu'une formule d'interpolation de la relation (13-26) entre les résultats expérimentaux de Comte-Bellot & Corrsin (décroissance d'une turbulence faiblement anisotrope) et de Uberoi (influence du nombre de Reynolds pour une anisotropie moyenne).
En revanche, il tient compte de conditions de vraisemblance pour l'annulation de l'une des composantes normales du tenseur des contraintes turbulentes et de l'inégalité de Schwartz sur les corrélations croisées. Il est de ce fait compatible avec la limite de turbulence à deux composantes, puisque le terme correctif disparaît dans ce cas ($\mathbf{II}_a/2 - \mathbf{III}_a = 1/9$).

À titre de comparaison, on présente les prévisions de ce modèle avec celles de celui de Rotta pour $A_0 = 1{,}9$. Les mesures de Le Penven, Gence & Comte-Bellot [249] servent de référence expérimentale.
Rappelons que l'expérience citée concerne le retour à l'isotropie de deux situations de turbulence ayant initialement un invariant **II** de même ordre, mais des invariants **III** opposés. La comparaison porte sur la décroissance temporelle du second invariant du tenseur d'anisotropie.
La figure 2 montre alors clairement qu'aucun des deux modèles présentés n'est satisfaisant, le bon accord avec l'expérience de l'un s'échangeant avec celui de l'autre selon le signe du troisième invariant.
Un élément d'explication de l'inadaptation du schéma quasi-linéaire à l'effet de l'invariant **III** a été apporté par Choi [67], en 1983. Il fut en effet le premier à montrer que lorsque l'on adopte un tel schéma, les deuxième et troisième invariants sont indissociables car liés par :

$$(\mathbf{II}_a)^{1/2} = 6^{1/6} \times |\mathbf{III}_a|^{1/3} \tag{13-28}$$

quelle que soit la forme du coefficient $A(R_T, \mathbf{II}, \mathbf{III})$ de la relation (13-26).
On pourra retrouver ce résultat à titre d'exercice.

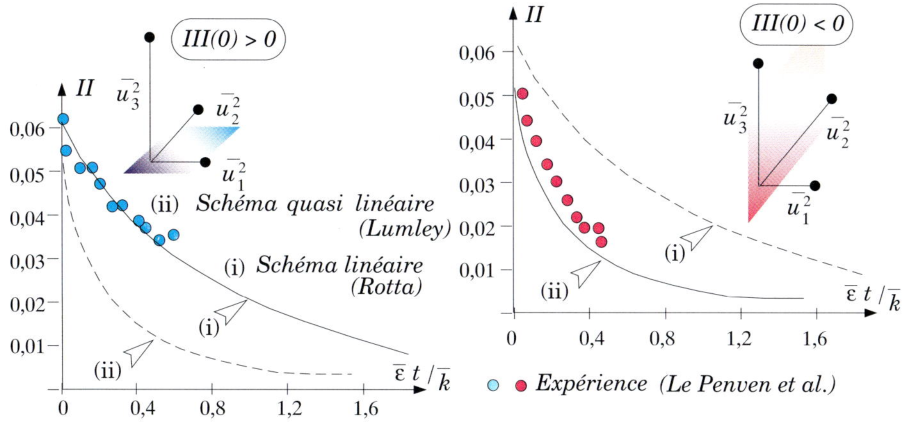

Fig. 2: Décroissance temporelle du second invariant du tenseur d'anisotropie. Comparaison des modèles de (i) Rotta (éq.13-25) et de (ii) Lumley (éq.13-27) aux résultats expérimentaux de Le Penven et al. [249].

Diverses mesures du retour à l'isotropie — voir Chapitre VIII-§3 —, sont reportées sur la figure ci-contre, en comparaison du graphe de l'équation (13-28). Il en ressort assez nettement que la relation de proportionnalité entre les puissances des invariants (13-28) n'est pas vérifiée pour toute les expériences, ce qui se traduira immanquablement par des défauts de toute modélisation à l'aide d'un schéma linéaire.

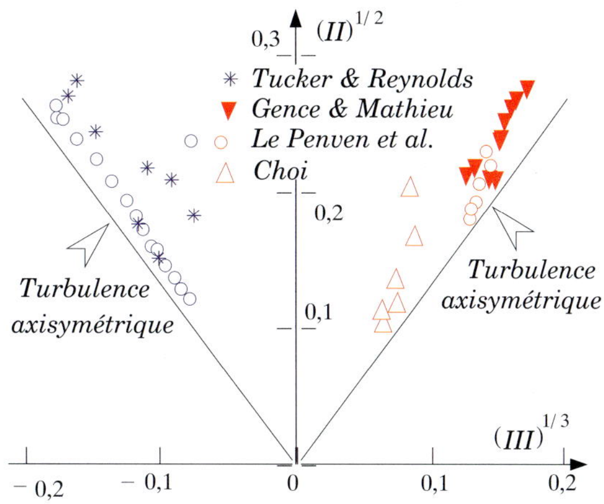

Fig. 3: Relation entre invariants lors du retour à l'isotropie.

EXERCICE — ***Relation aux invariants en relaxation quasi-linéaire à l'isotropie*** — Avec le schéma quasi-linéaire, le terme de retour à l'isotropie dans l'équation d'évolution du tenseur a_{ij} s'écrit $\mathrm{T}_{ij}^{(2)} = -2A\frac{\overline{\varepsilon}}{\overline{k}}a_{ij}$ où A est une fonction quelconque des invariants et du nombre de Reynolds de turbulence.

1) Écrire la forme modèle de l'équation d'évolution de a_{ij}.

2) En déduire celles des invariants II et III.

3) Établir que $\mathrm{II}^{1/2} = K \times |\mathrm{III}|^{1/3}$, en précisant la valeur numérique de la constante K, en référence à la situation de turbulence axisymétrique.

SOLUTION

1) En substituant le schéma quasi-linéaire dans la relation (13-25), on obtient directement pour le tenseur a_{ij} :

$$\frac{\mathrm{d}a_{ij}}{\mathrm{d}t} = (1-A)\frac{\overline{\varepsilon}}{k}a_{ij}$$

qui montre que la variation reste proportionnelle au tenseur d'anisotropie.

2) En dérivant $\mathrm{II} = a_{ji}a_{ij}$ par rapport au temps, il vient :

$$\frac{\mathrm{dII}}{\mathrm{d}t} = 2a_{ji}\frac{\mathrm{d}a_{ij}}{\mathrm{d}t} = 2(1-A)\frac{\overline{\varepsilon}}{k}a_{ji}a_{ij} \equiv 2(1-A)\frac{\overline{\varepsilon}}{k}\mathrm{II}$$

De même pour l'invariant d'ordre trois :

$$\frac{\mathrm{dIII}}{\mathrm{d}t} = 3a_{jk}a_{ki}\frac{\mathrm{d}a_{ij}}{\mathrm{d}t} = 3(1-A)\frac{\overline{\varepsilon}}{k}a_{jk}a_{ki}a_{ij} \equiv 3(1-A)\frac{\overline{\varepsilon}}{k}\mathrm{III}$$

3) Des deux relations précédentes, on déduit aisément que :

$$\frac{1}{2\mathrm{II}}\frac{\mathrm{dII}}{\mathrm{d}t}\left(=(1-A)\frac{\overline{\varepsilon}}{k}\right) = \frac{1}{3\mathrm{III}}\frac{\mathrm{dIII}}{\mathrm{d}t}$$

Une simple intégration donne alors $(\mathrm{II})^{1/2} = K \times |\mathrm{III}|^{1/3}$, où $K = C^{te}$. On note bien que ce résultat est parfaitement transparent à l'expression de A.

La relation précédente s'applique à toute situation de turbulence, donc, en particulier, au cas axisymétrique, pour lequel nous avons vu (Cf. exercice 2, Chapitre III–§5.3.4) que $\mathrm{II} = 6\alpha^2$ et $\mathrm{III} = -6\alpha^3$. On en déduit donc que $K = 6^{1/2-1/3} = 6^{1/6}$, C.Q.F.D.

5.3.3 Les schémas non linéaires

La réponse aux défauts des schématisations précédentes passe par la prise en compte d'effets non linéaires du processsus de retour à l'isotropie. Formellement, cela consiste à développer l'expression de $\Pi_{ij}^{(2)}$ en fonction des puissances du tenseur d'anisotropie. Selon Schiestel [374], page 111, la forme générale d'un schéma au troisième ordre par rapport à l'anisotropie s'écrit :

$$\boxed{\frac{\mathrm{T}_{ij}^{(2)}}{\overline{\varepsilon}} = \alpha_0 \mathbf{II}_a \delta_{ij} + (\alpha_1 + \alpha_2 \mathbf{II}_a)a_{ij} - 3\alpha_0 a_{ik}a_{kj}} \qquad (13\text{-}29)$$

où n'apparaissent seulement que trois constantes indépendantes α_0, α_1 et α_2.

Ce furent sans doute Lumley et Khajeh-Nouri [196], en 1974, qui furent les premiers à avancer sur cette voie avec le schéma :

$$\mathrm{T}_{ij}^{(2)}/\overline{\varepsilon} = A^0 a_{ij} + A^1\left(a_{ik}a_{kj} - \frac{\mathbf{II}_a}{3}\delta_{ij}\right)$$

Il correspond à la particularisation du développement (13-29) pour $A^0 = \alpha_1$, $A^1 = -3\alpha$ et $\alpha_2 = 0$. La prescription des deux coefficients reste assez empirique. Nous donnons ci-après la proposition de Choi et Lumley [68], datant de 1984 :

$$A^0 = 2 + \frac{\Gamma\beta^{1/2}}{1+\gamma\lambda^2} \quad et \quad A^1 = \frac{\Gamma\beta^{1/2}}{1+\gamma\lambda^2} \times \frac{\gamma}{(\mathbf{III}_a/6)^{1/3}}$$

avec : $\beta = 1 - \frac{9}{2}\mathbf{II}_a + 9\mathbf{III}_a, \quad \gamma = -\lambda^4 + 0{,}82\lambda^6, \quad \lambda = \frac{(\mathbf{III}_a/6)^{1/3}}{(\mathbf{II}_a/6)^{1/2}}$

$$\Gamma = exp\left[-\frac{9{,}29}{\sqrt{R_T}}\right]\left\{\left(\frac{7{,}69}{\sqrt{R_T}} + \frac{73{,}7}{R_T}\right) + \left[148 - 8{,}1(1+\lambda)^4\right]\mathbf{II}_a\right\}$$

Le nombre de Reynolds de turbulence a la même définition que dans le schéma (13-27). On note que cette formulation prend en compte explicitement l'écart à la bidimensionnalité (paramètre β) et à l'axisymétrie (paramètre λ).
D'autres expressions de mise en œuvre plus simple sont disponibles. Nous citerons en particulier celles du groupe de l'Université de Manchester (UMIST) dont l'expression générique s'écrit :

$$\mathrm{T}_{ij}^{(2)}/\overline{\varepsilon} = \alpha'_0\mathbf{II}_b\delta_{ij} + \alpha'_1 b_{ij} - 3\alpha'_0 b_{ik}b_{kj} \tag{13-30}$$

Ce n'est autre que le développement général au troisième ordre en fonction du tenseur d'anisotropie b_{ij} (13-29), *avec la restriction* $\alpha'_2 = 0$. En effet selon Launder [233], la base des données expérimentales disponibles en 1975 sur le retour à l'isotropie, tend à prouver qu'il est plus important d'inclure la contribution quadratique ($b_{ik}b_{kj}$) que celle proportionnelle au second invariant ($\mathbf{II}_b b_{ij}$). Plusieurs expressions des coefficients restants ont été proposées par le groupe de Launder. Quatre d'entre elles sont reprises dans le tableau suivant.

Année	Auteur - Réf.	Expressions des coefficients
1982	Fu et al. [142]	$\alpha'_0 = 0,25 \quad \alpha'_1 = -1{,}2 - \mathbf{II}_b$
1987	Launder [235]	$\alpha'_0 = -0{,}2\alpha'_1 \quad \alpha'_1 = -7{,}5\mathbf{II}_b\sqrt{\beta}$
1991	Launder [237]	$\alpha'_0 = -0,4\alpha'_1 \quad \alpha'_1 = -3{,}1\mathbf{II}_b\sqrt{\beta}$
1996	Craft et al. [98]	$\alpha'_0 = -\frac{7}{30}\alpha'_1 \quad \alpha'_1 = -\left(1 + 3{,}75\sqrt{\mathbf{II}_b}\right)\beta$

Tableau 13.6 Coefficients du retour à l'isotropie (éq.13-30) du groupe UMIST.

On notera dans les deux dernières expressions, l'influence explicite de l'écart à la bidimensionnalité à travers le paramètre de planéité $\beta = 1 - 9(\mathbf{II}_b - \mathbf{III}_b)/8$ avec les notations des auteurs précités.
Mentionnons enfin la proposition de Sarkar et Speziale [373], qui en 1989, et s'appuyant plus particulièrement sur les données expérimentales de Le Penven & al. [249] reviennent dans (13-30) à des valeurs constantes $\alpha'_0 = 0{,}35$ et $\alpha'_1 = 1{,}7$.

5.4 Récapitulation

En suivant Lumley et Newman [280], une relation de la forme :

$$\frac{\mathrm{T}_{ij}^{(2)}}{\overline{\varepsilon}} = -A(\mathbf{II}_b)b_{ij} + \alpha\left(b_{ik}b_{kj} - \frac{\mathbf{II}_b}{3}\delta_{ij}\right) \tag{13-31}$$

peut servir de dénominateur commun à l'ensemble des schématisations des termes du retour à l'isotropie reprises dans le tableau suivant.

Effet considéré	Termes à modéliser dans l'équation exacte	Schématisation
Retour à l'isotropie	$\phi_{ij}^{(2)} = 2(\frac{\overline{p^{(2)}s_{ij}}}{\rho})$ ou $\Pi_{ij}^{(2)} = \phi_{ij}^{(2)} - \overline{e}_{ij}$	Linéaire : $A = C^{te} \simeq 1{,}5 \mp 0{,}3$ $\alpha = 0$ Pseudo-linéaire : $A = A(\mathbf{II}, \mathbf{III}, R_T)$ $\alpha = 0$ Quadratique : $A = -1{,}7$ $\alpha = -0{,}35$ A, α fonctions de β, λ, R_T...

Tableau 13.7 Récapitulation des schémas du retour à l'isotropie.

REMARQUE — *Il n'est pas possible de dégager de l'ensemble des propositions que nous venons de passer en revue, celle qui s'imposerait définitivement à toutes les autres. Irritant du point de vue de la rigueur, ce constat prouve, si besoin était, que la procédure de fermeture ne peut s'assimiler à une "simple" construction théorique, déductive et achevée. Pour autant, le préjudice qu'il induit sur les applications peut être très réduit par un praticien "averti", sachant moduler son choix selon les particularités de l'écoulement traité.*

Tel cas sera en effet marqué par une anisotropie modérée, tel autre par une possibilité de turbulence à deux composantes (bidimensionnelle), un autre par une anisotropie forte, mais toujours tridimensionnelle. Ainsi, les situations pratiques où toutes les sources de complexité n'interviennent pas conjointement, dégagent–elles un nouvel espace d'expression de "l'art de l'ingénieur".

COMPLÉMENT — ***Effet de la correction quadratique des schémas de retour à l'isotropie.***

En référence à la formulation linéaire de Rotta, l'expression générique des schémas non-linéaires — éq.(13-29) par exemple —, peut se mettre sous la forme :

$$\mathrm{T}_{ij}^{(2)}/\overline{\varepsilon} = -A(\mathrm{II}_b)b_{ij} - 3\alpha_0'\left(b_{ik}b_{kj} - \frac{\mathrm{II}_b}{3}\delta_{ij}\right)$$

en posant simplement $A(\mathrm{II}_b) = -\alpha_1' - 2\alpha_2'\mathrm{II}_b$. Dans le cas où $\alpha_2' = 0$, la modification par développement quadratique se traduit alors exclusivement par la contribution additive du dernier terme du second membre. L'effet de celui-ci est bien de moduler sélectivement le retour à l'isotropie des différents termes du tenseur de Reynolds. On peut s'en rendre compte assez simplement en prenant, par exemple, une turbulence pour laquelle toutes les composantes du tenseur d'anisotropie sont nulles, à l'exception de $b_{11}(\equiv b)$ et $b_{22}(\equiv -b)$, de sorte que $\mathrm{II}_b = 2b^2$. Dans ces conditions, le schéma donne :

$$\mathrm{T}_{11}^{(2)}/\overline{\varepsilon} = -Ab - \alpha_0'b^2, \quad \mathrm{T}_{22}^{(2)}/\overline{\varepsilon} = +Ab - \alpha_0'b^2, \quad \mathrm{T}_{33}^{(2)}/\overline{\varepsilon} = +2\alpha_0'b^2$$

Avec $\alpha_0' > 0$, ces relations permettent de dire que ce schéma entraîne un retour à l'isotropie pour la composante $\overline{u^2}(\equiv \overline{u_1u_1})$ plus rapide que celui relatif à la composante $\overline{v^2}(\equiv \overline{u_2u_2})$, et génère une croissance de la composante $\overline{w^2}(\equiv \overline{u_3u_3})$, initialement nulle.

6 Les modèles d'action du champ moyen

6.1 Le problème fonctionnel

Toujours en situation de **turbulence homogène**, nous en venons maintenant à la schématisation des termes qui sont associés aux mécanismes par lesquels le champ moyen, **à gradient nécessairement constant**, agit sur l'agitation turbulente.
En pareil cas, l'équation de transport des tensions de Reynolds s'écrit :

$$\frac{\partial \overline{u_iu_j}}{\partial t} + \overline{U}_k \frac{\partial \overline{u_iu_j}}{\partial x_k} = -\left(\overline{u_iu_k}\lambda_{jk} + \overline{u_ju_k}\lambda_{ik}\right) + \Pi_{ij}^{(1)} + \Pi_{ij}^{(2)} - \mathrm{e}_{ij} - \frac{2}{3}\varepsilon\delta_{ij}$$

Outre le terme exact de production où il intervient explicitement, le champ moyen se manifeste implicitement à travers la contribution "**linéaire**" de la *"corrélation pression-déformation"*, posant ainsi le problème de la schématisation du terme :

$$\Pi_{ij}^{(1)} = \frac{1}{\rho}\overline{p^{(1)}s_{ij}} \qquad (13\text{-}32)$$

Grâce aux données du Chapitre VIII, nous savons que ce terme peut tout aussi bien œuvrer en faveur de l'isotropie, ou avoir l'effet opposé. De plus, l'intervention de la pression dans l'expression exacte (13-32) suggère une influence *non-locale* du gradient de vitesse moyenne. Pour s'en convaincre, introduisons les transformées de Fourier des fluctuations de vitesse et de pression (voir Chapitre V-§3.1) :

$$u_m(\vec{x},t) = \iiint_{-\infty}^{+\infty} \widehat{u}_m(\vec{\kappa},t)e^{i\vec{\kappa}.\vec{x}}\mathrm{d}^3\vec{\kappa} \quad et \quad p(\vec{x},t) = \iiint_{-\infty}^{+\infty} \widehat{p}(\vec{\kappa},t)e^{i\vec{\kappa}.\vec{x}}\mathrm{d}^3\vec{\kappa}$$

L'équation de Poisson pour la fluctuation de pression devient ainsi :

$$\frac{1}{\rho}\kappa^2\widehat{p}^{(1)} = 2i\kappa_n\widehat{u}_m\frac{\partial \overline{U}_n}{\partial x_m}$$

qui par multiplication membre à membre par $-i\kappa_j\widehat{u}_i$ donne :

$$\frac{i}{\rho}\widehat{p}^{(1)}\kappa_j\widehat{u}_i = -2\frac{\partial \overline{U}_n}{\partial x_m}\frac{\kappa_n\kappa_j}{\kappa^2}\widehat{u}_i\widehat{u}_m$$

Revenant à l'espace physique et les fonctions aléatoires étant statistiquement homogènes, on obtient :

$$\frac{1}{\rho}\overline{p^{(1)}\frac{\partial u_i}{\partial x_j}} = 2\frac{\partial \overline{U}_n}{\partial x_m}\int \frac{\kappa_n \kappa_j}{\kappa^2}\phi_{mi}(\kappa,t)d\kappa \tag{13-33}$$

où $\phi_{mi}(\kappa,t) = \overline{\widehat{u}_m \widehat{u}_i^*}$ n'est autre que le tenseur spectral (*"inter-spectre"*) en nombre d'onde κ i.e., la transformée de Fourier spatiale tridimensionnelle de l'intercorrélation $\overline{u_m u_i}$, telle qu'elle a été introduite au Chapitre V-§4.1.
En faisant jouer aux indices *i* et *j* un rôle symétrique, on déduit de (13-33) que :

$$\Pi_{ij}^{(1)} = 2(L_{njmi} + L_{nimj})\frac{\partial \overline{U}_n}{\partial x_m} \tag{13-34}$$

en posant :

$$L_{njmi} = \int \frac{\kappa_n \kappa_j}{\kappa^2}\phi_{mi}(\kappa,t)d\kappa \tag{13-35}$$

Comme le met en évidence l'expression ci-dessus, la contribution de la partie rapide de la corrélation pression-déformation fait intervenir à travers la fonctionnelle tensorielle d'ordre quatre L_{njmi} des propriétés statistiques **non locales**, i.e., dépendantes de grandeurs en plusieurs points, ce qui rend ce terme particulièrement délicat à schématiser.
L'expression (13-35) montre en outre que le tenseur L_{njmi} doit satisfaire les conditions suivantes :

$$-\ par\ définition : \quad L_{njmi} = L_{jnmi} \tag{13-36a}$$

$$L_{njmi} = L_{njim} \tag{13-36b}$$

$$L_{nnmi} = \overline{u_m u_i} \tag{13-36c}$$

$$-\ par\ isovolume : \quad L_{nimi} = 0 \tag{13-36d}$$

La justification des trois premiers critères est immédiate. Pour ce qui est du quatrième, il suffit de se rappeler, comme nous l'avons vu au Chapitre V-§4.1.2, que le caractère ***isovolume*** de l'évolution se traduit par $\kappa_i\phi_{mi}(\kappa,t) = 0$. La dernière relation s'en déduit alors immédiatement.

REMARQUE — *Le terme (13-32) est parfois également qualifié de "partie rapide", en référence à l'analyse de la* **distorsion rapide** *de la turbulence de Batchelor et Proudman* [20]. *Selon cette analyse, on suppose que la distorsion appliquée au champ turbulent est tellement rapide que la turbulence n'a ni le temps d'être transportée, ni d'agir sur elle même, ni de décroître. Ainsi, l'équation gouvernant la fluctuation de vitesse est* **linéaire**, *et s'écrit :*

$$\frac{\partial u_i}{\partial t} + u_j\frac{\partial \overline{U}_i}{\partial x_j} + \overline{U}_j\frac{\partial u_i}{\partial x_j} = -\frac{1}{\rho}\frac{\partial p}{\partial x_i}$$

Prenant alors la divergence membre à membre on obtient :

$$-\frac{1}{\rho}\frac{\partial^2 p}{\partial x_j \partial x_j} = 2\frac{\partial u_i}{\partial x_j}\frac{\partial \overline{U}_j}{\partial x_i}$$

qui s'identifie effectivement à la relation de définition de la partie "rapide" (13-4). Comme le note Lumley [276], *la référence à la distorsion rapide peut prêter à confusion pour le problème considéré ici. En effet, en situation de distorsion rapide, le gradient de vitesse moyenne imposé est si intense qu'il domine toutes les parties du spectre, alors que pour le cas traité, on reste sous l'hypothèse d'équilibre spectral paramétrisable par les grandes échelles.*

6.2 Fermetures linéaires

6.2.1 Le schéma isotrope

Si, outre l'hypothèse d'homogénéité on adjoint celle d'isotropie, le tenseur spectral en nombre d'onde $\phi_{mi}(\vec{\kappa},t)$ s'exprime directement à partir du spectre d'énergie en module $E(\kappa,t)$, selon la relation établie au Chapitre V-§4.2–éq.(5-19) :

$$\phi_{mi}(\vec{\kappa},t) = \frac{E(\kappa,t)}{4\pi\kappa^2}\left(\delta_{mi} - \frac{\kappa_m\kappa_i}{\kappa^2}\right) \tag{13-37}$$

où :

$$\frac{\overline{u_i u_i}}{2}(t) \equiv \overline{k}(t) = \int_0^\infty E(\kappa,t)d\kappa$$

Il s'en déduit alors exactement que :

$$\boxed{\left[\Pi_{ij}^{(1)}\right]_{isotrope} = \left[\frac{p^{(1)}}{\rho}\left(\frac{\partial u_i}{\partial x_j} + \frac{\partial u_j}{\partial x_i}\right)\right]_{isotrope} = \frac{2}{5}\overline{k}\left(\frac{\partial \overline{U}_i}{\partial x_j} + \frac{\partial \overline{U}_j}{\partial x_i}\right)} \tag{13-38}$$

Cette relation démontre que, *pour une turbulence homogène et isotrope*, la schématisation de la partie rapide de la corrélation pression-déformation s'exprime par une dépendance **locale** fonction des seules propriétés en un point. Ce résultat, établi pour la première fois par Crow [101] en 1968, présente donc un intérêt théorique certain. Il est malheureusement peu pertinent en matière de modélisation, car il suppose que l'agitation reste toujours isotrope sous l'action du gradient de vitesse moyenne, ce que nous savons ne pas être le cas général (Chapitre VIII).

DÉMONSTRATION — Par substitution du spectre (13-37) dans la définition (13-35) il vient :

$$[L_{njmi}]_{isotrope} = \int_0^\infty \frac{E(\kappa,t)}{4\pi\kappa^2}\kappa_n\kappa_j\left(\delta_{mi} - \frac{\kappa_m\kappa_i}{\kappa^2}\right) \mathrm{d}\kappa$$

Cette égalité montre que, sous réserve de convergence de l'intégrale, l'expression isotrope de L_{njmi} est une constante. Par invariance tensorielle, on peut donc poser :

$$[L_{njmi}]_{isotrope} = (a_0\delta_{ni}\delta_{mj} + a_1\delta_{mn}\delta_{ij} + a_2\delta_{mi}\delta_{nj})$$

En imposant les conditions (13-36) on peut facilement établir que :

$$a_0 = a_1, \; a_0 + 3a_1 + a_2 = 0, \; a_0 + a_1 + 3a_2 = \frac{2}{3}\overline{k}$$

ce qui donne directement $[L_{njmi}]_{isotrope} = \frac{1}{15}(4\delta_{mi}\delta_{nj} - \delta_{mn}\delta_{ij} - \delta_{ni}\delta_{mj})\bar{k}$.

Il est facile alors de vérifier que $L_{nimj}\dfrac{\partial \overline{U}_n}{\partial x_m} = 4\dfrac{\partial \overline{U}_j}{\partial x_i} - \dfrac{\partial \overline{U}_i}{\partial x_j}$, ce qui conduit bien au résultat annoncé.

6.2.2 Le schéma en isotropisation de production

Un schéma différent fut proposé par Naot et al. [307] en 1970. L'idée intuitive en est que l'effet de la partie rapide de la corrélation pression-déformation serait "forcé" par l'écart à l'isotropie du taux de production de $\overline{u_i u_j}$, soit :

$$\boxed{\left[\Pi_{ij}^{(1)}\right]_{isoPro} = -C_{IP}\left(P_{ij} - \frac{Q}{3}\delta_{ij}\right)} \tag{13-39}$$

où :
$$P_{ij} = -\left(\overline{u_i u_k}\frac{\partial \overline{U}_j}{\partial x_k} + \overline{u_j u_k}\frac{\partial \overline{U}_i}{\partial x_k}\right) \qquad et \qquad Q = -2\overline{u_i u_k}\frac{\partial \overline{U}_i}{\partial x_k} \tag{13-40}$$

Il est facile de vérifier que le schéma (13-39) peut se mettre également sous la forme :

$$\left[\Pi_{ij}^{(1)}\right]_{isoPro} = \frac{2}{3}C_{IP}\bar{k}\left(\frac{\partial \overline{U}_i}{\partial x_j} + \frac{\partial \overline{U}_j}{\partial x_i}\right) + C_{IP}\bar{k}\left(b_{im}\overline{S}_{jm} + b_{jm}\overline{S}_{im} - \frac{2}{3}b_{nm}\overline{S}_{nn}\delta_{ij}\right) + C_{IP}\bar{k}\left(b_{im}\overline{R}_{jm} + b_{jm}\overline{R}_{im}\right) \tag{13-41}$$

en introduisant le tenseur d'anisotropie b_{ij}. Si l'on impose comme limite isotrope de ce schéma la forme exacte (13-38), alors nécessairement $C_{IP} = 3/5$.
On obtient ainsi une fermeture qui n'introduit *aucune constante empirique supplémentaire*.
Cependant, lorsque le gradient de vitesse moyenne $\partial \overline{U}_i/\partial x_j$ se réduit à $d\overline{U}_1/dx_2$ comme c'est le cas en écoulement homogène cisaillé, un tel schéma conduit, ainsi que le note Launder [245], à des taux **identiques** de production pour chaque composante normale. Or l'expérience révèle que dans ce cas, $\overline{u_3^2}$ excède d'environ 20% $\overline{u_2^2}$ ce qui rend le modèle inacceptable pour cet écoulement.
Néanmoins, avec des valeurs légèrement différentes de celle de la limite isotrope, ce schéma reste celui avec lequel le plus grand nombre de calculs ont été réalisés, y compris pour des écoulements non homogènes. Les résultats produits au cours d'une quinzaine d'années conduisent Launder [235] à en justifier l'usage comme première base de fermeture pour son bon compromis entre simplicité et accord avec l'expérience.

6.2.3 Le schéma linéaire anisotrope

En situation homogène **anisotrope**, divers auteurs [238], [276], [341] ont proposé, de façon indépendante, une extension de l'expression isotrope exacte conduisant au "modèle linéaire anisotrope". L'idée centrale en est que, pour des degrés d'anisotropie faibles, une dépendance **locale linéaire** de L_{njmi} reste envisageable. Dans cet esprit, la formulation (13-41) peut être vue comme la *restriction isotrope* d'un développement au premier ordre en anisotropie, dont l'expression générale (*linéairement anisotrope*) s'écrit :

$$[L_{njmi}]_{(\mathrm{L})} = \frac{\overline{k}}{15}(4\delta_{mi}\delta_{nj} - \delta_{ni}\delta_{mj} - \delta_{ij}\delta_{mn}) + a_3\delta_{ni}b_{mj} + a_4\delta_{ij}b_{mn} + a_5\delta_{mi}b_{nj} + a_6\delta_{mn}b_{ij} + a_7\delta_{mj}b_{ni} + a_8\delta_{nj}b_{mi} \quad (13\text{-}42)$$

Imposant l'ensemble des conditions (13-36), le schéma de $\Pi_{ij}^{(1)}$ ne fait plus intervenir qu'un seul coefficient indéterminé et s'écrit indifféremment :

$$\boxed{\begin{aligned}\left[\Pi_{ij}^{(1)}\right]_{(L)} &= \left(\frac{2}{5} + 4C\right)\overline{k} \times \left(\frac{\partial \overline{U}_i}{\partial x_j} + \frac{\partial \overline{U}_j}{\partial x_i}\right) \\ &+ \frac{2}{3}(C-1)\left(P_{ij} - \frac{Q}{3}\delta_{ij}\right) + \frac{2}{3}(1+8C)\left(Q_{ij} - \frac{Q}{3}\delta_{ij}\right)\end{aligned}} \quad (13\text{-}43)$$

ou encore :

$$\boxed{\begin{aligned}\left[\Pi_{ij}^{(1)}\right]_{(L)} = 2\overline{k}\{ &\frac{2}{5}\overline{S}_{ij} - 3C\left(b_{ik}\overline{S}_{kj} + b_{jk}\overline{S}_{ki} - \frac{2}{3}b_{mn}\overline{S}_{mn}\delta_{ij}\right) \\ &- \frac{1}{3}(2+7C)\left(b_{ik}\overline{R}_{kj} + b_{jk}\overline{R}_{ki}\right) \}\end{aligned}} \quad (13\text{-}44)$$

Le tableau suivant regroupe quelques valeurs de la seule "constante" C du modèle.

Année	Auteur / réf	Valeur de C	Remarques
1975	B.E. Launder G.J. Reece & W. Rodi [238]	-8/55 $\approx -0{,}145$	Calage en référence aux écoulements cisaillés simples
1975	J.L. Lumley [276]	-0,166	Compromis sur valeurs expérimentales
1976	W.C. Reynolds [341]	-0,150	Moyenne des valeurs optimales des expériences de Tucker et al. ($C = -1$) Champagne et al. ($C = -2$)
1984	W.C. Reynolds [245]	-2/7 ($\approx -0{,}286$)	Accord sur valeur en distorsion rapide et annulation de la contribution du rotationnel moyen (à considérer en complément du schéma avec termes d'ordre deux)

Tableau 13.8 Constante du schéma linéaire de la partie rapide de la corrélation pression-déformation.

Plusieurs commentaires sont à faire sur cette fermeture.

- La première formulation (13-43) est due à Launder, Reece et Rodi [238]. Elle fait intervenir, outre le tenseur de production P_{ij}, le tenseur Q_{ij} de "production transposée" défini par : $Q_{ij} = -\left(\overline{u_i u_k}\dfrac{\partial \overline{U}_k}{\partial x_j} + \overline{u_j u_k}\dfrac{\partial \overline{U}_k}{\partial x_i}\right)$
On notera que les tenseurs P_{ij} et Q_{ij} ont même trace, notée Q. En référence à l'article d'origine, la constante, notée C_2, se déduit de celle utilisée ici par la relation $22C = -3C_2 - 2$.
- La seconde formulation (13-44) est celle de Reynolds [341]. Elle montre clairement l'influence du champ moyen en termes de déformation $\overline{S}_{ij}$ et de rotationnel $\overline{R}_{ij}$.
- Pour $C = -2/7$, toute influence du rotationnel moyen disparaît, comme le montre bien l'expression (13-44).
- Bien qu'établis en situation homogène, les schémas (13-43) et (13-44) ont été utilisés dans d'autres situations de turbulence, et en particulier, en écoulements cisaillés. Comme le signale Launder [235], les écarts assez larges que l'on observe parmi les valeurs proposées pour la constante C sont cependant d'une influence modérée sur le deuxième terme du second membre du schéma (13-43), qui joue un rôle prépondérant lorsque le tenseur de production P_{ij} est important. En revanche, les effets sur les deux autres termes sont nettement plus notables. Une autre explication de l'adaptabilité des constantes en situation inhomogène pourrait être celle suggérée par Morris [302], qui montre que la forme générale du schéma peut s'obtenir, aux valeurs des constantes près, sans invoquer l'hypothèse de turbulence homogène. Signalons enfin que la valeur suggérée par Reynolds (–2/7) n'est pas acceptable pour les écoulements cisaillés, de sorte que la restriction linéaire du schéma ne peut être employée avec cette valeur de la constante.

DÉMONSTRATION — Les conditions (13-36) imposent aux coefficients du développement (13-42) de vérifier les relations :

$$a_3 + 3a_4 + a_5 + a_7 + a_8 = 0,\quad a_3 = a_4 = a_6 = a_7,\quad a_3 + a_4 + a_6 + a_7 + 3a_8 = \overline{k}$$

Posant $a_3 = a_4 = a_6 = a_7 = C$, il est facile d'obtenir $a_5 = -\left(\overline{k} + 11C\right)/3$ et $a_8 = \left(\overline{k} - 4C\right)/3$. Par substitution de ces valeurs dans (13-42), on trouve :

$$\frac{[L_{njmi}]_{(\mathrm{L})}}{\overline{k}} = \frac{1}{15}(4\delta_{mi}\delta_{nj} - \delta_{ni}\delta_{mj} - \delta_{ij}\delta_{mn}) + C(\delta_{ni}b_{mj} + \delta_{ij}b_{mn} + \delta_{mn}b_{ij} + \delta_{mj}b_{ni}) - \frac{1}{3}(1 + 11C)\delta_{mi}b_{nj} + \frac{1}{3}(1 - 4C)\delta_{nj}b_{mi}$$

L'introduction de cette relation dans l'expression générale du schéma (13-34) conduit alors à la fermeture linéaire anisotrope, selon l'une ou l'autre des formulations mentionnées.

REMARQUE — *Les fermetures (13-43) et (13-44) peuvent s'obtenir par un traitement purement mathématique en considérant que L_{njmi} est une combinaison* linéaire *des* *tensions de Reynolds $\overline{u_\alpha u_\beta}$. Le tenseur le plus général vérifiant les conditions de symétrie ($L_{njmi} = L_{njim} = L_{jnim}$) s'écrit alors :*

$$L_{njmi} = \alpha\overline{u_m u_i}\delta_{nj} + \beta\left(\overline{u_m u_n}\delta_{ij} + \overline{u_i u_n}\delta_{mj} + \overline{u_m u_j}\delta_{in} + \overline{u_i u_j}\delta_{mn}\right)$$
$$+ \gamma\overline{u_n u_j}\delta_{mi} + \overline{k}(\eta\delta_{mi}\delta_{nj} + \zeta(\delta_{mn}\delta_{ij} + \delta_{mj}\delta_{in}))$$

Le critère d'équivalence (13-36c) impose ensuite :

$$3\alpha+4\beta=1,\ 2\gamma+3\eta+2\zeta=0$$

Enfin, la condition d'incompressibilité (13-36d) fournit :

$$\alpha+5\beta+\gamma=0,\ 2\beta+\eta+4\zeta=0$$

Avec cet ensemble de relations, on reconstruit aisément l'un ou l'autre des schémas considérés.

EXERCICE — *Limites isotropes des schémas linéaires d'action du champ moyen* —

1) Pour quelle valeur de la constante C' le schéma d'isotropisation de la production (13-39) appliqué à une turbulence isotrope redonne-t-il le schéma (13-38) ?

2) On limite le schéma linéaire anisotrope (13-43) à la seule contribution en P_{ij}. Pour quelle valeur de C retrouve-t-on le schéma (13-38) en turbulence isotrope ?

3) Reprendre la question précédente en retenant successivement les deux premiers termes puis l'intégralité du schéma (13-43).

SOLUTION

1) En situation isotrope avec $\overline{u_i u_m} = \frac{2}{3}\overline{k}\delta_{im}$, le terme de production vaut :

$$-P_{ij} = \overline{u_i u_m}\frac{\partial \overline{U}_j}{\partial x_m} + \overline{u_j u}_m\frac{\partial \overline{U}_i}{\partial x_m} = \frac{2}{3}\overline{k}\left(\frac{\partial \overline{U}_j}{\partial x_m}\delta_{im} + \frac{\partial \overline{U}_i}{\partial x_m}\delta_{mj}\right) = \frac{2}{3}\overline{k}\,\overline{S}_{ij}$$

Notant qu'en évolution isovolume, $Q = P_{ii} \equiv 0$, le schéma (13-39) devient :

$$\Pi_{ij}^{(1)} = +\frac{2}{3}C'\overline{k}\,\overline{S}_{ij}$$

Par identification avec la relation isotrope (13-38), il vient $2C'/3 = 2/5$, soit $C' = 3/5$.

2) Le calcul précédent s'applique directement au cas du schéma (13-43) réduit au seul terme de production, avec simplement $-C' = \frac{2}{3}(C-1)$. La condition $C' = 3/5$ est alors équivalente à $C = 1/10$. On vérifiera aisément qu'elle correspond à une constante C_2 de la formulation de Launder, Reece et Rodi de – 1,4.

3) Le schéma (13-43) limité à ses deux premiers termes donne, en situation isotrope :

$$\Pi_{ij}^{(1)} = \left[\left(\frac{2}{5} + 4C\right) - \frac{4}{9}(C-1)\right]\overline{k}\,\overline{S}_{ij}$$

Par identification avec (13-38), on trouve $\frac{2}{5} + 4C - \frac{4}{9}C + \frac{4}{9} = \frac{2}{5}$, soit $C = -1/8$.

En turbulence isotrope, il est facile de vérifier que $Q_{ij} = -\frac{2}{3}\overline{k}\,\overline{S}_{ij}$, si bien que le schéma (13-43) complet s'écrit dans ce cas :

$$\Pi_{ij}^{(1)} = \left[\left(\frac{2}{5} + 4C\right) - \frac{4}{9}(C-1) - \frac{4}{9}(1+8C)\right]\overline{k}\,\overline{S}_{ij}$$

On constate alors, par comparaison avec la relation isotrope (13-38), que l'on a bien une identité (pas de condition sur la valeur de la constante). Ce résultat était attendu car, par construction même du schéma (13-43), l'écart *linéaire* à l'anisotropie doit s'annuler par définition avec celle-ci.

6.2.4 Récapitulation et discussion des schémas linéaires

Même s'il existe de nombreux schémas d'ordre supérieur, les fermetures *linéaires* de la corrélation entre la partie rapide de fluctuation de pression et la vitesse de déformation d'agitation restent parmi les plus usitées en pratique. La raison tient là encore dans la réalisation d'un compromis acceptable entre simplicité de mise en œuvre et représentativité des résultats.
En s'inspirant de l'écriture de Launder et al. [238], ces fermetures peuvent se regrouper formellement autour de l'expression générique :

$$\left[\Pi_{ij}^{(1)}\right]_{(L)} = A_1 \overline{k}\,\overline{S}_{ij} + A_2\left(P_{ij} - \frac{Q}{3}\delta_{ij}\right) + A_3\left(Q_{ij} - \frac{Q}{3}\delta_{ij}\right) \qquad \text{(13-45)}$$

Selon la prescription des coefficients A_1, A_2, A_3, on retrouve bien alors les différents schémas déjà présentés, comme l'indique le tableau ci-dessous.

Effet considéré	Termes à modéliser dans l'équation exacte	Schématisation linéaire (13-45)
Action du champ moyen	Partie rapide de la corrélation pression-déformation	Isotrope : $A_1 = 2/5$, $A_2 = A_3 = 0$
		Isotropisation de la production : $A_1 = A_3 = 0$, $A_2 = 3/5$
	$\Pi_{ij}^{(1)} = \overline{\dfrac{p^{(1)}}{\rho}\left(\dfrac{\partial u_i}{\partial x_j} + \dfrac{\partial u_j}{\partial x_i}\right)}$	Linéaire anisotrope : $A_1 = 2/5 + 4C$; $A_2 = 2(C-1)/3$; $A_3 = 2(1+8C)/3$, C selon Tab.(13.8)

Tableau 13.9 Schémas linéaires d'action du champ moyen en turbulence homogène.

S'agissant de l'adéquation de tels schémas au traitement de cas pratiques, nous mentionnerons les quatre points suivants.

- En situation faiblement anisotrope, le meilleur compromis performance/investissement reste, selon l'opinion de Lumley [276], celui du schéma anisotrope linéaire (A.L.).
- Pour les écoulements *cisaillés simples*, Launder [245] considère quant à lui que ce schéma permet de traiter correctement les situations où production et dissipation sont en équilibre.
- On ne retrouve pas nécessairement, dans certaines configurations d'écoulements *cisaillés*, les avantages/défauts mis en évidence en situation *homogène*. Ainsi par exemple Launder [245] note que le schéma en isotropisation de la production (I.P.) conduit pour un jet vrillé à une corrélation $\overline{u_x u_\theta}$ de signe correct, ce que ne donne pas le schéma anisotrope linéaire (A.L.).
- Toujours selon Launder [196], en 1987, le schéma d'isotropisation de production combiné au modèle de Rotta offre à la fois le plus de simplicité et de sûreté pour le calcul d'écoulements cisaillés. À cette date, la plupart des calculs d'écoulements complexes usent de cette formulation, avec pour schéma de la

corrélation pression-déformation :

$$\frac{\overline{ps_{ij}}}{\overline{k}} = \frac{\Pi_{ij}^{(1)} + \Pi_{ij}^{(2)}}{\overline{k}} = -C_R \frac{\overline{\varepsilon}}{2\overline{k}}\left(\overline{u_i u_j} - \frac{\delta_{ij}}{3}\right) - C_{IP}\left(P_{ij} - \frac{Q}{3}\delta_{ij}\right)$$

La seule controverse tient au choix des constantes C_R et C_{IP} qui ne sont pas indépendantes. En effet, en écoulement cisaillé simple (gradient réduit à $\mathrm{d}\overline{U}/\mathrm{d}y$ par exemple), l'équation de transport de la contrainte $\overline{uv}$ impose que :

$$(1 - C_{IP})\overline{v^2}\frac{\mathrm{d}\overline{U}}{\mathrm{d}y} = C_R \frac{\overline{\varepsilon}}{2\overline{k}}\overline{uv}$$

Avec les données expérimentales en région d'équilibre énergétique, la relation ci-dessus conduit à une dépendance qui s'explicite finalement par $1 - C_{IP} = 0{,}23 C_R$. La figure ci–contre regroupe quelques unes des propositions du couple de valeurs (C_R, C_{IP}) et les situe par rapport à la relation linéaire précédente.

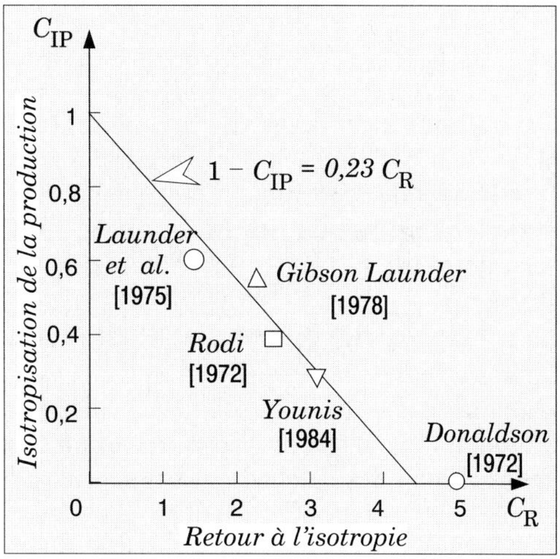

Fig. 4: Relation entre constantes des parties lente et rapide en schéma linéaire.

6.3 Fermetures non linéaires

6.3.1 Schémas quadratiques

Parmi les défauts reconnus du schéma linéaire anisotrope, Lumley [276] fut le premier à signaler qu'il n'assurait pas la condition de vraisemblance pour les tensions de Reynolds, notamment par son inaptitude à traduire la limite bi-composantes de la turbulence en présence d'une paroi par exemple. En pareil cas en effet, les fluctuations turbulentes normales à la paroi s'évanouissent plus vite que les autres composantes, ce qui n'est pas possible avec le schéma linéaire. Nous reviendrons plus en détail sur ces particularités au Chapitre XIV-§6.

Pour pallier ces déficiences Le Penven et al. [250] ainsi que Le Cointe et al. [248] furent parmi les premiers à suggérer d'étendre le développement à l'ordre supérieur en incluant des termes non linéaires. Nous allons présenter quelques propositions de ce type impliquant les termes quadratiques de la forme $\overline{u_i u_j} \times \overline{u_l u_m}$.

Le schéma de Reynolds (1984) L'expression de ce schéma est la suivante :

$$\begin{aligned}\left[\Pi_{ij}^{(1)}\right]_Q =& 2\overline{k}\{\frac{2}{5}\overline{S}_{ij} + \frac{12}{7}\left(a_{ik}\overline{S}_{kj} + a_{kj}\overline{S}_{ki} - \frac{2}{3}a_{mn}\overline{S}_{mn}\delta_{ij}\right) + \frac{141}{35}a_{ik}\overline{S}_{kn}a_{nj} \\ &- \frac{81}{35}a_{nm}\overline{S}_{nm}a_{ij} + \frac{39}{70}\left(a_{nm}a_{nm}\overline{S}_{ij} + 2a_{ik}a_{kj}\overline{S}_{nm}\right) \\ &- \frac{39}{70}\left(a_{nm}a_{nm}\overline{S}_{kk} + 2a_{kn}a_{nm}\overline{S}_{mk}\right)\delta_{ij} - \frac{12}{35}\left(a_{ik}a_{kn}\overline{S}_{nj} + a_{jk}a_{kn}\overline{S}_{ni}\right) \\ &- \frac{27}{35}\left(a_{ik}a_{kn}\overline{R}_{nj} + a_{jk}a_{kn}\overline{R}_{ni}\right)\} \end{aligned} \qquad (13\text{-}46)$$

Cette proposition de W.C. Reynolds [342] satisfait les conditions de vraisemblance et se confond avec celle obtenue par l'approximation de distorsion rapide en écoulement de déformation pure plane sous faible anisotropie. De ce fait la constante C de la contribution linéaire (voir éq.13-44) est prise égale à – 2/7. On notera que ce schéma ne fait plus ainsi intervenir de constante de calage.

Le schéma quadratique de l'UMIST (1987) Des alternatives au schéma quadratique *à coefficients constants* ont été formulées à partir de 1987 par le groupe de Launder à l'UMIST, [142], [99]. Elles procèdent d'une expression de L_{njmi} regroupant tous les termes linéaires et quadratiques possibles en $\overline{u_\alpha u_\beta}$. Sans entrer ici dans le détail des calculs, nous pouvons signaler — voir par exemple Craft et al. [99] — que cette expression met en jeu douze coefficients arbitraires. La pres-cription des critères (13-36) fournit alors huit relations entre ces coefficients. Si l'on impose ensuite de satisfaire la condition de vraisemblance en limite bi-composantes, soit par exemple $\Pi_{22}^{(1)} \to 0$ lorsque $\overline{u_2^2} \to 0$, on dispose de trois relations supplémentaires et il ne reste donc qu'un seul coefficient indépendant. Il est alors remarquable de constater que la somme de l'ensemble des termes affectés de ce coefficient est identiquement nulle. Le schéma ne fait donc intervenir aucune constante arbitraire et s'écrit par exemple :

$$\begin{aligned}\left[\Pi_{ij}^{(1)}\right]_Q =& -0,6\left(P_{ij} - \frac{Q}{3}\delta_{ij}\right) + 0,3Qb_{ij} \\ &- 0,2\frac{\overline{u_i u_l}\,\overline{u_j u_k}}{\overline{k}}\left(\frac{\partial \overline{U}_k}{\partial x_l} + \frac{\partial \overline{U}_l}{\partial x_k}\right) + 0,2\frac{\overline{u_k u_l}}{\overline{k}}\left(\overline{u_i u_k}\frac{\partial \overline{U}_j}{\partial x_l} + \overline{u_j u_k}\frac{\partial \overline{U}_i}{\partial x_l}\right)\end{aligned} \qquad (13\text{-}47)$$

Par construction, ce schéma assure la vraisemblance en limite bi-dimensionnelle. Par contre, comme le note Launder [235], il ne donne pas la bonne répartition des tensions normales en écoulement cisaillé simple $[\overline{U}_i = \overline{U}(y), 0, 0]$, puisqu'il fournit $\overline{v^2} > \overline{w^2}$, en contradiction avec les données expérimentales.

6.3.2 Schémas à l'ordre trois

Pour tenter de remédier à la déficience déjà signalée du schéma quadratique à coefficients constants en écoulement homogène cisaillé, on retrouve la même alternative

que celle déjà exploitée pour les termes de retour à l'isotropie, à savoir (i) introduire une variation des coefficients (en fonction des invariants d'anisotropie par exemple) ou (ii) procéder à un développement d'ordre supérieur. Le premier volet vient d'être présenté, et c'est donc du second qu'il va être question à présent avec le schéma de Fu et al. [142].
La prise en compte des puissances du troisième ordre en $\overline{u_i u_j}$ dans le développement de L_{njmi} amène vingt coefficients indépendants. Les contraintes (13-36) fournissent alors dix-huit relations, de sorte que seuls deux coefficients indépendants, notés λ et λ', subsistent dans le schéma :

$$\left[\Pi_{ij}^{(1)}\right]_T = \left[\Pi_{ij}^{(1)}\right]_Q - \lambda[\mathrm{II}_b(P_{ij} - Q_{ij}) + 3b_{mi}b_{nj}(P_{mn} - Q_{mn})] + \lambda'\{...\} \qquad (13\text{-}48)$$

Les optimisations faites par Craft et al. [99] pour le calage de λ' n'ont pas mis en évidence d'améliorations du schéma en turbulence homogène cisaillée avec $\lambda' \neq 0$. C'est pourquoi les termes entre accolades n'ont pas été explicités (voir complément). Ils seraient de surcroît et de l'aveu même des auteurs, extrêmement difficiles à introduire dans la procédure numérique de calcul d'un écoulement non homogène. Ainsi, dans sa forme simplifiée, la correction cubique revient à ajouter à l'expression quadratique à coefficients constants, une seule contribution additive.
Comme le fait alors remarquer Launder [235], on a :

$$P_{ij} - Q_{ij} = -\left(\overline{u_i u_k}\overline{R}_{jk} + \overline{u_j u_k}\overline{R}_{ki}\right)$$

où $\overline{R}_{jk} \equiv \left(\partial\overline{U}_j/\partial x_k - \partial\overline{U}_k/\partial x_j\right)$ est directement relié au rotationnel du champ moyen. Ainsi la correction est-elle due au seul rotationnel moyen. Avec $\lambda = 0,6$, le schéma rend bien compte de l'évolution individuelle des tensions de Reynolds en écoulement cisaillé homogène, comme en témoigne le tableau suivant.

	Prod. / Dissip. = 1			Prod. / Dissip. = 1,55		
	Exp. Champagne et al. [58]	Gibson & Launder [149]	Craft et al. [99]	Exp. Harris et al. [173]	Gibson & Launder [149]	Craft et al. [99]
b_{11}	0,27	0,30	0,28	0,34 (↗)	0,35 (↗)	0,36 (↗)
$-b_{22}$	0,18	0,15	0,19	0,27 |↗|	0,175 |↗|	0,25 |↗|
$-b_{33}$	0,09	0,15	0,09	0,07 |↘|	0,175 |↗|	0,11 |↘|
$-b_{12}$	0,33	0,34	0,32	0,30 |↘|	0,36 |↗|	0,31 |↘|

Tableau 13.10 Valeurs comparatives de l'anisotropie en écoulement cisaillé homogène.

Le modèle de Gibson et Launder [149] de 1978 utilise le schéma de Rotta pour la partie lente ($A_0 = 1,8$), et celui d'isotropisation de la production ($C' = 3/5$) pour la partie rapide. Il fournit les tendances correctes de l'effet du rapport $Production/Dissipation$ pour les deux premières composantes b_{11} et b_{22}. En revanche, ce schéma prévoit une augmentation en valeur absolue des deux autres composantes, en contradiction avec les données expérimentales. Le modèle avec correction d'ordre trois, pour $\lambda = 0{,}6$, reproduit très correctement les évolutions, tant qualitatives que quantitatives, de l'ensemble des composantes de l'anisotropie. Cependant, il reste, de l'avis même des auteurs, compliqué et ne saurait être utilisé pour des situations industrielles qu'après s'être assuré de la déficience de fermetures plus simples.

COMPLÉMENT — ***Schéma complet d'ordre trois d'action du champ moyen de Craft et al.*** La forme générale du schéma à l'ordre trois en anisotropie de Craft et al. [99] s'obtient avec l'expression suivante des termes entre accolades de la relation (13-48) :

$$\begin{aligned}
&\lambda'\{(\tfrac{7}{15} - \tfrac{\mathrm{II}_b}{4})\left(P_{ij} - \tfrac{Q}{3}\delta_{ij}\right) + 0,1\left[b_{ij} - \tfrac{1}{2}\left(b_{ik}b_{kj} - \tfrac{\mathrm{II}_b}{3}\delta_{ij}\right)\right]Q \\
&- 0,05 b_{ij}b_{kl}P_{lk} + 0,1[(\frac{\overline{u_i u_m}}{\overline{k}}P_{mj} + \frac{\overline{u_j u_m}}{\overline{k}}P_{mi}) - \tfrac{2}{3}\frac{\overline{u_l u_m}}{\overline{k}}P_{ml}\delta_{ij}] \\
&+ 0,1[\frac{\overline{u_k u_j}\,\overline{u_l u_i}}{\overline{k}^2} - \frac{1}{3}\frac{\overline{u_l u_m}\,\overline{u_k u_m}}{\overline{k}^2}\delta_{ij}][6Q_{lk} + 13\overline{k}\,\overline{S}_{kl}] \\
&- 0,2[\frac{\overline{u_k u_j}\,\overline{u_l u_i}}{\overline{k}^2}(P_{lk} - Q_{lk})]\}
\end{aligned}$$

6.3.3 Schéma général à l'ordre quatre

Formulation de Shih & Lumley (1985) Dans le schéma de ces auteurs, les coefficients du développement général à l'ordre quatre sont *exactement* déterminés à partir de conditions de vraisemblance appropriées. Le résultat s'écrit :

$$\begin{aligned}
[L_{njmi}]_{QQ} = &\frac{\overline{k}}{15}(4\delta_{mi}\delta_{nj} - \delta_{nm}\delta_{ij} - \delta_{mj}\delta_{ni}) - \frac{2}{3}\overline{k}(\delta_{mi}a_{nj} - \delta_{nj}a_{mi}) \\
&- \frac{\overline{k}}{5}\left(\delta_{nm}a_{ij} + \delta_{ij}a_{nm} + \delta_{mj}a_{ni} + \delta_{ni}a_{mj} - \frac{11\delta_{mi}a_{nj} + 4\delta_{nj}a_{mi}}{3}\right) \\
&+ \frac{\overline{k}}{5}(2\delta_{nj}a_{mp}a_{pi} - 3a_{nm}a_{ij} - 3a_{mj}a_{ni} + a_{mi}a_{nj})
\end{aligned}$$

La prescription des coefficients par strict accord à des conditions de vraisemblance ne fournit pas la forme générale du schéma. En outre, les valeurs proposées, bien qu'exactes sous ces conditions, peuvent être, de l'avis même des auteurs inadaptées au calcul d'une turbulence générale quelconque, comme l'a constaté Craft [96].

Formulation de Johansson et Hallbäck (1994) L'expression générale de la partie rapide de la corrélation pression-déformation issue d'un développement au quatrième ordre en anisotropie du tenseur L_{njmi} a été établie par Johansson et Hallbäck [197] en 1994. Elle comprend neuf fonctions scalaires $Q_\alpha = Q_\alpha(\mathbf{II}_b, \mathbf{III}_b, R_T, S^*)$, avec $\alpha = 1$ à 9, $R_T = 4\overline{k}^2/(\nu\overline{\varepsilon})$ est le nombre de Reynolds de turbulence, et $S^* = 2\frac{\overline{k}}{\overline{\varepsilon}}\sqrt{\overline{S}_{ij}\overline{S}_{ij}/2}$ le paramètre de déformation. Pour l'obtenir, seules les conditions de symétrie (13-36a et b) et de trace nulle (13-36d) sont imposées. Elle s'écrit :

$$\begin{aligned}
\left[\Pi_{ij}^{(1)}\right]_{QQ}/\overline{k} = {} & Q_1\,\overline{S}_{ij} + Q_2\left(b_{ik}\overline{S}_{kj} + b_{jk}\overline{S}_{ki} - \frac{2}{3}b_{kl}\overline{S}_{lk}\delta_{ij}\right) + Q_3\overline{S}_{qp}b_{pq}b_{ij} \\
& + Q_4\overline{S}_{pq}\left(b_{iq}b_{ip} - \frac{1}{3}b_{pk}b_{kq}\delta_{ij}\right) + Q_5\overline{S}_{pq}\left[b_{pl}b_{lq}b_{ij} + b_{pq}\left(b_{ik}b_{kj} - \frac{\mathrm{II}_b}{3}\delta_{ij}\right)\right] \\
& + Q_6\overline{S}_{pq}b_{pl}b_{lq}\left(b_{ik}b_{kj} - \frac{\mathrm{II}_b}{3}\delta_{ij}\right) \\
& + Q_7\left(b_{ik}\overline{R}_{kj} + b_{jk}\overline{R}_{ki}\right) + Q_8\left(b_{jk}b_{kp}\overline{R}_{pi} + b_{ik}b_{kp}\overline{R}_{pj}\right) \\
& + Q_9\overline{R}_{pq}b_{pk}\left(b_{jk}b_{iq} + b_{ik}b_{jq}\right)
\end{aligned} \tag{13-49}$$

Si l'on prescrit également la contrainte de normalisation (13-36d), il ne figure plus alors que sept fonctions scalaires indépendantes.
La relation (13-49) est donc à prendre comme la formulation générale du schéma de la partie rapide, à laquelle se ramène nécessairement toute autre proposition "simplifiée". Elle servira donc de base de récapitulation en section 7.
L'exploitation du schéma (13-49) à des fins pratiques n'est pas encore très répandue, dans la mesure où, outre son degré de complexité, la prescription des "coefficients" relève encore du domaine de la recherche. Ce point donne encore matière à réflexion, quant à savoir comment assurer la convergence des résultats avec ceux obtenus sous l'approximation de distorsion rapide et comment prescrire les conditions de vraisemblance, voir par exemple Hérard [177], [178].

7 Redistribution

Nous récapitulons ici les fermetures de l'*ensemble* des termes de redistribution en *regroupant les contributions* afférentes aux deux éléments qui en sont à l'origine. Comme nous l'avons déjà signalé au Chapitre XI-§3.3.2, cette démarche par "complétion" n'implique pas la "superposition" additive pure et simple des schémas. Elle n'assure donc pas, en particulier, que l'optimisation séparée des "coefficients" de chaque contribution conduise à un calage optimum du modèle complet. Ce point sera discuté au complément suivant.
Pour faciliter la comparaison ultérieure entre différents modèles (voir §9.2.3), nous reprendrons les schémas (13-31) et (13-49) sous la forme générique retenue par Demuren et Sarkar [111] :

$$\begin{aligned}\frac{\Pi_{ij}}{\overline{k}} &= \alpha_0\frac{\overline{\varepsilon}}{\overline{k}}a_{ij} + \alpha_1\frac{\overline{\varepsilon}}{\overline{k}}\Big(a_{ik}a_{kj} - \frac{a_{kl}a_{lk}}{3}\delta_{ij}\Big) + \alpha_2\overline{S}_{ij} + \alpha_3\frac{\mathcal{P}_{rod}}{\overline{k}} \\ &+\alpha_4\left(a_{ik}\overline{S}_{kj} + a_{jk}\overline{S}_{ki} - \frac{2}{3}a_{kl}\overline{S}_{lk}\delta_{ij}\right) + \alpha_4\big(a_{ik}\overline{R}_{jk} + a_{jk}\overline{R}_{ik}\big) \\ &\alpha_6\big(a_{ik}a_{kl}\overline{S}_{lj}+a_{jk}a_{kl}\overline{S}_{li} - 2a_{kj}a_{li}\overline{S}_{kl}\big)+\alpha_7\big(a_{ik}a_{kl}\overline{R}_{jl}+a_{jk}a_{kl}\overline{R}_{il}\big) \\ &\alpha_8\big[a_{nl}a_{nl}\big(a_{ik}\overline{R}_{jk} + a_{jk}\overline{R}_{ik}\big) + 3a_{mj}a_{nj}\big(a_{mk}\overline{R}_{nk}\big) + a_{nk}\overline{R}_{mk}\big]\end{aligned} \tag{13-50}$$

où l'on rappelle que l'on a posé :

$$a_{ij} = \frac{\overline{u_i u_j}}{2\overline{k}} - \frac{\delta_{ij}}{3},\ \overline{S}_{ij} = \frac{1}{2}\left(\frac{\partial\overline{U}_i}{\partial x_j} + \frac{\partial\overline{U}_j}{\partial x_i}\right),\ \overline{R}_{ij} = \frac{1}{2}\left(\frac{\partial\overline{U}_i}{\partial x_j} - \frac{\partial\overline{U}_j}{\partial x_i}\right),\ \mathcal{P}_{rod} = -\overline{u_i u_j}\frac{\partial\overline{U}_i}{\partial x_j}$$

Les coefficients α_p sont a priori des fonctions des invariants de a_{ij}. Les valeurs correspondant à quelques-unes des propositions antérieures, complétées de celles de Speziale et al. [400] sont explicitées au tableau 13.13.

Complément — ***Schéma en complétion de la redistribution*** — Classiquement, l'établissement du schéma du terme de redistribution procède de l'expression :

$$\Pi_{ij} = \Pi_{ij}^{(1)} + \Pi_{ij}^{(2)}$$

où les contributions $\Pi_{ij}^{(1)}$ et $\Pi_{ij}^{(2)}$ représentent respectivement la partie linéaire "rapide" et la partie quadratique dite "lente" du retour à l'isotropie par interaction de l'agitation turbulente sur elle-même.

La première disparaît de fait dans tout écoulement exempt de gradient de vitesse moyenne, où ne subsiste que la seconde, *dont le schéma* ${}^0\Pi_{ij}^{(2)}$, *ne peut faire intervenir d'autres arguments que ceux liés au mouvement d'agitation* (absence de gradient moyen). Nous noterons donc symboliquement que dans ce cas :

$${}^0\Pi_{ij} = 0 + {}^0\Pi_{ij}^{(2)}$$

En présence de gradients de vitesse moyenne non nuls, il est clair que se "rajoute" un effet spécifique supplémentaire, auquel correspond une schématisation du premier terme que nous noterons ${}^1\Pi_{ij}^{(1)}$. La simple "additivité" voudrait que, lorsque ces deux effets agissent conjointement, le schéma "complet" soit donné par :

$${}^{0+1}\Pi_{ij} = {}^0\Pi_{ij}^{(2)} + {}^1\Pi_{ij}^{(1)}$$

Or la validité d'une telle proposition n'est assurée que si la fermeture ${}^0\Pi_{ij}^{(2)}$, *établie en l'absence de gradients moyens, reste inchangée en présence de ceux-ci*, résultat qui s'est révélé faux. On peut en effet déduire des équations de Navier-Stokes une équation *exacte* de transport de $\Pi_{ij}^{(2)}$ qui montre que ce terme dépend des gradients de vitesse moyenne (Jones et al. [201]).

Ainsi la "superposition de causes indépendantes ne se traduit-elle pas, en terme de fermeture et systématiquement, par une simple additivité de schémas établis pour les effets séparés.

8 Diffusion turbulente

8.1 Formulation du problème

Nous en venons à présent aux termes qui ont été simplifiés jusqu'ici par raison d'homogénéité spatiale. Ils s'expriment en divergence d'une corrélation avec la fluctuation de vitesse et sont globalement qualifiés de "diffusion" ou "transport" par agitation turbulente. Usant de la relation (13-2), la modélisation portera, à grand nombre de Reynolds de turbulence, sur :

$$D_{ij} = -\frac{\partial \Delta_{ijk}}{\partial x_k} \qquad avec \qquad \Delta_{ijk} = \underbrace{\overline{u_i u_j u_k}}_{(i)} + \underbrace{\frac{1}{\rho}\overline{p\left(u_i \delta_{jk} + u_j \delta_{ik}\right)}}_{(ii)} \tag{13-51}$$

La première contribution (*i*) s'identifie exactement, en évolution isovolume, à $\overline{u_k \frac{\partial (u_i u_j)}{\partial x_k}}$, justifiant l'appellation de transport (advection) par le mouvement fluctuant. Le second terme représente un transfert par la fluctuation de *pression* qui, s'il disparaît bien en situation homogène, n'est pas en toute rigueur de même essence diffusive.
Expérimentalement, il est possible de mesurer directement les corrélations triples de vitesse, mais pas les corrélations pression-vitesse à précision comparable. Dans l'ensemble, ces termes sont l'expression, dans l'équation de transport des tensions de Reynolds de l'intensification du mélange par agitation turbulente, ce qui va conduire à une prédominance de la forme gradient de leur schématisation, comme nous le constaterons dans la suite.

8.2 Les modèles de diffusion

Schéma de Shir (1973) La proposition de Shir [385] est la plus simple. Elle s'exprime par :

$$\overline{u_i u_j u_k} = -C_S' \vartheta \overline{k} \frac{\partial}{\partial x_k} (\overline{u_i u_j}) \tag{13-52}$$

avec pour échelle de temps $\vartheta = \overline{k}/\overline{\varepsilon}$. La constante préconisée par l'auteur ($C_S' = 0{,}04$) n'est pas reprise dans les travaux plus récents de Lien et al. [265] et Davidson [105], où l'on adopte une valeur plus élevée ($C_S' = 0{,}11$).

Schéma de Daly & Harlow (1970) Le modèle de Daly et Harlow [103], parmi les plus populaires, s'écrit :

$$\overline{u_i u_j u_k} = -C_S' \frac{\overline{k}}{\overline{\varepsilon}} \overline{u_k u_l} \frac{\partial}{\partial x_l} (\overline{u_i u_j}) \tag{13-53}$$

où C_S' est compris entre 0,22 et 0,25 selon la plupart des auteurs. À l'évidence, ce schéma ne respecte pas la symétrie tensorielle de la corrélation triple $\overline{u_i u_j u_k}$. Il s'applique néanmoins, non sans succès, en écoulement cisaillé simple sous l'hypothèse de couche limite bidimensionnelle ($\overline{U} \gg \overline{V}$) en prenant $C_S' \approx 0{,}22$. Ce même schéma a été adopté pour l'ensemble des contributions diffusives Δ_{ijk} par Wyngaard et al. [453] pour le calcul de la couche limite atmosphérique, en prenant $C_S' \approx 0{,}3$.

Schéma de Donaldson (1971) Le schéma de C. du P. Donaldson [114] s'écrit :

$$\overline{u_i u_j u_k} = -L\sqrt{\overline{k}}\left(\frac{\partial \overline{u_i u_j}}{\partial x_k} + \frac{\partial \overline{u_j u_k}}{\partial x_i} + \frac{\partial \overline{u_i u_k}}{\partial x_j}\right) \tag{13-54}$$

où L est une macro-échelle de turbulence. C'est l'une des premières propositions à respecter la symétrie tensorielle sur la base du schéma de Shir. Elle n'est plus guère utilisée actuellement, au profit de la formulation suivante.

Schéma de Mellor & Herring (1973) Le schéma de Mellor et Herring [292] utilise lui aussi une diffusivité scalaire sous la forme :

$$\overline{u_i u_j u_k} = -\frac{2}{3} C_S \frac{\overline{k}^2}{\overline{\varepsilon}} \left[\frac{\partial}{\partial x_k}(\overline{u_i u_j}) + \frac{\partial}{\partial x_i}(\overline{u_j u_k}) + \frac{\partial}{\partial x_j}(\overline{u_i u_k})\right] \tag{13-55}$$

Selon Demuren et Sarkar [111], c'est ce schéma qui conduit au meilleur accord avec l'expérience en écoulement de canal, avec $C_S = 0{,}108$.

Schéma d'Hanjalic & Launder (1973) Le schéma d'Hanjalic et Launder [166], [167] s'écrit :

$$\overline{u_i u_j u_k} = -C_S \frac{\overline{k}}{\overline{\varepsilon}} \left[\overline{u_k u_l} \frac{\partial}{\partial x_l}(\overline{u_i u_j}) + \overline{u_i u_l} \frac{\partial}{\partial x_l}(\overline{u_j u_k}) + \overline{u_j u_l} \frac{\partial}{\partial x_l}(\overline{u_i u_k})\right] \tag{13-56}$$

La valeur de la constante est $C_S \approx 0{,}11$ par optimisation avec l'expérience. La relation (13-56) s'obtient par restriction de l'équation de transport des corrélations triples — voir Chapitre III-Tab3.1 —, sous les hypothèses de (i) grand nombre de Reynolds de turbulence, (ii) advection et couplage avec le mouvement moyen négligeable, (iii) corrélation avec la fluctuation de pression proportionnelle à $-\overline{u_i u_j u_k} \times \overline{\varepsilon}/\overline{k}$, et (iv) comportement quasi-gaussien des corrélations du quatrième ordre du terme de diffusion, soit :

$$\overline{u_i u_j u_k u_l} = \overline{u_i u_j} \times \overline{u_k u_l} + \overline{u_i u_k} \times \overline{u_j u_l} + \overline{u_i u_l} \times \overline{u_j u_k}$$

Ce schéma peut conduire à une mauvaise représentation de l'anisotropie au centre de l'écoulement en canal ($\overline{v^2} > \overline{w^2}$), due à une diffusion trop élevée pour $\overline{v^2}$.

Schéma de Cormack, Leal & Seinfeld (1978) Ce schéma [79] procède d'une simplification de la forme générale obtenue par modelage invariant autour de l'isotropie, selon la méthode proposée par Lumley et Khajeh-Nouri [196]. Dans un développement au second ordre, les auteurs ne retiennent que les termes dont la contribution permet de représenter au mieux les données de quatre écoulements tests (jet, zone de mélange, conduite et canal plan à rugosités dissymétriques). Il s'écrit :

$$-\overline{u_i u_j u_k} = \frac{\overline{k}^2}{\overline{\varepsilon}}\left[\alpha_1\left(\delta_{ij}\delta_{kl} + \delta_{ik}\delta_{jl} + \delta_{kj}\delta_{il}\right)\frac{\partial \overline{k}}{\partial x_l} + \alpha_2\left(\frac{\partial A_{ik}}{\partial x_j} + \frac{\partial A_{ij}}{\partial x_k} + \frac{\partial A_{kj}}{\partial x_i}\right)\right]$$
$$+\frac{\overline{k}}{\overline{\varepsilon}}\left[\alpha_3\left(\delta_{ik}A_{jl} + \delta_{ij}A_{kl} + \delta_{kj}A_{il}\right)\frac{\partial \overline{k}}{\partial x_l} + \alpha_4\left(A_{ik}\frac{\partial A_{jl}}{\partial x_l} + A_{ij}\frac{\partial A_{kl}}{\partial x_l} + A_{kj}\frac{\partial A_{il}}{\partial x_l}\right)\right]$$

en posant $A_{ij} = \overline{u_i u_j} - \frac{2}{3}\overline{k}\delta_{ij}$ et avec pour constantes $\alpha_1 = 8{,}14 \times 10^{-3}$ $\alpha_2 = 1{,}72 \times 10^{-2}$ $\alpha_3 = 4{,}80 \times 10^{-2}$ et $\alpha_4 = 1{,}02 \times 10^{-1}$. Si, pour les écoulements précités, ce modèle conduit au meilleur accord avec l'expérience, il reste d'un usage relativement compliqué qui conduit ses auteurs à recommander le schéma d'Hanjalic et Launder pour les cas pratiques.

Schéma de Magnaudet (1992) La proposition de Magnaudet [283], qui contient celle d'Hanjalic & Launder comme cas particulier, s'écrit :

$$-\overline{u_i u_j u_k} = \frac{\overline{k}}{\overline{\varepsilon}}\left[C_{S1}\left(+\overline{u_k u_l}\frac{\partial}{\partial x_l}(\overline{u_i u_j}) + \overline{u_i u_l}\frac{\partial}{\partial x_l}(\overline{u_j u_k}) + \overline{u_j u_l}\frac{\partial}{\partial x_l}(\overline{u_i u_k})\right)\right]$$
$$+C_{S2}\left(\overline{u_i u_j}\frac{\partial}{\partial x_l}(\overline{u_k u_l}) + \overline{u_i u_k}\frac{\partial}{\partial x_l}(\overline{u_j u_l}) + \overline{u_j u_k}\frac{\partial}{\partial x_l}(\overline{u_i u_l})\right)$$
$$+\frac{1}{\overline{k}}\left(\overline{u_i u_j}\,\overline{u_k u_l} + \overline{u_i u_k}\left(\overline{u_j u_l}\right) + \overline{u_j u_k}\,\overline{u_i u_l}\right)\left(C_{S3}\frac{\partial \overline{k}}{\partial x_l} + C_{S4}\frac{\overline{k}}{\overline{\varepsilon}}\frac{\partial \overline{\varepsilon}}{\partial x_l}\right)$$

Les constantes, fixées en référence à la simulation de Kim et al. [206], ont pour valeurs $C_{S1} \approx 0{,}125$ $C_{S2} \approx 0{,}16$ $C_{S3} \approx 0{,}03$ et $C_{S4} \approx 0{,}09$. Ce modèle satisfait à la condition de vraisemblance pour la limite de la turbulence à deux composantes, mais n'a été jusqu'ici appliqué qu'à un processus purement diffusif (absence de gradients de vitesse moyenne).

Schéma de transfert par fluctuation de pression La schématisation spécifique de la corrélation avec la fluctuation de pression — terme (ii) de l'expression (13-51) est très délicate, faute de données expérimentales. Heureusement, la simulation numérique directe a pu montrer que, dans certains cas, — écoulement de canal plan par exemple —, sa contribution au bilan énergétique de turbulence était insignifiante (voir Chapitre X-§5.5, Fig.14 par exemple).

Pour les écoulements à grand nombre de Reynolds de turbulence, nous ne ferons état que des deux schémas suivants :

• En 1969, Hirt [181] a proposé : $\frac{1}{\rho}\overline{pu_i} = \frac{\overline{k}^2}{\overline{\varepsilon}}\frac{\partial \overline{u_i u_j}}{\partial x_j}$

• En 1975, Lumley [275] faisait remarquer que la décomposition (13-2) n'avait rien d'unique, puisque tout aussi bien, on pouvait écrire :

$$-\left(\overline{u_i\frac{\partial p}{\partial x_j}}+\overline{u_j\frac{\partial p}{\partial x_i}}\right)=-\left[\left(\overline{u_i\frac{\partial p}{\partial x_j}}+\overline{u_j\frac{\partial p}{\partial x_i}}\right)-\frac{2}{3}\frac{\partial\overline{pu_k}}{\partial x_k}\delta_{ij}\right]-\frac{2}{3}\frac{\partial\overline{pu_k}}{\partial x_k}\delta_{ij}$$

Sous cette forme, le "transport" par la fluctuation de pression est sphérique, ce qui suggère l'absence d'un tel terme pour les tensions de cisaillement. Lumley propose alors :

$$\frac{1}{\rho}\overline{pu_i}=-\frac{2}{5}\overline{u_iu_ju_j}$$

EXERCICE — ***Constante du schéma de Daly et Harlow*** — En assurant la compatibilité du schéma de diffusion de Daly et Harlow avec celui de l'équation de $\overline{k}$ — Chapitre XII-éq.(12-33) — en écoulement cisaillé simple, donner la valeur du rapport $\overline{v^2}/\overline{k}(\equiv \overline{u_2u_2}/\overline{k})$ à laquelle conduit la valeur $C'_s=0,22$.

SOLUTION

Le schéma de diffusion de $\overline{k}$ de l'équation (12-33) s'écrit en écoulement bidimensionnel de couche limite :

$$D^{(k)}=\frac{\partial}{\partial y}\left(\frac{C'_\mu}{\sigma_k}\frac{\overline{k}^2}{\overline{\varepsilon}}\frac{\partial\overline{k}}{\partial y}\right)\equiv\frac{\partial}{\partial y}\left(\frac{C'_\mu}{\sigma_k}\alpha\overline{v^2}\vartheta\frac{\partial\overline{k}}{\partial y}\right)$$

en convenant de poser $\overline{k}=\alpha\overline{v^2}$. Or par contraction de la relation (13-53), et sous les mêmes hypothèses de couche limite, il vient :

$$D^{(k)}=C'_s\frac{\partial}{\partial y}\left(\overline{v^2}\vartheta\frac{\partial\overline{k}}{\partial y}\right)$$

Par identification, on déduit $C'_s=\alpha C'_\mu/\sigma_k$. Avec $C'_s\approx 0,22$, $C'_\mu\approx 0,09$ et $\sigma_k\approx 1$, on obtient $\overline{v^2}/\overline{k}\approx 0,41$, valeur en accord avec les données expérimentales.

8.3 Remarques sur la modélisation du transport diffusif

Avec Launder [236], et fort de l'expérience accumulée en matière de prédétermination d'écoulements turbulents par fermeture au second ordre pendant la quinzaine d'années 1975 à 1990, on peut retenir que :

- les schémas de Daly & Harlow (13-53) et d'Hanjalic & Launder (13-56), avec les valeurs des constantes mentionnées antérieurement, fournissent des résultats très voisins en écoulements cisaillés simples ;
- un schéma de "simple gradient" mais à diffusivité tensorielle (13-53) peut conduire, en présence d'écoulements complexes (géométrie tridimensionnelle, domaine multi-connexe...), à des complications de mise en œuvre sans commune mesure avec les améliorations escomptées ;

- très peu des anomalies importantes des modèles au second ordre sont imputables à la schématisation des termes de diffusion ;
- lorsque la faiblesse du modèle semble relever du schéma de diffusion (taux d'expansion anormalement élevé de l'écoulement d'impact de deux jets pariétaux opposés par exemple), il est peu probable qu'une amélioration notable soit à attendre d'une simple retouche du schéma diffusif ;
- l'origine des limitations des schémas diffusifs précédents se trouve dans la présence de structures cohérentes et/ou de l'intermittence de frontière. Comme nous l'avons vu alors, les expressions en “gradient” ne sont plus envisageables et le cadre même de la fermeture d'équations statistiques devient inapproprié.

9 Récapitulation et discussion générale

Nous nous proposons de replacer la revue synthétique de la procédure de modélisation au second ordre dans la perspective des applications. Pour cela, nous allons nous intéresser aux trois points suivants :

1. *capacités prédictives* d'un modèle *linéaire*, afin de mieux cerner l'apport du niveau de fermeture d'ordre deux par référence aux schémas à concept de viscosité de turbulence ;
2. *évaluation* des performance des fermetures *non linéaires*, pour apprécier l'amélioration résultant, le cas échéant, de formulations plus élaborées ;
3. *limitations avérées* qui traduisent certaines déficiences intrinsèques connues des schémas dans le cadre de validité de leurs hypothèses.

9.1 Performances d'un modèle linéaire au second ordre

Pour faciliter la discussion, nous commencerons par examiner ici les performances d'un “modèle linéaire de référence” (M.L.R.), constitué des schémas décrits à la page suivante.
La formulation du (M.L.R.)[1] correspond historiquement à “*l'état de l'art*” au milieu des années soixante-dix, en accord notamment avec les travaux du groupe de l'UMIST. Les coefficients de fermeture y sont pris constants, les valeurs retenues ici étant celles préconisées par Launder [236].
Au cours des années 1980, le M.L.R. a été appliqué à la prédétermination d'écoulements nombreux et variés tels que jets, sillages, zones de mélange, couches limites, conduites, (avec des modifications pariétales que nous verrons ultérieurement).

---

[1] On aura soin de noter que si *ce* modèle sert *de référence* de comparaison, il ne doit pas être pris pour autant comme “*la référence*” des modèles de fermeture au second ordre.

Équation ouverte

$$\frac{\partial \overline{u_i u_j}}{\partial t} + \overline{U}_k \frac{\partial \overline{u_i u_j}}{\partial x_k} = P_{ij} + \Pi_{ij} + D_{ij} + \overline{\varepsilon}_{ij}$$

avec

$$P_{ij} = -\left(\overline{u_i u_k}\frac{\partial \overline{U}_j}{\partial x_k} + \overline{u_j u_k}\frac{\partial \overline{U}_i}{\partial x_k}\right) \quad \textit{Production dynamique} \text{ (exact)}$$

$$\Pi_{ij} = \overline{\frac{1}{\rho}p\left(\frac{\partial u_i}{\partial x_j} + \frac{\partial u_j}{\partial x_i}\right)} \quad \textit{Corr. pression/déformation} \text{ (à schématiser)}$$

$$D_{ij} = -\frac{\partial}{\partial x_k}\left(\overline{u_i u_j u_k} + \frac{\overline{p u_i}}{\rho}\delta_{jk} + \frac{\overline{p u_j}}{\rho}\delta_{ik}\right) \quad \textit{Diffusion} \text{ (à schématiser)}$$

$$\overline{\varepsilon}_{ij} = 2\nu\overline{\frac{\partial u_i}{\partial x_k}\frac{\partial u_j}{\partial x_k}} \quad \textit{Dissipation} \text{ (à schématiser)}$$

Schémas de fermeture (M.L.R.)

$\overline{\varepsilon}_{ij}$	$\overline{\varepsilon}_{ij} = \frac{2}{3}\overline{\varepsilon}\delta_{ij}$ avec $\frac{\partial \overline{\varepsilon}}{\partial t} + \overline{U}_k \frac{\partial \overline{\varepsilon}}{\partial x_k} = C_\epsilon \frac{\partial}{\partial x_j}\left(\frac{\overline{k}}{\overline{\varepsilon}}\overline{u_i u_j}\frac{\partial \overline{\varepsilon}}{\partial x_i}\right) + C_{\epsilon 1}\frac{\overline{\varepsilon}}{\overline{k}}\frac{P_{kk}}{2} - \frac{\overline{\varepsilon}^2}{\overline{k}}$	Isotropie locale Hanjalic & Launder
Π_{ij}	$\Pi_{ij} = \Pi_{ij}^{(1)} + \Pi_{ij}^{(2)}$ *Partie rapide* : $\Pi_{ij}^{(1)} = -C_1(P_{ij} - \frac{P_{kk}}{3}\delta_{ij})$ *Partie lente* : $\Pi_{ij}^{(2)} = -2C_2(\overline{u_i u_j}/\overline{u_n u_n} - \frac{\delta_{ij}}{3})$	Isotropisation de production Rotta
D_{ij}	$D_{ij} = C_D \frac{\partial}{\partial x_n}\left(\frac{\overline{k}}{\overline{\varepsilon}}\overline{u_n u_m}\frac{\partial \overline{u_i u_j}}{\partial x_m}\right)$	Gradient étendu

Valeur		des	Coefficients		
C_1	C_2	C_D	$C_{\epsilon 1}$	$C_{\epsilon 1}$	C_ϵ
0,6	1,8	0,22	1,44	1,92	0,15

Tableau 13.11 Éléments du modèle linéaire de référence (M.L.R.)

Le M.L.R. a également été testé en présence de courbure (jets pariétaux sur paroi courbe, sillage courbe, canaux en U) et dans des écoulements avec recirculation (décollement sur marche descendante, corps à arête vive, décollement induit par pression adverse). Il fut aussi complété pour pouvoir être utilisé en présence d'effets de flottabilité (calcul de panaches, couche limite convective, écoulements en milieux stratifiés).

Un exemple particulièrement illustratif de l'amélioration apportée par une fermeture au second ordre sur une au premier est fourni par l'écoulement dans un diffuseur annulaire axisymétrique où la répartition de vitesse moyenne en sortie du diffuseur présente un profil dissymétrique. Comme l'ont montré Jones et Manners [198], le modèle $(\overline{k}, \overline{\varepsilon})$ prédit un décalage à l'axe du maximum de vitesse opposé à la réalité, défaut que l'on ne relève plus avec le modèle au second ordre.

Au regard des applications, un bilan évaluatif global montre que le M.L.R. avec un même jeu de constantes :

- améliore en général assez sensiblement les résultats d'un modèle $(\overline{k}, \overline{\varepsilon})$;
- prédétermine de façon réaliste le champ moyen de nombreux écoulements turbulents ;
- fournit les bonnes tendances de variation et formes de profils des paramètres d'ordre deux ;
- reste entaché, dans certains cas, de défauts d'ordre quantitatif.

On pourrait être tenté de remédier à ces défauts par "ajustement" des constantes. Cela risque d'être vain si le symptôme traduit une déficience de représentation de la physique de la turbulence. Néanmoins, pour guider le diagnostic du schéma incriminé, les indications du tableau suivant pourront s'avérer parfois utiles en pratique.

Défauts observés	Origines probables
Niveaux énergétiques trop forts ou trop faibles	Fermeture de l'équation de $\overline{\varepsilon}$, et en particulier termes de source/puits
Bon niveau d'énergie, mais mauvaise répartition entre contraintes normales	Schématisation des termes de corrélation avec la fluctuation de pression, en particulier $\Pi_{ij}^{(1)}$ en présence de fortes inhomogénéités du champ moyen
Bons niveaux des tensions de Reynolds, mais mauvaise localisation des extrema des profils	Schématisation des termes de diffusion, en particulier dans les zones à champ moyen faiblement évolutif.

Tableau 13.12 Quelques défauts de fermeture et leurs origines probables.

9.2 Améliorations du modèle linéaire de base

9.2.1 Incidence de la schématisation de la redistribution

Nous nous proposons d'apporter ici quelques éléments d'appréciation comparative sur les fermetures qui font intervenir des schéma non linéaires (M.N.L.) des termes de redistribution, tout en conservant une formulation "isotrope classique " pour la dissipation (analogue à celle du M.L.R.). Les caractéristiques des modélisations retenues sont regroupées au tablreau 13.13 ci-après.

La comparaison permettant d'évaluer l'incidence du raffinement des schémas de redistribution sur la prédétermination d'écoulements turbulents portera sur les modèles suivants :

1. Launder, Reece et Rodi [238], comme référence du modèle linéaire de base ;
2. Shih et Lumley [382];
3. Fu, Launder et Tselepidakis [142];
4. Speziale, Sarkar et Gatski [400]. Il s'agit d'une approche originale, de type système dynamique, dont le développement n'est pas repris ici, mais dont la formulation finale s'inscrit parmi celles déjà mentionnées.

Dans le tableau 13.13, seuls figurent les coefficients des termes non nuls dans l'une au moins des formulations. Ils sont exprimés, le cas échéant, en fonction de :

$$\mathbf{II}_a = a_{ij} a_{ji}\,,\ \mathbf{III}_a = a_{ij} a_{jk} a_{ki}\,,\ R_T = \frac{\overline{k}^2}{\nu \overline{\varepsilon}}\,,\ \beta = 1 - 4{,}5\mathbf{II}_a + 9\mathbf{III}_a$$

Deux configurations d'écoulements serviront ici de base de discussion à l'évaluation comparée des modèles :
– la turbulence homogène cisaillée,
– la zone de mélange bidimensionnelle plane.
Une troisième (conduite à section circulaire) sera examinée au Chapitre XIV pour rendre compte des effets de paroi.

• Dans le premier cas, les résultats seront confrontés à ceux de la simulation numérique directe de Rogers et al. [356]. Il s'agit d'un écoulement homogène soumis à un cisaillement constant :

$$\lambda_{12} = \mathrm{d}\overline{U}/\mathrm{d}y = \mathrm{d}\overline{U}_1/\mathrm{d}x_2$$

Les valeurs retenues pour comparaison correspondent à l'état d'équilibre asymptotique.

• Pour le second, les résultats seront confrontés aux mesures, avec pour définition du taux d'expansion :

$$\Delta = \frac{U_1 - U_2}{U_1 + U_2} \times \frac{\mathrm{d}(y_{0,1} - y_{0,9})}{\mathrm{d}x}$$

	Schémas de fermeture (M.N.L.)	
$\overline{\varepsilon}_{ij}$	$\overline{\varepsilon}_{ij} = \frac{2}{3}\overline{\varepsilon}\delta_{ij}$ avec $\frac{\partial\overline{\varepsilon}}{\partial t} + \overline{U}_k\frac{\partial\overline{\varepsilon}}{\partial x_k} = C_\epsilon\frac{\partial}{\partial x_j}\left(\frac{\overline{k}}{\overline{\varepsilon}}\overline{u_iu_j}\frac{\partial\overline{\varepsilon}}{\partial x_i}\right) + C_{\epsilon 1}\frac{\overline{\varepsilon}}{\overline{k}}\frac{P_{kk}}{2} - \frac{\overline{\varepsilon}^2}{\overline{k}}$	Idem M.L.R.
Π_{ij}	$\frac{\Pi_{ij}}{\overline{k}} = \alpha_0\frac{\overline{\varepsilon}}{\overline{k}}a_{ij} + \alpha_1\frac{\overline{\varepsilon}}{\overline{k}}\left(a_{ik}a_{kj} - \frac{a_{kl}a_{lk}}{3}\delta_{ij}\right) + \alpha_2\overline{S}_{ij} + \alpha_3\frac{\mathcal{P}_{rod}}{\overline{k}}$ $+\alpha_4\left(a_{ik}\overline{S}_{kj} + a_{jk}\overline{S}_{ki} - \frac{2}{3}a_{kl}\overline{S}_{lk}\delta_{ij}\right) + \alpha_4\left(a_{ik}\overline{R}_{jk} + a_{jk}\overline{R}_{ik}\right)$ $\alpha_6\left(a_{ik}a_{kl}\overline{S}_{lj} + a_{jk}a_{kl}\overline{S}_{li} - 2a_{kj}a_{li}\overline{S}_{kl}\right) + \alpha_7\left(a_{ik}a_{kl}\overline{R}_{jl} + a_{jk}a_{kl}\overline{R}_{il}\right)$ $\alpha_8\left[a_{nl}a_{nl}\left(a_{ik}\overline{R}_{jk} + a_{jk}\overline{R}_{ik}\right) + 3a_{mj}a_{nj}\left(a_{mk}\overline{R}_{nk}\right) + a_{nk}\overline{R}_{mk}\right]$	Éq. (13-50)
D_{ij}	$D_{ij} = C_S\frac{\partial}{\partial x_n}\left\{\frac{\overline{k}^2}{\overline{\varepsilon}}\left(\frac{\partial\overline{u_iu_j}}{\partial x_n} + \frac{\partial\overline{u_ju_n}}{\partial x_i} + \frac{\partial\overline{u_iu_n}}{\partial x_j}\right)\right\}\left(\frac{\overline{k}^2}{\overline{\varepsilon}}\right)$	Mellor Herring

Auteur Réf.	An	Coefficients non nuls	Vrai.[ce]
Launder Reece & Rodi	1975	$\alpha_0 = -3{,}6$; $\alpha_4 = \alpha_5 = 1{,}2$	non
Shih & Lumley	1985	$\alpha_0 = -\left(2 + \beta e^{-11{,}65/\sqrt{R_T}}\right) \times \left\{\frac{12}{\sqrt{R_T}} + 8{,}9\ln[1 + 62{,}4(0{,}5\mathbf{II}_a + 0{,}77\mathbf{III}_a)]\right\}$ $\alpha_2 = 0{,}8$; $\alpha_3 = 1{,}2$; $\alpha_4 = 1{,}2 + 0{,}96\sqrt{\beta}$; $\alpha_5 = 1{,}74 - 0{,}74\sqrt{\beta}$; $\alpha_6 = \alpha_7 = 0{,}8$	oui
Fu, Launder & Tselepidakis	1987	$\alpha_0 = -60\mathbf{II}_a\sqrt{\beta}$; $\alpha_1 = -72\mathbf{II}_a\sqrt{\beta}$; $\alpha_2 = \alpha_6 = \alpha_7 = 0{,}8$; $\alpha_3 = \alpha_4 = 1{,}2$; $\alpha_5 = 1{,}73$; $\alpha_8 = 11{,}2$	oui
Speziale, Sarkar & Gatski	1991	$\alpha_0 = -3{,}4$; $\alpha_1 = 4{,}2$; $\alpha_2 = 0{,}8 - 1{,}3\sqrt{\mathbf{II}_a}$; $\alpha_3 = -1{,}8$; $\alpha_4 = 1{,}25$; $\alpha_5 = 0{,}4$	oui

$c_{\epsilon 1}$	$c_{\epsilon 2}$	σ_ϵ	C_μ	c_S
1,44	1,92	1,3	0,09	0,072

Tableau 13.13 Éléments comparatifs de modèles à redistribution non linéaire.

Turbulence homogène en cisaillement constant Les données expérimentales de Tavoularis et Karnik [409] ($\mathcal{P}_{rod}/\overline{\varepsilon} = 1{,}8$) complétées de celles de la simulation numérique directe de Rogers et al. [356] servent de référence de comparaison à ce premier écoulement.
Le comportement du modèle linéaire de Launder et al. n'est pas le plus satisfaisant (–28% d'écart pour a_{11}, 14% pour a_{22}, –53% pour a_{33} et –12,5% pour a_{12}. Le modèle de Shih et al. conduit à un désaccord sur l'équilibre temporel de l'état asymptotique assez prononcé (48%). Dans l'ensemble, c'est le modèle de Speziale et al. qui se révèle le plus apte à rendre compte de l'anisotropie des tensions de Reynolds pour cet écoulement, comme le montre le tableau suivant adapté de l'étude de Speziale [398].

Modèle \ Fonction	a_{11}	a_{22}	a_{33}	a_{12}	$\lambda_{12}\overline{k}/\overline{\varepsilon}$
Launder et al.	$0{,}15$	$-0{,}12$	$-0{,}033$	$-0{,}18$	$4{,}8$
Shih et al.	$0{,}12$	$-0{,}12$	$0{,}002$	$-0{,}12$	$7{,}4$
Fu et al.	$0{,}20$	$-0{,}14$	$-0{,}060$	$-0{,}15$	$5{,}9$
Speziale et al.	$0{,}22$	$-0{,}15$	$-0{,}073$	$-0{,}16$	$5{,}8$
Expérience	$0{,}21$	$-0{,}14$	$-0{,}07$	$-0{,}16$	$5{,}0$
Simul.^{n} Directe	$0{,}215$	$-0{,}153$	$-0{,}062$	$-0{,}158$	$5{,}7$

Tableau 13.14 Résultats comparatifs de l'anisotropie en turbuence cisaillée homogène.

Zone de mélange plane D'après Demuren et Sarkar [111], tous les modèles fournissent des profils adimensionnels de vitesse moyenne axiale en bon accord avec l'expérience, sauf aux frontières de l'écoulement, en raison de l'incertitude des mesures pour cause d'intermittence. On notera cependant que la normalisation qui, en écoulement de type couche limite se fait par grandeur locale variable en x, peut masquer des désaccords sur le développement dimensionné de l'écoulement.

Modèle \ Fonction	a_{11}	a_{22}	a_{33}	a_{12}	Taux d'exp.^{n}
Launder et al.	$0{,}18$	$-0{,}10$	$-0{,}08$	$-0{,}17$	$0{,}162$
Shih et al.	$0{,}10$	$-0{,}10$	$0{,}00$	$-0{,}12$	$0{,}116$
Fu et al.	$0{,}18$	$-0{,}14$	$-0{,}04$	$-0{,}14$	$0{,}145$
Speziale et al.	$0{,}22$	$-0{,}15$	$-0{,}07$	$-0{,}16$	$0{,}153$
Expérience	$0{,}20$	$-0{,}12$	$-0{,}08$	$-0{,}19$	$0{,}148$

Tableau 13.15 Résultats comparatifs de l'anisotropie en zone de mélange plane.

Le modèle de Launder et al. est alors celui qui est le moins performant sur le taux d'expansion (14% d'écart avec l'expérience). En revanche, il prédit correctement le niveau d'intensité de turbulence dans la zone de mélange — comme le fait également un modèle $(\overline{k}, \overline{\varepsilon})$ —, alors que les trois autres le sous-estiment. S'agissant de l'anisotropie des tensions de Reynolds, les éléments de comparaison du tableau montrent que, dans l'ensemble, les modèles de Launder et al., Speziale et al., et Fu et al. donnent le meilleur accord avec l'expérience pour les tensions normales. Le premier cité est également le plus performant pour le cisaillement turbulent. Le modèle de Shih et al. a une tendance générale assez prononcée à sous-estimer les niveaux d'anisotropie.

9.2.2 Incidence de la schématisation de la dissipation

Comme nous l'avons diagnostiqué avec la zone de mélange, l'un des défauts quantitatifs les plus patents du modèle linéaire de base est sans doute lié à la prédétermination médiocre des taux d'expansion d'écoulements cisaillés libres, comme cela apparaît à la lecture du tableau suivant.
À titre de comparaison, nous avons fait figurer les résultats obtenus en usant des schémas de redistribution (13-48) et de l'équation modèle de dissipation modifiée selon (13-19) :

$$\frac{\partial\overline{\varepsilon}}{\partial t}+\overline{U}_j\frac{\partial\overline{\varepsilon}}{\partial x_j}=c_\epsilon\frac{\partial}{\partial x_j}\left(\frac{\overline{k}}{\overline{\varepsilon}}\overline{u_iu_j}\frac{\partial\overline{\varepsilon}}{\partial x_i}\right)+c_{\epsilon 1}\frac{\overline{\varepsilon}}{\overline{k}}\frac{P_{kk}}{2}-\frac{c_{\epsilon 2}}{1+0,6\mathrm{II}_b\sqrt{\beta}}\frac{\overline{\varepsilon}^2}{\overline{k}}$$

Outre la réduction sensible de l'anomalie jet plan/ jet rond, le modèle modifié, avec des aménagements spécifiques aux écoulements avec effets de flottabilité (voir Launder [236]) améliore également les caractéristiques de calcul des situations de panache. Enfin la réduction de l'écart entre expérience et calcul du sillage plan, proviendrait, selon Launder, de l'aptitude du modèle évolué à rendre compte de l'effet de mémoire spatiale des conditions amont. Les mesures détaillées de Wygnanski et al. [450] montrent en effet que le développement asymptotique du sillage dépend du type d'obstacle à l'origine de celui-ci, propriété que le modèle linéaire de base est incapable de reproduire.

Écoulement	Taux d'expansion		
	Exp.	Mod. Standard	Mod. évolué
Sillage plan	0,098	0,078	0,100
Jet rond	0,093	0,105	0,101
Jet plan	0,110	0,100	0,110
Panache rond	0,112	0,088	0,122
Panache plan	0,120	0,078	0,118

Tableau 13.16 Comparaison des prédéterminations des taux d'expansion, d'après Launder [236].

Une autre évolution du modèle de dissipation — voir éq.(13-21) —, a été proposée par Speziale et Gatski [402]. Ses performances à rendre compte, avec les valeurs de constantes du tableau 13.3, de l'anisotropie de l'état asymptotique d'une turbulence homogène cisaillée, sont traduites au tableau suivant.

Modèle \ Fonction	a_{11}	a_{22}	a_{33}	a_{12}	$\lambda_{12}\overline{k}/\overline{\varepsilon}$
Launder et al.	$0{,}190$	$-0{,}095$	$-0{,}095$	$-0{,}185$	$5{,}42$
Speziale et al. (1991) et (1997)	$0{,}216$	$-0{,}139$	$-0{,}082$	$-0{,}159$	$5{,}98$
Simulation directe	$0{,}215$	$-0{,}153$	$-0{,}062$	$-0{,}158$	$5{,}70$

Tableau 13.17 Éléments comparatifs de l'anisotropie en turbulence homogène cisaillée.

Dans l'ensemble, la nouvelle formulation favorise sensiblement l'accord avec les données de simulation directe, les améliorations les plus notables portant sur les composantes a_{11} et a_{12}.

Pour conclure sur ce point, nous insisterons sur le fait que les évolutions de fermetures élaborées en réponse à un type de déficience donné doivent être soigneusement vérifiées dans d'autres configurations d'écoulements. Ainsi, par exemple, les premiers développements en situation homogène de Lumley [276] se révèlent les plus performants pour le calcul d'une telle turbulence soumise à contraction axisymétrique. Malheureusement, ils surestiment le taux d'expansion d'un jet plan d'un facteur de l'ordre de 40%.

9.3 Limitations avérées

Les fermetures au second ordre, ont été naturellement appliquées au calcul d'écoulements vrillés[1] en géométrie axisymétrique et d'écoulements avec rotation en bloc du fluide.

Ainsi que nous l'avons vu au Chapitre VIII-§6.3, les effets de rotation axiale échappent à toute fermeture de type $(\overline{k}, \overline{\varepsilon})$. En effet, les termes induits par celle-ci dans les équations de bilan des tensions normales — voir par exemple éqs.(8-48) — se compensent exactement par sommation et disparaissent donc de l'équation de $\overline{k}$. Tel n'est évidemment pas le cas avec une fermeture au second ordre, ce qui constitue une différence d'aptitude majeure entre ces classes de modèles.

Pour autant, la traduction des effets de rotation par les schémas "classiques" au second ordre — modèle linéaire et évolutions présentées jusqu'ici — ne peut être qu'imparfaite. La raison, selon Reynolds & Kassinos [344] tient au fait que toutes les fermetures "classiques" considèrent que le tenseur L_{nimj} n'est fonction que de l'anisotropie des tensions de Reynolds, d'où les divers développements en

[1] Effet de giration par composante azimutale ou "*swirl*" en anglais.

puissances de b_{ij}. Or, en présence d'une rotation pure ($\overline{S}_{ij} = 0$ et $\partial \overline{U}_i / \partial x_j \equiv \overline{R}_{ij}$) la relation générale (13-34) devient :

$$\Pi_{ij}^{(1)r} = 2\Big(L_{njmi}^{(r)} + L_{nimj}^{(r)}\Big)\overline{R}_{nm}$$

où l'exposant r rappelle qu'il s'agit de la restriction à la situation de rotation pure. La forme la plus générale qui en résulte pour une turbulence homogène soumise à rotation pure s'écrit, selon les auteurs précités :

$$\begin{aligned}\Pi_{ij}^{(1)r} &= C_1\big(\overline{R}_{ki}b_{kj} + \overline{R}_{kj}b_{ki}\big) + C_2\big(\overline{R}_{ki}b_{km}b_{mj} + \overline{R}_{kj}b_{km}b_{mi}\big)\\ &\quad + C_3\overline{R}_{pq}(b_{iq}b_{pm}b_{mj} + b_{jq}b_{pm}b_{mi})\end{aligned}$$

Ce schéma conduit à des évolutions des invariants du tenseur d'anisotropie de la forme :

$$\mathrm{d}\mathbf{II}/\mathrm{d}t = 0 \quad et \quad \mathrm{d}\mathbf{III}/\mathrm{d}\mathbf{t} = 0$$

puisque, par contraction, tout produit du tenseur antisymétrique $\overline{R}_{ij}$ par une puissance quelconque du tenseur symétrique b_{ij} donnera zéro. Ces relations sont celles qui devraient s'appliquer sous les approximations de distorsion rapide.
Or les simulations numériques de Mansour et al. [285] montrent que, sous cette hypothèse, ces invariants évoluent dans le temps. Ainsi, et quel qu'en soit l'ordre, toute dépendance du type $\overline{\overline{L}} = \overline{\overline{L}}\Big(\overline{\overline{b}}\Big)$ est par essence incapable de traduire l'effet de rotation sous l'hypothèse de distorsion rapide. En clair cela signifie qu'une telle dépendance fonctionnelle est incorrecte et qu'il faut nécessairement faire intervenir d'autres arguments que ceux exclusivement liés à b_{ij}.
Des propositions en ce sens ont été formulées par Reynolds et al. [344] et Cambon et al. [48], [49] par exemple. Sans les détailler ici, indiquons par exemple que les nouveaux arguments en turbulence homogène procèdent, selon Reynolds, de tenseurs de structure (tenseurs d'ordre deux en un point) définis par :

$$X_{ij} = \int \frac{1}{\kappa^2} W_{ij}(\vec{\kappa})\mathrm{d}\vec{\kappa} \quad et \quad Y_{ij} = \int \frac{\kappa_i \kappa_j}{\kappa^2} E_{nn}(\vec{\kappa})\mathrm{d}\vec{\kappa} \qquad \text{(13-57)}$$

Dans les relations précédentes, $E_{ij}(\vec{\kappa}) = \overline{\widehat{u}_i \widehat{u}_j^*}$ est le tenseur spectral de vitesse et $W_{ij}(\vec{\kappa}) = \overline{\widehat{\omega}_i \widehat{\omega}_j^*}$ son équivalent en rotationnel. En turbulence homogène on démontre que :

$$\overline{u_i u_j} + X_{ij} + Y_{ij} = 2\overline{k}\delta_{ij}$$

qui entraîne que les deux tenseurs de structure ne sont pas indépendants du tenseur de Reynolds. Cette représentation est liée à la décomposition du spectre de vitesse dans le repère local de Craya-Herring qui est utilisée par Cambon et al. [48].
Une autre possibilité élaborée par Cadiou et al. [45] et développée dans sa thèse [44] en 1996 consiste en la fermeture d'équations de transport du tenseur d'ordre quatre L_{ijpq}. Les composantes scalaires (81) de ce tenseur sont en fait réduites à cinquante quatre par conditions de symétrie sur les divers indices. L'incompressibilité ne laisse plus subsister que trente sept composantes indépendantes, nombre qui tombe à vingt sept en situation de turbulence homogène. Il est finalement de seize, en application des deux normalisations $L_{ijmm} = \overline{u_i u_j}$ et $L_{mmij} = Y_{ij}$, où Y_{mn} n'est autre que le tenseur de directivité — éq.(13-57) —, introduit par Reynolds [343]. Avec une fermeture linéaire de ces équations, ce modèle révèle un meilleur comportement que les schémas classiques dans les situations homogènes pour lesquelles il a été conçu.

CHAPITRE XIV

FERMETURES À FAIBLE NOMBRE DE REYNOLDS

« There is certainly no other type of turbulent flow than the boundary layer, which encounters in so many engineering problems and is subjected to such a great variety of conditions.»

(Il n'y a certainement pas d'autre type d'écoulement turbulent que la couche limite qui soit présent dans tant de problèmes d'ingénierie en se prêtant à une aussi grande diversité de conditions.)

J.C. ROTTA [365] 1962, page 255.

1 Introduction

Si les fermetures en un point atteignaient à l'universalité, un modèle de turbulence en couche limite devrait s'obtenir comme l'approximation de couche limite d'un modèle général, au même titre que les équations de Prandtl dérivent de celles de Navier-Stokes. Ce n'est pas actuellement le cas et les modèles applicables aux écoulements cisaillés pariétaux ne se déclinent pas, en fonction d'un nombre de Reynolds ou de tout autre paramètre d'extrapolation, autour d'un seul et même "noyau". La démarche peut même aller dans certains cas à l'opposé de cette idée, puisque l'élaboration de modèles aptes à traiter de situations complexes se fait par "adaptation" de schématisations écrites pour des écoulements plus simples.

Dans ce chapitre, la réduction du nombre de Reynolds résulte, localement, de la proximité de parois. Il peut paraître paradoxal à première vue que la présence d'une région qui, par nature, fait "disparaître" la turbulence, soit source de complexité pour la modélisation de celle-ci. C'est pourquoi nous allons brièvement revenir, à la section suivante, sur les raisons physiques qui sont à la source des difficultés de modélisation de la turbulence de paroi. Pour autant, il ne faudrait pas en conclure que les écoulements turbulents à faible nombre de Reynolds ne se rencontrent que dans cette seule configuration. À titre complémentaire, citons également :

– la turbulence proche de la transition ou en phase de relaminarisation,
– la turbulence "affaiblie" en zone lointaine de sillage,
– les écoulements avec forte stratification stable,
– les écoulement fortement accélérés,
– les écoulements avec courbure ou giration.

Concrètement, on considère que l'on a affaire à une turbulence à faible nombre de Reynolds lorsque les propriétés des composantes à grande échelle de l'agitation sont directement affectées par la viscosité du fluide. On retient en général que c'est le cas si le nombre de Reynolds de turbulence devient inférieur à 100.

2 Retour sur les spécificités de la turbulence de paroi

Par rapport à la situation de turbulence libre pleinement développée, la présence d'une paroi, supposée fixe par rapport à l'écoulement, interdit de considérer que la condition de "grand nombre" de Reynolds *global* puisse s'appliquer *localement* en tout point du champ de l'écoulement. Nous avons discuté cette question au Chapitre VI et avons illustré ses répercussions, tant sur le champ moyen que sur l'agitation turbulente, au Chapitre X. Nous ne revenons donc ici que sur les spécificités qui sont susceptibles de remettre en cause les schématisations élaborées sous l'hypothèse de grand nombre de Reynolds en domaine infini. Elles sont au nombre de quatre :

– la perte de prépondérance de la diffusion par agitation turbulente sur celle par agitation moléculaire ;
– la remise en cause de la séparation d'échelles entre plages des tourbillons porteurs d'énergie et de dissipation ;
– un forçage structurel de l'anisotropie ;
– la modification du mode d'action du champ de pression.

• Le premier effet est la conséquence directe de la conditions d'adhérence qui impose l'annulation à la paroi du vecteur vitesse, tant en moyenne qu'en fluctuation. Ainsi la diffusivité de turbulence $\nu_T \propto \sqrt{k} \times l$ doit-elle s'annuler à la paroi, l'échelle de longueur l restant nécessairement finie. La viscosité cinématique ν conservant une valeur strictement positive, la condition $\nu_T \gg \nu$ ne peut donc plus être assurée en tout point du champ de l'écoulement. Rappelons simplement, pour fixer les idées (voir Chapitre X-§4.3.1) que, selon les mesures de Klebanoff [210] à $R_\theta = 7\,500$ en couche limite sur plaque plane sans gradient de pression, le frottement turbulent devient égal au frottement visqueux à une distance réduite $y^+ \simeq 12$.

• La réduction du nombre de Reynolds de turbulence *local* avec la distance à la paroi est la simple conséquence de ce premier effet. Elle entraîne à son tour la remise en cause du processus de transfert énergétique par cascade inertielle décrit au Chapitre VIII-§2.6. En particulier, la présence d'une paroi est incompatible avec la tendance à l'isotropie, cette propriété n'étant même plus vérifiée pour la partie énergétique des spectres, comme nous l'avons vu au Chapitre X-§4.

- L'anisotropie pariétale des tensions de Reynolds en particulier, a été analysée en détail dans ce même Chapitre X (voir §3 et Tableau 10.5 par exemple). Rappelons simplement que dans la limite $y \to 0$, la composante transversale $\overline{v^2}$ s'annule, et la composante longitudinale $\overline{u^2}$ vaut près de trois fois et demi $\overline{w^2}$.
- La présence d'une paroi interdit à l'évidence toute "simplification" dérivant de la nature "infinie" du champ de l'écoulement. Usant du formalisme de Green, l'expression de la pression doit alors faire intervenir une intégrale de surface, définie sur la frontière du domaine, comme cela a été mentionné au Chapitre III-§7.

Par construction, les modéles décrits au Chapitre XIII sont inaptes à rendre compte de telles spécificités. Ils doivent donc être modifiés. Quelques unes de ces modifications vont être présentées maintenant, non sans avoir préalablement fait observer que certains effets pariétaux ne pourront être capturés que par des fermetures du second ordre, les particularités spectrales échappant quant à elles à toute fermeture en un point.

3 Schémas algébriques en couche limite

3.1 Amortissement pariétal de la viscosité de turbulence

Une première façon de prolonger la validité, à la paroi, d'une fermeture algébrique à viscosité de turbulence, consiste à pondérer l'expression en turbulence pleinement développée par une fonction d'amortissement assurant la décroissance de ν_T avec la distance à la paroi. Rappelons (Cf. Chapitre XII-§4.1.1) qu'une première proposition en ce sens, due à Van Driest [432], s'écrit :

$$\nu_T = l_m^2 \left|\partial \overline{U} / \partial y\right| \qquad avec \ l_m = \chi y \left(1 - e^{-y^+/A^+}\right) \tag{14-1}$$

La valeur du coefficient A^+ est de 26 pour une constante de von Kármán $\chi = 0,41$. D'autres types d'amortissement ont été proposés, certains plus simples (loi linéaire d'Evans et al. [129]), d'autres plus complexes, avec prise en compte du gradient longitudinal de pression statique (Jones et Launder [199]) ou de conditions d'aspiration/soufflage à la paroi (Kays et Moffat [205]). La formule de Van Driest a été également adaptée par Arnal [6] pour pouvoir être appliquée en zone de transition de régime laminaire-turbulent.

3.2 Schémas de viscosité à double couche

Un autre aménagement de la viscosité de turbulence consiste à en différencier l'expression selon la distance à la paroi. Plusieurs propositions ont été émises en ce sens.

3.2.1 Schéma de Smith-Cebeci

En 1967, Smith et Cebeci [388] ont introduit un schéma de viscosité de turbulence "à deux couches", en posant :

$$\nu_T = \begin{cases} \nu_T^{(i)} & pour\ y \leq y_0 \\ \nu_T^{(e)} & pour\ y > y_0 \end{cases}$$

où y_0 est une distance transversale distinguant les régions interne (i) et externe (e). Les expressions correspondantes de la viscosité de turbulence dans chaque couche sont :

Couche interne $\nu_T^{(i)} = l_m^2 \sqrt{\left(\frac{\partial \overline{U}}{\partial y}\right)^2 + \left(\frac{\partial \overline{V}}{\partial x}\right)^2} \quad avec\ l_m = \chi y\left(1 - e^{y^+/A^+}\right)$ (14-2)

Couche externe $\nu_T^{(e)} = \alpha U_E \delta^* I_K(x, y)$ (14-3)

On reconnaît, en région interne, la loi de Van Driest (éq.14-1), mais avec une nouvelle expression du coefficient :

$$A^+ = \frac{26}{\sqrt{1 + \frac{y}{\rho u_*^2}\frac{\mathrm{d}\overline{P}}{\mathrm{d}x}}}$$

où $u_* \left(\equiv \sqrt{\tau_0/\rho}\right)$ est la vitesse de frottement. Le schéma en région externe n'est autre que celui de Clauser (éq.(12-20) du Chapitre XII) avec pondération d'intermittence par le facteur I_K (éq.(12-18) du Chapitre XII).
Un dernier paramètre important du schéma est la localisation de la séparation entre zones. La prescription de la distance y_0 peut être faite en considérant qu'il y a raccordement des deux schémas dans la région de vitesse logarithmique[1]. Sous cette condition, on établit alors que (voir exercice) :

$$y_0^+ \left(\equiv y_0 \frac{u_*}{\nu}\right) \approx 0,04 R_{\delta^*}$$

où $R_{\delta^*} = U_E \delta^*/\nu$ est le nombre de Reynolds relatif à l'épaisseur de déplacement.

EXERCICE — ***Distance entre zones du schéma de Smith-Cebeci*** — On suppose que la distance de séparation y_0 des deux couches du schéma de Smith-Cebeci est comprise

[1] Cette condition assure la continuité de la fonction de viscosité de turbulence au point de raccordement, mais pas de la pente.

dans la zone logarithmique. Exprimer cette distance en fonction du nombre de Reynolds rapporté à l'épaisseur de déplacement en admettant qu'au raccordement des deux couches, la viscosité varie continuement entre l'expression interne sans amortissement et l'expression externe sans intermittence.

SOLUTION

En région logarithmique, le profil de vitesse moyenne (voir Chapitres VI-§5.4.4 et X-§2.1) s'écrit :

$$\overline{U} = \frac{u_*}{\chi}\ln(y) + C^{te}$$

Par simple dérivation, et en supposant la distance de raccordement suffisante pour négliger l'effet d'amortissement de Van Driest, le schéma de viscosité en couche intérieure (14-2) donne :

$$\nu_T^{(i)} = \chi^2 y^2 \left|\frac{\partial \overline{U}}{\partial y}\right| = \chi y u_*$$

En supposant ensuite que le raccordement se situe dans une zone pleinement turbulente, l'expression de la viscosité de la couche supérieure — éq.(14-3) — donne $\nu_T^{(e)} = \alpha U_E \delta^*$.

La condition de raccordement par continuité de la viscosité de turbulence se traduit par :

$$\nu_T^{(i)}|_{y=y_0} = \nu_T^{(e)}|_{y=y_0} \Longrightarrow \chi y_0 u_* = \alpha U_E \delta^*$$

soit encore après simplification $y_0^+ = \frac{\alpha}{\chi}\frac{U_E\delta^*}{\nu}$. Avec les valeurs $\alpha = 0,0168$ et $\chi = 0,41$ on a bien la relation précitée $y_0^+ \approx 0,04 R_{\delta^*}$.

3.2.2 Schéma de Baldwin-Lomax

Le modèle à deux couches de Baldwin-Lomax [10] a été établi pour tenir compte de phénomènes tels que décollement, transition de régime et compressibilité. Nous ne retiendrons ici que la première spécificité qui conduit les auteurs à éviter une formulation ayant recours à des grandeurs difficiles à déterminer en pareil cas (vitesse externe U_E et épaisseurs notamment).

Pratiquement, la viscosité de turbulence ν_T s'obtient à partir de deux expressions $\nu_T^{(i)}$ et $\nu_T^{(e)}$ applicables en couche interne et externe respectivement, en considérant que :

$$\nu_T = \min\left[\nu_T^{(i)} ; \nu_T^{(e)}\right]$$

La distance séparant les deux couches est à présent implicite et correspond à l'égalité $\nu_T^{(i)} = \nu_T^{(e)}$. Les expressions dans chaque couche sont :

Couche interne : $\nu_T^{(i)} = l_m^2 \Omega \quad avec \ l_m = \chi y\left(1 - e^{y^+/A^+}\right) \quad et \ \Omega = \left\|\vec{\Omega}\right\|$ (14-4a)

Couche externe : $\nu_T^{(e)} = \alpha C_{cp} F \widetilde{I}_K(x,y)$ (14-4b)

avec : $F = \min\left[y_{max} f_{max} ; C_w y_{max} U_{dif}^2 / f_{max}\right] \quad où \ f_{max} = \frac{1}{\chi}\sup_y\left[l_m \Omega\right]$

et $\quad \widetilde{I_K} = \left[1 + 5,5(C_K y/y_{max})^6\right]^{-1}$

où $\vec{\Omega}$ est le vecteur rotationnel moyen, y_{max} la distance à la paroi où la fonction $[l_m\Omega](y)$ est maximum et U_{dif} la différence entre le maximum et le minimum de la distribution de la vitesse moyenne sur une même normale à la paroi.
Les coefficients du modèle préconisés par les auteurs sont donnés ci-dessous.

Coef.	χ	α	A^+	C_{cp}	C_w	C_K
Valeur	0,41	0,0168	26	1,6	0,25	0,3

Tableau 14.1 Coefficient du schéma algébrique de Baldwin-Lomax.

Deux traits principaux distinguent le schéma précédent de celui de Smith-Cebeci :

- l'utilisation de la norme du rotationnel comme échelle de fréquence. En écoulement tridimensionnel, celle-ci s'explicite (repère orthonormé) par :

$$\Omega^2 = \left(\frac{\partial \overline{V}}{\partial x} - \frac{\partial \overline{U}}{\partial y}\right)^2 + \left(\frac{\partial \overline{W}}{\partial y} - \frac{\partial \overline{V}}{\partial z}\right)^2 + \left(\frac{\partial \overline{U}}{\partial z} - \frac{\partial \overline{W}}{\partial x}\right)^2$$

  Ce n'est que sous les approximations de couche limite, que l'on retrouve le même terme prépondérant $\partial \overline{U}/\partial y$;
- l'introduction de la fonction F qui permet d'utiliser ce modèle dans des situations de couche limite, décollement et sillage.

3.2.3 Domaine d'application des fermetures algébriques

Bien que non exhaustive, la revue précédente permet néanmoins de dégager quelques éléments spécifiques des fermetures algébriques regroupés au tableau suivant.

Avantages	Inconvenients
• Degré de complexité minimum, • Très bonnes performances pour les écoulements où elles ont été étalonnées.	• Empirisme maximum de la prescription de l'échelle de longueur, • Extrapolation à des cas non explorés plutôt hasardeuse.

De tous les schémas de fermeture en un point, les modèles algébriques sont les plus simples à concevoir et mettre en œuvre en pratique. Certains d'entre eux (Baldwin-Lomax) sont encore répandus dans les applications industrielles de calcul d'écoulements en géométrie complexe, et les formulations de type longueur de mélange ont même été étendues aux écoulements tridimensionnels par Cousteix et al. [93].
Globalement, ces fermetures fournissent des profils de vitesse et coefficients de frottement corrects en couche limite avec gradient de pression, pour autant que celui-ci reste modéré. En écoulements décollés, ils peuvent donner des résultats

largement contradictoires avec l'expérience (longueur du bulbe de décollement deux fois supérieure à l'observation par exemple).
D'un point de vue physique, on retiendra que le concept de longueur de mélange requiert, pour sa validité, un état de quasi-équilibre de la turbulence, au sens où le mélange entre les paquets fluides doit pouvoir se faire rapidement par rapport au temps d'évolution du mouvement moyen. Ceci explique la carence de ces fermetures à prédire la turbulence en non-équilibre (couches limites soumises à fort gradient de pression par exemple), d'où l'intérêt d'autres modélisations reposant sur des hypothèses moins restrictives.

4 Modèles à une équation

4.1 Panorama des fermetures à une équation

Comme nous l'avons mentionné au Chapitre XII-§6, trois catégories de fermetures à une équation peuvent être distinguées selon la fonction prise comme grandeur transportable représentative. Nous regroupons au tableau suivant quelques propositions susceptibles d'être appliquées en turbulence de paroi.

Grandeur transportée	Auteur / Réf	Année
$\overline{k}$ Énergie cinétique de turbulence	Prandtl [334] Emmons [126] Glushko [150]	1945 1954 1965
$\overline{uv}$ Cisaillement turbulent	Bradshaw, Ferriss & Atwell [36]	1967
ν_T Viscosité de turbulence	Nee & Kovasznay [309] Secundov[379] Baldwin & Barth [11] Spalart-Allmaras [391] Gulyaev, Kozlov & Secundov [155] Durbin, Mansour & Yang [151]	1968 1971 1990 1992 1993 1994

Tableau 14.2 Types de modèles à une équation en écoulement avec paroi.

Nous allons détailler quelques unes de ces fermetures et présenter également certains éléments de comparaison et/ou d'évaluation, en référence à l'expérience ou à la simulation directe.

4.2 Modèle à équation d'énergie cinétique de turbulence

Ce type de modélisation (voir Chapitre XII-§6.1) repose sur l'utilisation de l'équation de transport de l'énergie cinétique de turbulence,

$$\frac{\partial \overline{k}}{\partial t} + \overline{U}_j \frac{\partial \overline{k}}{\partial x_j} = \nu_T \left(\frac{\partial \overline{U}_i}{\partial x_j} + \frac{\partial \overline{U}_j}{\partial x_i} \right) \frac{\partial \overline{U}_i}{\partial x_j} + \frac{\partial}{\partial x_j} \left[\left(\nu + \frac{\nu_T}{\sigma_k} \right) \frac{\partial \overline{k}}{\partial x_j} \right] - \overline{\varepsilon} \qquad (14\text{-}5)$$

en complément d'une fermeture au premier ordre, (schéma de Boussinesq) où la viscosité de turbulence est exprimée par :

$$\nu_T = C_\mu \times \sqrt{\overline{k}} \times l \qquad (14\text{-}6)$$

Indépendamment des réserves sur la validité de la relation constitutive entre contraintes turbulentes et vitesses de déformation moyennes, l'application d'une telle fermeture en présence d'une paroi amène à reconsidérer deux éléments :

- l'expression de l'échelle de longueur l ;
- la schématisation du terme de dissipation $\overline{\varepsilon}$.

Emmons [126] et Glushko [150] ont exploité ce modèle dans différents types d'écoulements de couche limite et ont observé une représentativité généralement satisfaisante, en prenant :

$$C_\mu = 1, \quad \sigma_k = 1, \quad \overline{\varepsilon} = C_d \frac{\left(\overline{k}\right)^{3/2}}{l} \quad avec \ C_d \sim 0,07 \ à \ 0,09$$

Par la suite, Wolfshtein [448] en 1967 et Yap [456] en 1987 ont suggéré l'emploi de fonctions d'amortissement analogues à celle de Van Driest, en posant :

$$l = C_l y \left(1 - e^{-y^*/A_\mu^*}\right) \quad avec \quad y^* = y\sqrt{\overline{k}}/\nu$$

$$\overline{\varepsilon} = \overline{k}^{3/2}/l_\epsilon \quad avec \quad l_\epsilon = C_l y \left(1 - e^{-y^*/A_\epsilon^*}\right)$$

avec pour constantes $C_\mu = 0{,}09$, $\sigma_k = 0{,}9$, $C_l = 2{,}44$, $A_\mu^* = 63$ et $A_\epsilon^* = 3{,}8$.
Nous reviendrons sur d'autres aménagements de la fermeture de l'équation de $\overline{k}$ à faible nombre de Reynolds de turbulence en section 5.1 ci-après.

4.3 Modèles à équation de transport de viscosité

Après une éclipse d'une vingtaine d'années, l'usage d'une équation de transport pour la viscosité de turbulence reprend de l'intérêt. Dès 1971, la proposition initiale de Nee et Kovasznay [309] (voir Chapitre XII-§6.3.2), était revue et amendée en Union Soviétique par Secundov [379], pour aboutir en 1993 à une version exploitable en écoulement compressible [155] . En début des années quatre-ving-dix, on retrouvait également cette fonction dans les modèles de Baldwin & Barth[1] [11], de Spalart & Allmaras [391] et de Durbin, Mansour & Yang [121].

[1] Bien que ces auteurs fassent référence au modèle $(\overline{k}, \overline{\varepsilon})$ pour établir l'équation modèle de ν_T, au final, la formulation dégage une équation de transport pour cette seule fonction.

De façon générale pour ces dernières fermetures, la viscosité de turbulence est mise sous la forme :

$$\nu_T = \alpha\widetilde{\nu}$$

où α est un coefficient prescrit et $\widetilde{\nu}$ une "viscosité effictive" qui se déduit directement d'une équation de transport du type :

$$\frac{\partial\widetilde{\nu}}{\partial t} + \overline{U}_j\frac{\partial\widetilde{\nu}}{\partial x_j} = D_{iff} + Source - Puits \tag{14-7}$$

En écoulement de couche limite bidimensionnelle plane, les termes du second membre de cette équation sont explicités au tableau suivant pour les deux propositions de Baldwin & Barth [11] et Spalart & Allmaras[1] [391].

Auteur Terme	Baldwin-Barth [11]	Spalart-Allmaras [391]
D_{iff}	$\left(\nu + \frac{\nu_T}{\sigma}\right)\frac{\partial^2\widetilde{\nu}}{\partial x_j \partial x_j}$	$\frac{1}{\sigma}\frac{\partial}{\partial x_j}\left((\nu+\widetilde{\nu})\frac{\partial\widetilde{\nu}}{\partial x_j}\right)+$ $\frac{C_{b2}}{\sigma}\frac{\partial\widetilde{\nu}}{\partial x_j}\frac{\partial\widetilde{\nu}}{\partial x_j}$
$Source$	$(C_{\epsilon 2}f_2 - C_{\epsilon 1})\sqrt{\widetilde{\nu}P}$ où $f_2=\frac{C_{\epsilon 1}}{C_{\epsilon 2}}+\left(1-\frac{C_{\epsilon 1}}{C_{\epsilon 2}}\right)\left(\frac{1}{\chi y^+}+D_1 D_2\right)\times\Big[\sqrt{D_1 D_2}$ $+\frac{y^+}{\sqrt{D_1 D_2}}\left(\frac{1}{A_0^+}e^{-\frac{y^+}{A_0^+}D_2}+\frac{1}{A_2^+}e^{-\frac{y^+}{A_2^+}D_1}\right)\Big]$ et $P=\nu_T\left[\left(\frac{\partial\overline{U}_i}{\partial x_j}+\frac{\partial\overline{U}_i}{\partial x_j}\right)\frac{\partial\overline{U}_i}{\partial x_j}-\frac{2}{3}\frac{\partial\overline{U}_k}{\partial x_k}\frac{\partial\overline{U}_k}{\partial x_k}\right]$	$C_{b1}\widetilde{S}\widetilde{\nu}$ avec: $\widetilde{S}=\sqrt{2\overline{\Omega}_{ij}\overline{\Omega}_{ij}}+\gamma\frac{\widetilde{\nu}}{\chi^2y^2}$ $\gamma = 1-\frac{\zeta}{1+\alpha\zeta}$ $f_w = g\left(\frac{1+C_{w3}^6}{g^6+C_{w3}^6}\right)^{1/6}$ $g=r+C_{w2}\left(r^6-r\right)$ $r=\widetilde{\nu}/(\widetilde{S}\chi^2y^2)$
$Puits$	$\frac{1}{\sigma}\frac{\partial\nu_T}{\partial x_j}\frac{\partial\widetilde{\nu}}{\partial x_j}$	$C_{w1}f_w\left(\frac{\widetilde{\nu}}{y}\right)^2$
α	$C_\mu D_1 D_2$ où $D_1=1-e^{-y^+/A_0^+}$ et $D_2=1-e^{-y^+/A_2^+}$	$\frac{\zeta^3}{\zeta^3+C_{v1}^3}$ $avec$ $\zeta=\widetilde{\nu}/\nu$

Modèle	Coefficients
Baldwin et al. [11]	$C_\mu = 0,09$ $C_{\epsilon 1} = 1,2$ $C_{\epsilon 2} = 2$ $A_0^+ = 26$ $A_2^+ = 10$ $\sigma = 0,7$ $\chi = 0,41$
Spalart et al. [391]	$C_{b1} = 0,1355$ $C_{b2} = 0,622$ $C_{v1} = 7,1$ $C_{w1} = 3,2391$ $C_{w2} = 0,3$ $C_{w3} = 2$ $\sigma = 2/3$ $\chi = 0,41$

Tableau 14.3 Fermetures de Baldwin & Barth et Spalart & Allmaras.

[1] On se limite à la version sans termes de contrôle de la transition ("trip functions") f_{t2} et f_{t1} des auteurs.

Dans les deux cas, la condition limite à la paroi est $\widetilde{\nu}_T = 0$. Les deux modèles précédents utilisent la distance à la paroi — ou à la plus proche paroi — (y ou y^+) dans divers termes et fonctions d'amortissement. Pour Durbin et al. [121], la détection de la paroi est implicite. Le modèle de ces auteurs, qui préserve l'invariance tensorielle et galiléenne, s'écrit :

$$\frac{\partial \nu_T}{\partial t} + \overline{U}_j \frac{\partial \nu_T}{\partial x_j} = \frac{\partial}{\partial x_j}\left[(\nu + \nu_T)\frac{\partial \nu_T}{\partial x_j}\right] + P_\nu - C_2|S|\nu_T - C_4\frac{\nu_T^2}{L_\nu^2}$$

Le terme P_ν, qui joue le rôle d'une source, s'obtient en solution de l'équation elliptique :

$$L_p^2 \frac{\partial^2 P_\nu}{\partial x_j \partial x_j} - P_\nu = C_3\left(\frac{\partial \nu_T}{\partial x_j}\right)^2 - |S|\nu_T$$

Les relations complémentaires de fermeture, prescrivant en particulier les échelles de longueur L_ν et L_p sont :

$$L_\nu^2 = \frac{|S|^2}{|\partial S/\partial x_j|^2} + C_m \frac{|\partial \nu_T/\partial x_j|^2}{|S|^2}, \quad L_p^2 = C_p^2 \inf\left[L_\nu^2; \sup\left(\nu_T; C_l^2 \nu\right)/|S|\right]$$

avec :

$$|S|^2 = \frac{1}{2}\left(\frac{\partial \overline{U}_i}{\partial x_j} + \frac{\partial \overline{U}_j}{\partial x_i}\right)\left(\frac{\partial \overline{U}_j}{\partial x_i} + \frac{\partial \overline{U}_i}{\partial x_j}\right)$$

On notera que l'utilisation du module des vitesses de déformation $|S|$ pour définir l'échelle de temps du champ moyen — réduite en écoulement cisaillé simple à $|\partial \overline{U}/\partial y|$ —, évite toute influence erronée de l'effet de rotation du système de coordonnées. Les valeurs des constantes sont $C_2 = 0{,}85$, $C_3 = 1{,}70$, $C_4 = 0{,}2$, $C_p = 1{,}2$, $C_l = 3{,}3$ et $C_m = 2$.

REMARQUE — *L'usage de y^+ dans une fonction d'amortissement peut s'avérer plus pénalisant que celui de y. Ainsi, au voisinage d'un décollement ($\tau_p = 0$ soit $u_* = 0$), $y^+ = yu_*/\nu$ devient nul sans fournir aucune indication de distance géométrique à la paroi.*

5 Modèles à deux équations

Nous débuterons cette section par les fermetures qui, postulant une relation *linéaire* de type Boussinesq — voir Chapitre XII-éq.(12-3) — entre viscosité de turbulence et vitesse de déformation moyenne, mettent en jeu plusieurs équations de transport pour compléter le schéma. Elles se présentent comme des variantes, à faible nombre de Reynolds, des modèles à deux équations décrits au Chapitre XII-§7.

Ces modèles étaient largement majoritaires dans les années soixante-dix, comme en témoigne par exemple la conférence AFOSR-HTTM de Stanford sur les écoulements turbulents complexes en 1980–81. Plus de quinze ans plus tard, l'amélioration de ce type de fermeture, par une meilleure prise en compte des effets de paroi, fait toujours l'objet de développements très actifs, ainsi que l'a montré le symposium sur les écoulements turbulents cisaillés (T.S.F. 11) de Grenoble, en 1997.

5.1 Variantes "bas Reynolds" du modèle $\overline{k}, \overline{\varepsilon}$

Jones & Launder [200] furent les premiers en 1972 à introduire des modifications au modèle ($\overline{k}, \overline{\varepsilon}$) pour la prise en compte des effets visqueux. De nombreuses autres propositions suivirent, parmi lesquelles on peut citer Launder & Sharma [239] en 1974, Hoffmann [182] en 1975, Reynolds [341] en 1976, Hassid & Poreh [174] en 1978, Lam & Bremhorst [174] puis Dutoya & Michard [123] en 1981, Chien [65] en 1982, Myong & Kasagi [304] en 1990, Shih & Hsu [381] et Deng & Piquet [112] en 1991, Yang & Shih [455] ainsi que Fan, Lakshminarayana & Barnett [130] en 1993, Cotton & Kirwin [90] en 1995, Hwang & Lin [189] en 1998.

Plusieurs de ces modèles ont fait l'objet de revues critiques et comparatives, notamment par Patel, Rodi & Scheuerer [323] en 1985 puis Speziale, Abid & Anderson [399] en 1990. Nous présenterons ici quelques éléments de synthèse de ces diverses fermetures, en nous appuyant plus particulièrement sur la revue de Patel et al. [323].

Pour faciliter la discussion, nous nous placerons en écoulement de couche limite bidimensionnelle plane, régime permanent en moyenne et adopterons la forme générique suivante des équations de fermeture :

$$\nu_T = C_\mu f_\mu \overline{k}^2 / \epsilon^{(1)} \tag{14-8}$$

$$\overline{U}\frac{\partial \overline{k}}{\partial x} + \overline{V}\frac{\partial \overline{k}}{\partial y} = \nu_T\left(\frac{\partial \overline{U}}{\partial y}\right)^2 + \frac{\partial}{\partial y}\left[\left(\nu + \frac{\nu_T}{\sigma_k}\right)\frac{\partial \overline{k}}{\partial y}\right] - \epsilon^{(1)} - \epsilon^{(2)}$$

$$\overline{U}\frac{\partial \epsilon^{(1)}}{\partial x} + \overline{V}\frac{\partial \epsilon^{(1)}}{\partial y} = C_{\epsilon 1} f_1 \frac{\epsilon^{(1)}}{\overline{k}}\nu_T\left(\frac{\partial \overline{U}}{\partial y}\right)^2 + \frac{\partial}{\partial y}\left[\left(\nu + \frac{\nu_T}{\sigma_\epsilon}\right)\frac{\partial \epsilon^{(1)}}{\partial y}\right] - C_{\epsilon 2} f_2 \frac{\left[\epsilon^{(1)}\right]^2}{\overline{k}} + E$$

En comparaison de la version à grand nombre de Reynolds — Chapitre XII-§7.2.4 — on note, outre la présence des termes de diffusion visqueuse, l'introduction de fonctions d'amortissement (f_μ, f_1, f_2) en pondération de certains coefficients, ainsi que la présence de termes supplémentaires ($\epsilon^{(2)}$, E) destinés à améliorer la représentativité du modèle en zone de proche paroi.

Les expressions des fonctions d'amortissement de quelques modèles, ainsi que celles des termes complémentaires et des valeurs des constantes sont données aux deux tableaux suivants, où il est fait usage des symboles suivants :

$$R_T = \overline{k}^2/\nu\overline{\epsilon}^{(1)}, \quad R_y = \sqrt{\overline{k}} \times y/\nu, \quad y^+ = y u_*/\nu$$

désignant par y la distance normale à la paroi.

Auteur	f_μ	f_1	f_2
Launder Sharma	$exp\left[\frac{-3{,}4}{(1+R_T/50)^2}\right]$	1	$1-0,3exp(-R_T^2)$
Hoffmann	$exp\left[\frac{-1{,}75}{1+R_T/50}\right]$	1	$1-0,3exp(-R_T^2)$
Reynolds	$1-exp(-0,0198R_y)$	1	$\left[1-0,3exp\left(-\frac{R_T^2}{9}\right)\right]\times h(R_y)$
Hassid Poreh	$1-exp(-0,0015R_T)$	1	$1-0,3exp(-R_T^2)$
Lam Bremhorst	$[1-exp(-0,0165R_y)]^2\times\left(1+\frac{20,5}{R_T}\right)$	$1+\left(\frac{0,05}{f_\mu}\right)^3$	$1-exp(-R_T^2)$
Dutoya Michard	$1-0,86exp\left[-\left(\frac{R_T}{600}\right)^2\right]$	$1-0,04\times exp\left[-\left(\frac{R_T}{50}\right)^2\right]+0,25(\lambda/y)^2$	$1-0,3\times exp\left[-\left(\frac{R_T}{50}\right)^2\right]-0,08(\lambda/y)^2$
Chien	$1-exp(0,0115y^+)$	1	$1-0,22exp\left(-\frac{R_T^2}{36}\right)$
Cotton Kirwin	$1-0,97exp\left(-\frac{R_T}{160}\right)-0,0045R_T\times exp\left[-\left(\frac{R_T}{200}\right)^3\right]$	1	1

Tableau 14.4a Fonctions d'amortissement du modèle ($\overline{k}$, $\overline{\varepsilon}$) selon divers auteurs.

On retrouve au tableau 14.4*a* le clivage de détection de la paroi selon que les fonctions d'amortissement font ou non intervenir la distance à celle-ci, la première disposition pouvant s'avérer plus difficile d'emploi en géométrie complexe.
S'agissant des performances prédictives des modèles, et selon les conclusions de Patel et al. [323], les formulations d'Hassid & Poreh [174], Hoffman [182], Dutoya et Michard [123] et dans une moindre mesure de Reynolds [341], ne rendent pas compte de façon satisfaisante du simple cas de couche limite sur plaque plane.
Sur l'ensemble des cas testés, il ressort que ce sont les modèles de Launder & Sharma [239], et à un degré moindre, ceux de Chien [65] et Lam & Bremhorst [174] qui conduisent au meilleur accord avec l'expérience.

Auteur	C_μ	$C_{\epsilon 1}$	$C_{\epsilon 2}$	σ_k	σ_ϵ	$\epsilon^{(2)}$ et val.	limite pour $\epsilon^{(1)}$	E
Launder Sharma	0,09	1,44	1,92	1	1,3	$2\nu\left(\frac{\partial\sqrt{\overline{k}}}{\partial y}\right)^2$	0	$2\nu\nu_T\left(\frac{\partial^2\overline{U}}{\partial y^2}\right)^2$
Hoffmann	0,09	1,81	2	2	3	$\frac{\nu}{y}\frac{\partial\overline{k}}{\partial y}$	0	0
Reynolds	0,084	1	1,83	1,69	1,3	0	$\nu\frac{\partial^2\overline{k}}{\partial y^2}$	0
Hassid Poreh	0,09	1,45	2	1	1,3	$2\nu\frac{\overline{k}}{y^2}$	0	$-2\nu\left(\frac{\partial\sqrt{\epsilon^{(1)}}}{\partial y}\right)^2$
Lam Bremhorst	0,09	1,44	1,92	1	1,3	0 0	$\nu\frac{\partial^2\overline{k}}{\partial y^2}$ $\frac{\partial\epsilon^{(1)}}{\partial y}=0$	0 0
Dutoya Michard	0,09	1,35	2	0,9	0,95	$2\nu\left(\frac{\partial\sqrt{\overline{k}}}{\partial y}\right)^2$	0	$-C_{\epsilon 2}f_2\times$ $\left(\frac{\epsilon^{(1)}\epsilon^{(2)}}{\overline{k}}\right)^2$
Chien	0,09	1,35	1,8	1	1,3	$2\nu\frac{\overline{k}}{y^2}$	0	$-2\nu\left(\frac{\epsilon^{(1)}}{y^2}\right)\times$ $exp(-y^+/2)$
Cotton Kirwin	0,09	1,44	1,92	1	1,3	$2\nu\left(\frac{\partial\sqrt{\overline{k}}}{\partial y}\right)^2$	0	$1{,}3\nu\nu_T\left(\frac{\partial^2\overline{U}}{\partial y^2}\right)^2$

Tableau 14.4b Coefficients du modèle ($\overline{k}$, $\overline{\varepsilon}$) à faible nombre de Reynolds selon divers auteurs.

En résumé, et même si les conclusions suivantes doivent être largement modulées avec le mode d'amortissement retenu, on pourra noter que les formulations de type ($\overline{k}$, $\overline{\varepsilon}$) avec traitement de paroi conduisent en géneral dans une couche limite à :
– des difficultés de mise en œuvre numérique près de la paroi, dues aux non-linéarités supplémentaires des expressions de certaines fonctions d'amortissement ;
– un manque de sensibilité au gradient de pression adverse conduisant à une surestimation du frottement turbulent et un retard d'apparition (voire la suppression) du décollement.

EXERCICE — ***Comportement énergétique pariétal du modèle de Launder et Sharma*** —
Vérifier que le modèle de turbulence ($\overline{k}$,$\overline{\varepsilon}$) de Launder et Sharma assure l'évolution quadratique de l'énergie cinétique de turbulence au voisinage d'une paroi.

SOLUTION En sous couche visqueuse, les résultats du Chapitre X (voir figure 8 notamment) permettent de réduire le bilan énergétique à l'équilibre "Diffusion visqueuse = Dissipation". Sous cette approximation les équations du modèle s'écrivent :

$$0 = \nu\partial^2\overline{k}/\partial y^2 - \epsilon - 2\nu\left(\partial\sqrt{\overline{k}}/\partial y\right)^2$$
$$0 = \nu\partial^2\epsilon/\partial y^2 - C_{\epsilon 2}f_2\frac{\epsilon^2}{\overline{k}}$$

en ayant posé $\epsilon=\epsilon^{(1)}$ pour simplifier. En recherchant des solutions de la forme $\overline{k}=y^n$ et $\epsilon = y^m$, le système d'équations devient :

$$\nu An(n-1)y^{n-2} = By^m + \frac{\nu}{2}An^2y^{n-2}$$
$$\nu Bm(m-1)y^{m-2} = C_{\epsilon 2}f_2\frac{B^2}{A}y^{2m-n}$$

(On pourra s'aider du fait que $\frac{1}{2\overline{k}}\left(\frac{\partial\overline{k}}{\partial y}\right)^2 \equiv 2\left(\frac{\partial\sqrt{\overline{k}}}{\partial y}\right)^2$ pour faciliter les calculs). Ces relations ne sont compatibles que pour $m=n-2$, le système se simplifiant en :

$$\nu A\left(\frac{n^2}{2}-n\right) = B \qquad et \qquad \nu\frac{A}{B}(n-2)(n-3) = C_{\epsilon 2}f_2$$

En identifiant les termes $\nu A/B$ on déduit l'équation du second degré en n :

$$\left(\frac{C_{\epsilon 2}f_2}{2}-1\right)n^2 + (5-C_{\epsilon 2}f_2)n - 6 = 0$$

On vérifie facilement qu'elle admet comme l'une de ses solutions $n=2$, soit $\overline{k}\propto\alpha y^2$. En outre, comme $m=0$, on en déduit que $\epsilon=B$, soit en fait $\epsilon=0$, d'après la relation $B=\nu A\left(n^2/2-n\right)$.

5.2 Autres modèles linéaires du premier ordre

5.2.1 Autres modèles à deux équations

Nous avons déjà fait état (Chapitre XII-§7.1 & 3) d'alternatives au modèle $(\overline{k},\overline{\varepsilon})$. S'agissant des variantes à faible nombre de Reynolds, on peut rappeler celles en "$\sqrt{k},\omega$" de Coakley [72], en "k,ω" de Wilkcox [444], Wilcox & Rubesin [446], en "k,ω^2" de Wilcox & Traci [447], en "k,kL" de Vollmers & Rotta [436], en "q,ζ" de Gibson & Dafa'Alla [148] et en "k,φ" de Cousteix et Aupoix [94]. Les relations de ces fonctions au modèle $\overline{k}$ et $\overline{\varepsilon}$ sont données au tableau suivant.
L'objectif de toutes ces formulations est d'améliorer la qualité prédictive du modèle $(\overline{k},\overline{\varepsilon})$ près de la paroi, notamment en présence de gradients de pression défavorables. Ainsi par exemple, le choix de la fonction φ du modèle de Cousteix et al. [94] vise à assurer la variation en y^2 de l'énergie cinétique de turbulence au voisinage de la paroi, tout en restituant correctement le profil logarithmique.

Auteurs	Fonctions	Équivalences au modèle $\overline{k}$, $\overline{\varepsilon}$
Wilcox et al. [444]	k, ω	$k = \overline{k} \quad \omega = \overline{\varepsilon}/\left(C_\mu \overline{k}\right)$
Gibson et al. [148]	q, ζ	$q = \sqrt{\overline{k}} \quad \zeta = \overline{\varepsilon}/\left(2\sqrt{\overline{k}}\right)$
Cousteix et al. [94]	k, φ	$k = \overline{k} \quad \varphi = \overline{\varepsilon}/\left(\sqrt{\overline{k}}\right)$

Tableau 14.5 Autres modèles à deux équations en turbulence de paroi.

Le modèle (k, ω) étant l'une des alternatives à $(\overline{k}, \overline{\varepsilon})$ parmi les plus répandues, nous dressons, dans le tableau ci-après, un état comparatif du comportement de ces deux formulations, en couche limite de paroi.

		Modèle	
Région	Critère	k, ω	k, ε
Sous couche visqueuse	• $\overline{k}$ à la paroi • Précision • Comportement	$\overline{k} \propto y^{3,23}$ suffisante simple et robuste	$\overline{k} \propto y^2$ excellente compliqué et peu robuste
Région log.que	• $\mathrm{d}P/\mathrm{d}x < 0$ • $\mathrm{d}P/\mathrm{d}x > 0$	Bon Bon	Bon Médiocre
Frontière libre	Dépendance à l'éclt. externe	Sensible	Insensible

Tableau 14.6 Comportement comparé des modèles (k, ω) et $(\overline{k}, \overline{\varepsilon})$ en couche limite de paroi.

Un premier avantage du modèle (k, ω) est de ne pas faire intervenir de traitement spécifique à la paroi, même si la prescription de ω est impossible en $y = 0$. (Les équations du modèle — voir Chapitre XII-Tab.12.3 —, montrent que $\omega \sim 6\nu/\left(\beta y^2\right)$ *pour* $y \to 0$; Il suffit en pratique d'imposer cette condition à proximité immédiate de la paroi). Un second intérêt est son bon comportement en présence d'un gradient de pression défavorable. Enfin d'un point de vue numérique, la résolution de l'équation de ω pose moins de difficultés que celle de $\overline{\varepsilon}$ au voisinage de la paroi. Le point faible de cette fermeture reste sa grande sensibilité à la prescription de la valeur de ω à la frontière externe de couche limite.

5.2.2 Les modèles composites

Pour tenter de conjuguer les avantages de diverses formulations, il est assez naturel d'adopter une approche zonale en associant plusieurs d'entre elles, chacune étant réservée à la région où elle est sensée être la mieux adaptée. On aboutit ainsi à un

modèle composite[1] mélant en général deux schémas respectivement représentatifs d'une région interne et externe de la couche limite.
Une première tentative en ce sens, due à Arnal et al. [7] en 1976, combine un modèle $(\overline{k},\ \overline{\varepsilon})$ en région externe $(y^+ > 50)$ et un schéma de longueur de mélange en région interne. Plus récemment, Deng et Visonneau [113], dans une fermeture au second ordre, procédent au raccordement de la solution de l'équation modèle de dissipation à grand R_T avec l'expression analytique de Wolfshtein [449]. Dans le même ordre d'idée, Menter [293] propose la combinaison des modèles $(\overline{k},\ \overline{\varepsilon})$ en région externe et (k, ω) en région interne.
Dans l'ensemble, ces procédures conduisent à des résultats satisfaisants avec le bénéfice d'une réduction sensible du degré d'empirisme des fonctions d'amortissement.

5.2.3 Le modèle à trois équations de Durbin

Durbin [120] reprend le modèle $(\overline{k},\ \overline{\varepsilon})$ standard, en y incorporant un amortissement de la viscosité de turbulence proportionnel à $\overline{v^2}$:

$$\nu_T = C'_\mu \overline{v^2} \times \mathcal{T}$$

La contrainte normale à l'obstacle $\overline{v^2}$ se déduit d'une équation de transport spécifique, dont la modélisation découle d'une simplification d'une fermeture au second ordre avec schéma d'isotropisation de production :

$$\frac{\partial \overline{v^2}}{\partial t} + \overline{U}_j \frac{\partial \overline{v^2}}{\partial x_j} = \overline{k} f + \frac{\partial}{\partial x_j} \left[(\nu + \nu_T) \frac{\partial \overline{v^2}}{\partial x_j} \right] - \overline{v^2} \frac{\overline{\varepsilon}}{\overline{k}}$$

Le terme $\overline{k} f$ représente une redistribution d'énergie depuis la composante longitudinale, qui est supposée se faire de façon non locale en solution d'une équation de relaxation elliptique pour f :

$$L^2 \frac{\partial^2 f}{\partial x_j \partial x_j} - f = \frac{1}{\mathcal{T}} \left[(C_1 - 1) \frac{\overline{v^2}}{\overline{k}} - (C_1 - 1) - \frac{2}{3} \right] - C_2 \frac{\nu_T}{\overline{k}} \left(\frac{\partial \overline{U}_i}{\partial x_j} + \frac{\partial \overline{U}_j}{\partial x_i} \right) \frac{\partial \overline{U}_i}{\partial x_j}$$

Les autres relations constitutives du modèle s'écrivent :

$$\mathcal{T} = \sup \left[\frac{\overline{k}}{\overline{\varepsilon}} ; 6 \sqrt{\frac{\nu}{\overline{\varepsilon}}} \right], \quad L = C_L \sup \left[\frac{\overline{k}^{3/2}}{\overline{\varepsilon}} ; C_\eta \left(\frac{\nu^3}{\overline{\varepsilon}} \right)^{1/4} \right]$$

avec pour constantes : $C'_\mu = 0,19$, $C_1 = 1,4$, $C_2 = 0,3$, $C_L = 0,3$ en $C_\eta = 70$.

Ce modèle a été appliqué par Lien et al. [264] au calcul de l'écoulement sur un profil d'aile à 13,3 degrés d'incidence et nombre de Reynolds de corde de $2{,}1 \times 10^6$. Il améliore les prévisions du modèle de Launder & Sharma [239] pour le coefficient de pression, la vitesse moyenne et l'anisotropie entre $\overline{u^2}$ et $\overline{v^2}$. Il reste toujours aussi peu performant à prédire la transition en couche limite sur plaque plane.

1 C'est la procédure de "blending" (panachage) selon la terminologie anglo-saxonne.

5.3 Récapitulatif des performances des modèles linéaires du premier ordre

Même si des modulations sensibles de performance peuvent se manifester au cas par cas pour différents modèles linéaires du premier ordre, il est important de garder présent à l'esprit que, *pour des raisons d'ordre physique*, ce type de fermeture présente les limitations intrinsèques suivantes en turbulence de paroi :

- Incapacité à rendre compte de l'anisotropie entre *toutes* les tensions normales ;
- Inadaptation des diffusivités turbulentes à la *distinction entre transferts* parallèles et orthogonaux à la paroi ;
- Difficulté de traiter avec précision des situations à *contre-gradient* ;
- Sensibilité insuffisante à des *vitesses de déformations secondaires* ;
- Violation des conditions de *vraisemblance* pour des vitesses de déformations très élevées ;
- Inaptitude à rendre compte des *effets* stabilisateur ou déstabilisateur par *courbure* des lignes de courant ;
- Impossibilité d'inclure les e*ffets de rotation* ;
- Sur-production d'énergie cinétique de turbulence au voisinage d'un *point d'arrêt.*

5.4 Modèles non-linéaires du premier ordre

Les fermetures reposant sur une formulation *non-linéaire* de la loi constitutive des tensions de turbulence du Chapitre XII-§8.3, ont également fait l'objet d'aménagements en écoulements pariétaux. À titre d'exemple, on peut citer l'article de Lien et al. [266] où, en l'absence de courbure, il est fait usa- ge d'un schéma quadratique complet, i.e., retenant les quatre premiers termes du développement (12-42) de Gatski et al. [143], soit :

$$\overline{u_i u_j} = \frac{2}{3}\overline{k}\delta_{ij} - 2\nu_T \overline{S}_{ij} + 4C_1\nu_T\frac{\overline{k}}{\overline{\varepsilon}}\left(\overline{S}_{ik}\overline{S}_{kj} - \frac{1}{3}\overline{S}_{pq}\overline{S}_{qp}\delta_{ij}\right)$$
$$+ 4C_2\nu_T\frac{\overline{k}}{\overline{\varepsilon}}\left(\overline{R}_{ik}\overline{S}_{kj} + \overline{R}_{jk}\overline{S}_{ki}\right) + 4C_3\nu_T\frac{\overline{k}}{\overline{\varepsilon}}\left(\overline{R}_{ik}\overline{R}_{jk} - \frac{1}{3}\overline{R}_{pq}\overline{R}_{qp}\delta_{ij}\right)$$

avec $\nu_T = C_\mu f_\mu \overline{k}^2/\overline{\varepsilon}$. Les constantes C_μ et C_α sont prescrites selon la proposition de Shih et al. [380] en écoulement à grand nombre de Reynolds de turbulence :

$$C_\mu = \frac{0,667}{1{,}25 + \left(\mathbf{S}\sqrt{2}\right) + 0{,}9\left(\mathbf{R}\sqrt{2}\right)} \qquad C_1 = \frac{3/4}{1000 + \left(\mathbf{S}\sqrt{2}\right)^3} \qquad C_2 = 5C_1 \quad C_3 = \frac{19}{3}C_1$$

où nous rappelons que $\mathbf{S} = \frac{\overline{k}}{\overline{\varepsilon}}\sqrt{\overline{S}_{ij}\overline{S}_{ij}}$ et $\mathbf{R} = \frac{\overline{k}}{\overline{\varepsilon}}\sqrt{\overline{R}_{ij}\overline{R}_{ij}}$. Les adaptations pour faible Reynolds ne portent donc que sur la fonction d'amortissement f_μ et les modifications des constantes de l'équation de $\overline{\varepsilon}$, soit :

$$f_\mu = \left(1 - e^{-0,0198 y^*}\right)\left(1 + \frac{5,29}{y^*}\right)$$

$$C_{\varepsilon 1} = 1,44\left(1 + \frac{C_{\varepsilon 2}}{C_{\varepsilon 1}}\frac{\overline{\varepsilon}}{P_{rod}}\right) \quad C_{\varepsilon 2} = 1,92\left(1 - 0,3 e^{-R_T^2}\right)$$

où $y^* = y\sqrt{\overline{k}}/\nu$ et $R_T = \overline{k}^2/\nu\overline{\varepsilon}$. Testé sur divers écoulements, avec courbure, décollement, ce modèle quadratique s'est révélé n'améliorer que légèrement les résultats d'un schéma linéaire.

6 Fermetures au second ordre

En suivant l'idée de complétion, l'élaboration des fermetures au second ordre en présence de parois peut procéder d'amendements de celles établies en écoulement à grand nombre de Reynolds concernant :

- les *modifications* de schémas *déjà* établis à grand nombre de Reynolds et/ou turbulence homogène, afin de restituer les effets de paroi qui se manifestent à travers les termes *déjà examinés* des équations de bilans ;
- l'*introduction* de schémas *nouveaux*, venant "compléter" les précédents pour tenir compte des effets spécifiquement liés aux *termes additionnels* introduits dans les équations par la présence de la paroi.

Nous retrouverons cette double orientation dans la présentation qui va suivre, où les aménagements seront décrits en relation avec les mécanismes mis en jeux. Ce choix est dicté par un souci de clarté pédagogique, même s'il ne correspond pas encore à une formulation achevée de la modélisation. On rappellera à ce propos l'opinion de Launder, écrivant en 1984, à la page 41 de la référence [245] :

« *Il est inconcevable actuellement, ou pour les quelques années à venir, de pouvoir envisager une procédure sérieuse de modélisation mécanisme par mécanisme. Le mieux que nous puissions faire est de fournir quelque modèle d'ensemble qui réussisse à mimer le comportement effectif du champ de contraintes dans certains écoulements.*»

6.1 Condition de vraisemblance bicomposante

L'hypothèse de grand nombre de Reynolds de turbulence assure dans le cadre de ce cours, le caractère tridimensionnel des fluctuations par mouvements continus, caractère qui, en l'absence de frontière, s'applique en tout point du champ de

l'écoulement. Comme nous l'avons vu au Chapitre X, cette relation de cause à effet est *localement* mise en défaut en turbulence de paroi, au fur et à mesure que l'on se rapproche de celle-ci. Dans le cas d'une surface plane, l'amortissement sélectif de la composante $\overline{v^2}$ réduit l'agitation turbulente à deux composantes qui tendent de surcroît vers une égalisation (isotropie dans un plan parallèle à la paroi). Ainsi la décroissance énergétique de la turbulence en présence de paroi s'accompagne-t-elle de transformations structurelles de l'agitation turbulente.
Pour répercuter une telle propriété sur la modélisation, on peut envisager de soumettre l'élaboration du modèle à certaines conditions[1] de vraisemblance. L'une d'elles par exemple peut être d'imposer l'annulation de toute redistribution associée à une contrainte normale lorsque celle-ci vient elle-même à s'annuler.
Nous verrons dans la suite par l'examen au cas par cas que certains schémas ne vérifient pas cette condition.

6.2 Modes de détection de la paroi

Comme pour les modèles du premier ordre, plusieurs paramètres sont envisageables pour traduire l'influence de la proximité d'une paroi dans un schéma de fermeture en un point. Certains font apparaître explicitement une distance à celle-ci, d'autres sont implicites.

Distance à la paroi Pour une paroi plane, la distance normale y est le plus simple des paramètres de proximité. On peut lui préférer la distance réduite :

$$\widetilde{y} = \left[\frac{\overline{k}^{3/2}/\overline{\varepsilon}}{y}\right]^{-1}$$

où le dénominateur est représentatif d'une taille des tourbillons porteurs d'énergie. Avec les tendances asymptotiques en proche paroi, on peut vérifier que cette échelle décroît comme y^2.
La distance peut être associée à un vecteur normal à la paroi, soit par simple projection ($y = x_i n_i$) soit à travers un angle solide (Launder et al. [238]). Hors du cas d'école de la plaque plane, la définition d'*une* distance normale à la paroi peut poser quelques difficultés (voisinage de bord de fuite, angles...).

Nombre de Reynolds de turbulence Le nombre de Reynolds de turbulence défini par :

$$R_T = \frac{\overline{k}^2}{\nu\overline{\varepsilon}}$$

peut aussi servir d'indicateur de proximité d'une paroi. En effet, sa valeur qui dépend uniquement de celle du nombre de Reynolds global de l'écoulement en zone externe, vaut zéro à la paroi.

[1] Rappelons qu'il ne s'agit que de conditions suffisantes.

L'évolution de R_T en canal plan est présentée ci-contre à partir de la simulation directe de Mansour et al. [284].
Le tracé permet de donner un contenu quantitatif à la notion de faible nombre de Reynolds de turbulence par répercussion des effets de paroi. Il apparaît[1] en effet que ceux-ci se manifestent lorsque $R_T < 150$.
Comparé au paramètre de planéité $\beta = 1 - 9(\mathbf{II}_b - \mathbf{III}_b)/8$ (Chapitre III-§5.3.4), le nombre de Reynolds de turbulence est un indicateur relativement abrupt.
La variation monotone significative de β s'étale en effet sur une plage de l'ordre 80 à $100y^+$, contre 15 à $20y^+$ pour R_T.

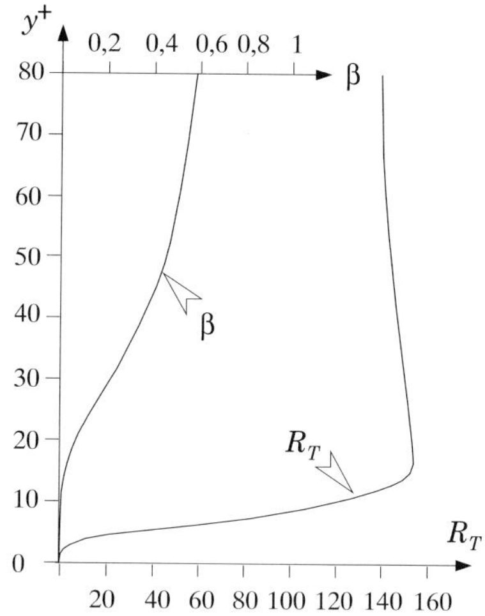

Fig. 1: Nombre de Reynolds de turbulence et paramètre de planéité en canal plan (d'après Mansour et al. [284]).

6.3 Schémas de redistribution

Préalablement à sa schématisation, le terme de corrélation pression-gradient de vitesse en situation homogène, — Chapitre XIII-§3.1, éq.(13-3) — a été réécrit :

$$-\left(\overline{u_i\frac{\partial p}{\partial x_j}} + \overline{u_j\frac{\partial p}{\partial x_i}}\right) \equiv \underbrace{2\,\overline{ps_{ij}}}_{\Pi_{ij}} - \underbrace{\frac{\partial}{\partial x_k}\left(\overline{pu_i}\delta_{jk} + \overline{pu_j}\delta_{ik}\right)}_{D^p_{ij}} \qquad (14\text{-}9)$$

Le premier terme du second membre (Π_{ij}) — de trace nulle en évolution isovolume — caractérise donc la partie *redistributive*, sous forme de la corrélation *pression-(vitesse de) déformation*. Le second (D^p_{ij}) est inclus dans le schéma du terme de "diffusion" au titre de la pression.
Lumley [275] fut sans doute le premier à faire remarquer en 1975, que la décomposition (14-9) n'était en rien unique et proposait d'écrire :

$$-\left(\overline{u_i\frac{\partial p}{\partial x_j}} + \overline{u_j\frac{\partial p}{\partial x_i}}\right) = -\underbrace{\left[\left(\overline{u_i\frac{\partial p}{\partial x_j}} + \overline{u_j\frac{\partial p}{\partial x_i}}\right) - \frac{2}{3}\frac{\partial \overline{pu_k}}{\partial x_k}\delta_{ij}\right]}_{\Pi^{(L)}_{ij}} - \frac{2}{3}\frac{\partial \overline{pu_k}}{\partial x_k}\delta_{ij}$$

[1] La présence d'un maximum de R_T en zone de proche paroi pourrait être liée à la faible valeur du nombre de Reynolds global de la simulation. En turbulence forte, il est en effet plutôt localisé au centre du canal.

Par la suite, Mansour et al. [284] ont proposé de poser en situation isovolume :

$$-\left(\overline{u_i\frac{\partial p}{\partial x_j}}+\overline{u_j\frac{\partial p}{\partial x_i}}\right)=-\underbrace{\left[\left(\overline{u_i\frac{\partial p}{\partial x_j}}+\overline{u_j\frac{\partial p}{\partial x_i}}\right)-\frac{\overline{u_iu_j}}{k}\times\frac{\partial\overline{pu_l}}{\partial x_l}\right]}_{\Pi_{ij}^{(M)}}-\frac{\overline{u_iu_j}}{k}\times\frac{\partial\overline{pu_l}}{\partial x_l}$$

Selon Groth [154], c'est la première expression qui conserve le plus de sens physique, dans la mesure où la trace du terme non-déviateur s'interprète comme la moyenne de la puissance des forces fluctuantes extérieures de pression dans le mouvement fluctuant.
Grâce aux développements de l'analyse asymptotique en proche paroi du Chapitre X-§3.4, il est possible d'évaluer l'ordre des différents termes de chacune des trois relations précédentes.

	$\overline{u^2}$	$\overline{v^2}$	$\overline{w^2}$	$\overline{uv}$
Terme exact	$-2(\overline{a_1\alpha_{,x}})y$	$-2\left(\overline{\beta b_2}\right)y^2$	$-2(\overline{c_1\alpha_{,z}})y$	$-\left(\overline{\beta a_1}\right)y$
Π_{ij}	$2(\overline{\alpha a_{1,x}})y$	$4\left(\overline{\alpha b_2}\right)y$ $+\left(6\overline{\alpha b_3}+4\overline{\beta b_2}\right)y^2$	$2(\overline{\alpha c_{1,z}})y$	$\overline{\alpha a_1}+$ $\left(2\overline{\alpha a_2}+\overline{\beta a_1}\right)y$
D_{ij}^p	$-2(\overline{\alpha a_1})_{,x}\,y$	$-4\left(\overline{\alpha b_2}\right)y$ $-6\left(\overline{\alpha b_3}+\overline{\beta b_2}\right)y^2$	$-2(\overline{\alpha c_1})_{,z}\,y$	$-\overline{\alpha a_1}-$ $2\left(\overline{\alpha a_2}+\overline{\beta a_1}\right)y$
$\Pi_{ij}^{(L)}$	$\frac{2}{3}[-2\overline{\alpha a_1}_{,x}+\overline{a_1\alpha}_{,x}$ $+2\overline{\alpha b_2}+(\overline{\alpha c_1})_{,z}]y$	$\frac{2}{3}[(\overline{\alpha a_1})_{,x}+2\overline{\alpha b_2}$ $+(\overline{\alpha c_1})_{,z}]y$	$\frac{2}{3}[(\overline{\alpha a_1})_{,x}+2\overline{\alpha b_2}$ $+\overline{\alpha c_1}_{,z}-2\,\overline{c_1\alpha}_{,z}]y$	$-\left(\overline{\beta a_1}\right)y$
$\Pi_{ij}^{(M)}$	$-\frac{2\overline{c_1^2}}{\overline{a_1^2}+\overline{c_1^2}}\overline{a_1\alpha}_{,x}\,y$ $+\frac{2\overline{a_1^2}}{\overline{a_1^2}+\overline{c_1^2}}\overline{c_1\alpha}_{,z}\,y$	$-2\left(\overline{\beta b_2}\right)y^2$	$\frac{2\overline{c_1^2}}{\overline{a_1^2}+\overline{c_1^2}}\overline{a_1\alpha}_{,x}\,y$ $-\frac{2\overline{a_1^2}}{\overline{a_1^2}+\overline{c_1^2}}\overline{c_1\alpha}_{,z}\,y$	$-\left(\overline{\beta a_1}\right)y$

Tableau 14.7 Comportement asymptotique de décompositions de la corrélation pression-gradient de vitesse.

Comme on peut le constater en comparant les trois premières lignes du tableau précédent, la décomposition (14-9) ne conserve pas l'équivalence terme à terme par passage à la limite $y \to 0$ (voir $\overline{v^2}$ et $\overline{uv}$). Il en est de même de la proposition de Lumley pour le terme en $\overline{v^2}$ (voir la quatrième ligne du tableau 14.7). Seule la relation de Mansour et al. donne un comportement asymptotique de chaque terme conforme à celui de l'expression exacte.

6.3.1 Schéma général de la partie rapide

La forme générale de la schématisation (13-24) du terme linéaire ou rapide de la corrélation pression-déformation — que nous retenons ici comme contribution redistributive par simple cohérence de formalisme avec la situation à grand nombre de Reynolds de turbulence —, s'écrit :

$$\frac{1}{\rho}\overline{p^{(1)}\left(\frac{\partial u_i}{\partial x_j}+\frac{\partial u_j}{\partial x_i}\right)} \equiv \frac{2}{\rho}\overline{p^{(1)}s_{ij}} = 2(L_{njmi}+L_{nimj})\frac{\partial \overline{U}_n}{\partial x_m} \tag{14-10}$$

La linéarité au gradient de vitesse moyenne est une conséquence directe de l'homogénéité cinématique, car en toute généralité, ce gradient fait partie du facteur d'intégration sous la forme:

$$\frac{2}{\rho}\overline{p^{(1)}s_{ij}} = -\frac{1}{2\pi}\iiint\limits_V \left(\frac{\partial \overline{U}_n}{\partial x_m}\right)_{x'} \overline{\left(\frac{\partial u_m}{\partial x_n}\right)_{x'}(s_{ij})_x}\frac{\mathrm{d}v(x')}{r}$$

L'utilisation de la forme linéaire (14-10) en région fortement inhomogène de proche paroi n'est pas sans poser une sérieuse question de validité. Selon Bradshaw et al. [37], il semblerait néanmoins qu'elle puisse être acceptée au-delà d'une distance à la paroi y^+ de l'ordre de 10 à 12.

Une seconde modification du schéma homogène va résulter de la prise en compte de la contribution introduite par la correction de réflexion de pression, encore qualifiée de terme "d'écho" (voir Chapitre X-§2.4). Il est généralement admis en effet que ce terme doive affecter prioritairement la partie linéaire ou rapide du schéma de corrélation avec la fluctuation de pression, ce que l'on traduit formellement par :

$$\Pi_{ij}^{(1)} = \Pi_{ij}^{(1)\infty} + \Pi_{ij}^{(1)S}$$

où les deux termes du second membre renvoient respectivement aux schémas en milieu infini et en domaine borné par une paroi solide.

REMARQUE — *On aura noté que la discussion précédente ne tient pas compte de l'intégrale de surface qui s'introduit dans la solution de Green de l'équation de Poisson sur un domaine non infini (voir Complément du Chapitre X-§2.4). De ce fait la viscosité n'apparaît pas explicitement dans l'expression de la fluctuation de pression en solution de cette équation. Ainsi l'introduction d'un amortissement, fonction d'un nombre de Reynolds de turbulence, dans la schématisation du terme de corrélation avec la fluctuation de pression n'a pas de véritable assise physique dans cette logique.*

6.3.2 Classement des différents schémas

La chronologie des études fait apparaître deux générations de modèles qui traduisent un clivage majeur de l'analyse physique.

– Pour les fermetures dites de première génération (1970–90), la correction de paroi du terme de redistribution par la pression se traduit *explicitement* par une composante additive complémentaire des schémas de la partie linéaire et quadratique, ce que nous traduirons formellement par

$$\Pi_{ij}^{(R)} = \Pi_{ij}^{(1)} + \Pi_{ij}^{(2)} + \Pi_{ij}^{(S)} \tag{14-11}$$

Cette correction se double, dans certains cas, de modifications des coefficients des schémas de $\Pi_{ij}^{(1)}$ et /ou $\Pi_{ij}^{(2)}$, qui sont pondérés par une fonction d'amortissement. Dans tous les cas, les fermetures de ces termes sont prises linéaires ou quasi-linéaires.

– L'idée commune aux modèles de deuxième génération — à partir des années 1990 — est que toute contribution spécifique de la reflexion de pression peut être complètement éliminée du modèle de redistribution, à condition d'utiliser des schémas des parties linéaire et quadratique d'ordre suffisant (cubique, par exemple pour la partie rapide), conformes aux conditions de vraisemblance (en limite bicomposante en particulier). Cette innovation majeure fut explicitée pour la première fois par Launder et Li [244], en 1994.

6.3.3 Modèles de première génération

Nous donnons dans le tableau de la page suivante une liste des propositions que nous allons commenter ici, en insistant bien préalablement sur son caractère non exhaustif.

Shir (1973) C'est vraisemblablement Shir [385] qui fut le premier à introduire une correction faisant intervenir le vecteur unitaire $\vec{n}$ de la normale à la paroi, sous la forme :

$$\Pi_{ij}^{(S)}\left(\equiv \Pi_{ij}^{(2)_S}\right)= C_1^S \frac{\overline{\varepsilon}}{\overline{k}}\left(\frac{\overline{u_k u_m}}{3} n_k n_m \delta_{ij} - \frac{\overline{u_k u_i}}{2} n_k n_j - \frac{\overline{u_k u_j}}{2} n_k n_i\right)\times f(\vec{x}) \tag{14-12}$$

Pour une paroi plane, la correction d'amortissement est $f(\vec{x}) = [l/(\chi\vec{n}.\vec{x})]^2$ où $l = 0,24\overline{k}^{3/2}/\overline{\varepsilon}$. Le vecteur $\vec{x}$ repère le point courant et $\chi(= 0,41)$ est la constante de von Kármán. La valeur du coefficient C_1^S est 10/3.

Launder Reece et Rodi (1975) En référence [238], ces auteurs postulent une correction de paroi en formulation additive de deux contributions impliquant respectivement partie lente et rapide de la schématisation homogène. Le schéma final proposé s'écrit :

$$\Pi_{ij}^{(S)} = \{C_0^S \frac{\overline{\varepsilon}}{\overline{k}}\left(\overline{u_i u_j} - \frac{2}{3}\overline{k}\delta_{ij}\right)+$$
$$C_1'^S\left(P_{ij} - \frac{2}{3}Q\delta_{ij}\right) - C_2'^S\left(Q_{ij} - \frac{2}{3}Q\delta_{ij}\right)\}\times\frac{\overline{k}^{3/2}}{\overline{\varepsilon}\times y}$$

P_{ij} et Q_{ij} désignent les tenseurs de production et de production transposée tels qu'ils ont été définis au Chapitre XIII-§6.2.2 & 3. Les valeurs des constantes sont $C_0^S = 0,125$ et $C_1'^S = C_2'^S = 0,015$.

Il est à noter que, pour obtenir ce schéma, les auteurs ont supposé que la redistribution opérée par la paroi se fait exclusivement de $\overline{v^2}$ vers $\overline{u^2}$.

Auteur	Année	Schéma homogène	Correction de paroi
Shir	1973	Rotta (13-16) Lin. aniso. (13-34)	Explicite : Vecteur normal
Gibson & Launder	1978	Rotta (13-16) Iso.^{n} Prod.^{n} (13-30)	Sur $\Pi_{ij}^{(1)}$ Explicite : Distance à la paroi
Launder Reece & Rodi	1975	Linéaire anisotrope (13-33)	En combinaison de $\Pi_{ij}^{(2)}$ et $\Pi_{ij}^{(1)}$; Explicite en distance à la paroi
Shima	1988	Rotta (13-16) Lin. aniso. (13-34)	Sur $\Pi_{ij}^{(2)}$et $\Pi_{ij}^{(1)}$ Loi d'amortissement fonction d'un nombre de Reynolds local
Launder & Shima	1989	Rotta (13-16) Lin. aniso. (13-34)	Sur $\Pi_{ij}^{(2)}$et $\Pi_{ij}^{(1)}$ ***avec*** amortissement explicite des constantes homogènes en distance à la paroi
Craft & Launder	1992	Rotta (13-16) Iso.^{n} Prod.^{n} (13-30)	Sur $\Pi_{ij}^{(1)}$ Applicable en jet d'impact
Shima	1997	Rotta (13-16) Lin. aniso. (13-34)	Sur $\Pi_{ij}^{(2)}$et $\Pi_{ij}^{(1)}$ Chaque coefficient peut être fonction de $\mathbf{II}_b$, $\mathbf{III}_b$, β, R_T

Tableau 14.8 Corrections pariétales de la redistribution des modèles de première génération.

Gibson & Launder (1978) La proposition de Shir fut reprise et extrapolée quelques années plus tard par Gibson & Launder [149] sous la forme d'une correction affectant la partie rapide :

$$\Pi_{ij}^{(S)}\left(\equiv \Pi_{ij}^{(1)_S}\right)= C_2^S\frac{\overline{\varepsilon}}{\overline{k}}\left(\phi_{km}^{(1)}n_kn_m\delta_{ij}-\frac{3}{2}\phi_{ki}^{(1)}n_kn_j-\frac{3}{2}\phi_{kj}^{(1)}n_kn_i\right)\times f(y) \qquad \text{(14-13)}$$

avec pour valeur de constante $C_2^S=0,3$, et en posant $\phi_{ij}^{(1)} = -0,6\big(P_{ij} - \frac{2}{3}P_{ll}\delta_{ij}\big)$. La fonction d'amortissement (paroi plane) est à présent donnée par :

$$f(y) = l/(\chi y) \qquad \text{(14-14)}$$

avec $l = (-\overline{uv})^{3/2}/\overline{\varepsilon}$.

Les schémas de Shir et de Gibson & Launder se sont avérés utiles au calcul de couche limite atmosphérique. Il faut dire cependant que, selon le premier, le montant prélevé sur la composante normale à la paroi $\overline{v^2}$ est redistribué à égalité sur $\overline{u^2}$ et $\overline{w^2}$, ce qui conduit à sous-estimer la première ($\overline{u^2}$) et surestimer la deuxième ($\overline{w^2}$). Quant au second, il peut conduire à des désaccords sur le champ des contraintes turbulentes en écoulement autour d'un point d'arrêt (écoulement de jet d'impact par exemple).

Craft & Launder (1992) Pour remédier au dernier défaut qui vient d'être signalé, Craft & Launder [97] ont proposé de changer la correction en prenant :

$$\Pi_{ij}^{(S)}\left(\equiv \Pi_{ij}^{(1)s}\right) = [0,08\frac{\partial \overline{U}_l}{\partial x_m}\overline{u_l u_m}(3n_i n_j - \delta_{ij})$$
$$- 0,1\overline{k}b_{ij}\left(\frac{\partial \overline{U}_p}{\partial x_m}n_l n_p \delta_{ij} - \frac{3}{2}\frac{\partial \overline{U}_i}{\partial x_m}n_l n_j - \frac{3}{2}\frac{\partial \overline{U}_j}{\partial x_m}n_l n_i\right)$$
$$+ 0,4\overline{k}\frac{\partial \overline{U}_l}{\partial x_m}n_l n_m\left(n_i n_j - \frac{\delta_{ij}}{3}\right)]\times\frac{l}{2,5y}$$

Le terme de la dernière ligne est différent de zéro en écoulement de jet d'impact et corrige alors la redistribution sur $\overline{v^2}$. En écoulement cisaillé simple, seuls les termes de la première ligne interviennent et le modèle de Craft & Launder est qualitativement équivalent dans ce cas à celui de Gibson & Launder.

Dans les modèles précédents, la correction additive des effets de paroi opère **sans** *altération des schémas de fermeture en situation homogène. Pour les suivants, les modifications portent également, voire exclusivement sur ces derniers, avec en particulier la pondération de certaines constantes selon diverses lois d'amortissement.*

Shima (1988) La correction de Shima [384] comprend deux contributions affectées respectivement aux parties lente et rapide :

$$\Pi_{ij}^{(S)} = \Pi_{ij}^{(1)s} + \Pi_{ij}^{(2)s}$$

La première opère sur le schéma de Launder Reece & Rodi sous la forme :

$$\Pi_{ij}^{(S)}\left(\equiv \Pi_{ij}^{(1)s}\right) = \left\{C_0^S\overline{k}\left(\frac{\partial \overline{U}_i}{\partial x_j} + \frac{\partial \overline{U}_j}{\partial x_i}\right) + C_1^S\left(P_{ij} - \frac{2}{3}Q\delta_{ij}\right) + C_2^S\left(Q_{ij} - \frac{2}{3}Q\delta_{ij}\right)\right\}f(y)$$

avec :

$$f(y) = e^{-\left(0,015y\sqrt{\overline{k}}/\nu\right)^4}$$

Les constantes sont fixées à $C_0^S = 0,08$, $C_1^S = 0,45$ et $C_0^S = 0$. La seconde affecte la constante du schéma de Rotta du retour à l'isotropie :

$$\Pi_{ij}^{(2)s} = -C_1^S\overline{\varepsilon}b_{ij} \quad \text{où} \quad C_1^S = C_1\left[1 - \left(1 - \frac{1}{C_1}\right)f(y)\right]$$

avec $C_1 = 1,5$.
Le modèle améliore les performances de calcul de l'écoulement en conduite de Laufer, seule base de comparaison fournie par son auteur. De son aveu même, ce seul test est insuffisant pour valider la généralité des améliorations proposées.

Launder & Shima (1989) Dans ce modèle, Launder et Shima [242] expriment simplement la contribution spécifique de la paroi à la redistribution par $\Pi_{ij}^{(S)} = \Pi_{ij}^{(1)_S} + \Pi_{ij}^{(2)_S}$, où les termes du second membre sont donnés respectivement par les relations (14-13) et (14-12). La fonction d'amortissement est toujours donnée par (14-14). L'effet de paroi est en outre complété d'un amortissement des constantes de la schématisation homogène qui se traduit par :

$$\Pi_{ij}^{(1)} = -C_2\left(P_{ij} - \frac{2}{3}Q\delta_{ij}\right) \quad et \quad \Pi_{ij}^{(2)} = -C_1\frac{\overline{\varepsilon}}{\overline{k}}\left(\overline{u_i u_j} - \frac{2}{3}\overline{k}\delta_{ij}\right)$$

avec : $$C_1 = 1 + 2,58A\mathrm{II}_b^{1/4}\left(1 - \mathrm{e}^{-(0,0067\mathrm{R_T})^2}\right) \qquad C_1^S = -\frac{2}{3}C_1 + 1,67$$

$$C_2 = 0,75\sqrt{\beta} \qquad C_2^S = \sup\left[\frac{4C_2 - 1}{6C_2}; 0\right]$$

Rappelons — Cf. Chapitre III-§5.3.4 —, que le paramètre $\beta = 1 - \frac{9}{8}(\mathrm{II}_b - \mathrm{III}_b)$ mesure l'écart à la situation de turbulence à deux composantes normales.
L'ensemble de ces modification tendrait à améliorer le calcul de couches limites avec fort gradient de pression adverse, en comparaison du modèle standard $(\overline{k}, \overline{\varepsilon})$. Dans un article plus récent [89], ce modèle a été appliqué au calul de l'écoulement instationnaire pulsé périodiquement en conduite, révélant certaines déficiences dans la prédétermination du champ des contraintes (variation du frottement pariétal en fonction de la fréquence de pulsation par exemple).

Shima (1997) Bien que postérieure à la plupart des modèles groupés ici en deuxième génération, la proposition de Shima [305] se situe conceptuellement à la frontière entre les deux classes précédentes. Cet auteur utilise en effet des expressions quasi linéaires pour la fermeture des parties lente et rapide (Cf. première classe) mais n'introduit pas d'additif correctif spécifique de la réflexion de pression dans le terme de redistribution, en analogie avec les schémas de la seconde classe. Le résultat est obtenu en considérant que les coefficients ne sont pas des constantes, mais des fonctions d'arguments tels que le nombre de Reynolds de turbulence, les invariants du tenseur d'anisotropie et du paramètre de planéité.
Formellement, cela revient à poser :

$$\Pi_{ij}^{(1)} = -C_2\left(P_{ij} - \frac{2}{3}Q\delta_{ij}\right) - C_3\left(Q_{ij} - \frac{2}{3}Q\delta_{ij}\right) - C_4\overline{k}\left(\frac{\partial \overline{U}_i}{\partial x_j} + \frac{\partial \overline{U}_j}{\partial x_i}\right) \quad \text{(14-15)}$$

$$\Pi_{ij}^{(2)} = -C_1\frac{\overline{\varepsilon}}{\overline{k}}\left(\overline{u_i u_j} - \frac{2}{3}\overline{k}\delta_{ij}\right)$$

avec, pour le modèle en question :

$$C_1 = 1 + 2,45\left(\beta^3\mathrm{II}_b\right)^{1/4} \times \left[1 - e^{-(7\beta)^2}\right] \times \left[1 - e^{-(R_T/60)^2}\right]$$

$$C_2 = 0,7\beta \qquad C_3 = 0,3\sqrt{\beta}$$

$$C_4 = 0,65\beta(0,23C_1 + C_2 - 1) + 1,3(\mathrm{II}_b)^{1/4}C_3$$

La fermeture est complétée par une équation pour la dissipation qui n'est autre que celle de Launder et Shima, mais avec des coefficients différents, conformément à :

$$\frac{\mathrm{D}\overline{\varepsilon}}{\mathrm{D}t}=C_{\varepsilon 1}\frac{\overline{\varepsilon}}{\overline{k}}\frac{P_{ii}}{2}+\frac{\partial}{\partial x_j}\left(C_{\varepsilon}\overline{u_i u_j}\frac{\partial\overline{\varepsilon}}{\partial x_i}+\nu\frac{\partial\overline{\varepsilon}}{\partial x_j}\right)-C_{\varepsilon 2}\frac{\overline{\varepsilon}\,\widetilde{\varepsilon}}{\overline{k}} \quad \textit{où} \quad \widetilde{\varepsilon}=\overline{\varepsilon}-2\nu\left(\frac{\partial\sqrt{\overline{k}}}{\partial x_j}\right)^2$$

avec $C_{\varepsilon}=0{,}15\,;\quad C_{\varepsilon 2}=1{,}92\,;\quad C_{\varepsilon 1}=1{,}44+\beta_1+\beta_2$

$$\beta_1 = 0,25\beta\inf\left(\lambda/2,5-1;0\right)-1,4\beta\inf\left(P_{ii}/2\overline{\varepsilon}-1;0\right)$$

$$\beta_2 = \beta\lambda^2\sup\left(\lambda/2,5-1;0\right)$$

$$\lambda=\inf\left(\lambda^*;4\right) \quad et \quad \lambda^*=\left[\left(\frac{\partial\left(\overline{k}^{3/2}/\overline{\varepsilon}\right)}{\partial x_j}\right)\left(\frac{\partial\left(\overline{k}^{3/2}/\overline{\varepsilon}\right)}{\partial x_j}\right)\right]^{1/2}$$

Le principal intérêt de ce modèle est son comportement globalement satisfaisant dans une grande variété d'écoulements :

• Il fournit ainsi correctement les taux d'expansions des jets plan et rond.

• En écoulement de canal plan, il fournit une vitesse de frottement proche de celle de la simulation directe ($u_* h/\nu=388$ contre 395 par simulation directe).

• Les caractéristiques principales d'une couche limite sur paroi plane sans gradient de pression (profil moyen, coefficient de frottement, profil de frottement turbulent), sont également bien rendues.

• En présence d'un gradient de pression adverse, le coefficient de frottement est correctement prédit.

• Avec un gradient favorable, la tendance à la relaminarisation est restituée en bon accord avec les résultats de simulation directe.

Il reste que le calage des coefficients devient une affaire de choix et de compromis, l'amélioration de tel résultat (réduction de la surestimation du pic du profil de frottement turbulent, en gradient de pression adverse par exemple) se traduisant par une détérioration de tel autre (surestimation du frottement à la paroi).

COMPLÉMENT — ***Justification physique de la démarche de Shima (1997).*** Comme nous l'avons vu au Chapitre XIII-§6.1 & 6.2.4, l'interdépendance des constantes C_2, C_3 et C_4 de la relation (14-15) n'est assurée qu'en raison des contraintes de symétrie et de normalisation relatives au tenseur L_{njmi} (Voir éqs.13–27a, b et c). Or ces contraintes, qui résultent directement de l'expression de ce tenseur *en situation homogène*, ne s'appliquent évidemment plus à proximité de la paroi. C'est pourquoi il est physiquement licite d'envisager dans ce cas, comme le fait Shima, une prescription indépendante de chaque coefficient.

6.3.4 Modèles de deuxième génération

Sans chercher là encore à être exhaustif, nous donnons au tableau de la page suivante trois propositions représentatives de cette génération de fermetures.

Auteur	Année	Coefficients du modèle
Speziale, Sarkar & Gatski [400]	1991	$\alpha_1=0{,}8-0,65\sqrt{\mathbf{II}_b}$; $\alpha_2=0,625$; $\alpha_3=0,9$; $\alpha_7=-0,2$; $\alpha_4=\alpha_5=\alpha_6=\alpha_8=\alpha_9=0$; $C_1=1{,}7$; $C_2=-1{,}05$; $C_\varepsilon=0{,}066$; $C_{\varepsilon 1}=1{,}44$; $C_{\varepsilon 2}=1{,}83$
Launder & Li [244]	1994	$\alpha_1=0{,}751+0{,}146\mathbf{II}_b+0{,}11\mathbf{III}_b$; $\alpha_2=0{,}71+0{,}138\mathbf{II}_b$; $\alpha_3=0{,}748$; $\alpha_4=0{,}115$; $\alpha_5=-0{,}275$; $\alpha_6=0$; $\alpha_7=-0{,}952-1{,}063\mathbf{II}_b$; $\alpha_8=-0{,}512$; $\alpha_9=-4{,}15$; $C_1=1+3{,}1\sqrt{\beta\mathbf{II}_b}$; $C_2=3{,}72\sqrt{\beta\mathbf{II}_b}$; $C_\varepsilon=0{,}085$; $C_{\varepsilon 1}=1{,}0$; $C_{\varepsilon 2}=1{,}92/\left(1+0{,}7\beta\sqrt{\mathbf{II}_b}\right)$
Eifert, Pfuderer & Janicka [124]	1996	$\alpha_1=0{,}8-0{,}259\mathbf{II}_b-0{,}449\mathbf{II}^2{}_b-0{,}279\mathbf{III}_b$; $\alpha_2=1{,}18-0{,}206\mathbf{II}_b-2{,}83\mathbf{III}_b$; $\alpha_3=-1{,}71+1{,}79\mathbf{II}_b$; $\alpha_4=2{,}48-2{,}31\mathbf{II}_b$; $\alpha_5=-0{,}697$; $\alpha_6=5$; $\alpha_7=-0{,}419-2\mathbf{II}_b-1{,}09\mathbf{III}_b$; $\alpha_8=-1{,}41+0{,}897\mathbf{II}_b$; $\alpha_9=-6$; $C_1=3{,}83+1{,}25\mathbf{II}_b$; $C_2=-2{,}5$; $C_\varepsilon=0{,}066$; $C_{\varepsilon 1}=1{,}44$; $C_{\varepsilon 2}=1{,}83$

Tableau 14.9 Modèles non linéaires de deuxième génération en turbulence de paroi.

Les différentes propositions se distinguent simplement par l'expression des coefficients affectant le pivot commun de la schématisation des parties quadratique et linéaire :

$$\begin{aligned}\Pi_{ij}^{(1)} &= \overline{k}.\overline{S}_{pq}[\alpha_1\delta_{ip}\delta_{jq}+\alpha_2(b_{ip}\delta_{jq}+b_{jp}\delta_{iq}-\frac{2}{3}b_{pq}\delta_{ij})+\alpha_3 b_{ij}b_{pq}\\ &+\alpha_4(b_{iq}b_{jp}-\frac{1}{3}b_{pk}b_{qk}\delta_{ij})+\alpha_5 b_{pl}b_{lq}b_{ij}\\ &+(\alpha_5 b_{pq}+\alpha_6 b_{pl}b_{lq})(b_{ik}b_{kj}-\frac{1}{2}\mathbf{II}_b\delta_{ij})\,]\\ &\overline{k}.\overline{\Omega}_{pq}[\alpha_7(b_{ip}\delta_{jq}+b_{jp}\delta_{iq})+\alpha_8 b_{pk}(b_{jk}\delta_{iq}+b_{ik}\delta_{jq})\\ &+\alpha_9 b_{pk}(b_{jk}b_{iq}+b_{ik}b_{jq})\,]\end{aligned}$$

$$\Pi_{ij}^{(2)} = \overline{e}_{ij}-\overline{\varepsilon}\left[C_1 b_{ij}+C_2\left(b_{ik}b_{kj}-\frac{1}{3}\mathbf{II}_b\delta_{ij}\right)\right]$$

où $\overline{e}_{ij}\equiv\overline{\varepsilon}_{ij}-2\overline{\varepsilon}\delta_{ij}/3$ désigne le déviateur du tenseur de dissipation (voir Chapitre XIII-§3.2).

Les coefficients en question figurent en dernière colonne du tableau, sachant que le nombre de Reynolds de turbulence y est défini par $R_T=4\overline{k}^2/(9\nu\overline{\varepsilon})$, que $\beta=1-\frac{9}{8}(\mathbf{II}_b-\mathbf{III}_b)$ est le paramètre de planéité introduit au Chapitre III-§5.3.4.

Enfin, la forme générique de l'équation du taux de dissipation commune à ces modèles est :

$$\frac{\mathrm{D}\overline{\varepsilon}}{\mathrm{D}t} = C_{\varepsilon 1}\frac{\overline{\varepsilon}}{\overline{k}}\frac{P_{kk}}{2} + \frac{\partial}{\partial x_j}\left[\left(\nu + C_\varepsilon \frac{\overline{k}^2}{\overline{\varepsilon}}\right)\frac{\partial \overline{\varepsilon}}{\partial x_j}\right] - C_{\varepsilon 2}\frac{\overline{\varepsilon}^2}{\overline{k}}$$

Ces différents modèles ont été appliqués par Eifert et al. [124] au calcul de l'écoulement en conduite rectiligne, de section évolutive entre surface circulaire et rectangulaire, à nombre de Reynolds global de $390\,000$. Dans cette situation, le gradient de pression induit des recirculations transversales conduisant à la formation de rouleaux contrarotatifs.
Les résultats de cette étude confirment notamment le bien fondé du remplacement du traitement "délicat" de la reflexion de pression à la paroi par un développement d'ordre supérieur des termes de redistribution. Tous les modèles se révèlent en particulier supérieurs au modèle $(\overline{k}, \overline{\varepsilon})$ ainsi qu'aux fermetures *linéaires* du second ordre pour la prédétermination du champ moyen. À cet égard, le modèle le moins performant est celui de Speziale et al. [400].
En élargissant la comparaison aux grandeurs turbulentes, les modèles de Launder et Li [244] et d'Eifert et al. [124] semblent réaliser le meilleur compromis. Néanmoins, tous les modèles donnent une décroissance trop rapide du maximum d'énergie cinétique de turbulence (l'écart avec l'expérience pouvant aller du simple au double).

6.4 Schémas de la dissipation

Nous avons déjà fait mention, en section 5.1 de modifications portant sur l'équation modèle du taux (scalaire) de dissipation $\overline{\varepsilon}$ en proximité de paroi. De tels aménagements ne peuvent suffire à traduire un effet majeur de la turbulence de paroi[1], à savoir l'anisotropie du tenseur de dissipation $\overline{\varepsilon}_{ij}$, comme nous l'avons mis en évidence au Chapitre X-§3.4. Dans le cadre d'une modélisation au second ordre, la répercussion de la présence d'une paroi sur la schématisation de la dissipation peut s'envisager selon deux approches :

- l'établissement d'équations modèles pour *toute composante* du tenseur de dissipation $\overline{\varepsilon}_{ij}$;
- l'élaboration d'une *dépendance algébrique* de $\overline{\varepsilon}_{ij}$ en fonction d'une fonction scalaire unique, qui seule donne lieu à une équation de transport modélisée.

Actuellement, la première approche n'a pas fait l'objet de développements conduisant à des modèles applicables par l'ingénieur. Rappelons pour mémoire les propositions *non-linéaires* de Hallbäck et al. [164] et de Speziale et al. [402] que nous avons vues au chapitre précédent en écoulement homogène, mais qui n'ont pas encore été appliquées à la turbulence de paroi (Cf. remarque en fin de section). C'est pourquoi nous nous en tiendrons aux extensions algébriques du tenseur de dissipation.

---

1 Pour importante qu'elle soit dans cet écoulement, l'anisotropie du tenseur de dissipation ne se limite pas au seul cas de la turbulence de paroi.

Rotta (1951) En remplacement de la formulation isotrope $\overline{\varepsilon}_{ij} = \frac{2}{3}\overline{\varepsilon}\delta_{ij}$ notoirement déficiente en présence d'une paroi (Cf. Chapitre X), on peut envisager, s'inspirant des travaux de Rotta [361], d'user d'une relation de la forme :

$$\frac{\overline{\varepsilon}_{ij}}{\overline{\varepsilon}} \propto \frac{\overline{u_i u_j}}{\overline{k}} \tag{14-16}$$

Cette expression peut également être suggérée par les comportements asymptotiques pour $y \to 0$ de $\overline{\varepsilon}_{ij}$ et $\overline{u_i u_j}$ — voir Chapitre X-éq.(10-5).

Hanjalic & Launder (1976) En s'éloignant de la paroi, le schéma de Rotta devient manifestement inadapté, ce qui a conduit Hanjalic & Launder [167] à proposer une relation d'interpolation entre la formulation précédente et l'expression isotrope sous la forme :

$$\frac{\overline{\varepsilon}_{ij}}{\overline{\varepsilon}} = (1 - f_s)\frac{2}{3}\delta_{ij} + f_s\frac{\overline{u_i u_j}}{\overline{k}} \tag{14-17}$$

La fonction d'interpolation f_s est supposée varier avec le nombre de Reynolds de turbulence R_T conformément à :

$$f_s = \frac{1}{1 + 0,1R_T}$$

Ainsi, à grand nombre de Reynolds de turbulence ($f_s \to 0$), le schéma d'Hanjalic et al. redonne la forme isotrope classique et s'identifie à celui de Rotta ($f_s \to 1$) en proche paroi.

Schémas d'interpolation étendus, Antonia et al. (1994) En suivant Antonia et al. [5] on peut étendre la formule d'interpolation (14-17) sous la forme :

$$\overline{\varepsilon}_{ij} = f\,\overline{\varepsilon}_{ij}^{(a)} + (1 - f)\,\overline{\varepsilon}_{ij}^{(b)}$$

La fonction f varie entre l'unité (à la paroi) et zéro (région externe), $\overline{\varepsilon}_{ij}^{(a)}$ et $\overline{\varepsilon}_{ij}^{(b)}$ sont les expressions du tenseur de dissipation appropiées à ces deux régions respectivement. La première doit donc refléter le fort degré d'anisotropie imposée par la paroi, la seconde est le plus souvent assimilée à la condition isotrope. Quelques propositions sont regroupées au tableau suivant.

Auteur	f	$\overline{\varepsilon}_{ij}^{(a)}$	$\overline{\varepsilon}_{ij}^{(b)}$
Hanjalic & Launder [167]	$(1 + 0,1R_T)^{-1}$	$\frac{\overline{\varepsilon}}{\overline{k}}\overline{u_i u_j}$	$\frac{2}{3}\overline{\varepsilon}\delta_{ij}$
Launder et Tselepidakis [241]	$e^{-20\beta^2}$	$\frac{\overline{\varepsilon}}{\overline{k}}r_{ij}$	$\frac{2}{3}\overline{\varepsilon}\delta_{ij}$
Antonia et al. [5]	$e^{-20\beta^2}$	$\frac{\overline{\varepsilon}}{\overline{k}}r_{ij}$	$2\overline{\varepsilon}\big(5\sqrt{R_T}\,b_{ij} + \delta_{ij}/3\big)$

Tableau 14.10 Schémas algébriques d'interpolation de dissipation.

Les notations utilisées dans le tableau précédent ont les significations suivantes :

– la fonction $r_{ij} = \dfrac{\overline{u_i u_j} + \overline{u_i u_k} n_k n_j + \overline{u_j u_k} n_k n_i + \overline{u_p u_q} n_p n_q n_i n_j}{1 + 3\,\overline{u_p u_q} n_p n_q / 2}$

généralise sous forme tensorielle les relations asymptotiques du comportement anisotrope des composantes du tenseur de dissipation et contraintes de turbulence à la paroi, que nous avons vues au Chapitre X-éqs(10-5), soit notamment :

$$\frac{\overline{\varepsilon}_{11}}{\overline{u_1^2}} = \frac{\overline{\varepsilon}_{33}}{\overline{u_3^2}} = \frac{\overline{\varepsilon}}{\overline{k}}, \qquad \frac{\overline{\varepsilon}_{22}}{\overline{u_2^2}} = 4\frac{\overline{\varepsilon}}{\overline{k}}$$

– $R_T = \overline{k}^2/\nu\overline{\varepsilon}$ est le nombre de Reynolds de turbulence et $\beta = 1 - 9(\mathbf{II}_b - \mathbf{III}_b)/8$ le paramètre de planéité.

Parmi les autres propostitions existantes à n'avoir pas été reprises ici, on peut citer celle de Hallbäck, Groth & Johansson [164] déja mentionnée au Chapitre XIII, et dont le schéma (13-22) est utilisé par Antonia et al. comme expression alternative de $\overline{\varepsilon}_{ij}^{(b)}$, et celle d'Hanjalic & Jakirlic [169].
Selon les conclusions d'Antonia et al. [5], et par comparaison aux données de simulation numérique directe, aucune des propositions précédentes n'est adéquate sur toute l'épaisseur de couche limite, dans un contexte de fermeture au second ordre. Il semble néanmoins qu'en zone externe, une simple relation de proportionnalité entre les déviateurs $\overline{e}_{ij}$ et b_{ij}, (avec un coefficient dépendant de R_T) puisse convenir.

REMARQUE — *La formulation de la proposition de Speziale et Gatski* [402] *que nous avons vue au Chapitre XIII-§4.6.2 permet de mieux cerner les implications de la paroi sur les modifications à introduire dans le modèle. En référence à l'équation (13-20) il conviendrait en effet de distinguer (i) les effets de faible nombre de Reynolds proprement dits, pouvant s'introduire via la schématisation du terme $\in$, et (ii) l'influence de l'anisotropie qui implique de revoir celle du premier terme de l'équation.*

6.5 Schéma de diffusion

Une prise en compte correcte des effets de paroi dans les schémas de diffusion élaborés sous l'hypothèse de grand nombre de Reynolds de turbulence fait encore question aujourd'hui. Nous nous en tiendrons ici à trois remarques.

– En ce qui concerne en premier lieu la contribution due à la pression, rappelons l'approximation assez grossière de Lumley [276] :

$$-\frac{1}{\rho}\overline{pu_j} = \frac{2}{5}\overline{ku_j}$$

– Le problème a éte discuté plus récemment par Nagano et al. [306] pour des écoulements pariétaux en présence d'un gradient adverse de pression. Un point d'achoppement est la restitution d'un comportement asymptotique correct pour $y \to 0$ de l'ensemble des contributions et en particulier de $\overline{u^2}$, $\overline{v^2}$ et $\overline{w^2}$.

- pour la diffusion turbulente proprement dite, la fermeture à grand nombre de Reynolds par loi gradient, adopte comme échelle de temps caractéristique des diverses diffusivités le rapport $\overline{k}/\overline{\varepsilon}$. Or par effet de blocage, l'amortissement énergétique à la paroi ne se fait pas identiquement pour les trois composantes normales. C'est pourquoi il semble plus approprié de prendre dans ce cas $\overline{v^2}/\overline{\varepsilon}$. La question qui se pose alors est de savoir si un pareil changement peut s'effectuer sans modification des coefficients du terme de diffusion (C_D et C_ε, dans le modèle linéaire de référence du Chapitre XIII-§9.1).
  La réponse, affirmative, a été apportée par Cazalbou et Bradshaw [57], qui, en référence à des données de simulation numérique directe, ont conclu à l'absence d'incidence substantielle sur les valeurs "classiques" $C_D \sim 0{,}22$ à $0{,}25$ et $C_\varepsilon \sim 0{,}15$ à $0{,}20$.

7 Discussion

Nous conclurons cet exposé des modèles au second ordre par l'examen comparatif des fermetures citées au tableau de la page suivante.
Les modèles en question sont ceux, non linéaires, de Shih & Lumley [382], Fu, Launder & Tselepidakis [142] et Speziale, Sarkar & Gatski [400], déjà comparés au Chapitre XIII-§9.2.1.
Le modèle de Launder Reece et Rodi [238], complété d'effets de réflexion de paroi de type Gibson & Launder [149] (dénoté ci-après "LRR+GL") servira d'exemple de référence de fermeture linéaire. Pour mémoire, on a également fait figurer les valeurs obtenues avec le modèle sans traitement de paroi (dénoté ci-après "LRR") obtenu pour $f=0$ dans le tableau 14.11.

L'écoulement en conduite va servir ici de base de comparaison aux performances prédictives de ces différents modèles au second ordre.

D'après Demuren et Sarkar [111], tous les modèles sauf celui de Shih et al. prédisent correctement le profil de vitesse moyenne dans la région logarithmique. Pour cet écoulement, ce résultat est la conséquence directe d'une bonne prédétermination du cisaillement turbulent, ce que traduit la composante a_{12}. La valeur fournie par la fermeture de Shih et al. ($a_{12} = 0{,}10$) est trop faible, et correspond exactement à celle que donne le modèle de Launder et al. sans correction de paroi.

	Schémas de fermeture (M.N.L.)	
$\overline{\varepsilon}_{ij}$	$\overline{\varepsilon}_{ij} = \frac{2}{3}\overline{\varepsilon}\delta_{ij}$ avec: $\frac{\partial\overline{\varepsilon}}{\partial t} + \overline{U}_j \frac{\partial\overline{\varepsilon}}{\partial x_j} = \frac{C_\mu}{\sigma_\epsilon}\frac{\partial}{\partial x_j}\left(\frac{\overline{k}^2}{\overline{\varepsilon}}\frac{\partial\overline{\varepsilon}}{\partial x_j}\right) + c_{\epsilon 1}\frac{\overline{\varepsilon}}{\overline{k}}\mathcal{P}_{rod} - c_{\epsilon 2}\frac{\overline{\varepsilon}^2}{\overline{k}}$	Isotropie locale Hanjalić & Launder
Π_{ij}	$\frac{\Pi_{ij}}{\overline{k}} = \alpha_0 \frac{\overline{\varepsilon}}{\overline{k}} a_{ij} + \alpha_1 \frac{\overline{\varepsilon}}{\overline{k}}\left(a_{ik}a_{kj} - \frac{a_{kl}a_{lk}}{3}\delta_{ij}\right) + \alpha_2 \overline{S}_{ij} + \alpha_3 \frac{\mathcal{P}_{rod}}{\overline{k}} a_{ij}$ $+\alpha_4\left(a_{ik}\overline{S}_{kj} + a_{jk}\overline{S}_{ki} - \frac{2}{3}a_{kl}\overline{S}_{kl}\delta_{ij}\right) + \alpha_4\left(a_{ik}\overline{R}_{jk} + a_{jk}\overline{R}_{ik}\right) +$ $\alpha_6\left(a_{ik}a_{kl}\overline{S}_{lj} + a_{jk}a_{kl}\overline{S}_{li} - 2a_{kj}a_{li}\overline{S}_{kl}\right) + \alpha_7\left(a_{ik}a_{kl}\overline{R}_{jl} + a_{jk}a_{kl}\overline{R}_{il}\right) +$ $\alpha_8\left[a_{nl}a_{nl}\left(a_{ik}\overline{R}_{jk} + a_{jk}\overline{R}_{ik}\right) + 3a_{mj}a_{nj}\left(a_{mk}\overline{R}_{nk} + a_{nk}\overline{R}_{nmk}\right)\right]$	
D_{ij}	$D_{ij} = \frac{\partial}{\partial x_k}\left\{c_S \frac{\overline{k}^2}{\overline{\varepsilon}}\left[\frac{\partial\overline{u_i u_j}}{\partial x_k} + \frac{\partial\overline{u_j u_k}}{\partial x_i} + \frac{\partial\overline{u_i u_k}}{\partial x_j}\right]\right\}$	Mellor Herring

Auteur	An	Coefficients non nuls	Vrai.^{ce}
Base LRR + GL	1975	$\alpha_0 = -3+f \;\; \alpha_2 = 0{,}8 \;\; \alpha_4 = 1{,}745$ $\alpha_5 = 1{,}309 - 0{,}24f$ où $f = (L/y)^2$avec $L = \frac{C_\mu^{3/4}}{0{,}42}\overline{k}^{3/2}/\overline{\varepsilon}$	non
Shih & Lumley	1985	$\alpha_0 = -\left(2 + \beta e^{-11{,}65/\sqrt{R_T}}\right) \times$ $\left\{\frac{12}{\sqrt{R_T}} + 8{,}9\ln[1 + 62{,}4(0{,}5\mathbf{II}_a + 0{,}77\mathbf{III}_a)]\right\}$ $\alpha_2 = 0{,}8$; $\alpha_3 = 1{,}2$; $\alpha_4 = 1{,}2 + 0{,}96\sqrt{\beta}$; $\alpha_5 = 1{,}74 - 0{,}74\sqrt{\beta}$; $\alpha_6 = \alpha_7 = 0{,}8$	oui
Fu, Launder & Tselepidakis	1987	$\alpha_0 = -60\mathbf{II}_a\sqrt{\beta}$; $\alpha_1 = -72\mathbf{II}_a\sqrt{\beta}$; $\alpha_2 = \alpha_6 = \alpha_7 = 0{,}8$; $\alpha_3 = \alpha_4 = 1{,}2$; $\alpha_5 = 1{,}73$; $\alpha_8 = 11{,}2$	oui
Speziale, Sarkar & Gatski	1991	$\alpha_0 = -3{,}4$; $\alpha_1 = 4{,}2$; $\alpha_2 = 0{,}8 - 1{,}3\sqrt{\mathbf{II}_a}$; $\alpha_3 = -1{,}8$; $\alpha_4 = 1{,}25$; $\alpha_5 = 0{,}4$	oui

$c_{\epsilon 1}$	$c_{\epsilon 2}$	σ_ϵ	C_μ	c_S
1,44	1,92	1,3	0,09	0,072

Tableau 14.11 Éléments comparatifs des modèles de deuxième génération.

Les paramètres d'anisotropie, tels qu'ils résultent des études de Spéziale [398] et Demuren et Sarkar [111] sont fournis au tableau suivant.

Fonction / Modèle	a_{11}	a_{22}	a_{33}	a_{12}	$S\overline{k}/\overline{\varepsilon}$
LRR	$0{,}13$	$-0{,}10$	$-0{,}03$	$-0{,}18$	$2{,}8$
LRR + TP	$0{,}18$	$-0{,}15$	$-0{,}04$	$-0{,}16$	$2{,}8$
Shih et al.	$0{,}08$	$-0{,}08$	$0{,}003$	$-0{,}12$	$4{,}3$
Fu et al.	$0{,}14$	$-0{,}10$	$-0{,}04$	$-0{,}16$	$3{,}1$
Speziale et al.	$0{,}20$	$-0{,}13$	$-0{,}07$	$-0{,}16$	$3{,}1$
Expérience	$0{,}18$ à $0{,}25$	$-0{,}15$	$-0{,}08$	$-0{,}17$	$3{,}1$

Tableau 14.12 Éléments comparatifs en région logarithmique de l'écoulement en conduite.

Les deux premières lignes de valeurs montrent que le traitement de paroi du modèle LRR agit principalement sur les composantes a_{11} et a_{22} du tenseur d'anisotropie. La composante a_{33} reste, en valeur absolue, assez largement sous-estimée par rapport à l'expérience, sauf pour le modèle de Speziale et al. Il faut en outre mentionner que, si le traitement de paroi permet de mieux restituer l'anisotropie des composantes a_{11} et a_{22}, ses effets ne s'estompent pas suffisamment sur l'axe de la conduite où l'on retrouve un niveau d'anisotropie prononcé, en désaccord avec ce qui est attendu et vérifié expérimentalement (voir Chapitre X-§6). En définitive et globalement, c'est le modèle non linéaire de Speziale et al. qui traduit le mieux l'anisotropie des tensions de Reynolds de cet écoulement.
Enfin, à l'exception de celui de Shih et al., tous les modèles reflètent bien l'équilibre temporel (dernière colonne où $S=\partial\overline{U}/\partial y$), la valeur étant en bon accord avec l'expérience et la simulation directe à plus faible nombre de Reynolds ($\sim 3{,}3$).

COMPLÉMENT — ***Intermittence des petites échelles et fermetures au point*** — Décelée dès 1949 par Batchelor et Townsend [19] en turbulence de grille et sillage de cylindre, l'intermittence à petites échelles s'est révélée être une caractéristique de toute turbulence pleinement développée, libre et en conduit, comme l'ont montré par exemple Anselmet et al. [2]. En estimant *une* échelle de temps caractéristique de la turbulence à partir de *valeurs moyennes*, l'approche *statistique* classique par fermeture au point est donc là encore très réductrice de la réalité physique.

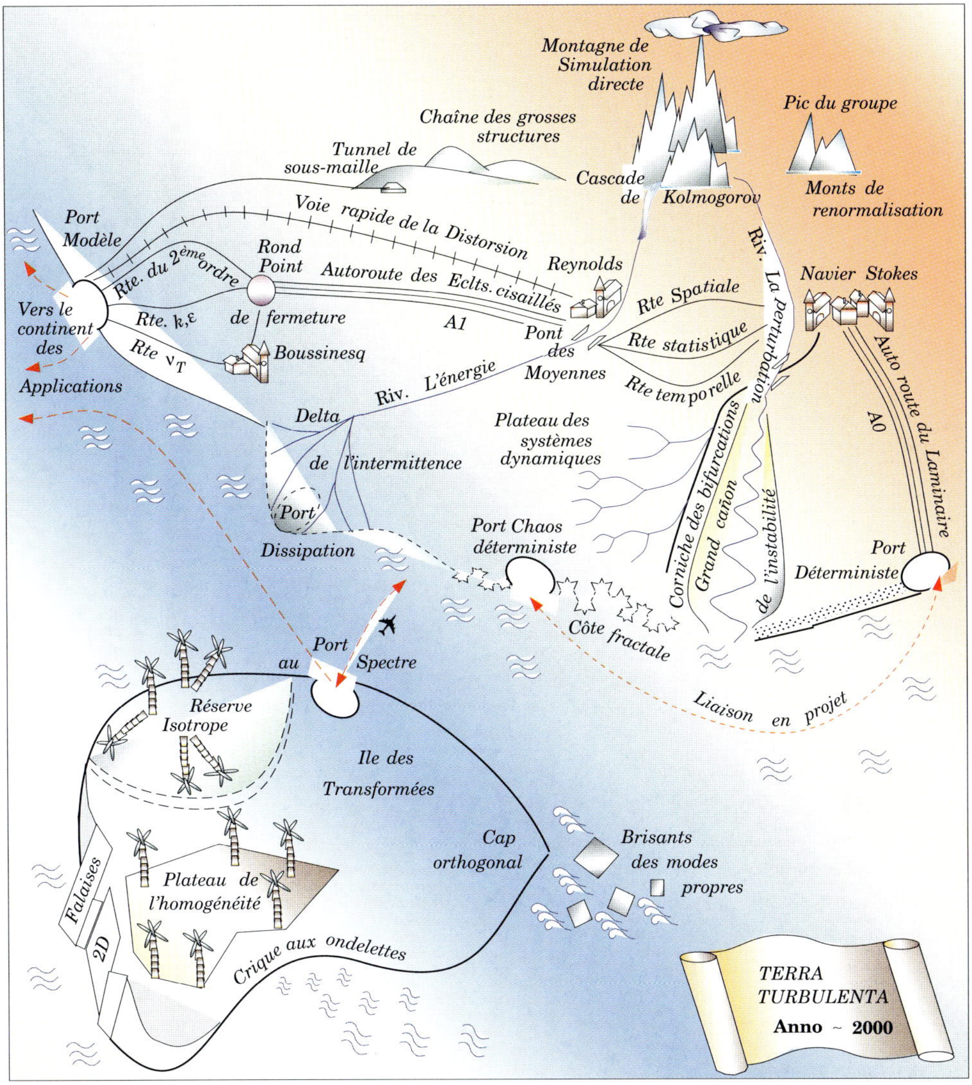

« Dans le cas de la turbulence, le problème n'est pas que la théorie explique seulement quelques cas simples : elle n'en explique tout simplement aucun. Nous n'avons pas de bonne théorie fondamentale du tout de la turbulence.»

Interview de Richard Feynman [138] en 1979, pour la revue Omni.

INDEX des COMPLÉMENTS et EXERCICES

COMPLÉMENT

INDEX ANALYTIQUE

INDEX DES CITATIONS D'AUTEURS

RÉFÉRENCES BIBLIOGRAPHIQUES

[1] J.C. ANDRÉ G. de MOOR P. LACARRERE G. THERRY & R. du VACHAT. The clipping approximation for inhomogeneous flows. *Proc. 1st Symp. Turb. Shear Flows*, Penn State Univ.:pages 4–39;4–46, 1977.

[2] F. ANSELMET Y. GAGNE & E.J. HOPFINGER. High-order velocity structure functions in turbulent shear flows. *J Fluid Mech.*, Vol.140:pages 63–89, 1984.

[3] R.A. ANTONIA. Conditional sampling in turbulence measurements. *Ann. Rev. Fluid Mech.*, Vol.13:pages 131–156, 1981.

[4] R.A. ANTONIA. The Role of Coherent Structures. Comment 3. *dans Whither Turbulence ? Turbulence at the crossroads.*, Éd. J.L. Lumley, Springer-Verlag No.357 :pages 156–169, 1990.

[5] R.A. ANTONIA L. DJENIDI P.R. SPALART. Anisotropy of the dissipation tensor in a turbulent boundary layer. *Phys. Fluyids*, vol.6(7):pages 2475–2479, 1994.

[6] D. ARNAL. Laminar-turbulent transition problems in supersonic and hypersonic flows. dans " *Special Course on Aerothermodynamics of Hypersonic vehicles* ", *AGARD Rep. No. 761*, 1988.

[7] D. ARNAL J. COUSTEIX & R. MICHEL. Couche limite se développant avec gradient de pression positif dans un écoulement turbulent. *Rech. Aérosp.*, 1976.

[8] D. ARONSON A.V. JOHANSSON & L. LÖFDAHL. Shear-free turbulence near a wall. *J Fluid Mech.*, Vol.338:pages 363–385, 1997.

[9] B. AUPOIX. *Homogeneous Turbulence. Two-point closures and applications to one-point closures.*, pages 3–1, 3–47. dans " Special Course on Modern Theoretical and Experimental Approaches to Turbulent Flow Structure and its Modelling ", *AGARD Rep. No. 755*. V.K.I., Rhode-St-Genèse – Belgium, 1987.

[10] B.S. BALDWIN & H. LOMAX. Thin layer approximation and algebraic model for separated turbulent flows. *AIAA Paper*, 78-25. 16th Aerospace Sci. Meet. Huntsville, Alabama, 1978.

[11] B.S. BALDWIN & T.J. BARTH. A one-equation turbulence transport model for high Reynolds number wall-bounded flows. *NASA*, TM-102847, 1990.

[12] J. BARDINA J.H. FERZIGER & R.S. ROGALLO. Effect of rotation on isotropic turbulence : computation and modelling. *J Fluid Mech.*, Vol.154:pages 321–336, 1985.

[13] G.I. BARENBLATT. Scaling laws for fully developed turbulent shear flows. Part 1. Basic hypothese and analysis. *J Fluid Mech.*, Vol.248:pages 513–520, 1993.

[14] J. BASS. *Principes d'une théorie non probabiliste de la Turbulence*, pages 459–464. Mécanique de la Turbulence. Editions du C.N.R.S., Paris, 1962.

[15] G.K. BATCHELOR. *The Theory of Homogeneous Turbulence*. Cambridge University Press, Cambridge, 1953.

[16] G.K. BATCHELOR. Rapid distorsion theory. *J Fluid Mech.*, Vol.5:113, 1958.

[17] G.K. BATCHELOR. *The dynamics of homogeneous turbulence: Introductory remarks*, pages 85–97. dans Actes du Colloque sur la " Mécanique de la turbulence", *Marseille, Août 1961*. Édition du CNRS, *No.108*, Paris, 1962.

[18] G.K. BATCHELOR & A.A TOWNSEND. Decay of turbulence in the final period. *Proc. Roy. Soc., A(London)*, Vol.194(No.1039):pages 527–543, 1948.

[19] G.K. BATCHELOR & A.A TOWNSEND. The nature of turbulent motion at large wave-numbers. *Proc. Roy. Soc., A(London)*, Vol.199(No.1057):pages 238–255, 1949.

[20] G.K. BATCHELOR & I. PROUDMAN. The effect of rapid distorsion of a fluid in turbulent motion. *Quart. Jl. Mech. and Appl. Math.*, Vol.7((Part 1)):pages 83–103, 1954.

[21] C. BEGUIER. Mesure des tensions de Reynolds dans un écoulement dissymétrique en régime turbulent incompressible. *Jl. de Méc.*, Vol.4:pages 320–334, 1965.

[22] C. BEGUIER. *Etude du jet plan dissymétrique en régime turbulent incompressible*. Thèse, Université de Provence, I.M.S.T. Marseille, 1971.

[23] C. BEGUIER L. FULACHIER & J.F. KEFFER. The turbulent mixing layer with an asymmetrical distribution of temperature. *J Fluid Mech.*, Vol.89(Part 3):pages 561–587, 1978.

[24] L.P. BERNAL. The statistics of the organized vortical structure in turbulent mixing layers. *Phys. of Fluids*, Vol.31(n° 9):pages 2533–2543, 1988.

[25] L.P. BERNAL & A. ROSHKO. Streamwise vortex structure in plane mixing layers. *J Fluid Mech.*, Vol.170:pages 499–525, 1986.

[26] F. BIESEL. Calculs numériques d'écoulements à nombres de Reynolds élevés avec simulation semi-empirique de la turbulence. *A.I.R.H.*, pages 17–48, 1972.

[27] R.F. BLACKWELDER & H. ECKELMANN. Streamwise vortices associated with the bursting phenomenon. *J Fluid Mech.*, Vol.94(Part 3):pages 577–594, 1979.

[28] A. BLANC-LAPIERRE et R. FORTET. *Théorie des fonctions aléatoires* Applications à divers phénomènes de fluctuation. Masson et Cie Édition, 120 Bd Saint-Germain, Paris VIe, 1953.

[29] J.-P. BONNET, editor. *Eddy structure identification*, volume n° 353 of *CISM Courses and Lectures*. Springer - Verlag, Wien New-York, 1996.

[30] J.-P. BONNET & J. DELVILLE. General concepts on structure identification. *dans Eddy Structure Identification*, CISM Courses and Lectures, No.353. Springer-Verlag :pages 1–59, 1996.

[31] J. BOUSSINESQ. Essai sur la théorie des eaux courantes. *Mémoire des Savants étrangers. Ac. Sc. Paris*, XXVIII, 1877.

[32] J. BOUSSINESQ. Théorie de l'écoulement tourbillonnant et tumultueux des liquides dans des lits rectilignes à grande section. *Gauthier-Villars, Paris*, Tome I–II, 1897.

[33] L.J.S. BRADBURY. The structure of a self-preserving turbulent plane jet. *J Fluid Mech.*, Vol.23(Part 1):pages 31–64, 1965.

[34] L.J.S. BRADBURY. Simple expressions for the spread of turbulent jets. *Aero. Quart.*, May:pages 133–142, 1967.

[35] P. BRADSHAW. *An Introduction to Turbulence and its Measurements*. Pergamon Press, Headington Hill Hall, Oxford, first edition, 1971.

[36] P. BRADSHAW D.H. FERRISS & N.P. ATWELL. Calculation of boundary layer development using the turbulent energy equation. *J Fluid Mech.*, Vol.28(Part.3):pages 593–616, 1967.

[37] P. BRADSHAW N.N. MANSOUR & PIOMELLI. On local approximation of the pressure-strain term in turbulence models. *Proc. Summ. Progr.*, C.T.R. (*Stanford Univ.*):pages 159–164, 1987.

[38] P. BRADSHAW & D.H. FERRISS. Applications of a general method of calculating turbulent shear layers. *J Basic Eng.*, Trans. of the ASME:pages 345–352, 1972.

[39] P. BRADSHAW & Y.M. KOH. A note on Poisson's equation for pressure in turbulent flow. *Phys. of Fluids*, Vol.24(n° 4):page 777, 1981.

[40] G.J. BRERETON & A. KODAL. An adaptative turbulence filter for decomposition of organized turbulent flows. *Phys. Fluids*, 6(5):pages 1775–1786, 1994

.

[41] F.K. BROWAND & B.O. LATIGO. Growth of the two-dimensional mixing layer from a turbulent and non turbulent boundary layer. *Phys. of Fluids*, Vol.15(n°6):pages 1011–1019, 1979.

[42] G.L. BROWN & A. ROSHKO. On density effects and large structure in turbulent mixing layers. *J Fluid Mech.*, Vol.64(Part 4):pages 775–816, 1974.

[43] S. BYGGSTOYL & W. KOLLMANN. A closure model for conditioned stress equations and its application to turbulent shear flows. *Phys. of Fluids*, Vol.29:pages 1430–1440, 1986.

[44] A. CADIOU. Contribution à l'étude de modèles de turbulence au second ordre. *Thèse*, École Centrale de Nantes(No. ED 82–221), 1996.

[45] A. CADIOU & J. PIQUET. Modélisation du tenseur des corrélations pression-déformation par une équation de transport. *C.R. Acad. Sci.*, Vol.21(Sér.IIb):pages 323–330, 1995.

[46] L. CAFFARELLI L. NIRENBERG & R. KHON. Partial regularity of suitable weak solutions of the Navier-Stokes equations. *Pure and Appl. Math.*, Vol.35:pages 771–831, 1982.

[47] C. CAMBON D. JEANDEL & J. MATHIEU. Spectral modelling of homogeneous non isotropic turbulence. *J Fluid Mech.*, Vol.104:pages 247–262, 1981.

[48] C. CAMBON L. JACQUIN & S.L. LUBRANO. Towards a new Reynolds stress model for rotating turbulent flow. *Phys. of Fluids, A*, Vol.4(n°4):pages 812–824, 1992.

[49] C. CAMBON & L. JACQUIN. Spectral approach to non-isotropic turbulence subjected to rotation. *J Fluid Mech.*, Vol.202:pages 295–317, 1989.

[50] B.J. CANTWELL. Organized motion in turbulent flow. *Ann. Rev. Fluid Mech*, 13:pages 457–515, 1981.

[51] B.J. CANTWELL & D.E. COLES. An experimental study of entrainment and transport in the turbulent near wake of a circular cylinder. *J Fluid Mech.*, Vol.136:pages 321–374, 1983.

[52] C. CANUTO M.Y. HUSSAINI A. QUARTERONI T.A. ZANG. *Spectral methods in fluid mechanics.* Springer-Verlag, 1988.

[53] Y. CAUMEL. *La théorie des probabilités et ses applications*. Édition ENSICA, 1 place Émile Blouin. Toulouse, 1996.

[54] J.-B CAZALBOU. Interprétation de l'équation de Poisson pour la pression en écoulement de paroi. Communication privée, 1997.

[55] J.-B CAZALBOU. Écoulements turbulents pariétaux: Physique et modélisation. *Notes de Cours*, ENSICA, 1998.

[56] J.-B. CAZALBOU P.R. SPALART & P. BRADSHAW. On the behavior of two-equation models at the edge of a turbulent region. *Phys. of Fluids*, Vol.6(n°5):pages 1197–1804, 1994.

[57] J.-B. CAZALBOU & P. BRADSHAW. Turbulent transport in wall-bounded flows. Evaluation of model coefficients using direct numerical simulation. *Phys. of Fluids, A*, Vol.5(n°12):pages 3233–3239, 1993.

[58] F.H. CHAMPAGNE V.G. HARRIS & S. CORRSIN. Experiments on nearly homogeneous turbulent shear flow. *J Fluid Mech.*, Vol.41(Part 1):pages 81–139, 1970.

[59] D.R. CHAPMAN. Computational aerodynamics development and outlook. *AIAA paper*, Vol.17, 1979.

[60] P. CHASSAING. La connaissance expérimentale du jet turbulent à symétrie de révolution : Synthèse bibliographique. *Rapport interne*, IMFT/M3–9, 1977.

[61] P. CHASSAING. *Mélange turbulent de gaz inertes dans un jet de tube libre.* Thèse de Doctorat d'État no 42, Institut National Polytechnique de Toulouse, E.N.S.E.E.I.H.T. – I.M.F.T., 1979.

[62] P. CHASSAING. Une procédure de traitement statistique différencié de la turbulence: *Etablissement des équations ouvertes des moments du premier et second ordre en un point. Rap. Int. ENSICA*, DEF-PTS, 1987.

[63] P. CHASSAING. *Mécanique des fluides. Éléments d'un premier parcours.* Coll. Polytech. Édition CEPADUES, 111 rue Nicolas-Vauquelin 31100 Toulouse, 1996.

[64] R. CHEVRAY & N.K. TUTU. Intermittency and preferential transport of heat in a round jet. *J Fluid Mech.*, Vol.88(Part 1):pages 133–160, 1978.

[65] K.-Y. CHIEN. Predictions of channel and boundary-layer flows with a low-Reynolds-number model. *AIAA Jl.*, 20(n° 1):33–38, 1982.

[66] J.R. CHO & M.K. CHUNG. A k-ϵ-γ equation turbulence model. *J Fluid Mech.*, Vol.237:pages 301–322, 1992.

[67] K.-S. CHOI. *A study of the return to isotropy of homogeneous turbulence.* PhD thesis, Cornell Univ., 1983.

[68] K.-S. CHOI & J.L. LUMLEY. *Return to isotropy of a homogeneous turbulence revisited.* dans “ Turbulence and Chaotic Phenomena in Fluids. ”, *Éd. T. Tatsumi.*. Elsevier, North Holland, 1984.

[69] P.Y. CHOU. On velocity correlations and the solutions of the equations of turbulent fluctuations. *Quaterly of Appll. Math.*, 3(1):pages 38–54, 1945

[70] R.A. CLARK J.H. FERZIGER & W.C. REYNOLDS. Evaluation of subgrid-scale models using an accurately simulated turbulent flow. *J Fluid Mech.*, Vol.91(Part 1):pages 1–16, 1979.

[71] F.H. CLAUSER. The turbulent boundary layer. *Advances in Appl. Mech.*, IV(Academic Press, New-York):pages 1–51, 1956.

[72] T.J. COAKLEY. Turbulence modeling methods for the compressible Navier-Stokes equations. *AIAA Paper*, 83–1693, 1983.

[73] J. COIRIER. *Mécanique des milieux continus. Concepts de base*. Dunod, Paris, 1997.

[74] D. COLES. The law of the wake in the turbulent boundary layer. *J Fluid Mech.*, Vol.1:pages 191–226, 1956.

[75] D. COLES. The turbulent boundary layer in a compressible fluid. *The Rand Corporation*, Report R-403–PR(Santa Monica, California), 1962.

[76] D.E. COLES & E.A. HIRST. Computation of turbulent boundary layers. *1968 AFOSR-IFP Stanford Conf.*, Vol II, 1969.

[77] G. COMTE-BELLOT & S. CORRSIN. The use of a contraction to improve the isotropy of grid-generated turbulence. *J Fluid Mech.*, Vol.25(Part 4):pages 657–682, 1966.

[78] G.M. CORCOS & F.S. SHERMAN. Vorticity concentration and the dynamics of unstable free shear layers. *J Fluid Mech.*, Vol.73(Part 2):pages 241–264, 1976.

[79] D.E. CORMACK L.G. LEAL & J.H. SEINFELD. An evaluation of mean Reynolds stress turbulence models: the triple velocity correlation. *Jl. Fluids Eng. ASME*, Vol.100:pages 47–54, 1978.

[80] S. CORRSIN. Decay of turbulence behind three similar grids. *Aero. Eng. Thesis*, 1942.

[81] S CORRSIN. Investigation of flow in an axially symmetrical heated jet of air. *NACA Wartime Report W-94*, ACR No.3L23, 1943.

[82] S. CORRSIN. Turbulent flow. *American Scientist*, Vol.49(n°3):pages 300–325, 1961.

[83] S. CORRSIN. Turbulent dissipation fluctuations. *Phys. of Fluids*, Vol.5 (n°10):pages 1301–1302, 1962.

[84] S. CORRSIN. Simple proof of fluid line growth in stationary homogeneous turbulence. *Phys. of Fluids*, Vol.15(n° 8):pages 1370–1372, 1972

[85] S. CORRSIN. Limitations of gradient transport models in random walks and in turbulence. *Adv. in Geophysics*, 18 A:pages 25–60, 1974.

[86] S. CORRSIN & A.L. KISTLER. The free stream boundaries of turbulent flows. *NACA Tech Note*, 3133, 1954.

[87] S. CORRSIN & M. KARWEIT. Fluid line growth in grid-generated isotropic turbulence. *J Fluid Mech.*, Vol.39(Part 1):pages 87–96, 1969.

[88] S CORRSIN & M.S. UBEROI. Further experiments on the flow and heat transfer in a heated turbulent Air-Jet. *NACA TN*, 1865, 1949.

[89] M.A. COTTON A.W. GUY & B.E. LAUNDER. Second-moment modelling of periodic and transient pipe flow. *Eleventh Symp. on Turb. Shear Flows.* Grenoble, Vol.2:pages 14–6;14–11, 1997.

[90] M.A. COTTON & P.J. KIRWIN. A variant of the low-Reynolds-number two-equation turbulence model applied to variable property convection flows. *Int. Jl. Heat and Fluid Flow*, Vol.16:pages 486–492, 1995.

[91] J. COUSTEIX. *Aérodynamique en fluide visqueux* – Turbulence et couches limites. Édition provisoire. E.N.S.A.E., Département Aérothermodynamique, 1988.

[92] J. COUSTEIX. Turbulence et couche limite. *Aerodynamique – Cahiers de couche limite* Éditions ENSAE, V, 1996.

[93] J. COUSTEIX C. QUÉMARD & R. MICHEL. Application d'un schéma amélioré de longueur de mélange à l'étude des couches limites turbulentes tridimensionnelles. dans AGARD Conf. sur “ Turbulent Shear Flows ”. *AGARD CP 93*, Londres, 1972.

[94] J. COUSTEIX & B. AUPOIX. Modèles de turbulence: Principes et applications. *16ème Congrès Canadien de Mécanique Appliquée – CANCAM 97*, Université de Laval(1–6 Juin 1997), 1997.

[95] J. COUSTEIX V. SAINT-MARTIN R. MESSING H.BÉZARD B. AUPOIX. Development of the k – ϕ turbulence model. *Eleventh Symp. on Turb. Shear Flows.* Grenoble, Vol.2:pages 13–24;13–29, 1997.

[96] T.J. CRAFT. Second-moment modelling of turbulent scalar transport. *Thèse UMIST*, TFD/91/3, 1991.

[97] T.J. CRAFT B.E. LAUNDER. New wall-reflexion model applied to the turbulent impinging jet. *AIAA Jl. (*Tech. Note*)*, 30(12):pages 2970–2972, 1992.

[98] T. CRAFT N.Z. INCE & B.E. LAUNDER. Recent developments in second moment closure for buoyancy-affected flows. *Dyn. of Atmos. and Oceans*, 23:pages 99–114, 1996.

[99] T. CRAFT S.FU B.E. LAUNDER D.P. TSELEPIDAKIS. Developments in modelling the turbulent second-moment pressure correlations. *UMIST*, Dept. of Mech. Eng. TFD/89/1, 1989.

[100] A. CRAYA. Contribution à l'analyse de la turbulence associée à des vitesses moyennes. *Pub. Scien. Tech. Ministère de l'air*, n° 345, 1958.

[101] S.C. CROW. Viscoelastic properties of fine-grained incommpressible turbulence. *J Fluid Mech.*, Vol.33(Part 1):pages 1–20, 1968.

[102] S.C. CROW & F.H. CHAMPAGNE. Orderly structures in jet turbulence. *J Fluid Mech.*, Vol.48(Part 3):pages 547–591, 1971.

[103] B.J. DALY & F.H. HARLOW. Transport equations in turbulence. *Phys. of Fluids*, Vol.13(n° 11):pages 2634–2649, 1970.

[104] B.I. DAVIDOV. On the statistical dynamics of an incompressible fluid. *Doklady AN. SSSR*, 136:page 47, 1961.

[105] L. DAVIDSON. Prediction of the flow around an airfoil using a Reynolds stress model. *Jl. Fluids Eng. ASME*, Vol.117:pages 50–57, 1995.

[106] P.O.A.L. DAVIES M.J. FISHER & M.J. BARRATT. The characteristics of the turbulence in the mixing region of a round jet. *J Fluid Mech.*, Vol.15(Part 3):pages 337–367, 1963.

[107] J.W. DEARDORFF. A numerical study of three dimensional turbulent channel flow at large Reynolds numbers. *J Fluid Mech.*, Vol.41(Part 2):pages 453–480, 1970.

[108] R.G. DEISSLER. Growth of turbulence in the presence of shear. *Phys. of Fluids*, Vol.15(n° 11):pages 1918–1920, 1972.

[109] R.G. DEISSLER. Comparison of theory and experiment for homogeneous turbulence with shear. *Phys. of Fluids*, Vol.18(n° 10):pages 1237–1240, 1975.

[110] R.G. DEISSLER. On the localness of the spectral energy transfer in turbulence. In *Ann. Meeting of the Fluid Mech. Div.*, NASA Lewis E-9376. Bethleen Nov.21–23, 1978.

[111] A.O. DEMUREN & S. SARKAR. *Study of second-Moment closure models in computations of turbulent shear flows*, pages 53–62. dans " engineering Turbulence Modelling and experiments 2 " *Éd. W. Rodi et F. Martelli*. Elsevier Science Pub., 1987.

[112] G.B. DENG G.B. & J. PIQUET. k-ϵ turbulence model for low-Reynolds number wall-bounded shear flow. *Proc. 8th Symp. Turb. Shear Flows*, pages 26–2, 1991

.

[113] G.B. DENG & M. VISONNEAU. Near-wall modelization for dissipation equation in second-moment turbulence closures. *Proc. 11th Symp. Turb. Shear Flows*, Grenoble:pages P2–101;P2–106, 1997.

[114] C. Du P. DONALDSON. A progress report on an attempt to construct an invariant model of turbulent shear flows. *AGARD Conf. Proc. on Turbulent Shear Flows. London*, C.P.93, 1971.

[115] G.D. DOOLEN U.FRISCH B. HASSLACHER S. ORSZAG S. WOLFRAM. *Lattice gas methods for partial differential equations.* Workshop on large non-linear systems. August 1987 – Los Alamos. Addison-Wesley Publishing Comp., Redwood City, California, Proc. Vol. IV in the Santa Fe Institute Studies in the Science of Complexity edition, 1990.

[116] C. DOPAZO. On conditioned averages for intermittent turbulent flows. *J Fluid Mech.*, Vol.81:pages 433–438, 1977.

[117] C. DOPAZO & E.E. O'BRIEN. Statistical treatment of non-isothermal chemical reactions in turbulence. *Comb. Sci. & Techn.*, 13:page 99, 1976.

[118] H.L. DRYDEN. The theory of isotropic turbulence. *J Aeronaut. Sci.*, Vol.4(Part7):pages 273–280, 1937.

[119] R. Du VACHAT. Inégalités de réalisabilité pour des paramètres statistiques. Application à un écoulement turbulent. *La Météorologie*, VI Série(No.13):pages 5–15, 1978.

[120] P.A. DURBIN. Separated flow computations with the k - ϵ – v^2 model. *AIAA Jl.*, Vol.33:pages 659–664, 1995.

[121] P.A. DURBIN N.N. MANSOUR & Z. YANG. Eddy viscosity transport model for turbulent flow. *Phys. of Fluids*, Vol.6(No.2):pages 1007–1015, 1994.

[122] J.P. DUSSAUGE H. FERNHOLZ R.W. SMITH P.J. FINLEY A.Y. SMITS & E.F. SPINA. Turbulent boundary layers in subsonic and supersonic flow. Technical Report Agardograph 335, AGARD, W.S. Saric éditeur, 1996.

[123] D. DUTOYA & P. MICHARD. A program for calculating boundary layers along compressor and turbine blades. *dans " Numerical Methods in Heat Transfer"*, Éd. R.W. Lewis, K. Morgan & O.C. Zienkiewicz. *John Wiley & Sons* New-York, 1981.

[124] C. EIFERT D.G. PFUDERER & J. JANICKA. Simulation of flow through circular to rectangular transition duct using non-linear second order moment closures. *11th Symp. Turb. Shear Flows.*, Vol.1:pages 3–1;3–6, 1997.

[125] T.H. ELLISON. *The universal small-scale spectrum of turbulence at high Reynolds number*, pages 113–121. dans "*Mécanique de la Turbulence*", No 108 Coll. Int. du. C.N.R.S., 15, Quai Anatole France, Paris (VII), 1961.

[126] H.W. EMMONS. Shear flow turbulence. dans Proc. “ 2nd U.S. Congress of Applied Mechanics ”. *ASME*, 1954.

[127] L.P. ERM & P.N. JOUBERT. Low-Reynolds number turbulent boundary layers. *J Fluid Mech.*, Vol.230:pages 1–44, 1991.

[128] S. ESKINAZI & H. YEH. An investigation on fully developed turbulent flows in a curved channel. *Jl. Aero. Sc.*, 23(1):pages 23–35, 1956.

[129] H.L. EVANS J.F. LEA & D.A. SWAYNE. The Couette-flow model in turbulent boundary layers. *Univ. of Waterloo – Mech. Eng. Dept.*, Rep. No 16, 1970.

[130] S. FAN B. LAKSHMINARAYANA & M. BARNETT. A low Reynolds number k-ϵ model for unsteasdy boundary layer flows. *AIAA Jl.*, Vol.31(n°10):pages 1777–1784, 1993.

[131] M. FARGE. Wavelet transforms and their applications to turbulence. *Ann. Rev. Fluid Mech.*, 24:pages 395–457, 1992.

[132] J. FAURE. *Théorie des couches limites incompressibles – Chapitre V*, pages 161–202. dans “ Mécanique des fluides appliquée aux problèmes d’aménagement et d’énergétique ”*Publié sous la direction de Michel HUG*. Eyrolles, Paris, 1975.

[133] A. FAVRE E. WOLFF A. LICHNEROWICZ H. et J. GUITTON. *De la causalité à la finalité. À propos de la Turbulence*. Collection Recherches interdisciplinaires. Maloine S.A., Paris, 1988.

[134] A.J. FAVRE J.J. GAVIGLIO & R. DUMAS. Space-time double correlation and spectra in a turbulent boundary layer. *J Fluid Mech.*, Vol.2:pages 313–342, 1957.

[135] A. FAVRE L.S.G. KOVASZNAY R. DUMAS J. GAVIGLIO M. COANTIC. *La turbulence en mécanique des fluides.* Bases théoriques et expérimentales – Méthodes statistiques. Éditions BORDAS. Gauthier-Villars, Paris, 1976.

[136] A.K.M. FAZLE HUSSAIN & M. HAYAKAWA. Eduction of large-scale structures in a turbulent plane wake. *J Fluid Mech.*, Vol.180:pages 193–229, 1987.

[137] H.H. FERNHOLZ & P.J. FINLEY. Incompressible zero-pressure-gradient turbulent boundary layers: An assessment of the data. *Progress in Aerospace Science*, Vol.32, 1996.

[138] R. FEYNMAN. *La nature de la physique*. Éditions du Seuil, 27 Rue Jacob, Paris VI, 1980

.

[139] P. FLORENT. *Étude analytique et expérimentale des zones non établies des jets subsoniques turbulents à symétrie de révolution débouchant dans une atmosphère initialement immobile.* Thèse de Doctorat d'État No.60, Université, Poitiers, 1966.

[140] F.N. FRENKIEL & P.S. KLEBANOFF. Higher order correlation in a turbulent field. *Phys. of Fluids*, Vol.10:pages 507–520, 1967.

[141] U. FRISCH. *From global scaling,* à la *Kolmogorov, to local multifractal scaling in fully developed turbulence.*, pages 89–99. dans " Turbulence and stochastic process : Kolmogorov's ideas 50 years on. ", *AGARD Rep. No. 755*. The Royal Society, London, 1991.

[142] S. FU B.E. LAUNDER & D.P. TSELEPIDAKIS. Accommodating the effects of high strain rates in modelling the pressure-strain correlation. *U.M.I.S.T. Mech. Eng. Dept*, Rep. TFD/87/5, 1987.

[143] T.B. GATSKI & C.G. SPEZIALE. On explicit algebraic stress models for complex turbulent flows. *J Fluid Mech.*, Vol.254:pages 59–78, 1993.

[144] J.N. GENCE. *Action de deux déformations pures planes successives sur une turbulence isotrope.* Thèse de Doctorat d'État. n° d'ordre 79–30, Université C. Bernard, Lyon, 1979.

[145] J.N. GENCE. Homogeneous turbulence. *Ann. Rev. Fluid Mech.*, 15:pages 201–222, 1983.

[146] W.K. GEORGE. The self-preservation of turbulent flows and its relation to initial conditions and coherent structures. *Advances in Turbulence*, Éd. W.K.George & R.E.A. Arndt(Hemisphere):pages 39–72, 1989.

[147] M.M. GIBSON. Spectra of turbulence in a round jet. *J Fluid Mech.*, Vol.15:pages 161–173, 1963.

[148] M.M. GIBSON & A.A. DAFA'ALLA. Two equation model for turbulent wall flow. *AIAA Jl.*, Vol.33(No.8):page 1514, 1994.

[149] M.M. GIBSON & B.E. LAUNDER. Grounds effects on pressure fluctuations in the atmospheric boundary layer. *J Fluid Mech.*, Vol.86(Part 3):pages 491–511, 1978.

[150] G. GLUSHKO. Turbulent boundary layer on a flat plate in an incompressible fluid. *Isvest. Acad. Nauk. SSSR Mekh.*, No.4:page 13, 1965.

[151] U.C. GOLDBERG. Derivation and testing of a One-Equation model based on two time scales. *AIAA Jl.*, 29(n°8):pages 1337–1340, 1991.

[152] H.L. GRANT. The large eddies of turbulent motion. *J Fluid Mech.*, Vol.4:pages 149–190, 1958.

[153] A. GROSSMAN & J. MORLET. *Mathematics and Physics, Lectures on recent results*. World Scientific Publishing, 1987.

[154] J. GROTH. Description of the pressure effects in the Reynolds stress transport equations. *Phys. of Fluids, A*, Vol.3(n° 9):pages 2276–2277, 1991.

[155] A.N. GULYAEV V. YE. KOZLOV & A.N. SECUNDOV. Universal turbulence model "ν_t-92". *ECOLEN Sci. Res. Center (*Moscou*)*, Preprint n°3, 1993.

[156] E. GUTMARK & I. WYGNANSKI. The planar turbulent jet. *J Fluid Mech.*, Vol.73(part 3):pages 465–495, 1976.

[157] E. GUYON J.P. HULIN & L. PETIT. *Hydrodynamique physique*. InterEditions / Editions du CNRS, Paris, 1991.

[158] H. HA MINH. Une démarche de modélisation de la turbulence dans les moteurs d'aviation. *Rapport final D.R.E.T.*, 1989.

[159] H HA MINH. Instabilité et turbulence. *Notes de Cours*, DEA, 1990.

[160] H. HA MINH. Tourbillons en écoulements turbulents : Physique et modélisation. *Communication interne IMFT*, 1990.

[161] H. HA MINH. Physique et modélisation de la turbulence en écoulements de fluides. *École de printemps de Mécanique des fluides numérique. S. Candel, O. Daube & R. Peyret Organisateurs*, Aussois, 1991.

[162] H. HA MINH. La modélisation statistique de la turbulence : ses capacités et ses limitations. *C.R. Acad. Sci.*, t.327 (Sér.IIb):pages 343–358, 1999.

[163] H. HA MINH & A. KOURTA. Physique et modélisation des transferts pariétaux. *Rapport de synthèse final – Lot 2*, 87.34.173.00.470.75.01, 1987.

[164] M. HALLBÄCK J. GROTH & A.J. JOHANSSON. *A Reynolds stress closure for the dissipation in anisotropic turbulent flows*, pages 17.2.1–17.2.6. dans Proc. 7th Symp. on *Turb. Shear Flows*. Stanford University, 1989.

[165] K. HANJALIC & B.E. LAUNDER. Fully developed asymetric flow in a plane channel. *J Fluid Mech.*, Vol.51(Part 2):pages 301–335, 1972.

[166] K. HANJALIC & B.E. LAUNDER. A Reynolds stress model of turbulence and its application to thin shear flows. *J Fluid Mech.*, Vol.52(Part 4):pages 609–638, 1972.

[167] K. HANJALIC & B.E. LAUNDER. Contribution toward a Reynolds stress closure for low Reynolds number turbulence. *J Fluid Mech.*, Vol.74(Part 4):pages 593–610, 1976.

[168] K. HANJALIC & B.E. LAUNDER. Sensitizing the dissipation equation to irrotational strains. *Jl. Fluid Eng. Trans. ASME*, Vol.102:pages 34–40, 1980.

[169] K. HANJALIC & S. JAKIRLIC. *A model of stress dissipation in second-moment closures*, pages 513–518. dans " Advances in Turbulence IV". Kluwer Acad., Netherlands, 1993.

[170] T.J. HANRATTY & J.M. ENGEN. Interaction between a turbulent air stream and a moving water surface. *Jl. Am. Inst. Chem. Eng.*, Vol.3:pages 299–304, 1957.

[171] F.H. HARLOW & P.I. NAKAYAMA. Turbulence transport equations. *Phys. of Fluids*, Vol.10(n°11):page 2323, 1967.

[172] F.H. HARLOW & P.I. NAKAYAMA. Transport of turbulence energy decay rate. *Los Alamos Sci. Lab. (*Univ. of California*)*, Report LA-3854, 1968.

[173] V.G. HARRIS J.A. GRAHAM & S. CORRSIN. Further experiments in nearly homogeneous turbulent shear flow. *J Fluid Mech.*, Vol.81(Part 4):pages 657–687, 1977.

[174] S HASSID & M. POREH. A turbulent energy dissipation model for flows with drag reduction. *J Fluids Eng. ASME*, Vol.100:pages 107–112, 1978.

[175] M.R. HEAD & P. BANDYOPADHYAY. Combined flow visualization and hot wire measurements in turbulent boundary layers. *dans Lehigh Workshop on Coherent Structure in Turbulent Boundary Layers.*, C.R. Smith, D.E. Abbott éditeurs :pages 98–129, 1978.

[176] W. HEISENBERG. Zur statistichen theorie des turbulenz. *Z. Physik.*, 124(n° 7–12):pages 628–657, 1948.

[177] J.M. HERARD. Basic analysis of some second-moment closures. Part I: incompressible isothermal turbulent flows. *Theor. Comp. Fl. Dyn.*, 6(n°4):pages 213–233, 1994.

[178] J.M. HERARD. Modèles au second ordre réalisables non dégénérés pour les écoulements incompressibles. *C.R. Acad. Sci.*, 322(Sér. IIb):pages 371–377, 1996.

[179] G. HESKESTAD. Hot wire measurements in a plane turbulent jet. *J Appl. Mech.*, Vol.32:pages 721–734, 1965.

[180] J.O. HINZE. *Turbulence*. McGraw Hill, Oxford, first edition, 1959.

[181] C.W. HIRT. Generalized turbulence transport equations. *Int. Sem. of the Int. Center for Heat and Mass Transfer.*, Herceg Novi, Yugoslavia., 1969.

[182] G.H. HOFFMANN. Improved form of the low-Reynolds number k-ϵ turbulence model. *Phys. of Fluids*, Vol.18:pages 309–312, 1975.

[183] E. HOPF. Statistical hydrodynamics and functional calculus. *Jl. Rat. Mech. Anal.*, 1(1):pages 87–123, 1952.

[184] E.J. HOPFINGER F.K. BROWAND & Y. GAGNE. Turbulence and waves in a rotating tank. *J Fluid Mech.*, Vol.125:pages 505–534, 1982.

[185] J.C.R. HUNT. *Developments in computational modelling of turbulent flows*, pages 1–76. dans " ERCOFTAC workshop on numerical simulation of unsteady flows.". Éd. O. Pirronneau et al., CUP, 1992.

[186] J.C.R. HUNT J.C. VASSILICOS & N.K.R. KEVLAHAN. Turbulence : a state of nature or a collection of phenomena. *dans* Modelling Turbulent Flows *ERCOFTAC Workshop. École Centrale de Lyon*, 1993.

[187] A.K.M.F. HUSSAIN. Coherent structures – Reality and Myth. *Phys. of Fluids*, Vol.26(n°10):pages 2816–2850, 1983.

[188] H.J. HUSSEIN, S.P. CAPP & W.K. GEORGE. Velocity measurements in a high-Reynolds-number, momentum-conservative, axisymmetric, turbulent jet. *J Fluid Mech.*, Vol.258:pages 31–75, 1994.

[189] C.B. HWANG & C.A. LIN. Improved low-Reynolds-number k-ϵ model based on direct numerical simulation data. *AIAA Jl.*, Vol.36(n°1):pages 38–43, 1998.

[190] A. IBBETSON & D.J. TRITTON. Experiments on turbulence in a rotating fluid. *J Fluid Mech.*, Vol.68(Part 4):pages 639–672, 1975.

[191] F.G. JACOBITZ & S. SARKAR. The influence of shear number in stably stratified turbulent shear flow. *Eleventh Symp. on Turb. Shear Flows.* Grenoble, Vol.3:pages 23–1;23–6, 1997.

[192] J. JACQUET. *Préface.* dans " Réflexions sur quelques approches de la turbulence ", *Bulletin de la D.E.R.-E.D.F. No.2.* La Houille Blanche, Grenoble, France, 1979.

[193] L. JACQUIN. *Étude théorique et expérimentale de la turbulence homogène en rotation.* Thèse de Doctorat d'État, Université Claude Bernard, (Lyon I), 1989.

[194] L. JACQUIN P. GEFFROY & O. LEUCHTER. Experimental study of rotation effects on grid generated turbulence with different mesh sizes. In *T.P. n°1989–8*, Berlin, 1988. Second European Turbulence Conference.

[195] J. JANICKA & W. KOLLMANN. *A review of experimental data of uniform density free turbulent boundary layers*, volume Vol.4 of *dans " Turbulent Shear Flows ",* Éd.L.J.S. Bradbury, F. Durst, B.E. Launder, F.W. Schmidt & J.H. Whitelaw, pages 73–86. Springer Verlag, 1983.

[196] B. KHAJEH-NOURI J.L. LUMLEY. Computational modeling of turbulent transport. *Advances in Geophys.*, 18A:pages 169–192, 1974.

[197] A.V. JOHANSSON & M. HALLBÄCK. Modelling of rapid pressure-strain in Reynolds-stress closures. *J Fluid Mech.*, Vol.269:pages 143–168, 1994.

[198] W.P. JONES & A. MANNERS. The calculation of the flow through a two–dimensional faired diffuser. *dans Turbulent Shear Flows 6*, J.C. André et al. éditeurs (Springer-Verlag):pages 18–31, 1989.

[199] W.P. JONES & B.E. LAUNDER. On the prediction of laminarescent turbulent boundary layers. *ASME paper*, 69–FT-13, 1969.

[200] W.P. JONES & B.E. LAUNDER. The prediction of laminarization with a two-equation model of turbulence. *Int. Jl. Heat Mass Transfer*, Vol.15(n° 2):pages 301–314, 1972.

[201] W.P. JONES & P. MUSSONGE. Closure of the Reynolds stress and scalar flux equations. *Phys. of Fluids*, Vol.31:page 3389, 1988.

[202] J. KAMPÉ DE FÉRIET. *Fonctions aléatoires et théorie statistique de la turbulence.*, pages 568–623. dans "Théorie des fonctions aléatoires", par *A.BLANC-LAPIERRE & R. FORTET*. Masson, 1953.

[203] J. KAMPÉ DE FÉRIET. *Nouvelles conceptions et contributions récentes*, pages 467–468. dans " Mécanique de la Turbulence ", *No 108*. Coll. Int. du C.N.R.S., Éd. du CNRS, 15 Quai Anatole France, Paris (VII), 1962.

[204] S.C. KASSINOS & W.C. REYNOLDS. Tensorial volume of turbulence revisited. *Phys. of Fluids, A*, Vol.2(n° 9):pages 1669–1677, 1990.

[205] W.M. KAYS & R.J. MOFFAT. Studies in convection. *Éd. B.E. Launder* Academic Press, Vol 1:page 223, 1975.

[206] J. KIM P. MOIN & R. MOSER. Turbulence statistics in fully developed channel flow at low Reynolds number. *J Fluid Mech.*, Vol.177:pages 133–166, 1987.

[207] H.T. KIM S.J. KLINE & W.C. REYNOLDS. The production of turbulence near a smooth wall in a turbulent boundary layer. *J Fluid Mech.*, Vol.50(Part 1):pages 133–160, 1971.

[208] A.L. KISTLER V.O'BRIEN & S. CORRSIN. Preliminary measurements of turbulence and temperature fluctuations behind a heated grid. *N.A.C.A. Reas. Mem.*, 54D19, 1954.

[209] B. KJELLSTROM & S. HEDBERG. Turbulence and shear stress measurements in a circular channel for testing of hot-wire anemometer measurements techniques and evaluation methods. *Aktiebolagat Atomenergi Rep.*, RTL-1001, 1968.

[210] P.S. KLEBANOFF. Characteristics of turbulence in a boundary layer with zero pressure gradient. Technical Report T.N. 3178, NACA, 1954.

[211] S.J. KLINE. Zonal modeling. *AFPOSR. TR. 89-0225*, 1989.

[212] S.J. KLINE W.C. REYNOLDS F.A. SCHRAUB & P.W. RUNSTADLER. The structure of turbulent boundary layers. *J Fluid Mech.*, Vol.30:pages 741–773, 1967.

[213] W. KOLLMANN & A. WU. Equation for the probability density function of velocity and scalar for turbulent shear flows. *AIAA Jl.*, Vol.27(n°8):pages 1052–1058, 1989.

[214] A.N. KOLMOGOROV. Dissipation of energy under locally isotropic turbulence. *Dokl. Akad. Nauk SSSR*, 32:pages 16–18, 1941.

[215] A.N. KOLMOGOROV. The local structure of turbulence in an incompressible fluid at very high Reynolds numbers. *Dokl. Akad. Nauk SSSR*, Vol.30:pages 301–305, 1941.

[216] A.N. KOLMOGOROV. On the generation of isotropic turbulence in an incompressible viscous fluid. *Dokl. Akad. Nauk SSSR*, 31:pages 538–540, 1941.

[217] A.N. KOLMOGOROV. Equations of turbulent motion of an incompressible fluid. *Izvest. Acad. of Sci., SSSR ; Physics*, 6(1 et 2):pages 56–58, 1942.

[218] A.N. KOLMOGOROV. Dissipation of energy under locally isotropic turbulence. *Proc. Roy. Soc. Lond.*, A(434):pages 15–17, 1991.

[219] A. KOURTA H.C. BOISSON P. CHASSAING & H. HA MINH. Nonlinear interaction and the transition to turbulence in the wake of a circular cylinder. *J Fluid Mech.*, Vol.181:pages 141–161, 1970.

[220] L.S.G. KOVASZNAY. Spectrum of locally isotropic turbulence. *Jl. Aeronaut. Sci.*, 15(n° 12):pages 745–753, 1948.

[221] L.S.G. KOVASZNAY. *Revue des théories de la turbulence.*, pages 79–146 (Partie III). dans “ La turbulence en mécanique des fluides. Bases théoriques et expérimentales, méthodes statistiques ”, *A. Favre, L.S.G. Kovasznay, R. Dumas, J. Gaviglio, M. Coantic*. Gauthiers-Villars, Bordas, Paris, 1976.

[222] R.H. KRAICHNAN. The structure of isotropic turbulence at very high Reynolds numbers. *J Fluids Mech.*, Vol.5:pages 497–543, 1959.

[223] R.H. KRAICHNAN. *Relationships among some deductive theories of turbulence*, volume Mécanique de la Turbulence No 108 of *Coll. Int. du CNRS.*, pages 99–106. C.N.R.S., 15, Quai Anatole France, Paris (VII), 1961.

[224] R.H. KRAICHNAN. Lagrangian history closure approximation for turbulence. *Phys. of Fluids*, Vol.8:pages 575–598, 1965.

[225] R.H. KRAICHNAN. Test field model for inhomogeneous turbulence. *J Fluids Mech.*, 56(Part 2):pages 287–304, 1972
.

[226] R. KRISTOFFERSEN & H.I. ANDERSSON. Direct simulations of low-Reynolds-number turbulent flow in a rotating channel. *J Fluid Mech.*, Vol.256:pages 163–197, 1993.

[227] Y.S. KUO & S. CORRSIN. Experiment on the geometry of the fine-structure regions in fully turbulent fluid. *J Fluid Mech.*, Vol.56(Part 3):pages 447–479, 1972.

[228] B. LACAZE. *Les fonctions aléatoires stationnaires en traitement du signal.* INPT / E.N.S.E.E.I.H.T., 2 Rue C. Camichel – Toulouse, 1995.

[229] A. LAFON. *Étude des attracteurs pour des écoulements bidimensionnels de fluides visqueux incompressibles.* Thèse, Univ. Paris VI, 1985.

[230] L.D. LANDAU & E.M. LIFSHITZ. *Fluid Mechanics.* Pergamon Press, Oxford, first edition, 1959.

[231] J.C. LASHERAS & E. MEIBURG. On the three-dimensional dynamics of coherent vortical structures forming in free, shear flows. *dans Turbulence and Coherent Structures*, O.Métais et M. Lesieur, éditeurs – Kluwer Academic Publisher :pages 91–111, 1991.

[232] J. LAUFER. The structure of turbulence in fully developped pipe flow. *N.A.C.A.*, T.N.(2954), 1953.

[233] B.E. LAUNDER. Prediction methods for turbulent flows. Lecture series 76, V. K.I. for Fluid Dynamics, Rhode-St-Genese, Belgique, 1975.

[234] B.E. LAUNDER. Second moment closure: Methodology and Practice. dans Proc. "École d'été d'Analyse numérique et modélisation de la turbulence" CEA-EDF-INRIA, 1982.

[235] B.E. LAUNDER. An introduction to single-point closure methodology. Lecture Notes TFD/87/7, V.K.I. for Fluid Dynamics, Rhode-St-Genese, Belgique, 1987.

[236] B.E. LAUNDER. Phenomenological modelling : Present .... and Future. *dans Whither Turbulence ? Turbulence at the Crossroads*, Lecture Notes in Physics, Éd. J.L. Lumley (Springer-Verlag n° 357):pages 439–485, 1989.

[237] B.E. LAUNDER. Introduction to the modeling of turbulence : A new form of second-moment closure. Lecture series 1991–02, V. K.I. for Fluid Dynamics, Rhode-St-Genese, Belgique, 1991.

[238] B.E. LAUNDER G.J. REECE & W. RODI. Progress in the development of a Reynolds stress turbulence closure. *J Fluid Mech.*, Vol.68(Part 3):pages 537–566, 1975.

[239] B.E. LAUNDER & B.I. SHARMA. Application of the energy dissipation model of turbulence to the calculation of flow near a spinning disc. *Letters*

in Heat and Mass Transfer, Vol.1(n°2):pages 131–138, 1974.

[240] B.E. LAUNDER & D.B. SPALDING. *Lectures on mathematical models of turbulence*. Academic Press, Londres, 1972.

[241] B.E. LAUNDER & D.P. TSELEPIDAKIS. *Contribution to the second-moment modeling of sublayer turbulent transport*, pages 818–833. dans " Near-Wall Turbulence" Éd. *S.J. Kline & N.H. Agfan. Zoran Zaric Memorial Conf.* Hemisphere Pub. Comp., New-York, 1990.

[242] B.E. LAUNDER & N. SHIMA. Second moment closure for the near-wall sublayer: Development and application. *AIAA Jl.*, Vol.27(n° 10):pages 1319–1325, 1989.

[243] B.E. LAUNDER & R. SCHIESTEL. Sur l'utilisation d'échelles temporelles multiples en modélisation des écoulements turbulents. *C.R. Acad. Sci.*, t. 286(Série A):pages 709–712, 1978.

[244] B.E. LAUNDER & S.P. LI. On the elimination of wall-topography parameters from second-moment closure. *Phys. of Fluids, A*, Vol.6(2):pages 999–1006, 1994.

[245] B.E. LAUNDER W.C. REYNOLDS W. RODI J. MATHIEU D. JEANDEL. *Turbulence models and their applications*. Eyrolles, 61 Bd Saint-Germain Paris 5ème., CEA-EDF-INRIA edition, 1984.

[246] D. LAURENCE. *Turbulence modelling through one point closures. – Applications – Enlightening by large eddy simulation*, pages 2–1, 2–34. dans "Special Course on Modern Theoretical and Experimental Approaches to Turbulent Flow Structure and its Modelling". AGARD Report No. 755, V.K.I. Rhode-St-Genèse – Belgium, 1987.

[247] J.C. LAURENCE. Intensity, scale and spectra of turbulence in mixing region of free subsonic jet. *NACA T.N.*, 3561, 1955.

[248] Y. LE COINTE J. PIQUET & M. VISONNEAU. Rapid term modelling of Reynolds stress closures with the help of rapid distorsion theory. *Proc. 5th Symp. on Turb. Shear Flows*, Cornell Univ.:pages 12.7–12.12, 1985.

[249] L. LE PENVEN J.N. GENCE & G. COMTE-BELLOT. *On the approach to Isotropy of Homogeneous Turbulence: Effect of the partition of Kinetic Energy among the Velocity Components*, pages 1–21. dans "Frontiers in Fluid Mechanics" édité par S.H. DAVIS and J.L. LUMLEY. Springer-Verlag, 1985.

[250] L. LE PENVEN & J.-N. GENCE. Une méthode de construction systématique de la relation de fermeture liant la partie linéaire de la corrélation pression-déformation au tenseur de Reynolds dans une turbulence homogène soumise à déformation uniforme. *C.R. Acad. Sci.*, 297(Sér. II):pages 309–312, 1983.

[251] M.J. LEE J. KIM & P. MOIN. Structure of turbulence at high shear rate. *J Fluid Mech.*, Vol.216:pages 561–583, 1990.

[252] M. LEE & W.C. REYNOLDS. On the structure of homogeneous turbulence. *Proc 5th Symp. on Turb. Shear Flows*, Cornell Univ.:pages 17.7–17.12, 1985.

[253] C.E. LEITH. Diffusion approximation to inertial transfer in isotropic turbulence. *Phys. Fluids*, 10(7):pages 1409–1416, 1967.

[254] A. LEONARD. Energy cascade in large eddy simulations of turbulent fluid flows. *Adv. Geophys.*, 18(A):pages 237–248, 1974.

[255] A. LEONARD. Vortex simulation of three-dimensional, spotlike disturbances in a laminar boundary layer. *NASA Tech. Memo.*, 78579, 1979.

[256] J. LERAY. Sur le mouvement d'un fluide visqueux emplissant l'espace. *Acta. Math.*, Vol.63:pages 193–248, 1934.

[257] M. LESIEUR. La turbulence developpée. *La Recherche*, Vol.139:pages 1412–1425, 1982.

[258] M. LESIEUR. Turbulence et structures cohérentes dans les fluides. *dans Nonlinear partial differential equations and their applications*, Collège de France Seminar 1898–1990. Pitman Research Notes in Mathematics No.11, H. Brezis & J.L. Lions éditeurs, 1990.

[259] M. LESIEUR. *Turbulence in Fluids – Stochastic and numerical modelling.* Kluwer Academic Publishers, second revised edition, 1990.

[260] M. LESIEUR. *La turbulence.* Presses Universitaires de Grenoble, B.P. 47X – 38040 Grenoble Cedex, 1994.

[261] M. LESIEUR & D. SCHERTZER. Amortissement auto-similaire d'une turbulence à grand nombre de Reynolds. *Jl. de Méc.*, 17(4):pages 609–646, 1978.

[262] D.C. LESLIE. *Developments in the theory of turbulence.* Clarendon Press, Oxford, 1973.

[263] P.A. LIBBY. On the prediction of intermittent turbulent flows. *J Fluid Mech.*, Vol.68(Part.2):pages 273–295, 1975.

[264] F.S. LIEN P.A. DURBIN & S. PARNEIX. Non linear $v^2 - f$ modelling with application to aerodynamic flows. *Eleventh Symp. on Turb. Shear Flows.* Grenoble, Vol.1:pages 6–19;6–24, 1997.

[265] F.S. LIEN & M.A. LESCHZINER. *Second-moment modelling of recirculating flow with a non-orthogonal colocated finite-volume algorithm.*, pages 205–222. dans " Turbulent Shear Flows 8 – Selected papers ", *Éd. F. Durst et al.*. Springer Verlag, Berlin, 1987.

[266] F.S. LIEN W.L. CHEN & M.A. LESCHZINER. *Low-Reynolds-number, eddy viscosity modelling based on non-linear stress-strain/vorticity relations*, pages 91–100. dans "Engineering Turbulence Modelling and Experiments *3*",. Éditeurs W. Rodi & G. Bergeles, Elsevier Science B.V., 1996.

[267] H.W. LIEPMANN. Aspects of the turbulence problem. Part II. *Z. Angew. Math. Phys.*, 3:pages 407–426, 1952.

[268] H.W. LIEPMANN & J. LAUFER. Investigations of free turbulent mixing. *N.A.C.A.*, T.N. 1257, 1947.

[269] C.C. LIN. Note on the law of decay of isotropic turbulence. *Proc. Nat. Acad. Sci.*, 34(n° 4):pages 230–233, 1948.

[270] C.C. LIN. Remarks on the spectrum of turbulence. In *Non-linear problems in mechanics of continua*, pages 81–86. Proc. 1st Symp. Appl. Math,, 1949.

[271] S.C. LING & T.T. HUANG. Decay of weak turbulence. *Phys. of Fluids*, Vol.13(n°12):pages 2912–2924, 1970.

[272] J.T.C. LIU. Contributions to the understanding of large scale coherent structures in developing free turbulent shear flows. *Advance in Appl. Mech.*, Vol.26:pages 183–309, 1988.

[273] J.L. LUMLEY. The structure of inhomogeneous turbulent flows. In *Atmospheric Turbulence and Radio Wave Propagation*, page 166, Moscou, 1967. Éditeurs : A.N. Yaglom & V.I. Tatarsky, NAUKA.

[274] J.L. LUMLEY. Toward a turbulent constitutive relation. *J Fluid Mech.*, Vol.41(Part 2):pages 413–434, 1970.

[275] J.L. LUMLEY. Pressure strain correlation. *Phys. of Fluids*, Vol.18(n°6):pages 750–751, 1975.

[276] J.L. LUMLEY. Second order modeling of turbulent flows. *V.K.I. for Fluid Mechanics*, Lecture Series 76:pages 1–30, 1979.

[277] J.L. LUMLEY. *Stochastic Tools in Turbulence*. Springer-Verlag, 1985.

[278] J.L. LUMLEY. The Utility and Drawbacks of Traditional Approaches. Comment 1. In *Whither Turbulence ? Turbulence at the crossroads.*, volume 357, pages 49–58, 1990.

[279] J.L. LUMLEY. *Whither Turbulence ? Turbulence at the Crossroads*, volume 357 of *Proceedings, Ithaca, New York 1989*. Springer Verlag, Lecture Notes in Physics edition, 1990.

[280] J.L. LUMLEY & G. NEWMAN. The return to isotropy of homogeneous turbulence. *J Fluid Mech.*, Vol.82(Part 1):pages 161–178, 1977.

[281] T.S. LUNDGREN. Distribution functions in the statistical theory of turbulence. *Phys. of Fluids*, Vol.10(n°5):pages 969–976, 1967.

[282] P. MacAULAY & I.P. GARTSHORE. A tentative model of outer-region structure in a turbulent boundary-layer developing on a smooth-wall. In *Experimental Heat Transfer, Fluid Mechanics and Thermodynamics*. Éd. J.F. Keffer, R.K. Shah & E.N. Ganić, Elsevier Science, 1991.

[283] J. MAGNAUDET. *Modelling of inhomogeneous turbulence in the absence of mean velocity gradients*, volume 51 of *dans "Advances in Turbulence IV "*, Applied Sci. Res., pages 525–531. Kluwer Acad. Pub., Netherlands, 1993.

[284] N.N. MANSOUR J. KIM & P. MOIN. Reynolds-stress and dissipation-rate budgets in a turbulent channel flow. *J Fluid Mech.*, Vol.194:pages 15–44, 1988.

[285] N.N. MANSOUR T.-H SHIH & W.C. REYNOLDS. The effects of rotation on initially anisotropic homogeneous flows. *Phys. of Fluids A*, Vol.3(n°10):pages 2421–2425, 1991.

[286] J. MARCILLAT. Fonctions de répartition des vitesses turbulentes dans une couche limite. Effets de la réponse de l'anémomètre à fil chaud. *Pub. Sci. et Techn.*, No.443, 1969.

[287] J. MARECHAL. *Contribution à l'étude de la déformation plane de la turbulence*. Thèse de Doctorat d'État, Univ. de Grenoble, France, 1970.

[288] J. MARECHAL. Etude expérimentale de la déformation plane d'une turbulence homogène. *Jl. de Méc.*, 11(2):pages 263–294, 1972.

[289] J. MATHIEU. Contribution à l'étude aérodynamique d'un jet plan évoluant en présence d'une paroi. *Pub. Sci. et Techn.*, 374, 1961.

[290] J. MATHIEU. *Idées actuelles sur la turbulence*, pages 465–502. dans " Septième Congrès Canadien de Mécanique des Fluides ", *CANCAM 79 Proc. vol.2*. Univ. de Sherbrooke, 1979.

[291] J. MAX. *Méthodes et techniques de traitement du signal et applications aux mesures physiques*. Mason & Cie, 120, Boulevard Saint-Germain, Paris VIe, 1972.

[292] G.L. MELLOR & H.J. HERRING. A survey of mean turbulent field closure models. *AIAA Jl.*, Vol.11:pages 590–599, 1973.

[293] F.R. MENTER. Improved two-equation k-ω turbulence models for aerodynamic flows. *NASA*, Tech. Mem. 103975, 1992.

[294] F.R. MENTER. The influence of free-stream values on k-ω model prediction. *AIAA Jl.*, Vol.30:pages 1657–1659, 1992.

[295] O. MÉTAIS & M. LESIEUR. *Turbulence and coherent structures.* Selected papers from "Turbulence 89". Kluwer Academic Publisher, Dordrecht / Boston / London, 1991.

[296] R. MICHEL C. QUÉMARD & R. DURAND. Application d'un schéma de longueur de mélange à l'étude des couches limites turbulentes d'équilibre. *O.N.E.R.A.*, Note Technique(n°154), 1969.

[297] M.D. MILLIONSHCHIKOV. Theory of homogeneous isotropic turbulence. *Dokl. Akad. Nauk. SSSR*, 32(9):pages 611–614, 1941.

[298] R.R. MILLS Jr A.L. KISTLER V. O'BRIEN & S. CORRSIN. Turbulence and temperature fluctuations behind a heated grid. *N.A.C.A. - Tech. Note*, 4288, 1958.

[299] R.R. MILLS & S. CORRSIN. Effect of contraction on turbulence and temperature fluctuations generated by a warm grid. *N.A.S.A. - Memo*, 5–5–59 W, 1959.

[300] P. MOIN. Probing turbulence via large eddy simulation. *AIAA paper*, 84–0174, 1984.

[301] A.S. MONIN & A.M. YAGLOM. *Statistical Fluid Mechanics*, volume 2 of *Mechanics of Turbulence*. The MIT Press, Cambridge, Massachusetts, and London, England, 1975.

[302] P.J. MORRIS. Modeling the pressure redistribution terms. *Phys. of Fluids*, Vol.27(n° 7):pages 1620–1623, 1984.

[303] P.J. MULHEARN & R.E. LUXTON. The development of turbulence structure in a uniform shear flow. *J Fluid Mech.*, Vol.68(n° 3):pages 577–590, 1975.

[304] H.K. MYONG & N. KASAGI. A new approach to the improvement of k-ϵ turbulence model for wall-bounded shear flows. *JSME Int. Jl.*, Vol.33:pages 63–72, 1990.

[305] SHIMA N. Low-Reynolds number second-moment closure without wall-reflexion redistribution terms. *Eleventh Symp. on Turb. Shear Flows.* Grenoble, Vol.1:pages 7–12;7–17, 1997.

[306] Y. NAGANO M. TAGAWA & T. TSUJI. *Effect of adverse pressure gradients on mean flows and turbulence statistics in a boundary layer.*, pages 7–14. dans " Turbulent Shear Flows 8 – Selected papers ", *Éd. F. Durst et al.*. Springer-Verlag, Berlin, 1993.

[307] D. NAOT S. SHAVIT & M. WOLFSHTEIN. Interactions between components of the turbulent velocity correlation tensor. *Israel Jl. Tech.*, Vol.8:page 259, 1970.

[308] N. NARAJATMAN. *Turbulent jets*. Elsevier Scient. Pub. Comp., 1976.

[309] V.W. NEE & L.S.G. KOVASZNAY. Simple phenomenological theory of turbulent shear flows. *Phys. of Fluids*, Vol.12(n° 3):pages 473–484, 1969.

[310] K.H. NG & D.B. SPALDIND. Turbulence model for boundary layers near walls. *Phys. of Fluids*, Vol.15(n° 1):pages 20–30, 1972.

[311] J. NIKURADSE. Stromungsgesetze in rauhen rohren. *Forrsch. Arb. Ing. Wes.*, Vol.361:(*Traduction anglaise NACA TM 1292*), 1933.

[312] E.E. O'BRIEN & G.C. FRANCIS. A consequence of the zero-fourth-cumulant approximation. *J Fluid Mech.*, Vol.13(Part 3):pages 369–382, 1962.

[313] A.M. OBUKHOV. Spectral energy distribution in a turbulent flow. *Izv. Akad. Nauk. SSSR*, 5(No 4–5):pages 453–466, 1941.

[314] Y. OGURA. A consequence of the zero-fourth-cumulant approximation in the decay of isotropic turbulence. *J Fluid Mech.*, Vol.16(1):pages 33–40, 1963.

[315] S.A. ORSZAG. Numerical methods for the simulation of turbulence. *Phys. Fluids*, Suppl.(II):pages 250–257, 1969.

[316] S.A. ORSZAG. Analytical theories of turbulence. *J Fluid Mech.*, Vol.41(Part 2):pages 363–386, 1970.

[317] S.A. ORSZAG. *Lectures on the statistical theory of turbulence*, pages 113–121. dans "*Fluid Dynamics.*" Les Houches. GORDON and BREACH Science Pub., 1973.

[318] S.A. ORSZAG & G.S. PATTERSON Jr. Numerical simulation of three dimensional homogeneous isotropic turbulence. *Phys. Fluids Rev. Let.*, 28:pages 76–79, 1972.

[319] S.A. ORSZAG & G.S. PATTERSON Jr. Numerical simulation of turbulence. *Lect. Notes in Phys.*, 12:pages 127–147, 1972. Springer-Verlag.

[320] N.R. PANCHAPAKESAN & J.L. LUMLEY. Turbulence measurements in axisymmetric jets of air and helium. part 1. Air jet. *J Fluid Mech.*, Vol.246:pages 197–223, 1993.

[321] Y.M. PAO. Structure of turbulent velocity and scalar fields at large wave numbers. *Phys. of Fluids*, Vol.8(n° 6):pages 1063–1075, 1965.

[322] R.P. PATEL. An experimental study of a plane mixing layer. *AIAA Jl.*, Vol.11(n° 1):pages 67–71, 1973.

[323] V.C. PATEL W. RODI & G. SCHEUERER. Turbulence models for near-wall and low-Reynolds number flows : A review. *AIAA Jl.*, 23(n° 9):1308–1319, 1985.

[324] F.R. PAYNE & J.L. LUMLEY. Large eddy structure of the turbulent wake behind a circular cylinder. *Phys. of Fluids*, Suppl. 10:S:pages 194–196, 1967.

[325] B. PEROT & P. MOIN. Shear-free turbulent boundary layers. Part 1; Physical insights into near-wall turbulence. *J Fluid Mech.*, Vol.295:pages 199–227, 1995.

[326] A.E. PERRY & T.T. LIM. Coherent strcutures in coflowing jets and wakes. *J Fluid Mech.*, Vol.88(Part 3):pages 451–464, 1978.

[327] H. PERSILLON & M. BRAZA. Physical analysis ofthe transition to turbulence in the wake of s circular cylinder by three-dimensional Navier-Stokes simulation. *J Fluid Mech.*, 365:pages 23–88, 1998.

[328] O.M. PHILLIPS. The irrotational motion outside a free turbulent boundary. *Proc. Camb. Phil. Soc.*, 51:pages 220–229, 1955.

[329] T. POINSOT A. TROUVE & S. CANDEL. Applications of direct numerical simulation to premixed turbulent combustion. *Prog. in Energy Comb. Sci.*, 21(6):pages 531–576, 1995.

[330] S.B. POPE. A more general effective-viscosity hypothesis. *J Fluid Mech.*, Vol.72(Part 2):pages 331–340, 1975.

[331] S.B. POPE. An explanation of the turbulent round jet/plane jet anomaly. *AIAA Jl.*, 16(n° 3):pages 279–281, 1978.

[332] L. PRANDTL. Über die ausgebieldete Turbulenz. *ZAMM*, Vol.5(n°2):pages 136–139, 1925.

[333] L. PRANDTL. *The mechanics of viscous fluids.*, page 166. dans “ Aerodynamic Theory **III** ”. Éd. W.F. DURAND, 1935.

[334] L. PRANDTL. Über ein neues formelsystem für die ausgebildete Turbulenz. *Nachrichten Akad. Wissenschaft Göttingen*, Math-Phys. Kl:pages 6–19, 1945.

[335] I. PROUDMAN. *On Kraichnan's theory of turbulence*, pages 107–112. dans “ Mécanique de la Turbulence ”, *No 108*. Coll. Int. du C.N.R.S., Éd. du CNRS, 15 Quai Anatole France, Paris (VII), 1962.

[336] I. PROUDMAN & W.H. REID. On the decay of a normally distributed and homogeneous turbulent velocity field. *Phil. Trans. Roy. Soc.*, A 247(926):pages 163–189, 1954.

[337] L.P. PURTELL P.S. KLEBANOFF & F.T. BUCKLEY. Turbulent boundary layer at low Reynolds number. *Phys. of Fluids*, Vol.24:pages 802–811, 1981.

[338] P. REBUFFET. *Aérodynamique expérimentale*. Librairie Polytechnique Ch. Beranger., Paris, 1958.

[339] H. REICHARDT. Gesetzmäßigkeiten der freien Turbulenz. *VDI-Forschungsheft*, 414, 1942.

[340] O. REYNOLDS. On the dynamical theory of incompressible viscous fluids and the determination of the criterion. *Phil. Trans. of the Roy. Soc. of London*, A 186:pages 123–164, 1895.

[341] W.C. REYNOLDS. Computation of turbulent flows. *Ann. Rev. of Fluid Mech.*, Vol.8:pages 183–208, 1976.

[342] W.C. REYNOLDS. Physical and analytical foundations, concepts, and new directions in turbulence modeling and simulation. *dans Modèles de turbulence et leurs applications*, CEA-EDF-INRIA École d'été d'analyse numérique. Éditions Eyrolles :pages 149–294, 1984.

[343] W.C. REYNOLDS. Fundamentals of turbulence for turbulence modelling and simulation. In *Special Course on Modern Theoretical and Experimental Approaches to Turbulent Flow Structure and its Modelling*, volume AGARD Report No. 755, pages 1–1, 1–66, V.K.I. Rhode-St-Genèse – Belgium, 1987.

[344] W.C. REYNOLDS & S.C. KASSINOS. One-point modelling of rapidly deformed homogeneous turbulence. *dans Osborne Reynolds Centenary Volume*, Proc. Roy. Soc. Lond. A(451):pages 87–104, 1995.

[345] L.F. RICHARDSON. Atmospheric diffusion shown on a distance-neighbour graph. *Proc. Roy. Soc., A*, Vol.110:page 709, 1926.

[346] F.P. RICOU & D.B. SPALDING. Measurements of entrainment by axisymmetrical turbulents jets. *J Fluid Mech.*, Vol.11:pages 21–32, 1961.

[347] H.P. ROBERTSON. The invariant theory of isotropic turbulence. *Proc. Cambridge Phil. Soc.*, 36:pages 209–223, 1940.

[348] W. RODI. *The prediction of free turbulent boundary layers by use of a two-equation model of turbulence.* Ph.D Thesis, Mech. Eng. Dep., Imp. College, Londres, 1972.

[349] W. RODI. *A review of experimental data of uniform density free turbulent boundary layers*, volume Vol.1 of *dans " Studies in convection "*, Éd. B.E. Launder, pages 79–165. Academic Press, 1975.

[350] W. RODI. A new algebraic relation for calculating the Reynolds stresses. *Z. angew. Math. Mech.*, 54:pages T219–T221, 1976.

[351] W. RODI & D.B. SPALDING. A two-parameter model of turbulence and its application to free jets. *Wärme und Stoffübertragung*, 3(n°2):pages 85–95, 1970.

[352] R.S. ROGALLO. Numerical experiments in homogeneous turbulence. *NASA-TM-81315*, 1981.

[353] R.S. ROGALLO. Numerical experiments in homogeneous turbulent shear flow. *Stanford Univ. Report*, No. TF-25, 1986.

[354] R.S. ROGALLO & J.A. DOMARADZKI. Energy transfer in isotropic turbulence at low Reynolds numbers. *Studying Turbulence Using Numerical Simulation Databasese II*, REPORT CTR-S88 (N89-24553):pages 169–177, 1988.

[355] R.S. ROGALLO & J.A. DOMARADZKI. Local energy transfer and non local interactions in homogeneous, isotropic turbulence. *Phys. of Fluids, A*, Vol.2(n° 3):pages 413–426, 1990.

[356] M.M. ROGERS P. MOIN & W.C. REYNOLDS. The structure and modelling of the hydrodynamic and passive scalar fields in homogeneous turbulent shear flow. *Stanford Univ. Tech. Rep.*, TF-25, 1986.

[357] A. ROHSKO. On the drag and shedding frequency of two-dimensional bluff bodies. *NACA*, T.N. 3169, 1954.

[358] W.G. ROSE. Results of an attempt to generate a homogeneous turbulent shear flow. *J Fluid Mech.*, Vol.25(Part 1):pages 97–120, 1966.

[359] W.G. ROSE. Interaction of grid turbulence with a uniform mean shear. *J Fluid Mech.*, Vol.44(Part 4):pages 767–779, 1970.

[360] H.A. ROSE & P.L. SULEM. Fully developed turbulence and statistical mechanics. *Journal de Physique*, Tome 39(No.5):pages 441–484, 1978.

[361] J. ROTTA. Statistiche Theorie nichthomogener Turbulenz. I. *Zeitschrift für Physik*, 129:pages 547–572, 1951.

[362] J. ROTTA. Statistiche Theorie nichthomogener Turbulenz. II. *Zeitschrift für Physik*, 131:pages 51–77, 1951.

[363] J. ROTTA. Über eine methode zur berechnung turbulenter scherströmungen. *Aerodynamische Versuchanstalt Göttingen*, Rep.69 A 14, 1968.

[364] J. ROTTA. Recent attemps to develop a generally applicable calculation method for turbulent shear flow layers., pages A–1, A–11. dans " *Proc. of AGARD Conf. Turb. Shear Flows*". Vol.93, Londres, 1971.

[365] J.C. ROTTA. *Incompressible turbulent boundary layers*, pages 255–283. dans " Mécanique de la Turbulence ", *No 108*. Coll. Int. du C.N.R.S., Éd. du CNRS, 15 Quai Anatole France, Paris (VII), 1962.

[366] R. RUBINSTEIN & J.M. BARTON. Nonlinear Reynolds stress models and the renormalisation group. *Phys. of Fluids A*, Vol.2:pages 1472–1476, 1990.

[367] D. RUELLE & F. TAKENS. On the Nature of Turbulence. *Math. Physics*, Vol.20:pages 167–192, 1971.

[368] V.A. SABEL'NIKOV. The directions of the principal axes of the Reynolds stress tensor in turbulent flows with transverse shear. *Uchenyye Zapiski TsAGI*, Vol.7(n° 2):pages 160–162, 1976.

[369] S.G. SADDOUGHI & S.V. VEERAVALLI. Local isotropy in turbulent boundary layers at high Reynolds number. *J Fluid Mech.*, Vol.268:pages 333–372, 1994.

[370] P.G. SAFFMAN. A model for inhomogeneous turbulent flow. *Proc. Roy. Soc. London, Series A*, 317(n°1530):pages 417–433, 1970.

[371] P.G. SAFFMAN. Development of a complete model for the calculation of turbulent shear flows. In *Symp. on Turbulence and Dynamical Systems*, Durham, NC, 1976. Duke Univ.

[372] D.L. SANDOVAL. *The dynamics of variable-density turbulence*. LA-13037–T, Los Alamos Nat. Lab., 1995.

[373] S. SARKAR, & C.G. SPEZIALE. A simple model for the return to isotropy in turbulence. *ICASE report*, 89(10), 1989.

[374] R. SCHIESTEL. *Modélisation et simulation des écoulements turbulents.* Traité des Nouvelles Technologies, Éd. Hermes, 14, rue Lantiez Paris, 1993.

[375] H. SCHLICHTING. *Boundary Layer Theory*. McGraw-Hill Book Comp., seventh edition, 1979.

[376] F. SCHULTZ-GRUNOW. Neues reibungswiderstandsgesetz für glatte platten. *Luftfahrtforsch*, No.17:pages 239–246, 1941 (également NACA TM-986).

[377] U. SCHUMANN. Subgrid scale model for finite difference simulations of turbulent flows in plane channels and annuli. *J Comp. Phys.*, Vol.18(n°4):pages 376–404, 1975.

[378] U. SCHUMANN. Realizability of Reynolds stress turbulence models. *Phys. of Fluids*, Vol.20(n°5):pages 721–725, 1977.

[379] A.N. SECUNDOV. Application of a differential equation for turbulent viscosity to the analysis of plane non self-similar flows. *Soviet Research*, Vol.5:pages 828–840, 1971.

[380] T.-H. SHIH J. ZHU & J.L. LUMLEY. A realisable Reynolds stress algebraic equation model. *N.A.S.A.*, T.M. 105993, 1993.

[381] T.-H. SHIH & A.T. HSU. An improved k-ϵ model for near-wall turbulence. *AIAA paper (*Reno, NV*)*, 91–611, 1991.

[382] T.-H. SHIH & J.L. LUMLEY. Modeling of pressure correlation terms in Reynolds stress and scalar flux equations. *Sibley School of Mech. and Aerospace. Eng.*, Cornell Univ. Rept. FDA-85-3,, 1985.

[383] T.-H. SHIH & J.L. LUMLEY. Remarks on turbulent constitutive relations. *Math. Comp. Modelling*, Vol.18(No.2):pages 9–16, 1993.

[384] N. SHIMA. A Reynolds-stress model for near-wall and low-Reynolds-number regions. *Jl. Fluids Eng. ASME*, Vol.110:pages 38–44, 1988.

[385] C.C. SHIR. A preliminary numerical study of atmospheric turbulent flows in the idealized planetary boundary layer. *J Atmos. Sci.*, Vol.30:pages 1327–1339, 1973.

[386] R.L. SIMPSON. Characteristics of turbulent boundary layers at low Reynolds numbers with and without transpiration. *J Fluid Mech.*, Vol.42(Part.4):pages 769–802, 1970.

[387] J. SMAGORINSKY. General circulation experiments with the primitive equations. *Month. Weath. Rev.*, Vol.93:pages 99–165, 1963.

[388] A.M.O. SMITH & T. CEBECI. Numerical solution of the turbulent boundary-layer equations. *Douglas Aircraft Division*, Rep. DAC 33735, 1967.

[389] L.M. SMITH & W.C. REYNOLDS. On the Yakhot-Orszag renormalization group method for deriving turbulence statistics and models. *Phys. of Fluids A*, Vol.4(No.2):pages 364–390, 1992.

[390] P.R. SPALART. Direct simulation of a turbulent boundary layer up to R_θ = 1410. *J Fluid Mech.*, Vol.187:pages 61–98, 1988.

[391] P.R. SPALART & S.R. ALLMARAS. A one-equation turbulence transport model for aerodynamic flows. *AIAA paper*, 92–0439, 1992.

[392] D.B. SPALDING. A single formula for the law of the wall. *Jl. Appl. Mech.*, Vol.28:pages 455–457, 1961.

[393] D.B. SPALDING. The calculation of the length scale of turbulence in some shear flows remote from walls. *Progress in Heat and Mass Transfer*, 2, 1969.

[394] D.B. SPALDING. A two equation model of turbulence. *VDI Forsch-Heft*, 549:page 5, 1972.

[395] C.G. SPEZIALE. On nonlinear *k-l* and k-ϵ models of turbulence. *J Fluid Mech.*, Vol.178:pages 459–475, 1987.

[396] C.G. SPEZIALE. Turbulence modeling in non-inertial frames of reference. *ICASE*, Report No. 88–18, 1988.

[397] C.G. SPEZIALE. Analytical methods for the development of Reynolds-stress closures in turbulence. *Annu. Rev. Fluid Mech.*, Vol.23:pages 107–157, 1991.

[398] C.G. SPEZIALE. A review of Reynolds stress models for turbulent shear flows. *ICASE*, Report No. 95-15, 1995.

[399] C.G. SPEZIALE R. ABID & E.C. ANDERSON. A critical evaluation of two-equation models for near wall turbulence. *AIAA paper (*Seattle, WA*)*, 90–1481, 1990.

[400] C.G. SPEZIALE S. SARKAR & T. GATSKI. Modelling the pressure-strain correlation of turbulence: an invariant dynamical systems approach. *J Fluid Mech.*, Vol.227:pages 245–272, 1991.

[401] C.G. SPEZIALE & P.S. BERNARD. The energy decay in self-preserving isotropic turbulence revisited. *J Fluid Mech.*, Vol.241:pages 645–667, 1992.

[402] C.G. SPEZIALE & T.B. GATSKI. Analysis and modelling of anisotropies in the dissipation rate of turbulence. *J Fluid Mech.*, Vol.344:pages 155–180, 1997.

[403] K.R. SREENIVASAN. *The Utility of Dynamical Systems Approaches. Comment 3*, pages 269–291. dans " Whither Turbulence ? Turbulence at the crossroads ", *Lectures notes in Physics (357)* Éditeur J.L. Lumley, Proc. Cornell Univ. Ithaca. Springer-Verlag, Berlin, 1990.

[404] K.R. SREENIVASAN. On the universality of the Kolmogorov constant. *Phys. Fluids*, 7(n°11):pages 2778–2784, 1995.

[405] M.M. STANIŠIĆ. *The mathematical Theory of Turbulence*. Springer-Verlag, universitext edition, 1984.

[406] R.W. STEWART & A.A. TOWNSEND. Similarity and self-preservation in isotropic turbulence. *Phil. Trans. Roy. Soc., A*, Vol.243(No.867):pages 359–386, 1951.

[407] P.L. SULEM M. LESIEUR & U. FRISCH. Le "test field model" interprété comme méthode de fermeture des équations de la turbulence. *Annales de Géophysique*, Tome 3(Fascicule 4):pages 487–495, 1975.

[408] S. TAVOULARIS & S. CORRSIN. Experiments in nearly homogeneous turbulent shear flow with a uniform mean temperature gradient. Part I. *J Fluid Mech.*, Vol.104:pages 311–347, 1981.

[409] S. TAVOULARIS & U. KARNIK. Further experiments on the evolution of turbulent stresses and scales in uniformly sheared turbulence. *J Fluid Mech.*, Vol.204:pages 457–478, 1989.

[410] G.I. TAYLOR. The transport of vorticity and heat through fluids in turbulent motion. *Proc. Roy. Soc. (London)*, Vol.135(A):page 685, 1932.

[411] G.I. TAYLOR. Statistical theory of turbulence. *Proc. Roy. Soc., A (London)*, Vol.151(Parts1–4):pages 421–478, 1935.

[412] G.I. TAYLOR. *The scientific papers of Sir G.I. Taylor*. Cambridge Univ. Press, vol. ii edition, 1960.

[413] H. TENNEKES. Simple model for the small-scale structure of turbulence. *Phys. of Fluids*, Vol.11(n° 3):pages 669–670, 1968.

[414] H. TENNEKES & J.L. LUMLEY. *First course in turbulence*. The MIT Press, Cambridge, Massachusetts, and London, England, 3rd edition, 1974.

[415] T. THEODORSEN. *The structure of turbulence*. dans " 50 Jahre Grenzschichtforsung ", Éd. H. Görtler & W. Tollmien. Vieweg & Sohn, 1955.

[416] N.H. THOMAS & P.E. HANCOCK. Grid turbulence near a moving wall. *J Fluid Mech.*, Vol.82:pages 481–496, 1977.

[417] O. THUAL. *Turbulence Hydrodynamique*. Tome II du Cours de Turbulence. École Nationale de la Météorologie, Toulouse, 1986.

[418] O. THUAL. *Introduction aux méthodes spectrales*. Département Hydraulique et Mécanique des fluides. Éditions E.N.S.E.E.I.H.T., Toulouse, 1996.

[419] H.W. TIELEMAN. Viscous region of turbulent boundary layer. Tech. Rep. CER67–68HWT21, Colorado State Univ., 1967.

[420] W. TOLLMIEN. Berechnung turbulenter Ausbreitungvorgänge. *ZAMM*, 6:pages 468–478, 1926.

[421] A.A. TOWNSEND. The uniform distorsion of homogeneous turbulence. *Quart. Jl. Mech. and Applied Math.*, 7(1):pages 104–127, 1954.

[422] A.A. TOWNSEND. *The structure of turbulent shear flow*. University Press, Cambridge, 1956.

[423] A.A. TOWNSEND. Entrainment and the structure of turbulent flow. *J Fluid Mech.*, Vol.41(Part 1):pages 13–46, 1970.

[424] A.A. TOWNSEND. *The structure of turbulent shear flow*. University Press, Cambridge, 2 nd edition, 1976.

[425] A.A. TOWNSEND. Early days of turbulence research in Cambridge. *J Fluid Mech.*, Vol.212:pages 1–5, 1990.

[426] D.J. TRITTON. *Physical fluid dynamics*. Van Nostrand Reinhold Comp., Molly Millars Lane, Wokingham, Berkshire, England, 1977.

[427] C. TRUESDELL. *Introduction à la mécanique rationnelle des milieux continus*. Masson, Paris, 1974.

[428] H.J. TUCKER & A.J REYNOLDS. The distorsion of turbulence by irrotational plane strain. *J Fluid Mech.*, Vol.32(n°4):pages 657–673, 1968.

[429] M.S. UBEROI. Effect of wind tunnel contraction on free stream turbulence. *Jl. Aero. Sci.*, Vol.23, 1956.

[430] M.S. UBEROI. Energy transfer in isotropic turbulence. *Phys. of Fluids*, Vol.6(n°8):pages 1048–1056, 1963.

[431] M.S. UBEROI & P. FREYMUTH. Turbulent energy balance and spectra of the axisymmetric wake. *Phys. of Fluids*, Vol.13(n°9):pages 2205–2210, 1970.

[432] E.R. VAN DRIEST. On the turbulent flow near a wall. *Jl. of the Aeronaut. Sci.*, 23:pages 1007–1011, 1956.

[433] D. VEYNANTE & T. POINSOT. *Reynolds averaged and large-eddy simulation for combustion.* Proc. " Les Houches-Workshop ". Les Éditions de Physique, 1997.

[434] A. VINCENT & M. MENEGUZZI. The spatial structure and statistical properties of homogeneous turbulence. *J Fluid Mech.*, Vol.225:pages 1–20, 1991.

[435] A. VINCENT & M. MENEGUZZI. The dynamics of vorticity tubes in homogeneous turbulence. *J Fluid Mech.*, Vol.258:pages 245–254, 1994.

[436] H. VOLLMERS & J.C. ROTTA. Similar solutions of the mean velocity, turbulent energy and length scale equation. *AIAA Jl.*, Vol.15(No.5):714–720, 1977.

[437] T. VON KARMAN & L. HOWARTH. On the statistical theory of isotropic turbulence. *Gottingen Nachrichte*, A 164(917):pages 192–215, 1938.

[438] C.F. Von WEIZSÄCKER. Das Spektrum der Turbulenz bei grossen Reynolds ' schen Zahlen. *Z. Physik.*, 124(n° 7–12):pages 614–627, 1948.

[439] D.T. WALKER R.I. LEIGHTON & L.O. GARZA-RIOS. Shear-free turbulence near a flat free surface. *J Fluid Mech.*, Vol.320:pages 19–51, 1996.

[440] L. WANG. Frame-indifferent and positive-definite Reynolds stress-strain relation. *J Fluid Mech.*, Vol.352:pages 341–358, 1997.

[441] Z. WARHAFT. An experimental study of the effect of uniform strain on thermal fluctuations in grid-generated turbulence. *J Fluid Mech.*, Vol.99(Part 3):pages 545–573, 1982.

[442] F.L. WATTENDORF. A study of the effect of curvature on fully developed turbulent flow. *Proc. Roy. Soc.*, A(148):pages 565–598, 1935.

[443] R.A. WIGELAND & H.M. NAGIB. Grid generated turbulence with and without rotation about the streamwise direction. *I.I.T. Fluid and Heat Transfer*, Report R.78–1:Illinois Institute of Technology, 1978.

[444] D.C. WILCOX. Reassessment of the scale-determining equation for advanced turbulence models. *AIAA Jl.*, 26(n°11):pages 1299–1310, 1988.

[445] D.C. WILCOX. *Turbulence modeling for C.F.D.* DCW Industries, Inc., La Cañada, California, 1994.

[446] D.C. WILCOX & M.W. RUBESIN. Progress in turbulence modeling for complex flow fields including effects of compressibility. *NASA*, TP-1517, 1980.

[447] D.C. WILCOX & R.M. TRACI. A complete model of turbulence. *AIAA paper.*, 76–351, 1976.

[448] M. WOLFSHTEIN. Convection processes in turbulent impinging jets. *Imp. Coll. Heat Trans. Sect.*, Report SF/R/2, 1967.

[449] M WOLFSHTEIN. The velocity and temperature distribution in one-dimensional flow with turbulence augmentation and pressure gradient. *Jl. Heat Mass Transf.*, Vol.12:pages 301–318, 1969.

[450] I. WYGNANSKI F. CHAMPAGNE & B. MARASLI. On the large-scale structures in two-dimensional, small-deficit, turbulent wakes. *J Fluid Mech.*, Vol.168:pages 31–71, 1986.

[451] I. WYGNANSKI & H. FIEDLER. Some measurements in the self-preserving jet. *J Fluid Mech.*, Vol.38(Part 3):pages 577–612, 1969.

[452] I. WYGNANSKI & H. FIEDLER. The two-dimensional mixing region. *J Fluid Mech.*, Vol.41(Part 2):pages 327–361, 1970.

[453] J.C. WYNGAARD O.R. COTÉ & K.S. RAO. *Modeling the atmospheric boundary layer.* dans " Second IUTAM-IUGG Symp. on Turb. Diff. and Env. Poll.". voir aussi *Adv. Geophys. Vol.18A, pages 193–211 (1974)*, Chalottesville, 1973.

[454] V. YAKHOT & S.A. ORSZAG. Renormalization group analysis of turbulence. I. Basic theory. *Jl. Sci. Comp.*, Vol.1:pages 1–51, 1986.

[455] Z YANG & T.-H. SHIH. A new time scale based k-ϵ model for near-wall turbulence. *AIAA Jl.*, Vol.31(n°7):pages 1191–1198, 1993.

[456] C. YAP. Turbulent heat and momentum transfer in recirculating and impinging flows. *UMIST, Dep. of Mech. Eng.*, Report TFD/87/1, 1987.

[457] A. YOSHIZAWA. Statistical analysis of the derivation of the Reynolds stress from its eddy-viscosity representation. *Phys. of Fluids*, Vol.27:pages 1377–1387, 1984.

[458] M.V. ZAGAROLA & A.J. SMITS. Mean-flow scaling of turbulent pipe flow. *J Fluid Mech.*, 373:pages 33–79, 1998.

[459] S. ZEIERMAN & M. WOLFSHTEIN. Turbulent time scale for turbulent-flow calculations. *AIAA Jl.*, 24(n°10):pages1606–1610, 1986.

[460] O. ZEMAN & J.L. LUMLEY. *Buoyancy effects in entraining turbulent boundary layers : A second ordre closure study* (pp: 6–21/6–27) *voir aussi Turb. Shear Flows I (Éd. Durst et al.)*, pages 295–302. dans “ Proc. Symp. on Turb. Shear Flows. Springer-Verlag, Berlin – Heidelberg, 1977.

[461] Y. ZHOU W.D. McCOMB & G. VAHALA. Renormalization group (RG) in turbulence: Historical and comparative perspective. *ICASE report*, No.97–36, 1997.

[462] L. ZUBAIR K.R. SREENIVASAN & M.V. WICKERHAUSER. *Characterization and compression of turbulent signals and images using wavelet-packets.*, page 489. dans “ Studies in Turbulence”, Éditeur T.B. Gatski, S. Sarkar, C.G. Speziale. Springer–Verlag, Berlin, 1992.

Imprimé en France. - JOUVE, 18, rue Saint-Denis, 75001 PARIS
N°283830U. Dépôt légal : Août 2000.